U0740323

电解质、界面和界相
基础知识及在电池中的应用

Electrolytes, Interfaces and Interphases
Fundamentals and Applications in Batteries

（美）许康 著
（Kang Xu）

邓永红 邢丽丹 王飞 许康 等译

化学工业出版社

·北京·

内容简介

电解质是电池的重要组成部分，被喻为电池的"血液"，对电池充放电过程所担负的离子输运任务具有不可替代的作用。

本书共 18 章，主要内容包括三部分：第一部分是基础篇，主要介绍电解质基础知识，包括电解质概念和现代电解质种类、电解质溶液的离子学、Debye-Hückel 理论和离子传输机制、电解质/电极界面、电极学/离子学关联、固体电解质界相（SEI）。第二部分是应用篇，主要介绍电解质在电化学装置中的应用，电化学装置包括可充电电池、燃料电池、电化学双电层电容器、赝电容器等，重点揭示了锂金属电池、锂离子电池和新型电池的基本理论。第三部分是综合篇，主要介绍电解质、界面和界相的性质，包括液体电解质的相图、离子溶剂化、电解质的静态稳定性、离子传输、电解质/电极的界面和界相、电解质的新概念和计算机模拟。三个部分前后呼应，自成一体。

本书重点揭示电解液的离子溶剂化构效关系、电解质/电极的二维界面特征、三维界相的定义及其对电池的稳定化机制，可以为电解质开发的技术人员提供理论指导。本书旨在扭转以往被动试错的开发方法，为理性设计电解质提供科学基础，为开发高比能高功率长寿命的锂离子电池"保驾护航"。

Electrolytes, Interfaces and Interphases: Fundamentals and Applications in Batteries by Kang Xu
ISBN 9781839163104
Copyright© 2023 by The Royal Society of Chemistry Publishing. All rights reserved.
Authorized translation from the English language edition published by The Royal Society of Chemistry Publishing
本书中文简体字版由 The Royal Society of Chemistry Publishing 授权化学工业出版社独家出版发行。本版本仅限在中国内地（大陆）销售，不得销往中国香港、澳门和台湾地区。未经许可，不得以任何方式复制或抄袭本书的任何部分，违者必究。

北京市版权局著作权合同登记号：01-2025-1165

图书在版编目（CIP）数据

电解质、界面和界相：基础知识及在电池中的应用 /（美）许康著；邓永红等译. -- 北京：化学工业出版社，2025. 5（2026.1重印）. -- ISBN 978-7-122-47679-1

Ⅰ. O646.1

中国国家版本馆CIP数据核字第2025LY2752号

责任编辑：卢萌萌　杜　熠
责任校对：李　爽
装帧设计：史利平

出版发行：化学工业出版社
　　　　　（北京市东城区青年湖南街 13 号　邮政编码 100011）
印　　装：北京瑞禾彩色印刷有限公司
787mm×1092mm　1/16　印张 33¹⁄₂　字数 736 千字
2026 年 1 月北京第 1 版第 3 次印刷

购书咨询：010-64518888　　　　售后服务：010-64518899
网　　址：http://www.cip.com.cn
凡购买本书，如有缺损质量问题，本社销售中心负责调换。

定　　价：298.00元　　　　　　　　版权所有　违者必究

《电解质、界面和界相: 基础知识及在电池中的应用》

翻译委员会

主 译/主 审: 邓永红　许　康

副主译/副主审: 邢丽丹　王 飞

翻 译 委 员 会:

邓永红　邢丽丹　王　飞　许　康　刘中波　钱韫娴

韩　兵　卢周广　罗光富　温瑞涛　池上森　徐洪礼

校 稿 委 员 会:

钱韫娴　刘中波　王朝阳　许晓雄　王　军　张光照

常　建　胡时光　林木崇　张强强　林雄贵　康媛媛

向书槐　易　欢　郑培涛　雷志文　张　通　程德建

曾　雍　张焦晗　余　凯　刘纯余　李旭洋　岳　芃

侯岳轩　蒋清松　覃逸飞　张书诚　许迎春　刘方正

特别支持单位: 南方科技大学

深圳新宙邦科技股份有限公司

华南师范大学

复旦大学

华南理工大学

宁波东方理工大学

主要译者简介

邓永红 博士

南方科技大学材料科学与工程系教授，创新创业学院副院长，广东省电驱动力重点实验室主任，广东特支计划科技创新领军人才，深圳市孔雀计划 B 类人才。于清华大学获得博士学位后，曾在美国劳伦斯伯克利国家实验室从事博士后研究。入职南方科技大学前为华南理工大学教授。兼任中国硅酸盐学会固态离子学分会理事、《储能科学与技术》编委、《电池工业》编委、中国化工学会储能工程专委会委员、深圳市电源技术学会监事等。主要从事电池电解液与固体电解质等研发，主持国家自然科学基金、广东省重点领域研发计划"新能源汽车"重大专项和广东省自然科学基金重点项目等，在 *Nature Communications*，*Advanced Materials*，*Energy & Environmental Science* 等期刊上发表论文 300 余篇，发明专利 100 余项。获得中国专利优秀奖，教育部自然科学奖二等奖，广东省科学技术进步奖二等奖，深圳市科学技术进步奖二等奖。连续 5 年入选全球前 2% 顶尖科学家榜单。

邢丽丹 博士

华南师范大学化学学院教授，电化学研究所所长，长期从事电解质材料与界面化学方向的研究，具有近二十年的研究积累与实践经验。其代表性成果包括：系统揭示阴离子类型与共溶剂分子对溶剂电化学稳定性的重要调控作用（*J. Phys. Chem. B*,2009, 113, 16596）；提出锂离子溶剂化壳中各组分之间的竞争作用决定脱溶剂化行为，进而影响界面电解质组成与所形成界相的性质（*Acc. Chem. Res.*,2018, 51, 282）；揭示了电极微观结构对界面电场强度的调控机制，从而影响界面反应路径及界相构筑（*Joule*, 2025, 9, 101874）；发现正极材料中溶出的过渡金属离子催化电解液热分解的危害机制（*Nat. Commun.*, 2019,10,3423）。获得广东省科学技术奖（发明奖）一等奖、（自然科学奖）二等奖、广东省材料研究学会青年科技奖，入选国家高层次人才特支计划青年拔尖人才及广东省杰出青年人才项目。

王飞 博士

复旦大学材料科学系教授，博士生导师。入选国家和上海市海外高层次人才引进计划。复旦大学化学系获得本科和博士学位，先后在美国马里兰大学和麻省理工学院从事博士后研究。主持了科技部重点研发计划、自然科学基金青年/面上/国际合作、上海市"科技创新行动计划"高新技术领域项目等。围绕电池的电解质及其界面与界相开展工作，在电化学、电界面表征和理论计算结合电解液的结构方面有丰富的研究经验。调控电解液体相溶剂化结构，设计了一系列高稳定、宽温域的电解液；优化电极/电解液的表界面反应，开发了中性锌空电池、无负极钠电池等新型电池。目前共计发表 SCI 论文 100 余篇，以第一作者或通讯作者身份发表包括 *Science*、*Nat. Mater.*、*Nat. Sustain.*、*J. Am. Chem. Soc.*、*Angew. Chem. Int. Ed.*、*Adv. Mater.* 等期刊。论文他引超过 19000 次，入选了科睿唯安"高被引科学家"，入选全球前 2% 顶尖科学家榜单。

从童年时代起，写一本书一直是我的秘密梦想。那时，我尚未清楚自己未来的职业方向。20 世纪 60 年代末，我总是对父母狭小书房里书架上挤满的书籍感到神往，想知道是谁竟能写出这些书，因为对我来说，仅仅是读完这些书似乎都是不可能完成的任务。

写一本科学图书的梦想始于 20 世纪 70 年代末，那时中国终于向外开放。偶然机会中，外婆为我买了一本由乔治·伽莫夫写的奇书《从一到无穷大：科学中的事实和臆测》。这本书第一次向我展示了科学之美，并促使我决定追求科学家的职业生涯。

真正成为科学家后，写书的梦想反而逐渐沉寂，因为日常的学习和工作已让我疲于应付，而浩如烟海的科学文献更让我深感渺小。

然而，自 2015 年以来，这个梦想逐渐复苏。一些来自不同出版社的编辑联系我，希望我写一本关于电解质和界面科学的书。尽管我心动不已，但繁忙的日程一直让我无法动笔。此外，我也极不愿花时间去编写另一本时效性有限的专著。内心深处，我渴望写一本可以作为长期有用资源的书。

2020 年的疫情让我短暂摆脱了日常事务。我记得那是在 2020 年 4 月，"大停摆"期间，当我和一位朋友（邢丽丹教授，也是这本书的译者之一）线上讨论文稿时，我突然说了类似这样的话：我干脆利用这个空当来写书吧！

在一小时内，我开始列出目录……

写作过程持续了整个疫情时期，长达 2 年（2020 年 4 月至 2022 年 6 月）。这本书是为研究生、博士后或刚进入储能或电解质材料领域的研究人员准备的。它旨在成为三大基础教科书（Allen/Bard、Newman 和 Bockris）与当代文献之间的桥梁。令我备感荣幸的是，我的好朋友和德高望重的同事们（Amine、Dahn、Whittingham 和 Winter）为这本书写了推介序言。

在本书写作尚未完成时，就承蒙邓永红、邢丽丹和王飞 3 位教授表达了翻译的意向。本书出版后化学工业出版社第一时间向英国皇家化学学会出版社（The Royal Society of Chemistry Publishing）签下了中文的独家版权，而 3 位教授和翻译委员会所有成员也在他们繁忙的日常工作中把这本书作为优先事项，这使得本书中文版能在这么短的时间内同读者见面。

这里有几个英文专有名词的翻译需要特别说明一下，因为它们在之前的中文文献和书籍里用法并不统一，经常引起混淆。

首先是书名中的"界相"这个词，它译自英文"interphase"，之前在中文词汇里并不存在，是我们创造的，但并非随意臆造，而是有着缜密的逻辑和需求。中文里"界面"一词来自"interface"，以表达一个没有厚度的二维平面，而 Peled 教授创造出"interphase"这个词正是为了把一个三维的、有独特化学组分和形貌的独立相与"界面"相区分，因此"界相"一词准确地表达了这个含义。它的出现能使中文文献里不再用"界面"来代表 interphase。

请注意，在 Peled 教授创造出 interphase 一词前，英文里同样也没有这个词。新的事物和现象常常需要新的语言和词汇描述。

其次，中文文献里对 3 个物理量存在广泛的混用现象，这 3 个物理量是 mobility、transference number 和 transport number。在本书里我们统一把 mobility（μ）译为"淌度"，transference number（t）译为"迁移数"，transport number（T）译为"传输数"。其实后二者在英文文献里也有很多混用，而它们定义的差异在高浓度电解液中将变得非常重要。本书的第 14 章对它们进行了尽可能详细的讲述。

在翻译过程中大家也发现了原作中的不少错误和不准确之处，对其进行了一一修正，个别地方甚至重写。特别要指出的是，我们纠正了数学方程中的一些错误，其中有一些是由热心读者发现的，但更系统性的纠正来自彭章泉老师的仔细阅读和检视。在此，向他们表示衷心的感谢。

从这个意义上讲，本书与其说是简单的翻译版，不如说是第二版。以后英文原著若再版，也必将以此中文版为圭臬。

最后，我要感谢所有译者和化学工业出版社的卢萌萌、杜熠、史利平等编辑，他们的奉献和辛勤工作使这本书的中文版能够以精美的形式同读者见面。化学工业出版社将本书以彩色形式出版，这使得中文版比原版更具美感。

许　康

2024 年 7 月 3 日（60 岁生日）

写于飞越欧洲的航班上

译者前言

2019 年春季，正值笔者加入南方科技大学的三周年之际，同许康教授提到了开设电池电解质专业课程的构想，旨在帮助从事电池化学领域的学生了解电解质的实际应用及其背后关联的电化学基础理论。现代锂离子电池的化学稳定性由电解质及其界面／界相化学决定，其中电解质背后关联的理论是离子学，界面／界相化学背后关联的理论是电极学。彼时尚未有一本总结电解质及其界面与界相相关知识的系统教材，因此，我们商定就用他之前在 *Chemical Reviews* 上发表的三篇综述作为教材，把这门课的名称确定为"电解质基础"。同年 5 月，许教授来访南方科技大学，指导我完成了"电解质基础"的教学大纲，主要涵盖离子学、电极学、实际电解质应用等内容。自 2019 年秋季正式开课以来，"电解质基础"课程已经在南方科技大学开展了六期教学。我们一直关注许康教授的这本原著《电解质、界面和界相：基础知识及在电池中的应用》的写作和出版进展，并在学校备案，确定这本原著为"电解质基础"这门课的英文教材。该书于 2023 年 3 月出版，我们第一时间与化学工业出版社签订了翻译合同，并获取了原书著作权人授予的中文版专有出版权。

本书原著堪称电解质研究领域的里程碑式著作，系统总结了基础电化学、作者团队和全球该领域专家在离子学、电极学、新兴电解质研发等方面的创新成果。本译著的独到之处在于首创了"界相"这一中文术语。虽然锂离子电池的电极电压超出了电解质的电化学稳定窗口，但在化成阶段形成的电解质分解产物会促使电极／电解质的二维界面演变为三维"界相"（SEI & CEI）。三维界相的存在能够扩展电解质的有效电化学稳定窗口，从而构成了锂离子电池得以稳定运行的关键机制。三维界相理论为高电压电解质体系设计提供了新思路，也恰是破解当前电池技术"能量密度天花板"的关键密钥。

"双碳"战略背景下电池产业在高速扩张生产规模，需要大量的电解质开发人才，从事相关研究的科学家和工程师们迫切需要一本将基础理论与实际应用密切结合的电解质专著来进行指导。本译著是第一本系统地将离子学和电极学的基础知识与电解质实际应用紧密联系的行业专著，揭示了界面与界相的本质区别，以及突出了界相理论对电解质配方优化的指导作用。它填补了电解质、界面与界相在中文教材中的空白，旨在帮助刚进入电池储能、电化学、材料科学与工程等领域的国内高年级本科生、研究生、博士后以及产业界新进研究者，使他们能事半功倍地掌握系统的专业知识，快速成长为相关科研人才。

本书不仅仅是翻译版，更准确地说，它其实是第二版，以后英文原著若再版也必将以此中文版为准。英文版原著刚出版就非常畅销，一段时间内就抢购一空。本译著在翻译过程中修正了原著中出现的一些错误和不准确之处，个别地方甚至由原作者进行了重写。特别值得一提的是，英文版手稿有彩色精美插图100多幅，但原著出版社仅采用了黑白图，而本译著在化学工业出版社的大力支持下全书彩色印刷，所以中文译著会比英文原著更全面、精确和美观。

本译著由邓永红、邢丽丹、王飞和许康教授等完成。在本书翻译过程中，许康教授和邓永红教授全程参与翻译、审核和定稿。华南师范大学邢丽丹教授翻译了第4、5、6章；复旦大学王飞教授翻译了第9、11、14章；深圳新宙邦科技股份有限公司刘中波博士翻译了第16章，钱韫娴博士翻译了第2章；宁波东方理工大学韩兵助理教授翻译了第3、10章；其余章节内容由南方科技大学邓永红教授、卢周广教授、罗光富副教授、温瑞涛副教授、池上森副教授、徐洪礼副研究员翻译。

参与校稿的科研人员有：华南理工大学王朝阳教授；深圳新宙邦科技股份有限公司钱韫娴博士、刘中波博士、胡时光博士、林木崇、张强强博士、林雄贵、康媛媛博士、向书槐博士、易欢博士、郑培涛博士、雷志文博士；南方科技大学许晓雄教授、王军教授、张光照副教授、常建副教授，研究生张通、程德建、曾雍、张焦晗、余凯、刘纯余、李旭洋、岳芃、侯岳轩、蒋清松、覃逸飞、张书诚、许迎春、刘方正。

感谢南方科技大学研究生教育教学改革项目资助。

感谢深圳新宙邦科技股份有限公司的大力支持。

感谢中国科学院大连化学物理研究所彭章泉教授对书中的数学公式进行了系统性审核并提出了建设性建议。

希望本译著能为电池"卡脖子"技术的突破点燃理论之火，为行业电解质精英的培养结出育才之果。

鉴于译者水平及时间有限，书中难免存在疏漏之处，恳请广大读者批评指正和谅解。

邓永红

2025 年 2 月 8 日

序一

21世纪，锂离子电池的发明和成功商业化彻底改变了我们的生活。如今，我们更加依赖这些小型电化学装置中高效储存的电能，用于驱动汽车，联系同事、朋友和家人，在社交媒体上同世界互动，以及计算、处理和储存海量信息。在这些小型电化学装置中，电子和离子在不同的预设路径上流动，可以实现数千次可逆的能量储存和释放。这些电化学过程依赖各组分之间的高度协同工作。

锂离子电池的发明得益于某些偶然因素。当旭化成和索尼的工程师将单个组件（正极、负极和电解质）组合在一起，组装成第一个原型锂离子电池时，这些过程的科学原理并没有完全被理解。过去30年来的深入研究，让我们逐渐开始理解能量是如何在正极和负极的晶格中储存和释放的、离子和电子是如何在电解质中和电极之间传输的，以及不可逆化学反应是如何引发、进行、终止的，并最终确保远离热力学平衡的反应可逆性。然而，锂离子电池仍有许多问题尚待解答。

电解质以及电解质与正负极间的相互作用，是决定电化学反应可逆性的核心要素。在分子尺度上解析离子溶剂化、离子输运、电荷转移和电解质-电极的牺牲性反应等复杂多变的耦合机制，将为设计新一代超越锂离子电池的高功率和高能量密度电化学储能器件提供理论基石。然而，尽管电解质如此重要，迄今尚未有一本系统总结电解质和界面知识的图书。虽然Bockris、Bard和Faulkner以及Newman的书都为基础电化学、离子学和电极学提供了坚实的基础，但这些图书所描述的相关内容与我们在先进电池系统中所看到的实际电解质、界面和界相的知识仍有着明显的距离。

这本由许康撰写的书在电解质基础类书籍和实际电解质系统之间架起一座桥梁。从经典理解到最新研究，本书系统地总结了所有与电解质材料、离子的溶剂化与输送、电荷转移、界面科学和界相化学相关的知识。对于刚刚进入电化学和材料研究领域的学者来说，这是一本优秀的教科书；对于该领域的资深研究人员来说，这也是一本优秀的桌面参考书。

Khalil Amine
美国阿贡国家实验室

序二

自从 1978 年以来，我已在锂电池和锂离子电池领域工作了 44 年。一直到大约 2008 年前，我还是作为材料物理学家主要致力于新型正极和负极材料的研究。2008 年时，我和当时的研究生 Aaron Smith（现在苹果公司工作）意识到锂离子电池研究中最重要的尚待开发的领域是长寿命锂离子电池。将电池寿命从几年提高到几十年将大大促进车用锂离子动力电池的电能储存与二次利用。锂离子电池的长寿命与电解质有关，一方面电池降解是由电解质与充电电极之间非预期的寄生反应引起的，另一方面这些同样的反应也会在电极表面形成有利的界相（SEI）。从那时起，我们实验室的很多工作开始集中于锂离子电池的电解质。

在 2008 年，我对电解质几乎一无所知，开始阅读美国陆军研究实验室（US Army Research Laboratory，ARL）的论文。ARL 的许康、丁盛平、Oleg Borodin、张升水等在锂离子电池电解质的方方面面，包括电解质添加剂，进行了大量世界一流的研究，并将 ARL 实验室提升为世界领先的电解质研究中心。我开始阅读他们的论文。许康在 2004 年发表的 *Chemical Reviews* 综述文章一直指导我们团队的研发。2014 年，许康撰写了第二篇关于锂离子电池电解质的综述文章，同样成为我们团队中从事长寿命锂离子电池研究的学生的必读资料。

许康创作的这本书是一部聚焦于锂离子电池电解质的系统性专著。我在书的未正式出版阶段阅读了许多章节，内容非常出色。从事锂离子电池研究并专注于电解质实际应用方面的读者，会特别欣赏该书的第二篇和第三篇。对于像我这样注重实际应用的人来说，更关注第 11、12、15 和 16 章。而从事这个领域的研究生和研究人员，将会喜欢整本书！

尽管这本书解释了锂离子电池的电解质和电解质/电极界面的许多方面，但仍然存在许多未解之谜。对我来说，最重要的是能真正详细地了解到什么能促成负极上产生最佳固体电解质界相和正极上形成最佳正极/电解质界相。虽然利用表面敏感技术进行详细研究，我们可以确定优质 SEI 层包含的元素、功能团、分子和复合物以及这些 SEI 层组成如何受一种或两种电解质添加剂的影响，但是，对于为什么这些特定的物质能产生良好的界相我们仍然缺乏真正的理解。

随着世界朝着"万物电气化"的方向发展，为了减少电池回收和更换的需求，锂离子电池、钠离子电池和其他电池的超长寿命（几十年）和可持续性（而不是能量密度）变得非常重要。了解电解质／电极界相的所有细微细节对电池研发非常重要，尤其是研发长寿命的电池。

这本书对于开始从事电池研究的科研和技术人员来说是最佳的起点。

Jeff Dahn

达尔豪斯大学

加拿大新斯科舍省哈利法克斯市

序三

距离在埃索公司（埃克森美孚的前身）研究实验室发现插层反应用于电化学电池储存能量的概念已经过去了大约 50 年。现在，这种技术主导着便携式能量储存，并在推动通信革命的同时，也推动着交通运输和间歇性可再生电力发电（如太阳能和风能）的电气化。最初的锂电池采用锂金属负极和醚类电解质，因为后者对锂沉积更加高效。随着高电压层状氧化物和石墨负极的出现，电解质转换为有机碳酸酯类，因为它们比醚类电解质较耐氧化物正极的高电压。这些碳酸酯类电解质在现代锂离子电池中仍然占据主导地位。然而，它们相对于负极热力学不稳定，相对于正极也经常热力学不稳定，因此在电极与电解质界面必须有保护性膜生成，这就是所谓的界相（SEI）。界相在电池制造过程中形成，尤其是在化成阶段，这给电池的运行带来了挑战，并增加了额外的成本。如今的商业电池的能量密度不到理论值的 25%，但要达到更高的水平，就需要将所有材料推向极限值。这就相应地要求我们理解电池中的所有副反应并消除它们。这些不受欢迎的副反应大多与电解质的反应性有关，因此，我们必须更好地了解电解质。

许康撰写的这本书解决了这个至关重要的需求。在过去几十年的大多数研究中，这个需求曾一直被忽视，那时大多数研究集中在正极方面。许康之前在 *Chemical Reviews* 上发表过两篇备受好评的综述文章，而现在这本书提供了更基础的支持，以实现重大的发展。本书不仅仅限于电解质本身，还涵盖了界面和界相。最后，讨论了其他电池组分。

我期望这本书将使研究人员能够发现新的更稳定、更经济的电解质，从而使电池的能量密度超过 500 W·h/kg 和 1000 W·h/ L。祝愿您阅读愉快并取得巨大的研究成果。让我们迈向更高的水平，为我们的子孙后代创造一个更绿色的环境。

Stanley M. Whittingham
2019 年诺贝尔化学奖得主
美国纽约宾厄姆顿市

如今，我们正在见证电化学能量转换和储存对社会未来效益的巨大影响，这充分反映了锂离子电池、燃料电池和超级电容器等正在绿色出行（包括机器人技术）和可再生能源储存等巨大领域中发挥着显著作用。负极、正极和电解质是电化学系统的主要组成部分。从 Galvani、Volta 和 Ritter 等的早期发现到今天，电解质一直是新型电化学技术的推动者。

关于新型冠状病毒，我们几乎没有什么好话可说，但疫情期间不可避免的封控却给了许康足够的时间实现他的写书梦想。通过这本书，许康非常成功地完成了一部全面性和系统性都很强的专著，将电解质丰富的基础知识与现代电化学技术和应用相结合。

电池作为作者数十年来深耕的主要研究领域，在依赖所用电解质的各种电化学技术中扮演着重要角色。电池中电解质的关键作用往往在其特定的名称中得到反映。例如，铅酸电池含硫酸电解质，碱性电池用碱性水性电解质，碱金属非水性电池用非水性电解质。

我们甚至可以说，如果未找到合适的电解质，当代电池和未来电池技术，如锂离子电池、锂金属电池和固态电池，都不可能实现其研发和商业化。这一认知在学术界和工业界尚没有得到广泛的认可，所以可以认为电解质是先进电池和未来电池的"隐藏冠军"材料。

电解质毫无疑问是所有电池类型中不可或缺的核心组成部分。因此，深刻理解电解质特性成为研发高性能电池的关键突破口。这种理解包括电解质的基础物化特性，如黏度、离子溶剂化、离子 - 离子相互作用，以及至关重要的离子迁移性能等，这些内容在本书的前几章中进行了讨论。

电解质也是电极 / 电解质界面不可避免的必要组成，它同时参与三维界相的形成（注意这里，SEI 和 CEI 是界相，而不是界面），这些界相起源于电极的高反应性和电解液成分的固有不稳定性。在几乎所有情况下，每种电池化学体系及其性能的命运由电解质配方及其特定的界面 / 界相化学决定和控制，这些内容在本书的后几章中进行了讨论。

电解质是一个复杂且难以理解的主题。在电池界，不是每个人都能对这个主题做出卓越的贡献，而我们中只有极少的人能够像许康这样有能力在这个领域写一本书。

多年来，我有幸认识许康，并在科学和非科学场合有大量时间与他交往。许康也许对赤霞珠（Cabernet Sauvignon）、梅洛（Merlot）和设拉子（Shiraz）这 3 个葡萄品种能产生的液体之间的差异不甚了解，但他一定是对液体电解质领域非常了解且知识渊博的专家，他深刻了解液体电解质的各个方面和各个层面，可以说是一本行走的百科全书！他现在通过这本精彩的书与我们分享他无与伦比的知识，我们感到很荣幸！

Martin Winter

明斯特大学明斯特电化学能源技术中心
德国明斯特市

自 2015 年以来，我一直在思考写一本关于电解质的书。虽然这个想法总是萦绕于心，但繁忙的日常工作却又使我无法开始着手。我在电脑桌面上创建的这个项目文件夹 5 年来一直闲置不用。同时，这 5 年也是全球电化学能量储存（即电池）研究经历指数级增长的时期。尽管我从未开始写作，但我也从未停止过在脑海里计划其章节和内容。

2020 年春天，新冠疫情让整个世界突然陷入停滞。像大多数人一样，我被迫居家办公，参加专业在线会议和研讨会，只偶尔有机会去一下空空如也的实验室和办公室。几周后，我决定是时候开始写这本书了。

时间选择再合适不过。由于来自世界各地的科学家被迫离开实验台，与之前繁忙的 10 年相比，电化学能量储存材料和化学研究的实验进展必然会放慢。这相对宁静的时期赐予我们宝贵的机会回顾和思考。

与此同时，我发现迄今为止还没有任何一本书将离子学和电极学的基础知识与电解质在能量储存设备中的基本应用联系起来。

一方面，研究论文、综述、观点和专著的出版数量如此之多，以至于个体研究者往往无法全部跟踪，但所有这些出版物都是专门面向该领域的资深研究者，对于刚接触该领域的读者，如学生和博士后，几乎没有提供入门级的指导。

另一方面，在基础电化学领域，有许多优秀的图书教授基础知识，其中包括 3 本"圣经"：Bockris 和 Reddy 的《现代电化学》、Bard 和 Faulkner 的《电化学方法：基础与应用》以及 Newman 及合作者的《电化学系统》数个版本。这 3 本杰出的著作清楚地阐述了电化学、离子学和现代电极学基本原理及其严格的数学和热力学基础。然而，在快速发展的能量储存科学和技术领域，尤其是锂离子电池和新兴电池化学及材料领域，往往很难将这些书中教授的基础知识与这些先进电池中的界相以及相关化学反应和动力学直接关联。

一个例子是《现代电化学》。在其最近一版（2000 年）中，作者们预测氢燃料电池将成为未来车辆的主要动力来源，对电池只做了简短的提及，而"锂离子电池"这个词甚至完全没有在书中出现，尽管在那时锂离子电池已经商业化并广泛使用了近 10 年。不用说，这些先进电池中的界面、界相以及相关化学反应和动力学超出了传统的离子学和电极学所能描述的范畴。

近几十年，世界发生了重大变化，锂离子电池在其中扮演了不可争辩的角色。2019 年，Stanley M. Whittingham 教授、John B. Goodenough 教授和吉野彰博士因其在锂离子电池领域的伟大发明获得了诺贝尔化学奖，这一奖项标志着锂离子电池成为划时代发明的巅峰时刻到来。在 2020 年后的新时代，新能源储存化学和机制的研究变得更加重要。

本书旨在填补上述优秀图书的空白，成为一本对读者友好而权威的"教科书"，帮助初学者跨越学习门槛，最终达到专业水平。这里的"初学者"可以是希望进入电化学储能、电化学、材料科学与工程等领域的学生或博士后，也可以是对这些主题感兴趣的其他新进研究者。

本书假定读者已经具有化学或材料知识背景，并已掌握基本热力学和化学基础。内容从基础知识开始，逐步过渡到实际应用，既强调已建立的知识体系，也讨论该领域的重要新发现，力求将基础知识与电池实际应用中的问题紧密联系。

鉴于锂离子电池在塑造我们移动生活中取得的巨大成功，针对电池材料和电池化学的研究已成为确保我们未来能源的关键部分。电解液和电池界相将不可避免地受到越来越多的关注。

为了展示电解液在体相和界面的基本知识之美，本书包含了一些数学推导，但读者也可以选择直接阅读结论，对理解整体内容不受影响。本书并不打算全面回顾过去的研究或涵盖最近的进展，因此对于已确立的事实，我认为并不必要提供所有文献引用。相反，我只引用构成基础知识的经典的和开创性的作品。

除了图 12.6、图 12.7 和图 14.11 外，本书中的所有插图均由我本人创作。1977 年，我的外婆给我买了一本特别的书，突然间打开了我的视野——乔治·伽莫夫（George Gamow）教授的《从一到无穷大：科学中的事实和臆测》的中文译本。在这部杰作中，所有的漫画都由作者亲手绘制。回想起来，这些富有艺术性、幽默而又激励人心的插图对一个初次接触现代科学的小男孩的影响是不可估量的。我在科学和艺术方面都没有能与伽莫夫教授相媲美的天赋，但我希望凭借自己的谦卑与努力，奉上本书中创作的插图，向他致敬，感谢他对我的影响。

许 康

美国，马里兰州，波多马克市

2022年6月

目录

第一篇

基础篇：
电解质概述及相关理论

在这一部分中，我们系统地总结了关于理想电解质的基础知识。这些知识由两个主要部分构成：离子学和电极学。前者研究离子和溶剂分子在电解质体相中的相互作用和运动，后者探讨电解质与电极的相互作用。在此研究的电解质假设为理想电解质，非理想行为将在第三篇中讨论。

第 1 章
什么是电解质？

电解质"electrolyte"这个词出自 Faraday 于 1834 年出版的著名论著[1]。当时 Alessandro Volta 已经于 1799 年发明了第一个电池——伏打堆（voltaic pile）。Faraday 把某些水溶液置于伏打堆的一对"电极"之间极化，发现它们能导电。在某些情况下，这种导电现象还会伴随新物种如氧、氢、氯的产生或金属沉积。Faraday 之前的许多研究人员，包括 Volta 和 Berzelius，已经推断出起始的中性溶液可被电离分解成相反的带电物种。Faraday 试图解释某些水溶液为什么在"电极"之间可以导电，所以他从古希腊词源中创造了一个新词"ήλεκτρολυτός"，其中前缀 ήλεκτρο（electro-）表示"电"，后缀 λυτός（-lytos）表示它"能够被分离"。在这篇令人难以置信的前瞻性文章中，他还根据一个用假想电流引起地球磁场的类比创造了术语"电极"（electrode，电行走的路）：阴极（cathode，κατα，西行）和阳极（anode，αλα，东行）。因此，向阴极和阳极移动的物种分别是阳离子（cation，向西移动）和阴离子（anion，向东移动）。阳离子和阴离子共用一个词"离子"（希腊语"ióv"，意为"移动"）作为通用名称。在 Faraday 那个时代，人们尚无法从分子水平上理解电解质。众所周知，电子直到大约 60 年后（即 1897 年）才被 Thomson 发现，而原子结构在将近 80 年后（即 1911 年）才被 Rutherford 提出。但人们今天回顾历史，仍对 Faraday 的预言性见解感到震惊，因为所有这些术语经过适当修改后，今天仍在电化学和材料科学中使用！

也许 Faraday 在该文中所做的最有趣和最有先见之明的陈述是关于电极的表面，他认为电极表面是"最重要活动发生的场所"[1]。这令人难以置信的远见准确地洞悉了电极/电解质界面在实现电化学反应中的重要性。事实上，正是这种界面将电化学与传统化学区分开来。当电极电势超过电解质的稳定极限时，这种二维的界面将转换成三维的界相，这就是锂离子电池等多数先进电池常见的情况。因此，电解质和界相类似于同一硬币的两面。

然而，伟大的 Faraday 至少在一个问题上犯了错误：他认为中性物质产生离子是电化学分解的结果。对于大多数电解质溶质（盐、酸和碱）而言，这种观点显然是不正确的。

对液体电解质化学性质的更准确描述来自热力学研究的突破。当 Pfeffer 研究溶液渗透压时,他发现电解质水溶液(如氯化钠溶液)的渗透压比非电解质水溶液(如蔗糖溶液)的渗透压大得多[2]。这里,溶液渗透压是指渗透压实验中该溶液与纯水达平衡时溶液一方所承受的外压差。van't Hoff 从蒸气压如何产生的理论中受到启发,然后准确地推断出,这个溶液渗透压像气相中蒸气压一样,也是由微小粒子不断运动相互碰撞引起的[3]。换言之,在相同的化学计量浓度下,氯化钠溶液比蔗糖溶液含有更多的粒子。鉴于前者导电而后者不导电的事实,显然的结论是,电解质必然来自电中性氯化钠结晶盐在水中的自身解离,产生大量带相反电荷的离子。这些离子就是 Faraday 所预言的阳离子和阴离子。

Arrhenius 继承了这种思想,对电解质进行了第一次系统研究,并提出离子就是电解质自身能解离产生的理论[4]。但他的大胆设想在当时听起来太离经叛道,不但没有得到博士导师的认可,还险些毁了自己的职业生涯。幸运的是,Oswald 和 van't Hoff 认可 Arrhenius 的贡献。在他们的热情支持下,Arrhenius 的电解质新概念逐渐被科学界接受。回顾过去,这些先驱者(Oswald、Pfeffer 和 Arrhenius)研究的参量(渗透压和电导率)恰好对溶质(盐、酸或碱)的微小添加非常敏感,这使得他们能够使用 19 世纪的技术准确地将这些参量变化与极稀状态下的溶质浓度进行量化关联。因此,对热力学量(渗透压)和电化学量(电导率)内在关联的巧妙解释为现代物理化学以及后来的电化学这些新科学分支奠定了基础。

从此时起,我们离开了电解质的远古时代,进入了电解质的经典理论。

参考文献

[1] M. Faraday, *On Electrochemical Decomposition*, 1834, pp. 11–44.
[2] W. Pfeffer, *Osmotische Untersuchungen: Studien zur Zellmechanik*, Verlag Von Wilhelm Engelmann, Leipzig, Germany, 1877.
[3] J. van't Hoff, Osmotic pressure and chemical equilibrium, Nobel Lecture, 13 December 1901, https://www.nobelprize.org/uploads/2018/06/hoff-lecture.pdf.
[4] S. Arrhenius, Development of the theory of electrolytic dissociation, Nobel Lecture, 11 December 1903, https://www.nobelprize.org/uploads/2018/06/arrhenius-lecture.pdf.

第 2 章
现代电解质

电解质的现代定义包括两部分：它是离子导体[1]；同时它是电子绝缘体[2]。因此，任何被称为电解质或具有"电解质性质"的物质都蕴含着"离子导体但电子绝缘体"的特征。

关于电解质的基础知识主要涉及以下 3 个方面的问题：①电解质中的正负离子是如何分布的；②这些离子是如何迁移的；③这些电解质离子以及溶剂分子（如果有的话）是如何与电极表面发生相互作用的。在经典电化学中，前两个类别构成了"离子学"的内容，第三个类别则属于界面研究或"电极学"的范畴。

2.1 电解质的类型

古希腊人认为，众神只需要 4 种元素——土、水、空气和火，就能构建宇宙。尽管这种信仰对于我们所处的复杂宇宙来说是一种过度简化，但的确只需要不到 4 种方式就可以构建各种电解质，这些电解质通常涉及水（最常见的溶剂）、火（将静态离子晶格转化为熔融盐或离子液体的能源）或土（陶瓷型无机电解质）。

根据电中性物质以离子为电荷载体实现导电的 4 种可能方式[1]，电解质可以分为 4 种类型：离子载体（ionophore）、离子源（ionogen）、熔融盐（molten salt）和无机固态电解质（inorganic solid electrolyte）。前 3 种类型密切相关，因为它们的离子传输机制都类似于"液态"。无机固态电解质是真正的固体离子导体，其中离子由于化学和结构的特殊组合而变得可移动。

在这 4 种类型的电解质中，基于溶质在液态（水性或非水性）溶剂中解离（类型 Ⅰ 和 Ⅱ）的电解质占绝大多数（图 2.1），它们在人们的日常生活（像我们体内的"仙丹"盐水）和工业界（像锂离子电池这样最突出的代表）起到了不可或缺的作用：

（Ⅰ）**离子载体，或者称之为"离子的承载者"**。它们在中性状态下已经包含离散的阳离子和阴离子，只需要溶剂的帮助就能从彼此的静电束缚中解离形成自由移动的阳离子和阴离子。大多数盐类是离子载体，氯化钠（NaCl）是一个典型的例子。通过 X 射线

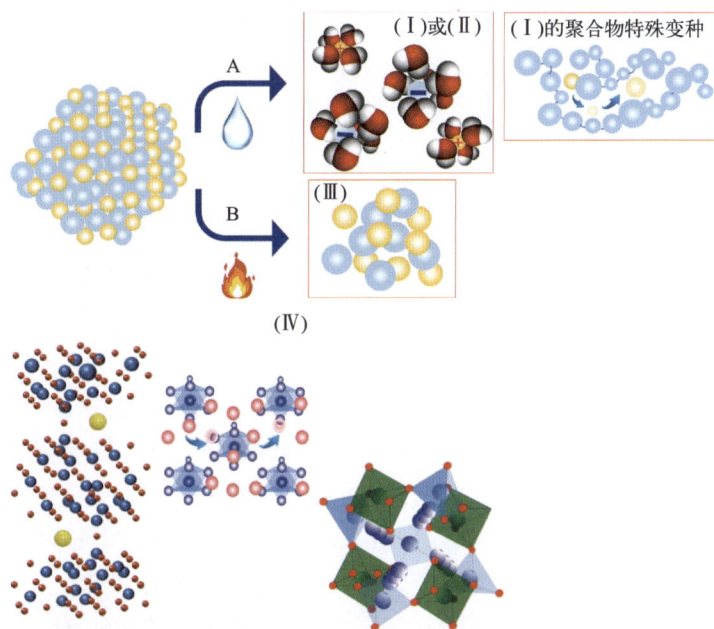

图 2.1　电解质通过释放离子以使其自由移动，一共可以分为 4 类：（Ⅰ或Ⅱ）离子载体或离子源，通过溶剂分子协助从离子载体或离子源的晶格中解离离子，从而形成液态电解质，这是最常见的类型。固体聚合物电解质实际上是这一类的一个特殊变种，其中溶剂分子是大分子。（Ⅲ）离子液体，通过加热破坏离子载体晶格结构，形成熔融盐电解质。（Ⅳ）无机固体电解质，多面体骨架和晶格上的缺陷/空位创建的开放结构导致阳离子和阴离子的相互解耦，从而使离子在其中可以自由移动。β-氧化铝、LISICON 和石榴石结构是这一类的代表

衍射（XRD）可以看出，NaCl 的晶格由离散的钠阳离子（Na^+）和氯阴离子（Cl^-）组成。溶剂，比如水，会将这个晶格拆分开，并释放出自由的 Na^+ 和 Cl^-：

$$Na^+Cl^-（固态）+ 水 \longrightarrow Na^+（溶液）+Cl^-（溶液） \qquad (2.1)$$

这里的"溶液"表示这些离子受到水分子的帮助而被溶解（Ⅰ，图 2.1 中路线 A）。

（Ⅱ）离子源，或者称之为"离子化产物"。它们本身存在为中性分子，不带任何离子，但在溶剂存在的情况下可以通过与溶剂分子结合产生离子。大多数有机酸属于这一类，醋酸（HOAc）是一个典型的例子。XRD 表明，无论 HOAc 处于蒸气态还是晶体态，它都是中性分子。然而，一旦溶解在水中，在水分子的作用下，其 O—H 键会断裂，并且将质子丢失给水中的氧。这个过程产生了水合质子（H_3O^+）和醋酸根离子（OAc^-）：

$$\qquad (2.2)$$

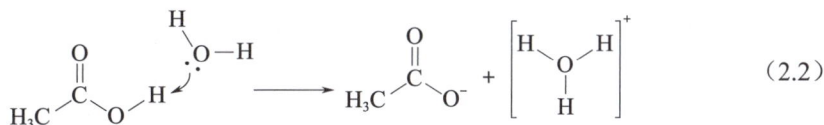

有时，离子载体和离子源之间没有明确的分界线，因为某些物种中的键可能同时具有离子性质和共价性质，例如基于多价阳离子的盐类，如 $CaBr_2$ 和 $AlCl_3$。因此，可以将离子载体和离子源两种类型视为同一类液态电解质，它们都需要溶剂分子协助解离。此外，当溶剂分子是大分子时，生成的电解质（固体聚合物电解质）宏观上可以呈现"固态"形式，但离子所处的微观局部环境仍然是"液态"的（Ⅱ，图 2.1 中路线 A）。

（Ⅲ）熔融盐，也被称为离子液体。与前两种类型不同，它们不需要溶剂的帮助，而是需要热量。通过加热，原本处于有序状态的中性物质晶格会坍塌，产生可自由移动的独立阳离子和阴离子。如果温度足够高，大多数离子载体都可以变成熔融盐电解质。例如，在 801℃下，NaCl 熔化并产生 Na^+ 和 Cl^-（Ⅲ，图 2.1 中路线 B）：

$$Na^+Cl^-（固态）\longrightarrow Na^+（液态）+Cl^-（液态） \tag{2.3}$$

某些含有有机阳离子（如咪唑类阳离子）的盐在相对较低的温度下就熔化了，即使在常温下也处于熔融状态，因此被称为"室温离子液体"或简称"离子液体"。请注意，熔融盐或离子液体仅由纯粹的阳离子和阴离子组成，没有任何溶剂分子，它们构成了一类独特的电解质，与离子载体或离子源明显不同，为水性电解质或非水性电解质建立的经典电解质理论和模型不再适用于它们。因此，近几十年来它们引起了大家强烈的研究兴趣。

值得注意的是，近年来对新盐的发现使研究人员能够通过在以前不可能的盐浓度范围内更广泛地组合溶质和溶剂来扩展电解质材料库。这些发现已经显著模糊了类型Ⅰ、类型Ⅱ和类型Ⅲ之间的界限。在这些所谓的"超浓电解质"中，高盐浓度实际上在传统的离子载体、离子源和离子液体之间创造了一个中间态。这些电解质中的溶剂量既不像离子载体和离子源那样丰富以至于可以近似地将其视为介电连续体，也不像离子液体那样贫乏以至于可以完全忽略。这种异常高的盐浓度导致了许多意想不到的性质，包括本体性质和界面性质。

（Ⅳ）无机固体电解质。无论是晶体还是非晶体，无机固体电解质都具有结构上的开放通道，使得离子能够移动。至少有一个离子物种（大多数情况下是阳离子，但偶尔也可能是阴离子）在化学上与多离子晶格解耦，通过热扰动在不同位置之间跳跃（Ⅳ，图 2.1）。这类电解质中的离子溶剂化和离子传输遵循明显不同于液态电解质的规律。

大多数电解质，无论是在科学研究还是日常生活中遇到的，属于前两种类型。根据电化学中采用的传统命名法，我们将这些离子载体或离子源称为"溶质"。离子载体和离子源都会在溶剂中溶解，形成溶液，通过解离或生成的离子移动导电，这些溶液被称为"电解质溶液"或简称"电解质"。

因此，电解质的研究实际上是对离子和溶剂分子之间相互作用的理解。它们对彼此运动方式的影响定义了它们在电化学装置中的大部分行为。传统电化学包括离子学（电解质内离子和溶剂分子的行为）和电极学（电解质/电极界面处离子和溶剂分子的行为），先进电池的出现超越了这些传统理论。例如，锂离子电池，在这种电池中电极的操作电位远离了电解质的热力学稳定极限，从而引入了新的组分，即在电极和电解质交汇的地方出现了界相。对界相的理解是对电解质知识库的最新补充[2-3]。

参考文献

[1] J. O.' M. Bockris and A. K. N. Reddy, *Modern Electrochemistry*, Plenum Press, New York, 2nd edn, 1998.

[2] K. Xu, Non-aqueous liquid electrolytes for lithium-based rechargeable batteries, *Chem. Rev.*, 2004, **104**, 4303–4417.

[3] K. Xu, Electrolytes and interphases in Li-ion batteries and beyond, *Chem. Rev.*, 2014, **114**, 11503–11618.

第 3 章
在本体电解质中：离子学

    离子学研究的是离子和溶剂分子在电解质溶液中的行为，包括离子与溶剂分子之间的相互作用（即离子 - 溶剂相互作用）和离子之间的相互作用（即离子 - 离子相互作用）以及它们在浓度梯度或外部电场作用下的运动。

    1923 年 Debye 和 Hückel 提出的离子 - 离子相互作用数学模型构成了离子学的核心知识[1]。该模型从一个基本的原子水平模型出发，通过一系列优雅的简化得出了若干可以实验验证的宏观量（如平均活度系数），并成功解释了一些已有的经验法则（如 Kohlrausch 的非线性电导率法则和 Lewis 的离子强度法则）。模型的简洁性和成功影响了后来的众多研究者，他们对原始的 Debye-Hückel 模型进行了改进，对离子 - 离子相互作用（如离子对、离子簇）、离子 - 溶剂相互作用（如溶剂化）和离子运动（如离子扩散率、迁移率、电导率）有了更深入的理解。因此，我们将围绕该模型学习离子学。

    然而，在深入探讨 Debye-Hückel 模型的数学细节之前，我们需要先了解一些基本且至关重要的概念以及该模型提出之前建立的几条经验法则。这将使我们能够充分领会 Debye-Hückel 模型的精妙之处。

3.1　溶剂分子：偶极子和介电介质

    水是地球上最常见的溶剂，因此最早对电解质的研究主要集中于"水系电解质"。

    单个水分子（H_2O）由两个氢（H）原子和一个氧（O）原子通过共价键结合而成。通常未显示的是氧原子上的孤对电子，这些电子形成一个与两个氢核共同构成的扭曲的四面体。由于孤对电子的排斥作用，两个 O—H 键之间的角度略微偏离了正常四面体的角度（109.28°），而约为 108°［图 3.1（a）］。由于氧和氢原子在吸电子能力（即电负性，氢为 2.20，氧为 3.40）上的巨大差异，O—H 键高度极化，大多数电子位于氧附近。考虑到两个 O—H 键之间的角度，水分子的整体极性可表现为部分负电荷和部分正电荷位于两个 O—H 键之间的角平分线上。换句话说，水分子可以简化为一个偶极子，其极性

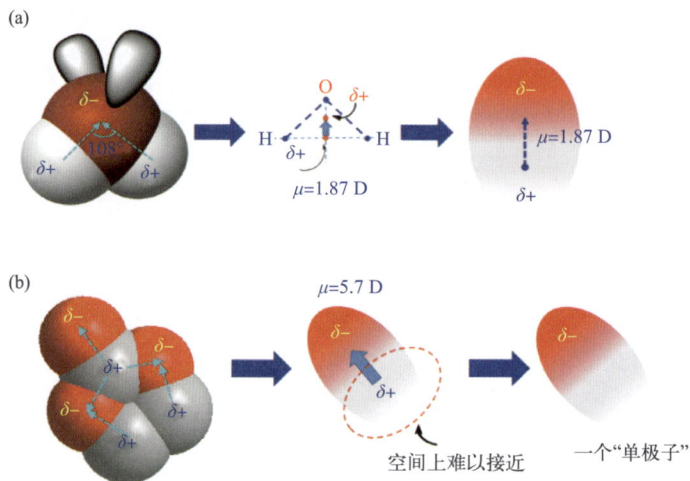

图 3.1 （a）地球上最常见的溶剂——水：水分子结构（左）、正负电荷的"重心"（中）及其等效偶极子（右）；（b）一种非水溶剂——碳酸乙烯酯，其偶极子的正端因其环结构受到空间阻碍，在电解质中表现得像一个仅能与阳离子相互作用的"单极子"

量化为 1.87 D（德拜）。这种简化在描述水分子如何与离子配位时对数学处理非常有用。

水分子是双极性的，其正负两端都暴露且易于被电荷接近 [图 3.1（a）]。这种正负两端的易接近性使其能够同时有效地与阳离子和阴离子相互作用，这也是水成为能够溶解大多数离子载体和离子生成物的优良溶剂的重要原因。

非水溶剂分子却通常缺乏这种双极性。一个典型的例子是碳酸乙烯酯（EC），它是锂离子电池中常用的溶剂。尽管由于碳氧在羰基构型中的强极化作用，其偶极矩比水更高，但其正端子被埋在环结构的中央。这样的空间阻碍使其成为一个事实上的"单极子"，与阳离子的相互作用远比与阴离子的相互作用更为强烈 [图 3.1（b）]。

其他非水溶剂分子，如醚类、腈类以及各种有机酸和无机酸的酯类，虽然不像碳酸乙烯酯那样的单极性，但它们通常更倾向于溶剂化阳离子而不是溶剂化阴离子。因此，非水性电解质中的主要溶剂化行为是针对阳离子的，而阴离子在大多数情况下保持相对自由。唯一的例外是一些被称为"阴离子受体"的有机化合物，它们由于其特殊设计的缺电子结构，会优先溶剂化阴离子。我们会在第 12 章末尾详细讨论这个问题。

3.2 介电常数：溶剂抵抗外电场的能力

人们很早就发现，如果用溶剂填充一对平板电极之间的真空空间，则测得的电场会减弱。显然，与真空相比，这些溶剂分子对施加的外部电场产生了一定的抵抗。这种抵抗来自于在施加外部电场时溶剂分子的偶极子重新定向，这种重新定向总是与施加的电场方向相反（图 3.2）[2]。

实验上，我们将这种行为定义为"介电"，并用介电常数（ε）量化它。介电常数是指真空场强（X_V）与填充了溶剂分子的空间场强（X_S）之间的比值：

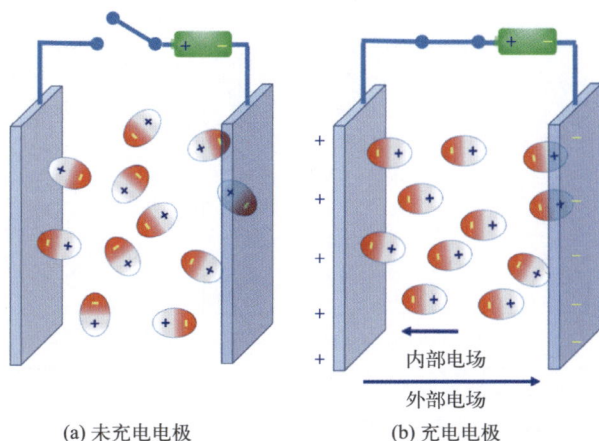

(a) 未充电电极　　　　　　　　(b) 充电电极

图 3.2　溶剂分子作为偶极子抵抗外部电场：（a）当电极未充电时，溶剂分子的偶极子随机取向；（b）当电场建立时，偶极子以其正负端指向相反电极的方式响应施加的电场。这样的排列诱发了一个与外部电场方向相反的内部电场，从而产生一种假象，即实际可测量的整体电场因这些溶剂分子的存在而"减弱"

$$\varepsilon = \frac{X_{\mathrm{v}}}{X_{\mathrm{s}}} \tag{3.1}$$

有时介电常数也被称为"介电率"。

为了方便，我们将真空的介电常数（ε_0）定义为 1.0，因此相对介电常数（ε_{r}）可以表示为：

$$\varepsilon_{\mathrm{r}} = \frac{\varepsilon}{\varepsilon_0} \tag{3.2}$$

表 3.1 列出了几种常见溶剂的介电常数。介电常数定义了溶剂分子在外部电场下的极化程度。

表 3.1　常见溶剂的介电常数

溶　剂	结　构	介电常数（25℃时，除非另有说明）
真空		1.0（定义）
水		78.4
碳酸乙烯酯		89.8（40℃）
碳酸丙烯酯		64.9
碳酸二甲酯		3.11

续表

溶 剂	结 构	介电常数（25℃时，除非另有说明）
碳酸甲乙酯		2.96
碳酸二乙酯		2.81
乙腈	$H_3C-C\equiv N$	37.5
甲醇		32.7
乙醇		24.3
乙二醇		37
二甲醚		5.02
二乙醚		4.33
乙二醇二甲醚		7.20
四氢呋喃		7.58
四甘醇二甲醚		7.79

　　作为一种优良的溶剂，水在已知溶剂中具有极高的介电常数。因此，溶剂的介电常数与其溶解溶质的能力之间存在某种关系。然而，这种关系并不是线性的，因为还有其他因素也会影响溶剂溶解溶质的能力。例如表 3.1 中列出的醚类，其介电常数相比大多数酯类并非更高，但它们都表现出了显著的溶解碱金属离子盐的能力，使其成为非水性电解质溶剂的常用选择。

　　与电导率类似，介电常数通常在交流（AC）条件而非直流（DC）条件下测量（第14 章将解释这种选择的原因），这意味着施加的外部电场方向在不断切换。虽然在大多数低频到中频范围内某种溶剂的介电"常数"确实保持为一个真正的常数，但在一个阈值区域上方，它会突然减少，超过该区域后只能保留原始介电常数值的一部分。对于水（图 3.3），这个阈值区域中心约为 10 GHz（1.0×10^{10} Hz）。

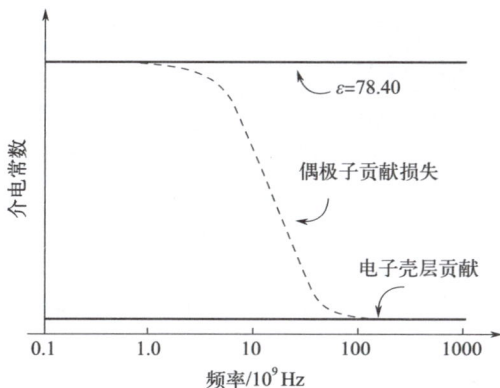

图 3.3　水的介电常数与频率的关系

这种转变意味着什么？当外部电场施加时，溶剂分子的偶极子会根据电场方向翻转并减弱电场强度，如图 3.2 所示。但如果外部电场方向切换过快，以至于溶剂分子无法跟上，其偶极子就无法及时排列以对抗电场，偶极子的贡献就会逐渐消失，直到完全失去。在高频值上，偶极子完全无法感知到交变电场，就好像它不存在一样。在这个频率下，只有外壳层中的电子仍能对施加的电场做出反应，但它们在低 / 中频率下时对介电常数的贡献只是极小一部分。对于水来说，这个高频区域约为 98 GHz，意味着水分子的最大翻转速度约为 1.02×10^{-11} s。

需要注意的是，迄今为止我们还没有在介电介质中引入任何离子。因此，介电常数本身代表的是纯溶剂而不是电解质的性质。然而，溶剂的介电常数描述了其对电场的反应能力，包括由单个离子引入的局部电场。换句话说，在微观层面，溶剂的介电常数量化了其分子通过偶极矩的定向极化后响应外电场的能力，这种分子层面的有序排列可削弱离子间的相互作用；在宏观层面，溶剂的介电常数则反映溶剂解离电解质盐并通过对离子溶剂化实现有效分离正负离子的能力。

稍后我们将看到，这一概念为 Debye 和 Hückel 提供了重要支持，他们在数学处理过程中将溶剂的作用简化为一个具有单一介电常数的介质。

3.3　溶质在溶剂中的解离：溶剂化鞘

我们现在来考虑一个典型的"离子载体"（ionophore）NaCl，它在像水这样的溶剂中溶解并形成电解质的过程是自发的（图 3.4），因此吉布斯自由能的变化（ΔG）必须满足：

$$\Delta G = \Delta H - T\Delta S < 0 \tag{3.3}$$

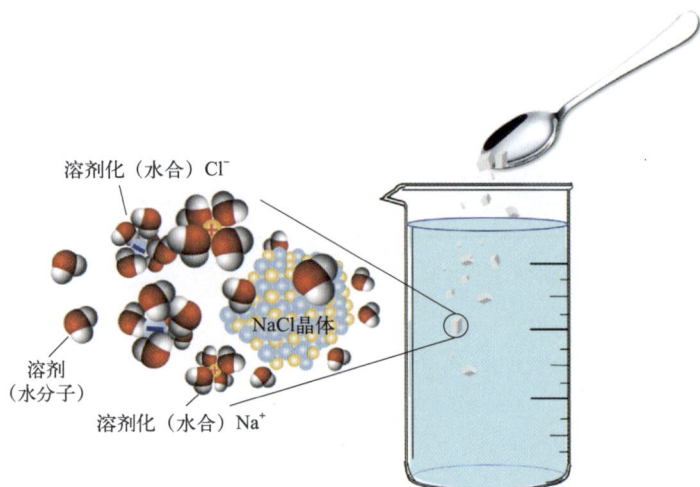

图 3.4 食盐（NaCl）在水中的溶解。在水中，稳定的 NaCl 晶格在其离子（Na^+ 和 Cl^-）与溶剂分子（水）的相互作用下解离。由于水分子的双极性，阳离子和阴离子都被溶剂化。这个过程是自发的，因为晶格能量通过焓和熵的贡献得到了补偿

这个溶解过程完全摧毁了 NaCl 的稳定晶格，所失去的晶格稳定能必须以某种方式获得补偿，以使 ΔG 为负。明显地，熵变（ΔS）对此有贡献，因为当 Na^+ 和 Cl^- 离开有序的晶格结构进入溶液时整个系统的混乱程度增加。此外，焓（ΔH）也有所贡献，因为当溶剂分子利用其偶极性质与离子相互作用时，偶极子正端与阴离子配位、负端与阳离子配位，每个离子通过与溶剂的这种相互作用稳定化。这种稳定化称为"溶剂化"（如果溶剂是水，则称为"水合"）。溶剂化（或水合）离子可以看作是一个新的独立的物种，因为溶剂分子通过库仑力与离子结合，形成了一个类似主客复合体的结构。这种结合确保了溶剂分子在离子进行平移运动时伴随离子一起运动。

离子 - 溶剂相互作用的一个直接结果便是形成了电解质的"溶剂化鞘"（solvation sheath）结构。Bernal 和 Fowler 提出了一个三层"溶剂化鞘"模型，包括一级溶剂化鞘、二级溶剂化鞘和本体溶剂分子（图 3.5）[3]。

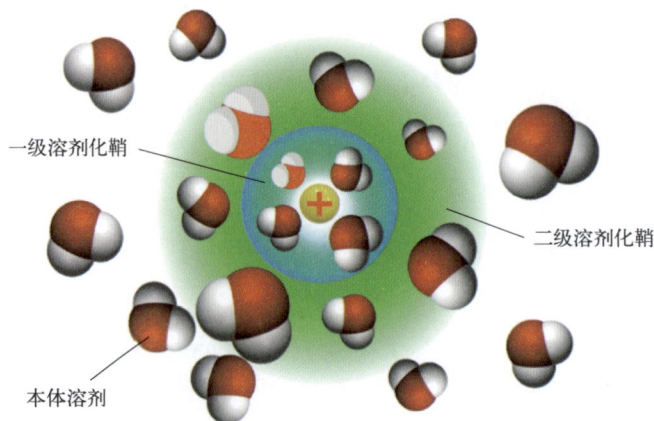

一级溶剂化鞘

二级溶剂化鞘

本体溶剂

图 3.5 Bernal 和 Fowler 提出的经典三层溶剂化鞘模型：中央离子和最内层溶剂分子构成一级溶剂鞘，紧邻的外层溶剂构成二级次溶剂鞘，最外面的溶剂为本体溶剂分子

一级溶剂化鞘由与中央离子紧密结合的溶剂分子组成。溶剂分子通过库仑力与离子结合，确保了这些分子在平移运动过程中在一定时间尺度上伴随离子一起移动。由于这种强关联和相对稳定性，一级溶剂化鞘中的溶剂分子和中央离子可以看作一个独立的物种，即溶剂化离子（或水合离子）。一级溶剂化鞘中的平均溶剂分子数量称为"溶剂化数"。

一级溶剂化鞘外的溶剂分子距离中央离子足够近，以至于能够感受到中央离子施加的电场，因此它们的偶极子或多或少地朝向中央离子；但它们还没有近到足以与中央离子在其平移运动过程中紧密关联。这一溶剂分子层构成了二级溶剂化鞘。二级溶剂化鞘中的溶剂分子由于其偶极子仍部分朝向中央离子，与本体中的溶剂分子有所不同，它们被称为"结构破坏"层，意即它们破坏了本体溶剂的原始结构。

需要强调的是，图 3.5 中所暗示的一级溶剂化鞘的稳定结构可能具有误导性，因为它的稳定性是动态的而非静态的。特定的个体溶剂分子可能只在中央离子周围停留极短时间，然后会被其他溶剂分子替代，这一交换极快地进行，以维持中央离子的一级溶剂化鞘和二级溶剂化鞘的完整状态[4]。从这个意义上说，一级溶剂化鞘的稳定性是时间平均的。即使是和中央离子相互吸引最强，分子也会与二级或本体层的溶剂分子非常快速地交换位置，这一交换的时间尺度在皮秒（ps，10^{-12}s）级。

因此，只有快速光谱工具，如红外光谱或拉曼光谱与快速傅里叶变换，才能区分不同溶剂化状态中的溶剂分子；而时间分辨率较低的光谱方法，如 X 射线散射和吸收光谱、核磁共振（NMR）等，只能在电解质中看到一种类型的溶剂分子，这一类型实际上是所有不同化学环境中分子对光谱的平均反应。

3.4　重新审视介电常数：如何受离子影响及其意想不到的应用

了解了溶剂化鞘的概念后，我们现在重新审视介电常数，并考虑当引入溶质（离子）后溶剂分子是如何对外部电场做出响应的。如前所述，极性溶剂分子如水可以简化为一个偶极子，其方向要么朝向外部电场（图 3.2），要么朝向与其相互作用的离子（图 3.6）。当外部电场和离子同时存在时，溶剂分子显然必须在两个电场之间做出选择。

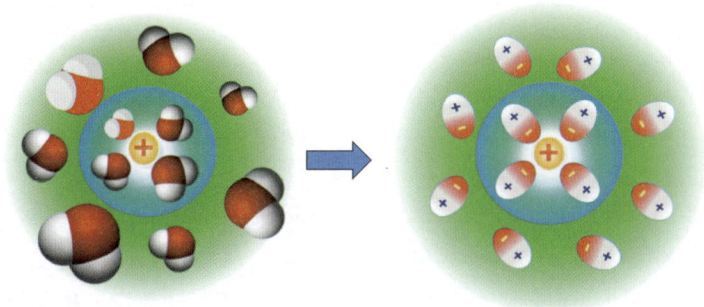

图 3.6　极性水分子在简化的溶剂化鞘结构中可以看作简单的分子偶极子，如同它们处于一对外部电极产生的电场中

　　一级溶剂化鞘中的溶剂分子处于离子的近邻，当施加外部电场时它们不太可能改变偶极子的方向。这些分子被认为处于"介电饱和"状态。作为另一个极端，本体中的溶剂分子几乎不受中央离子电场影响，它们应该犹如没有任何离子存在的情况下那样自由行动，亦即仿佛它们处于无电解质溶质的纯溶剂中。中间状态是二级溶剂化鞘层中的溶剂分子，它们可能会根据其在电极之间的位置对两种电场同时做出反应。总体而言，由于离子的存在，溶剂分子偶极子取向的混乱程度增加了。因此，溶液中引入离子所造成的净结果是响应外部电场的溶剂分子减少了，亦即施加的电场遇到的阻力减少了［图 3.7（a）（b）］。

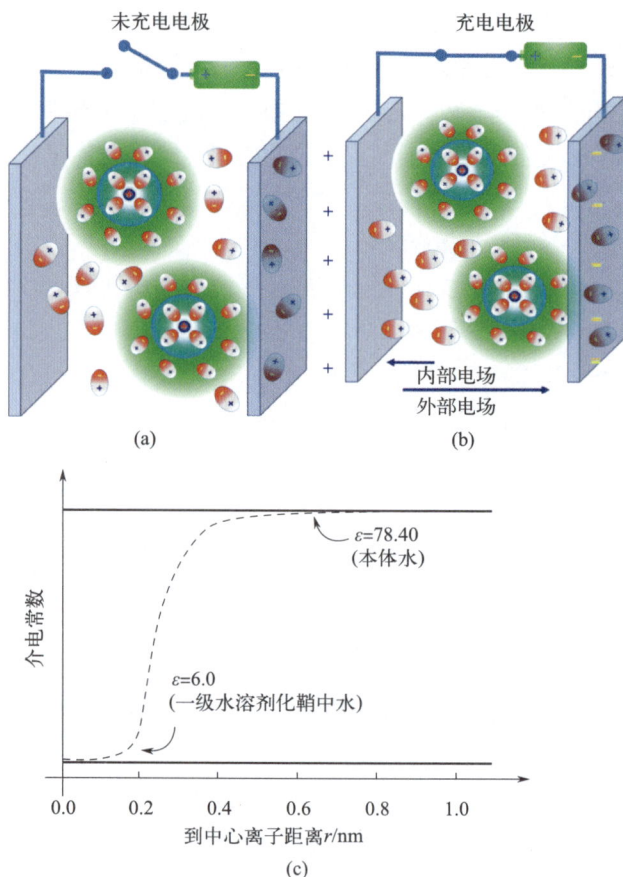

图 3.7　电解质中的离子存在减少了响应施加外部电场的溶剂分子偶极子的数量，那些在一级溶剂化鞘中与离子密切相互作用的溶剂分子被认为是"介电饱和"的，为了清楚起见图中仅显示阳离子：（a）由于离子吸引到溶剂化鞘中，电解质中本体部分的分子偶极子数量减少；（b）施加外部电场时，只有本体中的分子偶极子可以有效响应并对齐外部电场，产生一个较弱的内部电场；（c）介电常数与位于 $r=0$ 处中央离子距离的关系

　　通过这一逻辑推理，我们现在建立了电解质的介电常数（通过实验相对容易测量）与仍然能响应外部电场的溶剂分子数量之间的关系。从后者可以推算出由于位于一级溶剂化鞘内而不再响应外部电场的溶剂分子数量。这正是上一节定义的重要参数，即"溶剂化数"，它本来是很难直接通过实验测量的。而现在，我们获得了一个可以通过电解

质的介电常数测量溶剂化数的意想不到的方法。

Hasted 等分析了上述电解质溶液中介电常数与溶剂化之间的关系[5]，发现 1 M❶ 盐浓度下这些电解质的总体介电常数减少了 10% ～ 20%。假设在溶剂化过程中一级溶剂化鞘内的水分子依然能贡献一个介电常数为 6 的值（这是从完全无本体水存在的极端浓度估算的），他们推导出电解质介电常数的简单公式：

$$\varepsilon_{soln} = 80 \times \frac{55 - c_i n_i}{55} + 6 \times \frac{c_i n_i}{55} \tag{3.4}$$

式中，右侧第一项代表"一级溶剂化鞘外"本体水分子的贡献，第二项代表"一级溶剂化鞘内"水分子的贡献，n_i 是"一级溶剂化鞘内"的水分子总数，c_i 是溶液浓度，80 和 55 分别代表本体水的介电常数和水分子的总数（以摩尔为单位）。

当然，公式（3.4）仅在有足够水分子形成完整的溶剂化鞘时适用。换句话说，在浓缩电解质或超浓缩电解质中，当水与离子的比例超过某一阈值时，介电常数为 80 的"本体水"和介电常数为 6 的"溶剂化鞘内的水"之间的差异逐渐消失。这些电解质中的水分子将全部成为"溶剂化环境"的一部分，不再表现为本体或溶剂化鞘。

表 3.2 给出了以这种方式获得的一系列碱金属阳离子（M^+）和一些二价金属阳离子（M^{2+}）的水合数。需要注意的是，通常 M^{2+} 离子的水合数远高于 M^+ 离子，因为它们的电荷是后者的 2 倍，需要更多的溶剂分子来稳定。

表 3.2　通过介电常数测量获得的水合数

离子	H^+	Li^+	Na^+	K^+	Rb^+	Mg^{2+}	Ba^{2+}	La^{2+}
溶剂化数	10	6	4	4	4	14	14	22

公式（3.4）揭示，在电解质中，溶剂分子将只有两种极端介电常数（本体的 80 和一级溶剂化鞘的 6）。这显然是一个过度的简化。正如上面所提到的，二级溶剂化鞘中的溶剂分子处于中间状态，其对介电常数的贡献也应介于这两个极端之间。后来，Conway 等人提供了更严格的数学表达，描述了水分子介电常数如何随它在溶剂化中的位置而变化 [图 3.7 （c）][10]。

3.5　活度系数、离子强度和一些经验定律

如第 1 章所述，现代电解质概念的诞生很大程度上归功于热力学的进步，尤其是所谓"依数性"概念的发现。讽刺的是，对电解质的进一步理解表明电解质的性质如离子导电性其实并不遵循依数性法则；相反，大多数电解质性质偏离了依数性法则，尤其是在高溶质浓度下。

---

❶ "M"的含义见缩略语表，下同。——译者注

3.5.1　活度系数

19 世纪末，人们注意到溶液的某些性质与溶质的量有关，而与溶质的性质无关，如熔点降低、沸点升高、蒸气压降低和渗透压的产生。1891 年，Ostwald 造出了"依数性"这个术语描述这个现象，以区别于那些确实依赖粒子本身化学结构的"构造性质"（constitutional properties）。构造性质是指物质性质依赖于其组分的化学特性，不会因为物质的量发生变化，如熔点、沸点和蒸气压本身；或依赖于构造粒子的"加和性质"，如质量、重量或摩尔数[6]。"依数性"这个词源于拉丁语"colligatus"（绑定在一起），意思是这些性质具有与粒子数量相关的共同特征，而与其各自的物理或化学性质无关。

很快，人们发现并非所有溶质都表现得一样。例如，在相同浓度下，蔗糖溶液和 NaCl 溶液的依数性性质显著不同，这表明 NaCl 产生的粒子数量远多于蔗糖。结合 NaCl 溶液导电而蔗糖溶液不导电的事实，很明显，NaCl 溶解时发生了某些事情，产生了 Faraday 定义的离子。这一观察导致了前述章节中有所讨论的对离子载体（ionophore）解离成离子的认识。Arrhenius 对盐解离的系统研究纠正了 Faraday 早先提出的离子需要电流才能产生的观点，并因此在 1903 年获得诺贝尔化学奖[7]。

然而，一个新问题很快出现。即使在较低溶质浓度下，这些电解质溶液的性质也不完全符合依数性法则。在电解质的电导率研究中，Ostwald 和 Arrhenius 试图通过解释某些溶质没有完全解离成离子来说明这种偏离现象，这适用于如乙酸这样的离子源型（ionogen）电解质，但这一修正仍然无法解释那些已知能在水中完全解离的溶质的偏离现象。

按照热力学中对依数性性质的经验处理方法，上述偏离可以用一种称为活度（a）的表观溶质浓度来处理，使得依数性法则仍然看起来是遵循的。溶质浓度 c 与活度 a 之间的比率称为活度系数（γ）：

$$a = \gamma c \tag{3.5}$$

在理想电解质溶液中所有离子的活度系数都等于 1.0，因此，化学计量浓度与活度没有区别。由于单一离子的活度系数无法通过实验测量（因为不可能有仅形成含单一离子电解质溶液的情形），人们定义了平均活度系数（$\gamma_{\pm}$）：

$$\gamma_{\pm} = \sqrt{\gamma_{+}\gamma_{-}} \tag{3.6}$$

对于化学式为 A_nB_m 的电解质，其平均活度系数为：

$$\gamma_{\pm} = \sqrt[n+m]{\gamma_A^n \gamma_B^m} \tag{3.7}$$

需要注意的是，活度系数仅通过引入一个人为的量来修正电解质性质偏离依数性法则的情况，这并不能从分子层面上解释为何会发生这种偏离。然而，它为 Debye-Hückel 模型奠定了基础，因为该量将出现在他们的数学推导中，验证其成功性。

3.5.2　Kohlrausch 的非线性定律与离子的独立运动

在 20 世纪初期，研究人员相信存在两种类型的电解质——"强电解质"和"弱电解质"。当时，他们并未将高温熔盐视为一种独特的电解质类型，因为直到 20 世纪 50 年代后期人们才知道室温熔盐（或离子液体）的存在。按照 Arrhenius 理论，这里的"强电解质"和"弱电解质"是根据溶质解离的完成程度区分的。强电解质解离程度高，则具有更高的离子浓度，因此可以提供比弱电解质更高的电导率。

当将强电解质的电导率（σ）对溶质浓度进行归一化处理时，我们得到一个新的量，即摩尔电导率：

$$\Lambda_m = \frac{\sigma}{c} \tag{3.8}$$

Kohlrausch 发现所得的摩尔电导率（Λ_m）与溶质浓度（c）呈非线性关系[8]：

$$\Lambda_m = \Lambda_m^0 - K\sqrt{c} \tag{3.9}$$

式中，Λ_m^0 是无限稀释时的摩尔电导率（$c \approx 0$），也称为极限摩尔电导率，它可以从上述方程外推至零浓度得到；K 是 Kohlrausch 常数，主要取决于溶液中所用盐的化学性质。

Kohlrausch 定律是从实验结果中提取的，因此完全是经验性的。然而，其基本机理是离子-离子的相互作用实际上阻碍了离子传输，因此当溶质浓度接近零时，摩尔电导率达到最大值。

一个更为著名的衍生定律被称为 Kohlrausch 独立离子迁移定律[8]。该定律指出，在稀释状态下，阳离子和阴离子彼此自由移动，互不相干。因此，摩尔电导率可以视为单个离子对于电导所做的独立贡献。

这两条定律都仅在低电解质浓度下有效，并且都可以通过对 Debye-Hückel 模型的适当简化推导出来。

3.5.3 离子强度与 Lewis-Randall 经验定律

当 Lewis 和 Randall 检视"强电解质"（如 NaCl）的活度系数时，他们意识到偏离理想行为的程度是如此之大，以至于再不能用 Arrhenius 的部分解离假说解释[9]。鉴于 NaCl 溶液比"弱电解质"（如乙酸）溶液导电性强得多，Lewis 和 Randall 认为这种偏离肯定是由这些强电解质中的强"电动力"（electromotive force）引起的，这种强"电动力"指强电解质中相反离子的强相互作用。NaCl 中相反电荷离子的浓度远高于乙酸之间，因此 NaCl 相反离子的相互作用也就比乙酸相反离子的相互作用强。这一行为会对依数性性质产生重大影响。电解质溶液的"离子性"越强（即电解质的离子解离程度越高），这些性质就越偏离依数性行为。

为了量化电解质溶液的"离子性"，Lewis 和 Randall 创造了一个新量，称为"离子强度"（I）：

$$I = \frac{1}{2}\sum_{i=1}^{n} c_i z_i^2 \tag{3.10}$$

式中，c_i 和 z_i 分别表示每个单个离子的浓度和价态[9]。显然，多价离子对电解质的离子性有更高的影响。

例如，1 M NaCl 溶液在水中的离子强度为 1.0：

$$I_{NaCl} = \frac{1}{2}\sum_{i=1}^{n} c_i z_i^2 = \frac{1}{2}\left[c_{Na}z_{Na}^2 + c_{Cl}z_{Cl}^2\right] = \frac{1}{2}\left[(1\times1^2)+(1\times1^2)\right] = 1.0 \tag{3.11}$$

而 1 M MgCl$_2$ 溶液和 CaSO$_4$ 溶液（假设它们完全解离）会分别将离子强度增加到 3.0 和 4.0：

$$I_{MgCl_2} = \frac{1}{2}\sum_{i=1}^{n} c_i z_i^2 = \frac{1}{2}\left[c_{Mg}z_{Mg}^2 + c_{Cl}z_{Cl}^2\right] = \frac{1}{2}\left[(1\times2^2)+(2\times1^2)\right] = 3.0 \tag{3.12}$$

$$I_{CaSO_4} = \frac{1}{2}\sum_{i=1}^{n} c_i z_i^2 = \frac{1}{2}\left[c_{Ca}z_{Ca}^2 + c_{SO_4}z_{SO_4}^2\right] = \frac{1}{2}\left[(1\times2^2)+(1\times2^2)\right] = 4.0 \tag{3.13}$$

相比之下，超浓盐电解质水溶液，如由 21 m[1]（或 4.9 M）双三氟甲烷磺酰亚胺锂（LiTFSI）在水中组成的"盐包水电解质"（water-in-salt electrolyte，WiSE），其离子强度为 5.5：

$$I_{WiSE} = \frac{1}{2}\sum_{i=1}^{n} c_i z_i^2 = \frac{1}{2}\left[c_{Li}z_{Li}^2 + c_{TFSI}z_{TFSI}^2\right] = \frac{1}{2}\left[(4.9\times1^2)+(4.9\times1^2)\right] = 5.5 \tag{3.14}$$

最浓的水溶性电解质可能是"63 摩尔电解质"，它是由 42 m（或 3.33 M）双三氟甲烷磺酰亚胺锂（LiTFSI）和 21 m（1.67 M）四乙基双三氟甲烷磺酰亚胺铵（TEA-TFSI）组成的混合电解质，其离子强度为 5.0：

$$I_{63m} = \frac{1}{2}\sum_{i=1}^{n} c_i z_i^2 = \frac{1}{2}\left[c_{Li}z_{Li}^2 + c_N z_N^2 + c_{TFSI}z_{TFSI}^2\right]$$
$$= \frac{1}{2}\left[(3.33\times1^2)+(1.67\times1^2)+(5.0\times1^2)\right] = 5.0 \tag{3.15}$$

公式（3.14）和公式（3.15）的离子强度告诉我们，给定电解质的离子性程度不仅由溶质的浓度决定，而且在更大程度上由这些离子所携带的电荷决定。电解质的离子强度实际上与电解质中离子 - 离子相互作用的强度有关。就像活度系数一样，离子强度稍后也会体现在 Debye 和 Hückel 的数学推导中。

除了活度系数和离子强度外，由实验学家建立的一些经验法则也为 Debye-Hückel 模型提供了有力的证据支撑。因此，我们有必要在这里简要讨论它们（关于离子电导率的详细讨论将在后续电解质离子传输行为的章节中进行）。

离子强度实际上是离子引入的电场的衡量标准。其对电解质偏离理想依数性性质的影响通过 Lewis 经验法则表达出来。

根据他们对实验数据的广泛测量和分析，Lewis 和 Randall 建立了一种经验关系，其中平均活度系数与离子强度的平方根成线性关系：

$$\lg \gamma_{\pm} = -C\sqrt{I} \tag{3.16}$$

---

[1] "m"的含义见缩略语表，下同。——译者注

式中，C 是给定溶质 - 溶剂体系的常数。与 Kohlrausch 的非线性和独立运动定律一样，这种关系也仅在非常稀的强电解质（<0.01 M）范围内适用。

迄今为止，我们已经讨论了一系列基本概念和经验定律，并提到了这些概念和定律将在 Debye 和 Hückel 的数学描述中直接体现或得到验证。接下来，我们将详细探讨 Debye 和 Hückel 如何通过自下而上的方法对电解质进行数学描述所做的努力。

参考文献

[1] P. Debye and E. Hückel, Zur Theorie der Elektrolyte. I. Gefrierpunktserniedrigung und verwandte Erscheinungen, *Phys. Z.*, 1923, **24**, 185–206.
[2] J. O'M. Bockris and A. K. N. Reddy, *Modern Electrochemistry*, Plenum Press, New York, 2nd edn, 1998.
[3] J. D. Bernal and R. H. Fowler, A Theory of Water and Ionic Solution, with Particular Reference to Hydrogen and Hydroxyl Ions, *J. Chem. Phys.*, 1933, **1**, 515–548.
[4] O. Borodin, J. Self, K. Persson, C. Wang and K. Xu, Uncharted waters: super-concentrated electrolytes, *Joule*, 2020, **4**, 69–100.
[5] J. B. Hasted, D. M. Ritson and C. H. Collie, Dielectric properties of aqueous ionic solutions, *J. Chem. Phys.*, 1948, **16**, 1–21.
[6] W. Ostwald, *On catalysis*, Nobel Lecture, 12 December 1909, https://www.nobelprize.org/prizes/chemistry/1909/ostwald/lecture/.
[7] S. Arrhenius, *Development of the theory of electrolytic dissociation*, Nobel Lecture, 11 December 1903, https://www.nobelprize.org/uploads/2018/06/arrhenius-lecture.pdf.
[8] F. Kohlrausch, *Leitvermögen der Elektrolyte*, Benedictus Gotthelf Teubner, Leipzig, 1898.
[9] G. N. Lewis and M. Randall, *Thermodynamics and the Free Energy of Chemical Substances*, McGraw-Hill Book Co., New York, 1st edn, 1923.
[10] B. E. Conway, The temperature and potential dependence of electrochemical reaction rates, and the real form of Tafel Equations, in *Modern Aspects of Electrochemistry*, Plenum Press, New York and London, 1985, vol. 16.

第 4 章
离子间作用力的量化：Debye-Hückel 理论

与之前的研究不同，Debye 和 Hückel 首次尝试通过严谨的数学方法，从原子层面逐步推导以揭示强电解质的行为，而不是仅凭经验去总结实验数据。他们在 20 世纪 20 年代做出的开创性贡献，成功建立了将分子层面特征与宏观可观察量联系起来的数学模型。尽管该模型有许多瑕疵和过度简化的地方，但它为现代电解质溶液中非理想行为的机制提供了初步认识。

4.1　离子氛

Arrhenius、Ostwald、Lewis 和 Kohlrausch 早期通过观察发现，强电解质的行为与依数性定律所预测的理想行为存在显著偏离。Debye 和 Hückel 准确地推测出这种偏离是由离子间相互作用引起的。因此，他们的主要任务是建立一个数学模型，描述带相反电荷的离子如何分布[1]。

他们首先假设，所有离子都可以看作点电荷（z_1e_0, z_2e_0, $\cdots$, z_ie_0），并且任意两个离子之间的相互作用必须遵循库仑定律：

$$F = \frac{z_1 z_2 e_0^2}{4\pi\varepsilon_0 \varepsilon_r r^2} \tag{4.1}$$

式中，F 代表库仑力（在本书的大部分内容中，F 用于表示 Faraday 常数，除非另有说明）。需要注意的是，在这个假设中，溶剂分子的作用被简化为一个没有结构的介电连续体，并用介电常数 ε_r 表示。

因此，在一个阳离子周围有很大概率找到阴离子，而在一个阴离子周围也很有可能会遇到阳离子 [图 4.1（a）]。这些库仑力的总和将决定阳离子和阴离子在整个电解质溶液中的空间分布。

这听上去很简单，但需要意识到，即使是极度稀释的强电解质，例如 0.001 M 浓度的

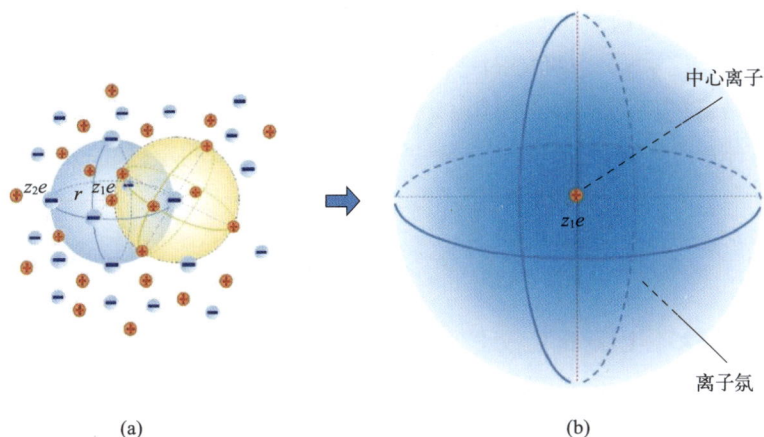

(a)　　　　　　　　　　　　　　　　　(b)

图 4.1　Debye 和 Hückel 采用了一种核心简化方法，将多体问题简化为两体问题：（a）库仑力决定了电解质溶液中离子的整体分布，每个阳离子或阴离子都被带相反电荷的离子包围，形成一个三维的多体系统；（b）整个电解质溶液可以简化为一个二体问题，即单一的中心离子被一个离子氛包围

NaCl 水溶液，在如此低的浓度下，每立方厘米的溶液中钠离子和氯离子总数仍然高达 $2 \times 0.001 \times 0.001 \times 6.02 \times 10^{23} = 1.20 \times 10^{18}$ 个！即使我们已经知道控制每对离子之间相互作用的定律［公式（4.1）］，但如此庞大的数量使得单独处理每个离子对然后再加和几乎不可能。从数学上来说，这是一个典型的"多体问题"，一旦物体数量超过 3 个，就无法得到解析解。因此，必须采用近似方法。

　　为了解决这一难题，Debye 和 Hückel 提出了一个大胆而巧妙的近似方法。他们将整个电解质溶液视为一个由中心离子及其周围环境组成的简单二元体系。在这一简化模型中，除了中心离子外，其他所有离子都被视为失去各自独立性而融合为一个弥散的整体［图 4.1（b）］。

　　如果中心离子的电荷为 $z_i e_0$，那么它的"周围弥散环境"必须具有净电荷 $-z_i e_0$，以保持整个溶液的电中性。因此，Debye 和 Hückel 把计算整个离子群体空间分布这一几乎无法解决的多体数学难题简化为一个相对简单的二体模型，即只需考虑 $-z_i e_0$ 电荷在空间中的分布。

　　这个 $-z_i e_0$ 电荷在中心离子周围是均匀分布的吗？

　　当然不是。可以想象，在中心离子附近，带相反电荷出现的概率较高；而随着距离的增加，这一概率逐渐减小。因此，$-z_i e_0$ 的电荷会在周围环境中弥散开，形成所谓的"离子氛"［图 4.1（b）］。

　　现在，Debye 和 Hückel 面临的核心问题转变为如何推导出一个严格的数学模型，来描述中心离子周围的连续电荷分布。为此，他们采取了并行方法，利用 Poisson 方程和 Boltzmann 分布函数来分别描述电荷分布，并将二者结合，得出了合理的解决方案。

4.2　遵循 Poisson 方程的离子氛空间分布

　　如图 4.1(b) 所示，我们现在面临的问题是关于带电荷 $z_i e$ 的中心离子周围负电荷 $-z_i e$

的空间分布。为简化问题，我们可以将中心离子置于一个球形环境中，使得在距离中心离子 r 处的电荷密度（ρ_r）具有球对称性。因此，我们需要研究 ρ_r 随 r 的变化情况。由于库仑力决定着 ρ_r 的空间分布，我们设 r 处的静电势为 ψ_r、r 处的电场为 X_r。

鉴于该球体是一个封闭空间，依据高斯定律，该空间表面通过的净电通量（$\varPhi_E$）等于该封闭表面内总电荷（Q）除以介电常数：

$$\varPhi_E = \frac{Q}{\varepsilon_0 \varepsilon_r} \tag{4.2}$$

通量 $\varPhi_E$ 实际上是电场在点 r 处的面积分，即电场（X_r）乘以 r 处球体的表面积：

$$\varPhi_E = X_r \cdot 4\pi r^2 \tag{4.3}$$

球体内的总电荷可以通过对从 0 到 r 范围内电荷密度 ρ_r 进行空间积分计算，前提是假设中心离子是一个没有尺寸的点电荷。

$$Q = z_i e_0 + \int_0^r 4\pi r^2 \rho_r \, \mathrm{d}r \tag{4.4}$$

结合方程（4.2）～方程（4.4），我们可以得到：

$$X_r \cdot 4\pi r^2 = \frac{1}{\varepsilon_0 \varepsilon_r}\left(z_i e_0 + 4\pi \int_0^r r^2 \cdot 4\pi \rho_r \, \mathrm{d}r\right) \tag{4.5}$$

接着，我们可以对方程（4.5）进行简单的重排，得到：

$$r^2 X_r = \frac{1}{\varepsilon_0 \varepsilon_r 4\pi}\left[z_i e_0 + (4\pi)^2 \int_0^r r^2 \rho_r \, \mathrm{d}r\right] \tag{4.6}$$

同时，根据静电势 ψ_r 的定义，可以得到：

$$\psi_r = -\int_\infty^r X_r \, \mathrm{d}r \tag{4.7}$$

把方程（4.7）的两边分别对变量 r 求导，从而得到电场的表达式：

$$X_r = -\frac{\mathrm{d}\psi_r}{\mathrm{d}r} \tag{4.8}$$

通过将方程（4.8）代入方程（4.6），我们可以得到一个描述 ρ_r 与 ψ_r 之间关系的微分方程：

$$r^2 \frac{\mathrm{d}\psi_r}{\mathrm{d}r} = -\frac{4\pi}{\varepsilon}\int_0^r r^2 \rho_r \, \mathrm{d}r \tag{4.9}$$

若对两边关于 r 分别求导，则可以将其转化为公式（4.10）：

$$\frac{\mathrm{d}}{\mathrm{d}r}\left(r^2 \frac{\mathrm{d}\psi_r}{\mathrm{d}r}\right) = -\frac{4\pi}{\varepsilon} r^2 \rho_r \tag{4.10}$$

对方程（4.10）进行重新排列，我们得到著名的 Poisson 方程，它描述了图 4.1 中球对称空间中 $-z_i e$ 电荷的分布：

$$\frac{1}{r^2}\frac{\mathrm{d}}{\mathrm{d}r}\left(r^2 \frac{\mathrm{d}\psi_r}{\mathrm{d}r}\right) = -\frac{4\pi}{\varepsilon} \rho_r \tag{4.11}$$

4.3　遵循 Boltzmann 方程的离子氛空间分布

Poisson 方程描述了离子氛中 ρ_r 和 ψ_r 之间的关系。然而，尽管它看起来很漂亮，但它却没有提供任何可以通过实验测量验证的有用量。因此，Debye 和 Hückel 尝试将这些量与我们已知或可测量的参数联系起来，例如定义离子总数的溶质浓度。这里他们借鉴了 Boltzmann 的统计分布定律。

考虑一个距离中心离子 r 处的微小体积元 dV（图 4.2）。根据前一节的假设，这个小体积内的电荷密度遵循 Poisson 方程。在该体积内，过剩电荷密度 ρ_r 应为所有正负离子之和：

$$\rho_r = \sum n_i z_i e_0 \tag{4.12}$$

式中，n_i 和 z_i 分别是体积元中每种离子的数量和价态，e_0 是电子电荷。

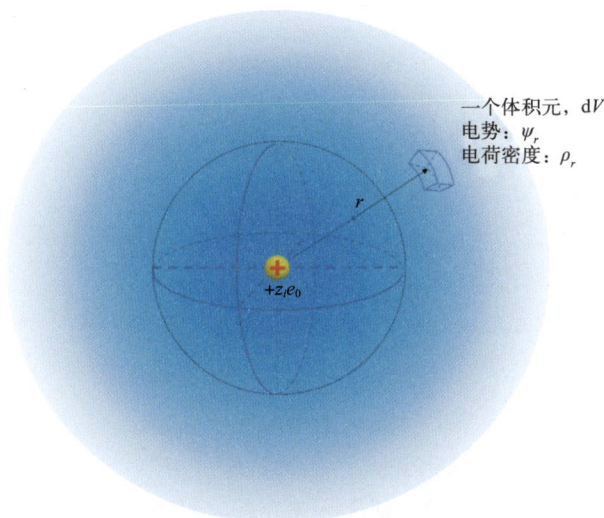

一个体积元，dV
电势：ψ_r
电荷密度：ρ_r

$+z_i e_0$

图 4.2　离子氛中距离中心离子 r 处的体积元，该中心离子带有 $+z_i e_0$ 的电荷，电势为 ψ_r，过剩电荷密度为 ρ_r

换句话说，如果我们将体积元设为单位体积（即浓度定义为单位体积中的离子数量），那么 n_i 就代表该离子的浓度。需要注意的是，我们已知本体离子浓度 n_i^0，因为它等于溶质浓度（对于强电解质来说）。然而，由于离子之间存在相互作用：

$$n_i^0 \neq n_i \tag{4.13}$$

换句话说，离子之间的相互作用包括异性离子之间的吸引力和同性离子之间的排斥力，会阻碍离子的均匀分布。这种不均匀分布所产生的库仑力导致 n_i^0 和 n_i 之间形成了一个电势差（U）。

在这里，我们引入经典统计力学中的 Boltzmann 分布定律，它定义了 n_i^0 与 n_i 之间的关系：

$$n_i = n_i^0 e^{-\frac{U}{k_\text{B} T}} \tag{4.14}$$

式中，k_B 是玻尔兹曼常数，T 是绝对温度。当 $U=0$，$n_i^0=n_i$。

例如，在没有离子 - 离子相互作用的情况下，体积元中所有离子的浓度应与溶质的本体浓度相同。由于 n_i^0 和 n_i 之间的势能本质上是库仑势能，根据定义，U 应为：

$$U = z_i e_0 \psi_r \qquad (4.15)$$

此时，Boltzmann 分布定律变为：

$$n_i = n_i^0 e^{-\frac{z_i e_0 \psi_r}{k_B T}} \qquad (4.16)$$

使用这个表达式来表示 n_i，我们可以将过剩电荷密度 ρ_r 表示为：

$$\rho_r = \sum_i n_i z_i e_0 = \sum_i n_i^0 z_i e_0 e^{-\frac{z_i e_0 \psi_r}{k_B T}} \qquad (4.17)$$

在这里，我们必须牢记 n_i^0 是已知的体相溶质浓度，n_i 代表体积元中离子的实际数。终于，我们将距离中心离子 r 处体积元中的过剩电荷密度（ρ_r）与我们可以实验测量的量联系起来了。

4.4　Boltzmann 方程的线性化

为了进一步做出简化，Debye 和 Hückel 提出了一个重要的假设。他们认为，平均静电势 ψ_r 应远小于热能 $k_B T$，即：

$$z_i e_0 \psi_r \ll k_B T \quad 或 \quad \frac{z_i e_0 \psi_r}{k_B T} \ll 1 \qquad (4.18)$$

这个假设有什么物理意义呢？从量纲上可以很容易看出，$k_B T$ 和 $z_i e_0 \psi_r$ 这两个因子都是能量。前者 $k_B T$ 代表粒子（包括离子、溶剂分子）的热能，在统计热力学中，它驱使粒子进行无规运动，以达到最大熵（或最大无序程度）；后者 $z_i e_0 \psi_r$ 代表一个带电粒子在跨越电势差 ψ_r 时所做的功。由于该电势差由中心离子产生，电势差越强，中心离子就越能让周围的其他离子按该电场有序排列。换句话说，$z_i e_0 \psi_r$ 代表了中心离子以电场干扰这些粒子无序热运动的能力。

在所有电解质溶液中，每个离子都在上述两个相反因素的作用下运动和排列，而达到平衡后的离子分布正是 Debye 和 Hückel 试图用数学描述的目标。公式（4.18）包含的假设表明，Debye 和 Hückel 认为单个离子所产生的电场不足以对离子的无规热运动产生决定性影响，热运动仍占主导地位。该假设在极度稀释的电解质溶液中成立，但随着离子浓度的升高，中心离子周围局部的电势差增强，这一假设将逐渐失去合理性。

尽管存在上述局限性，公式（4.18）的假设仍给我们带来了数学上的便利，即我们可以将 Boltzmann 方程线性化。在该中心离子弱电场的假设下，Boltzmann 分布方程 [方程（4.17）] 的指数部分可以展开为 Taylor 级数：

$$e^{-\frac{z_i e_0 \psi_r}{k_B T}} = 1 - \frac{z_i e_0 \psi_r}{k_B T} + \frac{1}{2}\left(\frac{z_i e_0 \psi_r}{k_B T}\right)^2 + \cdots \qquad (4.19)$$

在合理近似下，我们可以忽略 Taylor 级数中前两项之后的项，因此 Boltzmann 分布简化为：

$$\rho_r = \sum_i n_i^0 z_i e_0 \left(1 - \frac{z_i e_0 \psi_r}{k_B T}\right) = \sum_i n_i^0 z_i e_0 - \sum_i \frac{n_i^0 z_i^2 e_0^2 \psi_r}{k_B T} \tag{4.20}$$

式中，第一项实际上代表了整个电解质中存在的电荷，然而由于电解质是电中性的，这一项应该为零。现在我们剩下的就是：

$$\rho_r = -\sum_i \frac{n_i^0 z_i^2 e_0^2 \psi_r}{k_B T} \tag{4.21}$$

在这里，我们成功地将 ψ_r 从指数中移出，从而使方程式呈现线性化形式，使其更易于求解。

4.5 Poisson 方程和 Boltzmann 方程的结合

到目前为止，我们已经分别从 Poisson 方程和 Boltzmann 方程中得出了体积单元中过剩电荷密度（ρ_r）的两种表达式（图 4.2）。这两个方程描述的是同一现象，因此 Debye 和 Hückel 将它们结合在一起。

我们回顾一下 Poisson 方程的 ρ_r：

$$\frac{1}{r^2}\frac{d}{dr}\left(r^2 \frac{d\psi_r}{dr}\right) = -\frac{4\pi}{\varepsilon}\rho_r \tag{4.22}$$

将上述方程重新排列，得到：

$$\rho_r = -\frac{\varepsilon}{4\pi}\left[\frac{1}{r^2}\frac{d}{dr}\left(r^2 \frac{d\psi_r}{dr}\right)\right] \tag{4.23}$$

结合 Poisson 方程和 Boltzmann 方程对 ρ_r 的表达式，我们可以得到：

$$\frac{1}{r^2}\frac{d}{dr}\left(r^2 \frac{d\psi_r}{dr}\right) = \left[\frac{4\pi}{\varepsilon k_B T}\sum_i n_i^0 z_i^2 e_0^2\right]\psi_r \tag{4.24}$$

这就是线性化的 Poisson-Boltzmann 方程。为了简化表达，我们将与溶液浓度、价态、基本电荷和介电常数相关的所有常数合并为一个新的常数 K，并定义如下：

$$K^2 = \frac{1}{\varepsilon k_B T}\sum_i n_i^0 z_i^2 e_0^2 \tag{4.25}$$

由于不再需要写出那些烦琐的常数，我们可以进一步将这个线性方程简化为更加简洁的形式：

$$\frac{1}{r^2}\frac{d}{dr}\left(r^2 \frac{d\psi_r}{dr}\right) = K^2 \psi_r \tag{4.26}$$

这是一个二阶微分方程，它的解具有简洁明了的标准形式：

$$\psi_r = A\frac{e^{-Kr}}{r} + B\frac{e^{Kr}}{r} \tag{4.27}$$

式中，A 和 B 是积分常数，在解偏微分方程的过程中有重要意义。这些常数无法仅通过纯数学方法得出具体值，因此我们需要将电解质置于特定的实际边界条件下，使数学方程变得有物理意义，并通过边界条件的物理意义对那些无法仅通过数学获得的量进行"猜测"。

首先，距离中心离子足够远处的区域，施加电解质的边界条件后，过剩电荷引起的电势应趋于零，因此，常数 B 可被消去，即：

$$当 r \to \infty 时，\quad \psi_r \to 0 \tag{4.28}$$

此时

$$0 = A\frac{e^{-\infty}}{\infty} + B\frac{e^{\infty}}{\infty} \tag{4.29}$$

为了满足这一条件，B 必须等于零。这样，r 与 ψ_r 之间的关系就变得非常简单。

$$\psi_r = A\frac{e^{-Kr}}{r} \tag{4.30}$$

其次，为了确定 A 的值，可以采用极度稀释的强电解质进行"近似"，在这种情况下，离子之间的平均距离远大于中心离子的半径。换句话说，中心离子周围产生的静电场完全由其自身的电荷 $z_i e_0$ 引起，遵循库仑定律，并不受其他离子干扰：

$$\psi_r = \frac{z_i e_0}{4\pi\varepsilon_0 r} \tag{4.31}$$

同时，随着溶质浓度趋近于零，$n_i^0 \approx 0$。这将导致 $K \approx 0$，或者 $e^{-kr} \approx 1$。此时可以得到：

$$\psi_r = \frac{A}{r} \tag{4.32}$$

结合方程（4.31）和方程（4.32），可以得出：

$$A = \frac{z_i e_0}{4\pi\varepsilon_0} \tag{4.33}$$

通过代入上述近似得到的 A 值，Poisson-Boltzmann 方程的解为：

$$\psi_r = \frac{z_i e_0 e^{-Kr}}{4\pi\varepsilon_0 r} \tag{4.34}$$

方程（4.34）以简洁而优雅的方式展示了带有电荷 $z_i e_0$ 的中心离子周围的静电势 ψ_r 如何随距离 r 变化而变化。这将成为我们推导强电解质中许多实验可验证量的重要工具。图 4.3 提供了这种关系的示意图。

现在我们已经得到了离子氛中静电势 ψ_r 随着距离 r 变化的关系，那么过剩电荷

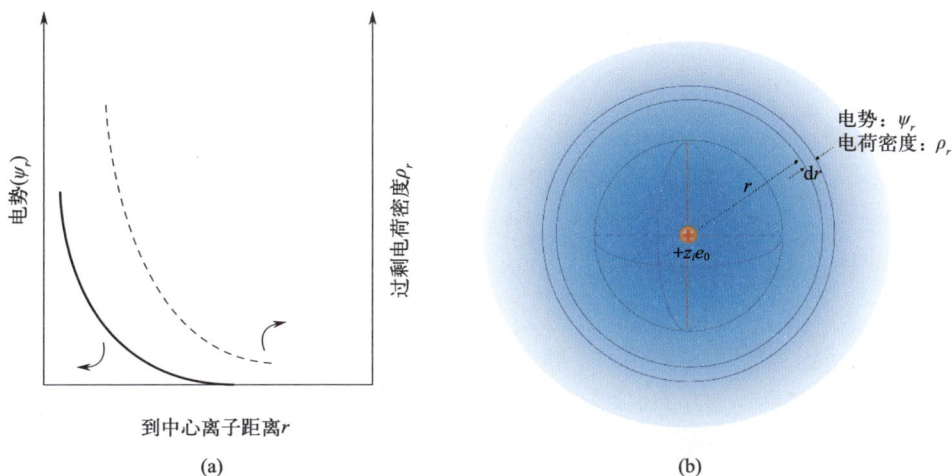

图 4.3（a）在距离中心离子 r 处的体积元中电势（ψ_r）和过剩电荷密度（ρ_r）的变化情况。（b）中心离子周围厚度为 dr 的壳层中包含的总电荷可以根据 Debye-Hückel 模型进行计算，并通过对该电荷关于 r 进行积分得到整个离子氛中包含的总电荷，即 $z_i e_0$

密度 ρ_r 呢？

在结合 Boltzmann 方程之前，Poisson 方程已经给出了这样的关系，尽管这个微分方程看似极难解：

$$\frac{1}{r^2}\frac{d}{dr}\left(r^2\frac{d\psi_r}{dr}\right)=-\frac{4\pi}{\varepsilon}\rho_r \tag{4.35}$$

现在，通过结合 Poisson 方程和 Boltzmann 定律，我们可以得到：

$$\frac{1}{r^2}\frac{d}{dr}\left(r^2\frac{d\psi_r}{dr}\right)=K^2\psi_r \tag{4.36}$$

进而得到一个更简化的关系：

$$K^2\psi_r=-\frac{4\pi}{\varepsilon}\rho_r \quad 或 \quad \rho_r=-\frac{\varepsilon}{4\pi}K^2\psi_r \tag{4.37}$$

将从线性化 Poisson-Boltzmann 方程［方程（4.34）］中获得的解代入后，我们现在应该得到：

$$\rho_r=-\frac{z_i e_0}{4\pi}K^2\frac{e^{-Kr}}{r} \tag{4.38}$$

这个公式描述了过剩电荷密度随中心离子距离的空间分布。在图 4.3（a）中，我们将其与电势的变化一起展示。

方程（4.34）和方程（4.38）是 Debye-Hückel 模型的核心成果。正如我们将在后续章节中看到的，精确表达空间中的电势和电荷分布对于描述离子在电解质溶液中的分布方式至关重要。这些公式用漂亮的数学语言描述了静电场如何决定离子在溶液中的分布情况。但由于它们的推导均源自原子尺度的模型，其准确性仍需在真实世界中得到验证。

4.6　Debye-Hückel 模型的验证

无论理论多么优雅，它都必须经过实验验证才能证明其正确性。接下来，我们将应用这些方程推导几个可供实验测量的物理量，以验证 Debye-Hückel 模型的正确性。

4.6.1　离子氛中的总过剩电荷

首先，让我们考虑离子氛中一个厚度为 dr 的薄壳，如图 4.3（b）所示。该薄壳内任意一点到中心离子的距离均为 r，因此方程（4.34）和方程（4.38）在这种情况下都适用。

该薄壳内所含的总电荷应该为

$$dQ = \rho_r \cdot 4\pi r^2 dr \tag{4.39}$$

通过对厚度为 dr 的薄壳内电荷沿离子氛半径 r 进行积分，我们可以得到整个离子氛中包含的总电荷量，即：

$$Q_{\text{cloud}} = \int_0^\infty \rho_r \cdot 4\pi r^2 dr \tag{4.40}$$

积分的下限设为 0，因为我们将中心离子视为点电荷，其半径为零；积分上限设为 ∞，是为了确保包含整个离子氛内的电荷。将从线性化 Poisson-Boltzmann 方程解中得到的 ρ_r 表达式代入，即可得到如下结果：

$$Q_{\text{cloud}} = \int_0^\infty \frac{z_i e_0}{4\pi} K^2 \frac{e^{-Kr}}{r} 4\pi r^2 dr = -z_i e_0 \int_0^\infty e^{-Kr}(Kr)d(Kr) \tag{4.41}$$

积分过程很简单，结果如下：

$$Q_{\text{cloud}} = -z_i e_0 \tag{4.42}$$

换言之，带有电荷 $+z_i e_0$ 的中心离子周围的离子氛中，整个离子氛本身必须包含净过剩电荷 $-z_i e_0$。

这个结果一点也不令人惊讶，因为它与我们最初的假设完美契合。能通过数学严谨地从 Debye-Hückel 模型中推导出这一结果，确实增强了我们对该模型及其在所有简化和假设下准确性的信心。

4.6.2　Lewis-Randall 经验定律

对 Debye-Hückel 模型的最重要支持来自基于大量实验数据建立的 Lewis-Randall 经验定律[2]。该法则基于大量实验数据，将平均活度系数（$\gamma_\pm$）与离子强度（I）通过以下关系联系起来：

$$\lg \gamma_\pm = -C\sqrt{I} \tag{4.43}$$

乍一看，这似乎与 Debye-Hückel 模型毫不相关，因为 Debye-Hückel 模型的核心表

达式 ψ_r 或 ρ_r 中既不存在 $\gamma_\pm$ 也不存在 I。然而，不要急，让我们首先通过以下方式将 ψ_r 展开为非指数形式。

如果 x 远小于 1，则：

$$e^{-x} \approx 1 - x \tag{4.44}$$

此时，e^{-Kr} 可以变为：

$$e^{-Kr} \approx 1 - Kr \tag{4.45}$$

通过将 ψ_r 展开为非指数形式，ψ_r 的 Debye-Hückel 解可以表示为：

$$\psi_r = \frac{z_i e_0}{\varepsilon} \frac{e^{-Kr}}{r} = \frac{z_i e_0}{\varepsilon r} - \frac{z_i e_0}{\varepsilon} K \tag{4.46}$$

这个新的线性化电场方程（ψ_r）描述了在距离中心离子 r 处的离子氛中存在的电场。显然，第一项代表由带有 $+z_i e_0$ 电荷的中心离子所建立的电场。

那么，第二项表示什么呢？

根据场的叠加性质，距离为 r 处离子氛产生的净电场（ψ_r）必须是由中心离子和离子氛之间相互抵消后得到的结果。因此，第二项应表示由离子氛本身提供的电场：

$$\psi_{\text{cloud}} = -\frac{z_i e_0}{\varepsilon} K = -\frac{z_i e_0}{\varepsilon K^{-1}} \tag{4.47}$$

请注意，在方程（4.25）中我们曾引入一个新的常数 K 简化方程的表达。当时是为了数学上的方便。然而，现在这个常数 K 似乎具有某种物理意义了。通过将公式（4.46）的第二项与第一项进行比较，我们可以推测 K^{-1} 代表了一种长度量。稍后我们将回来深入探讨这个问题，现在让我们继续研究如何将平均活度系数（$\gamma_\pm$）与离子强度（I）相关联起来。

在确定了离子氛自身施加的电场后，我们可以计算建立这种电场所需的电功（W_e），即将一个假设离子从零电荷充电到完全电荷 $z_i e_0$ 所需的功，它应该为：

$$W_e = \int_0^{z_i e_0} \psi_r \, d(z_i e_0) = \int_0^{z_i e_0} -\frac{z_i e_0}{\varepsilon K^{-1}} d(z_i e_0) \tag{4.48}$$

通过简单积分可以得到：

$$W_e = -\frac{1}{2} \frac{1}{\varepsilon K^{-1}} (z_i e_0)^2 \tag{4.49}$$

现在回顾一下，我们的初步假设表明，正是因为电功的影响，电解质溶液的实际行为才偏离了非电解质溶液中的理想行为。为了描述这种偏离，我们引入了平均活度系数（$\gamma_\pm$）。换句话说，电功使第 i 个离子的化学势 μ_i 与理想溶液中预期的化学势产生了偏差。

$$\mu_i = \mu_i^0 + kT \ln a_i + W_e \tag{4.50}$$

式中，μ_i^0 和 a_i 分别表示第 i 个离子的标准化学势和活度，k 为 Boltzmann 常数。在这里，活度系数最终通过活度（a_i）体现出来。

$$W_e = \mu_i - \mu_i^0 - kT \ln a_i = kT \ln \gamma_i = \frac{1}{2} \frac{1}{\varepsilon K^{-1}} (z_i e_0)^2 \tag{4.51}$$

上式经过重新排列可以得到：

$$\ln \gamma_i = -\frac{(z_i e_0)^2 K}{2\varepsilon k_B T} \qquad (4.52)$$

正如我们之前提到过，由于单个离子的活度系数无法直接通过实验测量，我们引入了平均活度系数描述电解质的行为，其中电解质的形式为 $A_n B_m$。

$$\gamma_\pm = \sqrt[n+m]{\gamma_A^n \gamma_B^m} \qquad (4.53)$$

或者

$$\ln \gamma_\pm = \frac{n}{n+m} \ln \gamma_A + \frac{m}{n+m} \ln \gamma_B \qquad (4.54)$$

在电解质溶液中，根据电中性原则，离子的价数必须满足 $nz_A = mz_B$。通过一系列代数运算和简化，我们能得到以下表达式：

$$\ln \gamma_\pm = -\left| Z_A Z_B \right| \frac{e_0^2 K}{2\varepsilon k_B T} \qquad (4.55)$$

此时，我们可以重新引入常数 K 的定义：

$$K^2 = \frac{4\pi}{\varepsilon k_B T} \sum_i n_i^0 z_i^2 e_0^2 \qquad (4.25)$$

并将其中的 n_i^0 用浓度（c_i）重新表述，得到：

$$n_i^0 = \frac{c_i N_A}{1000} \qquad (4.56)$$

$$K^2 = \frac{1}{\varepsilon k_B T} \frac{N_A e_0^2}{1000} \sum c_i z_i^2 \qquad (4.57)$$

由于离子强度 I 的定义为：

$$I = \frac{1}{2} \sum_{i=1}^n c_i z_i^2 \qquad (4.58)$$

因此，我们得到 K 的表达式为：

$$K^2 = \frac{2 N_A e_0^2}{1000 \varepsilon k_B T} I \qquad (4.59)$$

现在，离子强度（I）也终于在方程中出现了！

我们将上述表达式代入方程（4.55），即可求得平均活度系数：

$$\ln \gamma_\pm = -\left| Z_A Z_B \right| \frac{e_0^2}{2\varepsilon k_B T} \sqrt{\frac{2 N_A e_0^2}{1000 \varepsilon k_B T}} \sqrt{I} \qquad (4.60)$$

这正是由 Lewis 和 Randall 建立的经验关系：

$$\lg \gamma_{\pm} = -C\sqrt{I} \qquad\qquad (4.61)$$

我们现在可以更透彻地欣赏到 Debye-Hückel 模型的优雅之处，该模型大胆地简化了中心离子之外的所有其他离子，将它们视为中心离子周围的均匀分布的离子氛，并推导出了一个漂亮简洁的数学关系，最终将其与实验观察结果定量关联起来。正如 Lewis 和 Randall 所发现的那样，基于所采用的弱电场假设，这个关系仅适用于极度稀释的强电解质溶液。因此，方程（4.60）被称为 Debye-Hückel 极限定律，其中"极限"表示无限稀释的条件。

对于各种 1∶1 强电解质溶液（如 NaCl），在非常低的浓度范围内（$10^{-4} \sim 10^{-2}$ M），这一理论与实验结果非常符合。然而，对于 2∶2 电解质（如硫酸镁 $MgSO_4$）或 2∶3 电解质 [如硫酸铝 $Al_2(SO_4)_3$] 以及在较高浓度下的所有电解质，理论与实验结果的偏差则会变得明显。这是因为公式（4.18）所基于的弱电场假设在这些情况下不再成立。尽管如此，正如图 4.1 所示，这个高度简化的模型仍能准确预测极稀释电解质溶液中的实验量值，因此 Debye-Hückel 模型在电解质基础理论中具有无可替代的重要意义。

4.6.3 Kohlrausch 经验定律

除了 Lewis-Randall 经验定律外，Debye-Hückel 模型还可以转化为 Kohlrausch 经验定律[3]，我们在此仅做简要讨论，详细内容将在后续的离子输运部分中讲解。

当中心离子置于外部电场中时，它会在电场作用下发生移动，从而偏离离子氛的球形对称性。随着中心离子在恒定电场下持续移动，它会吸引新的离子进入其前方的离子氛（因为这些新离子进入了其静电场），同时失去尾部的旧离子（因为这些旧离子脱离了其静电场）。这时，由于球形对称性消失，离子氛沿着中心离子的运动路径会发生畸变（图 4.4）。这种变形将对中心离子产生两个独立的作用：

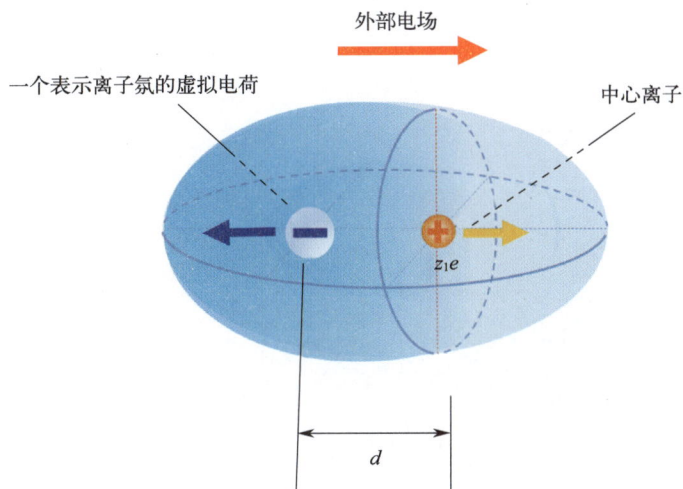

图 4.4 当中心离子在外部电场作用下移动时，其离子氛失去了球形对称性，并对移动中的中心离子施加反作用力

（1）扭曲的离子氛现在有了一个新的电中心，这个电中心不再与中心离子重合，而是位于距离中心离子 d 的位置。这相当于产生了一个额外的电场，以抵消施加的外部电场。这种现象称为离子氛的"弛豫场"，其产生的机制与离子氛在前后端的连续积累与消散有关。

（2）当中心离子在外部电场作用下移动时，其带有相反电荷的离子氛也会朝相反方向移动，从而产生一个额外的力来拖拽中心离子。这种现象称为离子氛的"电泳效应"。

弛豫效应和电泳效应都会对中心离子的运动产生阻碍。Onsager 考虑这些反向力，推导出了在交流电场下测量的摩尔电导率（Λ_{m}）的理论表达式：

$$\Lambda_{\mathrm{m}} = \Lambda_{\mathrm{m}}^0 - \left(A + B\Lambda_{\mathrm{m}}^0 \right)\sqrt{c} \tag{4.62}$$

式中，A 和 B 是仅依赖已知量（如温度、离子电荷、溶剂的介电常数和黏度）的常数。Debye-Hückel-Onsager 方程［方程（4.62）］从更基本的层面完整地再现了 Kohlrausch 经验定律[4]。

4.7 重新审视常数 K：Debye-Hückel 厚度

我们之前提到过，尽管 K 最初是为了简化公式的书写引入的，但其倒数（K^{-1}）具有尺度量纲，因此可能具有特殊的物理含义。当将 K^{-1} 与中心离子的电场表达式（库仑定律）进行比较时，这一含义就变得更加明确。

中心离子的电场表达式为：

$$\psi_{\mathrm{centralion}} = \frac{z_i e_0}{\varepsilon r} \tag{4.63}$$

相比之下离子氛的电场表达式为：

$$\psi_{\mathrm{cloud}} = -\frac{z_i e_0}{\varepsilon} K = -\frac{z_i e_0}{\varepsilon K^{-1}} \tag{4.64}$$

显而易见，K^{-1} 代表某种长度。如果将离子氛视为一个点电荷而非连续体扩散，它可以被看作是离子氛的虚拟半径（图 4.5）。

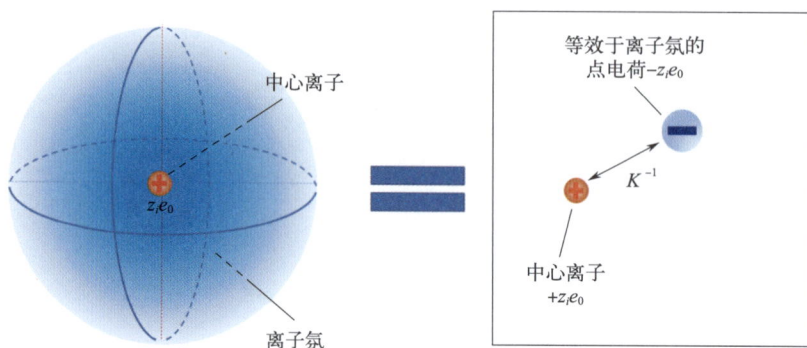

图 4.5 K^{-1} 的物理意义：离子氛可以看作是位于中心离子距离 K^{-1} 处的一个点电荷

关于 K 的物理意义，我们可以通过进一步分析离子氛中所包含的电荷量来深入理解。正如我们之前提到的那样，在厚度为 dr 的壳层中，总的过剩电荷量可以表示为：

$$dQ = \rho_r \cdot 4\pi r^2 dr = -z_i e_0 K^2 r e^{-Kr} dr \qquad (4.65)$$

因此，电荷量随着到中心离子距离（r）的增加发生变化，并在某个中间位置达到最大值。这个最大值可以通过对公式（4.65）取微分计算得出：

$$0 = \frac{dQ}{dr} = \frac{d}{dr}\left[-z_i e_0 K^2 (e^{-Kr} r)\right] = -z_i e_0 K^2 \frac{d}{dr}(e^{-Kr} r) \qquad (4.66)$$

$$0 = \frac{dQ}{dr} = -z_i e_0 K^2 \left(e^{-Kr} - rK e^{-Kr}\right) \qquad (4.67)$$

由于 $z_i e_0 K^2$ 为非零量，上述关系仅在以下情况下成立：

$$0 = e^{-Kr} - rK e^{-Kr} \qquad (4.68)$$

或者经过重新排列为

$$e^{-Kr} = rK e^{-Kr} \qquad (4.69)$$

也即是

$$r = K^{-1} \qquad (4.70)$$

这是一个非常有趣的结果，它表明，当 $r=K^{-1}$ 时，厚度为 dr 的球壳中包含的过剩电荷量达到最大值 [图 4.6（a）]。因此，K^{-1} 可以被视为离子氛的有效半径。研究人员通常将 K^{-1} 称为 Debye-Hückel 厚度（有时也称为 Debye 长度，记作 λ_D）：

$$K^{-1}(\text{或}\lambda_D) = \sqrt{\frac{\varepsilon k_B T}{\sum\limits_i n_i^0 z_i^2 e_0^2}} \qquad (4.71)$$

显然，Debye-Hückel 厚度会随着离子强度（或价数）和浓度的变化而发生变化。表 4.1 列出了不同浓度下各种电解质类型的 K^{-1} 值，这些值以纳米（nm，10^{-9} m）为单位表示。较高的离子强度和浓度会使 Debye-Hückel 厚度减小，热运动则会促进离子的随机运动，从而使离子氛更加扩散，导致 Debye-Hückel 厚度增加。例如，在盐浓度为 0.1 M、温度为 25℃时，如果盐是单价电解质（如 NaCl），Debye-Hückel 厚度约为 0.96 nm，接近 4 个水分子的直径；而在较低盐浓度 0.001 M 下，Debye-Hückel 厚度增加到 9.6 nm，相当于约 40 个水分子组成的层。然而，方程（4.71）仅在稀释电解质中适用，在这种情况下离子尺寸远小于 Debye-Hückel 厚度和平均离子间距，因此可以忽略离子间的相互作用。当盐浓度增加到某个阈值时，Debye-Hückel 厚度的浓度依赖性则会出现异常 [图 4.6（b）]。Debye-Hückel 厚度的最小值似乎发生在其预测值接近离子尺寸（r_i）时。

最后，需要注意的是，Debye-Hückel 厚度的概念不仅适用于电解质。实际上，它描述了带电粒子在静电场作用下的分布情况，而无论该静电场来源于何处。例如，在定义电极 / 电解质界面的有效厚度时，可以将 Debye-Hückel 厚度的概念扩展到电极，前提

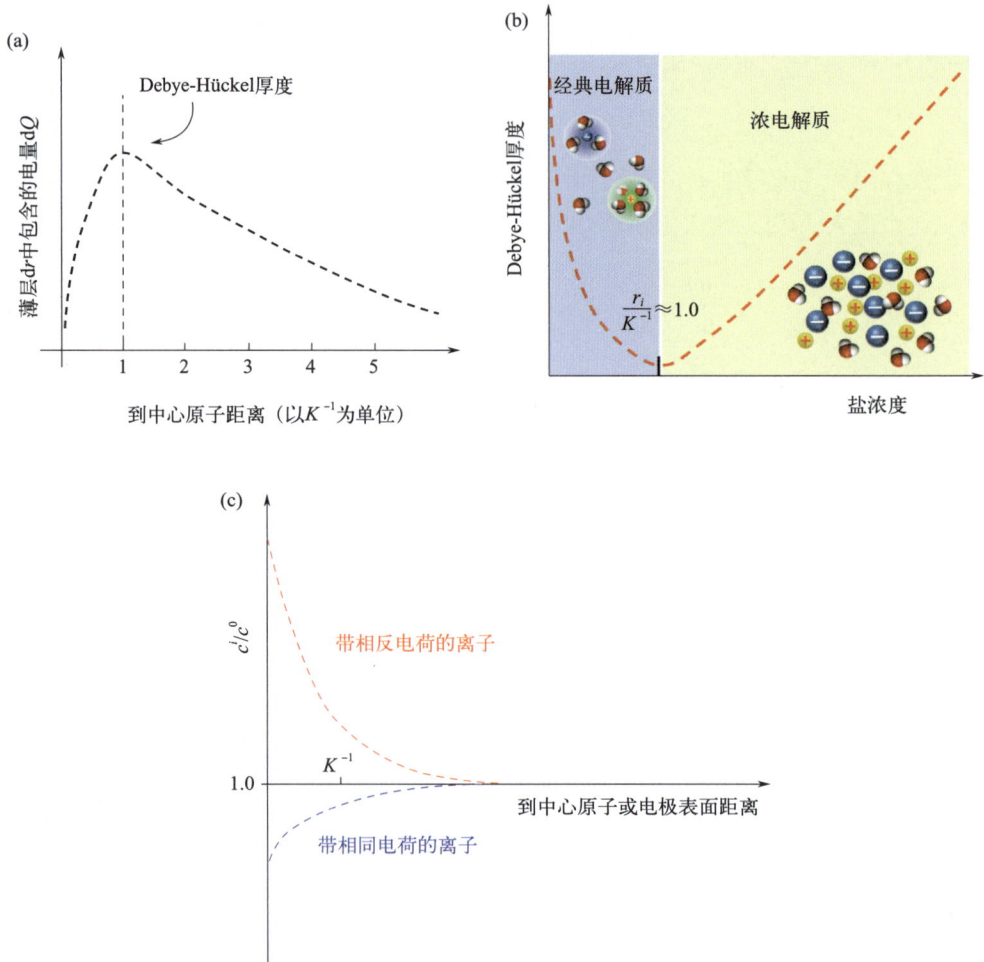

图 4.6 （a）在厚度为 dr 的薄壳中电荷量与壳层到中心离子距离之间的关系，此距离现在以 K^{-1} 为单位。（b）在稀电解质中，随着盐浓度的增加，Debye-Hückel 厚度减小，与公式（4.25）的预测一致；而在浓电解质中，Debye-Hückel 厚度表现出异常偏差，这主要受到离子尺寸效应（如位阻和体积排斥）以及强化的离子间相关性的影响。（c）具有与中心离子相同或相反电荷的离子的分布与到中心离子距离的关系

表 4.1　不同浓度下各种电解质类型的 Debye-Hückel 厚度　　　　　　　单位：nm

类　型	浓度 0.0001 M	浓度 0.001 M	浓度 0.01 M	浓度 0.1 M
1：1（例如 NaCl）	30.4	9.6	3.04	0.96
1：2（例如 MgCl$_2$）	17.6	5.55	1.76	0.55
2：2（例如 MgSO$_4$）	15.2	4.81	1.52	0.48

是将电极视为一个巨大的二维离子（这一点在第 15 章中有更详细的讨论）；在描述半导体中的空间电荷分布时，Debye-Hückel 厚度转化为一个重要参数——Garrett-Brattain 厚度；而在太阳风和星际介质等空间等离子体中，由于宇宙空间中带电粒子密度非常低（$10^{-23} \sim 10^{-17}$ M），这些粒子的 Debye-Hückel 厚度甚至可能达到从 1 m 到 100 km 的宏观尺度！

4.8　Debye-Hückel 模型的修订：考虑中心离子的有限大小

到目前为止，我们一直将中心离子假设为一个点电荷，即不考虑其大小尺度。这一假设在方程（4.72）中得以体现，在那里我们曾通过对无限小厚度 dr 的球壳中的过剩电荷（dQ）进行积分，积分范围从"零"到无穷大，以计算包含在离子氛中的总电荷量：

$$Q_{\text{cloud}} = \int_0^\infty \rho_r \cdot 4\pi r^2 \mathrm{d}r \tag{4.72}$$

然而，在现实世界中，即使是最小的离子（如质子），也是具有具体尺度的粒子，而不可能是点电荷。那么，这种点电荷近似会对我们目前所得解的准确性产生怎样的影响呢？

查看表 4.1 可以发现，当溶质浓度从 0.0001 M 增加到 0.1 M 时，离子氛半径（Debye-Hückel 厚度）从约 30 nm 减少到小于 1 nm。显然，随着溶质浓度的增加，中心离子越来越偏离点电荷模型，导致 Debye-Hückel 模型的近似有效性逐渐下降。这也是该模型在预测浓电解质溶液的摩尔电导率和平均活度系数等性质时出现较大误差的原因之一（但要注意，这并非唯一原因！）。

一个简单的解决方法是将上述积分的起始点设定为到中心离子某个有限距离处。回顾我们迄今为止的推导过程，可以发现线性化的 Poisson-Boltzmann 方程的解并不依赖点电荷的假设：

$$\psi_r = A \frac{\mathrm{e}^{-Kr}}{r} \tag{4.73}$$

然而，参数 A 的评估却确实是基于点电荷假设的。因此，我们应该从重新计算无穷小体积元中包含的过剩电荷开始，以调整对于有限大小离子的处理方式。

$$\mathrm{d}Q = \rho_r \cdot 4\pi r^2 \mathrm{d}r \tag{4.74}$$

此时，电荷密度 ρ_r 为：

$$\rho_r = -\varepsilon \left[\frac{1}{r^2} \frac{\mathrm{d}}{\mathrm{d}r} \left(r^2 \frac{\mathrm{d}\psi_r}{\mathrm{d}r} \right) \right] = -\varepsilon K^2 \psi_r = -\varepsilon K^2 A \frac{\mathrm{e}^{-Kr}}{r} \tag{4.75}$$

然后，离子氛中总过剩电荷的积分变为：

$$Q_{\text{cloud}} = \int_a^\infty \mathrm{d}Q \mathrm{d}r = -AK^2 \varepsilon \int_a^\infty \mathrm{e}^{-Kr} r \mathrm{d}r = -A\varepsilon \int_a^\infty Kr \mathrm{e}^{-Kr} \mathrm{d}(Kr) \tag{4.76}$$

在这里，将 a 设为下限，表示离子氛的起始点或者说离子氛与中心离子之间可以接近的最小距离。另一方面，为了满足整个电解质溶液的电中性，积分的结果必须为 $-z_i e_0$。通过将这一条件代入方程（4.76），我们可以求解出一个新的 A 值，此值无需依赖点电荷假设。

$$A = \frac{z_i e_0}{\varepsilon} \frac{e^{Ka}}{1+Ka} \qquad (4.77)$$

使用这个新的 A 表达式，我们可以得到更精确的近似公式，来计算距离有限大小中心离子 r 处的电势 ψ_r。

$$\psi_r = \frac{z_i e_0}{\varepsilon} \frac{e^{Ka}}{1+Ka} \frac{e^{-Kr}}{r} \qquad (4.78)$$

由于方程（4.78）是描述电势随距中心离子距离变化的广义表达式，可以将其与方程（4.16）（描述中心离子周围离子浓度随距离变化的关系，并服从 Boltzmann 分布）结合使用，并重新计算不同电荷的离子在中心离子周围的分布。图 4.6（c）展示了假设阳离子和阴离子均为单价的情况下的计算结果。

显然，在足够远处，两种离子的比率接近 1.0。然而，在中心附近，带有与中心离子相反电荷的离子的浓度因库仑吸引作用呈指数增加；相反，带有与中心离子相同电荷的离子的浓度则因库仑排斥作用显著减少。在 Debye-Hückel 厚度 K^{-1} 处，两种离子浓度差异明显，因此可以认为离子氛在中心离子周围形成了一个离子屏蔽层，带有相反电荷，距离为 k^{-1}。

基于修改后的方程（4.78），我们可以导出平均活度系数的表达式。

$$\lg \gamma_{\pm} = -A(Z_A Z_B) \frac{\sqrt{I}}{1 + a/K^{-1}} \qquad (4.79)$$

在实际操作中，方程（4.78）和方程（4.79）中的参数 a 称为离子尺寸参数，它的值是根据晶体中阳离子和阴离子半径的总和以及这些离子在电解质溶液中溶剂化鞘的大小确定的（图 4.7）。这个参数的中间值（a_2）称为电解质溶液中的有效离子半径。

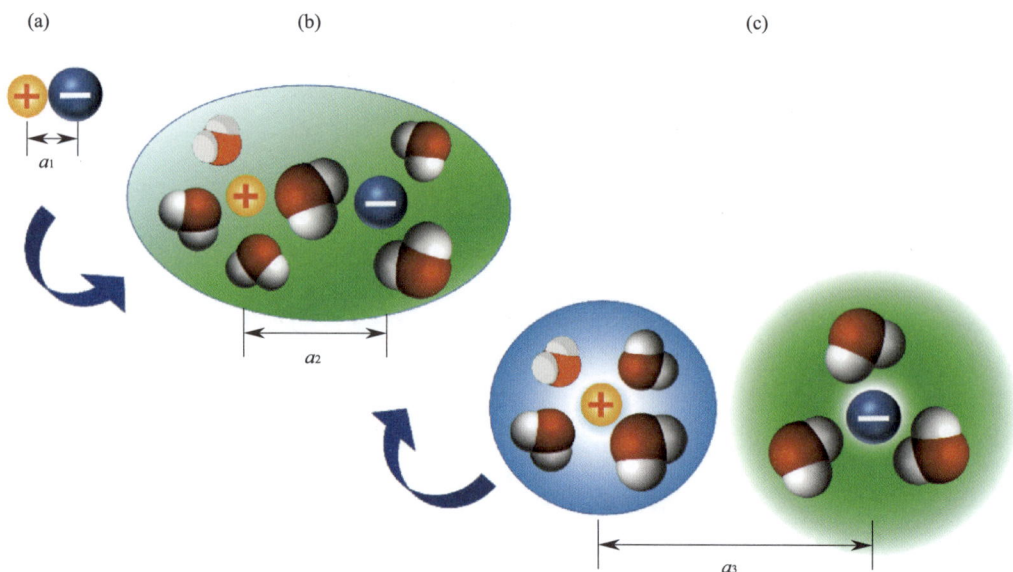

图 4.7 离子参数 a 的 3 种可能情况：（a）来自晶体中阳离子和阴离子的离子半径之和；（b）在被压缩的溶剂化鞘中阳离子和阴离子之间的离子间距；（c）各自溶剂化鞘的半径之和

4.9　修正后的 Debye-Hückel 模型：离子对的形成与 Bjerrum 长度

Debye-Hückel 模型描述了带电粒子（离子）在静电场作用下的静态分布。通过对 Poisson-Boltzmann 方程线性化，假设 $z_i e_0 \psi_r \ll k_B T$，Debye 和 Hückel 表明，在弱电场中，离子的分布主要受到离子的随机热运动影响，库仑力的作用较小。然而，在中心离子极近处，这一假设可能失效，因为库仑相互作用引起的微小偏离会导致离子氛中出现过剩电荷。在这种情况下，携带相反电荷的离子将比 Debye-Hückel 模型预测的更接近中心离子。因此，带有相反电荷的离子之间可能会产生强烈的吸引力，甚至超过热动能的作用，使阳离子和阴离子无法脱离库仑引力的束缚。

基于此，Bjerrum 提出了"离子对"的概念[5]。这种离子对可以看作是一个离子偶极子，作为一个整体，它是电中性的，因此不会对离子氛产生净贡献，也不会感受到来自中心离子的静电场。它们处于动态平衡中，虽然溶剂分子或其他离子的热碰撞可能会分散阳离子和阴离子，但在离子氛中始终存在一定比例的离子对。

为了估算离子对在整体电解质溶液里的比例，我们再次考虑一个无穷小厚度的球壳。在这个球壳中，阴离子出现的概率（P_r^-）与以下几个因素成正比：①球壳的体积与整个球体积的比例（$4\pi r^2/V$，其中 V 是球体积）；②球体中的总阴离子数（N_-）；③Boltzmann 因子 $\exp(-U/k_B T)$，其中 U 是阴离子在距离阳离子 r 处的势能。因此，P_r^- 可以表示为：

$$P_r^- = 4\pi r^2 \mathrm{d}r \frac{N_-}{V} e^{-\frac{U}{k_B T}} \tag{4.80}$$

由于 N_-/V 是阴离子 n_-^0 的体积浓度，势能 U 可被定义为：

$$U = -\frac{z_+ z_- e_0^2}{\varepsilon r} \tag{4.81}$$

此时，P_r^- 为

$$P_r^- = \left(4\pi n_-^0\right) r^2 e^{\frac{z_+ z_- e_0^2}{\varepsilon r k_B T}} \mathrm{d}r \tag{4.82}$$

如果引入一个新的量 λ_B：

$$\lambda_B = \frac{z_+ z_- e_0^2}{\varepsilon k_B T} \tag{4.83}$$

那么

$$P_r^- = \left(4\pi n_-^0\right) r^2 e^{\frac{\lambda_B}{r}} \mathrm{d}r \tag{4.84}$$

在距离中心阳离子 r 处的离子氛壳层中找到阴离子的概率可以表示为 P_r^-，而在距离

中心阴离子 r 处的离子氛壳层中找到阳离子的概率则为 P_r^+。也就是说，在与中心带相反电荷的离子氛壳层中找到任意一种电荷的概率应该满足类似的方程。

$$P_r^i = \left(4\pi n_i^0\right) r^2 \mathrm{e}^{\frac{\lambda_B}{r}}\, \mathrm{d}r \tag{4.85}$$

当 r 足够小时，P_r^i 主要由指数项 $\mathrm{e}^{\frac{\lambda_B}{r}}$ 控制，r^2 的影响可以忽略不计，因此在距离中心离子较近的离子氛区域内 P_r^i 以指数速率增加。相反地，当 r 足够大时，P_r^i 主要受 r^2 控制，随着离子间距增加而增加。换句话说，P_r^i 在中间某个 r 值处达到最小值（图 4.8）。这种 P_r^i 对离子间距 r 的依赖可以简洁地解释为：当 r 较小时，靠近中心离子的壳层内相反电荷的离子更可能出现；而当 r 较大时，由于壳层体积 $4\pi r^2 \mathrm{d}r$ 较大，确保了相反电荷的离子总数增加。

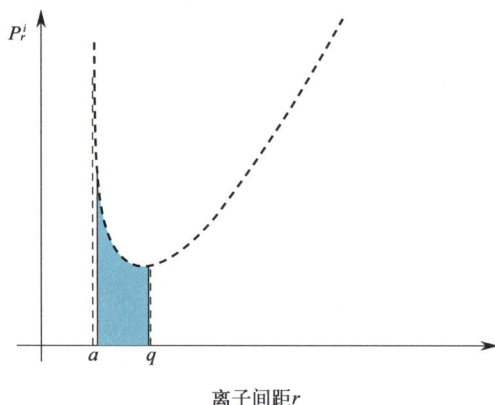

图 4.8　相反电荷离子在距离 r 处共存的概率。离子对的形成概率由图中距离 a 和 q 之间阴影区域下的曲线所示

需要注意的是，P_r 仅表示相反电荷离子共存的概率。这种共存并不必然意味着离子对已经形成。要形成离子对，相反电荷的离子必须足够接近，以克服随机热运动的扰动，使库仑相互作用得以主导；否则，离子将彼此分散而错失形成离子对的机会。换句话说，在较大距离上观察到较高的 P_r 不能真正促进离子对的形成。

因此，我们设定一个距离上限 q。在这个距离范围内，虽然相反电荷的离子可以相互接近，但若距离过远，则无法形成稳定的离子对。因此，形成离子对的概率可以通过在下限 a（可能的最小离子间距）和上限 q 之间进行积分计算。

$$\theta = \int_a^q P_r\, \mathrm{d}r = \int_a^q 4\pi n_i^0 \mathrm{e}^{\frac{\lambda_B}{r}} r^2\, \mathrm{d}r \tag{4.86}$$

我们之前讨论了 a 的可能值，即有限大小离子的有效离子半径。图 4.8 中的积分显示了一个阴影区域，该区域表示离子间距离 a 和 q 之间的范围。Bjerrum 认为只有在这个阴影区域内才有可能形成离子对。距离 q 对应最小值处的距离 $r_{\min}$，可以通过以下公式计算得出：

$$0 = \frac{\mathrm{d}P_r}{\mathrm{d}r} = \frac{\mathrm{d}}{\mathrm{d}r}\left[\left(4\pi n_i^0\right) r^2 \mathrm{e}^{\frac{\lambda_B}{r}}\right] = 4\pi n_i^0 \mathrm{e}^{\frac{\lambda_B}{r}} \cdot 2r - 4\pi n_i^0 r^2 \mathrm{e}^{\frac{\lambda_B}{r}} \frac{\lambda_B}{r^2} \tag{4.87}$$

求解对应于 P_r 最小值的 r 值：

$$2r_{\min} = 2q = \lambda_B \qquad (4.88)$$

或者

$$q = \frac{\lambda_B}{2} = \frac{z_+ z_- e_0^2}{2\varepsilon k_B T} \qquad (4.89)$$

类似于 Debye-Hückel 厚度，Bjerrum 长度 λ_B 也有长度单位，它定义了离子对形成的上限：如果两个相反电荷的离子之间的距离大于 $\lambda_B/2$，则这些离子可以视为自由的；否则，它们很可能会被彼此的库仑陷阱捕获并形成离子对。

显然，介质的介电常数，即溶剂分子对静电场的屏蔽能力，在决定 Bjerrum 长度和离子对形成概率方面发挥着重要作用。例如，在稀释的水溶液中（如 0.1 M 锂盐溶液），由于水具有较高的介电常数（$\varepsilon=78$），能够有效屏蔽离子之间库仑作用，因此估计 Bjerrum 长度为 0.7 nm。而在由聚醚组成的聚合物电解质中，由于其较低的介电常数（$\varepsilon=7.5$），Bjerrum 长度增加至 7.0 nm。这表明，Bjerrum 长度的增加显著降低了形成离子对所需的距离阈值。

在特定的电解质溶液中，我们还可以根据上述定义估算离子对的比例：

$$\theta = 4\pi n_i^0 \int_a^{\frac{\lambda_B}{2}} e^{\frac{\lambda_B}{r}} r^2 \, dr \qquad (4.90)$$

因此，若已知离子的有效半径、介电常数和溶质浓度，就可以计算该电解质溶液中离子对的比例。

4.10　简要对比：Debye-Hückel 厚度与 Bjerrum 长度

虽然 Debye-Hückel 厚度和 Bjerrum 长度都具有距离的量纲，但它们有不同的定义和应用。

$$\lambda_D = \sqrt{\frac{\varepsilon k_B T}{4\pi} \frac{1}{\sum_i n_i^0 z_i^2 e_0^2}} \qquad (4.91)$$

$$\lambda_B = \frac{z_+ z_- e_0^2}{\varepsilon k_B T} \qquad (4.92)$$

这两个参数都是通过研究离子氛中一个距离中心离子 r 处厚度为 dr 的壳层得出的。Debye-Hückel 厚度描述了在壳层中多余电荷量达到最大值的位置，Bjerrum 长度描述了带有相反电荷的离子能够形成离子对的最大距离。这两种描述都与溶剂的介电常数有关，但影响方式相反：当溶剂极性更强（如水）时，Debye-Hückel 厚度会增加，因为中心离子的静电场可以作用到更远的离子，使离子氛更大；而 Bjerrum 长度则会减小，因为带有相反电荷的离子更不容易形成离子对，除非它们在非常小的距离内接近。

另一方面，Debye-Hückel 厚度会随着溶质浓度的变化而改变：当电解质浓度增加时，离子氛的半径会被压缩（见表 4.1）。Bjerrum 长度则与溶质浓度无关，对于特定的溶质 - 溶剂系统，其值保持不变。

最终，对于大多数水性电解质和非水性电解质而言，Debye-Hückel 厚度和 Bjerrum 长度的值通常在 $10^{-1} \sim 10^{1}$ nm 范围内。两者的数值范围高度重叠，表明即使在低浓度下及高介电常数的溶剂中，离子对的形成也是不可避免的。

4.11　Debye-Hückel 模型的改进：离子 - 溶剂相互作用

到目前为止，Debye-Hückel 模型假设溶剂是一个均匀的、没有结构的介电介质，它可以仅用一个常数（ε_r）表示。然而，这种简化明显忽视了溶剂的复杂特性，因为溶剂不仅仅是一种介电介质。实际上，在 Debye 和 Hückel 发表他们的研究成果后不久，就有人提出这样的问题：是否高估了离子 - 离子相互作用，而低估了溶剂分子的贡献？电解质的形成主要是由于溶剂对离子的溶解，它克服了离子晶体中的离子 - 离子相互作用。如果忽略离子 - 溶剂相互作用，模型必将出现问题。事实证明这种怀疑是正确的。在高浓度下，实验得到的平均活度系数与 Debye-Hückel 模型的预测结果出现了异常的偏差（图 4.9），使得活度系数甚至会大于 1！

为什么这一现象反常呢？

这里我们需要回顾活度系数的来源。由于电解质中的离子 - 离子相互作用，溶液中的离子行为并不会简单地按照其浓度进行变化。换句话说，电解质溶液的依数性质表现出与理想行为的偏差，即实际测量值通常低于理论预期值。为了使实际行为与理想行为保持一致，引入了活度系数作为对化学计量浓度 c 的修正因子：

$$a = \gamma c \tag{4.93}$$

因此，当 $c \geqslant 0$ 时，活度系数 γ 应该小于 1.0。然而，如果 $\gamma > 1.0$，这意味着上述定义已经失效，因为在这种情况下，浓度为 1.0 M 的溶质在电解质中的表现就像在浓度为 1.5 M 的溶质里一样！

怎么可能出现这种情况呢？这种情况的出现实际上是由于忽略了离子与溶剂之间的相互作用。

正如之前讨论的，极性溶剂分子由于其介电特性具有偶极矩，这些偶极矩不仅会重新定向以适应离子产生的电场，还会通过形成溶剂化鞘稳定离子。被吸引到溶剂化鞘中的溶剂分子在这种环境下会表现出与体相中不同的行为。

当溶质浓度非常低（例如 10^{-3} M）时，这些被纳入溶剂化鞘中的溶剂分子数量相对本体部分的自由溶剂分子几乎可以忽略不计。然而，在 1 M 溶质浓度下，溶剂化鞘中的

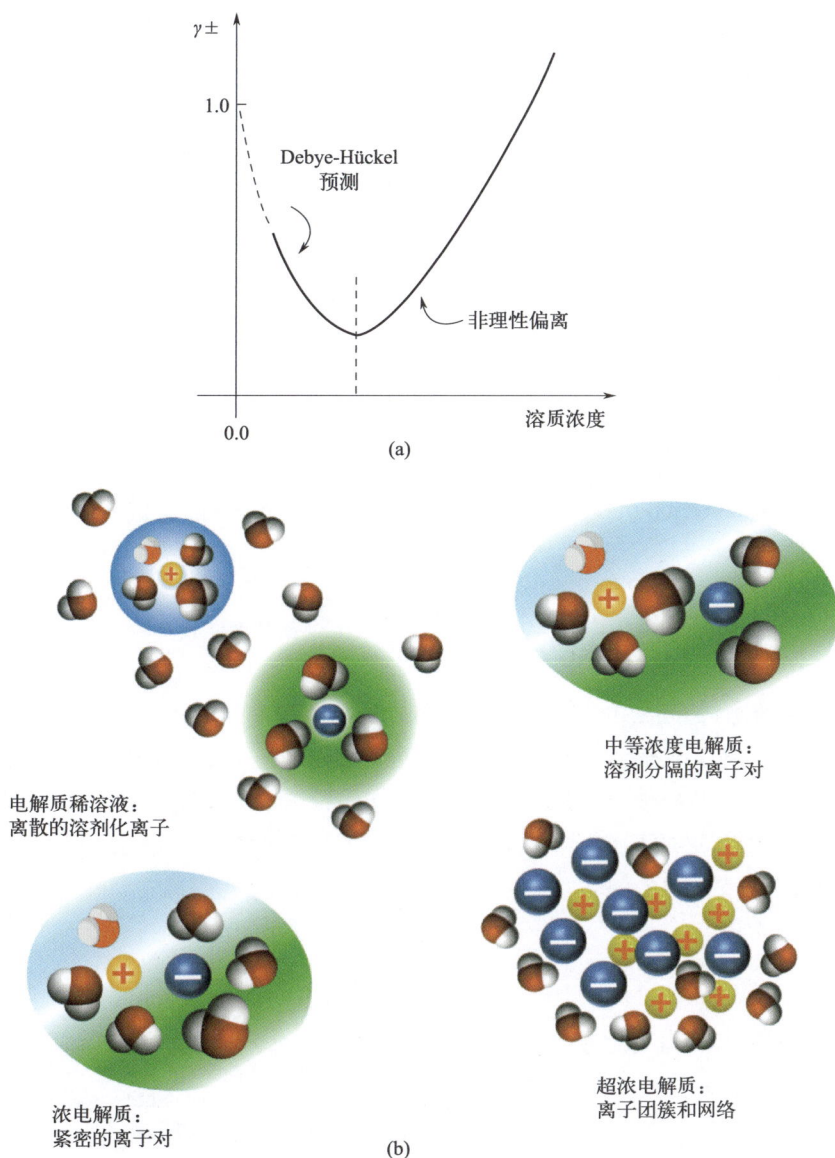

图 4.9 （a）高浓度电解质中，均衡活度系数"异常"偏离了 Debye-Hückel 模型的预测值。（b）电解质从"稀"到"超浓"的过渡伴随着液体结构的变化，表现为从"离散的溶剂化离子"逐渐转变为"溶剂分隔的离子对"和"紧密的离子对"，最终形成"离子团簇和网络"。在"离散的溶剂化离子"状态中，每个溶剂化鞘分为 3 层：一级溶剂化鞘、二级溶剂化鞘和自由的本体溶剂。在超浓电解质中，由于溶剂分子的匮乏，阴离子与中心阳离子紧密接触，溶剂化鞘的存在不再显著。两者之间的中间状态则正是实际电化学器件中最常见的电解质液体结构

溶剂分子比例已经足以影响 Debye-Hückel 模型的预测。以水溶液电解质为例，假设阳离子和阴离子的水合数为 4，则在 1 M 溶质浓度下，阳离子和阴离子所包围的总共有 8 M 的水分子，这大约占整个电解质中水分子总量的 14%（=8/55.55）！

　　因此，Debye-Hückel 模型在实验数据中出现明显的"非理性"偏差，至少部分是由于高浓度下本体溶剂分子数量的减少（图 4.9）。

　　为了解释这种偏差，我们可以定性地认为，在极高溶质浓度下，由于溶剂分子被引

入溶剂化鞘中，实际上的自由溶剂分子数量比电解质配方所代表的数量要少得多。活度系数的目标是调整计量溶质浓度以与实验测量结果匹配。因此，在高浓度条件下，自由的溶剂分子减少导致实际溶质浓度比计量浓度更高，最终的净结果是为了满足公式（4.93）而人为地增大表观活度系数。在有些场景中，这种活度系数的增加超过了补偿离子-离子相互作用损失所需的程度，从而产生图4.9（a）所示的非理性偏差（$\gamma > 1.0$）。

Stokes和Robinson采用了一种更为严谨和定量的方法[5]。他们研究了在高浓度条件下，去除作为有效溶剂的溶剂化鞘中的水分子后，溶质浓度（c）的变化。

在去除水之前，溶质浓度为：$c_1 = n/(n_w + n)$，其中 n 和 n_w 分别表示溶质和水的摩尔数。去除溶剂化鞘中的水分子后，溶质浓度变为：$c_2 = n/(n_w + n - n_h)$，其中 n_h 表示水合鞘中的水分子摩尔数。由于去除了水合鞘中的水分子，离子在溶剂分子作用下的自由能发生了变化。

Stokes和Robinson的烦琐数学处理细节在此不做深入探讨，他们最终修正后的平均活度系数为：

$$RT \lg \gamma_\pm = -\frac{A\sqrt{I}}{1 + Ba\sqrt{I}} - 2.303RT \frac{n_h}{n} \lg a_w + 2.303RT \lg \frac{n_w + n}{n_w + n - n_h} \qquad (4.94)$$

式中，a_w 表示水的活度，在纯水中其值应为1.0，在含有溶质的情况下则会小于1。

从方程可以清楚地看出，第一项是熟知的库仑因子，第二项和第三项则显然与原始Debye-Hückel模型中未考虑的离子-溶剂相互作用有关。由于 $a_w < 1.0$，两个溶剂项均为正值，它们与库仑项共同影响平均活度系数随溶质浓度的变化。在非常低的溶质浓度下，这两个溶剂项会趋近于零，因为

$$n_h \to 0, \quad a_w \to 1.0 \quad 所以 \frac{n_w + n}{n_w + n - n_h} \approx 1.0 \qquad (4.95)$$

因此，方程（4.94）最终只会剩下库仑项，这表明水分子去除效应可以忽略，离子-离子相互作用占据了主导，因此 $\gamma < 1.0$。

然而，在极高溶质浓度下，这两个溶剂项的总和可能会超过库仑项，导致平均活度系数上升。在某个中间浓度时，当库仑项和溶剂项相互抵消，平均活度系数会达到一个最小值，而这正是实验中观察到的现象。

Stokes和Robinson将改进的Debye-Hückel模型应用于NaCl水溶液的研究，结果显示该模型能够准确预测高达5 M浓度的平均活度系数！

4.12　Debye-Hückel 模型的成功与局限性

在本章中，我们主要探讨了Debye-Hückel模型及其数学解以及后人对该模型的改进。该模型的重要性永远不应被低估，因为它为现代电解质溶液理论奠定了基础。在Debye和Hückel之前，关于电解质的研究主要依赖实验和经验，而Debye和Hückel则通过严谨的数学推导将原子模型与宏观可验证的属性联系起来。实际上，Debye-Hückel

模型不仅在电解质领域具有深远影响，还为描述带电粒子或物体之间的相互作用提供了通用的方法，如带电表面与介电介质的相互作用、半导体中的电子 / 空穴、胶体悬浮液以及星际空间中的太阳风和等离子体等。

然而，Debye 和 Hückel 所采用的许多简化假设也限制了模型的普适性。在高溶质浓度（如电池中的超浓缩电解质）、溶质不完全解离（"弱"电解质）、低极性溶剂中离子对的形成、非球形或多原子结构的离子（如锂离子电池中的多氟化阴离子）以及空间受阻的类单极分子（如锂离子电池中的碳酸酯溶剂）等情况下，模型与实验结果之间会出现偏差。为了修正这些问题，最近计算化学领域取得了一些显著进展，如从头计算量子化学或分子动力学方法，这些方法提供了更准确的预测。然而，经验方法仍然在实际应用中发挥着不可或缺的作用。

4.13 液体结构：从稀溶液到浓缩和超浓缩状态

Debye-Hückel 模型描述了理想电解质在液体中的结构，其中离子被溶剂分子包围形成溶剂化鞘。这些溶剂化离子通过库仑力相互作用，而库仑力在短距离内非常强大，但随着距离的平方迅速减弱。

该模型仅适用于极低浓度的稀溶液（<0.01 M）。在实际电化学器件中，这些稀溶液无法提供足够的离子输运以支持电池反应，因此在现实应用中有限。与此相比，实际电化学器件所使用的电解质（如电池、电容器和电解池）具有更高浓度[6]，使得溶剂化离子间的距离非常接近，并且离子的溶剂化鞘不再清晰可辨。电解质体相结构在从稀溶液到浓溶液的过渡中经历了逐渐变化［图 4.9（b）］。

尽管缺乏公认的定量标准区分电解质浓度范围，研究人员通常遵循以下惯例标准：

（1）稀溶液（<0.01 M）。在这种浓度下，有足够的溶剂分子供离子招募，溶剂化鞘呈现出 Bernal 和 Fowler 提出的经典三层结构：最靠近离子的溶剂分子形成一级溶剂化鞘；远离离子的自由溶剂分子保持原始的体相结构；中间层位于这两个区域之间，由于离子静电场作用使体相结构发生部分破坏，但离子的距离尚不够接近以发生较稳定的结合（二级溶剂化鞘）。

（2）中等浓度电解质（约 1.0 M）。在这种浓度下，正负离子之间有足够的机会感受到彼此的库仑效应。然而，阳离子和阴离子仍被溶剂分子包围隔开。这类电解质在各种电化学器件中得到广泛应用，尤其是锂离子电池，在此浓度范围内具有最大的离子导电性。

（3）高浓度电解质（>2.0 M）。在这种浓度下，由于溶剂分子不足，离子之间的碰撞更加频繁，溶剂分子必须与不同的离子共享。离子之间的平均距离通常小于 Bjerrum 长度（λ_B）的二分之一（$\lambda_B/2$）（图 4.8）。大量离子主要以形成离子对的方式存在。

（4）超浓缩电解质（>5 M）。在这种极端浓度下，溶剂分子数量严重不足，阳离子和阴离子之间的碰撞更加频繁和紧密，溶剂化层完全消失。这种情况使阳离子和阴离子之间的距离被压缩到彼此的主要溶剂化层内，从而使彼此有机会成为对方溶剂化鞘的一部分。在更大尺度上，这些离子形成了聚集体，其中阳离子、阴离子和溶剂分子构建了相互渗透但连通的网络结构。由于每种离子与其周围物质的相互作用偏好不同，离子和网络的分布可能呈现出非均匀性。

自 21 世纪 10 年代以来，对多种超浓电解液的研究揭示了其具有许多意想不到的特性，包括传输、热学、机械、电化学、界面和界相等方面。这些独特性质在传统稀溶液或中等浓度电解质中无法获得[7-8]。超浓电解质形成的主要限制条件显然是盐在给定溶剂中的溶解度，与溶剂化物的熔点、无序性以及结晶动力学等因素有关。这些因素可能导致高盐浓度下出现结晶相分离现象。只有少数几种盐能够形成超浓缩电解质，其中最极端且最知名的可能是所谓的"盐包水"电解质（water-in-salt electrolyte，WiSE）[8]，该电解质由 21 m 的双（三氟甲基磺酰）亚胺锂（LiTFSI）溶于水中形成，其溶剂与盐的比例达到 2.64（$H_2O:Li^+$）。

在 WiSE 中，溶剂分子的不充足将导致 Li^+ 溶剂化鞘中出现明显的"分配不均"，这时，匮乏的溶剂水与 Li^+ 配位形成一种独特的液体结构。其中约 40% 的 Li^+ 离子被水分子包围，其余约 60% 的 Li^+ 离子主要被 TFSI 离子包围。

在 WiSE 的后续衍生物中，盐浓度甚至可以增加到 63 m，溶剂与盐的比例（$H_2O:Li^+$）达到 0.88。这种 Li^+ 周围的水分子极度匮乏使得常规水溶液中存在的氢键网络彻底瓦解，从而突破了大多数传统水系电解质在化学或电化学方面的限制。

参考文献

[1] P. Debye and E. Hückel, Zur Theorie der Elektrolyte. I. Gefrierpunktserniedrigung und verwandte Erscheinungen, *Phys. Z.*, 1923, **24**, 185–206.
[2] G. N. Lewis and M. Randall, *Thermodynamics and the Free Energy of Chemical Substances*, McGraw-Hill Book Co., New York, 1st edn, 1923.
[3] F. Kohlrausch, *Leitvermögen der Elektrolyte*, Benedictus Gotthelf Teubner, Leipzig, 1898.
[4] L. Onsager, Theories and problems of liquid diffusion, *Ann. N. Y. Acad. Sci.*, 1945, **46**, 241–265.
[5] R. A. Robinson and R. H. Stokes, *Electrolyte Solutions*, Butterworths, London, 2nd edn, 1965.
[6] K. Xu, Electrolytes and interphases in Li-ion batteries and beyond, *Chem. Rev.*, 2014, **114**, 11503–11618.
[7] O. Borodin, J. Self, K. Persson, C. Wang and K. Xu, Uncharted waters: super-concentrated electrolytes, *Joule*, 2020, **4**, 69–100.
[8] L. Suo, O. Borodin, T. Gao, M. Olguin, J. Ho, X. Fan, C. Luo, C. Wang and K. Xu, 'Water-in-Salt' Electrolyte Enables High Voltage Aqueous Li-ion Battery Chemistries, *Science*, 2015, **350**, 938–943.

第 5 章
电解质中的离子传输

前面章节中，我们讨论的离子都处于静止状态。本章我们来探究处于运动状态中的离子：即离子自发移动（扩散）或离子在外部电场驱动下移动（迁移）。前者由电解质中离子和溶剂分子之间的布朗运动及相互碰撞引起，方向上具有随机性，并不会导致整体的电荷流动；后者则能够产生整体定向的电荷传输，即所谓的电流，是维持电化学装置正常工作的必要条件。迁移有时也被称为传导或电导。这两种运动模式（扩散和迁移）并非完全独立存在，相反地，它们相互耦合，而且都依赖离子在电解质中的移动能力。

5.1　无外部电场时的离子传输：扩散

即使没有外部力（如电场）的作用，离子也不会静止，而是不断地进行无序运动，这种运动是由溶剂分子和其他离子之间的热碰撞以及离子浓度的局部不均匀分布导致的。这样的粒子运动在方向和速度上都是随机的。经典统计力学曾对气体行为进行了良好的描述，这些描述中性粒子运动的基本概念和定律大多适用于稀溶液中强电解质的运动行为，因为此时离子本身携带的电场尚可忽略。

5.1.1　Fick 第一定律：稳态扩散和离子的随机运动

虽然由热碰撞产生的离子随机运动不会产生任何净电荷位移（即整体电流），但它会导致离子浓度出现局部和瞬时的不平衡，从而引发离子群体向某一方向移动以消除这种不平衡。当浓度差异消除时，瞬时离子运动会立即消失，因此持续电流也就不可能产生。这种不平衡在整个电解质溶液中随时随地都在发生，并且离子群体的相关运动在每个方向上都是可能的。看似"静止"的电解质溶液实际上是微观动态"失衡 - 平衡"过程的宏观统计净结果。

假设在一个局部区域，在极短时间间隔 Δt 内，由于浓度差异，某种离子种类 i 沿着某个给定方向（例如沿假想的 x 轴）移动（图 5.1）。在这个短时间间隔 Δt 内，我们有一个瞬时的离子传输，其速率由通量描述。通量定义为单位时间内通过单位面积参考平面的 i 的摩尔数。这种离子运动的驱动力是沿 x 轴的浓度梯度，因此 Fick 第一定律适用[1]：

$$J = -D \frac{\mathrm{d}c_i}{\mathrm{d}x} \tag{5.1}$$

式中，D 是离子的扩散率（也称为扩散系数），它反映在一定浓度差下离子的扩散能力。

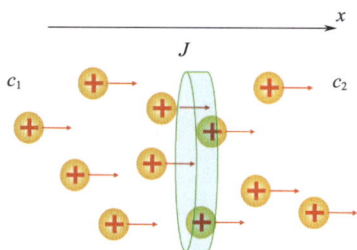

图 5.1 扩散率描述了离子在存在浓度梯度情况下的扩散能力

Fick 第一定律是一条经验公式，最初用于描述气体扩散。在稳态条件下，该定律有效，即浓度梯度和通量保持恒定且不随时间变化。然而，在实际的电解质溶液中，局部浓度梯度是不断变化的，因此稳态条件并不成立。不过，我们可以在此基础上推导出非稳态关系（Fick 第二定律）。

此外，原始的 Fick 定律适用于中性气体分子的扩散，而在电解质溶液中，离子 - 离子相互作用不仅影响静态的空间分布（如 Debye-Hückel 模型），也会影响离子的运动。图 5.1 的示意图未考虑反离子（即阴离子）的存在以及它对阳离子的静电扰动。只有在浓度极稀的电解质溶液中，离子 - 离子相互作用相比热碰撞可以忽略不计时，离子的运动才会表现为这种理想扩散行为。

离子 - 离子相互作用还会影响扩散系数，该系数取决于离子的活度。然而，在极度稀释的条件下，离子扩散系数可以被视为与离子浓度无关的常数。

在上述理想条件下（强电解质，极度稀释），电解质溶液中的离子可以被视为以随机方向和速度运动的粒子。那么在给定时间间隔内，离子平均能移动多远？

这个问题实际上类似于数学中的"醉汉随机漫步"问题。想象一个醉汉从酒吧出来。他虽然能够移动，但完全失去了方向感，因此每一步都可能是任何方向。那么，经过一段时间 Δt，他距离起点有多远？

为简化问题，我们假设醉汉生活在一个一维世界中，从起点出发，他的每一步要么是 $+s$ 要么是 $-s$，其中 s 是每一步的长度。

假设在 Δt 时，他准备迈第 N 步，此时距离起点的距离为 x_{N-1}，那么他迈第 N 步后的距离将会是 $x_{N-1}+s$ 或 $x_{N-1}-s$，具体取决于他脚下的方向。

$$x_N = x_{N-1} + s \tag{5.2}$$

$$x_N = x_{N-1} - s \tag{5.3}$$

因此，分别得到

$$x_N^2 = x_{N-1}^2 + 2x_{N-1}s + s^2 \tag{5.4}$$

$$x_N^2 = x_{N-1}^2 - 2x_{N-1}s + s^2 \tag{5.5}$$

将这两个方程相加，得到

$$2x_N^2 = 2x_{N-1}^2 + 2s^2 \quad \text{或} \quad x_N^2 = x_{N-1}^2 + s^2 \tag{5.6}$$

x_{N-1} 表示醉汉在第 N 步之前的确切距离。然而，实际上我们无法准确知道这个值，只能得到一个平均值 $\langle x_{N-1}^2 \rangle$。在这种情况下，我们需要重新书写方程为：

$$\langle x_N^2 \rangle = \langle x_{N-1}^2 \rangle + s^2 \tag{5.7}$$

我们确切知道的是：在迈出第一步之前，醉汉位于原点：

$$\langle x_0^{\;2} \rangle = 0 \tag{5.8}$$

迈出第一步后，醉汉的距离将变为：

$$\langle x_1^2 \rangle = \langle x_0^{\;2} \rangle + s^2 = s^2 \tag{5.9}$$

迈出第二步后，醉汉的距离将变为：

$$\langle x_2^2 \rangle = \langle x_1^2 \rangle + s^2 = 2s^2 \tag{5.10}$$

因此，在迈出第 N 步后，醉汉的距离将为：

$$\langle x_N^2 \rangle = Ns^2 \tag{5.11}$$

其中 $\langle x_N^2 \rangle$ 表示在某段时间 t 后醉汉从原点出发的均方距离。

我们最初尝试计算醉汉在有限步数的随机游走后离原点的距离，但最终得到的却是距离的平方。这个结果对我们有何帮助呢？

在这种情况下，事件发生的概率是一种不确定量，无法通过确定性的方法进行计算。因此，我们必须采用随机方法，并学会利用非确定性结果。

由于醉汉的每一步都是不可预测的，我们无法精确地判断他在有限时间间隔 Δt 后的位置。然而，概率理论告诉我们，由于每一步都有 50% 的可能是 $+s$ 或 $-s$，只要步数足够多（趋近无穷大），醉汉很有可能回到起点，换句话说平均距离 $\langle x_N \rangle$ 将接近零。

这个平均距离的结果对我们没有太大帮助。为了避免得到无用的结果，我们考虑均方距离 $\langle x_N^2 \rangle$，它不但与醉汉的平均行走距离相关，而且作为一个正的非零量，它能够提供更多实质性的意义。

让我们回到均方距离与步数（N）相关的方程。假设步数 N 与时间成正比（即醉汉以恒定速度行走，虽然这对于任何醉汉或任何微观粒子来说都不太现实，但它简化了数学计算），即：

$$N = kt \tag{5.12}$$

可以得到：

$$\langle x_N^2 \rangle = kts^2 = At \tag{5.13}$$

虽然我们在一维空间中推导出这一结果，但它同样适用于二维或三维空间。这个结果表明，在一定时间间隔后，尽管我们无法确切知道醉汉或随机运动的离子相对起点的位置，但均方距离与时间成正比，其中 A 是比例常数。显然，A 反映了醉汉敏捷程度或离子的扩散能力，因为 A 由两部分决定——步伐的频率（k）和每一步的长度（s）。

现在，我们需要评估 A 所代表的具体意义，以进一步理解其对随机运动过程的影响。

5.1.2　Einstein-Smoluchowski 方程

为了评估方程（5.13）A 所代表的具体意义，我们来做一个思想实验（thought experiment）。

如图 5.2 所示，离子在两个等体积腔室中进行一维随机行走，这两个腔室相邻，中间是一个参考平面。为方便起见，将参考平面的面积设为 1 个单位面积，并在其两侧各放置两个相同面积的附加平面，均方距离为 $\langle x^2 \rangle$。这样，该区域被这三个平面分成两个相等体积 V 的单独腔室（图 5.2）。

两个附加平面分别位于参考平面左侧和右侧的 $\sqrt{\langle x^2 \rangle}$ 距离，这样每个腔室的体积 V 就是 1 个单位面积乘以 $\sqrt{\langle x^2 \rangle}$，即 $V = \sqrt{\langle x^2 \rangle} \times 1 = \sqrt{\langle x^2 \rangle}$。因为每个腔室的体积相等，所以左右两个腔室的体积都是 V，即

$$V = \sqrt{\langle x^2 \rangle} \tag{5.14}$$

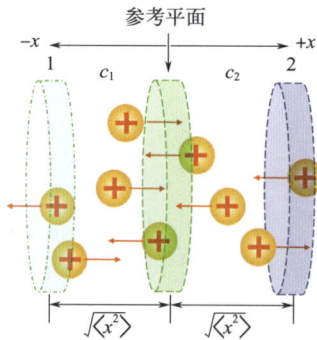

图 5.2　离子在两个等体积腔室 $\left(V = \sqrt{\langle x^2 \rangle} \right)$ 中进行一维随机游走，其中参考平面和附加平面的面积相等，设为一个单位面积

假设电解质溶液中离子 i 的浓度沿 x 轴变化，而参考平面的右侧浓度（c_2）略高于左侧的浓度（c_1），那么，左侧腔室中的离子数为 $\sqrt{\langle x^2 \rangle} c_1$，右侧腔室中的离子数为 $\sqrt{\langle x^2 \rangle} c_2$。在时间点为 t 时，所有这些离子都在进行随机运动。由于离子向任一方向（即 $+x$ 或 $-x$）移动的机会相等，所以每个离子在时间 t 内向左或向右跳跃的概率为 0.5。因此，向 $+x$ 方向移动的离子数应为 $\frac{1}{2}\sqrt{\langle x^2 \rangle} c_1$，向 $-x$ 方向移动的离子数为 $\frac{1}{2}\sqrt{\langle x^2 \rangle} c_2$。由于 $c_2 > c_1$，离子会发生从右向左的净流动。换句话说，单位时间内穿越参考平面的离子净通量为：

$$j = -\frac{1}{2}\frac{\langle x^2 \rangle}{t}(c_2 - c_1) \tag{5.15}$$

显然，这种离子的净流动是由沿 x 轴的浓度梯度驱动的，方向为 $c_2 \to c_1$，可表示为：

$$\frac{dc}{dx} = \frac{c_2 - c_1}{\sqrt{\langle x^2 \rangle}} \tag{5.16}$$

经重新排列为：

$$c_2 - c_1 = \sqrt{\langle x^2 \rangle}\frac{dc}{dx} \tag{5.17}$$

将 $c_2 - c_1$ 的表达式代入公式（5.15）可以得到：

$$j = \frac{1}{2}\frac{\sqrt{\langle x^2 \rangle}}{t}(c_2 - c_1) = -\frac{1}{2}\frac{\sqrt{\langle x^2 \rangle}}{t}\sqrt{\langle x^2 \rangle}\frac{dc}{dx} = -\frac{1}{2}\frac{\langle x^2 \rangle}{t}\frac{dc}{dx} \tag{5.18}$$

将该方程与 Fick 第一定律［公式（5.1）］进行比较，我们可以得到公式（5.19）：

$$D = \frac{1}{2}\frac{\langle x^2 \rangle}{t} \tag{5.19}$$

重新排列该方程，我们得到一个新的均方距离 $\langle x^2 \rangle$ 的方程：

$$\langle x^2 \rangle = 2Dt \tag{5.20}$$

这便是 Einstein-Smoluchowski 方程[2-3]。根据 Fick 第一定律，该方程将离子随机运动的均方距离与扩散系数联系起来。通过比较方程（5.13），我们还可以得到比例常数 A 的具体定义为：

$$A = 2D \tag{5.21}$$

我们之前提到过，从随机运动中得到的常数 A 应该反映离子的扩散能力。实际上，它正是离子的扩散系数。

尽管图 5.2 中考虑的扩散是一维的，但这个结果可以推广到二维和三维空间。在实际的电解质溶液中，离子在三维空间中进行随机运动（图 5.3）。在三维空间中，Einstein-Smoluchowski 方程可相应修改为：

$$\langle r^2 \rangle = 6Dt \tag{5.22}$$

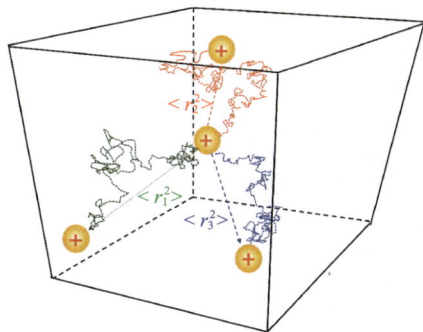

图 5.3　离子在三维空间中的随机运动经过微小修正后仍然遵循 Einstein-Smoluchowski 方程

与 Fick 第一定律相似，这个结果仅在未考虑离子 - 离子相互作用的情况下有效，因此它应被视为理想电解质（完全解离，极度稀释）条件下的近似表达。

5.1.3　Fick 第二定律：非稳态扩散

需要再次提醒的是，Fick 第一定律是在稳态条件下推导出来的，即通量和浓度梯度都保持不变，不随时间变化。然而，在实际的电化学系统中，这种稳定状态几乎不会存在，或者只能短暂存在。在大多数电化学器件中，离子扩散主要是由于时刻变化的浓度差异引起的。

锂离子电池是一个典型的不平衡系统，电池由一对电极和夹在它们之间的含锂电解质溶液组成 [图 5.4（a）]。在简化情况下（即不考虑任何外部场或界面 / 界相效应，这将在后续章节中讨论），电极内的锂离子与电解质中的锂离子之间达到平衡状态（注意：

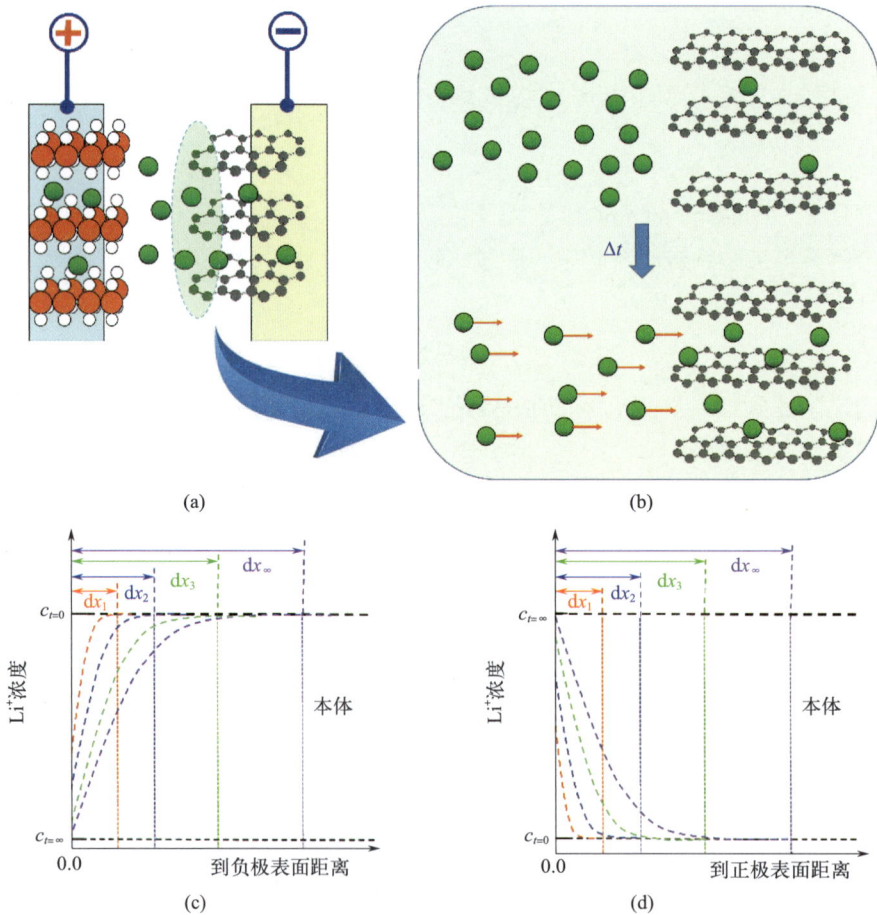

图 5.4　实际生活中非稳态离子扩散的例子。一个锂离子电池（a）连接到充电器，该充电器施加恒定电流充电（b）。在这种情况下，锂离子突然处于不平衡状态，推动它们从本体电解质转移到负极（石墨）的界面区域。（c）当平衡被打破时，形成了一个时间依赖的浓度梯度。在这一过程中，锂离子在石墨 / 电解质界面（或界相）处的浓度不仅随时间（Δt）和距离（x）发生变化，而且"前沿"也会向本体电解质内部推进（dx）。（d）在正极 / 电解质界面区域发生类似但相反的过程

这里的平衡并不意味着锂离子浓度相等，而是指由它们在电解质和电极内部溶剂化 / 键合产生的化学势相等）。然而，一旦电池开始充电，上述平衡将被打破，导致界面区域的锂离子面临随时间快速变化的浓度梯度［图 5.4（b）］，直到建立新的平衡。

假设我们关注的是负极侧，例如在充电过程中锂离子被嵌入石墨电极。大多数充电器在初始阶段使用恒流充电模式，因此需要确保锂离子能够以稳定的速率进入石墨电极。一方面，锂离子在电极上被消耗（其速率受到界面 / 界相和电极内部电荷转移限制）；另一方面，体相电解质需要向界面区域提供更多的锂（其速率受到电解质质量传输限制），这可能导致原有的界面区域出现锂离子耗尽的现象［图 5.4（c）］。类似的过程也发生在正极侧的充电过程中［图 5.4（d）］：采用恒流充电模式时，锂离子从正极的层状结构中释放出来，并在 $t=0$ 时瞬间积聚在正极 / 电解质界面。这些释放的锂离子会扩散到体相电解质中（同样，不考虑电场和正极表面界相的存在），形成随时间变化的浓度梯度。锂离子的扩散速率取决于电解质溶液将这些过量锂离子输送到体相的速度。

当 $t=\infty$ 时，将建立一个新的平衡，这个平衡取决于电解质和两个电极（及其各自的界面）内部的相对动力学。了解这些控制因素对于设计具有快速充电能力的锂离子电池至关重要。

上述情境不仅适用于锂离子电池，还适用于在恒定通量（或恒定电流）条件下消耗或产生某种物质的任何电化学装置，例如电化学合成中的电解槽。

在电镀和腐蚀工业中，存在一种被称为"瞬时平面源"的非稳态扩散现象。

假设一个金属电极在阳极（即氧化）过程中溶解，释放出一定量的金属离子作为电镀或腐蚀过程中的离子源，这些金属离子将在另一个电极上沉积。在 $t=0$ 时，施加一个短暂的脉冲电流（i_p）到电极上，然后关闭电流。此时，生成的离子在 $t=0$ 时积聚在电极表面，但很快这些离子将受浓度梯度驱动扩散到电解质中［图 5.5（a）］。随着时间的推移，浓度梯度逐渐减弱，导致离子通量逐渐降低。最终，当电解质 / 电极界面区域的离子浓度与电解质中体相浓度相等时，建立了新的平衡［图 5.5（b）］。这种现象不仅仅限于电解槽或电镀过程。例如，当手机中的锂离子电池经历突然脉冲放电时（例如在通话或发送消息过程中），负极会释放出一波锂离子。这些离子会在负极表面积聚，并逐渐扩散到电解质中。这些锂离子作为瞬时平面离子源，其在负极上累积浓度的消散速度决定了锂离子电池释放能量的速率（即脉冲放电能力）。

在"恒定通量"和"瞬时平面源"这两个例子中，我们不仅需要了解某一时刻 t 的浓度梯度 dc/dx，还需要了解任意位置 x 处的浓度梯度随时间的变化率 dc/dt。这正是 Fick 第二定律试图解决的问题。Fick 第二定律的目标是建立浓度 c 随时间和空间变化的函数，并在不同的初始条件和边界条件下对其进行求解。

$$c = f(x,t) \tag{5.23}$$

为此，我们现在假设一个被两个单位面积的平面包围的电解质区域，这两个平面之间的距离为 dx。在这个区域内，某一离子的浓度梯度 dc/dx 是瞬时且动态变化的（图 5.6）。

(a)　　　　　　　　　　　　　　　(b)

(c)

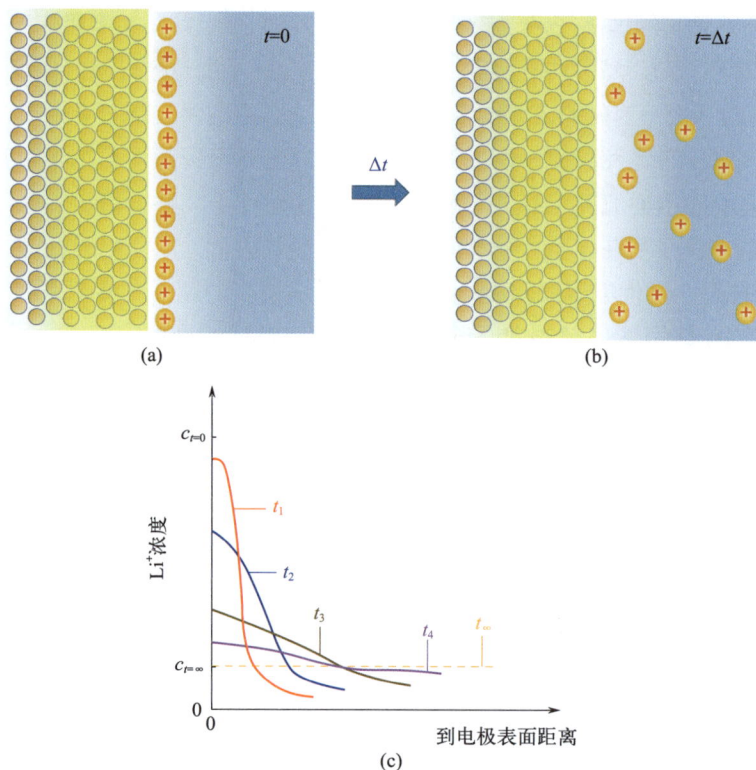

图 5.5　"瞬时平面源"问题：（a）一个金属电极经历了持续短暂时间 Δt 的脉冲电流，释放出一定量的离子，这些离子随着时间扩散到本体电解质中；（b）这些离子在电极/电解质界面区域的时间依赖分布；（c）一块手机锂离子电池在经历突然的脉冲放电后，向电极/电解质界面释放出一波锂离子

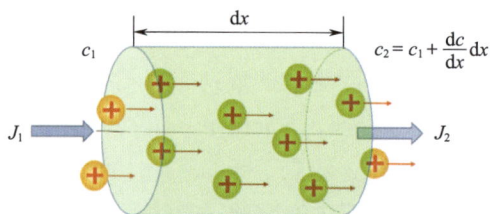

图 5.6　在非稳态条件下，离子在两个单位面积平面之间距离为 $\mathrm{d}x$ 的体积内的通量

假设左侧平面的浓度为 c_1，则右侧平面的浓度 c_2 应为：

$$c_2 = c_1 + \frac{\mathrm{d}c}{\mathrm{d}x}\mathrm{d}x \tag{5.24}$$

由于存在浓度梯度，这个区域将会产生离子的净通量，其方向取决于 c_1 和 c_2 的相对大小。如果 $c_1 > c_2$，那么根据 Fick 第一定律，从左侧平面进入该区域的通量为：

$$J_{\mathrm{in}} = -D\frac{\mathrm{d}c}{\mathrm{d}x} \tag{5.25}$$

而从右侧平面流出该区域的通量为：

$$J_{\mathrm{out}} = -D\frac{\mathrm{d}}{\mathrm{d}x}\left(c + \frac{\mathrm{d}c}{\mathrm{d}x}\mathrm{d}x\right) = -D\frac{\mathrm{d}c}{\mathrm{d}x} - D\frac{\mathrm{d}^2c}{\mathrm{d}x^2}\mathrm{d}x \tag{5.26}$$

因此，该区域的净通量为：

$$J_{net} = J_{out} - J_{in} = -D \frac{\mathrm{d}^2 c}{\mathrm{d}x^2} \mathrm{d}x \tag{5.27}$$

换言之，在单位时间内离开单位体积 $\mathrm{d}x$ 区域的净通量可以表示为 $D(\mathrm{d}^2c/\mathrm{d}x^2)\mathrm{d}x$。根据定义，这个净通量正是我们一直在寻找的浓度随时间的变化量 $\mathrm{d}c/\mathrm{d}t$。鉴于此，考虑到浓度随时间（t）和空间（沿 x 轴）变化的情况，为了更准确地描述这个现象，我们需要将全微分符号（d）替换为偏微分符号（∂），并对上述方程进行重新排列，得到：

$$\frac{\partial c}{\partial t} = D \frac{\partial^2 c}{\partial x^2} \tag{5.28}$$

这个偏微分方程即为 Fick 第二定律，它是分析电解液中非稳态扩散过程的基础[1]。

与全微分方程（如线性化的 Poisson-Boltzmann 方程）相比，偏微分方程的求解过程更加复杂。在众多解决 Fick 第二定律的方法中，Laplace 变换是最常用的数学工具之一。通过 Laplace 变换，函数 $y=f(x)$ 与其积分函数相乘 $\int_0^{\infty} e^{-px} \mathrm{d}x$，可以将偏微分方程转化为较易处理的全微分方程。我们在此不打算详细介绍 Laplace 变换的数学过程，因为它是一种通用数学工具，通常在高级热力学、材料科学或化学工程等课程中已经进行了讲授。这里，我们直接给出应用于 Fick 第二定律的 Laplace 变换结果。

$$\int_0^{\infty} e^{-pt} \frac{\partial c}{\partial t} \mathrm{d}t = \int_0^{\infty} e^{-pt} D \frac{\partial^2 c}{\partial x^2} \mathrm{d}t \tag{5.29}$$

式中，p 是一个与时间 t 无关的正数。

通过解析，Fick 第二定律在进行 Laplace 变换后，可以转化为以下形式：

$$-c_{t=0} + \int_0^{\infty} e^{-pt} c \mathrm{d}t = D \frac{\partial^2}{\partial x^2} \int_0^{\infty} e^{-pt} c \mathrm{d}t \tag{5.30}$$

式中，$c_{t=0}$ 表示初始时刻的浓度值。

现在我们得到的是一个以 t 为唯一变量的全微分方程。根据定义，$\int_0^{\infty} e^{-pt} c \mathrm{d}t$ 是 c 的 Laplace 变换，我们将其记作 $\bar{c}$。因此，上述方程可以改写为：

$$p\bar{c} - c_{t=0} = D \frac{\mathrm{d}^2 \bar{c}}{\mathrm{d}x^2} \tag{5.31}$$

至此，我们成功地将一个关于 c 的偏微分方程 [方程（5.28），涉及 x 和 t 这两个变量] 转化为一个关于 $\bar{c}$ 的全微分方程 [方程（5.31），仅依赖变量 x]。

5.1.4　Fick 第二定律在几个实际场景中的求解和应用

正如在处理线性化 Poisson-Boltzmann 方程时所强调的，纯粹的数学处理无法为实际体系中的大多数问题提供答案。解决由 Fick 第二定律导出的微分方程同样需要结合对体系物理本质的理解。

接下来，我们将用 Laplace 变换后的 Fick 第二定律重新审视前面提到的锂离子电池恒定通量的例子。首先考虑负极（石墨）侧：在刚连接充电器并开始充电的瞬间，负极 / 电解质界面的锂离子浓度应与初始浓度 c_0 相同：

$$c_{t=0} = c_0 \tag{5.32}$$

这被称为初始条件。

经过足够长时间，当负极上锂离子达到恒定通量时，系统最终会达到新的平衡状态。在这种情况下，负极 / 电解质界面上的锂离子浓度将降至一个新的值 c_∞，而在距离电极表面足够远的地方（$x=\infty$），锂离子的浓度将保持体相浓度。

$$c_{x=\infty} = c_0 \tag{5.33}$$

与此同时，一旦电池接入充电器开始充电，便会被施加一个恒定电流，迫使锂离子以恒定通量流入负极。因此，在任何时刻，界面（$x=0$）处的通量是稳定不变的，并遵循 Fick 第一定律。

$$J_{x=0} = -D\left(\frac{\partial c}{\partial x}\right)_{x=0} \tag{5.34}$$

这两个方程共同定义了边界条件。

利用上述初始条件和边界条件对 Fick 第二定律所施加的约束，我们现在可以对图 5.4 展示的恒定通量场景进行求解。接下来，我们将跳过求解全微分方程（5.31）的详细数学过程，直接给出其解。

$$c = c_0 - \frac{J}{\sqrt{D}}\left(2\sqrt{\frac{t}{\pi}}\,\mathrm{e}^{-\frac{x^2}{4Dt}} - \frac{x}{\sqrt{D}}\,\mathrm{erfc}\sqrt{\frac{x^2}{4Dt}}\right) \tag{5.35}$$

式中，erfc 是高斯误差函数的余函数，定义为：

$$\mathrm{erfc}\,(x) = 1 - \frac{2}{\sqrt{\pi}}\int_0^x \mathrm{e}^{-u^2}\mathrm{d}u \tag{5.36}$$

同样，针对正极 / 电解质界面上的 Li$^+$ 浓度，可以通过以下公式获得：

$$c = c_0 + \frac{J}{\sqrt{D}}\left(2\sqrt{\frac{t}{\pi}}\,\mathrm{e}^{-\frac{x^2}{4Dt}} - \frac{x}{\sqrt{D}}\,\mathrm{erfc}\sqrt{\frac{x^2}{4Dt}}\right) \tag{5.37}$$

在 c_0 后面的正号表示正极 / 电解质界面的锂离子浓度增加了。这是因为正极释放锂离子到电解质中，电解质必须将这些额外的锂离子输送到体相区域。

方程（5.35）和方程（5.37）提供了关于电极消耗或生成物质的浓度（c）随时间（t）和到电极表面距离（x）变化的整体描述。显然，误差函数 erfc 对这两个解的结果产生较大的影响。那么，这个因子具体是什么样子呢？

首先，我们来探讨一下误差函数本身的定义。

$$\mathrm{erf}\,(x) = \frac{2}{\sqrt{\pi}}\int_0^x \mathrm{e}^{-u^2}\mathrm{d}u \tag{5.38}$$

分析这个表达式发现，"新"变量 u 只是一个辅助参数，在引入积分限（0 和 x）之后将会被消除。它具有以下几个重要特点：

（1）当 $x=0$ 时，erf=0，erfc=1.0；

（2）当 $x \geqslant 2$ 时，erf=1，erfc ≈ 0；

（3）当 $x=0$ 时，erf 和 erfc 的斜率分别为：

$$\frac{\mathrm{d}[\,\mathrm{erf}\,(x)]}{\mathrm{d}x} = \frac{2}{\sqrt{\pi}} \tag{5.39}$$

$$\frac{\mathrm{d}[\,\mathrm{erfc}\,(x)]}{\mathrm{d}x} = \frac{\mathrm{d}[1-\mathrm{erf}\,(x)]}{\mathrm{d}x} = -\frac{2}{\sqrt{\pi}} \tag{5.40}$$

换句话说，在固定的 t 下绘制误差函数 erf 和 x 的关系时，erf 的曲线呈现出"饱和型"的特征，而其互补函数 erfc 则表现为关于 $y=0.5$ 虚轴的对称镜像（图 5.7）。实际上，边界条件（当 $x \geqslant 2$ 时）确定了离子浓度的上限，超过此范围后，离子浓度将不再偏离电解质体相中的浓度。这也定义了随时间变化的"扩散层"厚度。在图 5.4（c）（d）中，这种扩散层的变化用不同的"$\mathrm{d}x$"表示。

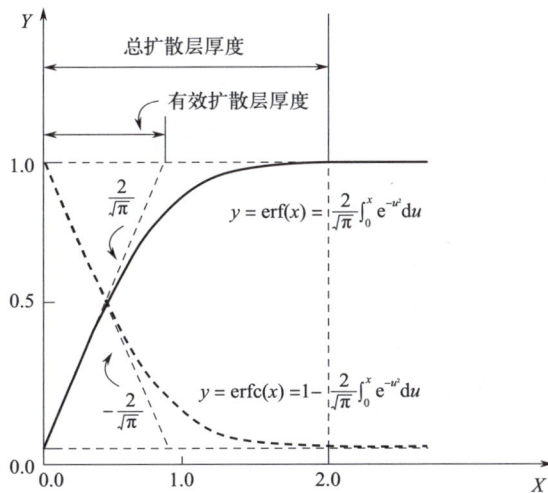

图 5.7　误差函数（erf）及其互补函数（erfc）的形状和特性对电极/电解质界面附近的浓度分布有显著影响，远超出上述两个例子所展示的范围。在不同边界条件下对 Fick 第二定律进行求解时，许多解都包含 erf 或 erfc 因子

在实际的电化学器件中，例如锂离子电池，当考虑到离子的扩散系数和电池运行的时间尺度时，扩散厚度可能会跨越从负极到正极的整个距离。实际上，扩散厚度的增长受到电解液中离子供应限制的影响，这些限制由离子数量和离子浓度决定。换句话说，整个电池中的电解液处于"扩散控制"状态。

通过对初始条件和边界条件进行简单调整，Fick 第二定律也可以适用于其他离子传输场景。例如，在"瞬时平面源"问题中，我们可以将瞬时脉冲（J_{pulse}）视为恒定通量（J）的时间导数：

$$J_{\text{pulse}} = \frac{\mathrm{d}}{\mathrm{d}t} J \tag{5.41}$$

那么，方程（5.31）的解将变为：

$$c = c_0 - J_{\text{pulse}} \frac{1}{\sqrt{\pi D t}} e^{-\frac{x^2}{4Dt}} \tag{5.42}$$

如果表面上的初始离子浓度设置为零，即：

$$c_{t=0} = c_0 = 0 \tag{5.43}$$

此时，离子浓度随着距离（x）和时间（t）的变化的表达式可表示为：

$$c = -\frac{J_{\text{pulse}}}{\sqrt{\pi D t}} e^{-\frac{x^2}{4Dt}} \tag{5.44}$$

该表达式表示一个半钟形的分布，如图 5.5（c）所示。

5.2　外场驱动的离子传输：迁移（导电）

在没有外部电场的情况下，尽管离子在运动，但由于其速度和方向完全随机，在宏观尺度上，时间平均后的离子净流量为零。

但当外部电场作用于电解质时，离子会呈现出有方向性的迁移趋势。阳离子向带有过量负电荷的电极（负极）迁移，阴离子则向另一个电极迁移。尽管在原子层面上个体的随机运动仍然存在，但在宏观尺度上，通过时间平均，离子净流量（J）会显著地表现出来（图 5.8）。该离子流量携带电荷，因此它被定义为电流（i）。与金属导体中产生的电流不同，离子电流的载体是离子而非电子。

阳离子和阴离子均对电流产生贡献，因此它们各自的流量（J_i）之和构成了总流量。根据定义，电流可以表示为：

$$i = \sum_i z_i e_0 N_i J_i = F \sum_i z_i J_i \tag{5.45}$$

式中，$F = N_A e_0$ 是 Faraday 常数，N_A 是 Avogadro 常数（6.02×10^{23}）。在国际单位制中，$F=96485$ C/mol 或 96485 A·s/mol。需要注意的是，流量（J）表示单位面积每秒通过的某种物质的摩尔数，电流（i）则以安培或库仑每秒为单位。

5.2.1　一些传输量及其相关性

描述离子在电解质中迁移的物理量有很多种，它们都基于离子在外部作用力下的内在响应能力。外部作用力可以是化学作用力（由"化学势"或简单的浓度差引起）、机械作用力（例如搅拌）或静电作用力（例如外加电场）。

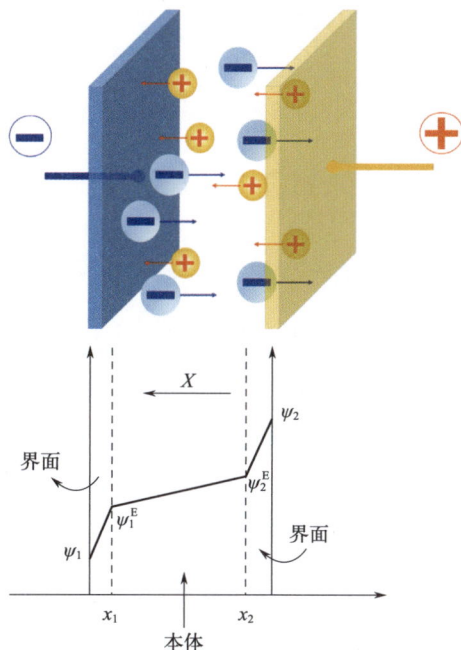

图 5.8 上图：在外部电场作用下电解质中的离子发生定向移动。下图：展示了施加在电解质上的电场仅是整体外部电场的一部分，因为在界面区域存在电势降。我们假设界面区域的电势变化是线性的。正如第 6、14 和 15 章所述，这种情况并非总是如此，但在高浓度（>0.1 M）的电解质溶液中，这仍然是一个很好的近似

5.2.1.1　导电性（σ，Λ_m 和 Λ）

当外部电场施加到电解质上时，如图 5.8 所示，它在整个电池中产生了一个由 ψ_2 减去 ψ_1 的电势差。然而并非所有施加的电势都作用于电解质，在每个电极/电解质界面上都存在由双电层构成的界面区域，在这些界面区域中会存在一定的电势降（这一主题将在第 6、8、15 和 16 章中讨论）。由于界面区的电势降，实际作用于电解质上的电势值变小了（$\psi_2^E - \psi_1^E$）。根据定义，电场强度 X 应该是：

$$X = -\frac{\psi_2^E - \psi_1^E}{\Delta x} = -\frac{\psi_2^E - \psi_1^E}{x_2 - x_1} \tag{5.46}$$

严格来说，Δx 应该是去除两个界面区域后的电解质长度。然而，在实际情况中，由于界面厚度通常难以准确测量，并且相比于电解质厚度（以纳米为单位）而言微不足道，因此，我们通常将 Δx 视作两个电极之间的距离。请注意方程中的负号（−），它表示正离子沿着与正场梯度相反的方向移动。

在上面我们假设电场在电解质中呈线性变化，这一假设通常适用于结构和组成均匀的液态电解质。然而，对于固态电解质（无论是聚合物型还是陶瓷型），其组成和形貌可能存在不均匀性，因此电场强度需要更为精确地定义为：

$$X = -\frac{d\psi}{dx} \tag{5.47}$$

在稳态条件下，当电场强度较小时，可以假设给定离子物种的通量与电场强度呈线性关系：

$$J = BX \tag{5.48}$$

在我们求解 Butler-Volmer 方程时将通过低场近似来证明这一关系，但在此阶段我们暂且接受这一事实。

J 描述了单位时间内通过单位面积的某种离子的摩尔数，因此电流密度 j 可以表示为：

$$j = JzF = zFBX \tag{5.49}$$

它描述了单位面积通过电荷的库仑数（coulombs，亦即安秒数）。现在我们可以通过合并这些常数来定义一个新的常量 σ。

$$\sigma = zFB \tag{5.50}$$

并由此可得：

$$\sigma = \frac{1}{X} j \tag{5.51}$$

在均匀电解质中，我们已经假设电场强度 X 在整个电解质长度 Δx 上呈线性分布。

$$X = -\frac{\psi_2^E - \psi_1^E}{\Delta x} = -\frac{\Delta \psi}{\Delta x} \tag{5.52}$$

此外，总电流（I）应该为：

$$I = jA \tag{5.53}$$

综合方程（5.51）～方程（5.53），我们可以得到引入常数 σ 的新表达式，其中 A 表示电极的面积。

$$\sigma = \frac{\Delta x}{\Delta \psi} \frac{I}{A} \tag{5.54}$$

这个新量 σ 代表着什么？接下来，我们可以对方程（5.54）进行重新排列，得到：

$$\Delta \psi = \frac{\Delta x}{\sigma A} I \tag{5.55}$$

回顾图 5.8 可知，$\Delta \psi$ 表示施加在电解液上的电压，A 和 Δx 则代表电池的几何参数。因此，上述方程与 Ohm 定律具有相似的形式：

$$V = IR \tag{5.56}$$

其等效电阻 R 为：

$$R = \frac{\Delta x}{\sigma A} = \rho \frac{\Delta x}{A} \tag{5.57}$$

式中，ρ 是根据 Ohm 定律定义的传统电阻率；σ 是电阻率的倒数，我们称其为电导率，它描述离子在外部电场作用下的流动特性。

在理想情况下，如图 5.8 所示，通过测量直流（DC）电场下的电阻（R）以及电池参数（$\Delta x/A$），可以用来评估电导率 σ。

$$\sigma = \frac{1}{R}\frac{\Delta x}{A} \tag{5.58}$$

在实际应用中，通常选择在交流（AC）条件而不是直流（DC）条件下测量电导率。这是因为在直流条件下电化学电池会出现其他现象（如浓度极化、双电层电容和电极表面的电荷转移等），这些现象会增加电阻准确测量的复杂性。我们将在第 14 章对这些现象进行更详细的探讨。

电解质中的离子电导率与金属导体不同，它可以通过溶解的溶质量和种类调节。换句话说，电导率不仅取决于溶质浓度，还取决于溶质的类型。正如第 3.5.3 节所讨论的，后者可以通过离子强度进行量化。为了将电导率对离子的浓度和价态归一化，引入了两个相关概念——摩尔电导率（Λ_m）和当量电导率（Λ）。

$$\Lambda_m = \frac{\sigma}{c} \tag{5.59}$$

$$\Lambda = \frac{\sigma}{cz} \tag{5.60}$$

式中，z 代表所研究离子物种的电荷状态。

正如前面提到的，Kohlrausch 对大量水溶液电解质的离子电导率进行了精确测量，并通过推导摩尔电导率和当量电导率将它们与浓度及不同溶质类型进行比较。在此基础上，他提出了两个著名的经验法则：

（1）溶质浓度的非线性关系

$$\Lambda = \Lambda^0 - K\sqrt{c} \tag{5.61}$$

（2）阳离子和阴离子的独立迁移

$$\Lambda^0 = \lambda_+^0 + \lambda_-^0 \tag{5.62}$$

式中 Λ^0、λ_+^0 和 λ_-^0 分别表示在溶质浓度趋近零时的当量电导率以及阳离子和阴离子所贡献的当量电导率。

这些规律仅在溶质浓度接近零时有效。其根本原因在于，只有当电解质足够稀释时，离子间的相互作用才能被忽略，这一点在第 4 章的 Debye-Hückel 模型中有所揭示。

在实际应用中，导电率（σ）是最有用的度量指标，因为它直接反映了特定电解质能够提供的离子电流，以支持电池反应的进行。相比于摩尔导电率（Λ_m）或当量电导率（Λ），导电率具有更广泛的适用性。

5.2.1.2　离子淌度（μ）

正如本节开头简要提到的，离子的定向运动仅在宏观尺度和时间平均时表现出来，如图 5.6 或图 5.8 所示。然而，在原子级别上，即使外部电场存在，个别离子仍会经历随机运动［图 5.9（a）］，并同时沿电场方向发生迁移。因此，离子的实际轨迹应更接近图 5.9（b）所示。换句话说，施加的电场仅通过在电场方向上施加一个速度分量影响离子的运动。这个速度分量称为迁移速度（v_d），它是离子总体速度在电场方向上的投影［图 5.9（c）］。

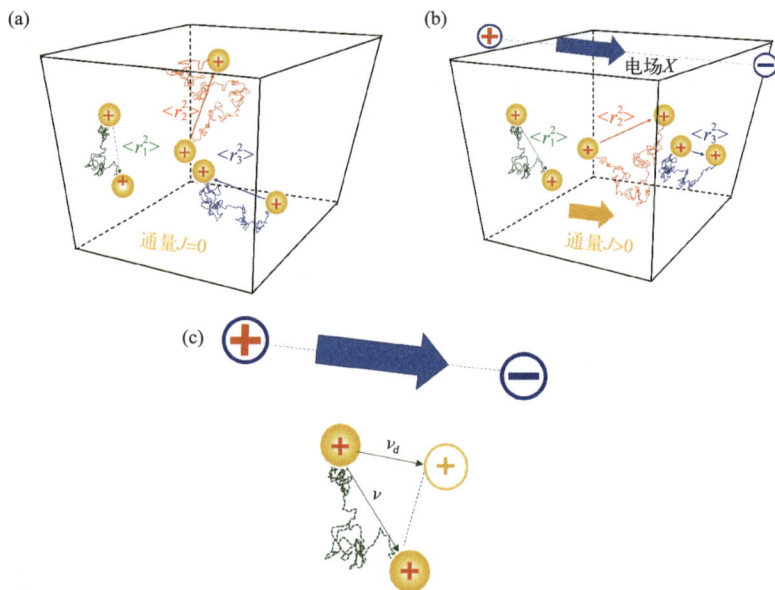

图 5.9 （a）随机的离子运动不会产生净通量；（b）施加的外部电场无法阻止随机运动，而是通过在随机运动基础上引入一个速度分量，使阳离子朝电场方向迁移（阴离子朝反方向迁移），从而在电场方向上产生净通量；（c）迁移速度是离子在施加电场方向上的速度分量投影

现在，让我们从原子层面仔细观察这些离子的行为。

根据 Newton 第二定律，静电场对每个离子都施加一个力，其定义为：

$$\vec{F} = ma = m\frac{dv}{dt} \tag{5.63}$$

离子在电解质中受到场驱动力 $\vec{F}$ 的作用，其加速度为 a，质量为 m。若没有阻碍存在，离子将以高速运动，并随时间推移在电解质中不断加速。然而，离子与其他离子（无论带相同的电荷还是相反的电荷）以及溶剂分子之间不断发生碰撞。这些碰撞会随机地改变离子的方向和速度，使其运动轨迹呈现无规律性。另一方面，施加的电场又始终试图校正离子的偏移，将其推向电场方向（对于阳离子）或电场反方向（对于阴离子）。这两种运动的矢量和即为离子的实际运动，如图 5.9（b）所示。

在两次碰撞之间，离子遵循 Newton 第二定律进行定向运动，并产生净离子通量，直到下一次碰撞改变其方向。因此，整体净通量是所有离子在其定向运动（即在两次碰撞之间）期间产生的通量总和。由于这些碰撞是完全随机发生的，我们无法精确预测单个离子的速度和方向。然而，如果我们假设平均碰撞时间为 τ，并且在时间 t 内发生了 N 次碰撞，则可以通过统计方法推断离子的运动特性。

$$\tau = \frac{t}{N} \tag{5.64}$$

在平均时间 τ 内，离子运动必须遵循 Newton 第二定律，因此其迁移速度 v_d 可表示为：

$$v_d = \frac{dv}{dt}\tau = \frac{\vec{F}}{m}\tau \tag{5.65}$$

因此，某个离子对定向运动（即电流）的贡献由其迁移速度决定，而迁移速度与作用在离子上的力和碰撞之间的平均时间成正比，而与其质量成反比。质量 m 和平均碰撞时间 τ 是电解质的固有属性，而 $\vec{F}$ 属于外界施加的因素，因此可以定义一个新的物理量——离子淌度（又称离子迁移率）μ：

$$\mu = \frac{\tau}{m} = \frac{v_d}{\vec{F}} \tag{5.66}$$

因此，离子淌度是指离子在单位力作用下的迁移速度，其国际单位制中的量纲为 $m/(N \cdot s)$，描述离子对外力的敏感程度。然而，在实际应用中，测量作用于电解质上的力并不像测量施加的电场那么方便。因此，文献中通常采用离子淌度的修正形式，即由单位电场引起的迁移速度。这种新的淌度形式有时被称为"常规淌度"（μ_{Conv}），其单位为 $m^2/(V \cdot s)$ 或 $cm^2/(V \cdot s)$，而原始定义中的淌度则称为"绝对淌度"（μ_{Abs}）。

带有电荷 $z_i e_0$ 的离子在静电力 F 与施加的电场 X 之间的关系如下：

$$\vec{F} = z_i e_0 X \tag{5.67}$$

两种淌度之间的转换关系为：

$$\mu_{Conv} = z_i e_0 \mu_{Abs} \tag{5.68}$$

在大多数情况下研究人员未明确指出所使用的淌度类型，这可能会导致概念混淆。因此，在区分时需要特别注意，关键线索在于淌度的单位是 $m^2/(N \cdot s)$ 还是 $m^2/(V \cdot s)$。

表 5.1 列出了室温条件下特定离子在水溶液中的扩散系数和常规淌度。

表 5.1　特定离子水溶液在常温（25～30℃）下的扩散系数（D）和常规淌度（μ）

离子	$D/$（cm^2/s）	$\mu/$[$cm^2/$（$V \cdot s$）]
H^+	7.60×10^{-5}	3.62×10^{-3}
Li^+	1.03×10^{-5}	
Na^+	1.33×10^{-5}	
K^+	1.57×10^{-5}	7.62×10^{-4}
NH_4^+	1.86×10^{-5}	7.63×10^{-4}

现在，让我们回到图 5.9，并在本节结束前进行回顾。

为了更精确地了解离子运动的扩散距离和迁移距离，我们可以从表 5.1 中提取扩散系数和常规淌度数据，并进行简单计算。

经过计算，我们可以得出，在由氯化钾组成的水溶液电解质中，利用扩散系数（1.57×10^{-5} cm²/s）和 Einstein-Smoluchowski 方程［方程（5.22）］，钾离子在 1 s 内的扩散距离为 97 μm。然而，在施加 1.0 V/cm 的电场下，钾离子在 1 s 内仅迁移了 7.62 μm 的距离，甚至不到其扩散距离的 1/10。

5.2.1.3　D、σ、v_d 和 μ 之间的关系

到目前为止，我们已经定义了一些描述离子流动性的物理量，包括在没有外部电场作用下的扩散系数 D 以及在外部电场作用下的电导率 σ、迁移速度 v_d 和离子淌度 μ。这些量之间的关系如何呢？

假设存在一个在电解液中以迁移速度 v_+ 运动的阳离子，它形成了正离子的净通量 J_+［图 5.10（a）］。请注意，通量指的是单位面积每秒通过的该阳离子的摩尔数。假设电解液中阳离子的浓度为 c_+，那么在 1 s 内通过虚线所围成的区域的阳离子摩尔数将是该体积 V 中阳离子的总数 N_+：

$$J_+ = N_+ = AVc_+ = Vc_+ \quad （因为 A 作为单位面积等于 1.0） \tag{5.69}$$

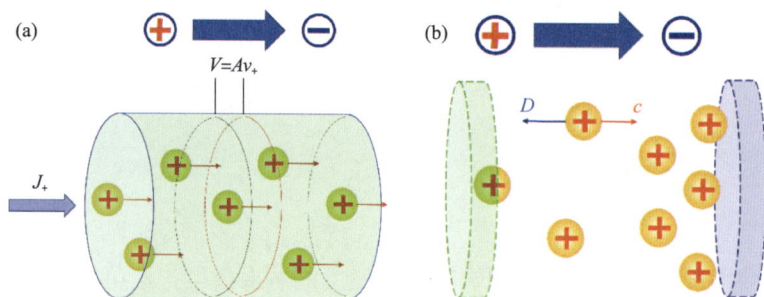

图 5.10（a）通量、电流密度和迁移速度之间的关系。（b）Einstein 关于离子物质平衡扩散与电导的思想实验

显然，体积 V 由阳离子的移动速度决定：

$$V = Av_+ \tag{5.70}$$

因此

$$J_+ = v_+ c_+ \tag{5.71}$$

与通量 J_+ 对应的电流密度 j_+ 为：

$$j_+ = z_+ F v_+ c_+ \tag{5.72}$$

式中，F 是 Faraday 常数，z_+ 是该阳离子的价数。

无论是阳离子还是阴离子，所有离子在外部电场作用下都会对离子的净通量产生贡献，因此总电流 I 可以表示为：

$$I = \sum_i j_i = \sum_i z_i F v_i c_i \tag{5.73}$$

现在，我们已将每个离子的迁移速度与其对电流密度的贡献联系起来。由于迁移速度通过公式（5.66）与淌度相关，而电导率又通过公式（5.51）与电场强度 X 相关，在

代入并重新排列后，我们得到了关于电导率和淌度之间的关系：

$$\sigma = \frac{j}{X} = \sum z_i F c_i \mu_i \tag{5.74}$$

如果我们把 Faraday 常数 F 替换为：

$$F = N_A e_0 \tag{5.75}$$

并定义载流子数 n_i 为：

$$n_i = N_A c_i \tag{5.76}$$

那么，我们将得到一种更为广泛使用的形式，它在电解液文献中非常常见。

$$\sigma = \sum n_i z_i \mu_i e_0 \tag{5.77}$$

在特定情况下，如氯化钠（NaCl）或硫酸镁（$MgSO_4$）等 $z:z$ 型电解质，上述式子可以简化为：

$$\sigma = z F c \left[\mu_+ + \mu_- \right] \tag{5.78}$$

同样，摩尔电导率和当量电导率也可以通过类似的方式与离子淌度相关联：

$$\Lambda_m = \frac{\sigma}{c} = z F \left[\mu_+ + \mu_- \right] \tag{5.79}$$

$$\Lambda = \frac{\sigma}{cz} = F \left[\mu_+ + \mu_- \right] \tag{5.80}$$

需要注意的是，尽管方程（5.77）～方程（5.80）以标量形式呈现，没有明确的方向性，但实际上它们包含了矢量元素，并具有方向性。这是因为离子的迁移可能对电导率产生正向或负向影响，具体取决于离子是顺着施加的电场方向移动还是逆着施加的电场方向移动。逆向移动意味着阳离子朝正电极迁移，阴离子朝负电极迁移。在非常稀薄或理想的电解质中，这种"错误"方向的离子运动可以忽略，因此这些方程表现为标量形式。然而，在超浓电解质或离子液体中，"错误"方向的移动确实可能会发生，因此必须牢记诸如电荷和离子淌度等量本质上具有矢量性质。

5.2.1.4　Einstein 关系式

我们已经成功地将电导率（σ、Λ_m 和 Λ）与离子淌度（μ）联系起来，那么扩散系数呢？

Einstein 进行了一项巧妙的思想实验，建立起了描述离子随机运动和定向运动之间的模型［图 5.10（b）］。他设想了一个电解质系统，在该系统中，某种离子类型的浓度梯度引发了扩散通量 J_D。

$$J_D = -D \frac{dc}{dx} \tag{5.81}$$

然后，他施加了一个外部电场，以产生传导通量 J_C，该通量正好平衡了扩散通量，从而使得净通量为零：

$$J_{\mathrm{D}} + J_{\mathrm{C}} = 0 \tag{5.82}$$

从上一节中我们已经得知：

$$J_{\mathrm{C}} = c v_{\mathrm{d}} = c \vec{F} \mu \tag{5.83}$$

因此，我们可以得到：

$$c \vec{F} \mu - D \frac{\mathrm{d}c}{\mathrm{d}x} = 0 \tag{5.84}$$

或者

$$\frac{\mathrm{d}c}{\mathrm{d}x} = \frac{c \vec{F} \mu}{D} \tag{5.85}$$

由于该系统处于平衡状态，Einstein 应用了 Boltzmann 分布推导离子浓度的分布：

$$c = c^0 \mathrm{e}^{-\frac{U}{k_{\mathrm{B}}T}} \tag{5.86}$$

式中，c^0 表示在电场为零时的离子浓度，U 代表施加电场后离子的势能。因此：

$$\frac{\mathrm{d}c}{\mathrm{d}x} = -c^0 \mathrm{e}^{-\frac{U}{k_{\mathrm{B}}T}} \frac{1}{k_{\mathrm{B}}T} \frac{\mathrm{d}U}{\mathrm{d}x} = -\frac{c}{k_{\mathrm{B}}T} \frac{\mathrm{d}U}{\mathrm{d}x} \tag{5.87}$$

根据定义，电场对离子施加的力为：

$$\vec{F} = -\frac{\mathrm{d}U}{\mathrm{d}x} \tag{5.88}$$

因此，方程（5.87）可以变为：

$$\frac{\mathrm{d}c}{\mathrm{d}x} = \frac{c}{k_{\mathrm{B}}T} \vec{F} \tag{5.89}$$

将上述两个关于 $\mathrm{d}c/\mathrm{d}x$ 的表达式结合起来，我们得到：

$$\frac{c}{k_{\mathrm{B}}T} \vec{F} = \frac{c \vec{F} \mu}{D} \tag{5.90}$$

现在，我们终于可以将扩散系数 D 与离子淌度 μ 联系起来：

$$D = \mu k_{\mathrm{B}}T \tag{5.91}$$

该方程即为 Einstein 关系式[2]。需要注意的是，这里使用的离子淌度是指"绝对淌度"，即在单位力作用下产生的迁移速度。如果需要使用文献中常见的"常规淌度"，则需按照前述方法，将其乘以 $z_i e_0$ 进行转换。

Einstein 关系式为离子传输领域中的许多关键关系提供了理论基础。广义上来说，它不仅适用于电解质中的离子运动，还描述了微粒的随机运动与外力（如电场、磁场、重力或机械力）引发的定向运动之间的关系。

根据 Einstein 关系式，我们可以进一步通过淌度将扩散系数与电导率联系起来。

$$\sigma = \sum \frac{n_i z_i D_i e_0}{k_{\mathrm{B}}T} \tag{5.92}$$

总之，这些量（σ，D，μ）描述了离子在电解液中对"驱动力"的响应能力。这种驱动力可以是浓度梯度（影响扩散系数）或电场（影响离子淌度和电导率）。它们彼此相关，并以线性关系成正比。

5.2.1.5　迁移数（t_+ 和 t_-）

阳离子和阴离子共同对整体电导率（σ）产生影响，有时需要明确哪个离子是主要贡献者。例如，在锂离子电池中，电池反应依赖锂离子的传输，而其他离子（尤其是阴离子）的移动通常被视为对电池反应不利的副作用。准确评估锂离子对电流的贡献有助于确定在恒定离子通量下电池的充放电速率。从更广泛的角度来看，电池性能通常依赖特定工作离子的运动，因此理解该关键离子在电池反应中的作用尤为重要。

为了量化这种贡献，定义了迁移数（t_i）表示单个离子 i 对电流的贡献：

$$t_i = \frac{j_i}{\sum_i j_i} = \frac{z_i F c_i \mu_i}{\sum_i z_i F c_i \mu_i} \tag{5.93}$$

式中，c_i 是离子 i 的浓度。

在大多数情况下（例如在锂离子电池的电解液中），人们通常更关注阳离子对电流的贡献，因此定义了阳离子迁移数（t_+）和阴离子迁移数（t_-）。

$$t_+ = \frac{\sum J_+}{\sum J_+ + \sum J_-} = \frac{\sum z_i^+ F c_i^+ \mu_i^+}{\sum \left(z_i^+ F c_i^+ \mu_i^+ + z_i^- F c_i^- \mu_i^- \right)} \tag{5.94}$$

和

$$t_- = 1.0 - t_+ \tag{5.95}$$

对于像氯化钠或硫酸镁这样的 $z{:}z$ 型电解质，其迁移数的表达式可以进一步简化为：

$$t_+ = \frac{\mu^+}{\mu^+ + \mu^-} = \frac{D_+}{D_+ + D_-} \tag{5.96}$$

在锂离子电池的电解液中，所使用的非水溶剂通常因带正电基团的空间位阻较大而表现出"单极性"特征，这使得阳离子（锂离子）的溶剂化程度通常显著高于阴离子（图5.11）。这种情况导致了明显的不对称迁移数偏差，即

$$t_+ < t_- \tag{5.97}$$

换言之，在给定的非水性电解质中测得的离子电导率大部分是由阴离子的迁移引起的，因为锂离子周围庞大的溶剂化壳显著降低了其淌度（图 5.11）。这对电池反应不利，因为如前所述，阴离子带来的电流被视为无效电流，并不利于电池反应。

在水溶液电解质中，阳离子的迁移数和阴离子的迁移数差异较小。在某些情况下，由于水分子具有双极性，能够同时溶剂化阳离子和阴离子，以上趋势甚至可能会发生逆转。表 5.2 列出了我们日常生活中常见的一些重要电解质的迁移数。

迁移数的意义不仅在于预测锂离子电池的功率密度，还在于协助设计电解质体系。

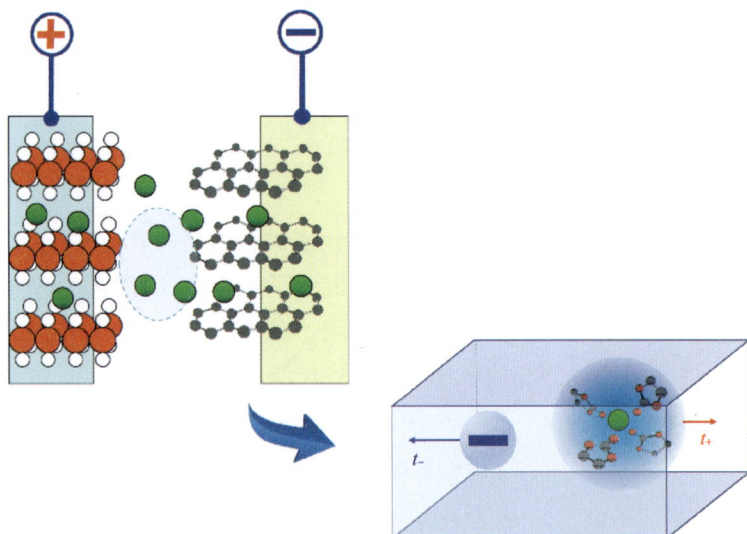

图 5.11 在含有锂盐的非水电解质中，由于"单极性"非水碳酸酯溶剂对阳离子和阴离子的非对称溶剂化，阳离子的迁移数通常显著低于阴离子的迁移数

表 5.2 典型水性和非水性电解质中的阳离子迁移数

电解质	0.1 M NaCl–H$_2$O	0.1 M KCl–H$_2$O	0.1 M HCl–H$_2$O	21 m LiTFSI–H$_2$O	1.0 M LiPF$_6$–EC–DMC[①]	1.0 M Et$_4$NPF$_6$–AN[②]
t_+	0.39	0.49	0.83	0.73	0.15 ~ 0.4	0.4 ~ 0.5

① 六氟磷酸锂溶解在碳酸乙烯酯（EC）和碳酸二甲酯（DMC）的混合溶剂中，这是大多数商用锂离子电池中常用的电解质成分，尽管其具体配方可能有所差异。

② 四乙基六氟磷酸铵溶解在乙腈中，是电化学双电层电容器中最常用的电解质之一。迁移数的范围有所不同，主要是由于采用了不同的测试方法，导致结果存在一定差异。

在这些体系中，可以调控特定离子的传输以实现预期目标。在电化学分析中，通常使用 Fick 第二定律解决不同初始和边界条件下的离子传输行为。在这种情况下，电化学电池中离子的运动必须是纯粹的扩散性质，即不包含任何迁移成分。但对于那些高度敏感的离子而言，这可能是一项艰巨的任务。正如前文所述，离子整体运动实际上是扩散与迁移的叠加，迁移现象会严重影响 Fick 定律的解析。

例如，在 0.1 M 氯化氢水溶液中，t_+ 和 t_- 分别为 0.83 和 0.17。这意味着在电场作用下，主要的离子迁移贡献来自于质子而非氯离子，因此质子的扩散行为几乎无法被观测到。

为了解决这个问题，可以向溶液中加入支持盐，如氯化钾，直至氯化钾成为主盐，使钾离子／质子的比值达到 1000。

$$\frac{t_K}{t_H} = \frac{c_K \mu_K}{c_H \mu_H} = 1000 \times \frac{6 \times 10^{-4}}{30 \times 10^{-4}} = 200 \qquad (5.98)$$

尽管质子具有更高的淌度，但由于钾离子在数量上占据绝对优势，在施加外部电场后，质子对阳离子电流的贡献被压缩至 0.5%。如果将阴离子对电流的贡献考虑在内，那么在这个富含氯化钾的新电解质中，质子迁移数将会变为：

$$t_{\mathrm{H}} = \frac{c_{\mathrm{H}} \mu_{\mathrm{H}}}{c_{\mathrm{H}} \mu_{\mathrm{H}} + c_{\mathrm{K}} \mu_{\mathrm{K}} + c_{\mathrm{Cl}} \mu_{\mathrm{Cl}}} \approx 0.001 \tag{5.99}$$

质子迁移数接近零的结果表明，在某一电场下，电化学电池中的电流主要由钾离子和氯离子的运动提供，而电极上检测到的任何质子通量只能来自扩散。这使得更精确地解算 Fick 第二定律成为可能。

因此，在大多数电化学分析中，通常需要添加支持电解质以增强迁移，从而确保目标离子主要通过扩散进行传输。

方程（5.94）中定义的离子迁移数基于两个假设：① 电解质溶质（即盐）完全解离为独立的自由离子；② 这些自由离子在运动过程中彼此之间没有相互作用。换句话说，该定义仅适用于"理想电解质"。然而，在大多数实际电解质中，因高盐浓度下离子间的相互作用（例如同性离子之间的排斥、异性离子之间的吸引）、不完全解离以及离子与溶剂的相互作用，这两个假设通常无法成立。特别是在超浓电解质和离子液体中，离子间和离子 - 溶剂间的相互作用尤为重要。在这种情况下，离子运动变得高度纠缠和耦合，迁移数不再遵循方程（5.94）中的简单叠加规则。第 14 章将对此复杂话题进行更深入的探讨。

5.2.2　Nernst-Einstein 关系

Einstein 关系式建立了扩散与迁移之间的重要联系：

$$D = \mu k_{\mathrm{B}} T \tag{5.91}$$

基于这一关系，我们可以进一步推导出一些更为关键的公式。

此前，我们已经建立了等效电导率与离子淌度之间的关系，具体如下：

$$\Lambda = z_i e_0 F \left(\mu^+ + \mu^- \right) \tag{5.100}$$

将 Einstein 关系式代入淌度公式后，我们可以得到：

$$\Lambda = \frac{z_i e_0 F}{k_{\mathrm{B}} T} \left(D_+ + D_- \right) = \frac{z_i F^2}{RT} \left(D_+ + D_- \right) \tag{5.101}$$

这就是 Nernst-Einstein 关系式 [2]。该关系式将等效电导率与阳离子和阴离子扩散系数的独立贡献联系起来。

需要注意的是，这一假设仍然仅在极其稀释的电解质中成立，因为在这种情况下离子间的相互作用可以忽略不计。此外，该方程隐含地假设所有扩散的离子都对迁移有贡献，但这并不适用于离子对。离子对虽然会发生扩散，但由于其电中性，无法感受到电场的作用，因此对电流的传导没有贡献。只有在极其稀释的电解质中，离子对的形成才能被完全消除。

5.2.3　Stokes-Einstein 关系

在流体力学中，当粒子在凝聚相中运动时，会受到黏性引起的阻力。Stokes 证明，当介质的 Reynolds 数（Re）远小于 1 时，即无湍流和对流，并且粒子在介质中以层流平稳移动时，球形粒子所受的黏滞阻力（F_V）可表示为：

$$F_V = 6\pi r\eta v \qquad (5.102)$$

式中，r 是粒子的半径，η 是介质的黏度，v 是粒子的速度。

从表面上看，这种关系描述了在理想连续介质（忽略微观结构影响的无结构连续介质）中运动的一个已知几何形状的宏观粒子，但并不适用于描述电解质溶液中的离子，原因有几个：①离子的大小与溶剂分子的大小相当，因此在电解质中介质不再是无结构和连续的；②大多数离子的几何形状并非完全球形；③离子的半径由于溶剂分子的溶剂化而不再是一个固定的值；④黏度作为一种宏观性质，与离子在其局部环境中所感受到的黏度可能存在显著差异。

尽管存在这些不利因素，Einstein 仍大胆提出"猜测"，直接假设 Stokes 定律仍然适用于微观粒子。他设想在电解质中离子同时经历由局部浓度不均衡驱动的随机运动（扩散）和外加电场引起的迁移速度的影响。在稳态条件下，这两种力应当相等：

$$\frac{dc_i}{dx} = -6\pi\eta r v_d \qquad (5.103)$$

根据 Fick 第一定律，其中 dc/dx 表示浓度梯度，v_d 表示迁移速度。由于浓度梯度引起的迁移速度的力 F，我们可以得出：

$$\mu = \frac{v_d}{F} = \frac{v_d}{-\dfrac{dc_i}{dx}} = \frac{v_d}{6\pi\eta r v_d} = \frac{1}{6\pi\eta r} \qquad (5.104)$$

引入 Einstein 关系式后：

$$D = \mu k_B T \qquad (5.91)$$

此时，我们得到微观属性（D）与宏观属性（η）之间的新关系：

$$D = \frac{k_B T}{6\pi\eta r} \qquad (5.105)$$

这就是 Stokes-Einstein 关系式[2]。

有人可能会认为上述 Stokes-Einstein 关系的推导不够严谨。Einstein 几乎凭直觉而非严格的数学推导将 Stokes 定律扩展到了微观世界。然而，他的这一假设是正确的，方程（5.105）的准确性令人惊叹，并已在许多不同的场景中得到了验证。

5.2.3.1　Stokes-Einstein 关系式的意外用途

Stokes-Einstein 关系式有一个令人意想不到的用途，那就是首次被用来实现对 Avogadro 常数（N_A）的测量。

根据 Einstein-Smoluchowski 方程，我们了解到，对于一个随机运动的小粒子，在给定时间 t 内的均方位移可以表示为：

$$\langle x^2 \rangle = 2Dt \qquad (5.20)$$

换句话说，扩散系数可以表示为：

$$D = \frac{\langle x^2 \rangle}{2t} \qquad (5.106)$$

将方程（5.106）代入 Stokes-Einstein 关系式［方程（5.105）］中，可以得到：

$$\frac{\langle x^2 \rangle}{2t} = \frac{k_B T}{6\pi\eta r} = \frac{RT}{6\pi\eta r N_A} \qquad (5.107)$$

再将方程（5.107）重排，得到：

$$N_A = \frac{RT}{6\pi\eta r D} = \frac{RTt}{3\pi\eta r \langle x^2 \rangle} \qquad (5.108)$$

因此，在给定温度 T 的情况下，如果知道介质的黏度 η 和粒子的半径 r，只需测量该粒子在给定时间 t 内的均方位移，即可计算出 Avogadro 常数（N_A）。

法国物理学家 Perrin 是第一个真正进行这种实验的人[4]。1909 年，他研究了水中微观粒子的布朗运动。他将具有大小颗料均匀、半径约为 0.53 μm 的藤黄种子悬浮在一滴水中，并应用高倍显微镜精确测量了该微观颗粒在给定时间间隔内的移动距离。通过多次实验，基于已知水在室温下的黏度，他计算出的 Avogadro 常数为（6.5 ～ 6.9）×10²³。尽管与我们今天所知的精确值（6.02×10²³）相比明显高估，但其数量级是准确的。

由于这次初步尝试提供了当时最准确的 Avogadro 常数值，以及他在布朗运动方面的开创性工作，Perrin 于 1926 年被授予诺贝尔物理学奖。

5.2.4　Walden 规则

扩散系数通过 Nernst-Einstein 关系与当量电导率相关，而 Nernst-Einstein 关系又与黏度相关。那么，当量电导率和黏度之间是否也存在关系呢？

通过简单的代数变换，可以得到：

$$D = \frac{k_B T}{6\pi\eta r} = \frac{RT}{zF^2}\Lambda \qquad (5.109)$$

因此，给定离子的摩尔电导率可以表示为：

$$\Lambda = \frac{zF^2 k_B}{6\pi\eta r R} \qquad (5.110)$$

通过导入 $F = N_A e_0$ 和 $R = k_B N_A$，可以得到：

$$\Lambda = \frac{zFe_0}{6\pi\eta r} \qquad (5.111)$$

或者其更常见的形式表达：

$$\Lambda \eta = \frac{zFe_0}{6\pi r} = \frac{\text{constant}}{r} \tag{5.112}$$

这就是 Walden 规则。这一经验法则实际上早在 Einstein 的研究之前就已确立[5]。

Walden 规则的验证再次确认了 Stokes-Einstein 关系的有效性。不过，同样地，这个规则仅适用于极度稀释的电解质体系。在最近的研究中，Walden 规则作为衡量电解质"离子性"的一种经验描述符被广泛使用，这将在第 14 章中详细讨论。

5.2.5　Nernst-Planck 通量方程

最后一个重要的方程也受益于 Einstein 关系，但却并未以他的名字命名。

正如我们之前提到的，离子在电解质中的运动可以被视为两种性质不同的叠加运动：①由浓度梯度引起的随机扩散；②由电场引起的定向迁移。

对于离子的迁移，作用在离子上的力显然来自电场的 Coulomb 力（F_C），可以表示为：

$$F_C = z_i e_0 X = -z_i e_0 \frac{d\psi}{dx} \tag{5.113}$$

式中，X 是电场强度，$d\psi/dx$ 是静电势梯度。

那么，扩散的驱动力源自何处呢？

根据 Fick 定律，离子的扩散运动由浓度梯度驱动。

$$J_i = -D\frac{dc_i}{dx} \tag{5.114}$$

类似地，浓度梯度 dc_i/dx 可以被视为产生化学驱动力的场。从热力学角度来看，这种化学驱动力源于化学势 μ_i。

$$\mu_i = \mu_i^0 + RT\ln c_i \tag{5.115}$$

其梯度决定了离子感受到的"化学场"。这里需要注意的是，μ_i 表示化学势，而非离子淌度。

如果将离子的整体运动视为上述两种力共同作用的结果，那么在稳态条件下，由这些组合力产生的总离子通量应遵循一个结合了这两种场的新形式的 Fick 第一定律：

$$J_i = -\frac{D_i c_i}{RT}\left(z_i F\frac{d\psi}{dx} + \frac{d\mu_i}{dx}\right) = -\frac{D_i c_i}{RT}\frac{d}{dx}(z_i F\psi + \mu_i) \tag{5.116}$$

方程（5.116）更加精确地量化了第 5.2.1 节中定性陈述的内容。该式的第一项代表外加电场引起的静电势，负责离子的迁移；第二项则与浓度梯度相关，控制离子的扩散。我们将 $z_i F\psi + \mu_i$ 定义为一个新的量——电化学势 $\overline{\mu_i}$。

$$\overline{\mu_i} = \mu_i + z_i F\psi \tag{5.117}$$

它决定了离子在电解质中的运动。上述方程式可以简化为：

$$J_i = -\frac{D_i c_i}{RT} \frac{\mathrm{d}\overline{\mu_i}}{\mathrm{d}x} \tag{5.118}$$

当然，这种类比过程并不完全严格。如果希望获得更为严谨的数学推导，建议参考 Bockris 和 Reddy 所著"Modern Electrochemistry"或 Newman 和 Balsara 所著"Electrochemical Systems"（参见"深度阅读"）。

现在将 Einstein 关系代入方程（5.118），得到：

$$D_i = \mu_i k_B T \tag{5.91}$$

并将绝对淌度替换为常规淌度后，得到：

$$\mu_{\mathrm{Conv}} = z_i e_0 \mu_{\mathrm{Abs}} \tag{5.119}$$

此时，可以得到：

$$J_i = -\frac{D_i c_i}{RT} \frac{\mathrm{d}\overline{\mu_i}}{\mathrm{d}x} = -\frac{\mu_{\mathrm{Abs}} k_B T c_i}{RT} \frac{\mathrm{d}\overline{\mu_i}}{\mathrm{d}x} = -\frac{\mu_{\mathrm{Conv}} k_B T c_i}{z_i e_0 RT} \frac{\mathrm{d}\overline{\mu_i}}{\mathrm{d}x} \tag{5.120}$$

$$J_i = -\frac{\mu_{\mathrm{Conv}} c_i}{z_i F} \frac{\mathrm{d}\overline{\mu_i}}{\mathrm{d}x} \tag{5.121}$$

Nernst-Planck 通量方程通过将带电物种的通量与总电化学势的驱动力联系起来，揭示了离子在电化学系统中的传输行为。电化学势可以分为静电部分和化学部分：

$$J_i = -\frac{D_i c_i z_i F}{RT} \frac{\mathrm{d}\psi}{\mathrm{d}x} - D_i \frac{\mathrm{d}c_i}{\mathrm{d}x} = \frac{D_i c_i z_i F}{RT} X - D_i \frac{\mathrm{d}c_i}{\mathrm{d}x} \tag{5.122}$$

这样拆分帮助解释了一些特殊的电化学现象，包括离子的传输方向与静电力的作用方向可能相反。例如，在含有四氯化铝负离子（$AlCl_4^-$）的离子液体或非水性电解质中电镀铝：

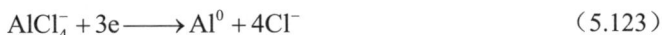

$$AlCl_4^- + 3e \longrightarrow Al^0 + 4Cl^- \tag{5.123}$$

或在含有二氰合银负离子（$AgCN_2^-$）的电解质中电镀银：

$$AgCN_2^- + e \longrightarrow Ag^0 + 2CN^- \tag{5.124}$$

在这两种情况下，带负电荷的四氯化铝负离子和二氰合银负离子必须迁移到阴极并接受电子进行还原。如果仅根据静电力或离子迁移分析这些现象，就无法解释带负电的两种离子如何能够到达同样带负电荷的阴极并在此发生电镀反应。所以，除了迁移作用外，化学势（即浓度梯度）也发挥着重要作用。正如 Nernst-Planck 方程展示的那样，其中的扩散项 $D_i(\mathrm{d}c_i/\mathrm{d}x)$ 和迁移项 $(D_i c_i z_i F / RT) X$ 都会影响离子的运动方向。在一定条件下，当扩散项即浓度梯度驱动的扩散通量的影响超过迁移项时，扩散项便可以逆转迁移项的影响，并驱使负离子迁移到带有相同电荷的电极上。

这种理解为解释电化学沉积中的逆电场现象提供了理论依据，说明在某些条件下化学势场（浓度梯度）的作用可以超过静电势场，从而改变离子传输的方向，使得电镀过程得以顺利进行。

5.2.6 考虑离子间相互作用下的离子传输：Onsager 定律

根据我们在第 4 章中的讨论，读者可能会提出一个问题：这些关于离子扩散或迁移的方程中是否考虑了离子氛？事实上，当前讨论的所有离子传输方程都忽略了离子间的相互作用。这也解释了为什么我们一再强调这些方程仅适用于极度稀释的电解质，因为在这种情况下离子间的相互作用并不显著。导致这种理论脱节的原因是 20 世纪初期离子分布理论与离子传输理论的平行发展。

Onsager 通过引入离子氛的概念解决了这一脱节问题，并重新审视了离子的传输行为[6-8]。在第 4.6 节中，我们简要介绍 Debye-Hückel 模型如何验证 Kohlrausch 经验定律时提到，离子氛的畸变会对中心离子的运动产生两个独立的反作用力——弛豫力（F_R）和电泳力（F_E）。因此，移动的中心离子感受到的净力（F_{Net}）将会是：

$$F_{Net} = F_C - (F_R + F_E) \tag{5.125}$$

式中，F_C 为外部静电场施加的力。

为了修正迁移速度，需要考虑这两种反作用力对速度分量的影响：

$$v_d = v_0 - (v_R + v_E) \tag{5.126}$$

我们暂不深入探讨 Onsager 如何处理电场存在或不存在时离子运动中复杂的相互作用问题，相关内容将在第 14 章（第 14.3 节）中详细介绍。现阶段，我们主要关注这两种反作用力是如何通过严谨的数学推导得以处理以及 Debye-Hückel 模型如何验证 Kohlrausch 经验法则。

5.2.6.1 弛豫力

如图 4.4 所示，弛豫力由离子氛的尾部产生，其大小与中心离子相对离子氛电荷中心的偏移程度相关。这个偏移量通过距离 d 表示，d 量化了离子氛的非对称性，也被称为"扭曲参数"。那么，扭曲参数 d 的决定因素是什么呢？

由于这种扭曲源自中心离子的运动，扭曲参数 d 取决于离子氛前部建立速度与尾部消散速度之间的关系。在这种动态平衡中，弛豫时间（τ_R）用于描述离子氛调整以适应移动中心离子的平均时间。

为了确定这一弛豫时间，Debye 进行了一个思想实验。他设想在 $t=0$ 时，中心离子突然被移走，导致原本由中心离子维持的离子氛不再受静电场的影响。在此非平衡状态下，热涨落成为系统演化的主导因素，促使周围离子通过随机游走过程进行重新分布。由于此时离子运动不再受中心离子静电势的约束，其行为可以由 Einstein-Smoluchowski 关系描述：

$$t = \frac{\langle x^2 \rangle}{2D} \tag{5.127}$$

那么，剩余的离子氛需要多长时间才能达到新的平衡状态，以至于其行为仿佛中心离子从未存在过？换句话说，应该使用何种均方距离描述这一过程？

可以回顾一下，在离子氛中，我们定义了 Debye-Hückel 厚度（K^{-1} 或 λ_D）：

$$K^{-1}(\text{或}\lambda_D) = \sqrt{\frac{\varepsilon k_B T}{\sum_i n_i^0 z_i^2 e_0^2}} \qquad (5.128)$$

它实际上是离子氛的虚拟半径。因此，可以合理推测，当剩余离子氛中的离子以随机漫步的方式行进到相当于 Debye-Hückel 厚度的距离时，离子氛就已经完全在热力学作用下消散了。通过在 Einstein-Smoluchowski 关系中将距离 x 替换为 K^{-1}，可以推导出弛豫时间（τ_R）：

$$\tau_R = \frac{\left(K^{-1}\right)^2}{2D} = \frac{\left(K^{-1}\right)^2}{2\mu k_B T} \qquad (5.129)$$

现在，假设将中心离子放回并施加一个外部电场，则可以计算出在一定时间 τ_R 内离子氛移动的平均距离，即扭曲参数 d，如下所示：

$$d = \tau_R v_0 = \frac{v_0 \left(K^{-1}\right)^2}{2\mu k_B T} \qquad (5.130)$$

需要注意的是，在第 4.7 节中，我们将一个静态中心离子及其离子氛简化为两个点电荷模型，这两个点电荷之间的距离定义为 K^{-1}（图 4.5）。这两个点电荷之间的相互作用力为库仑力，其数学表达式如下式：

$$F_R = \frac{z^2 e_0^2}{\varepsilon \left(K^{-1}\right)^2} \qquad (5.131)$$

由于存在扭曲程度 d，离子氛的电荷中心与中心离子不再重合，而是有所偏离。因此，弛豫力应与扭曲程度和 Debye-Hückel 厚度的比值（d/K^{-1}）成正比。

$$F_R = \frac{z^2 e_0^2}{\varepsilon \left(K^{-1}\right)^2} \frac{d}{K^{-1}} \qquad (5.132)$$

将方程（5.130）中的 d 代入，可以得到：

$$F_R = \frac{z^2 e_0}{\varepsilon \left(K^{-1}\right)^2 K^{-1}} \frac{v_0 \left(K^{-1}\right)^2}{2\mu k_B T} = \frac{z^2 e_0^2 K}{2\varepsilon k_B T} \frac{v_0}{\mu} \qquad (5.133)$$

由于迁移速度（v_0）是由外部电场 X 施加产生的，v_0 与淌度（μ）的比值实际上就是外部电场引起的静电力：

$$F = \frac{v_0}{\mu} = z e_0 X \qquad (5.134)$$

因此，弛豫力可以表示为：

$$F_R = \frac{z^3 e_0^3 K X}{2\varepsilon k_B T} \qquad (5.135)$$

在上述过程中，我们假设中心离子及其离子氛仅沿着或反向于施加电场的方向移动，但这一假设并不完全准确。在第 5.2.1 节中我们讨论过离子的定向迁移只是其随机漫步中的一个分量，实际上离子的运动轨迹仍然是不规则的，只是在平均意义上离子在施加电场的方向上或与其相反的方向上表现出一定的倾向。考虑到随机漫步对离子氛弛豫过程的影响，Onsager 对弛豫力 F_R 进行了修正，加入了一个修正因子 $\omega / 2z^2$，以更准确地描述这一现象：

$$F_R = \frac{ze_0^3 K\omega}{6\varepsilon k_B T} X \tag{5.136}$$

其中 ω 与离子强度有关，定义为：

$$\omega = z^2 \frac{1}{1+\dfrac{I}{\sqrt{2}}} \tag{5.137}$$

根据弛豫力 F_R，我们可以得到其所导致的迁移速度分量：

$$v_R = \mu F_R = \frac{ze_0^3 K\omega}{6\varepsilon k_B T} \mu X \tag{5.138}$$

或者，如果我们将方程（5.119）中定义的常规淌度代替绝对淌度进行计算，也可以得出相应的结果：

$$v_R = \frac{e_0^2 K\omega}{6\varepsilon k_B T} \mu_{Conv} X \tag{5.139}$$

5.2.6.2 电泳力

在外加电场 X 的作用下，中心离子受到的电泳力为：

$$F = ze_0 X \tag{5.140}$$

这个力同样会作用于其离子氛。在稳态条件下，中心离子和离子氛以恒定速度移动，此时该力应与 Stokes 黏滞力（F_S）相平衡：

$$F_S = 6\pi r\eta v \tag{5.141}$$

对于离子氛，其半径定义为 Debye-Hückel 厚度（K^{-1}），速度为 v_E：

$$ze_0 X = 6\pi K^{-1}\eta v_E \tag{5.142}$$

因此，电泳分量的迁移速度应为：

$$v_E = \frac{ze_0 X}{6\pi K^{-1}\eta} \tag{5.143}$$

5.2.6.3 Debye-Hückel-Onsager 方程

现在我们考虑弛豫（v_R）和电泳（v_E）对迁移速度的贡献。将 v_R 和 v_E 代入，我们可以得到：

$$v_d = v_0 - (v_R + v_E) = v_0 - \left(\frac{e_0^2 K \omega}{6\varepsilon k_B T}\mu_{Conv} X + \frac{z e_0 X}{6\pi K^{-1}\eta}\right) = v_0 - \frac{X}{K^{-1}}\left(\frac{e_0^2 \omega}{6\varepsilon k_B T}\mu_{Conv} + \frac{z e_0}{6\pi \eta}\right)$$

(5.144)

通过重新排列，可以得到：

$$\frac{v_d}{X} = \frac{v_0}{X} - \frac{1}{K^{-1}}\left(\frac{e_0^2 \omega}{6\varepsilon k_B T}\mu_{Conv} + \frac{z e_0}{6\pi \eta}\right)$$

(5.145)

根据定义，速度除以电场 X（v_d/X 和 v_0/X）实际上是由该力产生的相应淌度，因此可以得到：

$$\mu = \mu_{Conv} - \frac{1}{K^{-1}}\left(\frac{e_0^2 \omega}{6\varepsilon k_B T}\mu_{Conv} + \frac{z e_0}{6\pi \eta}\right)$$

(5.146)

在这里，我们获得了一个描述淌度如何随 Debye-Hückel 厚度变化的表达式，而后者又与溶质浓度有关。这基本符合 Kohlrausch 的经验法则。

等效电导率被定义为阳离子和阴离子贡献之和，其形式如下：

$$\Lambda = z_i e_0 F\left(\mu^+ + \mu^-\right)$$

(5.147)

将阳离子和阴离子的淌度表达式代入，得到：

$$\Lambda = z_i e_0 F\left[\mu_{Conv}^+ - \frac{1}{K^{-1}}\left(\frac{e_0^2 \omega}{6\varepsilon k_B T}\mu_{Conv}^+ + \frac{z_+ e_0}{6\pi \eta}\right)\right] + \\ z_i e_0 F\left[\mu_{Conv}^- - \frac{1}{K^{-1}}\left(\frac{e_0^2 \omega}{6\varepsilon k_B T}\mu_{Conv}^- + \frac{z_- e_0}{6\pi \eta}\right)\right]$$

(5.148)

对于对称电解质 $(z_+ = z_- = z)$，例如氯化钠或硫酸镁，该表达式可以简化为：

$$\Lambda = z_i e_0 F\left(\mu_0^+ + \mu_0^-\right) - \frac{1}{K^{-1}}\left[\frac{e_0^2 \omega}{6\varepsilon k_B T}F\left(\mu_0^+ + \mu_0^-\right) + \frac{z e_0 F}{3\pi \eta}\right]$$

(5.149)

式中，$z_i e_0 F\left(\mu_0^+ + \mu_0^-\right)$ 表示溶质浓度趋近零时的极限等效电导率，即 Kohlrausch 定义的极限等效电导率（Λ^0）。

因此，通过重新整理上述方程，可以得到：

$$\Lambda = \Lambda^0 - \frac{1}{K^{-1}}\left[\frac{e_0^2 \omega}{6\varepsilon k_B T}\Lambda^0 + \frac{z e_0 F}{3\pi \eta}\right]$$

(5.150)

将对称电解质的 Debye-Hückel 厚度表达式代入，得到：

$$K = \sqrt{\frac{4\pi}{\varepsilon k_B T}\sum_i n_i^0 z_i^2 e_0^2} = \sqrt{\frac{8\pi N_A e_0^2 z^2 c}{1000 \varepsilon k_B T}}$$

(5.151)

进而可以得到：

$$\Lambda = \Lambda^0 - \sqrt{\frac{8\pi N_A e_0^2 z^2 c}{1000\varepsilon k_B T}} \left[\frac{e_0^2 \omega}{6\varepsilon k_B T}\Lambda^0 + \frac{ze_0 F}{3\pi\eta} \right] \tag{5.152}$$

这是 Debye-Hückel-Onsager 方程，它描述了考虑离子间相互作用时的离子导电性。经过简化常数项，该方程呈现出 Kohlrausch 定律的一般形式。

$$\Lambda = \Lambda^0 - \sqrt{c}\left(A + B\Lambda^0\right) = \Lambda^0 - \text{constant}\sqrt{c} \tag{5.153}$$

至此，通过 Onsager 的方法，我们成功地利用 Debye-Hückel 模型验证了 Kohlrausch 定律，这是之前在第 4.6.3 节未能实现的。只要溶液中的离子浓度低于 0.003 M，Debye-Hückel-Onsager 方程就能准确预测氯化钠、氯化钾、氯化氢和硝酸银（$AgNO_3$）等水溶液中的离子传输特性。

尽管经过近一个世纪，Debye-Hückel 理论因其基于离子间相互作用的原子模型，仍被视为物理化学领域的经典。虽然人们尝试将其适用范围扩展至更高浓度的体系，但大多数方法都是经验性的，未能达到原始 Debye-Hückel 模型及其 Onsager 处理的同等理论深度。

值得注意的是，离子电导率的测量通常是在交流（AC）条件下而非直流（DC）条件下进行的，相关原理及数学推导将在本书第 14 章详细介绍。或许有人会提出疑问：随着外加电场方向的不断变化，离子氛如何做出响应？实际上，这个问题涉及离子氛对中心离子运动速度的反应。

正如在第 3.2 节中简要讨论的那样，溶剂分子的偶极矩无法完全跟随外部电场的变化（图 3.7），离子氛也存在类似现象。研究表明，在低频和中频范围内，交流条件下的离子电导率基本保持不变。然而，当频率接近 10^6 Hz 的临界点时，电导率会增加。这是因为离子氛停止对外部电场的响应，弛豫效应和电泳效应因此消失。此时，中心离子由于失去相反力作用，移动速度会更快，直到在更高频率下中心离子对电场也失去响应，似乎停止移动。换言之，在上述频率附近，离子传输与离子间相互作用脱耦。这一现象称为 Debye-Falkenhagen 效应。

5.2.6.4　双极离子传输

Debye-Hückel-Onsager 方程主要考虑了单个离子的运动，将其他离子对外加电场的影响视为离子氛的响应。然而，我们也可以通过另一种方法观察离子集体的同步运动。

以氯化钠水溶液为例，这是一种简单的二元电解质。当施加外加电场时，钠离子和氯离子会沿相反方向以不同速度移动。根据表 5.2 的数据，在 0.1 M 的浓度下，钠离子的迁移数为 0.39，移动较慢；而氯离子的迁移数为 1-0.39=0.61，因此迁移速度较快。

这种迁移速度的差异会迅速导致局部电解质区域产生电荷分布不均，即偏阳极端会积聚更多的阳离子，偏阴极端会积聚更多的阴离子。这种分布导致一个与外加电场相反的内部场，从而减缓阴离子的迁移速度，同时加快阳离子的迁移速度。当系统达到准平衡状态时，阳离子和阴离子将以相同的速度移动。

换句话说，即使在理想电解质中，阳离子和阴离子的运动也是耦合的，这种耦合称为双极离子传输。

对于像氯化钠溶液这样的简单二元电解质，我们可以假设总的质量传输通量 J_{MT} 由两部分组成，一部分是由浓度梯度引起的扩散通量（J_{Diff}），另一部分是由外加电场引起的迁移通量（J_{Mig}）：

$$J_{MT} = J_{Diff} + J_{Mig} \qquad (5.154)$$

此处，J_{Diff} 和 J_{Mig} 均包含了阴离子和阳离子的贡献：

$$J_{MT}^{-} = J_{Diff}^{-} + J_{Mig}^{-} \qquad (5.155)$$

$$J_{MT}^{+} = J_{Diff}^{+} + J_{Mig}^{+} \qquad (5.156)$$

式中，上标"－"和"＋"分别代表阴离子和阳离子。

扩散部分可以根据 Fick 定律定义为：

$$J_{Diff}^{-} = -D_{-}\frac{\partial}{\partial x}c_{-} \qquad (5.157)$$

$$J_{Diff}^{+} = -D_{+}\frac{\partial}{\partial x}c_{+} \qquad (5.158)$$

式中，c_{-} 和 c_{+} 分别表示阴离子和阳离子的体积浓度。

迁移部分，假设外加电势梯度为 dV/dx，可以表示为：

$$J_{Mig}^{-} = -\mu_{-}c_{-}\frac{\partial V}{\partial x} \qquad (5.159)$$

$$J_{Mig}^{+} = \mu_{+}c_{+}\frac{\partial V}{\partial x} \qquad (5.160)$$

式中，μ_{-} 和 μ_{+} 分别表示阴离子和阳离子的离子淌度。需要注意的是，阳离子的淌度前符号为正，因为它沿着外加电场的方向移动；阴离子则沿与电场相反的方向移动，因此其淌度前的符号为负。

现在，总质量传输通量可以表示为这 4 个分量的总和：

$$J_{MT} = J_{Diff} + J_{Mig} = J_{Diff}^{-} + J_{Diff}^{+} + J_{Mig}^{-} + J_{Mig}^{+}$$
$$= -\mu_{-}c_{-}\frac{\partial V}{\partial x} - D_{-}\frac{\partial}{\partial x}c_{-} + \mu_{+}c_{+}\frac{\partial V}{\partial x} - D_{+}\frac{\partial}{\partial x}c_{+} \qquad (5.161)$$

当准平衡建立时，总阴离子通量应与总阳离子通量相等：

$$J_{MT}^{-} = J_{MT}^{+} \qquad (5.162)$$

或以另一形式表达：

$$J_{Diff}^{-} + J_{Mig}^{-} = J_{Diff}^{+} + J_{Mig}^{+} \qquad (5.163)$$

由此，可以得到：

$$-\mu_- c_- \frac{\partial V}{\partial x} - D_- \frac{\partial}{\partial x} c_- = \mu_+ c_+ \frac{\partial V}{\partial x} - D_+ \frac{\partial}{\partial x} c_+ \tag{5.164}$$

解出 $\partial V/\partial x$，可得表达式：

$$\frac{\partial V}{\partial x} = \frac{1}{\mu_+ c_+ + \mu_- c_-}\left(D_+ \frac{\partial}{\partial x} c_+ - D_- \frac{\partial}{\partial x} c_-\right) \tag{5.165}$$

在这里，我们进一步假设局部的阴离子浓度 c_- 和阳离子浓度 c_+ 大致与初始的本体盐浓度 c_0 相等。基于此假设，方程（5.164）可以简化为：

$$\frac{\partial V}{\partial x} = \frac{D_+ - D_-}{(\mu_+ + \mu_-)c_0}\frac{\partial c_0}{\partial x} \tag{5.166}$$

将方程（5.166）代入方程（5.155）和方程（5.156）以消除与电势相关的项，并应用新的假设 $c_-=c_+=c_0$，经过重新排列，我们得到：

$$J^- = J_{\text{Diff}}^- + J_{\text{Mig}}^- = -D_- \frac{\partial c_0}{\partial x} - \mu_- c_0 \frac{(D_+ - D_-)}{(\mu_+ + \mu_-)c_0}\frac{\partial c_0}{\partial x} = -D_- \frac{\partial c_0}{\partial x} - \frac{\mu_- D_+ - \mu_- D_-}{\mu_+ + \mu_-}\frac{\partial c_0}{\partial x}$$

$$= -\left(D_- - \frac{\mu_- D_- - \mu_- D_+}{\mu_+ + \mu_-}\right)\frac{\partial c_0}{\partial x} = -\frac{\mu_+ D_- + \mu_- D_+}{\mu_+ + \mu_-}\frac{\partial c_0}{\partial x} \tag{5.167}$$

类似地

$$J_{\text{MT}}^+ = J_{\text{MT}}^- = -\frac{\mu_+ D_- + \mu_- D_+}{\mu_+ + \mu_-}\frac{\partial c_0}{\partial x} \tag{5.168}$$

有趣的是，方程（5.167）和方程（5.168）的形式与 Fick 第一定律［方程（5.1）］十分相似。这表明，当外加电场与内部感应电场达到准平衡时，尽管阳离子和阴离子的迁移数不同，二者的耦合运动实际上表现为一种受复合扩散系数控制的扩散行为。而这个复合扩散系数由它们各自的本征扩散系数和淌度共同决定。我们将这一虚拟的扩散系数定义为双极扩散系数（D_{ambp}）。

$$D_{\text{ambp}} = \frac{\mu_+ D_- + \mu_- D_+}{\mu_+ + \mu_-} \tag{5.169}$$

通过对 $\mu_+ D_-$ 和 $\mu_- D_+$ 进行叉乘运算，明确展示了二元电解质中阳离子和阴离子运动之间的耦合关系。借助 Einstein 关系式［方程（5.91）］，将离子淌度替换为各自的扩散系数后，方程（5.169）可以转换为一种更加简洁优雅的形式：

$$\mu_+ = \frac{D_+}{k_{\text{B}}T} \tag{5.170}$$

$$\mu_- = \frac{D_-}{k_{\text{B}}T} \tag{5.171}$$

因此

$$D_{ambp} = \frac{\mu_+ D_- + \mu_- D_+}{\mu_+ + \mu_-} = \frac{\dfrac{D_- D_+}{k_B T} + \dfrac{D_- D_+}{k_B T}}{\dfrac{D_+ + D_-}{k_B T}} = \frac{2 D_- D_+}{D_+ + D_-} \tag{5.172}$$

该新参量常常被叫做不同的名字，如对流扩散系数、盐扩散系数、电解质扩散系数以及电解质平均扩散率。另一方面，我们之前讨论的单个离子的扩散系数有时被称为自扩散系数。这些术语确实容易让初学者感到困惑。为了简单区分自扩散系数和双极扩散系数，可以将前者理解为每个离子独立行为的反映（因此称为"自"），后者则代表阳离子和阴离子扩散性的加权平均。需要再次强调的是，方程（5.169）和方程（5.172）仅适用于单价阳离子和单价阴离子组成的二元电解质，如氯化钠溶液。更加通用的表达式将在第 14 章中进行推导。

在考虑异性离子相互作用时，上述方法相对基于 Debye-Hückel 模型的经典电解质研究有了显著的进步。在经典研究中，为了能够将离子的分布和传输视为每个离子彼此独立的行为，盐浓度必须保持极低。在这些研究中，宏观上可测量的物理量，如扩散系数、淌度和离子导电性，可以简单地认为是所有离子独立行为的总和。代表性方程包括直接从 Debye-Hückel 模型推导的方程及各类 Einstein 方程。

尽管向实际场景迈出了一大步，但双极离子传输仅考虑了离子间相互作用在集体层面上的影响，即在某一区域内由于阳离子和阴离子的累积或消耗诱导的附加电场下形成的准平衡状态。这种方法并未涉及带有相同或相反电荷的离子之间的直接相互作用。在更高浓度的电解质中，尤其是近年来备受关注的"超浓电解质"体系中，阳离子与阴离子之间的近距离接触以及它们之间的直接相互作用变得不可避免。甚至带有相反电荷的离子可能会形成紧密的离子对或团簇。因此，需要引入诸如摩擦系数等附加参量，以反映这种增强的相互作用（包括吸引和排斥）及其对离子分布和相对运动的影响。在这种情况下推导出的微分方程通常会变得极为复杂，由于需要满足多种边界条件，往往无法求解。我们将在第 14 章中进一步探讨非理想电解质的这一主题。

5.2.7 非水性电解质中的离子

水是地球上最常见的溶剂，因此大多数经典电解质的理解基于对水溶液的研究。作为一种优异的电解质溶剂，水凭借其高介电常数、双极子特性以及形成氢键网络的能力，在离子溶解方面展现出无与伦比的性能。离子在水中的高度溶剂化直接导致了高离子导电性，这一直是经典电解质研究中的核心诉求。

然而，从电化学应用的角度来看（将在下一章中详细讨论），水在强电场下的稳定性并不理想。具体而言，水在电场作用下非常容易发生还原和氧化反应。例如，设想研究人员将一对电极插入氯化钠水溶液中，并施加 5 V 直流电压于电极之间。他们可能会期望在阴极发生还原反应，从而生成钠金属：

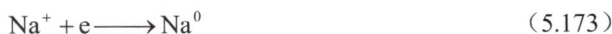

$$Na^+ + e \longrightarrow Na^0 \tag{5.173}$$

并在阳极发生氧化分解产生氯气：

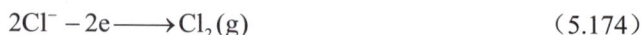

$$2Cl^- - 2e \longrightarrow Cl_2(g) \tag{5.174}$$

然而，结果令研究人员失望，因为预期的电化学反应只部分发生。虽然在阳极确实生成了气体，但只有部分是氯气，另一部分则是氧气，而且这两种气体的比例取决于溶液的 pH 值。在阴极处未见到钠金属的生成，取而代之的是大量氢气在阴极表面逸出。

换句话说，电解质溶质的预期反应被溶剂水"劫持"了。这种现象充分说明，在许多电化学反应中，水并不是一种理想的溶剂，因为它无法保持电化学惰性，会干扰人们所期望的电化学过程。水不适合作为溶剂的根本原因在于它的电化学稳定性差，通常会优先发生反应，从而干扰期望的反应过程。正如上述氯化钠水溶液的例子中所示，水在电化学上比钠离子更容易被还原，而且与氯离子一样容易被氧化，因此在该体系中水比氯化钠更活跃。

在电化学和材料科学领域，这种电解质的稳定性可通过"电化学稳定窗口"（或简称"电压窗口"）衡量。电化学稳定窗口是指电解质成分（无论是溶质还是溶剂）在还原和氧化分解之间的电位范围。显然，要使电解质在电池反应中保持惰性，它必须具备足够宽的稳定窗口，涵盖所需的电压范围。

在下一章中，我们将详细探讨电解质的这一特性，并讨论如何扩展其稳定窗口以支持诸如先进电池等实际应用。需要注意的是，水的电化学稳定窗口仅为 1.23 V，这一极限是由水的还原（生成氢气）和氧化（生成氧气）电位决定的。水的还原和氧化电位随 pH 值变化而改变，反应机制也有所不同，但在热力学平衡条件下，总体电位差维持在 1.23 V。电极电势、反应机制和 pH 值之间的热力学关系通常通过 Pourbaix 图（图 5.12）清晰地表示[9]。该图中，水的电化学稳定窗口位于 pH 值变化引起的两条平行线之间的区域，在此区域的上限水发生氧化反应生成氧气，在此区域的下限水发生还原反应生成氢气。

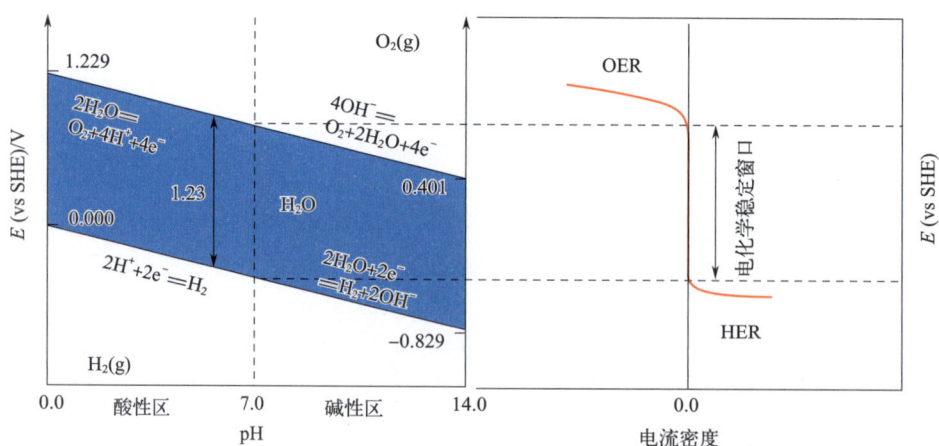

图 5.12　左图展示了水在水性电解质中的电化学稳定区。右图显示了大多数水性电解质的电化学稳定窗口。在热力学平衡条件下，该窗口为 1.23 V，其边界由水的氧化反应（析氧反应，OER）和还原反应（析氢反应，HER）的起始电位定义。然而，由于 OER 的动力学因素，水相电解质的实际稳定窗口通常约为 1.50 V，这也是几乎所有水系电池能提供的工作电压。这个狭窄的电压窗口限制了水相电解质在较高电压应用中的使用，例如在电压超过 4.0 V 的锂离子电池中，因此锂离子电池必须依赖非水性电解质

在实际操作中，氢气生成反应（即析氢反应，HER）往往会在接近热力学平衡电位时发生，因为其动力学非常迅速。然而，氧气生成反应（即析氧反应，OER）通常受到较大的动力学障碍。这种动力学迟滞效应导致大多数水系电解质的电化学稳定窗口略微扩大到约 1.5 V，并使得大多数水系电池的工作电压保持在 1.5 V 左右。干电池便是一个典型的例子，其标准电压为 1.5 V。

然而，对于超出 Pourbaix 图上下限稳定性范围的电池反应，例如钠离子还原生成钠金属，则必须放弃使用水作为电解质溶剂，转而使用非水性非质子溶剂。

非水性电解质溶剂通常是极性有机分子，同时不含可解离质子的氢原子。在当今世界，碳酸酯类化合物（如碳酸烷基酯）是最常见和广泛使用的非水性非质子溶剂，尤其在锂离子电池中得到了广泛应用，这与全球每个人的生活息息相关。

Debye-Hückel 模型和 Einstein 方程并未限定溶剂必须是水，因此它们的数学处理原则仍可适用于非水性电解质，但由于非水性非质子溶剂的特性与水存在显著差异，在离子溶剂化和离子传输行为上也不可避免地会出现显著不同的现象。

首先，大多数非水性溶剂的介电常数远低于水，这带来两个直接的结果：

（1）相较于水性电解质，中心离子的 Debye-Hückel 厚度将显著减小：

$$K^{-1} = \sqrt{\frac{\varepsilon k_B T}{4\pi} \frac{1}{\sum_i n_i^0 z_i^2 e_0^2}} \tag{4.71}$$

根据我们之前的讨论，Debye-Hückel 厚度实际上是中心离子与其周围离子氛之间的有效距离（图 4.5）。在非水性电解质中，这个有效距离会更短，因此离子之间的相互作用将更为强烈。

（2）正如在第 3.2 节中提到的，介电常数衡量溶剂分子屏蔽离子库仑电荷的能力。较低的介电常数意味着中心离子可能会表现出更强的库仑作用，使远处的离子也能感受到其存在。

这两个因素的综合效应表明，在非水性电解质中，离子之间的相互作用比在水性电解质中更紧密。这种更紧密的相互作用会导致更多的离子对和离子团簇的形成，这与 Bjerrum 长度的预测一致。因此，在这个范围内，所有带有相反电荷的离子都应被视为离子对。

$$\lambda_B = \frac{z_+ z_- e_0^2}{\varepsilon k_B T} \tag{4.83}$$

事实上，除了离子对之外，还可能出现更高级别的离子结合形式，如三重离子或更大的离子簇。从稀电解质到超浓电解质，随着离子结合强度的增加，离子电导率会下降。

离子与溶剂的相互作用也直接影响离子的迁移。正如前文所述，为了将离子从晶格中提取并形成电解质溶液，溶剂分子必须提供足够的能量补偿这一步所需的能量，这通常要求溶剂具有足够的极性。水作为一种强极性分子，能够与阳离子和阴离子之间形成强烈的相互作用。然而，某些有机分子往往表现类似于一个"单极子"，它们更倾向于溶解阳离子，但与阴离子相对较为游离。这种不对称的离子 - 溶剂相互作用不可避免地导致阳离子的运动较阴离子更加迟缓。数学上，这种差异可通过 Stokes-Einstein 方程以及正负离子的淌度体现。

$$\mu_+ = \frac{z_+ e_0}{6\pi\eta} \frac{1}{r_+} \tag{5.175}$$

$$\mu_- = \frac{z_+ e_0}{6\pi\eta} \frac{1}{r_-} \tag{5.176}$$

式中，r_+ 和 r_- 分别表示阳离子和阴离子的溶剂化半径。

显然，在非水性电解质中，阳离子通常形成更大的溶剂化鞘，导致其淌度（μ_+）和迁移数相比水性电解质明显降低。

$$t_+ = \frac{\mu_+}{\mu_+ + \mu_-} \tag{5.177}$$

在非水性电解质中，离子传输的另一个显著特性是电导率的最大值现象，而这一现象在水性电解质中较少观察到，甚至根本没有（图 5.13）。这种电导率最大值的出现可以归因于两个相互竞争的因素对离子传输的影响：① 可用自由离子的数量；② 这些离子的淌度。淌度不仅依赖离子的半径，还与溶液的黏度密切相关，如 Stokes-Einstein 方程所示。在非水性电解质中，即使在较低的溶质浓度下，淌度或黏度的影响也会显著增加。通常，最大电导率出现在大约 1.0 M 或 1.0 m 浓度附近 [在稀溶液中体积摩尔浓度（M）和质量摩尔浓度（m）常常很接近]。然而，在水性电解质中，由于水分子的出色溶剂化能力，只有在非常高的溶质浓度（如氯化锂）或者接近溶质的溶解极限（如氯化钠和氯化钾）时，淌度或黏度对电导率的抑制效应才会显现。

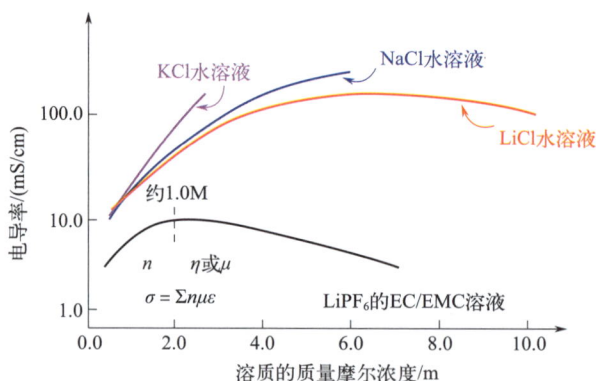

图 5.13　典型水性电解质与非水性电解质在等温条件下电导率随浓度变化的关系

5.2.8　质子的异常传输：Grotthuss 机制

在所有离子的扩散和迁移行为中，质子（H^+）是一个特例。

作为宇宙中最小的离子，质子与其他离子相比展现出独特的传输方式。你可能已经注意到表 5.1 中质子的扩散系数远高于其他离子，这显然表明其传输机制与我们之前讨论的有所不同。

我们之前讨论的离子传输，无论是通过扩散还是通过迁移，均涉及离子从点 A"物理地"移动到点 B，并在这一过程中与周围的溶剂介质发生相互作用，正是这种相互作用构成了 Stokes 定律的基础。然而大量实验表明质子的传输并不遵循 Stokes 定律。质子的传输以一种特殊的方式进行，似乎与周围环境解耦，它并不是通过物理移动完成，而是通过一种类似瞬间传送的方式从点 A 到点 B。

1806 年，de Grotthuss 提出了这种瞬移机制[10]。他指出："在电解反应过程中，每个氧原子同时传递和接收一个氢原子。"这种机制不需要质子实际进行物理移动。从某种意义上来说，这种机制类似于"牛顿摆"[图 5.14（a）]，其中球体 1 将其动量从点 A 传递到点 B，而无需实际移动至该位置。如果我们将质子的正电荷视作一种类似动量的物理属性，那么图 5.14（a）中摆动的球体可以视为质子在点 A 和点 B 之间的传输。

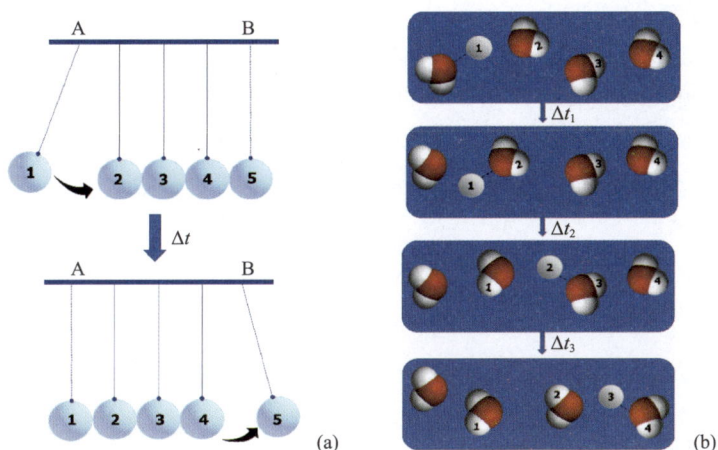

图 5.14 （a）牛顿摆中，球体在 A 点和 B 点之间传递动量而无需实际移动，可将电荷（＋）的属性视为动量的等效，从而代表质子的传输过程。（b）质子通过与附近水分子形成或断裂氢键进行"传递"的示意图

不幸的是，当时人们对离子的概念还未形成（请记住，Faraday 在 1834 年才引入了这一概念，详见第 1 章），而且对水分子的结构也尚未了解。这导致 de Grotthuss 误认为水的化学式是 OH 而非 H_2O。尽管 de Grotthuss 的洞见为后来的质子传输研究提供了启发，但在当时并未引起足够的重视，随后 Stokes 描述的离子在黏性介质中缓慢移动的理论占据了主导地位。

直到 1933 年，Bernal 和 Fowler 在研究水中质子的异常传输现象时重新审视了 de Grotthuss 的概念，并从中汲取精华[11]。他们提出，虽然水溶液中质子通常以水合氢离子（H_3O^+）的形式存在，但无论是水合氢离子本身还是质子都不需要通过物理位移从点 A 移动到点 B。相反，质子通过与周围水分子的一系列解离和结合传递正电荷，这一过程中无需离子进行长距离移动[图 5.14（b）]。因此，质子的传输过程不受介质黏滞阻力影响，完全与 Stokes 定律脱离。

Bernal 和 Fowler 以及 Bockris 和 Conway（详见本书末的扩展阅读表）对这一机制进行了深入探讨，揭示出这种独特的传输机制可能仅适用于质子，因为它需要满足两个关键条件——"瞬移"：

（1）根据量子力学，合理的量子隧穿概率可以通过计算所谓的 Gamow 概率确定，Gamow 概率是基于解离 / 结合过程中的能垒高度。

$$P_r \propto e^{-\frac{4\pi L}{h}\sqrt{m(E-U)}} \qquad (5.178)$$

式中，m 是隧穿粒子的质量，L 是跳跃距离，E 和 U 分别是隧穿粒子的总能量和势能。

众所周知，电子相对容易发生量子隧穿，而离子则由于其相对电子的巨大质量（质子的质量是电子的 1370 倍）而需要克服更高的能量屏障。然而，质子是周期表中最小的离子（实际上它是一个原子核），因此它的半径较小，所需跳跃的距离也较短。这使得质子发生量子隧穿的概率显著提高，至少可以达到 0.01，如图 5.14（b）所示。

（2）水网络中的氢键决定了邻近水分子的取向，从而使它们处于适宜状态以接收即将到来的质子，这显著提高了质子的隧穿概率。这种独特性在其他离子中并不存在，因为基于其他离子的电解质中几乎缺乏类似氢键的网络结构。此外，随着离子质量的增加，量子隧穿概率以指数级速率迅速降低。例如，在周期表中，质子之下的下一个稳定离子——锂离子，在相同条件下，其 Gamow 隧穿概率仅为 2.19×10^{-33} ！

5.2.9　无溶剂电解质：离子液体

迄今为止，我们一直依赖极性溶剂（如水、非水性溶剂和聚合物）来帮助离子脱离其固定的晶格位置，从而赋予其可移动性（参见图 2.1 中路径 A），例如氯化钠（NaCl）在水中的溶解、六氟磷酸锂（$LiPF_6$）在碳酸烷基酯中的溶解以及高氯酸锂（$LiClO_4$）在聚环氧乙烷中的溶解。这些电解质通过形成溶剂化层弥补了晶格稳定能的损失，实际上是将活性物质转变为溶剂化离子。

然而，在第 2 章中我们提到，除了通过溶剂化作用外，还有其他方法可以在不依赖溶剂分子的情况下使离子具有可移动性。其中一种方法是通过外部加热来补偿晶格稳定能的损失，直到晶格因熔融而崩溃（参见图 2.1 中路径 B）。这种方式生成的电解质称为熔盐。例如，当氯化钠被加热至 801℃时，它会熔化为液体。理论上，任何在熔点以上保持化学稳定、不分解的盐都可以转化为熔盐电解质。对于某些含有季铵氮、季鏻或 3 价硫离子的盐（即"鎓阳离子"）以及大分子有机阴离子的盐，它们的熔点通常在室温或更低。这类熔盐被称为"常温离子液体"，或简称"离子液体"。

另一种使离子在无溶剂条件下获得可移动性的方法是将离子在固体基质中解耦出来。使至少一种离子能够在其他离子形成的框架中移动（参见图 2.1）。这类电解质通常是由无机陶瓷化合物组成的固体电解质，无论其为晶态还是非晶态（玻璃态），都能实现离子的传导。需要注意的是，我们在此排除了所谓的"聚合物电解质"，因为即使是在无溶剂的固体聚合物电解质（SPE）中，离子仍然被溶剂化。实际上，在这种情况下，聚合物相当于一种具有巨大分子量的醚类溶剂。而在凝胶聚合物电解质（GPE）中，离子则被与传统非水性电解质相同的有机极性溶剂所溶剂化。因此，SPE 和 GPE 中的离子传输行为仍然符合液体电解质的工作原理（参见图 2.1 中路径 A）。

在本书的第二部分，我们将更详细地探讨这些"无溶剂"电解质，尤其是它们在电化学器件（如电池）中的应用。然而，在结束本章之前，我们有必要简要讨论熔盐和无机固态电解质中离子的独特传输特性。

5.2.9.1 熔盐或离子液体

在熔融过程中，晶体固体转变为液体，而且这些液体在许多性质上与分子液体类似，例如流动性和扩散系数。然而令人惊讶的是，这些液体在局部区域仍保持着有序的离子排列结构，仿佛它们仍处于晶格中，尽管这种有序性在纳米尺度上迅速消失。换句话说，熔盐在短程内呈现有序结构，而在长程上则无序。早期使用 X 射线或中子衍射/散射技术的结构研究表明，熔盐中的离子间距与其晶态晶格中的间距相当，甚至更小。考虑到大多数盐在熔化过程中会发生 10%～20% 的体积膨胀，可以合理推测熔融状态下会形成大量的"空隙"，即所谓的"自由体积"，这些空隙为离子的运输提供了通道。基于液体理论的计算结果显示这些孔隙的平均尺寸大致与熔盐中的离子大小相当。例如，在熔融 NaCl 中，孔道的平均半径约为 0.170 nm，而钠离子和氯离子的半径分别为 0.116 nm 和 0.172 nm。

令人惊讶的是，在液态电解质离子运输的理论框架下，我们发现 Stokes-Einstein 方程基本适用于大多数熔盐电解质，尽管该方程的推导并不完全严谨。Stokes 关系最初被认为适用于宏观球体在无结构流体中的运动，而在电解质溶液或熔盐中离子是在与自身大小相近的粒子介质中移动。然而，Stokes-Einstein 方程的普适性表明 Einstein 在数学和科学直觉方面的深刻洞察力，令人敬佩。

遗憾的是，对于熔盐电解质，Nernst-Einstein 方程并不适用，通过实测扩散系数计算得出的电导率总是比实际值高出许多。

$$\Lambda = \frac{zF^2}{RT}\left(D_+ + D_-\right) \tag{5.101}$$

这种偏差可以归因于熔盐中离子对的数量远高于液体电解质中的离子对数量。

在液体电解质中（参见第 4.9 节），无论是水性溶剂还是非水性溶剂，溶剂分子都能够有效地将离子相互分离，从而减少离子对的形成。离子对形成的概率通常由 Bjerrum 长度（λ_B）决定。

$$\lambda_B = \frac{z_+ z_- e_0^2}{\varepsilon k_B T} \tag{4.83}$$

λ_B 定义了离子对形成的离子间距离上限。由于 λ_B 与溶剂的介电常数成反比，极性较高的溶剂能够通过屏蔽离子间的库仑相互作用有效地阻止离子对的形成。

然而，在离子液体中，这种屏蔽效应不存在。由于没有溶剂，所有的离子自然处于与相邻离子形成离子对的距离范围内。虽然这些离子对在宏观上呈现电中性且其运动对扩散系数有所贡献，但它们对导电性却没有贡献。因此，在应用 Nernst-Einstein 方程时，必须引入修正项来反映这种差异。

$$\Lambda = \frac{zF^2}{RT}(D_+ + D_-) - \frac{zF^2}{RT}D_{\text{Ion pair}} \tag{5.179}$$

显然，如果不考虑离子对对扩散的贡献，基于 Nernst-Einstein 方程预测的摩尔电导率将远高于实际值。

我们之前已经展示了溶剂与离子的相互作用如何显著改变电解质溶液中的离子传输行为。特别是在使用"单极"有机分子作为溶剂时，这种溶剂化效应在阳离子迁移数上表现得尤为明显。然而，在熔盐中，由于没有溶剂存在，溶剂化效应消失，阳离子凭借其较小的离子半径通常具有更高的灵活性。根据扩散系数的计算，大多数无机熔盐中阳离子的迁移数 t_+ 通常在 0.6 ～ 0.8 之间。

值得注意的是，最新的研究对这些迁移数的准确性提出了质疑，因为它们是基于理想状态（即极端稀释环境）下的假设推导而来。事实上，随着溶质浓度的增加，离子之间的相互作用增强导致离子聚集体和团簇的形成，这使得阳离子和阴离子各自迁移的简单图景变得复杂。Balsara 及其合作者提出，在这种高浓度电解质或熔盐环境中，特定离子特别是锂离子或钠离子的迁移数可能会偏离传统的 0 ～ 1.0 的范围，甚至出现负值（详见第 14.2 节表 14.3）[12]。

那么，阳离子的负迁移数意味着什么呢？设想在一个电化学电池中施加电场，在这种情况下，阳离子不仅不再向负极迁移，反而向正极迁移。换句话说，阳离子对总体电流的贡献为负值。这种现象只有在阳离子被带负电的团簇体"绑架"时才可能发生，例如由一个阳离子和两个阴离子组成的三聚体。在高浓度电解质或熔盐中，若离子团簇体大量存在，这种负迁移数可能会成为普遍现象。

5.2.9.2 无机固态电解质

无机固态电解质中的离子传输机制与经典的液态电解质理论存在显著差异。固态电解质通常由不同的化学材料和结构组成，其晶格位点类似于液态电解质中溶剂化鞘的位置。在固态基质中，离子处于由邻近的反离子或携带部分反电荷的极性基团形成的晶格位点上，而这些局部的溶剂化结构是静止的，不像液态电解质中的溶剂化鞘那样随着离子一起移动。这些静止不动的溶剂化结构有时被称为"溶剂化位点"（solvation site）或"配位点"（coordination site）。

在这种传输模式下，移动的离子迁移数可以达到 1.0。但要实现这一点，离子不仅需要克服与晶格框架之间的静电相互作用产生的能量障碍，还需要开放的通道结构，并且相邻晶格位点上必须有空位供其跳跃。换言之，在这里，固定的静止不动的"自由体积"由固体化合物的结构框架或缺陷提供。因此，决定离子能否有效传输的两个关键因素是材料的成分和结构，前者决定了三维框架中的 Coulomb 势能陷阱的深度，后者提供了离子传输所需的自由空间。

一般情况下，离子由于受到溶剂化笼的限制，在其平衡晶格位点附近振动，直到出现足够大的热波动使离子克服 Coulomb 势能陷阱，跳跃至相邻的晶格位点，进入一个新的溶剂化笼中。由于这些溶剂化笼是静止不动的，移动的离子会经历一系列周期性的"瓶颈"，这些瓶颈代表着相邻晶格位点之间的能量障碍（图 5.15 左图）。这种跳跃机制与液态电解质中离子的传输有很大不同。在液态电解质中，由于溶剂化鞘随着离子一起移动，而且溶剂分子在主要溶剂化鞘内外快速交换，形成离子周围相对均匀的环境，因此电势能剖面相对平坦（图 5.15 右图）。

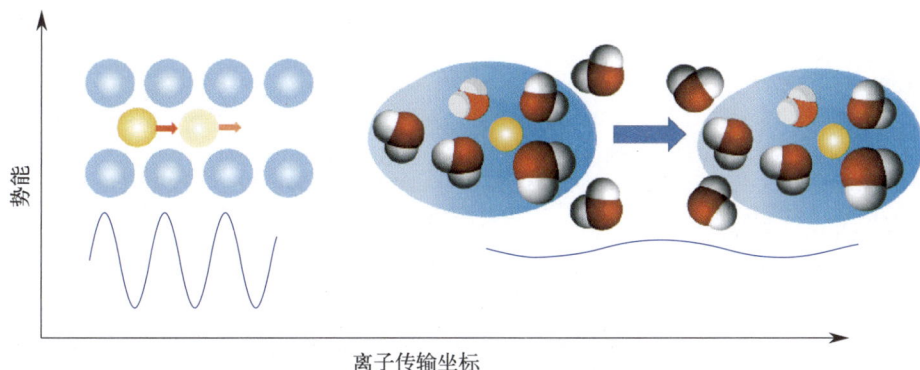

图 5.15　离子在无机固体电解质中经历的势能变化（左图），其中由多面体结构形成的固定化溶剂化笼在离子传输路径上构成了一系列 Coulomb 势能陷阱。这与液体电解质中的离子传输形成鲜明对比。在液体电解质中，移动的溶剂化外壳以及溶剂分子的快速交换确保了离子周围的势能几乎保持恒定（右图）

从化学成分来看，固态电解质可以是金属或非金属氧化物、硫化物或磷酸盐等材料。在结构方面，固态电解质通常具有较大晶格体积和开放通道的多面体骨架晶格，例如锂超离子导体（LISICON）、钠超离子导体（NASICON）、硫硒化物、钙钛矿和反钙钛矿。这些固态离子导体中的移动离子主要是单价阳离子，如氢离子、锂离子、钠离子、钾离子、亚铜离子和银离子等；但也包括多价阳离子，如镁离子和钙离子；以及阴离子，如氟离子、氯离子和氧负离子。单价离子在局部结构中受到的库仑力较弱，因此它们的活性比多价离子更高。这种趋势在液态电解质中也存在，但由于固态电解质缺乏溶剂化作用的帮助，这种价态依赖性在固态导体中更为明显。

无长程有序结构的非晶陶瓷也能够保持离子的可移动性，例如商用的锂磷氧氮化物（LiPON）及其多种衍生形式的玻璃态薄膜电解质。尽管理论上由于缺乏有序通道离子传输可能受限，但在实际应用中，非晶态材料也可能因为缺乏结构异质性和各向异性而表现出优良的导电性。因此，在材料的晶态或非晶态之间并没有绝对的优劣之分。

虽然无定形固态离子导体在结构上是均匀的，但大多数晶态固态电解质并非如此（除非在极少数情况下被制成单晶）。相反，它们由多个多晶区域组成。因此，大多数晶态离子导体中的离子传输不仅需要克服局部 Coulomb 势能陷阱中的能量障碍，还需要克服晶界处的电阻，这增加了离子传输的复杂性。

通常，晶体内部的离子电导率由以下公式得出：

$$\sigma = \frac{\sigma_0}{T} e^{-\frac{E_A}{k_B T}} \tag{5.180}$$

式中，E_A 代表离子跳跃的活化能。

　　然而，在晶界处，即晶体与另一个晶体或不同材料接触的地方，电荷和空位的空间再分布、化学反应以及新相界面形成常常会导致离子扩散性质出现意想不到的变化。这些变化高度依赖材料的特性，具体表现和机制因材料不同而有所差异。目前，这一领域的研究尚未得到充分的理解，但已经引起了广泛关注。由于现有的大多数知识和模型仍然处于经验阶段且尚不够成熟，本文不再对这一迅速发展的前沿领域进行详细讨论。

参考文献

[1] A. Fick, Über Diffusion, *Ann. Phys. Chem.*, 1855, **95**, 59–86.

[2] A. Einstein, Über die von der molekularkinetischen Theorie der Wärme geforderte Bewegung von in ruhenden Flüssigkeiten suspendierten Teilchen, *Ann. Phys.*, 1905, **322**, 549–560.

[3] M. Smoluchowski, Zur kinetischen Theorie der Brownschen Molekularbewegung und der Suspensionen, *Ann. Phys.*, 1906, **326**, 756–780.

[4] J. B. Perrin, *Discontinuous Structure of Matter*, Nobel Lecture, 11 December 1926, https://www.nobelprize.org/prizes/physics/1926/perrin/lecture/.

[5] P. Walden, Molecular weights and electrical conductivity of several fused salts, *Bull. Russ. Acad. Sci.*, 1914, 405–422.

[6] L. Onsager, Reciprocal Relations in Irreversible Processes I, *Phys. Rev.*, 1931, **37**, 405–426.

[7] L. Onsager, Reciprocal Relations in Irreversible Processes Ⅱ, *Phys. Rev.*, 1931, **38**, 2265–2279.

[8] L. Onsager, Theories and problems of liquid diffusion, *Ann. N. Y. Acad. Sci.*, 1945, **46**, 241–265.

[9] M. Pourbaix, *Atlas of Electrochemical Equilibria in Aqueous Solutions*, National Association of Corrosion Engineers, 2nd edn, 1974.

[10] C. J. T. de Grotthuss, Sur la décomposition de l'eau et des corps qu'elle tient en dissolution à l'aide de l'électricité galvanique, *Ann. Chim.*, 1806, **58**, 54–73.

[11] J. D. Bernal and R. H. Fowler, A Theory of Water and Ionic Solution, with Particular Reference to Hydrogen and Hydroxyl Ions, *J. Chem. Phys.*, 1933, **1**, 515–548.

[12] D. P. Shah, H. Q. Nguyen, L. S. Grundy, K. R. Olsen, S. J. Mecham, J. M. DeSimone and N. P. Balsara, Difference between approximate and rigorously measured transference numbers in fluorinated electrolytes, *Phys. Chem. Chem. Phys.*, 2019, **21**, 7857–7866.

第6章
当电解质接触电极：界面

当处于电解质中的一个离子环视周围时，它会在各个方向上看到其他离子和溶剂分子的空间分布相同（即空间的各向同性），因此可以认为该离子处于一个球对称的环境。然而，当电解质接触到电极时，这种对称性被瞬间打破。在电解质与电极的交界处，两相之间会发生化学性质、形态结构、电荷空间分布以及电场强度的不连续性突变。

这个不均匀的过渡区域被称为"界面"，正如 Faraday 在 1834 年的文章中所称，它是"最重要的反应场所"[1]。界面通常非常薄，厚度在几十纳米（$10^{-9} \sim 10^{-8}$ m）以下，但它对电化学反应的方向、性质、反应动力学，甚至有时对反应的可逆性，都起着决定性作用。正是在这一极微小的界面区域，电荷传输从电子导体（电极）转变为离子导体（电解质），完成了重要的电化学反应。

6.1　界面为什么重要

显然，界面在电化学装置中起着关键作用。当 Faraday 首次预言界面的重要性时，他主要指的是电极表面上能观察到的现象，例如金属的溶解或沉积、气体生成等反应迹象。然而，他当时可能未完全意识到，这个连接电子导体（即电极）和离子导体（即电解质）之间的界面实际上是区分电化学与传统化学的关键组成部分[2]。在经典电化学装置中，界面是唯一"合法"的电荷转移场所。

为了进一步阐明这个观点，我们可以考虑金属锌粉末（Zn^0）与一种铜盐如硫酸铜（$Cu^{II}SO_4$）之间的氧化还原反应：

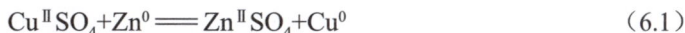

$$Cu^{II}SO_4 + Zn^0 = Zn^{II}SO_4 + Cu^0 \qquad (6.1)$$

当将 Zn^0 与 $Cu^{II}SO_4$ 的水溶液混合在烧杯中 [图 6.1（a）]，可以观察到溶液中的蓝色 2 价铜离子逐渐消失，同时锌粉末的灰色逐渐变成金属铜的红棕色，伴随着反应容器逐渐升温。

氧化剂
(阴极)

电解质与隔膜

还原剂
(阳极)

Zn   Zn²⁺   Cu   Cu²⁺

电子交换的场所与方向

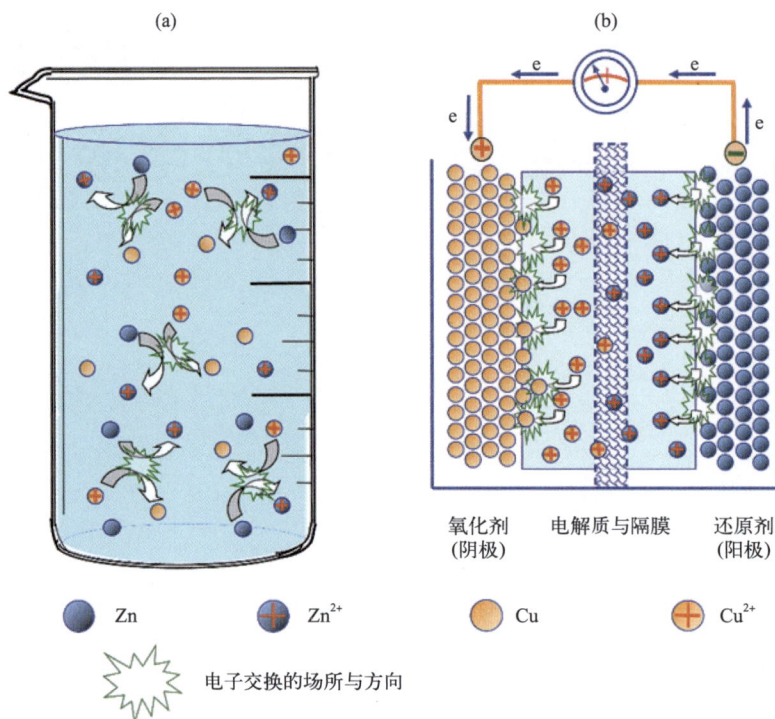

图 6.1 界面将电化学从化学中区分出来：（a）在烧杯中，锌粉与硫酸铜溶液发生反应时，反应物之间发生无序碰撞，并伴随着电子交换；（b）对反应物用两个界面进行物理隔离，电子交换被限定在两个电解质／电极界面上，从而迫使电子沿外部电路定向移动

从化学角度来看，这个置换反应可以解释为较活泼的金属锌（Zn^0，灰色）将铜离子（Cu^{2+}，深蓝色）还原为金属铜（Cu^0，红棕色）。在这个过程中，两个电子从锌原子转移到铜离子，电子交换发生在锌颗粒与铜离子接触的界面上。该反应在热力学上是自发的，意味着其 Gibbs 自由能变化（ΔG）为负。因此，如图 6.1（a）所示，反应释放能量，主要以热的形式释放出来。

$$\Delta G = \Delta H - T\Delta S \tag{6.2}$$

这就是传统化学的反应过程。

现在，设想我们将两个反应物（Zn^0 和 Cu^{2+}）分别置于不同的腔室中［图 6.1（b）］，使得它们无法直接接触以进行电子交换。于是，金属锌（作为阳极）失去的两个电子必须通过外部电路传递到另一侧（阴极），由那里的 2 价铜离子接收。这样，电子流动被迫通过电化学装置中的外部路径，而不是在溶液中直接完成。从化学角度来看，这一反应过程被分解为两个独立的半反应：

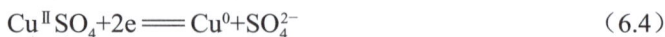

$$Zn^0 + SO_4^{2-} - 2e \Longrightarrow Zn^{II}SO_4 \tag{6.3}$$

$$Cu^{II}SO_4 + 2e \Longrightarrow Cu^0 + SO_4^{2-} \tag{6.4}$$

从热力学角度来看，反应的起始物和最终产物保持一致，Gibbs 自由能的变化值也相同。区别在于，现在反应释放的能量是以电能而不是热能的形式输出。这是因为金属

锌到铜离子的电子流动被限制在特定的路径上，电子必须通过外部电路有方向性地移动，从而将化学能转化为电能：

$$\Delta G = -nF\Delta V \tag{6.5}$$

在图 6.1（b）中，ΔV 代表两个电极之间的电势差。当没有净电流通过时，这个电势差被称为开路电压，通常叫作"电动势"（electromotive force, emf）。

此时，电子流以电能的形式做有用功。这就是电化学系统中的一个核心概念，即将化学反应能转化为电能的过程。

需要特别指出的是，电化学与传统化学的主要区别在于，在电化学过程中，电子的交换或"电荷转移"只能在特定的界面——电解质/电极界面上发生。换句话说，电化学反应的发生必须通过电极与电解质之间的界面才能进行，这也是电化学过程的本质所在。

图 6.1（b）实际上描绘了"Daniell 电池"，这是 John Frederic Daniell 于 1836 年发明的最早的电池之一。Daniell 电池将金属锌粉和铜离子之间的自发氧化还原反应转化为电能，成为电化学历史上一个重要的里程碑。我们在此不打算详细讨论 Daniell 电池的具体设计细节，例如如何选择适当的电极材料以实现所需的反应、如何避免副反应以及如何在保持离子传输的同时分隔两个反应物等。

确保电子交换（或电荷转移）仅仅发生在这些界面的关键组成部分是分隔两个反应物的物理屏障。该屏障必须能够在两个腔室之间传导离子和溶剂分子，否则由于质量和电荷的不平衡分布而迅速积累的阻抗将导致反应无法进行。此外，该屏障还必须对任何电子传输绝缘，以避免电子直接穿过电解质本身（内部短路），确保其通过外部路径传输。

换句话说，这个屏障即是电解质，因为我们从早期的定义中已经了解到电解质必须是离子导体。在这里，我们引入典型电解质的另一个要求：它也必须是电子绝缘体。

这些对电解质的基本要求适用于几乎所有电化学装置。在某些实际电化学装置中，由于多样化的电池设计或独特的化学和工作性质，这些原理有时似乎变得模糊不清。例如，在一次锂金属电池或氧化还原液流电池中，所谓的"电解质"其实是作为液态电极活性材料存在，它们溶解或悬浮在真正的电解质中。这些材料能够直接参与电荷转移反应。尽管如此，真正的电解质仍然承担着维持离子和质量传输的基本职责，并且作为"外来"成分的电极材料不应该在两个电极之间建立任何直接通路。

6.2　界面的电极化：双电层

为了研究离子在界面上的传输，首先必须了解其化学性质（电荷物质的富集或耗散）和结构特征（电荷和电势的空间分布）。我们现在先考虑液态电解质与金属电极接触的最常见情况。

液态电解质作为一种离子导体，由溶剂分子所溶剂化的离子和未参与溶剂化的自由溶剂分子组成。

金属电极则由固定晶格上的金属离子和导电带中游离的自由电子构成，形成能够传导电流的电子导体。

在任一材料的本体相中，电荷的空间分布对任何给定参考点都是对称的。换句话说，在观察电极或电解质本体时，电荷在所有方向上的空间分布完全相同，并且在每个基本体积内保持电中性。Debye-Hückel 模型被用来描述电解质中电荷的这种空间分布及随之而来的电中性（详见第 4 章）。而在金属导体中，电子的离域性则由 Fermi 能级描述。引入额外自由度的量子特性则会模糊金属表面的边界。这些方面超出了本书的讨论范围。

然而，在电解质和电极接触的交界处，界面上的离子在朝向电极表面方向感受到的场强与朝向电解质主体方向的完全不同，所以两相之间的离子分布出现了明显的不连续性。同样的情形也发生在电极侧的电子上。这种局域的各向异性直接导致一方出现电荷富集，另一方发生电荷耗散。换言之，在两相界面上，原本为维持体相内部电中性所建立的电荷分布消失，取而代之的是由完全不同的场强控制的新平衡。电极和电解质界面电荷的富集与耗散会导致界面发生"带电化"现象［图 6.2（a）］。在实际情况下，如果电极表面富集了过量的负电荷，那么电解质也会对其所接触的这部分电荷产生相应的响应，以保持整个界面区域仍为电中性状态。在这种相互响应下，假设过量的负电荷富集于电极一侧［图 6.2（a）中阴影强度所示］，那么在电解液一侧，过量的正电荷则主要由阳离子优先吸附或偶极子定向的共同贡献。

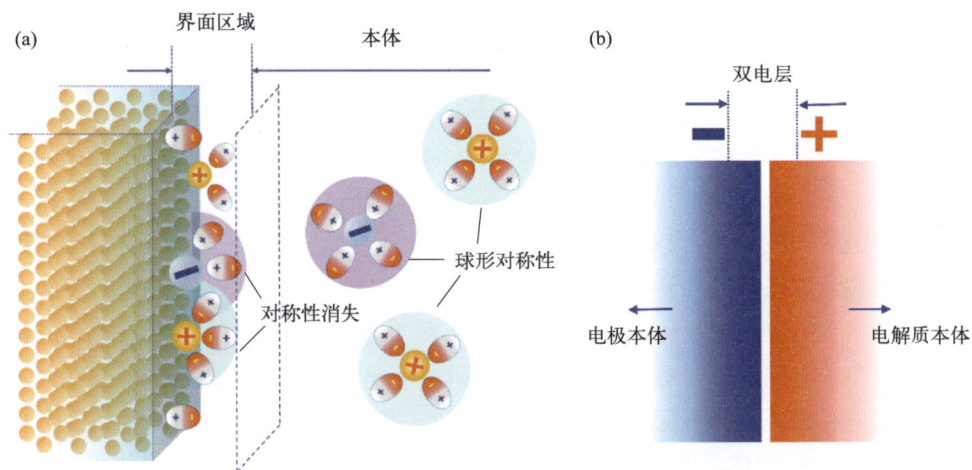

图 6.2　当电解质与金属电极接触时，离子及其周围的离子氛失去了原有的球形对称性，这种对称性的破坏导致界面两侧电荷的重新分布：（a）界面处存在两相的不连续性，假设电极表面富集了过量的电子，那么在电解质一侧必将出现等量的过量正电荷，这些正电荷主要来源于阳离子的富集和溶剂偶极的定向吸附；（b）这种各向异性导致了类似双电层电荷分布的等效结构

在两相界面上，这些过量电荷的积累实际上形成了一个双电层［图 6.2（b）］。该双电层的厚度取决于电极和电解质材料的性质，通常范围在零点几纳米到几十纳米之间（$10^{-10} \sim 10^{-8}$ m），但其厚度并没有明确的界限，反而分布相当弥散。

在更广泛的背景下，双电层的形成并不仅限于电化学装置中的电极和电解质之间。

它普遍存在于任何两相接触的地方，无论这些相是固态、液态还是气态，只要产生各向异性，双电层就会普遍存在。典型的例子包括与溶液或气体接触的固体颗粒（固 - 液或固 - 气界面）、两种不同固体材料的接触界面（固 - 固界面）以及两种不混溶液体的界面（液 - 液界面）。而电化学装置中的界面独特之处在于其化学和结构可以通过外部电场控制。相比之下，自然界中大多数自发形成的界面则由相互作用物质的化学性质决定，通常难以进行便利且定量的控制。因此，迄今为止，电化学界面因这一特性得到了最广泛的研究与深入理解。

施加的外部电场可以通过调节场强和极性来增强、减弱，甚至完全逆转双电层中的电荷分布。在某一特定电势下，施加的电场可以完全消除双电层中的所有电荷。这种特殊情况称为"零电荷点"，它在界面的定量理解中具有重要作用。

6.2.1　界面绝对电势的不可测性

现在考虑在界面上施加外部电场。为此，需要构建一个完整的电路（图 6.3）。我们所研究的特定界面只是该电路中形成的两个电极 / 电解质界面之一，其中一个电极称为"工作电极"，另一个为参比电极或对电极。为了简化讨论，可以将参比电极和对电极合并为一个电极（图 6.3）。然而，在更精细的实验中，研究人员通常更倾向于使用独立的参比电极，以获得更精确的电势读数。

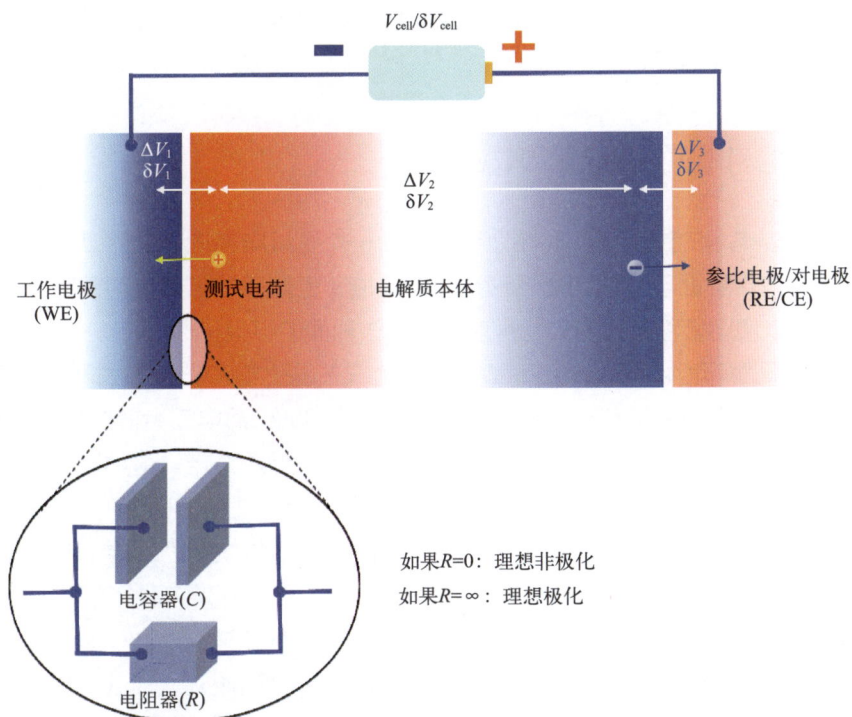

如果 $R=0$：理想非极化

如果 $R=\infty$：理想极化

图 6.3　当外部电场由电源施加到电化学电池上时，其电压 V_{cell} 分布在电池的 3 个部分（上图）。所研究的界面（工作电极与电解质之间）可以用一个由电阻和电容并联组成的"等效电路"来表示（下图）。界面的极化能力取决于该电路的"泄漏"程度

假设外部电源（如电池）的输出电压为 V_{cell}，那么是否能够测量我们所研究界面上的电势差呢？

根据 Kirchhof 定律，施加的电压差应分布在至少 3 个电池组件上：

$$V_{cell} = \Delta V_1 + \Delta V_2 + \Delta V_3 \tag{6.6}$$

式中，ΔV_1 和 ΔV_3 是两个界面上的电压降，包括我们要研究的界面；ΔV_2 是电解质本体上的电压降。虽然 ΔV_2 可以根据电解质的电阻（或导电性）进行估算，但由于两个界面组件密切耦合，无法确定电压降如何在这两个单独的界面之间分布。

有人可能会想：为什么不在我们研究的界面附近插入第三个电极，以获得所需结果呢？如果该电极与我们正在研究的界面足够接近，就可以避免对我们不感兴趣的界面上未知电压降（ΔV_3）的测量，从而可以直接测量所需的电势差（ΔV_1）。

然而必须记住，将这样的电极插入电解质中必然会形成一个新界面，并伴随着创造一个新的未知电势差（$\Delta V_3'$）。所测量的仍然是两个界面及夹在两个电极之间的电解质产生的总电压降。

$$V_{cell} = \Delta V_1 + \Delta V_2' + \Delta V_3' \tag{6.7}$$

可见，我们又回到了最初的问题。显然，跨越单个界面的电势差无法直接测量，我们必须绕过这一基本障碍。

事实证明，尽管无法测量给定界面上的绝对电势差 ΔV_1，但如果调节施加的电压增加一个确定量 δV_{cell}，在特定条件下可以精确测量这一界面量的变化，电压降 δV_1。这里就引出了界面极化性的概念。

6.2.2　界面的两个极端：极化和非极化

在施加的外电场的作用下，现在让我们想象一个测试电荷向界面移动（图 6.3）。正如前文所述，尽管界面不是对实物畅通无阻的区域，但离子携带的电荷是可以通过界面进行转移的。该电荷转移过程的难易程度定义了该界面的可极化性。

对于某些界面而言，可以在几乎零电阻的情况下发生电荷转移。如图 6.3 所示，快速的动力学反应过程确保了在一定电压范围内，当我们把外部电压增值施加到电路上时，不会在界面上显著积累更多的电荷，从而使电极的电势相对稳定。这种界面被称为非极化界面。最典型的非极化界面现象是氢气与质子（H_2/H^+）在铂表面上的氧化还原反应。由于其非极化的特性，在精确测量另一电极电势时，氢通常被视为理想的参比电极，称为可逆氢电极（reversible hydrogen electrode, RHE）。如果在标准条件下操作（质子活度为 1.0，氢气压力为 1 atm，温度为 298 K），RHE 则称为标准氢电极（standard hydrogen electrode, SHE）。类似的非极化电极还包括基于甘汞氧化还原对（Hg_2Cl_2/Cl^-）的电极。在非水电解质中，锂金属电极（Li/Li^+）在特定条件下也能表现出非极化界面的特性。

非极化电极对电荷转移反应非常有利，尤其在实际应用中，当希望反应以最大速率进行电荷转移时，这类电极尤为关键。例如，在燃料电池中，为了使氢气氧化反应以最小阻力发生，通常会选择铂作为催化剂修饰电极表面。尽管铂的成本较高，但其性能接近非极化电极。

与此相反，当界面上的电荷转移遇到较大阻力时，任何通过增加外部电压来加速电荷转移的尝试都会导致更多离子在界面处积累。结果是双电层中的电荷密度随电压上升而增加，但电荷转移仍然进行缓慢电荷的堆积，从而显著改变电极电势。这时，界面便发生了极化现象，该类界面称为极化界面。典型的极化电极是汞（Hg）电极。

极化电极会增加电荷转移反应的难度，因此在希望避免特定反应发生时它们在电化学器件中具有重要作用。例如，在传统碱性电池中，为了避免氢析出反应干扰设计的电化学反应，常采用汞作为负极（阳极）。但由于汞的毒性及其对环境的污染问题，近年来这种电极材料逐渐被淘汰。

研究人员通常使用"等效电路"来简化界面的电化学特性（以及更复杂系统的特性）。如图 6.3 下图所示，等效电路由一个并联的电容器和电阻器组成。理想的非极化电极具有零电阻（$R=0$），而理想的极化电极则具有无限电阻（$R=\infty$）。然而，在现实中没有完全符合理想条件的极化或非极化电极。大多数极化电极只在特定条件下（如电压范围、电解质浓度等）表现出接近理想的极化性或非极化性。

正如前一节所述，尽管无法直接测量界面上的绝对电势差，但我们在施加外部电压变化时可以测量界面电势的变化。实际上，只有在使用极化电极作为工作电极并配合非极化电极时，才能实现这种精确测量。

因此，假设在图 6.3 中，工作电极为理想极化电极，参比电极/对电极为理想非极化电极。当引入微小电压变化（δV_{cell}）时，可以认为这一变化也会分散为三个部分：

$$\delta V_{cell} = \delta V_1 + \delta V_2 + \delta V_3 \tag{6.8}$$

对于非极化电极，其电势不会随施加电压的变化而变化，因此

$$\delta V_3 = 0 \tag{6.9}$$

根据电解质的电阻，可以估算出电解质本体的电势差。在大多情况下，这种电势差的变化可以忽略不计（$\delta V_2 \approx 0$）。因此，界面上电势差的变化（δV_1）就变得可测量：

$$\delta V_{cell} = \delta V_1 \tag{6.10}$$

将极化电极作为工作电极、非极化电极作为参比电极的独特组合，为经典界面现象的定量研究奠定了基础。

6.3　双电层的经典解释

在现代表征技术和计算模拟技术问世之前，界面的经典理解主要依赖热力学方法，这些方法将界面的微观（或原子）特性与实验可测的某些宏观特性联系起来。该领域最重要的成果之一是电毛细现象，它通过数学模型定量描述了界面张力与界面上电荷密度的富集或耗散之间的关系。

6.3.1　Gibbs 表面过剩电荷

界面上的各向异性会导致电荷的富集或耗散，这些电荷可以来自电极一侧的电子或电解质一侧的离子。Gibbs 将界面区域内的电荷"过量"定义为相对本体值的偏离，记作 Γ。如图 6.4 所示，Γ 可以是正值（表示富集）或负值（表示耗散）。

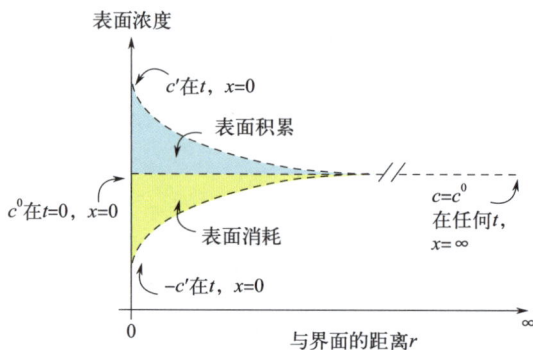

图 6.4　界面上富集或耗散电荷的量化：Gibbs 过剩量 Γ 由阴影区域表示

假设给定电荷的本体密度为 c^0，则在 $t=0$ 时，当界面尚未被电极化时，电荷的界面浓度与体相中相同。在 $t=\infty$ 时，界面已被电极化并形成了双电层，此时该电荷的界面浓度（c' 或 $-c'$）将偏离本体浓度。根据电荷的富集或耗散，界面浓度可能高于或低于体相浓度。Gibbs 界面过剩量 Γ 如图 6.4 中的阴影区域所示，应为：

$$\Gamma = \int_0^\infty \left[c'(x) - c^0 \right] \mathrm{d}x = \int_0^\infty c(x)\mathrm{d}x \tag{6.11}$$

其中 $c(x)$ 是相对本体值的偏离，称为"扰动"，定义为：

$$c(x) = c'(x) - c^0 \tag{6.12}$$

理论上积分的上限是无穷大，但在实际情况下，界面区域通常在几十纳米（10^{-8} m）内结束，超出此范围的过量变化可以忽略不计。

6.3.2　表面过剩电荷的量化：电毛细管现象

在定义了界面过剩电荷后，下一步我们将探讨如何测量它。正如第 6.2.1 节所述，跨越给定界面的绝对电势差是不可测量的，但如果选择的研究界面为理想极化电极，且参比电极／对电极为理想非极化电极，那么可以通过测量电势差的变化间接获得研究界面上的电势变化。尽管现实中不存在完全符合理想条件的极化或非极化电极，但通过施加适当的限制和约束，我们可以实现近似的测量。

可逆氢电极（RHE）是一种近似非极化电极的标准电极，汞是一种近似理想的极化电极，两者的结合为界面现象研究做出了重要贡献。尤其是汞，其液态特性和金属性质使其成为理想的电极材料，在许多实验中可以观察到在固态电极上难以察觉的界面变化。

6.3.2.1　汞电极上的表面张力

早在 1800 年，人们发现，当汞滴被放入硫酸中并通过导线与电池连接时，汞滴会出现收缩现象，当移除导线后汞滴又恢复原状。1872 年，Lippmann 偶然观察到了这一早已被前人报道过的现象，他意识到这种行为是由于电极化引起的汞滴表面张力（γ）的变化所致。这一现象反映了汞滴的物理形状与双电层中电荷积累的关联。

基于这一发现，Lippmann 开展了关于电极化情况下汞的毛细行为（即电毛细现象）的研究，并取得多项重要发明，如 Lippmann 电计和极谱分析。对于本书读者来说，这一现象的最重要意义在于它为界面的热力学理解做出了基础性贡献[3]，因为汞电极提供了一个接近理想的极化电极界面，通过如图 6.5 所示的装置可以精确测量汞电极的表面张力和双电层中的电荷密度与极化电势之间的关系。

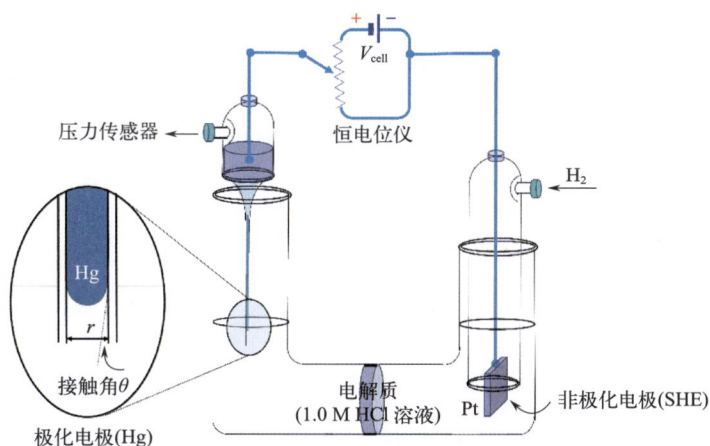

图 6.5　电毛细管效应为我们提供了对界面现象最早的知识：极化工作电极（汞）与非极化参比电极 / 对电极（SHE）的组合使得精确测量汞 / 电解质界面的电势变化成为可能，同时可以通过数学方法直接描述汞的表面张力与其表面电荷富集或耗散之间的关系

从 19 世纪 70 年代开始，Lippmann 以及之后的 Gouy（20 世纪初）和 Frumkin（20 世纪 20 年代），都使用图 6.5 中的装置或其改良版测量了汞在各种电解质中的表面张力 γ 和微分电容 C 随电势的变化。尽管电容的行为通常复杂且严重依赖盐浓度，但有一个特征，即在中间位置呈现出最小值和驼峰，图中的表面张力几乎总是表现出近乎完美的抛物线形态（图 6.6）。当表面张力达到最大值时对应的电势称为电毛细管效应最大值，或最大电毛细值（electrocapillary maximum, ecm），这一特征将在后文进行详细讨论。

需要注意的是，前面提到的这些表面张力抛物线形状"几乎对称"，但并非完全对称。在正电势区域，常常会出现显著差异。换句话说，当阴离子在正电势下积聚于汞表面时，其形成双电层的行为常常有所不同；大多数阳离子在负电势下的界面累积时则表现出极少的差异，仅在极少数情况下例外。

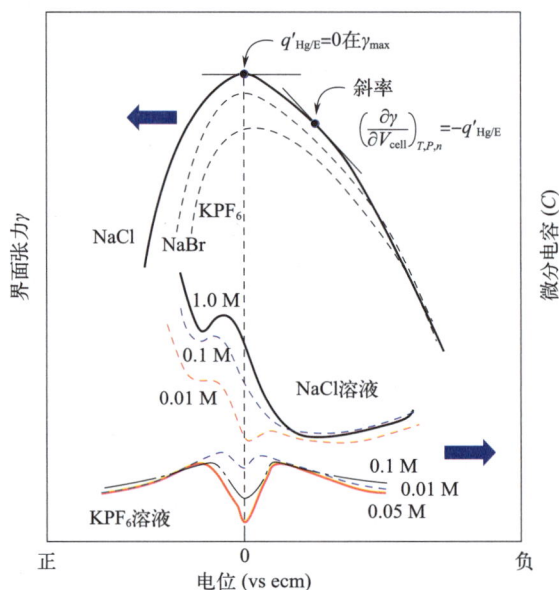

图 6.6　上图：汞/电解质界面张力 γ 在几种典型水溶液中的常见依赖关系（如图中标注）。根据热力学处理，抛物线在任意电位处的斜率代表界面处累积的电荷密度，最大界面张力则出现在零电荷累积的界面。下图：汞、氯化钠或六氟磷酸钾溶液界面间的微分电容随着盐浓度变化而变化

为什么这种关系通常呈现出抛物线形状？我们又能从这种关系中获得哪些关于界面的有用信息呢？

6.3.2.2　汞/电解质界面的热力学

汞电极装置如图 6.5 所示。毛细管中的汞柱重量为：

$$W_{Hg} = \pi r^2 h \rho g \tag{6.13}$$

式中，r 为毛细管半径，h 为汞柱高度，ρ 为汞的密度，g 为重力常数。

当施加电压 V_{cell} 时，毛细管中汞与电解质接触的界面会产生一定的界面张力 γ，以保持汞柱的平衡静止状态。在这一平衡条件下，汞柱的重量必须与界面上的表面张力（F_γ）相平衡，该表面张力与汞柱的接触周长（$2\pi r$）以及界面张力在垂直方向上的投影（$\gamma \cos\theta$）成正比：

$$F_\gamma = 2\pi r \gamma \cos\theta \tag{6.14}$$

式中，θ 是接触角。

在此过程中，电解质的高度可以忽略不计。由于稀电解质的密度（约 1.0 g/cm³）远低于汞的密度（13.6 g/cm³），电解质的高度对应的重量相比汞柱的重量可以忽略，从而可以得到：

$$2\pi r \gamma \cos\theta = \pi r^2 h \rho g \tag{6.15}$$

此时，界面张力为：

$$\gamma = \frac{\pi r^2 h \rho g}{2\pi r \cos\theta} = \frac{rh\rho g}{2\cos\theta} \tag{6.16}$$

鉴于接触角 θ 较小，我们可以合理地假设 $\cos\theta=1.0$，因此

$$\gamma = \frac{rh\rho g}{2} \tag{6.17}$$

这种关系使得汞 / 电解质（Hg/E）界面张力 γ 成为一种可精确测量甚至控制的物理量，这可以通过类似于图 6.5 所示的装置实现。任何电势变化都会导致双电层中电荷密度的变化，从而引起汞 / 电解质界面张力的改变。界面会通过自动调整汞柱高度寻求新的平衡状态。在早期的研究中，汞柱高度是通过放大镜读取的；而在现代，通过计算机控制的高精度压力传感器可以更加方便地完成这一任务。

在汞柱重量与汞 / 电解质（Hg/E）界面张力之间达到平衡的情况下，如果在图 6.5 所示装置中对汞电极施加一个电势变化 δV_{cell}，此时汞 / 电解质界面上将会积累 q_{Hg} 的过剩电荷，表现为 n 摩尔的表面过剩量。将热力学第一定律和第二定律应用于这一包含表面变化的开放系统，涵盖所有的能量和质量变化项，我们可得出：

$$SdT - VdP - Ad\gamma - q_{Hg/E}\delta V_{Hg/E} - \sum n d\mu = 0 \tag{6.18}$$

式中，$\delta V_{Hg/E}$ 代表汞 / 电解质界面的电压变化，$d\mu$ 表示电压变化引起的化学势变化。

假设所有这些变化都在恒温（dT=0）和恒压（dP=0）下进行，我们可以简化并重新排列上述方程，得到：

$$q_{Hg/E}\delta V_{Hg/E} = -Ad\gamma - \sum n d\mu \tag{6.19}$$

由于汞电极几乎是理想的极化电极，而其参比电极 / 对电极（SHE）近似为理想的非极化电极，当外部施加的电压增加时，汞电极会完全反映电路中的电压变化 δV_{cell}，即

$$\delta V_{Hg/E} = \delta V_{cell} \tag{6.20}$$

因此，我们可以得到：

$$d\gamma = -\frac{q_{Hg}}{A}\delta V_{cell} - \sum \frac{n}{A} d\mu \tag{6.21}$$

与此同时，当过量物质吸附在二维界面上时，其浓度可以表示为 n/A。因此，根据第 6.3.1 节中的表面过剩电荷定义：

$$\Gamma = \int_0^\infty \left[c'(x) - c^0\right] = \frac{n}{A} - \frac{n_0}{A} \tag{6.22}$$

可以得到：

$$\sum \frac{n}{A} d\mu = \sum \Gamma d\mu + \sum \frac{n_0}{A} d\mu \tag{6.23}$$

在恒温恒压下，根据 Gibbs-Duhem 关系：

$$\sum \frac{n_0}{A} d\mu = 0 \tag{6.24}$$

可以得到：

$$\sum \frac{n}{A} \mathrm{d}\mu = \sum \Gamma \mathrm{d}\mu \tag{6.25}$$

代入到界面张力的表达式中，我们可以得到：

$$\mathrm{d}\gamma = -\frac{q_{\mathrm{Hg/E}}}{A}\delta V_{\mathrm{cell}} - \sum \Gamma \mathrm{d}\mu = -q'_{\mathrm{Hg/E}}\delta V_{\mathrm{cell}} - \sum \Gamma \mathrm{d}\mu \tag{6.26}$$

式中，$q'_{\mathrm{Hg/E}}$ 代表界面上的电荷密度，即界面上的总电荷 $q_{\mathrm{Hg/E}}$ 对界面面积 A 的归一化结果。

为了进一步简化情况，所有实验都在固定的电解质组分下进行，因此 $\mathrm{d}\mu = 0$ 且 $\sum \Gamma \mathrm{d}\mu = 0$，上述关系可简化为：

$$\mathrm{d}\gamma = -q'_{\mathrm{Hg/E}}\delta V_{\mathrm{cell}} \tag{6.27}$$

或以其更著名的形式：

$$\left(\frac{\partial \gamma}{\partial V_{\mathrm{cell}}}\right)_{T,P,\mathrm{Const.\ comp.}} = -q'_{\mathrm{Hg/E}} \tag{6.28}$$

这就是 Lippmann 方程，它阐明了一个核心内容：图 6.6 所示的抛物线任意点处的斜率反映了该点对应电位处界面上的电荷密度。根据双电层的定义，随着施加电位的方向变化，从电解质中累积在界面上的电荷会根据电位的极性转换符号。也就是说，在负电位下，阳离子会在界面上累积；而在正电位下，则是阴离子在界面上累积。阳离子和阴离子具有不同的迁移能力和吸附行为，导致了这些抛物线呈现出非对称性。最重要的是，在某个特定位置，界面上的电荷会变成零，进而改变符号，这个位置恰好发生在最大界面张力（$\gamma_{\max}$）处，即对应最大电毛细值（ecm），此时斜率为零：

$$\left(\frac{\partial \gamma}{\partial V_{\mathrm{cell}}}\right)_{T,P,\mathrm{Const.\ comp.}} = -q'_{\mathrm{Hg/E}} = 0 \tag{6.29}$$

这意味着界面上没有任何电荷。这一点就是我们之前提到的零电荷点（pzc），它总是对应着所谓的最大电毛细值。

为什么界面张力必须在界面无电荷时达到最大值呢？

为了解释电化学毛细现象中的最大值，必须对表面张力的概念有深入的了解。简而言之，当一种物质试图进入新相时，会引起该相属性的一系列变化，其中之一即为表面张力。新物质的加入会导致新相的表面积增加，表面张力则是必须克服的阻力。设想一个带电的界面，在这种界面上，相同符号的电荷（无论是阳离子还是阴离子）会聚集。这些电荷之间存在互斥作用，若一种新物质试图进入该界面区域，则将面临较小的表面阻力（张力），因为这些电荷之间的排斥作用有助于新物质的渗透。

而当界面完全没有电荷（$q^{\mathrm{int}}=0$）时，库仑排斥效应带来的好处消失，新物质必须克服最高的阻力（$\gamma_{\max}$）才能进入界面。

进一步说，如果我们将 Hg/E 界面视为一个储存电荷的地方，它表现得像一个电容器，那么其微分电容可以定义为：

$$C_{Hg/E} = \frac{dq}{dV} = \frac{\partial q'_{Hg/E}}{\partial V_{cell}} = -\frac{\partial^2 \gamma}{\partial V_{cell}^2} \tag{6.30}$$

电毛细管现象利用了汞同时具备的液体和金属的独特性质，从而实现了对固体电极上难以测量的敏感界面特性的精确测量。

继 Lippmann 等对汞的经典研究之后，电毛细管现象也在其他液态金属电极上得到了验证，例如镓（Ga）以及汞与其他金属形成的各种合金（汞齐）。

然而，这些原理是否适用于固体电极与电解质之间的界面？

答案是肯定的，因为在整个数学处理过程中并未考虑任何材料的相态，无论是电极还是电解质，因此得到的结果也适用于固体电极和固体电解质。实际上，现代技术如原子力显微镜和干涉仪使用的高精度传感器和激光束已经能够准确测量固体电极上的张力，这无可争议地证明了 Lippmann 方程普遍适用于所有界面条件，前提是电极电位位于电解质组分的稳定窗口内。

汞电极毛细法通过优雅的热力学处理，让我们深入理解了这种独特界面上的双电层结构，而且其达到的精度无与伦比。这也是为什么尽管汞有毒性，但至今尚无更好的电极材料或方法完全取代它。

电毛细管现象的研究为现代电极／电解质界面的理解奠定了基础。

6.4　电极化界面的结构

电毛细管效应证实了界面上存在双电层，并定量揭示了界面电荷随电池电压变化的规律。然而，由于这些知识基于热力学考虑，无法提供原子层次上的双电层结构信息。

当金属电极（实际上包括任何电子导体）与液体电解质接触时，瞬间会形成双电层。这种界面现象发生在纳米级尺度且具有瞬态特性，在目前的表征技术下难以直接观测其结构。实际上，我们对界面的经典理解大多是通过模型构建得出的。这些模型在不断的验证和修正中逐渐演变，通过它们能推导出可测量的电化学量。

6.4.1　Helmholtz-Perrin 模型：一种简单电容器

在 19 世纪后期，Helmholtz 和 Perrin 提出了最简单的双电层模型。他们将电极和电解质的表面视为由离散电荷（即电极侧的电子和电解质侧的离子）填充而成的二维层 [图 6.7（a）上][4]。这个模型实际上代表了一个简单的电容器，其电容为：

$$C = \frac{dq}{dV} = \frac{\varepsilon \varepsilon_0}{d} A \tag{6.31}$$

式中，d 是两个电极片之间距离，A 是界面表面积，ε 是界面区域材料介电常数，ε_0 是真空介电常数 [8.85×10^{-12} C²/(J·m)]。

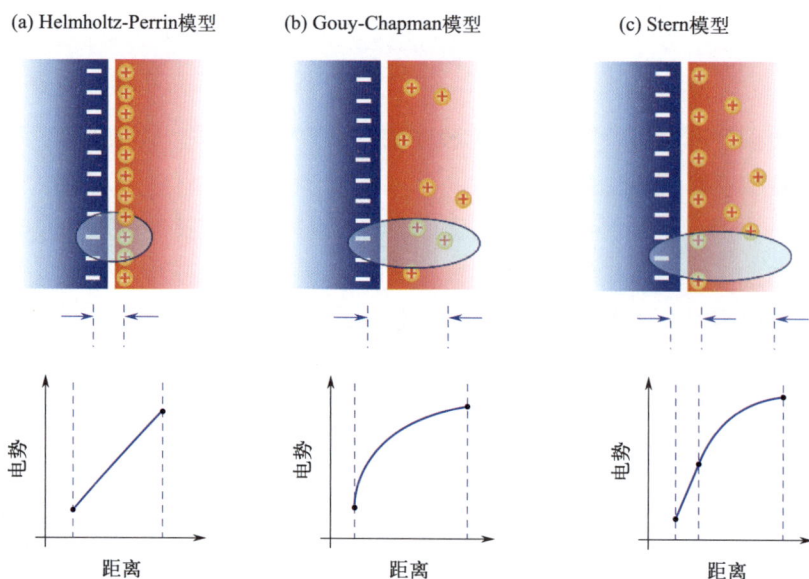

图 6.7 早期界面模型的演变：（a）Helmholtz-Perrin 模型将双电层视为具有线性电势的简单电容器；（b）Gouy-Chapman 模型认为，由于热运动导致的无序状态，离子呈现出相对弥散的分布，电位分布的数学形式应类似于 Debye-Hückel 模型中描述的离子氛；（c）Stern 模型结合了前两者的特点，承认某些离子可能优先吸附在电极表面，同时考虑了热力学的影响，因此电势分布表现出混合行为，线性部分对应 Helmholtz-Perrin 模型中的吸附离子，非线性部分对应 Gouy-Chapman 模型中的扩散层

因此，理想电容器界面的电势与电荷之间的关系是线性的 [图 6.7（a）下]：

$$dV = \frac{d}{A\varepsilon\varepsilon_0}dq \tag{6.32}$$

现在，让我们应用 Lippmann 方程：

$$\left(\frac{\partial \gamma}{\partial V_{\text{cell}}}\right)_{T,P,\text{Const. comp.}} = -q \tag{6.33}$$

重新排列并替换 dV，可以得到：

$$d\gamma = -qdV = -q\frac{d}{A\varepsilon\varepsilon_0}dq \tag{6.34}$$

对两边进行积分后，我们可以得到：

$$\int d\gamma = -\frac{d}{A\varepsilon\varepsilon_0}\int qdq \tag{6.35}$$

或者经过积分，我们得到界面张力的表达式：

$$\gamma + \text{constant} = -\frac{dq^2}{2A\varepsilon\varepsilon_0} \tag{6.36}$$

为了评估积分常数，我们可以应用电化学毛细管最小值条件，即：

$$q_{\gamma_{\max}} = 0 \tag{6.37}$$

因此

$$\text{constant} = -\gamma_{\max} \tag{6.38}$$

最终，界面张力 γ 和界面电荷密度 q 之间的关系变为：

$$\gamma = \gamma_{\max} - \frac{dq^2}{2A\varepsilon\varepsilon_0} \tag{6.39}$$

而界面张力 γ 和界面电势差之间的关系为：

$$\gamma = \gamma_{\max} - \frac{A\varepsilon\varepsilon_0 V^2}{2d} \tag{6.40}$$

这一方程令人振奋，因为它呈现出抛物线形的关系，其最大点在 $\gamma_{\max}$ 处。然而，这是一条完全对称的抛物线，这与上述实验结果（图 6.6）不符。

另一个差异源于微分电容。根据简单电容器模型，微分电容应随着施加电压保持不变。然而，阻抗分析表明微分电容明确依赖电池电压或界面上的电位差，通常呈现出倒抛物线或驼峰的特征形状。

显然，Helmholtz-Perrin 模型需要进行修改。

6.4.2　Gouy-Chapman 模型：弥散的离子层

与图 5.8 过于简化离子定向迁移的误导类似，Helmholtz-Perrin 模型也犯了同样的错误，即忽略了离子的热运动和随机运动效应。1910 年，Gouy 提出了修正，认为在界面的电解质一侧离子不可能形成紧密有序的离子层来抵消电极侧积累的电荷；相反，由于离子和溶剂分子的热运动，在外加电场下离子仍然存在随机运动，这种随机运动扰乱了离子之间的有序排列，形成了一个更弥散的离子层。

经过更详细的数学处理，这一修正的界面视图后来发展为 Gouy-Chapman 模型［图 6.7（b）上］[5]，该模型描述了离子在带电界面附近的分布，必须同时考虑来自电极侧积累电荷产生的静电场以及来自电解质侧的随机热运动。

这一思路听起来是否颇为熟悉？

是的，这正是 Debye 和 Hückel 在研究离子分布时所考虑的问题完全一致。不同之处在于，中心离子被视为一个点电荷，其静电场具有球对称性；电极则被视为一个具有无限面积的二维平面，其静电场具有平面对称性。

换句话说，我们可以将电极表面视为一个巨大的二维离子，并应用 Debye-Hückel 模型中建立的原则。

因此，距离界面 x 处的场梯度为：

$$\frac{\mathrm{d}\psi}{\mathrm{d}x} = -\sqrt{\frac{8k_\mathrm{B}Tc_0}{\varepsilon\varepsilon_0}}\sinh\frac{ze_0\psi_x}{2k_\mathrm{B}T} \tag{6.41}$$

式中，c_0 是电解质溶液主体中物质的浓度，ψ_x 是点 x 与主体溶液之间的电势差。

通过这个场表达式，可以应用推导 Debye-Hückel 方程时使用的 Gauss 定律，得到距离界面 x 处电荷的分布：

$$q = \varepsilon\varepsilon_0 \frac{\mathrm{d}\psi}{\mathrm{d}x} = -\sqrt{8\varepsilon\varepsilon_0 c_0 k_B T} \sinh\frac{ze_0\psi_0}{2k_B T} \tag{6.42}$$

相应地，通过积分场梯度可以得到电势分布 ψ_x。假设近似为：

$$\sinh\frac{ze_0\psi_x}{2k_B T} \approx \frac{ze_0\psi_x}{2k_B T} \tag{6.43}$$

可以解得 ψ_x 为：

$$\psi_x = \mathrm{e}^{-\sqrt{\frac{2c_0 z^2 e_0^2}{\varepsilon\varepsilon_0 k_B T}}x+\mathrm{const}} \tag{6.44}$$

或者用更简单的形式表示为：

$$\ln\psi_x = -\sqrt{\frac{2c_0 z^2 e_0^2}{\varepsilon\varepsilon_0 k_B T}}x + \mathrm{const} \tag{6.45}$$

我们可以立即注意到一个熟悉的项：$\sqrt{\dfrac{2c_0 z^2 e_0^2}{\varepsilon\varepsilon_0 k_B T}}$。这正是 Debye 厚度 K^{-1} 的倒数。

接下来，我们应用边界条件评估公式（6.45）中的积分常数。

当 $x=0$（在界面处），$\psi_x=\psi_0$。因此

$$\psi_x = \psi_0 \mathrm{e}^{-Kx} \tag{6.46}$$

这个方程表明，界面处的电位随着在电解质中距离的增加呈指数上升 [图 6.7（b）下]，而电解质侧的弥散电荷与围绕中心离子的离子氛非常相似。类似于第 4.7 节（图 4.5 和图 4.6）所描述的处理方式，我们可以将界面视为等同于将一个弥散电荷 q_d 放置在距离电极侧积累电荷 q_M 处 K^{-1} 的位置。

实际上，Gouy 和 Chapman 在 1910 年报道了上述弥散电荷概念和方程，这比 Debye 和 Hückel 的工作还早了 10 年。然而，与后者相比，这一发现却引起了较少的关注。根据 Bockris 和 Reddy 的说法[2]，这显然反映出早期电化学更加关注物质本体的性质而非界面性质。

除了电势差外，我们还可以通过考虑 $q_M = -q_d$ 推导出这种界面的微分电容：

$$C = \frac{\partial q_M}{\partial V} = -\frac{\partial q_d}{\partial \psi_M} = \sqrt{\frac{2c_0 z^2 e_0^2}{\varepsilon\varepsilon_0 k_B T}} \cosh\frac{ze_0\psi_M}{2k_B T} \tag{6.47}$$

这种电容不仅是界面电势（或施加的外部电压）的函数，而且根据双曲余弦（cosh）函数的形状预测出电容关系应呈现倒抛物线，与实验结果高度一致。

这一结果标志着 Gouy-Chapman 模型在 Helmholtz-Perrin 模型基础的修正上取得了重要进展。然而，这种优势并没有持续太久：很快实验发现预测的倒抛物线仅在零电荷点附近以及在极度稀释的电解质中才会出现。实际上，在实际电化学系统中，由于界面复杂的结构和动态变化，微分电容的行为往往更为复杂，未能完全符合 Gouy-Chapman 模

型的简单预期。因此，尽管 Gouy-Chapman 模型为理解电极／电解质界面提供了重要的理论基础，仍需进一步发展更全面的模型，以准确描述不同条件下的电极界面特性。

6.4.3　Stern 模型：简单电容器和弥散电荷的结合

1924 年，Stern 结合 Helmholtz-Perrin 模型和 Gouy-Chapman 模型提出了一种新的模型，认为在靠近电极的一侧确实存在一部分离子形成有序的吸附层，另一部分离子则以弥散方式分布[6]。电解质侧的界面由两部分构成：内层的 Helmholtz-Perrin（H-P）层和外层的 Gouy-Chapman（G-C）层［图 6.7（c）上］。因此，电解质侧界面的总电荷（q_E）可以分为两个部分：

$$q_E = q_{H-P} + q_{G-C} \tag{6.48}$$

其中 q_{H-P} 和 q_{G-C} 分别代表这两层中的电荷。

具有这种弥散双层结构的界面应显示出两个不同的电位差区域，其中电位差分别遵循 Helmholtz-Perrin 模型的线性趋势和 Gouy-Chapman 模型的指数趋势［图 6.7（c）下］。因此，跨越这种混合界面的电容由两个串联连接的电容组成：

$$\frac{1}{C} = \frac{1}{C_{H-P}} + \frac{1}{C_{G-C}} \tag{6.49}$$

这种模型理论上可以预测在不同电解质浓度范围内的电容变化。在稀电解质中，Helmholtz-Perrin 层几乎消失，整个电荷可以视为呈弥散分布，此时电容则遵循 Gouy-Chapman 模型的预测。反之，当电解质浓度很高时，由于 Debye 厚度较小，扩散层会紧贴电极，这时界面将更多地表现出 Helmholtz-Perrin 模型的特征。

尽管 Stern 模型相较于 Helmholtz-Perrin 模型和 Gouy-Chapman 模型取得了更大的成功，但在某些电解质中实验结果与预测的电容值仍存在显著差异。因此，这一模型仍需进一步修正和改进，以更准确地描述复杂电解质条件下的电极／电解质界面特性。

6.4.4　Grahame 和 Bockris-Devanathan-Müllen（BDM）模型

Stern 模型的有效性在很大程度上依赖电解质的组成，尤其是阴离子的种类。例如，Stern 模型在氯化钠、溴化钠和碘化钠的水溶液中表现得相当好，但在氟化钠水溶液中却显著偏离。这表明这些阴离子的溶剂化鞘在决定界面的电毛细特性和电容方面起着重要作用，因为前面 3 种盐在水中完全解离，而氟化钠几乎不解离。

基于 Stern 模型，1947 年 Grahame 提出一些离子倾向于在电极上形成单分子层并进行特定吸附[7]。这里的特定吸附意味着这些离子与电极表面之间的相互作用能够克服静电力，即使电荷与电极表面具有相同的电荷符号，依然能够通过化学亲和力吸附到电极表面。一些在水溶液中溶剂化鞘较弱的阴离子，如氯离子和溴离子，被认为是这种特定吸附的常客。因此，现在界面可以分为 3 个子结构区域［图 6.8（a）上］：

（1）内 Helmholtz 层（IHP）。穿过那些特定吸附的离子中心。

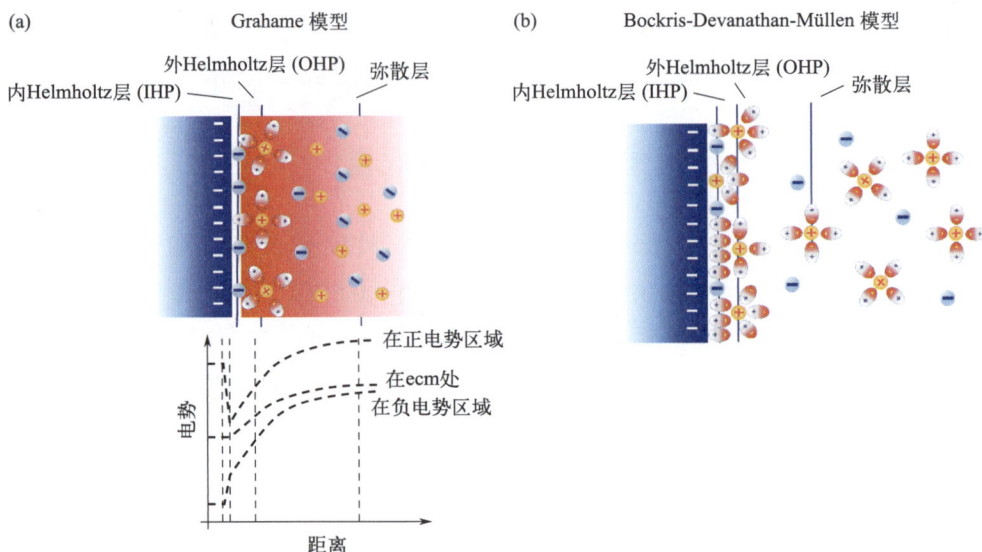

图 6.8　（a）在 Grahame 模型中，氯离子作为特异吸附离子，在 IHP 上发生特异吸附，并在 0.5 M 氯化钠溶液中的汞电极上测量出相应的电势差。（b）在 Bockris-Devanathan-Müllen 模型中，考虑了水分子与特异吸附离子在 IHP 平面上的有序吸附，离电极最近的溶剂化离子构成 OHP

（2）外 Helmholtz 层（OHP）。在溶剂化离子最接近电极的距离处，穿过这些溶剂化离子中心的平面。

（3）扩散层。如 Gouy 和 Chapman 模型所描述的，位于 OHP 之外，并向电解质本体延伸。

至此，双电层已发展为三层结构。尽管这些特定吸附离子的比例较小，但它们能够显著改变界面结构和电场分布，并导致实验结果与那些忽略这些离子的模型预测出现明显偏差。电位差和电容现在强烈依赖电极极化的电压区域。图 6.8（a）下示意出汞电极与 0.5 M 氯化钠溶液界面下的 3 种典型极化情境。显然，在正极化条件下，高浓度的氯离子在 IHP 处引起了明显的电位变化特征；而在达到电毛细管效应极值点（或零电荷点）或负极化时，这种特征会消失。

实验发现，特定吸附更容易发生在阴离子而非阳离子身上。实际上，第 6.3.2.1 节中提到的电毛细曲线在负离子吸咐一侧的不对称正是来源于此：阴离子在负极化下吸附，其在 IHP 的存在对电毛细管曲线的形状产生了显著影响，而阳离子则大多倾向于停留在 OHP，因此对电毛细管的影响可以忽略不计（图 6.6）。

基于 Grahame 模型，Bockris、Devanathan 和 Müllen（BDM）在 1963 年进一步提出了修正电极 / 电解质界面结构[8]。他们认为，既然电极可以被视为一个巨大的二维离子，只要电解质中还有足够的溶剂分子可用［图 6.8（b）］，那么这个巨大离子的一级溶剂化鞘应该由溶剂分子而不是对离子组成。对于电极，其一级溶剂化鞘即为 IHP。

因此，在电解质中，电极的 IHP 不仅被那些特定吸附的离子占据，还可能被溶剂分子（如果电解质是水溶液，则为水分子）占据，因为它们在电解质中数量众多。特别是，水分子的偶极性质使其能够根据电极的电场方向调整取向，无论电极处于正极化状态还是负极化状态。只有在电毛细管效应达到最大值时，由于电极已不带电，水分子才会呈现随机取向。

当盐浓度达到极高水平，以至于溶剂分子数量不足时，IHP 中的溶剂分子存在可能会受到影响。换句话说，当这种情况发生时，"中心离子"（即电极）可能与其对离子相遇，并形成"离子对"。在这种情况下，可以使用与 Debye-Hückel-Bjerrum 模型（见第 4.9 节）中用于评估离子对形成的定量标准相同的方法评估那些未被特定吸附的离子在 IHP 中的存在。

这时，电极的 IHP 结构会发生改变，有更多的离子进入到这个关键区域，从而引发一系列电化学变化。21 世纪 10 年代提出的"超浓缩电解质"概念正代表了这一新兴领域。在这些体系中，电极 / 电解质界面充满了通常不应存在的离子，因此展现出独特的新特性，并在实际应用中带来显著优势。其中一个突出的例子是"盐包水"电解质，它能够在极宽的电化学稳定窗口下工作，从而使高电压水系电池成为现实。

由于 IHP 中的溶剂分子在电极表面具有强烈的取向，其介电常数与溶液本体中的介电常数不同，但与离子的一级溶剂化鞘中的介电常数相似（见第 3.4 节）。

在 Helmholtz-Perrin 和 Gouy-Chapman 模型所描述的界面结构上，Grahame 模型和 BDM 模型引入了一层特定吸附的离子或吸附溶剂分子的单分子层。那么，这一单分子层对界面电位差和差分电容的影响如何？

根据 Bockris 等人的分析[8]，相比于吸附离子 q_{IHP}，吸附和完全取向的偶极子（如水分子）对界面电容的贡献可以忽略不计，因此只需考虑特定吸附的离子。界面上的电势差（即从电极 ϕ_M 到电解质本体 ϕ_S）现在包括 3 个不同的区域：

$$\phi_M - \phi_S = (\phi_M - \phi_{IHP}) + (\phi_{IHP} - \phi_{OHP}) + (\phi_{OHP} - \phi_S) \tag{6.50}$$

每一区域对总体差分电容的贡献是独立的：

$$C_{M\text{-}IHP} = \frac{q_{IHP}}{\phi_M - \phi_{IHP}} \tag{6.51}$$

$$C_{IHP\text{-}OHP} = \frac{q_{OHP}}{\phi_{IHP} - \phi_{OHP}} \tag{6.52}$$

$$C_{OHP\text{-}S} = \frac{q_d}{\phi_{OHP} - \phi_S} \tag{6.53}$$

式中，q_{OHP} 和 q_d 分别代表分布在 OHP 和分散层中的电荷。

根据电中性原则，界面整体上应该是电中性的。因此，电极表面的电荷与电解质侧的电荷总和应相互抵消，满足以下关系：

$$q_M = q_{IHP} + q_{OHP} + q_d \tag{6.54}$$

同时，总电容为：

$$C = \frac{dq_M}{\phi_M - \phi_S} \tag{6.55}$$

可以看作是 3 个串联的电容器：

$$\frac{1}{C} = \frac{1}{C_{M\text{-}IHP}} + \frac{1}{C_{IHP\text{-}OHP}} + \frac{1}{C_{OHP\text{-}S}} \tag{6.56}$$

在假设 OHP 与电解质本体之间的电位差相对 IHP 与 OHP 的电荷可以忽略不计的情

况下，最终得到的整体界面电容表达式为：

$$\frac{1}{C} = \frac{1}{C_{\text{M-OHP}}} - \left(\frac{1}{C_{\text{M-OHP}}} - \frac{1}{C_{\text{M-IHP}}}\right)\frac{dq_{\text{A}}}{dq_{\text{M}}} \tag{6.57}$$

显然，微分电容取决于接触吸附离子在界面总电荷中所占的比例。

方程（6.57）可能是迄今为止最能解释实验中观察到的汞电极微分电容随电势变化的方式。其依赖性通常表现出复杂的形态：在负极化下几乎保持恒定，随后出现一个驼峰，然后在 ecm 处出现一个最小值，最后在正极化下呈指数增长（图 6.6 和图 6.9）。

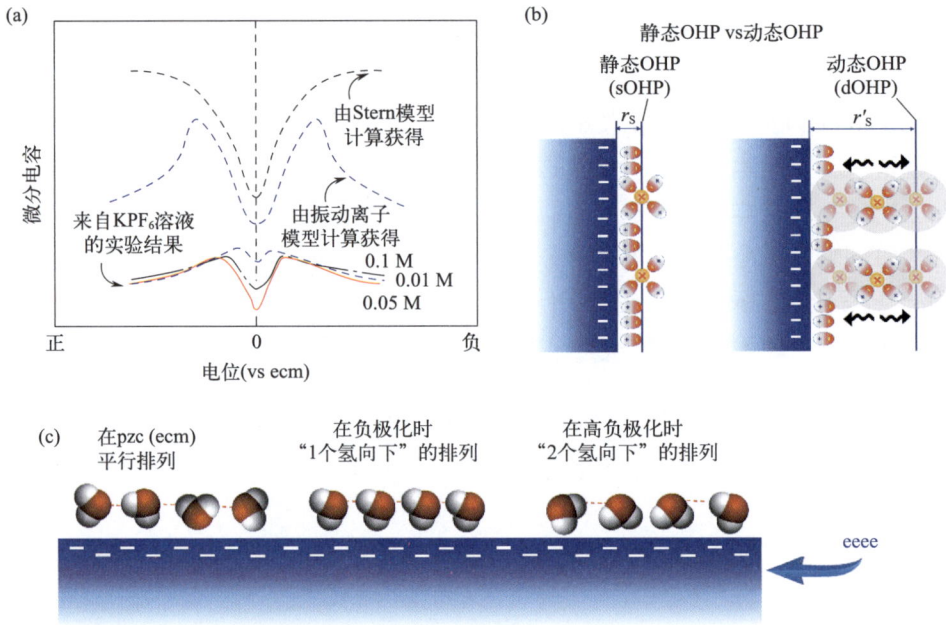

图 6.9 现代原子尺度视角下的界面示意图：（a）实验测量的汞 /1.0 M 六氟磷酸钾水溶液界面微分电容的电势依赖性以及根据经典 Stern 模型（具有静态 OHP）和经过修改的"振动离子模型"（具有动态 OHP）计算的结果；（b）在振动离子模型中，从电极表面到 OHP 的距离更加弥散；（c）电极 IHP 中水分子的取向随电极电势变化：在零电荷点（或电毛细管效应极大值）时水分子主要呈现由分子间氢键决定的"平行"排列，在负极化时变为"1个氢向下"的排列，在高负极化时最终变为"2个氢向下"的排列
来源：重构自李等人 . Nat Mater, 2019, 18: 697-701 [9]

因此，通过分析实验结果与先前模型的差异，我们对界面结构的理解逐步加深。IHP和 OHP 已被证明是界面中的关键组成部分。许多可逆的电荷储存过程，例如双电层电容和赝电容，正是发生在这些区域内。它们的结构不仅决定了界面性质，而且还将影响界相的形成，并对其物理化学性质有重要影响，而界相是实现锂离子电池负极化学的重要组成部分。

根据现代表征手段的计算和实验观察，IHP 的厚度可估计为几埃（约 10^{-10} m），而弥散层的厚度可能延伸至数百埃（约 10^{-8} m），这取决于电解质的浓度和盐的溶剂化程度。随着盐浓度的增加，弥散层的厚度会迅速缩减。因此，在实际应用中，尤其是对于高浓度电解质，可以忽略弥散层内的电荷分布。

Stern 模型结合了 Helmholtz-Perrin 模型中的紧密离子层和 Gouy-Chapman 模型中的

扩散电荷层，解释了在零电荷点时微分电容为何达到最小值，因为此时电极/电解质界面上的电荷最少。由于从电极表面到 OHP（即 Stern 厚度，r_S）之间的距离是固定的，Stern 模型还预测在极化较大时 OHP 会积累更多电荷，并且在极端极化条件下微分电容将达到稳态值[参见图 6.9（a）（b）]。然而，实验观察到的结果与此不同。大多数情况下，一旦极化电位过大，无论是正极化还是负极化，微分电容都会逐渐下降[参见图 6.9（a）]。这表明，要更准确地解释实验结果，我们需要依赖更先进的成像技术和基于原子级别的界面结构模型。

6.4.5　界面结构的现代图像

现代表征手段和计算技术使我们能够以前所未有的方式在分子和原子层面上探测界面结构的细节。

最近的一项研究试图解释图 6.9（a）中观察到的微分电容与电位的关系[9]。该研究指出，OHP 并非如经典模型所描述的那样完全静止。相反，OHP 处的溶剂化离子会发生振动，导致 OHP 的扩散范围增加[图 6.9（b）]。因此，电极表面与 OHP 之间的 Stern 厚度（r'_S）要比静态 OHP 的厚度更大。这种振动在零电荷点时最小，但随着施加在电极上的过电位增加，振动逐渐增强。这与 Marcus 电荷转移理论中从电极到电解质的振动能量传递机制类似。实际上，振动离子模型描述了在跨界面电荷转移阈值被超过前界面的状态变化。

因此，随着极化电位的增加，电极与 OHP 之间的有效距离（r'_S）增大，导致微分电容下降。基于这一动态 OHP 假设的计算结果确实重现了实验中观察到的电势依赖性：在零电荷点处出现最小值，随后出现峰值，然后微分电容逐步下降[图 6.9（a）]。

另一方面，当 Bockris 等人[8]提出将电极表面视为一个巨大的二维离子时，他们假设在 IHP 处存在一层原子级别厚度的水分子，作为这个巨型离子的第一层溶剂化鞘（见第 6.4.4 节）。他们证明了实验上不可能测量该偶极层的实际电位降，并且可以忽略其贡献，因为一旦离子出现在 OHP 中，它们将会对电极电位分布产生决定性影响。

然而，准确了解偶极层的贡献仍然具有重要意义，尤其是在界面没有电荷积累时（即在零电荷点）。幸运的是，计算化学的发展使得我们能够计算这种电位降。基于第一性原理，从头计算分子动力学（AIMD）模拟被用于分析铂[Pt（111）]晶体与水界面上的电荷极化，结果显示水层的原子结构导致了平均静电势的振荡行为。计算表明，由偶极层引起的电位扰动（相较于真空中的铂表面电位）主要发生在电极表面上的第一层水分子中，这种扰动在整个界面区域内波动，并在 0.5 ～ 2.0 nm 的长度尺度上迅速消散。鉴于界面厚度很小，界面中的电场强度可能高达 $10^7 \sim 10^{10}$ V/m。

通过原位光谱学和计算技术的结合，可以获得关于这层原子级水分子的更多细节。例如，表面增强拉曼光谱学结合 AIMD 模拟揭示了金（Au）晶体（111）表面 IHP 处水分子如何随施加的过电位改变其取向[9]。在零电荷点，这些水分子呈现出由氢键决定的平行排列。当施加负过电位（−1.29 ～ −1.85 V，相对零电荷点）时，这种排列会被扰动，水分子重新取向，使一个氢原子端指向电极表面（称为"1 个氢向下"的排列）。当施的过电位过高（＜ -1.85 V，相对零电荷点）时，则出现了"2 个氢向下"的排列，即大多数水分子旋转使两个氢原子端都指向电极表面。随着原子级水层结构的这种演变，氢键也经历了两个相应的转变。

这些由现代原位表征探针和计算技术提供的原子级结构细节超越了经典模型和热力学处理所能传授的知识。预计在未来几年，将会有更多这样的细节被揭示，进一步完善我们对电化学中至关重要的现象及电化学器件中不可或缺的子组件的基本理解。

6.5 当电荷跨越界面转移时：电极学

迄今为止，我们已经探讨了电解质在与电极接触时的行为：由于各向异性，两侧发生电极化并形成双电层。现在，我们将关注电荷如何穿过这一双电层。界面上电荷转移的动力学研究被称为电极学。

6.5.1 什么是电荷转移

在深入研究电极学之前，有必要明确"电荷转移"的概念。

通常情况下，界面并不是物质传输的开放边界。例如，电子可以在电极体相中自由移动，但在电解质体相中则无法自由流动；反之，离子可以在电解质体相中自由移动，但在界面处会失去其移动性。因此，"电荷转移"并非必然与离子或电子跨越界面进行实际传输相关联，它仅仅是形式上的电荷从一侧传递到另一侧的过程。

我们可以考虑电极／电解质界面上的两种典型电荷转移场景。

第一个情景涉及在电解质中移动的离子 M^{n+}，它接受来自电极的 n 个电子，在电极表面沉积形成 M^0 [图 6.10（a）]：

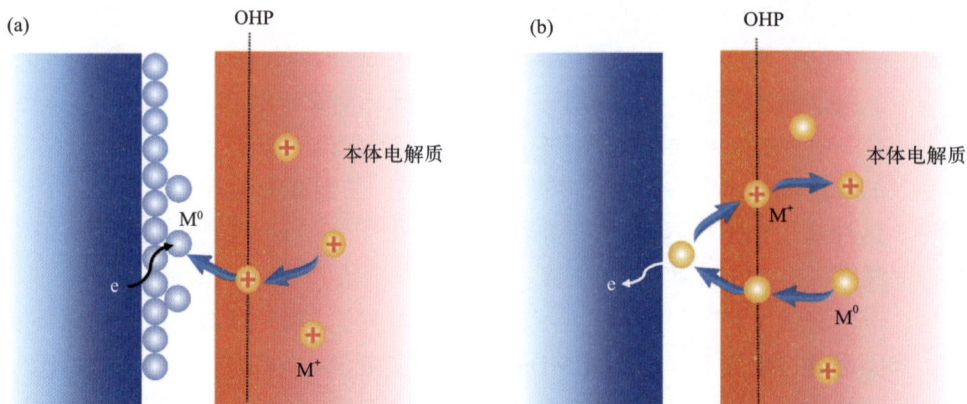

$$M^{n+}（电解质）+ ne \longrightarrow M^0（电极） \tag{6.58}$$

图 6.10　界面上电荷转移的两种典型情况：（a）离子在电极表面还原（电子化）后沉积在电极表面；（b）中性物质在电极表面氧化（去电子化），生成可溶于电解质的离子。为使图形更清晰，图中将离子表示为 1 价阳离子，并省略了其溶剂化鞘

其中 n 是一个正整数，但为了简化讨论，我们假设 $n=1$。

这一过程代表了多种具有实际意义的电化学反应，如电镀、碱金属的电化学合成以及采用金属电极的电池。其中锂从电解质中沉积到电极表面是一个典型案例。

当单价 M^+ 离子接近界面的 IHP 时，它从电极的导带中接受一个电子，还原为一个 M^0 原子。这个 M^0 原子在电解质中不溶，它会沉积在电极表面，形成 M 晶体的初始晶格。在这个特例中，"电荷转移"指的是将负电荷从电极通过电极 / 电解质界面传递到电解质中的净过程。稍后，该特定 M^0 原子可能会进一步扩散到电极内部（这取决于所使用的具体电极材料是否允许），但此过程已属于化学扩散（物质传输）而非电荷转移。

那么，在 M^0 原子从电极溶解为 M^+ 离子的逆过程中，电荷转移是如何进行的呢？

当 M^0 原子失去其价电子并转化为 M^+ 离子时，这个过程导致负电荷被转移回到电极。生成的 M^+ 离子在电解质中溶解，并且在电极表面被溶剂化（假设在 IHP 附近存在自由的溶剂分子）。随后，这些溶剂化的离子从界面区域扩散到电解质本体中，整个过程的净效应是通过电极 / 电解质界面将负电荷转移到电极中。你可能会感到困惑，电解质侧并没有发生氧化反应，因此难以理解电子是如何从电解质侧传递的。实际上，这个过程可以被看作是电极中的正电子 p（即空穴，带有与电子相反的正电荷）从电极释放出来，并被位于电极表面的 M^0 原子捕获。这一捕获过程使得 M^0 转化为 M^+，并通过电解质中的溶解和扩散过程进入电解质中：

$$M^0（电极）+ p \longrightarrow M^+（电解质） \tag{6.59}$$

研究人员更倾向于使用以下等效形式描述这一过程：

$$M^0（电极）- e \longrightarrow M^+（电解质） \tag{6.60}$$

在第二种情况中，我们关注的是中性物质 M^0 或带电物质 M^+，它们在电解质中可溶且不一定带有电荷。当这些物质迁移到电极的 IHP 时，M^0 会失去一个电子并转变为阳离子 M^+，或者如果我们考虑反方向的过程，它们可能接受一个电子而变成阴离子 M^-。不论选择哪种解释方式，结果都是相同的：形成的阳离子 M^+ 接着被溶剂化，并从界面区域扩散到电解质本体中 [图 6.10（b）]。这种电荷转移过程广泛代表了许多电化学反应的核心机制。例如，铁离子（Fe^{3+}）与亚铁离子（Fe^{2+}）之间在惰性电极上进行的可逆氧化还原反应：

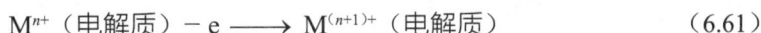

$$M^{n+}（电解质）- e \longrightarrow M^{(n+1)+}（电解质） \tag{6.61}$$

或者

$$M^{n+}（电解质）+ e \longrightarrow M^{(n-1)+}（电解质） \tag{6.62}$$

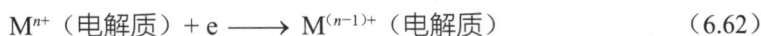

其中 n 可以是零或整数（正数或负数）。

在这种反应中，反应物和产物都能够溶解在电解质中，除了在短暂接受或失去电子的瞬间外它们不会长时间停留在电极表面。电荷转移实际上是指电子在界面上的重新分布过程，而不是各种物种的实际物理迁移。

通过以上两个例子我们可以看出，电荷转移是一个属性传递的过程，而非物质本身的迁移。物质的迁移过程称为"物质传输"。

电荷可以由不同的物种携带，但它们在界面上的传输通常不要求这些物种实际跨越界面移动。换句话说，电荷转移是指界面上的某些物种通过失去或获得电子，导致电解质中相应物种发生氧化或还原反应，从而实现电荷在界面上的传递。

在电化学器件中，跨界面的电荷转移过程称为"Faraday 电荷转移"或"Faraday 过程"。相反，在某些情况下，由于极高的界面电阻（例如理想极化电极），离子和溶剂分子通过物理或化学作用吸附在电极表面，阻碍电荷的跨界面传输，并引起相应电极电势变化。这种离子和溶剂分子在界面上的吸附被称为"非 Faraday 过程"。Faraday 过程是电化学领域氧化还原反应的基础（图 6.1）。

正如在第 6.2.2 节中简要提到的，电极界面上发生的电化学过程是 Faraday 过程还是非 Faraday 过程取决于界面的极化特性。理想的极化界面具有无限大的界面电阻（$R_i = \infty$），阻止任何电荷通过界面，因此在这种界面上发生的所有过程都是非 Faraday 过程，即离子和溶剂分子仅吸附在电极表面，表现为理想的电容行为。相对地，理想的非极化界面允许电荷自由通过，界面电阻为零（$R_i = 0$）。

然而，现实中并不存在理想的极化界面或非极化界面，因为界面电阻始终有限。因此，实际电化学器件中的界面往往表现出混合特性，既有极化特性又有非极化特性。在某些特定条件下（如狭窄的电位范围内），界面可能接近理想极化界面或理想非极化界面，但一旦超出这些条件，界面特性就会偏离理想行为。一个典型的例子是汞电极，它与大多数水性电解质的界面相似，表现出接近理想的极化特性，但这种特性仅在 $0 \sim 1.0$ V（vs SHE）的狭窄电位范围内有效。一旦超过该范围，汞会被氧化（当电极正极化时）或水分子中包含的质子会被还原（当电极负极化时），导致界面阻抗不再是无限大，而变为有限值。

非极化界面也有类似情况。首先，界面电阻不可能为零，因此电荷转移过程中总会有部分极化，导致离子和溶剂分子在电极表面吸附和积聚。换言之，Faraday 过程总是伴随非 Faraday 过程的发生，尽管后者可能是短暂且幅度较小的。此外，界面电阻并非常数，而是随施加电位和电解质类型变化，因为不同电位下发生的电化学过程不同。

因此，在实际电化学器件中，我们常常遇到兼具极化特性和非极化特性的界面。图 6.3 中的"等效电路"暗示了这种混合行为，包括非 Faraday 电容和 Faraday 电阻。

类似于离子学研究，电极学中最广泛研究的是金属电极与液体电解质（图 2.1 中的类型 I 或类型 II）之间的相互作用，即离子载体或离子生成物在水溶液或非水溶液中的溶剂化、传输，以及在固体电极表面的富集、耗散和电荷转移现象。大多数经典的电极学理论基于这种情况推导而来，尽管在经过修正后这些原则仍适用于其他界面，如液态电极与固态电解质之间的界面或固态电极与固态电解质之间的界面。

6.5.2 界面上电荷转移的动力学

现在，让我们讨论前面提到的第一种情况：在电荷转移过程中，电解质中的阳离子

M^+ 被还原为金属 M^0 并沉积在电极表面 [图 6.10（a）]。

首先，假设在没有外加电场的情况下电极浸入含有 1 价阳离子 M^+ 的电解质溶液中。在平衡状态下，大量 M^+ 离子聚集在电极 / 电解质界面，并填充在双电层的 OHP 中。为了简化讨论，我们假设 IHP 中不存在特异性吸附的离子，并忽略定向溶剂分子以及扩散层中分布的电荷对 IHP 产生的电势差。换句话说，这一模型是典型 Helmholtz-Perrin 模型，其中的电势下降呈线性（图 6.11 上图和中图）。

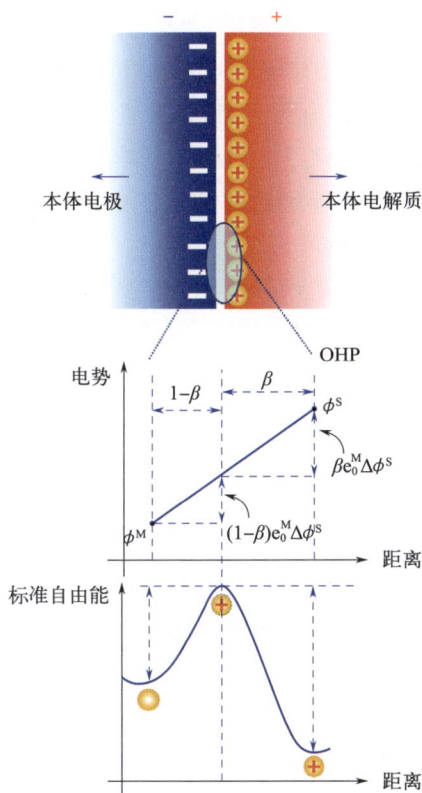

图 6.11　界面电荷转移的动力学。在 Helmholtz-Perrin 界面上，电双层中的电势差可以促进或阻碍阳离子 M^+ 的还原及金属 M^0 的氧化。这些电荷转移过程均需经历一个过渡态点，标志着活化能的存在

那么，阳离子 M^+ 穿越界面并接近电极 IHP 后被还原为金属 M^0 的概率是多少呢？在电化学中，这被称为半反应：

$$M^+（溶液）+ e \longrightarrow M^0（电极） \tag{6.63}$$

根据速率过程理论，在没有任何电化学辅助的情况下，这种反应的速率（v_{M^+}）与活化能呈指数关系，其表达式为：

$$v_{M^+} = \frac{k_B T}{h} c_{M^+} e^{-\frac{\Delta G_1^{\neq}}{RT}} \tag{6.64}$$

式中，c_{M^+} 是本体电解质中 M^+ 的浓度，$\Delta G_1^{\neq}$ 是克服障碍所需的标准自由能变化，如图 6.11 下图所示。

为了简化后续讨论，我们定义一个与浓度无关的速率常数：

$$k_{\mathrm{chem}}^{1} = \frac{k_B T}{h} e^{-\frac{\Delta G_1^{\neq}}{RT}} = \frac{v_{\mathrm{M}^+}}{c_{\mathrm{M}^+}} \tag{6.65}$$

其中下标 chem 表示该速率常数不受电场影响。

现在，让我们考虑双电层产生的电场对 M^+ 离子移动的影响。

由于 M^+ 带有单价电荷，当它经过存在电场的区域时必然会做电功，其量由电位差（$\Delta\phi$）与 M^+ 的电荷（e_0）的乘积决定。这部分电功将有助于改变能垒。

假设金属电极的电势 ϕ^{M} 低于本体电解质的电势 ϕ^{S}，则界面上的电势差即从 OHP 到电极表面的电势差（$\Delta^{\mathrm{M}}\phi^{\mathrm{S}}$）实际上有利于 M^+ 克服部分活化能垒。我们强调"部分"，是因为 M^+ 在这一过程中自由能的最高点位于 OHP 和电极表面之间的某个位置（图 6.11 中图和下图），该点反映了一个高度不稳定的过渡态。换句话说，这个过渡态在自由能图中的高度对应反应所需的活化能 $\Delta G^{\neq}$。

那么，M^+ 能从电势差中获得多少帮助呢？我们可以利用过渡态将界面上的电压降分为两个区域，并假设右侧的区域在这种分割中占比为 β（图 6.11 中图）。显然，这个参数 β 应该满足：

$$0 \leqslant \beta \leqslant 1 \tag{6.66}$$

随着双电层中电势变化的协助，M^+ 到达过渡态所需的电势部分为 $\beta\Delta^{\mathrm{M}}\phi^{\mathrm{S}}$，其对活化能垒降低的贡献为电功 $\beta e_0 \Delta^{\mathrm{M}}\phi^{\mathrm{S}}$。为了方便起见，在描述 1 mol M^+ 穿越界面的情况时，我们将使用 $\beta F \Delta^{\mathrm{M}}\phi^{\mathrm{S}}$ 代替。因此，在电双层电势变化的帮助下，M^+ 还原为 M^0 的电化学反应活化能垒变为：

$$\Delta G_1^{\mathrm{EC}} = \Delta G_1^{\neq} + \beta F \Delta^{\mathrm{M}}\phi^{\mathrm{S}} \tag{6.67}$$

这里的上标 EC 表示在电场影响下形成的新的、复合的活化能垒。

需要注意的是，在这种情况下：

$$\Delta^{\mathrm{M}}\phi^{\mathrm{S}} = \phi^{\mathrm{M}} - \phi^{\mathrm{S}} < 0 \tag{6.68}$$

因此，最终的活化能垒（ΔG_1^{EC}）低于化学自由能变化（$\Delta G_1^{\neq}$）。

相应地，M^+ 从右（电解质侧）向左（电极侧）移动的反应速率变为：

$$\overleftarrow{v}_{\mathrm{M}^+} = \frac{k_B T}{h} c_{\mathrm{M}^+} e^{-\frac{\Delta G_1^{\neq} + \beta F \Delta^{\mathrm{M}}\phi^{\mathrm{S}}}{RT}} \tag{6.69}$$

在这里，我们在速率 v_{M} 上方引入一个箭头，以表示 M^+ 从右向左移动的方向，即 M^+ 被还原为 M^0 所需的方向。

由于这个速率表示的是单位时间和单位面积内穿过界面的 M^+ 离子数，并且 M^+ 带有单一电荷，我们可以很容易地将其转换为单位时间和单位面积内穿过界面的电荷数，也就是电流密度 $\overleftarrow{i}_{\mathrm{M}^+}$：

$$\vec{i}_{M^+} = F\vec{v}_{M^+} = F\frac{k_B T}{h} c_{M^+} e^{-\frac{\Delta G_1^{\neq} + \beta F \Delta^M \phi^S}{RT}} = F k_{chem}^1 c_{M^+} e^{-\frac{\beta F \Delta^M \phi^S}{RT}} \tag{6.70}$$

6.5.3　界面上的动态平衡

在前一节中，我们仅考虑了 M^+ 还原为 M^0 的界面动力学。然而实际上，由于所有反应在微观层面上都是可逆的，M^0 原子也可以同时发生氧化反应，即通过向电极失去一个电子而被氧化：

$$M^0(电极) - e \longrightarrow M^+(溶液) \tag{6.71}$$

生成的 M^+ 离子在其产生后会被电解质中的溶剂分子溶剂化，并最终从界面扩散到电解质本体中。为了完成这一过程，电极表面生成的 M^+ 离子必须沿着与前述过程相反的方向移动，即从电极表面（ϕ^M）经过一个过渡态到达电解质本体中（ϕ^S）。此时，它需要克服对应于 $(1-\beta)\Delta^M\phi^S$ 的电势差部分，这将提高原本 $\Delta G_2^{\neq}$ 的活化能垒（图 6.11 下图）。

相应地，M^0 氧化为 M^+ 的电化学反应活化能垒应该是：

$$\Delta G_2^{EC} = \Delta G_2^{\neq} - (1-\beta) F \Delta^M \phi^S \tag{6.72}$$

值得一提的是

$$\Delta^M \phi^S < 0 \tag{6.73}$$

因此，由于界面电场的作用，活化能垒增加了。

按照相同的分析，对于 M^0 氧化为 M^+ 的过程，相应的电流密度为：

$$\vec{i}_{M^0} = F k_{chem}^2 c_{M^0} e^{\frac{(1-\beta) F \Delta^M \phi^S}{RT}} \tag{6.74}$$

式中，电流密度 i 上方的箭头表示 M^+ 从左向右的运动，c_{M^0} 表示电极表面上的 M^0 原子的浓度，k_{chem}^2 是对应于定义 M^0 氧化反应的活化能障 $\Delta G_2^{\neq}$ 的速率常数。

$$k_{chem}^2 = \frac{k_B T}{h} e^{-\frac{\Delta G_2^{\neq}}{RT}} \tag{6.75}$$

综上所述，在界面上两个相反方向的反应同时发生。在平衡状态下，这两种反应的速率必须相等且彼此抵消，才能保持动态平衡：

$$\vec{i}_{M^+} = \vec{i}_{M^0} \tag{6.76}$$

此时，界面上的净电流 i_{net} 为：

$$i_{net} = \vec{i}_{M^+} - \vec{i}_{M^0} = 0 \tag{6.77}$$

换言之，界面充当电荷转移的双向通道，在平衡状态下意味着两个方向上的流动量相等。由于净结果为零，这种动态平衡状态可能会让人误以为"没有发生任何变化"。

为了量化界面在平衡状态下对双向电荷流的流通程度，这里引入一个新的术语——交换电流密度（i_0）：

$$i_0 = \overleftarrow{i}_{M^+} = \overrightarrow{i}_{M^0} \tag{6.78}$$

交换电流密度越高，意味着电荷通过界面的动力学越快，界面电阻（R）越低。

6.5.4 Butler-Volmer 方程

假设电极浸入电解质中时界面未处于平衡状态，此时两种反向反应的速率不相等，产生了瞬时的净电流。

然而，这种不平衡状态不会持续太久。较快反应的产物将导致双电层中的电荷瞬时富集或耗散，从而改变界面电场。这种变化会减缓较快的反应，并加速其对立反应，直到最终达到平衡。该过程通常在 10^{-10} s 内完成。此时，受标准自由能变化和界面电势变化驱动的两种反向的反应将达到相同速率，电极的电势与界面电势差将稳定在一个特定值，形成平衡状态。这个平衡电位（相对非极化参比电极测量的 $\Delta\phi_e$）不仅是电极材料的特征属性，还与温度、电解质组成、浓度以及反应物的分压等因素密切相关。

那么，我们是否可以打破这一平衡，使某一反应相较于另一反应更加有利呢？

当然可以，我们可以通过在界面上施加外部电场实现。

图 6.12（a）展示了施加电位引起的 ΔG_2^{EC} 的变化情况（不同于图 6.11 中展示的标准自由能变化 $\Delta G_2^{\neq}$，ΔG_2^{EC} 包含了电场影响）。在这里，我们假设施加的电位仅影响电极内电子的费米能级，而 M^+ 在本体电解质中的电位和过渡态的电位保持不变。尽管这一假设并不完全准确，因为过渡态的能量也可能受到电极侧的影响，但这种简化对接下来的讨论并不会带来显著影响。

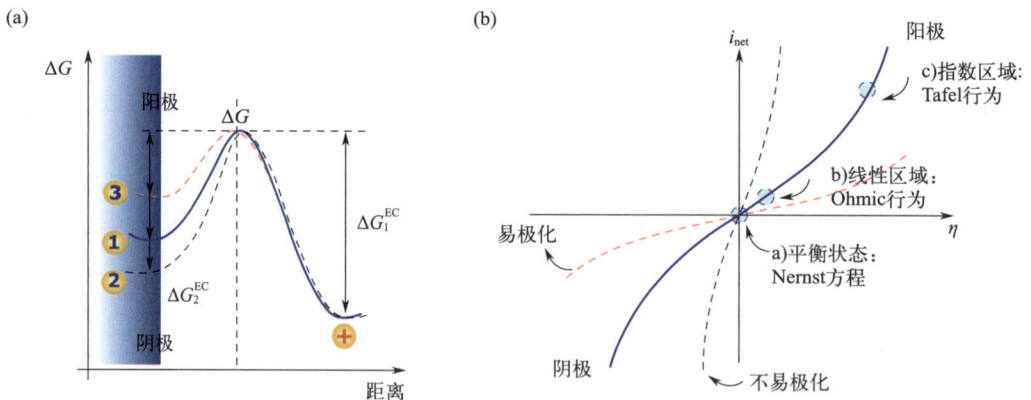

图 6.12 （a）在界面上施加外部电场通过改变活化能操纵还原或氧化反应的方向和速率。（b）Butler-Volmer 方程：界面上净电流密度与施加的过电位之间的关系，可以预测 3 种不同电荷转移行为的独特情况

假设外部施加的电压使电极的绝对电位降低，从而导致电极发生负极化。相应地，曲线 2 显示出 ΔG_2^{EC} 的变化，表明在负极化条件下活化能垒比平衡状态（曲线 1）更高。因此，相较于 M^0 的氧化反应，M^+ 的还原反应将更具优势。此时净电流密度为：

$$i_{net} = \overleftarrow{i}_{M^+} - \overrightarrow{i}_{M^0} > 0 \tag{6.79}$$

此时电荷转移的净结果是电子从电极流入电解质，这一过程被定义为阴极电流。

反之，若提高电极电位，即对电极进行正极化，ΔG_2^{EC} 的变化将如曲线 3 所示，显示出比平衡状态更低的活化能垒。因此，在正极化条件下，与 M^+ 的还原反应相比，M^0 的氧化反应将更占优势。此时的净电流密度为：

$$i_{net} = \bar{i}_{M^+} - \vec{i}_{M^0} < 0 \qquad (6.80)$$

即电荷转移的净结果是电子从电解质流向电极，这被称为阳极电流。

因此，通过调节施加在界面上的电压，我们可以灵活控制平衡的偏向，使期望的反应相较于竞争反应更为有利。施加的电场通常来自外部电源，如电池或电位仪，它会导致界面上的电位差（$\Delta^M \phi^S$）偏离其平衡值（$\Delta \phi_e$）。这一现象被称为过电位（η）：

$$\eta = \Delta^M \phi^S - \Delta \phi_e \qquad (6.81)$$

或者

$$\Delta^M \phi^S = \eta + \Delta \phi_e \qquad (6.82)$$

将这个新的界面电势差表达式 $\Delta^M \phi^S$ 代入，我们得到：

$$\bar{i}_{M^+} = F k_{chem}^1 c_{M^+} e^{-\frac{\beta F (\eta + \Delta \phi_e)}{RT}} \qquad (6.83)$$

和

$$\vec{i}_{M^0} = F k_{chem}^2 c_{M^0} e^{\frac{(1-\beta) F (\eta + \Delta \phi_e)}{RT}} \qquad (6.84)$$

因此，在施加过电位的情况下，净电流密度不应为零，而应变为：

$$\begin{aligned} i_{net} &= \bar{i}_{M^+} - \vec{i}_{M^0} = F k_{chem}^1 c_{M^+} e^{-\frac{\beta F (\eta + \Delta \phi_e)}{RT}} - F k_{chem}^2 c_{M^0} e^{\frac{(1-\beta) F (\eta + \Delta \phi_e)}{RT}} \\ &= F k_{chem}^1 c_{M^+} e^{-\frac{\beta F \Delta \phi_e}{RT}} e^{-\frac{\beta \eta F}{RT}} - F k_{chem}^2 c_{M^0} e^{\frac{(1-\beta) F \Delta \phi_e}{RT}} e^{\frac{(1-\beta) \eta F}{RT}} \end{aligned} \qquad (6.85)$$

需要再次强调的是：

$$i_0 = F k_{chem}^1 c_{M^+} e^{-\frac{\beta F \Delta \phi_e}{RT}} = F k_{chem}^2 c_{M^0} e^{\frac{(1-\beta) F \Delta \phi_e}{RT}} \qquad (6.86)$$

因此，i_{net} 可以转写为一个非常优雅且广为人知的形式：

$$i_{net} = i_0 \left[e^{-\frac{\beta \eta F}{RT}} - e^{\frac{(1-\beta) \eta F}{RT}} \right] \qquad (6.87)$$

这就是著名的 Butler-Volmer 方程[10]，它以其优雅的形式为现代电极动力学奠定了基础。该方程适用于假设反应物在界面附近含量非常高并由界面上的电荷转移动力学完全决定其移动速率的情况。

这一关系最初由 Butler 推导，后来由 Volmer 修正，揭示了反应速率（即电流密度 $\bar{i}_{M^+}$）对电极过电位的指数依赖性。只要参考电极或对电极处于非极化状态，我们就可以通过外部电源精确控制过电位。

我们之前提到界面将电化学与化学分开，而现在 Butler-Volmer 方程则搭建了两者之间的桥梁。

当我们在不同的过电位和 β 值下绘制 Butler-Volmer 方程时，所得到的曲线如图 6.12（b）所示。此前，β 只是一个任意选择的参数，用于将界面上的电势变化分为两个部分。然而，现在我们发现 β 实际上决定了 Butler-Volmer 方程的对称性。虽然大多数水性电解质和可逆电化学反应中的 β 约为 0.5，导致阳极和阴极电流曲线几乎对称，但非对称曲线也会通常出现在钝化界面上，并且会阻碍特定反应的发生，尤其是涉及非水性电解质时。

6.5.5 Butler-Volmer 方程预测的 3 种场景

Butler-Volmer 方程描述了界面上的电流密度与施加在界面上的过电位之间的关系，其广泛适用性甚至让 Butler 和 Volmer 自己都感到意外。接下来，我们将探讨在 3 个特定情况下该方程简化为 3 种经典场景的情形。

6.5.5.1 在平衡状态：Nernst 方程

平衡状态下，两种相反的反应以相同的速率进行：

$$i_{net} = \vec{i}_{M^+} - \vec{i}_{M^0} = 0 \tag{6.88}$$

换句话说：

$$Fk_{chem}^1 c_{M^+} e^{-\frac{\beta F\Delta\phi_e}{RT}} = Fk_{chem}^2 c_{M^0} e^{\frac{(1-\beta)F\Delta\phi_e}{RT}} \tag{6.89}$$

这可以转写为：

$$\ln(Fk_{chem}^1) + \ln c_{M^+} - \frac{\beta F\Delta\phi_e}{RT} = \ln(Fk_{chem}^2) + \ln c_{M^0} + \frac{(1-\beta)F\Delta\phi_e}{RT} \tag{6.90}$$

将 c_{M^+} 和 c_{M^0} 重新排列并视为平衡反应中的反应物和产物（事实上它们也确实是），我们可以得到：

$$\Delta\phi_e = \frac{RT}{F}\ln\frac{Fk_{chem}^1}{Fk_{chem}^2} + \frac{RT}{F}\ln K\frac{c_{M^+}}{c_{M^0}} \tag{6.91}$$

由于第一项不依赖浓度，我们可以将其简化为一个新的常数 K：

$$\Delta\phi_e = K + \frac{RT}{F}\ln\frac{c_{M^+}}{c_{M^0}} \tag{6.92}$$

这实际上就是著名的 Nernst 方程的变体之一。可以证明，K 代表的是标准条件下（包括标准温度、压力以及所有反应物的活度）界面上的平衡电位差 $\Delta\phi_e^0$。

需要注意的是，Nernst 方程早在 Butler 和 Volmer 的工作出现大约 25 年之前就已经通过热力学方法推导出来，用于处理电化学平衡系统。因此，Butler-Volmer 方程在特定的平衡条件下可以简化为 Nernst 方程，这也进一步验证了前者的理论普适性。

6.5.5.2　在低过电位条件下：Ohmic 行为

从图 6.12（b）可以看出，当电极电位偏离平衡时，电流密度首先经历一个缓慢启动的阶段，随后迅速上升。

如果假设过电位小于 $RT/\beta F$，通常在常温下约为 50 mV，那么通过 Taylor 展开可以将 Butler-Volmer 方程简化为：

$$i = i_0 \frac{\eta F}{RT} \tag{6.93}$$

换句话说，在轻度极化情况下，电流密度与施加的过电位成正比。实际上，这表示界面表现出欧姆特性，类似于一个电阻。其中：

$$i = \frac{1}{r_i} \eta \tag{6.94}$$

这里的 r_i 是界面电阻。为了避免混淆，我们故意没有使用常见的符号 R 表示电阻，因为在前面的方程中 R 已经用于表示气体常数。

6.5.5.3　高过电位条件下：Tafel 行为

另一方面，当施加的过电位远大于 $RT/\beta F$ 时，我们可以得到：

$$e^{-\frac{\beta \eta F}{RT}} \gg e^{\frac{(1-\beta)\eta F}{RT}} \quad [\text{当 } \eta < 0（负极化）时] \tag{6.95}$$

$$e^{-\frac{\beta \eta F}{RT}} \ll e^{\frac{(1-\beta)\eta F}{RT}} \quad [\text{当 } \eta > 0（正极化）时] \tag{6.96}$$

以上两种情况下，Butler-Volmer 方程将分别简化为：

$$i_c = i_0 e^{-\frac{\beta \eta F}{RT}} \tag{6.97}$$

$$i_a = i_0 e^{\frac{(1-\beta)\eta F}{RT}} \tag{6.98}$$

这里的下标 c 和 a 分别代表阴极和阳极。

在这两种场景中，电流密度都会随着施加的过电位呈指数级增长。如果我们重新整理这些关系：

$$\ln i_c = \ln i_0 - \frac{\beta \eta F}{RT} \tag{6.99}$$

$$\ln i_a = \ln i_0 + \frac{(1-\beta)\eta F}{RT} \tag{6.100}$$

便可以得到：

$$\eta_c = \frac{RT}{\beta F} \ln i_0 - \frac{RT}{\beta F} \ln i_c \tag{6.101}$$

$$\eta_a = -\frac{RT}{(1-\beta)F} \ln i_0 + \frac{RT}{(1-\beta)F} \ln i_a \tag{6.102}$$

这些方程实际上等同于所谓的 Tafel 经验定律。根据 Tafel 的实验观察，施加的过电位会导致电流密度呈指数增长：

$$\eta = a - b \lg i_c \text{（当负极化足够高时）} \tag{6.103}$$

$$\eta = a + b \lg i_a \text{（当正极化足够高时）} \tag{6.104}$$

值得注意的是，Tafel 定律是在 Butler-Volmer 方程提出约 30 年之前通过实验推导出来的。

电流密度（或反应速率）与施加电位之间的这种指数关系是电化学的显著特征，并且具有重要的实际应用价值。在传统化学中，研究人员通常通过控制物质浓度、温度或压力调控反应的方向和速率。而 Butler-Volmer 方程告诉我们在电化学中可以通过调节电极电位和利用指数效应实现对反应方向和速率的精准控制。这是电化学反应的一大优势，传统化学方法难以实现这一点。当然，这一指数效应并非可以无限透支，因为施加的电位必须受制于电解液的电化学性能。这一点在后面的章节将会详细讨论。

6.5.6 极化和非极化界面的量化

在第 6.2.2 节中，我们曾以定性的方式定义极化界面为一种对跨越双电层的电荷转移有显著阻碍作用的界面，因此界面上电荷的富集或耗散会引起界面电位的变化；相对而言，非极化界面被定义为一种可以较为轻松地允许电荷转移的界面，因此电荷难以在界面处富集或耗散，从而使界面电位保持稳定。我们还提到这两种理想化的界面在现实中实际上是不存在的。事实上，大多数电极介于两者之间，表现出可极化和不可极化的特性。为了研究界面结构，我们通常选择那些具有更强极化性的电极作为工作电极，例如汞电极；而那些更具非极化特性的电极则被用作参比电极或对电极。这不仅能够提供准确的参考电位，更重要的是，能够提供一个稳定的"支点"，使得大部分施加的电位变化集中在工作电极而不是对电极上。

那么，我们如何以定量方式定义极化性呢？

我们之前在第 6.5.5.3 节定义了一个界面电阻 r_i：

$$r_i = \frac{1}{i}\eta \tag{6.94}$$

在电荷转移行为线性区（小过电位），可以借用欧姆定律，将界面电阻推广应用于界面上的电荷转移电阻，记为 r_{ct}：

$$r_{ct} = \frac{\partial \eta}{\partial i} = \frac{RT}{i_0 F} \tag{6.105}$$

显然，交换电流密度 i_0 直接决定了界面的极化程度。在净电流密度（i_{net}）与过电位的关系图 [图 6.12（b）] 中，虽然交换电流密度未被明确标示，但一个不易极化的界面应表现为一条"陡峭"的曲线，而易极化的界面则呈现为"平缓"的曲线。

以室温（298 K）下的汞 / 硫酸界面为例，其交换电流密度是 $10^{-9.3}$ mA/cm²，对应的电荷转移电阻为 50000000 Ω/cm²，表明这是一个极易极化的界面。

相对应的是标准氢电极（SHE），它的交换电流密度约为 1.0 mA/cm²，对应的电荷转移电阻为 25 Ω/cm²，是一个极不易极化的界面，因此常作为理想的参考电极。

这些数据为图 6.3 中描述的极化和不极化界面的等效电路提供了定量支持。

6.5.7 Butler-Volmer 方程与界面结构的关联性有多大？

此时，我们可能会产生一个疑问：在第 6.4 节中，我们费尽心思展示了界面的结构并不像 Helmholtz-Perrin 模型那样简单，而是受扩散电荷层、特异性吸附的离子和溶剂分子等因素影响，变得相当复杂，正如 Gouy-Chapman 模型、Stern 模型、Grahame 模型和 Bockris-Devanathan-Müllen 模型所描述的那样。然而，在第 6.5.2 ~ 6.5.4 节推导 Butler-Volmer 方程时，我们却仅使用了一个简单的 Helmholtz-Perrin 模型。那么这种简化对 Butler-Volmer 方程的准确性会产生什么影响呢？

如果电解质侧的电荷不仅限于外 Helmholtz 层（OHP），而是像 Stern 模型所述那样分布在扩散层中，那么从电极表面到 OHP 的界面电位变化将不会是线性的。因此，从电解质体相到电极表面运动的离子所经历的电位差应包括两个部分，如图 6.7（c）所示：

$$\phi_M - \phi_S = (\phi_M - \phi_{OHP}) + (\phi_{OHP} - \phi_S) \tag{6.106}$$

第一部分仍然是线性的，第二部分则遵循与 Gouy-Chapman 模型预测的 Debye-Hückel 模型中的离子氛分布相似的非线性行为。

由于电荷转移仅限于最靠近电极的区域发生，可以合理假设主要影响离子运动的电位变化局限在电极表面到 OHP 之间，即：

$$\phi_M - \phi_{OHP} = (\phi_M - \phi_S) - (\phi_{OHP} - \phi_S) \tag{6.107}$$

从 OHP 到本体电解质的电位变化应依然是线性的，但其值仅占总体电位变化的一部分。同时，由于 OHP 与本体电解质之间存在电位差，OHP 中离子浓度（$c_{M^+}^{OHP}$）与主体电解质中的浓度（c_{M^+}）不同。根据 Boltzmann 分布，OHP 中的浓度可表示为：

$$c_{M^+}^{OHP} = c_{M^+} e^{-\frac{F(\phi_{OHP} - \phi_S)}{RT}} \tag{6.108}$$

相应地，交换电流的方程应修改为更准确的形式：

$$\bar{i}_{M^+} = Fk_{chem}^1 c_{M^+}^{OHP} e^{-\frac{\beta F[(\phi_M - \phi_S) - (\phi_{OHP} - \phi_S)]}{RT}} = Fk_{chem}^1 c_{M^+} e^{-\frac{F(\phi_{OHP} - \phi_S)}{RT}} e^{-\frac{\beta(F\phi_M - \phi_{OHP})}{RT}} \tag{6.109}$$

这种更准确的交换电流密度形式，以及相应修正后的 Butler-Volmer 方程，究竟引入了多少精确度上的改进呢？

实验证明，当电解质中的溶质浓度足够高（>0.1 M）时，扩散电荷层的影响可以忽略，因此上述修正对 Butler-Volmer 方程的预测不会产生显著影响。在大多数实际的电化学器件中，这种近似是可以接受的，因为这些设备中的电解质浓度通常高于 1.0 M。

然而，较为严重的偏差来源于特异性吸附的离子。正如 Grahame 模型所描述的，这些离子在 IHP 处形成附加的离子层。大多数能在电极表面发生特异性吸附的离子是那些具有较弱溶剂化壳层的阴离子，例如在水溶液中的氯离子和溴离子。这些阴离子在 IHP 的存在不仅显著改变了界面上的电位变化，而且它们会物理地占据电极表面，阻止电极与 M^+ 离子之间的有效相互作用，从而使电极表面"失活"。

在非水性电解质中，这种特异性吸附现象可能尤为显著，因为阴离子通常由于其"单极性"特征（如第 3.1 节所述）而溶剂化较弱或几乎没有溶剂化 [图 3.1（b）]。这可能导致 Butler-Volmer 方程产生更显著的误差。

6.5.8　什么是 β ？

在推导 Butler-Volmer 方程时，我们引入了一个无量纲参数 β，用于将界面上的电位变化划分为两个部分，分别对正向反应和反向反应的活化能垒进行调节（图 6.11 中图）。β 的取值范围在 0 ~ 1 之间，因为它假设与活化能最大值相关。在大多数 Butler-Volmer 方程的理论扩展中，通常将 β 设定为 0.5，以便简化计算。这个假设意味着活化能垒呈现完全对称的形式，如图 6.11 所示。当我们第一次根据 Butler-Volmer 方程绘制图 6.12 中净电流密度与过电位的关系曲线时，假设 3 个交换电流密度的 β 值均为 0.5，结果显示曲线相对原点是对称的。因此，β 常被称为"对称参数"，在某些文献中也被称为"电荷转移系数"。

但 β 值为 0.5 的假设有多接近真实？如果 β 不等于 0.5，Butler-Volmer 方程又会如何表现？

假设 $\beta=0$ 或 $\beta=1.0$，Butler-Volmer 方程将生成两个完全偏向的电流密度 - 过电位曲线。这意味着电极界面的行为类似于一个整流二极管，只允许电流在某一方向上流动（图 6.13）。

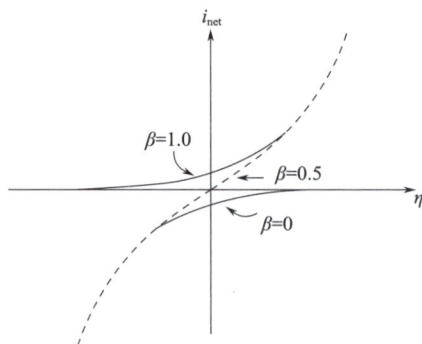

图 6.13　电荷转移系数 β 对 Butler-Volmer 方程形状的影响：$\beta=0$ 和 1.0 与 $\beta=0.5$ 的比较

另一方面，多项实验表明在大多数金属电极与液体电解质的界面上 β 的确接近 0.5。例如，在讨论高过电位条件下近似时，若将以下方程式进行对比：

$$\eta_{\mathrm{c}} = \frac{RT}{\beta F}\ln i_0 - \frac{RT}{\beta F}\ln i_{\mathrm{c}} \tag{6.101}$$

$$\eta_{\mathrm{a}} = -\frac{RT}{(1-\beta)F}\ln i_0 + \frac{RT}{(1-\beta)F}\ln i_{\mathrm{a}} \tag{6.102}$$

根据相应的 Tafel 关系：

$$\eta = a - b_c \lg i_c \qquad\qquad (6.103)$$

$$\eta = a + b_a \lg i_a \qquad\qquad (6.104)$$

可以得到斜率 b 为：

$$b_c = \frac{RT}{\beta F \lg e} \qquad\qquad (6.110)$$

$$b_a = \frac{RT}{(1-\beta) F \lg e} \qquad\qquad (6.111)$$

因此，在 298 K 时，若 β=0.5，则阴极和阳极极化的斜率 b 应为 0.116。

在金属／水溶液电解质界面上的多次 Tafel 极化实验中，施加高于 0.1 V 的过电位时，通常测得的斜率在 0.11 ～ 0.12 之间。这进一步验证了在这些经典界面中正反应和逆反应所需的活化能几乎是对称分布的。

β 与反应自由能的变化直接相关，因此 β 接近 0.5 并非偶然，而是由于在原子层面存在着更为根本的物理原因。这种对称性与界面上电荷转移过程的能垒分布密切相关，反映了反应物与产物间的相互作用及其活化过程的平衡性。

Marcus 和 Levich 等学者从量子力学角度对界面上的电荷转移过程进行了深入研究 [11]。他们认为，电荷转移的活化能垒及其最大值可以用两条独立的自由能抛物线相交表示 [图 6.14 （a）]。这两条抛物线代表两部分过程：右侧的抛物线描述离子从本体电解质移动到界面的过程，左侧的抛物线代表金属电极中电子的跃迁。这两个过程同步进行，构成了完整的电荷转移反应。为了简化计算，通常将自由能曲线的相交区域视为近似的线性形式，如图 6.14（a）插图所示。

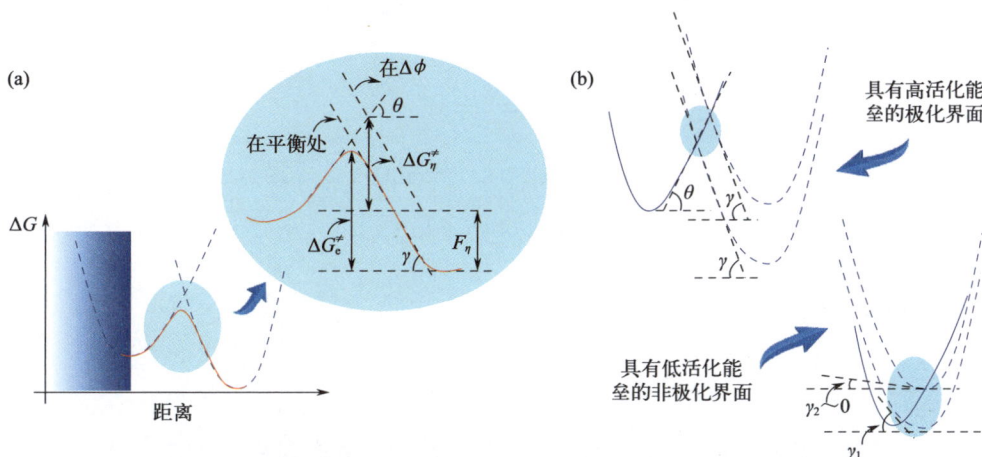

图 6.14 （a）对称因子 β 的原子层面起源，取决于参与反应物（在此为离子和电子）的自由能曲线的相对斜率。（b）这些自由能曲线决定了对称因子 β 是否与施加的过电位相关：上图显示高活化能垒的极化界面——两条自由能曲线在彼此的线性部分交叉，因此自由能曲线的垂直移动不会引起相应斜率的变化；下图显示低活化能垒的非极化界面——两条自由能曲线在彼此的非线性部分交叉，因此垂直移动会引起相应斜率的变化

在这种图形表示下，改变电极电位（即施加过电位 η）相当于使电子的自由能曲线垂直下降一个 F_η 值。通过平面几何分析，可以求解出图 6.14（a）中活化能垒（$\Delta G_e^{\neq} - \Delta G_\eta^{\neq}$）的变化。由此，可以导出 β 的定量表达式：

$$\beta = \frac{\tan\gamma}{\tan\theta + \tan\gamma} \tag{6.112}$$

显然，在分子层面上 β 反映了反应物质自由能曲线的相对斜率（θ 和 γ），这些斜率由参与反应的粒子的量子性质决定。

那么，β 是一个常数吗？

通过仔细分析图 6.14（a）可以发现，如果两条自由能曲线在其线性区域相交，则电极电位的变化（即垂直移动）对由 γ 和 θ 确定的相对斜率几乎没有影响 [图 6.14（b）上图]。换句话说，当电极和离子的自由能曲线在该线性区域相交时，β 值近乎恒定，与所施加的过电位无关。

然而，如果相交发生在其中一条自由能曲线偏离线性区域的地方，则这两条曲线的斜率（γ 和 θ）将对电位变化非常敏感 [图 6.14（b）下图]。在这种情况下，β 值就不再是一个常数，而是取决于所施加的过电位。

在一些特殊情况下，当两条自由能曲线在较高的过电位下接近其最小值时，γ 接近于零，因此 β 也趋近于零 [图 6.14（b）下图]。

因此，β 不是一个绝对常数。在大多数高活化能垒、低交换电流密度或高极化特性的界面中，β 值可以保持相对恒定，而与过电位无关。但在低活化能垒、高交换电流密度或非极化特性显著的界面中，β 值随过电位变化而变化。

6.5.9　Butler-Volmer 方程在电化学器件中的应用

Butler-Volmer 方程基于基础理论推导而出，适用于描述界面上单一电荷（一个电子）转移的可逆单步反应：

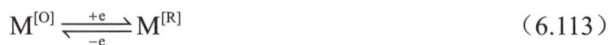

$$M^{[O]} \underset{-e}{\overset{+e}{\rightleftharpoons}} M^{[R]} \tag{6.113}$$

我们之前已经展示过，对于这种可逆反应，其净反应速率为：

$$i_{\text{net}} = i_0 \left[e^{-\frac{\beta\eta F}{RT}} - e^{\frac{(1-\beta)\eta F}{RT}} \right] \tag{6.87}$$

其中的交换电流为：

$$i_0 = Fk_{\text{chem}}^1 c_{M^{[O]}} e^{-\frac{\beta F \Delta\phi_e}{RT}} = Fk_{\text{chem}}^2 c_{M^{[R]}} e^{\frac{(1-\beta)F\Delta\phi_e}{RT}} \tag{6.86}$$

在这里，我们将原来的 M^+ 和 M^0 替换为更通用的反应物形式 $M^{[O]}$ 和 $M^{[R]}$。

在平衡状态下，由 Nernst 方程决定：

$$E_{\text{red}} = E_{\text{red}}^0 - \frac{RT}{F} \ln \frac{c_{M^{[R]}}}{c_{M^{[O]}}} \tag{6.114}$$

因此，可得：

$$\Delta\phi_e = E_{red} - E_{red}^0 = -\frac{RT}{F}\ln\frac{c_{M^{[R]}}}{c_{M^{[O]}}} \tag{6.115}$$

将方程两边乘以电荷转移系数 β：

$$\beta\Delta\phi_e = -\beta\frac{RT}{F}\ln\frac{c_{M^{[R]}}}{c_{M^{[O]}}} \tag{6.116}$$

并将其转化为：

$$\left(\frac{c_{M^{[R]}}}{c_{M^{[O]}}}\right)^{\beta} = e^{-\frac{\beta F\Delta\phi_e}{RT}} \tag{6.117}$$

现在，我们可以将上述表达式代入交换电流的公式，得到：

$$\begin{aligned}
i_0 &= Fk_{chem}^1 c_{M^{[O]}} e^{-\frac{\beta F\Delta\phi_e}{RT}} \\
&= Fk_{chem}^1 c_{M^{[O]}}\left(\frac{c_{M^{[R]}}}{c_{M^{[O]}}}\right)^{\beta} = Fk_{chem}^1\left(c_{M^{[O]}}\right)^{1-\beta}\left(c_{M^{[R]}}\right)^{\beta}
\end{aligned} \tag{6.118}$$

方程（6.118）采用了文献中常用的形式，主要用于模拟各类电化学器件中的电荷转移问题。然而需特别指出的是，Butler-Volmer 方程并不适用于多步、多电子转移过程，而这些正是实际电化学器件中更为常见的反应类型。

尽管如此，已有许多研究尝试对 Butler-Volmer 方程进行修正，以适应这些更复杂的反应场景。例如，在质子交换膜燃料电池中，阳极发生的质子 / 氢气还原 / 氧化反应中仅涉及单电子转移过程：

$$H^+ \underset{-e}{\overset{+e}{\rightleftharpoons}} \frac{1}{2}H_2 \tag{6.119}$$

此时，Butler-Volmer 方程变为：

$$i_{net} = i_0\left(\frac{c_{H_2}}{c_{H^+}}\right)^{\gamma_{H_2}}\left[e^{\frac{\beta F\Delta\phi_e}{RT}} - e^{-\frac{(1-\beta)F\Delta\phi_e}{RT}}\right] \tag{6.120}$$

针对将在第二篇中讨论的先进电池，那里的电极反应已不再局限于界面，因为其高容量的实现将依赖于反应物在电极体相晶格或基体中的电化学嵌入。例如，在锂离子电池的负极中，锂离子可以可逆地嵌入 / 脱嵌于石墨晶格（图 5.4），或在非晶硅基体中发生合金化 / 去合金化反应：

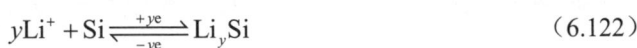

$$Li^+ + xC \underset{-e}{\overset{+e}{\rightleftharpoons}} LiC_x \tag{6.121}$$

$$yLi^+ + Si \underset{-ye}{\overset{+ye}{\rightleftharpoons}} Li_ySi \tag{6.122}$$

这里 $x \geqslant 6$，$y \leqslant 3.75$。

如果我们假设这些反应的电荷转移发生在界面处，那么反应速率不仅与电解质侧的反应物浓度（$c_{Li^+}^e$）相关，还取决于电极体相中可用的空位。对于石墨或硅这样的主要负极材料，其能够容纳的锂离子数量有一个上限。对于石墨来说，上限是 LiC_6［方程（6.121）中 $x=6$］，对应的比容量为 372 mA·h/g；对于硅，这个上限是 $Li_{3.75}Si$ 或 $Li_{4.4}Si$［方程（6.122）中 $y=3.75$ 或 4.40］，对应的比容量分别为 3600 mA·h/g 和 4212 mA·h/g。一旦超过这些上限，电池就会超出"锂离子"电池的范畴，负极中可能会析出危险的金属锂。

假设我们将这些负极材料中锂离子的浓度上限设定为 c_{max}。在达到此浓度时，阴极反应（即锂离子嵌入）将停止，因为没有可用的空位。然而，如果只有部分空位被占据，即实际锂离子浓度为 c_x，那么可用的空位数量（$c_{max}-c_x$）将继续推动阴极反应，并与电解质中的锂离子浓度共同作用（图 6.15）。根据化学动力学的速率方程，反应速率与这两个浓度的乘积 $c_{Li^+}^e$ 和 $c_{max}-c_x$ 成正比。

$$v_c = k_c \prod c_i^n = k_c \left[c_{Li^+}^e (c_{max}-c_x) \right]^\beta \tag{6.123}$$

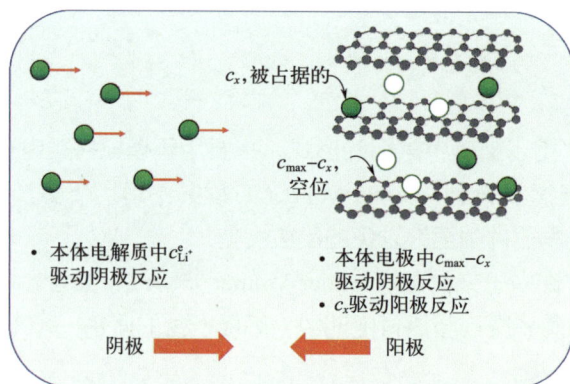

图 6.15　Butler-Volmer 方程在实际电化学器件中的应用示例，即锂离子嵌入石墨负极。在此图中，我们完全忽略了分隔石墨负极与本体电解质之间的界相存在，并假设电荷转移过程发生在界面上

相应地，在电化学过电位条件下，反应的电流密度为：

$$i_c = Fk_c \left[c_{Li^+}^e (c_{max}-c_x) \right]^\beta e^{-\frac{\beta F \Delta\phi_e}{RT}} \tag{6.124}$$

另一方面，已被占据的位点数量（c_x）作为驱动阳极反应（锂离子脱嵌）的浓度：

$$i_a = Fk_a c_x^{1-\beta} e^{\frac{(1-\beta)F \Delta\phi_e}{RT}} \tag{6.125}$$

因此可以将 Butler-Volmer 方程重新表述为：

$$i_{net} = i_c - i_a = Fk_c \left[c_{Li^+}^e (c_{max}-c_x) \right]^\beta e^{-\frac{\beta F \Delta\phi_e}{RT}} - Fk_a c_x^{1-\beta} e^{\frac{(1-\beta)F \Delta\phi_e}{RT}} \tag{6.126}$$

在平衡状态下，类似于本节前述内容的处理方法，可以得到 Nernst 形式的方程：

$$i_0 = Fk_{chem}^1 \left(c_{Li^+}^e \right)^\beta \left(c_{LiC_6}^{max} - c_{Li^+}^s \right)^\beta \left(c_{Li^+}^s \right)^{1-\beta} \tag{6.127}$$

引入这些浓度变量后，Butler-Volmer 方程呈现一种新的形式：

$$i_{\text{net}} = Fk_{\text{chem}}^1 \left(c_{\text{Li}^+}^{\text{e}} \right)^{\beta} \left(c_{\text{LiC}_6}^{\text{max}} - c_{\text{Li}^+}^{\text{s}} \right)^{\beta} \left(c_{\text{Li}^+}^{\text{s}} \right)^{1-\beta} \left[e^{\frac{\beta F \Delta \phi_e}{RT}} - e^{-\frac{(1-\beta) F \Delta \phi_e}{RT}} \right] \qquad (6.128)$$

以上方程在锂离子电池的模拟中广泛应用，不仅适用于负极的电荷转移过程，还可扩展到正极乃至整个电池。

然而，在实际使用时需注意其中隐含的多种近似。

首先，我们完全忽略了电极表面上界相的存在。作为先进电池化学的一个关键组成部分，尤其对于大多数负极材料而言，界相是不可或缺的，相关内容将在第 8 章中进行详细讨论。简而言之，界相是一个独立的相态，具有特定的化学成分、形态和结构，因此跨越界相引起的电位下降与 Helmholtz-Perrin 模型的预测截然不同。

其次，在存在界相的情况下，"这些反应的电荷转移发生在界面"的假设不再成立。实际上，界相在自身与本体电极和本体电解质之间分别形成两个新的"界面"。界相最重要的功能是隔绝电子转移，因此电荷转移过程不可能发生在相间的电解质侧或其内部。

那么，在电极与界相的界面上是否发生电荷转移？

也不完全是。

对于这些具有嵌入特性的电化学反应，参与反应的离子不会停留在界面上，也不会在负极处还原为原子态（这也是当今最广泛使用的电池被称为"锂离子电池"而不是"锂电池"的一个重要原因）。在这些情况下，可以将电荷转移视为碱金属离子以库仑键的形式与宿主材料（如石墨或硅）的导电带结合，而后者才是真正接受电子的对象。

尽管有这些近似处理，但经过必要的修改和假设，Butler-Volmer 方程仍然应用于许多实际的电化学器件中。无论如何，这些变体在很大程度上保留了 Butler-Volmer 方程的基本形式。

参考文献

[1] M. Faraday, *On Electrochemical Decomposition*, 1834, pp. 11–44.
[2] J. O. M. Bockris, and A. K. N. Reddy, *Modern Electrochemistry*, 2nd edn, Plenum Press, New York, 1998.
[3] G. Lippmann, Relation entre les phénomènes électriques et capillaries, *C. R. Seances Acad. Sci., Ser. C*, 1873, **76**, 1407–1408.
[4] H. Helmholtz, Ueber einige Gesetze der Vertheilung elektrischer Ströme in körperlichen Leitern mit Anwendung auf die thierisch-elektrischen Versuche, *Annu. Rev. Phys. Chem.*, 1853, **165**, 211–233.
[5] M. Gouy, Sur la constitution de la charge électrique a la surface d'un électrolyte, *J. Phys.*, 1910, **9**, 457–468.
[6] O. Stern, Zur Theorie der Elektrolytischen Doppelschicht, *Z. Elektrochem.*, 1924, **30**, 508.
[7] D. C. Grahame, The Electrical Double Layer and the Theory of Electrocapillarity, *Chem. Rev.*, 1947, **41**, 441–501.
[8] J. O. M. Bockris, M. A. V. Devanathan and K. Müllen, On the structure of charged interfaces, *Proc. R. Soc. London, Ser. A*, 1963, **274**, 55–79.
[9] C.-Y. Li, J.-B. Le, Y.-H. Wang, S. Chen, Z. L. Yang, J. F. Li, J. Chen and Z.-Q. Tian, *In situ* probing electrified interfacial water structures at atomically flat surfaces, *Nat. Mater.*, 2019, **18**, 697–701.
[10] J. A. V. Butler, Hydrogen overvoltage and the reversible hydrogen electrode, *Trans. Faraday Soc.*, 1932, **28**, 379.
[11] R. A. Marcus, On the Theory of Electron-Transfer Reactions. VI. Unified Treatment for Homogeneous and Electrode Reactions, *J. Chem. Phys.*, 1965, **43**, 679–701.

第7章
离子学与电极学的关联

到目前为止，我们已经涵盖了描述电解质的两个主要方面：

（1）离子学，它主导着离子之间和离子与溶剂分子之间的相互作用以及离子在本体电解质内的输送；

（2）电极学，它主导着电解质/电极间的相互作用、界面结构、以此诱发的与本体电解质中不一样的电场分布以及电荷转移动力学。

其实，在以上的讨论中我们隐含地假设了这两个因素是独立存在的。例如，在讨论图 6.10（b）所示的第二种情况时，我们只关心这些转移的物质是如何克服活化能势垒并随后与电极相互作用的（在这里，电极既可以是电子的施主也可以是电子的受主），而完全没有考虑来自本体电解质的物质供应是否充足或者反应产物能否迅速从界面扩散至本体电解质从而避免反应位点被堵塞的情况。

因此上述的处理方法实际上基于一个默认假设，即唯一导致反应缓慢的步骤 [通常在动力学中称为"速率控制步骤"（rate-determining-step，rds）] 是界面处的电荷转移过程：物质从外 Helmholtz 层（OHP）扩散到电极表面，随后该物质发生电子得失反应。在这里，我们没有考虑反应物在本体电解质中耗尽的可能以及产物在界面处的积累，反应速率完全取决于反应物克服其活化能势垒的速度。

然而，实际情况并非如此。

除了电荷转移外，电解质体系中的物质传递（传质）也绝不能被忽略。传质与电极/电解质界面处的物质扩散和迁移相关，同时受本体电解质中离子的动力学控制。具体而言，传质是将反应物传递到界面，然后将生成物从界面传递出去。

如果我们重新审视图 6.10（b）所示的整个典型电化学反应过程，可以发现它是由一系列连续的步骤组成。其中，只要任何一个环节比其他步骤更为迟缓，它便会成为新的速率控制步骤 [图 7.1（a）]。

那么究竟是什么因素决定了哪一环节会成为速率控制步骤呢？

在之前的章节中，我们已阐明界面处巨大的活化能势垒通常使电子转移成为最缓慢

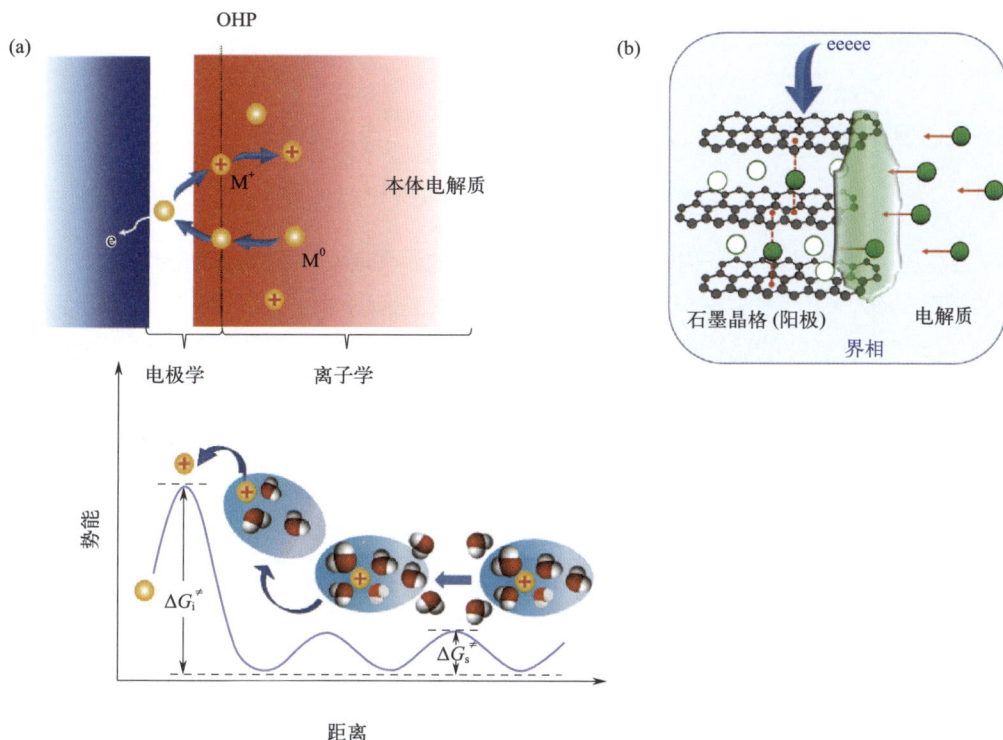

图 7.1 （a）在电荷转移发生之前，离子从本体电解质到电极 / 电解质界面区要经历一个漫长的旅途。尽管活化能势垒高度在速率方程中的指数项很重要，但它并非唯一的决定因素。（b）锂离子电池中石墨负极上实际发生的"电荷转移"过程比简单的 Helmholtz–Perrin 模型所呈现的要复杂得多

的步骤。而在更早的讨论中，我们也提到过离子在液态电解质中运动时遇到的活化能势垒，这些壁垒相对较小且幅度平缓（图 5.15）。

这是否意味着离子学所包含的部分不可能成为速率控制步骤？

事实上，并非如此。

对于给定的反应步骤，决定其反应速率（或电流密度）的主要因素是自由能变化（$\Delta G_i^{\neq}$）的指数项：

$$v_{M^+} = \frac{k_B T}{h} c_{M^+} e^{-\frac{\Delta G_i^{\neq}}{RT}} \tag{6.64}$$

然而，除了指数项外，指前因子也会影响总体速率，其中就包括反应物离子的浓度 c_{M^+}。因此，如果任何物质输送滞后，即未能将反应物及时输送到反应界面区域，它将可能成为速率控制步骤。由此可见，尽管扩散或迁移的物质遇到的活化能势垒相比界面或相间的势垒要小得多 [图 7.1（b）]，它们也必须要被考虑在内。

此外，图 7.1 中仅考虑了反应物。然而，如果生成物在扩散或迁移过程中受阻，它们离开反应界面的过程也可能成为速率控制步骤。这些阻力可能来自本体电解质中产物的积累或电极的静电引力。

因此，在研究实际的电化学反应时应当综合考虑离子学与电极学。这包括离子从本体电解质到界面的传质、界面处的电荷转移以及生成物离开界面的传质过程。

7.1　稳态

我们现在重新审视图 7.1（a）中描述的连续步骤，可以将其表述为

$$\text{M}^0(\text{s}) \rightleftharpoons \text{M}^0(\text{OHP}) \underset{+e}{\overset{-e}{\rightleftharpoons}} \text{M}^+(\text{OHP}) \rightleftharpoons \text{M}^+(\text{s}) \tag{7.1}$$

在这些连续步骤中，任何一个具有较高 $\Delta G_i^{\neq}$ 的步骤都可能成为速率控制步骤（界面间的电荷转移，或者发生在电荷转移之前或之后的电解质中的离子传递），其滞后会导致相邻步骤中反应物的消耗或生成物的积累。在给予足够时间的前提下，这一速率控制步骤会通过减少其他具有较低 $\Delta G_i^{\neq}$ 步骤的指前因子项 c_i，最终迫使那些原本较快的步骤与其以相同的速度进行。此时，反应便达到了所谓的"稳态"。在稳态下，速率控制步骤所需的反应物是在前一个被抑制的步骤中产生的，而该速率控制步骤的产物则会立即被随后的步骤消耗掉。基于稳态这一特性，电荷转移的电流密度（i_{CT}）应当与物质转移通量（J_{MT}）遵循以下对应关系：

$$i_{\text{CT}} = nFJ_{\text{MT}} \tag{7.2}$$

现在必须记住的是，在一个真实的电化学装置中，本体电解质中的传质来自两种不同运动模式即扩散和迁移。例如，如果反应物或生成物是中性的（即不带电物质），其在本体电解质中的运动由体相到界面处的浓度梯度决定，这时我们可以借助 Fick 第一定律重新表述上述方程：

$$i_{\text{CT}} = -nFD\frac{\text{d}c_{\text{M}^0}}{\text{d}x} \tag{7.3}$$

然而，如果反应物或生成物是离子，则这些带电离子的转移量由浓度梯度和电场力共同决定：

$$J_{\text{MT}} = J_{\text{Diff}} + J_{\text{Mig}} \tag{7.4}$$

为了简化这种复杂的情况，经典电分析化学的研究人员通常会想办法"消除"上述方程中迁移的贡献，使物质转移通量仅由扩散控制。具体做法是在实验体系中加入大量不直接参与电化学反应的惰性盐，亦即"支持电解质"，从而把被研究离子的迁移通量部分压缩至可忽略不计，如第 5.2.1.5 节中所示的质子和钾离子的输运。

因此，通过确保离子通量完全由扩散控制，可以根据第 5.1 节中介绍的方法，在不同的初始和边界条件下应用 Fick 第一定律及第二定律的解，推导出电荷转移的电流密度与被研究物质的扩散系数和体相浓度的关系以及电流密度与外加电场和时间的关系。因此，"支持电解质"在分析电化学中是必要的。

7.2　恒电流和恒电位

在第 5.1.4 节中，我们分析了当反应物或生成物在 $x=0$ 的参照面上以恒定速率反应

（J_D）时，其浓度随距离和时间的变化关系为：

$$c = c_0 - \frac{J}{\sqrt{D}}\left(2\sqrt{\frac{t}{\pi}}\,\mathrm{e}^{-\frac{x^2}{4Dt}} - \frac{x}{\sqrt{D}}\,\mathrm{erfc}\sqrt{\frac{x^2}{4Dt}}\right) \tag{5.35}$$

$$c = c_0 + \frac{J}{\sqrt{D}}\left(2\sqrt{\frac{t}{\pi}}\,\mathrm{e}^{-\frac{x^2}{4Dt}} - \frac{x}{\sqrt{D}}\,\mathrm{erfc}\sqrt{\frac{x^2}{4Dt}}\right) \tag{5.37}$$

现在我们将 OHP 的界面作为参考面，当恒定通量开启后，距离 OHP 为 x 和时间 t 的物质的浓度可以通过求解 Fick 第二定律获得：

$$c_{x,t} = c_0 - \frac{2J_D\sqrt{t}}{\sqrt{D\pi}}\,\mathrm{e}^{-\frac{x^2}{4Dt}} + \frac{J_D x}{D}\,\mathrm{erfc}\frac{x}{\sqrt{4Dt}} \tag{7.5}$$

$$c_{x,t} = c_0 + \frac{2J_D\sqrt{t}}{\sqrt{D\pi}}\,\mathrm{e}^{-\frac{x^2}{4Dt}} + \frac{J_D x}{D}\,\mathrm{erfc}\frac{x}{\sqrt{4Dt}} \tag{7.6}$$

式中，c_0 表示该物质在本体电解质中的浓度，D 是扩散系数，c_0 后的 "+" 或 "−" 表示物质在界面处的生成或消耗。

现在，记住通量与电流密度的关系：

$$J_D = \frac{i_{CT}}{nF} \tag{7.7}$$

于是我们有：

$$c_{x,t} = c_0 - \frac{2i_{CT}}{nF}\sqrt{\frac{t}{D\pi}}\,\mathrm{e}^{-\frac{x^2}{4Dt}} + \frac{i_{CT}x}{nFD}\,\mathrm{erfc}\frac{x}{\sqrt{4Dt}} \tag{7.8}$$

$$c_{x,t} = c_0 + \frac{2i_{CT}}{nF}\sqrt{\frac{t}{D\pi}}\,\mathrm{e}^{-\frac{x^2}{4Dt}} + \frac{i_{CT}x}{nFD}\,\mathrm{erfc}\frac{x}{\sqrt{4Dt}} \tag{7.9}$$

早些时候，我们运用 Fick 第二定律描述了锂离子浓度梯度随时间的变化 [图 5.4（c）（d）]，并得到了相同的解。在这里，我们将问题普适化，推广到在电极/电解质界面的 OHP 层参与电化学反应的任何物质。如果我们在三维空间中以物质的浓度为 z 轴、分别以空间和时间为 x 轴和 y 轴绘制坐标系图像，我们将得到如图 7.2 所示的浓度分布以及图中方框内所描述的在各种边界约束下得到的一些重要关系。

通常情况下，人们更关心的是这种物质在 OHP（即 $c_{x=0}$）处的浓度随时间的变化情况。于是，在将 x 设为零之后，上述表达式就变成了：

$$c_{x=0} = c_0 - \frac{2i_{CT}}{nF}\sqrt{\frac{t}{D\pi}} \tag{7.10}$$

$$c_{x=0} = c_0 + \frac{2i_{CT}}{nF}\sqrt{\frac{t}{D\pi}} \tag{7.11}$$

如果我们定义一个常数 P 为：

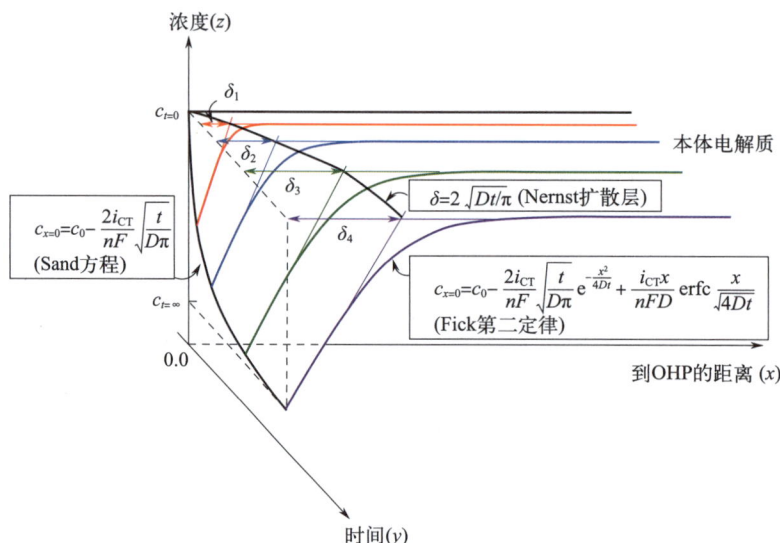

图 7.2 电化学活性物质在恒电流条件下的三维空间浓度分布。这里仅显示了物质的消耗情况，界面浓度随时间的变化（Sand 方程）由浓度 - 时间平面（$x=0$）的实线表示，Nernst 扩散层厚度随时间的变化由距离 - 时间平面（$c_{t=0}$）的实线表示。这里需要注意的是 Sand 方程的界面浓度和 Nernst 扩散层厚度都与时间的平方根成正比

$$P = \frac{2i_{CT}}{nF}\sqrt{\frac{1}{D\pi}} \tag{7.12}$$

那么我们得到：

$$c_{x,t} = c_0 - P\sqrt{t} \tag{7.13}$$

$$c_{x,t} = c_0 + P\sqrt{t} \tag{7.14}$$

这就是 Sand 方程，它告诉我们在恒电流条件下一个给定的反应物在界面的浓度随时间的平方根衰减。这种关系在图 7.2 中以 $x=0$ 平面处的浓度 - 时间曲线表示。

因此，在以恒定速率反应或生成界面物质的情况下，当时间项足够大（$t \approx \infty$）时，该物质的界面浓度将最终趋于正无穷大（$+\infty$）或负无穷大（$-\infty$）。然而，在实际情况中总是存在一定的限制条件，以确保这些值的合理性。

例如，当物质参与反应被消耗时，其在界面的浓度会变得极其小。这意味着一旦反应物的离子或分子进入到 OHP，它们将很快参与反应并被转化为其他物质。这类似于系列反应中的亚稳态反应中间产物。这时，我们通常将物质在界面处的浓度视为零。

该物质在界面的浓度降至零的特定时间 τ 被称为 Sand 时间（τ_{Sand}）[1]，可通过以下关系获得：

$$c_{x=0} = c_0 - \frac{2i_{CT}}{nF}\sqrt{\frac{\tau_{Sand}}{D\pi}} = 0 \tag{7.15}$$

$$\tau_{Sand} = \pi D\left(\frac{nFc_0}{2i_{CT}}\right)^2 \tag{7.16}$$

　　在电沉积中，Sand 时间是一个重要参数，它会影响新生金属在电极表面的沉积形貌，例如金属的枝晶生长。然而，在这种情况下，由于金属阳离子是唯一参与电荷转移的导电离子，而阴离子会在另一个电极表面积累，这会产生额外的浓度梯度并导致与外加电场相反的内电场。所以，为了真实反映阴阳离子之间的相互作用，我们需要进行一些必要的调整。特别是当体系中无支持电解质时（这也是大多数实际电化学器件中最可能的情况），应考虑阳离子和阴离子的双极扩散，这也会导致不同的 Sand 时间。我们将在第 7.5 节讨论这一调整。

　　另一方面，当新物质生成时，生成物在界面的浓度会随时间增加，而其从 OHP 扩散到本体电解质的过程则会试图降低生成物在界面的浓度。这两种过程的竞争结果将决定生成物在界面的浓度是否能达到平衡。如果在电极上施加过大的过电位使生成物不能及时通过扩散远离 OHP，那么生成物在 OHP 会因达到其溶解度极限而聚集，最终生成物会以沉淀的形式离开 OHP。这种沉淀可能发生在电极表面，从而构成新的界面；也可能从电解液体相中沉淀出来，不再参与电极过程。

　　我们来思考一下，如果不是恒定通量，而是在界面上通过施加恒定电位驱动某一离子的消耗或生成，界面处的离子浓度和电流密度将如何变化？Cottrell 将恒电位法所具有的边界条件带入 Fick 第二定律，得出了浓度随时间和距离变化的关系为[2]：

$$c_{x,t} = c_0\, \mathrm{erf}\, \frac{x}{\sqrt{4Dt}} \qquad (7.17)$$

　　式中，c_0 是本体电解质中反应物或生成物的浓度。

　　反应物或生成物相应的通量取决于界面 OHP 处（即 $x=0$）的浓度，并且遵循 Fick 第一定律：

$$J_D = -D\frac{\partial c_{x,t}}{\partial x} = -D\left(\frac{c_0}{\sqrt{\pi Dt}}\, \mathrm{e}^{-\frac{x^2}{4Dt}}\right)_{x=0} = -c_0\sqrt{\frac{D}{\pi t}} \qquad (7.18)$$

而电流密度 i_{CT} 与扩散通量的关系为：

$$i_{CT} = -nFAJ_D = nFAc_0\sqrt{\frac{D}{\pi t}} = Kt^{-\frac{1}{2}} \qquad (7.19)$$

　　这就是 Cottrell 方程[2]。该方程指出在恒电位条件下扩散控制的电流密度正比于时间的 $-\frac{1}{2}$ 次方。

　　需要注意的是，通过 c_0 和 D 项可以看出，无论是浓度分布还是电流密度都不依赖施加的过电位，而是依赖本体电解质提供反应物的能力。

　　Sand 方程和 Cottrell 方程分别定量描述了在恒电流和恒电位条件下浓度、界面电势和电荷转移电流密度的变化。可以观察到两者之间的相似之处：都含有 $\sqrt{t}$。这两个理想情况代表了控制反应的最重要的电化学因素，它们以不同的方式存在于大多数电化学分析技术中，例如电位法、库仑法、伏安法及其各类变种方法，其中包括循环伏安法（CV）、计时安培法、极谱法等。因此，$\sqrt{t}$ 往往出现在包括浓度、电流和电压的瞬态响应定量处理中。

7.3 Nernst 扩散层

从图 7.2 中可以很容易地看出，恒电流条件下，在给定时间内，物质的浓度沿远离 OHP（$c_{x=0,t}$）的方向持续增加，直至达到本体电解质的浓度 $c_{t=0}$。需要注意的是，$c_{x=0,t}$ 是时间的函数，而 $c_{t=0}$ 是一个常数。在 $c_{t=0}$ 至 $c_{x=0,t}$ 这两个边界值中间存在的过渡区可以用方程（7.13）描述。Nernst 提出了一个针对该过渡区的简化。他外推界面处浓度分布的线性部分并与表示体相浓度的直线相交，然后将 OHP 到该交点的距离定义为"扩散层"[3]。因此，人们也把该扩散层称为"Nernst 扩散层"。其厚度记为 δ，如图 7.2 所示。显然 δ 也随时间变化。

那么图 7.2 中 OHP（$x=0$）处这几条彩色直线的物理意义是什么呢？这几条彩色直线是指在给定时间内，界面处浓度分布曲线在 $x=0$ 处的切线。它的斜率，即 $(\mathrm{d}c/\mathrm{d}x)_{x=0}$，实际上是该界面处的浓度梯度：

$$\left(\frac{\mathrm{d}c}{\mathrm{d}x}\right)_{x=0} = \frac{c_{t=0}-c_{x=0,t}}{\delta} \tag{7.20}$$

根据 Fick 第一定律，这个浓度梯度决定了界面上的通量和电荷转移电流密度：

$$J_{\mathrm{D}} = -D\left(\frac{\mathrm{d}c}{\mathrm{d}x}\right)_{x=0} = \frac{i_{\mathrm{CT}}}{nF} \tag{7.21}$$

因此：

$$J_{\mathrm{D}} = -D\frac{c_{t=0}-c_{x=0,t}}{\delta} = \frac{i_{\mathrm{CT}}}{nF} \tag{7.22}$$

可以改写为：

$$c_{t=0}-c_{x=0,t} = -\frac{\delta i_{\mathrm{CT}}}{nDF} \tag{7.23}$$

另一方面，我们之前已经展示过在恒电流条件下 OHP 处的浓度（$c_{x=0}$）随时间的变化情况应为：

$$c_{x=0} = c_0 + \frac{2i_{\mathrm{CT}}}{nF}\sqrt{\frac{t}{D\pi}} \tag{7.11}$$

这里需要说明一下，方程（7.11）中随时间而变化的浓度 $c_{x=0}$，实际上可以改写成浓度 $c_{x=0,t}$。

换句话说，在恒电流条件下给定时间内，OHP 处的浓度（$c_{x=0,t}$）可以用方程（7.11）表示，只需要把 $c_{x=0}$ 换为 $c_{x=0,t}$。此外，由于方程（7.11）中 c_0 是本体电解质浓度，而方程（7.23）中 $c_{t=0}$ 也是代表本体电解质浓度，那么可以将（7.11）中 c_0 换为 $c_{t=0}$。联立这两个表达式，我们得到：

$$\frac{\delta i_{\mathrm{CT}}}{nDF} = \frac{2i_{\mathrm{CT}}}{nF}\sqrt{\frac{t}{D\pi}} \tag{7.24}$$

进一步，我们可以得到 δ 的表达式为：

$$\delta = 2\sqrt{\frac{Dt}{\pi}} \qquad\qquad (7.25)$$

换句话说，Nernst 扩散层的厚度 δ 也随 $\sqrt{t}$ 增加，如图 7.2 中距离 - 时间平面上 $c_{t=0}$ 处的实线所示。

类似地，可以得到在恒电位条件下的 Nernst 扩散层厚度 δ 表达式：

$$\delta = \sqrt{\pi Dt} \qquad\qquad (7.26)$$

在这两种情况下，扩散层厚度都随 $\sqrt{t}$ 增加。对于大多数实用的电化学装置来说，在经历短暂的瞬态之后，扩散层就会在整个体系中占据主导地位，直至扩散控制步骤介入并产生干扰。因此，离子在电解质中传输的速率通常决定了物质输送是否会成为反应的速率控制步骤。

7.4　极限电流

若一个电极在恒电流或恒电位极化下保持一段时间，如本章开头讨论的那样，当达到平衡时所有物质输送和电荷转移步骤都将以相同的速率进行。此时，界面处反应物的浓度变得极其微小，OHP 处的浓度梯度即 $(\mathrm{d}c/\mathrm{d}x)_{x=0}$ 达到最大值：

$$\left(\frac{\mathrm{d}c}{\mathrm{d}x}\right)_{x=0} = \frac{c_{t=0} - c_{x=0,t}}{\delta} = \frac{c_{t=0}}{\delta} \qquad\qquad (7.27)$$

最大浓度梯度对应最大的通量和最大的电荷转移电流密度，即：

$$i_{CT} = -nFJ_D = -nFD\left(\frac{\mathrm{d}c}{\mathrm{d}x}\right)_{x=0} = -nFD\frac{c_{t=0}}{\delta} \qquad\qquad (7.28)$$

在一个给定的时间内，我们称最大电流密度为极限电流（i_L）：

$$i_L = -nFD\frac{c_{t=0}}{\delta} \qquad\qquad (7.29)$$

在任何电化学系统中电流密度都不能高于极限电流，因为该值代表着物质输送所能够提供的通量上限。

7.5　界面上的双极离子传输

回顾本章前面部分的公式推导，表面浓度、扩散层厚度和极限电流等界面参量都是基于 Fick 第一定律和第二定律得出的。在这些推导过程中，我们假设所有离子转移都仅由扩散完成，而不存在迁移的影响。

在实验中，上述理想条件通常可以通过使用稳定的支持电解质（见第 5.2.1.5 节）实现。然而，在真实的电池体系中使用支持电解质是既不现实也不可能的，大多数情况下一个合格的支持电解质根本就不存在。因此，前面章节提出的大多数方程由于离子迁移的存在而不再适用。离子迁移引入了新的考量因素，包括离子淌度、迁移数差异及静电耦合效应。它不仅成为离子传输的额外驱动力，还导致阴离子和阳离子对外加电场的响应差异（即离子淌度或迁移数的不同），以及因静电作用而相互耦合。阴阳离子的响应差异反映在它们各自的离子淌度或迁移数的不同。

在第 5.2.6.4 节中已经简要介绍了一种方法来解决二元电解质中因离子迁移存在而导致问题复杂化。在一系列简化和假设下，将扩散和离子迁移共同作用下的离子传输描述为一个单纯的扩散过程：

$$J_{MT}^c = J_{MT}^a = -\frac{\mu_c D_a - \mu_a D_c}{\mu_c + \mu_a} \frac{\partial}{\partial x} c_0 \qquad (5.168)$$

其中浓度梯度前的项可以看作是一个假想的扩散系数，也被称为双极扩散系数（D_{ambp}）：

$$D_{ambp} = \frac{\mu_c D_a + \mu_a D_c}{\mu_c + \mu_a} \qquad (5.169)$$

这一系数反映了扩散、离子迁移以及阴阳离子耦合运动所产生的综合影响，为研究界面电荷转移过程提供了一个方便的工具。借助这种简化，我们可以将 Fick 第一定律重新表述为：

$$J = -D_{ambp} \frac{\partial c}{\partial x} \qquad (7.30)$$

将 Fick 第二定律重新表述为：

$$\frac{\partial c}{\partial t} = D_{ambp} \frac{\partial^2 c}{\partial x^2} \qquad (7.31)$$

有了方程（7.30）和方程（7.31），我们可以研究更接近实际电化学器件界面的情况，而不是如图 7.2 中描述的单纯由离子扩散引起的理想化电荷转移。

例如，我们现在可以研究二元电解质中金属离子的电沉积问题，如图 6.1 中描述的 Daniell 电池在 $CuSO_4$ 水溶液中沉积金属铜（Cu^0），或者从基于醚的聚合物电解质中沉积金属锂（Li^0）。上述两个例子中，在没有任何支持电解质存在的情况下，金属离子（M^{n+}）的电沉积是在阴阳离子扩散和离子迁移的共同驱动下完成的。对于 Cu^0 的沉积，电荷转移可以看作是在一个经典双电层的界面上发生的（因为 Cu^0 的电位处于水系电解质的稳定电化学窗口内）。而对于 Li^0 的沉积，由于其与电解质的反应以及界相的形成（见第 8 章），会呈现出新的复杂性：该界相独立存在于锂电极和电解质之间，并且会阻碍电子交换。因此，在这种情况下，真正的电荷转移位点应该在该界相之下并靠近锂金属表面，而不再位于电极 / 电解质界面。

尽管如此，我们仍然可以暂时忽略界相的存在，并假设锂金属与醚类的聚合物电解质之间的界面仍属于传统双电层范畴。这一假设的基础在于，在迄今研究的所有非水系电解质中，醚类聚合物与锂金属的反应活性最小，因此界相的存在概率相对较低。

在金属电极表面（$x=0$），电流（或通量）应该仅来自阳离子的贡献，因为阴离子不参与电荷传递。因此：

$$i_{CT} = i^c = nFJ_{MT}^c \tag{7.32}$$

$$i^a = nFJ_{MT}^a = 0 \tag{7.33}$$

对于方程（5.168）描述的金属电极表面的两个通量，我们可以得到：

$$J_{MT}^c = \mu_c c_c \frac{\partial V}{\partial x} - D_c \frac{\partial}{\partial x} c_c \tag{7.34}$$

$$J_{MT}^a = -\mu_a c_a \frac{\partial V}{\partial x} - D_a \frac{\partial}{\partial x} c_a = 0 \tag{7.35}$$

再次，我们从方程（7.35）中求解与电势相关的项 $\partial V/\partial x$：

$$\frac{\partial V}{\partial x} = -\frac{D_a}{\mu_a c_a} \frac{\partial}{\partial x} c_a \tag{7.36}$$

将方程（7.36）代入方程（7.34），并假设在准平衡条件下电中性确保了 $c_c = c_a$，我们将得到：

$$J_{MT}^c = -D_a \frac{\mu_c c_c}{\mu_a c_a} \frac{\partial}{\partial x} c_a - D_c \frac{\partial}{\partial x} c_c = -\frac{\mu_a P_c + \mu_c D_a}{\mu_a} \frac{\partial}{\partial x} c_c \tag{7.37}$$

或者我们可以将其重新表述为界面处（$x=0$）阳离子的浓度梯度，以便在 Fick 第一定律中方便使用：

$$\left(\frac{\partial}{\partial x} c_c \right)_{x=0} = -J_{MT}^c \frac{\mu_a}{\mu_a D_c + \mu_c D_a} \tag{7.38}$$

其中双极扩散系数 D_{ambp} 的定义如方程（5.172）所示，可通过将方程的分子和分母都除以 $\mu_a + \mu_c$，并重新排列后，代入方程（7.38）中，得到：

$$\left(\frac{\partial}{\partial x} c_c \right)_{x=0} = -\frac{J_{MT}^c}{D_{ambp}\left(1 + \dfrac{\mu_c}{\mu_a}\right)} = -\frac{i^c}{nFD_{ambp}\left(1 + \dfrac{\mu_c}{\mu_a}\right)} \tag{7.39}$$

在电沉积中利用这个新的边界条件，我们可以像在第 7.2 节中那样重新审视在恒电流条件下 Fick 第二定律的解。这里无需再详细展开，界面处的阳离子浓度分布的新表达式（即 Sand 方程）变为：

$$c_{x=0} = c_0 - \frac{2i^c}{nF} \frac{\mu_a}{\mu_a + \mu_c} \sqrt{\frac{t}{D_{ambp}\,\pi}} \tag{7.40}$$

或者化简为：

$$c_{x=0} = c_0 - \frac{2i^c t_a}{nF} \sqrt{\frac{t}{D_{ambp}\,\pi}} \tag{7.41}$$

其中 t_a 是如第 5.2.1.5 节中方程（5.96）定义的阴离子迁移系数。

有趣的是，我们再一次在乘积项 $i^c t_a$ 中看到金属阳离子的沉积是与阴离子的运动相耦合的。

7.6 基于扩散的方程需注意的事项

在总结本章之前，有必要概述一下将电荷转移和物质传输方程应用于实际电化学装置时需要注意的事项，尤其是当那些电极在超出了电解质电化学稳定窗口的电位工作时，例如锂离子电池、锂金属电池和其他在高电压下工作的电池。

必须记住的是，推导以上方程时我们采用了一个重要假设，即界面和电解质体相之间所有物质转移都是由扩散驱动的，而没有离子迁移的影响。虽然电分析化学家可以通过使用支持电解质（参见第 5.2.1.5 节和本章前面的讨论）将他们研究的系统逼近这种理想情况，但对于许多实际的电化学反应而言，这种"理想化"的条件难以实现。因为在这些情况下能满足要求的支持电解质根本就不存在，典型例子就是用于锂金属和锂离子电池的电解质。

作为合格的支持电解质，它的所有成分（包括溶剂分子和溶质盐的阴阳离子）必须对该体系中任何化学反应都保持惰性，同时还要提供高的离子电导率，这样才能将被研究离子的迁移影响降到最低。

然而，大多数锂金属电池和锂离子电池电极反应所需的极低电位排除了几乎所有已知的电解质。在这些电极反应中，即锂离子还原［−3.04 V（vs SHE）］、锂离子在石墨［−2.94 V（vs SHE）］或硅负极［−2.60 V（vs SHE）］中嵌入，目前还没有发现任何电解质能够保持惰性而不被还原。换言之，没有任何一种电解质能够在锂金属电池或锂离子电池负极表面呈现热力学稳定性，因此锂金属电池或锂离子电池的合格支持电解质是不存在的。

因此，在研究锂金属电池或锂离子电池的电荷迁移和传质过程时必须记住的是：实际上，传质仅由离子扩散运动决定这一基本假设不再成立。因为像锂离子这样的电荷载体的运动不仅由浓度梯度驱动，还受到电极电位施加的电场影响（促进或抑制其运动），这种相互作用的综合结果即为双极扩散。如我们在第 7.5 节中简要展示的那样，它提供了一种解决二元电解质中这种复杂的阴阳离子运动问题的方法。然而，这种方法仍然过于简化了电解质成分之间复杂的相互作用，尤其是在新应用中日益重要的高浓度或超高浓度电解质。

界相的存在使情况变得更加复杂，我们将在第 8 章中简要地展开，然后在第二篇中更详细地讨论。

由于界相的存在，电荷转移不会在电极和本体电解质之间的非接触空间位置上发生。在连续的物质转移和电荷转移过程中离子还需跨越界相，这引入了额外的反应步骤，如图 7.1 所示。更重要的是，界相处的反应通常是速率控制步骤。

尽管如此，无论是电极、本体电解质还是跨界面，我们在前两章中推导出的方程仍然被广泛应用于模拟、计算、预测和解释锂金属电池和锂离子电池中的行为。研究者们通过不同程度的修正来纠正迁移驱动的物质传递和界相存在引起的各种偏差。例如，将 Sand 时间直接应用于锂枝晶的生长（第 10.2.2 节），以及修正 Butler-Volmer 方程用以描述锂离子在石墨负极上的嵌入 / 脱嵌［方程（6.128）］。

　　然而，必须记住的是这些修正大多是半经验的，并不是严格建立在经典离子学和电极学的数学和热力学基础上推理出来的。

　　对于这些将经典理论修改以接近现实的半经验方法，也许可以在天文学中找到一个有趣的类比。在哥白尼揭示地球绕太阳公转之前，基于地心说的托勒密模型几乎可以解释我们在天空中观察到的一切天文现象，并可以相当准确地预测日食和月食的发生。这些解释和预测通过纯粹的数学技巧可在计算上等效于哥白尼的日心说模型，但它们是建立在完全错误的科学基础之上的。

　　虽然上述方法在一定程度上有效，但最终我们还是需要开发新的、更科学正确的模型，尤其是在我们已经确认了界相存在的情况下更应如此。

参考文献

[1] H. J. S. Sand, On the concentration at the electrodes in a solution, with special reference to the liberation of hydrogen by electrolysis of a mixture of copper sulphate and sulphuric acid, *Proc. Phys. Soc., London*, 1899, **17**, 496–534.
[2] F. G. Cottrell, Der Reststrom bei galvanischer Polarisation, betrachtet als ein Diffusionsproblem, *Z. Phys. Chem.*, 1903, **42U**(1), 385.
[3] W. Nernst, *Studies in chemical thermodynamics*, Nobel Lecture, 12 December 1921, https://www.nobelprize.org/uploads/2018/06/nernst-lecture.pdf.

第 8 章
电极工作电压超出
电解质稳定极限时：界相

当电极电位超出电解质成分能够承受的范围时，电解质就会发生不可逆反应。这些不可逆反应有可能会分解各种电解质成分（溶剂分子、阳离子、阴离子等），并可能产生固体产物。这些固体产物随后沉积在电极表面，形成化学成分、形貌和厚度都不均匀的物理沉积层。

在某些（但非全部）情况下，这个物理沉积层可在电极表面形成独特的物理屏障。一方面，这种屏障能够阻止电子通过，从而防止电解质发生进一步的不可逆反应；另一方面，它允许某些对电池反应至关重要的离子顺利地穿梭通过。如前所述，这种选择性电子绝缘 / 离子导电是电解质的特性，即对电子绝缘以阻止不必要的电荷转移，同时对离子具有导电性以确保必要的电荷转移持续进行。我们将这种具有电解质性能的固体沉积层定义为"界相"[1-2]。

界相并非总会形成——它仅在一些特定条件同时满足时才会出现，而我们尚无法精确预测其形成的时间和方式。

作为一个相对较新的电化学概念，界相直至 1979 年才被 Peled 正式命名。当时他试图用界相解释为何碱金属和碱土金属在某些热力学不稳定的非水和非质子溶剂中能够保持稳定[3]。然而，关于界相的真正深入研究直到 20 世纪 90 年代锂离子电池商业化后才展开，大多数关于界相的基础知识正是在此之后获得的[4-5]。迄今为止，我们仍未完全弄明白界相的本质是什么、它是如何构造的、离子传输如何穿过它以及它在什么条件下产生。

我们所确知的是电解质和界相之间存在着密切关系。任何电解质的改变都会带来新的界相化学。

鉴于界相在现代电化学设备中的重要性，我们在此将从多个角度探讨其概念，但其形成机制和化学性质将留待第 16 章再进行详细探讨。

8.1　界面与界相的对比

在前几章中，我们讨论的界面只是不同相（即电极和电解质）发生接触的一个区域。

这个区域是带电的，并且在交界处的两相化学成分、形貌和电荷分布会发生突变，呈现双电层结构。

然而，这样的界面并没有固定的化学成分和结构。它的结构是动态的，能够在极短的时间内（通常 $<10^{-3}$ s）响应外加电位的变化。如果所施加的电位处于零电荷点（pzc）电位（参见第 6.3 节），双电层结构甚至可能消失，从而根本不带电。

换言之，界面的结构和化学成分是瞬时且可逆的［图 8.1（a）］。

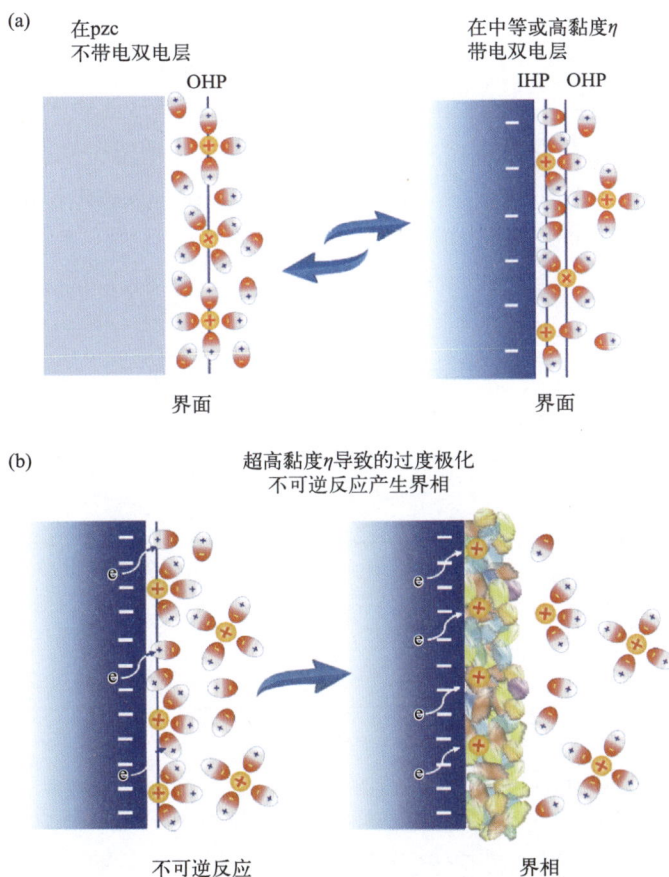

图 8.1　界面与界相的对比：（a）在 pzc（零电荷点）时，界面不带电，因此不存在双电层结构。当电极偏离pzc 时界面带电，并且出现双电层结构。在这一阶段，电极仍然处于电解质的电化学稳定窗口内，因此界面是动态且可逆的。双电层的结构和化学成分会随所施加的电位变化。（b）当电极电位超出电解质的电化学稳定窗口时，不可逆反应发生，可能形成沉积在电极表面的固体产物。如果这种固体沉积具有选择性导电的特征，即对离子导电但对电子绝缘，则构成界相。因此，界相具有相对稳定的结构和化学成分

不同于界面，界相是电极和电解质之间的一个独立相，具有相对稳定的化学成分、形貌和结构。虽然在某些情况下其化学成分和结构可能会演变，但这种变化的时间跨度要长得多（从数小时到数天甚至数月），绝非瞬时。最重要的是界相必须具备离子导电性和电子绝缘性。也就是说，图 6.10 中展示的界面电荷转移原则上不能跨越界相。

界相是电极的工作电压超出电解质的电化学稳定窗口引起的不可逆反应的结果［图 8.1（b）］。因此，电解质的电化学稳定窗口是帮助我们区分界面还是界相的一个重要的

描述符。

　　然而，必须牢记的是，超出电化学稳定窗口是界相形成的"必要但非充分"条件。因为并非所有不可逆反应都会产生固体分解产物，而产生选择性离子导电的固体电解质产物则更为罕见。

8.2　电化学稳定窗口

　　电化学稳定窗口是一个广泛使用的描述符，反映电解质在不可逆分解发生前能够承受的电化学应力（即过电位）的范围。简单定义来说，它是从还原极限到氧化极限的电压范围。尽管有多种电化学分析技术（库仑法、滴定法、恒电位法或恒流/动态法等）可用于确定这些稳定极限电压，但是循环伏安法（CV，一种动态电位技术）最常见，因为其能以最直观的方式表达这个限度（图 8.2）。

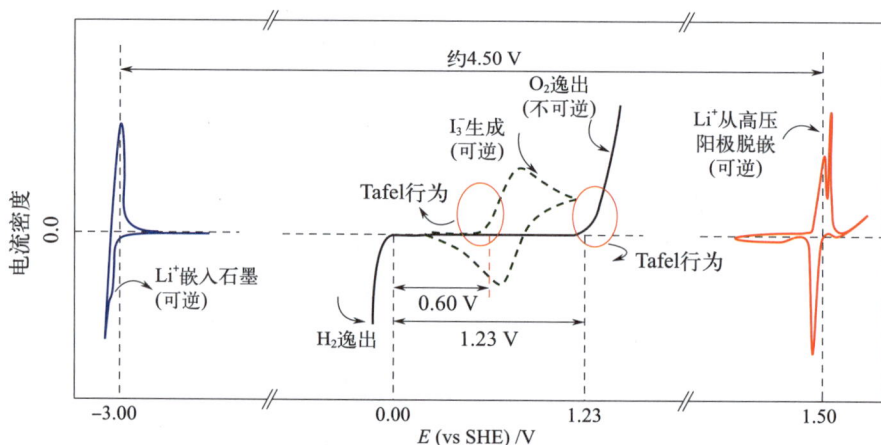

图 8.2　电化学稳定窗口由电解质中反应活性最高的成分来定义，他们的氧化和还原性决定了电解质的氧化和还原极限。双三氟甲烷磺酰亚胺锂（LiTFSI）的水溶液具有约 1.23 V 的电化学稳定窗口。因为 TFSI$^-$ 是一个稳定的阴离子，仅在高于析氧反应（OER）的电位下才能被氧化，而 Li$^+$ 是一个稳定的阳离子，仅在低于析氢反应（HER）的电位下才能被还原为锂金属。因此，在这种情况下，窗口的上限和下限是由电解质溶剂（水）的分解反应定义的。然而，碘化钠（NaI）水溶液的电化学稳定窗口仅为约 0.60 V，因为碘化物比水更容易被氧化，从而带来了较低的氧化限度。作为对比，图中还展示了锂离子在阴极侧与石墨主体的可逆插层/脱插层过程以及在阳极侧与高电压正极材料锂镍锰氧化物（LiNi$_{0.5}$Mn$_{1.5}$O$_4$）的插层/脱插层过程

　　需要指出的是电化学稳定窗口并不是一个数学意义上严格的量。因为无论使用何种技术进行测定，它的结果通常依赖用户设定的一些相对任意的标准。在 CV 中，这种人为设定的标准被称为是"阈值电流密度水平"。超过该阈值，说明在电极上发生了"显著的"电化学分解反应，此时该电流密度被视为"达到"阈值；否则就是所谓"背景电流"，这时电解液被认为是"稳定"的。

　　尽管其本质上并不严格，电化学稳定窗口仍然是一个非常有用的量。例如，如果某种电解质用于电池应用，其电化学稳定窗口会决定一个电池电压能支持的上限，因为阴

极（正极）材料肯定不应超过这种电解质的阳极（氧化）极限，而阳极（负极）材料不应超过其阴极（还原）极限。如果电化学装置需要进行可逆电池反应（例如在可充电电池中），这样的要求变得更加严格。

如上所述，前面几章讨论的所有界面电荷转移过程仅适用于"干净"的界面，即不存在任何固体沉积引起的附加相或屏障。换而言之，在存在界相的情况下，Lipmann 电毛细现象方程、Butler-Volmer 方程或其衍生方程已无法有效描述表面电荷的聚集和分布以及电荷转移的动力学过程，这些方程只在所研究的电荷转移过程及其对应的电化学反应是唯一反应且界面是完全可逆的二维表面时才有效。在大多数情况下，循环伏安法中观察到的电化学反应在反向施加过电位时是可逆的，这意味着当电位扫描方向发生变化时，电化学反应的产物可以转化回原始反应物。

为了满足这些对于干净且可逆界面的要求（即具备动态双电层结构和无不可逆反应的表面化学），必须满足一个特定条件：电极电压必须保持在电解质成分的稳定极限电压内。否则，界面可能会（尽管不总是）被界相取代。

我们已经了解到电解质由溶剂和盐组成。后者在溶解后解离成离散的阳离子和阴离子。只要电极上施加的过电位足够高，每个成分都可能发生其自身的电化学反应，不论是在正极方向还是负极方向。

换言之，只要电极上施加的过电位足够高，任何特定的电解质成分都可以在负方向或正方向进行电化学分解。因此，为了保持严格的干净界面，将第 6 章和第 7 章中的电荷转移方程保持有效，在界面上施加过电位必须谨慎，以确保除了所研究的反应外不发生任何其他不需要的电化学反应，并且所研究的反应本身也只发生在电解质的电化学稳定窗口内。

电解质的电化学稳定窗口通常由其最脆弱的组分开始发生氧化分解（或还原分解）的起点来定义，即"水桶短板"理论。因为起点的选择取决于人为设定的标准（如阈值电流），所以这种定义事实上并不严格。我们分别称这些起点为"氧化极限"和"还原极限"。氧化极限和还原极限不一定来自同一物种的分解。

为了说明电化学稳定窗口与界面和界相的关系，下面我们将使用两种典型的电解质作为例子详细阐述。

8.2.1　水性电解质和非水性电解质的电化学稳定窗口

如第 5.2.7 节中简要讨论的，水性电解质（无机或有机盐溶解于水中）具有约 1.23 V 的电化学稳定窗口（图 5.12），这主要由其中溶剂（即水分子）的氧化极限和还原极限决定。

在阴极侧，极限电压由水的还原分解产生的析氢反应（hydrogen evolution reaction，HER）决定，相应的化学方程取决于水性电解质的 pH 值。在酸性（pH<7.0）的水性电解质中：

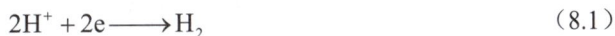

$$2H^+ + 2e \longrightarrow H_2 \tag{8.1}$$

在碱性（pH>7.0）的水性电解质中：

$$2H_2O + 2e \longrightarrow H_2 + 2OH^- \tag{8.2}$$

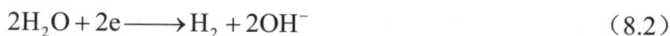

HER 通常只需要很小的过电位就能发生。换言之，对应于质子和氢气平衡的界面是高度非极化的，所以 HER 通常能在接近热力学的电势附近发生。这也是标准氢电极（SHE）作为可靠参比电极的主要原因。

在阳极侧，极限电压由水的氧化分解产生的析氧反应（oxygen evolution reaction, OER）决定。同样，具体的化学方程取决于水性电解质的 pH 值。

在酸性（pH<7.0）的水性电解质中：

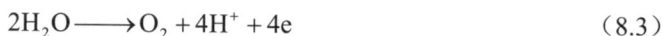

$$2H_2O \longrightarrow O_2 + 4H^+ + 4e \tag{8.3}$$

在碱性（pH>7.0）的水性电解质中：

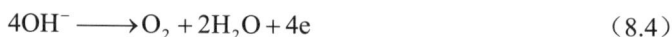

$$4OH^- \longrightarrow O_2 + 2H_2O + 4e \tag{8.4}$$

与 HER 不同，OER 的活化能垒较高，因而其动力学要慢得多，通常需要较高的过电位才能进行。主要原因是这样的过程涉及多个电子的转移。因此，对应氧气和水（或氢氧化物）平衡的界面是高度极化的。

实际上，如何减少 OER 及其可逆反应氧还原反应（oxygen reduction reaction, ORR）的过电位一直是燃料电池和电催化研究的核心问题。通常需要昂贵的贵金属如铂作为催化剂降低氧气和水分子之间的活化能垒。

由于水的电化学稳定性限制，水性电解质的应用受限。如果研究人员想研究具有较高电正性的金属离子（如锂离子或钠离子）的还原行为或具有较高电负性的稳定阴离子（如双三氟甲烷磺酰亚胺阴离子 TFSI⁻）的氧化分解行为，他们不应选择这些盐（LiTFSI 或 NaTFSI）的水性溶液，因为他们将永远既看不到锂或钠金属（Li⁰ 或 Na⁰）的沉积，也看不到 TFSI⁻ 的氧化分解。相反，在循环伏安图的阴极侧他们只会看到 HER，而在阳极侧只会看到 OER，这两者都是水分解的结果（图 8.2）。他们想看到的电极反应远远超出水的电化学稳定窗口。

为了观察这些碱金属离子的还原或 TFSI⁻ 阴离子的氧化，他们必须避免使用水性电解质，而应考虑非水性和非质子溶剂的电解质，以避免 HER 和 OER 限制的干扰。例如，以环丁砜或烷基腈为溶剂的某些非水性电解质具有足够的抗氧化性，足以用于观察盐阴离子的氧化过程。另一方面，碱金属离子的还原反应通常发生在非常低的电位下。为了实现可逆的碱金属沉积，需要找到能够在如此低的电位下仍能保持稳定且不会分解的电解质。然而，已知的电解质，即使是基于非水性和非质子溶剂的电解质，也无法在该电位下保持热力学稳定并支持碱金属离子的可逆沉积。因此，需要借助界相扩展电化学稳定窗口。这种情况尤其体现在使用非水性和非质子溶剂的锂金属电池或锂离子电池中，尽管这些溶剂存在固有的缺陷，如高易燃性、环境毒性和高成本，但现阶段我们别无选择。

然而，如果研究人员仅希望研究碘化物（I⁻）的氧化分解，那么水性电解质是一个方便的选择。因为碘化物氧化为三碘化物（I₃⁻）或碘（I₂）发生在 0.55 ～ 0.60 V，远低于 OER，并且位于水的电化学稳定窗口内。值得注意的是，这种碘化物的氧化反应与水的氧化分解不同，它是可逆的，因为产物 I₃⁻ 或 I₂ 仍滞留在电解质中。如果电极上的电位反转，这些滞留物质可以被迅速还原，而不像氧气那样从系统中逸出。在 CV 中，这种可逆过程表现为闭合的形状（图 8.2），其阳极氧化过程和阴极还原过程的电流峰值之间仅隔一窄间隙，而且峰型高度对称。

因此，由于电解质的氧化极限现在由碘化物（而非水）的氧化定义，碘化钠水溶液的电化学稳定窗口缩小到仅 0.60 V（图 8.2），所以其作为电解质的适用性进一步受限。

8.2.2　通过界相扩展电化学稳定窗口

如前节所述，目前碱金属电池尚未具有能够提供足够热力学稳定的电解质，以适应极端电位下碱金属离子的还原反应。然而，实际情况是这些碱金属离子的还原或嵌入反应确实能在某些特殊选择的非水性电解质中可逆地发生，这些电解质构成了包括商业上成熟的锂离子电池在内的几种可充电电池化学体系的基础。

为什么会有这样的差异？答案就在于界相。

界相具有选择性导电的特性，即对离子导电而对电子绝缘。换言之，它本质上充当了一个额外的电解质。离子透过界相的导电性可确保涉及这些必需离子的连续电化学反应，电子转移的绝缘则防止了电解质得电子或失电子而发生还原或氧化反应。

因此，界相一旦在电极上形成，它实际上扩展了电解质的有效电化学稳定窗口，使其能够承受这些电解质成分在热力学上无法承受的电位。图 8.2 展示了锂离子在阳极侧石墨主体［约 −3.0 V（vs SHE）］和在阴极侧高电压材料锂镍锰氧化物［$LiNi_{0.5}Mn_{1.5}O_4$，约 1.5 V（vs SHE）］上可逆嵌入 / 脱嵌过程的循环伏安曲线。扩展的 4.5 V 电化学稳定窗口得益于界相提供的动力学稳定性，这是电极和电解质"共同作用"的结果。

界相的存在实现了锂离子在非水性电解质中进行不同主体结构的嵌入行为，从而为构建基于多样化化学体系的锂离子电池提供了可能（图 8.3）。

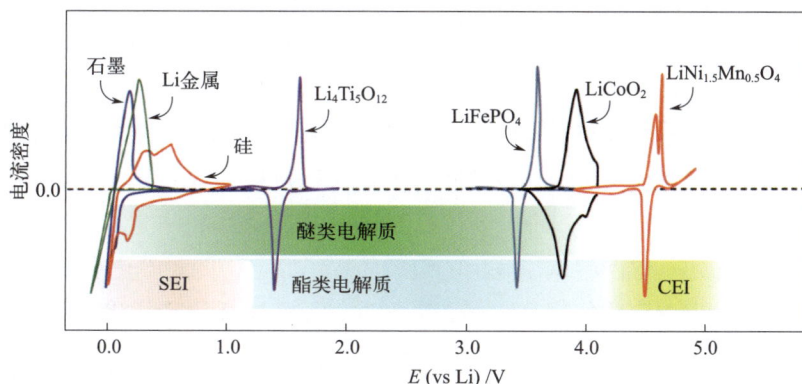

图 8.3　几种典型阳极和阴极化学体系在先进锂离子电池中的工作电位、锂金属的工作电位以及两类常用电解质（醚类和碳酸酯类）的电化学稳定窗口，如阴影条带所示

传统认知中，界相只可能存在于以醚或碳酸酯为溶剂的非水性电解质中，这些溶剂能够作为形成固体产物的化学源。然而，自 2015 年以来许康和王春生、山田及其同事的

最新研究表明，通过将界相的化学源从溶剂分子中剥离出来，即使在水性电解质中也能形成界相[6-8]。

在具有界相的先进电化学系统中，每种新电解质总是伴随着新的界相化学。事实上，大多数电解质设计和工程研究实际上就是在寻找新的界相化学。

扩展的电化学稳定窗口使得看起来在极端电极电位下不可能发生的可逆电荷转移变得可能。电解质原本会被这些极端电位破坏，但由于界相的存在而变得稳定。需要注意的是，在这种情况下，那些针对界面的电荷转移方程将不再适用，因为界相作为具有电解质性质的独立相可能已经改变了 Butler-Volmer 方程的适用基础。

8.2.3　界相的功能

界相在如锂离子电池这样的高电压装置中具有独特的重要性。严格来说，如第 6 章和第 7 章所讨论的理想界面并不存在于锂离子电池中，或者不存在于任何先进的电化学装置中，因为大多数情况下这些电极的工作电压超出了电解质的热力学稳定极限电压，所以这些电化学装置里的电极与电解质界面转变为界相。因此，我们在前面章节中讨论电荷转移过程的数学处理不能直接应用于这些先进体系。经验法则是，如果电化学器件在输出电压高于 3 V 的条件下运行，几乎可以肯定其中存在某种形式的界相，可能是在正极上、负极上或两者皆有。

界相的独特性质能够使某些电化学反应能够在超越电解质自身热力学稳定区间的电位条件下保持可逆进行。换一句话说，界相使得那些在极端电位下被判定为热力学不可逆的电化学反应具有动力学可逆性。

这种动力学稳定性对于电化学装置具有重要意义，它实现了电化学装置能够在极端电位下运行，并达到热力学无法预期的卓越性能。最突出的成功案例是锂离子电池。它们的高能量密度和可逆性是在负极［约 −3.00 V（vs SHE）］和正极［高达 1.5 V（vs SHE）］的极端电位下实现的，这种动力学稳定性由界相提供（图 8.3）。

在大多数情况下，界相通过电极与电解质之间的不可逆反应产生。在充分理解界相的化学和形貌后，研究人员也可以在电极表面人工设计界相化学。

得益于锂离子电池的商业化成功，研究最透彻的界相自然是源自这一类型的电池。负极表面的界相通常称为"固体/电解质界相"（solid electrolyte interphase, SEI），而正极表面的界相称为"阴极/电解质界相"（cathode electrolyte interphase, CEI）。如第 8.1 节所定义［图 8.1（b）］，这两者均以界相的电解质性质命名，即对电化学反应至关重要的离子具有导电性，但对电子绝缘，以防止电解质的不可逆还原或氧化分解。SEI 应来自电解质组分的还原分解反应，CEI 则来自电解质的氧化分解反应，尽管在某些情况下电池中还原物质或氧化物质的"穿梭"使得这种分类变得复杂。

在更大的背景下，宽阔的电化学稳定窗口不仅仅是锂离子电池的需求。任何电池化学都希望有一个更宽的电化学稳定窗口，以最大化其储存的能量。这一需求实际上也来自许多其他电化学过程，其中某些所需的反应仅存在于热力学禁止的极端电位下。在这些情况下，界相的主要功能是确保所需反应进行而抑制副反应，包括电镀、防腐和电有机合成。

　　尽管对界相的认识始于锂金属，但对界相更深的理解是通过锂离子电池实现的。界相早在 Peled 定义它之前就已经是许多电化学装置中的常见组成部分，那时它们被统称为"钝化层"[3]。因此，理解界相是什么、它是如何构造的以及如何生成的，构成了现代电化学和材料科学中的关键部分。

8.3　电化学稳定窗口与界相的关联

　　最后，让我们探讨电化学稳定窗口与界相之间错综复杂的关系。

　　我们在第 6.5.5.3 节中讨论 Butler-Volmer 方程的高过电位情景时，提到 Tafel 行为实际上提供了一种极为强大的工具来加速电化学反应，其中电极电位的增加会导致后者呈指数响应：

$$i_c = i_0 e^{-\frac{\beta \eta F}{RT}} \tag{6.97}$$

$$i_a = i_0 e^{\frac{(1-\beta)\eta F}{RT}} \tag{6.98}$$

与传统化学中使用物质浓度、温度或压力相比，通过电路施加过电位无疑更加方便、精确且有效。

　　然而，这种强大的工具并不总是可用——它仅在某些条件下起作用。其中一个关键条件是前一章所描述的"干净"界面。如果在电极表面存在额外相（例如固体沉积），将不可避免地改变 Butler-Volmer 方程的基础。换言之，使上述 Tafel 关系成立的前提是无界相的存在。

　　更确切地说，为了使上述 Tafel 关系或任何从 Butler-Volmer 方程推导出的关系成立的充分条件是施加的过电位在电解质的电化学稳定窗口内。

　　然而，这不是一个必要条件，因为当电极的电位超出其电化学稳定窗口时，由此引发的不可逆反应不一定会产生沉积于电极表面的固体产物。在没有有效界相形成的情况下，尽管过电位会同时催生各种副反应，Tafel 关系仍可能对电流 - 过电位关系成立。

　　基于上述讨论，电化学稳定窗口与界相之间的合理关联可以总结如下：

　　（1）当电极在电解质的电化学稳定窗口内运行时，界面占主导地位，而且电荷转移动力学的量化关系（如 Lipmann 电毛细现象方程、Butler-Volmer 方程和 Tafel 关系）精准成立。

　　（2）当电极运行超出电解质的电化学稳定窗口时，会发生不可逆反应，这些反应可能会（也可能不会）将界面转变为界相。

　　那么，如何确定 Tafel 关系在哪种情况下有效呢？

　　在大多数情况下，反应不可逆是因为产物的性质造成的。如果其产物中至少有一种离开了平衡体系或对电子绝缘，则反应在动力学上不可逆。这里包括三种情况：产物为逃逸的气体、与主体电解质发生相分离的液体、沉积在电极表面的新固相。因而，不可逆反应并不能保证界相的形成。

在这三种情况中，前两种（生成气体或相分离液体）可能仍然保持界面"清洁"，因此其生成速率仍可能遵循 Tafel 行为。在最后一种情况下，在电极/电解质界面出现了新的固相，它是一个独立的相。然而，它仍不一定是界相，因为它可能对电子导电，例如图 6.10（a）所示的金属沉积层。只有当这种固体沉积对电子绝缘时，它才会成为界相。

图 8.1 示意性地展示了界面如何演变成界相，这不仅需要电极表面电势超出电解质的电化学稳定窗口，还需要不可逆反应产生选择性导离子不导电子的固体钝化层。

关于电解质及其伴随的界相的详细讨论将在第 16 章展开。

参考文献

[1] K. Xu, Non-aqueous liquid electrolytes for lithium-based rechargeable batteries, *Chem. Rev.*, 2004, **104**, 4303–4417.
[2] K. Xu, Electrolytes and interphases in Li-ion batteries and beyond, *Chem. Rev.*, 2014, **114**, 11503–11618.
[3] E. Peled, The Electrochemical Behavior of Alkali and Alkaline Earth Metals in Non-aqueous Battery Systems—The Solid Electrolyte Interphase Model, *J. Electrochem. Soc.*, 1979, **126**, 2047–2051.
[4] R. Fong, U. von Sacken and J. Dahn, Studies of lithium intercalation into carbons using nonaqueous electrochemical cells, *J. Electrochem. Soc.*, 1990, **137**, 2009–2013.
[5] D. Aurbach, M. D. Levi, E. Levi and A. Schechter, Failure and stabilization mechanisms of graphite electrodes, *J. Phys. Chem. B*, 1997, 2195–2206.
[6] L. Suo, O. Borodin, T. Gao, M. Olguin, J. Ho, X. Fan, C. Luo, C. Wang and K. Xu, Water-in-Salt' Electrolyte Enables High Voltage Aqueous Li-ion Battery Chemistries, *Science*, 2015, **350**, 938–943.
[7] Y. Yamada, K. Usui, K. Sodeyama, S. Ko, Y. Tateyama and A. Yamada, Hydrate-melt electrolytes for high-energy-density aqueous batteries, *Nat. Energy*, 2016, **1**, 16129.
[8] K. Xu and C. Wang, Batteries: widening voltage windows, *Nat. Energy*, 2016, **1**, 1–2.

引　言

　　本篇将介绍各类电化学装置及其特点，并探讨所用电解质的独特性和共性。在 Volta 和 Faraday 的时代，电化学装置常常是少数业余爱好者手中的新奇玩具，并通常重门深锁于实验室中，偶尔才会向猎奇的公众展露峥嵘。

　　现如今，电化学装置已融入日常生活，其中最常见的例子是锂离子电池。自 20 世纪 90 年代发明以来，锂离子电池几乎主宰了人们的生活，为智能手机、电动汽车以及各种电子设备和电网提供电力。根据 Avicenne 咨询集团（http://www.avicenne.com/reports_energy.php）的统计，2019 年全球生产了约 200 GW·h 的锂离子电池，使用了约 23 万吨液态非水性电解质作为其"血液"。尽管在 2020 ~ 2022 年期间受到新冠疫情影响，这些数字仍以每年约 20% 的速度增长。燃料电池和电化学双电层电容器的市场规模较小，但它们在小型电子设备、汽车和电网中仍占据难以被取代的地位。可以说，电化学能量的高效生产和储存对于文明的未来至关重要，并且决定了人类经济活动的去碳化进程。

　　除了能源应用外，电化学传感器也广泛存在于日常生活中，例如用于监测糖尿病患者血糖水平、检测环境和建筑中的有毒气体以及通过电化学氧化乙醇识别醉酒驾驶者。心电图（ECG）和脑电图（EEG）则是电化学设备在医学中的高级应用。

第二篇

应用篇：
电化学装置中的电解质

电化学过程还提供了材料表面处理的方法，如电镀（金属沉积）和电抛光（金属去除），这些方法是半导体和电子工业中精密微蚀制造的重要工具。此外，几乎所有建筑中的金属结构都需要通过电化学原理抑制腐蚀，特别是海洋中的石油钻井平台，因为在高温高盐和高湿度环境下金属材料极易发生电化学氧化。

最后，依赖电化学过程能够合成大量基础化学材料，以支撑全球工业的发展。这些材料包括碱金属单质、碱金属氢氧化物、卤素、氧气、过氧化氢、铝和钛等，大部分最终会进入日常使用的产品中。其中某些化学品，如碱金属单质（锂、钠、钾等），必须通过电解法生产，因为其他化学方法无法制备它们。这些金属的电正性如此之高，以至于没有其他化学元素能将它们从离子态置换为元素态，这一点从它们极负的电位中可以看出。

展望未来，许多新兴技术都将围绕电化学展开——新型化学电池，燃料电池，太阳能电池，利用热能、潮汐能、生物能和声能的发电装置，以及水的电解脱盐和电解净化等。

电化学装置已经并将继续成为人们生活中不可或缺的一部分。同样，电解质和界相是这些电化学设备中必不可少的组分。

第 9 章
电化学装置

电化学装置通过控制电子流动的方向和数量进行化学反应，进而操控反应的进程。所有电化学装置的反应都涉及物质的得电子（还原）或失电子（氧化），即氧化还原反应。其他不涉及电子转移的化学反应，如酸碱中和、离子交换引起的沉淀以及离子与配体之间的络合反应，通常难以（甚至无法）通过电化学方式进行。

为了实现氧化还原反应，电化学装置必须将反应分成两个半反应，以防止反应物直接相互作用。所有反应物之间的电子交换必须在电极 / 电解质界面处发生（图 6.1），并通过外部电路进行定向电子流动。电解质和界面 / 界相的作用包括：①确保反应物之间的物理分隔，防止电子在反应物之间"泄漏"；② 维持物质传输，确保反应所需物质的充分供应和生成物的及时移除（图 6.10）。

根据反应的自发性，电化学装置要么产生电能以驱动外部负载，要么需要外部电源提供电能。

现代电化学装置的电极命名大多遵循 Faraday 在 1834 年提出的定义：阴极是发生还原反应的地方（即正离子所移动的方向），阳极是发生氧化反应的地方（即负离子所移动的方向）。但在可充电电池里上述规则不成立，因为充电和放电时正离子和负离子会分别逆反移动方向。这一点下文会详述。

按照设计目的，大致可以将电化学装置分为 4 类：

（1）材料生产类电化学装置。此类装置通过消耗电能生产化学品，如电解或电合成设备。它们常用于生产无法通过其他方法制备或成本过高的化学品，如锂、钠、铝金属等；或形成具有独特形态的金属沉积，如电镀设备，用于展示精美的装饰或功能特性。在电子工业中，稀有金属如铜、金等通过电镀工艺被制成复杂的二维和三维几何形状，以构建微米级分辨率的印刷电路板，这是该技术的顶峰。

（2）电能生产类电化学装置。此类装置通过消耗材料产生电能，例如燃料电池和一次性（不可充电）电池。燃料电池是开放系统，可以连续供给反应物，只要有"燃料"，就能持续发电；电池是封闭系统，无法补充材料，能量有限。然而，某些新型电池，如金属 - 空气电池（其中的阴极材料氧气来自空气，而锌等金属阳极可以更换），以及配备外部可移动反应池的"液流电池"等，模糊了这一界限。这类装置俗称"发电装置"。

（3）可逆（可充电）的电化学装置。此类装置既可以通过消耗材料产生电能，也可以逆转方向，通过消耗电能生产材料，它们包括可充电电池和电容器。尽管严格来说电化学双电层电容器因不涉及化学反应而不消耗任何材料，但其仍被归类于可逆的电化学装置。

由于这些装置中的反应或过程是可逆的，给命名带来了一定的挑战。在传统定义中，"阴极"是发生还原反应的电极，"阳极"是发生氧化反应的电极。但在可充电电池中，一个给定的电极在放电时是阴极，但在充电时则变为阳极，而它的对电极则刚好相反。

为避免反复改名造成的混淆，电池行业采用了一种与电极反应性质脱钩的命名方法：即把始终在较高电位运行的电极称为阴极（正极），始终在较低电位运行的电极称为阳极（负极）。这种替代命名法的结果便是"阴极"和"阳极"的经典定义仅在电池放电时适用，即电池在工作时。当电池在充电时，传统的"阴极"和"阳极"定义不再适用，因为此时设备被视为"休息中"。尽管"正极"和"负极"这两个术语更少引起混淆，但在科学文献中并不常用。

第三类电化学装置通常被称为"储能装置"。与发电装置的主要区别在于它们可以储存能量并按需释放，类似于一个能量容器，而发电设备更像是一个不断将材料转化为能量的热机。

（4）监测类电化学装置。此类装置通过检测特定反应产生的电流监测物质、现象或过程，例如电化学传感器。这些设备需要高灵敏度、实时响应以及物质浓度与电流/电压之间的精确关系，而不是侧重高转换效率、高能量密度或高反应速率。血糖检测仪即是这一类装置的代表。

在本书中，我们将专注于电化学能源和动力设备中的电解质、界面和界相，特别是以可充电电池为重点进行讨论。

9.1　电化学装置是如何工作的？

电化学装置通过电荷分离和复合过程带来的能量变化进行工作[1]。这些电荷分离和复合过程可以通过纯物理方法实现，例如在电化学双电层电容器中，没有化学反应发生，也没有新物质生成；也可以通过化学方法实现，例如在电池中，氧化/还原反应通过电化学方式进行，当电荷分离或复合时，其自由能变化以电子流的形式表现出来。

后者的一个典型例子如图 6.1 所示，图中展示了如何将锌金属（Zn^0）和铜离子（Cu^{2+}）之间的传统氧化还原反应转变为电化学反应，形成电池，并将这种自发反应释放的能量转化为电能。在这一过程中，电解质起着关键作用。电解质与电极间界面的形成使氧化还原反应分裂成两个独立的半反应，并成为电子交换的唯一合法场所。

因此，电解质和界面的存在强迫电子通过外部电路进行定向流动，而不是进行无规的电荷转移。

在第 8 章中讨论了当先进电化学装置中的电极在极端电位下工作时界面如何变为界相。界相通常是电子绝缘体。在这种情况下，电子交换（或电荷转移）不能在分隔电极和电解质的界相处发生，而是在工作离子穿过界相后首次与电极材料相遇的交界区域发生。这一点在图 8.1 中有详细描述。尽管存在这种差异，无论是在电化学装置中的界面还是界相，电子交换都不能在电解质内发生，这样才能确保电子通过外部电路进行有序流动，就像图 6.1（a）中描绘的化学氧化还原反应那样。

在基本层面上，电荷分离和复合过程中涉及的能量变化与带电粒子跨越电位差时所做的电功有关。

假设一个带有基本电荷的粒子（离子或电子）跨越电位差 ΔV，那么相应的电功（W_e）为：

$$W_e = e\Delta V \tag{9.1}$$

式中，e 是粒子的电荷量，ΔV 为电位差。

相应地，如果 1 mol 带电粒子，每个带有价电子数 n，跨越同样的电位差 ΔV，那么涉及的电功（W_e）变为：

$$W_e = q\Delta V = nF\Delta V \tag{9.2}$$

式中，F 是 Faraday 常数（96485 C/mol），表示每摩尔电子的电荷量；n 为每个粒子的价电子数；ΔV 为电位差。

在公式（9.1）中实际上存在一个隐含假设，即尽管电荷在移动，但电位差（ΔV）保持不变。实际上，如果电荷分离是物理性的，如在电化学双电层电容器中，ΔV 将不可避免地发生变化，除非涉及的电荷量极小。然而，在电池或燃料电池中，电荷分离主要由阳极（A，$\overline{\mu_A}$）和阴极（C，$\overline{\mu_C}$）之间的本征电势差决定，即由阳极和阴极材料中的电子能级差异决定。因此，在大量电荷移动时，ΔV 可能几乎保持恒定。后续将在第 9.1.3.3 节讨论这种特殊情况。

如果这种电功是在恒温恒压下完成的，根据热力学定律，这种电功反映了电化学系统中 Gibbs 自由能（ΔG）的变化：

$$\Delta G = -W_e = -nF\Delta V \tag{6.5}$$

式中，ΔG 是 Gibbs 自由能的变化，n 是反应中每摩尔电子的数目，F 是 Faraday 常数（96485 C/mol），ΔV 是电位差。这个关系式说明了在恒温恒压条件下化学反应的自由能变化与电功之间的联系。

事实上，我们在第 6.1 节中已经遇到了这个公式。

正如在第 6.1 节中简要讨论的那样，在电化学中，当两个电极与电解质达到平衡，即净电流为零时，这两个电极之间的电位差称为电动势（emf），记作 E。

因此，公式（9.2）可以写成更著名的形式：

$$\Delta G = -nFE \tag{9.3}$$

这一关系是图 6.1（b）的数学表达，将化学中的能量变化转化为电化学过程中的能量变化。与国际单位制（SI）推荐的单位不同，电化学中的能量通常用瓦时（W·h）而不是焦耳（J）表示：1 W·h 定义为 3.73296×10^{-2} mol 的电荷（离子或电子）在 1.0 V 的电势差下完成的电功，相当于 3600 J。在评估电化学装置的能量产生或储存能力时，通常使用重量能量密度（W·h/kg）或体积能量密度（W·h/ L）表示其性能。

9.1.1　燃料电池

前面提到燃料电池常被称为"电力转换装置"，因为它结合了热机和发电机的特性，其开放式设计用于消耗材料并产生电能。然而，燃料电池与热机（如内燃机、蒸汽机或 Stirling 发动机）有一个根本的不同，即燃料电池不受 Carnot 循环限制。燃料电池的燃料不是直接燃烧氧化，而是通过电化学氧化转化为电能，因此其电力转换效率理论上可以达到 100%。但实际上，由于动力学限制和副反应的存在，实际燃料电池的效率无法达到这一理想水平。依靠氢气运行的燃料电池的最高转换效率通常在 60% ～ 70% 之间，但这已经远高于大多数热机 20% ～ 30% 的效率。

所有燃料电池都使用来自空气中的"免费"阴极材料即氧气，而燃料实际上是活性阳极材料，涵盖了从氢气到各种醇类、醛类甚至碳氢化合物[2]。每种阴极材料和阳极材料都是特定的化学物质，具有其自身的特征本征电位。阴极材料和阳极材料的本征电位差决定了电池的理论最高电动势（emf）。然而，电池的实际电压受到更复杂的因素影响，因为每种电极材料中的电子能级是独特的，这使得当电极与电解质达到化学平衡时电极具有独特的本征电位，这一过程由能斯特方程描述。此外，界面上电荷转移的活化能垒也进一步影响上述平衡。

最简单的燃料电池化学基于氢气，其电池反应是水的电化学分解反应的逆过程，如第 8.2.1 节中的公式（8.1）和公式（8.3）所示，即氢和氧通过各自的电化学半反应复合成水。

为了充分利用这些气态反应物，两极不仅需要设计通道引导气体流动，还必须由多孔材料构成，以确保氧气和氢气能够在三相界面与电解质（液体或聚合物水饱和溶液）和电极（固体）充分接触。同时，电极上必须使用催化剂来加速反应，特别是在氧气参与后缓慢的四电子还原过程中。最有效的催化剂是铂及其在元素周期表中的其他稀有金属。然而，这些催化剂的高成本构成了室温燃料电池广泛商业化的主要障碍。

大多数氢燃料电池在酸性条件下运行，因此相应电极上半反应以如下方式进行。

在阳极侧：

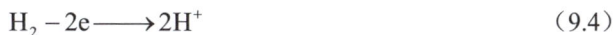

$$H_2 - 2e \longrightarrow 2H^+ \tag{9.4}$$

在阴极侧：

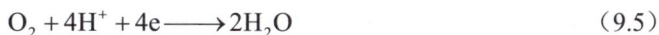

$$O_2 + 4H^+ + 4e \longrightarrow 2H_2O \tag{9.5}$$

需要注意的是，由于阴极半反应和阳极半反应中的反应物均为气态，燃料电池中的物理"阳极"和"阴极"仅作为电荷转移的介质。它们必须提供通道以允许这些气态反应物进入，并且传导电子到达或离开反应物，但本身未参与电化学反应。

燃料电池中的电解质必须满足电荷传输和质量传输的需求。在氢燃料电池中，最常用的电解质是基于 20 世纪 60 年代由杜邦公司发明的聚合物材料 Nafion。Nafion 是一种高度氟化的聚烯烃材料，其高分子骨架上以共价键固定了磺酸阴离子基团（图9.1）。这种结构使得质子（或其他阳离子）能够通过聚合物电解质膜传输，而阴离子由于与聚合物链的共价键合而无法移动。

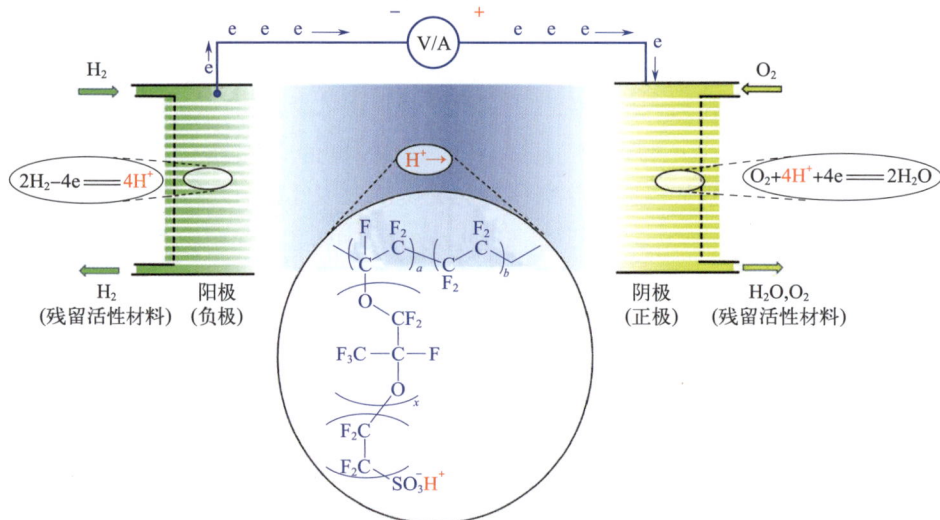

图9.1 氢燃料电池及其基于 Nafion 的聚合物电解质膜的示意图。该单离子电解质实质上是水性介质，通过水合质子（H_3O^+）在相邻磺酸盐位点之间的跳跃实现导电。由于电极是多孔结构以允许气体渗透，实际的电极/电解质界面位于电极的内部，而非电极的几何表面

在燃料电池中使用的 Nafion 基电解质膜的性质仍然是水性的，因为其中实际的导电物质是水合质子（H_3O^+）。因此，Nafion 聚合物电解质膜必须在一定的湿度条件下工作，以确保足够的质子导电性。实际上，它可以视为一种特殊磺酸的水溶液，其中键结在聚合物骨架上的磺酸基团阴离子由于体积过大而无法移动，因此这种电解质的离子导电性仅来自阳离子即质子。这种电解质被称为"单离子电解质"或"聚电解质"。

单离子电解质可以由聚合物材料制成，其中一个离子通过共价键固定在聚合物骨架上，如 Nafion。它们也可以由无机材料制成，其中固定的晶格由一种离子（无论是阳离子还是阴离子）组成，而另一种离子可以在相邻位点之间跳跃，如无机固体电解质（图2.1）。

如第8.2.1节所述，大多数水性电解质的电化学稳定窗口仅约为1.23 V，其阳极和阴极的电压极限由水的氧化和还原分解起始点决定（图8.2）。因此，基于氢气和氧气复合反应产生能量的电化学装置无法在高于1.23 V 的电池电压下运行。实际上，加上动力学和其他损失后，大多数燃料电池的开路电压大约为1.0 V。这样的电压仍在水性电解质（包括 Nafion 聚合物）的电化学稳定窗口内，因此燃料电池中不会形成界相。换句话说，大多数基于动力学的公式，如 Butler-Volmer 公式，依然适用于燃料电池的电解质/电极界面。

正如水的分解可以在酸性或碱性条件下发生[第8.2.1节中的公式（8.2）和公式（8.4）]，氢气和氧气的电化学复合反应也可以在碱性电解质中进行。

在阳极侧：

$$H_2 + 2OH^- - 2e \longrightarrow 2H_2O \tag{9.6}$$

在阴极侧：

$$O_2 + 2H_2O + 4e \longrightarrow 4OH^- \qquad (9.7)$$

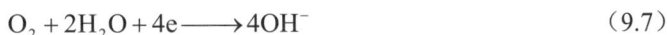

显然，现在电池反应需要氢氧根离子（OH^-）在电池内进行质量传输，因此 Nafion 不能再作为电解质。在这种情况下必须使用碱性电解质，最常见的是以共价键固定在聚合物骨架上的铵或其他阳离子，以便相应的阴离子（OH^-）能够移动。

这种碱性电解质仍然是水性的，出于相同的原因，在电极与电解质接触的地方不会形成界面。

阴极（氧气）和阳极（氢气）材料的本征电势取决于电解质的 pH 值。然而，它们对 pH 值的依赖性是相同的，如 Pourbaix 图（图 5.12）中的两条平行线所示，这一点可以从公式（8.1）～公式（8.4）中推导出来。

对于氢气：

$$E_H^0 = 0.00 - 0.0591\,\text{pH} \qquad (9.8)$$

对于氧气：

$$E_O^0 = 1.228 - 0.0591\,\text{pH} \qquad (9.9)$$

因此，无论是酸性燃料电池还是碱性燃料电池，在平衡状态和标准条件下（即25℃，所有气态物质的分压为 1.0 atm，溶液中所有反应物的活度为 1.0），其电池电压都是 1.228 V。然而，由于各种动力学因素，电池电压通常会降低到大约 1.0 V。

相比酸性燃料电池，碱性电解质面临一个特有的挑战，即二氧化碳（CO_2）中毒。燃料电池通常是开放系统，它需要使用环境空气中的氧气作为阴极材料，然而环境空气中不仅含有氧气，还含有其他组分。除了可能堵塞阴极空气通道或使催化剂失活的灰尘和其他杂质外，CO_2 对碱性电解质的影响尤为严重，因为它会与氢氧根（OH^-）反应，形成通常难溶的碳酸盐。

一个常见的问题是：为什么在燃料电池中广泛使用聚合物单离子电解质（如用于酸性条件下运行的质子交换膜燃料电池中的 Nafion 聚合物），而在其他电化学装置（如电容器和电池）中却鲜少见到单离子电解质？

实际上，如果单离子电解质可用，所有电化学装置都会倾向于使用这种电解质。单离子电解质的理想之处在于，它只允许与电池反应相关的离子移动，阻止不参与反应的离子（如对离子）移动，从而实现传输数为 1（例如 $t_{H^+}=1.0$），避免了由反离子迁移引起的浓度极化。

然而，并非所有电池反应都适用单离子电解质。例如，如果将 Nafion 聚合物基质中的质子替换为 Li^+，离子电导率会骤降为万分之一，从室温下质子的典型范围 0.1 ～ 0.2 S/cm 下降到室温下的 10^{-5} S/cm 或 70℃时的 10^{-4} S/cm。尽管此时 Li^+ 的传输数变为 1.0，但如此低的离子电导率无法支持有意义的电池反应以及倍率。

这种急剧下降的原因是什么？答案实际上在第 5.2.8 节（图 5.14）中已经给出。

质子在水性电解质中的传输是通过 Grotthuss 机制（图 5.14）实现的，这种机制依赖水分子通过氢键网络的优先取向和质子作为简单原子核的量子隧穿效应带来的高传导概率。因此，这种超快传输可以部分弥补反离子固定在聚合物骨架上造成的电导率损失。换言之，燃料电池中使用聚合物单离子电解质的优势源于质子的独特传输机制。

然而，这种优势对 Li$^+$ 或其他离子并不存在。因此，人们被迫使用具有实用离子电导率的电解质，哪怕其中的阳离子（如 Li$^+$）和阴离子都可以移动。这种妥协普遍存在于大多数电化学装置中，因为对实际质量传输速率的需求往往超过了对传输质量的考虑。

除了离子电导率和传输数外，燃料电池中使用聚电解质的另一个关键因素是需要在阴极和阳极之间设置物理屏障，以防止反应物直接接触并发生化学反应。在电池和电容器中，这种物理屏障通常由薄膜多孔聚合物材料如无纺聚烯烃或聚酰亚胺提供。然而，燃料电池中的气态反应物（如氧气和氢气）可以轻易穿透这些惰性聚合物材料。单离子导体如 Nafion 成功解决了这一挑战，因为该屏障只允许质子通过离子交换机制穿过，从而最大程度地限制反应物的跨膜传输。

9.1.2　电化学双电层电容器

第 6 章展示了电极和电解质之间的界面通常会电离成双层结构，这是两相之间的电荷累积或耗散引起的（图 6.2）[3]。

假设界面的两侧分别带有 $+q$ 和 $-q$ 的电荷，界面上的静电场（X）由高斯（Gauss）定律给出：

$$X = \frac{q}{A\varepsilon} \tag{9.10}$$

式中，A 和 ε 分别是界面的面积和位于两层相反电荷之间的介质的介电常数。根据 Bockris-Devanathan-Müllen 模型（图 6.8），该介质应是特异性吸附在内 Helmholtz 层（IHP）上的水或溶剂分子。然而，由于这些溶剂分子处于"介电饱和"状态，它们的介电常数远低于其在体相中的值。例如，水的介电常数约为 6，而非 78（第 3.4 节）。

界面上的电位差（$\mathrm{d}V$）为：

$$\mathrm{d}V = X\mathrm{d} = \frac{qd}{A\varepsilon} \tag{9.11}$$

式中，d 是界面的厚度，应定义为从电极表面到外 Helmholtz 层（OHP）的距离。在大多数情况下，这个厚度估计为 0.2 ～ 0.5 nm。

该界面上的电容定义为：

$$C^{\mathrm{i}} = \frac{q}{\Delta V} = \frac{A\varepsilon}{d} \tag{9.12}$$

请注意，如果将介电项合并在一起，公式（9.12）仅是第 6.4.1 节中公式（6.31）的异构形式。

现在必须记住，公式（9.12）仅描述了单个电极 / 电解质界面的电容。一个实际的电化学装置由两个电极组成，每个电极都有一个这样的界面。因此，装置的总电容（C_{Total}）应为：

$$\frac{1}{C_{\text{Total}}} = \frac{1}{C_1^i} + \frac{1}{C_2^i} \qquad (9.13)$$

由于这样的带电双层处于平衡状态，如果使用两个相同的电极构造一个电化学电池，结果将是对称电容器不会产生任何净电压［图9.2(a)］，因为界面上的电位差会相互抵消：

$$\frac{1}{C_{\text{Total}}} = \frac{1}{C_1^i} + \frac{1}{C_2^i} = \frac{q}{\Delta V_1^i} + \frac{q}{\Delta V_2^i} = 0 \qquad (9.14)$$

式中，$\Delta V_1^i = -\Delta V_2^i$。

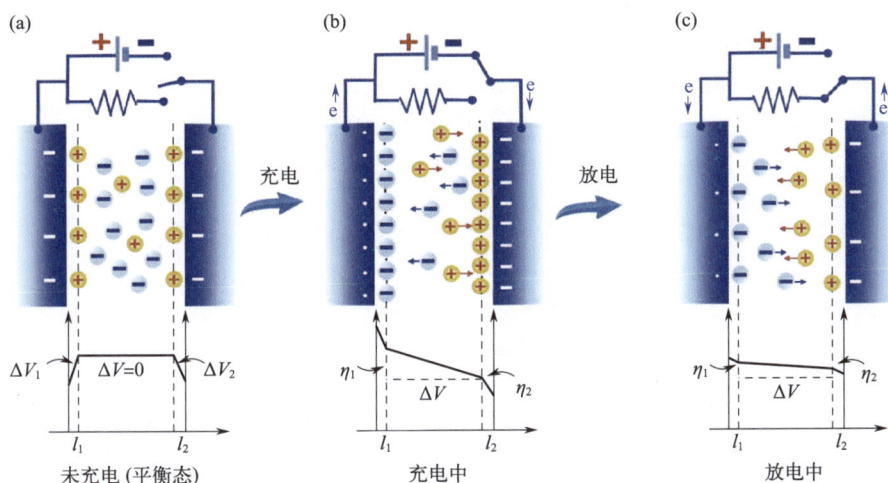

图 9.2　由两个相同电极组成的电化学双电层电容器的工作原理

（a）未充电状态：在未充电状态下，电极/电解质界面形成的双电层存在电荷分布和电势变化，但由于外部电压为零，电极之间没有电位差；（b）充电过程：在充电过程中，外部电源从负极注入电子，同时从正极移除电子，电极表面的电子积累和缺失导致电解质中形成相应的离子层，负极附近聚集阳离子，正极附近聚集阴离子；（c）放电过程：在放电过程中，电子从负极流回正极，通过外部负载释放能量，同时电解质中的离子层逐渐消散，电荷分布恢复到 Debye-Hückel 状态，最终电位差消失，电容器回到未充电状态。注意（b）和（c）中正极表面的电子空穴

9.1.2.1　电化学双电层电容器的工作原理

为了制造一个有效的装置，必须施加外部电场，使这些界面进一步充电，即用外部电源向一个电极注入电子，同时从另一个电极移除电子［图9.2（b）］。由于这种过电位 η，在这些界面上积累了过量的电荷 Q。需要注意的是，两个界面上积累的电荷数量相同但符号相反。

$$C_1^i = \frac{Q}{\eta_1} = \frac{A\varepsilon_1}{d_1} \qquad (9.15)$$

$$C_2^i = \frac{Q}{\eta_2} = \frac{A\varepsilon_2}{d_2} \qquad (9.16)$$

就这样，我们通过施加外电压实现了电荷分离。

为了简化分析，可以假设装置使用相同的电极材料构造，对称电池中这些界面的介电常数、电位差和 OHP 厚度相同：

$$\varepsilon_1 = \varepsilon_2 = \varepsilon_i \tag{9.17}$$

$$\eta_1 = \eta_2 = \eta_i \tag{9.18}$$

$$d_1 = d_2 = d_i \tag{9.19}$$

然而，这些近似条件在现实中无法完全成立，因为阳离子和阴离子在电极表面的聚集行为不会完全相同。正是这种阳离子和阴离子之间的基本差异导致了电容 - 电位曲线的不对称性（图 6.6）。

现在可以应用公式（9.14）推导整个装置的电容了吗？答案是还不行。

必须记住，当施加外部电场时，电解质中的电荷（阳离子和阴离子）也会经历极化，这导致在本体电解质内也出现电位差 ΔV。这种本体电解质内的电荷分离实际上会产生一个额外的电容 C_{Bulk}，其面积和电荷与界面电容相同，但电位差和电荷分离的距离不同：

$$C_{Bulk} = \frac{Q}{\Delta V} = \frac{A\varepsilon_{Bulk}}{L} \tag{9.20}$$

式中，ε_{Bulk} 和 L 分别是本体电解质的介电常数和电池厚度。

现在整个电池的总电容可以被表达为：

$$\frac{1}{C_{Total}} = \frac{1}{C_1^i} + \frac{1}{C_2^i} + \frac{1}{C_{Bulk}} = \frac{\eta_1}{Q} + \frac{\eta_2}{Q} + \frac{\Delta V}{Q} = \frac{d_1}{A\varepsilon_1} + \frac{d_2}{A\varepsilon_2} + \frac{L}{A\varepsilon_{Bulk}} \tag{9.21}$$

应用公式（9.17）～公式（9.19），经过代数运算和重新排列得到：

$$C_{Total} = \frac{A\varepsilon_i\varepsilon_{Bulk}}{2d_i\varepsilon_{Bulk} + L\varepsilon_i} \tag{9.22}$$

由于界面厚度（$L_i < 1.0\,nm$）与电池厚度（$L \gg 1000\,nm$）相比可以忽略不计，而且界面介电常数 ε_i 和电解质体相介电常数 ε_{Bulk} 在数量级上接近（例如水的情况下分别为 6 和 78），对称电化学装置的总电容可以进一步简化为：

$$C_{Total} \approx \frac{A\varepsilon_i\varepsilon_{Bulk}}{L\varepsilon_i} = \frac{A\varepsilon_{Bulk}}{L} = \frac{Q}{\Delta V} \tag{9.23}$$

这一简化有利于分析，因为它消除了通常难以确定的界面参数。结果是，总电容可以视为一个简单的电容器，其中电荷 Q 在整个电池厚度上的电位差 ΔV 处分离。然而，需注意的是，实际的电荷分离发生在带电界面上，每个界面由电极侧的过量电子层和电解质侧的过量离子层组成 [图 9.2（b）]。

在这里具体说明一下电极两侧的电荷分离。在负极处，界面由电极侧的过量电子层和电解质侧的阳离子层组成，这是由于向电极注入电子引起的；在正极处，界面由电极侧的电子缺乏层（或空穴）和电解质侧的阴离子层组成，这是由于从电极移除电子所致。

正如在第 6.4.4 节讨论的那样，界面上的离子通常是溶剂化的。这意味着这些离子位于外 Helmholtz 层（OHP），而"介电饱和"的溶剂分子层则形成了内 Helmholtz 层（IHP），除非有离子能够特异性吸附在电极表面，比如氯离子。

在极高盐浓度下，IHP 和 OHP 可能会消失，离散且完全溶剂化的离子被超浓电解液或离子液体的连续液体结构取代。

在去除外加电场后，如果将带电电极与负载连接，界面将倾向于恢复到初始平衡状态。这一过程伴随着两个界面上正负离子层分别向体相电解质的扩散以及电子通过外部电路从负极流向正极，从而实现放电。换一句话说，界面放电是通过外电路电子的流动实现的［图 9.2（c）］。

若将带电电极置于开路状态，亦即外部电路的负载无限大（$R_L = \infty$），这种电化学装置仍会在两个界面上保留过量电荷，这些电荷可在需要时释放，仅需切换开关即可。这正是能量储存装置的设计目的。

上述利用带电双层储存电化学能量的机制称为电化学双电层电容器，或简称双电层电容器。某些情况下，这种不涉及电荷转移反应的过程被称为"非 Faraday 过程"，电化学双电层电容器即是一种利用非 Faraday 过程储存能量的装置。

基于公式（9.23），这种机制可以视为分离电解质中阳离子携带电荷和阴离子携带电荷的过程，即把这些离子从 Debye-Hückel 模型描述的平衡分布态中拉出。特别需要注意的是，在整个充放电过程中，只有电荷分离和传输，而没有电荷转移。因此，比较有意思的是，在所谓的"电化学双电层电容器"中并没有电化学反应发生。

根据研究者对界面的了解（第 6 章），离子和电子电荷层之间的距离应与 OHP 的厚度（约 0.5 nm）相当。由于界面上没有电荷转移且固体电极内没有物质迁移，这些离子和电子电荷层的可逆聚集和解散通常发生得非常迅速。因此，电化学双电层电容器被认为是高功率密度装置，而不是高能量密度装置。

与这种储存机制相关的能量值取决于分离的电荷量（Q）和它们所处的电压差（ΔV），其公式如下：

$$E = \frac{1}{2} C_{\text{Total}} (\Delta V)^2 \qquad (9.24)$$

在电化学双电层电容器中，通常使用"正极"和"负极"代替"阴极"和"阳极"，部分原因是这样的装置中没有跨界面的电荷转移，因此第 8 章开头基于还原和氧化的"阴极"和"阳极"的原始定义不再适用。

需要注意的是，虽然公式（9.3）适用于所有电荷分离过程中的能量变化，但无论是否发生氧化还原反应，电化学双电层电容器的电压都会随着分离电荷量的变化而变化。换句话说，一旦在充电或放电过程中有电流流动，两个电极之间的电位差不再是恒定的电动势，而是随分离电荷量线性变化。

这种基本特性将电化学双电层电容器与其他电化学装置如电池区分开来。电池的电压由两个电极的化学性质（本征电位）与电解质之间的平衡决定，即使在净电流不为零的情况下，电压也几乎保持恒定。我们在燃料电池（第 9.1.1 节）中见证过这种恒定的电池电压，并将在本章末尾详细讨论电容器和电池的电化学特性差异。

为了确保没有电荷转移反应或界面形成，电容器上的电压必须始终保持在所用电解质的电化学稳定窗口内。然而，在实际上很难完全满足这一条件。在最初的几个循环中，总会发生一些不可逆反应，导致电极表面钝化并产生沉积物，这些沉积物可以视为"界相"。尽管存在这些可能的界相，电化学双电层电容器与其他电化学能量装置如燃料电池或电池的主要区别仍在于，前者只是在这些界面处进行电荷聚集或解聚，而没有发生电荷转移反应或产生新物质。

9.1.2.2 限制因素

根据图 9.2 所描述的电荷聚集和解聚机制，电极/电解质界面处电子和离子层的组装不仅取决于极化电压（即引导电荷响应施加的电场迁移），还取决于参与双电层形成的离子数量。前者受电解质的电化学稳定窗口限制，后者受电极表面积限制，由于同电荷离子之间的强库仑排斥，离子组装通常仅限于单层，而且离子间必须保持适当的间隔。

那么，哪些因素限制了整个装置的能量？答案取决于以下情况：如果主要考虑电极的表观几何面积，那么表面积很可能是限制因素，因为有限的面积将很快被同电荷的离子填满。即使在较小的电压极化下，这种填充也可能产生库仑排斥作用，使更多离子无法进一步聚集，除非施加更多的电压极化克服这种阻力。这是单位面积上电容存在最大值的根本原因。

根据大量实验，大多数碳质材料的双层电容几乎恒定在 10 ～ 40 μF/cm² 的狭窄范围内，这意味着如果在界面上施加 1 V 电压，每 1 cm² 的电极表面只能容纳 1.0×10^{-10} ～ 4.0×10^{-10} mol 的离子或 6.02×10^{13} ～ 2.4×10^{14} 个离子。

假设一个溶剂化离子的直径为 0.5 nm（或 5×10^{-8} cm），则每个离子的截面积为：

$$S_i = \pi r_i^2 = 3.14 \times \left(2.5 \times 10^{-8} \text{ cm}\right)^2 = 1.96 \times 10^{-15} \text{ cm}^2 \tag{9.25}$$

所有离子在表面的总截面积将为：

$$S_T = N_i S_i = 1.96 \times 10^{-15} \times 2.4 \times 10^{14} \text{ cm}^2 = 0.47 \text{ cm}^2 \tag{9.26}$$

换句话说，电极表面实际填充的离子仅占总面积的一半以下。这些离子由于库仑排斥而保持了最大的"社交距离"，根据分子动力学模拟，这时相邻离子之间的平均距离约为 1.0 nm，约为溶剂化离子半径的 2 倍 [图 9.3（a）]。这意味着所有离子都处于其相邻离子的静电场内。

为了增加给定表面积上的离子数量，可以增加极化电压。然而，如前几节所述，施加的最大电压受到电解质的电化学稳定窗口限制，超出这一窗口的电压会导致电解质分解，从而破坏电容器的正常工作。因此，极化电压的增加存在一个物理和化学上的上限。

另一种更有效的方法是最大限度地增加离子可接触到的实际电极表面积，而不是扩大电解质的电化学稳定窗口，这样可以在电极的有限几何面积内容纳更多的离子。实际上，这一因素在公式（6.31）中已经体现，该公式表明总电容与可接触电极表面积成正比。

基于这一基本原理，具有巨大表面积、优异电子导电性和低成本的碳基多孔电极材料成为理想选择。这样，离子可以在广阔的电极/电解质界面上聚集和解聚，而不会导致电极表面饱和 [图 9.3（b）]。

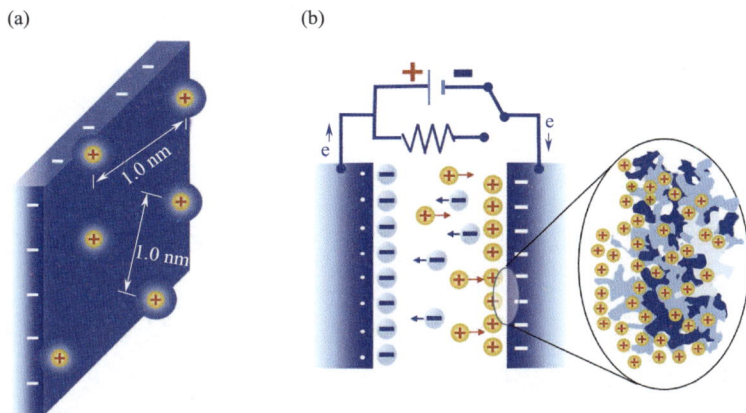

图 9.3　克服界面电解质一侧离子密度的限制因素:(a)在电化学双电层电容器的界面上,可组装的最高离子密度受离子之间的库仑排斥力限制。在 1 V 的极化下,相邻两离子之间的平均距离约为 1.0 nm,对应的比电容约为 20 μF/cm²。(b)增加电化学双电层电容器总电容的一个有效策略是增加电极的实际表面积,这可以在不引发离子间过度库仑排斥的情况下最大限度地提高给定几何电极面积上的离子密度。在这种情况下,电子和离子双层的可逆聚集和解聚实际上发生在电极多孔结构内部的电极 / 电解质界面处

　　由于其高达 1000 m²/g 的极高比表面积,活性炭在商业电化学双电层电容器市场中占据了主导地位,能够提供 150～200 F/g 的比电容。新兴材料如石墨烯和金属有机框架(MOF)化合物进一步提升了这一极限,报道的表面积高达 3000～10000 m²/g。换句话说,1 g 这种材料提供的表面积超过一个足球场(5350 m²)的面积。因此,这类电化学双电层电容器的最高能量密度已宣称接近典型电池的能量密度(约 10² W·h/kg)。

　　由于这些巨大的比表面积,电极能够在不引发离子间排斥的情况下容纳大量离子,而这时电解质的电化学稳定窗口施加的电压极化限制成为新的瓶颈。这一限制推动了近年来从水性电解质向非水性电解质的过渡,因为后者能承受更高的电压极限。

　　此外,近年来纳米结构科学和工程的进展也使得多种新材料成为可能,这些材料的多孔结构小于 1 nm,这一尺度接近甚至小于大多数溶剂化离子的半径。因此,为了进入这些亚纳米孔隙,电解质中的离子的溶剂化鞘必须被剥离或变形,这导致了不同于传统的 Helmholtz 模型、Gouy-Ouyholt 模型、Stern 模型和 Bockris 模型所描述的经典电容行为的“异常电容”现象。这一新兴领域迄今为止研究甚少,但可能为电极、电解质和界面的新科学提供新的机遇。

9.1.2.3　电解质

　　电化学电容器中使用的电解质可以是水性或非水性的。水性电解质通常使用高浓度的硫酸或氢氧化钾水溶液,这些电解质能够提供很高的离子导电率,从而使界面能够非常快速地储存和释放电荷。这种电容器适用于高功率密度应用,如脉冲放电(高达 10⁴ W/kg)。

　　非水性电解质则使用溶于酯、醚或腈溶剂中的铵盐,可以提供更宽的电化学稳定窗口 [约 2.7 ～ 3.0 V vs 1.23 V(水性电解质)],因此相应的双电层电容器通常超过水的电解电压,因此,可以支持更高的工作电压。这使得非水性超级电容器具有更高的能量密度。众所周知,对于双电层电容器,储存的能量与设备电压的平方成正比 [公式

（9.24）］，因此扩大电化学稳定窗口将显著提高能量密度。然而，电化学双电层电容器能够达到的典型能量密度（约 10 W·h/kg）与电池相比仍然非常低。例如，最先进的锂离子电池在电池层面上能够提供接近 400 W·h/kg 的能量密度，而典型的非水电容器能量密度一般远低于 100 W·h/kg。

截至 2020 年，尽管文献中有关于使用石墨烯或 MOF 作为电容器的电极材料的乐观报道，电化学双电层电容器仍然被视为高功率而非高能量的设备，这主要受限于其独特的电荷分离机制。

尽管如此，电化学双电层电容器相较于电池仍具有两个显著优势：极高的功率密度（$10^3 \sim 10^4$ W/kg）和几乎无限的循环寿命（$10^5 \sim 10^6$ 个循环）。这两个优势都归因于非 Faraday 电荷分离机制，它仅发生在界面处，不涉及界面间的电荷转移或固体电极材料内部的质量传输等通常较慢的过程。这种机制使得电化学双电层电容器在快速充放电应用中表现优异，同时保持了长寿命和高效能。

9.1.3 电池

与电化学双层电容器不同，电池的能量储存和释放过程涉及氧化还原反应。在电化学双层电容器中，能量通过在电极表面的二维界面上物理聚集和解聚电荷实现储存，不涉及化学反应。而在电池中，起始化学物质在电极上发生氧化还原反应，产生新的化学物质[4]。这些 Faraday 过程不仅限于二维界面，还深入渗透到电极材料的内部。

类似于燃料电池，电池在放电期间也消耗电极材料以产生电能。然而，对于可充电电池，这一过程在充电时可以逆转。外部电源提供的能量被用来恢复放电前的起始电化学活性物质。换句话说，可充电电池在充电阶段的电化学过程类似于电解或电化学合成中发生的过程。

历史上，这种可逆机制导致了电极命名的复杂性。阴极和阳极的原始定义基于电极处发生反应的性质：阴极发生还原反应，阳极发生氧化反应。以 Daniell 电池为例，如图 6.1（b）所示。在放电时，锌片失去电子，这些电子通过外部电路传递，形成锌离子（Zn^{2+}）。这些锌离子通过锌 / 电解质界面溶解在电解质中。这个半反应是一个氧化反应：

$$Zn^0 + SO_4^{2-} - 2e \longrightarrow Zn^{II}SO_4 \tag{6.3}$$

与此同时，在另一电极（通常是铜电极）上，电子通过外部电路从锌电极传递到铜电极，在铜电极上发生还原反应，铜离子（Cu^{2+}）从溶液中获得电子并沉积为铜。这一过程是可逆的，在充电过程中原本消耗的电化学活性物质可以恢复，使电池能够多次使用。这个半反应是一个还原反应：

$$Cu^{II}SO_4 + 2e \longrightarrow Cu^0 + SO_4^{2-} \tag{6.4}$$

因此，可以将铜片称为"阴极"，而将锌片称为"阳极"。

然而，Daniell 电池实际上是一个可充电电池。如果施加一个外部电源，例如另一块电池或电流计 / 电位计，使铜电极的电位升高到一个更正的值而锌电极的电位降低到一个更负的值，那么上述反应将被逆转。在这种情况下，铜电极上的铜（Cu⁰）将被氧化为铜离子，而锌电极上的锌离子将被还原为元素锌（Zn⁰），沉积在锌电极上：

$$Zn^{II}SO_4 + 2e \longrightarrow Zn^0 + SO_4^{2-} \tag{9.27}$$

$$Cu^0 + SO_4^{2-} - 2e \longrightarrow Cu^{II}SO_4 \tag{9.28}$$

这时，铜电极应被称为"阳极"，而锌电极应被称为"阴极"。

因此，在所有可充电电池中，同一个电极在充电期间和放电期间分别经历还原反应和氧化反应，所以在不同阶段分别充当阴极和阳极。

但在实际操作中，如果把一个电极在充电期间叫作"阴极"，而在放电期间叫作"阳极"，可能会引发混淆。因此，普遍接受的惯例是：在可充电电池中，工作电位较高的电极被称为"阴极"，工作电位较低的电极被称为"阳极"。

这样一来，在 Daniell 电池中，无论发生什么反应，铜电极总是"阴极"，因为在公式（6.4）中铜的半反应电位为 +0.337 V（vs SHE），始终高于在公式（6.3）中锌的半反应电位 [−0.763 V（vs.SHE）]。同样地，锌电极在 Daniell 电池中总是"阳极"。

这种命名法实际上对应放电期间反应的性质。一个更简单的替代方法是称这些电极为"正极"和"负极"，因为即使电极上的反应被逆转，它们的相对电位也不会发生改变。

最后，与燃料电池不同，大多数电池是封闭系统，活性材料（阳极和阴极）预先封装在系统中，无法在消耗后补充。因此，电池中所包含的能量是固定的。

当然也有一些例外，如某些开放配置的电池，例如氧化还原液流电池和金属空气电池。特别是金属空气电池，这类电池模糊了传统电池和燃料电池之间的界限。在这些电池中，阴极材料是来自环境空气的氧气，而便宜的金属阳极（如铝、镁或锌）则可以视为消耗后可补充的"固体燃料"。

9.1.3.1　电池如何工作

参与氧化还原反应的还原剂（阳极）和氧化剂（阴极）在化学上具有明确的定义，并且具有各自特定的本征电位，因此组装后的电池将具有由这些材料的本征电位差决定的特征电压。

再次以 Daniell 电池为例，当两个电极之间没有净电流时，阴极的本征电位为 +0.337 V（vs SHE），阳极的本征电位为 −0.763 V（vs SHE）。因此，Daniell 电池的标准电动势为 1.10 V。

放电过程中，当电池内的两电极之间产生电流时，电极电位将发生变化，即正极电位下降、负极电位上升，因此实际电池电压将低于电动势。这种变化称为"极化"，如在第 6.2.2 节中所讨论的，其程度取决于电极／电解液界面的极化性，以及反应过程中遇到的各种动力学障碍，例如界面处电荷转移的速率和电极与电解液内部的物质输送速率。

然而，电池电压主要由两电极的本征性质和电极／电解液界面处的反应平衡决定，并且在电池充放电过程中几乎保持恒定，直到其中一种活性电极材料消耗殆尽为止。

除了我们熟悉的 Daniell 电池外，含有锂金属负极的电池更能显著体现电池电压对电极固有电位的依赖性。金属锂不仅是难以极化的电极材料，同时也是整个元素周期表中电化学活性最高的金属，在室温下的氧化还原电位为 −3.04 V（vs SHE）。

因此，当锂箔被组装进电池时，其固有电位已经确立。在电池放电过程中，锂被氧化为锂离子（Li⁺），但其电位在电流的作用下依然保持相对稳定。这里强调"相对"是因为锂金属在不同放电速率下会受到不同程度的极化，导致电位向正方向移动，但这种变化通常微乎其微（通常在 10 mV 以内）。

然而，一旦锂被完全消耗，电位会突然发生变化，如迅速跃升至更正的电位。如果锂电极附着在铜等金属基底上，那么当锂完全溶解时，电极将立即表现该基底材料的固有电位。

当电池中的两电极都表现出这种特性，即在相对不易极化的同时保持各自的固有电位时，电池的电压将保持相对恒定。

本章开篇提到电化学装置的能量变化是通过电荷分离实现的，如方程（6.5）或方程（9.3）所述。如果电池的电压保持在几乎恒定的数值，那么电池释放的能量将在几乎恒定的电压下输出，直到其中一个电极的活性材料完全消耗。这一过程可以是一个三维过程，深入到电极内部，例如锌、铜或锂金属的主体部分，或石墨电极与金属氧化物晶格结构的内部。

这与电容器有着显著的区别。电容器的能量释放并非在恒定而是在不断变化的电压下进行。

9.1.3.2　电池背后的热力学：Nernst 方程

现在考虑包含正极、负极和电解质的一般电池，电解质中含有与正负极均达到热力学平衡的离子（图 9.4）。该电池现在处于开路状态，其中正极（ϕ_C）和负极（ϕ_A）本征电位之间的差异是电动势（E），如公式（9.3）所给出。

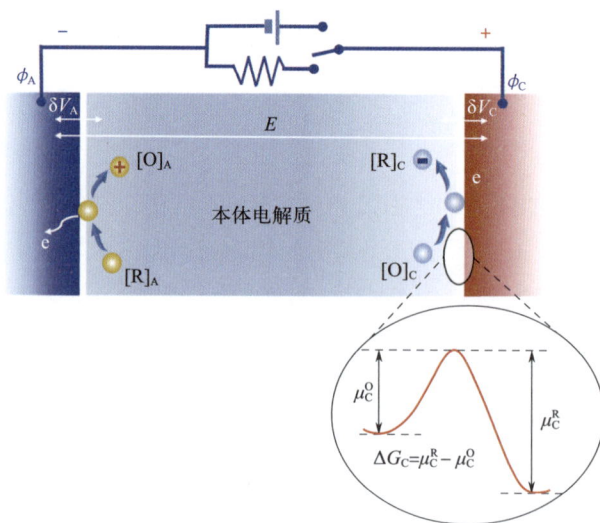

图 9.4　一个由正极、负极和电解质组成且没有界相的一般电池处于开路状态。这里假设正极 / 电解质界面和负极 / 电解质界面的反应都是单电子过程且均处于平衡状态。插入小图：正极 / 电解质界面的电子化反应及其逆反应的能垒。在负极界面也有类似的平衡，这里为简化而未显示

因此，分别在正极 / 电解质界面和负极 / 电解质界面会有以下反应：

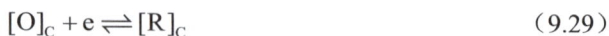

$$[O]_C + e \rightleftharpoons [R]_C \tag{9.29}$$

$$[R]_A - e \rightleftharpoons [O]_A \qquad (9.30)$$

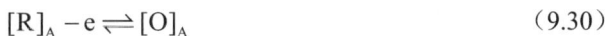

式中，$[O]$ 和 $[R]$ 分别代表每个电极反应中氧化态和还原态物质的活性，下标 A 和 C 分别表示负极和正极。

对于每个电极处建立的平衡，总是存在双向的交换电流（如果不考虑界相等因素），如 Butler-Volmer 公式 [公式（6.87）] 所给出，这构成了跨界面电荷转移的基础。因此，这些正极反应和负极反应都是可逆的，平衡要求相反方向反应的速率相等。现在只考虑正极/电解质界面。假设 $[O]_C$ 的电子化自由能垒为 μ_C^O、$[R]_C$ 的去电子化自由能垒为 μ_C^R，则电子化（v_e）和去电子化（v_d）反应的速率分别为：

$$v_e = k_e[O]_C e^{-\frac{\mu_C^O}{k_B T}} \qquad (9.31)$$

$$v_d = k_d[R]_C e^{-\frac{\mu_C^R}{k_B T}} \qquad (9.32)$$

式中，k_e 和 k_d 分别是电子化和去电子化反应的速率常数，k_B 是 Boltzmann 常数。

在平衡状态下，v_e 和 v_d 应该相等，因此：

$$k_e[O]_C e^{-\frac{\mu_C^O}{k_B T}} = k_d[R]_C e^{-\frac{\mu_C^R}{k_B T}} \qquad (9.33)$$

整理这个公式，得到：

$$\frac{[R]_C}{[O]_C} = \frac{k_e}{k_d} e^{-\frac{\mu_C^O - \mu_C^R}{k_B T}} \qquad (9.34)$$

两边取自然对数，上式变为：

$$\ln \frac{[R]_C}{[O]_C} = \ln \frac{k_e}{k_d} - \frac{\mu_C^O - \mu_C^R}{k_B T} = K + \frac{\Delta G_C}{k_B T} \qquad (9.35)$$

其中引入了常数 K 以合并两个速率常数，ΔG_C 是电子化反应的自由能变化（或去电子化反应的自由能变化的负值）：

$$\Delta G_C = \mu_C^R - \mu_C^O \qquad (9.36)$$

在理想状态下，$[R]_C = [O]_C = 1.0$，自由能变化成为标准自由能变化 ΔG_C^0，因此常数 K 可以解为：

$$K = -\frac{\Delta G_C^0}{k_B T} \qquad (9.37)$$

将公式（9.37）代入公式（9.35），现在得到：

$$\ln \frac{[R]_C}{[O]_C} = -\frac{\Delta G_C^0}{k_B T} + \frac{\Delta G_C}{k_B T} \qquad (9.38)$$

将其重新整理得到：

$$\Delta G_{\mathrm{C}} = \Delta G_{\mathrm{C}}^0 + k_{\mathrm{B}} T \ln \frac{[\mathrm{R}]_{\mathrm{C}}}{[\mathrm{O}]_{\mathrm{C}}} \tag{9.39}$$

记住 Boltzmann 常数 k_{B} 和气体常数 R 的关系：

$$k_{\mathrm{B}} = \frac{R}{N_{\mathrm{A}}} \tag{9.40}$$

其中 N_{A} 是 Avogadro 常数，它进一步与 Faraday 常数 F 和基本电荷相关联：

$$F = N_{\mathrm{A}} e_0 \tag{9.41}$$

我们现在可以将公式（9.39）转换为一个非常著名的形式：

$$\Delta G_{\mathrm{C}} = \Delta G_{\mathrm{C}}^0 + \frac{RT}{F} e_0 \ln \frac{[\mathrm{R}]_{\mathrm{C}}}{[\mathrm{O}]_{\mathrm{C}}} \tag{9.42}$$

两边同时除以基本电荷 e_0：

$$\frac{\Delta G_{\mathrm{C}}}{e_0} = \frac{\Delta G_{\mathrm{C}}^0}{e_0} + \frac{RT}{F} \ln \frac{[\mathrm{R}]_{\mathrm{C}}}{[\mathrm{O}]_{\mathrm{C}}} \tag{9.43}$$

需要记住 ΔG_{C}^0 和 ΔG_{C} 分别代表在理想和非理想条件下正极/电解质界面上的自由能变化。假设跨越该界面的电位变化为 δV_{C}，那么单一电荷跨越该界面的做功（W_{e}）应为：

$$W_{\mathrm{e}} = q\,\mathrm{d}V = e_0 \delta V_{\mathrm{C}} = -\Delta G \tag{9.44}$$

因此，公式（9.43）变为：

$$\delta V_{\mathrm{C}} = \delta V_{\mathrm{C}}^0 - \frac{RT}{F} \ln \frac{[\mathrm{R}]_{\mathrm{C}}}{[\mathrm{O}]_{\mathrm{C}}} \tag{9.45}$$

在第 6.2.1 节提到跨越单个界面的电位变化实际上是不可测量的。然而，其对于不可极化界面的相对值可以通过实验测量获得，类似于物理学中选择一个任意但稳定可靠的假想参考点或平面。因此，它可以用单电极电位 ϕ_{C} 代替，其相对某个共同参考点（如体电解质）是可测量的。公式（9.45）变为：

$$\phi_{\mathrm{C}} = \phi_{\mathrm{C}}^0 - \frac{RT}{F} \ln \frac{[\mathrm{R}]_{\mathrm{C}}}{[\mathrm{O}]_{\mathrm{C}}} \tag{9.46}$$

式中，ϕ_{C}^0 是标准电极电位，即所有参与物质的活度均为 1.0，温度为 298 K，压力为 1 atm 等。该公式其实就是单电极的 Nernst 方程。在第 6.5.5.1 节中，将零过电位的特殊情况（即平衡状态）应用于 Butler-Volmer 公式时，我们曾推导出了其另一种形式。

公式（9.46）描述了正极/电解质界面处电子化（还原）和去电子化（氧化）反应之间的平衡。负极/电解质界面也存在类似的平衡，我们跳过逐步推导，直接给出相应的 Nernst 方程：

$$\phi_{\mathrm{A}} = \phi_{\mathrm{A}}^0 - \frac{RT}{F} \ln \frac{[\mathrm{R}]_{\mathrm{A}}}{[\mathrm{O}]_{\mathrm{A}}} \tag{9.47}$$

注意此处的下标 A 表示负极 / 电解质界面处的平衡位置。

在公式（9.29）和公式（9.30）表示的广义半反应中，为了简化，我们假设这两个反应都是单电子反应。对于涉及多个电子的反应（如 Daniell 电池中的 Zn^{2+}/Zn^0 和 Cu^{2+}/Cu^0），则有：

$$[O]_C + ne \rightleftharpoons [R]_C \tag{9.48}$$

$$[R]_A - ne \rightleftharpoons [O]_A \tag{9.49}$$

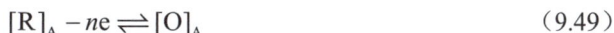

那么，电荷 ne_0 跨越电位变化 δV_C 所做的电功应为：

$$W_e = q\,dV = ne_0\delta V_C = -\Delta G \tag{9.50}$$

因此，将公式（9.42）的两边同时除以 ne_0，最终得到跨越电极 / 电解质界面的相应电位变化为：

$$\phi_C = \phi_C^0 - \frac{RT}{nF}\ln\frac{[R]_C}{[O]_C} \tag{9.51}$$

$$\phi_A = \phi_A^0 - \frac{RT}{nF}\ln\frac{[R]_A}{[O]_A} \tag{9.52}$$

式中，n 代表所涉及转移的电子数。

图 9.4 所示电池的电动势应由平衡时电极电位的差异给出，此时穿过电池的净电流为零：

$$E = \phi_C - \phi_A = \left(\phi_C^0 - \phi_A^0\right) - \frac{RT}{nF}\ln\frac{[R]_C[O]_A}{[O]_C[R]_A} \tag{9.53}$$

现在将 $\phi_C^0 - \phi_A^0$ 定义为标准电动势 E^0，即标准条件下的电池开路电压，那么公式（9.53）将成为全电池中著名的 Nernst 方程的形式：

$$E = E^0 - \frac{RT}{nF}\ln\frac{[R]_C[O]_A}{[O]_C[R]_A} = E^0 - \frac{RT}{nF}\ln Q \tag{9.54}$$

其中 Q 被称为反应商，代表参与电池反应的所有物质的活度积。

下面我们使用公式（9.54）作为基础分析电池中能量如何储存和释放。

9.1.3.3　Nernst 方程告诉了我们什么？

Nernst 方程告诉了我们关于电池的哪些信息呢？

首先，尽管在本章开始时研究了一般的电池配置中的反应平衡，但 Nernst 方程的适用性不仅仅限于电池：它描述了任何涉及氧化还原反应的电化学系统的热力学性质。然而，Nernst 方程不适用于电化学双电层电容器，因为电容器只涉及电荷的物理分离，不涉及界面处的化学反应和电荷转移。

其次，Nernst 方程所需的平衡状态对应零电流。在实际操作中，工作中的电化学装置无法处于完美的平衡状态，因为它必须传递电流。然而，只要电流足够小，Nernst 方程仍然可以接近实际电化学设备的平衡状态。

再次，Nernst 方程预测了已知电极的电池可以产生的电压上限。前文已经通过 Daniell 电池中的锌和铜电极对（第 9.1.3.1 节）或燃料电池中的氢和氧电极对（第 9.1.1 节）进行了预测。此外，通过公式（9.3），Nernst 方程还预测了电池能够提供的能量上限。这些极限可以接近，但永远无法超越。最重要的是，通过公式（9.3）可以计算出几乎任何由电极对组成的电池的理论能量，只要我们知道参与的每种物质的标准 Gibbs 生成自由能（ΔG_f）。幸运的是，得益于过去两个世纪热力学的发展，我们现已拥有涵盖数千万种化学物质的 ΔG_f 值的丰富数据库。

最后，Nernst 方程揭示了电池电压和能量的上限由电极的化学特性决定。这也是在电池界和工业界中电极材料通常被称为"电池化学"的原因。

那么电解质和界面影响了什么？它们限定了非平衡状态下即当电池在实际工况下电池的电压和能量。这是因为，只要有非零电流流过电池，Nernst 方程预测的电池电压和能量都会受到损失。这种动力学损失通常称为"电池极化"，主要由本体电解质内及界面处发生的跨体相电解质的质量输送、跨界面的电荷转移和跨界相的离子迁移所致。

那么界相又如何呢？正如在第 8.2.2 和 8.2.3 节（图 8.3）中简要讨论的那样，界相的存在允许电极材料在超出电解质电化学稳定窗口的电位下工作，从而实现更高的电压和能量。由于电解质的不稳定性，高电压仅依赖电解质是不可能的。由于界相位于电极和电解质之间，其存在也不可避免地对电池极化做出贡献。

总之，尽管电解质、界面和界相不直接决定电池的电压和能量，但它们通过电池极化和极端电位下电极 / 电解质的稳定性间接决定了这些性能。

9.1.3.4　再探"电荷分离"

在进一步探讨电池的更多特性之前，需要重新审视"电荷分离"这一概念，并理解其在电池中的应用。

如前所述，电化学设备中能量储存和释放是通过电荷分离和电荷复合实现的。虽然这一概念在电化学双电层电容器（图 9.2）中较为直观，如 Debye-Hückel 模型所描述，其中电荷在充放电过程中分别从体相电解质的平衡状态中迁移并返回，但在电池和燃料电池中则不那么明显。由于电池中的每个电极在组装时已经具有其本征电位，电荷分离似乎在电池组装之前就已经由电极的化学性质决定。

在电池或燃料电池中，电荷分离只有在电极配对时才会发生。

例如，一个孤立的锌板不会出现任何"电荷分离"，即使它在电化学电池中与另一个锌板配对也不会出现这种分离。然而，当锌板与具有不同本征电位的另一电极（如铜、锂等）配对，并且电池中含有适当工作离子的电解质（如 2 价铜离子、2 价锌离子或锂离子）以达到相应电解质 / 电极平衡时，锌板会立即"感受到"电荷分离，即使电化学电池处于开路状态。

因此，如果另一电极是铜，那么锌 / 电解质界面的 Zn^0/Zn^{2+} 平衡电位 [-0.763 V（vs SHE）] 将比铜 / 电解质界面的 Cu^0/Cu^{2+} 平衡电位 [0.337 V（vs SHE）] 更负。这样的电

位差会吸引锌原子携带的电子并使其脱离，留下 2 价锌离子：

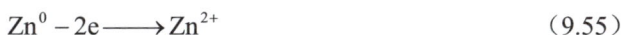

$$Zn^0 - 2e \longrightarrow Zn^{2+} \tag{9.55}$$

而这两个电子在电位差的驱动下，在另一界面与 2 价铜离子结合：

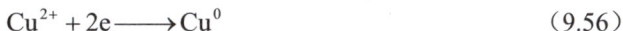

$$Cu^{2+} + 2e \longrightarrow Cu^0 \tag{9.56}$$

因此，在这种近平衡状态下（由于电子从锌移动到铜，电流出现非零值，这表明不再是完美的平衡状态），这两个电子跨越 1.10 V 的电位差，释放出与原始"电荷分离"期间储存的能量相对应的电功。在这种情况下，锌是负极，铜是正极。

如果另一电极是锂，那么锌/电解质界面的 Zn^0/Zn^{2+} 平衡电位 [−0.763 V（vs SHE）] 将比锂/电解质界面的 Li^0/Li^+ 平衡电位 [−3.04 V（vs SHE）] 更正。这种电位差会引起锂原子中的电子向外移动，导致锂原子转化为锂离子：

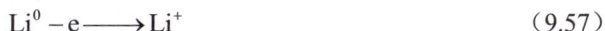

$$Li^0 - e \longrightarrow Li^+ \tag{9.57}$$

而这个电子在电位差的驱动下，在另一界面与 2 价锌离子结合：

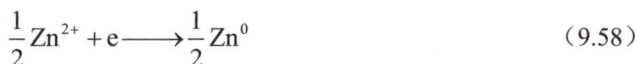

$$\frac{1}{2}Zn^{2+} + e \longrightarrow \frac{1}{2}Zn^0 \tag{9.58}$$

相应地，在这种近平衡状态下，这个电子跨越 2.277 V 的电位差，释放出与原始"电荷分离"期间储存的能量对应的电功。在这种情况下，锌是正极，锂是负极。

由于其极低的电位，锂几乎总是作为电化学电池中的负极。

由此可见，电池中的"电荷分离"是由一种"虚拟化学反应"引起的，这种反应会在两个电极在电化学设备中配对时发生，而电荷如何分离则是一个相对术语，取决于电极如何配对。

9.1.3.5　容量和能量

因此，电池中涉及的能量由两个电极之间本征电位差异产生的电荷分离决定。在近平衡状态下，即电流非零但极其微小时，对应于 n mol 的 z 价离子跨越电位差 ΔV 被分离（或复合）的能量储存（或释放）可以由这些电荷完成的电功给出：

$$W_e = q\Delta V = nzF\Delta V \tag{9.2}$$

值得注意的是，电位差（ΔV，也称为开路电压或电动势）是一个强度量，独立于电极材料的数量，除非电极材料因消耗而完全消失；而离子携带的电荷量（nzF）是一个广度量，反映了电极材料中活性物质的数量，通常称为容量。

区分这里定义的容量和前面第 9.1.2 节中定义的电容 [公式（9.12）] 非常重要。有时二者会产生混淆，因为在较早的文献中这两个术语有时被交替使用。电容是电极表面上积累的电荷量（广度量）与跨电极施加的过电位（强度量）之间的相对比率，因此它本身显然是一个强度量，与电极材料的量无关。

如果电位差 ΔV 在 n mol 电荷的整个移动期间保持恒定，那么这种理想电池的预期能量将是电池电压（或电动势）与容量的简单乘积：

$$E_{\text{Cell}} = q\Delta V = qE \tag{9.59}$$

在这种情况下，如果将电池电压对电池容量绘制成图，将得到图 9.5（a）中的虚线。它是常数，直到容量达到 nzF，即一个电极中的所有活性物质完全消耗为止。相应的能量由阴影矩形的面积表示。

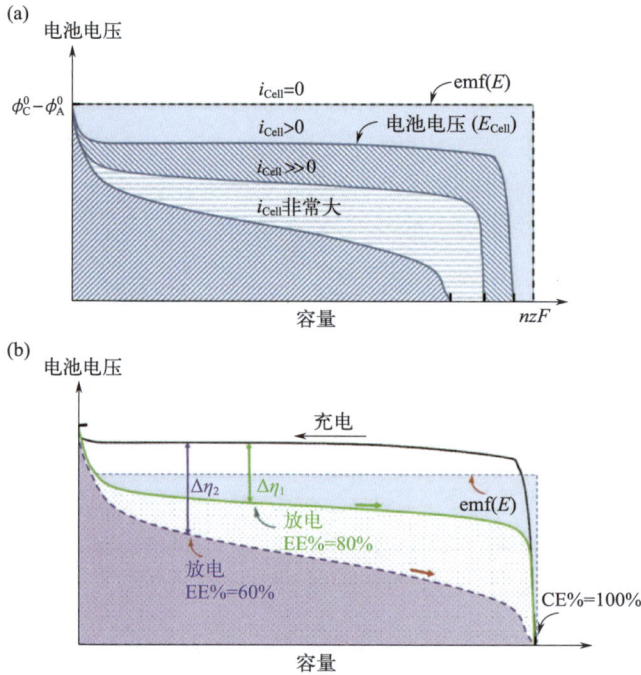

图 9.5 （a）电池电压相对其容量的示意图，包括平衡 / 近平衡状态和不同电流下的工作状态。电池释放的能量由相应的电池电压曲线下的阴影区域表示。（b）一个假想的可充电电池的库仑效率和能量效率的比较以及伴随的电位滞后现象。为方便比较，充电过程的电压曲线逆向绘制在容量轴上

然而，如前所述，只要电流不为零，电池电压就会受到动力学损失影响。当电流变得更大时，这种动力学损失会恶化。因此，电池电压会偏离理论电动势（虚线表示的电压），形成一条低于电动势的曲线。在这种动力学极化下，电池可获得的容量自然也将偏离理论值 nzF［图 9.5（a）］。这两个因素的组合反映在电池可用的能量上，如对应电池电压曲线下的不同阴影区域所示，随着电流的增加而减少，可以表示为：

$$E_{\text{Cell}} = \int_0^{nzF} V(q)\mathrm{d}q \tag{9.60}$$

其中 $V(q)$ 表示电池电压是容量的函数。

容量的本质是电荷量，可以用已知化合价的离子的摩尔数或库仑数（nzF）表示。因此，涉及 1 mol Li^+ 的氧化还原反应对应 1 mol 基本电荷，即：

$$C_{\text{Li}} = N_A e_0 = 6.0221 \times 10^{23} \times 1.6022 \times 10^{-19}\,\text{C} = 96485.333\,\text{C} \tag{9.61}$$

这就是 Faraday 常数的定义。

然而，电化学和电池领域中通常使用另一种更常用（且更方便）的单位，即安时

（A·h）或毫安时（mA·h）。记住，国际单位制中 1 C 是 1 A·s，因此对应 1 mol Li⁺ 的氧化还原反应的容量是：

$$C_{Li} = 96485.333 \ A \cdot s \times \dfrac{1000 \dfrac{mA}{A}}{3600 \dfrac{s}{h}} = 26801.481 \ mA \cdot h \tag{9.62}$$

自然地，涉及 1 mol 2 价锌离子（Zn^{2+}）或 1 mol 3 价铝离子（Al^{3+}）的氧化还原反应将分别对应 2 倍（192970 C 或 53602.962 mA·h）或 3 倍（289456 C 或 80404.444 mA·h）的容量，这成为近年来探索使用多价阳离子如 Zn^{2+}、Ca^{2+}、Mg^{2+} 和 Al^{3+} 的电池化学的主要推动力。

考虑到活性物质的化合价，公式（9.61）的一般形式是：

$$C_M = z_M N_A e_0 = z_M F \ C = 0.2778 z_M F \ mA \cdot h \tag{9.63}$$

式中，z_M 是 M 的化合价，F 是 Faraday 常数。

尽管这些离子的多价性允许更高的容量（可能还有能量），但它们的质量远大于锂，这就引发了哪个离子能提供更有效的储能方式的问题。换句话说，从实际角度来看，电池的重要性不仅在于它提供的总容量和能量，还包括材料每单位重量或每单位体积能提供多少容量和能量。因此，我们将对应单位质量（1 g）锂离子（或锂金属）的氧化还原的比容量定义为：

$$C_{Li}^s = \dfrac{0.2778 z_{Li} F}{M_{Li}} = \dfrac{26801.481 \ mA \cdot h/mol}{6.95 \ g \ / \ mol} = 3856 \ mA \cdot h/g \tag{9.64}$$

同样，我们可以得到 2 价锌离子和 3 价铝离子的比容量为：

$$C_{Zn}^s = \dfrac{0.2778 z_{Zn} F}{M_{Zn}} = \dfrac{53602.962 \ mA \cdot h/mol}{65.38 \ g/mol} = 820 \ mA \cdot h/g \tag{9.65}$$

$$C_{Al}^s = \dfrac{0.2778 z_{Al} F}{M_{Al}} = \dfrac{80404.444 \ mA \cdot h/mol}{26.98 \ g/mol} = 2980 \ mA \cdot h/g \tag{9.66}$$

显然，锂离子是做电功更有效率的离子！然而，锂离子却不是最高效率的离子，因为铍（Be）提供的 2 价化学在低原子量和高化合价之间达到了完美平衡，并提供了所有电极材料中已知的最高比容量：

$$C_{Be}^s = \dfrac{0.2778 z_{Be} F}{M_{Be}} = \dfrac{53602.962 \ mA \cdot h/mol}{9.0122 \ g/mol} = 5948 \ mA \cdot h/g \tag{9.67}$$

尽管具有如此惊人的容量，但铍的极高毒性和在地壳中的低丰度实际上使其成为不切实际的电极材料选择。因此，锂成为最后的赢家，通常被称为电池负极的"圣杯"，并且一直在新电池化学的研究里充当主要驱动力。

现在需要注意的是，公式（9.64）～公式（9.67）中给出的比容量只是针对单一电极材料的重量进行标准化的。这些"单电极"比容量通常用来量化给定材料的潜在重要性。然而，单个电极不能构成电池，电池需要至少两个电极。

那么，如何计算由两个电极组成的电化学电池的容量呢？

需要记住，在电化学电池中，在一个电极上发生的反应只是一个半反应，它必须在另一个电极上有对应的半反应，以提供持续整个反应所需的电荷转移和质量输送。例如，考虑一个由锂负极和氧气正极组成的概念性可充电电池。假设氧气必须在封闭的电池环境中提供，而不是来自环境空气，以隔离二氧化碳和其他杂质，确保电池的可逆性。在这种情况下，负极活性材料的质量和正极活性材料的质量都必须计入电池的总体质量。

我们应该如何构建电池，以实现最佳容量和能量？

在这样的封闭锂/氧电池中，负极半反应已经由以下公式表示：

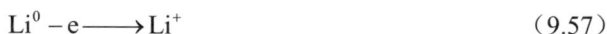

$$Li^0 - e \longrightarrow Li^+ \tag{9.57}$$

而正极半反应将是：

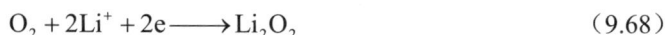

$$O_2 + 2Li^+ + 2e \longrightarrow Li_2O_2 \tag{9.68}$$

注意，这里的氧还原是一个形成过氧化物（O_2^{2-}）的双电子过程，这不同于公式（9.5）和公式（9.7）中表示的四电子过程，其中氧被完全还原为氧化物状态（O^{2-}）。这是因为氧的部分还原对于锂/氧电池更好的可逆性是必要的。

在这种电池中，负极处 1 mol 锂金属的氧化反应仅需正极处 0.5 mol 氧气的还原反应来配合。如果使用等摩尔量的锂金属和氧气构建这样的电池，那么正极的一半氧气将不参与电池反应而过剩，将作为无效质量存在。由于电池是一个封闭系统，这种无效材料的存在会降低整个电池的比容量和能量密度。

根据这一逻辑，整个电池的容量实际上由容量较小的电极决定。为了优化电池的容量（和能量），应尽量减少过量电极材料带来的无效质量。在理想情况下，无效质量应为零，负极和正极的容量应完全匹配。

在这种最佳状态下，整个电池的比容量（即相对整个电池质量计算的比容量）与两个电极的比容量之间有什么关系？

让我们考虑一个包含负极和正极的一般电池，其负极比容量与正极比容量分别定义为 C_A^s 与 C_C^s：

$$C_A^s = n_A z_A F = \frac{0.2778}{M_A} z_A F \tag{9.69}$$

$$C_C^s = n_C z_C F = \frac{0.2778}{M_C} z_C F \tag{9.70}$$

在上述理想优化状态下，负极（w_A）和正极（w_C）的质量被精确设计，使得每个电极的容量相同，因此在每个电极上都没有过剩质量。每个电极的容量为：

$$C_A = \frac{0.2778 w_A}{M_A} z_A F \tag{9.71}$$

$$C_C = \frac{0.2778 w_C}{M_C} z_C F \tag{9.72}$$

整个电池的容量 C_{Cell} 应与 C_A 和 C_C 相同：

$$C_{\text{Cell}} = C_A = C_C \qquad (9.73)$$

现在，电池的总质量应为：

$$w_{\text{Cell}} = w_A + w_C \qquad (9.74)$$

因此，整个电池的比容量应为：

$$C_{\text{Cell}}^s = \frac{C_{\text{Cell}}}{w_{\text{Cell}}} = \frac{C_{\text{Cell}}}{w_A + w_C} \qquad (9.75)$$

注意，这里整个电池的总质量尚不包括电解质和其他非活性材料（如隔膜、集流体、电池包装等）的质量。为了更加严格，公式（9.75）应修改为：

$$C_{\text{Cell}}^s = \frac{C_{\text{Cell}}}{w_{\text{Cell}}} = \frac{C_{\text{Cell}}}{w_A + w_C + w_I} \qquad (9.76)$$

其中 w_I 代表所有非活性质量的总和。然而，为了简便，公式（9.75）及其衍生形式仍被大多数研究人员使用。

我们将公式（9.75）以其倒数形式重写，这样更容易简化：

$$\frac{1}{C_{\text{Cell}}^s} = \frac{w_A + w_C}{C_{\text{Cell}}} = \frac{w_A}{C_{\text{Cell}}} + \frac{w_C}{C_{\text{Cell}}} \qquad (9.77)$$

将公式（9.73）代入公式（9.77），我们得到：

$$\frac{1}{C_{\text{Cell}}^s} = \frac{w_A}{C_A} + \frac{w_C}{C_C} = \frac{w_A M_A}{0.2778 w_A z_A F} + \frac{w_C M_C}{0.2778 w_C z_C F} = \frac{M_A}{0.2778 z_A F} + \frac{M_C}{0.2778 z_C F} \qquad (9.78)$$

代入公式（9.69）和公式（9.70），我们得到整个电池比容量与两个电极比容量之间的关系：

$$\frac{1}{C_{\text{Cell}}^s} = \frac{1}{C_A^s} + \frac{1}{C_C^s} \qquad (9.79)$$

现在，我们将它转化为可以直接用于实际的例子：

$$C_{\text{Cell}}^s = \frac{C_A^s C_C^s}{C_A^s + C_C^s} \qquad (9.80)$$

例如，将此公式应用于锂 / 氧气电池，我们可以得到电池级理论比容量为：

$$C_{\text{Cell}}^s = \frac{C_{Li}^s C_O^s}{C_{Li}^s + C_O^s} = \frac{3856 \times 1675}{3856 + 1675} \, \text{mA} \cdot \text{h/g} = 1167.74 \, \text{mA} \cdot \text{h/g} \qquad (9.81)$$

公式（9.80）还告诉我们什么？它还表明，在电池（或任何电化学设备）中，整个电池的容量是由两个电极的比容量以耦合方式决定的。这种耦合意味着提高电池比容量的最佳方法是同时改进两个电极。

例如，如果一个电极的比容量远高于另一个电极，则相应电池的比容量和能量密度主要由另一个电极的比容量决定，因为后者成了"瓶颈"。假设有一种极端情况，其中理想负极的比容量是无限大（$C_A^s = \infty$）时，这一点就变的尤为明显：

$$C_{Cell}^s = \frac{C_A^s C_C^s}{C_A^s + C_C^s} = \frac{C_A^s C_C^s}{C_A^s} = C_C^s \tag{9.82}$$

这就是在锂离子电池研究中正极材料的发展占据了大部分资源和注意力的原因。很明显，负极（石墨）的比容量（372 mA·h/g，或计算 LiC_6 的整体质量，则为 339 mA·h/g；见第 9.1.3.6 节）已经远高于大多数基于过渡金属氧化物的正极材料（<250 mA·h/g）。

考虑一个由两个比容量不同的电极组成的假想电池，可以更定量地理解这一问题。以石墨（339 mA·h/g）、硅（2010 mA·h/g）和锂金属（3856 mA·h/g）这 3 种比容量不同的模型负极材料作为模板，并允许正极容量变化。根据公式（9.80）确定的全电池容量由图 9.6 中显示的 3 条不同曲线表示。

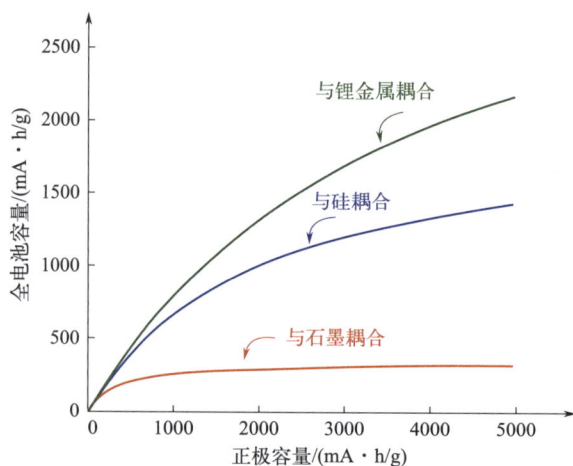

图 9.6　由不同比容量的假想正极材料与 3 种不同的负极材料（石墨、硅和锂金属）耦合而成的全电池的比容量

显然，正极和负极之间的耦合效应使得一旦正极的比容量超过负极，正极容量增加对全电池容量的贡献将减缓并最终被抑制。相反，对于具有高比容量的正极，将其与中等容量的负极耦合也会减少其对增加全电池容量的贡献。

因此，当正极和负极具有相同的比容量时，将实现最佳的全电池容量。例如，一个比容量为 1000 mA·h/g 的正极的理想匹配应该是一个相同比容量的负极，后者能够带来全电池容量的最大提升。当然，在实际情况中正极和负极之间总会存在不匹配。

最后，从另一个角度来看，公式（9.80）也意味着，如果两个给定电极的容量完全匹配，整个电池的比容量或能量输出将得到优化。任何超过匹配值的容量，无论在哪个电极，都在整个电池运行中成为"死重"，对电池的能量密度产生负面影响。

了解电池的理论容量让我们可以估算电池的最大理论比能量（maximum theoretical specific energy，MTSE），前提是已知理论电池电压。我们可以基于热力学数据例如标准条件下的 Gibbs 生成自由能计算电动势，从而确定理论电池电压。

$$E_{\text{Cell}}^{\text{s}} = C_{\text{C}}^{\text{s}} E \tag{9.83}$$

然而，材料研究人员更喜欢用一个类似的公式估算单个电极材料的 MTSE：

$$E_{\text{M}}^{\text{s}} = C_{\text{M}}^{\text{s}} E_{\text{M}} \tag{9.84}$$

其中 E_{M} 代表当该电极与假想对电极耦合时估计的电池电压。这对于评估新材料的潜在重要性非常方便，例如典型的锂离子电池正极材料，如钴酸锂（$LiCoO_2$，3.8 V，约 1000 W·h/kg）、三元锂（$LiNi_xMn_yCo_zO_2$，4.0~4.3 V，约 700 W·h/kg）或磷酸铁锂（$LiFePO_4$，3.5 V，约 500 W·h/kg）等，其中电压都是相对锂金属电位。

这里一定要注意，这些 MTSE 数值是基于单个电极的质量计算的，甚至根本未考虑另一个电极的质量，因此它们不反映全电池的实际可用能量。事实上，截至 2022 年，锂离子电池达到的最高电池级能量密度仍未超过 450 W·h/kg，这一数据基于高镍含量的正极和高硅含量的负极。通常，电解质、隔膜和电池包装材料的无效质量会使单个电极的 MTSE 减少至少一半！注意，这里的"无效"并非说它们无用，而只是表明它们不参与电化学反应。

9.1.3.5.1　充电电池的库仑效率和能量效率

如果电池是可充电的，其化学反应必然是可逆的。也就是说，当电池反应自发进行时，电池会向用电器释放能量；当施加一个更高的反向电压时，电池反应被迫逆转，原则上所有起始材料（负极和正极中的活性物质）将重新生成。

并非所有电池的化学反应都是可逆的。事实上，自 Volta 在 200 多年前发明第一个电池以来，已知的可充电电池的化学反应不足 24 种。其中，锂离子电池是当前综合性能最优的商用电池。

有两个独立的量用来描述可充电电池中化学反应的可逆性，它们分别对应容量和能量。

最常用的量是库仑效率（CE%），它计算在充电过程中注入电池的电子数量与在放电过程中从自发电池反应中获得的电子数量。这两个量的比率就是库仑效率，通常以百分比表示，其本质上是放电过程和充电过程的容量比：

$$CE\% = \frac{\text{放电过程释放的容量}}{\text{充电过程注入的容量}} \tag{9.85}$$

另一个使用频率较少的量是能量效率（EE%），有时也称为循环能量效率。基本上，它是放电过程中电池释放的能量与充电过程中注入电池的能量之间的比率：

$$EE\% = \frac{\text{放电过程释放的能量}}{\text{充电过程注入的能量}} \tag{9.86}$$

前文提到过，一旦电池电流不为零，电池电压就会偏离电动势产生的理想电池电压 [图 9.5（a）]。这对充电过程和放电过程均适用。唯一的区别在于，充电过程中，这种偏差是正的，导致电压曲线高于电动势表示的虚线，而在放电过程中偏差为负 [图 9.5

（b）]。换句话说，在使用可充电电池时，放电过程中获得的能量总是少于充电过程中输入的能量。

在大多数情况下，EE% 低于 CE%，因为前者不仅受电池电流不为零时较低的可获得容量影响，还受相同动力学障碍引起的电压损失影响。

通常，我们并不真正关心电动势预测的理想电池电压，而是更关注充电电压和放电电压之间的差异。这种差异随容量的变化称为电压滞后（$\Delta\eta$）。电压滞后直接影响 EE%。

最后，为了举例区别 CE% 和 EE% 代表的含义，我们可以探讨一个假想可充电电池的充放电行为，如图 9.5（b）所示。在不同的放电电流下，该电池的可逆容量几乎恒定，并接近理论值，这说明 CE% 约为 100%。然而，由于放电电流高时放电电压降低，EE% 可能会显著下降，因为实际释放的能量（表示为电压曲线下的阴影区域）变得越来越少。

这一现象并非虚构。在某些特定情况下，例如在涉及氧气氧化还原反应的化学过程中，四电子过程在高电流密度下变得缓慢；或者在多价化学反应中，带正电荷大于 +1 的阳离子的移动面临来自环境（溶剂化鞘、晶格配位等）的额外阻力，经常会遇到这种现象。

当出现这种情况时，仅考虑 CE% 则会使我们在判断电池化学可逆性时受到误导。因此，我们应查看 EE%，作为判断电池可充电性的基础。

有人可能会问：CE% 达到 100% 显然表示在完全利用所有活性材料后电池的起始化学状态（即正极和负极的起始材料）已完全恢复，那么较低的 EE% 代表什么？

它表明在充放电过程中必须消耗额外的能量来完全利用活性材料并完全恢复电池的起始化学状态。这些额外的能量定义为充电能量和放电能量之间的差异，主要以热的形式散失，这是由离子在高阻环境中的移动导致的。

9.1.3.6 一个常见的错误

比容量这个概念需要单独的一个小节，以便澄清一个长期以来被忽视的误区。

在公式（9.64）～公式（9.67）和公式（9.69）、公式（9.70）中，任何物种 i 的比容量都可以使用以下的形式表达：

$$C_i^s = \frac{0.2778}{M_i} z_i F \tag{9.87}$$

式中，M_i 和 z_i 分别代表氧化还原物种的分子量和价数。

对于锂、锌、铝和铍这样简单元素的材料，含义是明确的：它对应相关金属的原子量［公式（9.64）～公式（9.67）］。然而，当涉及多种元素组成的化合物时，情况就会变得更加模糊。经常让初学者困惑的是，材料科学界对这些化合物的处理经常采取两种不同的标准。这两种标准都各有其合理性和应用场景，但混合使用可能会在初学者中导致混淆。

例如锂离子电池的典型正极材料 $LiCoO_2$，它的理论比容量为 273.87 mA·h/g，计算过程如下：

$$C_{\text{LCO}}^{\text{s}} = \frac{0.2778}{M_{\text{LCO}}} z_{\text{LCO}} F = \frac{0.2778}{97.883} \times 96485.33 \, \text{mA} \cdot \text{h/g} = 273.87 \, \text{mA} \cdot \text{h/g} \qquad (9.88)$$

这是基于 $LiCoO_2$ 的电化学锂化、脱锂（即氧化、还原）反应作为假设：

$$\text{LiCo}^{\text{III}}\text{O}_2 \underset{+e}{\overset{-e}{\rightleftharpoons}} \text{Co}^{\text{IV}}\text{O}_2 + \text{Li}^+ \qquad (9.89)$$

其中 $LiCoO_2$ 的分子量为 97.883。

从另一方面来说，锂离子电池中典型的负极材料石墨（GR）的理论比容量为 $372 \, \text{mA} \cdot \text{h/g}$，计算方法如下：

$$C_{\text{GR}}^{\text{s}} = \frac{0.2778}{M_{\text{GR}}} z_{\text{GR}} F = \frac{0.2778}{72} \times 96485.33 \, \text{mA} \cdot \text{h/g} = 372 \, \text{mA} \cdot \text{h/g} \qquad (9.90)$$

这是基于石墨的电化学锂化、脱锂（即氧化、还原）反应作为假设：

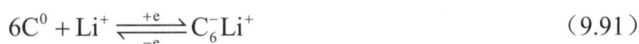

$$6\text{C}^0 + \text{Li}^+ \underset{-e}{\overset{+e}{\rightleftharpoons}} \text{C}_6^-\text{Li}^+ \qquad (9.91)$$

其中的每 6 个碳原子可以化学计量地配位一个锂离子，因此使用了 C_6（72）的分子量。

公式（9.88）和公式（9.90）之间的区别是什么？前者使用了整个化合物 $LiCoO_2$ 的分子量。而后者中，如果将石墨视为这种嵌入化学中的锂离子的"容器"，则仅计算了"容器"的重量（72），完全忽略了容器的内容物（锂离子）。这种特殊的"仅限容器"方法似乎源于这样一个事实：石墨（以及一些其他的负极活性材料的宿主）可以在其非锂化状态下用作电极，而大多数正极材料如 $LiCoO_2$ 需要在锂化状态下使用，因为其晶体结构需要由嵌入其中的锂离子稳定。

将这种"仅限容器"的方法扩展到另一种锂离子电池的负极材料——硅。由于一个硅原子可以容纳多达 4.4 个锂离子：

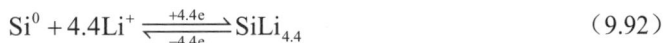

$$\text{Si}^0 + 4.4\text{Li}^+ \underset{-4.4e}{\overset{+4.4e}{\rightleftharpoons}} \text{SiLi}_{4.4} \qquad (9.92)$$

我们将得到相应的硅的比容量：

$$C_{\text{Si}}^{\text{s}} = \frac{0.2778}{M_{\text{Si}}} z_{\text{Si}} F = \frac{0.2778}{28.08} \times 4.4 \times 96485.33 \, \text{mA} \cdot \text{h/g} = 4199 \, \text{mA} \cdot \text{h/g} \qquad (9.93)$$

这与石墨的情况类似，这个数值在文献中广泛使用。

回想一下，我们已经计算出锂金属的比容量为 $3856 \, \text{mA} \cdot \text{h/g}$ [公式（9.64）]，因此有人可能会得出"硅可以提供比锂金属更高的比容量"的结论。笔者在同行评审的出版物、提案和报告中多次看到类似的错误陈述，其中一些甚至来自相当资深的研究人员。

但这是正确的吗？显然，这完全没有任何道理。

硅是锂离子的"容器"，无论它能容纳多少锂离子，它不可能提供比纯锂金属电极更高的比容量，后者可以被视为"无容器"（$M_i=0$）。换句话说，如果将相同的"仅限容器"方法应用于纯锂金属电极，那么锂金属的比容量应该是无限大！

因此，在这种情况下，石墨的 $372 \, \text{mA} \cdot \text{h/g}$ 或硅的 $4199 \, \text{mA} \cdot \text{h/g}$ 这两个数字不能直接与锂金属的 $3856 \, \text{mA} \cdot \text{h/g}$ 进行比较，因为这是由三种完全不同的计算标准得出的数值。

对于石墨而言，由于其比容量小得多，这个错误似乎并不明显。但是为了与锂金属进行公平比较，这些容量必须考虑所涉及的整个物质的分子量重新计算，例如：

$$C_{GR}^s = \frac{0.2778}{M_{C_6Li}} z_{GR} F = \frac{0.2778}{78.95} \times 96485.33 \text{ mA} \cdot \text{h/g} = 339.50 \text{ mA} \cdot \text{h/g} \quad (9.94)$$

$$C_{Si}^s = \frac{0.2778}{M_{SiLi_{4.4}}} z_{Si} F = \frac{0.2778}{58.66} \times 4.4 \times 96485.33 \text{ mA} \cdot \text{h/g} = 2010.50 \text{ mA} \cdot \text{h/g} \quad (9.95)$$

现在得到的数值更有意义了，并且可以与锂金属的 3856 mA·h/g 进行直接比较。注意，由于每个硅原子必须容纳如此多的锂原子，使得最终锂化状态的整体质量增加了 1 倍多，因此比容量相应地从 4199 mA·h/g 减少到 2010 mA·h/g。

这一节的"结论"是，当人们想要比较不同单一电极材料的比容量时，必须确保这些比容量是从相同的标准计算得出的，无论是"整个分子量"还是"仅限容器"的标准。

在更广泛的意义上，当评估文献中报告的容量时，我们应该同样谨慎。以上所述的这些容量是根据不同的标准计算的，并用于不同的目的。有些只计算单个电极的质量，在其完整电池配置未知时才可以有效评估新材料。有些则计算了正极和负极的质量，而忽略了电解质、隔膜和电池包装材料的"惰性"质量。还有一些计算则包括所有组件在内的整个电池的质量。

9.1.3.7 能量质量

在第 9.1.3.5 节中提到，电化学设备所涉及的能量是由容量和电池电压共同决定的[公式（9.59）]，即通过电荷穿越电势差所做的电功。从视觉上来看，这种能量可以由图 9.5 中曲线围成的区域表示。

这引出了一个问题：在能量固定值的情况下，能量的输出电压是否重要？答案是肯定的，这涉及"能量质量"的概念，它大体上描述了将一种能量形式转换为有用功或另一种能量形式的效率。

在给定的能量值下，能量输送的电压是决定电池适用范围的重要参数。这可以通过水力能在不同水位差下输送或热能在不同温差下输送来理解：这些差值越小，能量的用途就越少。因此，在较高的水位差下，水流更快，对涡轮叶片的影响也更大，而低于某一值的水位差则无法推动涡轮（图 9.7）。同样，各种热机的效率也直接依赖温差，如热力学中卡诺定律所定量描述的那样。

对于电能而言，如果用它来驱动固定电阻 R 的负载，电压的作用最好反映在功率（P）中，即单位时间内释放的能量：

$$P = \frac{dE}{dt} \quad (9.96)$$

从公式（9.60）中得到：

$$dE = Vdq \quad (9.97)$$

因此：

图 9.7 能量质量描述了将一种形式的能量转化为另一种形式的能量或进行有用工作的效率。在水力发电中，水库释放的能量的质量与水位差（"水头"，Δh）成正比，这是驱动负载的关键因素，与热能中的温度差（ΔT）或电能中的电势（电压）差（ΔV）密切相似。能量质量也直接与系统能提供能量（即功率）的速度有关

$$P = \frac{dE}{dt} = V\frac{dq}{dt} = Vi \tag{9.98}$$

其中 i 是电流，在第 5.2 节中定义为单位时间内通过单位面积的电荷量 [公式（5.45）]。根据欧姆定律：

$$i = \frac{V}{R} \tag{9.99}$$

则公式（9.98）转变为：

$$P = \frac{V^2}{R} \tag{9.100}$$

因此，电池在驱动如电动机等负载时，其对电压特别敏感。例如，在电动割草机和鼓风机中，当电池电压低于某一水平时，电动机的转速将无法维持。而对于电动汽车而言，电池组必须串联连接，以产生至少 300 V 的输出电压。

Huggins 对电池的能量质量进行了粗略的量化，输送电压低于 1.5 V 的视为低质量能量，在 1.5 ~ 3.0 V 之间的视为中等质量能量，3.0 V 及以上的视为高质量能量[4]。大多数商业锂离子电池可以在标称 4.0 V 下输送能量，但研究者们仍然在寻求可以提供 5 V 级别电压的化学材料。

在高压电池中，电解质起着至关重要的作用，不仅需要支持大量所需化学物种的质量传输，还必须在不分解的情况下承受如此高的电化学张力。

这种高电压引起的电化学压力的严重性可以通过第 6.5.5.3 节中讨论的 Tafel 行为来例证，任何过电位的增加都可能导致电流的指数级增加。在这种电化学压力下，高压电解质必须通过在两极上形成界相来保持惰性。

9.1.3.8 电池化学：转化反应与嵌入

自从 Alessandro Volta 在 1799 年发明第一个电池以来，许多化学反应机制已被用于储存和释放能量；尽管这些化学反应机制多种多样，无论是一次电池还是二次电池，无论它们是水系的还是非水系的，都可以被分为两类：转化反应和嵌入反应。

在锂离子电池发明之前，大多数电池的反应机制是基于"转化反应"[图 9.8（a）]，在这类电池里电极结构在电池反应期间被新的结构取代。这种化学反应的优点在于每个

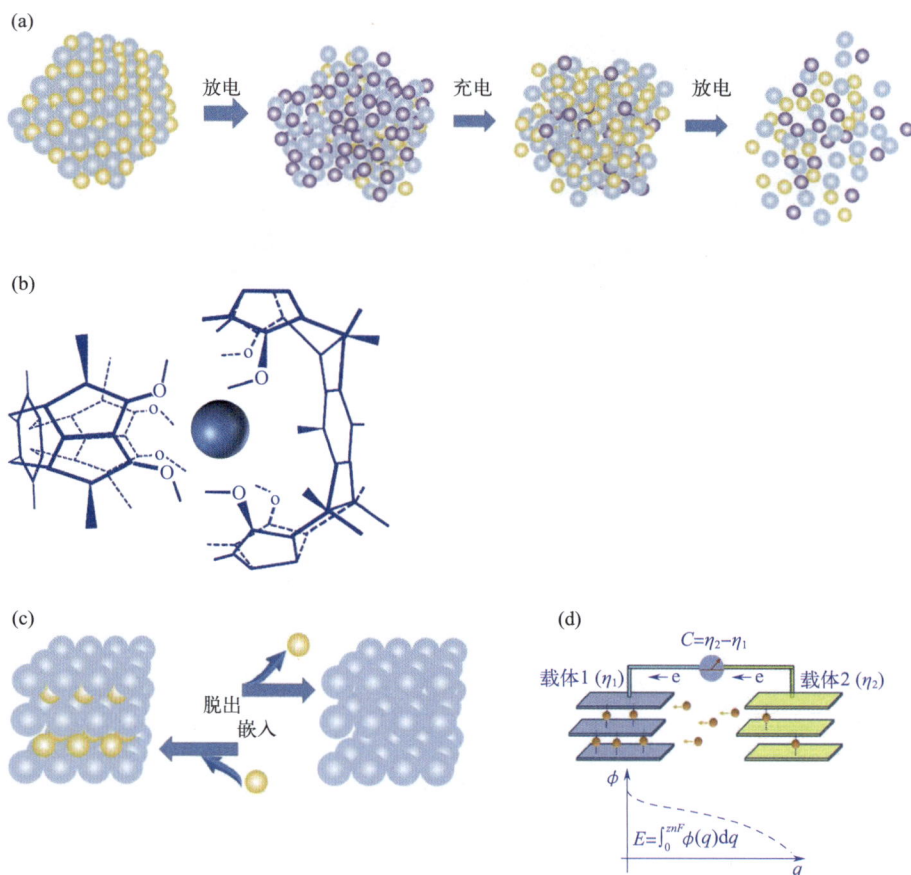

图 9.8　两种基本类型的电池化学

（a）转化反应类型，其中电极结构经历完全破坏和再形成，因此可逆性差。（b）典型的主体-客体络合物，其中客体阳离子被困在由醚基超分子结构形成的螯合笼中。（c）嵌入反应类型，其中主体电极的框架结构在客体离子嵌入或脱嵌时变化很小。在嵌入化学中，氧化还原反应发生在主体上，而客体离子协同的进入和退出确保电荷平衡。（d）Armand 在 1980 年提出的双嵌入电池设计理念，后来被采用在锂离子电池中。在 20 世纪 80 年代，由于缺乏关于电解质和界面的关键知识，当时没有可用的负极嵌入主体

组分都参与电池反应，从而提供了高容量和高能量。缺点是这些电池的可逆性较差，这对于希望为这些电池充电的应用来说是致命的。由于电极的起始结构在反应中被完全破坏，几乎不可能通过精确恢复每个组分的位置来恢复原始结构。这种不可逆性在每个充放电周期中都会发生，随着时间的推移累积，最终导致化学反应的完全失效［图 9.8（a）］。

转化反应化学的例子包括 Daniell 电池和所有金属负极材料，如锂金属。

另一种电池化学的反应机制是"嵌入反应"，其中基本电极结构在氧化还原反应过程中保持相对静态（"拓扑静态"），而电荷分离是通过客体离子嵌入电极主体的框架中实现的［图 9.8（c）］。

嵌入电极化学可以看作是 20 世纪 60 年代出现的"主体-客体化学"概念在电化学领域的自然延伸。主体-客体化学的核心概念是，当主体分子与客体分子结合时会产生新的性质和功能，由于这种结合是非共价性质的，这些性质和功能也是可逆的［图 9.8（b）］。换句话说，主体-客体化学中涉及的结合主要通过库仑力、氢键或范德华力实现，

由此形成的超分子结构决定了主体 - 客体络合物的性质和可逆性，典型例子如冠醚和酶。由于在主体 - 客体化学方面的开创性工作，Cram、Lehn 和 Pedersen 于 1987 年获得了诺贝尔化学奖[5]。

作为主体 - 客体化学的电化学版本，嵌入电极实际上是附着在电极上的主体，因此客体物种（通常是离子）的进入和退出可以通过电极注入或提取的电子定量和可逆地控制。显然，这种电极化学的可逆性远优于转化反应类型，因为电极结构的变化被限制到最小，与转化反应中每个充放电周期都要发生剧烈相变和晶格变化以及化学键的破坏和重建形成了鲜明对比。

然而，嵌入化学的出色可逆性是以比容量和能量密度为代价的，因为这些惰性框架晶格不参与电池反应，并且引入了一定的"能量惩罚"。

虽然 Whittingham 在 1976 年首次将嵌入概念应用于电极，展示了层状的锂钛硫化物（LiTiS$_2$）[6]，并在 1980 年由 Goodenough 及其同事通过从硫化物转向氧化物进行改进[7]，但他们构建的测试电池实际上是混合性质的，因为其中使用的负极仍然是金属锂（锂金属），全电池反应本质上仍是一种转化反应。换句话说，由于电池中存在转化反应材料，预期的嵌入化学优异可逆性无法被解锁。

最初的双嵌入电池概念由 Armand 在 20 世纪 80 年提出 [图 9.8（d）] [8]，它代表的总体设计涵盖了如今使用的锂离子电池，以及自 2000 年以来开发的许多其他金属离子电池，包括钠离子电池、钾离子电池和镁离子电池。这种双嵌入化学的基础是必须找到两个嵌入主体，这些主体在嵌入和脱嵌客体离子过程中必须显示出足够大的电极电位差，以便创建有意义的电池。然而，在 20 世纪 80 年代，大多数已知的嵌入材料是过渡金属硫化物或氧化物，它们之间的电位差不够大，无法使这种双嵌入电池产生意义，而自 20 世纪 50 年代以来已知的锂离子嵌入的石墨主体（LiC$_6$）在当时尚无法通过电化学手段合成。因此，Armand 的创新设计只能停留在图纸上。经过众多科学家和工程师数十年的努力，最终才在 20 世纪 90 年代找到可用于锂离子嵌入的碳质负极主体，并在 20 世纪 90 年代初期，索尼实现了锂离子电池的商业化。在这一过程中，正确的电解质成分和负极表面的界相化学的知识构成了关键技术[9]。

目前在锂离子电池中使用的典型嵌入化学材料包括基于过渡金属氧化物的正极，如 LiCoO$_2$ 或具有相似层状结构的同系物，以及具有不同石墨含量的碳质负极材料。嵌入这些晶体结构中的锂离子可以产生 3.5 ～ 5.0 V 范围内的电位差，其特征是出色的可逆性，循环寿命可高达数千次。

作为第一个采用双嵌入化学的电池，自 20 世纪 90 年代以来，锂离子电池显著改变了我们的生活。锂离子电池的发明在 2019 年被授予诺贝尔化学奖，以表彰 Whittingham、Goodenough 和吉野彰的贡献。吉野彰在 20 世纪 80 年代中期在旭化成公司将 LiCoO$_2$ 正极、碳基负极和电解质整合到一个工作的全电池中，但是由于缺乏关于电解质和石墨之间界相的化学知识，他当时用的负极仍然是石墨化程度较低的无定形碳。

在第一代锂离子电池出现的 30 年后，嵌入化学的容量和能量密度似乎逐渐接近其上限。因此，研究人员越来越频繁地重新造访转化反应型材料，以追求具有更高性能的下一代电池，并希望通过在纳米结构、原位 / 操作表征、电解质和界相方面取得的新知识、新工具和新技术来解决转化反应型化学所固有的可逆性缺陷。

9.1.4　赝电容器

在第 9.1.1 ~ 9.1.3 节中讨论了两大类储能设备：一种是在二维界面上仅通过非 Faraday 过程运行的电化学双电层电容器，另一种是在电极材料的三维结构中仅通过 Faraday 过程运行的电池和燃料电池。

虽然 Faraday 反应的三维特性在电池中最为明显，但在燃料电池中这种特性可能不那么显著，因为氧气和燃料的电子化和去电子化反应发生在液体（电解质）、固体（惰性电极基质）和气体（电极活性材料）之间的三相区域，这似乎也是二维的。然而必须记住，实际电极材料是氧气和氢气（或其他燃料）。如果要完全消耗这些电极材料，实际需要氧化还原反应深入到这两种材料的内部。

在二维非 Faraday 电容行为和三维 Faraday 行为之间有一种中间类型的电化学装置，这些装置通过 Faraday 反应产生或储存能量，但所有这些 Faraday 电荷转移过程都局限于电极和电解质之间的二维界面（或至少"靠近"这些界面），而不渗透到电极的内部。这种行为被称为赝电容[10]。由于其中的电子化和去电子化过程局限于电极表面，这些反应也被称为"准二维反应"。

作为典型电容和 Faraday 行为之间的中间体，赝电容表现出一系列混合特性：一方面，赝电容器的功率密度（高达 10^3 W/kg）和可逆性（高达 10^5 次循环）与电化学双电层电容器（10^4 W/kg 和 10^6 次循环）相似，这是由反应的二维性质带来的优势；另一方面，由 Faraday 过程提供的赝电容器的能量密度（>10 W·h/kg）仅稍高于电化学双电层电容器，但仍远低于电池可以达到的能量密度。

然而，根据将在下一节中讨论的电化学特征，相比典型电池，赝电容器的特性与电容器更相似，如矩形循环伏安图和倾斜线性的恒电流响应。

赝电容器中涉及的氧化还原反应的性质取决于电极材料和电解质。大多数赝电容器在酸性水溶液电解质中运行，通常通过某些贵金属［如铂（Pt）或金（Au）］或者基于过渡金属或贵金属的氧化物［如二氧化锰（MnO_2）、二氧化钛（TiO_2）或二氧化钌（RuO_2）］的质子化与去质子化来运行。这些反应一般只涉及这些氧化物的单层或准单层。该类中的一个典型例子是 RuO_2，其可逆质子化生成的比电容为 200 ~ 400 F/g（相对地，纯双电层电容仅为 150 ~ 200 F/g）：

$$RuO_2 + \delta H^+ \underset{-\delta e}{\overset{+\delta e}{\rightleftharpoons}} RuO_{2-\delta}(OH)_\delta \qquad (9.101)$$

大多数赝电容行为依赖转化反应方式的电荷转移，然而近年来纳米结构材料的出现逐渐模糊了体相与界面之间的区别，从而将某些典型的电池嵌入反应转变为类赝电容行为。最显著的例子是锂离子电池中常见的嵌入化合物 $LiCoO_2$，如果 $LiCoO_2$ 的表面积足够大，其原本位于层状结构内的锂离子嵌入位点可能会转变为表面吸附位点，从而使其电化学行为相应地向赝电容转变。

为了区分这种赝电容行为和公式（9.101）所示的 RuO_2 可逆质子化展示的"固有赝电容"（后者不依赖材料的粒径），一些研究人员将其称为"外在赝电容"，仅当材料的表面积足够大时，这些体相嵌入位点才会变为表面位点。

最后，应努力澄清由语义使用引起的混淆。

一个相当模糊但非常流行的术语"超级电容器"（super-capacitor）或"超电容器"（ultra-capacitor）经常出现在科学文献和大众媒体中，用于描述电化学双电层电容器、赝电容器或两者兼有。创造这个术语的初衷是为了将这些电容器与更传统的介电电容器（或称静电电容器）区分开来，后者依赖介电质中的偶极取向实现能量储存，这与图 3.2 中描述的情况类似。静电电容器中部分电荷分离能达到的能量密度显著低于电化学双电层电容器或赝电容器（约 1.389×10^{-3} W·h/kg），但它们能在更短的时间尺度（约 10^{-6} s）内以更高的电压（$10^2 \sim 10^3$ V）输送这些能量。相比之下，电化学双电层电容器和赝电容器分别为约 10^{-3} s 和 $1 \sim 3$ V。由于介电电容器不涉及任何电化学反应或过程，它们超出了本书的讨论范围。

9.1.5 电容器和电池之间的比较与转换

在之前的章节中，我们将电池中包含的能量比作一个巨大的水体，其几乎无限的体积确保了水流过程中水位差（Δh）几乎保持恒定（图 9.7）。如第 9.1.3 节所述，电池几乎恒定的电压是由每种电极材料的恒定本征电位（eigenpotential）实现的。这种本征电位完全由材料的化学性质决定，并且与电极材料的数量无关。因此，电池电压（ΔV）和电荷量（Q）是相互独立的：

$$\Delta V = \text{constant} \tag{9.102}$$

而这样的电池包含的能量（E_B）表达为：

$$E_B = Q\Delta V \tag{9.103}$$

事实上，公式（9.102）和公式（9.103）在前几节中已经以不同形式表达过。这里我们将保留这些更简单的形式，以便在本节中讨论。

从类似的角度来看，电化学双电层电容器的适当类比更像是一个有限体积的水箱，其水位随水箱中的水量不断变化 [图 9.9（a）]。如第 9.1.2 节所述，在这种情况下，电池电压与分离的电荷量成正比。换句话说，电池电压和电荷量是相互耦合的：

$$\Delta V = kQ \tag{9.104}$$

实际上，这是公式（6.32）的一种变体，k 是电容的倒数（$1/C$）。因此，这种电化学双电层电容器中包含的能量为：

$$E_C = \int_0^Q V(Q)\mathrm{d}Q = \int_0^Q \frac{Q}{C}\mathrm{d}Q = \frac{1}{2C}Q^2 \tag{9.105}$$

将公式（9.104）中 Q 的表达式插入：

$$Q = C\Delta V \tag{9.106}$$

当在电池电压差 ΔV 处分离一定量的电荷 Q 时，电化学双电层电容器的能量为：

$$E_C = \frac{1}{2C}(C\Delta V)^2 = \frac{1}{2}C(\Delta V)^2 \tag{9.107}$$

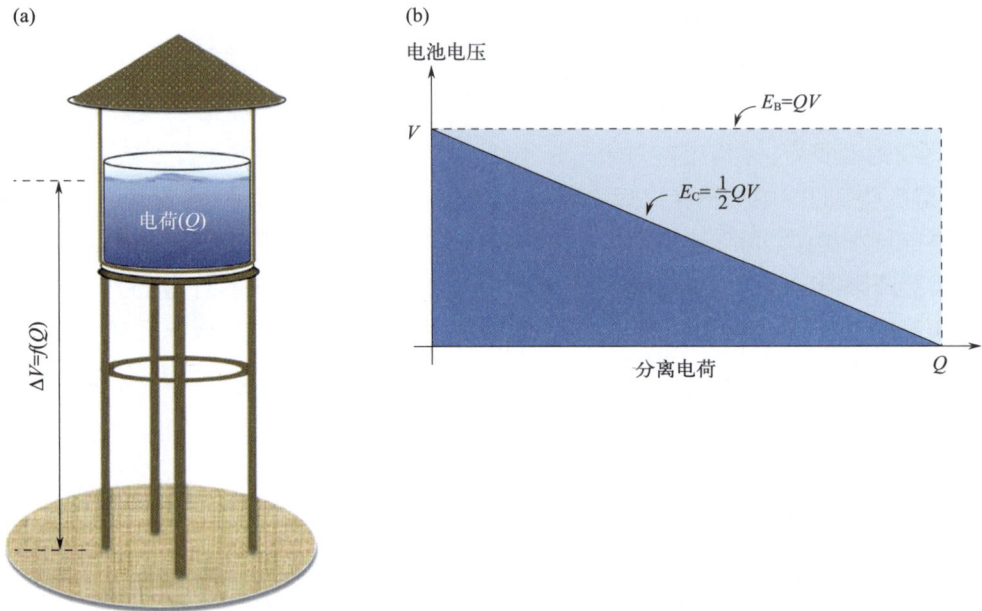

图9.9 （a）电化学双电层电容器中储存的能量类似于有限体积水体中包含的势能，因为电荷分离引起的两个电极之间的电位差（ΔV）是分离的电荷量（Q）的函数，就像水位高度（Δh）随水量变化一样。（b）理想情况下，在相同的电压V下分离相同的电荷量Q，电化学双电层电容器中包含的能量仅是电池的一半

实际上，这在第9.1.2.2节中已经作为公式（9.24）出现过。我们可以通过将电容 C 替换为：

$$C = \frac{Q}{\Delta V} \tag{9.23}$$

进一步将公式（9.107）转换为仅以电荷量 Q 和电池电压差 ΔV 为函数的能量 E_C：

$$E_C = \frac{1}{2}\frac{Q}{V}(\Delta V)^2 = \frac{1}{2}Q\Delta V \tag{9.108}$$

我们从公式（9.103）和公式（9.108）中可以得到什么？它们表明，在理想条件下，分离相同电量 Q 时，电化学双电层电容器所含的能量仅为电池的一半。换句话说，如果电池的能量可以用电池电压对电容量（V-Q 图）的面积表示为一个正方形 [图9.9（b）]，那么电容器的能量应是将该正方形减半的三角形面积。

实际上，上述理想条件在现实中不存在。电化学双电层电容器中的电荷分离量往往远小于在相同电压差下电池中的电荷分离量。

考虑一个典型的由两个相同的活性炭电极组成的水系电化学双电层电容器，每个电极的比表面积为 1000 m²/g，比电容为 20 μF/cm²。这里，根据电容器定义，1法拉（F）是指每伏（V）电压可存1（C）电荷量，1 C/V。

如果将这样的电容器极化到 1.5 V，那么在单个电极上的电荷分离量应为：

$$Q = CV = 20\times10^{-6}\,\text{C}/(\text{V}\cdot\text{cm}^2)\times1000\times10^4\,\text{cm}^2/\text{g}\times1.5\,\text{V} = 300\,\text{C/g} \tag{9.109}$$

根据公式（9.63）将 C 转换为 mA·h：

$$Q = 300 \times 0.2778 \, mA \cdot h/g = 83 \, mA \cdot h/g \tag{9.110}$$

这是单个电极的情况，电容器的总电荷分离量约为 40 mA·h/g。如果这种电化学双电层电容器可以极化到 3.0 V（这是非水性电解质中电化学双电层电容器可以接近的最大电压），那么电荷分离量约为 80 mA·h/g。即便如此，这个数值仍然低于大多数电池电极的电荷分离量。

与此同时，如果以单个电极为测量对象，电池电极中分离的电荷通常为 100 ～ 200 mA·h/g（正极）和 372 ～ 1000 mA·h/g（负极）。根据正极和负极容量之间的耦合关系［公式（9.80）］，电池的总电荷分离量（或通常在电池领域称为容量）应在 80 ～ 160 mA·h/g 范围内。因此，即使在电容器总电荷分离量达到最优的情况下，电池的恒定电压也能保证其能量是电容器的 2 ～ 4 倍。

由于上述因素的结合，电池包含的能量通常远多于电化学双电层电容器。

9.1.5.1　电化学电容和 Faraday 反应的电化学特征：循环和线性伏安法

电池和双电层电容器之间的根本区别在于它们对特定电化学刺激的特征响应不同。如图 9.9（b）所示，电池和双电层电容器具有不同的 V-Q 关系。这些响应通常用于识别特定电化学过程是否属于电池或电化学双电层电容器。

最常用的电化学表征技术分为两大类：①控制电流法，保持电流恒定（称为恒电流法）或让电流以恒定速率变化（称为电流动态法），同时监测电位响应；②控制电极电位法，保持电极电位恒定（称为恒电位法）或让电位以恒定速率变化（称为电位动态法），同时监测电流响应[11]。

在前一类中，恒电流表征通常用于测量在恒定充电电流或放电电流下的电荷分离（容量）和能量。这是一种备受青睐的方法，因为它模拟了这些电化学能量设备在驱动固定阻抗负载时的实际应用场景。在恒电流充放电测试中，通常绘制电池电压（V）与涉及的容量（Q）的变化，就像图 9.9（b）中电池和电化学双电层电容器的 V-Q 图。当然，当电流非零时，电荷转移和质量传输过程中的动力学障碍引起的电池极化会使图 9.9（b）中的标准矩形或三角形发生变形。图 9.5 展示了这种极化对电池的影响，对于电容器来说，也预期会有类似的效果。实际电池电压在放电过程中会从理想直线负偏离，并且实际容量会低于理论预测值。

在后一类中，电位动态法比恒电位法更有用，因为它可以确定某个电化学过程发生的精确电位，无论是电极中的氧化还原反应还是电解质的不可逆分解反应。在这种方法中，工作电极的电位（V_{WE}）相对可靠的参比电极逐渐变化：

$$V_{WE} = V_{WE}^{i} \pm rt \tag{9.111}$$

式中，V_{WE}^{i} 是工作电极的初始电位，r 是扫描速率（以 V/s 为单位），t 是时间，± 号表示扫描方向是阳极（+）还是阴极（−）。在这种准平衡条件下，所研究反应的发生将通过电流表示。

有时，工作电极的电位变化只是单向的，从初始电位 V_{WE}^i 到终端电位 V_{WE}^t，这种方法称为线性扫描伏安法（linear sweeping voltammetry，LSV）。在其他情况下，工作电极的电位将在达到顶点值后又会恢复到原始值，这种方法称为循环伏安法（cyclic voltammetry，CV）。CV 法对于确定反应的可逆性非常有用。

在电位动态和恒电位表征中，我们通常把电流或电流密度（i）相对电极电位（V_{WE}）绘制。在这种 i-V 图中，与 V-Q 图一样，电容器的非 Faraday 特性和电池的 Faraday 特性会产生完全不同的响应。

对于电化学双电层电容器，电流响应定义为：

$$i = \frac{dQ}{dt} \tag{9.112}$$

由于电荷分离量 Q 由电极电容确定：

$$C_e = \frac{Q}{V_{WE}} \tag{9.113}$$

我们有：

$$i = \frac{d(C_e V_{WE})}{dt} = C_e \frac{dV_{WE}}{dt} \tag{9.114}$$

假设电位扫描方向为阳极：

$$\frac{dV_{WE}}{dt} = r \tag{9.115}$$

因此：

$$i = C_e \frac{dV_{WE}}{dt} = C_e r \tag{9.116}$$

在恒定扫描速率 r 下，电流响应应为一个与电极电容和扫描速率成正比但与电极电位 V 无关的常数。

当然，这里有一个隐含的假设，即扫描在电解质的电化学稳定窗口内进行。因此，在 i-V 图中，标准电化学双电层电容器的电流响应只是一条平行于 V 轴并位于 $C_e r$ 的直线（图 9.10）。通过测量电流 i 可以轻松计算电极电容，因为扫描速率 r 是已知的实验参数。

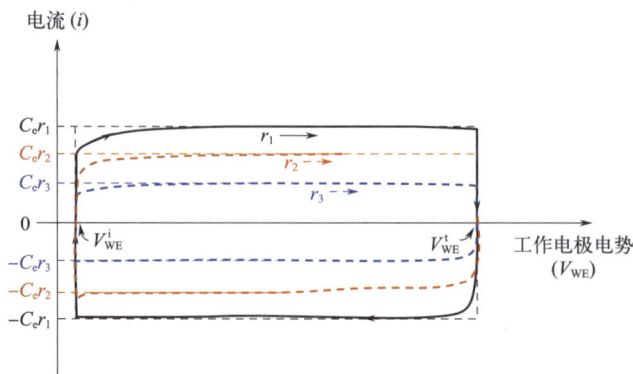

图 9.10　电化学双电层电容器在电位动态条件下（循环伏安法，初始电位为 V_{WE}^i，终端电位为 V_{WE}^t）的非 Faraday 电容的电化学特征。图中的箭头表示电极电位扫描的方向

如果应用 CV 法，完整的电位动态扫描包括阳极和阴极两种进程。因此，在阴极扫描中，相应的电流响应将为：

$$i = C_e \frac{dV_{WE}}{dt} = -C_e r \tag{9.117}$$

这当然是另一条平行于 V 轴的直线，但现在位于 $-C_e r$ 处（图 9.10）。

结合公式（9.116）和公式（9.117），电化学双电层电容器在循环伏安法中的标准 i-V 图应呈现一个闭合的矩形（图 9.10），其垂直边的长度为 $2C_e r$。

需要注意的是，这种 i-V 图最有趣的特征是，在终端电位 V_{WE}^t 处电流会立即消失为零，并且在反向扫描电压方向时电流会立即变为 $-C_e r$。这反映了二维表面上实现的电荷分离的特征：一旦电极电位停止上升，表面上的离子种类的聚集就停止，导致阳极电流 $C_e r$ 立即降为零；而一旦电极电位开始下降，电极表面分离的离子电荷被释放，产生阴极电流 $-C_e r$。

实际上，由于各种动力学因素，这样的完美矩形会变形。然而，由于电化学双电层电容器中的所有电流响应都来自非 Faraday 过程，即通过电极表面上的离子组装实现的纯静电电荷分离，这些过程独立于界面上的电荷转移，即使在非零电流的非平衡条件下，大多数电化学双电层电容器的 i-V 图仍然能够保持类似矩形的形状，就像公式（9.116）与公式（9.117）所预测的那样。

对于电池电极或任何经历 Faraday 过程的电极，电流响应则要复杂得多，因为它不仅受界面上的电荷转移影响，还受电解质内部的质量传输影响，如图 7.1（a）中展示的那样。

现在考虑一个在工作电极上发生的氧化反应，其平衡电位为 ϕ_e^0，可以认为是电极材料的特征电位，或者是电解质中在电极表面被氧化的其他物质：

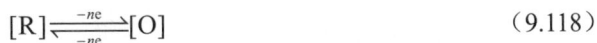

$$[R] \underset{-ne}{\overset{-ne}{\rightleftharpoons}} [O] \tag{9.118}$$

如果伏安扫描从比 ϕ_e^0 更负的初始电位（V_{WE}^i）开始，则对应上述反应的阳极电流（称为背景电流）几乎可以忽略不计，如图 9.11 的区域 I 所示。随着正向电位接近 ϕ_e^0，在电极表面开始明显氧化 [R]，表明区域 II 中的阳极电流上升。预计这种阳极电流会随着电极电位超出 ϕ_e^0 而进一步增加，如 Tafel 行为 [公式（6.98）] 预测。然而，界面上反应物 [R] 的快速消耗或产物 [O] 的积累最终会受到质量传输限制，这限制了反应速率（电流）的指数增加并减缓反应。

这两个竞争因素的妥协导致区域 III 中电流峰值的出现。换句话说，最大电流（文献中通常表示为 i_p，p 代表"峰值"）是界面上由 Butler-Volmer 公式确定的电荷转移速率和由 Fick 定律确定的从电解质主体到界面区域的质量传输共同作用的结果。

在大多数电位动态实验中，如果公式（9.111）中的扫描速率 r 足够慢（通常在 10^{-3} V/s 量级），我们可以假设所有 Faraday 过程都在接近平衡的情况下发生。因此，为简化起见，可以直接将 Nernst 方程应用于区域 II 中的活性物质浓度变化：

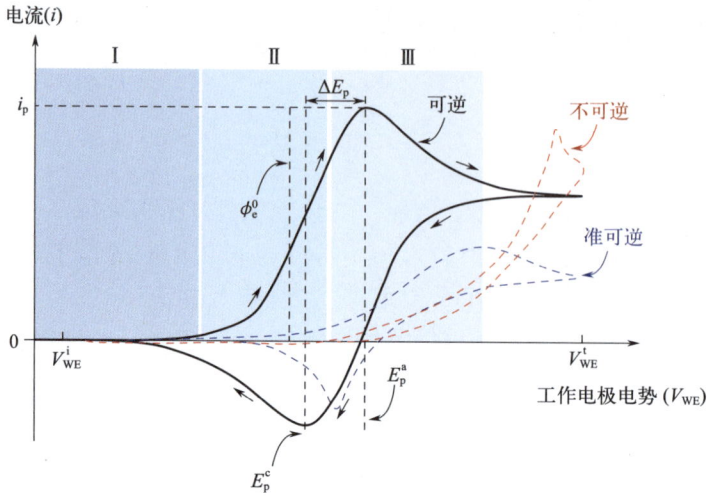

图 9.11 在电位动态条件下（循环伏安法，初始电位为 V_{WE}^i，终端电位为 V_{WE}^t）Faraday 电化学行为的特征。图中的箭头表示电极电位的扫描方向

$$V_{WE}^t - \phi_e^0 = \frac{RT}{nF} \ln \frac{c_{[O]}}{c_{[R]}} \tag{9.119}$$

式中，$c_{[O]}$ 和 $c_{[R]}$ 分别是界面处的反应物和产物的浓度。

回顾公式（9.111）的阳极场景，并重新排列上述公式以表达 [O] 和 [R] 的浓度比，我们得到：

$$\frac{c_{[O]}}{c_{[R]}} = e^{\frac{nF}{RT}\left(V_{WE}^t - \phi_e^0\right)} = e^{\frac{nF}{RT}\left(V_{WE}^i + rt - \phi_e^0\right)} \tag{9.120}$$

在每个电极电位下，极小的时间间隔内，这些物质的浓度与电解质主体中的相应浓度通过以下初始条件以及边界条件相关：

$$c_{[O]}(x,0) = 0 \tag{9.121}$$

$$c_{[R]}(x,0) = c_{[R]}^0 \tag{9.122}$$

$$c_{[O]}(\infty,t) = 0 \tag{9.123}$$

$$c_{[R]}(\infty,t) = c_{[R]}^0 \tag{9.124}$$

式中，$c_{[R]}^0$ 是电解质主体中 [R] 的浓度。

这些初始条件和边界条件实际上对应第 7.2 节中简要讨论的恒电位情况，只是这里的电位不是完全恒定的，而是不断变化的。然而，我们仍然可以近似假设在每个极小的时间间隔内电极保持在恒定电位，所有物质都遵循上述初始条件和边界条件。

由这些初始条件和边界条件下的 Fick 第二定律导出的微分公式只能通过数值方法求解。其细节不在此做讨论，可参见 Bard 和 Faulkner 的书[11]。

峰值电流的一般形式给出如下：

$$i_p = 0.447 nFAc_{[R]}^0 \sqrt{\frac{nFD_{[R]}r}{RT}} \qquad (9.125)$$

式中，A 是电极面积，$D_{[R]}$ 是电解质主体中 [R] 的扩散常数。其中最大电流 i_p 与电解质主体中反应物浓度 $c_{[R]}^0$ 和扫描速率 r 的平方根成正比。公式（9.125）也被称为 Randles-Sevcik 公式。

如果上述反应是可逆的，在电位扫描反转时，生成的 [O] 物质将开始还原。此时，在 i-V 图中测得的净电流实际上是由这两种竞争反应引起的氧化和还原电流的总合。因此，由于质量传输限制和氧化与还原反应的共同影响，当电势足够负，使得来自 [O] 物种的质量传输限制显现时，最终会出现一个峰值。

应用循环伏安法的响应特征绘制 i-V 图，得到如图 9.11 中实线所示的特定形状曲线。我们曾在第 8.2.2 节图 8.3 中简要讨论过，在合适的电解质中，锂离子电池的循环伏安曲线呈现基本的对称行为，并随变量变化而变化。

氧化和还原峰值电位之间的间隙通常用来量化一个 Faraday 过程的可逆性：

$$\Delta E_p = \frac{E_p^a - E_p^c}{2} = \frac{2.3RT}{nF} \qquad (9.126)$$

它与扫描速率 r 无关。在室温（298 K）下，对于单电子反应，这个间隙为 56.5 mV。

如果 Faraday 过程不涉及质量传输步骤，这个间隙可能会更小。这种情况包括反应物不溶于电解质并直接沉积在电极上，因此它们可以直接参与可逆反应，而无需从电解质主体扩散到界面区域。这些高度可逆反应的例子包括用活性物质装饰的电极表面，或锂在惰性基底上的沉积和剥离。

需要再次强调的是，公式（9.125）和公式（9.126）都是从 Fick 定律导出的，它们仅在理想电化学分析条件下有效，即离子运动完全由扩散而非迁移主导。在实际电池电解质中，尤其是锂基电解质，这些理想条件难以满足，因此循环伏安法主要用于定性分析而非定量分析。如图 8.3 中所示的众多循环伏安曲线，主要用于揭示某些法拉第反应在何种电位开始以及它们是否可逆，而非确定反应物的浓度或其扩散系数。

可以看到，图 8.3 中一些电极或电解质材料的伏安响应甚至没有明显的峰值电流 i_p，如石墨、硅和锂金属电极的还原电流部分。相反，电流一直增加到终端预设电位限制。这种情况经常发生，因为电解质中锂离子的高浓度和快速的锂离子导电性确保了在实验条件下（如电极极化的阴极限制、单位面积上的活性物质负载和扫描速率）锂离子不会因为质量传输短缺而耗尽。这种偏离公式（9.125）和公式（9.126）预测的"理想"行为实际上是故意为之，因为有利于实际应用。

一些法拉第反应极其缓慢，以至于其逆反应需要更高的电化学驱动力才能开始。这种对过电位的需求将导致阳极和阴极峰值电位（ΔE_p）之间的间隙增大，这类反应通常称为"准可逆"过程（图 9.11，蓝色虚线）。

对于完全不可逆的反应，例如当电极电位超出其电化学稳定窗口时电解质组分在电极表面发生分解，反向反应的电流几乎消失（图 9.11，红色虚线），因为分解产物由于各种原因不再参与反应。这种分解过程的峰值电流可以表示为：

$$i_p = 0.22nFAc_{[R]}^0 k_{app} e^{-\alpha \frac{nF}{RT}(E_p - E_0)} \tag{9.127}$$

在结束本章之前需要指出的是，尽管 Faraday 行为（电池）和非 Faraday 行为（电容）在典型情况下表现出截然不同的电化学特征，但在某些情况下，这两者可能难以区分。一方面，如第 9.1.4 节所述，纳米结构材料中表面积与体积比高，使得 Faraday 过程和非 Faraday 过程之间的界限变得模糊；另一方面，电容效应引起的电流在所有电池中都存在，因为电化学设备中的电极不可避免地有表面。在大多数情况下，由电容效应引起的电流相比 Faraday 过程产生的电流是可以忽略不计的。然而，当电极具有特别高的比表面积（考虑到界面和界相，这在大多数电池中不太可能，第 12 章将对此进行讨论）或当电池承受特别高的充放电电流时，情况可能会有所变化，因为电容电流与表面积或电极电位变化的速率成正比（图 9.10）。

上述讨论的技术——恒电流法（图 9.5 和图 9.9）和电位动态法（图 9.10 和图 9.11），是研究人员评估新材料（无论是电极、电解质、界面还是相间）在储能应用中的潜力时最常用的两种表征手段。因此，尽管本章中表达的公式的定量基础可能在实际电极或电解质系统中不完全适用，但它们定性描述的电化学特征有助于从基础角度理解新材料的性质。

参考文献

[1] J. O'M. Bockris and A. K. N. Reddy, *Modern Electrochemistry*, Plenum Press, New York, 2nd edn, 1998.

[2] M. Winter and R. Brodd, What Are Batteries, Fuel Cells, and Supercapacitors?, *Chem. Rev.*, 2004, **104**, 4245–4270.

[3] B. E. Conway, *Electrochemical Supercapacitors: Scientific Fundamentals and Technological Applications*, Springer, New York, NY, 1999.

[4] R. A. Huggins, *Advanced Batteries: Materials Science Aspects*, Springer, New York, NY, 2009.

[5] D. J. Cram, The Design of Molecular Hosts, Guests, and Their Complexes, *Science*, 1988, **240**, 760–767.

[6] M. S. Whittingham, Electrical Energy Storage and Intercalation Chemistry, *Science*, 1976, **192**, 1126–1127.

[7] K. Mizushima, P. C. Jones, P. J. Wiseman and J. B. Goodenough, Li_xCoO_2 (0 < x < 1): A New Cathode Material for Batteries of High Energy Density, *Mater. Res. Bull.*, 1980, **15**, 783–789.

[8] M. B. Armand, Intercalation Electrodes, in *Materials for Advanced Batteries*, ed. D. Murphy, Plenum Press, New York, 1980, p. 145.

[9] M. Winter, B. Barnett and K. Xu, Before Li Ion Batteries, *Chem. Rev.*, 2018, **118**, 11433–11456.

[10] B. E. Conway, V. Birss and J. Wojtowicz, The role and utilization of pseudo-capacitance for energy storage by supercapacitors, *J. Power Sources*, 1997, **66**, 1–14.

[11] A. J. Bard and L. R. Faulkner, *Electrochemical Methods. Fundamentals and Applications* Wiley, New York, 2nd edn, 2001.

第 10 章
锂金属电池、锂离子电池及其他

　　如果一个外行人随手翻阅有关电池的科学期刊,他会惊讶地发现超过 99% 的研究工作或多或少与基于锂或含有锂的材料有关。

　　尽管锂是"宇宙大爆炸"初期形成的 3 种原始元素(即氢、氦、锂)之一,但它在宇宙中的丰度却相当低,甚至远低于那些需要更为极端条件(如恒星内部的核聚变或超新星爆炸)才能合成的重元素(如碳、氧、氮等)。地壳中的锂储量不仅非常有限,而且分布极其不均衡。据现有的地质勘探数据,最丰富的锂储量集中在阿根廷(Agentina)、玻利维亚(Bolivia)和智利(Chile)交界的"ABC"小三角区域,俗称"锂三角"。该地区拥有丰富的含锂盐湖(图 10.1),其中位于玻利维亚的乌尤尼(Uyuni)盐沼储量最大,面积达 10000 平方千米,甚至在卫星照片中清晰可见,估计锂储量在 900 万吨至 1 亿吨之间,占全球锂储量的 50% ～ 80%[1]。尽管该地区工业基础设施和政治环境限制了乌尤尼盐沼的开发,但毫无疑问,如果没有其他非锂新兴电池化学替代现有的锂离子电

图 10.1　受益于分布在阿根廷(Agentina)、玻利维亚(Bolivia)和智利(Chile)交界区域的众多盐湖,"锂三角 ABC"地区在全球锂储量中占据显著份额。其中,位于玻利维亚的乌尤尼(Uyuni)盐沼是最大的,截至 2025 年仍未得到充分开发

池技术，乌尤尼盐沼无疑掌握了地球能源的未来。此外，秘鲁的阿塔卡马（Atacama）盐沼以及美国、俄罗斯、中国和澳大利亚的其他较小储量的锂矿藏也为全球锂离子电池和电动汽车产业提供了主要的含锂原材料（如碳酸锂、氯化锂和氢氧化锂）。

那么，当研究人员和其他人思考潜在的电池化学时，锂的哪些独特性质使其如此有吸引力呢？

10.1　为什么选择锂？

有两个独立的因素使锂成为电池材料的最佳选择，这与决定电池能量的两个因素密切相关[2]。正如我们在第 9.1.3.7 节中所介绍的，电池能够储存和释放的能量由电池电压和容量决定（图 9.5）。

第一个因素是锂金属的电极电位。1913 年，Lewis 和 Keyes 使用锂汞合金（汞齐）首次准确测量了锂的电极电位，他们发现，当与饱和甘汞电极 [+0.268 V（vs SHE）] 配对时，电池产生 3.3044 V 电压，相比标准氢电极，这相当于把锂的标准电位定位至 −3.0364 V[3]。"这是迄今为止测得的最高值"，Lewis 和 Keyes 在他们的论文里得出的这个结论在今天仍然正确，并且未来也不太可能改变，因为在元素周期表中所有已知的固体元素中没有其他元素的电极电位比锂更低。当然也有一些例外情况，例如单价的钙离子（Ca^+）和镁离子（Mg^+），但这些亚稳态的离子物种不仅难以作为电极材料（它们都以非固态的形式存在），而且更重要的是，它们是极不稳定的中间体，在常规条件下无法稳定存在。

由于具有最低的电极电位（或用热力学术语——最高的电正性），锂金属非常适合作为电池负极，因为当它与任何给定的正极配对时，电池都会产生对应该正极电池体系的最高电压。

第二个因素则是锂金属的比容量。正如我们在第 9.1.3.5 节中所介绍的，整体电池比容量通过方程（9.79）或方程（9.80）与单个电极的比容量相关，其中任一侧都欢迎高比容量电极。对于锂金属，其重量比容量由方程（9.64）给出，为 3856 mA·h/g。尽管这不是所有材料中的最高比容量 [因为铍的最高重量比容量为 5948 mA·h/g，方程（9.67）]，但铍极低的丰度和极高的毒性使其自动失去作为实际电极材料的资格。因此，锂最终成为"赢家"。

这两个因素，即电极电位和比容量的结合，使锂成为不可替代的终极负极材料。出于这个原因，锂经常被电池和材料科学家称为"圣杯"。然而，锂金属电池的开发也正像在追寻"圣杯"一样，虽然我们知道它蕴含巨大的能量，但如何安全、稳定、高效地驾驭这种能量是非常困难的。

10.2　追求"圣杯"：锂金属电池

在锂被公认为"最强"负极材料后，研究人员便开始努力挖掘其潜力并希望驾驭它。

　　然而，他们很快发现锂的最大优势同时也是最大的挑战。锂的最大优势是具有最低的电极电位，但如此低的电极电位意味着锂具有极高的活性，会与几乎所有材料发生反应。

　　由此，锂金属的优缺点就像同一枚硬币的两面，一方面它的极低电极电位保障了高能量密度电池的实现，另一方面它的反应性隐患则成为电池应用的最大挑战。从热力学角度来看，锂是已知最活泼的金属。实际上，没有任何已知的物质不与锂金属反应。即使是最惰性的有机化合物如正己烷也会与锂金属反应，并在表面形成一层薄薄的钝化层[4]。

　　在研究初期，锂金属的活性使得研究人员难以找到合适的电解质（尤其是电解质溶剂）用于任何含有锂金属电极的电池。水性电解质自然是不可能的，因为水的氧化和还原电位决定了它的电化学稳定窗口相对较窄，这限制了水在高电压电池中的应用（图5.12 和图 8.2）。同样，所有非水但含质子的溶剂，如醇和胺，也不适用。此外，即使是既非水又非质子的溶剂也不能保证锂金属的稳定。例如硝基甲烷和乙腈，其 α- 氢因邻近强吸电子基团的作用而活化，其酸性足以与锂金属这样的强路易斯碱反应。

　　只有有限数量的既非水又非质子的溶剂能够保持锂金属的化学稳定性，例如大多数醚类溶剂和一些酯类，特别是碳酸二酯（表 10.1）。稍后的研究发现，即使在这些"稳定"的非水和非质子溶剂中锂金属仍会发生反应，但一种类似表面钝化的过程起到了稳定作用，它阻止了锂金属与电解质溶剂之间的持续反应。这种稳定性在本质上是一种"动力学"性质，即界相。我们稍后将重点讨论这一概念[5]。

表 10.1　与锂金属动力学稳定的选择性非水和非质子溶剂

溶剂分子	结　构	分子量	熔点 T_m/℃	沸点 T_b/℃	黏度 η（25℃）/(mPa·s)	相对介电常数（25℃）	偶极矩 /D	密度（25℃）/ (g/cm³)
1,2- 二甲氧基乙烷（DME）		90	−58	84	0.46	7.2	1.15	0.866
1,3- 二氧戊环（DOL）		74	−95	78	0.59	7.1	1.25	1.060
四甘醇二甲醚（Tetraglyme）		222.28	−30	275	3.29	7.78	2.60	1.009
碳酸亚乙酯（EC）		88	36.4	248	1.90（40℃）	89.78	4.61	1.321
碳酸丙烯酯（PC）		102	−48.8	242	2.53	64.92	4.81	1.200

续表

溶剂分子	结　构	分子量	熔点 T_m/℃	沸点 T_b/℃	黏度 η（25℃）/(mPa·s)	相对介电常数（25℃）	偶极矩/D	密度（25℃）/(g/cm³)
碳酸亚乙烯酯（VC）		86	20	170		126	4.51	1.35
氟代碳酸乙烯酯（FEC）		106.05	18	212	4.1	78.4	4.97	1.454
γ-丁内酯（γBL）		86	−43.5	204	1.73	39	4.29	1.057
碳酸二甲酯（DMC）		90	4.6	91	0.59（20℃）	3.107	0.76	1.063
碳酸二乙酯（DEC）		118	−74.3	126	0.75	2.805	0.96	0.969
碳酸甲乙酯（EMC）		104	−53	110	0.65	2.958	0.89	1.006

非水和非质子溶剂的发现促使了对锂金属稳定电解质的研制，最终促成了一次锂电池（不可充电）的商业化。这些电池，如锂亚硫酰氯电池，至今仍在一些特定应用中使用，如高速公路收费的无线收发器和军事任务中，在这里能量密度（W·h/kg）的考虑远远超过其他因素如成本、毒性和环境。

然而，剩下的最大挑战是如何使锂金属电极可持续充放电。锂金属与上述这些非水和非质子溶剂之间的动力学稳定是静态的，只要金属锂与溶剂的瞬时反应产生一个电子绝缘的界相来阻止持续的反应，稳定性问题就不难解决。然而，可充电电极却总是会产生新的界面，引发新的反应和新的界相。这些新暴露表面的持续不可逆反应不仅导致活性材料（即锂金属）的损失，更严重的是这些反应构成了安全隐患的根本原因。截至2025年，尽管在解决这一问题上投入了巨大的努力和资源，锂金属的极端反应性带来的障碍仍然存在，阻碍着我们接近这个"圣杯"。

10.2.1　不可逆性

正如第 9.1.3.5.1 节所定义的，电化学中描述可逆性（或不可逆性）的最常用和最简单的描述符是库仑效率（CE%），它量化了在注入一定量电荷后可以回收的电荷分数：

$$CE\% = \frac{\text{放电过程释放的容量}}{\text{充电过程注入的容量}} \qquad (9.85)$$

对于电极上的反应，有各种方法可以确定 CE%，包括伏安法（控制电压）和恒电流法（控制电流），或它们的众多变体，如库仑计量法和安培计量法，详细信息请参考 Bard 和 Faulkner 的《电化学方法：基础与应用》（见参考文献 [43]）。尽管方法多样，这些技术的核心都在于如何准确计量电荷进出。

一个电极反应要完美地可逆，理想的 CE% 应为 100%。然而，由于寄生反应，CE% 总是低于这个值。特别是锂金属电极的极高反应性为这些寄生反应提供了巨大的潜在机会，对 CE% 构成了最严重的挑战。在基于酯的电解质中，锂金属电极的 CE% 只能达到 70%～90%，因为酯中的羰基官能团（C=O）在化学上对还原剂如锂金属具有天生的反应性：

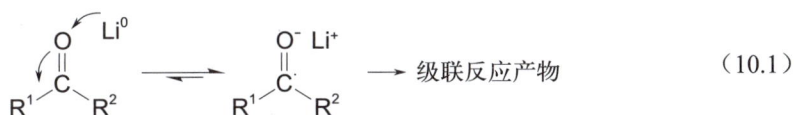

$$\qquad (10.1)$$

这实际上构成了一系列著名有机金属反应的基础。醚类与金属锂的化学反应性较低，因此醚基电解质的库伦效率通常比酯基电解质高，大约在 90% 以上。

然而，截至 2022 年，在电解质材料、界面化学、电极结构等方面的最新进展和创新中，锂金属电极的最高 CE% 仍仅为 99.5%[6]。虽然这个值看起来非常高，但需要记住的是，电池是一个封闭系统（见第 9.1.3 节），而锂金属电池尤其如此，因为金属锂对环境湿气和其他杂质高敏感，补充电极活性材料的可能性几乎为零。换句话说，任何损失都是永久的。

因此，即使在最佳电解质中使用锂金属电极的可充电电池，每次放电（金属锂氧化，通常称为剥离）和充电（锂离子还原，通常称为电镀或沉积）循环都会遭受 0.5% 的锂损失。随着循环次数的增加，损失积累，电池容量逐渐衰减。在第 100 个循环时，这种电池仅能保留约 60% 的初始容量：

$$0.995^{100} = 0.606 \qquad (10.2)$$

显然，99.5% 的库仑效率还不够好。最新的锂离子电池使用石墨作为锂离子的负极插层宿体，在数千个循环中至少能保留 80% 的初始容量。这得益于其极高的库伦效率，CE% 约为 99.99%[7]：

$$0.9999^{2000} = 0.818 \qquad (10.3)$$

实际上，这种高 CE% 的锂离子电池不仅来自负极，还来自正极，因为电池的总库仑效率必须受两个电极中较低的库仑效率制约。

10.2.2　危险形貌

除了库仑损失外，锂金属电极还面临着另一个更为严重的问题——锂金属在电化学条件下结晶时的危险形貌。具体来说，当试图从电解质界面还原锂离子并将获得的锂金属原子沉积到电极表面时，沉积过程的发生位置往往不是均匀分布在电极表面。相反，进入的锂离子在选择着陆位置时会表现出强烈的偏好和倾向。这种现象被称为"枝晶形成"，因为在反复沉积过程中通常会形成具有非常大纵横比的针状晶体[8]。

更广义地讲，在金属电沉积过程中，不均匀晶体生长的基本机制实际上对所有金属都是普遍存在的。当在电极上施加特定电场时，表面电场强度在粗糙地形上无法均匀分布。相反，在"突出物"周围会产生更强的电场强度（图10.2）。这种高于平均水平的电场强度会吸引金属阳离子优先接近并沉积在这些区域，而沉积又会进一步增加突出物的高度和粗糙度。这一自我增强机制最终会在反复沉积过程中通过金属阳离子迁移的优先积累将突出物放大成枝晶。

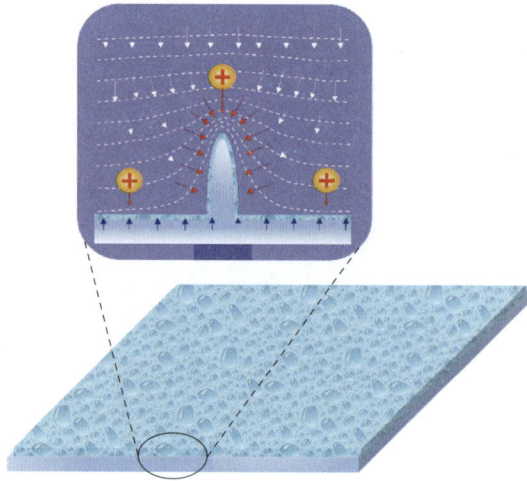

图10.2　金属阳离子在电极粗糙表面上不均匀的电沉积是由电场分布的不均匀性引起的。在"突出物"周围，阳离子感受到更强的库仑力，因此倾向于优先沉积

早期对金属沉积过程中枝晶生长的理论理解主要基于从水性电解质中沉积铜的简单场景。在这种情况下，可以清楚地观察到分形图案晶体与施加在电极上的电流密度之间的相关性。有研究提出，当电流密度超过某个阈值时，电极表面Helmholtz层附近的金属阳离子浓度无法维持足够的供应以完全覆盖电极。结果是，界面处的稀缺物种阳离子会优先被那些电场强度较高的区域吸引，并最终在这些区域沉积和积累。

如第7.2节所述并由方程（7.16）定义，Sand时间（τ_{Sand}），通常被选择为表示均匀电极沉积结束和在突出物周围优先阳离子沉积开始的阈值[9]。在双极性阳离子和阴离子移动下，Sand时间遵从以下方程求解：

$$c_{x=0} = c_0 - \frac{2i^c t_a}{nF}\sqrt{\frac{\tau_{\text{Sand}}}{D_{\text{ambp}}\pi}} = 0 \tag{7.41}$$

求解推导出：

$$\tau_{\text{Sand}} = D_{\text{ambp}}\pi\left(\frac{c_0 nF}{2i^c t_a}\right)^2 \tag{10.4}$$

　　显然，高电流会缩短 Sand 时间并加速不均匀沉积，而较慢的阳离子传输（即高阴离子迁移数，t_a）会进一步恶化这种不均匀性。然而，我们必须小心：直接将铜的枝晶生长模型应用于锂是存在问题的，因为金属铜不会与水性电解质反应，更不会在其表面形成界相。而锂金属则会与电解质形成界相，尤其是会与基于酯的非水性电解质发生反应，这些反应确保了界相总是存在于锂金属表面与电解质之间，因此在这里一个理想的干净二维界面不再存在。

　　锂金属表面上的界相作为一个附加因素，进一步恶化了电极沉积的不均匀性。界相的化学来源是锂金属与电解质成分（包括溶剂、盐阴离子等）之间的不溶性反应产物。在大多数情况下，这些生成的产物由具有不同化学结构和物理性质的有机/无机化合物混合而成，并且它们随机分布在锂金属表面。显然，在这些生成物中有些组分对锂离子的导电性比其他的更强，因此，在沉积过程中这些占有较强导电组分的区域自然会吸引更多的锂离子。

　　因此，表面粗糙度（物理凸起）和界相不均匀性（具有较强导电性的界相斑点）的结合为锂金属沉积提供了优先的位置。当这种锂金属优先沉积在反复循环中积累时，沉积的锂金属自然会形成长针状的分型结构，即枝晶（图 10.3）。锂枝晶在电池中是极其危险的。它具有高表面积和高纵横比，长度可达 100 μm，远超过大多数电化学电池中负极和正极之间的间隙。例如，在锂离子电池中常用的负极 - 正极间隙通常由聚合物隔膜定义，仅为 20 ～ 50 μm。电池中正负极连接的枝晶将产生"内部短路"，这不仅会因为不必要的电子路径而破坏电池化学（参见第 6.1 节和图 6.1），而且在此过程中还会引发剧烈的放电，常常导致灾难性后果如火灾和爆炸。

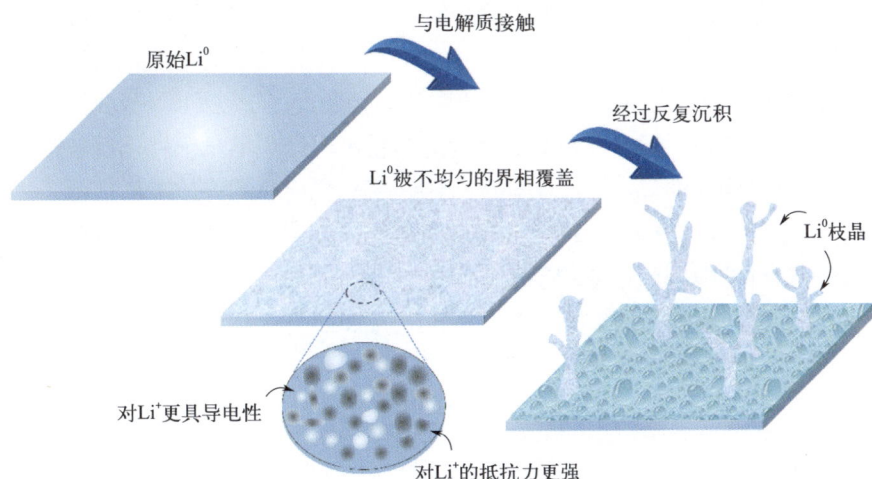

图 10.3　枝晶锂金属形成过程的示意图。它是由界相表面不均匀性引起的锂金属不均匀沉积造成的，受锂金属与电解质之间的极高反应性驱动

　　枝晶的另一种更危险的副产物是所谓的"死锂"[10]。由于锂金属的高度反应活性，可以预见锂金属与电解质之间的反应会覆盖在众多锂金属晶须的表面。因此，这些枝晶上存在比其他部分更具传导锂离子的位点。当这些枝晶经历电化学溶解（剥离）时，这

些位点将成为锂金属氧化并进入电解质的优先位置。如果这种电化学溶解发生在枝晶底部附近，枝晶的上部将被物理切断并与主体电极电隔离（图 10.4）。这些被隔离的枝晶部分通常为微米到纳米级大小，因为它们不能再参与电池反应，所以在电化学上被认为"死"了。然而，从化学角度看，它们依然非常活泼，因为它们仍然是锂金属，并且具有与电解质接触的高表面积。锂金属电池乃至锂离子电池的大多数火灾和爆炸事件是由这些"死锂"引起的。

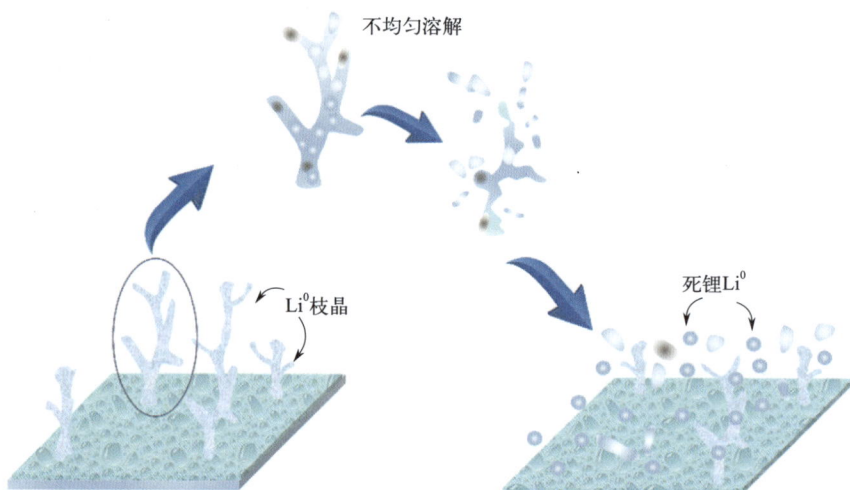

图 10.4　死锂金属形成过程的示意图。它是由界相表面不均匀性引起的锂金属在某些位点优先剥离造成的，受锂金属与电解质之间的极高反应性驱动

　　锂金属电池在可充电过程中，由于锂金属枝晶和死锂的生成带来了严重的安全隐患。此外，低下的库仑效率也反映了每次循环中锂的不可逆损失，成为锂金属电池商业化的三大主要障碍之一。尽管锂金属负极具有极高的能量密度，这些问题仍然限制了其应用。

　　从更高的视角来看，锂金属枝晶和死锂的产生不可避免地源于转化反应类电池化学固有的不可逆性（图 9.8）。在这类化学反应中，每一个完整的充放电循环都必须破坏原始电极结构并创建新的结构，而在电池反应逆转时又期望每个活性物质能够回归其原始排列。要实现这种伴随剧烈相变的反应的可逆性，必须对反应动力学、形态和界面结构进行精确控制，达到远低于纳米级的水平。截止到 2025 年，这一目标尚未实现。

10.3　绕过不可逆性和安全隐患

　　低可逆性和伴随的安全隐患使得锂金属电池的"圣杯"难以触及。在历史上，曾经最接近这一目标的是 Moli Energy 公司，该公司于 1988 年商业化了一种使用二硫化钼（MoS_2）作为正极的可充电锂金属电池。

　　二硫化钼（MoS_2）是一种在约 2.0 V 时能够容纳锂离子的插层材料，因此 Li/MoS_2 电池采用了插层正极和转化反应型负极（锂金属）的运行模式。这种"半插层"电池配置在 20 世纪 70 年代至 80 年代非常普遍，当时研究人员仍希望利用锂金属的巨大能量。然而，这种电池的可逆性完全依赖锂金属电极的表现。

在这些 Li/MoS$_2$ "半插层" 电池首次向电子制造商发货后仅 4 个月，就发生了多起火灾和爆炸事故，迫使 Moli Energy 公司召回所有产品并最终宣布破产。事后对召回电池的分析显示，这些事故的罪魁祸首是锂金属枝晶和死锂。在用户手中的不规则充放电循环中，这些枝晶和死锂比在实验室电池测试仪上的周期性恒电流充放电循环中更加容易发生。

这一事件的深远影响超出了 Moli Energy 公司本身。当时美国和日本的许多公司都在开发各自的 "半插层" 电池，采用锂金属负极和各种正极。Moli Energy 的失败最终导致主流电池行业放弃了可充电锂金属电池商业化的尝试，迫使他们至少暂时放弃锂金属、转而寻求规避锂金属电极危险形貌的替代方案。顺便提一下，使用锂金属负极、磷酸铁锂正极及聚合物电解质的高温（60~70℃）可充电电池仍在被 Bollore 公司以较小规模生产。在这样的电池里锂枝晶和死锂被有效压制（但并非完全消除），主要是因为在高温下锂金属的模量较小，不再有很强的机械强度去对抗固体聚合物电解质。但事故仍偶尔发生。

10.3.1 通过双插层的替代途径

事实上，在 Moli Energy 事件发生 10 年前 Armand 至少在概念上曾提出过一种绕过转化反应化学不可逆性和危险形貌的可行方案。他在 1980 年建议，在电池的负极和正极两侧均使用插层主体，以避免电极相、体积和化学状态的剧烈变化，从而实现极好的可逆性[11]。然而，实现这种双插层电池面临一个实际问题：当时没人知道到底哪种插层主体可以用作负极。

继 Whittingham 和 Goodenough 的开创性工作之后，到 20 世纪 80 年代，研究人员发现了一系列基于过渡金属硫化物和氧化物的插层化合物，但这些化合物大多数位于相对锂金属较高的电位下（>2.0 V）接纳锂离子且工作电位相互接近。而实现 Armand 双插层电池的关键在于找到一对插层主体，分别作为正极和负极，必须在工作电位差足够大的条件下才能够接纳和释放锂离子，从而产生有意义的电池电压。缺乏具有适当插层电位的负极化合物阻碍了双插层电池的发展。

更重要的是，在 Moli Energy 事件发生之前，大多数研究人员仍然认为锂金属电极的发展是有前途的。因此，寻找一种在电位和比容量方面远不如锂金属的负极插层主体费力又不讨好，自然不会激发太多的热情。

继 Armand 的建议之后，只有两个工作直接或间接地采用了双插层的概念。一个由 Whittingham 在 Exxon Corporate Research 公司的同事于 1977 年进行，他们使用 Whittingham 的 LiTiS$_2$ 作为正极主体，并用铝作为锂离子的负极主体[12]。考虑到铝实际上与锂形成合金而不是插层化合物，这实际上是一种合金式转化反应，其可逆性甚至比锂金属更差，因为 Li-Al 合金在锂插入和脱插过程中会发生巨大的体积变化。然而，由于这种电池中没有锂金属，它理论上也勉强可以被称为 "锂离子电池"。

另一种是在 1980 年由 Lazzari 和 Scrosati 进行的，他们采用不同的过渡金属氧化物

（M_xO_y，其中 M 为铁、钨、钛或钒）作为锂离子的负极和正极主体[13]。尽管这些过渡金属氧化物的工作电位差异很小（约 2.0 V）且由于各自的高质量而导致能量损失大，但该电池构型本身与现代锂离子电池极为相似，插层晶格在锂化和脱锂过程中在拓扑结构上保持不变。因此，Scrosati 的电池应被视为现代锂离子电池的雏形。

10.3.2　锂离子化学的诞生

20 世纪 80 年代中期，由吉野彰和栗林功领导的一组工程师在日本旭化成公司开发出了一种全新的双插层电池。他们通过将 Goodenough 的插层正极 $LiCoO_2$ 与碳基负极宿体结合[14]，达成了这一目标。选择碳质材料的动机部分是因为旭化成是一家石化公司，拥有大量不同化学成分、结构和形貌的碳基材料炼油过程副产品；更重要的是，早在 20 世纪 50 年代，石墨（一种独特的碳质材料晶体形式）就是一种已知的可插层锂离子的材料，并形成化学式为 LiC_6 的所谓"插入阶段Ⅰ"的插层化合物。该化合物显示出一系列不同于母体石墨的物理和化学性质，如呈现美丽的金黄色、对水的高反应性以及高的离子导电性和电子导电性。

LiC_6 早在 20 世纪 50 年代即已经被发现。研究人员长期以来一直想知道它是否可以作为锂金属的替代负极材料，但直到 20 世纪 80 年代中期，LiC_6 仍只能通过化学方法合成，即通过石墨与熔融锂金属或其蒸气的直接反应。然而，为使 LiC_6 作为可充电阳极，那么它必须通过电化学方法合成，并且该过程必须可逆地重复数千次。实现这一目标的新电化学技术需要了解电解质配方和界面化学，而这些知识直到 20 世纪 90 年代初才获得。当时材料科学家和电化学家长期误以为石墨不能被电化学方法锂化。

在这种误解的影响下，旭化成的工程师试图绕过石墨，集中研究结构较不规则的碳基材料，如聚乙炔、碳纤维以及各种软碳和硬碳。最终，他们确定了一种软碳材料——石油焦，作为"无金属锂电池"的负极主体。1986 年夏天，旭化成团队组装了一种由 $LiCoO_2$ 正极和石油焦负极组成的原型电池，其电解质是高氯酸锂溶解在碳酸亚丙酯（PC）非水溶剂中。这种"无金属锂电池"原型标志着现代锂离子电池的诞生，尽管其能量密度（90 W·h/kg）远低于当前商业锂离子电池（>300 W·h/kg）。

锂离子电池能量密度的提高无疑是多年材料和电池工程持续优化的结果，但主要因素是石墨负极的采用，石墨负极直到 1994 年后才在锂离子电池中大规模使用。

1990 年，索尼宣布商业化第一代锂离子电池，其构型几乎与旭化成的原型相同。这标志了一个新时代的开始，这个时代以移动电子设备、交通电气化以及清洁和可再生能源为特点[15]。作为第一个插层电池化学，锂离子电池在 21 世纪重新塑造了我们的生活，它的发明最终在 2019 年通过 Whittingham、Goodenough 和吉野彰的诺贝尔化学奖得到了认可[16]。

10.3.2.1　锂离子负极宿体——石墨

索尼商业化第一代锂离子电池后数年，石墨作为一种更理想的锂离子阳极主体被采用。石墨是一种高度有序的碳基材料，其基本结构由 sp^2 杂化的碳原子组成，这些碳原子以 120°的键角与 3 个最近的邻居连接，形成无尽的六角形环片［图 10.5（a）］。这些二维片（又称为石墨烯）垂直地堆叠在一起，层间距为 0.335 nm。同一石墨烯片内的碳原子以共价键连接，因此这些六角形环强烈结合，几乎不可破坏。然而，不同石墨烯层之间仅通过相当弱的范德华力和 π-π 相互作用结合，这得益于每个 sp^2 杂化碳原子提供的自由电子。这些自由电子高度移动，离域于碳原子，形成 x 和 y 方向上的连续导电带（沿平面）。

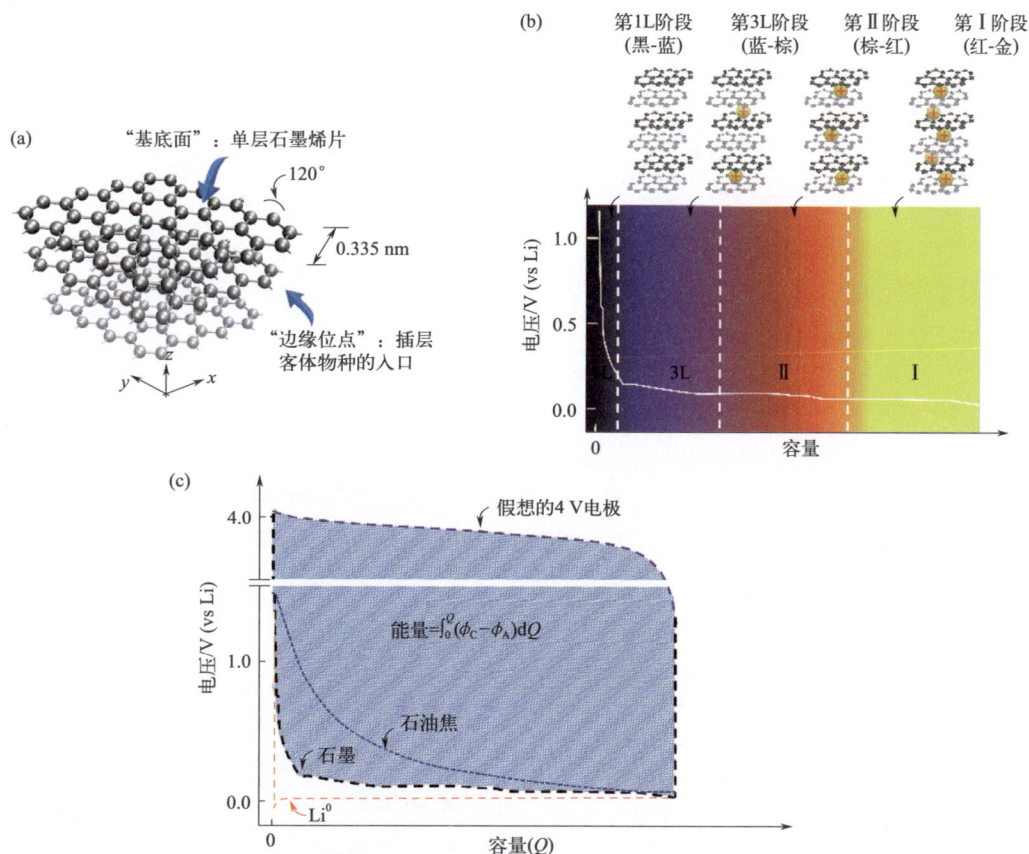

图 10.5　石墨结构为在低电位下容纳锂离子提供了优异的宿体，但其电化学合成对电解质和界相的知识提出了挑战：（a）石墨的结构；（b）石墨中各阶段锂离子插层化合物的化学计量及对应的颜色；（c）锂金属、石墨和石油焦的锂化电位比较。阴影区域表示由石墨负极和假想的 4 V 正极组成的锂离子电池所含的能量

这种独特的分层结构赋予了石墨一系列各向异性的性质。例如，尽管六角形环的 C—C 键几乎不可破坏（除非在极端条件下），但由于石墨烯层之间结合较弱，它们可以很容易地通过一个常见的过程"剥离"开。这一特性不仅使石墨材料成为优秀的固体润滑剂，还允许 Geim 和 Novoselov 使用家用透明胶带机械地逐层剥离石墨，直到获得单层石墨烯。为此工作，他们在 2010 年获得了诺贝尔物理学奖。另一方面，尽管电子在层内高度移动，但垂直于层的电子导电性则要低 100 ～ 10000 倍，具体倍数取决于石墨晶格的"完美"程度。这个宽泛的范围反映了石墨材料的多样性。事实上，作为一种天然存在的元素，碳元素大概拥有 500 多种同素异形体，其中大多数或多或少为石墨结构，具

有广泛变化的无定形部分、形态和超结构。

对我们来说，最重要的是弱结合的石墨烯层是对插层化学"最友好的宿体"，因为它的层间距离为各种客体物种提供了容纳空间。这些客体物种可以是中性分子，如氨；也可以是离子物种，如碱金属阳离子（锂离子、钾离子）和阴离子（如 HSO_4^-、PF_6^-、$TFSI^-$）[4]。

早在 20 世纪 50 年代，人们就知道石墨与熔融锂直接反应可以接纳锂离子并获得一种金黄色化合物。随后研究发现，这种插层反应是通过一定阶段发生的，形成具有不同化学计量比和特征颜色的各种插层化合物 [图 10.5（b）][17]。尽管讨论这些插层化合物及其阶段和晶体结构超出了本书的范围，但必须指出，石墨的最大锂化程度为 I 级化合物，化学计量比为 LiC_6，其对应于一种金黄色的活泼材料。若仅计算石墨质量，其比容量为 372 mA·h/g；若计算整个 LiC_6 的质量，则比容量为 339 mA·h/g（如我们在第 9.1.3.6 节中计算的那样）。

然而，直到 20 世纪 90 年代之前，研究人员仅能通过化学方法制备这些石墨锂离子插层化合物 LiC_x。这些方法包括将石墨浸入温度高于 180℃的熔融锂金属池中，或在真空条件下将石墨与锂金属蒸气在密闭的安瓿瓶中进行低温反应：

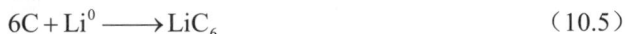

$$6C + Li^0 \longrightarrow LiC_6 \tag{10.5}$$

这一化学过程涉及锂金属向石墨晶格中的单向扩散，几乎是不可逆的。

现在，问题来了。为了使 LiC_6 成为可充电电池中的锂离子负极宿体，必须确保这一过程能够以电化学方式进行，并且这一过程必须在数千次充放电循环中保持可逆，即：

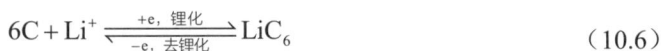

$$6C + Li^+ \xrightleftharpoons[-e，去锂化]{+e，锂化} LiC_6 \tag{10.6}$$

其中锂离子来源于电解质。这一过程在锂化过程中涉及单电子还原反应，在去锂化过程中则涉及单电子氧化反应。

尽管研究人员能够通过化学方法预先合成 LiC_6，然后再将其作为负极组装到电化学电池中（20 世纪 80 年代初期至中期的多个专利申请中已有描述，很多人也确实这样做了），但这种负极在首次放电后仍需进行充电，即 LiC_6 需要通过电化学方法再生。因此，LiC_6 的电化学合成成为石墨作为可逆锂离子负极主体的关键。正是这一关键问题长期困扰着电池科学家和电化学家，使他们认为石墨不太可能在可充电电池中作为锂离子的负极主体，直到一种"神奇"的电解质溶剂的出现。这将在下一节中讨论。

通过这种"神奇"的电解质溶剂（更准确地说是通过溶剂带来的独特界相化学），LiC_6 的电化学合成得以实现，从而完全释放了石墨作为负极主体的优势：石墨在非常接近锂金属（约 0.10 V 到 Li）的平坦电位平台上插层锂离子。与石油焦等结构较为不规则的碳质材料相比，石墨的完美晶体结构确保了锂离子插层在几乎恒定的电位下进行 [图 10.5（c）]。

对于负极来说，这种低而平坦的电位意味着在稳定电压下可以提供更高的能量，如第 9.1.5 节（图 9.9）所述，电池中的能量由电位差（即电池电压）下分离的电荷量（即容量）决定。换句话说，电池中的能量可以通过负极电位曲线和正极电位曲线所包围的面积表示，因为电池电压（V 或 ΔV）仅仅是正极电位和负极电位之间的差（$\phi_C - \phi_A$）。与任何正极材料配对，石墨都无疑能够比石油焦提供高 30% ~ 50% 的能量密度，但具体提高的幅度则取决于用什么正极材料以及电池的设计水平。

因此，自 1994 年以来，几乎所有制造的锂离子电池中，石墨或其他高度石墨化程度的碳基材料成为锂离子的最佳负极宿体。

促使采用石墨的"神奇"电解质溶剂便是碳酸乙烯酯（EC），尽管各个电池制造商采用的电解质配方不同，但只要负极是石墨，EC 就成为所有现代制造的锂离子电池中不可或缺的电解质成分。

10.3.2.2 　EC- 石墨之间的"魔法"化学

石墨难以实现电化学锂化的根本原因有两个，这两个因素虽然独立存在，但却紧密相关：

（1）作为一种插层主体，石墨可以被视为一个过分"好客的主体"，它几乎欢迎任何能进入它层间距离的物质，这往往导致不可控的副反应。从结构上看，这是因为石墨烯层之间仅通过范德华力"松散地"结合在一起，因此只要来客带有"正确的电荷"，如锂离子，或是被锂离子"绑架"的溶剂分子，即第一溶剂化鞘中的溶剂分子，石墨的边缘部位往往很容易被撑开。

（2）锂离子的插层发生在非常低的电位下，大多数电解质成分在此条件下无法保持稳定。换句话说，石墨的锂化电位低于几乎所有电解质成分的还原稳定性极限，因此锂离子插层总是伴随着一些电解质成分（盐阴离子、溶剂分子等）的不可逆还原分解。这实际上是第 10.1 节中讨论的最高电正性锂金属带来的后果。

这两个因素的结合使得石墨电极对锂离子的电化学插层极度敏感。在尝试用电化学锂化石墨时，过程涉及对石墨电极进行负极化，使锂离子能够迁移至石墨边缘部位并最终进入石墨。然而，由于在这些电解质中锂离子总是被溶剂分子溶剂化（参见第 3.3 节图 3.5），到达石墨边缘部位的并不是裸露的锂离子，而是溶剂化的锂离子，即锂离子伴随其第一溶剂化鞘中的溶剂分子。

换言之，锂离子插层总是伴随着主要溶剂化鞘中的溶剂分子的共插入。这些溶剂分子在进入石墨烯层间后，由于极低的电极电位，会在那里就地还原分解。这种不可逆的还原通常伴随气体产物的生成，可能会对脆弱的石墨结构造成不可修复的损害[18]。

那么，在什么情况下可以避免石墨结构的破坏呢？

我们将在下一章讨论界相形成机制，但现在不妨在此处直接给出答案：锂离子第一溶剂化鞘中溶剂分子的结构决定了锂化时石墨结构是否能避免破坏[19]。其他阳离子（如钠、锌和镁）的情况也有同样适用的结论。因此，这很可能是阳离子插层到石墨中的普遍规律。这种推理符合逻辑，因为可以想象任何阳离子插层过程都必须以其溶剂化鞘接近石墨边缘部位为前提。

EC（碳酸乙烯酯）的独特性或它与石墨之间的"魔法"化学，在于当由 EC 分子组成的锂离子溶剂化鞘接近石墨时，EC 分子会还原分解并形成界相，封闭石墨表面与电解质直接接触的地方（参见图 10.6）[20]。这种界相在电子上是绝缘的，从而阻止 EC 的进一步还原；而它在离子上是导电的，使锂离子能够双向穿过它，以支持电池反应所需的质量传输。在机械上，它还起到类似"胶水"的作用，即固定石墨烯层，防止其剥离。同时界相也像一个"过滤器"，强制溶剂化的锂离子去溶剂化，只允许裸露的锂离子通过。此外，界相作为一个具有柔韧性的表面膜，能够容忍纯石墨和其完全锂化状态的 LiC_6 之间约 10% 的体积变化。

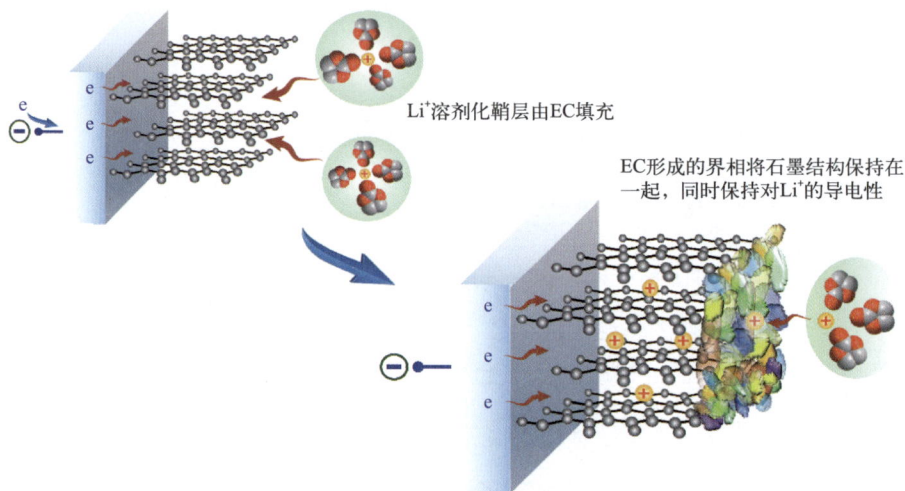

Li⁺溶剂化鞘层由EC填充

EC形成的界相将石墨结构保持在一起，同时保持对Li⁺的导电性

图 10.6 EC 与石墨之间的魔法化学反应：EC 形成界相，允许裸露的锂离子进入石墨插层，同时保持石墨结构完整

EC 衍生的界相的所有这些特性允许 LiC_6 的电化学合成成为可能。然而，在首次使用 EC 作为"魔法"电解质溶剂实现 LiC_6 的电化学合成近 30 年后，尽管有许多理论和模型，EC 究竟如何实现这一点的机制仍未被完全理解[21-22]。我们确切知道的是，在所研究的数百种非水和非质子溶剂分子中，EC 似乎是为数不多的几种（不到 6 种）分子之一，能在中等到稀释的锂盐浓度（<1.0 M）下做到这一点。所有那些分子都是碳酸酯，并且溶剂结构与界相效果之间似乎没有明显的相关性。这一现象值得在分子层面上进一步努力去解密。

需要注意的是，这里强调"中等到稀释的锂盐浓度"，是因为当锂盐浓度超过一定限度时上述溶剂的约束作用可能会被打破。在这种情况下，对界相化学的依赖将从溶剂分子转移到盐阴离子。这正是 2010 年后普遍采用的"超浓度"概念的机制基础，具体内容将在第三篇中详细讨论[23]。

尽管这一现象尚未在基础层面完全阐明，EC- 石墨"魔法"化学的独特性使得 EC 成为当前制造的数百亿颗锂离子电池中不可或缺的电解质溶剂。

10.3.2.3　石墨嵌入化学的三种电化学场景

如前所述，石墨可逆锂化是现代锂离子电池的关键化学过程之一。它的实现对电解质成分有着极为严格的要求，而碳酸乙烯酯（EC）正是促成此一过程的关键溶剂组分。那么，如果不是 EC 作为溶剂，石墨会出现什么情况呢？除了成功锂化生成 Ⅰ 级化合物

LiC_6（图 10.6）的情景外，根据不同溶剂分子的性质，还存在两种我们不希望看到的可能情景。总的来说，石墨在电解质中负极化时存在三种电化学场景。

场景Ⅰ：石墨结构剥离　与锂离子共插层的溶剂分子不稳定，其还原分解产物无法形成有效的固体界相来稳定石墨结构。最终结果是石墨不但无法实现锂化，反而发生剥离（图 10.7 场景Ⅰ）。这种剥离机制可能是在电解质一级溶剂化鞘中溶剂分子的分解产物进入石墨层间，成为气态，并在石墨层间发生反应。这些气体产物能轻易克服层间的弱吸引力，将石墨层撑开。

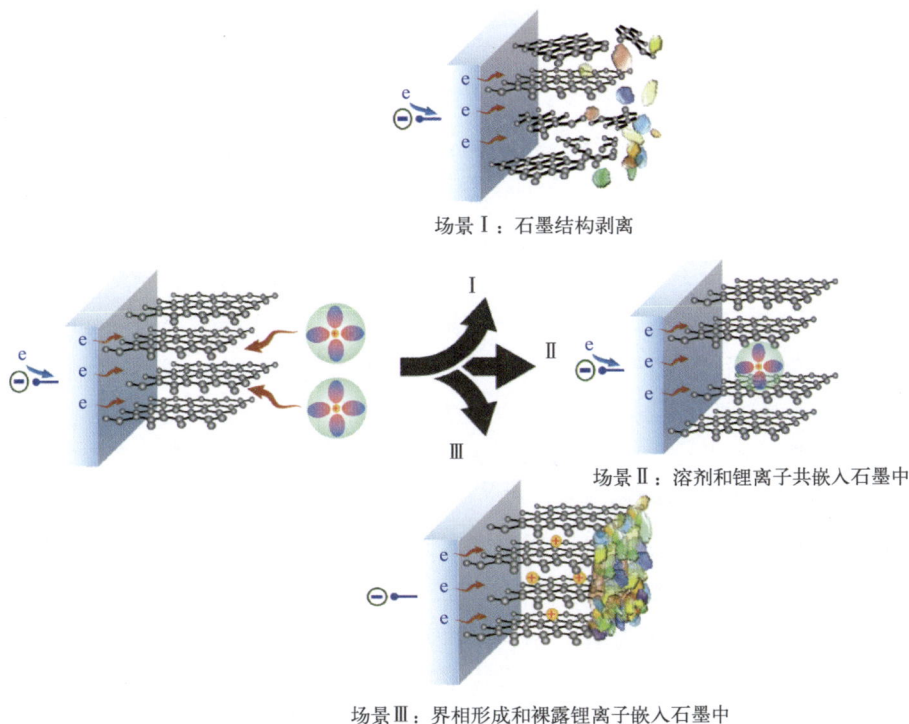

场景Ⅰ：石墨结构剥离

场景Ⅱ：溶剂和锂离子共嵌入石墨中

场景Ⅲ：界相形成和裸露锂离子嵌入石墨中

图 10.7　石墨在电解质中负极化时的三种电化学场景，只有其中一种（场景Ⅲ）实现了电化学锂化，而界相是关键。这种场景仅在某些电解质成分中发生，要么是选择特定的溶剂分子（如 EC）或盐（如 LiBOB），要么是简单的高盐浓度（如超浓电解质）

大多数非水和非质子溶剂分子会导致场景Ⅰ，包括与 EC 结构相似的碳酸酯类分子。一个典型的例子是碳酸亚丙酯（PC），虽然它仅比 EC 多一个甲基，但在约 0.70 V 的电位下表现出强烈的石墨剥离倾向，而无法锂化石墨（图 10.8）。历史上，由于 PC 被广泛用作标准非水溶剂，人们曾误以为石墨无法电化学锂化。这一误解可能推迟了锂离子电池的发展数十年。下一节详细讨论的 EC-PC 的差异可以示范说明界相化学在锂离子电池及未来先进电池开发中的重要性。

场景Ⅱ：溶剂和锂离子共嵌入石墨中　场景Ⅱ以石墨在基于二甲氧基乙烷（DME）的电解质中负极化为例，其中在约 0.45 V（vs Li）的"锂化"过程实际上是由锂离子和溶解它的 DME 分子的复合离子共插层主导的与锂离子共插层的溶剂分子很稳定，即使在接近锂的电极电位时溶剂分子也能抵抗还原。因此，当这些溶剂分子被锂离子带入石

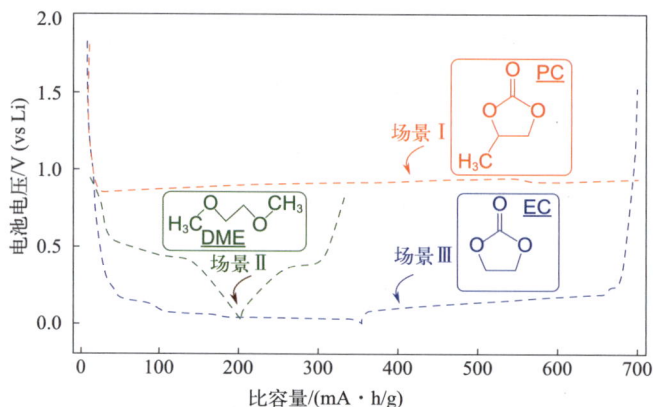

图 10.8　石墨在含锂盐电解质中负极化时的三种电化学场景的代表电位曲线

场景Ⅰ和场景Ⅲ突出显示了 EC-PC 的差异，即分子结构上相近但界面化学上截然不同。在基于 PC 的电解质中，石墨在 0.7 ~ 0.8 V（vs Li）的电位下剥离，生成电解质溶剂分解的气体产物和石墨电极的碎片；在基于 EC 的电解质中，从 EC 分解产物形成的保护性界相保持了石墨结构的完整，并确保了裸露锂离子在低至 0.01 ~ 0.1 V（vs Li）的电位下的插层

墨层间时，整个溶剂化的锂离子至少在一定的时间范围内可以保持稳定。共嵌入石墨结构中的这些溶剂分子和锂离子形成所谓的"三元石墨插层化合物"（图 10.7 场景Ⅱ）。在这里，"三元"一词代表了组成主 - 客体复合物的三种成分，即石墨、锂离子和溶剂分子。与裸露的锂离子相比，溶剂和锂离子共嵌入的共插层结构具有高得多的还原电位，其数值随溶剂不同而变化，为 0.3 ~ 0.5 V（vs Li）。溶剂化锂离子的尺寸比裸露的锂离子大得多，所以当它们共嵌入石墨中，石墨不能容纳化学计量比如 LiC_6 那么高密度的锂。这些三元插层化合物具有有趣的结构和化学性质，但它们通常不是电极的良选。一方面，插层结构有较低的插层化学计量比和较高的插层电位，会导致较低的比容量和能量密度；另一方面，因为这些"巨大"的溶剂化离子的插层结构会在石墨中引入非常高的应力，这种应力会在反复的共插层过程和脱共插层过程中逐渐降低，导致其可逆性很差。最近，人们发现溶剂化钠的共插层比溶剂化锂的可逆性要好得多，这可能是因为溶剂化钠的插层电位较低 [约 0.5 V（vs Li）]。然而，三元插层化合物的较低插层化学计量比和较低的能量密度仍然使它们不适合作为电化学能量储存的理想插层材料。适用场景Ⅱ的大多数非水和非质子溶剂属于醚类溶剂，因为醚键在电化学还原方面具有内在稳定性，而其他具有不饱和官能团的酯类溶剂不耐还原，如羰基的还原反应 [反应式（10.1），见第 10.2.1 节]。然而硫氧化物是一个例外，尽管其 S═O 官能团不饱和，也会出现场景Ⅱ的情况。

场景Ⅲ：界相形成和裸露锂离子嵌入石墨中　场景Ⅲ在第 10.3.2.2 节（图 10.7）中已进行了讨论，它正是锂离子电池所需要的可逆嵌入化学。在锂离子溶剂化鞘结构中的溶剂分子一旦进入石墨的边缘位点就易被还原，但它们的分解产物具有阻止溶剂进一步还原的自我终止机制。这些产物沉积在石墨表面上形成强而韧的钝化膜，对离子导电，但对电子绝缘。界相一旦形成，它只会允许裸露的锂离子嵌入石墨层间，形成高化学计量比（LiC_6）的插层结构，保证了相当高的比容量（石墨，372 mA·h/g）。场景Ⅲ的实现依赖 EC 和石墨之间的"魔法"化学，其发现经历了一个相当曲折的途径。

10.3.2.4　EC 与 PC

如第 10.3.2.1 节所述，早在 20 世纪 50 年代，研究人员已发现石墨能够通过插层化学收纳碱金属阳离子，如锂离子、钾离子和铯离子等（钠离子是一个特殊的例外：它不能作为裸离子进行插层，但其与醚分子结合后的溶剂化形式可以可逆地插层，这一现象的科学机制仍不是很清楚且超出了本书的讨论范围）。然而，当时这些插层化合物均通过化学方法制备，即通过石墨与熔融碱金属或其蒸气的直接反应制备。相比之下，这些插层化合物的电化学合成则明显要复杂得多，如我们刚刚讨论的三种场景（图 10.7）。特别是对于锂离子，其电化学插层石墨的过程涉及 EC 的"魔法"化学，尽管有众多模型和理论，但其原子级别的机制仍未完全清晰。

自 20 世纪 50 年代以来，绝大多数非水性电解质是通过选择来自两大有机化合物家族（即醚类和酯类）的非水和非质子溶剂分子来配置的。因此，每当尝试在电解质中锂化石墨电极时，石墨往往会遇到场景 I（剥离，即石墨结构的迅速破坏）或场景 II（共插层，即低容量和差可逆性）。大量的酯类和醚类混合物例如 PC 和 DME 也被用来制备电解质，因此剥离/分解和共插层的混合场景（即场景 I 和场景 II）同时发生。

那么，为什么 EC 在早期没有被更早使用呢？事实上，早在 20 世纪 50 年代，当研究人员仍在寻求理想电解质时，EC 就已被认为是一种能够有效溶解锂盐的非水和非质子溶剂。然而，与其结构类似的 PC 相比，EC 有一个显著的缺点：其熔点为 36.4℃，使其在室温下几乎呈固体状态。而 PC 的熔点低至 −48.8℃（表 10.1）。EC 的高熔点应归因于其高度对称的分子结构，这种结构易于形成有序而稳定的晶格，并且需要大量能量（例如热量）来破坏这种晶格。相反，PC 作为一个不对称分子，其甲基的引入显著破坏了对称结构，导致其有序排列的效率较低。实际上，PC 分子的对称性破坏远比图 10.8 所示的结构更为显著，这是因为甲基所在的碳是一个手性中心，其手性由甲基相对环结构平面的定位决定（图 10.9）。换句话说，考虑到非手性的合成路线，商业 PC 溶剂实际上是（R）- 对映体和（S）- 对映体的外消旋混合物，每种对映体各占混合物的 50%。鉴于这些对称上的复杂性，将这些高度不对称的分子排列成晶格是较困难的，而使这种混合物转变为液体则相对容易。

分子对称性的巨大差异以及由此带来的熔融行为差异使 PC 在作为电解质溶剂候选者时常常比 EC 更受青睐[24]，因为人类天然的直觉驱使我们在配制液态电解质时选择液体而不是固体，尤其是当它们的结构相似性暗示着它们的化学和电化学性质相似。不幸的是，EC 和 PC 代表了两种截然不同的界面化学，如图 10.8 所示。在 1958 年之后的 30 多年里，人们一直没能发现 EC 和石墨之间的"神奇"化学，直到 1991 年三洋电气公司的藤本等人改变了这一切。然而，即使我们确定了 EC 作为允许石墨结构可逆锂离子嵌入的"神奇化学物质"，我们仍然不确定为什么仅仅微小的结构变化就会导致它们的界面行为有如此明显的差异。

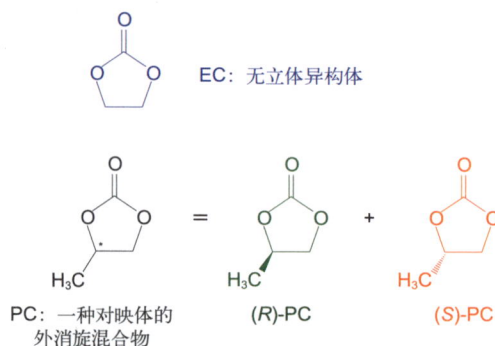

图 10.9 EC 与 PC：EC 是对称分子，没有立体异构体，而 PC 中的甲基不仅以甲基基团的体积打破了其分子对称性，还引入了手性，使甲基所在的碳成为手性中心（用星号标记）。因此，除非特别标明，商业来源的 PC 溶剂是等摩尔（R）- 对映体和（S）- 对映体的外消旋混合物

已有许多模型和理论试图解释 EC 和 PC 之间的差异，例如它们还原产物的溶解度差异（即来自 EC 的还原产物倾向于"粘"在石墨表面，而来自 PC 的还原产物则倾向于溶解在电解液中）[21]，或两种溶剂中锂离子的溶剂化鞘结构差异（即在 EC 中，锂离子的溶剂化鞘更容易接受部分与 PF_6^- 阴离子的结合，从而允许它在界面形成过程中作为氟供体参与，而 PC 则倾向于更紧密地与锂离子结合并排除阴离子参与）[22]，或这些溶剂化锂离子在与石墨边缘共嵌前部分脱溶剂化的差异，等等。然而，这些模型和理论仍然不能令人信服地解释，为什么截至 2025 年，尽管已经研究了大量有机溶剂，只有少数显示出与 EC 对石墨相似的"神奇"化学。要完全阐明这一谜团还需要进一步的努力。

10.3.2.5 非水性电解质的演变

现代锂离子电池所用的确切电解质配方因制造商而异，并通常作为商业机密，不易在公开文献中获取。然而，这些电解质配方通常基于一个基本骨架：六氟磷酸锂（$LiPF_6$）溶解在由碳酸乙烯酯（EC）和至少一种线性碳酸酯［如碳酸二甲酯（DMC）、碳酸二乙酯（DEC）和碳酸甲乙酯（EMC）］组成的混合溶剂中[25-26]。这个电解质核心配方是随着电极材料的发展同步演变的成果，并且在此过程中我们对电解质科学的理解也逐渐深入。

10.3.2.5.1 溶剂

锂离子电池电解液中的溶剂配方曾经历了复杂的发展路径。

最早的电解质的非水和非质子溶剂都是来自两个化学结构家族——酯类和醚类。1972 年，当 Whittingham 发明了第一个锂插层正极（硫化钛，TiS_2）时，他使用了基于碳酸酯、醚甚至氯甲酸酯作为溶剂的电解质，因为 TiS_2 的工作电位相当温和［<3.0 V（vs Li）］，这些溶剂都能够涵盖负极（锂金属）和正极的工作电位，而不会分解。然而，当 Goodenough 确定了采用高比容高电压的过渡金属氧化物（如钴酸锂，$LiCoO_2$）为正极材料，电解质溶剂就不可避免地发生了从醚到酯的转变，因为醚类溶剂在氧化物正极材料工作电压条件下（约 4.0 V 左右）会发生氧化分解，使其不适合作为高电压电解质。

因此，正极材料的电压对溶剂配方施加了第一个限制。

酯类包括羧酸的烃基酯，如 γ- 丁内酯、乙酸乙酯或碳酸酯（如 EC 和 PC）。PC 是最受欢迎的酯类溶剂，而 EC 因为熔点高（约 36.4℃）而常常不被欢迎。20 世纪 50 年代至 90 年代期间，典型的非水性电解质通常是几种锂盐溶解在几种溶剂的混合物中，其中溶剂包含或多或少的 PC。然而，PC 作为溶剂引发了一系列问题，导致在基于 PC 的电解质中锂离子无法顺利嵌入石墨形成"阶段 I"的锂离子 - 石墨嵌入化合物 LiC_6。

当吉野彰和他在旭化成的同事们开始研究不用金属锂作负极的锂离子电池时，由于 PC 基电解质造成的对石墨的误解，他们转向寻找结晶度较低的碳基材料作为锂离子的负极宿主，并最终选择了石油焦（一种无定形碳）。他们的原始专利中甚至特别排除了高结晶度的石墨，这种自我施加的限制显然来自 PC 基电解液的误导。他们的努力最终导致了第一代锂离子电池的诞生，1991 年索尼将其商业化。然而其他研究人员并未放弃对石墨、EC 或二者的研究。

在索尼宣布商业化锂离子电池这一消息后，三洋的藤本和同事们努力寻找一种不与旭化成专利冲突的碳基负极。到 1991 年 7 月，由池田和他的同事申请的早期三洋专利让他们意识到石墨可能是唯一的机遇，但当时他们使用醚基电解质。锂离子 - 醚溶剂的共插层结构导致锂离子电池的可逆性受限和比容量不高（场景 II，图 10.8）。

为了实现 LiC_6 能承载的全部理论比容量，人们需要找到一种不会剥离石墨结构的电解质。在筛选了大量可能的组合后，EC 被藤本和同事们确定为这种"魔法"溶剂。考虑到 EC 的高熔点和高黏度，藤本和同事们添加了 DMC 和 DEC 等线性碳酸酯作为稀释剂，因为它们几乎可以与 EC 以任何比例混合。他们在 1991 年 11 月提交了专利，奠定了现代锂离子电池核心电解液的溶剂配方：必须包含 EC 和至少一种从 DMC、DEC 和 EMC 中选出的线性碳酸酯的混合物 [44]。

因此，电解液溶剂配方的第二个限制是由石墨负极施加的；或者更确切地说，是石墨的极限电位和脆弱的层间结构所需的界相化学强加的。

事实上，完全相同的电解质组成（EC-DEC）出现在由池田与他的同事为松下提交的一项更早的专利中，但该专利并没有明确声称石墨为负极材料，也没有提供在这种以 EC 为中心的电解质中形成 LiC_6 的证据。

而另一方面，早在 20 世纪 80 年代，Dahn 和 Moli Energy 的同事们已经在使用基于 EC-PC 混合物的电解质，将之用于以二硫化钼（MoS_2）为正极的锂金属电池中。这种 MoS_2 电池化学与 Whittingham 使用的 TiS_2 类似，在醚类电解质中同样表现良好。到 1988 年末，Dahn 和同事们也发现了 EC 和石墨之间的"魔法"化学。然而，他们的电解液组分仍含有 PC，也就仍然携带着 PC 在石墨上的不可逆特性，因此这种溶剂配方并未被广泛采用为现代锂离子电池电解质。但在 1990 年发表的一篇开创性文章中，Dahn 和同事们报道了由 EC 形成的固体 / 电解质界相（SEI）必须是实现 LiC_6 电化学合成的关键。这一革命性见解引导电解质研究朝着新的方向发展，即研究 SEI 形成与其在电化学反应中的作用。

10.3.2.5.2　盐类

电解质配方中的溶质（即盐）则经历了相对简单的发展路径。与广泛的有机分子作为溶剂候选的范围相比，可供选择的盐阴离子数量非常有限。此外，在高浓电解液概念引入之前，阴离子在界相化学中的作用并不显著。

这种阴离子对界相的不敏感性源于两个方面。

（1）负极侧的排斥

阴离子参与界相化学会受到静电排斥的天然抑制，这显著减少了阴离子在 Helmholtz 层中的数量，从而减少了它们被还原并成为界相一部分的机会（图 10.10）。

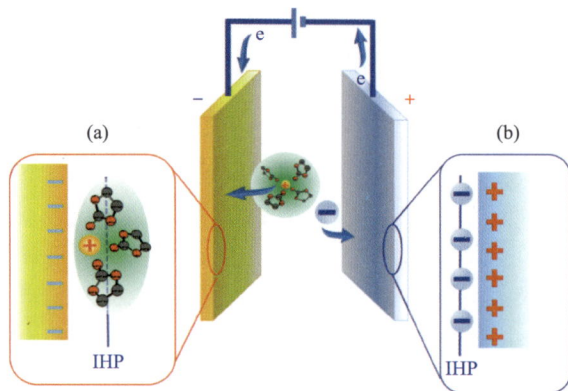

图 10.10　界相化学对负极和正极表面的阴阳离子和溶剂分子表现出偏向敏感性的根本原因：（a）在负极，负极化电极会排斥带负电的阴离子，使它们远离 Helmholtz 层，从而减少它们在负极表面界相形成过程中的参与机会。同时，负极化电极吸引阳离子及其溶剂化鞘中的溶剂分子，使这些溶剂分子更有机会参与决定界相化学，从而促成了 EC- 石墨的"魔法"效应。（b）在正极，正极化电极吸引阴离子，促进阴离子对正极 / 电解质界相（CEI）化学的影响。在非水性电解质中，阴离子相对自由，没有阳离子那样明确的溶剂化鞘

一些阴离子确实在形成石墨负极表面界相中起到关键作用，其中最显著的例子是二草酸硼酸盐（BOB），但它们必须克服静电排斥才能成为石墨界相的一部分。BOB 通过极高的还原电位［约 1.8 V（vs Li）］实现了这一点。在这个电压下还原分解时，石墨负极的电位尚未变得足够负，无法完全排斥 BOB 离开 Helmholtz 层[27-28]。最终，BOB 的分解产物即草酸的锂盐和硼酸的锂盐沉积在石墨表面，成为界相的主要化学来源。

实际上，由于 BOB 的极高还原电位，含有 LiBOB 的电解质衍生的界相化学主要受阴离子衍生化学物质主导，这种情况下即使是 EC 也不再是必不可少的。一个有力的证据来自含有 LiBOB 溶解在 PC 中的电解质，它能稳定石墨结构，并产生与图 10.8 中 EC 电解质所显示的场景Ⅲ几乎相同的电压曲线。

六氟磷酸盐（PF_6^-）是阴离子参与负极界面化学的另一个例子。其对电解质中微量水分的敏感性总是生成少量五氟磷（PF_5）和三氟氧磷（POF_3）分子以及其他含氟反应性物种。这些中性物质不受负极表面静电排斥力影响，可以迁移到 Helmholtz 层并在那里进一步分解，贡献各种有机和无机的含氟化合物，形成在石墨负极上的固体电解质界相。同样的机制也适用于一些其他基于更良好氟献体结构的锂盐，如双（氟磺酰）亚胺（FSI^-）及其同系物。

尽管如此，对于盐阴离子而言，没有任何现象能与"神奇"的 EC- 石墨化学相媲美。

（2）正极侧

带正电荷的正极以其静电力使带负电荷的阴离子更容易聚集在其 Helmholtz 层中（图 10.10）。正极结构通常对溶剂分子的共嵌入较为惰性，因为它通常由阳离子层和多阴离

子层通过相当强的静电力结合在一起，对负离子的嵌入或其分解产物不那么敏感。这与仅仅通过弱范德华力和石墨层间的 π-π 相互作用结合在一起的脆弱石墨结构形成鲜明对比。

　　进一步降低正极界面对电解质分解反应敏感性的是阴离子的溶剂化鞘，或者说它根本不存在。在非水性电解质中，阴离子的溶剂化程度相对较弱，与阳离子形成鲜明对比。这是以下两个独立因素巧合的结果。

　　首先，作为非水性电解质中导电溶质的盐阴离子不是简单的"点电荷"，而是较大尺寸的复杂结构，它们大多数含氟（表 10.2）。这种选择主要是为了最大化地离域负离子上的电荷，从而增加锂盐在通常低极性的非水溶剂中的溶解度。事实上，正是为了考虑溶解度，在筛选可用的锂盐时，大多数常见的简单阴离子被排除在外。

表 10.2　一些常用作电解质溶质的锂盐

锂　盐	结　构　式	分子量	熔点 T_m/℃	电导率 σ /（mS/cm）[②]	化学稳定性	电化学稳定性[③] 负极	正极
四氟硼酸锂（LiBF$_4$）		93.9	293[①]	4.9	温敏性，腐蚀性		
六氟磷酸锂（LiPF$_6$）		151.9	200[①]	10.7	极其湿敏性，腐蚀性		
六氟砷酸锂（LiAsF$_6$）		195.9	340	11.1	温敏性，腐蚀性		
高氯酸锂（LiClO$_4$）		106.4	236	8.4	吸湿性		
三氟甲磺酸锂（LiOTf）		155.9	> 300[①]		吸湿性		
双（三氟甲基磺酰）亚胺锂（LiTFSI）		286.9	234	9	吸湿性		
二草酸硼酸锂（LiBOB）		193.9	>300[①]	7.5	湿敏性	1.7 V	4.2 V

续表

锂 盐	结 构 式	分子量	熔点 T_m/℃	电导率 σ /(mS/cm)②	化学稳定性	电化学稳定性③	
						负极	正极
二氟草酸硼酸锂（LiDFOB）		143.9	约270		湿敏性	1.8 V	>4.5 V
双氟磺酰亚胺锂（LiFSI）		187	145		湿敏性		

① 非熔融分解。

② 电导率测定条件：室温（25℃）；混合溶剂（EC:DMC=50:50）。

③ 电化学稳定未考虑界相情况下用循环伏安扫描法测定。

因此，在这些复杂的阴离子中，负电荷不限域于中心原子，而是通过氟取代基的高电负性有效地从中心原子分散离域到整个复杂的阴离子结构中。电荷在整个结构中的这种分散不可避免地稀释了阴离子对其邻近溶剂分子施加的静电场，相比溶剂分子从"点电荷"阳离子感受到的静电场，负离子发出的静电场明显较弱。如果采用 Faraday 提出的"电场线"概念描述溶剂分子感受到的场强度，可以很直观地看到这种差异，即由点电荷阳离子产生的静电场远比由复杂结构和良好离域的阴离子产生的静电场更强，如电场线的"密度"所反映的那样（图 10.11）。

其次，如在第 3.1 节中所讨论的，大多数非水和非质子溶剂分子是"单极"的，即它们的负极端（如酯类官能团的羰基氧）暴露良好，可以有效地溶剂化阳离子，而它们的正极端在结构上相对隐藏，难以溶剂化阴离子（图 3.1）。这种非水溶剂偏好阳离子溶剂化而不利于阴离子溶剂化的选择性行为，与水的"双极"性质形成了鲜明对比。我们应该记得水能够同时溶剂化阳离子和阴离子。

由于这两个原因，阴离子的溶剂化鞘（如果存在的话）是阴离子和溶剂分子之间非常松散的结合[29]。当阴离子进入正极表面的 Helmholtz 层时，这种弱的阴离子-溶剂结合对那里的反应或过程施加的影响非常小[30]。

总之，上述诸多因素的结合使得盐的阴离子对电池中界相化学的影响远不如溶剂，因此选择锂盐的限制主要来源于对导电溶质更理想的物理和化学特性的考虑，如溶解度和导电性，而非界相化学。毕竟，在考虑任何界面特性之前，盐首先必须被非水溶剂溶解，然后才能导电。

人们很早就意识到非水和非质子溶剂的平均介电常数通常低于水（室温下为 78），这可以通过表 3.1 和表 10.1 之间的比较揭示出来。尽管有一些例外，如 EC（89.78）和 PC（64.92），其介电常数与水相当甚至高于水，但实际电解质溶液的整体介电常数在 10～30 范围内，因为 DMC、EMC 和 DEC 等线性碳酸酯作为共溶剂不可避免地会由于它们自身的低介电常数而拉低整体值。

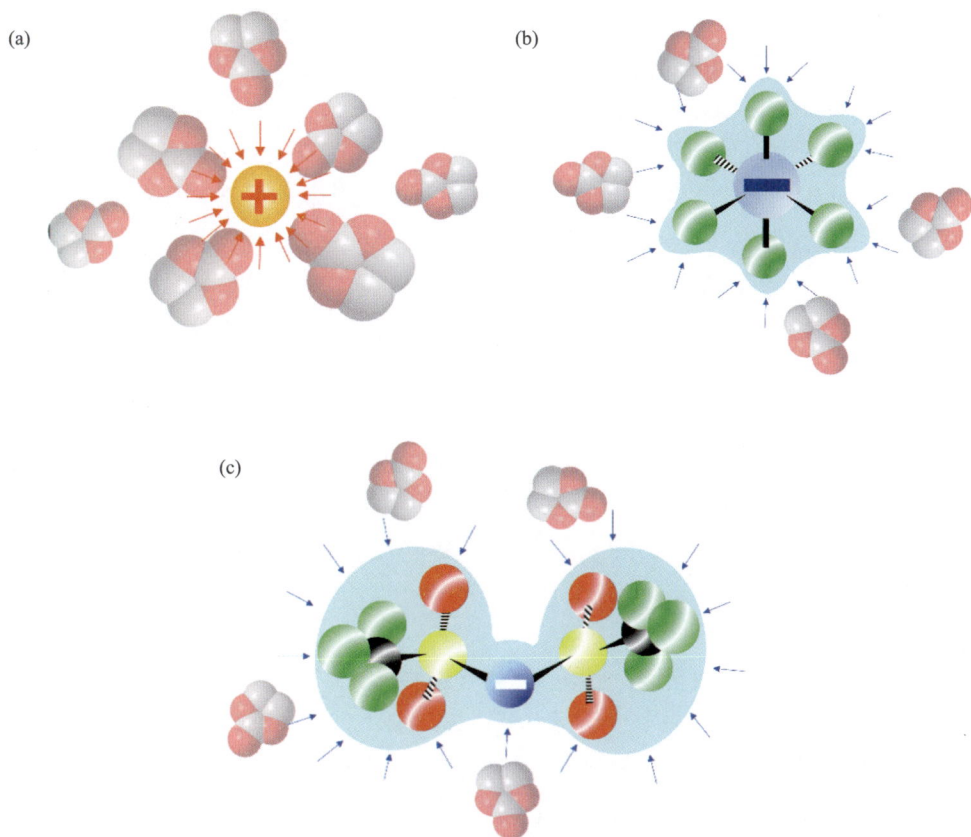

图 10.11　阳离子和阴离子的溶剂化行为的差异：（a）阳离子本质上是一个点电荷，其强烈而集中的静电场对周围的溶剂分子产生强烈吸引，因此溶剂化的阳离子（如锂离子、钠离子、镁离子等）通常表现出集体传输和电化学行为。（b）（c）氟化的复合阴离子（以 PF_6^- 和 $TFSI^-$ 为例）的电荷被很好地离域，因此周围溶剂分子感受到的静电场相当"稀释"，阴离子－溶剂相互作用较弱。这里我们应用 Faraday 提出的电场线概念表示阳离子静电场和阴离子静电场的差异，任意选用 18 条电场线表示一个电荷。同时，在图中描绘的酯类溶剂分子如 EC 中，负电荷富集的末端（羰基氧）是与阳离子相互作用的明显优先位点，而它们与阴离子相互作用的位点不明确

如在第 3.1 节和第 3.4 节中讨论的，溶剂的介电常数直接反映了盐如何有效地解离成离散离子以及生成的离散离子如何被这种溶剂分子溶剂化。显然，与水性电解质不同，这些非水和非质子溶剂中的盐预计会遇到有效溶解和解离的问题。这可以通过盐在非水溶剂里溶解度要低得多和非水性电解质的离子导电率低得多证明。

为了在这些介电常数适中的介质中使锂盐充分解离，所需的对应阴离子应来自强酸。这些阴离子的低路易斯碱性会促进盐的解离，减少离子对或聚集体的形成。同时，由于阴离子也在电解质中传导并与负极和正极表面相互作用，必须考虑它们的电化学稳定性，特别是对正极表面的氧化分解稳定性（图 10.10）。

这些约束条件的同时施加排除了许多常见的阴离子，如简单的卤化物（氟化物在任何非水溶剂中几乎不溶，而氯化物、溴化物和碘化物在较低的负极电位下容易被氧化）、羧酸盐（醋酸盐在较低的负极电位下也会氧化）或含氧的无机阴离子（硝酸盐、硫酸盐和磺酸盐）在大多数非水溶剂中的溶解度低。最终，阴离子结构被缩小到一些总是含氟

的大阴离子，如六氟磷酸盐（PF_6^-）、六氟砷酸盐（AsF_6^-）、四氟硼酸盐（BF_4^-）和双（三氟甲烷磺酰）亚胺（$TFSI^-$）。这些含氟的复杂阴离子在这些非水和非质子溶剂中表现出高溶解度、高解离常数和高离子导电性。

在这些阴离子中，六氟磷酸锂（$LiPF_6$）并不总是提供最佳的单一性能，但它却提供了一系列物理、化学和电化学性能的良好平衡（表 10.2），从本体性能（即使在整体介电常数只有约 30 的碳酸酯溶剂混合物中也具有高溶解度）到离子输送性能（室温下的离子导电率约为 10 mS/cm）直到界面性能（在负极上可保持稳定至 4.5 V，并参与形成含氟的界面）。

从电池工程的角度来看，同样重要甚至更重要的是，六氟磷酸根（PF_6^-）还通过在铝箔上形成含氟和磷酸盐成分的钝化膜有效地稳定了这些高电位下的集流体，这是其对微量水分不稳定性带来的意想不到的好处，因为正是微量的氟化氢和氟磷酸钝化了热力学上本来应该活泼的铝。这使得人们可以使用铝作为高电压正极材料的实际集流体材料，避开了那些对氧化稳定但却常常更重且昂贵的金属如铂之类。

在 20 世纪 90 年代之后，$LiPF_6$ 成为整个锂离子电池行业采用的标准锂盐。然而在学界，其他锂盐（如 $LiBF_4$、LiTFSI、LiBOB 和 $LiAsF_6$）仍然被广泛使用，尽管 $LiPF_6$ 的使用量占压倒性优势。

2010 年之后，一种 LiTFSI 的改良版本双（氟磺酰）亚胺锂（LiFSI），作为 $LiPF_6$ 的潜在替代品开使广泛使用，因为它在溶解度、离子导电性和界相化学方面提供了一系列优于 $LiPF_6$ 的有利特性。它特别受到各种新电池化学体系青睐，如高镍氧化物正极［如锂镍锰钴氧化物 $LiNi_{0.8}Mn_{0.1}Co_{0.1}O_2$（NMC 811）］。除了商业领域外，它还在研究领域引起了广泛的兴趣，尤其是在包括锂金属负极、硫/硫化物或氟化金属正极以及一些新电解质概念（如超浓缩电解质）的转换反应电极材料中。截至 2020 年，LiFSI 的工业规模生产已使其成本大幅下降至与 $LiPF_6$ 相当的水平，$LiPF_6$ 被 LiFSI 取代的可能性正在上升。

10.3.2.6 现代锂离子电池

到 1991 年初，现代锂离子电池的骨架电解质配方已被定型为 $LiPF_6$ 溶解在混合碳酸酯溶剂中，这种以 EC 为中心的电解质可以在高度石墨化的碳材料上形成稳定和保护性的界面，并稳定正极侧的铝集流体，同时提供快速的锂离子传导。这一类电解液很快在所有锂离子电池中占据主导地位，使石墨被采用为通用负极主体。

基于 EC 的电解质和石墨负极的使用使得第三代锂离子电池的能量密度相比第一代和第二代锂离子电池中使用的无定形碳负极提高了 30% ～ 50%。EC- 石墨组合现已成为 1994 年后所有制造的锂离子电池中的标准架构。现代锂离子电池的基本配置几乎保持恒定：石墨结构作为锂离子的负极插层宿体，层状或其他结构的过渡金属氧化物或金属磷酸盐作为锂离子的正极插层宿体，以及由 $LiPF_6$ 溶解在包含 EC 和其他线性碳酸酯混合物中的电解质（图 10.12）。硅碳负极的出现使硅在负极材料里部分取代了石墨碳，但 EC 仍然不可或缺。

当前，商业锂离子电池的电解液具体配方仍然是各制造商的商业机密，尤其是电解质添加剂的应用已成为定制新电池化学体系所需特性的最经济方法。然而，最早由藤本及其同事提出的基础电解质配方至今并未经历重大变化。

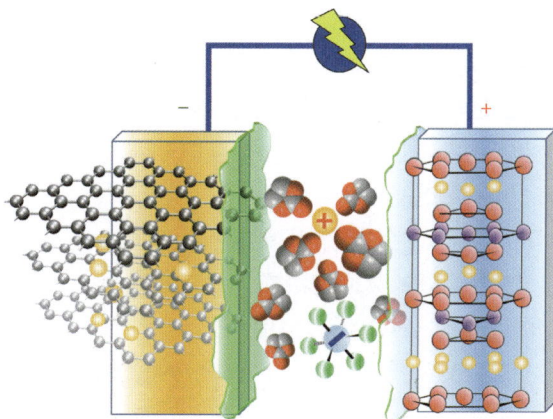

图 10.12　现代锂离子电池最终采用的双插层配置：基于石墨化碳材料层状结构的负极插层主体、基于过渡金属氧化物或过渡金属磷酸盐材料的层状、尖晶石或隧道结构的正极插层主体（这里以 $LiCoO_2$ 为例）和由 $LiPF_6$ 溶解在以 EC 为主的混合碳酸酯溶剂中的非水电解质。为了清晰起见，已省略线性碳酸酯（DMC、EMC 或 DEC）

毫无疑问，随着新电池化学体系的不断出现，电解质配方也将不断发展。历史告诉我们电解质的性能与其所接触的电极材料密切相关。

到 2019 年，Whittingham、Goodenough 和吉野彰因锂离子电池的发明获得诺贝尔化学奖时，锂离子电池已成为人类历史上最广泛应用的电化学装置。它改变了几乎每个人的生活，为电子设备提供电力、驱动车辆或通过电网为家庭供能，其应用前景几乎每天都在扩展。在新的电池化学体系完全取代之前，锂离子电池将继续在我们的日常生活中发挥重要作用。

10.4　新兴化学体系与电解质

历史的发展往往是非线性的。有时它似乎回到了同一个地方，但实际上却处在不同的高度。因此，一些所谓的"新兴"化学体系有可能在过去已经以不同形式出现过。它们未能实现的原因，仅仅是因为它们在可逆性方面遇到了挑战，将材料尤其是电解质和界面推向了当时无法承受的极限。

插层化学成功规避了转换反应化学的可逆性挑战，但却牺牲了比容量和能量密度作为代价，这是因为电极的插层晶格不参与反应，在电池中成为惰性质量（图 9.8）。当锂金属负极被认为存在无法克服的安全问题时，以上这种牺牲是值得的。在当时，安全的可充电电池都是基于水系化学体系（镍镉电池或镍氢电池），它们的容量 / 能量和可逆性都乏善可陈。

然而，随着锂离子电池的压倒性成功，可逆性已经不再成为问题，以上这种牺牲就显得越来越突出。特别是在自 20 世纪 90 年代以来对锂离子电池进行深入研究之后，人们相信自己对电极、电解质和界相已有了深刻理解，并掌握了在纳米级甚至原子级控制和调整材料及化学体系的必要技术，那么是时候重新尝试那些当年失败的电池化学了。

30 多年以来，锂离子电池的能量密度稳步提高，这得益于材料创新和制造工程方面的渐进进展。从 1991 年索尼推出的第一代锂离子电池的 90 W·h/kg，到 2022 年最先进锂离子电池接近甚至超过 300 W·h/kg 的水平，能量密度取得了显著提升。然而，插层化学迟早会遇到其最大能量密度的上限，这一上限是由插层框架带来的固有惰性质量限制，理论估计这一上限在 350 ～ 450 W·h/kg 之间。

为了突破插层化学的上限，必须重新审视转换反应类型的电池化学，无论是在负极方面还是在正极方面。曾经不可能实现的目标，现在或许可以达到或至少可以加以管理。在电池和材料领域，乐观情绪正在蔓延：凭借今天具有 20 世纪 70 年代无法获得的知识和技术，我们或许最终能实现金属锂"圣杯"负极带来的高能量密度。当然，考虑到转换反应化学的高度不可逆性，其中化学键不断被打破和重建，电解质和界相将面临前所未有的挑战。

10.4.1　新兴负极化学

我们已经证明没有任何材料比锂金属具有更低的本征电位。这一独特性质源于锂的电正性。锂存在于许多锂含量材料中，能够在离子状态和原子状态之间转化。最显著的例子是锂离子电池采用的负极材料——含锂离子的石墨插层化合物[31]。根据实验和计算研究，LiC_x 中插层的离子性随着成分变化而变化：在稀嵌入段［第 1L 到第 3L 阶段，见图 10.5（b）］，锂离子保持其离子状态；而在嵌入段变得更加浓缩时，插入的锂离子逐渐获得更多的原子（Li^0）特性。在完全锂化阶段（第 I 阶段，LiC_6），其中的锂可以被认为处于混合状态（$Li^{\delta+}$），这是由于 sp^2 杂化碳原子 p 带中的电子转移到插层锂离子所致。这部分原子性质的 $Li^{\delta+}$ 通过 LiC_6 的低本征电位反映出来，仅为 0.01 ～ 0.2 V（vs Li）。一个直观的现象可以揭示很多信息：黑色的石墨粉末和水完全不会发生任何化学反应，而一片金黄色的嵌锂石墨（LiC_6）放入水中时则会同金属锂一样剧烈反应，放出氢气。

同样的规则也适用于锂能够形成合金的一系列元素或化合物，这些合金通常成为作为负极材料以容纳锂离子的优选候选者。与石墨不同，石墨的基本结构在没有旧键断裂和新键重新形成的情况下不会发生剧烈变化，而合金化则总是伴随着金属间键的断裂和重新形成［图 9.8（a）］。这种锂离子储存机制显然能够实现比 LiC_6 更高的化学计量。

10.4.1.1　铝、锡、硅

许多元素及其合金能够与锂金属形成金属间化合物，包括铝、铋、银、金、锡、锑、铟等。类似于 LiC_6，这些合金也可以通过化学和电化学方法进行合成。在化学合成中，只需将基体金属（M^0）和锂金属在高温下混合，即可获得均匀的金属间化合物：

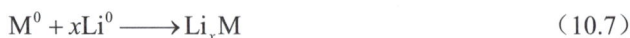

$$M^0 + xLi^0 \longrightarrow Li_xM \tag{10.7}$$

在电化学合成中，来自电解质的锂离子在宿体和电解质之间的界面上通过单电子过程被还原，随后形成的锂金属扩散到宿体 M^0 的基质中：

$$M^0 + x\text{Li}^+ \underset{-e,\ \text{去锂化}}{\overset{+e,\ \text{锂化}}{\rightleftharpoons}} \text{Li}_x M \tag{10.8}$$

这些合金可以是化学计量化合物，也可以是无特定化学计量的固溶体。20 世纪 70 年代，Whittingham 在埃克森公司的研究中采用了铝（Al^0）作为锂离子（Li^+）的合金宿体。铝几乎可以与锂以任意比例混合，但作为负极材料，其最大可用容量为 2980 mA·h/g，对应电压约为 0.3 V，类似于 AlLi_3。尽管铝在锂化和去锂化过程中的体积变化（约 94%）较锡（Sn）和硅（Si）的 300% ～ 400% 要小，但其循环稳定性却极差且难以改进。与锡或硅不同，铝的纳米结构制造并不现实，因为极小尺度的铝粉末是一种极为活泼的材料，常用于军事或民用的推进剂或爆炸物。因此，铝作为电极材料的潜力不及锡和硅。

在这些元素中，锡和硅无疑更受欢迎，并最终在实际电池中取得了不同程度的成功。索尼公司在商业化第一代锂离子电池后仅 5 年，便将注意力转向了合金材料。1995 年，富士胶卷公司的研究人员提出了一种非晶态锡基复合氧化物（TCO）作为负极材料。实际上，TCO 本身并不直接作为锂离子的载体，而是需要经历一个初始不可逆的"激活"过程，转变为金属锡（Sn^0）颗粒，之后锂离子才能够嵌入其中：

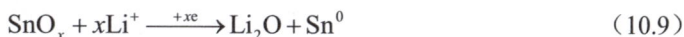

$$\text{SnO}_x + x\text{Li}^+ \xrightarrow{+xe} \text{Li}_2\text{O} + \text{Sn}^0 \tag{10.9}$$

在此过程中，金属锡和氧化锂（Li_2O）都是在纳米尺度上生成的。纳米金属锡现在作为锂离子的可逆宿体，容量极大（y 可以高达 4.4）：

$$\text{Sn}^0 + y\text{Li}^+ \underset{-ye,\ \text{去锂化}}{\overset{+ye,\ \text{锂化}}{\rightleftharpoons}} \text{Li}_y\text{Sn} \tag{10.10}$$

需要注意的是，由反应式（10.9）描述的激活过程是一次性且不可逆的，因此这一部分涉及的 $x\text{Li}^+$ 被视为永久消耗。这是进行此转换反应所必须付出的代价。从理论上讲，对于 $\text{Li}_{4.4}\text{Sn}$，可以实现 993 mA·h/g 的比容量，但电位会下降到约 0.6 V（vs Li）。

可能有人会质疑：为何研究人员要经历反应式（10.9）中的容量损失这一看似无用的步骤？为何不直接设计一个纳米金属锡而跳过那个不可逆的激活过程呢？答案在于非贵金属元素制成纳米结构时通常会使材料变得不稳定。纳米结构增加了材料与空气的接触面积，使其更易于氧化。对于那些在电化学序列中表现活跃的元素（如表 10.3 所示其标准电位比氢更负的元素），如金属铝或镁，纳米结构甚至可能使其变成诸如爆炸物或推进剂之类的活性高能材料。

表 10.3　选定金属元素的标准电极电位（电化学序列）

金属元素	电极反应	标准电极电位 / V（vs. SHE）（25℃，1 atm）
Li	$\text{Li}^+ + e \longrightarrow \text{Li}^0$	−3.045
Cs	$\text{Cs}^+ + e \longrightarrow \text{Cs}^0$	−3.026
Rb	$\text{Rb}^+ + e \longrightarrow \text{Rb}^0$	−2.981
K	$\text{K}^+ + e \longrightarrow \text{K}^0$	−2.925
Ca	$\text{Ca}^{2+} + 2e \longrightarrow \text{Ca}^0$	−2.866
Na	$\text{Na}^+ + e \longrightarrow \text{Na}^0$	−2.714
Mg	$\text{Mg}^{2+} + 2e \longrightarrow \text{Mg}^0$	−2.371

续表

金属元素	电极反应	标准电极电位 / V（vs. SHE）（25℃，1 atm）
Al	$Al^{3+}+3e \longrightarrow Al^0$	−1.660
Zn	$Zn^{2+}+2e \longrightarrow Zn^0$	−0.763
Fe	$Fe^{2+}+2e \longrightarrow Fe^0$	−0.440
Sn	$Sn^{2+}+2e \longrightarrow Sn^0$	−0.136
Fe	$Fe^{3+}+3e \longrightarrow Fe^0$	−0.04
H_2	$2H^{+}+2e \longrightarrow H_2$	0.00（参比）
Cu	$Cu^{2+}+2e \longrightarrow Cu^0$	+0.337
Ag	$Ag^{+}+e \longrightarrow Ag^0$	+0.799
Hg	$Hg^{2+}+2e \longrightarrow Hg^0$	+0.854
Pt	$Pt^{2+}+2e \longrightarrow Pt^0$	+1.188
Au	$Au^{3+}+3e \longrightarrow Au^0$	+1.52

当然，最极端的例子之一是纳米结构的锂金属，这实际上便是枝晶状或死锂金属，这些结构是锂离子电池和锂金属电池着火风险的主要元凶。

通过使用 TCO 作为起始材料，反应式（10.8）和反应式（10.9）所描述的过程巧妙地避免了机械或化学上制造活性纳米金属锡的艰巨任务，而是通过电化学方法在封闭反应器（电化学池）中实现。这种方法的额外优点在于形成了纳米氧化锂，这种纳米材料不仅充当结构支架和缓冲器，还在 Li_ySn 在锂化和去锂化过程中经历约 300% 体积变化时帮助维持电极的完整性。当然，在激活步骤 [反应式（10.9）] 中必须接受不可逆损失 xLi^+ 的代价。近年来，类似的电化学方法经常被应用于形成不稳定的纳米结构材料，这些方法不限于电池或储能材料领域。基于 TCO 作为锂离子负极宿主的开发工作最终在 2005 年取得了商业突破，当时索尼推出了名为"Nextlion"的新型锂离子电池，采用了由石墨和氧化锡组成的复合负极。然而，TCO 的使用量有限，以尽量减少其体积变化带来的不可逆性。这种锡复合负极并未成为行业主流，因为其容量和能量提升有限，而且额外的加工成本增加了负担。尽管何种电解质被用于这种锂离子电池中尚不清楚，但由于激活后只存在少量的纳米金属锡，其对界面的影响有限，所以碳酸酯基电解质仍然能够胜任。

相比之下，将硅作为负极宿主的研究更加深入。硅具有惊人的理论比容量及相对较低的锂化电势，对应合金组分 $Li_{4.4}M$ 的容量为 4199 $mA \cdot h/g$（这里只计入了硅宿主的质量，见第 9.1.3.6 节的讨论），电位约为 0.4 V（vs Li）。值得注意的是，在相同锂化比的最终合金组分（$Li_{4.4}M$，M= 硅或锡）中，硅的比容量远高于锡，这归因于其原子量（28.081）远低于锡（118.71）。硅相对锡的优势还包括其更高的天然丰度（硅是地壳中仅次于氧的第二丰富元素，这使得其潜在成本几乎与"泥土"一样低）、更稳定的化学性质（可以直接合成纳米结构的硅）以及较低的锂化 / 去锂化电位 [0.2 ～ 0.40 V（vs Li）]。

然而，这里存在一个问题：硅宿主的超高容量（高达 3579 $mA \cdot h/g$ 或 4199 $mA \cdot h/g$，取决于硅中能插入的锂离子数量）是有代价的，即硅宿主的体积变化。为了容纳这么多的"客体"，宿主会膨胀 300% ～ 400%；当"客体"离开宿主时，体积又必须缩回到原始水平。这种剧烈的体积变化对硅电极的完整性以及电解质和界相的稳定性提出了前所未有的挑战。

相比之下，石墨结构在锂化和去锂化过程中仅经历约 10% 的体积变化。因此，尽管硅作为可充电负极宿主具有巨大的潜力，但其在锂离子电池中的应用受到其在锂化和去锂化过程中的巨大体积变化（300% ～ 400%）以及较低的氧化还原电位［0.2 ～ 0.4 V（vs Li）］的制约：

$$Si^0 + yLi^+ \xrightleftharpoons[-ye，去锂化]{+ye，锂化} Li_ySi \tag{10.11}$$

其中，y 值在 3.75 ～ 4.4 之间时，比容量介于 3579 ～ 4199 mA·h/g 之间。

如第 8.1 节所述，硅负极的低电位要求形成电子绝缘界相，以防止硅表面和电解质之间的持续不可逆反应。然而，锂离子在硅中的反复进出导致硅电极经历剧烈的膨胀和收缩，不断形成新的硅表面。这种现象使得界相不断破裂，新界相在这些新形成的硅表面上迅速重建。

这种界相的反复破坏 - 重建循环与硅的膨胀 - 收缩同步进行，并产生两个严重后果：①电解质中溶剂分子和锂离子的不可逆消耗，这些成分为界相的形成和再形成提供了化学来源；②硅活性材料的解体和不可逆损失，类似于形成死锂的过程（图 10.4）。这两个不可逆过程共同促使硅负极锂离子电池的快速衰退。

大约 10 年前，硅负极得到了新的发展。崔屹等人证明了将硅设计为小于 200 nm 的纳米结构能够保持其结构完整性，从而可以避免电极的"粉化"现象，并将电解质的消耗最小化[45]。从那时起，各种纳米硅材料或其宿主的设计和应用得到了广泛展示，包括零维纳米颗粒、一维纳米线、二维薄膜、三维网络，以及具有多孔、中空、核壳和卵黄壳结构的创新设计，其详细的结构、化学及性能等内容超出了本书的讨论范围。

然而，单靠纳米结构并不足以使硅成为实用的负极材料，还需要其他组件的配合。为此，人们又开发了新型的高弹性强度和良好电子导电性的聚合物黏结剂，以保证即使在体积膨胀导致纳米线和纳米颗粒与电极主体断开时硅仍能与集流体保持电接触。同时新的电解质种类也被提出，以形成具有最小破裂和最大灵活性的界相化学来适应硅电极的体积变化。

值得注意的是，先进锂离子电池的电解质成分主要受到高电压过渡金属氧化物正极和石墨碳负极限制。如今，去掉石墨后，尽管过渡金属氧化物正极依然存在，但考虑到高电压的要求，酯类仍然是首选溶剂，而 EC 却不再是必需的。

更重要的是，针对电极的体积变化特性，研究重点转向了如何形成一个既能承受机械压力又能适应电极电势变化的界相。近年来对界相形成和化学的基本科学有了进展（见第 11 章），但大多数在界相化学和结构定制方面的努力仍然依赖通过调整电解质溶剂、盐和添加剂的结构进行的试验与优化。

为了定制这种界相，新硅基负极的电解质研究者普遍采用新型锂盐、共溶剂及功能添加剂的组合策略，以应对硅材料在充放电过程中面临的大体积效应。常用的共溶剂是 EC 的氟化版本——氟代碳酸亚乙酯（FEC），而最常用的添加剂是 EC 的不饱和版本——碳酸乙烯酯（VC）（表 10.1）。由 FEC 和 VC 组合形成的界相成分包括聚合碳酸酯以及 LiF、Li_2CO_3 或烷基碳酸锂。其中，碳酸烷基酯可以视为碳酸酯溶剂的部分还原形式，因为它保留了一个烷基基团 [反应式（10.12）]，因此也被称为"半碳酸酯"。

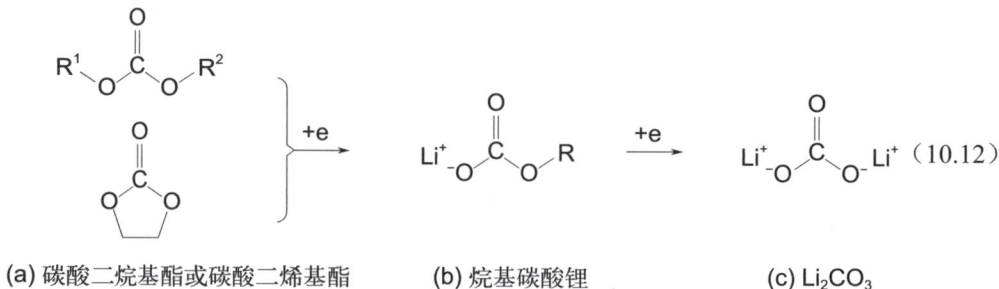

(a) 碳酸二烷基酯或碳酸二烯基酯　　(b) 烷基碳酸锂　　　(c) Li_2CO_3

实际上，Li_2CO_3 可视为碳酸酯溶剂的完全还原形式，而碳酸酯溶剂则是碳酸根阴离子（CO_3^{2-}）或二氧化碳气体（CO_2）的亚稳定形式。这一现象从分子水平上解释了为什么在现代锂离子电池的操作过程中总是会产生 CO_2。除了在界相形成的初期阶段，少量碳酸酯溶剂分子参与还原并提供化学来源外，当电池运行在偏离设计电化学条件（如高温、过充引起的高电压，甚至是正常操作条件下的长期使用）时，CO_2 的产生现象也会出现。

碳酸烷基酯不仅存在于硅表面形成的界相中，其实在任何基于碳酸酯的电解质溶剂中都是普遍的界相成分。我们将在第 12 章中更详细地讨论界相化学和形成。

基于亚胺的锂盐，如 LiTFSI，尤其是 LiFSI，通常是硅兼容电解质的首选盐，还有双草酸硼酸锂（LiBOB）及其半氟化版本二氟草酸硼酸锂（LiDFOB）（表 10.2）。

更稀有的共溶剂也在硅兼容电解质中应用，包括磷基化合物（如磷酸三苯酯，TPP）、硅烷或硅氧烷基化合物、砜基化合物（如甲基膦酸二甲酯）以及其他氟化或不饱和的碳酸酯分子，还有基于大有机阳离子（如吡咯啉、咪唑、铵和镤离子）和有机阴离子（如 FSI^- 和 $TFSI^-$）的室温离子液体。随着石墨负极被替换后硅带来的较高自由度，这些电解质成分的数量预计将持续增长，从而形成更多的硅兼容电解质。

10.4.1.2　锂金属

在讨论锂金属时，我们提到非水溶剂的主要两类是有机酸酯（如碳酸酯或羧酸酯）和醚类。酯类本质上会与锂金属反应，醚类相对来说与锂金属较为稳定。因此，早期能够实现超过 90% 库仑效率的电解质几乎完全基于醚类溶剂，如二甲氧基乙烷（DME）、1,3- 二氧戊环以及不同链长的乙二醇甲醚（表 10.1）。2010 年以来锂金属作为可充电负极材料被重新审视时研究人员就偏向于对醚类电解质的研究。尽管近年来基础研究的进展表明，经过精心设计的界相化学使得酯类也可以作为锂金属的电解质溶剂应用。

然而，即使在基于醚的电解质中，锂金属表面也会形成界相。由于其固有的低电势，当锂金属与电解质接触时，这种钝化过程会瞬间发生。对于那些几乎对锂金属惰性的醚溶剂，其界相化学完全由锂盐阴离子的还原决定。因此，锂金属表面最常见的界相化学成分是氟化锂（LiF），这是因为使用的锂盐阴离子中普遍存在氟（表 10.2）。

尽管界相的概念被移植到其他负极材料（如碳基、硅或其他合金）上，但锂金属表面的界相有一个显著而独有的特征，不同于所有其他负极材料。锂金属的固有电势极低，超出了几乎所有电解质的电化学稳定性极限。因此，在锂金属与任何电解质接触之前，其表面已经被原生钝化膜（native passivation film）覆盖，其主要化学成分是氧化锂（Li_2O）、氢氧化锂（LiOH）、碳酸锂（Li_2CO_3）和氮化锂（Li_3N）。这种原生钝化膜不够厚（<2 nm）以隔离电子隧穿，因此不能称为界相。当锂暴露于电解液时，无论是溶剂还是盐阴离子，都会瞬间且无差别地与原生钝化膜和底层的锂金属反应，形成隔离电子隧穿但对锂离子导通的界相。在此过程中，原生钝化膜的碱性成分大部分会被盐阴离子的酸性成分消耗。

换句话说，锂金属上的界相是由电解质溶剂、盐阴离子、原生钝化成分和锂金属本身的表面化学过程共同形成的。

相比之下，石墨、硅或其他负极宿主材料上的界相是通过电化学过程形成的，因为这些宿主材料的固有电势一般在大多数电解质的电化学稳定窗口内，电解质组分的还原分解也不会在负极宿主的电势降到超出电解质的电化学稳定极限之前开始。在这种情况下，还原是逐步发生的，使得界相化学更容易定制。这实际上是通过电解质添加剂调控界相化学的基础。

最后，是否存在任何在热力学上与锂金属稳定的溶剂，无论是有机物还是无机物？

实际上确实存在一些，如正己烷、苯和甲苯等非极性烃类化合物，无论是脂肪族还是芳香族，对锂金属几乎没有反应。然而，这些分子的非极性性质使它们的溶解能力极弱，不能溶解任何离子载体（ionophore）或离子源（ionogen），因此它们作为电解质溶剂几乎无用。这一事实突显了我们在制定新电解质系统时面临的困境，因为一个电解质在电化学设备中必须同时满足众多要求。

在 21 世纪 10 年代开始的"锂金属复兴运动"中，人们采取了各种方法规避锂枝晶生长和死锂形成，如通过预设计纳米结构构建负极宿主、设计调节锂离子通量的隔膜材料、应用人工界相和新的电解质概念[32]。

虽然人们曾希望基于无机固体电解质（如陶瓷和玻璃）能完全解决锂金属形貌问题，但最近的发现动摇了这种简单的信念。根据 Monroe 和 Newman 的研究，要物理抑制锂枝晶的生长，必须存在一个剪切模量为 6 GPa 或更高的表面层[33]。玻璃或氧化物基固体电解质能够提供这种高机械强度，但在使用硫化物基电解质时很难获得。即使是较硬的氧化物基材料如石榴石，虽然其本体模量达到这一基本要求，但它们多晶基质中的晶界总是为锂枝晶和死锂的生长提供机会。许多研究发现固体电解质中常同时存在这两种锂金属形态。除了认为树枝状锂金属的生长主要由多晶固体电解质内的晶界促成外，还有人将其生长归因于这些陶瓷材料固有的高电子电导率（$10^{-8} \sim 10^{-7}$ S/cm），这比液态电解质高出至少 3 个数量级。这种适度的电子电导率允许锂离子在固体电解质内部还原，产生锂枝晶和死锂。虽然固体电解质仍然是锂金属负极的一个极具前景的选择，但其在设备中的实际应用不能完全依赖其"固体"性质；可能需要额外的表面处理，以尽量减少上述电子电导率，同时在固体电解质与锂金属之间创建紧密的界相。

　　研究人员在努力开发可充电锂金属负极时，仍然把重点集中化利用新溶剂、新盐、新添加剂和新液态结构来定制新的液态电解质上。特别值得一提的是，有一种方法尝试通过基础电化学直接抑制锂枝晶的生长。

　　我们前面提到，锂枝晶生长的一个主要因素是粗糙表面上的电场分布不均，其中任何突起都可能成为枝晶萌生的前体位点，因为其周围的电场强度增强。因此，如果能找到一种在锂金属沉积电位时能够抵抗电化学还原的惰性阳离子，那么这种惰性阳离子就可以在突起周围富集并组装，形成对锂离子的静电屏蔽，从而迫使锂离子在其他地方沉积，防止这些突起发展成树枝晶（图 10.13）。

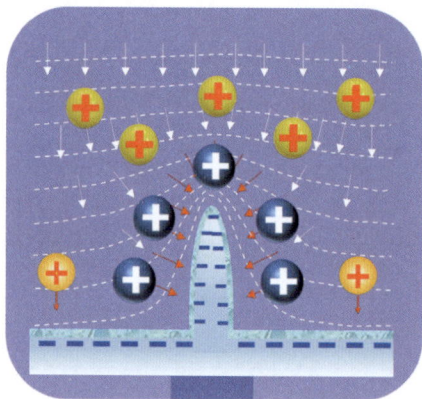

图 10.13　由惰性阳离子形成的静电屏蔽有效地驱赶接近的锂离子，并迫使它们在其他地方沉积，从而防止电极上的新生凸起发展成锂枝晶

　　那么，在锂离子开始沉积时，有哪些阳离子能够保持惰性呢？初看此问题，直观的回答可能是"没有"，因为在前面的章节中我们已经知道了锂（Li^0）在元素周期表中具有最强的电正性，其标准还原电位最低 [-3.04 V（vs SHE），见表 10.3]。因此，理论上没有其他阳离子能够在锂离子的还原电位下保持惰性。

　　然而需要注意的是，表 10.3 中列出的还原电位为所谓的"标准电位"，即这些值是在严格的标准条件下测量的，包括 298 K（25℃）、所有涉及物种在液体中的活度为 1.0以及所有涉及物种在气相中的分压为 1.0 atm。实际情况下，电解质中物种的还原电位受到 Nernst 方程控制。该方程在第 6 章和第 9 章中已有详细描述 [公式（6.76）、公式（6.98）和公式（9.22）]，其基本信息是这些电位会随所涉及物种的活度或分压比率变化。通过假设还原形式 M^0 的活度 α_{red} 为 1.0，我们可以推导出阳离子物种 M^+（氧化形式）还原成元素 M^0（还原形式）的变化：

$$E_{red} = E_{red}^{\phi} - \frac{RT}{zF} \ln \frac{\alpha_{red}}{\alpha_{ox}} = E_{red}^{\phi} - \frac{0.05916\,\text{V}}{z} \lg \frac{1}{\alpha_{ox}} \qquad (10.13)$$

　　式中，R、T、α、F、z 分别是理想气体常数、绝对温度、相关物种的化学活度、Faraday 常数、所涉及物种的价数。

　　因此，可以找到一些还原电位接近锂零价（Li^0）的元素，并通过调节它们的活度 α_{ox} 降低其实际还原电位，使其在锂零价电位下保持惰性。满足这一条件的元素有少数几种，铯（Cs）和铷（Rb）就是其中的代表（表 10.3）。当这些元素在电解质中的浓度（和活度）低于 0.1 M 时，它们的还原电位会低于锂离子的还原电位，从而在锂离子沉积开始的电位仍然保持对还原反应的稳定性（表 10.4）。

表 10.4　低浓度下 Rb^+ 和 Cs^+ 相较于 Li^+ 的实际还原电位 [V（vs. SHE）]

阳离子	浓度 1.0 M	浓度 0.001 M	浓度 0.01 M	浓度 0.05 M	浓度 0.1 M
Li^+	−3.040	−3.040	−3.040	−3.040	−3.040
Rb^+	−2.981	−3.157	−3.098	−3.057	−3.039
Cs^+	−3.026	−3.203	−3.144	−3.103	−3.085

　　因此，在添加剂水平上使用铯离子和铷离子有可能创建所谓的"静电屏蔽"，以防止锂离子在萌芽位点持续沉积形成枝晶，迫使锂离子在相邻区域沉积。最终结果是整体上"平整"了金属锂的表面。

　　这一策略在实验中已得到验证[34]：不仅在不同浓度的铯离子盐存在下能够抑制枝晶的形成，而且在添加剂存在的情况下已形成的枝晶也会逐渐消失。然而需要警惕的是，由于浓度（或活度）差异产生的还原电位安全余量其实相当脆弱，较高的充电电流或局部极化可能引起意外的电位偏差，从而消耗这些添加剂阳离子，导致保护机制失效。

　　当然，这种策略的有效性也仅在锂离子浓度远高于惰性阳离子浓度时才成立。幸运的是，这一要求通常容易满足，因为作为电池化学中的主要工作离子，锂离子浓度几乎总是在 1.0 M 或更高，而在超浓电解质中其浓度远远高于 2.0 M。

　　大多数致力于实现锂金属电极安全可逆的研究主要依赖电解质和界相技术的创新。自 20 世纪 90 年代锂离子电池商业化成功以来，界相化学领域取得了显著进展，借助先进的表征技术和强大的计算方法，我们能够在定性上更好地控制界相化学。然而，我们仍然不完全了解每种电解质成分在界相形成中的具体作用，也未完全明确已知界相成分的功能。尽管如此，这并未阻碍我们通过试错和半经验的方法解决这些挑战。

　　在已知的界相成分中，富含氟的物质，如氟化锂和氟化碳，通常被认为是抑制枝晶锂（锂金属）和死锂（锂金属）的有效成分，并能将库仑效率维持在 99% 以上。然而，单纯增加氟的含量并不能自动实现这些目标。氟化物在界相中的存在方式及其分布与其含量同样重要。最近的半经验规则表明，氟必须以某种方式预先储存在溶剂分子或盐阴离子的结构中，并在电化学分解过程中释放到界相。为此，人们设计并测试了多种氟化溶剂分子，包括氟化酯和醚类。醚类虽然在与锂金属的相容性方面表现良好，但在正极氧化环境下的稳定性较差。

　　另一方面，盐阴离子如 PF_6^-、TFSI$^-$ 和 FSI$^-$ 已被高度氟化。增加盐浓度是为使这些阴离子中的氟能有更多机会成为界相一部分的简单方法，这也是 21 世纪 10 年代以来流行的"超浓电解质"策略的基础之一。

值得特别提及的是非氟化盐阴离子硝酸盐（$LiNO_3$）作为界相添加剂的应用。由于 NO_3^- 被锂金属还原，形成了由 LiN_xO_y 和氮化锂（Li_3N）组成的致密紧凑的界相，硝酸盐在锂硫电池中的成功和广泛使用表明其潜在优势。为了进一步利用富氮化物界相的优势，研究人员甚至提出了使用叠氮化锂（LiN_3）作为电解质添加剂，确实产生了更好的界相，其中含有更多的 Li_3N。然而，在考虑安全性时，必须谨慎使用这些基于氮的盐和添加剂，因为硫、硝酸盐和碳的组合令人联想到黑火药的配方，加之叠氮本身亦具有强烈释放氮气的化学倾向。

10.4.1.3　钠金属和钾金属

受到锂离子电池成功的启发，并因地壳中锂资源的有限性，钠（Na）和钾（K）作为周期表中锂的同系物，引起了对其作为电池化学潜在替代品的兴趣[35]。与锂金属类似，钠和钾均为高度反应性金属（表 10.3），这赋予它们在与某些正极材料结合时在电池电压和能量密度方面的潜在优势，但也引发了对安全性、可逆性以及枝晶和死钠（Na^0）/死钾（K^0）等危险形貌的担忧。在这两种金属中，钠因其在地壳和海洋中更高的丰度以及更高的比容量更受青睐。

钠电池和钾电池的研究沿袭了锂金属电池和锂离子电池的路径，不仅体现在用于溶解钠盐和钾盐的非水溶剂的相似性上，还体现在寻找碳基宿主以容纳钠离子或钾离子的实践上。最初将钠离子嵌入石墨中的期望未能实现，因为二元石墨插层化合物 NaC_x 在热力学上不稳定，除非是钠离子浓度极低（$x=48 \sim 80$）的嵌入化合物，但其对应的容量仅为 $27 \sim 46$ mA·h/g。与锂和石墨的二元插层化合物 LiC_6（其完全锂化状态对应 372 mA·h/g）相比，这些容量值不具任何实际意义。因此，研究人员不得不考虑非石墨碳基材料如硬碳，其能容纳钠离子的容量约为 330 mA·h/g。尽管这一值接近锂离子在石墨中的插层容量，但实际上钠离子电池提供的能量要低得多，原因有二：①这种容量的计算基于宿主的纯重量（即碳宿主），未计算客体离子（锂离子或钠离子）的质量，在实际电池中所有材料的质量都应该计入，而质量更重的钠离子（钠原子量为 22.98，而锂为 6.95）无疑会进一步降低设备的实际容量和能量；②硬碳的钠化电压曲线较高且陡峭，类似于石油焦的锂化曲线，与石墨锂化的平坦平台不同，由于电池能量由负极和正极的电压曲线所围成的面积表示，这种陡峭的负极电压曲线会带来相应的能量损失。这些因素的结合使得钠离子电池的能量密度远低于锂离子电池，其未来市场主要局限于对成本更为敏感的应用，如固定电网储能，而非便携式电子设备或车辆电气化。

用于钠金属电池和钠离子电池的典型电解质与用于锂金属电池和锂离子电池的电解质非常相似，即 $NaPF_6$、NaTFSI 或 NaFSI 溶解在各类碳酸酯溶剂中。由于硬碳具有无序结构，对于富 PC 电解质配方的限制在这里被解除，PC 可以作为钠电解质的主要溶剂。考虑到硬碳负极的低钠化电位 [-2.7 V（vs SHE）]，预计仍会形成界相，这将在第 12 章讨论。

用于钠离子化学的大多数正极插层宿主就是基于过渡金属氧化物或磷酸盐的变体，在 4.5 V 以下工作，因此与锂离子电池正极材料相比，它们对阳极稳定性的要求并不特别具有挑战性。人们还研究了基于醚的电解质，如乙二醇二甲醚（DME），用于钠金属电池和钠离子电池，虽然电化学稳定性有所牺牲，但实现了更高的离子导电率。另一方面，优化的钠离子电解质系统通常由碳酸酯混合物组成，类似于锂离子电池使用的电解质，但线性碳酸酯的比例要低得多，主要是因为钠盐的溶解度比锂盐低得多，通常需要使用介电常数高于 10 的极性溶剂。

特别值得注意的是，正如在对锂离子电解质的类似研究中发现的那样，钠离子在其溶剂鞘中也偏爱 EC 而不是线性碳酸酯（DMC 或 EMC），这已分别由拉曼光谱和电喷雾电离质谱（electrospray ionization mass spectrum，ESI-MS）结果证明。钠离子对 EC 的优先溶剂化将直接影响硬碳上的界相化学，这将在第 12 章讨论。

除了基于碳酸酯的非水性电解质外，人们还评估了用于钠离子电池的聚合物凝胶和离子液体电解质。然而，与锂离子电池一样，它们中的大多数仍然是实验性而非实际的电解质系统，因为还存在更多需要解决的问题，如离子导电性不足、电极表面与界面的接触问题以及电化学稳定性。

通过加速率量热法（ARC）人们也研究了钠离子化学的安全性，比较了完全钠化的硬碳 Na_xC_6 与其锂化对应物 Li_xC_6 的反应性。结果表明，尽管钠离子电池比锂离子电池的能量更低，但基于 $NaPF_6$ 的电解质对 Na_xC_6 的反应性比基于 $LiPF_6$ 的电解质对 Li_xC_6 的反应性更高，这使得钠离子电池在安全性方面表现得较差。这一悖论源于化学不稳定的 $LiPF_6$ 反而能在充电负极上施加更有效的钝化作用。在这里，动力学再次胜过热力学。

在环状碳酸酯和线性碳酸酯之间，人们发现 Na_xC_6 更容易与前者发生反应，XRD 分析确定了半碳酸盐的形成，可能是通过类似于锂离子电解质的已知反应机制。钠离子对 EC 的优先溶剂化也似乎影响了 Na_xC_6 与电解质之间的反应性，因为阳离子的静电场激活极性溶剂分子结构被认为是决定溶剂分子反应性的关键因素。由于钠离子会优先"招募" EC 进入溶剂化鞘，非环状碳酸酯如 DMC 或 DEC 大多留在体相中，这进一步促进了 Na_xC_6 与环状碳酸酯之间的反应。

钾能够嵌入石墨结构，并在相对高的浓度下形成二元石墨插层化合物。全钾化状态石墨（KC_8）的理论比容量为 279 mA·h/g。如上述钠离子负极的容量计算一样，这个值也没有计入质量更重的钾（原子量为 39.09）。使用混合碳酸酯电解质时，实际测得的比容量接近此值（约 273 mA·h/g），但可逆性通常比锂离子电池和钠离子电池差。钾金属电池和钾离子电池均使用了碳酸酯类和醚类电解质。钾盐比钠盐更容易溶解，因此在溶剂选择上具有更大的灵活性。与钠电池相比，钾电池的能量密度更低、挑战更大且成本更高，所以人们对钾电池的关注较少。

10.4.1.4　多价阳离子化学

锂在元素周期表中具有最高的比容量之一（3856 mA·h/g），但铍的比容量更高，因为铍阳离子（Be^{2+}）是 2 价阳离子，其 2 价特性补偿了其较高的原子质量（第 9.1.3.5 节）：

$$C_{Be}^s = \frac{0.2778 z_{Be} F}{M_{Be}} = \frac{53602.962 \text{ mA} \cdot \text{h/mol}}{9.0122 \text{ g/mol}} = 5948 \text{ mA} \cdot \text{h/g} \qquad (9.67)$$

当然，我们不能将铍作为电池电极材料，主要由于其低丰度（甚至低于锂）和高毒性。然而，上述计算式揭示了多价阳离子化学的某些优势，尤其是如果这些离子在地壳中的丰度较高时。因此，钙、镁、锌甚至铝等元素常常被挑出来积极考虑作为超越锂离子电池的可行工作离子，因为它们的高价状态可以在一定程度上弥补其较重的质量[36]：

$$C_{Mg}^s = \frac{0.2778 z_{Mg} F}{M_{Mg}} = \frac{53602.962 \text{ mA} \cdot \text{h/mol}}{24.30 \text{ g/mol}} = 2205.88 \text{ mA} \cdot \text{h/g} \qquad (10.14)$$

$$C_{Ca}^s = \frac{0.2778 z_{Ca} F}{M_{Ca}} = \frac{53602.962 \text{ mA} \cdot \text{h/mol}}{40.08 \text{ g/mol}} = 1337.39 \text{ mA} \cdot \text{h/g} \qquad (10.15)$$

$$C_{Zn}^s = \frac{0.2778 z_{Zn} F}{M_{Zn}} = \frac{53602.962 \text{ mA} \cdot \text{h/mol}}{65.38 \text{ g/mol}} = 820 \text{ mA} \cdot \text{h/g} \qquad (9.65)$$

$$C_{Al}^s = \frac{0.2778 z_{Al} F}{M_{Al}} = \frac{80404.444 \text{ mA} \cdot \text{h/mol}}{26.98 \text{ g/mol}} = 2980 \text{ mA} \cdot \text{h/g} \qquad (9.66)$$

然而，伴随这些能量上的乐观期望则是移动多价阳离子的现实困难。前述章节中提到，锂离子被描述为具有强静电场的点电荷，其强烈地吸引溶剂分子围绕其周围形成溶剂化鞘，从而导致锂离子的迁移速度较慢。

相比之下，这些多价阳离子在失去价壳电子后，其离子半径可与锂离子相当甚至更小（表10.5），但却携带多重电荷（2×或3×），所以其产生的静电场将更为强烈，导致其溶剂化鞘中的溶剂分子被更紧密地束缚。这种强烈的相互作用使得多价阳离子在体相电解质中难以迁移，更不用说穿越界相和固体电极晶格了。事实上，长期以来人们认为多价阳离子在电极表面上不应存在界相，否则界相会立即阻碍相应多价阳离子的迁移，进而中断电池的化学反应。

表10.5　锂离子和选定多价阳离子的离子半径和还原电位

参　数	Li+	Be2+	Mg2+	Ca2+	Zn2+	Al3+
离子半径/pm（10^{-12}m）	90	59	86	114	88	67.5
还原电位/V（vs. SHE）	−3.04	−1.85	−2.371	−2.866	−0.763	−1.66

"无界相"信念一直是镁电解质和钙电解质设计与开发的核心指导原则。这是因为这两种阳离子的还原电位较低（表10.5），大多数电解质尤其是基于酯类的电解质往往在这些金属上发生还原反应，形成界相。因此，为了确保电解质在这些低还原电位下保持热力学稳定性，必须对电解质溶剂和盐阴离子的选择施加极为严格的限制。最终，只有那些能够本质上抵抗还原反应的电解质，例如基于格氏试剂或硼氢化物阴离子的盐和主要由醚组成的溶剂，才能满足这一严格标准。

镁离子或钙离子与这些有机金属阴离子之间的相互作用实际上更多表现为共价键而非离子键。这些电解质中的导电物质通常由二聚体或聚合体阳离子及卤素桥组成的复杂团簇构成（图10.14）。因此，镁离子和钙离子的自由度显著受到限制，这导致这些类格氏电解质的镁和钙沉积过程呈现出极慢的动力学特征，同时其离子导电率也较低。

更重要的是，尽管这些电解质在低电位下能够稳定地与镁金属（Mg0）和钙金属

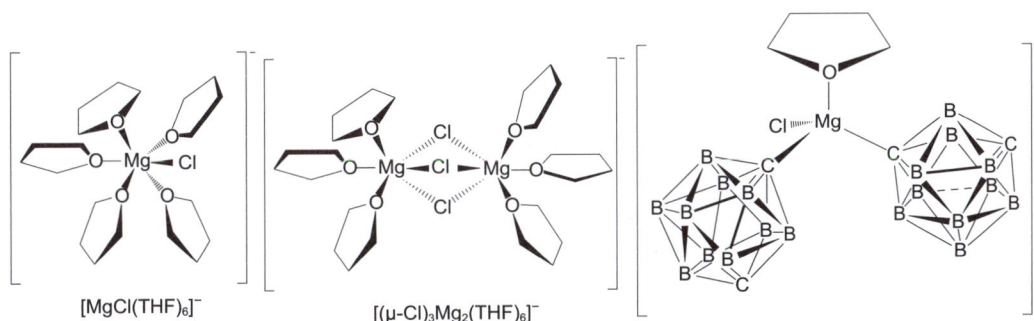

图 10.14　在各种镁电解质中识别出的导电物种

（Ca⁰）共存，并成功实现了高库仑效率下镁和钙的可逆沉积 / 剥离，但它们仍面临一个关键问题，即由于其抗还原性较强，在化学上它们都表现出较强的碱性，换言之，它们容易被氧化，即抗氧化分解的能力较弱。实际上，这些有机金属正离子和醚类电解质的氧化电位往往无法超过 3 V。这种负极不稳定性对多价阳离子化学选择潜在高电压正极材料形成了限制，从而制约了其多价性带来的高能量密度的实现。

为了解决这一问题，近期有研究成果推翻了多价离子不能通过界相导电的传统观点。人们发现镁离子和锌离子能够通过在对应金属表面形成的特定界相进行导电。在某些情况下，需要预先形成这些界相，并嵌入多价阳离子，以维持导电通道；在其他情况下，界相可以直接由电解质分解形成。这些界相的详细情况将在第 16 章中进行讨论。

能够导电的多价离子界相的存在意味着可以不再严格要求"无界相"的条件，从而允许在多价阳离子化学中使用酯类电解质。这种将界相稳定性与电解质本体成分两个相互矛盾的需求进行分离的策略正是锂离子电池设计的基础。采用该策略为开发高电压（4 V 级）的多价离子正极材料提供了可能，并可能成为未来新型多价离子电解质研究的主要方向。

10.4.2　新兴正极化学

如第 9.1.3.5 节所述，电池的比容量由各个电极的比容量决定，公式（9.80）曾经显示：

$$C_{Cell}^s = \frac{C_A^s C_C^s}{C_A^s + C_C^s} \tag{9.80}$$

比容量较低的电极会成为整个电池比容量的瓶颈。在锂离子电池中，这一瓶颈主要出现在正极一侧，如图 9.6 所示。各种过渡金属氧化物提供的最大比容量均在 200 mA·h/g 左右，而石墨负极实际实现的比容量已经超过 300 mA·h/g。使用锂金属负极可以将比容量提升至 3856 mA·h/g，从而使整个电池的容量改善空间更多地受限于正极。

正因如此，电池研究中的大部分资源现在主要集中在正极一侧，因为寻求更优正极材料的需求尤为迫切。纯从电化学氧化还原电位的角度来看，最理想的转化反应正极材料是氟（F_2），它承诺提供的高比容量超过了元素周期表中大多数元素：

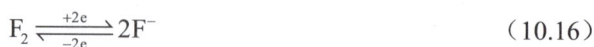

$$F_2 \xrightleftharpoons[-2e]{+2e} 2F^- \qquad (10.16)$$

$$C_F^s = \frac{0.2778 z_{F_2} F}{M_{F_2}} = \frac{53602.962 \text{ mA} \cdot \text{h/mol}}{37.98 \text{ g/mol}} = 1411.35 \text{ mA} \cdot \text{h/g} \qquad (10.17)$$

如此高的比容量，加上其高氧化还原电位［约 5.91 V（vs Li）或 2.87 V（vs SHE）］，使其成为终极正极材料。当与锂金属负极结合时，它可以构建一个 6 V 的超级电池，其电池化学、比容量和能量密度如下：

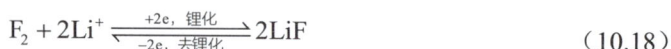

$$F_2 + 2Li^+ \xrightleftharpoons[-2e, \text{去锂化}]{+2e, \text{锂化}} 2LiF \qquad (10.18)$$

$$C_{Cell}^s = \frac{C_A^s C_C^s}{C_A^s + C_C^s} = \frac{3856 \times 1411}{3856 + 1411} \text{ mA} \cdot \text{h/g} = 1033 \text{ mA} \cdot \text{h/g} \qquad (10.19)$$

$$E_{Cell}^s = C_{Cell}^s \Delta V = 1033 \times 5.91 \text{ mW} \cdot \text{h/g} = 6105 \text{ W} \cdot \text{h/kg} \qquad (10.20)$$

遗憾的是，这种强大的电池化学只能存在于纸面上。氟的极端反应性和危险性（远高于锂金属）以及其气态性质使其成为极不可能的正极材料。因此，更现实的正极材料来自基于氧或硫的氧化还原反应。

10.4.2.1 氧气

氧气（O_2）虽然也是气态，但其化学性质远比氟温和。更重要的是它就存在于环境空气中。这一优势使得可以通过开放电池设计直接从环境空气中提取正极活性材料。尽管如此，锂/氧电池的研究仍然通常在封闭电池结构中使用纯氧进行，因为环境空气中的杂质，特别是 CO_2，往往使电池化学不可逆。文献里对"锂/氧电池"与"锂/空气电池"的命名有时会有所区分，但并非总是区分得很清楚。

化学上，锂/氧电池放电时的氧正极与燃料电池中的正极几乎完全相同，如第 9.1.1 节所述（图 9.1），不同的是燃料电池不需要充电，因为它是转换装置而非储存装置。确保氧正极在充电时的可逆性是锂/氧电池或锂/空气电池（而不是燃料电池）面临的主要挑战[37]。通常人们必须在能量和容量方面进行权衡，以实现可逆性。

作为正极材料，O_2 可以经历两电子（2e）还原反应形成过氧化物（O_2^{2-}）：

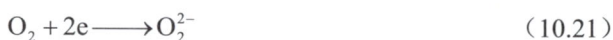

$$O_2 + 2e \longrightarrow O_2^{2-} \qquad (10.21)$$

其中 $z_{O_2}=2$，对应的比容量为：

$$C_O^s = \frac{0.2778 z_{O_2} F}{M_{O_2}} = \frac{53602.962 \text{ mA} \cdot \text{h/mol}}{31.998 \text{ g/mol}} = 1675.19 \text{ mA} \cdot \text{h/g} \qquad (10.22)$$

也可以经历四电子还原，形成更完全的还原形式——氧化物（O^{2-}）：

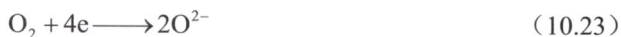

$$O_2 + 4e \longrightarrow 2O^{2-} \qquad (10.23)$$

其中 $z_{O_2}=4$，对应的比容量为：

$$C_O^s = \frac{0.2778 z_{O_2} F}{M_{O_2}} = \frac{107205.93 \text{ mA} \cdot \text{h/mol}}{31.998 \text{ g/mol}} = 3350.39 \text{ mA} \cdot \text{h/g} \qquad (10.24)$$

这些反应的氧化还原电位随着相关物种在水性或非水性电解质中的 pH 值和溶剂化环境而变化。例如，如图 5.12 所示，氧的四电子化学通常发生在 $1.229 \sim 0.401$ V（vs SHE）之间 [或在 $4.269 \sim 3.441$ V（vs Li）之间]。

尽管如此，通过采用中间电压值 3.0 V，我们可以粗略估计，当与锂金属负极结合时，上述化学反应将分别如下式进行：

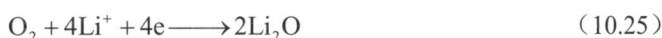

$$O_2 + 2Li^+ + 2e \longrightarrow Li_2O_2 \qquad (9.68)$$

$$O_2 + 4Li^+ + 4e \longrightarrow 2Li_2O \qquad (10.25)$$

理论比容量分别为：

$$C_{Cell}^s（两电子还原）= \frac{C_A^s C_C^s}{C_A^s + C_C^s} = \frac{3856 \times 1675}{3856 + 1675} \text{ mA} \cdot \text{h} / \text{g} = 1167 \text{ mA} \cdot \text{h} / \text{g} \qquad (10.26)$$

$$C_{Cell}^s（四电子还原）= \frac{C_A^s C_C^s}{C_A^s + C_C^s} = \frac{3856 \times 3350}{3856 + 3350} \text{ mA} \cdot \text{h} / \text{g} = 1792 \text{ mA} \cdot \text{h} / \text{g} \qquad (10.27)$$

以及能量密度分别为：

$$E_{Cell}^s（两电子还原）= C_{Cell}^s \Delta V = 1167 \times 3.0 \text{ mW} \cdot \text{h/g} = 3501 \text{ W} \cdot \text{h/kg} \qquad (10.28)$$

$$E_{Cell}^s（四电子还原）= C_{Cell}^s \Delta V = 1792 \times 3.0 \text{ mW} \cdot \text{h/g} = 5376 \text{ W} \cdot \text{h/kg} \qquad (10.29)$$

在流行的科学新闻媒体中，锂 / 氧电池或锂 / 空气电池常被描述为可能与内燃机中的汽油竞争的电池，号称其能量密度超过 10000 W·h/ kg。显然，这么高的数字是基于单一电极的，主要寄望于正极材料 O_2 可以直接从环境空气中提取，因此不用计入电池总质量。到目前为止，这只是一个乐观的愿望，因为在大多数情况下希望从环境空气中使用自由氧正极材料尚未实现。

尽管如此，公式（10.28）和公式（10.29）中给出的数字仍然令人鼓舞。在实际电池中，即使考虑到氧活性材料的质量和电池封装，如果氧化还原反应的潜力能够完全实现，最终的能量密度仍可能保持在较高水平。

氧化学的多价性在承诺的容量和能量方面再次提供了显著的竞争优势。然而，正如大多数多价化学所面临的那样，氧的多价性也会同时导致可逆性问题，因为它们涉及更多的电子和更高的动力学障碍。为了缓解氧化学的可逆性，研究人员通常尝试将化学反应限制在两电子阶段，因为过氧化物所涉及的氧化动力学障碍较低。

锂 / 氧电池中的电解液面临的挑战不仅包括保护和稳定锂金属负极的问题，还包括新的要求，如溶解和运输 O_2 分子的能力以及对反应性 O_2 还原产物如过氧化物（Li_2O_2）甚至超氧化物中间体（LiO_2）的稳定性。

尽管碳酸酯类电解质在锂离子电池中取得了成功，但在锂金属负极或高度活性的过氧化物或超氧化物面前，它们并不稳定。这些活性物质会对碳酸酯分子中的缺电子中心发起亲核攻击反应，例如对羰基：

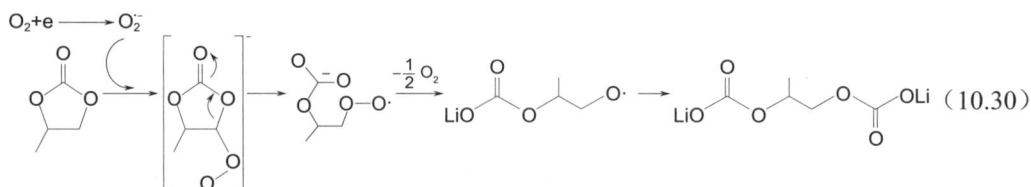

$$(10.30)$$

这个反应通过碳酸酯 - 过氧化物中间体进行，最终分解为半碳酸酯。这里只有超氧化物可能会引发这种亲核攻击，因为过氧化物对碳酸酯分子几乎没有反应性。不幸的是超氧化物是氧还原化学过程中不可避免的中间体。

情况更加复杂的是，由于形成的半碳酸酯沉积在正极上，当充电到高于 4.0 V 时，它们可能会继续在正极上发生氧化分解，见反应式（10.31）。

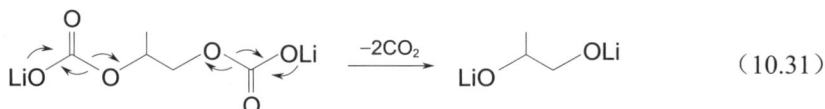

$$(10.31)$$

这些寄生反应与氧还原反应竞争，导致生成无机物质的混合物，如 Li_2CO_3、羧酸盐、Li_2O 等，以及 H_2O 和 CO_2。这些物质的存在显著影响了锂 / 氧电池或锂 / 空气电池化学的可逆性，并导致充电电位和放电电位之间的滞后，这是循环能量效率差的指标。事实上，21 世纪 10 年代初轰动一时的报道"可充电锂 / 氧（Li/O_2）电池"实际上是碳酸酯分子对超氧化物反应和这些产物随后的氧化造成的假象。

最终，碳酸酯与氧化学的不相容性迫使研究人员寻找基于醚类和其他特殊溶剂分子的新非水性电解质。尽管醚类电解质由于阳极稳定性较低并不是理想的选择，但它们有利于氧的两电子还原生成过氧化物，这是氧化学中可逆性的优选产物。然而，醚类仍可能与超氧化物发生反应，超氧化物会从醚键中提取 α- 氢，最终将醚类氧化为具有羰基功能的化合物 [反应式（10.32）]。一旦这些具有羰基的新物种形成，就会开始如反应式（10.30）和反应式（10.31）所描述的新恶性循环。

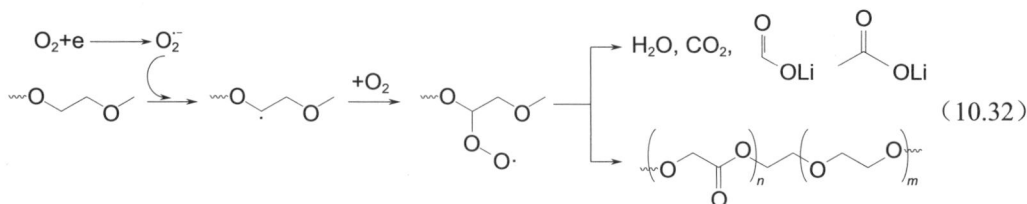

$$(10.32)$$

诸如腈类、烷基酰胺、亚砜、内酰胺和离子液体等特殊溶剂分子表现较好，但仍没有一种使锂 / 氧电池或锂 / 空气电池变得真正"可充电"。理想的锂 / 空气电解液溶剂必须同时满足两个往往相互矛盾的约束条件，即低亲电性以保持对如超氧（O_2^-）等强亲核试剂的稳定性和高电离性以保持对氧化的稳定性。醚类和酯类化合物恰好是这两个矛盾标准的两个极端例子，前者对 O_2^- 的亲核攻击较不敏感但易被氧化，后者对氧化的负极稳定性更好但易与 O_2^- 反应。其他要求如锂离子和氧的溶解性和传输特性只会让已经严格的要求更加严苛和烦琐。

氟化合物因其溶解 O_2 的能力闻名。部分氟化或全氟化合物如氟化磷酸酯和磷酸盐以及三（全氟丁基）胺在一定程度上改善了动力学和效率。

各种电解质添加剂也曾用于稳定过氧化物和超氧化物，以减缓它们与碳酸酯类非水性电解质溶剂的反应。例如，具有适当腔体的冠醚可作为添加剂捕获锂离子，使相应的过氧化物得以溶解；铵阳离子 $[NR_4^+]$ 可用于基于硬 - 软酸碱（HSAB）模型与超氧化物自由基配位，因为铵 - 超氧化物复合物应被视为"软 - 软"相互作用；三（五氟苯基）硼烷等阴离子受体可作为过氧化物阴离子的清除剂，形成的强复合阴离子会加快过氧化物的再氧化动力学 [反应式（10.33）]。尽管有这些创新的努力，锂 / 氧电池或锂 / 空气电池仍然是一个遥远的未来前景，因为电解质绝不是它需要克服的唯一挑战。事实上，锂 / 氧电池或锂 / 空气电池化学的每个组成部分都面临独特的挑战，包括锂金属负极、电解质（必须满足上述所有标准）和空气正极上的三相反应位点，在这里气体、液体和固体反应物必须同时亲密共存。这些挑战的加和使所需的多重努力更加放大。

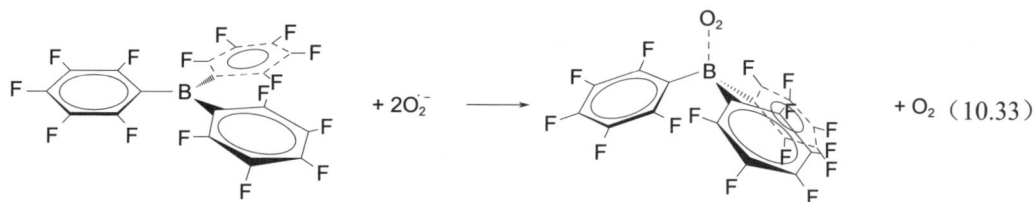

除了锂 / 氧电池或锂 / 空气电池呈现高能量密度的诱惑外，我们还需要考虑这些诱惑伴随的潜在风险。过氧化物和超氧化物一直是化学本科教育里安全培训的主题，这些物质与醚类和丙酮等有机分子的共存增加了这种担忧。然而，在锂 / 氧电池或锂 / 空气电池化学中，如果电化学反应按预期进行，它们将是预期的或不可避免的产物。此外，在还原氧物种与电解质或电极成分之间的复杂相互作用过程中不排除形成类似或更高不稳定性的化合物的可能性。这些物种与最具能量的负极材料（锂金属）和易燃的非水性电解质结合在一起，使锂 / 氧电池或锂 / 空气电池化学的安全性成为一个合理的担忧，就像任何高能量密度电池化学一样。

迄今为止，对小型实验室装置的研究还没发现与这种化学反应相关的高风险出现，但当锂 / 氧电池或锂 / 空气电池的性能达到实际应用的某种成熟度时，必须在进行大规模量化之前更严格地检查其安全性。

利用氧化还原化学的另一种途径是嵌入反应化学和转换反应化学之间的折中。

氧通常以氧化物阴离子（O^{2-}）的形式存在于过渡金属氧化物的层状、尖晶石或橄榄石结构中。在嵌入反应化学的设计里，它们不会参与电化学氧化还原反应。因此，在锂离子电池的工作电位区间内（<4.5 V），氧化还原反应始终被限制在过渡金属位点，伴随着锂离子的嵌入 / 脱嵌。这是已经用于锂离子电池的成熟插层化学。

然而，人们观察到，当典型的锂离子电池正极，如 $LiCoO_2$ 或 $LiMn_2O_4$，充电至极高电位（通常高于 4.5 V）时，总是会释放氧气。这是因为在这些高电位下过渡金属的 3d 轨道电子能带开始与这些氧化物的 2p 轨道电子能带重叠，导致氧也参与氧化反应 [反应式（10.34）]。通常，这些过程是不可逆的，并被认为对电池有害，因为它们常伴随着晶格结构的崩塌和高度活跃的单线态氧原子的生成。这些单线态氧与电解质成分之间的剧烈反应甚至会导致电池的灾难性失效。

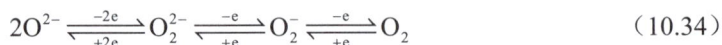

$$2O^{2-} \underset{+2e}{\overset{-2e}{\rightleftharpoons}} O_2^{2-} \underset{+e}{\overset{-e}{\rightleftharpoons}} O_2^{-} \underset{+e}{\overset{-e}{\rightleftharpoons}} O_2 \qquad (10.34)$$

然而，在某些情况下，当电极材料结构合适时，可以在一定程度上限制这些反应，使其过程具有可逆性。这为利用这些氧化还原反应实行额外的能量储存提供了可能性。由于氧原子已经以氧化物的形式固定在晶格结构上，它们不会遇到传统锂/氧电池或锂/空气电池中纯氧气体必须面临的传输和扩散困难。这样的电池实际上驾驭了一种混合化学模式：低电压区域（<4.5 V）是典型的锂离子电池嵌入反应化学，高电压区域（>4.5 V）则是锂/氧转换反应化学。

这类新型"氧正极"材料仍在探索中，电解液所要必须满足的要求尚不清楚。然而，寻找能够抗拒与过氧化物或超氧化物等活泼物种发生化学反应且在正极材料表面能够抵抗电化学氧化的溶剂分子，应该是未来电解质研究的方向。

10.4.2.2 硫

在元素周期表中，硫在其双电子氧化还原化学中本质上与氧相似：

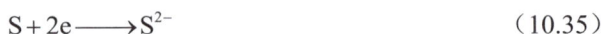

$$S + 2e \longrightarrow S^{2-} \qquad (10.35)$$

$$C_S^s = \frac{0.2778 z_S F}{M_S} = \frac{53602.962 \text{ mA} \cdot \text{h/mol}}{32.065 \text{ g/mol}} = 1671.69 \text{ mA} \cdot \text{h/g} \qquad (10.36)$$

硫的氧化还原电位（2.1 ~ 2.5 V）低于氧（>3.0 V），因此与锂金属结合时的比容量和能量密度较低。假设平均工作电压为 2.15 V，其能量密度计算结果如下：

$$C_{Cell}^s = \frac{C_A^s C_C^s}{C_A^s + C_C^s} = \frac{3856 \times 1671}{3856 + 1671} \text{ mA} \cdot \text{h/g} = 1165 \text{ mA} \cdot \text{h/g} \qquad (10.37)$$

$$E_{Cell}^s = C_{Cell}^s \Delta V = 1165 \times 2.15 \text{ mW} \cdot \text{h/g} = 2504 \text{ W} \cdot \text{h/kg} \qquad (10.38)$$

氧和硫的主要区别在于硫是固体，氧是气体，这既有利也有弊[38]。作为固体，硫比气态的氧更易于作为电极材料处理，而且电池的设计可以采用更传统的密封结构，以避免外界环境的干扰。然而，硫无法直接从空气中获取，这意味着相比氧气正极的潜在应用，使用硫可能导致较低的能量密度和更高的成本。尽管硫并非免费，但地壳中高度纯净的硫丰度确保了硫正极材料的成本也不高。然而，硫化学目前面临的直接挑战是硫在非水性电解质中的复杂行为问题，远不是反应式（10.35）所显示的过程那么简单。

硫原子表现出强烈的成键倾向，形成各种大小的异构原子链或环。在自然界中，最丰富且稳定的硫形式是环状八聚体（S_8），在室温下呈晶态。其还原经历了一个逐步反应过程，起始于环开裂，通过形成称为多硫化物的各种中间体，直到达到最终还原形式 S^{2-}。

　　尽管起始材料 S_8 和最终还原产物（若负极为锂金属则为 Li_2S）在非水性电解质中的溶解度都极低，这些多硫化物中间体，特别是高阶的，在大多数非水溶剂中极易溶解。在非水性电解质中，这些多硫化物的形成对应于 2.3 V（vs Li）和 2.1 V（vs Li）的两个电压平台，代表了 S_8 到 Li_2S_6、Li_2S_4 和 Li_2S 的逐步转化（图 10.15）。在充电时，Li_2S 将依次被氧化成 Li_2S_6、Li_2S_4，最终到 S_8，从而完成一个可逆循环，或人们至少希望如此。

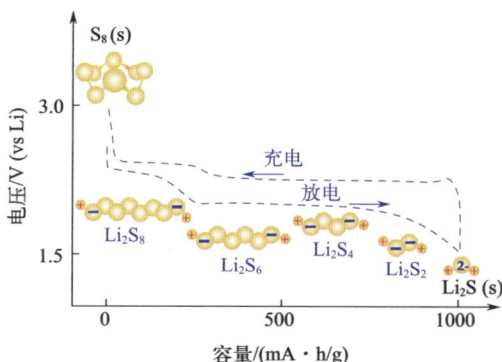

图 10.15　在基于醚的非水性电解质中锂 / 硫电池的电压曲线。硫的部分还原导致形成各种长度的多硫化物，这些多硫化物又对应不同的电压平台

　　在这种转化反应循环中，电化学活性材料最初仅以固态形式存在于主体电极中。随后，这些电化学活性材料转化为液态，然后从电解质中获取所需的锂离子以及从电极获取所需的电子，继续下一步反应。整个过程中，电解质必须与主体电极保持电子接触以进行电子交换。最终，电化学活性材料又必须重新回到主体电极表面，并以固态 Li_2S 形式沉积，以确保电化学活性材料的回收。这一"固体 - 液体 - 固体"的反复过程充分体现了这种转化反应型材料的复杂性和不可逆性。

　　在电池设计中，这种由于电解质中可溶性电化学活性材料（如多硫化物）穿梭引起的直接电子交换被称为"内部短路"或"自放电"，其结果是消耗两极上的活性材料，表现为电池电压和容量的逐渐下降。

　　综合这些复杂性，可以很容易地理解这种固液固转化反应过程带来的挑战。或许这种复杂性仅次于锂 / 空气电池中的固液气三相反应。实际上，在锂 / 硫电池的转化反应化学中，电极和电解质交织在一起，以至于在电极和电解质之间划分明确界限不再可能：在大多数电池操作过程中，电化学活性材料或电极是可溶的，并且与导电盐一起不断在主体电解质中传输。硫正极和电解质之间的明确界面现在已经不存在。

　　为解决这些挑战，研究者的主要努力集中在电极结构的设计和架构上，把硫及所有多硫化物或 Li_2S 限制在碳基宿主中，这不仅保证了电子接触，还充当了多硫化物自由迁移的物理屏障。然而，完全隔离电极结构中的硫和多硫化物也带来了自身的问题，因为电极结构内部物质之间的电子接触（即固 - 固接触）不足以确保所有硫物质都能发挥其容量。相反地，多硫化物在电解质中的溶解反而是保证完全达到所许诺的容量的关键。

　　因此，我们现在遇到了一个困境：电解质中多硫化物的溶解虽然确保了硫容量的高度利用，但多硫化物在本体电解质中的自由穿梭却导致了寄生反应，逐渐消耗了电池的活性物质（锂、硫）。这是锂/硫化学面临的一个尚未完全解决的核心困境。

由于硫化学的工作电位相对适中［<3.0 V（vs Li）］，对应的电解质不需要在高电位下稳定，所以基于醚的电解质在负极稳定性方面已经足够。然而，使基于醚的电解质成为硫化学优选电解质系统的更重要原因在于碳酸酯分子会不可逆地与这些多硫化物阴离子反应：这些多硫化物对酯类中的羰基或其他带正电的位点来说是强亲核试剂，从而形成硫醚或硫代碳酸酯［反应式（10.39）～反应式（10.42）］。

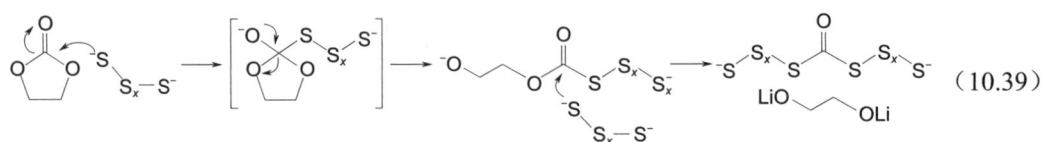

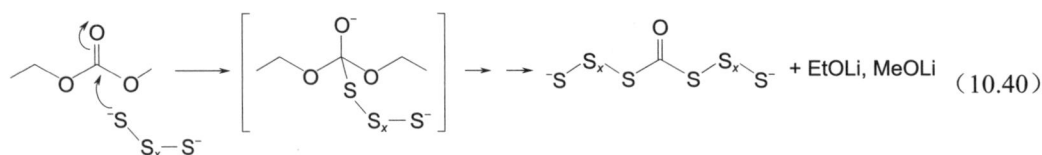

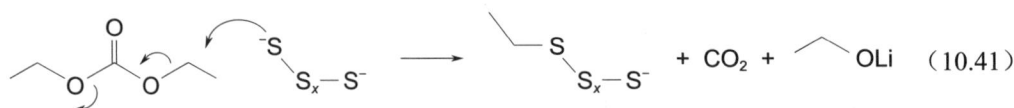

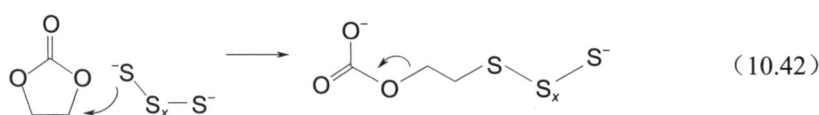

$$(10.39)$$

$$(10.40)$$

$$(10.41)$$

$$(10.42)$$

因而，基于碳酸酯的电解质仅能在硫或多硫化物被物理隔离或共价固定在某些宿主结构中时才可应用。在这些情况下，生成的锂/硫电池通常表现出更好的循环稳定性，因为多硫化物的溶解和穿梭引发的自放电效应会同时被消除。

在基于醚的电解液体系中，硝酸锂（$LiNO_3$）是常用的添加剂，用于保护锂负极，我们在第 10.4.1.2 节中已有简要提及。$LiNO_3$ 与溶解在醚混合物中的主要导电盐（如 LiTFSI 或 LiFSI）共同存在时，电解液的实际组成相当复杂，除了电解液成分和由 TFSI、FSI 及 NO_3^- 阴离子形成的界相外，还包括溶解在电解液中的各种多硫化物及其反应产物。

锂负极上的界相化学成分同样受到这些因素影响。在稀盐浓度下，界相成分主要由溶剂分子的分解产物贡献，特别是那些对还原反应不够稳定的环醚。例如，锂/硫电池常用的电解质成分通常为线性醚二甲氧基乙烷（DME）和环醚 1,3-二氧戊环（DOL）的混合物。在 1.0 M LiTFSI 浓度下，锂金属上界相的主要贡献者通常是来自 DOL 的开环还原产物，例如醇盐（ROLi）、具有—OLi 缘基团的低聚物以及 Li_2O。盐浓度的增加或其他溶剂的加入会改变界相化学。例如，在高浓度（>1.05 M）溶解 LiTFSI 或 LiFSI 或加入氟代碳酸乙烯酯（FEC）后，界相中 LiF 的丰度会显著增加；而加入 $LiNO_3$，则会生成 Li_3N 和 Li_xNO_y 等物质。

这些无机界相成分似乎在减缓多硫化物穿梭方面表现出有效性；同时，多硫化物与锂金属的反应虽然不利于锂活性物质的保持，但有助于抑制枝晶锂的生长。多硫化物的存在可能对保持锂金属表面的层状结构至关重要，其顶层由多硫化物的氧化产物组成，热力学上可以被 $LiNO_3$ 氧化，底层则由多硫化物和 $LiNO_3$ 的还原产物组成。

需要注意的是，$LiNO_3$ 与锂金属或多硫化物的反应会导致其在电池循环过程中逐渐消耗，因此其效果并非永久存在。此外，由于硫化学具有低工作电位，基于除醚和酯之外的异类溶剂（如磷酸酯、腈、亚砜、硫酸酯、磺酸酯以及各种离子液体）也有可能成为锂硫电池非水性电解质的溶剂。

尽管已投入了大量的努力和资源，截至 2025 年，锂/硫化学的实用可充电电池的商业化仍未实现。这不仅依赖新型电极设计和匹配电解质对硫化学的成功利用，更尤其依赖锂金属负极的成功稳定。

10.4.2.3 金属氧化物、硫化物和卤化物

氧气、硫和卤素（尤其是氟）的单质形式难以控制，因此很难作为电极材料，人们转而使用这些电负性元素的金属化合物来作为替代电极材料。与过渡金属氧化物的插层化学相比，这些金属化合物的转化反应往往伴随更高的容量[39]，这是因为在分解这些金属氧化物、硫化物或卤化物的晶格结构时能够容纳的锂离子数量由金属的化合价决定。完全的转化反应将产生金属的元素形式（M^0）。这与大多数插层化学形成鲜明对比，其中每个过渡金属通常只允许容纳一个锂离子。

因此，这些金属化合物的转化反应遵循以下一般方案：

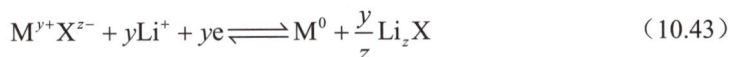

$$M^{y+}X^{z-} + yLi^+ + ye \rightleftharpoons M^0 + \frac{y}{z}Li_zX \qquad (10.43)$$

式中，M 代表金属元素（如铁、铜、钴等），X 代表氧、硫及各种卤素，y 和 z 为它们的化合价。氟的高电负性将金属化合物的氧化还原电位推向高于 3 V 的区域，使各种金属氟化物的转化反应化学具有特别的吸引力。

如第 9.1.3.8 节所述，转化反应化学所承载的容量和能量通常难以实现。转化反应化学的不可逆性源于以下几个因素的综合作用：①在每次转化过程中，M—X 键的断裂和重新形成由于多组分基体中的产物离子和质量传输的困难变得复杂，某些成分在离子和电子方面都是绝缘的，如 LiF，并且相变和相分离频繁发生；②纳米结构电极颗粒在这些反复的键断裂和重新形成过程中由于体积剧烈变化引起机械失效；③反复键断裂和键重建之间的高能量障碍导致充放电平台之间大电压滞后即低能量效率；④纳米尺寸金属颗粒直接与电解质反应，消耗电极活性物质和电解质。

显然，这些挑战不能仅通过电解质解决，因此大多数转化反应化学的研究集中在设计更好的电极化学和结构上，以提高其可逆性。毋庸置疑，纳米结构设计和合成是核心研究方向。

尽管如此，人们仍将各种先进的电解液与纳米结构设计相结合，以尽量减少电解质的寄生消耗。研究发现，各种高度氟化的溶剂分子通过形成富氟的界相较有效地抑制电解质的消耗，这些界相由纳米尺度的无机（如 LiF、MF_y）和有机（如 C—F）物质组成。

值得一提的是，氟化物在界相化学中的优越性已被广泛证明。许多研究表明，只要

氟化物在纳米尺寸下形成并以适当的形态排列，无论是无机物还是有机物，通常都比其他成分更能有效地作为界面的化学构件。然而，对氟化物的精确化学和形态理解尚未实现，电池材料和化学领域通常采用经验方法，即使用氟化的有机分子作为氟的来源。这些预存的氟必须在电解液中化学稳定，但在电化学还原或氧化过程中会较轻易地分解，分解后的氟以无机或有机氟化物的形式存在界相中才能发挥其积极作用。

换句话说，氟在界相中的存在本身并不能保证形成更好的界相，更重要的是这些氟以何种化学形式和形貌分布在界相中。

10.4.2.4　阴离子嵌入化学

锂离子（或其他阳离子）嵌入晶格的过程属于还原反应，过程中相应数量的电子被注入晶格中 [图 10.16（a）] 以维持电荷平衡及反应持续性。根据主晶格的化学特性，该嵌入过程可以在不同的电位下进行。在低电位下发生的所有嵌入过程，如石墨 [C_6，约 0.01 V（vs Li）] 和锂钛氧化物 [$Li_4Ti_5O_{12}$，约 1.5 V（vs Li）]，通常作为锂离子的理想负极材料；而在高电位下进行的嵌入过程，如钴酸锂 [$LiCoO_2$，约 4.2 V（vs Li）] 和磷酸铁锂 [$LiFePO_4$，约 3.5 V（vs Li）]，则适合作为锂离子的理想正极材料。

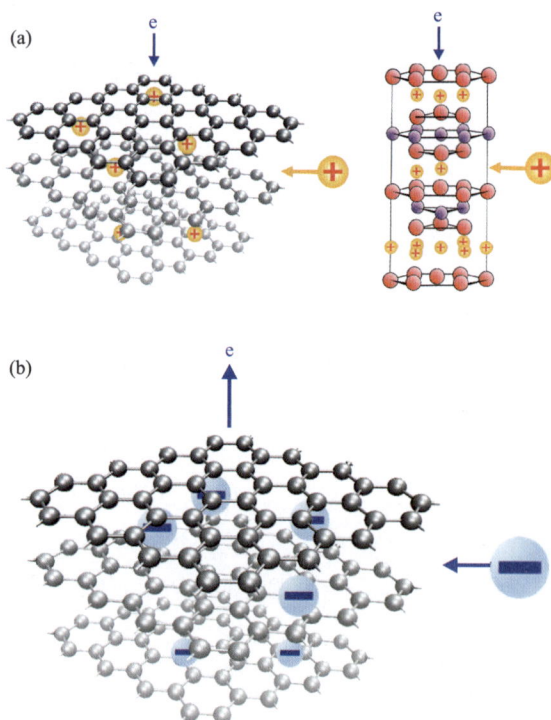

图 10.16　插层过程伴随的氧化或还原反应：（a）阳离子（如锂离子）的插层是一个还原过程，在此过程中电子注入晶格。各种插层主体材料具有不同的插层电位，使得构建锂离子电池成为可能。（b）阴离子的插层则是一个氧化过程，在此过程中电子从晶格中移出。这里使用石墨晶格作为例子。与阳离子插层类似，阴离子插层主体也可以根据插层发生的电位作为负极或正极主体

锂离子电池化学的发展受益于那些能够在不同电位下嵌入锂离子的宿主材料，它们的发现使得电池电压超过 3.0 V 成为可能。相似的材料发现也催生了钠离子电池和钾离子电池。

相反地，阴离子也可以嵌入晶格中，不过这一过程则通常伴随着氧化反应［图 10.16（b）］，即电子从晶格中被移除[40]。根据阴离子嵌入发生的电位，这些材料也可以用作负极或正极宿主。与阳离子嵌入化学不同，阴离子或其晶格宿主的研究相对较少。目前，石墨是最常用的宿主晶格，它能够容纳多种嵌入物，而且涉及的电位通常较高，例如 PF_6^-、BF_4^-、$TFSI^-$ 和 FSI^- 等阴离子的嵌入电位约为 5 V（vs Li）。这对电解质提出了极大的挑战，因为几乎没有已知的非水性电解质能够长期支持如此高电压的可逆化学反应。即使是高氟化的添加剂或溶剂也只能提供短期的稳定性，而且衰退速度较快。而如 BOB 等其他阴离子则无法形成稳定的石墨嵌入化合物，因为它们的嵌入电位过高，无法被电解液溶剂或阴离子本身承受。相对而言，简单的卤化物阴离子如氯化物（Cl^-）和溴化物（Br^-）在石墨中的嵌入则是一个例外，因为这些阴离子的嵌入电位适中（约 4.0 V）[41]。

除了高电压限制外，阴离子在石墨中的嵌入比容量通常远低于像锂离子和钠离子等阳离子的嵌入比容量。这是因为较大的阴离子尺寸对晶格施加了更高的应力，导致在完全嵌入阶段，石墨这样依靠较弱范德华力维持的晶格难以容纳高密度的阴离子，从而排斥更多阴离子进入石墨层。例如，即使电极电压达到约 5.2 V，PF_6^- 在石墨中的嵌入只能形成化学计量为 $[PF_6^-]C_{20}$ 的稀疏的插层化合物，对应的比容量仅为 112 mA·h/g，这与完全锂化的石墨（化学计量为 $[Li^+]C_6$，对应比容量为 372 mA·h/g）形成了鲜明对比。

在实际电化学电池构建中，阴离子嵌入化学的主要缺点显而易见：它通常需要与另一种化学反应结合，以形成配对的电极。与锂离子或其他碱金属阳离子（如钠离子、钾离子等）能够嵌入多种宿主材料（因此可以找到具有相同离子电位差的配对晶格宿主）不同，阴离子嵌入宿主材料较为有限。因此，大多数情况下，阴离子嵌入化学必须与其对离子嵌入相结合，如图 10.17 所示。图中展示了一个由石墨负极和石墨正极组成的对称电化学电池，其中负极嵌入阳离子（如锂离子），而正极同时嵌入阴离子（如 PF_6^-）。这样的电池被称为"双离子嵌入电池"，因为两种离子都参与了各自电极的嵌入化学。

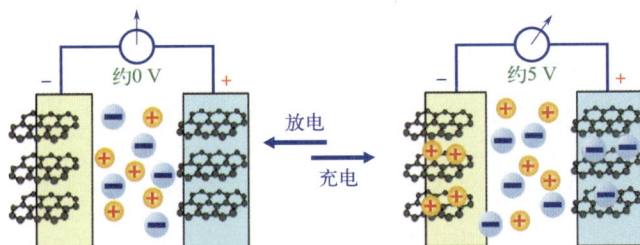

图 10.17　一种采用对称石墨电极的 5 V 双离子嵌入电池，其中阳极嵌入锂离子，正极嵌入其反离子 PF_6^-

双离子嵌入化学需要为每个电极提供足够的阳离子和阴离子。由于这些离子只能储存在电解质中，这一要求在对电池液设计中带来了一个极不受欢迎的因素，即电解液的用量不能像锂离子电池那样被最小化。这不仅增加了电池中电解质的重量，从而降低了能量密度，还使电解液设计变得复杂，因为大多数盐在非水溶剂中的溶解度有限，电解液在高盐浓度下变得黏稠且电阻较高。此外，更浓的电解液也意味着更高的成本。

双离子嵌入电池的研究相对冷门，一方面是由于收益不大（如低比容量和低能量密度），另一方面是研究困难（如缺乏极高电压稳定性的电解质、有限的可选宿主材料、有限的盐溶解度及潜在的高成本）。然而，2019 年发表的一项最新研究表明，通过将等摩尔的 Cl⁻ 和 Br⁻ 离子共同嵌入石墨，形成嵌入 / 转化反应化合物 $C_{3.5}(Br_{0.5}Cl_{0.5})$，可以规避大多数上述挑战[42]。这是因为这些离子被预先储存在固体电极而不是液体电解质中。卤化阴离子的部分氧化降低了它们在石墨晶格中的静电排斥力，从而允许形成 I 级石墨嵌入化合物。由于这种正极材料不含过渡金属元素，但其提供的比容量或能量密度却接近甚至高于锂离子电池中最先进的正极材料，其作为一种可持续替代品值得更多关注。

最后需要强调的是，必须区分"双离子嵌入电池"和第 9.1.3.8 节中讨论的"双嵌入电池"［图 9.8（d）］。二者是不同的概念："双离子嵌入电池"意味着携带两种不同电荷的反离子反方向嵌入两个不同的电极；"双嵌入电池"仅指两个电极都是嵌入宿主，但它们针对的是同一种离子。例如，图 10.12 所示的现代锂离子电池属于双嵌入电池，因为其唯一的嵌入离子都是锂离子，而阴离子并未被设计参与电池反应。当然也不排除在正极上发生少量阴离子插层的可能，特别考虑到阴极材料通常含有碳作为导电添加剂的情况下，当电池被充电到非常高的电压时，其中的石墨化结构可以允许阴离子插入。

参考文献

[1] S. Fletcher, *Bottled Lightning: Superbatteries, Electric Cars, and the New Lithium Economy*, Hill and Wang, 1st edn, 2011.

[2] R. A. Huggins, *Advanced Batteries: Materials Science Aspects*, Springer, New York, 2009.

[3] G. N. Lewis and F. G. Keyes, The Potential of the Lithium Electrode, *J. Am. Chem. Soc.*, 1913, **35**, 340–344.

[4] M. Winter, B. Barnett and K. Xu, Before Li Ion Batteries, *Chem. Rev.*, 2018, **118**, 11433–11456.

[5] E. Peled, The Electrochemical Behavior of Alkali and Alkaline Earth Metals in Nonaqueous Battery Systems—The Solid Electrolyte Interphase Model, *J. Electrochem. Soc.*, 1979, **126**, 2047–2051.

[6] X. Cao, X. Ren, L. Zou, M. H. Engelhard, W. Huang, H. Wang, B. E. Matthews, H. Lee, C. Niu, B. W. Arey, Y. Cui, C. Wang, J. Xiao, J. Liu, W. Xu and J.-G. Zhang, Monolithic solid-electrolyte interphases formed in fluorinated orthoformate-based electrolytes minimize Li depletion and pulverization, *Nat. Energy*, 2019, **4**, 796–805.

[7] C. P. Aiken, E. R. Logan, A. Eldesoky, H. Hebecker, J. M. Oxner, J. E. Harlow, M. Metzger and J. R. Dahn, Li[Ni$_{0.5}$Mn$_{0.3}$Co$_{0.2}$]O$_2$ as a Superior Alternative to LiFePO$_4$ for Long-Lived Low Voltage Li-Ion Cells, *J. Electrochem. Soc.*, 2022, **169**, 050512.

[8] Y. Li, Y. Li, A. Pei, K. Yan, Y. Sun, C.-L. Wu, L.-M. Joubert, R. Chin, A. L. Koh, Y. Yu, J. Perrino, B. Butz, S. Chu and Y. Cui, Atomic structure of sensitive battery materials and interfaces revealed by cryo-electron microscopy, *Science*, 2017, **358**, 506–510.

[9] H. J. S. Sand, On the concentration at the electrodes in a solution, with special reference to the liberation of hydrogen by electrolysis of a mixture of copper sulphate and sulphuric acid, *Proc. Phys. Soc., London*, 1899, **17**, 496–534.

[10] C. Fang, J. Li, M. Zhang, Y. Zhang, F. Yang, J. Z. Lee, M.-H. Lee, J. Alvarado, M. A. Schroeder, Y. Yang, B. Lu, N. Williams, M. Ceja, L. Yang, M. Cai, J. Gu, K. Xu, X. Wang and Y. S. Meng, Quantifying inactive lithium in lithium-metal batteries, *Nature*, 2019, **572**, 511–515.

[11] M. B. Armand, Intercalation Electrodes, in *Materials for Advanced Batteries*, ed. D. Murphy, Plenum Press, New York, 1980, p. 145.

[12] B. M. L. Rao, R. W. Francis and H. A. Christopher, Lithium–Aluminum Electrode, *J. Electrochem. Soc.*, 1977, **124**, 1490–1492.

[13] M. Lazzari and B. Scrosati, Cyclable Lithium Organic Electrolyte Cell Based on Two Intercalation Electrodes, *J. Electrochem. Soc.*, 1980, **127**, 773–774.

[14] I. A. Kuribayashi, *Nameless Battery with Untold Stories*, ed. Private Press, KEE Corporation, Union Press, Kanagawa, Japan, 2015.

[15] T. Nagaura and K. Tozawa, Lithium Ion Rechargeable Battery, *Prog. Batteries Sol. Cells*, 1990, **9**, 209–217.

[16] M. S. Whittingham, The origins of the lithium battery, Nobel Lecture, 8 December 2019, https://www.nobelprize.org/uploads/2019/10/whittingham-lecture.pdf.

[17] A. Hérold, Synthesis of graphite intercalation compounds, in *Chemical Physics of Intercalation*, ed. A. P. Legrand and S. Flandrois, Springer, Boston, MA, 1987.

[18] M. Winter and J. O. Besenhard, Lithiated Carbons, in *Handbook of Battery Materials*, ed. J. O. Besenhard, VCH, Weinheim, Germany, 1999, vol. 3, pp. 383–418.

[19] K. Xu, Y. Lam, S. S. Zhang, T. R. Jow and T. B. Curtis, Solvation sheath of Li^+ in nonaqueous electrolytes and its implication of graphite/electrolyte interface chemistry, *J. Phys. Chem. C*, 2007, **111**, 7411–7421.

[20] R. Fong, U. von Sacken and J. R. Dahn, Studies of Lithium Intercalation into Carbons Using Nonaqueous Electrochemical Cells, *J. Electrochem. Soc.*, 1990, **137**, 2009–2013.

[21] K. Xu, Whether EC and PC Differ in Interphasial Chemistry on Graphitic Anode and How, *J. Electrochem. Soc.*, 2009, **156**, A751–A755.

[22] L. Xing, X. Zheng, M. Schroeder, J. Alvarado, A. von W. Cresce, K. Xu, Q. Li and W. Li, Deciphering EC–PC Mystery in Li-ion Battery, *Acc. Chem. Res.*, 2018, **51**, 282–289.

[23] M. Li, C. Wang, Z. Chen, K. Xu and J. Lu, New concepts in electrolytes, *Chem. Rev.*, 2020, **120**, 6783–6819.

[24] G. Pistoia, M. D. Rossi and B. Scrosati, Study of the Behavior of Ethylene Carbonate as a Non-aqueous Battery Solvent, *J. Electrochem. Soc.*, 1970, **117**, 500–502.

[25] K. Xu, Nonaqueous Liquid Electrolytes for Lithium-Based Rechargeable Batteries, *Chem. Rev.*, 2004, **104**, 4303–4418.

[26] K. Xu, Electrolytes and Interphases in Li-ion Batteries and Beyond, *Chem. Rev.*, 2014, **114**, 11503–11618.

[27] K. Xu, S. Zhang, T. R. Jow, W. Xu and C. A. Angell, LiBOB as salt for lithium-ion batteries: a possible solution for high temperature operation, *Electrochem. Solid-State Lett.*, 2001, **5**, A26–A29.

[28] K. Xu, S. Zhang, B. A. Poese and T. R. Jow, Lithium bis(oxalato)borate stabilizes graphite anode in propylene carbonate, *Electrochem. Solid-State Lett.*, 2001, **5**, A259–A262.

[29] A. von W. Cresce, M. Gobet, O. Borodin, J. Peng, S. M. Russell, E. Wikner, A. Fu, L. Hu, H.-S. Lee, Z. Zhang, X.-Q. Yang, S. Greenbaum, K. Amine and K. Xu, Anion solvation in carbonate-based electrolytes, *J. Phys. Chem. C*, 2015, **119**, 27255–27264.

[30] O. Borodin, X. Ren, J. Vatamanu, A. von W. Cresce, J. Knap and K. Xu, Modeling insight into battery electrolyte electrochemical stability and interfacial structure, *Acc. Chem. Res.*, 2017, **50**, 2886–2894.

[31] J. R. Dahn, Phase diagram of Li_xC_6, *Phys. Rev. B*, 1991, **44**, 9170–9177.

[32] W. Xu, J. Wang, F. Ding, X. Chen, E. Nasybulin, Y. Zhang and J.-G. Zhang, Lithium metal anodes for rechargeable batteries, *Energy Environ. Sci.*, 2014, **7**, 513–537.

[33] C. Monroe and J. Newman, Dendrite growth in lithium/polymer systems – a propagation model for liquid electrolytes under galvanostatic conditions, *J. Electrochem. Soc.*, 2003, **150**, A1377–A1384.

[34] F. Ding, W. Xu, G. L. Graff, J. Zhang, M. L. Sushko, X. Chen, Y. Shao, M. H. Engelhard, Z. Nie, J. Xiao, X. Liu, P. V. Sushko, J. Liu and J.-G. Zhang, Dendrite-free lithium deposition *via* self-healing electrostatic shield mechanism, *J. Am. Chem. Soc.*, 2013, **135**, 4450–4456.

[35] T. Hosaka, K. Kubota, A. S. Hameed and S. Komaba, Research Development on K-Ion Batteries, *Chem. Rev.*, 2020, **120**, 6358–6466.

[36] M. E. A. Dompablo, A. Ponrouch, P. Johansson and M. R. Palacín, Achievements, Challenges, and Prospects of Calcium Batteries, *Chem. Rev.*, 2020, **120**, 6331–6357.

[37] T. Liu, J. P. Vivek, E. W. Zhao, J. Lei, N. Garcia-Araez and C. P. Grey, Current Chal-

lenges and Routes Forward for Nonaqueous Lithium–Air Batteries, *Chem. Rev.*, 2020, **120**, 6558–6625.

[38] A. Manthiram, Y. Fu, S.-H. Chung, C. Zu and Y.-S. Su, Rechargeable Lithium–Sulfur Batteries, *Chem. Rev.*, 2014, **114**, 11751–11787.

[39] M. N. Obrovac and V. L. Chevrier, Alloy Negative Electrodes for Li-Ion Batteries, *Chem. Rev.*, 2014, **114**, 11444–11502.

[40] J. A. Read, *In situ* studies on the electrochemical intercalation of hexafluorophosphate anion in graphite with selective cointercalation of solvent, *J. Phys. Chem. C*, 2015, **119**, 8438–8446.

[41] J. A. Read, A. v. Cresce, M. H. Ervin and K. Xu, Dual-Graphite Chemistry Enabled by a High Voltage Electrolyte, *Energy Environ. Sci.*, 2014, **7**, 617–620.

[42] C. Yang, J. Chen, X. Ji, T. P. Pollard, X. Lü, C.-J. Sun, S. Hou, Q. Liu, C. Liu, T. Qing, Y. Wang, O. Borodin, Y. Ren, K. Xu and C. Wang, Aqueous Li-ion battery enabled by halogen conversion–intercalation chemistry in graphite, *Nature*, 2019, **569**, 245–250.

[43] A. J. Bard and L. R. Faulkner, *Electrochemical Methods: Fundamentals and Applications*, Wiley, New York, 2nd edn, 2001.

[44] M. Fujimoto, N. Yoshinaga and K. Ueno, Li-ion Secondary Batteries, *Japanese Patent*, 3229635, 1991.

[45] C. K. Chan, H. Peng, G. Liu, K. McIlwrath, X. F. Zhang, R. A. Huggins and Y. Cui, High-performance lithium battery anodes using silicon nanowires, *Nat. Nanotechnol.*, 2008, **3**, 31–35.

引　言

在本篇中，我们将深入介绍现代非水性电解质的主要特性，包括它们的相态行为、相图构建方法、离子溶剂化与溶剂分子结构中溶剂化位点的偏好、离子导电性、离子迁移数以及这些特性的经典和现代技术与工具。我们将重点介绍交流阻抗的数学推导，并分析电化学设备中电解质的离子浓度剖面和电位分布、在 Onsager 框架下如何处理实际电解质中的离子迁移，并简要介绍在 Stefan-Maxwell 倒置形式下构建的 Newman 理论。

在第一篇我们集中了解了电解质的基本知识，包括离子 - 离子相互作用及其在整体（离子学）和界面（电极学）中的离子传输和质量传输。这些基本知识不仅适用于电池环境中的电解质，还涵盖了电解质在化学和电化学约束下的行为。那些知识包含了电解质的基本方面，如离子之间以及离子与溶剂之间的相互作用（离子学）、溶剂化离子与电极表面之间的相互作用（电极学）。此外，还有离子的迁移行为，包括扩散（自扩散）和在外部场中的迁移。

然而，大多数相关知识源于 19 世纪末至 20 世纪中叶的水性电解液系统，而现代电化学设备，如锂离子电池，则主要使用非水性电解质，这要求我们对这些电解质的基础知识进行持续更新。许多经典模型和定律的构建基于水中的强电解质和稀溶液，不能直接适用于现代非水性电解质，因为溶剂分子和离子（尤其是阴离子）的结构特性是不能忽视的。

第三篇

综合篇：
电解质、界面和界相的性质

在第二篇里我们也讨论了典型电化学设备和各种类型的电池。从第 11 章开始，我们将把注意力转向电池环境中"实际"电解质的基本知识，特别是锂离子电池的相关内容。这些讨论将专注于不涉及化学或电化学反应的物理性质，包括相图、离子溶解、离子迁移和溶液结构等。上述内容将在第 11 章、第 12 章和第 14 章中详细阐述。法拉第反应和跨界面或界相的电荷传递过程则将在第 15 章和第 16 章中探讨。基于碳酸酯的电解质将受到特别关注，因为它们构成了锂离子电池的基础配方。其他仍在研究和开发中的电解质系统，特别是基于醚类溶剂的系统，也将在相关知识具备时予以覆盖。

锂离子电池无疑是人类历史上最广泛使用的电化学设备。不夸张地说，地球上几乎每个人的手里（手机或其他便携式电子设备中）都有至少一只锂离子电池，而且大多数人拥有不止一个。正是由于锂离子电池的广泛应用和商业化，推动了人们对插层电池材料、化学和机制的深入研究。因此，现代有关非水性电解质、界面及界相化学的知识大多源于锂离子电池的研究。这些研究成果，特别是对界相化学和形成机制的理解，为其他先进电池化学的开发提供了重要的启发。

C.1　快速回顾：什么是电解质？

在电池中，电解质是唯一与所有其他组件（如负极、正极、隔膜、金属集流体、导电添加剂、聚合物黏合剂等）紧密接触的部分。这种独特的地位要求电解质必须与各组件协调工作。因此，电解质常被视为"拼图的最后一块"，这一点在锂离子电池的发展历史中尤为明显，并可能在未来的先进电池化学中继续如此[1-3]。

其他电池组分带来的这些限制可以总结为一个长列表，但核心要求仍然是以下 4 个：

• 离子传输： 这是电解质的主要功能，为两个电极的电池反应提供必要的物质，否则电池反应将无法持续。

• 电子绝缘： 这是为了确保电子交换只发生在电解质与电极的接触界面，而不是发生在电解质的体相内，以便通过外部电路实现电子的定向运动。否则，电解质内的寄生反应可能导致高自放电和短电池寿命。

• 化学和电化学稳定性： 这是确保电解质对电池反应保持稳定的必要条件。对于大多数水系电解质，通过保证电池反应仅在水的分解电位（1.23 V）范围内进行，来实现这种稳定性。然而，对于非水系电解质，稳定性则通过电极表面的牺牲性分解形成保护性界相来实现。电化学稳定性对可充电电池尤为重要，因为电解质不仅需要与负极和正极匹配，还必须与电池中的所有其他组件（如隔膜、集流体、聚合物黏合剂和极耳）协调工作。任何不稳定的组合都可能成为电池失败的"阿喀琉斯之踵"。因此，电解质必须在整个电池使用寿命内对所有这些组件保持"惰性"。

• 相稳定性： 无论电解质是液体、聚合物、陶瓷还是玻璃固体，相稳定都是必要的。相变通常伴随结构和性质的剧变，这些变化可能会影响电池的性能，因为电池反应都是基于预期的电解质性质设计的。相变可能由温度、压力、化学组成或电极电势的变化引起。

除了这 4 个核心要求之外，还有一系列附加要求，这些要求取决于电池化学、电解质性质和预期应用。例如，在锂离子电池中，石墨化碳常用作负极材料，过渡金属氧化物用于正极材料，而最常见的电解质则是基于碳酸酯的液体电解质。它们必须满足以下要求，这些要求在某些情况下是上述 4 个核心要求的衍生条件：

• 通过牺牲分解形成保护性界相， 尤其是在石墨化碳上。这必须在电极表面产生具有"电解质性质"（即离子导电和电子绝缘）的固体沉积物。正因为这种电解质性质，界相才被命名为SEI（固体/电解质界相）。

• 涉及的所有固体表面， 包括聚烯烃隔膜、活性材料（如石墨碳和过渡金属氧化物）以及惰性组分（如导电添加剂和聚合物黏合剂），都应具有低表面张力或"高浸润性"。电解质的这种特性确保了这些组件的孔隙结构能够被足够的离子填充和接触。

• 宽的液相范围， 可通过相应碳酸酯混合物相图中的液相线（liquidus）、固相线（solidus）、溶解线（solvus lines）以及气泡点/沸点线（bubble point/boiling point lines）定量定义。在这些线定义的液体范围之外发生相变会引起不希望的性质变化，如盐析出、电解质系统部分或完全冻结，或者由于溶剂蒸发导致的电解质组成变化等。

这些要求仅从技术角度考虑了实现可逆电池反应的必要条件。然而，一个更全面的考量还应包括其他同样重要的因素，如安全性、毒性、环境友好性、成本和可持续性等。

尽管如此，这份要求清单仍然不完整，而且永远不可能完整，因为随着新电池化学的出现和新电解质材料的开发，它是不断变化和发展的。

C.2　另一个快速回顾：电解质的作用是什么？

电解质在电池中负责在两个电极之间传输物质，确保电池反应的持续进行。这些物质以离子形式存在，其运动代表了电荷的传输。

如第 9.1.3 节所述，电池的容量和能量由两个电极共同决定，理论上电解质对这两个属性的决定作用有限。然而，电解质直接决定了获取这些容量和能量的速率。特别是，界面和界相对电池的功率密度起着关键作用，因为离子在界面或界相上的运输通常是质量传输的瓶颈，相比之下，电子在电极内部的扩散、跃迁或隧穿或者离子在本体电解质中的运输通常不会成为主要限制因素。

尽管如此，容量和能量并非完全独立于电解质及其相关的界面或界相。实际上，电解质和界面通过定义电极材料的适用性而间接影响电池的容量和能量。它们通过设定电极运行的电化学稳定窗口实现这一点，超出该窗口的电极材料需被排除。这一点对于可充电电池尤为重要，因为电池化学的可逆性需要满足更严格的要求。

一个显著的例子是锂离子电池中的含碳酸乙烯酯（EC）的电解质。没有这种电解质，高容量石墨负极就不能在现代锂离子电池中和过渡金属氧化物有效结合，成为一个高能量的电极对。在先进电池化学研究中，设计更好的电解质往往意味着设计更优的界相[4]。

在一些特定的电池化学设计中，例如液流电池，电极和电解质之间原本明确的界限正在模糊化。在这种电池中，电解质不仅仅是传输离子的介质，它还包含直接决定电池容量和能量的活性材料。

参考文献

[1]　K. Xu, Non-aqueous liquid electrolytes for lithium-based rechargeable batteries, *Chem. Rev.*, 2004, **104**, 4303–4417.

[2]　K. Xu, Electrolytes and interphases in Li-ion batteries and beyond, *Chem. Rev.*, 2014, **114**, 11503–11618.

[3]　M. Li, C. Wang, Z. Chen, K. Xu and J. Lu, New concepts in electrolytes, *Chem. Rev.*, 2020, **120**, 6783–6819.

[4]　Y. S. Meng, V. Srinivasan and K. Xu, Designing better electrolytes, *Science*, 2022, **378**, eabq3750.

第 11 章
液体电解质的相图

　　液体电解质的基本物理特性包括其液相范围（相图）、离子的溶剂化和运动以及在不同极化电位下溶剂化离子在电极表面的界面行为。这里的"物理"一词强调电解质组成没有发生化学变化，如电解质组分的电化学或化学分解。

　　当前，大多数电解质仍以液态存在，例如锂离子电池中的电解质。历史上，液体电解质相对固体电解质的优势在于，大多数电极材料是固态的，而固体与固体之间难以形成紧密的界面。固体电极和固体电解质之间的界面不仅使离子传输极其困难，还阻碍了电解质中离子与电极活性材料的充分接触。实际上，当前全固态电池面临的最大挑战仍然是固体电极与固体电解质之间的界面问题。

　　相比之下，当其中一个组分为液态时，界面问题得到显著缓解，因此液体电解质成为自然的选择。从 Alessandro Volta 制造出第一个电池以来，由液体电解质分隔的固态电极一直是最常见的电池构型。在 Volta 的电池中，盐水（NaCl 水溶液）作为电解质，铜和锌作为电极。这种构型有少数例外，如高温 Na/S 电池，其中两个电极（钠和硫）都处于液态（或熔融态），并由固体电解质的 β- 氧化铝陶瓷膜分隔；或者锂 / 亚硫酰氯电池，其中一个电极（亚硫酰氯正极）处于液态，而电解质则是亚硫酰氯在锂金属表面原位生成的一层固体"钝化"薄层，其成分大部分为氯化锂（LiCl）。

　　液态电解质只能在其液相范围内按设计工作，在此范围内电解质在温度、压力和化学组成等构成的边界条件下处于热力学稳定态。在物理化学中，这些相稳定区域通常通过相图表示，它描述了在特定温度、压力和化学组成下的相变情况。图 11.1 显示了水作为最常用电解质溶剂的相图。水是没有电解质溶质（盐）的纯溶剂，因而它是一个单组分系统，其组成恒定（摩尔分数 $x_{Water} = 1.0$）。因此，其相图可以用两个自由变量表示：温度和压力[1]。

　　当电解质溶质（盐）被添加到溶剂中时，电解质溶液变成了一个二元系统，其相图变得更加复杂，因为相平衡现在受 3 个自由变量影响：温度、压力和组成。同时，溶剂和盐之间还可能形成各种"化合物"，这些"化合物"由它们在液态和固态中的分子相

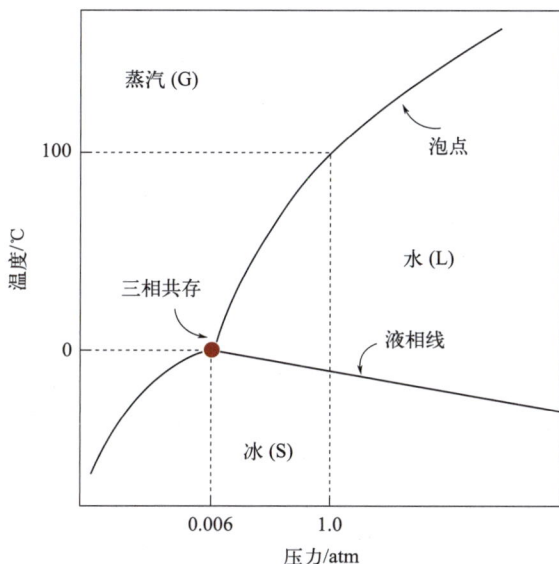

图 11.1　水的相图。线条代表两相在平衡状态下共存的温度和压力。固定的温度和压力下，三相（冰－液态水－蒸汽）共存

互作用决定。因此，相图通常无法在二维空间上完整绘制，除非对其进行一定的降维简化。对于液态系统，最常见的简化方法是将其中一个变量（通常是压力）视为常数。对于电解质系统，我们最关注的是在 1 标准大气压（atm）或其附近条件下的行为，因为高真空或高压很少是液体电解质应用的典型环境。

图 11.2 展示了我们日常生活中最常见的电解质——NaCl 水溶液在 1 atm 下的相图[2]。这张图的复杂性来源于 NaCl 和水在不同温度和比例下可能形成的多种"化合物"，这部分内容超出了本书的讨论范围。我们需要关注的是图中由阴影区域表示的液态范围，这个区域被顶部的泡点线和低温高盐区域的 3 条凝固线围绕。这些线代表不同相在平衡状态下共存的温度：泡点线表示液体与气体的平衡，凝固线表示盐水与冰的平衡。当温度

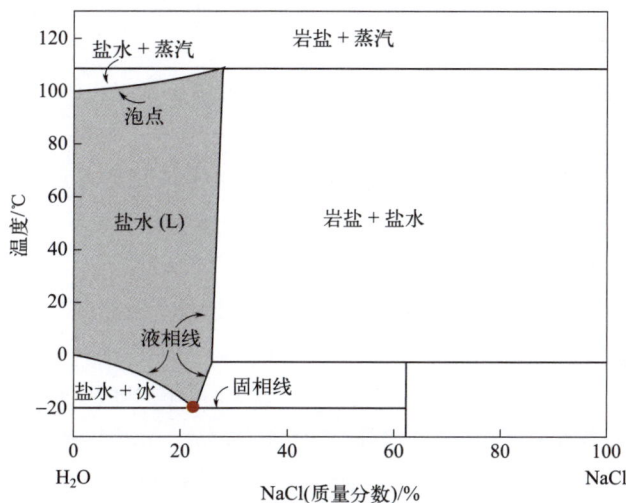

图 11.2　NaCl 水溶液的相图。其液态范围由凝固线和泡点线围起的阴影区域表示

降到固相线所标记的阈值时，系统会完全冻结，形成冰和 NaCl 晶体两个固体相。

　　如果有人计划在电池中使用 NaCl 水溶液作为电解质（例如 Volta 电堆），那么图 11.2 中的阴影区域定义了电解质的相稳定区域。否则，电池性能可能会受到影响，例如离子导电性因液体冻结或蒸发而急剧下降。

11.1　赝二元系相图 - 非水性电解质

　　当然，NaCl 水溶液无法用于构建高能量的电池，因为其电化学稳定窗口受水分解限制，仅为 1.23 V（图 5.2 和图 8.2），这对于需要在极端电势下运行的电池化学反应来说是远远不够的。然而，上述原理却同样适用于非水性电解质，其相稳定区域同样由最低沸点组分开始蒸发的温度和最高熔点组分开始冻结的温度决定。在大多数情况下，上限温度（泡点）更多地与溶剂有关，下限温度（凝固线）则更多地与盐有关。这些稳定区域决定了电解质的最大工作温度范围。因为在上限温度以上，电解液溶剂可能会蒸发，产生压力，并可能导致漏气；而在下限温度以下，电解质会逐渐失去离子导电性，直至完全冻结，变成离子绝缘体。

　　以上预测的电池工作温度范围只反映了对电解质因素的考虑，而电池的实际适用温度范围可能会窄得多，因为在达到温度极限之前其他因素可能开始影响电池性能。例如，在电解质冻结之前，低温下的界面阻抗可能迅速恶化；在最低沸点溶剂开始蒸发之前，电解质中的某些组分可能开始分解或与其他组分反应。然而，由相稳定区域预测的工作温度范围仍然是一个非常有用的参考。

　　在锂离子电池中使用的实际电解质系统通常不是单一溶剂。最常见的电解质是 1.0 M 的 $LiPF_6$ 溶解在 EC 和碳酸二甲酯（dimethyl carbonate，DMC）的混合物中，这使得电解质成为一个三元系统，其相图因 5 个自由变量（温度、压力以及用 3 个组分的摩尔分数表示的电解质组成）而变得更加复杂。这里 3 个组分分别是两个溶剂分子（EC 和 DMC）和盐的摩尔分数（x_A、x_B 和 x_{Salt}），其中阴、阳离子摩尔分数受盐制约。此外，还需要考虑两种溶剂和盐之间可能形成的"化合物"。

　　所有这些因素共同决定了相平衡。因此，即使进行简化，也很难在二维图表（图 11.1 和图 11.2）中完整描述相图。

　　为了进一步简化情况，研究人员通常忽略盐的存在，仅测量或计算溶剂混合物的相图。在由两种溶剂分子组成的系统中，组成可以用摩尔分数（x_A 和 x_B）表示，形成一个赝二元电解质系统，其相图可以在 2D 平面上描述。

　　赝二元相图构建后，我们可以通过遵循 Raoult 定律、van't Hoff 定律和 Henry 定律等共溶性质的法则，估计实际电解质的泡点、液相线和固相线（假设盐完全解离）。当然，在高盐浓度下（如大多数实际电解质中），这种估计可能不够精确，需要进一步修正。然而，溶剂混合物的相图仍然是预测电解质相行为的宝贵参考。

　　最后，由于液 - 气转换对电池工作温度范围的重要性较小，因为其他因素（如电解质或界面组分的热不稳定性和化学反应性，或电极集流体的腐蚀，或电池隔膜的热收缩和去孔化，等等）在高温下通常更为显著，我们可以通过忽略电解质相图中的液 - 气转换（泡点）来进一步简化分析。

采用所有这些简化和近似之后，锂离子电池中的典型电解质可以被视为一个赝二元系统，只需要考虑两个变量，即温度和组成，就能确定相平衡。图 11.3 左图展示了 EC-DMC 的相图，这代表了一个具有简单共晶行为的典型二元系统[3]。在这两种溶剂中，EC 的熔点高于 DMC（EC：36.4℃；DMC：4.6℃），因此在电解质的富 EC 一侧液相线被抬高，从而限制了电解质的液相范围。共晶点，即固相转变点，发生在大约 −7.7℃，这是整个溶剂系统冻结的阈值温度。即使考虑到添加盐可能导致的熔点降低，基于这种二元溶剂混合物的电解质，其熔点也不会低于 −10℃。早期生产的锂离子电池在零下温度中无法使用，主要因为使用了这种富含 EC 的二元电解质。为了扩大液态范围。过去 30 年里研究者采用了多种低熔点的共熔剂。2016 年出现了无 EC 电解质，EC 对电解质液态范围的限制可能被永久去除，使电池能够在更低的温度下使用[4]。

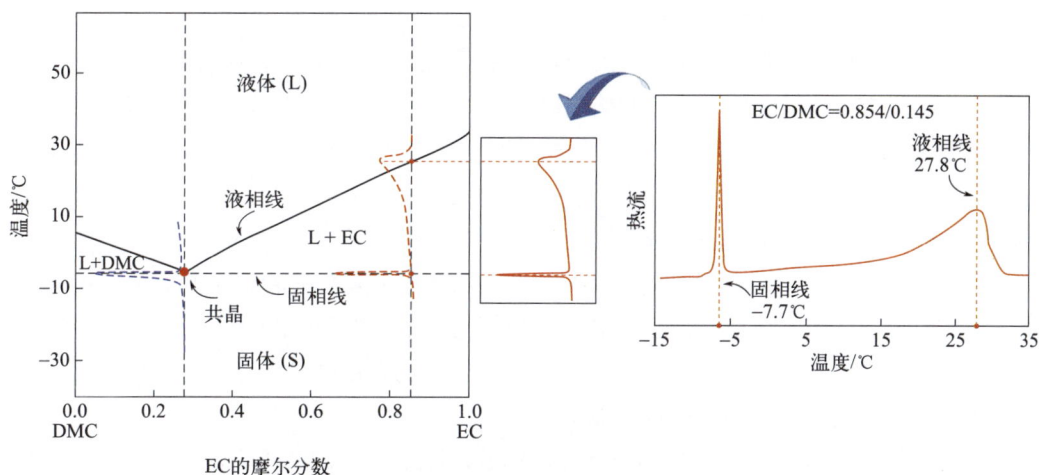

图 11.3　EC-DMC 相图的两个视图。左图：EC（碳酸乙烯酯）和 DMC（碳酸二甲酯）组成的相图，显示了一个典型的简单共晶系统。这些碳酸酯分子以几乎理想的方式混合在一起，形成了一个相对简单的共晶系统。右图：使用热量计技术构建 EC-DMC 相图。液相线和固相线呈现出特征性的热响应，而共晶点的组成在相图中仅显示一个单一的固相峰。这些数据基于丁盛平等人的开创性工作绘制[3,5-6]

11.2　赝二元系相图的实验性图谱

绘制相图有多种方法。其中最方便、直接的方法是热量计技术，因为相变总是伴随着焓、熵和热容等性质的突变。差示扫描量热法（differential scanning calorimetry，DSC）是最成熟、最受欢迎的热量计技术。在这种实验中，将样品保持在远低于固相线的温度，确保此时样品的每个组成都是处于冷冻状态，然后监测样品在逐步加热时经历相变时的热响应。相变时样品可能会吸收或释放热量，因此需要确保扫描速率足够慢，以便相变发生时样品和检测器之间能够建立平衡。

如图 11.3 右图所示，当逐渐加热 EC-DMC 混合物（摩尔分数 $x_{EC} = 0.854$ 和 $x_{DMC} = 0.145$）时，冻结的样品显示出两个吸热过程：一个在 $-7.7℃$ 处的尖锐峰，另一个在 $27.8℃$ 处的宽峰。前者表示 EC 和 DMC 固体混合物的熔化，形成固 - 液平衡；后者则表示样品完全熔化为由 EC 和 DMC 组成的均匀液相，该液相组成与电解质的名义成分相符。固相线和液相线之间的区域是二元相区，样品在此区域内处于固态 EC 和液相 EC-DMC 混合物的平衡状态。在共晶点的另一侧，也存在一个由相同的固相线和另一个液相线围成的二元相区，对应 EC-DMC 混合物和固态 DMC 的液相平衡[3]。

尽管添加盐会降低液相线和固相线的温度，但图 11.3 所展示的样品（$x_{EC} = 0.854$ 和 $x_{DMC} = 0.145$）显然难以使电池在低于 $0℃$ 的低温下工作。

为了最大化 EC-DMC 二元电解质的液态范围，实际应用中更倾向于选择富 DMC 的组成。例如，EC-DMC（体积比 30∶70）在研究和一些商用锂离子电池中最受欢迎。这种体积组成对应于摩尔分数 $x_{EC} = 0.353$ 和 $x_{DMC} = 0.647$，接近共晶组成的 $x_{EC} = 0.292$ 和 $x_{DMC} = 0.708$。EC 含量稍高的原因是从界相化学角度考虑，锂离子电池中的石墨负极需要足够的 EC 分子来形成足够保护负极的界相。

所有简单的共晶二元系统在其 DSC 曲线中都显示出与图 11.3 右图所示相似的热行为，即两个分别对应于固相线和液相线的熔化过程，之后系统转变为完全的单一液相[5-6]。通过进行图 11.3 右图中描述的扫描，可以确定给定组成的液相点和固相点。对于每种可能的电解液组成，从 $x_{EC} = 0$ 到 $x_{EC} = 1.0$ 进行一系列扫描，我们就可以连接所有液相点和固相点，从而构建出该简单共晶系统的相图，如图 11.3 左图所示。

当系统组成接近共晶点时，固相点和液相点会接近并最终在共晶点处合并。在共晶点，整个系统只经历一个熔化过程便转变为均匀的溶液。对于 EC-DMC 二元系统，共晶点位于 $x_{EC} = 0.292$ 和 $x_{DMC} = 0.708$，熔化发生在与固相点相同的温度，即 $-7.7℃$，这是 EC-DMC 混合物能够保持液态的最低温度。

这种简单的共晶行为的一个优点是混合物总是比单一溶剂产生更宽的液态范围，因为其液相线总是低于纯 EC 或 DMC 的熔点。

为了扩大基于碳酸酯的电解质的液态范围，研究人员开始尝试使用更低熔点的碳酸酯分子的混合物，或者采用更高阶的碳酸酯混合物，如三元、四元甚至多达 6 种共溶剂的系统。DMC 的分子同系物，如碳酸甲乙酯（ethylmethyl carbonate，EMC，熔点 $-53℃$）和碳酸二乙酯（diethyl carbonate，DEC，熔点 $-74.3℃$），是最常用的候选物（表 10.1）。然而，由于 EC 在界相化学中扮演着重要角色，它是用于稳定石墨碳负极材料的必不可少的组成部分，上述增大 DMC、EMC 或 DEC 的方法效果有限。

实际上，EC 的高熔点（$36.4℃$）限制了其他碳酸酯共溶剂能够实现的降低固相线的程度。简单地将 EC 与低熔点的碳酸酯耦合可能会产生完全相反的效果：高熔点的 EC 与低熔点的线性碳酸酯之间的不匹配可能会产生一个非常陡峭的液相线——过于陡峭以至于相图几乎失去了与简单共晶系统的相似性——这最终反而会缩小可用电解质组成的液态范围。

这一反直觉的效果可以在图 11.4（a）中观察到，其中 EC 分别与 DMC、EMC 和 DEC 耦合[5-6]。尽管引入 DEC 或 EMC 确实降低了固相线的温度，但陡峭的液相线将这些低熔点液相限制在一个非常富 EMC 或 DEC 的狭窄区域内。由于界相化学的需求，电解质中 EC 的最小摩尔分数通常约为 0.30。这个约束基本上排除了共晶点附近富含 EMC 或 DEC 的低熔点液相。因此，采用这些二元系统（如 EC-DEC 或 EC-EMC 混合物）提供的液态范围相当有限，甚至可能更窄。这使得这些电解液在低温应用中的实用性并不彰显。

值得一提的是，碳酸亚丙酯（propylene carbonate，PC）作为 EC 的环状同系物，具有较低的熔点（−48.8℃），并且与大多数线性碳酸酯溶剂配合时不会产生图 11.4（a）中描述的熔点不匹配问题。因此，含 PC 的电解质提供的液态范围通常更宽 [图 11.4（b）]。然而，含 PC 的锂基电解质面临的挑战是，由于其对石墨化碳负极界面不稳定性（见第 10.3.2.3 节，图 10.8），会使后者结构发生剥离（exfoliation）。然而，在不再依赖石墨负极的新兴电池化学中，如以硅为主要负极活性材料的锂离子电池、锂金属电池、钠离子电池或其他多价阳离子（如镁、锌或钙）的金属负极电池，由于不再需要石墨负极，可以消除来自 EC 衍生界相化学的限制。未来，基于 PC 的电解质可能会有更多的应用机会。

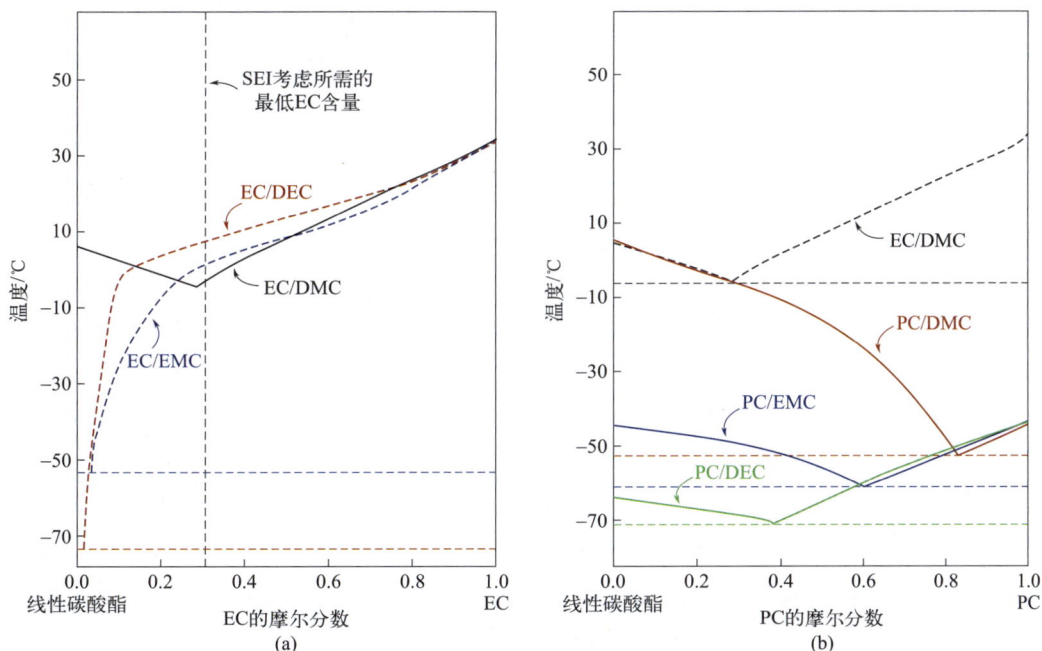

图 11.4 （a）支持石墨负极嵌入化学反应的二元电解质组成（$x_{EC} \geq 0.30$）的液相范围。当与 EC 耦合的碳酸酯具有非常低的熔点时，实际上由于不匹配液相范围反而会变得更窄。（b）将 PC 与各种线性碳酸酯（如 DMC、EMC 和 DEC）耦合的情况。尽管这种组合能够创建相当宽的液相范围，但由于界面化学需求（如对 EC 的需要），通常这些电解质组合在实际电池中不可用。这些图表基于丁盛平等人的开创性工作绘制[3,5-6]

为克服以碳酸乙烯酯（EC）为核心的电解液体系熔点不匹配问题，需要采用比二元混合物更高阶的混合物，或使用非碳酸酯类的溶剂分子。羧酸酯类如丁酸甲酯和乙酸乙酯能够有效降低电解液体系的固相线温度，因此常作为共溶剂用于低温电解液中。然而，这些在低温性能（可低至 −60℃）上的改进往往是以牺牲循环稳定性为代价实现的。

近年来，随着新兴电池化学的发展，石墨负极及其界相化学带来的限制逐渐被去除，使得许多新型溶剂得以应用，显著扩展了电解质的液相范围。例如，氟化醚和局部超浓电解质可以在低至 −70℃ 的温度下与锂金属负极电池配合使用，而使用超浓多价阳离子盐的水性电解质甚至实现了更低的温度限制（约 −100℃）。一些研究甚至突破了液相和气相之间的界限，使用常压下为气态的卤代烃化合物作为电解质，虽然这类电解质必须在密封的电池内部使用[7]。

11.3　高阶相图的热力学计算

丁盛平等人的二元相图已经系统地绘制出了锂基电解质混合溶剂系统里所有可能的二元组合，包括常用的环状碳酸酯和线性碳酸酯溶剂，如 EC、PC、DMC、EMC 和 DEC，这些相图均显示出简单的共晶行为。

然而，实际在最先进的锂离子电池中使用的电解质通常由两种以上的溶剂组成，即使不考虑盐和添加剂的存在，它们也不再是二元体系。理论上，对于这些高阶系统，仍然可以采用类似的方法构造相图，只要通过 DSC 扫描收集足够的数据点，用于各种组成。但当自由变量超过 3 个（温度加上 N 种溶剂中的 $N-1$ 种摩尔分数）时，通过实验绘制这样的系统变得如此复杂，以至于几乎是不可能的。

与其进行烦琐和费力的实验，计算是一种更可行的方法。与离子传输和界面结构的动力学行为或电化学 / 化学反应（如界相化学）不同，相变发生在平衡状态，相图只是通过最小化体系自由能来图形化表示热力学行为。因此，可以根据已知的碳酸酯分子的热力学性质（如焓、熵、热容和吉布斯自由能）精确预测相图，这些性质已经被深入研究，并可以在众多数据库中找到。大多数液体系统通常在恒温和恒压下进行研究和使用，所以吉布斯自由能（Gibbs 自由能）是计算相平衡时需要最小化的量。事实上，有一个非常成熟的计算热力学子领域，专门通过吉布斯自由能最小化计算相图，通常称为 CALPHAD（calculated phase diagram）[8]。虽然本书无法涵盖这种技术的所有细节，但我们接下来将探讨其基本原理。

首先，考虑两种溶剂分子 A 和 B 混合形成一个二元系统的过程，假设这两个组分在任何比例下都能相互溶解，A/B 分子之间的分子间力与 A/A 分子之间或 B/B 分子之间的分子间力相同。换句话说，当 A 分子和 B 分子相互作用时，既没有吸引力也没有排斥力，两种分子都将彼此视为同类。这种混合被称为"理想混合"。所有碳酸酯溶剂分子之间，不论是环状还是线形，大致符合"理想混合"。

理想混合的主要驱动力是混合熵（S_{mix}^0），它由 Boltzmann 关系式描述为：

$$S_{\mathrm{mix}}^0 = k_{\mathrm{B}} \ln W \tag{11.1}$$

式中，k_{B} 是玻尔兹曼常数，W 是当 A 分子和 B 分子混合成均匀溶液时的微观状态总数。

W 可以表示为：

$$W = \frac{N!}{n!(N-n)!} \tag{11.2}$$

式中，N 是溶剂分子可占据的总位点数，n 和 $N-n$ 分别代表 A 分子和 B 分子占据的位点。

换句话说，A 和 B 的摩尔分数可以表示为：

$$x_A = \frac{n}{N} \tag{11.3}$$

$$x_B = \frac{N-n}{N} \tag{11.4}$$

因此公式（11.1）中的混合熵变为：

$$S^0_{mix} = k_B \ln \frac{N!}{n!(N-n)!} \tag{11.5}$$

我们用 Sterling 近似将组合数展开为：

$$S_{mix} = k_B[N \ln N - n \ln n - (N-n)\ln(N-n)] \tag{11.6}$$

代入 A 分子和 B 分子的摩尔分数表达式，我们可以得到 A 分子和 B 分子混合时的熵变：

$$S^0_{mix} = -N k_B (x_A \ln x_A + x_B \ln x_B) \tag{11.7}$$

当我们假设总分子数为 1 mol，N 则事实上为 Avogadro 常数 N_A，因此：

$$R = N_A k_B \tag{11.8}$$

其中 R 是气体常数。

因此，A 分子和 B 分子的理想混合产生的熵变为：

$$S^0_{mix} = -R(x_A \ln x_A + x_B \ln x_B) \tag{11.9}$$

混合过程中的 Gibbs 自由能变化则为：

$$G^0_{mix} = -TS^0_{mix} = RT(x_A \ln x_A + x_B \ln x_B) \tag{11.10}$$

另一方面，如果 A 分子和 B 分子不将彼此视为自己的一部分，在相互作用时会产生吸引力或排斥力。这种混合过程被称为"非理想混合"，应在公式（11.10）中添加一个修正项：

$$G^{XS}_{mix} = x_A x_B \Omega \tag{11.11}$$

式中，Ω 是描述 A 分子和 B 分子间的分子间力的描述符。这个修正项也被称为"过剩 Gibbs 混合能"。在公式（11.11）中，如果 $\Omega > 0$，A 分子和 B 分子彼此排斥，并倾向于与自身混合，从而产生一个抵消熵效应的驱动力，有利于相分离；如果 $\Omega < 0$，A 分子和 B 分子彼此吸引，从而产生一个形成独立化合物的驱动力。

因此，非理想混合的总 Gibbs 自由能（$G^{\neq}_{mix}$）为：

$$G^{\neq}_{mix} = G^0_{mix} + G^{XS}_{mix} = RT(x_A \ln x_A + x_B \ln x_B) + x_A x_B \Omega \tag{11.12}$$

体系的总 Gibbs 自由能为：

$$G_{\text{Total}} = G^0 + G^{\neq}_{\text{mix}} \tag{11.13}$$

式中，G^0 代表 A 分子和 B 分子在参考状态下的标准 Gibbs 自由能，为了方便，可以假设它为零。

公式（11.13）为"常规溶液模型"奠定了基础，该模型已广泛用于预测二元系统的相图。

将上述思路扩展到由多种溶剂组分组成的液体系统，我们可以得到理想混合的吉布斯自由能为：

$$G^0_{\text{mix}} = RT \sum_i x_i \ln x_i \tag{11.14}$$

过剩 Gibbs 混合能为：

$$G^{\text{XS}}_{\text{mix}} = \sum_{i=1}^{n} \sum_{j=i+1}^{n+1} x_i x_j \left[\Omega_{ij}^0 + \Omega_{ij}^1 (x_i - x_j) + \Omega_{ij}^2 (x_i - x_j)^2 + \cdots \right] \tag{11.15}$$

此处我们继续讨论简单的二元系统，并进一步研究如何计算二元相图。

现在让我们考虑 A 分子和 B 分子混合的一般情况，它们既可以是液态也可以是固态。图 11.5 直观地展示了在相同的理想混合的吉布斯自由能 G^0_{mix} 的情况下不同的过剩吉布斯混合能（$G^{\text{XS}}_{\text{mix}}$）如何影响系统的总 Gibbs 自由能（$G_{\text{Total}}$）。

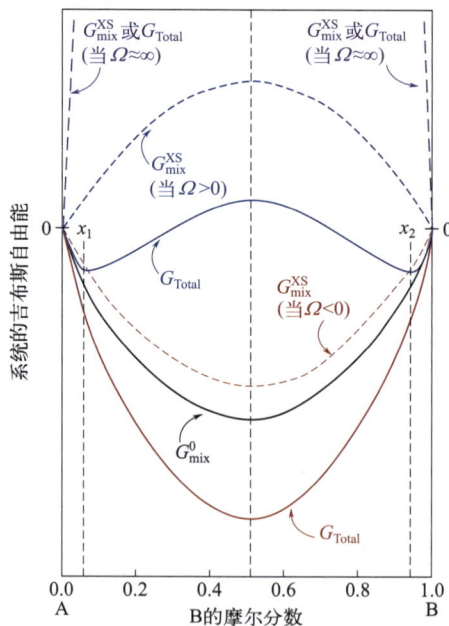

图 11.5 由 A 分子和 B 分子组成的二元系统的总 Gibbs 自由能（G_{Total}）与组成之间的依赖关系的示意图。对于理想混合液体，G_{Total} 在 A 分子和 B 分子等摩尔均匀混合时具有单一的最小值。对于非理想混合，A 分子和 B 分子之间的分子间作用力的性质决定了是否能形成均匀的混合物。碳酸酯溶剂在液态和固态时呈现出两个极端状态，分别对应 $\Omega^L \approx 0$ 和 $\Omega^S \approx \infty$

理想混合，即 A 分子和 B 分子之间既无吸引力也无排斥力，会导致系统的总吉布斯自由能降低，因为混合熵（S^0_{mix}）是混合背后的唯一驱动力。系统的总吉布斯自由能达到一个单一的最小值，该最小值位于 A 分子和 B 分子的等摩尔组成处（$x_A = x_B = 0.5$），对应两种分子的完全混合状态。

然而，非理想混合依赖 A 分子和 B 分子之间的分子间力的性质。

当 A 和 B 相互之间的吸引力比它们自身的吸引力更强时，由于分子间力因子为负（$\Omega < 0$），过剩吉布斯混合能 G_{mix}^{XS} 为负，从而使总吉布斯自由能比理想混合的情况更为负。这种额外的力驱动两种分子的完全混合，但结果的总吉布斯自由能不一定是对称的，因此系统的总吉布斯自由能的最小值可能偏离等摩尔组成。

另一方面，当 A 分子和 B 分子相互排斥而不是相互吸引时，过剩吉布斯混合能 G_{mix}^{XS} 变为正，分子间力因子为正（$\Omega > 0$）。根据 Ω 的相对大小，正的 G_{mix}^{XS} 可能通过创建额外的局部最小值来完全改变总吉布斯自由能，如图 11.5 中的 x_1 和 x_2 处的最小值所示。

A 分子和 B 分子之间的排斥相互作用引起的吉布斯自由能的局部最小值会导致当溶剂混合系统的名义成分落在 x_1 和 x_2 之间时形成两相区域，因为在此范围内的系统会自动寻求在给定温度和压力下的较低吉布斯自由能。再次强调，这些最小值的位置取决于 A 分子和 B 分子之间的分子间力的性质和大小，不一定像图 11.5 中所示那样对称。

最后，当 A 分子和 B 分子彼此完全不溶时，分子间力因子 Ω 变得非常大，甚至接近无穷大，这使得当试图混合 A 分子和 B 分子时 G_{mix}^{XS} 和 G_{Total} 都变得非常高。这对应组成范围 $0 < x_A < 1.0$ 或 $0 < x_B < 1.0$ 的吉布斯自由能的急剧上升，这一特性确保只有纯净的物质 A 或物质 B 独立存在，不会形成任何所谓的"固溶体"，如 A 在 B 中或 B 在 A 中。

对于碳酸酯这种经常用作商业锂离子电池和大多数电池研究中的电解质溶剂分子，其分子间力因子 Ω 取决于碳酸酯处于液态还是固态。对于液态碳酸酯分子，其分子间力可以忽略不计（$\Omega^L \approx 0$），它们的混合更类似于图 11.3 中表示的理想混合 G_{mix}^0。

然而，对于同样的固态碳酸酯分子，它们的分子间力却非常大（$\Omega^S \approx \infty$），在固态下碳酸酯分子几乎不相互溶解。因此，固态 A 分子和 B 分子的混合会导致 Gibbs 自由能的急剧上升。换句话说，一旦温度降低到某个值使得固态 A 分子或 B 分子沉淀，沉淀固体为纯 A 或 B 晶体，没有任何所谓的 A 在 B 中或 B 在 A 中的"固溶体"形成。

以上两个基本特性共同决定了一个简单的共晶相图的形成。

如前所述，相图是相平衡的图形表示。在我们的案例中，我们最感兴趣的是溶剂混合物的液相范围，即沿着液相线的相平衡。为了理解一个由 A 分子和 B 分子组成的简单二元系统，在给定组分时，如何在液态和固态中共存，我们必须首先分析它们的 Gibbs 自由能在混合过程中的变化，然后应用平衡热力学规则。

考虑上述二元系统（由 A 分子和 B 分子组成）在给定温度 T 和恒定压力下的 Gibbs 自由能变化，其中 A 分子和 B 分子在液态和固态两个相中都已达到平衡，同时 A 分子和 B 分子在液态中像理想物种一样可混溶，但在固态中则完全不溶解。因此我们一共有 4 个独立的物种共存，即固态 A、固态 B、液态 A 和液态 B，后二者理想地混合成均匀的溶液。这些物种的相应总 Gibbs 自由能因此可以用类似于图 11.5 的方式绘制，但现在包括了 A 分子和 B 分子的液态和固态形式（图 11.6）。注意，我们将纯固态 A 和 B 作为参考点，将它们的 Gibbs 自由能放在图 11.6 上的零点，而纯液态 A 和 B 会在参考点 G_A^0 和 G_B^0 的更高点。在恒温和恒压下，这些更高的 Gibbs 自由能事实上即为 A 分子和 B 分子的可直接测量的熔化焓（ΔH_A^0 和 ΔH_B^0），因此，对于固态和液态，公式（11.13）可以进行如下精细化处理：

$$G_{Total}^S = G_{mix}^0 + G_{mix}^{XS} \qquad (11.16)$$

$$G_{Total}^L = \Delta H_A^0 + G_{mix}^0 + G_{mix}^{XS} \qquad (11.17)$$

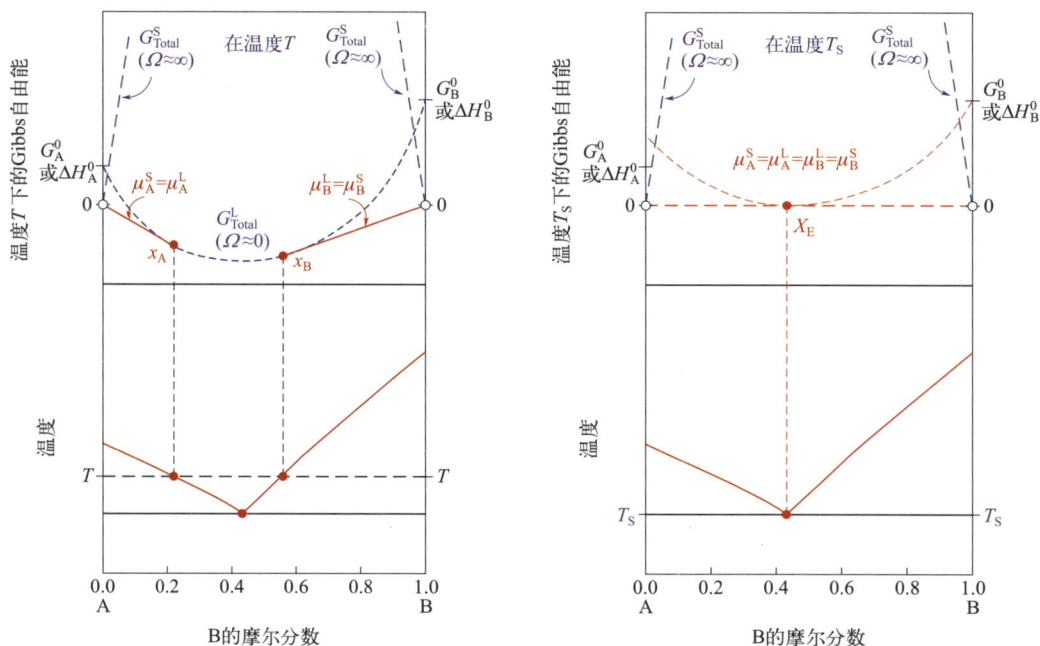

图 11.6 在给定温度 T（左）和 T_S（右）下，构建二元相图的热力学原理，以及相平衡如何转化为相图中的液相线和共晶点。图中两条倾斜线代表两个固相总自由能（G_{Total}^S），假设这两个固相对彼此的溶解度极低，因此斜率非常高。如果互溶度为零，这两条线应完全垂直，与 y 轴重合。数据来源于丁盛平等人的开创性工作[3,5-6]

由于这些物种互相达到平衡，根据热力学，它们的化学势必须相等。事实上，化学势就是在恒定温度和压力下 Gibbs 自由能对于体系组成的偏导数：

$$\mu_i = \left(\frac{\partial G}{\partial x_i} \right)_{T,P} \qquad (11.18)$$

由此，可以写出一系列化学势方程来描述固态 A、固态 B、液态 A 和液态 B 这 4 个物种之间建立的平衡。但最重要的是以下两个。考虑到固态 A 和固态 B 对彼此的溶解度或互溶性为零，它们的 Gibbs 自由能就变成了 y 轴上的一个点，而液态 A 和液态 B 作为理想溶液组分混合，可以视为一个整体：

$$\mu_A^S = \mu_A^L = \left(\frac{\partial G_{Total}^L}{\partial x} \right) \qquad (11.19)$$

$$\mu_B^S = \mu_B^L = \left(\frac{\partial G_{Total}^L}{\partial x} \right) \qquad (11.20)$$

从数学的角度来说，化学势是 Gibbs 自由能的一阶导数，所以它们可以通过 G_{Total}^S 和

G_{Total}^L 曲线上的一系列切线的斜率图形化表示。对于固态 A 和液态 A 之间的平衡，或者固态 B 和液态 B 之间的平衡，这个切线系列中只有一条切线是重要的，因为它必须代表固态物质和液态物质之间的等化学势；换句话说，涉及的切线必须有相同的斜率。

因此，如图 11.6 左上角所示，在给定的温度 T 下，固态 A 和液态 A 之间的平衡由左边的切线表示，它与 G_{Total}^L 在组成 x_A 处相交，因为它使化学势 μ_A^S 和 μ_A^L 相等。同样，固态 B 和液态 B 之间的平衡由右边的切线表示，它与 G_{Total}^L 在组成 x_B 处相交，因为它使化学势 μ_B^S 和 μ_B^L 相等。在这个给定的温度 T 下，这两条切线有不同的斜率，代表两个不同的化学势，因此应该存在两个独立的相，一个对应与由 A 的 x_A 和 B 的 $1-x_A$ 组成的液态混合物平衡的固态 A，另一个对应与由 A 的 $1-x_B$ 和 B 的 x_B 组成的液态混合物平衡的固态 B。这两个切点因此转化为相图中温度 T 处液相线上的两个独立点，如图 11.6 左下角所示。

当温度接近固相线 T_S 时，这两条切线的斜率逐渐接近，最终合并为一条与连接两个纯固相固态 A 和固态 B 的直线相交的切线（图 11.6 右）。那个单一的切点也就对应二元相图中的共晶点。

当为每个温度都重复上述过程时，可以根据 A 分子和 B 分子的已知热力学性质计算液相线上所有点，并构建出如图 11.4 中的完整相图。几乎所有已知化合物的热力学数据均被大量数据库记录，这使得 CALPHAD 方法相对简单，而且有多种商业软件包可用。事实上，将 CALPHAD 应用于大多数碳酸酯溶剂已产生了与实验测量非常接近的相图，因此该方法具有很高的可信度。

通过比较计算出的和实验测量的相图还发现：线性碳酸酯分子之间的相互作用力几乎是恒定的，而线性碳酸酯和环状碳酸酯分子之间的相互作用力明显弱于线性 - 线性和环状 - 环状分子吸引力的平均值。这些修正应用于碳酸酯分子作为理想溶液混合的假设后，计算出的相图能够更精确地近似实际的电解质溶剂混合物。

基于计算的二元系统，我们可以构造更高阶的相图，从而预测这些高度复杂混合物中的液体和相平衡。图 11.7 显示了一个计算出的常用于低温和高功率电池的三元碳酸酯系统，其中液相线变为液相平面，并决定了最终溶剂混合物的液相范围。

仔细研究这个三元相图可以发现，简单地添加一个熔点低的组分可能会产生相反的效果。实际上，组分的熔点差异越大，熔点较高的组分一侧的液相平面就会越陡峭地向上凸起，从而压缩溶剂组合的液相范围。比较 EC 存在时液相平面如何抬高，可以清楚地看到这种效应（图 11.7）。扩大锂离子电池电解质的液相范围的最有效方法是混合熔点接近的碳酸酯分子，如由 PC、EMC 和 DEC 组成的三元系统，其共晶温度低于 −90℃[图 11.8（a）]。

三元相图的三维表示通常不方便使用，因此大多数时候研究人员更喜欢将其渲染成赝二维相图，如图 11.8（b）所示。用于表示三元组成的约定在基础热力学教科书中已有讲述，此处不再详细解释。在三维相图中，z 轴上的温度在此处简化为一系列代表相同温度的等高线。

需要记住的是，前一部分和本部分显示的所有相图都是在没有盐的情况下的纯溶剂混合物的相图。添加盐会进一步降低液相线或液相平面，并且在某些情况下，由于溶解的阳离子和阴离子与溶剂分子之间产生的各种键合和相互作用，会形成具有独立组分的

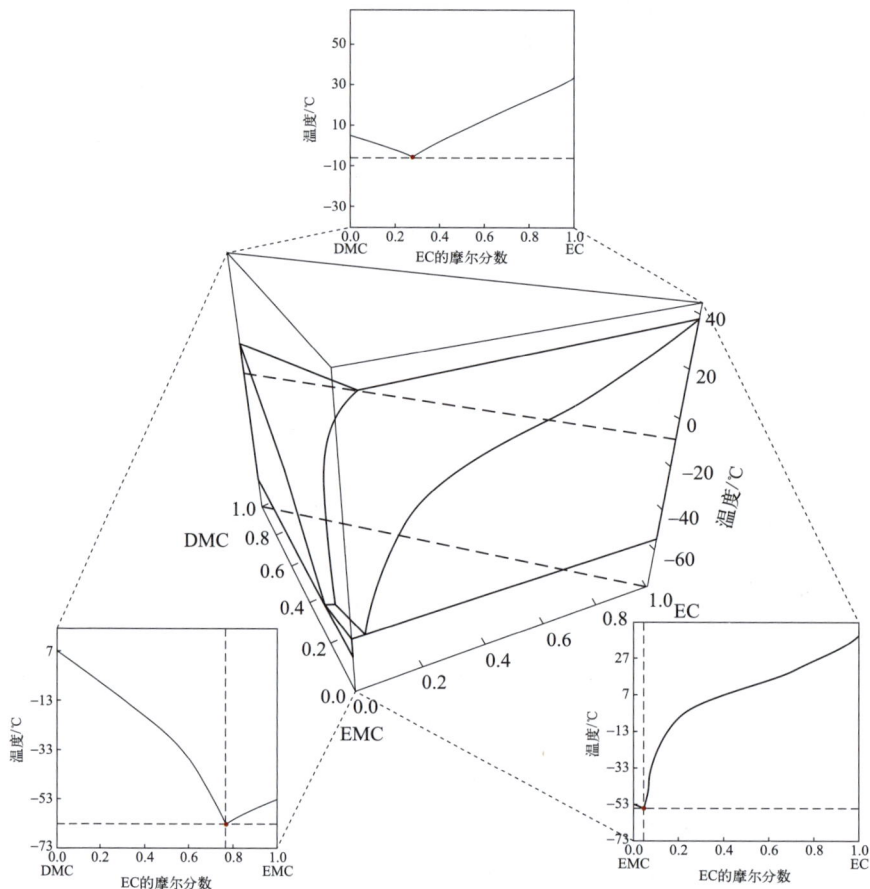

图 11.7 基于相关的二元相图构建出的三元相图。此处所关注的系统由 EC、DMC 和 EMC 组成，它们是锂离子电池中最常用的 3 种碳酸酯溶剂。数据来源于丁盛平等人的开创性工作[3,5-6]

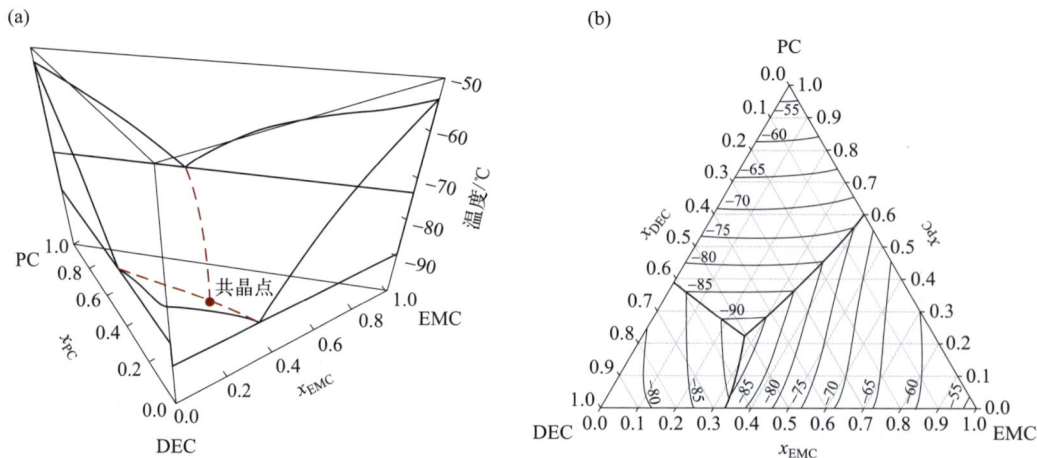

图 11.8（a）由 PC、DEC 和 EMC 组成的碳酸酯混合物的三元相图。（b）同一三元相图的二维呈现。数据来源于丁盛平等人的开创性工作[3,5-6]

化合物，从而改变相图的基本形态。

　　由于 CALPHAD 方法是基于热力学普遍性建立的，理论上它可以通过调整特定于碳酸酯的条件扩展到任何系统。

参考文献

[1] P. Gallo, K. Amann-Winkel, C. A. Angell, M. A. Anisimov, F. Caupin, C. Chakra-varty, E. Lascaris, T. Loerting, A. Z. Panagiotopoulos, J. Russo, J. A. Sellberg, H. E. Stanley, H. Tanaka, C. Vega, L. Xu and L. G. M. Pettersson, Water: a tale of two liq-uids, *Chem. Rev.*, 2016, **116**, 7463–7500.

[2] X. Yang, V. Neděla, J. Runštuk, G. Ondrušková, J. Krausko, L. Vetráková and D. Heger, Evaporating brine from frost flowers with electron microscopy and impli-cations for atmospheric chemistry and sea-salt aerosol formation, *Atmos. Chem. Phys.*, 2017, **17**, 6291–6303.

[3] M. Ding, K. Xu and T. Jow, Phase diagram of EC–DMC binary system and enthalpic determination of its eutectic composition, *J. Therm. Anal. Calorim.*, 2000, **62**, 177–186.

[4] L. Ma, S. L. Glazier, R. Petibon, J. Xia, J. M. Peters, Q. Liu, J. Allen, R. N. C. Doig and J. R. Dahn, A guide to ethylene carbonate-free electrolyte making for Li-ion cells, *J. Electrochem. Soc.*, 2016, **164**, A5008–A5018.

[5] M. S. Ding, K. Xu and T. R. Jow, Liquid-solid phase diagrams of binary carbonates for lithium batteries, *J. Electrochem. Soc.*, 2000, **147**, 1688–1694.

[6] M. S. Ding, K. Xu, S. Zhang and T. R. Jow, Liquid/solid phase diagrams of binary carbonates for lithium batteries, Part II, *J. Electrochem. Soc.*, 2001, **148**, A299–A304.

[7] C. S. Rustomji, Y. Yang, T. K. Kim, J. Mac, Y. J. Kim, E. Caldwell, H. Chung and Y. S. Meng, Liquefied gas electrolytes for electrochemical energy storage devices, *Science*, 2017, **356**, eaal4263.

[8] N. Saunders and A. P. Miodownik, *CALPHAD, Calculation of Phase Diagrams: A Com-prehensive Guide*, Pergamon Materials Series, 1st edn, 1998.

第 12 章
离子溶剂化

电解质传导离子的能力始于它能把电中性的盐解离成自由的离子，这既可以通过 Arrhenius 提出的溶剂化解离实现，其中溶质可以是离子载体（ionophores）或离子源（ionogen），也可以通过熔融实现（Ⅰ～Ⅲ类电解质，第 2.1 节，图 2.1）。在这两种情况下，带异性电荷的离子之间的紧密联结被打破，前者由极性溶剂带来的溶剂化实现，后者由简单的加热带来的能量实现。这种在局部尺度（Å 到 nm 范围内）的"电荷分离"所需能量分别由这些极性溶剂分子的溶剂化焓和熵或将离子载体变成熔融状态的外部热量提供。当然，对于特殊的低熔点熔盐（即室温离子液体），可以认为环境温度即是外部热源。

本节介绍离子载体（ionophores）或离子源（ionogen）被溶剂分子解离时（类型 Ⅰ和 Ⅱ 电解质）的离子溶剂化，它们代表了用于先进电池化学中的大多数电解质。

12.1 阳离子溶剂化：Bernal-Fowler 三层模型

在经典的 Debye-Hückel 电解质溶液模型中，出于简化数学模型的考虑，溶剂的作用被特意简化为一个介电连续体，因而离子的溶剂化结构完全没有涉及。Bernal 和 Fowler 首次建模，给出了离子 - 溶剂相互作用的图像。他们定量阐述了离子的引入如何破坏主体水溶剂分子结构，导致与离子相邻的水分子偶极朝离子场重新定向排列[1]。这种重新定向的结果是，与中心离子紧邻的水分子偏离了由氢键建立的原始结构而改受中心离子静电场支配，但这种高度定向的排列仅局限于靠近离子的第一层水分子，即所谓的一级溶剂化层。在距中心离子更远的距离上，水分子逐渐过渡到二级溶剂化层，在那里它们部分受到离子的静电场影响。更远处，水分子最终过渡到本体水溶液，在那里中心离子的静电影响完全消失。这个"三层"模型在第 3.3 节（图 3.5）中讨论过。在实际应用中，Bernal-Fowler 模型多适用于理想电解质中的阳离子，而阴离子的溶剂化结构通常更松散。

通过去除氢键并考虑非水溶剂的"单极"性质（第 3.1 节，图 3.1），该模型可以直接应用到非水性电解质中。然而应该注意的是，Bernal 和 Fowler 的三层模型实际上假设了在离子形成其溶剂化结构时有足够的溶剂分子可以使用，因此它仅适用于稀电解质系统。

在高盐浓度下，这一假设不再成立，溶剂分子的不足将导致二级溶剂和本体化层的依次消失，而溶剂分子被不同的离子共享[2]。在极端情况下，阴阳离子的距离甚至被压缩到它们进入彼此的一级溶剂化层。这种经典溶剂化层的破坏不仅改变了离子周围的局部溶剂化环境，还引入了在长程范围内因离子聚集和团簇而产生的液体结构[3]。

12.2　4 个基本问题

锂离子电池采用的典型电解质属于类型Ⅰ，其中锂离子及其阴离子被极性溶剂溶剂化。在最优盐浓度，即约 1.0 M 时，电解质中有足够的溶剂分子，因此锂离子在形成其离散的溶剂化层时大致符合三层模型。

由于大多数非水溶剂分子的"单极"性质（第 3.1 节，图 3.1），阳离子 - 溶剂之间的相互作用应强于阴离子 - 溶剂之间的相互作用。在锂离子电解质中，这种阳离子和阴离子溶剂化行为之间的差异被进一步放大，一方面由于锂离子是元素周期表上第二小的阳离子，仅次于质子，因此它几乎是一个点电荷，在其周围具有强静电场；另一方面由于阴离子是完全基于含氟的复式结构，其电荷被很好地离域在一个相对广大的空间内（第 10.3.2.5 节，图 10.11），静电场被很好地稀释。

因此，阳离子与这些非水溶剂分子上的亲核位点的强相互作用导致了更稳定的阳离子溶剂化结构，而阴离子则与溶剂分子非常松散地结合，这使得阳离子溶剂化结构在本体溶液离子输送性质、界面结构和界相化学中扮演了远比阴离子溶剂化结构更为重要的角色。

自从溶剂化结构与界相化学之间的关系被揭示后，通过多种谱学技术，锂离子与非水性电解质溶剂的相互作用已经被深入理解。研究结果在于重点回答了以下 4 个基本问题：

（1）非水溶剂分子（特别是碳酸酯类溶剂）的哪些亲核位点与锂离子相互作用？

（2）单个锂离子可以在其溶剂化层中容纳多少个溶剂分子？

（3）锂离子在非水溶剂分子混合物中溶剂化时是否会选择与某种溶剂优先结合？

（4）溶剂化层结构如何随盐浓度演变？

基于过去 20 年中使用各种技术进行的广泛研究，这些问题中的大多数有了明确的答案，然而仍有问题答案仍不明晰并富有争议性。

大多数研究是以设计锂离子电池电解质为目标进行的，但对锂离子溶剂化的知识不仅可以预测锂离子电池或其他锂基电池中的离子输送和界相化学，还可以推广应用于锂之外的电池化学，助力于其他新兴电池体系的新电解质开发和界相化学的理解。

12.2.1　溶剂化位点

关于碳酸酯和其他极性溶剂中的溶剂化位点，人们几乎没有争议，这是因为实验和计算研究都明确指出碳酸酯分子中的羰基氧是锂离子的最佳结合位点。

量子计算的自由能和分子动力学（MD）模拟发现，在使用不同锂盐的典型非水性电解质中，锂离子被碳酸酯分子中的多个羰基包围，这些羰基中的孤对电子对于中和小直径阳离子的静电引力最为有效（图 12.1）[4]。

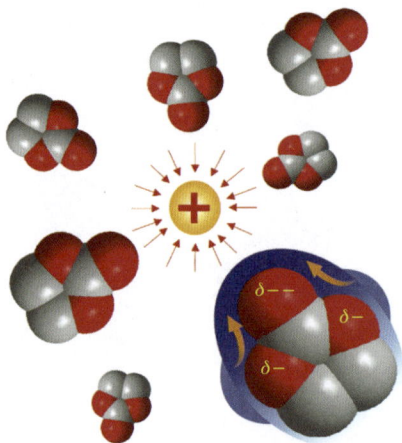

图 12.1 碳酸酯分子对阳离子的主要溶剂化位点是其羰基氧。阳离子的静电场对 EC 分子极化后的情况如图所示，极化会诱导其整体电子云在分子轨道中向羰基氧偏移，部分耗尽醚基氧上的电子云

最有说服力的证据来自更具位点敏感性的核磁共振（NMR）光谱技术，它能直接探测与锂离子相互作用的 ^{17}O 核[5]。我们可以看到在 EC 和 DMC 中的 ^{17}O 核化学环境随锂离子加入所经历的显著化学位移变化。对于羰基 ^{17}O 核，添加锂盐后这种化学位移变化可以高达 20 ppm。有趣的是，羰基 ^{17}O 核的化学位移向高场移动，表明相比不含锂盐的纯溶剂羰基上的 ^{17}O 核被更多的电子云"屏蔽"。而醚基 ^{17}O 核的化学位移变化则要小得多且往低场移动，表明在添加锂盐后这些 ^{17}O 核的电子云被削弱。

这些羰基和醚基 ^{17}O 核的不同行为乍一看可能令人困惑，但它完全合理：在锂离子（或任何其他阳离子）施加的静电场的影响下，碳酸酯分子的整个电子云沿着场线向阳离子中心偏移，因此在羰基 ^{17}O 核上局部富集电子，同时部分耗尽醚基 ^{17}O 核上的电子云（图 12.1）。换言之，整个碳酸酯分子在阳离子的静电场下极化，其分子偶极矩将显著增加。这种偶极矩的变化已被从头（*ab initio*）量子计算证实。

当然，电子云的耗散也基本上排除了醚基氧作为阳离子的有效结合位点的可能。

^{13}C NMR 光谱也给出了与上述结论一致的结果，但由于 ^{13}C 核不直接与锂离子配位，它们对锂离子溶剂化的敏感度不如 ^{17}O 核，并且诱导产生的化学位移变化也小得多（<1.0 ppm）。

NMR 光谱的时间分辨率（约 10^{-6} s）通常不足以区分与离子结合的溶剂分子和自由溶剂分子，因为溶剂化层内外分子之间的交换随离子和溶剂的相互作用强度不同，一般发生在 $10^{-12} \sim 10^{-10}$ s 的尺度上。因此，^{17}O NMR 和 ^{13}C NMR 光谱表示的都是溶剂化的时间平均结果。

另一方面，具有高时间分辨率的技术，如傅里叶变换红外光谱（FTIR）或拉曼光谱，则可以有效地区分这两类分子，这可以通过添加锂盐后出现的新峰得到证实。使用这些技术对羰基在 1800 cm^{-1} 附近的非对称伸缩振动峰（$v_{C=O}$）进行了探测，都得到了相同的结果，即观察到在锂离子溶剂化时该峰发生了显著的位移。

对于醚类溶剂，其结构中的醚基氧原子是唯一的阳离子溶剂化位点。这些氧原子上的孤对电子与中心阳离子之间的强配位形成了所谓的"溶剂化笼"，使其中的中心阳离子实际上被紧紧困住（图 12.2）。

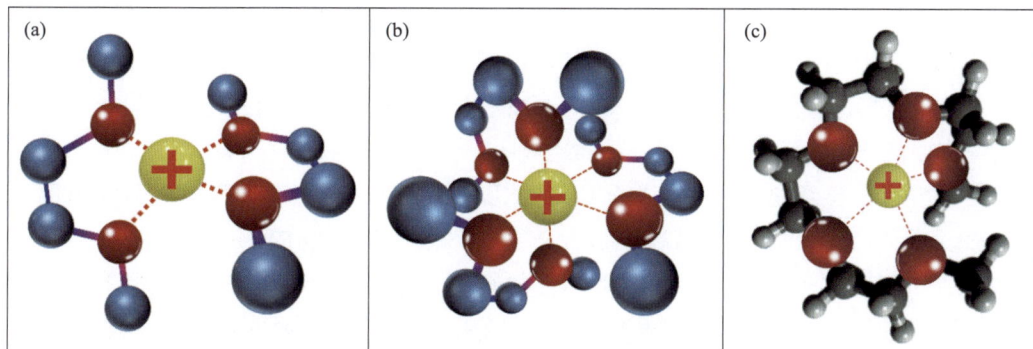

图 12.2　锂离子被醚类和多醚类溶剂化：（a）两个二甲氧基乙烷（DME）分子与锂离子溶剂化形成稳定的四面体螯合结构，这是通过电喷雾电离质谱（ESI-MS）检测到的主要溶剂化结构；（b）3 个 DME 分子溶剂化与锂离子溶剂化形成的八面体螯合结构，这是通过分子动力学模拟生成的主要溶剂化结构；（c）多醚四乙二醇二甲醚（tetraglyme）与锂离子溶剂化形成的溶剂化结构，其多个溶剂化位点形成高齿状螯合结构。在这些"超稳定"溶剂化笼中，锂离子实际上被牢牢困住，需要较大的脱溶剂化能量来释放

这种强的离子-溶剂相互作用确保了足够的盐溶解度以形成电解质。然而，它也带来了电极/电解质界面或界相的电荷传输阻力，因为当溶剂化离子如锂离子到达电极表面以参与电池反应时，溶剂化层必须被破坏，这些内部溶剂分子必须被剥离。换言之，界面动力学中的一大部分是将溶剂化离子脱溶剂化所需的能量。

根据众多实验和计算研究得到的结果，这种脱溶剂化所需的能量在碳酸酯中为 20 ～ 50 kJ/mol，在醚类中为 50 ～ 100 kJ/mol。在特定情况下，这样的能量障碍可能会成为电池反应的速率决定步骤。例如，锂离子在石墨表面的脱溶剂化过程就是如此，这也是锂离子电池通常无法快速充电的部分原因。

12.2.2　溶剂化数

关于阳离子溶剂化这个问题也几乎没有争议。直接测量液态中溶剂化层的准确结构仍具有挑战性，但许多研究已经通过固态溶出法来测量，即使盐浓度上升到某一阈值或温度下降到某一阈值时测试从液体溶液中析出的固态（通常是晶态）溶剂化物来确定一个阳离子溶剂化层中的溶剂分子数量。这些溶剂化物通常具有特定的化学计量组成，被认为是液体电解质中溶剂化层的"活化石"，因为它们通常保持了离子最优溶剂化组成，直到盐的溶解度限制迫使它们从溶液中析出。以这种方式确定的结构被期望提供近似但仍然合理的线索，以刻画典型电解质中锂离子和溶剂分子之间的实际配位图像。

对于锂离子，基于 X 射线单晶和粉末衍射测试，使用上述方法的众多文献报道结果表明与其结合的溶剂分子数量估计在 4 ～ 6 之间，这取决于溶剂分子的大小。特别是当溶剂是 EC 时，在析出的晶体中，锂离子似乎更喜欢呈现四面体配位配置，因此 Li（EC）$_4$

被认为是相应稀溶液中最优的溶剂化结构。另一方面，当使用乙腈作为溶剂时，无论是 LiPF$_6$ 还是 LiTFSI 形成的晶体溶剂化物的化学计量比都为 Li(AN)$_6$[6]。

尽管实验上直接观测液态中动态溶剂化结构具有挑战性，但基于这些固态结构测量的近似处理，学界普遍认为典型碳酸酯电解质中锂离子溶剂化层的图像是由 4 个溶剂分子与中心锂离子形成四面体配位的结构模式。这个简单的图像反映了锂离子溶剂化数为 4 这一普遍接受的观点，对于大多数在低盐浓度下溶解在非水性电解质中的单价阳离子的情况也确实如此。然而，这个数字绝不是静态的，而是基于溶剂分子在溶剂化层内外的快速交换在长时间范围内得到的平均数字。

这个数字也与溶剂分子的大小和极性密切相关。例如，所有聚醚类的氧配位位点都是在分子内，因此它们密集地堆积在一个相对较小的空间内。结合这些氧原子上的孤对电子对阳离子的强烈结合趋势，锂离子在聚醚类中的溶剂化位点数可能高达 6（图 12.2）。另一方面，每个碳酸酯分子只有一个羰基氧，在一级溶剂化层中锂离子周围的空间不可能容纳超过 5 个碳酸酯分子，因此不太可能产生过高的溶剂化数。

许多计算结果表明与中心离子配位的溶剂分子之间的单个离子 - 溶剂相互作用强度随溶剂化数变化。例如，假设在锂离子的一级溶剂化层中有 4 个 EC 分子，移除第一个 EC 分子的能量障碍很小，因此锂离子与溶剂化数为 3 和 4 的溶剂化结构相互转换速度相当快。然而，随着中心锂离子逐渐脱溶剂化，移除剩余的 EC 分子变得越来越困难，并且最后一个 EC 分子将被锂离子最紧密地结合，因为这时已没有其他溶剂分子的偶极去中和来自锂离子的静电场。上一节提到的脱溶剂化能量是从锂离子完全插入或脱出阴极载体（如石墨或钛酸锂）的实验中得出的，对碳酸酯类分子为 20 ~ 50 kJ/mol，对醚类为 50 ~ 100 kJ/mol，该值应是移除所有溶剂分子所需的累积脱溶剂化能量[7]。

部分脱溶剂化现象已通过许多实验得到证实，包括电喷雾电离质谱（electrospray ionization mass spectrum，ESI-MS）测试（图 12.3），其中溶剂化数小于 4 的溶剂化结构总

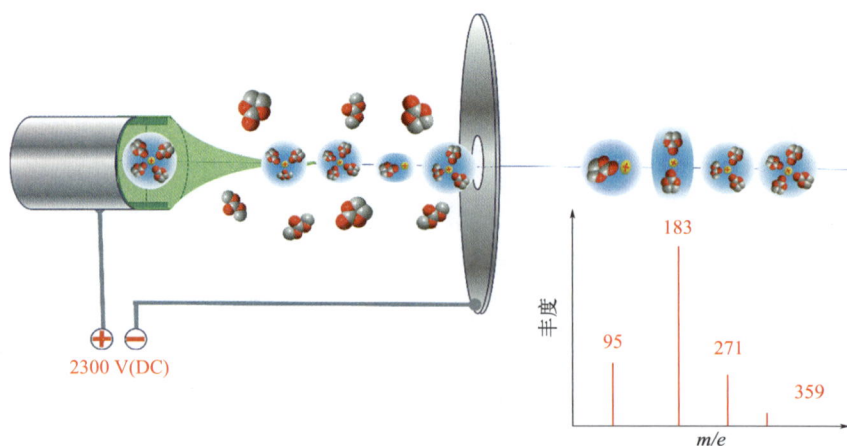

图 12.3 使用电喷雾电离质谱（ESI-MS）确定基于 EC-DMC 二元混合物典型电解质的溶剂化层结构的示意图。电解质液滴在施加了 2300 V 电压的喷嘴和靶材之间受电场驱使移动，在此期间未与锂离子配位的溶剂分子将被剥离，而溶剂化离子最终会穿过靶上的孔，并被质谱仪检测和计数。可以根据峰的质荷比得出确切的溶剂化结构，并可以定量确定溶剂化层内溶剂物种的数量。溶剂化离子在飞行过程中总是会部分脱溶剂化，因此四面体配位的锂离子的丰度只占很小一部分[28]

是占主导地位，检测到的结构通常以 $[Li(solv)_2]^+$ 离子为主[8]，电化学共嵌实验也给出相似结论。在特殊条件下可允许溶剂化阳离子如锂离子或钠离子进入某些载体，实验检测到 $[M(solv)_3]^+$ 离子是主要的嵌入物[9]。

对于多价阳离子，带电粒子的电荷是单价离子的 2 倍或 3 倍，而其半径相当于甚至小于单价离子的半径，因此这些阳离子发出的静电场不仅对周围的溶剂分子产生影响，甚至进一步对阴离子也产生影响。在许多情况下，后者的影响因素占据主导，以至于直接影响盐的溶解度。事实上，大多数多价盐在非水溶剂或水溶剂中的有效溶解都依赖溶剂分子和阴离子对阳离子展开的竞争。强阳离子 - 阴离子相互作用的直接结果就是离子对和聚集体的形成，这也发生在高盐浓度的单价阳离子电解质中，但却几乎普遍存在于所有多价阳离子电解质中。特别是当阴离子是单价时，多价阳离子电解质更容易形成离子对和聚集体。事实上，从另一个角度看，阳离子 - 阴离子对的形成可以看作是阴离子侵入了阳离子的溶剂化层，这表明溶剂分子的偶极已经不再能够有效"中和"多价阳离子的强静电场。在这些离子对和聚集体中，阴离子通常在阳离子之间形成桥状结构。

根据在低介电常数醚类溶剂中的 2 价阳离子溶剂化结构的自由能分析，热力学上稳定的阳离子溶剂化结构呈现出多样性，即在这些电解质中可能存在多个自由能最小的溶剂化结构，这表明在这些电解质中可能共存多种溶剂化结构。这与单价阳离子如锂离子的情况形成了鲜明对比，后者通常只存在一种最优溶剂化结构。因此，离子对和聚集体应该是这种多样性下的自然结果。

12.2.3　优先溶剂化

这一问题仍存在一定争议，但越来越多的实验和计算证据表明锂离子在典型的锂离子电池电解质中确实存在对溶剂的偏好，总体上环状碳酸酯比线性碳酸酯更受青睐。

如前几节所述，锂离子电池或其他先进电池体系中使用的电解质很少由单一溶剂组成。相反，绝大多数电解质系统由二元和三元混合溶剂甚至更多元的溶剂混合物组成。这种传统设计方案显然出于最大化性能的实际考虑，但也引出了一个对离子传输、界面化学和界相动力学非常重要的问题：在这些混合物中，锂离子在其溶剂化鞘中是否更偏好某种溶剂？

使用混合溶剂的出发点是实现最佳的离子传输，因为理想的电解质既需要可以有效地将盐解离为自由离子（这需要强的离子 - 溶剂相互作用）又需要利于自由离子的移动（这要求溶剂的黏度要低）。这两者的要求往往相互矛盾，因为强的离子 - 溶剂相互作用通常会导致黏度增大。混合溶剂的策略本质上是将这两个功能分配给不同的溶剂分子分别执行。具体到锂离子电池电解液，以典型的 EC-DMC 电解液配方为例，EC 的高介电常数（室温下为 89）使其能与锂离子强烈地相互作用，而高度流动的 DMC 则负责降低体系的整体黏度。

这种高介电常数 - 低黏度组合策略实际上适用于所有基于碳酸酯类溶剂的锂离子电池电解液。如果仔细观察表 10.1 中列出的物理性质，就会发现环状碳酸酯分子如 EC 和 PC 都是具有高介电常数的溶剂，而线性碳酸酯如 DMC、DEC 和 EMC 则是具有低黏度的溶剂。从这个角度看，锂离子电池中常用的典型混合溶剂都遵循这一普适配方，其中包括 EC-DEC、EC-DMC、PC-DEC 和 PC-DMC，以及更高元的混合溶剂如 EC-PC-DMC

和 EC-DMC-DEC-EMC。

基于这一原理，可以合理假设，某种盐溶解于这些混合溶剂的过程中，具有高介电常数的溶剂分子对离子的溶剂化在能量上优于具有低介电常数的溶剂分子。并且可以预想到，一旦在溶液中溶剂化过程达到平衡，离子的溶剂化鞘在统计平均上主要由具有高介电常数的溶剂组成。

因此我们可以据此描绘出离子如何移动、与界面相互作用或形成界相的总体图像：离子被高介电常数溶剂如 EC 或 PC 等包围，在主要由低黏度溶剂分子如 DMC、DEC 或 EMC 等组成的基质中游动。

曾经也有一些研究者采用模拟和计算去卷积的方法分析拉曼光谱或其他振动光谱，并由其结果提出了反对上述观点的论据，认为不存在优先溶剂化现象或者线性碳酸酯如 DMC 更受偏爱。上述争议的原因可能部分由于振动光谱去卷积的复杂性，部分由于大多数模拟涉及的时间尺度（$10^{-12} \sim 10^{-9}$ s）与宏观和实验可测的结果（如离子导电、界面动力学和界相化学等发生于较大的时间尺度）之间的差异。

然而，随着超级计算能力的进步和力场的改进，越来越多的模拟和相关的振动光谱去卷积的结果开始指向另一种解释，使得锂离子对环状碳酸酯的偏好逐渐成为主流概念。例如，分子力学和量子计算都显示，在径向分布中锂离子与 EC 之间的平均距离（$0.212 \sim 0.214$ nm）小于锂离子与 DMC 之间的距离（$0.216 \sim 0.218$ nm），而在溶剂化能分析中 DMC 和 DEC 可以很容易地被环状碳酸酯（如 EC 或 PC）取代，这样拉曼光谱的解释可以完全逆转，这完全取决于如何去卷积复合峰等[10]。

更有说服力的证据来自那些结果明确无疑的光谱技术，几乎不需要或不需要计算去卷积，以及那些能直接反映 Li$^+$ 溶剂化导致化学环境变化的光谱技术，这些技术的时间尺度（$>10^{-6}$ s）比计算机模拟能感知的时间尺度（$10^{-12} \sim 10^{-9}$ s）更长。在这个课题上，越来越多的证据开始出现。例如，尽管 DMC 是电解液中的主要溶剂（EC-DMC 30∶70 摩尔比），但不同电极上检测到的分解产物几乎完全是来自 EC 还原反应的双碳酸乙烯酯锂（LEDC），而不是来自 DMC 的碳酸甲酯锂（LMC）[11]。当使用 EC-PC 混合溶剂时，PC 对石墨的剥离与由 EC 实现的可逆锂离子插层效率定量地遵循 PC-EC 在锂离子溶剂化鞘里的组成上，这可以通过石墨锂化的库仑效率的变化体现[12]。当 EC-DMC 或 EC-DEC 混合溶剂的电解液进行液相二次离子质谱（Liq-SIMS）或温度系数研究时，结果都无一例外地指向偏爱 EC 的溶剂化鞘结构[13-14]。

最有说服力的证据来自直接检测溶剂化鞘结构的实验，其中包括探测 ^{13}C 或 ^{17}O 核的 NMR 技术以及定量测量锂离子溶剂化鞘成分的电喷雾电离质谱（ESI-MS）[15]，前者结果表明 EC 羰基的化学位移变化比 DMC 羰基大得多，而后者总是检测到大量的各类含 [Li(EC)$_n$]$^+$ 组分。这两种技术的时间平均性质（亦即较低的时间分辨率）实际上在这里变成了一个优势，因为到目前为止任何计算模拟都无法达到这样的时间尺度，而电化学实验可观测的结果，特别是在界相化学所要求的时间尺度上，都是离子和溶剂分子之间长期（小时甚至是天）相互作用的结果。

这里值得更详细描述的是 ESI-MS，因为它不仅系统地适用于许多典型的锂离子电池电解液，还揭示了锂离子溶剂化鞘结构的直观且定量的图像，这是其他光谱手段无法实现的[15]。

在 ESI-MS 技术中，本体电解质通过喷嘴喷射成微米级的细小液滴。这些悬浮在腔室中的液滴因为其中溶解的盐正负离子而带上电荷，在施加的直流电压作用下，这些带电液滴从喷嘴飞向带孔的靶板。通过切换施加电压的极性，可以选择带正电的液滴（即溶剂化阳离子）或带负电的液滴（即溶剂化阴离子）进行分析。

在飞向靶材孔洞的过程中，这些带电液滴会经历部分去溶剂化，失去那些未与中心离子结合的或结合较松散的溶剂分子。最终到达孔洞的液滴通常由一个离子和溶剂分子组成。当这些溶剂化离子通过孔洞时，它们被质谱仪检测，质谱仪可以根据相应峰的质荷比精确识别溶剂化鞘中存在的溶剂分子及其数量（图 12.3）。另一方面，所有这些检测到的峰的丰度反映了溶剂化鞘中某种溶剂分子的统计分布。

这些结果描绘的定量图像准确无误地揭示了当 EC 与各种线性碳酸酯分子混合时，溶剂化的锂离子主要被 EC 分子包围。图 12.4 显示了 EC 在锂离子溶剂化鞘中出现的比例与本体电解质组成之间的关系，其中 EC 与任一线性碳酸酯如 DMC、EMC 或 DEC 的二元组合总会表现出特征性的"正偏差"。

为了充分理解图 12.4 中这种偏差的意义，让我们想象一下当锂盐溶解在溶剂混合物中时一个裸露的锂离子正在寻找溶剂分子来纳入其溶剂化鞘中。如果这个锂离子是一个"机会均等的雇主"，它将以相同的概率将每个溶剂分子拉入其溶剂化鞘中，从统计学上讲，它的溶剂化鞘结构将完全反映电解质的整体成分，即对任何溶剂都没有偏好。在这种情况下，如果将检测到的锂离子溶剂化鞘结构中 EC 的摩尔分数与电解质中 EC 的摩尔分数进行绘图，将得到一条对角直线（如图 12.4 中的虚线），因为锂离子在溶剂化的"雇用"过程中没有偏好。

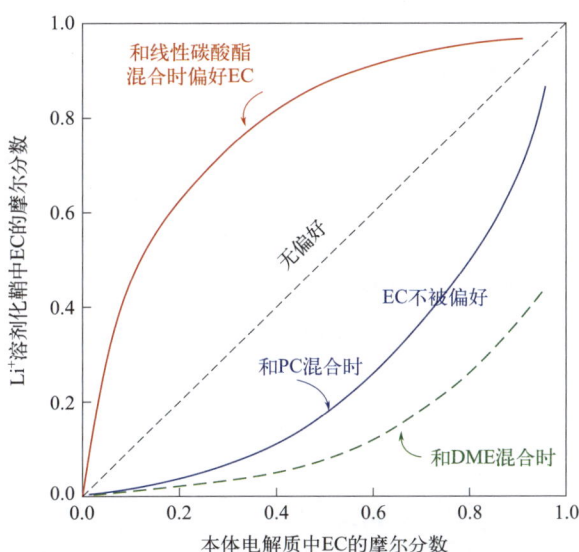

图 12.4　锂离子在溶剂分子中的优先溶剂化。在由 EC 和线性碳酸酯组成的混合溶剂中，EC 优先对锂离子溶剂化，如正偏差曲线所示。然而，在由 EC 和 PC 或 EC 和 DME 组成的混合物中，锂离子对 EC 的偏好度较低，PC 或 DME 成为溶剂化鞘内的优先溶剂，如负偏差曲线所示。大多数锂离子电池电解液是基于 EC 与线性碳酸酯混合，几乎不含或很少含有 PC 和 DME，因此 EC 应在锂离子的溶剂化鞘结构中占主导地位

换而言之，任何偏离该对角直线的情况都代表了溶剂化偏好。对角直线上方的正偏差意味着锂离子溶剂化鞘中 EC 的比例高于电解质中 EC 的比例，因此 EC 是优先的，而对角直线下方的负偏差则意味着锂离子溶剂化鞘中不偏好 EC。

所有通过 ESI-MS 测试的二元电解质，只要是 EC 与线性碳酸酯（无论是 DMC、DEC 还是 EMC）结合，都会显示出正偏差[15-16]。这种正偏差是相当普遍的现象，基本上不受盐的种类和浓度影响，表明锂离子确实极偏好 EC。

那么，何时 EC 会不受偏好而被排斥？答案是，当一种让锂离子更喜欢的共溶剂与 EC 混合形成二元溶剂混合物时，这种情况就会发生。能够与锂离子竞争 EC 的共溶剂可能是 PC 或 DME，其溶剂化笼如图 12.2（a）所示。

当 PC 或 DME 与 EC 混合时，偏好完全逆转。因此，代表锂离子溶剂化鞘中 EC 的摩尔分数的曲线相对"机会均等雇主"直线（图 12.4）呈现显著负偏差。由于大多数锂离子电池电解质是基于 EC 与线性碳酸酯混合而几乎不含 PC 和 DME（分别见图 10.7 的场景 I 和 II），在实际电池里锂离子溶剂化鞘包含 PC 或 DME 的情况是很少见的。众所周知 PC 无法提供石墨负极材料所需的界相化学；这种 Li+ 溶剂化鞘的抗拒阻碍了 PC 在锂离子电池电解质中的广泛使用，尽管它可以提供更广的液域和更低的工作温度限制（见第 11.3 节，图 11.8）。而在锂离子电池电解质中 DME 也不被青睐，但原因却完全不同。醚类溶剂对还原分解极为稳定，因此它们很少参与界相化学的形成（将在第 16 章讨论）。这种稳定性，加上它们与锂离子的紧密配位（如图 12.2 所示），如果基于醚类溶剂进入电解质，则会呈现如图 10.7 所示的场景 II 中的主要插层化学。这种共嵌入场景阻碍了对应 372 mA·h/g 高容量的完全锂化石墨 LiC_6 的形成，因此必须避免。事实上，在锂离子电池开发的早期，由于 $[Li(ether)_n]^+$ 具有能够作为完整的复合物插入石墨结构这一不受欢迎的特性，研究人员在寻找碳材料作为负极时远离了石墨，直到界相概念的提出和发现基于 EC 的全碳酸酯电解质能够形成这种界相。

如后续讨论所示，环状碳酸酯和链状碳酸酯分子在锂离子一级溶剂化鞘中的这种不对称分布对锂离子电池中石墨负极的界相化学和形成过程有深远影响。这种溶剂化偏好的一个直接后果是，锂离子更倾向于把高介电常数（ε）或高溶剂化能力的溶剂分子纳入其溶剂化鞘中并最终携带至电极表面，而把低介电常数或低溶剂化能力的溶剂分子挤出其溶剂化鞘，使后者更多作为自由的、非结合的溶剂分子存在。因此，溶剂化离子迁移的介质主要由这些自由的溶剂分子组成，它们的低黏度（η）有助于溶剂化离子的移动。通过这种方式，高 ε 和低 η 溶剂的协同参与实现了离子传输的优化，稍后我们将进一步讨论。

12.2.3.1 量化溶剂化能力

ESI-MS、^{17}O NMR 和其他光谱技术提供了关于偏好离子溶剂化这一重要问题的可靠结果，但人们可能会想是否有标准量化方法可以用来描述溶剂分子的溶剂化能力。

在前面的章节中我们使用介电常数作为这样的参数，但溶剂化鞘对 EC 和 PC 的相对偏好证明介电常数可能不是所有情况下都能适用的可靠描述符，尽管 EC 和 PC 都是介电常数远高于线性碳酸酯的环状碳酸酯（表 10.1）；然而，EC 的介电常数（89.78）高于

PC（64.92），这与溶剂化鞘更偏好 PC 的饰演主角相矛盾。

历史上，有两种独立的方法来量化分子与离子相互作用的能力：介电常数（ε）和"供体数"（DN）。前者描述分子在静电场影响下的极化能力，如图 12.1 所示，已在第 3.2 节（图 3.2 和图 3.3，表 3.1）讨论。后者描述分子上的孤对电子对标准 Lewis 酸（如阳离子）的可用性。

Gutmann 提出使用五氯化锑（SbCl₅）作为标准 Lewis 酸，并通过测量某一分子与 SbCl₅ 在非络合溶剂 1, 2- 二氯乙烷中耦合释放的焓来量化该分子的电子供给趋势[17]。因此，DN 实际上不仅是一个相对数值，而且是相对一个任意标准测量的数值，这不一定适用于我们在电池电解质中面临的情况。尤其是，锑的尺寸显著大于锂离子，它可能对空间位阻和螯合作用不够敏感，而这些对于锂离子都是重要因素。这可以从 DMC 的 DN（17.2）甚至高于 EC（16.4）的事实中得到证明，因为 EC 已被证明比 DMC 对锂离子拥有更强的溶剂化能力。

实际上，ε 和 DN 都不能反映离子 - 溶剂相互作用的全貌，它们受许多因素影响，这些因素如分子的极化能力、孤对电子的可用性、可能阻碍 Lewis 酸接近孤对电子的空间位阻以及可能有助于 Lewis 酸与孤对电子耦合的分子结构和构象。对锂离子尤其重要的是"齿合度"概念，即如果分子的较柔性结构使得多个分子内结合位点可以与锂离子结合，那么溶剂化就变成"螯合作用"，而锂离子的溶剂化鞘实际上变成了一个笼子。在这种螯合笼中，累积的离子 - 溶剂结合作用将犹如拉链上的齿合一般非常强大，以至于会超越如 EC 中羰基这样的单一结合位点的结合作用。

最近有一项研究试图建立一个考虑到上述所有因素并相对通用的定量标准[18]。这个参数被称为"相对溶剂化因子"（χ_S），其定义是当二元溶剂混合物溶解锂盐或其他阳离子盐时测试溶剂（S）与参考溶剂（R）参与配位的百分比之比：

$$\chi_S = \frac{\alpha_S}{\alpha_R} \tag{12.1}$$

该参数是否可以准确描述溶液的溶剂化能力依赖于是否可以准确确定每种溶剂被锂离子纳入其溶剂化鞘的相对百分比。大多数振动光谱工具如红外光谱和拉曼光谱难以准确区分锂离子溶剂化鞘内外的溶剂分子，当电解质是二元混合物时，这变得更加具有挑战性。

NMR 再一次被证明是进行这种区分和量化的有力工具。最近一种基于 NMR 的扩散有序光谱（DOSY）技术被开发和应用于各种酯类和醚类溶剂。研究者对于不同类别的溶剂分别选择一个参考溶剂，例如酯类的 EMC 或醚类的 1,3- 二氧戊环（DOL），将测试溶剂与参考溶剂混合形成二元混合物，比较加入锂盐前后其相对扩散率，根据它们相对扩散率的变化可以定量计算二元混合物中受锂离子影响的每种溶剂的摩尔分数，从而得到相对溶剂化因子（χ）。理论上，这种方法可以扩展到锂离子以外的任何阳离子。

表 12.1 列出了一系列酯类和醚类对锂离子的相对溶剂化因子，还列出了可用的介电常数（ε）和供体数（DN）以做比较。以 TTE 和 BTFE 为代表的高度氟化醚由于多个氟取代的原因，基本上它们变成了非极性溶剂，这显著减少了其中醚基氧的电子可

表 12.1　一些溶剂分子对 Li⁺ 的相对溶剂化因子

溶剂分子	结　构	相对溶剂化因子（χ）[1]	介电常数（ε）	供体数（DN）
γ-丁内酯		1.95	39	
PC		1.46	64.92	15.1
EC		1.41	89.78	16.4
DMC		1.02	3.107	17.2
EMC		1.00	2.958	
FEC		0.63	78.40	
DME		6.44	7.2	20
THF		2.75	7.5	20
Me-THF		2.26		
MTBE[2]		0.93	2.6	
DOL		1.0	7.1	21.2
TTE[3]		0		
BTFE[4]		0		

① 请注意，酯类和醚类的溶剂化因子分别参照了碳酸甲乙酯（EMC）和1,3-二氧戊环（DOL），因此这两类溶剂的数据不能直接比较。

② MTBE: methyl *tret*-butyl ether，甲基叔丁基醚。

③ TTE: 1, 1, 2, 2-tetrafluoro-3-(1, 1, 2, 2-tetrafluoroethoxy)propane，1, 1, 2, 2-四氟 -3-(1, 1, 2, 2-四氟乙氧基)丙烷。

④ BTFE: 1, 1, 1-trifluoro-2-(2, 2, 2-trifluoroethoxy) ethane，1, 1, 1-三氟 -2-(2, 2, 2-三氟乙氧基)乙烷。

用性，因此这些分子对锂离子几乎没有溶剂化能力。尽管这种特性使它们不适合作为有效的电解质溶剂，但这一特性却在配制一类特殊高浓度电解质（即"局部高浓度电解质"）时使它们作为非溶剂化稀释剂而非常有用，在后续章节中我们将讨论这种电解质。

显然，相对溶剂化因子是一个更可靠的描述符，适用于评估溶剂分子被锂离子结合进入其溶剂化鞘的机会。尽管如此，仍可以看出介电常数较高的溶剂分子趋向于表现出更强的溶剂化能力，尽管这种相关性并不是线性的。

上述基于 NMR 的量化系统仍然没有提供真正的通用度量，因为对于醚类和酯类溶剂人们必须使用不同的参考溶剂，否则某些溶剂之间的溶剂化能力差异将变得相当难以辨别。这不仅使得在评估某个溶剂分子的溶剂化能力时不方便，也使得不同类别的溶剂分子之间的比较变得困难。未来更多的资源应投入这一有意义的工作中，基于超级计算能力的快速发展，加上深度机器学习和人工智能的辅助，在长时间尺度上精确预测离子 - 溶剂相互作用的目标终将实现。

在结束本节之前必须强调，在已被广泛证明的溶剂化偏好基础上，我们需要记住溶剂化鞘本身不是一个静态结构，因此溶剂化数目和溶剂化成分也不是恒定的，而是永远处于变化之中。如前所述，溶剂化鞘内外的溶剂分子之间的交换非常快，可能在 10^{-12} s 的时间尺度内进行。所以"溶剂化偏好"这一概念仅在统计意义上有效。例如，锂离子在其一级溶剂化鞘中大部分时间可能被 EC 包围，但不是被同一个 EC 分子包围。真实的图像更可能是，当每 10^{-12} s 一个 EC 分子被来自溶剂化鞘外的溶剂分子替换时，新进来的很可能也是一个 EC 分子。

12.2.4　高浓溶液的离子溶剂化

当盐浓度不断增加并超过某个阈值时，Bernal 和 Fowler 提出的由三层溶剂分子组成的经典溶剂化鞘结构（图 3.5）无法再存在，因为高离子浓度使得每个单一离子不可能再拥有奢侈的 Bernal-Fowler 溶剂化鞘。相反，离子被迫如此接近，以至于它们的溶剂化鞘或它们静电场的边界显著重叠。因此，这些原本离散的溶剂化鞘逐渐相互融合，反离子开始进入彼此的溶剂化鞘，而带相反电荷离子的静电场在非常接近的距离上作用于溶剂分子并使它们重新分布。这种离子、反离子和溶剂分子之间的紧密相互作用将带来一系列新的离子溶剂化结构，从"溶剂分离的离子对"（SSIP）到"近离子对"或"接触离子对"（CIP），再到"聚集体"（AGG），如第 4.11 节所讨论的 [图 4.9（b）][2]。

然而，并非每种盐都能形成高浓度或超高浓度电解质。毕竟，盐溶解并解离成离子是离子 - 离子相互作用和离子 - 溶剂相互作用之间相互影响的结果（图 12.5）。例如，如果阳离子和阴离子之间的内在吸引力极强，以至于超过离子 - 溶剂相互作用，那么 CIP 将倾向于采用类似盐晶格中的离子排列，因此盐可能开始从电解质中沉淀出来。这通常发生在大多数无机盐如 NaCl 和 LiCl 中，它们在水中的最大质量摩尔浓度分别可以达到 6 m 和 10 m（第 5.2.7 节，图 5.13）。在这些浓度下，溶剂 / 盐摩尔比分别高达 9 和 6，即尽管盐浓度很高，每个离子仍有足够数量的溶剂分子形成 Bernal-Fowler 型溶剂化鞘，但

强阳离子 - 阴离子吸引力克服了水分子的溶剂化能力，它们重新组合成固体 NaCl 和 LiCl 的晶格。值得注意的是，尽管水是极其强大的溶剂，但由于这两种离子实际上是"点电荷"，这些无机盐中的阳离子 - 阴离子吸引力极强。

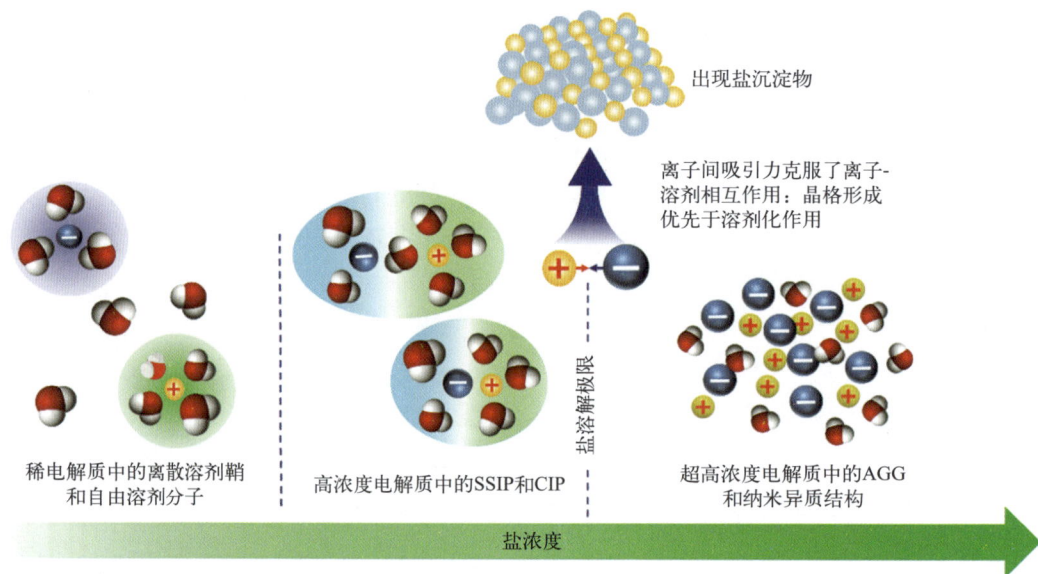

图 12.5 稀电解质向高浓度和超高浓度电解质的演变过程中局部溶剂化环境和外部液体结构的变化。离子 – 离子相互作用和离子 – 溶剂相互作用决定了是否可能形成超浓电解质，这主要依赖两个竞争因素：①离子及其反离子之间的库仑吸引力；②溶剂分子与离子（特别是阳离子）配位的能力，并防止它们过于接近而形成晶体

无机盐的少数例外之一是硝酸锂（LiNO$_3$），它在水中的溶解浓度可高达 23.5 m，此时溶剂 / 盐摩尔比接近 2.35，可以认为是超高浓度电解质。分子动力学模拟和基于 X 射线衍射的原子对分布函数等实验证据表明这种高浓度迫使锂离子以一种类似于水合 LiNO$_3$ 晶格中的 Li$^+$、NO$_3^-$ 和水的排列方式共享水分子，但是由 [Li(H$_2$O)$_2$]$^+$ 链组成的局部结构采用了比晶体中更松散的构象，因此锂离子在这种半晶体结构中仍然保持某种移动性。这种状态可以认为是介于晶体和经典溶液之间。

另一方面，如果离子 - 溶剂相互作用能够超过离子 - 离子相互作用，那么更有可能形成超浓电解质，此时溶剂 / 盐摩尔比可以降低到接近甚至低于 1.0。事实上，这种场景通常不是通过增加离子 - 溶剂相互作用实现的，而是通过改变阴离子结构以减少阳离子和阴离子之间的吸引力实现的。典型例子是高度氟化的大阴离子，如双（三氟甲烷磺酰）亚胺（TFSI$^-$）、双（氟磺酰）亚胺（FSI$^-$）及其衍生物，它们携带的电荷在较大的结构中被很好地离域化。到目前为止，几乎所有的超浓电解质，无论是水性的还是非水性的，都是基于这类阴离子的。所达到的最高盐浓度为 63 m，在这里溶剂 / 盐摩尔比降至 0.88，亦即离子的数目数倍于水分子数目[19]。

超高浓度的盐在电解质中的存在可以被认为是介于经典稀电解质和离子液体之间的中间区域。高盐浓度的存在带来了一系列在正常盐浓度电解质中无法获得的特殊性质。我们将专门讨论这一部分。

　　当然，到目前为止，还没有关于"超高浓度"的定量和统一定义，因为这些特殊性质的出现不仅高度依赖溶剂，也依赖溶质的本质。

12.2.4.1　溶剂化不均匀性

　　在超高浓度下，经典 Bernal-Fowler 结构的个体溶剂化鞘被迫相互接近并最终融合，离子 - 离子相互作用和离子 - 溶剂相互作用显著增强。由于带相反电荷的离子在小尺度上发出的这种"密集的"静电场，溶剂化鞘的变化不再均匀。相应地，不同中心离子周围的溶剂分子的分布也变得不均匀。这些不均匀性，加上强烈而密集的静电场，使得我们在第 4 章中提到的 Debye- Hückel 模型的先决条件即均匀的离子氛和弱电场假设全都不再成立。

　　为了说明以上不均匀分布的实质，让我们来看一个基于 LiTFSI 的水性电解质的具体例子。

　　在 1 m 稀浓度下，每个锂离子有充足的水分子可供其征招进入溶剂化鞘（平均一个锂离子拥有 55.55 个水分子），因此预计每个溶剂化鞘都符合经典的 Bernal-Fowler 结构，这些溶剂化鞘被大量自由的溶剂分子很好地分开，形成溶剂分离离子对（SSIP）。

　　当 TFSI$^-$ 浓度增加到 10 m 时，基于假设锂离子的溶剂化数为 4 且阴离子几乎不溶剂化，可以认为水 / 盐摩尔比（约 5 : 1）仍然可以确保有足够的水分子构成一个完整的 Bernal-Fowler 溶剂化鞘。然而，此时的 Bernal-Fowler 溶剂化鞘不再像在稀电解质中那样相互分开，因为现在没有那么多自由的溶剂分子。导致的结果就是这些溶剂化鞘更有机会相遇和碰撞，如 Bjerrum 长度所定义的那样（见第 4.9 节，图 4.8），这些偶然的相遇可能会产生大量的接触离子对（CIP）。

　　当 TFSI$^-$ 浓度进一步增加到 20 m 时，电解质变成了盐包水电解质（water-in-salt-electrolyte，WiSE），水 / 盐摩尔比变为 2.8，稀少的溶剂分子将不再支持形成 Bernal-Fowler 溶剂化鞘。在这种情况下，可以想象 WiSE 中的溶剂化鞘被迫采用 2.8 的平均溶剂化排列，形成一个极度缺乏溶剂分子的溶剂化鞘，以至于不同的离子不得不共享溶剂分子，或者形成连续的聚集体（AGG）。

　　然而，以上的描述过于简化，因为计算机模拟和实验都揭示了不同离子间溶剂分子的分布决不是均匀的而是发生了歧化：一些锂离子获得更多的溶剂分子，这使它们仍然能够构建一个由 4 个水分子组成的 Bernal-Fowler 溶剂化鞘，而其他锂离子由于其周围非常缺乏溶剂分子，不得不允许阴离子进入它们的初级溶剂化鞘边界，形成相互渗透的阳离子 - 阴离子聚集体。换言之，在超浓缩区域内，锂离子溶剂化鞘的结构存在严重的不均匀性和异质性（图 12.6）[20]。

　　根据分子动力学模拟，在 20 m LiTFSI 的水性电解质中，大约只有 40% 的锂离子在 WiSE 中与水分子四面体配位，这消耗了约 57% 的水分子；而其余的锂离子则同时被两个 TFSI$^-$ 阴离子和两个水分子配位。换言之，这种严重的不均匀性确保了近一半的锂离子处于经典溶剂化数为 4 的四面体配位结构中，代价是剩余的锂离子基本上被困在一个基于阴离子的网络中。可以合理推测，前一种配位环境中的锂离子 [Li(H$_2$O)$_4$]$^+$ 将作为移动溶剂化结构，主要负责离子传导，而 AGG 中的锂离子移动起来会更加困难。

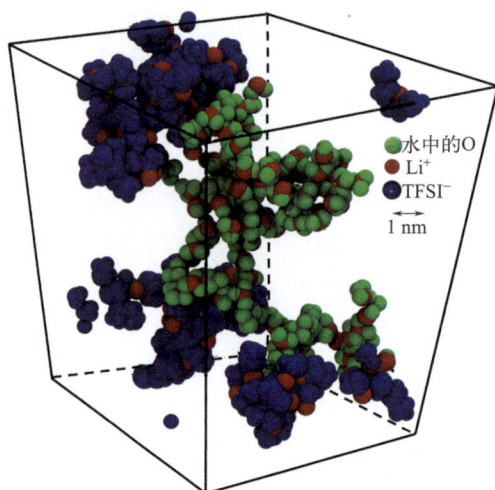

图 12.6　当 21 m LiTFSI 溶解在水中时形成的 WiSE（盐包水电解质）分子动力学快照，其中溶剂化鞘内发生歧化并导致纳米尺度上的不均匀聚集。图片经美国化学学会许可，复制自参考文献[20]，版权所有 2020

　　然而，这种不均匀现象似乎仅在水性电解质中独有，这可能是因为水分子具有双极性，能够同时与阳离子和阴离子配位。在类似的溶剂 / 盐比例下，非水性电解质未发现有类似行为。例如，乙腈（AN）是一种罕见的可以将锂盐溶解到与 WiSE 相当的浓度的非水溶剂。在各种盐类的超浓（$3.5 \sim 5$ m）乙腈溶液中，溶剂 / 盐摩尔比达到 2，锂离子只能获得完成其一级溶剂化鞘所需溶剂分子的一半。计算机模拟和光谱结果表明，在这些电解质中锂离子溶剂化鞘受到溶剂和阴离子的贡献相近，即平均每个锂离子有两个溶剂分子和两个阴离子，而无任何不均匀现象。

　　不均匀现象是否仅限于水性电解质还有待进一步验证。随着新的非水和非质子溶剂分子或新盐的开发，仍需要对更多的非水性电解质在超浓缩区域的行为进行仔细甄别，以得出普适性结论。

12.2.4.2　液体长程结构中的纳米异质性

　　当电解质进入超浓区域时，由溶剂化不均匀性引起的液体结构剧烈变化不仅发生在离子和溶剂分子的局部环境中，还发生在超越局部离子和溶剂分子排列的更大尺度（$1 \sim 100$ nm）上。

　　在更大尺度上，电解质的整体液体结构正常情况下会由于离子和溶剂分子的随机热运动而显得均匀和"光滑"，即符合对离子氛的假设。但随着离子 - 离子相互作用和离子 - 溶剂相互作用的加强，整体液体结构会变得"颗粒化"。这种不均匀分布是由于离子周围溶剂分布不均引起的。具有相同溶剂化鞘的离子簇更可能聚集，形成纳米尺度的局部异质区域，如图 12.6 所示。分子动力学模拟预测了这种纳米异质性的存在，并已被各种实验验证，包括使用中子和 X 射线技术的散射光谱以及使用红外和拉曼技术的振动光谱。其中，水对锂离子和阴离子的强溶剂化能力被认为是造成这种不均匀液体结构的关键因素。在这些具有纳米异质性的液体结构中，"富水"区域通常由仅被水分子溶剂化的阳离子（如 [$Li(H_2O)_x$]$^+$）组成，而"富阴离子"区域主要是含有少量水的 [TFSI-Li$^+$-TFSI]

复合物。这些纳米域可以看作是两个不同的渗透网络相互穿插。

当盐浓度进入极端超浓区域时，这些纳米域的分布发生相应的变化。例如，在含有 42 m LiTFSI 和 21 m 双（三氟甲烷磺酰）亚胺三甲基乙铵（Me₃EtN·TFSI）的 63 m 电解质中，水分子在电解质中变得极为稀少，以至于富水域是孤立和不连续的，而大多数液体结构由阴离子 - 阳离子对组成（图 12.7）[19, 21]。有趣的是，LiTFSI 本身在水中的溶解度仅为约 22 m，而 Me₃EtN·TFSI 单独在水中几乎完全不溶解。然而，当二者用作共盐时，42 m LiTFSI 和 21 m Me₃EtN·TFSI 的总量可以使溶剂 / 盐摩尔比达到前所未有的 0.88。换言之，不仅锂离子没有足够的水分子形成奢侈的 Bernal-Fowler 溶剂化鞘，而且平均来说，甚至没有足够的水分子满足每个阳离子抓住至少一个水分子的最低需求。这表明较大的四烷基铵阳离子作为所谓的混乱阳离子（chaotropic cation），其实不需要水溶剂化，而是作为一种有效的弱极性介质帮助稳定阴离子。

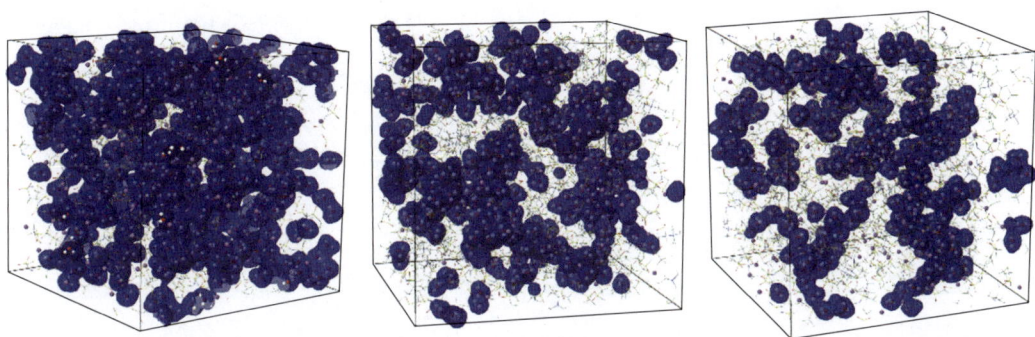

图 12.7 随盐浓度变化的异质液体结构演变：分子动力学模拟的快照显示了 Li⁺（H₂O）链在不同电解质中的连接性，左图为 WiSE（21 m LiTFSI 水溶液），中图为额外加入 21 m 铵共盐双（三氟甲烷磺酰）亚胺三甲基乙铵（Me₃EtN·TFSI）的 WiSE，右图为包含 42 m LiTFSI 和 21 m 铵共盐 Me₃EtN·TFSI 的 63 m 超浓缩电解质。氢键网络的破坏反映在 Li⁺（H₂O）区域的断裂。图片经美国化学会许可，复制自参考文献[19]，版权所有 2020

最后再次强调，如图 12.6 和图 12.7 所示的溶剂化鞘结构和液体结构是高度动态的，它们在纳秒甚至皮秒的时间尺度上迅速变化。然而，它们的存在导致了与稀盐浓度电解质显著不同的传输和界面行为。

12.2.4.3 "溶剂化盐"电解质

一类特殊的浓缩电解质值得专门讨论，即所谓的"溶剂化盐"电解质。这类电解质曾被渡边和其同事系统地研究，他们不仅调查了这些等摩尔或高浓电解质的新特性，还尝试从基础层面进行理论解释。这类高浓电解质有时也被称为"准离子液体"系统[22-24]。

这些电解质通常基于不同长度的多聚乙二醇［Gₙ，其中 n 代表 CH₃（CH₂CH₂O）ₙ OCH₃ 中的醚单元数］，它们提供醚基氧原子与阳离子形成螯合结构，代表传统稀电解质和超浓电解质之间的中间浓度范围，因为其中的溶剂分子数量恰好足以完成锂离子的第一个溶剂化鞘。在许多这样的电解质中，溶剂与阳离子之间存在特定的摩尔化学计量比。基于［Li—Gₙ］⁺ 复合物的盐溶剂电解质的典型结构如图 12.2 所示。由于这些多聚乙二醇的高齿合度，它们为阳离子形成的溶剂化笼通常非常紧密和强大，这导致了一系列特殊的性质，包括热性质、离子输送和电化学性质。

这些性质可能是有利的，也可能是不利的。例如，多聚乙二醇是易挥发的溶剂分子，但一旦它们与各种锂盐形成等摩尔混合物，所得电解液变得相当黏稠且不挥发，热稳定性（以保持重量稳定的能力衡量）可高达 200℃。光谱数据表明，所有多聚乙二醇分子都与锂离子紧密配位，这使得多聚乙二醇在 ESI-MS 实验中成为胜过 EC 甚至 PC 的最受欢迎的溶剂分子，如图 12.4 所示。然而，溶剂化笼也使阳离子的运动特别缓慢，这不仅进一步降低了阳离子传输数，还降低了整体的离子电导率。锂离子和这些多醚分子的紧密齿合也会大大提升界面和界相处的阻抗，使得电极反应速度极缓慢。

当然，除醚类外，其他溶剂分子，包括碳酸酯、腈和砜类，也可以形成溶剂化盐电解质。通过构建相图，已挖掘出多种晶体溶剂化物，如 [Li(EC)$_1$LiTFSI] 和 [Li(EC)$_3$ LiTFSI] 以及在化学计量成分 [Li(EC)$_2$LiTFSI] 附近的非晶相。拉曼光谱显示在这种溶剂化盐电解质中约 95% 的 EC 分子与锂离子配位。在砜类溶剂中，[LiBF$_4$(sulfolane)$_2$] 复合物的形成似乎建立了一个相对不移动的阴离子框架，而阳离子以类似于固体电解质的方式跳跃式传输[25]。

聚醚也可以作为溶剂形成类似的溶剂化盐结构，如 Angell 和其同事首次提出的"盐包聚合物"概念[29]，这实际上成为后来"盐包溶剂"电解质和 WiSE 系统的前身。然而，聚合物溶剂化盐电解质系统通常具有高结晶度和高熔点以及缓慢的离子传输。

除了醚类和碳酸酯类外，还发现各种环状和线性酰胺以及腈类化合物也可以形成溶剂化盐电解质，其中氮上的孤对电子可以作为配位锂离子的主要电子供体。在大多数情况下，这些电解质没有表现出明确的阳离子（主要是锂离子）与溶剂分子间的化学计量比，因此很难在溶剂化盐电解质和普通浓缩电解质之间划分明确的界限。

12.3 溶剂化鞘、溶剂化笼和溶剂化位点

在第 2.1 节图 2.1 中，我们展示了 4 种不同类型的电解质。然而，尽管这些电解质看起来截然不同，但在这些电解质中离子的溶剂化环境演变过程都是连续的而非突然的转变（图 12.8）[26]。

在低到中等盐浓度的典型液体电解质中，我们已经确定离子具有离散的 Bernal-Fowler 溶剂化鞘，包含 3 层溶剂分子，即一级溶剂化鞘、二级溶剂化鞘和本体溶液。如果溶剂分子是非水和非质子的，则阳离子极易被溶剂化，这些溶剂分子的电负性末端通常采用最流行的四面体结构选择性地与阳离子配位。尽管电解质中的其他成分（如相邻离子、二级溶剂化鞘或本体电解质中的溶剂分子）的布朗运动不断试图扰乱这一 Bernal-Fowler 溶剂化鞘，并将一级溶剂化鞘内的溶剂分子击落、更换为新的溶剂分子，但由于离子与溶剂间足够强的相互作用，一级溶剂化层在溶剂交换过程中依然能够保持动态的稳定。换言之，这种溶剂化结构在离子输送的时间尺度上被认为是动态稳定的，可以认为是离子带着自己的溶剂化鞘在移动。

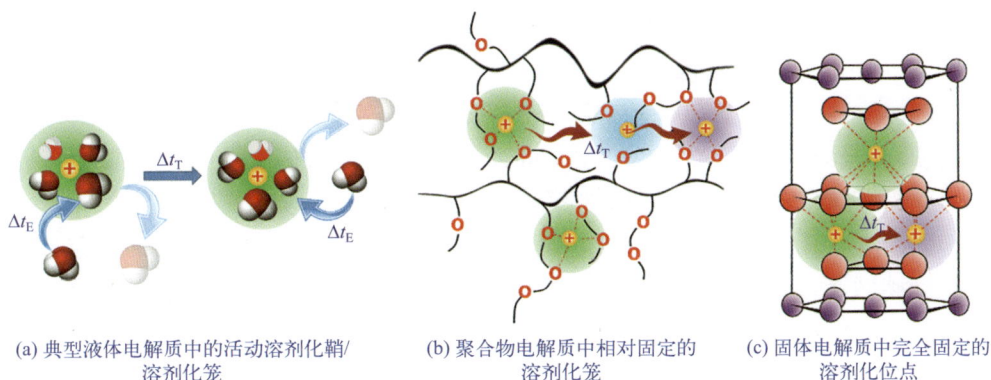

(a) 典型液体电解质中的活动溶剂化鞘/溶剂化笼　　(b) 聚合物电解质中相对固定的溶剂化笼　　(c) 固体电解质中完全固定的溶剂化位点

图 12.8　离子溶剂化环境从（a）典型液体电解质中的活动溶剂化鞘/溶剂化笼转变到（b）聚合物电解质中相对固定的溶剂化笼和（c）固体电解质中完全固定的溶剂化位点

对于那些具有高供体性和齿合度而表现出特别强的溶剂化能力的溶剂分子，如 DME 或多聚乙二醇（表 12.1），溶剂交换速率可能非常缓慢，以至于在离子的大尺度（根据模拟和实验结果，约为纳米级别）平移运动过程中溶剂化鞘基本保持完整。这种几乎稳态的溶剂化鞘通常被称为"溶剂化笼"，因为这种强烈的捕获离子的倾向通常会在电极/电解质界面或界相处构成高能障碍，使离子难以脱溶剂化。

无论是溶剂化鞘还是溶剂化笼，这些液体或类液体电解质中移动离子的溶剂化环境都是动态稳定的，并根据离子 - 溶剂相互作用随着移动离子在大尺度上一起移动。

另一方面，在以陶瓷或玻璃离子导体为代表的无机固体电解质中，反离子通常被固定在无机框架上，而移动离子（通常是锂离子或钠离子）必须从一个配位位点跳到下一个配位位点。如果将移动离子在给定配位位点的环境视为固体溶剂化鞘、将配位于移动离子的配体视为溶剂分子，那么当离子跳跃时，这个固体溶剂化鞘将保持完全不动。我们应称这种静态溶剂化鞘为"溶剂化位点"，其中"位点"一词意味着溶剂化环境不移动。换句话说，在真正的固体电解质中，溶剂化鞘不会受布朗运动干扰，但移动离子必须完全摆脱这个固定的溶剂化鞘才能移动。

因此，在这些真正的固体电解质中移动离子的溶剂化环境是完全静止的，并且不会随着移动离子一起移动。

在典型液体电解质和典型无机固体电解质之间存在一种中间状态。在基于醚类分子的聚合物电解质如聚环氧乙烷（PEO）或其他变种的大分子醚中，离子会经历一种与液体电解质中的"溶剂化笼"和固体电解质中的"溶剂化位点"相似的溶剂化环境。一方面，虽然聚合物电解质在宏观上看起来是"固体"的，具有稳定的尺寸，但在这些电解质内部离子输送的微观结构仍然是类液态的，其中的醚类溶剂化笼与基于醚类溶剂的液体电解质中的溶剂化笼没有太大差别。另一方面，尽管移动离子与醚类笼之间存在强相互作用，但这些醚类单元是通过共价键连接到聚合物链上的，因此在尝试配合移动离子运动时它们的流动性要低得多。这种冲突的妥协结果是，在一定长度尺度上，溶剂化笼无法继续与移动离子一起移动，离子必须脱去其原始的溶剂化笼，并像在无机固体电解质中的移动离子一样"跳入"新的溶剂化笼或配位位点。

因此，这些聚合物或半固体电解质中移动离子的溶剂化环境是相对静止的，并在一定程度上随着移动离子一起移动。

溶剂化特性的差异可以被用来区分离子在这些电解质中是如何输送的。这带来了"载体型（vehicular）"或"结构型（structural）"两种离子输送模式的定义，前者指的是带着溶剂化鞘或溶剂化笼一起移动的离子，后者指的是在不同溶剂化位点之间跳跃的离子。当然，这两种模式之间没有绝对的界限。液体电解质或聚合物电解质中最有可能发生的是载体型模式和结构型模式的混合传输。如何区别载体型和结构型主要取决于两个问题："多长时间"和"多长距离"，即溶剂分子在溶剂化鞘中停留的时间和溶剂分子与中心离子一起移动的距离。一个广泛接受的标准是，如果离子移动一个完整的溶剂化鞘长度（约为纳米级别）所需的时间内其给定的溶剂化鞘能保持其完整性，那么它可以被视为载体型模式。另一方面，由于溶剂化鞘中有多个溶剂分子，液体电解质和聚合物电解质中也很可能发生溶剂化鞘部分破裂，一些溶剂分子被新溶剂分子替换，而其他溶剂分子仍留在溶剂化鞘中，直到完成整个过程 [图 12.8（a）]。在这种情况下，载体型模式和结构型模式之间的界限变得非常模糊，人们只能从统计学的角度评估离子输送模式。"驻留时间" τ_R 是一个由分子动力学模拟得出的参数，它用来衡量溶剂分子与其中心离子相处的平均时间。例如，室温下 EC 分子与锂离子的 τ_R 约为 0.2 ns，而醚类的 τ_R 约为其 5 倍，这反映出醚类对锂离子的溶剂化能力更强，因为它们形成了螯合结构（图 12.2）。

其他一些参数也被定义，以便区分这些多样化类型的电解质。例如，Balsara 及其同事基于离子（假设移动离子是阳离子）的相对移动性（α_+）及其溶剂化环境（α_i）（如溶剂分子或配位位点）定义了一个"量级参数"M：

$$M = \frac{\alpha_i}{\alpha_+} \tag{12.2}$$

在液体电解质中，由于移动离子带着溶剂化鞘一起移动，这两个实体具有相似的移动性，M 值大约为 1.0。在陶瓷或玻璃电解质中，移动离子与溶剂化环境脱耦并单独移动，M 值应为 0。聚合物电解质作为两者之间的过渡状态，M 值为 0.5（图 12.9）[26]。

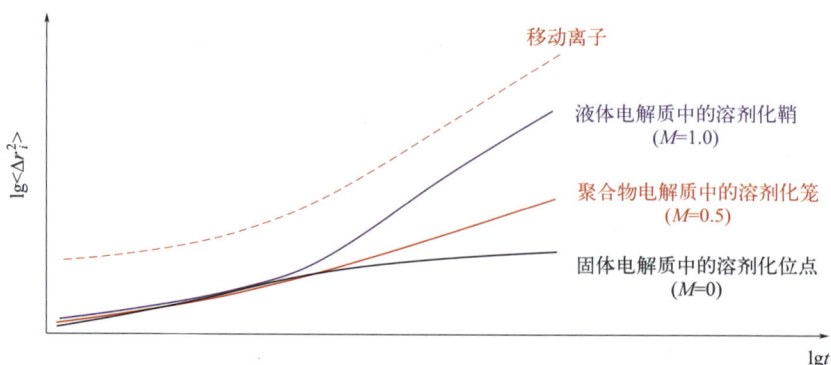

图 12.9　不同类型的电解质可以通过离子溶剂化鞘的移动方式定量区分。这里定义了一个"量级参数"M，作为溶剂化环境与移动离子之间的移动性的比率。当时间尺度足够长时，移动离子及其溶剂化鞘 / 溶剂化笼 / 溶剂化位点所达到的均方位移明显揭示了液体、聚合物和固体电解质各自的特征行为 [26]

12.4　阴离子溶剂化

大多数用于锂离子电池和其他新兴先进电池的阴离子具有复杂的结构，其负电荷在大尺寸上很好地被离域。典型的例子包括 PF_6^-、BF_4^-、TFSI$^-$ 和 FSI$^-$（表 10.2）。这些结构中含有大量的氟绝非偶然；氟的极高电负性使其成为强吸电子基，这确保了中心原子的形式电荷被充分离域。这样离域的结果是，阴离子从原来的"点电荷"变成了带有相同电荷的大体积粒子，因此伴随发出的静电场强度要低得多（图 10.9）。

同时，如第 3.1 节讨论的那样，大多数这些非水和非质子溶剂分子本质上是"单极性"的（图 3.1），因为它们的正电端通常由于空间位阻而难以被阴离子接近。

这两个因素的结合导致阴离子 - 溶剂相互作用比阳离子 - 溶剂相互作用要弱得多[27]。事实上，应用与图 12.3 中相同的 ESI-MS 实验，通过反转施加的直流电压的极性，可以检测到主要以裸阴离子形式存在的物种，而阴离子 - 溶剂的结合只偶尔被检测到，而且数量很少。实验和计算方法也得到了类似的结果，如液态二次离子质谱（SIMS）[14]、多核 NMR[5]、FTIR 和拉曼光谱以及溶剂化焓的计算。例如，在典型的碳酸酯溶剂中，锂离子的溶剂化焓估计在 20 ～ 50 kcal/mol 之间（1 kcal=4.182 kJ，下同），而阴离子（PF_6^- 和 TFSI$^-$）的值则低于 10 kcal/mol[27]。阴离子溶剂化弱的直接结果是其输送行为的差异：阴离子通常比阳离子更具移动性。这种差异在非水性电解质中比在水性电解质中更为明显，因为水是一种双极性溶剂分子，可以溶剂化阳离子和阴离子，而非水溶剂分子大多数是单极性的，如第 3.1 节（图 3.1）。

这种现象似乎是一种普遍趋势，不仅适用于所有列出的复杂阴离子（如 PF_6^-、BF_4^-、TFSI$^-$ 和 FSI$^-$），也适用于酯类和醚类溶剂。因此，一般认为阴离子不存在明确的溶剂化鞘。

然而，当溶剂分子具备电子缺陷中心时，如所谓的"阴离子受体"类化合物中的硼，情况就会有所不同。阴离子受体的一个例子在反应式（10.33）中有所展示。在这种情况下，"溶剂"分子不再是电子供体，而是电子受体，通过形成一个巨大的复合阴离子来选择性地"溶剂化"阴离子，这在很多方面类似于复合阴离子本身的形成，即在一个扩展的空间中离域电荷，只不过这里中心阴离子和阴离子受体之间是通过非共价键（库仑力）结合，更类似于图 9.8 所示的主客体结构。阴离子受体可以通过使用吸电子取代基（如氟）或形成共轭键合系统（如芳香结构，通过共振重新分配形式电荷）来实现。或者两者兼有，在芳香环上使用氟化芳香取代基（图 12.10）。这里硼的空轨道与复杂阴离子的电子供体之间的相互作用被称为"配位键"。

由于大多数复杂阴离子本身是由中心原子和多个氟取代基之间的共价键结合在一起的，这些阴离子受体带来的一个复杂情况是，电子缺陷中心硼与复杂阴离子的电子供体之间的配位键对于这些共价键来说过于强大，以至于有时可能会撕裂复杂阴离子，导致其分解。这种过程已经在那些阴离子中观察到，如 PF_6^- 和 BF_4^-，其中阴离子受体只吸收了一个氟离子而不是整个复杂阴离子，并产生气态产物 PF_5 和 BF_3，这可能会引发其他溶剂分子的链式分解反应 [图 12.10（b）]。

需要注意的是，PF_6^- 和 BF_4^- 中的所有 P—F 和 B—F 键原本在键长和键角上应该是相同的；然而，当阴离子受体和它们形成配位键后，参与形成配位键的 P—F 或 B—F 的键长将有所延长，如图 12.10（b）所示。

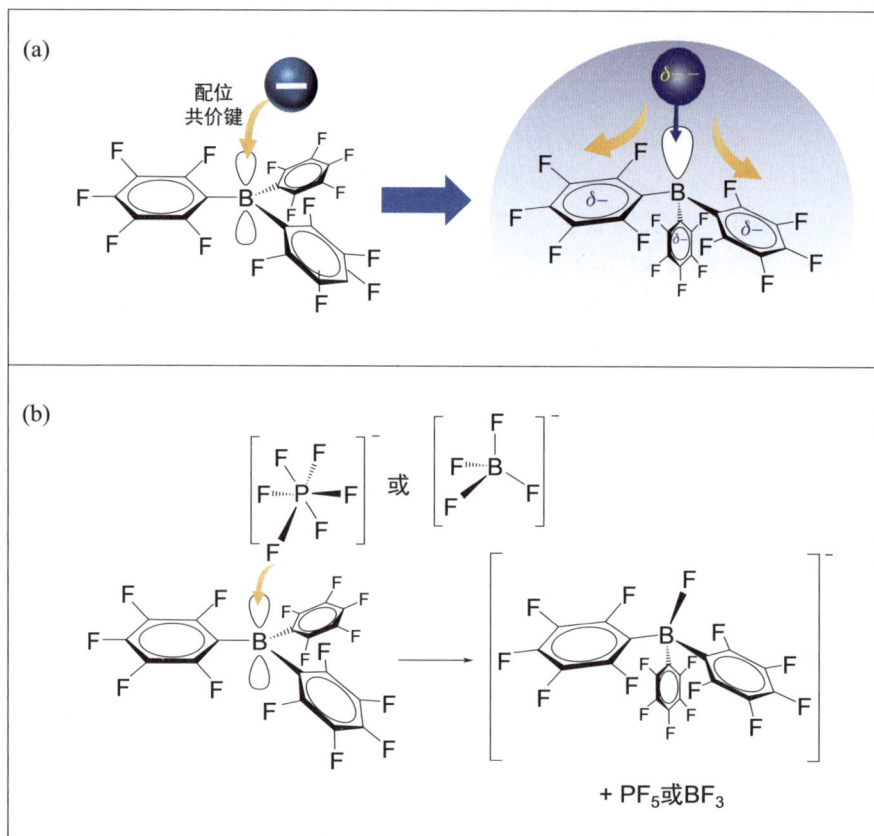

图 12.10 （a）阴离子携带的电荷容纳在缺电子中心原子硼的空轨道中由于与硼共轭的三个芳香环上引入了多个氟取代基，其强吸电子效应显著增强了硼原子的缺电子特性。阴离子受体与原始复合阴离子之间形成的配位键使后者从点电荷变成更大的阴离子，电荷也进一步离域。（b）如果原始阴离子由不稳定键（如 PF_6^- 和 BF_4^-）组成，阴离子受体与不稳定键中的电子供体之间的强相互作用可能会撕裂原始阴离子并形成新的复合阴离子，产生有害的 Lewis 酸如 PF_5 和 BF_3

对于水，阳离子优先溶剂化的行为并不明显，因为这个双极性溶剂分子可以同时溶剂化阴离子和阳离子。实际上，正是水 -TFSI⁻ 结合确保了接近 1.0 的溶剂 / 盐摩尔比下形成超浓电解质 WiSE，在这种情况下会出现如溶剂化不均匀性和纳米异质性网络等不寻常的溶剂化结构（图 12.6 和图 12.7）[3,20-21]。这些不寻常的溶剂化行为是否仅发生在水性电解质中仍是一个悬而未决的问题，但显然阴离子在非水和非质子溶剂中的弱溶剂化行为使得非水性电解质难以表现出这些不寻常的行为，例如乙腈基电解质，尽管其浓度接近 WiSE，但其中既没有观察到溶剂化鞘不均匀性，也没有纳米异质性。

参考文献

[1] J. D. Bernal and R. H. Fowler, A Theory of Water and Ionic Solution, with Particular Reference to Hydrogen and Hydroxyl Ions, *J. Chem. Phys.*, 1933, **1**, 515–548.

[2] O. Borodin, J. Self, K. Persson, C. Wang and K. Xu, Uncharted Waters: Super-concentrated Electrolytes, *Joule*, 2019, **4**, 69–100.

[3] O. Borodin, L. Suo, M. Gobet, X. Ren, F. Wang, A. Faraone, J. Peng, M. Olguin, M. Schroeder, M. S. Ding, E. Gobrogge, A. von W. Cresce, S. Munoz, J. A. Dura, S. Greenbaum, C. Wang and K. Xu, Liquid structure with nano-heterogeneity promotes cationic transport in concentrated electrolytes, *ACS Nano*, 2017, **11**, 10462–10471.

[4] O. Borodin, X. Ren, J. Watamanu, A. von Wald Cresce, J. Knap and K. Xu, Modeling Insight into Battery Electrolyte Electrochemical Stability and Interfacial Structure, *Acc. Chem. Res.*, 2017, **50**, 2886–2894.

[5] X. Bogle, R. Vazquez, S. Greenbaum, A. von W. Cresce and K. Xu, Understanding Li⁺–Solvent Interaction in Nonaqueous Carbonate Electrolytes with ^{17}O NMR, *J. Phys. Chem. Lett.*, 2013, **4**, 1664–1668.

[6] D. M. Seo, O. Borodin, S.-D. Han, P. D. Boyle and W. A. Henderson, Electrolyte solvation and ionic association II. Acetonitrile–lithium salt mixtures: highly dissociated salts, *J. Electrochem. Soc.*, 2012, **159**, A1489–A1500.

[7] K. Xu, A. v. Cresce and U. Lee, Differentiating contributions to "ion transfer" barrier from interphasial resistance and Li⁺ desolvation at electrolyte/graphite interface, *Langmuir*, 2010, **26**, 11538–11543.

[8] A. v. Cresce and K. Xu, Preferential solvation of Li⁺ directs formation of interphase on graphitic anode, *Electrochem. Solid-State Lett.*, 2011, **196**, 3906–3910.

[9] H. Kim, J. Hong, G. Yoon, H. Kim, K.-Y. Park, M.-S. Park, W.-S. Yoon and K. Kang, Sodium intercalation chemistry in graphite, *Energy Environ. Sci.*, 2015, **8**, 2963–2969.

[10] J. Vatamanu, O. Borodin and G. D. Smith, Molecular Dynamics Simulation Studies of the Structure of a Mixed Carbonate/LiPF₆ Electrolyte near Graphite Surface as a Function of Electrode Potential, *J. Phys. Chem. C*, 2012, **116**, 1114–1121.

[11] G. V. Zhuang, K. Xu, T. R. Jow and P. N. Ross, Study of SEI layer formed on graphite anodes in PC/LiBOB electrolyte using IR spectroscopy, *Electrochem. Solid-State Lett.*, 2004, **7**, A224–A227.

[12] A. Cresce, O. Borodin and K. Xu, Correlating Li⁺ Solvation Sheath Structure with Interphasial Chemistry on Graphite, *J. Phys. Chem. C*, 2012, **116**, 26111–26117.

[13] H. Wang, S. C. Kim, T. Rojas, Y. Zhu, Y. Li, L. Ma, K. Xu, A. T. Ngo and Y. Cui, Correlating Li-ion solvation structures and electrode potential temperature coefficients, *J. Am. Chem. Soc.*, 2021, **143**, 2264–2271.

[14] Y. Zhou, M. Su, X. Yu, Y. Zhang, J.-G. Wang, X. Ren, R. Cao, W. Xu, D. R Baer, Y. Du, O. Borodin, Y. Wang, X.-L. Wang, K. Xu, Z. Xu, C. Wang and Z. Zhu, Real-time mass spectrometric characterization of the solid–electrolyte interphase of a lithium-ion battery, *Nat. Nanotechnol.*, 2020, **15**, 224–230.

[15] K. Xu and A. von Wald Cresce, Li⁺-solvation/desolvation dictates interphasial processes on graphitic anode in Li ion cells, *J. Mater. Res.*, 2012, **27**, 2327–2341.

[16] K. Xu and A. von Cresce, Interfacing electrolytes with electrodes in Li ion batteries, *J. Mater. Chem.*, 2011, **21**, 9849–9864.

[17] V. Gutmann, Solvent effects on the reactivities of organometallic compounds, *Coord. Chem. Rev.*, 1976, **18**, 225–255.

[18] C.-C. Su, M. He, R. Amine, T. Rojas, L. Cheng, A. T. Ngo and K. Amine, Solvating power series of electrolyte solvents for lithium batteries, *Energy Environ. Sci.*, 2019, **12**, 1249–1254.

[19] L. Chen, J. Zhang, Q. Li, J. Vatamanu, X. Ji, T. P. Pollard, C. Cui, S. Hou, J. Chen, C. Yang, L. Ma, M. S. Ding, M. Garaga, S. Greenbaum, H.-S. Lee, O. Borodin, K. Xu and C. Wang, A 63 m Superconcentrated Aqueous Electrolyte for High-Energy Li-Ion Batteries, *ACS Energy Lett.*, 2020, **5**, 968–974.

[20] Z. Yu, L. A. Curtiss, R. E. Winans, Y. Zhang, T. Li and L. Cheng, Asymmetric composition of ionic aggregates and the origin of high correlated transference number in water-in-salt electrolytes, *J. Phys. Chem. Lett.*, 2020, **11**, 1276–1281.

[21] L. Ma, J. Vatamanu, N. T. Hahn, T. P. Pollard, O. Borodin, V. Petkov, M. A. Schroeder, Y. Ren, M. S. Ding, C. Luo, J. L. Allen, C. Wang and K. Xu, Highly reversible Zn metal anode enabled by sustainable hydroxyl chemistry, *Proc. Natl. Acad.*

Sci. U. S. A., 2022, **119**, e2121138119.

[22] K. Yoshida, M. Nakamura, Y. Kazue, N. Tachikawa, S. Tsuzuki, S. Seki, K. Dokko and M. Watanabe, Oxidative-stability enhancement and charge transport mechanism in glyme–lithium salt equimolar complexes, *J. Am. Chem. Soc.*, 2011, **133**, 13121–13129.

[23] K. Dokko, N. Tachikawa, K. Yamauchi, M. Tsuchiya, A. Yamazaki, E. Takashima, J.-W. Park, K. Ueno, S. Seki, N. Serizawa and M. Watanabe, Solvate ionic liquid electrolyte for Li–S batteries, *J. Electrochem. Soc.*, 2013, **160**, A1304–A1310.

[24] K. Ueno, K. Yoshida, M. Tsuchiya, N. Tachikawa, K. Dokko and M. Watanabe, Glyme–lithium salt equimolar molten mixtures: concentrated solutions or solvate ionic liquids?, *J. Phys. Chem. B*, 2012, **116**, 11323–11331.

[25] K. Dokko, D. Watanabe, Y. Ugata, M. L. Thomas, S. Tsuzuki, W. Shinoda, K. Hashimoto, K. Ueno, Y. Umebayashi and M. Watanabe, Direct Evidence for Li Ion Hopping Conduction in Highly Concentrated Sulfolane-Based Liquid Electrolytes, *J. Phys. Chem. B*, 2018, **122**, 10736–10745.

[26] D. J. Siegel, L. Nazar, Y. M. Chiang, C. Fang and N. P. Balsara, Establishing a unified framework for ion solvation and transport in liquid and solid electrolytes, *Trends Chem.*, 2021, **3**, 807–818.

[27] A. von W. Cresce, M. Gobet, O. Borodin, J. Peng, S. M. Russell, E. Wikner, A. Fu, L. Hu, H.-S. Lee, Z. Zhang, X.-Q. Yang, S. Greenbaum, K. Amine and K. Xu, Anion solvation in carbonate-based electrolytes, *J. Phys. Chem. C*, 2015, **119**, 27255–27264.

[28] A. von Cresce and K. Xu, *Electrochem. Solid-State Lett.*, 2011, **14**, A154–A156.

[29] C. A. Angell, C. Liu and E. Sanchez, Rubbery solid electrolytes with dominant cationic transport and high ambient conductivity, *Nature*, 1993, **362**, 137–139.

第 13 章
电解质的静态稳定性

电解质在长时间静态储存时的稳定性是实用上非常重要但常被忽视的问题。对于锂离子电池用的经典碳酸酯电解质，也仅存在有限的研究。

在这里，"静态稳定性"指的是在没有任何外部化学或电化学驱动力的情况下电解质组分抵抗因自发反应而转变成其他物质的能力。然而，大多数这些自发反应在高温下会加速，所以我们将"外部加热"作为一个特殊的外部情况。

根据我们的传统观念，一旦盐或盐混合物溶解在溶剂中，电解质成分就被固定并永久保持不变，然后我们在容器上贴上标签，暗示了这种成分的永久性。这对于大多数水性电解质来说是正确的，例如 NaCl 水溶液，如果我们忽略溶剂的自然蒸发，其成分在密封条件下永远不会改变。

然而，对于锂离子电池中使用的大多数非水性电解质，这种观念不再适用。在基于混合碳酸酯分子的这些电解质中，无论是阳离子还是高氟化阴离子（如 PF_6^- 和 BF_4^-）都是强 Lewis 酸或强 Lewis 酸的前驱体，在它们被极性碳酸酯溶剂分子溶剂化后，可能会充当催化剂，引发溶剂之间一系列自发反应。最著名的例子是所谓的"酯交换反应"，产生电解质中最初不存在的新分子。例如，在最常用的电解质成分（1.0 M LiPF$_6$ 的 EC-DMC 或 EC-DEC 溶液）中产生两种新的碳酸酯分子，即 2,5- 二氧杂己二酸二甲酯（DMDOHC）和 2,5- 二氧杂己二酸二乙酯（DEDOHC）。这类新分子已经被液相色谱、气相色谱、核磁共振谱、吸收光谱、散射光谱和其他光谱技术证实存在于锂离子电池的商用电解质中[1]。

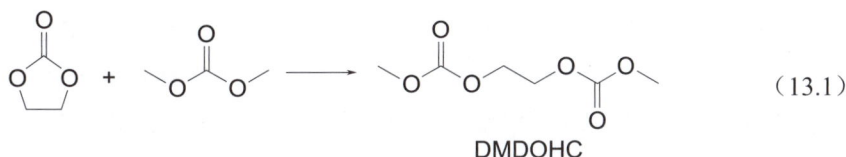

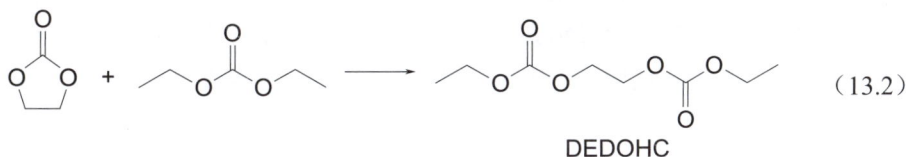

（13.1）
DMDOHC

（13.2）
DEDOHC

这些线性的二酯产物显然来源于环状碳酸酯 EC 的开环反应，再经过其与线性碳酸酯分子的酯交换过程。因为未添加锂盐的纯 EC-DMC 和 EC-DEC 溶剂混合物并不发生如反应式（13.1）和反应式（13.2）所示的酯交换反应，所以这些含锂盐体系的酯交换反应一定是由其中酸性锂盐引发或催化的。已知 $LiPF_6$ 可以自发分解或在痕量水分中水解产生一系列物质，如 HF、PF_5 和 PO_xF_y，它们与碳酸酯溶剂发生副反应。当这些长链线性二酯的浓度较高时，会导致电解质黏度增加，从而减慢离子传输速度和减少对锂离子的有效溶剂化。这样也会对电解质形成有效相界面的能力产生不利影响。

类似的酯交换也发生在线性碳酸酯之间。例如，在 DMC 和 DEC 的溶剂混合物中发现了大量的 EMC：

$$\text{（13.3）}$$

在 DEC 和丙酸甲酯（MP）的原始溶剂混合物中生成 EMC、丙酸乙酯（EP）和 DMC 的新物质：

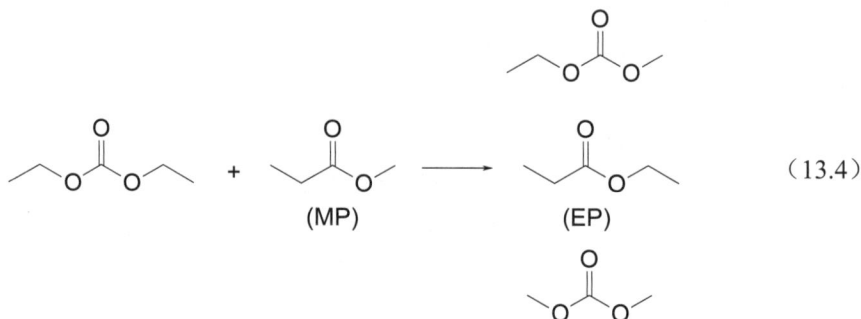

$$\text{（13.4）}$$

以上反应在没有锂盐的情况下均不会发生。

幸运的是，这些酯交换反应在室温下进行得极慢，只有在长时间储存（10^6 s 或数月）后才能被检测出来。另一方面，这些反应也可以热激发，其反应动力学随温度变化的规律可以用 Arrhenius 方程描述。因此，这些反应在储存期间可能因热加速而变得相当显著。Dahn 及其同事最近特别合成了 DMDOHC，并把它用作高温电解质的溶剂，证实了酯交换反应也可以生成热力学更稳定的产物[2]。

电解质可能还存在其他副反应，这一点可以通过液相色谱和凝胶渗透色谱等更严谨的分析证实。这些副反应产物是较高分子量的物质，在色谱图上具有更长的驻留时间。它们可能是由 EC 聚合产生的低聚醚和聚醚（含碳酸酯基），但其确切结构尚待确定。无论是在本体电解质中还是在界相中，这些高分子量物质的精确定义始终是一个挑战。

有趣的是，研究人员通过监测 EC/DMC 比率随时间的变化，注意到 EC 的减少速度快于 DMC。这就强有力地证明路易斯酸催化剂如 PF_5 会优先攻击环状结构的碳酸酯 EC 而非线性结构的 DMC。考虑到 EC 的环状结构实际上代表了一种类似于双键 C＝C 结构的不饱和度，EC 开环反应是反应序列的初始步骤就不足为奇，其离子自由基最终不仅导致酯交换反应，还导致聚合反应。

碳酸酯溶剂之间存在的自发酯交换反应表明容器内实际的电解质配方可能与电解质容器标签上所标注的不同，除非电解质是新鲜配制的或一直在低温下储存。所以人们应始终对这些标签的标注信息持谨慎态度，并尽量使用经过精心保存或新鲜配制的电解质，以便在电解质成分和电化学性能之间建立可靠的相关性。

一旦把电解质放入电池中，电解质将会面临更复杂的电池环境影响。通过机理研究，似乎可以确定电解质的静态不稳定性来源于碳酸酯溶剂分子产生的自由基，而这些自由基可能是由酸性或碱性杂质、电极表面的活性位点、简单的电化学还原或氧化产生的[3]。这些因素几乎普遍存在于所有电化学装置中，特别是电池中电极常常在极端电压条件下工作。然而，即使电解质未放入电池环境中，其他外部因素仍可能生成这些自由基，如热量、光照或暴露在酸性物质甚至氧气中。这里酸性物质是由常见锂盐阴离子（PF_6^- 和 BF_4^-）部分水解产生的。因此，这些电化学装置中电解质的静态不稳定性是一种难以避免的内在趋势。最近发现了某些电解质添加剂如碳酸乙烯酯（VC）和二氟磷酸锂（$LiPO_2F_2$）对电解质稳定性的帮助。尽管其最初设计是用来调控界相化学，而实际上它们抑制了电解质本体中的酯交换反应。因此，这些添加剂的一个未显露但重要的特性可能涉及电解质"表面配方"的稳定化，这可能与添加剂参与界相化学的特性同样关键[4]。

参考文献

[1] E. S. Takeuchi, H. Gan, M. Palazzo, R. A. Leising and S. M. Davis, Anode Passivation and Electrolyte Solvent Disproportionation: Mechanism of Ester Exchange Reaction in Lithium-Ion Batteries, *J. Electrochem. Soc.*, 1997, **144**, 1944–1948.
[2] T. Taskovic, A. Eldesoky, W. Song, M. Bauer and J. R. Dahn, High Temperature Testing of NMC/Graphite Cells for Rapid Cell Performance Screening and Studies of Electrolyte Degradation, *J. Electrochem. Soc.*, 2022, **169**, 040538.
[3] E. Endo, M. Ata, K. Sekai and K. Tanaka, Spin Trapping Study of Gradual Decomposition of Electrolyte Solutions for Lithium Secondary Batteries, *J. Electrochem. Soc.*, 1999, **146**, 49–53.
[4] Y. Qian, S. Hu, X. Zou, Z. Deng, Y. Xu, Z. Cao, K. Kang, Y. Deng, Q. Shi, K. Xu and Y. Deng, How electrolyte additives work in Li-ion batteries, *Energy Storage Mater.*, 2019, **20**, 208–215.

第 14 章
离子传输

由于离子传输是将电解质与非电解质区分开来的主要标准，因此自电解质科学早期研究时期，离子传输就得到了深入的研究。离子传输对离子数高度敏感，即使在极度稀释的电解质中也可以测量到离子电导率，这一特性引发了 Arrhenius、Ostwald 和 Kohlrausch 采用较原始的测量仪器对电解质的经典研究。

在第 5 章中，我们讨论了一般的离子传输现象及其基础科学解释。为了准确地描述电解质在电化学装置中的功能，无论是在燃料电池、蓄电池、电化学双电层电容器还是电解槽中，人们都需要了解三种传输性质：离子扩散系数（D_i）、离子电导率（σ_i）和离子迁移数（t_+ 或 t_-）。在这三者中，离子电导率的精确测定是最成熟、争议最小的。离子电导率准确地反映了电解质中所有可移动的离子种类对载流能力的总体贡献，并被广泛应用于所有电解质研究中。近几十年来核磁共振（NMR）技术的进步，使得离子扩散系数（有时被称为离子的"自扩散系数"）也能较容易地精确测定，尽管其应用仍然局限于那些至少含有一种核磁共振活性核的离子或分子。

相比之下，离子迁移数是三者中最难确定的量。其复杂性不仅体现在尚未开发出一种普遍适用的精确测定技术，还体现在对其定义缺乏共识，尤其是在离子液体或超浓电解质等高浓度状态下。

本章将从现象学和机理学两个角度深入探讨这些传输性质。前者将电解质视为一个"黑匣子"，侧重于电解质在实际场景中的整体性能，而很少关注离子在原子和分子水平上的行为。后者试图阐明当离子和溶剂分子之间的吸引和排斥不能再像第 5 章中那样被忽视时离子和溶剂分子之间是如何相互作用的，因为在具有实际盐浓度的电解质中，不可避免地会存在这些相互作用。事实上，即使在稀电解质中，离子之间的库仑相互作用也不能被完全忽略，阳离子和阴离子的运动以双极性方式耦合 [第 5.2.6.4 小节，式（5.169）或式（5.172）]。

我们将在实际应用所关注的浓度范围内（例如，锂离子电池），以及新兴电池化学中感兴趣的高浓度和超浓度体系中，分析电解质中复杂的离子传输特性。这揭示出，在这些实际电解质中，看似简单的离子传输现象实际上涉及目前仍然无法准确描述或确定的复杂性。

14.1　现象学理解：离子电导率

在第 5.2.2 小节中，我们将离子电导率定义为在一个单位强度的外加电场下，单位时间内通过单位面积的所有电荷的通量：

$$\sigma = \frac{1}{X} \times j \tag{5.51}$$

考虑一个面积为 A 且电极间距为 Δx 的电化学电池，在直流电（DC）极化下具有电位差 $\Delta\psi$ 时，离子电导率本质上是电阻率的倒数，可以用欧姆定律的常见形式写成：

$$\sigma = \frac{\Delta x}{\Delta\psi} \times \frac{I}{A} \tag{5.54}$$

$$\sigma = \frac{1}{R} \times \frac{\Delta x}{A} \tag{5.58}$$

这些方程看起来非常直观，可能会让人误以为可以在直流条件下测量离子电导率。

在金属导体中，电子通常是唯一且数量几乎无限的电荷载体，并且与它们的母体反离子（parental counterion，即失去这些电子至导带的金属原子）之间的相互作用可以忽略不计。然而，与金属导体不同，离子导电则要复杂得多。电解质中的离子数量有限，而且离子与离子之间或离子与溶剂分子之间在静电场存在下具有强相互作用，每个离子在运动时都受到其环境（溶剂分子和其他离子）的强烈限制，而且每个离子在电解质／电极界面处的行为都可能因其化学／电化学特性的不同而不同。

现在考虑一个由一种阳离子和一种阴离子构成的简单电解质系统，夹在面积为 A 且电极间距为 Δx 的一对电极之间。在时间 $t = 0$ 时，施加外加电场。通常，施加的电位 $\Delta\psi$ 要足够大以诱导离子迁移，但又不会过大而在电解质／电极界面引起不希望的电荷转移。换言之，施加的电位 $\Delta\psi$ 确保离子所有行为都在电解质的电化学稳定窗口内进行，并且在这些界面上不应发生大量的电解质分解。几乎在施加外加电场的瞬间，阳离子和阴离子开始朝相反方向移动，在不同的界面区域富集或耗散阳离子和阴离子，还在体相电极内产生相应的电荷分离（图 14.1）。

接下来发生的事情主要取决于电极的性质，更准确地说，取决于电解质和电极之间的相互作用。

在这样的实验中，电解质本质上是"惰性"的，即电解质组分（阳离子、阴离子和溶剂）与电极之间没有化学反应。这种情况下，这些电极被称为"阻塞电极"。一旦阳离子和阴离子到达电解质／电极界面，除了在负极和正极表面分别富集之外，它们无法进行任何反应，如图 14.1（a）所示。这实际上是第 9.1.2 小节中讨论的电化学双电层电容器。

在充电过程中，这种电化学双电层电容器的相应电流响应呈典型的电容特性形式 [图 14.1（b）]。电池电流接近峰值（i_{max}）所需的时间通常在微秒至毫秒尺度（$10^{-6} \sim 10^{-3}$ s）

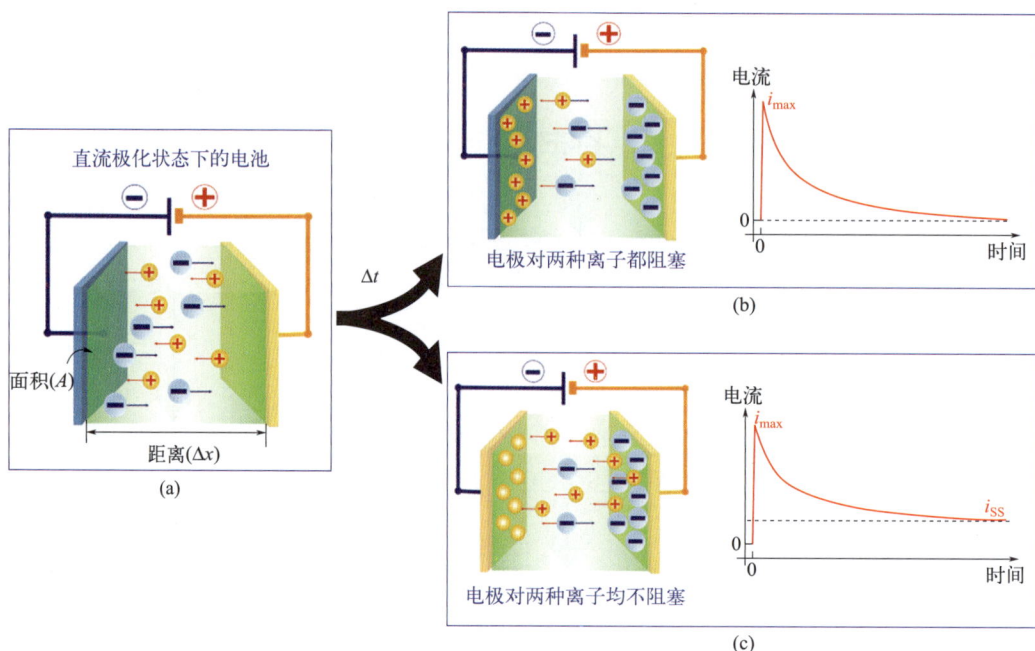

图14.1 电化学电池的离子传输行为与电极相关：（a）当电化学电池处于直流极化状态时，离子会立即响应施加的电场开始移动，初始瞬态响应后的离子传输行为取决于电极的性质；（b）电极对两种离子都是阻塞的，因此电化学电池的行为类似于电化学双电层电容器；（c）电极对其中一种离子不阻塞，在这种情况下，这个基于发生电荷转移的离子，会达到一个稳态电流

或更短，而整个衰减过程（电流由峰值回到接近零）的时间则为秒级或更长时间。如果不考虑其他离子间相互作用，电流和衰减时间都是离子电导率、电极的真实表面积、电极的比电容、离子之间的库仑引力和斥力的函数，如式（5.169）所示。

当电池电流变为零时，尽管施加了电池电势 $\Delta\psi$，残留在电解质体相中的阳离子和阴离子将不再产生任何净移动，因为由电荷分离建立的内部电场的驱动力和两种离子的浓度梯度所产生的驱动力加和恰好抵消了外加电场电势 $\Delta\psi$ 引起的任何迁移。我们称这种平衡为"稳态"。

显然，在这种电化学电池中，由于电流响应变化迅速且依赖于许多因素，很难从中解析电解质的固有电阻（或电导率）。

实验中常用的另一种场景是一个电极对其中一种离子不阻塞的电化学电池。一个典型的例子是由一对锂金属电极浸没在含有锂离子的电解质中组成的对称电池。在这个电池中，两个电极对锂离子都是非阻塞的，但对电解质中的任何阴离子都是阻塞的。施加外部电场时，两种离子都会瞬间移动，与阻塞电极场景类似。然而，很快阴离子就不会有任何净移动，因为在体相电解质的两端，由于阴离子的富集和耗散建立起了浓度梯度。而阳离子（Li⁺）则不会在任何电极处引起富集和耗散，因为施加到电池上的直流极化 $\Delta\psi$ 通过在正极生成锂离子来补充由于锂离子迁移出去所耗散的锂离子，并在负极上沉积锂金属来消耗由于锂离子迁移进来所富集的锂离子。

在正极：

$$Li^0 - e^- \longrightarrow Li^+ \tag{14.1}$$

在负极：

$$Li^+ + e^- \longrightarrow Li^0 \tag{14.2}$$

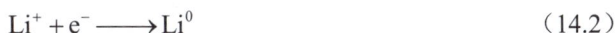

因此，整体电池电流的演变可以用图 14.1（c）来表示，其中初始的电流峰值包含了阳离子和阴离子移动的贡献，但随着时间的推移，当电池达到稳态时，电池电流（i_{SS}）将主要由锂离子的移动决定。

该场景通常被称为"半阻塞条件"，具体讨论锂金属或锂离子电池等电池时，称为"阴离子阻塞条件"。这是一种重要的场景，在接下来的章节中我们将反复对此进行更详细的讨论。

虽然在理想状态下，稳态电流可能是一个非常有用的量，但从这样的实验中是无法直接解析出体相电解质的固有离子导电性。实际上，Bruce 和 Vincent 在尝试开发一种确定锂离子迁移数的方法时利用了稳态电流，这在第 14.2.4 小节和第 14.3 节中有更详细的讨论。然而，假设"一切都处于理想状态"是非常重要的，尽管这一假设在大多数实际电解质系统中并不成立。

当然，还有许多其他可能引入更多复杂性的场景，例如仅一个电极对离子不阻塞（典型例子是混合电池 - 电容器），或两个电极对其中一种离子不阻塞但电势差异很大（典型例子是锂离子电池，其正负极都可以嵌入容纳锂离子但彼此电势相差 3.0 V 以上），或者电极对两种离子都不阻塞（典型例子包括氢燃料电池或电极在不同电位下可嵌入阳离子和阴离子的双离子嵌入电池）。这些复杂性显然让解决体相电解质固有离子导电性问题更加困难，因此本书不打算涵盖所有这些场景。

总而言之，尽管式（5.54）和式（5.58）看起来简单而直接，但离子电导率的测量绝非如此。在直流极化下进行测量是非常困难的。

14.1.1　为什么要使用交流（AC）技术？

使用直流（DC）技术的根本困难在于电极表面离子的富集和耗散，这会建立内部电场和浓度梯度，引起离子反向迁移和离子间耦合。在直流条件下，这种富集和耗散是不可避免的，因为所有离子都持续地朝着直流电场施加的方向或反方向移动。

为避免这种富集和耗散，可以通过频繁改变施加电场的方向，使离子不会朝固定的方向移动，这就是交流（AC）技术的基本原理。在交流技术中，离子会在施加的交流电场作用下振荡，电场的方向会以一定的频率切换。因此，只要该频率高于离子能够响应的速度，离子就不会在体相电解质的任何局部区域富集和耗散（见图 14.2）。

在各种交流技术中，交流阻抗谱（AC impedance spectroscopy）或通常称为电化学阻抗谱（electrochemical impedance spectroscopy，EIS），为准确测定离子电导率提供了一种简便而精确的工具，已成为几乎所有电解质研究的标准手段[1-2]。在该技术中，施加振幅为 $\Delta\psi_0$，对时间 t 为正弦函数的交流电场，可在复平面上表示为：

$$V(t) = \Delta\psi_0[\cos(\omega t) + i\sin(\omega t)] \tag{14.3}$$

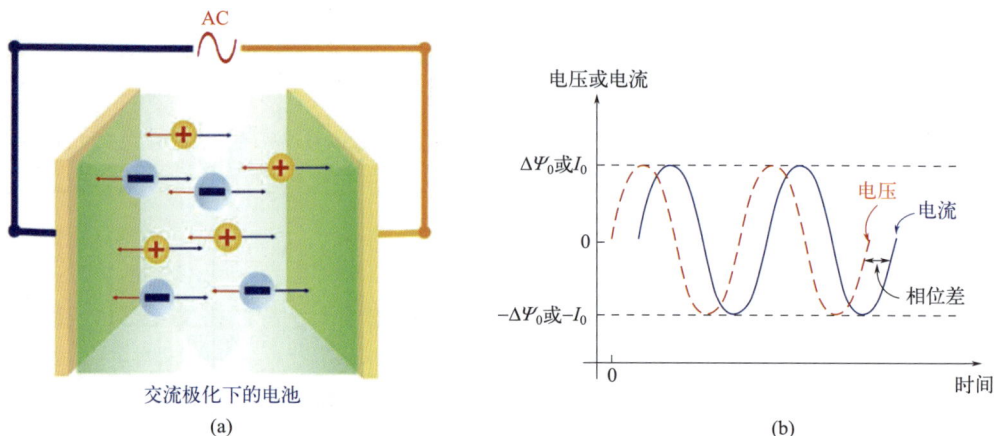

图 14.2　应用交流电场可以避免离子富集和耗尽，使得整个体相电解质中的离子浓度保持原始状态，通过数学分析可以解析出电解质的固有电阻（或电导率）。这里展示的是阻塞电极电池，而在实验中电极可以被制成对一种离子或两种离子都不阻塞

其中，ω是角频率，与交流电场的频率 f 相关：

$$\omega = 2\pi f \tag{14.4}$$

而 i 是虚数单位，其通用定义为：

$$i = \sqrt{-1} \tag{14.5}$$

施加的交流电位通常只具有相当小的振幅值，一般在几毫伏到几十毫伏的范围内（$10^{-3} \sim 10^{-4}$ V），以便位于电解质的电化学稳定窗口内，且不会引发不希望的电极反应。响应交流电位的交流电流也呈正弦形式，但由于离子响应所施加的外电场需要时间，因此电流响应存在一定的延迟 [图 14.2（b）]。施加的电位与电流的比值生成了一个在本质上类似于直流电场条件下欧姆定律中的电阻的量：

$$Z = \frac{V(t)}{I(t)} \tag{14.6}$$

我们将这个类似于电阻的量命名为阻抗。由于电位和电流都是具有实部和虚部的复数，阻抗 $\boldsymbol{Z}$ 也应该是一个复数，可以在复平面上表示为一个向量：

$$\boldsymbol{Z} = Z_{real} - iZ_{imag} \tag{14.7}$$

其中，$\boldsymbol{Z}$ 在 x 轴和 y 轴上的投影分别是其实部和虚部（图 14.3）。为简化起见，在文献中，$\boldsymbol{Z}$ 的实部和虚部通常也被写作 $\boldsymbol{Z}'$ 和 $\boldsymbol{Z}''$。

如图 14.3 所示，实部对虚部的图称为交流阻抗谱中的 Cole-Cole 图（有时也被误称为 Nyquist 图）。我们很快就会发现这样的图有多么有用。

在大多数交流阻抗谱中，施加的交流电场的频率（f 和 ω）在一定范围内变化，通常在 $10^{-3} \sim 10^6$ Hz 之间（但对于特殊要求，可宽达 $10^{-4} \sim 10^9$ Hz），以便生成一系列作为频率的函数的阻抗。这一系列的数据构成了阻抗谱，其中包含我们想要确定的目标参数，即电解质的固有电阻（或电导率）。为了通过复杂的交流图谱解算出这个电阻，我们

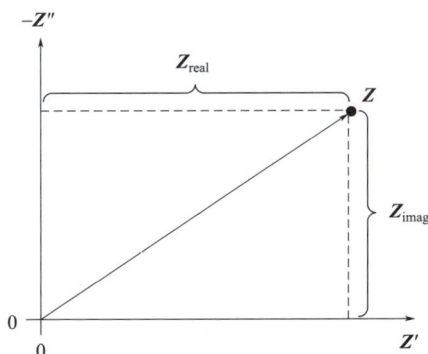

图 14.3　阻抗值 Z 可以在复平面上表示为一个向量，其在 x 轴和 y 轴上的投影分别是它的实部和虚部

需要进行严格的数学分析，以了解阻抗如何随着施加的交流电场频率的变化而变化。

14.1.1.1　等效电路

在深入探讨如何从交流阻抗谱中解析出电解质固有电阻的数学细节之前，我们首先尝试将电化学电池结构简化为一些数学上更容易处理的基本组件。

从图 14.1 中显示的最简单的场景开始，即电极对两种离子都阻塞的情况。前面提到，这实际上是一个电化学双电层电容器，通过更仔细的观察我们能够将其进一步解剖为更多的基本组件。

首先，让我们假设体相电解质的固有电阻为 R_B，这正是我们想要测量的，可以用一个纯电阻表示 [图 14.4（a）]。

然后，在两个分离的电解质/电极界面上，有相应的双层电容，可以用两个纯电容表示。如果两个电极是相同的（如对称电池的情况），则电池左侧和右侧的这两个双层电容也应该是相同的，可以合并成一个由 C_{DL} 表示的单一组件。电阻 R_B 和电容 C_{DL} 应该以串联连接，因为按照前述阻塞电极的假设，没有电极反应发生，所以在电解质中运动的离子不可能通过这两个电解质/电极界面。

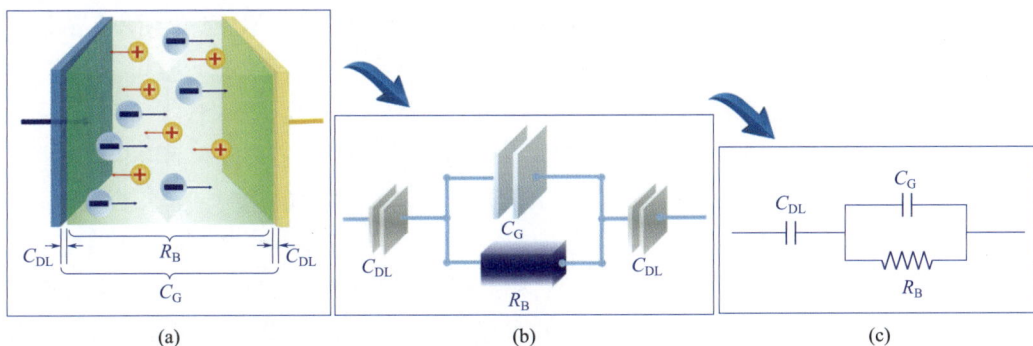

图 14.4　将电极对所有离子都阻塞的电化学电池简化为等效电路

最后，一个经常容易被忽视的组件是两个电极之间的几何电容，可以用另一个纯电容 C_G 表示。与两个 C_{DL} 不同，这个电容应该与电阻 R_B 并联连接，因为在电解质中迁移

运动的离子可以通过克服电解质的阻力轻松通过这个电容器。

综合所有这些考虑，容易得到一个由阻塞电极组成的电化学电池的等效电路［图 14.4（b）］。同样，由于在对称电池中两个双层电容是相同的，这样的等效电路可以进一步简化为图 14.4（c）所示的形式，这在文献中是常见的形式。

现在将注意力转向电极对至少一种离子不阻塞的电化学电池，这是图 14.1 中显示的第二种场景。

体相电解质的固有电阻 R_B 仍与两个独立的双电层电容 C_{DL} 串联连接。由于此时电极对离子不再阻塞，因此在电解质中移动的离子可以通过界面处的双电层电容。我们知道，当离子穿过界面时，会发生电荷转移（第 6 章），离子应该克服一定的电阻，该电阻可以用另一个纯电阻 R_{CT} 表示。换句话说，两个单独的双层电容 C_{DL} 应该与电荷转移电阻 R_{CT} 并联连接。

综合这些考虑，就可以得到由不阻塞电极组成的电化学电池的等效电路［图 14.5（b）］。同样，如果两个双层电容和两个单独的电荷转移电阻是相同的，它们可以分别合并为一个单一的组件，这样的等效电路形式也在文献中经常遇到［图 14.5（c）］。

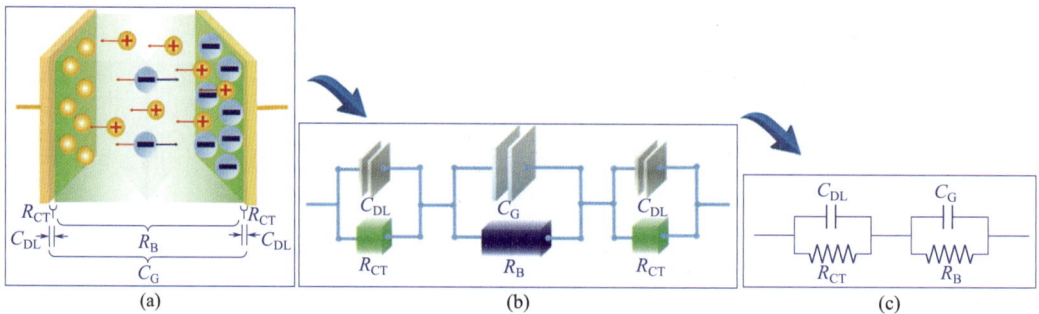

图 14.5 将至少一种离子不阻塞的电极组成的电化学电池简化为等效电路

然而，应始终记住，如果电池是不对称的，例如由低电位的负极和高电位的正极组成的锂离子电池，两个电极/电解质界面上的双层电容和电荷转移电阻并不相同。尽管仍然可以使用图 14.4 和图 14.5（c）所示的等效电路表示，但双层电容和电荷转移电阻应该反映出每个电极上这些电容和电阻的平均值。

最后，研究者们在使用这些等效电路时经常忽略的一个方面是界相。界相在电极上的存在没有被等效电路反映出来。可以理解为，穿越界相的离子必须克服额外的电阻，这应该由一个独立的组件 R_{SEI} 表示，它再次与双层电容 C_{DL} 并联连接，但与电荷转移电阻 R_{CT} 串联连接。在一些文献中，这种界相电阻被认为是电荷转移过程的一部分，因此在这种情况下，R_{CT} 代表了离子穿越界相时和穿越界相后反应的总体贡献。然而，应该始终记住，离子穿越界相和随后的电荷转移是两个不仅在化学性质上，而且在动力学和响应施加的交流电场的时间尺度上都不同的过程。

在现代电池研究的文献中，R_{CT} 的定义已经扩展到几乎与界面/界相上的任何过程相关的情况。例如，在锂金属沉积的情况下，R_{CT} 可能是 Li^+ 穿越界相时遇到的总电阻，或从电极接收电子时的电阻，或在电极表面形核沉积时的电阻。

图 14.4 和图 14.5 中显示的等效电路表现了研究人员在实验室电池中经常遇到的两种最具代表性的场景。在由各种化学成分组成的锂离子电池等电化学设备中，实际的等效电路可能更为复杂，但通常可以分解为与图 14.4 和图 14.5 类似的两种基本等效电路。

14.1.1.2　交流阻抗谱中的元素

交流阻抗谱中的元素包括电阻、电容、电感、恒相位元件和 Warburg 元件。

在第 14.1.1.1 小节的等效电路中，有两个基本元件，电阻 R 和电容 C，因此这些电路有时在电子学中被称为"$R\text{-}C$ 网络"。

现在对最简单的元件——纯电阻 R 进行分析，并推导出当一个由式（14.3）描述的交流电场施加在其上时，其阻抗应该是什么。毫无疑问，无论施加的交流电场如何随时间变化，电阻始终遵循欧姆定律，因此电流响应将由下式描述：

$$I(t) = \frac{V(t)}{R} = \frac{\Delta\psi_0}{R}[\cos(\omega t) + i\sin(\omega t)] = I_0[\cos(\omega t) + i\sin(\omega t)] \tag{14.8}$$

式中，I_0 为交流电场在 $\Delta\psi_0$ 处达到最大值时的电流响应。

显然，电流也是一个随时间变化的正弦函数，并且与施加的交流电位完全同步，即在图 14.2（b）中标记的相位差为零。根据式（14.6），相应的阻抗 Z_R 应该是：

$$Z_R = \frac{V(t)}{I(t)} = \frac{\Delta\psi_0}{I_0} = R \tag{14.9}$$

阻抗 Z_R 只有一个实部。换句话说（尽管听起来可能有点多余），纯电阻的阻抗就是它的电阻。

那么，纯电容器呢？

我们在第 9.1.2 节中学到［式（9.12）、式（9.20）和式（9.23）］，当在电容器上施加电位差 ΔV 时，电容器上的电荷富集或耗散由下式描述：

$$Q = C \times \Delta V \tag{14.10}$$

式中，C 是电容器的比电容。

当施加的是交流电场而不是直流电场时，适用相同的原理，相应的，电荷富集或耗散也会成为时间的函数：

$$Q(t) = C \times V(t) \tag{14.11}$$

将式（14.3）中的 $V(t)$ 表达式代入，我们得到：

$$Q(t) = C\Delta\psi_0[\cos(\omega t) + i\sin(\omega t)] \tag{14.12}$$

根据定义，电容器的电流响应是单位时间内电荷量的变化：

$$I(t) = \frac{dQ(t)}{dt} = \frac{d\{C\Delta\psi_0[\cos(\omega t) + i\sin(\omega t)]\}}{dt} = C\Delta\psi_0 \times \frac{d[\cos(\omega t) + i\sin(\omega t)]}{dt} \tag{14.13}$$

应用已知的三角关系：

$$\frac{\mathrm{d}\cos(\omega t)}{\mathrm{d}t} = -\omega\sin(\omega t) \tag{14.14}$$

$$\frac{\mathrm{d}\sin(\omega t)}{\mathrm{d}t} = \omega\cos(\omega t) \tag{14.15}$$

将公式（14.13）转换为：

$$I(t) = \omega C\Delta\psi_0[-\sin(\omega t) + \mathrm{i}\cos(\omega t)] \tag{14.16}$$

与这个纯电容器相关的阻抗 Z_C 为：

$$Z_C = \frac{V(t)}{I(t)} = \frac{\cos(\omega t) + \mathrm{i}\sin(\omega t)}{\omega C\Delta[-\sin(\omega t) + \mathrm{i}\cos(\omega t)]} \tag{14.17}$$

为了简化分母，我们替换其中一个项：

$$-\sin(\omega t) = \mathrm{i}^2\sin(\omega t) \tag{14.18}$$

然后式（14.13）变成了一种更加简洁和简短的形式：

$$Z_C = \frac{\Delta\psi_0[\cos(\omega t) + \mathrm{i}\sin(\omega t)]}{\mathrm{i}\omega C\Delta\psi_0[\cos(\omega t) + \mathrm{i}\sin(\omega t)]} = \frac{1}{\mathrm{i}\omega C} \tag{14.19}$$

因此，纯电容器的阻抗是 $1/(\mathrm{i}\omega C)$ 或 $-\mathrm{i}/(\omega C)$。

值得注意的是，电流响应不再完全与施加的交流电场同步。换句话说，相位差不再为零。可以通过应用基本的三角关系转换将式（14.16）重写为以下形式：

$$I(t) = \omega C\Delta\psi_0\left[\cos\left(\omega t - \frac{\pi}{2}\right) + \mathrm{i}\sin\left(\omega t - \frac{\pi}{2}\right)\right] \tag{14.20}$$

这表明电流相对于施加的交流电压提前了 90°。然而，从因果关系来讲，如果考虑到电流是由施加的电压引起的，电流"领先"这个说法显得稍许有点奇怪，因此可以重新表述为电流相对于施加的交流电压滞后 270°。无论哪种情况，$V(t)$ 和 $I(t)$ 之间的相位差均为 90°。

纯电阻和纯电容是研究人员构建等效电路时最常用的两个组件。此外，偶尔还需要使用另外两个基本组件，因为现实生活中的复杂交流阻抗谱通常不能仅通过纯电阻和纯电容完全解释。其中一个是电感，用 L 表示，其阻抗 Z_L 是：

$$Z_L = j\omega L \tag{14.21}$$

这反映了一个元件对流经其的电流变化的阻力。这种阻力是由电流流动波动产生的电磁干扰引起的。电感通常来源于构成电路的导线和电缆，其存在通常是虚数阻抗中负读数和复平面中环路的原因。

另一个基本组件是恒相位元件（CPE），它可以看作电阻和电容器的混合体，通常被称为"漏电电容器"，其阻抗 Z_{cpe} 可被表达为：

$$Z_{\mathrm{cpe}} = k(\mathrm{i}\omega)^{-p} \tag{14.22}$$

式中，k 是一个常数；p 是一个介于 0 ～ 1.0 之间的实数。将式（14.5）代入公式（14.22）

以替代虚数单位 i，我们可以将其重写为：

$$Z_{cpe} = \frac{k}{\omega^p}(-1)^{-\frac{p}{2}} \tag{14.23}$$

为了将 Z_{cpe} 的表达式进一步简化为典型的复数形式，我们引用 Euler 公式：

$$e^{ix} = \cos x + i\sin x \tag{14.24}$$

这表明当 $x = \pi$ 时，

$$e^{ix} = \cos\pi + i\sin\pi = -1 \tag{14.25}$$

用式（14.23）中的 −1 替换公式（14.25）中的 −1，我们得到：

$$Z_{cpe} = \frac{k}{\omega^p}(e^{i\pi})^{-\frac{p}{2}} = \frac{k}{\omega^p}e^{\left(-\frac{ip\pi}{2}\right)} \tag{14.26}$$

再次应用 Euler 公式［公式（14.24）］重写指数项，可得到：

$$Z_{cpe} = \frac{k}{\omega^p} \times \left[\cos\left(-\frac{p\pi}{2}\right) + i\sin\left(-\frac{p\pi}{2}\right)\right] = \frac{k}{\omega^p}\left[\cos\left(-\frac{p\pi}{2}\right) - i\sin\left(\frac{p\pi}{2}\right)\right] \tag{14.27}$$

现在，式（14.27）以典型的复数形式表示了 CPE 的阻抗，由实部和虚部组成，这使我们能够评估 CPE 在不同 p 值下的行为。

如果 $p = 0$，则

$$Z_{cpe} = k(\cos 0 - i\sin 0) = k \tag{14.28}$$

因为 k 是与频率无关的常数，所以 CPE 的行为类似于纯电阻，其电阻 R_{cpe} 就等于 k。

如果 $p = 1.0$，则

$$Z_{cpe} = \frac{k}{\omega} \times \left[\cos\left(\frac{\pi}{2}\right) - i\sin\left(\frac{\pi}{2}\right)\right] = -\frac{ki}{\omega} \tag{14.29}$$

式（14.29）与式（14.19）之间的相似性意味着 CPE 的行为类似于电容器，对比这两个公式，其电容 C_{cpe} 应为 $1/k$。

在 p 介于 0 ～ 1.0 之间时，CPE 应该表现为纯电阻和纯电容器的混合，亦即漏电电容器。例如，如果 $p = 0.5$，则

$$Z_{cpe} = \frac{k}{\sqrt{\omega}} \times \left(\cos\frac{\pi}{4} - i\sin\frac{\pi}{4}\right) = \frac{k(1-i)}{\sqrt{2\omega}} \tag{14.30}$$

实际上，$p = 0.5$ 表示 CPE 的一个特殊情况，称为"Warburg 元件"或"Warburg 扩散元件"，可表示为一条以 45°的恒定角度与实轴相交的直线。它在所有频率上都是唯一的，且在所有频率上实部和虚部都相等，都取决于 $\omega^{-1/2}$。它经常用于描述低频时的半无限线性扩散。

有了这四种基本组件的阻抗数学表达式后，我们现在可以开始构建等效电路了。

14.1.1.3 将交流阻抗元件连接成电路

有了这些元件，我们现在可以开始考虑构建如图 14.4 和图 14.5 所示的等效电路了。

当将这些元件连接成电路时，它们的阻抗遵循与纯电阻相同的规则，即尽管所涉及的元件的性质是电阻、电容器、电感器或恒相位元件，但串联元件的总阻抗 Z_t 由以下公式给出：

$$Z_t = \sum_{i=1}^{n} Z_i \qquad (14.31)$$

而对于并联元件，总阻抗 Z_t 遵循倒数求和规则，即：

$$\frac{1}{Z_t} = \sum_{i=1}^{n} \frac{1}{Z_i} \qquad (14.32)$$

（1）R-C 串联电路

首先将一个电阻和一个电容连接成串联电路 [图 14.6（a）的小插图]。其总阻抗应该由式（14.31）给出，即式（14.9）表示的纯电阻的阻抗 Z_R 与式（14.19）表示的纯电容的阻抗 Z_C 相加：

$$Z_t = Z_R + Z_C = R - \frac{i}{\omega C} \qquad (14.33)$$

这里采用了如式（14.7）所示的典型复数形式，其中实部和虚部分别表示为：

$$Z' = Z_R = R \qquad (14.34)$$

$$Z'' = -Z_C = \frac{i}{\omega C} \qquad (14.35)$$

换句话说，Z' 是电阻 R 贡献的阻抗，Z'' 是电容器 C 贡献的阻抗。当频率无限大（$\omega = \infty$）时，虚部 [$Z'' = i/(\omega C)$] 消失，而当频率接近 0（$\omega = 0$）时，虚部趋近无穷大。如果在复平面上绘制在所有频率测得的总阻抗值，得到的谱图看起来是一条简单的垂直线，与实轴相交于位置 R [图 14.6（a）]。

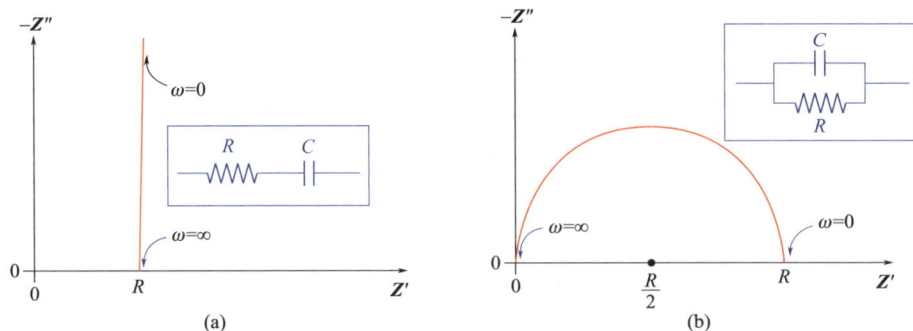

图 14.6 R-C 元件的两种基本连接方式：（a）电阻和电容器串联连接，实部在交流场频率下保持为常数 R，而虚部随频率变化；（b）电阻和电容器并联连接，实部和虚部都随频率变化，但遵循半圆方程

（2）R-C 并联

接下来，我们尝试将电阻和电容器并联连接 [见图 14.6（b）中的小插图]。其总阻抗应由式（14.32）给出，即其倒数是由式（14.9）表示的纯电阻阻抗 Z_R 的倒数和由式

（14.19）表示的纯电容器阻抗 Z_C 的倒数之和：

$$\frac{1}{Z_t} = \frac{1}{R} - \frac{\omega C}{i} = \frac{1}{R} + i\omega C = \frac{1 + i\omega CR}{R} \qquad (14.36)$$

因此，该并联电路的总阻抗为：

$$Z_t = \frac{R}{1 + i\omega CR} \qquad (14.37)$$

因为式（14.37）所表示的 Z_t 并不具有由式（14.7）定义的典型复数形式，我们需要通过消除分母中的虚数单位 i 来简化它。这可以通过将分母与其共轭量即 $(1 - i\omega CR)$ 相乘来实现，并记住 $i^2 = -1$，从而得到：

$$Z_t = \frac{R(1 - i\omega CR)}{1 + (\omega CR)^2} = \frac{R}{1 + (\omega CR)^2} - i\frac{\omega CR^2}{1 + (\omega CR)^2} \qquad (14.38)$$

现在并联电路的总阻抗采用了我们想要的形式，由实部和虚部组成，分别为：

$$Z' = \frac{R}{1 + (\omega CR)^2} \qquad (14.39)$$

$$Z'' = \frac{\omega CR^2}{1 + (\omega CR)^2} \qquad (14.40)$$

在无限频率（$\omega = \infty$）时，实部 Z' 和虚部 Z'' 都趋近于零。然而，在接近零频率时（$\omega = 0$），虚部仍然为零，而实部变为 R。

当频率在零和无穷之间的中间值时，Z' 和 Z'' 会是什么？在复平面上，阻抗谱会是什么样子？

为了回答这些问题，让我们首先尝试建立 Z' 和 Z'' 之间的关系：

$$(Z')^2 + (Z'')^2 = \frac{R^2 + (\omega CR^2)^2}{\left[1 + (\omega CR)^2\right]^2} = R^2\frac{1 + (\omega CR)^2}{\left[1 + (\omega CR)^2\right]^2} = R^2\frac{1}{1 + (\omega CR)^2} \qquad (14.41)$$

将式（14.39）代入式（14.41）替换分数项，我们得到：

$$(Z')^2 + (Z'')^2 = RZ' \qquad (14.42)$$

重新排列上述方程，并在两边都加上一个 $R^2/4$ 项，式（14.42）变为：

$$(Z')^2 + (Z'')^2 - RZ' + \frac{R^2}{4} = \frac{R^2}{4} \qquad (14.43)$$

或者，更具启示性的形式：

$$\left(Z' - \frac{R}{2}\right)^2 + (Z'')^2 = \frac{R^2}{4} \qquad (14.44)$$

式（14.44）的意义不仅仅是代数技巧。实际上，它揭示了复平面中与图 14.6（b）插图所示等效电路对应的阻抗的实部和虚部之间的关系遵循半圆方程。这个半圆的半径为 $R/2$，中心位于 $(R/2, 0)$。当频率趋近于无穷大时，半圆的端点位于复平面的原点，而当频率趋近于零时，端点位于 $(R, 0)$。

现在，我们终于可以着手处理一个真实的等效电路。

（3）带有阻塞电极的电路

最简单的带有阻塞电极的实际电化学电池如图 14.4 所示，其中电解质的体相电阻（R_B，我们在本节中的最终目标）与几何电容 C_G 并联，而双层电容与这个 R-C 单元串联。由于两个电极对两种离子都是阻塞的，所以在这些双层电容器中没有与之并联的电阻器，或者换句话说，与电容器并联的界面电阻器的电阻为无穷大。

对于由 R_B 和 C_G 组成的并联 R-C 单元，阻抗 Z_P 应由式（14.38）给出：

$$Z_P = \frac{R_B(1-i\omega C_G R_B)}{1+(\omega C_G R_B)^2} \tag{14.45}$$

而串联部分的阻抗，即双层电容器的阻抗，应由式（14.19）给出：

$$Z_S = \frac{1}{i\omega C_{DL}} = -\frac{i}{\omega C_{DL}} \tag{14.46}$$

总阻抗 Z_t 是两个组分 Z_P 和 Z_S 的总和：

$$Z_t = \frac{R_B(1-i\omega C_G R_B)}{1+(\omega C_G R_B)^2} - \frac{i}{\omega C_{DL}} \tag{14.47}$$

通过将其整理成典型的复数表达式，可得到：

$$Z_t = \frac{R_B}{1+(\omega C_G R_B)^2} - i\frac{1+(\omega C_G R_B)^2\left(1+\dfrac{C_{DL}}{C_G}\right)}{\omega C_{DL}\left[1+(\omega C_G R_B)^2\right]} \tag{14.48}$$

尽管这是实际生活中最简单的电路，但阻抗的表达式已经相当复杂。在复平面上绘制时，阻抗由一个半圆和一条在其低频端的垂直线组成（图 14.7 中的实线），这符合人们的预期，即它应该看起来像是 R-C 串联 [图 14.6（a）] 和 R-C 并联 [图 14.6（b）] 的混合。

在这样的图中，我们最终可以从半圆和垂直线与实轴相交的位置解析出电解质的体相电阻 R_B。如果电池的几何形状（电极面积 A 和电极间距 Δx）已知，则可以使用式（5.58）确定电解质的电导率。

实际上，在图 14.7 中由实线表示的阻抗图已经非常接近文献中所看到的情况。然而，仔细观察，我们仍然能观察到一些差异。首先，实际电化学电池中的半圆总是以某种方式被"压扁"，而不是一个完美的半圆；其次，由双层电容贡献的直线从不是完全垂直的，而是倾斜的，通常还略微弯曲，如图 14.7 中的虚直线所示。

我们必须找出导致这些偏离垂直线和完美半圆的原因，并评估它们对确定 R_B 准确性的影响。

（4）用恒相位元件进行校正

在电化学阻抗研究中，CPE 的概念被引入用于校正电化学阻抗谱中的偏差。CPE 的阻抗由式（14.27′）给出：

$$Z_{cpe} = \frac{k}{\omega^p} \times \left[\cos\left(\frac{p\pi}{2}\right) - i\sin\left(\frac{p\pi}{2}\right)\right] \tag{14.27'}$$

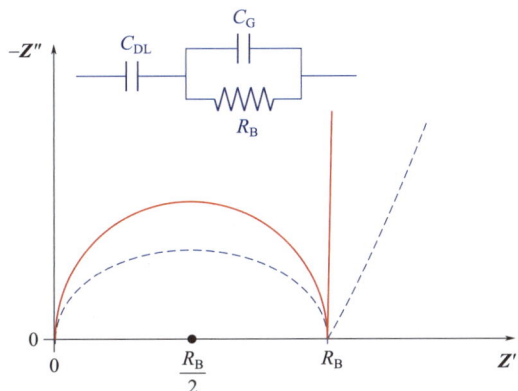

图 14.7 最简单的电化学电池产生的阻抗谱，其中两个电极对电解质中的所有离子都是阻塞的。如果基本组件是纯电阻和纯电容，那么阻抗图应该由一个半圆和一条垂直线（实线）组成，两者都在 R_B 处与实轴相交，给出了电解质的离子导电性。然而，实际生活中的电化学电池总是产生一个凹陷的半圆和一条倾斜的线（虚线）

将 R-C 串联电路［图 14.6（a）中的插图］中的纯电容器替换为 CPE 后，其中，电阻 R 被一个新的物理量 Q 替换，它隐含了双电层电容的贡献，上述表达式变为：

$$Z_{cpe} = \frac{1}{Q\omega^p}\left[\cos\left(\frac{p\pi}{2}\right) - i\sin\left(\frac{p\pi}{2}\right)\right] \tag{14.49}$$

而总阻抗变为：

$$Z_t = Z_R + Z_{cpe} = R + \frac{1}{\omega^p}\cos\left(\frac{p\pi}{2}\right) - i\frac{R}{\omega^p}\sin\left(\frac{p\pi}{2}\right) \tag{14.50}$$

其中实部和虚部分别为：

$$Z' = R + \frac{1}{\omega^p}\cos\left(\frac{p\pi}{2}\right) \tag{14.51}$$

$$Z'' = \frac{R}{\omega^p}\sin\left(\frac{p\pi}{2}\right) \tag{14.52}$$

现在，阻抗应该呈直线形式，其在实轴上的投影（即 Z'）随频率变化，但在频率接近无穷大时，投影将达到 R 的最小值，阻抗在实轴上的交点处于 $p\pi/2$ 角度［图 14.8（a）］。

类似地，R-C 并联电路的情况也可以通过用一个 CPE 替换纯电容器来处理，因此总阻抗为：

$$\frac{1}{Z_t} = \frac{1}{R} + \frac{1}{Z_{cpe}} = \frac{1}{R} + \frac{1}{\dfrac{Q}{\omega^p}\left[\cos\left(\dfrac{p\pi}{2}\right) - i\sin\left(\dfrac{p\pi}{2}\right)\right]} \tag{14.53}$$

将式（14.53）简化为类似式（14.44）的图形表示相当烦琐且篇幅较长，没必要在这一章节中完全推导，因此我们直接给出结果。并联的 CPE（常数相位元件）使半圆绕原点旋转一个角度 $p\pi/2$，从而使半圆下降了距离 D［图 14.8（b）］。尽管与并联纯电容器和纯电阻的理想情况相比，半圆有所变形，但仍会与实轴相交于 R，因此可以通过具有阻塞电极的电池从交流阻抗谱中解析出电解质的体相阻抗或离子电导率。

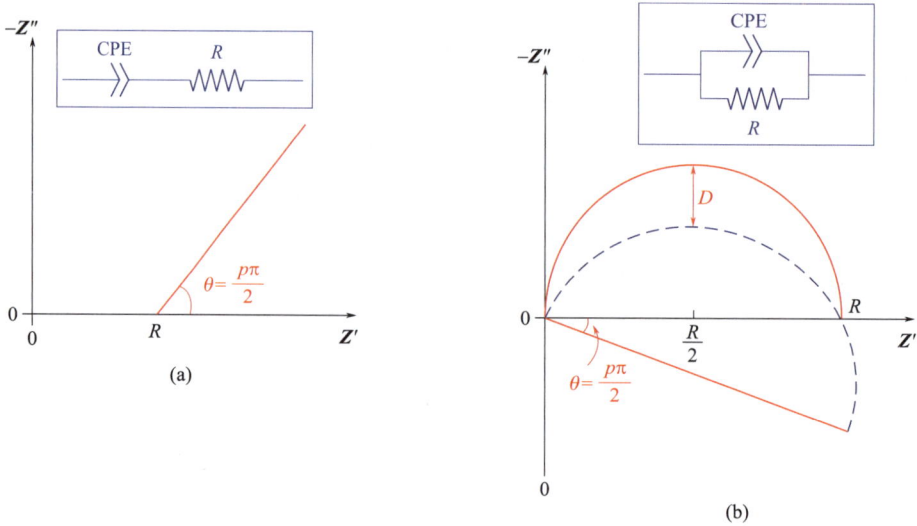

图 14.8　CPE 校正解释了（a）与纯电阻器串联的"漏电电容器"贡献的倾斜线和（b）与纯电阻器并联的"漏电电容器"导致的半圆下降

因此，如图 14.4 所示的具有阻塞电极的电化学电池已经成为确定离子电导率的标准电池设置。

（5）带非阻塞电极的电路

对于涉及电荷转移的实际电化学电池，如锂 - 锂对称电池（两个电极对锂离子是非阻塞的，但对阴离子是阻塞的）、锂离子电池（两个电极都对锂离子是非阻塞的，但在不同电势下会阻塞）、燃料电池和双离子嵌入电池（两个电极对阳离子和阴离子都是非阻塞的，但各自在不同电势下会阻塞），相应的等效电路必须包含更多的元件，数学表达式也变得更加冗长和复杂。因此，建议对这些复杂情况有深入了解的读者参考相关文献，其中一些文献在本章末的拓展阅读中列出。对于希望了解更多关于带有非阻塞电极的等效电路解决方案的读者，特别推荐 Macdonald 的简化处理方法。

在结束这一部分之前，有必要展示最简单的非阻塞电路的阻抗谱，这是电池研究中最常见的场景。以一个含有电解质的锂 - 锂对称电池为例，假设该电解质与锂金属在热力学上稳定。尽管现实中不存在这种电解质（至少在 2025 年仍是如此），但醚基电解质能够较好地模拟这种情况。

正如在第 14.1.1.1 小节中讨论的（图 14.5），这种电池的等效电路应包括两个串联的 R-C 并联单元 [图 14.9（a）]，分别对应于电解质中离子传输和电解质 / 电极界面处电荷转移引起的阻抗。因此，电路的总阻抗应由这两个 R-C 并联单元的阻抗 Z_1 和 Z_2 之和来描述：

$$Z_t = Z_1 + Z_2 \tag{14.54}$$

对于第一个单元，由几何电容 C_G 和电解质体电阻 R_B 组成，其阻抗遵循以下关系：

$$\frac{1}{Z_1} = \frac{1}{Z_G} + \frac{1}{Z_B} = \frac{1}{R_B} + \mathrm{i}\omega C_G \tag{14.55}$$

而对于由双层电容 C_{DL} 和电荷转移电阻 R_{CT} 组成的第二单元，有类似的关系：

$$\frac{1}{Z_2} = \frac{1}{Z_{DL}} + \frac{1}{Z_{CT}} = \frac{1}{R_{CT}} + i\omega C_{DL} \tag{14.56}$$

总阻抗则表示为：

$$Z_t = \frac{1}{\dfrac{1}{R_B} + i\omega C_G} + \frac{1}{\dfrac{1}{R_{CT}} + i\omega C_{DL}} \tag{14.57}$$

在文献中，几何电容 C_G 有时可以忽略，这导致出现了图 14.9（b）所示等效电路的简化版本，并且总阻抗的表达式变为：

$$Z_t = \frac{1}{\dfrac{1}{R_B}} + \frac{1}{\dfrac{1}{R_{CT}} + i\omega C_{DL}} = R_B + \frac{R_{CT}}{1 + i\omega C_{DL} R_{CT}} \tag{14.58}$$

乘以分母 $1 + i\omega C_{DL} R_{CT}$ 的共轭向量，式（14.53）转化为：

$$Z_t = R_B + \frac{R_{CT} - iR_{CT}^2 \omega C_{DL}}{1 + (\omega C_{DL} R_{CT})^2} = \left[R_B + \frac{R_{CT}}{1 + (\omega C_{DL} R_{CT})^2} \right] - i\frac{R_{CT}^2 \omega C_{DL}}{1 + (\omega C_{DL} R_{CT})^2} \tag{14.59}$$

其实部和虚部分别为：

$$Z' = R_B + \frac{R_{CT}}{1 + (\omega C_{DL} R_{CT})^2} \tag{14.60}$$

$$Z'' = \frac{R_{CT}^2 \omega C_{DL}}{1 + (\omega C_{DL} R_{CT})^2} \tag{14.61}$$

从式（14.60）中，我们得到：

$$(\omega C_{DL} R_{CT})^2 = \frac{R_{CT}}{Z' - R_B} - 1 \tag{14.62}$$

这里我们可以解出频率 ω：

$$\omega = \frac{1}{C_{DL} R_{CT}} \times \sqrt{\frac{R_{CT}}{Z' - R_B} - 1} \tag{14.63}$$

将式（14.63）代入虚部的表达式 [式（14.61）] 中，得：

$$Z'' = \frac{R_{CT}^2 C_{DL} \times \dfrac{1}{C_{DL} R_{CT}} \times \sqrt{\dfrac{R_{CT}}{Z' - R_B} - 1}}{1 + (C_{DL} R_{CT})^2 \times \left(\dfrac{1}{C_{DL} R_{CT}} \times \sqrt{\dfrac{R_{CT}}{Z' - R_B} - 1} \right)^2} = \frac{R_{CT} \sqrt{\dfrac{R_{CT}}{Z' - R_B} - 1}}{1 + \dfrac{R_{CT}}{Z' - R_B} - 1} \tag{14.64}$$

$$= (Z' - R_B) \times \sqrt{\frac{R_{CT} - Z' + R_B}{Z' - R_B}}$$

或者

$$(Z'')^2 = (Z' - R_B)^2 \times \frac{R_{CT} - Z' + R_B}{Z' - R_B} = (Z' - R_B) \times (R_B + R_{CT} - Z')$$
$$= 2Z'R_B + Z'R_{CT} - (Z')^2 - (R_B)^2 - R_B R_{CT} \tag{14.65}$$

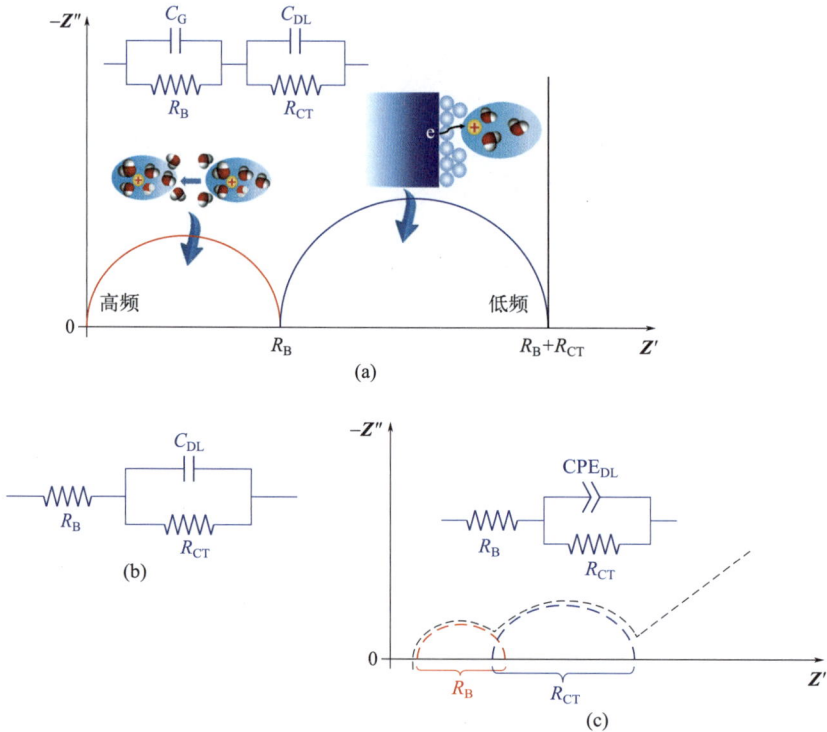

图 14.9 一个带有对某一种离子非阻塞电极的电化学电池产生的交流阻抗谱。（a）出现的两个半圆应该分别对应于由体相电解质中的离子传输和两个电解质/电极界面上电荷转移引起的两个 R-C 并联单元；（b）常用于描述上述电化学电池的简化等效电路，其中忽略了电池几何电容；（c）由这样的电化学电池产生的实际阻抗谱可能看起来不太理想，需要借助商业软件的解卷积来求解体相电解质的电阻

现在，式（14.65）采用了含两个变量 Z' 和 Z'' 的二次方程的熟悉形式。我们采用了一种类似于前面的代数技巧，通过重新排列，将其转换为：

$$(Z'')^2 + (Z')^2 + (R_B)^2 - Z'R_{CT} - 2Z'R_B + R_BR_{CT} = 0 \tag{14.66}$$

在等式的两边都加上相同的项 $(R_{CT}/2)^2$，将其转换为：

$$(Z'')^2 + (Z')^2 + (R_B)^2 - Z'R_{CT} - 2Z'R_B + R_BR_{CT} + \left(\frac{R_{CT}}{2}\right)^2 = \left(\frac{R_{CT}}{2}\right)^2 \tag{14.67}$$

式（14.67）又可以化简为半圆方程：

$$\left(Z' - R_B - \frac{R_{CT}}{2}\right)^2 + (Z'')^2 = \left(\frac{R_{CT}}{2}\right)^2 \tag{14.68}$$

在复平面上，式（14.68）表示一个直径为 R_{CT} 的半圆，与实轴相交于 R_B 和 $R_B + R_{CT}$，分别对应于高频端和低频端[图 14.9（a）]。

请注意，在进行这些并不复杂但极冗长的代数运算之前，已假设几何电容 C_G 可以被忽略。此简化的结果是将与 R_B-C_G 并联单元相对应的第一个半圆缩小成实轴上的一个点 R_B，否则它将由式（14.44）描述的一个独立的半圆表示。换句话说，如图 14.9（a）所示，等效电路的完整图形表示应为两个相邻的半圆，分别与实轴相交于 $(0, R_B)$ 和

（R_B，$R_B + R_{CT}$）。这两个半圆的直径分别为 R_B 和 R_{CT}。

通常认为直径为 R_B 的高频半圆来自 R_B-C_G 并联单元，它反映了电解质中的离子传输。这个半圆与实轴相交于 R_B，为我们提供了体相电解质中离子传导方面的信息。

通常也认为直径为 R_{CT} 的低频半圆来自 R_{CT}-C_{DL} 并联单元，它反映了界面／界相的电荷转移。在理想情况下，电荷转移电导率（$G_{CT} = 1/R_{CT}$）可以量化表示唯一可以穿过界面的离子进行的传输，因此该离子的迁移数可以通过下式计算：

$$t_i = \frac{I_i}{\sum_i^n I_i} = \frac{R_B}{R_{CT}} \tag{14.69}$$

因此，对应于 R_{CT} 的电阻始终大于 R_B。

稍后的章节中（第 14.2.4 节）将讨论式（14.69）的适用性和潜在假设。

除了阻抗的相对值之外，对应于 R_{CT}-C_{DL} 单元的半圆相比于 R_B-C_G 单元总是出现在低得多的频率处，因为界面上的离子迁移速度总是比体相电解质中的离子的迁移速度慢，几乎没有例外。

然而，实际电化学电池的阻抗谱通常与上述理想情况有显著偏差，其中两个半圆不仅被压缩，还发生了移动和合并，尖峰不仅倾斜，还出现弯曲［图 14.9（c）］。特别是在商用锂离子电池使用的非水电解质中，其室温离子电导率约为 10 mS·cm⁻¹，与 R_B-C_G 单元对应的半圆经常被严重压缩，相比 R_{CT}-C_{DL} 单元对应的半圆，几乎缩小成实轴上的一个交点。这构成了我们用于进行上述分析的等效电路简化版本［图 14.9（b）］的基础。

在实际应用中，遇到的这些不规则情况可以通过修改等效电路来解决，如添加电感、CPE（恒相位元件）、Warburg 扩散元件等。在商用阻抗分析仪中，软件内嵌了各种等效电路选项，只要选择合适的等效电路，总能找到与实验数据"完美匹配"的电路（图 14.10）。然而，必须注意的是，在这种复杂情况下，阻抗相关图形含义的解释变得相

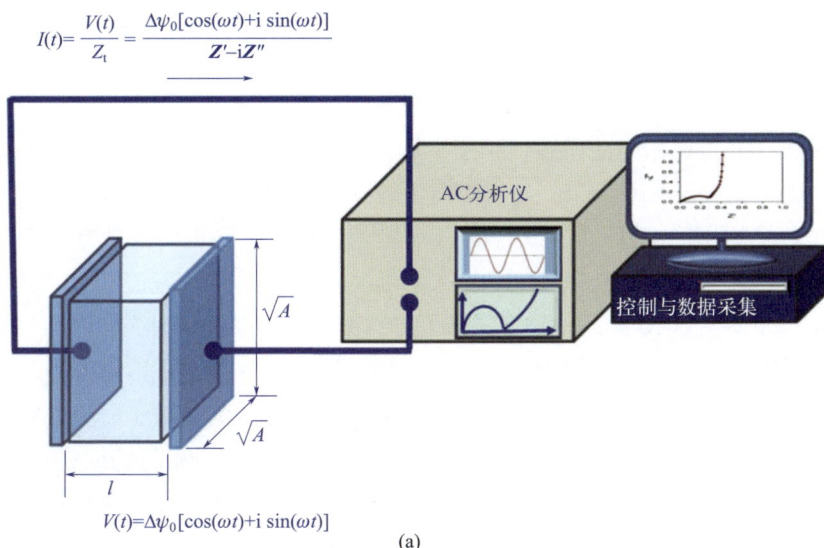

$$I(t) = \frac{V(t)}{Z_t} = \frac{\Delta\psi_0[\cos(\omega t) + i\sin(\omega t)]}{Z' - iZ''}$$

AC分析仪

控制与数据采集

$V(t) = \Delta\psi_0[\cos(\omega t) + i\sin(\omega t)]$

(a)

图 14.10

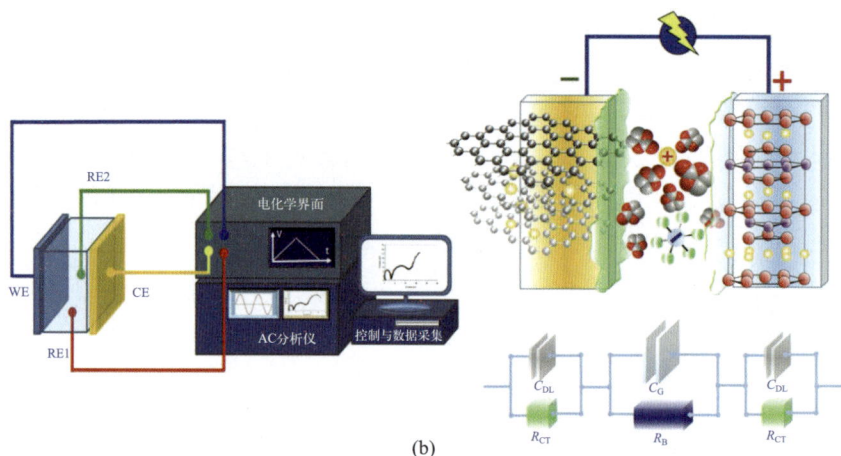

(b)

图 14.10 通用商用阻抗分析仪附带的强大软件总是能够找到与实验数据"完美匹配"的电路，无论是在阻塞（a）还是非阻塞（b）电化学电池中，前提是选择了合适的等效电路。然而，必须谨慎地认识到，交流阻抗谱作为一种现象学工具，并没有能力真正区分对谱产生贡献的复杂组分。应避免对数据的过度解读，尤其是在分析诸如锂离子电池等复杂系统时。阻抗的各种组分的贡献不再是离散的，而是耦合和合并的

当模糊，有时甚至无法确切地将某个半圆分配给特定的过程，因为体相和界面 / 界相过程常常在相似的频域中融合和重叠。

毕竟交流阻抗谱只是一种将电解质视为"黑匣子"的现象学工具，不能精确区分哪种组分的运动导致了阻抗行为的变化。为了做到这一点，我们需要进行机理分析，这将在本章的后半部分讨论。

14.1.2 实际电池电解质的离子电导率

只要避免过度解释，不深入追求体相和界面 / 界相各过程与交流阻抗谱的一一对应关系等细节，交流阻抗谱仍然是一种非常成熟、准确且易于使用的测定离子电导率的工具。特别是图 14.4 中展示的阻塞电极电池设置已被研究界广泛使用，它能够产生高度准确和可重复的离子电导率数据。

利用这样的工具和电池设置，丁盛平等详尽绘制了锂离子电池中使用六氟磷酸锂盐（lithium hexafluorophosphate, LiPF$_6$）和混合碳酸酯溶剂的几乎所有基本电解质配方的离子电导率[3-5]。尽管这项工作完成于近二十年前，生成的数据仍然非常有用，因为与电极材料和界相化学相比，电解质材料的发展相对停滞。这种情况直到 21 世纪 10 年代才有所变化。即使在 2010 年后，基于碳酸酯的这些基本电解质仍然在工业中广泛使用，而使用各种添加剂导致的配方变化几乎没有改变体相电解质中的离子传输行为。

在丁盛平和其同事们绘制的详尽离子电导率图中，他们将离子导电性视为两个变量的函数，即盐浓度（LiPF$_6$ 的质量摩尔浓度或体积摩尔浓度）和溶剂组成（用 x_{EC} 表示在任何二元电解质中 EC 的摩尔分数）。例如，在 30℃下，可以为二元电解质 LiPF$_6$ 在 EC-EMC 中生成如图 14.11（a）所示的离子导电性图[3]。

为完成最终的映射，我们需要随后在每个感兴趣的温度下重复这个过程。将实验数

据与三元四次多项式函数紧密拟合，可以用一个包含 33 项的多项式方程来表示：

$$\begin{aligned}
\sigma(m, x, T) = & -3.37115 + 12.5608m - 7.89593m^2 + 3.51922m^3 - 1.1547m^4 + 18.1863x \\
& -6.22756mx - 13.6916m^2x + 8.43904m^3x - 7.83732x^2 + 19.607mx^2 - 18.4529m^2x^2 \\
& -30.6369x^3 + 29.2mx^3 - 0.04299187T + 0.180877mT - 0.0836202m^2T + 0.0230098m^3T \\
& +0.195946Tx + 0.0676686mTx - 0.14134m^2Tx + 0.147429Tx^2 + 0.173059mTx^2 \\
& -0.51634Tx^3 - 0.000223097T^2 + 0.000111233mT^2 + 0.000049528m^2T^2 \\
& +0.000952777T^2x + 0.00117334mT^2x - 0.000619157T^2x^2 - 3.46897 \times 10^{-7}T^3 \\
& -2.75041 \times 10^{-6}mT^3 - 5.57653 \times 10^{-6}T^3x
\end{aligned} \tag{14.70}$$

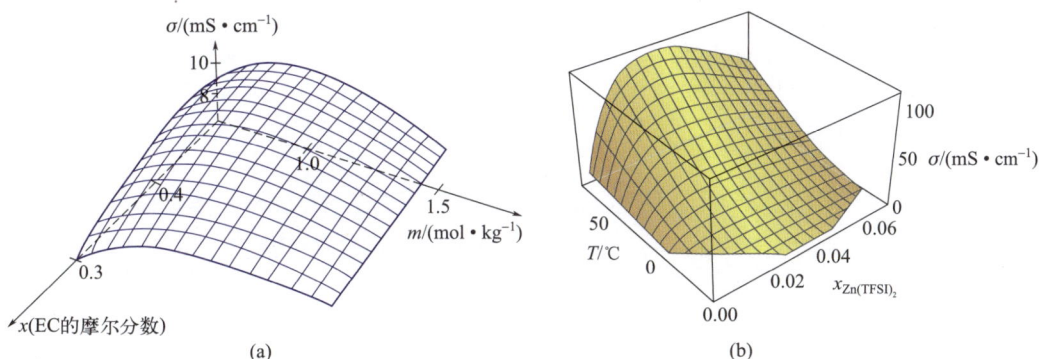

图 14.11　在三维空间中绘制离子电导率与盐浓度、溶剂组成和温度的函数关系。（a）在 30℃下，典型的骨架锂离子电池电解质 LiPF$_6$-EC-EMC 的电导率图［显示的两个变量是盐浓度和溶剂组成（在这个二元系统中以 EC 的摩尔分数表示）］；（b）水性电解质 Zn(TFSI)$_2$ 的电导率图，作为温度和盐浓度的函数［以电解质中 Zn(TFSI)$_2$ 的摩尔分数表示］。由美国化学会授权，从参考文献［5］中重新绘图制作，2020 年版权所有

　　尽管这种理解仍停留在现象学的水平上，但在考虑具体的应用需求时，它确实有助于设计和调整现有的电解质配方。例如，通过分析图 14.11（a），可以定性总结离子电导率如何随着这三个参数的变化而变化。

　　（1）盐浓度（m）

　　在低盐浓度（<1.0 mol·L^{-1}）下，随着盐浓度的增加，自由离子的数量也会增加，因为自由离子载体的存在取决于盐的浓度。然而，在盐浓度过高时，这些非水电解质的离子导电性总会出现一个最大值［见图 14.12（a）］，之后离子导电性会稳定地下降。这种行为与许多水系电解液的行为不同，如第 5.2.7 小节（图 5.13）所讨论的那样。这种现象发生在自由离子数量（n）与不断增强的离子 - 溶剂相互作用（高黏度，η）以及离子聚集（低离子迁移率，μ）之间的竞争下做出的折中妥协。这样的最大导电性位置取决于溶剂的介电常数以及温度；然而，它总是接近于 1 mol·L^{-1} 的盐浓度，这也是传统上非水电解质研究几乎完全局限于 1 mol·L^{-1} 范围而不愿意超出这一局部区域的主要原因之一。直到最近，超浓缩电解质的研究才突破了这一由追求高离子导电性所施加的限制。

　　（2）溶剂组成（x_{EC}）

　　通常，较高的介电常数会使离子配对在更高的盐浓度下发生，因为这种溶剂分子会

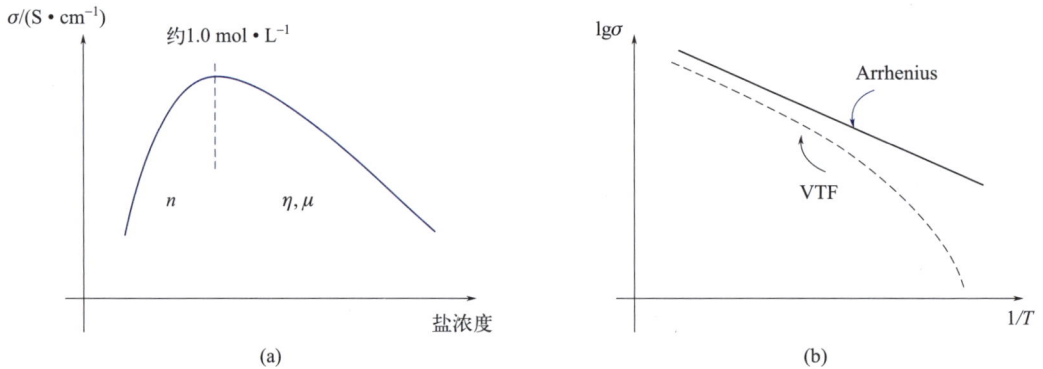

图 14.12 液态或类液态电解质中的离子传输行为。（a）大多数非水电解质中的离子电导率存在一个最大值，这是两组竞争因素之间折中的结果：一方面是充分的盐解离产生的自由离子数量，另一方面是在高盐浓度下离子 - 离子和离子 - 溶剂相互作用增强。（b）非晶态（液体、聚合物、玻璃状）电解质中的非 Arrhenius 输送行为与晶体固体电解质中的行为不同，因此提出了一种改进的 Vogel-Tammann-Fulcher 方程来描述这种更依赖于溶剂环境的输送行为

有效地屏蔽中心离子的静电场。实际上在第 4.9 节中讨论的 Bjerrum 长度反映了这一点，该长度通过介质的介电常数最小化，使得离子对形成的定义更加严格，或使这种离子对的形成更加困难：

$$\lambda_B = \frac{-z_+ z_- e_0^2}{\varepsilon k_B T} \tag{4.92}$$

因此，电解质研究者应该偏好以 EC、PC 或 γ-BL（表 10.1）为代表的环状酯溶剂分子，因为在这些溶剂中的离子在给定的盐浓度下保持游离的概率更高，离子缔合的可能性较小。不幸的是，这些溶剂也具有高沸点和高黏度（表 10.1）。这种所需性质之间的冲突正是在实际电池中总是使用混合溶剂的基本原因。例如，在给定的盐浓度 1.6 mol·L^{-1} 下，高温（>50℃）下偏好高 x_{EC} 的溶剂，因为黏度的影响不那么明显，且 σ 随着 x_{EC} 单调增加。在低温（<10℃）下，由于黏度的主导效应，这种关系会发生反转。在中等温度（20～40℃），σ 与 x_{EC} 之间存在峰值，表明在高或低 x_{EC} 下都不能优化离子传导。同样，盐浓度也影响电导率对溶剂组成的依赖关系，并产生 σ - x_{EC} 关系的各种形状，包括在不同盐浓度和温度下的单一最大值曲线和单调增加或减小的曲线。

（3）温度（T）

在其他变量保持不变的情况下，离子电导率随着温度的升高单调增加，直到在非常高温区域，介电常数对离子电导率的影响超过黏度。然而，这种高温区域（远远超过 100℃）通常超出了适用范围，直到最近，Dahn 等才证明，使用 EC 和 DMC 之间的酯交换产物配制的电解质的锂离子电池可以在接近 100℃的温度下运行[43]。在这个新扩展的温度范围内，介电常数的影响往往变得更加显著，因此随着温度升高，离子电导率的总体上升趋势将逐渐减缓。相反，低于环境温度下的离子电导率主要由溶液黏度来主导。介电常数对离子电导率的影响变得不明显。

较高的盐浓度会加速离子电导率随着温度降低而下降，这与电解质更高的黏度有关。这阻碍了超浓缩电解质在低温环境中的应用。较高黏度和较低温度的联合效应使得在较

高浓度下的 σ - T 曲线更加陡峭。此外，溶剂组成对离子电导率的温度依赖性也有一定影响，但相对温和。如图 14.11（a）所示，随着溶剂中 EC 含量的增加，电导率随温度的变化加速，尽管在低或高盐浓度下分别由 ε 或 η 主导的不同机制在起作用。

　　研究者早已认识到，非晶态电解质（包括液态、聚合物和玻璃态电解质）中离子电导率的温度依赖性与陶瓷固体电解质等晶态固体不同。在晶态固体中，由于离子在晶格中的固定"溶剂化位点"之间跳跃 [图 12.8（c）]，需要活化能（E_A）来克服与每个溶剂化位点相关的能量势垒，因此离子电导率的对数与温度的倒数之间呈线性关系，这就是著名的 Arrhenius 关系式：

$$\sigma(T) = A\,\mathrm{e}^{-\frac{E_A}{RT}} \tag{14.71}$$

　　式中，A 是指前因子。在非晶体介质中，离子被各种溶剂化层或笼包围，这些溶剂化层或笼在一定的时间尺度上可以与离子一起移动。因此，离子的运动需要更多来自溶剂化环境的协作 [图 12.8（a）、（b）]。这种不同的离子传输机制也存在温度依赖性，但这种依赖性偏离了线性的 Arrhenius 行为。为描述这种非线性行为，有研究者提出了一种修正的 Arrhenius 方程，被称为 Vogel-Tammann-Fulcher 方程，该方程能够以现象学的方式解释非晶体介质中的离子传输 [图 14.12（b）]：

$$\sigma(T) = AT^{-\frac{1}{2}}\mathrm{e}^{-\frac{B}{R(T-T_0)}} \tag{14.72}$$

　　式中，A 和 B 是导电过程的特征常数；T_0 是电导率消失时的温度，可以通过拟合确定。实验发现，T_0 值与溶液体系的玻璃化转变温度密切相关，这与一般的假设一致，即液体或任何非晶态聚合物介质中的离子传输与溶剂化环境有关，而溶剂化环境在玻璃化转变温度时会冻结。

　　总的来说，基于浓度、x_{EC} 和温度等变量生成的电导率图像，能够为电解质工程中最优化离子传输提供有用的知识。这些因素及其对离子电导率的影响绝不局限于所示系统（LiPF$_6$-EC-EMC），它们为具有类似组成的其他电解质系统在相同变量下的行为提供了一般性指导。它们为理解更多元混合溶剂系统（如三元或四元混合物）提供了有用的数据库。

　　近年来，同样的方法被应用于许多新兴的电解质体系中，例如包含单价盐和多价盐的水系超浓缩电解质，图 14.11（b）所示的 Zn(TFSI)$_2$ 就是其中的一个例子[4-5]。

14.1.3　电池应用中的电解质工程

　　在锂离子电池问世之前，电解质工程的早期研究主要致力于对离子传输性能的优化，并没有过多关注与电解质界面和电化学稳定性窗口相关的特性。

　　文献中一个广泛被引用的关于离子电导率的方程式是：

$$\sigma = \frac{j}{X} = z_i^2 F^2 \sum \phi c_i \mu_i \tag{5.74}$$

　　正如在第 5.2.1.3 小节所讨论的那样，该公式的推导依赖于三个在实际电解质中难以完全满足的假设：①盐类能够完全解离成自由离子；②所有离子均参与迁移；③所有离子的移动不受其他离子影响。因此，在将式（5.74）应用于实际电解质前，需要进行重要修正。尽管如此，若仅考虑离子传输，该公式依然能为电解质的设计提供定性指导。

为了提升离子电导率，研究者的工作主要集中于式（5.74），即试图增加离子浓度（c_i）或提高离子淌度（μ_i）。这两个参数是由盐和溶剂的物理化学性质共同决定的，因此采用了涉及这两种电解质成分的不同研究方法。

对于锂电解质而言，盐结构中的唯一变量是阴离子。在特定的非水溶剂体系中，如果阴离子能够被吸电子基团有效稳定，那么锂盐的解离将得到促进。PF_6^- 和 $TFSI^-$ 就是其中的成功例子，这些阴离子中的负电荷得到了良好的离域分散（参见图 10.11），所以阳离子（Li^+）可以轻易地解离。

此外，根据 Nernst-Einstein 方程（以及 Stokes-Einstein 关系），我们知道离子的淌度与其溶剂化半径 r_i 成反比：

$$\mu_i = \frac{1}{6\pi\eta r_i} \tag{5.104}$$

再次强调，这个公式以及 Nernst-Einstein 方程同样受到上述三个假设的约束，所以在这里仅作定性使用。

到目前为止，通过调节溶质盐来改善离子电导率的尝试很少取得成功，因为适用于锂电解质溶液的阴离子选择非常有限，而合成新的阴离子结构极为困难。由于额外的约束条件，例如电化学稳定性窗口的要求，以高反应性中心原子（如羧酸盐和醇酸盐中的氧化物、卤化物、硫化物等）为基础的许多阴离子结构设计均被排除在外。

此外，得益于众多可选的溶剂种类，溶剂组成的调整已经成为电解质改性的关键手段。关于溶剂特性与离子电导率之间的相关性，已经积累了大量的知识，最重要的两个溶剂体相属性是溶剂的介电常数 ε 和黏度 η，分别决定了电荷载体数（n_i）和离子淌度（μ_i）。

当溶剂化离子在电解质中迁移的时候，周围溶剂分子施加的牵引力通过溶剂的黏度 η 来增强。因此，在黏度较低的溶剂中，溶剂化离子更易于响应外加电场并发生迁移，正如式（5.104）所示。低黏度溶剂一直被视为电解质应用的理想选择。然而，这类溶剂的实际应用受到限制，主要是因为它们通常具有较低的介电常数（参见表 10.1），不利于有效地解离盐并阻止离子配对。

由于高介电常数和低黏度难以在同一种溶剂中同时实现，溶剂混合物成为制备锂电池电解质的优选方案。人们通常选择一种成分来提高介电常数（ε），选择另一种成分来降低黏度（η），以通过这两种属性的结合实现最佳平衡。自 20 世纪 80 年代以来，这一理念迅速得到研究者的认可，比如在锂离子电池电解质领域常用环状碳酸酯提高介电常数，常用线性碳酸酯来降低黏度。在几乎所有情况下，混合溶剂的离子电导率均优于单一溶剂。

Matsuda（松田）及其同事通过系统研究环状碳酸酯（PC）和二甲氧基乙烷（DME）混合物（PC-DME），奠定了这种混合溶剂方法的物理基础 [44]。他们详细考察了蒸气压、介电常数、黏度与溶剂组成之间的依存关系，并将这些物理特性与离子传输性能相联系。研究发现，介电常数随溶剂组成的变化呈现基本线性关系，但略有正偏差；而黏度则总是显示出显著的负偏差。针对这类二元溶剂体系，他们提供了溶剂混合效应对这两项属性影响的近似量化分析[1]：

$$\varepsilon_s = (1-x_2)\varepsilon_1 + x_2\varepsilon_2 \tag{14.73}$$

$$\eta_s = \eta_1^{1-x_2} \times \eta_2^{x_2} \tag{14.74}$$

式中，ε_s 和 η_s 分别表示混合溶剂的介电常数和黏度；ε_i 和 η_i 分别表示各纯溶剂组分的介电常数和黏度；x_i 表示各组分的体积分数。

无论是介电常数 ε_s 还是黏度 η_s，都随溶剂组成的变化而单调变化，其趋势可以通过每种组分的加和效应来解释。在 PC-DME 体系中，当 DME 浓度较低时，混合溶剂展现出较高的介电常数，有利于盐的完全解离。然而在这一区域，PC 的高黏度主要影响离子传输，阻碍离子运动。随着 DME 含量的增加，介电常数仍可保持在相对较高的水平，而体系的黏度急剧降低，从而提高了溶剂化离子的淌度，导致离子电导率的净增加。进一步增加 DME 含量（或降低 PC 含量）将导致介电常数下降，离子对的形成变得更容易，黏度的影响变得不那么重要，从而使离子电导率随着 DME 含量的增加而降低。因此，不同溶剂组成比例下离子电导率的最大峰值实际上是介电常数和黏度综合作用的结果。这一发现揭示了混合溶剂在优化电解质性能方面相对于单一溶剂体系的优越性。

基于松田（Matsuda）模型的简单数学处理成功地再现了溶剂组成变化与离子电导率变化之间的关系，与实验中观察到的结果一致。该模型提出，在理想情况下，也就是当没有离子对形成的情况下，离子电导率随组分的变化应遵循线性关系，这与 Walden 规则的预测相吻合。Walden 规则的原理和应用在第 5.2.4 节已进行了详细的讨论：

$$\Lambda\eta = C \tag{14.75}$$

式中，C 表示常数（constant）；Walden 乘积 $\Lambda\eta$ 可以视为对溶剂的黏度以及盐浓度（也就是没有离子对形成的情况下自由离子的数量）进行标准化后的一种离子传导度的度量。因此，它的值可以作为给定溶剂或给定盐的电解质中离子解离程度的初步近似量化。我们将进一步探讨 Walden 积在评估不同电解质系统的离子间相关性中的作用。

尽管松田（Matsuda）及其团队的研究是在环状碳酸酯与醚混合物中进行的，但得到的相关性结论同样定性地适用于环状和线性碳酸酯混合物，也就是现代锂离子电池电解质的配方。正是松田（Matsuda）及其团队的研究为电解质配方提供了基本的指导原则，最终促成了藤本（Fujimoto）及其团队采用环状（具有高介电常数 ε）和线性（具有低黏度 η）碳酸酯混合物来开发了锂离子电解质的配方[45]。

进一步分析相关研究可以发现，高介电常数与低黏度的组合成功并非仅仅是这两个属性简单叠加的结果，而是它们通过特定机制协同作用产生的结果。该机制涉及阳离子对溶剂化层中溶剂分子的偏好。在特定的盐晶格溶解于混合溶剂的过程中，离子在能量上更倾向于被介电常数较高的溶剂分子溶解以获得更多的能量补偿。因此，可以合理地预测，当溶液达到平衡状态后，离子的溶剂化层主要由具有高介电常数的溶剂分子构成。

基于分子量子力学的模拟结果支持了上述假设，它表明不被锂离子偏好的溶剂分子（介电常数低）实际上可以很容易地被所偏好的溶剂分子替换。因此，在 EC-EMC（碳酸

乙烯酯 - 碳酸甲乙酯）二元系统中，溶剂化层主要由 EC 构成；而在 EC-PC（碳酸乙烯酯 -
碳酸丙烯酯）二元系统中，溶剂化层主要由 PC 构成。

第 12.2.3 节中图 12.4 展示了这种溶剂化偏好倾向的证据。尽管如此，最近的研究
表明，最受偏好的溶剂可能不仅由其介电常数决定，还涉及更综合的指标，例如相对
溶剂化因子（见表 12.1）。

离子的溶剂化偏好不仅影响离子传输，还进一步关系到锂离子电池中电解质的电化
学稳定性。与配位能力较弱、介电常数低且黏度低的溶剂分子（如线性碳酸酯）相比，
溶剂化层中的溶剂分子［如碳酸乙烯酯（EC）或碳酸丙烯酯（PC）］更容易随离子迁移
至电极表面并富集，从而更可能参与电极的氧化或还原反应以成为界相的一部分。这种
差异对下一章讨论的电极 / 电解质界相的化学性质具有深远影响。

藤本（Fujimoto）及其同事在 1990 年的研究成果是混合溶剂技术的一个重要里程碑。
他们发现，环状碳酸酯和线性碳酸酯的混合物不仅能够优化离子传输，还能通过 EC 还
原产生的界相有效促进 LiC_6 的电化学合成。这种电解质工程是目前人类发明的最受欢迎
的电化学装置中所采用的核心配方。

14.1.4　离子性

在离子传输现象的研究中，产生了一个重要的参数，称为"离子性"[5]，用于衡量
电解质的离子化水平，或是电解质与其理想状态的接近程度。当然，在现实生活中只有
极稀的电解质才能接近这种理想状态。

在理想的电解质模型中，盐类能够完全溶解并解离为离子，这些离子全都参与到输
送过程中且彼此之间不会相互影响，导致离子对的形成趋近于零。这意味着，离子之间
的平均距离远大于 Bjerrum 长度，以至于从统计学的角度来看，离子间的碰撞不可能发生。

然而，在实际应用中，电解质通常需要超过 $0.01\ mol\cdot L^{-1}$ 的盐浓度，以确保具有足
够的离子电导率。在这种浓度水平下，尤其是在称为"超浓"的区域及离子液体中，理
想模型的假设条件完全无法得到满足。相反，离子会受到环境中其他离子的强烈影响，
无论这些离子是带有相同还是相反的电荷，离子对和较大的离子聚集体的形成普遍存在。
同样重要的是，那些在理想（极稀）的电解质溶液中不会参与离子配对、作为静态参照
介质存在的溶剂分子，在这些高浓度情况下却与离子紧密结合，并参与到离子对、聚集
体或广泛的网络结构的形成中，如图 12.6 和图 12.7 所示。

因此，在非理想状态的电解质中，离子不能像在理想状态下那样自由移动。因而它
们对总体离子传输的贡献，以归一化摩尔导电率 Λ 衡量，将远低于理想状态时的贡献。
也就是说，这些电解质未能达到预期的"离子性"水平。

离子性用于量化这种偏离理想状态的程度，它是从半经验的 Angell-Walden 曲线中衍生
得出[6-7]。

14.1.4.1　Walden 分析与 Haven 比率

在第 5.2.4 节中，我们基于 Nernst-Einstein 方程和 Stokes-Einstein 关系推导出了

Walden 规则。该规则建立了特定离子的摩尔离子电导率 Λ_i 与其半径 r_i 以及介质黏度 η 之间的关系：

$$\Lambda_i \eta = \frac{zFe_0}{6\pi r_i} = \frac{C}{r_i} \qquad (5.112)$$

式中，C（常数）与温度有关。

由于特定离子的摩尔离子电导率 Λ_i 难以通过实验独立测量，Angell 及其同事将上述关系扩展到电解质的总摩尔离子电导率 Λ_E，并简化为：

$$\Lambda_E \eta = C \qquad (14.76)$$

其对数形式表示为：

$$\lg \Lambda_E = K \lg \eta^{-1} \qquad (14.77)$$

实际上，这种假设建立在一个前提之上，即电解质的总离子电导率是每个离子的电导率的简单加和，而且所有的离子不受其他离子库仑静电场的影响。因此，式（14.77）描述的电解质反映了电解质中的一种理想离子状态。只有少数特定电解质在极稀的条件下才能满足这些要求，氯化钾（KCl）的水溶液就是其中之一。在水溶液中，KCl 能够完全解离成 K^+ 和 Cl^-，并且这两种离子展现出近乎相同的扩散系数。这一独特属性使得 KCl 水溶液成为研究者们校准仪器常用的"标准电解质"，或是作为电化学分析设备中的"盐桥"。

因此，根据式（14.77），对于像 KCl 水溶液这样的理想电解质，其对数摩尔电导率（$\lg \Lambda_E$）与黏度倒数的对数（$\lg \eta^{-1}$）或流动性的对数的图像应该是一条直线。如果采用标准的 $0.01 \ mol \cdot L^{-1}$ KCl 水溶液，并使用适当的单位（摩尔电导率单位为 $S \cdot cm^2 \cdot mol^{-1}$，黏度单位为 $100 \ mPa \cdot s$），这条直线将会是穿过原点的完美对角线（如图 14.13 所示）。这种 $\lg \Lambda_E$ 与 $\lg \eta^{-1}$ 之间的关系图被称作 Angell-Walden 图[7]。

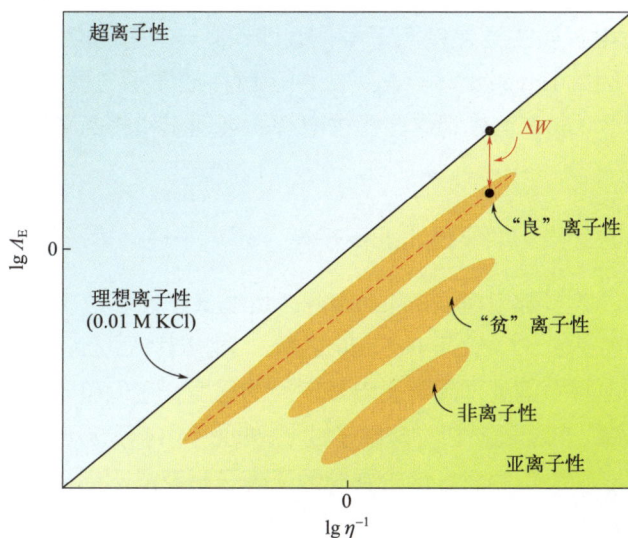

图 14.13 用于定义"离子性"的 Angell-Walden 图。$0.01 \ mol \cdot L^{-1}$ KCl 水溶液被用作标准理想离子电解质，其离子传输几乎完美地遵循 Nernst-Einstein 方程的预测

得益于交流阻抗谱技术，总离子电导率可以被准确测定，同时，黏度的测定也变得相当容易。因此，在多种电解质系统的研究中，已经建立了涵盖这两个参数的广泛数据库并积累了大量数据。这些数据库允许研究者将不同的电解质系统置于 Angell-Walden 图中进行比较，无论这些电解质系统是水系的、非水系的、聚合物基的还是离子液体。

研究结果显示，大多数电解质的 $\lg\Lambda_E$-$\lg\eta^{-1}$ 关系确实展现出线性行为，但偏离了理想离子电解质——KCl 水溶液的参考线。这种偏差可以通过计算理想电解质预期的摩尔电导率与实际测量的电解质摩尔电导率之间的差异（图 14.13 中的 ΔW）来量化：

$$\Delta W = \Lambda_{NE} - \Lambda_E \tag{14.78}$$

式中，Λ_{NE} 代表从理想电解质预期得到的 Nernst-Einstein 摩尔电导率。

Angell 及其同事认为，偏差的原因在于盐的不完全解离以及离子对和离子聚集体的形成。基于这些因素，他们定义了一个新的量化指标，称为"离子性"（I）：

$$I = \frac{\Lambda_E}{\Lambda_{NE}} = 1 - \frac{\Delta W}{\Lambda_{NE}} \tag{14.79}$$

对于理想电解质，离子性（I）为 1.0。

值得注意的是，在无机固体电解质的研究领域中，有一个相关的量化指标，即 Haven 比率（H_R）。Haven 比率定义为 Nernst-Einstein 方程预测的理论离子电导率（σ_{NE}）与实际测量的离子电导率（σ_{exp}）之间的比值：

$$H_R = \frac{\sigma_{NE}}{\sigma_{exp}} \tag{14.80}$$

在这个意义上，离子性实际上是 Haven 比率的倒数：

$$I = \frac{1}{H_R} \tag{14.81}$$

由于无机固体电解质主要是单离子导体，即仅有一种移动离子，而其他离子固定在晶格或骨架上，因此 Haven 比率（H_R）反映了可移动离子与晶格或骨架的关联程度。Haven 比率通常小于 0.50，这表明这些固体电解质展现出"超离子"特性，后文将对此进行讨论。

14.1.4.2 电解质的分类：离子性、亚离子性、超离子性

在实际应用中，大多数电解质的 $\lg\Lambda_E$-$\lg\eta^{-1}$ 直线低于代表理想离子电解质的参考直线，因此，它们的离子性（I）介于 0 ～ 1.0 之间。这些电解质因而被归类为"亚离子性"电解质。根据这些电解质偏离理想离子电导率值的程度，它们可以进一步被分为几个类别，包括"良离子性""贫离子性""非离子性"（如图 14.13 所示）[7]。

这些电解质都表现出负偏差，这主要归因于离子解离的不完全性，离子对和离子聚集体的存在降低了有效自由离子的浓度，这一效应间接反映在电解质的黏度上。

然而，在将 Walden 分析应用于某些熔融盐或离子液体时，例如金属卤化物（如 ZnF_2 或 $ZnCl_2$）或硅酸盐（如 SiO_2），出现了一种"异常"，因为这些电解质体系的 $\lg\Lambda_E$-

$\lg\eta^{-1}$ 直线位于理想离子线之上，其 I 值实际超过了 1.0。换言之，与根据盐浓度或黏度的预测相比，这些电解质体系展现出了更高的摩尔离子电导率。因此，这类电解质被称作"超离子性"电解质。

需要强调，超离子性并不代表电解质体系具有超好的导电性。这仅表明，考虑到体系的给定黏度，该电解质展现的离子电导率超出了 Nernst-Einstein 方程的预期值。在熔融状态下，这些无机卤化物极为黏稠，因此即使是较低的离子电导率，在对黏度进行归一化处理后，也可能使这些体系的 $\lg\Lambda_E$-$\lg\eta^{-1}$ 直线远高于理想离子线。

实际上，I 值超过 1.0 并不像看起来一样难以理解。例如，所有固态电解质，无论是聚合物、玻璃态还是陶瓷，根据定义都是超离子性的。这是因为它们的黏度接近无穷大，可移动离子与固态环境中固定的离子基本上是完全解耦的，这是这些固态电解质体系有时被称为"超离子导体"的原因。然而，Walden 分析得出的分类主要适用于液态电解质，并作为半定量地衡量离子缔合、离子对形成及离子聚集的方法。

许多研究者使用 Walden 分析仔细研究了锂离子电池中广泛使用的典型非水电解质。他们发现，即使在极低盐浓度（例如 0.1 mol·L^{-1} LiPF$_6$）以及高 EC 含量的环境中，离子缔合的影响依然很严重，表现出 0.3 ~ 0.5 的平均离子性。

通常情况下，所选用的盐和溶剂直接影响电解质的离子性。与其他常用锂盐相比，LiPF$_6$ 在非水溶剂中表现出最高的解离度，因此，当在相同的碳酸盐溶剂混合物中评估时，它的离子性最高，而 LiBF$_4$ 和 LiBOB 似乎具有最低的解离度，LiTFSI 和 LiFSI 的解离度则介于两者之间。具有高介电常数的溶剂分子，如碳酸乙烯酯（EC）、碳酸丙烯酯（PC）或 γ-丁内酯（γ-BL）（见表 10.1）的存在无疑会促进更多的离子解离，从而导致更高的离子性。

此外，基于醚类溶剂的电解质体系，如在第 12.2.4.3 小节讨论的"溶剂化盐电解质"，通常展现出更高的离子性，I 值大多介于 0.5 ~ 0.6 之间。这是因为聚醚结构提供了良好的溶剂化和螯合能力。

令人意外的是，尽管离子液体和熔融盐中缺少溶剂分子，离子间距离也较近，让我们误以为离子间缔合会更强，但它们却表现出更高的离子性。这种现象不仅在之前提到的"异常"超离子体系中得到了验证，而且在大多数以铵类阳离子为基础的非锂离子液体体系中也普遍存在。在这些体系中，I 值几乎总是高于 0.5，有时甚至能达到 0.8。只有当锂离子被引入这些体系时，离子性才会显著降低。换言之，基于大型铵类阳离子（如铵离子、咪唑离子、吡咯离子等）的离子液体，相较于较小的阳离子如锂离子和钠离子，更易于解离，后者的离子移动性极受限制。

这些例子（溶剂化盐电解质和离子液体电解质），生动地说明了一个重要观点：高离子性并不直接等同于优质电解质。因为从实际应用的角度出发，最关键的属性仍是实际的离子电导率。

Yamada（山田）等应用 Walden 分析研究高浓度水系电解质，揭示了尽管盐浓度较高，却存在显著的阳离子-阴离子解耦现象。这显然得益于在水中良好溶解的锂盐存在一种相对独立于阴离子运动的离子跳跃过程[8]。这一发现源于我们在第 12.2.4.1 节（图 12.6）和 12.2.4.2 节（图 12.7）讨论的纳米异质性的液体结构，该结构允许大量的自由锂离子通过富水区的载体运动机制进行传递。游离锂离子实际上是以水合锂离子 $Li^+(H_2O)_4$ 的形式通过 3D 渗透网络的，因此 Li^+ 是伴随其溶剂化层移动，而非独立移动。

14.1.4.3 对 Walden 分析的修正

通过 Walden 分析得出的电解质的离子性概念已在电解质研究中广泛应用，特别是在离子液体和熔融盐电解质的研究上。在近几十年的发展中，为了提高理论的严密性、增强量化描述的普适性，或是解决由此产生的一些非理性问题（例如超离子性现象），人们已经对其进行了多种修正和完善。

14.1.4.3.1 离子半径的修正

当 Angell 及其同事从式（5.112）跳至式（14.76）时，实际上隐含了一个假设，即直接采用阴阳离子的平均离子半径，而不会严重偏离基本的 Stokes-Einstein 关系。然而，这种处理不可避免地带来了一些不规则性，因为在 Angell-Walden 图上进行比较的电解质体系包括了形状和大小各异的阳离子与阴离子。这些离子的尺寸差异直接影响了它们在黏稠介质中的移动能力，从而导致了离子传输行为与基于其黏度或浓度的预期存在偏差。

MacFarlane 等为了解释这些偏差，尝试回到 Angell 及其同事最初做出假设的出发点[9]。在理想的离子状态下，Nernst-Einstein 摩尔离子电导率应该是由每个独立离子的贡献通过简单累加得到的：

$$\Lambda_{NE} = \lambda_+^0 + \lambda_-^0 = \frac{F^2}{RT}(z_+ D_+ + z_- D_-) \tag{5.101}$$

假设每个独立离子都遵循 Stokes-Einstein 关系［式（5.105）］，对于含有单价阳离子和阴离子的电解质，Nernst-Einstein 摩尔离子电导率应表示为：

$$\Lambda_{NE} = \frac{F^2}{RT} \times \left(\frac{k_B T}{6\pi\eta r_+} + \frac{k_B T}{6\pi\eta r_-} \right) = \frac{C}{\eta} \times \left(\frac{1}{r_+} + \frac{1}{r_-} \right) \tag{14.82}$$

式中，r_+ 和 r_- 分别是阳离子和阴离子的有效离子半径；C 为常数。

式（14.82）允许我们通过将 $\lg\Lambda_E$ 对 $\lg\left[\eta^{-1}\left(\frac{1}{r_+} + \frac{1}{r_-} \right) \right]$ 作图来分别考虑阳离子和阴离子半径的差异。因此调整后的 Angell-Walden 图为电解质多样性提供了更为严格的量化。

然而，这种方法的局限性也相当明显。原始的 Angell-Walden 图仅需使用两个容易测量的量——摩尔离子电导率和黏度，而修正后所需的不同离子的有效离子半径不一定能得到。需要强调的是，那些很容易在数据库或元素周期表中找到的离子半径在这里并不适用，因为这些数据通常基于固态电解质中的离子测量得出，而在液态电解质中，尤其是阳离子，在溶剂化过程中会被溶剂分子包围。因此，式（14.82）中的 r^+ 和 r^- 应当用所谓的"Stokes 半径"表示，它必须考虑溶剂化壳层的影响。表 14.1 提供了在特定溶剂中 Li^+ 和阴离子 $TFSI^-$ 的 Stokes 半径，这些半径是根据通过 NMR 光谱法获得的自扩散系数的测量值估算得到的。显然，Stokes 半径会随溶剂的变化而变化，这是因为溶剂化层的大小和形状决定了其变化的幅度和误差。有个有趣的事实是，尽管在实验拟合中存在变化和误差，锂离子的 Stokes 半径始终大于 TFSI⁻ 的半径，这一点似乎与它们的原子尺寸相矛盾，因为后者无疑要大得多。实际上，表 14.1 中的数据为我们在第 10.3.2.5.2 小节和 12.4 节得出的结论提供了有力的证据，即在非水电解质中，锂离子被溶剂分子良好地包裹，形成较大的溶剂化半径，而阴离子则相对更自由，这一点也在图 10.11 中得到了体现。

表 14.1　Li^+ 和 $TFSI^-$ 在特定溶剂中的斯托克斯（Stokes）半径[31]

Stokes 半径	溶剂					
	EC	PC	DMC	THF	DMF	四甘醇二甲醚
R_{Li^+}/Å	2.20	2.15	2.75	2.18	2.8	1.8
R_{TFSI^-}/Å	1.35	1.30	2.65	1.75	2.45	1.6

注：EC—碳酸乙烯酯；PC—碳酸丙烯酯；DMC—碳酸二甲酯；THF—四氢呋喃；DMF—1,2- 二甲氧基乙烷。

更重要的是，原始的 Stokes 方程 [式（5.102）] 隐含了一个更基本的假设，即离子为完美球形。然而，我们当前使用的大多数离子是非球形的，所以这一假设不再成立。典型的例子有：形状奇特的阴离子（如 TFSI⁻ 与 FSI⁻），以及不对称取代的有机鎓阳离子（如各种四烷基铵、咪唑鎓和吡咯烷鎓离子）（表 14.2）。因为 Stokes 半径依赖于特定溶剂分子对离子的溶剂化，所以大多数非球形离子需要单独测定。这些离子属性的不规则性给复杂电解质体系的分类带来了挑战，超出了基于 Walden 分析的过度简化的现象学所能涵盖的范围。

表 14.2　通常选用离子的结构和形状

离子	结构	大致形状
锂离子	Li⁺	球形
三甲基丙基铵离子		不对称锥体
1- 甲基 -3- 丙基咪唑鎓		细长平面
1- 甲基 -1- 丁基吡咯烷鎓		扭曲平面
六氟磷酸根离子（PF_6^-）		八面体

续表

离子	结构	大致形状
四氟硼酸根离子（BF_4^-）		四面体
双（三氟甲基磺酰）亚胺离子（$TFSI^-$）		细长哑铃形
双（氟磺酰）亚胺离子（FSI^-）		细长哑铃形

14.1.4.3.2　通过核磁共振光谱进行修正

在 20 世纪 90 年代中期，核磁共振光谱学家经过长达十年的研究，专注于磁场梯度和射频场在核磁共振（NMR）光谱学中的应用，结合硬件和软件的持续改进，最终发明了一种实用技术。这项技术使我们能够直接探测 NMR 活跃核的平移运动，从而提供了一种精确、原位、非侵入性且可靠的方法，用于测定包含这些核的离子和分子的自扩散系数。这种"干净"的技术，即脉冲场梯度自旋回波（PGSE-NMR 或 pfg-NMR）技术，立刻表现出比其他现有扩散系数测定方法的显著优势。其他方法要么在准确性上存在不可靠之处，如散射技术，要么费时、成本高且操作复杂，最典型的例子为使用放射性同位素标记样本以跟踪其运动。

21 世纪初，脉冲场梯度核磁共振技术（pfg-NMR）就在商用核磁共振光谱仪上部署，并很快得到了推广。自那时起，pfg-NMR 就被电解质研究者广泛认可为一种标准方法。

这种 NMR 技术的主要局限曾经在于硬件相当昂贵，所以仅在获得政府资助的主要大学和研究机构的测试中心存在。然而，随着 NMR 设备实验室越来越多地以较低的价格为大众所能负担开放，这一限制正逐渐减弱。

这项技术的第二个限制源于对 NMR 技术的探测范围有限，只能检测到奇数质子和中子的原子核，而偶数质子和中子的原子核则是 NMR 非活性的。例如，我们经常遇到的一些最常见的元素，如 ^{12}C、^{16}O 和 ^{14}N，都在 NMR 盲区。虽然它们的稀有同位素，如 ^{13}C、^{17}O 和 ^{15}N，因具有奇数的质子和中子数而对 NMR 呈活性，但这些同位素的自然丰度较低，使得 pfg-NMR 技术的应用仍较为困难，除非能提供难以获得的同位素富集样品。

幸运的是，对于电解质研究者来说，第二个限制尚未构成太大问题，因为电解质的重要成分中通常都含有核磁共振活性核，如阳离子中的 ^7Li 和 ^{23}Na，各种氟化阴离子如 PF_6^-、BF_4^-、$TFSI^-$ 和 FST^- 中的 ^{19}F，以及有机溶剂分子中的 ^1H。因此 pfg-NMR 技术迅速获得了较高的流行度，成为不仅可以研究离子，还可以研究溶剂或聚合物电解质自扩散的有力工具。

鉴于这是一个非常专业化的领域，我们不打算在此深入讲解脉冲场梯度 NMR（pfg-NMR）技术的原理。对此感兴趣的读者可以在本书末尾的拓展阅读列表中找到相关资料。简单来说，这项技术能够快速准确地确定所有 NMR 活性核的自扩散系数，无论它们是离子、分子、离子对还是离子聚集体。其获得的自扩散系数是平均值，因为 NMR 光谱学的时间分辨率一般在 $10^{-9} \sim 10^{-10}$ s 的量级，远慢于离子在电解质中随机移动并与其他离子或溶剂分子相互作用的速度。

以单价的锂盐 Li^+X^- 为例，在一定盐浓度（1 mol·L^{-1} 或更高）下，它会通过电解质溶剂分子的溶剂化作用解离成各种物种：

$$Li^+X^-(固体) \longrightarrow Li^+ + X^- + \left[Li^+X^-\right]^0 + \left[2Li^+X^-\right]^+$$
$$+ \left[Li^+2X^-\right]^- + \cdots + \left[nLi^+mX^-\right]^{n-m} \tag{14.83}$$

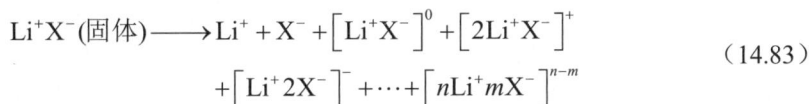

通过脉冲场梯度 NMR（pfg-NMR）技术测量得到的 Li^+ 或 X^- 的自扩散系数（假设两者都是 NMR 活性的），实际上是对所有这些状态下的物种进行了平均，无论 Li^+ 或 X^- 是以自由态存在、相互作用形成中性离子对，还是被限制在复杂的聚集体中。

借助这一技术进展，Watanabe（渡边）及同事结合了脉冲场梯度 NMR（pfg-NMR）光谱和交流阻抗谱，重新定义了离子性的测定方法[10]。他们将电解质的实际摩尔离子电导率 Λ_E 与 Nernst-Einstein 方程预测的理想摩尔离子电导率 Λ_{NE} 的比值作为离子性的衡量标准：

$$I = \frac{\Lambda_E}{\Lambda_{NE}} \tag{14.79'}$$

他们认为可以通过对盐浓度（c）进行归一化，将交流阻抗谱测定的整体离子电导率（σ）转化为电解质的实际摩尔离子电导率 Λ_E：

$$\Lambda_E = \frac{\sigma}{c} \tag{5.59}$$

这反映了在施加外部电场下离子的迁移情况。

此外，Λ_{NE} 可以根据 Nernst-Einstein 方程使用 pfg-NMR 测量得到的单个离子的自扩散系数（D_- 和 D_+）来计算：

$$\Lambda_{NE} = \frac{z_i F^2}{RT} \times (D_+ + D_-) \tag{5.101}$$

该假设基于这样一个理论，即通过 pfg-NMR 检测到的所有扩散物种均对摩尔离子电导率作出贡献，而这只有在理想离子电解质中才能实现。换句话说，由 pfg-NMR 技术测出的 Λ_{NE} 反映了摩尔离子电导率的理论上限，因为它不但包括了自由离子核的贡献，还涵盖了那些在电场下不导电（如电中性的 [Li^+X^-]）、因为质量较重而移动较慢（如 [$2Li^+X^-$]）以及因为移动方向"错误"而对总体电导率产生负贡献（如 [Li^+2X^-]）的物种的贡献。

在一定盐浓度的电解质中，离子对形成和离子聚集不可避免地存在，Λ_{NE} 将会高估摩尔离子电导率，因此离子性应始终被限定为：

$$0 \leqslant I = \frac{\Lambda_E}{\Lambda_{NE}} \leqslant 1.0 \tag{14.84}$$

在这种定义下，"超离子性"这个概念将不复存在，因为宏观黏度不再是需要考虑的因素。

实际上，式（14.84）已经通过大量实验数据得到了验证。对于大多数电解质体系而言，通过脉冲场梯度 NMR（pfg-NMR）法测量得到的离子活度与通过 Walden 分析得出的结果具有一致性，但对于结构（如大小和形状）和价态的变化表现出更高的敏感性。

渡边（Watanbe）的修正最显著的优势在于其普适性。这种方法即使在具有极高或无限黏度的体系，如半固态聚合物电解质、无机玻璃态电解质和陶瓷电解质中，式（14.84）依然适用。这一点与传统的 Walden 分析形成了鲜明的对比。

唯一的例外出现在那些以质子（H^+）为传导离子的体系中，如超酸（如 HTFSI、H_2SO_4 等）的水溶液或某些离子液体（如甲基三烷基铵硝酸盐 $[EtNH_3]^+[NO_3]^-$）。在这些体系中，通过脉冲场梯度 NMR（pfg-NMR）光谱法测得的离子性超过 1.0，这表明通过交流阻抗谱测得的实际摩尔离子电导率高于 Nernst-Einstein 方程所描述的理想离子态的预期。这种超常的离子传输行为明显源于 Grotthuss 机制，该机制控制着质子在水分子解离过程中的移动，表明质子是具有一定量子特性的最小离子，如第 5.2.8 节所述。

渡边（Watanbe）提出的离子性确定方法相较于 Walden 分析有显著优势，它不仅消除了对电解质黏度测定的需求，还规避了在固态电解质体系几乎无限黏度的情况带来的不便，因此将离子性概念的适用性扩展到了更广泛的范围。

回顾之前的讨论，离子性描述的是电解质体系中离子彼此解离的程度，理应不涉及体系的黏度。黏度这一量度不仅与离子间的关联性有关，而且在很大程度上反映了离子与溶剂之间的相互作用。在 Walden 分析中将 KCl 水溶液作为参考标准，并以此为基准来定义离子性，实际上是利用 KCl 水溶液作为一个间接测量离子关联性的黏度标准。因此，Angell-Walden 方法的局限性在于，它忽略了一种情形，即体系中的溶剂分子（如聚合物电解质中的情况）或某些阴离子（如在玻璃或陶瓷固态电解质中的情况）是不流动的，这与该方法的预期应用背景不符。

高离子性并不直接等同于电解质的优异性能。例如，在锂离子电池中广泛使用的碳酸酯基电解质，尽管其离子电导率优良（室温下大约为 10^{-2} S·cm^{-1}）并且表现良好，但其离子性仅约为 0.3。相比之下，"溶剂化盐"电解质、聚合物电解质或离子液体电解质虽然展现出更高的离子性，但它们的实际整体电导率（$10^{-5} \sim 10^{-3}$ S·cm^{-1}）却不足以支持电池反应所需的充足离子传导。因此，在这种情况下，电解质中离子的完全解离与否并不是决定其性能的关键因素。

14.2　机理理解：物种生成和分布

至此，我们已经掌握了如何确定电解质体系的整体离子电导率，并引入了一些量度，如离子性，这些量度有助于间接理解离子在电解质中的输送方式。然而，离子电导率并不能完全反映电解质在实际电化学设备中的表现。对于电化学装置来说，关键在于工作离子（大多数为阳离子，但也有阴离子作为工作离子的电化学装置）的运动特性，而非阳离子和阴离子对离子传输的总体贡献。例如，在锂离子电池中，电解质的主要作用是引导锂离子迁移以参与电极上的半反应，这比阴离子如何传输更为关键，因为阴离子传输会被两个电极所阻塞，并且在最终的稳态条件下，其迁移与扩散达到平衡（如图 14.1 所示）。

因此，电池的最大工作电流取决于锂离子迁移数 t_+。这一限制在锂离子电池快速充放电的场景中尤为明显。

在一定的盐浓度下，离子间强的相互作用使情况变得更复杂，导致生成众多不同的离子物种，如式（14.83）所示。在这种情况下，阳离子、阴离子以及所有这些离子物种的运动是相互关联的，第 5.2.1.5 节中定义的离子迁移数 [见式（5.93）] 也不再适用，因为特定离子的运动不再直接与其承载的有效电流分数相关。换言之，我们需要区分离子迁移数（transport，t_+ 和 t_-）和离子传输数（transference，T_+ 和 T_-），这将在后续章节中进行讨论。

为了更准确地评估电解质的实用性，不仅需要了解离子在电解质中的集体移动速度，还必须掌握离子之间以及离子与溶剂分子之间的相互作用，以及这些移动离子物种对整体离子电导率的具体贡献。在离子迁移研究中，探索电解质物种的分布情况成为现代电解质离子学的核心任务。这要求我们从分子层面深入分析离子传输（包括物质输送）的机理，这与第 3 ～ 5 章中讨论的理想电解质体系的经典理论存在本质的不同。

14.2.1　电解质的理想模型：回顾 Einstein 方程

在深入探讨之前，有必要简要回顾第 5 章中讨论的离子传输的经典理论，尤其是 Einstein 方程组。这些方程的适用性和有效性在讨论中曾被我们反复强调，特别指出它们主要适用于极稀电解质溶液，理想情况是指浓度在 $0.001 \ \mathrm{mol \cdot L^{-1}}$ 以下。

当分析外部电场驱动下的离子迁移时，我们从电流的定义式 [式（5.45）] 出发，探讨了离子电导率 [式（5.50）和式（5.74）]，并且推导出了 Nernst-Einstein 关系 [式（5.101）]、Walden 规则 [式（5.112）]，以及迁移数方程 [式（5.93）] 和摩尔或等效电导率方程 [式（5.62）] 的表达式。

$$i = \sum_i z_i e_0 N_i J_i = \sum_i z_i F J_i \tag{5.50}$$

$$\Lambda^0 = \lambda_+^0 + \lambda_-^0 \tag{5.62}$$

$$\sigma = \frac{j}{X} = \sum z_i F c_i \mu_i \tag{5.74}$$

$$t_i = \frac{j_i}{\sum_i j_i} = \frac{z_i F c_i \mu_i}{\sum_i z_i F c_i \mu_i} \tag{5.93}$$

$$\Lambda = \frac{z_i e_0 F}{k_B T}(D_+ + D_-) = \frac{z_i F^2}{RT}(D_+ + D_-) \tag{5.101}$$

$$\Lambda \eta = \frac{z F e_0}{6\pi r} = \frac{C}{r} \tag{5.112}$$

式中，C 为常数。这些公式隐含了三个基本假设：首先，盐在溶液中完全解离成自由离子；其次，所有的自由离子都参与到扩散和迁移过程中；最后，每个自由离子都被包裹在经典的 Bernal-Fowler 溶剂化层中，不受其他离子存在的影响，可以独立移动。具备这些特性的电解质体系被认为是"理想性"的。

此外，其他 Einstein 方程，如 Einstein-Smoluchowski 方程［式（5.20）］、Einstein 关系［式（5.91）］和 Stokes-Einstein 方程［式（5.105）］，似乎具有更广泛的适用性，因此并不需要具备像上述三个假设那样的理想条件。

$$\langle x^2 \rangle = 2Dt \tag{5.20}$$

$$D = \mu k_B T \tag{5.91}$$

$$D = \frac{k_B T}{6\pi\eta r} \tag{5.105}$$

然而，不应忽略的是，这些理论关系最初是针对液态或气态中布朗运动的中性粒子而推导出来的。例如，淌度这一概念最初定义为粒子的终端迁移速度与作用在粒子上的外力之比，后来这一概念扩展到了外部电场对带电粒子的作用。在推导这些关系的过程中，并未考虑到离子间的库仑吸引力和排斥力，因此，在实际的高盐浓度电解质中，它们的适用性与理想状态仍然存在偏差。

电解质的理想性只可能在极度稀释的电解质溶液中近似实现，而在大多数电化学设备（例如锂离子电池）中使用的实际电解质远离这种理想状态。这是因为，为了支持这些电化学设备的功能，电解质需要远高于 $0.01\ mol\cdot L^{-1}$ 的盐浓度，通常约为 $1\ mol\cdot L^{-1}$，以提供足够高的离子通量。

在这些高浓度的电解质中，上述三个基本假设都不成立。

在高盐浓度环境下，每个离子都会受到其他离子的库仑吸引力或排斥力，其运动不可避免地受到其他离子的影响，无论这些离子带有相同还是相反的电荷。反之，每个离子自身的电荷和产生的静电场也会对其他离子产生相同的影响。这种离子间交叉影响的总体结果是所观察到的离子传输行为均偏离理想情况。

即便在盐浓度适中的电解质中（浓度高于 $0.01\ mol\cdot L^{-1}$ 但远低于 $1\ mol\cdot L^{-1}$），这种偏差也相当明显。在高浓电解质（高于 $2\ mol\cdot L^{-1}$ 但低于 $10\ mol\cdot L^{-1}$）和超高浓度电解质（高于 $10\ mol\cdot L^{-1}$）中，大量的离子物种，如离子对、离子聚集体及纳米异质性的扩展液态结构的形成（如图 12.5～图 12.7 所示）将进一步加剧与理想状态的偏离。

在第 5.2.6 小节中讨论 Onsager 如何处理施加外部电场时离子运动的问题时，我们曾简要探讨了离子间的耦合问题。Onsager 将其他离子对中心离子的影响简化为一个连续的"离子氛"，当中心离子试图移动时，对其同时施加弛豫和电泳牵引力。我们还定义了一个新的物理量，即双极扩散系数 D_{ambp}，用来描述耦合的阳离子和阴离子如何以一种交织复杂的方式移动。该移动方式是由两种离子的本征扩散系数和淌度所决定的：

$$D_{ambp} = \frac{\mu_+ D_- + \mu_- D_+}{\mu_+ + \mu_-} \tag{5.169}$$

这反映了即使在理想电解质中也存在离子耦合。

在接下来的章节中，我们将以更严格和系统的方式来审视中、高或超高浓度电解质中的离子传输。为了便于讨论，如果一个电解质遵循 Nernst-Einstein 方程（以及上述提到的所有派生方程），我们就称其为"理想电解质"。否则，称其为"实用电解质"，这将涵盖中、高或超高浓度电解质溶液的范畴。

14.2.2　离子迁移数的真实含义

理想电解质可再一次作为研究的基础。

在理想电解质中，离子迁移数 t_+ 的定义如式（5.93）所示。如果理想电解质由两种单价离子 M^+ 和 X^- 组成，则该二元电解质的离子迁移数可以简化为式（5.96）和式（5.95）：

$$t_+ = \frac{\mu_+}{\mu_+ + \mu_-} = \frac{D_+}{D_+ + D_-} \qquad (5.96)$$

$$t_- = 1.0 - t_+ \qquad (5.95)$$

这里隐含了一个假设，即电解质中存在的唯一离子物种是自由的阳离子 M^+ 和阴离子 X^-，以及它们有各自独立的溶剂化壳层，这是前一节讨论的三个理想条件的延伸。

根据这一定义，阳离子和阴离子的迁移数的下限为 0，上限为 1.0：

$$0 \leqslant t_+ \leqslant 1.0 \qquad (14.85)$$

$$0 \leqslant t_- \leqslant 1.0 \qquad (14.86)$$

这些方程虽然直观，但即使在最简单的理想电解质情况下，它们实际上也包含了丰富的信息。

为进一步扩展迁移数的定义，可以将其应用于一个简单的电化学电池模型中，如图 14.1 所示。该电池中包含单价阳离子 M^+ 和阴离子 X^- 组成的理想电解质。第 14.1 节简要讨论了半阻塞电池的情况，并得出结论：在初期阶段，电池电流会经历逐渐衰减的过程，最终达到稳定状态。现在，我们以更严谨的方式分析这一电流衰减过程（见图 14.14）。为简化讨论，假设阴离子是半阻塞的，而阳离子则为工作离子。

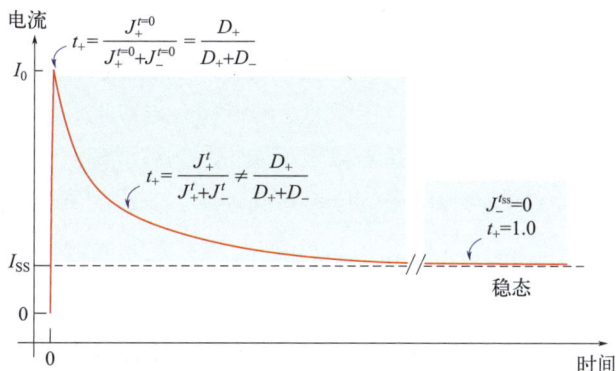

图 14.14　"直流极化"条件下电化学电池的电流衰减情况，其中一种离子（阳离子）未被电极阻塞，而另一种（阴离子）则被阻塞。需要注意的是，未带下标的 t 代表时间，而 t_+ 和 t_- 分别代表阳离子和阴离子的迁移数

在 $t=0$ 时施加外部电场，两种离子立即向相反方向迁移以响应电场的变化。由于这些离子在电解质中的迁移是相互独立的，其运动可用图 5.8 中的简化示意图来描述。然

而，即使在理想条件下，离子耦合现象依然存在。或者，在更真实的情况下（见图 5.9），这意味着迁移实际上是离子在施加电场方向或反方向上的复合运动的一部分。

在 $t=0$ 时刻，如果有 Q 库仑的电荷通过电池，其中一部分电荷即 Qt_+，由阳离子传导，而剩余部分 Qt_- 由阴离子传导。在此瞬间，离子迁移是电池中唯一的离子通量贡献因素，这是因为由局部浓度变化引起的扩散通量具有随机方向性，因此对离子电流或电解质/电极界面处的半反应没有实质性贡献。根据第 5.2.5 小节中的讨论 [式（5.116）及其推导公式]，此时刻阳离子（$J_+^{t=0}$）和阴离子（$J_-^{t=0}$）的独立通量可以分别表示为：

$$J_+^{t=0} = -\frac{D_+c_+}{RT} \times \frac{\mathrm{d}}{\mathrm{d}x}(F\psi + \mu_+) = -\frac{FD_+c_+}{RT} \times \frac{\mathrm{d}\psi}{\mathrm{d}x} \tag{14.87}$$

$$J_-^{t=0} = -\frac{D_-c_-}{RT} \times \frac{\mathrm{d}}{\mathrm{d}x}(F\psi + \mu_-) = -\frac{FD_-c_-}{RT} \times \frac{\mathrm{d}\psi}{\mathrm{d}x} \tag{14.88}$$

对于阳离子或阴离子而言，浓度梯度（或化学势梯度）在 $t=0$ 时为零：

$$\left[\frac{\mathrm{d}\mu_+}{\mathrm{d}x}\right]_{t=0} = \left[\frac{\mathrm{d}\mu_-}{\mathrm{d}x}\right]_{t=0} = \left[\frac{\mathrm{d}c_+}{\mathrm{d}x}\right]_{t=0} = \left[\frac{\mathrm{d}c_-}{\mathrm{d}x}\right]_{t=0} = 0 \tag{14.89}$$

在此时，且仅在此时，电池中的电流将严格按照相应的迁移数划分为阳离子和阴离子的贡献：

$$t_+ = \frac{J_+^{t=0}}{J_+^{t=0} + J_-^{t=0}} = \frac{D_+}{D_+ + D_-} \tag{14.90}$$

当然，为了得到公式（14.90），必须记住，在由单价阳离子和阴离子组成的理想电解质中，每种离子的浓度是相等的：

$$c_+ = c_- = c_{\mathrm{Salt}} \tag{14.91}$$

在大多数电化学装置中，锂离子电池是最典型的例子。在这些装置中，只有一种工作离子参与电解质/电极界面的半反应，因此我们将主要关注该离子携带的电流部分。电流的其余部分由反离子携带，这部分电流被视为寄生电流，因为它不仅对推动电池反应无益，反而对外加电场诱导的迁移产生不利影响。由于这些虽然惰性但可移动的离子在电解质/电极界面既不消耗也不生成，它们的定向迁移会导致电池两界面处的离子耗散和富集。这种阻塞离子的耗散和富集直接导致电解质中反向浓度梯度的形成，使得离子扩散不再是随机且无方向的，而是与该离子的迁移方向相反。假设阴离子被阻塞，那么：

$$\left[\frac{\mathrm{d}\mu_-}{\mathrm{d}x}\right]_t = \left[\frac{\mathrm{d}c_-}{\mathrm{d}x}\right]_t \neq 0 \tag{14.92}$$

在此情况下，式（5.95）和式（5.96）中定义的离子迁移数不再决定电池电流中阳离子和阴离子的实际贡献。相反，由于阴离子的迁移被其反向扩散作用所平衡，尽管整体电池电流下降，阳离子部分对电流的贡献却增加（见图 14.14）。

在实际的电化学电池中，由于一种离子（例如阳离子）未被电极阻塞，而另一种离子（例如阴离子）被阻塞，这种现象被称为"半阻塞"效应。在半阻塞电池中，因被阻塞离子定向移动所建立起来的浓度梯度及其对施加电场的电阻（即"浓差极化"）

会降低实际电池的效率及其他性能。在理想的电化学电池中，所有离子均能自由通过电解质/电极界面。然而，在所有半阻塞的电化学电池中，不可避免地存在寄生过程。随着时间的推移，寄生过程带来的浓度梯度会进一步增大。

在足够的时间（$t=t_{SS}$）后，被阻塞离子的浓差极化将达到一个稳态水平，使其产生的扩散离子通量与迁移离子通量达到平衡：

$$\frac{\mathrm{d}F\psi}{\mathrm{d}x} = -\frac{\mathrm{d}\mu_-}{\mathrm{d}x} \tag{14.93}$$

使得被阻塞离子的净离子通量变为零：

$$J_-^{t_{SS}} = -\frac{D_- c_-}{RT} \times \frac{\mathrm{d}}{\mathrm{d}x} \times (F\psi + \mu_-) = 0 \tag{14.94}$$

这种状态由图 14.1 中的电池电流平台所代表的"稳态"表示。在此平衡状态下，电池电流仅由未被阻塞的离子通量贡献。在本假设中，该电流主要由阳离子提供。因此，在稳态下，电池电流的大小仅由该工作离子的自扩散系数和施加在电解质上的电场决定：

$$J_+^{t_{SS}} = -\frac{F D_+ c_+}{RT} \times \frac{\mathrm{d}\psi}{\mathrm{d}x} \tag{14.87}$$

实际上，未被阻塞的离子也可能建立浓度梯度，这个梯度可能与离子的迁移方向相同或相反，这取决于每个电极上离子的动力学快慢。因此，阳离子的通量由迁移和扩散两部分共同组成。我们将在第 14.2.4 小节中对这一问题进行更严格的分析。

在稳态下，工作离子是唯一能实际完成电池化学任务的离子，其迁移数（t_+^{SS}）变为 1.0：

$$t_+^{SS} = 1.0 \tag{14.95}$$

而受阻塞的离子的迁移数变为 0：

$$t_-^{SS} = 0.0 \tag{14.96}$$

电池达到稳态所需的时间取决于被阻塞离子在电解质中传播并在电极界面建立稳定积累的速度。该时间范围可能从几秒到几天不等。

此时，可能会有一个疑问：如果在半阻塞电化学电池中，工作离子的迁移数最终变为 1，那么式（5.96）中定义的迁移数 t_+ 为什么仍有意义？

重新排列式（5.96），我们可以得到：

$$D_+ = \frac{t_+ D_-}{1 - t_+} = \frac{t_+ D_-}{t_-} \tag{14.97}$$

将其代入式（14.87）中，就可得到：

$$J_+^{t_{SS}} = -\frac{t_+ D_-}{t_-} \times \frac{F c_+}{RT} \times \frac{\mathrm{d}\psi}{\mathrm{d}x} \tag{14.98}$$

因此，迁移数（以及其关联的自扩散系数）具有重要意义，因为它们估算了电池最大电流的潜在上限。这对于电解质是一个关键参数，因为它表明电解质能提供多少电流来支持电池的化学反应。

在电池电解质中，稳态电流平衡的建立速度取决于阻塞离子的浓度梯度建立速度，以平衡迁移通量。换言之，电池电流达到平衡状态所需的时间取决于阻塞离子从电解质主体到两电极界面的移动速率。这种耗尽和积累的速率由离子的双极扩散系数来描述：

$$D_{ambp} = \frac{\mu_+ D_- + \mu_- D_+}{\mu_+ + \mu_-} = \frac{2D_- D_+}{D_+ + D_-} \qquad (5.172)$$

这个方程式可以被转换为：

$$D_{ambp} = \frac{2D_+}{\frac{D_+}{D_-} + 1} = \frac{2D_+}{\frac{t_+}{t_-} + 1} = 2D_+ t_- \qquad (14.99)$$

因此，阻塞离子的迁移数同样具有重要意义，因为它们决定了稳态平衡的建立速度。

总结来说，在半阻塞条件下，即使是在理想电解质中，式（5.95）和式（5.96）定义的迁移数在电池运行过程中也不能反映实际的电流分配。相反，它们仅在外部电场施加的瞬时反映了两种离子对电流的贡献。这些特性只能影响稳态建立的速率以及达到稳态平衡时的最大电流大小。

因此，如果文献中提到，在典型的锂离子电池电解质中（例如 $LiPF_6$ 溶解在 EC 和 DMC 的混合物中）锂离子迁移数是 0.3，应注意，这并不意味着在该锂离子电池运行过程中，只有 30% 的电流由 Li^+ 携带，而剩余的 70% 是由 PF_6^- 携带。严谨地讲，这个迁移数意味着当通过交流阻抗谱法测量的总电导率为 $10\ mS \cdot cm^{-1}$ 时，锂离子的导电率（σ_{Li}）仅为 $3\ mS \cdot cm^{-1}$，那么它可以提供最大电流密度为：

$$i_{max} = E \times \sigma_{Li} = 4.0 \times \frac{V}{0.01cm} \times 0.3 \times 10^{-3}\ mS \cdot cm^{-1} = 0.12\ A \cdot cm^{-2} \qquad (14.100)$$

其中，E 是锂离子电池正极和负极施加在电解质上的电场。我们假设锂离子电池的电压为 4.0 V，这也是当今大多数锂离子电池的典型工作电压。

最后，我们需要回顾一下，在开始上述讨论之前，我们假设非阻塞离子（即阳离子）的移动不会在电解质中产生任何浓度梯度。然而，这实际上是不可能的，因为工作离子在电解质 / 电极界面的耗散或富集速率会随界面上电荷转移速率的变化而变化，而这种速率很可能与该离子在电解质中的通量不同，尤其是如果引入界相这一因素后。

对于锂离子电池，石墨负极 [约 0.01 V（相对于 Li）] 的电荷转移速率通常是最慢的，这是由于存在厚界相。因此，锂离子的生成（在放电过程中）或消耗（在充电过程中）通常无法与电解质内部锂离子的通量保持一致。然而，对于几乎没有或只有少量界相存在的负极材料，如钛酸锂 [$Li_4Ti_5O_{12}$，约 1.5 V（相对于 Li）]，锂离子的生成或消耗速度足够快，这得以确保在负极附近的界面区域内锂离子的浓度分布几乎恒定，除非电池上施加了极高的电流（充电或放电）。同样地，正极的电荷转移速率也与电池化学反应有关。对于没有或几乎没有界相存在的体系，如磷酸铁锂 [$LiFePO_4$，约 3.5 V（相对于 Li）]，在正极附近的界面区域会有接近恒定的锂离子浓度分布；而在具有厚界面的体系，如磷酸锂钴 [$LiCoPO_4$，约 5.1 V（相对于 Li）]、锂镍锰氧化物 [$LiNi_{0.5}Mn_{1.5}O_4$，约 4.5 V（相对于 Li）] 或高镍 NMC [$LiNiMnCoO_2$，>4.2 V（相对于 Li）]，则会在正极附近产生锂离子浓度梯度。

锂钴氧化物［LiCoO$_2$，3.8 V（相对于 Li）］提供了一种工作电压的折中方案。总体而言，在负极和正极附近的界面区域产生的锂离子浓度梯度可能对锂离子迁移通量产生非常不同的影响，这取决于具体的负极和正极材料的化学性质及电解质的动力学特性。

为了进一步阐明阳离子和阴离子的扩散及迁移通量如何对实际电池电流产生贡献，现考虑一个由石墨负极和层状过渡金属氧化物正极组成的锂离子电池，并通过示意图描述离子的相对运动（见图 14.15）。在此示例中，考虑了界相的存在，并假设锂离子的扩散方向与迁移方向相反，特别是在石墨负极表面处。在锂金属 - 锂金属对称电池中，情况则截然不同。由于锂金属电极上的更快动力学反应以及聚醚基电解质中最小界面的存在，锂离子会沿着与其迁移方向相同的方向形成浓度梯度。

从图 14.15 中可以观察到不同通量是如何以叠加或抵消的方式共同决定电池的性能的。到目前为止，讨论的仍然是理想电解质的情况，即阳离子和阴离子作为独立自由移

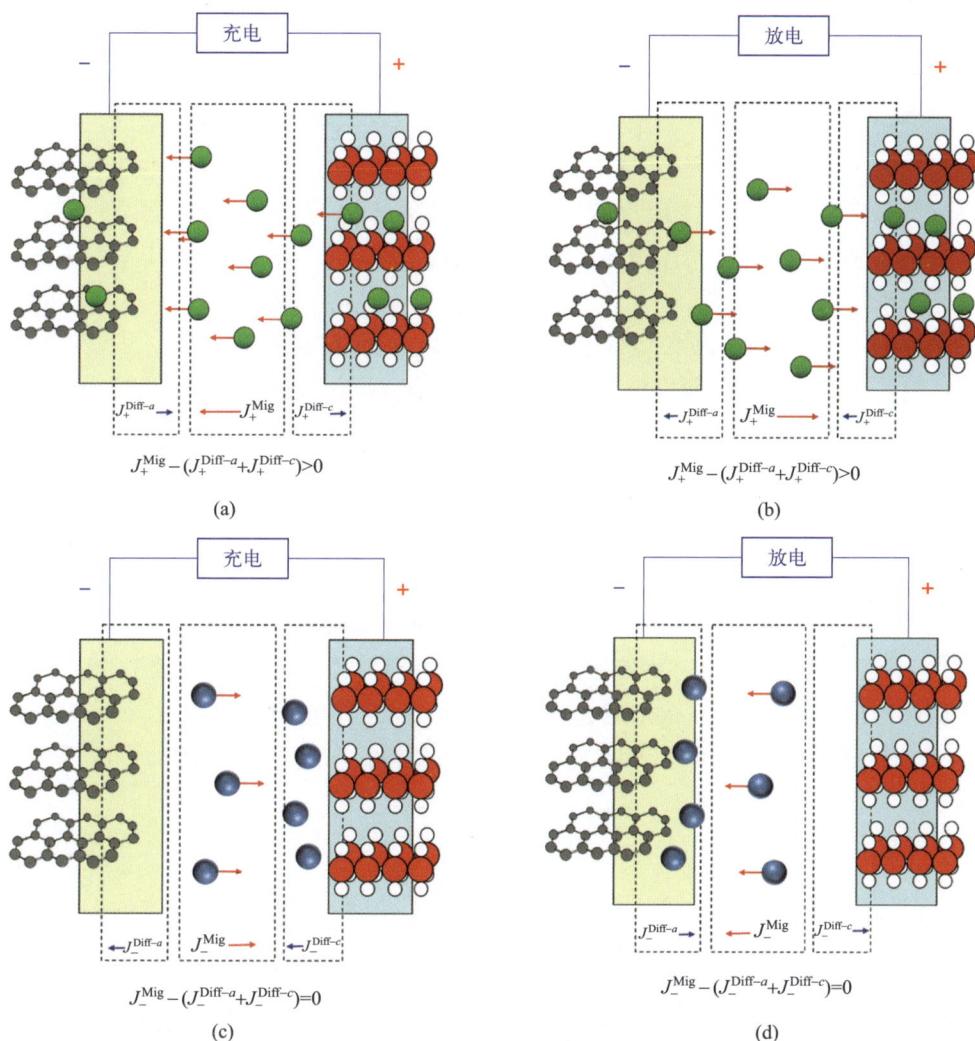

图 14.15　在锂离子电池充电和放电状态下，阳离子和阴离子通量对实际电池电流的贡献。阳离子［图（a）、（b）］和阴离子［图（c）、（d）］的通量分别在不同的插图中展示，并且为清晰起见，省略了界面的图示。通量的下标表示离子携带的电荷符号，而上标则表示在正极或负极侧通过迁移或扩散产生的通量

动的个体离子，其运动不受彼此影响。在这种假设下，离子间的作用力尚未被考虑在内。

14.2.3　实际电解质：迁移数（t_+ 或 t_-）与传输数（T_+ 或 T_-）

如前式（14.83）所述，在实际电解质中，一定浓度下锂离子和其他组分结合生成了各类离子物种。这些带电物种根据各自所带的电荷参与迁移，而中性物种则不对迁移做出贡献。

因此，出现了一个有趣的情况：一些工作离子（锂离子）现在可能是带负电离子物种的一部分，例如 [Li$^+$2X$^-$]$^-$，它们会像"阴离子"一样沿与锂离子相反的方向移动。这同样适用于那些带正电的复杂物种中的阴离子，例如 [2Li$^+$X$^-$]$^+$。换言之，阳离子和阴离子在决定电池电流方面上升到了一个全新的水平。同时，中性物种对外加电场没有响应，因此对迁移通量（亦即电流）没有贡献，但对物质传输有贡献。

在含有实际电解质的电化学装置中，如图 14.1 所示，电流的时间衰减将非常不同，这是因为未被阻塞和被阻塞的物种不能再简单地用基于传导盐的化学计量来表示。

如前所述，在依赖单一工作离子运作的电化学电池中，例如锂离子电池，一个具有实际意义的关键问题是，当有 1 C 电荷通过时，实际有多少锂离子从电池的一侧传输到了另一侧？在前一节中，对于理想电解质，这个问题有一个相对简单的答案：在初始时刻（t=0），只有 t_+ 库仑电荷由阳离子携带，而在足够长的时间后，所有电荷都由阳离子携带（t_+=1.0）。

然而，对于经历特殊配位过程 [如式（14.78）所示] 的实际电解质，即使在初始时刻（t=0），电流的决定因素仍然是纯粹的离子迁移，而不受任何离子扩散通量的干扰。在这种情况下，1 C 的电荷由 Li$^+$ 和 [2Li$^+$X$^-$]$^+$ 沿着施加电场方向迁移以及 X$^-$ 和 [Li$^+$2X$^-$]$^-$ 逆电场方向迁移组成。前者沿电场方向移动了三个 Li$^+$，而后者则逆电场方向移动了一个 Li$^+$。假设这些离子物种各自具有不同的迁移数，则这 1 C 电荷移动的实际锂离子数量由下式给出：

$$T_{Li} = t_{Li^+} + 2t_{[2Li^+X^-]^+} - t_{[Li^+2X^-]^-} \tag{14.101}$$

这个新定义的量 T_{Li} 被称为传输数，它量化了迁移机制引起的特定离子的移动分数。当电解质的盐浓度较高时，会形成更多的离子物种，这将进一步复杂化式（14.83）和式（14.101）中描述的离子物种分布。与离子迁移数类似，在二元电解质中，阳离子和阴离子传输数之间存在如下关系：

$$T_+ + T_- = 1.0 \tag{14.102}$$

在文献中，离子迁移数和传输数这两个术语经常被交替使用。然而，我们现在需要明确区分二者：迁移数描述的是单个离子物种的相对传输速率，可以是单个离子或离子配合物的贡献；而传输数则描述某特定离子对迁移通量的总体贡献。最重要的区别在于，迁移数被明确限制在 0 ~ 1 之间 [根据式（14.85）和式（14.86）]，而传输数没有此限制，因为某些离子物种中的 Li$^+$ 可能实际上以相反方向迁移，所以传输数可以为负值也可以大于 1。

电解质中工作离子的传输数为负值这一现象可能会引起困惑。

实际上，负传输数并不像人们想象的那样"奇特"或"灾难性"。即使工作离子的传输数是负值，只要这种负迁移通量能够被该离子或含有这种离子的复合离子物种的正扩散通量所抵消，电化学电池仍然可以正常工作。

例如，在第 5.2.5 小节中提到，工作离子（如 Ag^+ 或 Al^{3+}）可能存在于 $[AlCl_4]^-$ 或 $[Ag(CN)_2]^-$ 这样的复杂离子中，并带有表观上的负电荷。这些复杂阴离子的电化学还原依赖于它们的扩散通量，其方向与迁移通量相反。在电解质/电极界面上，这些复杂阴离子的持续消耗确保了浓度梯度的存在，并且在稳态下，这些复杂阴离子建立了一个能抵消外加电场的内电场，从而提供稳定的离子供应。

实际上，扩散通量的贡献不仅仅限于那些带有相反电荷的离子。在很大程度上，中性物种如离子对 $[Li^+X^-]^0$ 或更大的聚集体如 $[nLi^+nX^-]^0$，虽然不受外加电场影响，但也会受到浓度梯度的驱动并参与扩散。因此，它们也参与到锂离子的传输中，并有助于平衡负迁移通量。

离子迁移数和离子传输数二者之间，后者与电池化学更为相关。毕竟，锂离子电池的工作依赖于移动的锂离子的物质的量，而不论它们以何种形式（浓差扩散或电迁移）到达电解液/电极界面或界相。只有在理想电解质中，离子迁移数和传输数才会相等，因为那时仅存在两种独立的离子（Li^+ 和 X^-）。

上述讨论仅限于电场刚施加到电解质的初始时刻（$t=0$）。随着时间推移，各种物种的浓度梯度渐次形成，工作离子在电池中的净通量由这些复杂物种的贡献决定。同时，这些离子物种及其配体之间的转化和平衡是动态的，使得原本简单的二元电解质体系中的离子传输现象变得异常复杂且难以预测。

事实上，现代离子学的现有理论和模型尚未完全解决这些复杂性，使得精确预测离子运动仍是未解难题。这一难题的表现之一是，目前没有可靠且可重复的标准方法来测定离子迁移数或离子传输数，相比之下，离子电导率和扩散系数的测定方法则相对成熟。在过去几十年中，即使在相同的电解质体系中，不同模型或技术往往得出截然不同的离子迁移数或离子传输数结果，使这些数值的测定成为一个颇具争议的话题。

虽然本书不打算深入探讨这些仍在发展中的理论和模型，但确实需要更加关注这一重要特性。离子迁移数和离子传输数与离子电导率和扩散系数一起，构成了定义电解质特性的三大关键参数。通过研究和比较这些不完善的理论和模型，可以更好地理解我们面临的挑战，并评估文献中报道的离子迁移数或离子传输数的可信度。

14.2.4　测量离子迁移数的几种经典方法

如上一节所述，离子迁移数（t_+ 或 t_-）描述了某种独立离子传递的电荷与总电荷之比，即它们对外加电场的响应敏捷程度，无论这些离子是单个的还是复合的。离子传输数（T_+ 或 T_-）表示在传递一个法拉第电荷时，电池中某种离子（通常是工作离子）转移的总物质的量，这些离子可以是以自由离子形式单独转移，或以复合离子的形式沿着顺或逆外加电场的方向移动。只有在理想电解质中，即不存在离子分化的情况下，迁移数和传输数才相等。

在这两个量中，离子迁移数对评估实际电化学电池中的电解质性能更为重要。为了测定这一关键参数，已经进行了大量的研究。经典的测量方法通常是在能够建立稳态的时间范围内进行的。值得注意的是，尽管适用性有限，最古老的 Hittorf 法仍然是测定离子迁移数最精确的方法之一，并且该方法不依赖于任何关于电解质理想性的假设。

14.2.4.1　Hittorf-Tubandt 方法：直接化学分析

历史上，Hittorf 可能是第一个认识到阳离子和阴离子在同一电场作用下可以不同速度运动的人。事实上，英文单词"transference number"便是由 Hittorf 从德文"uberführungszahl"翻译而来，用来量化阳离子和阴离子运动速度的差异。

在 1853 ~ 1859 年期间，Hittorf 连续发表了三篇具有开创性的论文，纠正了长期以来人们对离子传输机制的误解，即所有离子在相同电场条件下以相同速度运动[11-13]。为了验证这一观点，他设计了一种多隔室电化学电池，并利用化学分析这一直接手段来确定电荷通过后电池不同位置的电解质成分差异。

图 14.16（a）展示了 Hittorf 对这种电池的初步设计示意图，其中一系列隔间由隔膜隔开，便于取样。电池由铜阴极、铂或银阳极以及二者之间的硫酸铜（$CuSO_4$）水溶液电解液组成，采用垂直取向。在外加电场的作用下，Cu 被氧化变成 Cu^{2+}，向阴极迁移，而 SO_4^{2-} 则向相反方向迁移，直至被浓度梯度驱动的扩散运动所平衡。铜电极被放置在电池底部，使得生成的 Cu^{2+} 浓度较高（密度较大）的电解液部分位于底部，从而避免了重力引发对流的影响。Hittorf 进一步用隔膜将电池分成四个部分，并仔细控制施加的电压和通过的电荷量，确保中间两个隔室（隔室 Ⅱ 和 Ⅲ）中的 Cu^{2+} 浓度相同。这是确保 Cu^{2+} 的浓度梯度为零的必要条件，由此，隔空 Ⅰ 和 Ⅳ 的 Cu^{2+} 浓度差异将完全由迁移决定。

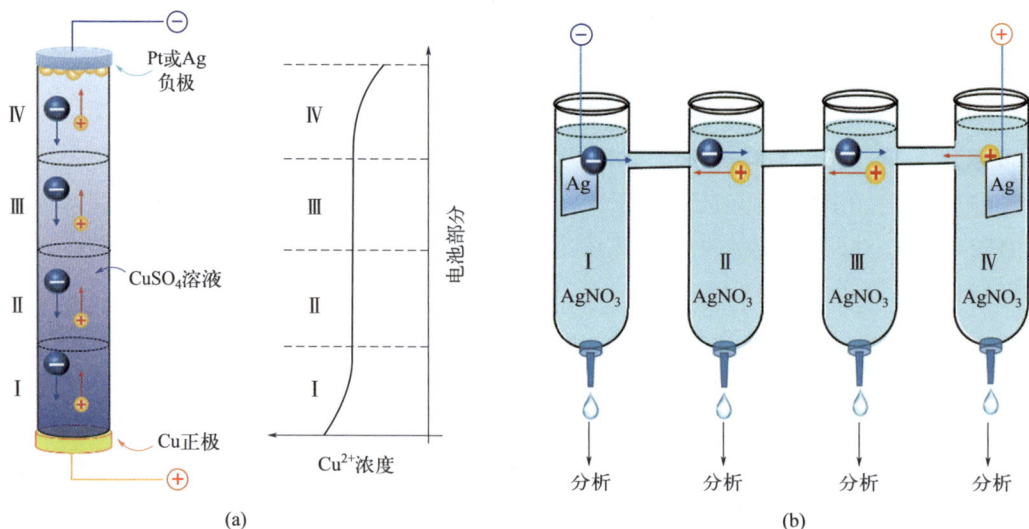

图 14.16　确定离子迁移数的经典方法。（a）原始的 Hittorf 电解池，各隔室之间用隔膜隔开；（b）改良后的多隔室 Hittorf 电解池，采用水平取向，配有多个歧管出口，便于取样和定量化学分析

经过以上缜密考量，Hittorf 使已知电荷量 Q 通过电池，并用库仑计进行精确测量，然后拆开四个电池隔室进行化学分析。因此，可以通过下式计算 Cu^{2+} 的迁移数：

$$t_{+} = \frac{Q - (c_1 - c_3)z_{Cu}VF}{Q} = 1 - \frac{2(c_1 - c_3)VF}{i\Delta t} \qquad (14.103)$$

式中，c_1 和 c_3 分别为隔空 I 和 III 的 Cu^{2+} 浓度；V 为电池隔室的体积（假设四个区室的体积相同）；Q 为时间间隔 Δt 内电流 i 的总电荷通过量。隔空 I 和 II 之间的浓度差可用作第二组数据，以检查准确性。

实验结果验证了 Hittorf 的假设，即阳离子和阴离子具有不同的迁移速度。在大多数由各种无机盐溶于水或乙醇组成的电解质中，他发现阳离子的迁移速度通常比阴离子慢，离子迁移数在 0.3 ～ 0.4 之间。对于某些无机盐，如氯化锌、氰化银和氯铂酸银，他甚至得到了负的阳离子迁移数。有趣的是，他注意到这些迁移数与盐浓度有显著关联。例如，氯化锌（$ZnCl_2$）和碘化镉（CdI_2）在稀水溶液中的阳离子迁移为正值；然而，随着盐浓度的增加，迁移数逐渐变为负值。当溶剂从水更换为乙醇或戊醇等较弱极性的溶剂时，也会发生类似的变化。

Hittorf 正确地将这种"反常"现象归因于复杂离子的形成，尽管根据现代观点，他所提出的这些复杂离子的具体结构式也不完全准确。毕竟，在 19 世纪中期，人们尚不清楚原子的正确电子结构；直到大约半个世纪后，Bohr 和 Rutherford 才阐明了这些结构。在这样的历史背景下，Hittorf 的研究非常具有前瞻性。

正如今天所知，负的离子迁移数表明在这些电解质中形成了复杂离子，如 [$ZnCl_3$]、[$AgCN_2$]$^-$、[$PtCl_6$]$^{2-}$ 等。高盐浓度有助于这些复杂离子的形成，因为在缺乏溶剂分子将离子有效分离的情况下，高盐浓度会将阳离子和阴离子紧密地压缩在一起。此外，弱极性的溶剂分子，由于其较低的介电常数，无法有效地起到静电屏蔽作用，因此也会促进相邻阴阳离子之间的相互吸引，进一步促进复杂离子的形成。

遗憾的是，Hittorf 的研究在当时遭到了强烈的反对，因为当时的研究人员无法理解为什么阳离子和阴离子会以不同的速度移动。显然，当时的人们更习惯于将离子看作是没有内部结构和溶剂化层的简单带电粒子。

后来，有人提出，Hittorf 电解池中用于分隔各隔室的隔膜可能具有选择性，允许某些离子以较快的速度通过，而其他离子则会被减速，从而导致结果失真。为了解决这一问题，Hittorf 对电解池进行了改进，去掉了隔膜。图 14.16（b）展示了该改良方案，该方案带有多个支管，便于采集电解质成分。其他改良方案则采用了通过电导率来确定电解质成分的方法，即先建立标准电导率 - 浓度曲线，以避免烦琐的化学定量分析。

通常，Hittorf 方法需要费力的步骤来确定电解池各隔室的确切化学成分。然而，当操作严谨细致时，该方法的测定精确度可达 ±0.0001。

与此同时，这种方法的缺点也非常明显。它不仅耗时长，还需要大量的电解质，并且在实验过程中必须非常谨慎，特别是考虑到分析各电池隔室需要大量的工作。此外，这种方法也只能应用于可进行精确化学分析的有限种类的电解质，如 Cu^{2+}、Ag^+ 和 Zn^{2+} 等简单的无机阳离子。这些阳离子的定量测定可以通过滴定等成熟的分析方法实现。遗憾的是，锂基电解质并不适用于此类分析。

1932 年，Tubandt 提出了一种用于测量固体电解质（包括陶瓷和聚合物基电解质）中离子迁移数的类似方法，这可以看作是 Hittorf 方法的一种变体[12]。固体电解质的性质使得取样和分析变得更加便捷，因为研究人员可以在电荷通过后直接拆卸电池，并将电解质切割成不同部分进行称重。通过重量的变化，研究人员能够计算出工作离子的迁入量或移出量。

最后，需要指出的是，在非理想电解质上应用 Hittorf-Tubandt 法，测得的实际上是工作离子的传输数 T 而非迁移数 t，因为这两种方法都只在乎最终到达电极的物种质量，而不管它们是以什么形式到达的。

14.2.4.2　Lodge-Mason 方法：移动边界

为了规避化学分析带来的烦琐，1886 年，Lodge 提出了一种利用可视电解质/电解质界面的新方法，通过这种方法可以直接评估阳离子和阴离子在外加电场下的移动速度（图 14.17）[14]。他采用的初始反应是氯化钡（$BaCl_2$）与含有硫酸根阴离子的指示电解质（如 Na_2SO_4）反应沉淀出硫酸钡（$BaSO_4$）。通过监测电化学电池中 $BaSO_4$ 边界的移动，可以计算出阳离子的迁移数：

$$t_+ = \frac{z_+ c_+ \Delta L A F}{Q} = \frac{z_+ c_+ \Delta L A F}{I \Delta t} = \frac{z_+ c_+ A F}{I} v_+ \qquad (14.104)$$

式中，ΔL 是 $BaSO_4$ 边界在时间间隔 Δt 内移动的距离；A 是电池的截面积；v_+ 是边界的移动速度。这里的近似假设是：

$$Q = I \Delta t \qquad (14.105)$$

该公式忽略了电流可能存在的任何非线性行为，以及电流通过过程中电解质中离子电导率的变化。

很快，人们意识到电解质中固体颗粒的形成会使实际情况变得更加复杂。这些颗粒不仅改变了电解质移动边界前沿区域的电导率和黏度，有时甚至会堵塞电池。因此，人们放弃了使用沉淀反应，并对这一方法进行了改进，优先选择那些不会对电解质性质造成太大干扰的指示剂，例如溴酚蓝等酸碱指示剂，或含有天然有色离子或与支持电解质有显著光学反差的离子的电解质。

图 14.17　Lodge-Mason 移动边界法。该方法采用具有不同颜色或折射率的电解质，以便在电解质/电解质界面建立可见的边界。通过精心选择电解质和细致控制实验条件，每个边界的移动速度相对值反映了离子迁移速度之间的比值

图 14.17 展示了 Mason 对 Lodge 方法的改进版"双移动边界"示意图。实验中,铬酸钾（K_2CrO_4,黄色）和硫酸铜（$CuSO_4$,蓝色）溶液分别置于电化学电池的两端,而主电解质为固定在凝胶中的氯化钾（KCl,无色）[15]。当电流通过时,黄色和蓝色边界分别向前移动,其相对速度反映了铬酸根阴离子（CrO_4^{2-}）和二价铜阳离子（Cu^{2+}）的相对传输速率。假设铬酸根/氯化钾界面的移动距离为 d_-,硫酸铜/氯化钾界面的移动距离为 d_+,则离子的迁移数可以通过下式计算得出:

$$\frac{d_+}{d_-} = \frac{\Lambda_+^0}{\Lambda_-^0} \tag{14.106}$$

式中,Λ_+^0 和 Λ_-^0 分别是 Cu^{2+} 和 CrO_4^{2-} 的极限摩尔离子电导率。在极限条件下（盐浓度接近零时）铬酸铜（$CuCrO_4$）的总摩尔离子电导率 Λ_T^0 可以通过外推法实验测定,根据独立离子迁移的 Kohlrausch 定律,总摩尔离子电导率 Λ_T^0 与两个极限摩尔离子电导率之间的关系为:

$$\Lambda_T^0 = \Lambda_+^0 + \Lambda_-^0 \tag{14.107}$$

因此,每种离子的迁移数可以通过下式计算:

$$t_+ = \frac{\Lambda_+^0 + \Lambda_-^0}{\Lambda_T^0} = \frac{d_+}{d_+ + d_-} \tag{14.108}$$

显然,本实验中使用的电解质溶液必须足够稀,以接近理想状态。

如今,一些大学的电化学实验课仍在教授经典的离子迁移数测量实验,利用不同电解质溶液的折射率差异代替自然色彩。实验采用垂直取向的改良 Hittorf 型电池,使用三种不同密度的电解质溶液:最重的溶液（如氯化锂）在底部,最轻的溶液（如醋酸钠）在顶部,中间的电解质（如氯化钠）为研究对象。中间电解质需与底部电解质有相同的阴离子,与顶部电解质有相同的阳离子,且密度介于两者之间,以减轻重力对流的影响。为确保边界清晰,还需满足其他条件:下边界处,指示电解质中的阳离子（氯化锂中的锂离子）的移动速度不得快于待测电解质中的阳离子（氯化钠中的钠离子）;上边界处,指示电解质中的阴离子（醋酸钠中的醋酸根）的移动速度不得快于待测电解质中的阴离子（氯化钠中的氯离子）。否则,指示电解质中的离子在外加电场下会超越待测电解质中的离子,导致边界模糊,降低测试精度。只有满足这些要求,才能在氯化锂/氯化钠和氯化钠/醋酸钠界面形成清晰的边界。

氯化氢（HCl）和氯化镉（$CdCl_2$）也可以用来进行类似实验,以形成与初始 Lodge 法一样的单一边界。

移动边界法的适用性显然受到严重限制。迄今为止,Lodge-Mason 法仅适用于少数水系电解质的研究。我们需要一种更统一、更通用的方法来确定离子迁移数,以避免烦琐的预处理措施。

和 Hittorf-Tubandt 法一样,Lodge-Mason 法在非理想电解质中得到的也是传输数 T 而非迁移数 t。

14.2.4.3　Armand 方法:电化学浓差电池

1986 年,Armand 及同事提出了一种测量聚合物电解质中锂离子迁移数的新方法[16]。

他们构建了一个由浓度不同的两种锂盐聚合物电解质组成的锂 - 锂对称电池，这种装置在电化学中称为浓差电池（图 14.18）。为了理解该方法的原理，首先需要研究电池电动势（emf）与离子迁移数之间的关系。

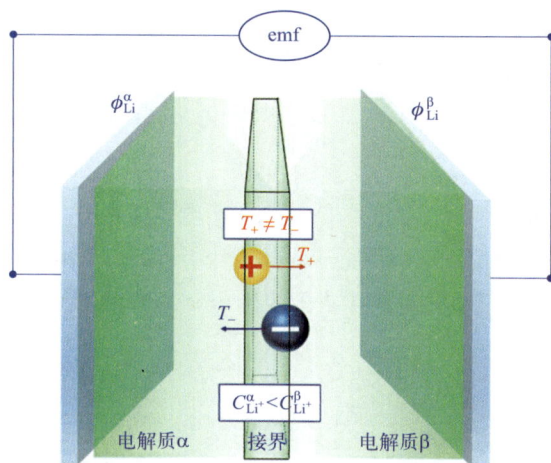

图 14.18 浓差电池结构。浓差电池由两个相同的电极组成，中间夹有两种成分相同但盐浓度不同的电解质。在开路状态下，电池无电流流动，因此电池电压即为电动势（emf）。由于两种电解质在交界处的离子迁移数不同，该装置被称为"有离子传输转移的浓差电池"，从而产生了接界电势 E_J

在这种电池中（图 14.18），相同的电极材料（锂金属）与不同盐浓度的相同电解质（电解质 α 和电解质 β）处于平衡状态。直观上可以推断，两个电极之间会产生电位差，这个电位差可以用 Nernst 方程来量化：

$$\phi_{Li}^{\alpha} = \phi_{Li}^{0} + \frac{RT}{F} \ln C^{\alpha} \tag{14.109}$$

$$\phi_{Li}^{\beta} = \phi_{Li}^{0} + \frac{RT}{F} \ln C^{\beta} \tag{14.110}$$

在这种情况下，假设金属锂（Li^0）的活度为 1.0。显然，右侧锂金属电极（Li_{β}^0）的电位高于左侧锂金属电极（Li_{α}^0）。

进一步分析发现，由 Nernst 反应产生的电位差仅是整体电位差的一部分，因为在两种电解质的界面上还会产生额外的电位差，这是由电解质浓度差异过大引起的。这种电位差的产生是因为离子天然地从浓度较高的相（β）向浓度较低的相（α）扩散的趋势。事实上，只要存在浓度梯度，这种电位差就会出现，因此有时也称它为"扩散电势（diffusional potential）"，但在经典电化学文献中，它更常被称为"接界电势（junctional potential）"。

因此，浓差电池的电动势（emf）应该由两部分组成，即 Nernst 电势（E_N）和接界电势（E_J）：

$$emf = E_N + E_J \tag{14.111}$$

Nernst 电势的简单计算公式为：

$$E_N = \phi_{Li}^\beta - \phi_{Li}^\alpha = \frac{RT}{F} \times \ln \frac{C_{Li^+}^\beta}{C_{Li^+}^\alpha} \tag{14.112}$$

若电解质并非理想时：

$$E_N = \phi_{Li}^\beta - \phi_{Li}^\alpha = \frac{RT}{F} \times \ln \frac{a_{Li^+}^\beta}{a_{Li^+}^\alpha} \tag{14.113}$$

式中，$a_{Li^+}^\alpha$ 和 $a_{Li^+}^\beta$ 是锂盐在两种电解质中的相应活度。

接界处的电势取决于每种离子从浓度较高的相向浓度较低的相扩散以消除浓度梯度的相对倾向。换句话说，接界电势与相关离子的相对淌度或迁移数有关。

在分析浓差电池的平衡过程时，可以将其分为电化学部分（包括每个电极上的两个半反应）和交界处的扩散电荷传输部分。需要注意的是，由于电池处于开路状态，因此我们讨论的所有"电流"或"电荷传递"仅仅反映了离子和电极的趋势，而并没有实际的电荷传递。一旦电流开始流动，上述平衡就不再存在。

在左侧电极（Li_α^0），由于其电位较低，往往会经历一个氧化过程，将更多的锂离子释放到电解液中：

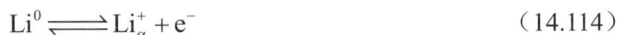

$$Li^0 \rightleftharpoons Li_\alpha^+ + e^- \tag{14.114}$$

而右侧锂金属电极（Li_β^0）的电位较高，促使更多的锂离子从电解液中还原出来：

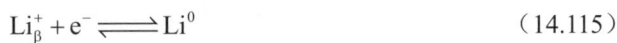

$$Li_\beta^+ + e^- \rightleftharpoons Li^0 \tag{14.115}$$

整个电解反应是式（14.109）和式（14.110）的和：

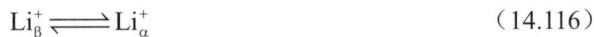

$$Li_\beta^+ \rightleftharpoons Li_\alpha^+ \tag{14.116}$$

其相应的电势差由上文讨论的 Nernst 方程描述［式（14.112）或式（14.113）］。

伴随着上述电极半反应，为保持电中性，电解质中必须进行相应的电荷传输。具体而言，左侧电极产生的锂离子（Li_α^+）向右迁移，而阴离子（X^-）则向左迁移。Li_α^+ 和 X^- 的相对速度由各自的离子迁移数决定。因此，在交界处，对于假设通过电池的 1 F 电荷，有 t_+ mol 的 Li_α^+ 进入电解质 β，同时有 t_- mol 的 X_β^- 进入电解质 α。换而言之，可以得到以下平衡方程：

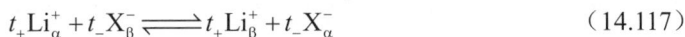

$$t_+ Li_\alpha^+ + t_- X_\beta^- \rightleftharpoons t_+ Li_\beta^+ + t_- X_\alpha^- \tag{14.117}$$

式（14.117）对应的自由能变化应为：

$$\Delta G = -nFE_J = RT \ln Q \tag{14.118}$$

式中，$n=1$（假设是一价锂盐）；Q 是反应商，可表示为：

$$Q = \frac{\left[a_{Li^+}^\beta\right]^{t_+} \left[a_{X^-}^\alpha\right]^{t_-}}{\left[a_{Li^+}^\alpha\right]^{t_+} \left[a_{X^-}^\beta\right]^{t_-}} \tag{14.119}$$

将式（14.119）代入式（14.118）中，可得：

$$-FE_J = RT \ln \frac{\left[a_{Li^+}^\beta\right]^{t_+} \left[a_{X^-}^\alpha\right]^{t_-}}{\left[a_{Li^+}^\alpha\right]^{t_+} \left[a_{X^-}^\beta\right]^{t_-}} \tag{14.120}$$

重新排列后，我们就得到了接界电势的表达式，它取决于交界处两种离子的离子迁移数：

$$E_J = -\frac{RT}{F} \ln \frac{\left[a_{Li^+}^\beta\right]^{t_+} \left[a_{X^-}^\alpha\right]^{t_-}}{\left[a_{Li^+}^\alpha\right]^{t_+} \left[a_{X^-}^\beta\right]^{t_-}} = -t_+ \frac{RT}{F} \ln \frac{\left[a_{Li^+}^\beta\right]}{\left[a_{Li^+}^\alpha\right]} - t_- \frac{RT}{F} \ln \frac{\left[a_{X^-}^\alpha\right]}{\left[a_{X^-}^\beta\right]} \quad (14.121)$$

如果两种电解质都是理想的，那么可以用盐浓度来代替活度。由于盐在溶液中完全解离形成自由离子，因此在相同的电解质中，阳离子和阴离子的浓度将相等，可以表示为：

$$a_{Li^+}^\alpha = a_{X^-}^\alpha = C_{Li^+}^\alpha = C_{X^-}^\alpha \equiv C^\alpha \quad (14.122)$$

$$a_{Li^+}^\beta = a_{X^-}^\beta = C_{Li^+}^\beta = C_{X^-}^\beta \equiv C^\beta \quad (14.123)$$

式（14.121）可简化为：

$$E_J = (2t_- - 1)\frac{RT}{F} \ln \frac{C^\beta}{C^\alpha} = (t_+ - t_-)\frac{RT}{F} \ln \frac{C^\alpha}{C^\beta} \quad (14.124)$$

式（14.124）是大多数电化学教科书中最常用的两种接界电势表达式。显然，如果电解质体系中阳离子和阴离子的迁移数相等（即 $t_+ = t_-$），则接界电势为零。

在经典的电化学分析实验中，接界电势通常被视为干扰因素，因为它会影响由 Nernst 方程确定的热力学性质的测量结果。因此，研究人员总是试图消除其影响。为此，我们经常使用氯化钾（KCl）基盐桥，因为其中两种离子的淌度非常接近（$\mu_{K^+} = 7.619 \times 10^{-4}$ cm² · s⁻¹ · V⁻¹ 和 $\mu_{Cl^-} = 7.912 \times 10^{-4}$ cm² · s⁻¹ · V⁻¹，导致 $T_{K^+} \approx 0.49$、$T_{Cl^-} \approx 0.51$），因此其中的接界电势差可以忽略不计。配备这种盐桥的浓差电池被称为"无离子转移的浓差电池（concentration cell without ion transference）"。相比之下，图 14.18 所示的则是"有离子转移的浓差电池（concentration cell with ion transference）"。这两种电池均可用于测定离子迁移数。

因此，将式（14.113）和式（14.124）代入式（14.111）即可得到整个浓差电池的电动势：

$$\text{emf} = 2T_- \frac{RT}{F} \ln \frac{C^\beta}{C^\alpha} \quad (14.125)$$

如果这些电解质处于非理想状态，则仍需使用两种离子的活度进行计算，这样电动势的表达式会更加复杂：

$$\text{emf} = E_N + E_J = \frac{RT}{F} \ln \frac{a_{Li^+}^\beta}{a_{Li^+}^\alpha} - t_+ \frac{RT}{F} \ln \frac{\left[a_{Li^+}^\beta\right]}{\left[a_{Li^+}^\alpha\right]} - t_- \frac{RT}{F} \ln \frac{\left[a_{X^-}^\alpha\right]}{\left[a_{X^-}^\beta\right]} \quad (14.126)$$

由于在实验中无法测量单个离子的活度系数，因此采用平均活度系数 $\gamma_\pm$：

$$\gamma_\pm = \sqrt{\gamma_+ \gamma_-} \quad (14.127)$$

因此，这两种离子的活度可以表示为：

$$a_\pm = \sqrt{a_+ a_-} = \sqrt{C_+ \gamma_+ C_- \gamma_-} = \gamma_\pm \sqrt{C_+ C_-} \quad (14.128)$$

浓差电池电动势的表达式可简化为：

$$\mathrm{emf} = 2\frac{RT}{F}t_- \ln \frac{a_\pm^\beta}{a_\pm^\alpha} = 2(1-t_+)\frac{RT}{F}\ln \frac{a_\pm^\beta}{a_\pm^\alpha} \qquad (14.129)$$

或者，如果无法确定所研究电解质中离子的平均活度系数，可以使用相同的电解质，配备盐桥，构建一个无离子传输的浓差电池（without ion transference，WIT）。这样，相应的电池电动势（emf_{WIT}）将仅由 Nernst 部分决定：

$$\mathrm{emf}_{WIT} = \frac{RT}{F}\ln \frac{a_{Li^+}^\beta}{a_{Li^+}^\alpha} \qquad (14.130)$$

t_- 由这两个电动势的比值给出：

$$t_- = \frac{2\mathrm{emf}}{\mathrm{emf}_{WIT}} \qquad (14.131)$$

在实践中，t_- 通常通过电动势 emf 和 emf_{WIT} 的斜率关系得出，并选取一系列数值以确保更高的精确度：

$$t_- = \frac{\mathrm{d}(\mathrm{emf})}{2\mathrm{d}(\mathrm{emf}_{WIT})} \qquad (14.132)$$

这种方法无需预先了解平均活度系数，因此更为普遍使用。然而，在非水电解质或固态电解质中找到合适的盐桥并不容易。例如，在 Armand 及其同事的研究中，为了确定聚合物电解质中的锂离子迁移数，需要进行额外实验来估算平均活度系数[16]。

目前的假设是，在特定的盐浓度范围内，离子迁移数 t_+ 和 t_- 保持恒定。然而，它们实际上可能会随浓度的变化而变化。因此，需要进一步研究实际电解质构建的浓差电池。由于交界处盐浓度的急剧变化，严格推导应将迁移数视为浓度的函数，即从电解质 α 中的 C^α 到电解质 β 中的 C^β 的连续变化。交界部分可被视作一系列极薄的薄片，t_+ mol 的一价阳离子和 t_- mol 的一价阴离子穿过这种薄层，涉及的电化学自由能变化 $\mathrm{d}\bar{G}$ 可被表示为：

$$\mathrm{d}\bar{G} = \sum_i t_i \mathrm{d}\bar{\mu}_i \qquad (14.133)$$

式中，$\bar{\mu}_i$ 是在第 5.2.5 节中讨论过的电化学势：

$$\bar{\mu}_i = \mu_i + z_i F\psi \qquad (5.117)$$

电化学势包括化学势部分（$\mu_i = \mu_i^0 + RT\ln Q$）和静电势部分（$z_i F\psi$）。整合从电解质 α 到电解质 β 中 C^β 的电化学自由能，可得：

$$\int_\alpha^\beta \mathrm{d}\bar{G} = 0 = \sum_i \int_\alpha^\beta t_i \mathrm{d}\bar{\mu}_i \qquad (14.134)$$

接界电势 E_J 变为：

$$E_J = -\frac{RT}{F}\sum_i \int_\alpha^\beta t_i \mathrm{d}\ln a_i \qquad (14.135)$$

式（14.135）是对由实际电解质组成的浓差电池的最严谨描述。对于由一价离子组成的二元电解质，可简化为：

$$E_J = -\frac{RT}{F}\int_\alpha^\beta t_- \mathrm{dln}(a_+ a_-) \qquad (14.136)$$

而迁移数可表示为：

$$t_- = \frac{F}{RT} \times \frac{\mathrm{d}E_J}{\mathrm{dln}(a_+ a_-)} \qquad (14.137)$$

总之，接界电势（或浓差电池的电动势）的确与离子迁移数有关，因而为确定离子迁移数提供了多种方法。然而，要想精确测定，必须设计出合适的浓差电池配置。Armand 方法的优势在于其严谨性，但它的挑战也正在于其严谨性，因为需要了解接界处每种离子的活度，而这无法通过实验直接测定。任何近似值的使用都会不可避免地影响数学严谨性。

Armand 及其同事研究了锂离子在各种聚合物电解质中的离子迁移数。他们构建的浓差电池采用了不同分子量的聚乙烯氧化物类聚合物电解质，溶解了不同的锂盐［如高氯酸锂（$LiClO_4$）、三氟甲磺酸锂（$LiCF_3SO_3$）和碘化锂（LiI）］。由于盐浓度偏离理想电解质的范畴，需要采用近似方法，包括估算平均活度系数，并通过构建额外的阴离子可逆电池校准盐的活度。结果显示，锂离子在这些聚合物电解质中的离子迁移数范围为 $0.3 \sim 0.8$。值得注意的是，0.8 是一个难以置信的极高的数值，在非水性液体或聚合物电解质中几乎不可能达到。这显然是由近似值和额外实验导致的累积误差，因为现有实验技术无法提供严格数学分析所需的物理量精度。

浓差电池及其接界电势公式不仅用于确定离子迁移数，还可测定如盐扩散系数和热力学系数等对实际电解质非常重要的参数，这将在后文讨论。

在使用液态电解质的浓差电池时，需特别注意确保两种电解质的物理分隔，以防止混合和对流，同时又要保持"离子接触"，使离子传输在接界区域能继续发生。这种要同时实现分离和接触的双重要求通常可以使用多孔隔膜来实现。

在非理想电解质中，基于浓差电池电动势的 Armand 法所测得的也是传输数 T 而非迁移数 t，因为不管离子是以什么方式跨过图 14.18 中两种电解质的接界，它都会对浓差电动势作出贡献。

14.2.4.4 改进的 Hittorf 方法：扰动电化学浓差电池

如第 14.2.4.1 小节所述，Hittorf-Tubandt 方法可以直接测定特定离子物种的传输，将其作为通过电池的电荷的函数，无需考虑电解质是否理想以及复杂离子物种的生成。然而，这种方法烦琐且费时，通常需要大量样品，而且对于环境敏感的电解质或电极体系并不总是可行的，锂基电解质就是一个突出的例子。

有一种改进方法将 Hittorf-Tubandt 方法和电化学浓差电池相结合，提供了确定离子迁移数的可靠途径。这种方法不涉及 Hittorf-Tubandt 方法中的费力分离和分析步骤，同时也不依赖电解质的理想性假设或特定离子物种。

这种方法构建了一个类似于图 14.18 所示的电化学电池，两种电解质分离但盐浓度相同。由于两种电解质之间存在化学平衡，因此电池不应有任何电势[17]。通过向电池中通入已知量的电荷来扰动平衡，从而产生电势，导致两种电解质之间形成浓度差。这里需要特别小心，以确保浓度梯度仅在两个电极／电解质界面附近形成，而不是在整个电池中扩散（稍后将在第 14.2.4.6 小节的 Bruce-Vincent 方法中讨论这种情况）。换句话说，浓度分布应该与图 14.16（a）Hittorf 电解池中的分布相似，而这需要极小的扰动。

根据前述内容，这样的电池应表现出如式（14.130）所示的电动势，因为分离两种电解质的界面上没有浓度梯度，也就没有接界电势。从理论上讲，如果了解电动势与浓度梯度之间的确切关系，则可以从电动势推导出离子迁移数，而无需对阳极区和阴极区的浓度进行化学分析。

因此，如果以恒定电流 i 对电池进行极化，在持续时间 Δt 之后，阳极区和阴极区盐浓度的变化应为：

$$\Delta C_a = (1 - t_+) \times \frac{i\Delta t}{V_a F} \tag{14.138}$$

$$\Delta C_c = (t_+ - 1) \times \frac{i\Delta t}{V_c F} \tag{14.139}$$

式中，V_a 和 V_c 分别代表阳极区和阴极区的体积。

因此，两个电极区之间的浓度差为：

$$\Delta C = \Delta C_a - \Delta C_c = \frac{i\Delta t}{F} \times (1 - t_+) \times \frac{V_a + V_c}{V_a V_c} \tag{14.140}$$

可用于求解阳离子迁移数：

$$t_+ = 1 - \frac{V_a V_c F}{i\Delta t (V_a + V_c)} \times \Delta C \tag{14.141}$$

要计算 t_+，需要了解 ΔC 和 emf 之间的确切关系。然而，式（14.130）中决定 emf 的是盐的活度，而非浓度。因此，要想推导出这两个量之间的解析关系，在测量平均活度系数或热力学系数时会遇到更多问题。一个更实用的方法是通过实验建立 ΔC 和 emf 之间的数值关系，这样就可以根据测得的 emf 直接计算出 t_+。

同样地，在非理想电解质中，这一法所测得的也是传输数 T 而非迁移数 t。

14.2.4.5　Sørensen-Jacobsen 方法：交流阻抗谱

1982 年，Sørensen 和 Jacobsen 提出了一种基于交流阻抗技术的通用方法[18]。根据第 14.1.1.3（5）部分，当电极对至少一种离子无阻挡时，阻抗谱将在复数平面上显示两个半圆，实轴上的截距分别为 R_B 和 R_B+R_{CT}，接着出现具有一定斜率的尖峰（图 14.9）。如果将频率范围扩展到毫赫兹（10^{-3} Hz）甚至亚毫赫兹（10^{-4} Hz），尖峰将达到最大值，甚至重新截取实轴，形成第三个扭曲的半圆（图 14.19）。

根据 Macdonald 等的推导，这种扭曲半圆的出现应归因于一种新的扩散分量 W_S，也称为 Warburg 短路元件。其产生原因是在亚毫赫兹频率（$<10^{-3}$ Hz）下，整个电解质中形成了一个扩散层。图 14.19 的插图展示了相应的等效电路。只有当用于生成阻抗谱的频率足够低，离子在半直流电场作用下有足够时间在整个电解质中建立浓度梯度时，这

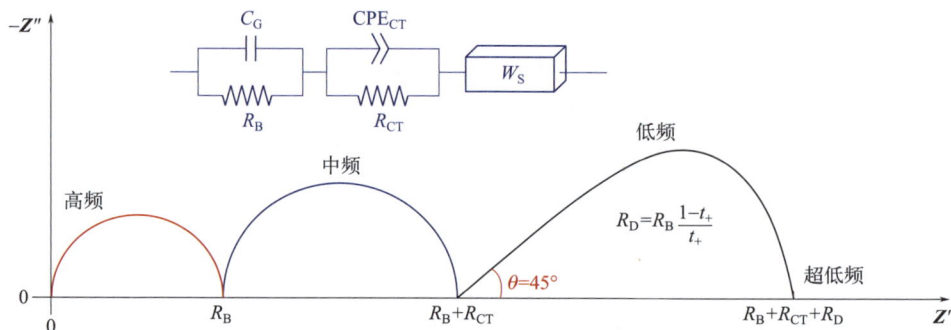

图 14.19　在极宽的频率范围［从兆赫兹（10^6 Hz）到亚毫赫兹（10^{-4} Hz）］内测定的带有对一种离子非阻塞电极的电化学电池的交流阻抗谱。在该谱中，扩散成分 W_S 的阻抗可用于测定非阻塞离子的迁移数

种阻抗分量才会显现。在这种情况下，所建立的浓度梯度将开始平衡离子的迁移（此处假设被阻塞的离子为阴离子）。如果忽略主体电路和电荷转移电路的电容或 CPE 元件［正如在求解非阻塞电路式（14.68）时的简化］，可以求解这种等效电路的阻抗响应。Macdonald 等展示了其解为：

$$Z_D = R_B \times \frac{\mu_-}{\mu_+} \times \frac{\tanh \alpha}{\alpha} \tag{14.142}$$

式中 α 被定义为：

$$\alpha = \sqrt{\frac{i2\pi f}{D_{ambp}}l} \tag{14.143}$$

式中，f 为频率；D_{ambp} 为盐的双极性扩散系数；l 为电池厚度；i 为电流。

当频率极低、电池极薄时，α 变为零，因此：

$$\frac{\tanh \alpha}{\alpha} = 1 \tag{14.144}$$

而扩散分量与实轴相交于：

$$R_D = R_B \frac{\mu_-}{\mu_+} \tag{14.145}$$

如果简单二元电解质的离子迁移数仍然成立，即：

$$t_+ = \frac{\mu^+}{\mu^+ + \mu^-} = \frac{D_+}{D_+ + D_-} \tag{5.96}$$

$$t_- = 1.0 - t_+ \tag{5.95}$$

则 R_D 变为：

$$R_D = R_B \frac{1 - t_+}{t_+} \tag{14.146}$$

阳离子迁移数的计算公式为：

$$t_+ = \frac{R_B}{R_B + R_D} \tag{14.147}$$

如第 14.1 节所述，R_B 值可以从交流阻抗光谱中轻松获得，且精度较高。因此，只需扩大频率范围，就可以在一次实验中确定两个参数：总体离子电导率和离子迁移数。

在第 14.1.1.3（5）部分中，我们根据交流阻抗推导出了一个类似但不同的迁移数计算公式：

$$t_i = \frac{I_i}{\sum_i^n I_i} = \frac{R_B}{R_{CT}} \tag{14.69}$$

式（14.69）和式（14.147）有何不同？

事实上，这两个公式反映了对交流阻抗谱的两种不同解释。前者将等效电路中的电荷转移成分视为阻碍非阻塞离子跨界面迁移的唯一电阻来源，但实际上，这一成分还包括电解质/电极界面上常见的界相电阻。因此，交流阻抗谱无法有效区分 R_{SEI} 和 R_{CT}，而是给出了一个反映这两个过程的复合阻抗。后者在超低频电路中考虑了受阻离子在电解质中发生的扩散以抵抗迁移，不涉及界面或界相干扰，因而具有更坚实的理论基础。然而，式（14.142）假设在整个电解质中建立一个扩散层，如果电解质中存在对流（无论是自然对流如电解质密度变化、浓度梯度等引起的，还是人为对流如电池晃动或振动引起的），这种扩散层可能无法稳定形成，从而影响公式的适用性。

与 Hittorf 或 Lodge 方法相比，Sørensen-Jacobsen 方法相当直接和"简洁"，只需使用超低频率交流阻抗仪器即可，无需费力的电解质分离和化学分析。然而，这种方法的代价是，在最终计算迁移数时仍然需要假设电解质的理想性。因此，其在实际电解质系统中的适用性仍存在局限和争议。

由于这一交流方法依赖于离子对电场的响应，所以和前面的几种方法不同，在非理想电解质中，它所测得的量既非迁移数 t 也非传输数 T，而是一个没有意义的数值，因为这时的中性团簇如离子对不响应交流电场，而复合离子的响应则因其电荷符号和电量而不同，这时该方法完全失效。

14.2.4.6　Bruce-Vincent 方法：融合的交流和直流技术

1987 年，Bruce 和 Vincent 提出了另一种融合直流和交流技术的"简洁"方法[19]。该方法最初针对聚合物电解质或"固化"电解质设计，由于没有人工或自然对流的干扰，这些电解质可以为严格的数学处理提供一个清晰的浓度模型。然而，后来人们常常忽视了这一约束条件及电解质的理想性假设，而把 Bruce-Vincent 方法扩展用于大多数非水液体电解质。Bruce-Vincent 方法迅速流行的部分原因是 20 世纪 80 年代中期以来人们对锂电池化学的兴趣增加，另一个原因是该方法的简便性和优雅性，对许多不具备深厚离子或电学知识的材料科学和工程研究人员极具吸引力。其实，Bruce-Vincent 方法的意义不仅在于其影响力，更因为在剖析离子如何在电解质中分布以及随之建立的电势分布过程中，即使在最简单的情境下——理想的二元单价电解质——也能初窥离子传输的复杂性。Bruce-Vincent 方法的核心是在直流极化过程中建立稳定状态，施加恒定电压 ΔV 于电池上，并监测电流随时间的衰减。这种稳定状态已在第 14.1 节 [图 14.1（a）] 和第 14.2.2 小节（图 14.14）中简要讨论，稍后将进一步分析，因为它为验证现代离子学中非理想电解质的理论模型提供了基础。

在这种方法中，Bruce 和 Vincent 严格审查了以下关系是否成立：

$$t_+ = \frac{i_{SS}}{i_0} \tag{14.148}$$

式中，i_0 和 i_{SS} 分别代表施加电压瞬间检测到的"初始电流"和极化结束时检测到的"稳态电流"（如图 14.14 所示）。式（14.148）的依据是：初始电流 i_0 包括阳离子和阴离子的贡献，而稳态电流 i_{SS} 则主要由阳离子贡献。因此，它们的比值应反映阳离子通量在总电流中的比例。然而，这一源自图 14.14 的推断只是基于直觉，还需要严格的数学分析来验证其准确性。

14.2.4.6.1 稳定状态下的盐（和离子）浓度分布

为了确保分析的严谨性，Bruce 和 Vincent 严格定义了电池配置为对称的锂‑锂电池，其中包含单价盐 Li^+X^- 的理想聚合物电解质，以便定量推导出每种离子的浓度分布和相应的离子通量。为明确电化学环境，他们进一步建议施加的电压应足够高，以产生可测量的电流，但也必须足够低，以防止在电极／电解质界面处发生广泛的电解质分解导致界相形成。他们建议的最佳电压为 10 mV。

在 $t=0$ 时，阳离子和阴离子在整个电解质中的浓度分布应该是均匀的。此时的初始电流 i_0 可以表示为：

$$i_0 = \frac{\Delta V}{R_B} = \sigma \frac{\Delta V}{d} \tag{14.149}$$

式中，ΔV 是施加的电压；R_B 是电解质的体相电阻，可通过交流阻抗谱精确测定；σ 是相应的整体离子电导率；d 是电极之间的距离。为简单起见，此处假设电极面积为 1.0。应用 Nernst-Einstein 方程［式（5.101）］并引用摩尔离子电导率的定义［式（5.60）］，可以得出：

$$i_0 = \sigma \frac{\Delta V}{d} = \frac{F^2 C_0}{RT}(D_+ + D_-)\frac{\Delta V}{d} = \frac{F^2 C_0}{RT}(D_+ + D_-)E^0_{Bulk} \tag{14.150}$$

式中，C_0 是盐浓度；D_+ 和 D_- 分别是阳离子和阴离子的自扩散系数；E^0_{Bulk} 是初始状态下穿过体相电解质的电场：

$$E^0_{Bulk} = \frac{\Delta V}{d} \tag{14.151}$$

在 $t>0$ 时（如 t_1、t_2 等），阳离子和阴离子会由于外加电压而迁移，它们在电极上的各自行为将在整个电池中形成独特的浓度分布。

对于阳离子而言，更多的锂离子将在正向极化（positively polarized）的电极（右电极）上通过氧化生成。如果这种动力学足够快，右界面上的锂离子浓度将始终高于其在电解质中的体相浓度。同时，锂离子在负向极化（negatively polarized）的电极（左电极）上被还原成锂金属而消耗掉，如果这种动力学也足够快，则左界面上的锂离子浓度将始终低于其体相浓度［如图 14.20（a）所示］。

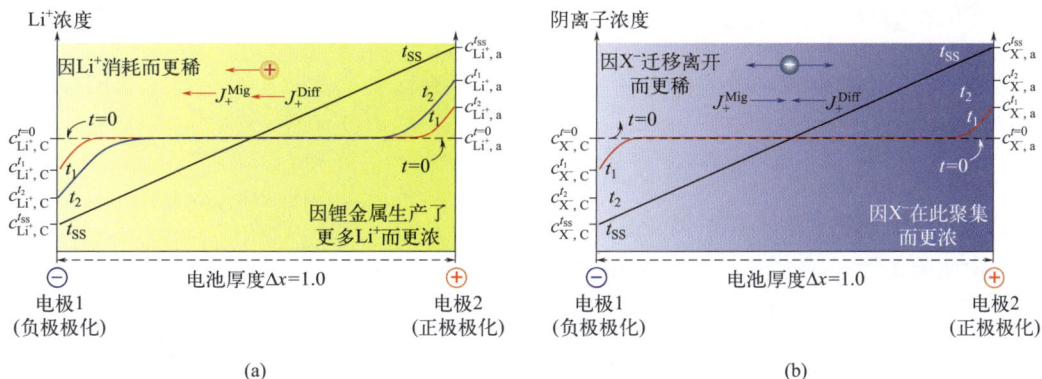

图 14.20 对称电池中（a）阳离子和（b）阴离子的浓度梯度示意图。在该电池中，施加恒定电压 ΔV 进行直流极化，其电流响应与图 14.14 所示类似。在稳定状态下，阴离子的净通量为零，因为阴离子浓度梯度的扩散效应抵消了外加电压驱动下的迁移效应。然而，阳离子的通量则同时受益于迁移和扩散作用

对于阴离子 X^-，在外加电压的驱动下，它会从负向极化的电极（左侧）向正向极化的电极（右侧）迁移。但由于两个电极都阻挡 X^- 的通过，X^- 在左侧界面被消耗，而在右侧界面积累。这种消耗和积累导致 X^- 在左侧界面的浓度始终低于其在体相中的浓度，而在右侧界面的浓度则始终高于其在体相中的浓度［如图 14.20（b）所示］。

总之，在稳定状态下，阳离子和阴离子的浓度分布实际上是相同的。这是因为电解质在体相中必须满足电中性要求。尽管以上描述是定性的，但更严格的浓度分布推导将在第 15 章进行。

上述阳离子和阴离子浓度梯度的共同结果是，阳离子和阴离子在电池右侧富集，而在电池左侧则相应减少。如果不区分阴离子和阳离子的运动，而是将溶解的盐视为一个整体，那么这种运动的净结果就是盐从电池一侧扩散到另一侧。事实上，这一现象源于体相电解质局部电中性的自然要求。我们为这种"盐"可以单独定义一个扩散系数，即 D_{Salt}，与它类似的双极扩散系数在第 5.2.6.4 小节中已简要提到。我们将在第 14.3.4 小节中进行更详细的讨论。

然而，对于阳离子和阴离子来说，相同的浓度梯度对它们的迁移产生了完全相反的影响：对阴离子而言，浓度梯度驱动的扩散通量与外加电压驱动的迁移方向相反；而对于阳离子来说，迁移方向与浓度梯度驱动的扩散方向相同，因此迁移通量得到了补充。

根据经典电极动力学原理，如果电解质处于液态，上述浓度分布的形成会因电解质的人工或自然对流而终止。这种对流由电池不同部分的巨大密度差异引起，会使电解质中间部分的原始盐浓度 C_0 保持不变，而浓度梯度仅局限于电极表面附近的局部界面区域。然而，如果电解质是固态或半固态的（无论是聚合物、玻璃还是结晶体），对流的缺席将确保上述浓度分布保持，直至电池达到稳定状态，此时浓度梯度将以图 14.20 所示的对角直线表示。

在这种稳态下（t_{SS}），电解质在电池内的任一截面都必须满足电中性，这就要求：

$$C_+^x = C_-^x = C_{Salt}^x \neq C_0 \tag{14.152}$$

式中，上标 x 表示截面位置；下标表示物质种类。换句话说，阳离子和阴离子的浓

度梯度应该相等：

$$\frac{dC_+}{dx} = \frac{dC_-}{dx} = \frac{dC_{\mathrm{Salt}}}{dx} \tag{14.153}$$

14.2.4.6.2 稳态下的阳离子和阴离子通量

现在，让我们来看看在这种浓度梯度下的 I_0 和 I_{SS}。

正如第 14.2.2 小节所简要讨论的那样，在稳态下，由外加电压驱动的阴离子迁移将与由浓度梯度驱动的阴离子扩散完全抵消：

$$J_-^{t_{\mathrm{ss}}} = -\frac{D_- c_-}{RT} \times \frac{d}{dx} \times (F\psi + \mu_-) = 0 \tag{14.94}$$

换句话说，静电梯度与化学梯度（即浓度梯度）相等，但方向相反：

$$-F\frac{d\psi}{dx} = \frac{d\mu_-}{dx} = \frac{d(\mu_-^0 + RT\ln C_-)}{dx} = RT \times \frac{1}{C_-} \times \frac{dC_-}{dx} \tag{14.154}$$

因此，施加在电池上的电压所产生的电势梯度为：

$$\frac{d\psi}{dx} = -\frac{RT}{F} \times \frac{1}{C_-} \times \frac{dC_-}{dx} \tag{14.155}$$

同时，阳离子从右侧电极向左侧电极移动，最初主要通过外加电压的驱动而迁移。然而，随着阳离子浓度梯度的形成，部分阳离子也通过扩散向同一方向移动，因此：

$$J_+^{t_{\mathrm{ss}}} = J_+^{\mathrm{Mig}} + J_+^{\mathrm{Diff}} \tag{14.156}$$

其中迁移和扩散可分别用 Coulomb 定律和 Fick 第一定律来描述：

$$J_+^{\mathrm{Mig}} = \frac{D_+ C_+ F}{RT} \times \frac{d\psi}{dx} \tag{14.157}$$

$$J_+^{\mathrm{Diff}} = -D_+ \frac{dC_+}{dx} \tag{14.158}$$

虽然阳离子和阴离子的浓度梯度相同，但两种离子的电势梯度也相同。因此，可以将式（14.155）、式（14.157）和式（14.158）代入式（14.156）中，并去掉电势项（$d\psi/dx$），式（14.156）变为：

$$\begin{aligned} J_+^{t_{\mathrm{ss}}} &= \frac{D_+ C_+ F}{RT} \times \frac{d\psi}{dx} - D_+ \frac{dC_+}{dx} = -\frac{D_+ C_+ F}{RT} \times \frac{RT}{F} \times \frac{1}{C_-} \times \frac{dC_-}{dx} - D_+ \frac{dC_+}{dx} \\ &= -D_+ C_+ \times \frac{1}{C_-} \times \frac{dC_-}{dx} - D_+ \frac{dC_+}{dx} \end{aligned} \tag{14.159}$$

由于电解质是理想的，所以有：

$$C_+ = C_- = C_{\mathrm{Salt}} \tag{14.152}$$

$$\frac{dC_+}{dx} = \frac{dC_-}{dx} = \frac{dC_{\mathrm{Salt}}}{dx} \tag{14.153}$$

因此，式（14.159）可进一步简化为：

$$J_+^{t_{ss}} = -2D_+ \frac{dC_+}{dx} \qquad (14.160)$$

因此，

$$J_+^{t_{ss}} = 2J_+^{\text{Diff}} \qquad (14.161)$$

或

$$J_+^{\text{Mig}} = J_+^{t_{ss}} - J_+^{\text{Diff}} = J_+^{\text{Diff}} \qquad (14.162)$$

式（14.160）和式（14.162）揭示了一个有点出乎意料的关系：在稳态和图 14.20 所示的浓度梯度下，阳离子通量由两个相等的部分组成，即迁移通量和扩散通量。换句话说，阳离子通量或电流总量由阳离子迁移通量和扩散通量各占一半组成。根据定义，稳态下的电流 i_{ss} 应为：

$$i_{ss} = FJ_+^{t_{ss}} = -2FD_+ \frac{dC_+}{dx} = -2FD_+ \frac{dC_{\text{Salt}}}{dx} \qquad (14.163)$$

这个表达式包含一个差分项（浓度梯度）。在稳态下，电解质中的浓度梯度必须是恒定的，如图 14.20 中的对角直线所示，这是因为电流 i_{ss} 已稳定在一个恒定值上（如图 14.14 所示）。因此，浓度梯度应为：

$$\frac{dC_+}{dx} = \frac{dC_{\text{Salt}}}{dx} = \frac{\Delta C}{\Delta x} = C_A^{ss} - C_C^{ss} \qquad (14.164)$$

而稳态电流变为：

$$i^{ss} = -2FD_+ \frac{dC_{\text{Salt}}}{dx} = -2FD_+ (C_A^{ss} - C_C^{ss}) \qquad (14.165)$$

式中，C_A^{ss} 和 C_C^{ss} 分别表示稳态下负极和正极侧的盐浓度。在这种情况下，阳离子和阴离子可以统一视为一种在电解质中扩散和迁移的中性物质（"盐"）。需要注意的是，"负极侧"和"正极侧"指的是外加电场作用下体相电解质中的区域（局部电中性仍然成立），而非电极界面区域（在这里局部电中性将被打破）。第 15 章将讨论界面区域中这些量的变化情况。

14.2.4.6.3　电池和电解质的电势分布

式（14.165）虽然简洁，但仍包含难以通过实验测量的项（$C_A^{ss} - C_C^{ss}$）。理想情况下，稳态电流的表达式应直接对应于 I_0 的表达式 [式（14.146）]。换句话说，需要找到浓度梯度与外加电压 ΔV 或稳态时的相应电场 E_{Bulk}^0 的关联。

因此，需要分析电池在稳态下的电势降分布情况（如图 14.21 所示）。假设两个电解质 / 电极界面上的电势降由单项 ΔE 表示，那么整个体相电解质上的电势降 $\Delta\psi$ 应为：

$$\Delta\psi = \Delta V - \Delta E \qquad (14.166)$$

由于负极和正极分别以两种不同的浓度 C_A^{ss} 和 C_C^{ss} 与电解质处于平衡状态，因此它们各自的电势 E_A^{ss} 和 E_C^{ss} 应由 Nernst 方程给出：

$$E_A^{ss} = \frac{RT}{F} \ln C_A^{ss} \qquad (14.167)$$

$$E_C^{ss} = \frac{RT}{F} \ln C_C^{ss} \tag{14.168}$$

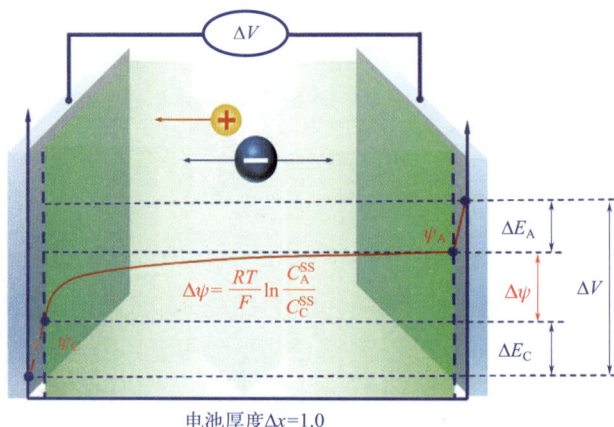

图 14.21　在恒电位条件下达到稳态时整个电池的电势分布示意图。两个电解质／电极界面上的电势降之和（$\Delta E_A + \Delta E_C$）由 Nernst 方程表达，而整个体相电解质的电势降（$\Delta\psi$）可以根据线性浓度梯度进行求解，如图 14.20 所示。阴极附近界面区域的电势降将在第 15 章中详细讨论

而它们的差值则代表两个界面上的电位降之和：

$$\Delta E = E_A^{ss} - E_C^{ss} = \frac{RT}{F} \ln \frac{C_A^{ss}}{C_C^{ss}} \tag{14.169}$$

那么，体相电解质上的电势降又是怎样的呢？

由于浓度梯度在稳定状态下是线性的，因此特定位置（距离阴极为 x）的盐浓度可以用线性关系表示：

$$C_x = \frac{dC_{Salt}}{dx} x + C_C^{ss} = (C_A^{ss} - C_C^{ss})x + C_C^{ss} \tag{14.170}$$

将式（14.164）和式（14.170）代入式（14.155），就得到了不含另一个微分项（即浓度梯度）的电势梯度：

$$\frac{d\psi}{dx} = -\frac{RT}{F} \times \frac{1}{C_-} \times \frac{dC_-}{dx} = -\frac{RT}{F} \times \frac{C_A^{ss} - C_C^{ss}}{(C_A^{ss} - C_C^{ss})x + C_C^{ss}} \tag{14.171}$$

或：

$$d\psi = -\frac{RT}{F} \times \frac{C_A^{ss} - C_C^{ss}}{(C_A^{ss} - C_C^{ss})x + C_C^{ss}} dx \tag{14.172}$$

因此，电解质上的电势降可通过式（14.172）对电池进行积分（即从 $x=0$ 到 $x=1$）而得出：

$$\Delta\psi = \frac{RT}{F}(C_A^{ss} - C_C^{ss}) \int_0^1 \frac{1}{(C_A^{ss} - C_C^{ss})x + C_C^{ss}} dx = \frac{RT}{F} \times \ln \frac{C_A^{ss}}{C_C^{ss}} \tag{14.173}$$

令人意外的是，式（14.173）居然与式（14.169）完全相同。换句话说，界面上的电势降与电解质中的电势降相同：

$$\Delta \psi = \Delta E = \frac{RT}{F} \times \ln \frac{C_{\text{A}}^{\text{SS}}}{C_{\text{C}}^{\text{SS}}} \qquad (14.174)$$

而外加电压 ΔV 可以用浓度来表示：

$$\Delta V = \Delta \psi + \Delta E = \frac{2RT}{F} \times \ln \frac{C_{\text{A}}^{\text{SS}}}{C_{\text{C}}^{\text{SS}}} \qquad (14.175)$$

与式（14.161）一样，这一关系也相当出乎意料，因为它表明外加电压可平均分为两部分：界面上的电势降和电解质体相上的电势降。然而，考虑到电位降 $\Delta \psi$ 和 ΔE 都由稳态下的两种浓度 C_{A}^{SS} 和 C_{C}^{SS} 决定，这种结果其实并不令人惊讶。

如图 14.21 所示，电池两端的电势降是不对称的，大部分电势降集中在阴极一侧。这种不对称现象将在后续讨论中进一步分析。正如图 14.21 左下方的问号"？"所暗示的，目前尚无人深入探讨界面区域的电势降问题，这一知识盲区我们将在第 15 章详细讨论界面的定义时进行初步探索。

14.2.4.6.4　无界相时的阳离子迁移数

在式（14.175）的基础上，现在只差一步就可以将式（14.165）与 ΔV 或 E_{Bulk}^{0} 联系起来。这最后一步需要一个代数近似来实现，当 C_{A}^{SS} 和 C_{C}^{SS} 之间的差值足够小时，该近似成立：

$$C_{\text{A}}^{\text{SS}} - C_{\text{C}}^{\text{SS}} = \frac{C_{\text{A}}^{\text{SS}} + C_{\text{C}}^{\text{SS}}}{2} \times \ln \frac{C_{\text{A}}^{\text{SS}}}{C_{\text{C}}^{\text{SS}}} \qquad (14.176)$$

将式（14.176）代入式（14.165），可得：

$$i_{\text{ss}} = -2FD_{+}(C_{\text{A}}^{\text{SS}} - C_{\text{C}}^{\text{SS}}) = -FD_{+}(C_{\text{A}}^{\text{SS}} + C_{\text{C}}^{\text{SS}}) \ln \frac{C_{\text{A}}^{\text{SS}}}{C_{\text{C}}^{\text{SS}}} \qquad (14.177)$$

引用式（14.177），并注意到 C_{A}^{SS} 和 C_{C}^{SS} 之间存在以下关系，这是两个浓度在外加电势驱动下偏离初始浓度 C_0 的结果：

$$C_{\text{A}}^{\text{SS}} + C_{\text{C}}^{\text{SS}} = 2C_0 \qquad (14.178)$$

这样，就有了 i_{ss} 的新表达式：

$$i_{\text{ss}} = \frac{F^2 D_{+} C_0}{RT} \times \frac{\Delta V}{d} = \frac{F^2 C_0}{RT} D_{+} E_{\text{Bulk}}^{0} \qquad (14.179)$$

现在 i_{ss} 可以直接与 i_0 的表达式［式（14.150）］进行比较：

$$\frac{i_{\text{ss}}}{i} = \frac{D_{+}}{D_{+} + D_{-}} \qquad (14.180)$$

根据定义，这个比值就是理想电解质中的阳离子迁移数，这表明式（14.148）的确具有理论基础：

$$t_{+} = \frac{D_{+}}{D_{+} + D_{-}} = \frac{i_{\text{ss}}}{i_0} \qquad (14.148)$$

这一结论基本上证实了之前对图 14.14 所示恒电位极化曲线的直观解释，即稳态电流仅取决于阳离子的运动，其与初始电流 i_0 的比值可用于衡量阳离子的迁移数。只不过式（14.180）的推导在数学上更加严谨，并有三个严格的限制条件：①电解质必须是理想的，以遵循 Nernst-Einstein 方程［式（14.148）］；②电解质必须"固定"，以便在无对流的情况下建立稳态浓度梯度（图 14.20）；③极化必须足够小，以使两个电极上的浓度差满足式（14.176）所描述的近似关系。Bruce 和 Vincent 建议使用 10 mV 的小电池电压，以确保该关系式的准确性，误差不超过 1%。然而，当电压达到 30 mV 时，与近似关系的偏离就变得不可忽略。

上述推导中还有一个隐藏的假设，即界相不存在。有人可能会认为界面上的电势降（ΔE）已经考虑了这一因素，但实际上，界相的厚度和化学性质都是动态变化的，特别是在锂沉积和剥离过程中，新的锂表面会不断暴露。这些因素需要对式（14.148）所描述的恒电位极化方法进行修正。

14.2.4.6.5　存在界相时的阳离子迁移数

正如第 10.1 节所述，金属锂的独特之处在于其电极电位是所有已知金属元素中最低的（相对于氢标准电极为 -3.0364 V），这使其具有极高的反应活性。因此，无论施加的电压多么微小，两个锂电极与电解质成分（溶剂、盐阴离子）接触时都会立即发生反应。在任何使用锂金属电极的电池中，锂金属表面始终存在着一个界相（详见第 8.1 节和第 8.2 节），该界相会对电流产生额外的阻力，进而引起相应的电位降。因此，必须进行校正以考虑界相的存在问题。

此外，在本节所述的恒电位极化过程中，锂金属会持续沉积在阴极（或负向极化的电极），而阳极（或正向极化的电极）会不断发生锂离子的溶出。在这种情况下，界相电阻会随时间演变。这种相间电阻的变化必须在改进 Bruce-Vincent 方法时加以考虑。

在 $t=0$ 时，如果假设界相带来的阻抗 R_{CT}^0 可以用交流阻抗中较低频率范围内的半圆来表示（图 14.19），则初始电流的表达式应为：

$$i_0 = \frac{\Delta V}{R_B + R_{CT}} = \frac{\Delta V}{\frac{1}{\sigma} + R_{CT}^0} \tag{14.181}$$

因此，外加电压实际上由两部分组成：

$$\Delta V = \Delta \psi + \Delta E_T = i_0 \frac{1}{\sigma} + i_0 R_{CT}^0 \tag{14.182}$$

式中，$\Delta \psi$ 和 ΔE_T 分别代表整个电解质体相和界相区域的电位降。需要注意的是，ΔE_T 取代了之前讨论的跨界面电位降 ΔE。

在稳定状态下，只有阳离子对有效离子通量有贡献，而阴离子通量为零。因此，式（14.182）中与两种离子运动的总体阻力相对应的离子电导率应替换为阳离子的部分，即"阳离子电导率"。这显然基于这样的假设，即阳离子和阴离子独立地对整体离子传导做出贡献：

$$\frac{1}{R_B} = \frac{1}{R_+} + \frac{1}{R_-} \tag{14.183}$$

在稳定状态下，界相电阻应使用一个新的值来代替，这个新值对应于稳定状态下的更大半圆，即 R_{CT}^{SS}。这种不断变化的界相电阻反映了电解质与新暴露的锂金属表面之间正在发生的反应。因此，稳定状态下的外加电压可以表示为：

$$\Delta V = i_{SS}\frac{1}{\sigma T_+} + i_{SS}R_{CT}^{SS} \tag{14.184}$$

我们根据式（14.181）求解体相电导率 σ：

$$\sigma = \frac{i_0}{\Delta V - i_0 R_{CT}^0} \tag{14.185}$$

并根据式（14.184）求出阳离子迁移数 t_+：

$$t_+ = \frac{i_{SS}}{\Delta V - i_{SS}R_{CT}^{SS}} \times \frac{1}{\sigma} \tag{14.186}$$

将式（14.185）代入式（14.186），即可得到 Bruce-Vincent 方程：

$$t_+ = \frac{i_{SS}}{i_0} \times \frac{\Delta V - i_0 R_{CT}^0}{\Delta V - i_{SS}R_{CT}^{SS}} \tag{14.187}$$

该方程修正了式（14.148），增加了一个反映动态界相电势降的项。

式（14.187）是 Bruce-Vincent 方法的基础，这种方法使用简单的实验和易获得的技术来定量测定一个非常有用的参数——离子迁移数。该方法结合了直流恒电位极化技术（测量稳态电流 i_{SS}）和交流阻抗技术（测量电解质体相阻抗 R_B 或离子电导率 σ，以及初始及稳态时的界相电阻 R_{CT}^0 和 R_{CT}^{SS}）。值得注意的是，尽管 i_0 似乎是一个与直流极化相关的量（如图 14.14 所示），但通常它是用交流法通过式（14.149）从离子电导率 σ 中提取，以使精度更高。这是因为在直流方法中直接测定 i_0 时，不可避免地会遇到仪器时间分辨率的问题，即电路捕捉第一电流响应的速度差异可能在毫秒级或微秒级产生显著影响。而交流阻抗技术提供了一种有效途径，规避了这些问题。

式（14.187）的推导并不像第 14.2.4.6.2 和第 14.2.4.6.3 部分中关于浓度梯度和电势分布的稳态公式那样具备严谨的数学基础。特别是阳离子电导率 σt_+ 的采用更多是基于直观而非严谨的分析。尽管如此，该公式的简洁形式受到了研究人员的欢迎并被广泛应用于各种场景，即使 Bruce 和 Vincent 在 1987 年的最初论文中对其应用施加了严格的限制[19]。

当 Bruce-Vincent 方法应用于基于聚 (环氧乙烷) 或其他聚醚的聚合物电解质时，锂离子的迁移数通常在 0.2 ～ 0.4 之间。即使这些聚合物电解质显然不完全符合理想性要求（即盐完全解离为自由离子，离子间无相互作用，锂金属表面无界相，等等），Bruce-Vincent 方法的应用仍迅速扩展到几乎所有电解质系统，包括典型的锂离子电池电解质（如混合碳酸酯中的 $LiBF_4$ 或 $LiPF_6$），所得到的锂离子迁移数也与之相似。

由于 Bruce-Vincent 法必须满足一系列苛刻的条件，所以把它应用于非理想电解质既不会产生迁移数 t 也不会产生传输数 T。

14.2.4.7　脉冲场梯度核磁共振

在第 14.1.4.3.2 部分中，我们曾讨论了扩散性核磁共振技术的应用。例如，脉冲场梯度核磁共振光谱可以测定某些核磁共振活性核的平移运动，从而确定这些核周围离子的自扩散系数。对于电池电解质的研究，^{7}Li 和 ^{19}F 是非常关键的同位素核，因为它们分别代表了阳离子和最常用的阴离子。通过测量这两种离子的自扩散系数，可以计算出相应的阳离子或阴离子迁移数：

$$t_+ = \frac{D_+}{D_+ + D_-} \tag{5.96}$$

随着核磁共振设施在大学和主要研究中心的普及，这一方法也被广泛用于电池和材料研究中的迁移数测定。由于核磁共振法的"洁净性"和非侵入性，其在最近几十年中比 Bruce-Vincent 方法更受欢迎。Hayamizu（早水）等系统地将这一方法应用于电池中常用的非水电解质体系，并报道其锂离子迁移数在 0.2 ~ 0.4 之间的范围[21,31]。

在式（5.96）中仍存在一个隐含的假设，即所有自扩散离子都会独立地对电场诱导的离子通量做出贡献。然而，这一假设仅在理想电解质中成立。在实际电解质中，离子的形态分化按照式（14.83）所描述的方式发生。在二元单价电解质中，一些核磁共振活性核可能存在于自由离子 C^+ 或 A^- 中，对离子迁移做出贡献；也可能存在于中性离子对 $[C^+A^-]^0$ 中，对离子迁移无贡献；或者存在于大型离子团簇 $[nC^+mA^-]^{n-m}$ 中，由于有效电荷减少，不再等同于单个独立离子的形式电荷，因此仅对离子迁移有部分贡献甚至是负的贡献。然而，核磁共振方法对电解质中所有活性核均不加区分地进行探测，忽略了它们的物种分化，并假设所有离子都会通过迁移对电场做出贡献。因此，使用核磁共振技术测定的自扩散系数——所有这些物种的平均值——必然导致由式（5.96）引起的离子迁移数的偏差。

比较不同方法确定的离子迁移数时，研究人员发现这种偏差几乎在所有情况下都导致对阳离子迁移数的高估（见表 14.3）。实际上，大多数由脉冲场梯度核磁共振光谱测定的离子迁移数都分布在 0.5 左右，这强烈表明阳离子和阴离子紧密关联在一起，就仿佛它们存在于离子对中一样。

表 14.3 使用不同方法获得的不同电解质中的锂离子迁移数

化学分析法（Hittorf）	浓差电池法（Armand）	交流阻抗谱法（Sørensen-Jacobsen）	交流 & 直流融合技术（Bruce-Vincent）	脉冲场梯度核磁共振法（pfg-NMR）	电泳核磁共振法（eNMR）	电化学传输模型法 Newman[①]
0.06 ± 0.05（LiClO$_4$-PEO）[②]	0.70（LiOTf-PEO）[③]	0.54（LiSCN-PEO）[⑤]	0.44 ~ 0.48（LiOTf-PEO）[⑪]	0.43 ~ 0.46（LiFSI-G4）[⑯]	0.36 ~ 0.43（LiFSI-G4）[⑥]	−0.25 ~ −1.0（LiFSI-C$_8$-DMC）[⑫]
	0.30（LiClO$_4$-PEO）[③]	0.015 ~ 0.09（LiFSI-G4）[⑥⑦]	0.95 ~ 0.68（LiFSI-C$_8$-DMC）[⑫]	0.51 ± 0.02（LiTFSI-G4）[⑯]	0.58 ± 0.11（LiTFSI-G4）[⑥]	−4.38（NaOTf-PEO）[⑬]
	0.36 ~ 0.41（LiPF$_6$-PC-EC-DMC）[④]	0.025 ± 0.005（LiTFSI-G4）[⑥⑦]	0.37（NaOTf-PEO）[⑬]	0.45 ~ 0.60（LiFSI-C$_8$-DMC）[⑫]		−0.75 ~ 0.70（LiTFSI-PEO）[⑭]
		0.16 ~ 0.17（LiTFSI-sulfolane）[⑧]	0.03 ~ 0.25（LiTFSI-PEO）[⑭]	0.38（LiTFSI-EC）[⑰]		

化学分析法（Hittorf）	浓差电池法（Armand）	交流阻抗谱法（Sørensen-Jacobsen）	交流 & 直流融合技术（Bruce-Vincent）	脉冲场梯度核磁共振法（pfg-NMR）	电泳核磁共振法（eNMR）	电化学传输模型法 Newman[①]
		0.05 ~ 0.07（LiPF$_6$-EC-DMC）[⑨]	0.79 ~ 0.82（LiBETI-glymes）[⑮]	0.48（LiTFSI-DMC）[⑰]		
		0.048 ~ 0.062（LiTFSI-BMP-TFSI）[⑩]	0.54 ~ 0.67（LiFSI-glymes）[⑮]	0.39 ~ 0.47（LiPF$_6$-EC-DMC）[⑨]		
			0.51 ~ 0.65（LiTFSI-glymes）[⑮]	0.13（LiTFSI-BMP-TFSI）[⑩]		
			0.34 ± 0.0053（LiPF$_6$-EC-DEC）[⑯]	0.45 ~ 0.46（LiTFSI-醚）[⑱]		
			0.48（LiFSI-FDMB）[⑰]	0.73（LiTFSI-H$_2$O）[⑲]		

① 根据 Newman 浓溶液理论确定的相对溶剂参考系下严格定义的迁移数。
来源：a. 参考文献 [33]；b. 参考文献 [34]。
② [Li]：[EO] = 1∶8。在 120℃测定。来源：参考文献 [13]。
③ [Li]：[EO] = 8 ~ 120。来源：参考文献 [16]。
④ 浓度 0.5 ~ 2.5 mol·L^{-1}。来源：参考文献 [17]。
⑤ [Li]：[EO] = 1∶4.5。在 80℃测定。来源：参考文献 [18]。
⑥ 盐∶溶剂比例在（1∶1）~（1∶2）之间。来源：参考文献 [23]。
⑦ 盐∶溶剂比例 1∶1。来源：参考文献 [23]。
⑧ 浓度范围 0.5 ~ 2.7 mol·L^{-1}。来源：参考文献 [35]。
⑨ 浓度 1.2 mol·L^{-1}。来源：参考文献 [30]。
⑩ BMP：1- 丁基 -1- 甲基吡咯烷，用于室温离子液体的一种阳离子。来源：参考文献 [30]。
⑪ [Li]：[EO] = 1∶9。在 90℃测定。来源：参考文献 [36]。
⑫ C$_8$-DMC：一种由甲基碳终止的全氟化四乙烯醚。来源：参考文献 [34]。
⑬ 盐浓度：2.58 mol·L^{-1}。来源：参考文献 [37]。
⑭ [Li]：[EO] = 0.01 ~ 0.3。来源：参考文献 [38]。
⑮ LiBETI：双（五氟乙基磺酰基）亚氨基锂。来源：参考文献 [39]。
⑯ 来源：参考文献 [40]。
⑰ FDMB：氟化 1, 4- 二甲氧基丁烷。来源：参考文献 [41]。
⑱ 来源：参考文献 [31]。
⑲ 浓度：21 mol·L^{-1}。来源：参考文献 [42]。

　　如果以相同方式考虑阴阳离子，当它们存在于离子对或团簇中时，二者都一样，只会对离子通量做出零或部分贡献，那么上述迁移数接近 0.5 的结果实际上强烈暗示阳离子移动性可能被选择性抑制了。因此，通过脉冲场梯度核磁共振光谱测定的阳离子迁移数通常被视为某个给定电解质系统中可能达到的阳离子迁移数的上限。

由于核磁共振法对所有离子都敏感，无论它们处于什么样的离子物种中，所以在非理想电解质中，这种方法所测得的是传输数 T 而非迁移数 t。

14.2.4.8　电泳核磁共振

核磁共振光谱的一个特别重要的变种是所谓的电泳核磁共振（electrophoresis NMR，eNMR）技术。该技术由 Holz 及其同事在 1982 年发明，保持了核磁共振方法的原位和非侵入性质，同时试图区分出迁移的离子物种和那些不参与迁移运动的物种[20]。"电泳"是指在核磁共振样品管内设置直流电场，使离子（或所有带电的物种）被诱导流动。最常见的应用情况是，当在脉冲梯度条件下同时监测阳离子和阴离子的自旋回声弛豫时施加电场，此时观察到的平移运动完全归因于迁移通量。换句话说，这种技术是普通扩散核磁共振技术（如上述的脉冲场梯度核磁共振光谱）和直流技术的结合，通过在核磁共振样品管上装配额外的一对电极来实现。图 14.22（a）描绘了一种常用的典型 eNMR 样品管设计。

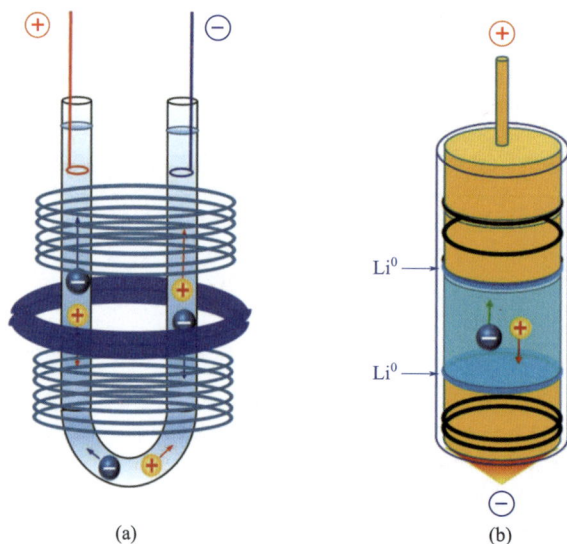

图 14.22　（a）一种常用于 eNMR 实验中的样品管设计，其中插入了一对电极以施加额外的直流电压，同时在脉冲梯度条件下测定含有感兴趣核的离子的平移运动。为了在数毫秒内诱导离子产生足够的空间位移，必须施加高电压（约 100 V）。（b）一种改良的 eNMR 管设计，采用锂金属电极作为锂离子源，以便在更接近真实电化学装置的条件下研究电解质中的离子传输，即在较低的直流电压（小于 3.0 V）和较长的极化持续时间（数秒）下进行实验

当施加直流电压时，可以测定带有核磁共振活性核的阳离子和阴离子的迁移速度，并根据施加电压产生的力（或场）进行归一化。通过这种方法获得的离子迁移数不依赖于任何理想化的假设，也不需要了解离子 - 溶剂或离子 - 离子之间的相互作用，因为该方法直接测定离子在施加外部静电场下的实际淌度。这与第 5.2.1.2 小节中所定义的离子淌度一致：

$$\mu = \frac{\tau}{m} = \frac{v_d}{F} \tag{5.66}$$

而单个离子的迁移数可以这样计算:

$$t_+ = \frac{\mu_+}{\mu_+ + \mu_-} = \frac{V_d^+}{V_d^+ + V_d^-} \qquad (14.188)$$

通常使用的电压约为 100 V,以确保电场强度足够高(约 100 V·cm⁻¹),从而在核磁共振管的小空间内产生 $10^{-4} \sim 10^{-2}$ cm·s⁻¹ 的迁移速度。因此,在毫秒级时间尺度(10^{-3} s)内,离子能够实现微米级(大于 10^{-6} m)的平移位移,以确保实验精度。

近年来,eNMR 技术逐渐被应用于多种电解质的研究,所测得的离子迁移数常用于与其他方法获得的数据进行比较。不同方法测得的离子迁移数之间普遍存在差异,如表 14.3 所示。这些差异将在下一节中进一步讨论。鉴于 eNMR 技术能够直接探测离子在电场下的运动,因此其数据具有较高的可信度,常被用作校正其他方法或验证现代离子学理论模型的基准。

在有限的已发表的 eNMR 数据中,Schönhoff 及其同事的研究尤为引人注目[23]。他们发现,在一种由锂盐溶解在有机阳离子基离子液体中组成的电解质体系中,锂离子以"错误"的方向迁移,且其速度与阴离子几乎相同。而在用于锂离子电池的非水电解质中,锂离子及其相应的阴离子则沿各自的"正确"方向迁移。在那些离子液体电解质中,测得的锂离子迁移数范围在 $-0.02 \sim -0.04$ 之间。这些负的阳离子迁移数被认为是由类似于式(14.83)所描述的离子形态引起的,即锂离子在带负电的复合物或团簇中作为载体移动。这些复合物或团簇的有效电荷对于溶解在咪唑离子液体中的 LiTFSI 体系为 -1,即 $[\text{Li(TFSI)}_2]^-$,对于溶解在同一离子液体中的 LiBF₄ 体系为 -2,即 $[\text{Li(BF}_4)_3]^{2-}$。由于这些离子电解质被用于锂离子电池中,必须有另一种离子传输机制来补偿锂离子向错误方向的迁移,这可能是由锂离子浓度梯度驱动的中性物种如 $[\text{LiTFSI}]^0$ 或 $[\text{LiBF}_4]^0$ 的扩散通量所实现的。尽管这一结论引起了一些争议,但这些离子向错误方向迁移的原因似乎是由离子液体和超浓缩电解质中显著的离子物种分化导致的。因此,在这些超出通常盐浓度范围的奇葩电解质中,锂离子向"正确"方向的有效传输必须通过扩散通量来补偿,或由替代的传输机制支持,如离子的结构性跃迁而非载体传输。

在所有确定离子迁移数的方法中,eNMR 技术独具特色。它不依赖任何理想化假设,并且具备核磁共振技术的化学特异性、非侵入性和原位性等优势。通过施加直流电压,可以在模拟电解质实际使用环境下,直接且定量地测定离子的迁移数。此外,eNMR 技术不仅能探测带电粒子的迁移,还能测量含有核磁共振活性核的中性物种(如在非水溶剂中的 ¹H、¹³C 或 ¹⁷O)的迁移。这种方法能揭示离子与溶剂分子的关联性及选择性。例如,研究显示,锂离子和低聚醚基溶剂分子的迁移能力几乎相同,证实了这些电解质中的锂离子在紧密溶剂化笼中移动(见图 12.2)。这表明,如同第 12.3 节提到的,溶剂化的 $[\text{Li(solv)}_n]^+$ 物种以载体而非结构性方式迁移。

然而,正如第 14.2 节开头所强调的,没有一种技术可以完美地确定离子迁移数。eNMR 技术除了面临所有核磁共振技术的共同限制,如有限的核以及仪器外,它还需要施加超过已知电解质电化学稳定窗口的直流电压。这肯定导致在极化条件下电解质大量分解,产生气态和固态副产物,并同时形成界相。尽管直流电压的施加时间很短,但此类分解会对核磁共振管中的体相电解质上施加的实际电位降产生足够的干扰，从而影响电场强度和离子迁移数的准确计算。由于电极表面电解质分解，估计大约有 5% 的电压损失，这一损失依赖于直流极化的时间间隔。理想情况下，应尽量缩短直流极化的持续时间。然而，eNMR 技术的一个额外误差源实际上正是因为直流极化时间太短。由于离子运动仅在毫秒级时间内被测量，其行为可能有异于在更长时间内的情况，因为电解质的电化学性能通常是由离子在数分钟到数小时的时间尺度上的运动和形态决定的。

之所以使用极高电压和极短的直流极化时间，是因为用于直流极化的电极对阳离子和阴离子都是阻塞的，长时间的极化会导致锂离子在这些电极处富集或耗散，进而产生不期望的浓度梯度和扩散通量。2006 年，早水（Hayamizu）提出了一种改良的 eNMR 管设计［见图 14.22（b）］[21]，以规避上述缺点。此设计使用了一对锂金属电极，取代了对阴阳离子阻塞的惰性电极。这些锂金属电极在负极处作为锂离子的电化学源，在正极处作为锂离子沉积的载体，从而能在接近实际电解质使用环境的时间框架内进行极化。

综上所述，eNMR 技术仍然是一种前景广阔的技术，预计在未来几年将得到快速发展和广泛应用。随着技术的进步，仪器的普及以及实验灵敏度和测量精度的提高，这些限制可能会被克服，特别是在涉及过高直流电压和时间尺度的限制方面。

由于电泳核磁共振法只对带有电荷的离子或离子团簇敏感，而无视中性的离子对或团簇，所以在非理想电解质中，这种方法所测得的既非传输数 T 亦非迁移数 t。

14.2.5　离子传输的参考系

在讨论离子传输时，经常被忽视的一个问题是离子相对于哪个参考系移动[22]。

根据经典力学，任何运动都必须相对于一个固定的参考系来研究。在涉及直接化学分析或离子移动的可视化展示的方法中（如 Hittorf-Tubandt 方法，第 14.2.4.1 小节，或 Lodge-Mason 方法，第 14.2.4.2 小节），离子传输是基于正极和负极室中电解质化学组成的变化来计算的，这些变化是相对于中间部分的"体相"电解质进行比较的。换句话说，离子传输是将一个假想的"静止"电解质相作为参照的。实际上，为了保持一个静止相作为稳定的参考，Hittorf 实验中还要专门规定避免"过度极化"电池，以免扰乱图 14.16（a）所示的浓度分布。这种浓度曲线与 Bruce-Vincent 方法中稳态对称电池的浓度曲线（见图 14.20）存在显著差异。

因此，用 Hittorf-Tubandt 方法和 Lodge-Mason 方法来确定所有离子迁移数的一个极其重要但常被忽视的默认前提是，不携带电荷的溶剂分子不参与移动并作为静止的参考系。这里的"不移动"指的是溶剂分子不对响应施加电场的迁移通量产生贡献。正如第 5.2.1.1 小节所讨论的，溶剂分子的无方向性移动，即随机行走，不被视为违反"静止"的定义。

因此，通过 Hittorf-Tubandt 方法或 Lodge-Mason 方法测定的所有离子迁移数，实际上都是以溶剂作为参考系来测定的［见图 14.23（a）］。只要在体相电解质中存在自由的溶剂分子（在低浓度甚至在大多数实际电解质中都成立），这种参考系就是合理的，因为那些处于离子静电场影响之外的溶剂分子可以视为静止参考系。相对地，在一级和二级溶剂化层中的溶剂分子（见图 3.5）或在团簇和纳米非均质结构中的溶剂分子则不再是静止参考系，因为它们会被离子"绑架"参与响应电场的迁移（见图 12.6 和图 12.7）。

在超浓缩电解质中，尤其是在极端情况下的超浓缩电解质（如离子液体）中，基于溶剂的"内部"参考系将渐渐消失。这类体系中没有了自由的、静止的溶剂分子，使得离子传输的定义也开始变得模糊。例如，在最简单的只包含两种离子的离子液体中，电荷通过电池的传递不会产生任何离子浓度梯度，而电流的净结果是离子盐从电池的一侧传输到另一侧，这取决于哪种离子没有被电极阻挡。在这种特定的电解质中，任何离子相对于内部参考系的移动将是无意义的，因为参考系实际上是另一种离子［见图 14.23 （b）］，因此应该根据这种情况来给出迁移数：

$$t_+^- = 1.0; \ t_-^- = 0.0 \tag{14.189}$$

$$t_+^+ = 0.0; \ t_-^+ = 1.0 \tag{14.190}$$

在这种情况下，上标表示"内部参考系"，下标表示其要传递的离子。换句话说，如果选择阴离子作为参考系，则阳离子的迁移数将是 1.0，反之亦然。在这种情况下，无需单独确定任何一种离子的迁移数。

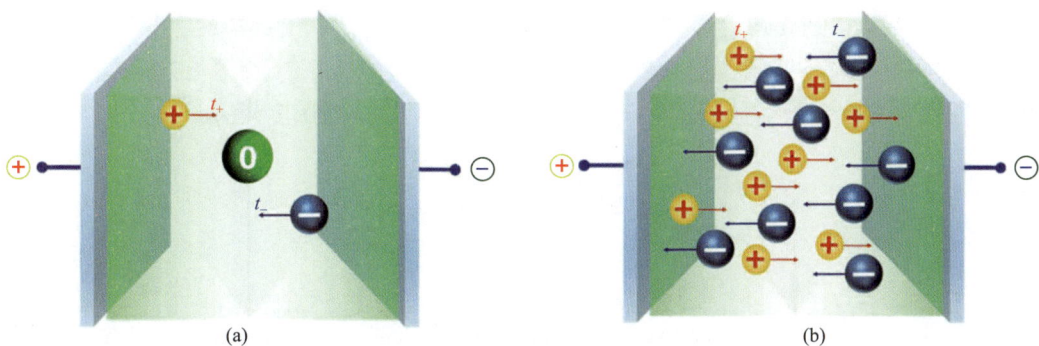

图 14.23 （a）Hittorf-Tubandt 方法或 Lodge-Mason 方法中自由而静止的溶剂分子作为离子传输的内部参考系。（b）在超浓缩电解质或离子液体中，自由而静止的溶剂分子消失，因此内部参考系的角色转由任一离子承担。对于仅由两种离子组成的离子液体，如果选择其中一种离子作为内部参考系，确定离子迁移数变得不再必要

在由多于两种离子组成的更复杂的离子液体体系中，例如常用于锂金属或锂离子电池的离子液体电解质，可以选择其中一种离子作为参考系，以描述各个离子的传输行为，从而使其他离子的迁移相对贡献具有意义。例如，LiTFSI 溶解在具有相同阴离子的常用离子液体电解质中（如 1- 乙基 -3- 甲基咪唑，EMIM⁺），共有的阴离子 TFSI 可以被选作内部参考系，Li⁺（t_{Li}^{TFSI}）和 EMIM⁺（t_{EMIM}^{TFSI}）的迁移数之和为 1：

$$t_{Li}^{TFSI} + t_{EMIM}^{TFSI} = 1.0 \tag{14.191}$$

现在，需要确定锂离子相对于阴离子参考系（t_{Li}^{TFSI}）或 EMIM⁺ 相对于阴离子参考系（t_{EMIM}^{TFSI}）的迁移数。同样，上标 TFSI 代表所选的内部参考系，下标 Li 或 EMIM 代表其传输的离子。

此外，对于关注电解质在电荷传输功能中的作用的研究者而言，使用外部参考系会更有帮助。这样的参考系可以是电解质/电极界面或电化学电池中的多孔隔膜。这种"外部"参考系也被称为"实验室参考系"。所有在电解质/电极界面进行可逆电化学反应的方法，如 Armand 方法（第 14.2.4.3 小节）、Sørensen-Jacobsen 方法（第 14.2.4.5 小节）或 Bruce-Vincent 方法（第 14.2.4.6 小节），都是针对外部或实验室参考系确定离子迁移数的。

第三个参考系，也被认为是"内部参考系"的一类，是"质心参考系"（center-of-mass frame，CoM 参考系），在计算模拟中经常受到青睐。该参考系基于一个原则：在封闭系统中，所有移动物种的动量必须守恒。因此，在施加电场时，尽管阳离子和阴离子朝不同方向移动，总动量 P_T 应该为零：

$$P_T = \sum_i p_i = \sum_i m_i n_i \vec{v_i} = 0 \tag{14.192}$$

式中，m_i、n_i 和 $\vec{v_i}$ 分别是物种 i 的分子质量、数量和速度。需要注意的是，$\vec{v_i}$ 是具有方向的向量。换句话说，对于一个理想的封闭系统，其质心应保持静止，因此可以作为一个可靠的参考系。与 Hittorf-Tubandt 方法或 Lodge-Mason 方法相比，质心可能是一个更为可靠的参考系，特别是在溶剂分子参与迁移或不存在溶剂分子的情况下，如超浓缩电解质和离子液体中。

因此，当可以独立确定每种组分（阳离子、阴离子和溶剂）的迁移速度（或淌度）时，可以通过每个物种相对于实验室参考系的速度（或淌度）（μ_i^{LF}）、它们的摩尔浓度（c_i）和分子质量（m_i）来计算质心相对于实验室参考系的速度（或淌度）（μ_{CoM}^{LF}）：

$$\mu_{CoM}^{LF} = \frac{\sum_i \mu_i^{LF} m_i c_i}{\sum_i m_i c_i} \tag{14.193}$$

由于电解质中的每种组分，包括溶剂，都必须包含在式（14.187）和式（14.188）中，后者的分母实际上是电解质的密度 ρ，从而我们可以将式（14.193）转化为：

$$\mu_{CoM}^{LF} = \frac{\sum_i \mu_i^{LF} m_i c_i}{\rho} \tag{14.194}$$

知道质心相对于实验室参考系的迁移速度后，可以通过下式容易地将单个物种的淌度转换为质心参考系的淌度：

$$\mu_i^{CoM} = \mu_i^{LF} - \mu_{CoM}^{LF} \tag{14.195}$$

Schönhoff 及其同事利用 eNMR 技术测定了在甘油醚溶剂 G4 中溶解的 LiFSI 电解质中阳离子、阴离子和溶剂分子的迁移速度（或淌度）[23]。在这种电解质体系中，锂离子形成了类似于图 12.2（第 12.2.1 小节）所示的紧密溶剂化笼，并以载体方式移动，因此每种组分在施加的电场下都发生迁移：锂离子和溶剂化的 G4 沿电场方向移动，而 FSI⁻则朝相反方向移动。研究人员通过式（14.194）和式（14.195）进行转换，发现离子淌度和迁移数相对于实验室参考系或质心参考系仅有轻微差异。这是因为相对于阳离子和阴离子的迁移速度，质心的迁移速度几乎可以忽略不计。然而，在实际应用中，质心并不总是静止的，而可能会自行迁移。这种与动量守恒的偏差可能由实验电池的缺陷引起，例如由电流通过时的焦耳热、重力或机械对流、电化学反应的不对称性等因素所致。

14.3　非理想电解液的离子学

从表 14.3 中可以清楚地看到，在高浓度电解液中，由于离子物种分化的存在，将离子传输行为变得非常复杂和混乱。这一领域仍然因不断涌现的新观点而充满变动，存在着广泛的争论。为了从基本原理出发，解释浓缩电解质中离子物种分化如何影响离子传输，并解决不同方法测得的离子迁移数之间的巨大差异，过去二十多年来，研究人员进行了多种尝试，试图制定出精确的公式来描述电解质中带电物种的传输特性。其中最具影响力的分析模型是基于 Onsager 形式体系或 Stefan-Maxwell 形式体系的框架[24-26]。

Onsager 形式框架最初是为了描述通量与驱动这些通量的热力学力之间的关系而产生。热力学驱动力 X 可以是由化学、热、电或磁不平衡造成的任何梯度，而每个物种的通量 J 被假定与这样的驱动力呈线性关系，即：

$$J_1 = L_{11}X_1 + L_{12}X_2 + L_{13}X_3 + \cdots \tag{14.196}$$

$$J_2 = L_{21}X_1 + L_{22}X_2 + L_{23}X_3 + \cdots \tag{14.197}$$

$$J_3 = L_{31}X_1 + L_{32}X_2 + L_{33}X_3 + \cdots \tag{14.198}$$

式中，X_j 是热力学驱动力；L_{ij} 是 Onsager 热力学输运系数或简称为 Onsager 输运系数，描述了物种 i 和 j 之间的相互作用。

基本上，在 Onsager 形式框架中，每种涉及的物种的运动都可以通过 Onsager 系数与其他物种耦合，即物种 i 的运动不再是独立的，而是与每种其他物种 j 的运动相关联，这可以概括为：

$$J_i = \sum_j L_{ij}X_j \tag{14.199}$$

因为之前已经遇到过，我们对通量和驱动力之间的线性关系实际上并不陌生，例如在 Fick 第一定律（第 5.1.1 节）中，驱动力 X 是浓度梯度 dc_i/dx：

$$J_i = -D\frac{dc_i}{dx} \tag{5.1}$$

或在 Nernst-Planck 方程中，驱动力 X 是电化学势梯度 $d\bar{\mu}_i/dx$：

$$J_i = -\frac{D_i c_i}{RT} \times \frac{d\bar{\mu}_i}{dx} \tag{5.121}$$

其中，电化学势可以分解为静电和化学部分：

$$\overline{\mu_i} = \mu_i + z_i F\psi \tag{5.117}$$

式（14.199）所强调的关键点是，在非理想电解质中，任何物种的通量不再仅仅由作用于它的驱动力所决定，而是还受到通过 Onsager 系数作用在其他物种的驱动力的影响。换句话说，要理解特定物种的传输行为，不仅需要了解其自身的特性，如浓度、电荷和自扩散系数，还需要了解其他物种以及它们之间的相关系数。

第 14.2.1 节中讨论的描述通量、电导率或电流的方程中的求和符号（"Σ"或"+"）通常隐含着理想性（离子独立性），因为它们来源于 Nernst-Einstein 方程。但这里求和符号不再有这种隐含，式（14.192）~式（14.194）中并未假设理想性，因为 Onsager 系数已经考虑了离子间的相关性。

Onsager 形式体系的一个重要原则是 Onsager 系数之间的互易性，其作用方式类似于牛顿第三定律（作用与反作用）：

$$L_{12} = L_{21} \tag{14.200}$$

$$L_{13} = L_{31} \tag{14.201}$$

$$L_{23} = L_{32} \tag{14.202}$$

$$\vdots$$

$$L_{ij} = L_{ji} \tag{14.203}$$

从另一种不同但相似的逻辑出发，Stefan-Maxwell 方程最初是为了描述气态中粒子的扩散，并从力平衡的角度看粒子的运动。也就是说，物种 i 上的热力学力与这个物种和其他物种 j 之间的摩擦力平衡，而摩擦力则同这个物种与其他物种之间的速度差（$\vec{v}_j - \vec{v}_i$）成正比。对于带电物种 i 的运动，其驱动力再次与其电化学势 $\overline{\mu}_i$ 的梯度呈线性关系，因此可以写出：

$$c_i \frac{\mathrm{d}}{\mathrm{d}x}\overline{\mu}_i = \sum_{j \neq i} K_{ij}(\vec{v}_j - \vec{v}_i) \tag{14.204}$$

式中 K_{ij} 是描述物种 i 和物种 j 之间摩擦的二元阻力系数。K_{ij} 也被称为 Stefan-Maxwell 输运系数，正如我们稍后在第 14.4.1 小节中将要看到的，它与式（14.199）中的 Onsager 系数具有类似的功能。

Onsager 和 Stefan-Maxwell 框架为非理想电解质开发了众多方法和模型，其中最为突出的是由 Newman 及其同事建立的浓溶液理论。本书不打算详尽地回顾这些模型，仅会在下一节（第 14.4 节）对 Newman 理论作一简要介绍。对于那些对它们的推导感兴趣的读者，推荐阅读 Newman 的基础著作《电化学系统》（*Electrochemical Systems*）[24] 及其后续工作 [27-28]，以及 Roling 及其同事 [29-30] 的开创性实验工作，还有 Fong 及其同事 [25-26] 修改后的理论方法。在这里，我们仅简要涉及这个主题，解释在 Onsager 形式体系内，当施加直流极化时，离子间相互作用如何改变浓度和电势分布以及相应的离子扩散和迁移通量。特别有趣的是，当从 Onsager 形式的新视角分析图 14.14 所示的直流极化曲线时，可以观察到离子间相互作用对初始状态（$t=0$）和稳态（$t=t_{ss}$）下电流的影响。

让我们再次回到最简单的电解质，即由单价盐 M^+X^- 组成的电解质。式（5.118）告诉我们，阳离子和阴离子的通量是由它们自己的电化学势梯度独立驱动的：

$$J_i = -\frac{D_i c_i}{RT} \times \frac{\mathrm{d}\overline{\mu}_i}{\mathrm{d}x} \tag{5.118}$$

在这里式（5.118）因为离子间的相关性而不再成立。在 Onsager 体系中，离子的通量和其电化学势梯度之间仍然存在线性关系，但现在有了一个相互作用项，基于离子间的相关性，将阳离子通量与阴离子电化学势梯度联系起来，反之亦然。因此，我们必须将阳离子和阴离子的通量重写为：

$$J_+ = -\left(L_{++} \frac{\mathrm{d}\overline{\mu_+}}{\mathrm{d}x} + L_{+-} \frac{\mathrm{d}\overline{\mu_-}}{\mathrm{d}x} \right) \tag{14.205}$$

$$J_- = -\left(L_{--} \frac{\mathrm{d}\overline{\mu_-}}{\mathrm{d}x} + L_{-+} \frac{\mathrm{d}\overline{\mu_+}}{\mathrm{d}x} \right) \tag{14.206}$$

式中，L_{++} 描述了不同阳离子运动之间的相关性；L_{--} 描述了不同阴离子运动之间的相关性；L_{+-} 和 L_{-+} 作为相互作用项，定义了阳离子和阴离子之间的相关性。记住，由于互易性，这两个项是相同的：

$$L_{+-} = L_{-+} \tag{14.207}$$

在理想电解质中，所有的相关性都不存在，即 L_{+-} 变为零，导致式（14.205）和式（14.206）简化为式（5.118）所描述的简单形式。进行比较会立即发现，在理想电解质中，L_{++} 和 L_{--} 仅由离子的自扩散系数决定：

$$L_{++} = \frac{D_+ c_+}{RT} \tag{14.208}$$

$$L_{--} = \frac{D_- c_-}{RT} \tag{14.209}$$

我们可以再次根据式（5.117）扩展电化学势的表达式为静电力项和化学项：

$$\overline{\mu_i} = \mu_i + z_i F \psi \tag{5.117}$$

其中阳离子的 $z_+ = +1$，阴离子的 $z_- = -1$。此外，化学势项可以进一步扩展为

$$\mu_i = \mu_i^0 + RT \ln a_i \tag{5.115}$$

注意，与原始的式（5.115）不同，这里使用活度 a_i 代替浓度 c_i，因为我们现在处理的是实际的非理想的电解质。因此，阳离子和阴离子的电化学势梯度变为：

$$\frac{\mathrm{d}\overline{\mu_+}}{\mathrm{d}x} = F \frac{\mathrm{d}\psi}{\mathrm{d}x} + RT \frac{\mathrm{d}\ln a_+}{\mathrm{d}x} \tag{14.210}$$

$$\frac{\mathrm{d}\overline{\mu_-}}{\mathrm{d}x} = F \frac{\mathrm{d}\psi}{\mathrm{d}x} + RT \frac{\mathrm{d}\ln a_-}{\mathrm{d}x} \tag{14.211}$$

然后插入式（14.205）和式（14.206）中，得到了考虑离子间相关性的阳离子和阴离子通量：

$$J_+ = -\left[L_{++}\left(F \frac{\mathrm{d}\psi}{\mathrm{d}x} + RT \frac{\mathrm{d}\ln a_+}{\mathrm{d}x} \right) + L_{+-}\left(-F \frac{\mathrm{d}\psi}{\mathrm{d}x} + RT \frac{\mathrm{d}\ln a_-}{\mathrm{d}x} \right) \right] \tag{14.212}$$

$$J_- = -\left[L_{--}\left(-F \frac{\mathrm{d}\psi}{\mathrm{d}x} + RT \frac{\mathrm{d}\ln a_-}{\mathrm{d}x} \right) + L_{+-}\left(F \frac{\mathrm{d}\psi}{\mathrm{d}x} + RT \frac{\mathrm{d}\ln a_+}{\mathrm{d}x} \right) \right] \tag{14.213}$$

我们现在仍然在处理一种简单的单价电解质，但一旦考虑离子间的相关性，情况就变得复杂。

应该提到的是，由于单个离子的活度系数难以测定，在现实生活中通常使用平均活度系数代替：

$$\gamma_{\pm} = \sqrt{\gamma_+ \gamma_-} \tag{3.6}$$

因此，单个活度变为：

$$a_+ = a_- = a_{\pm} = \gamma_{\pm} C_{Salt} \tag{14.214}$$

相应地，在用式（14.214）替换平均离子活度并分别将静电力和化学分量联系起来后，式（14.212）和式（14.213）可以重写为以下形式：

$$J_+ = -\left[(L_{++} - L_{+-})F \frac{\mathrm{d}\psi}{\mathrm{d}x} + (L_{++} + L_{+-})RT \frac{\mathrm{d}\ln a_{\pm}}{\mathrm{d}x} \right] \tag{14.215}$$

$$J_- = -\left[(L_{+-} - L_{--})F \frac{\mathrm{d}\psi}{\mathrm{d}x} + (L_{--} + L_{+-})RT \frac{\mathrm{d}\ln a_{\pm}}{\mathrm{d}x} \right] \tag{14.216}$$

在这里，我们定义了一个新的量，"热力学因子" Φ：

$$\Phi = \frac{\mathrm{d}\ln a_{\pm}}{\mathrm{d}\ln C_{Salt}} = \frac{\mathrm{d}\ln(\gamma_{\pm}C_{salt})}{\mathrm{d}\ln C_{Salt}} = 1 + \frac{\mathrm{d}\ln \gamma_{\pm}}{\mathrm{d}\ln C_{Salt}} \tag{14.217}$$

并进一步将式（14.215）和式（14.216）转化为：

$$J_+ = -\left[(L_{++} - L_{+-})F \frac{\mathrm{d}\psi}{\mathrm{d}x} + (L_{++} + L_{+-})RT\Phi \frac{\mathrm{d}\ln C_{Salt}}{\mathrm{d}x} \right] \tag{14.218}$$

$$J_- = -\left[(L_{+-} - L_{--})F \frac{\mathrm{d}\psi}{\mathrm{d}x} + (L_{--} + L_{+-})RT\Phi \frac{\mathrm{d}\ln C_{Salt}}{\mathrm{d}x} \right] \tag{14.219}$$

热力学因子描述了电解质的非理想性。对于理想电解质，它可简化为 1.0，但对于实际电解质，可以通过使用在第 14.2.4.3 小节讨论 Armand 方法时描述的浓差电池来确定。实际上，式（14.129）的微分形式更为人所知：

$$\mathrm{d}(\mathrm{emf}) = \frac{2RT}{F}(1-t_+)\mathrm{d}\ln a_{\pm} = \frac{2RT}{F}(1-t_+)\Phi\mathrm{d}\ln(C_{Salt}) \tag{14.220}$$

它可以重新排列为：

$$\frac{\mathrm{d}(\mathrm{emf})}{\mathrm{d}\ln C_{Salt}} = \frac{2RT}{F}(1-t_+)\Phi \tag{14.221}$$

因此，可以通过监测浓差电池中电池电位随盐浓度的变化来导出热力学因子，前提是必须知道电解质体系的离子迁移数。换句话说，离子迁移数和热力学因子在式（14.220）和式（14.221）中是耦合的，所以必须知道其中之一才能确定另一个。让事情变得更复杂的是，在上述讨论中，我们还有一个默认假设，即离子迁移数是一个常数，不会随盐浓度的变化而变化，但在实际电解质中，这个假设并不成立。因此，在使用浓差电池确定热力学因子或离子迁移数时必须小心记住这个限制。

热力学因子是除了离子电导率、离子迁移数和扩散系数外，实际应用电解质的又一个重要物理量。

14.3.1　初始时刻的离子学

现在让我们将上述电解质置于一个对称电池中，正如之前 Bruce-Vincent 方法所做的那样，然后进行直流极化。在最初的瞬间，任何一种离子都没有建立浓度梯度（或活度梯度），离子运动是完全由电场驱动的迁移运动。因此，式（14.212）和式（14.213）中的化学势项可以被忽略，我们得到以下结果：

$$J_+ = -\left(L_{++}F\frac{\mathrm{d}\psi}{\mathrm{d}x} - L_{+-}F\frac{\mathrm{d}\psi}{\mathrm{d}x} \right) = (L_{++} - L_{+-})F\left(-\frac{\mathrm{d}\psi}{\mathrm{d}x} \right) \tag{14.222}$$

$$J_- = -\left(L_{--}F\frac{\mathrm{d}\psi}{\mathrm{d}x} + L_{+-}F\frac{\mathrm{d}\psi}{\mathrm{d}x} \right) = (-L_{--} + L_{+-})F\left(-\frac{\mathrm{d}\psi}{\mathrm{d}x} \right) \tag{14.223}$$

实际上，在高频域的交流阻抗实验中也不存在扩散项，这是因为离子没有足够的时间来富集或耗散。

同时，在这一瞬间，静电力梯度实际上是施加在体相电解质上的初始电场强度：

$$\frac{\mathrm{d}\psi}{\mathrm{d}x} = \frac{\Delta V}{d} = -E_{\text{Bulk}}^0 \tag{14.224}$$

式中，ΔV 是在直流极化期间施加的电压；d 是两电极之间的距离。因此，我们可以将式（14.222）和式（14.223）简化为：

$$J_+ = -F(L_{++} - L_{+-})E_{\text{Bulk}}^0 \tag{14.225}$$

$$J_- = -F(L_{--} - L_{+-})E_{\text{Bulk}}^0 \tag{14.226}$$

总离子通量则由下式给出：

$$J_{\text{T}} = J_+ + J_- = -F(L_{++} + L_{--} - 2L_{+-})E_{\text{Bulk}}^0 \tag{14.227}$$

而初始电流 i_0 相应地由下式给出：

$$i_0 = FJ_{\text{T}} = -F^2(L_{++} + L_{--} - 2L_{+-})E_{\text{Bulk}}^0 \tag{14.228}$$

与前面章节所描述的求和符号隐含电解质理想性不同，这里的求和关系已经考虑了离子 - 离子的相关性。

14.3.2　稳态离子学

当对称电池中的电解质最终达到稳态时，将建立一个浓度梯度，这会产生一个扩散通量，恰好抵消被阻塞离子的迁移通量，因此净阴离子通量 J_- 变为零。从式（14.213）

我们将得到：

$$L_{--} \times \left(-F \frac{\mathrm{d}\psi}{\mathrm{d}x} + RT \frac{\mathrm{d}\ln a_-}{\mathrm{d}x} \right) = -L_{+-} \times \left(F \frac{\mathrm{d}\psi}{\mathrm{d}x} + RT \frac{\mathrm{d}\ln a_+}{\mathrm{d}x} \right) \quad （14.229）$$

可以重新排列为：

$$(L_{--} - L_{+-})F \frac{\mathrm{d}\psi}{\mathrm{d}x} = L_{+-}RT \frac{\mathrm{d}\ln a_+}{\mathrm{d}x} + L_{--}RT \frac{\mathrm{d}\ln a_-}{\mathrm{d}x} \quad （14.230）$$

为了简化稳态下的活度梯度，我们假设，电解质的每一个横截面层内仍然保持电中性，如同我们在第 14.2.4.6.1 部分所做的那样，那么：

$$a_+ = a_- = a \quad （14.231）$$

然后式（14.230）可以转化为：

$$RT \frac{\mathrm{d}\ln a}{\mathrm{d}x} = \frac{L_{--} - L_{+-}}{L_{--} + L_{+-}} \times F \frac{\mathrm{d}\psi}{\mathrm{d}x} \quad （14.232）$$

因此，对于一个厚度为 $\mathrm{d}x$ 的电解质横截面层，$\mathrm{d}\psi$ 由下式给出：

$$\mathrm{d}\psi = \frac{L_{--} + L_{+-}}{L_{--} - L_{+-}} \times \frac{RT}{F} \mathrm{d}\ln a \quad （14.233）$$

我们可以将式（14.233）外推到被夹在对称电池中的厚度为 d 的整个体相电解质中，跨越该电解质的电压降 $\Delta\Psi_{\mathrm{Bulk}}^{\mathrm{SS}}$ 为：

$$\Delta\Psi_{\mathrm{Bulk}}^{\mathrm{SS}} = \frac{L_{--} + L_{+-}}{L_{--} - L_{+-}} \times \frac{RT}{F} \Delta\ln a \quad （14.234）$$

式中，$\Delta\ln a$ 是跨越体相电解质的盐活度变化。稳态下施加在体相电解质的电场 $E_{\mathrm{Bulk}}^{\mathrm{SS}}$ 相应地由下式给出：

$$E_{\mathrm{Bulk}}^{\mathrm{SS}} = \frac{\Delta\Psi_{\mathrm{Bulk}}^{\mathrm{SS}}}{d} = \frac{L_{--} + L_{+-}}{L_{--} - L_{+-}} \times \frac{RT}{Fd} \Delta\ln a \quad （14.235）$$

同时，电解质也与两个电极处于平衡状态，因此电解质/电解质界面上的电压降 $\Delta\Psi_{\mathrm{I}}^{\mathrm{SS}}$ 可从 Nernst 方程［类似于式（14.169）的方式］得到：

$$\Delta\Psi_{\mathrm{I}}^{\mathrm{SS}} = \frac{RT}{F} \Delta\ln a \quad （14.236）$$

将式（14.234）和式（14.236）与式（14.169）和式（14.173）进行比较后可以立即看出，当考虑离子间相关性时，穿过体相电解质的电势降 $\Delta\Psi_{\mathrm{Bulk}}^{\mathrm{SS}}$ 不再等于电解质/电极界面的电势降 $\Delta\Psi_{\mathrm{I}}^{\mathrm{SS}}$，因此第 14.2.4.6.3 部分中讨论的 Bruce-Vincent 方法的一个主要基础不复存在，结果是式（14.144）或式（14.187）不再适用于计算阳离子的迁移数。

然而，$\Delta\Psi_{\mathrm{Bulk}}^{\mathrm{SS}}$ 和 $\Delta\Psi_{\mathrm{I}}^{\mathrm{SS}}$ 的和仍然等于施加的电压 ΔV：

$$\Delta V = \Delta\psi_{\mathrm{Bulk}}^{\mathrm{SS}} + \Delta\psi_{\mathrm{I}}^{\mathrm{SS}} = \frac{2L_{--}}{L_{--} - L_{+-}} \times \frac{RT}{F} \Delta\ln a \quad （14.237）$$

同时，稳态电流 i_{SS} 仅由式（14.222）描述的阳离子通量贡献：

$$J_+ = -\left[L_{++}\left(F\frac{\mathrm{d}\psi}{\mathrm{d}x} + RT\frac{\mathrm{d}\ln a_+}{\mathrm{d}x} \right) + L_\pm\left(-F\frac{\mathrm{d}\psi}{\mathrm{d}x} + RT\frac{\mathrm{d}\ln a_-}{\mathrm{d}x} \right) \right]$$

$$= F\frac{\mathrm{d}\psi}{\mathrm{d}x}(L_{+-} - L_{++}) - RT\frac{\mathrm{d}\ln a}{\mathrm{d}x}(L_{++} + L_{+-})$$

（14.238）

为了消除含活度的项，我们借助式（14.238）并得到：

$$\frac{\mathrm{d}\ln a}{\mathrm{d}x} = \frac{L_{--} - L_{+-}}{L_{--} + L_{+-}} \times \frac{F}{RT} \times \frac{\mathrm{d}\psi}{\mathrm{d}x}$$

（14.239）

并将其插入式（14.234）中，使得阳离子通量仅与电位项相关：

$$J_+ = F\frac{\mathrm{d}\psi}{\mathrm{d}x}(L_{+-} - L_{++}) - RT(L_{++} + L_{+-})\frac{L_{--} - L_{+-}}{L_{--} + L_{+-}} \times \frac{F}{RT} \times \frac{\mathrm{d}\psi}{\mathrm{d}x}$$

$$= F\frac{\mathrm{d}\psi}{\mathrm{d}x}\left[(L_{+-} - L_{++}) - \frac{L_{--} - L_{+-}}{L_{--} + L_{+-}}(L_{++} + L_{+-}) \right]$$

（14.240）

注意到 $-\mathrm{d}\psi/\mathrm{d}x$ 实际上代表稳态下施加在体相电解质的电场 $E_{\mathrm{Bulk}}^{\mathrm{SS}}$，所以我们可以将式（14.240）改写为：

$$J_+ = -F\left[(L_{+-} - L_{++}) - \frac{L_{--} - L_{+-}}{L_{--} + L_{+-}}(L_{++} + L_{+-}) \right] E_{\mathrm{Bulk}}^{\mathrm{SS}}$$

（14.241）

由于 $E_{\mathrm{Bulk}}^{\mathrm{SS}}$ 仍然是一个难以实验测定的值，我们需要将其与电池两端施加的电压联系起来，正如我们在第 14.2.4.6 小节推导 Bruce-Vincent 方法时所做的那样。

施加的电压 ΔV 是一个常数，无论电池是在初始状态还是在稳态，因此初始状态下的电场 E_{Bulk}^0 可由式（14.224）给出。将其代入式（14.237）中并求解 $\Delta\ln a$，可得到：

$$\Delta\ln a = E_{\mathrm{Bulk}}^0 \frac{L_{--} - L_{+-}}{2L_-} \times \frac{Fd}{RT}$$

（14.242）

将式（14.242）代入式（14.235）中，可得到稳态下穿过体相电解质的电场的新表达式：

$$E_{\mathrm{Bulk}}^{\mathrm{SS}} = \frac{L_{--} + L_{+-}}{2L_-} E_{\mathrm{Bulk}}^0$$

（14.243）

现在，将式（14.243）代入式（14.241）中，得到了在考虑了 Onsager 形式体系中的离子间相关性时稳态下的阳离子通量表达式：

$$J_+ = F\left[(L_{+-} - L_{++}) - \frac{L_{--} - L_{+-}}{L_{--} + L_{+-}}(L_{++} + L_{+-}) \right] \times \frac{L_{--} + L_{+-}}{2L_-} \times E_{\mathrm{Bulk}}^0$$

（14.244）

相应的电流由下式给出：

$$i_{\mathrm{SS}} = FJ_+ = F^2\left[(L_{+-} - L_{++}) - \frac{L_{--} - L_{+-}}{L_{--} + L_{+-}}(L_{++} + L_{+-}) \right]\frac{L_{--} + L_{+-}}{2L_-} E_{\mathrm{Bulk}}^0$$

（14.245）

比较式（14.150）和式（14.179）与式（14.227）和式（14.245），尽管这些 Onsager 输运系数仍然未知，但可以认识到离子间的相关性如何使初始状态和稳态下测定的电流变得复杂。显然，阳离子迁移数不能再通过 i_{SS} 和 i_0 之间的简单比值获得。只有当 L_{+-} 变为零时，式（14.227）和式（14.245）中的 i_{SS} 和 i_0 才会简化为：

$$i_0 = F^2 (L_{++} + L_{--}) E_{\text{Bulk}}^0 \tag{14.246}$$

$$i_{ss} = FJ_+ = F^2 \left(L_{++} - \frac{L_{--}}{L_{--}} L_{++} \right) \times \frac{L_{--}}{2L_{--}} E_{\text{Bulk}}^0 = F^2 L_{++} E_{\text{Bulk}}^0 \tag{14.247}$$

只有在这样的条件下，才能从 i_{ss} 和 i_0 之间的比值得到阳离子迁移数：

$$\left[\frac{i_{ss}}{i_0} \right]_{\text{理想}} = t_+ = \frac{L_{++}}{L_{++} + L_{--}} \tag{14.248}$$

在非理想的实际电解质中，当考虑所有离子间的相关性时，稳态和初始状态下电流的比值不会给出真正的阳离子迁移数，而是呈现出一种复杂的形式，这种形式没有什么明显的物理意义：

$$\left[\frac{i_{ss}}{i_0} \right]_{\text{非理想}} = \frac{L_{++} L_{--} - L_{+-}^2}{L_{++} L_{--} + L_{--}^2 - 2L_{+-} L_{--}} \neq t_+ \tag{14.249}$$

14.3.3　Onsager 输运系数到底是什么？

将式（14.227）和式（14.245）再次与式（14.150）和式（14.179）进行比较，我们得到了在理想电解质中，即在没有阳离子 - 阴离子相互作用的情况下，两个 Onsager 输运系数 L_{++} 和 L_{--}：

$$L_{++} = \frac{D_+ c_0}{RT} = \frac{\sigma_+}{F^2} \tag{14.250}$$

$$L_{--} = \frac{D_- c_0}{RT} = \frac{\sigma_-}{F^2} \tag{14.251}$$

式中，σ_+ 和 σ_- 分别是阳离子和阴离子的电导率，它们可以通过各自的自扩散系数 D_+ 和 D_- 直接独立确定。

因此，在理想电解质中，整体离子电导率可以视为阳离子和阴离子各自电导率的总和，这些电导率可分别定义为：

$$\sigma_+ = t_+ \sigma \tag{14.252}$$

$$\sigma_- = \sigma - \sigma_+ = (1 - t_+) \sigma \tag{14.253}$$

然而，在实际电解质中，不仅 L_{+-} 不再为零，两个 Onsager 输运系数 L_{++} 和 L_{--} 也必须采取更复杂的形式。这是因为存在同种电荷离子之间的相关性，即阳离子对阳离子的排斥和阴离子对阴离子的排斥。换句话说，整体离子电导率不再是阳离子和阴离子电导率的简单加和。更重要的是，两个 Onsager 输运系数 L_{++} 和 L_{--} 受到同种电荷离子之间相关性的影响。L_{++} 不仅要考虑阳离子电导率 σ_+，还要考虑阳离子本身之间的离子相关性，而 L_{--} 除了要考虑阴离子电导率 σ_-，还必须考虑阴离子本身之间的离子相关性。我们将同种电荷离子之间的这种相关性称为"独特相关性（distinct correlation）"，以将其与由它们自扩散系数引起的"自身"阳离子和阴离子电导率（σ_+^s 和 σ_-^s）区分开来［式（14.250）和式（14.251）中的 σ_+ 和 σ_-]。

在这样的背景下，整体离子电导率的表达式应修改为

$$\sigma_T = (\sigma_+^s + \sigma_{++}^d - \sigma_{+-}) + (\sigma_-^s + \sigma_{--}^d - \sigma_{+-})$$
$$= \sigma_+^s + \sigma_{++}^d + \sigma_-^s + \sigma_{--}^d - 2\sigma_{+-} \tag{14.254}$$

新增加的量 σ_{++}^d、σ_{--}^d 和 σ_{+-} 实际上只是用电导率单位以另一种形式表达了 Onsager 输运系数 L_{++}、L_{--} 和 L_{+-}，因此它们也被称为"Onsager 电导系数"。我们只需要记住它们以一种简单的关系和 Onsager 输运系数相联系：

$$\sigma_i = F^2 L_i \tag{14.255}$$

仅当所有这些"独特相关性"（σ_{++}^d、σ_{--}^d 和 σ_{+-}）变为零时，整体离子电导率的表达式才能简化为理想电解质对应于 Kohlraush 离子独立运动定律的简单形式，即：

$$\sigma_T = \sigma_+^s + \sigma_-^s \tag{14.256}$$

现在让我们研究一下对于由单价盐 [C^+A^-] 组成的简单电解质，在一定盐浓度下，离子间的相关性可能是什么。在这种非理想电解质中，每个离子都会感受到其他离子的存在，无论这些离子带有相同还是相反的电荷。

考虑到离子种类，应该有三种可能的组合，即：①阳离子 - 阳离子，对应于 σ_{++}^d；②阴离子 - 阴离子，对应于 σ_{--}^d；③阳离子 - 阴离子，对应于 σ_{+-}。

此外，考虑到它们之间相互作用的性质，有三种可能的结果：①不相关，即考虑的离子之间没有任何相关性，它们在电解质中的移动完全独立；②相关，即考虑的离子在传输过程中是耦合的，并沿同一方向移动；③负相关，即考虑的离子在传输过程中相互排斥，并倾向于沿相反方向移动。

这三种互相关联的离子种类的组合和三种相互作用的性质将总共产生 9 种可能的场景，这些场景在图 14.24 中以示意图形式展示。注意，只有当三种离子种类的组合同时不相关（$\sigma_{++}^d = \sigma_{--}^d = \sigma_{+-} = 0$）时，电解质才被认为是理想的。

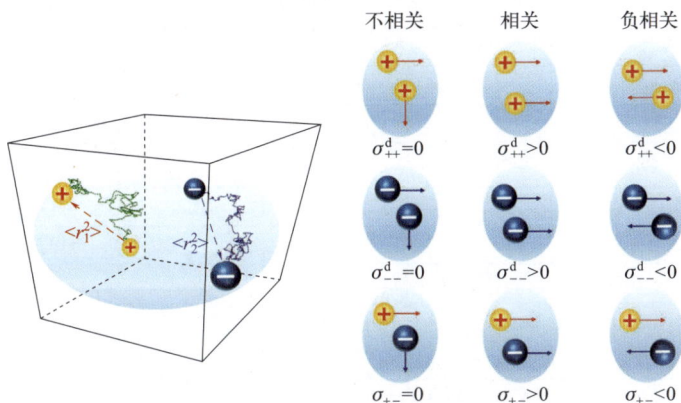

图 14.24　单价盐组成的简单电解质中可能存在的 9 种离子间相关性场景的示意图，这些场景来源于 3 个 Onsager 电导系数（σ_{++}^d、σ_{--}^d 和 σ_{+-}）描述的离子组合，以及 3 种可能的结果（不相关、相关和负相关）。如果 3 种情况都是不相关的，即 $\sigma_{++}^d = 0$、$\sigma_{--}^d = 0$ 和 $\sigma_{+-} = 0$，则代表理想电解质

除了式（14.208）和式（14.209）外，式（14.250）和式（14.251）进一步揭示了尽管这些 Onsager 输运系数的出现看起来神秘，但它们实际上只是与离子传输行为相关的量。在理想电解质中，它们会简化为我们熟悉的与自扩散系数或离子电导率相关的量。在发生复杂离子形态分化的实际电解质中，它们反映了所有种类的离子间相关性对离子传输行为的贡献。

式（14.250）和式（14.251）给出的结果的优势在于，它将 Onsager 形式体系转换为更容易计算的形式，因此经常在分子动力学模拟研究中受到青睐。在模拟盒中，只需要对一个粒子施加力，并计算由此产生的速度和淌度。这可帮助我们快速评估 Onsager 输运系数：

$$\mu_+ = \frac{\sigma_+^s + \sigma_{++}^d + \sigma_{+-}}{Fc_0} \tag{14.257}$$

$$\mu_- = \frac{\sigma_-^s + \sigma_{--}^d + \sigma_{+-}}{Fc_0} \tag{14.258}$$

通过实验确定 Onsager 系数需要结合不同的技术，因为即使对于由单价盐组成的简单电解质体系，也至少有三个 Onsager 输运系数（L_{++}、L_{--} 和 L_{+-}），在数学上需要四个测量属性来解决。如果进一步细分为五个 Onsager 电导系数（σ_+^s、σ_-^s、σ_{++}^d、σ_{--}^d 和 σ_{+-}），则需要更多可实验测定的量。这些量往往必须通过不同的实验技术测定，例如，通过交流阻抗光谱法测定离子电导率；通过电泳核磁共振光谱法或低频交流阻抗光谱法（Sørensen-Jacobsen 方法）或恒电位极化法（Bruce-Vincent 方法）测定离子迁移数；通过浓差电池测定盐的扩散系数、热力学因子或平均活度系数；通过脉冲场梯度核磁共振光谱法测定自扩散系数等。每项实验产生的独立误差很快会累加并传播，给最终的 Onsager 系数值带来很大不确定性。

正因为此，关于 Onsager 系数的报道非常少。表 14.4 列出了近年来文献中报道的相关数据。

表 14.4 使用不同方法确定的二元单价电解质中的 Onsager 电导系数

电解质	σ_+^s	σ_-^s	σ_{++}^d	σ_{--}^d	σ_{+-}
LiTFSI-G3（1∶1）[①]	0.78	0.55	−0.62	−0.10	−0.22
LiTFSI-G4（1∶1）[①]	0.78	0.76	−0.65	−0.40	−0.27
LiTFSI-DME（1∶2）[①]	0.92	0.82	−0.32	−0.76	−0.18
LiTFSI-DME-G2（1∶1∶1）[①]	0.81	0.83	−0.38	−1.02	−0.20
LiTFSI- 环丁砜（1∶2）[①]	0.90	0.58	−0.18	−0.50	−0.10
LiTFSI- 环丁砜（1∶3）[①]	0.80	0.60	−0.02	−0.55	−0.10
LiTFSI-G4（1∶1）[②]	1.28±0.06	1.23±0.06	−0.84±0.18	−0.99±0.09	−0.31±0.02
LiFSI-G4（1∶1）[②]	1.37±0.07	1.65±0.08	−1.07±0.10	−1.13±0.18	−0.38±0.01
LiFSI-G4（1∶1.5）[②]	1.52±0.08	1.95±0.10	−1.19±0.10	−1.11±0.42	−0.39±0.04
LiFSI-G4（1∶2）[②]	1.74±0.09	2.29±0.11	−1.33±0.10	−1.15±0.34	−0.45±0.03

① 盐∶溶剂物质的量之比。数据针对总离子电导率进行了标准化。来源：参考文献 [32]。

② 盐∶溶剂物质的量之比。来源：参考文献 [23]。

尽管可以注意到，即使是相同的电解质（例如，LiTFSI-G4），这些数据也存在差异，但仍然可以发现一个总体趋势，即两个独特系数（σ_{++}^d 和 σ_{--}^d）以及交叉物种项（σ_{+-}）都是负值。

那么，我们如何理解这一点呢？

直观上，可以预期阳离子的独特项（σ_{++}^d）是负值，因为离子间的库仑排斥作用不会支持所有阳离子朝同一方向移动。因此，阳离子之间的相互排斥减少了它们对整体离子电导率的贡献。同样的逻辑也适用于阴离子项（σ_{--}^d），因为阴离子之间的相互排斥也降低了它们对整体离子电导率的贡献。因此，阳离子 - 阳离子和阴离子 - 阴离子的相关性在表 14.4 中均被认为是"负相关"的。

然而，交叉物种项 σ_{+-} 应该依赖于许多其他因素。一方面，强烈的阳离子 - 阴离子相互作用应该会形成大量关系紧密的离子对，从而降低总体离子电导率；另一方面，在带电的大团簇中，大量离子的协同移动对总体离子电导率产生正面贡献。表 14.4 显示，所有基于醚的电解质表现出更负的交叉物种项，这表明与环丁砜体系相比，这些体系中存在更显著的离子配对现象。

14.3.4　重新审视双极扩散：盐扩散

在第 14.3.1 节和第 14.3.2 节中，我们分析了一种实际电解质在恒电压直流极化的初始状态和稳定状态下的阳离子和阴离子通量，分别对应于在没有扩散贡献的情况下以及阴离子阻塞情况下的迁移运动情况。

现在让我们研究一种特殊情况，即所有离子传输完全由扩散通量驱动而没有迁移贡献，且阳离子和阴离子沿同一方向移动。这种传输模式实际上不产生任何电流，所有离子在移动过程中都是相互关联的。

在这种条件下，阳离子和阴离子的通量是相等的，即：

$$J_+ = J_- = J_{Salt} \tag{14.259}$$

将式（14.211）和式（14.212）代入式（14.250）中，可得到：

$$
\begin{aligned}
(L_{++} - L_{+-})F\frac{d\psi}{dx} + (L_{++} + L_{+-})RT\Phi\frac{d\ln C_{Salt}}{dx} = \\
(L_{+-} - L_{--})F\frac{d\psi}{dx} + (L_{--} + L_{+-})RT\Phi\frac{d\ln C_{Salt}}{dx}
\end{aligned}
\tag{14.260}
$$

上式可以被化简并重新排列成：

$$(L_{++} + L_{--} - 2L_{+-})F\frac{d\psi}{dx} = (L_{--} - L_{++})RT\Phi\frac{d\ln C_{Salt}}{dx} \tag{14.261}$$

从而解得电势梯度 $d\psi/dx$ 为：

$$\frac{d\psi}{dx} = \frac{L_{--} - L_{++}}{L_{++} + L_{--} - 2L_{+-}} \times \frac{RT}{F}\Phi\frac{d\ln C_{Salt}}{dx} \tag{14.262}$$

然后将其代回式（14.213），导出阳离子通量的表达式为：

$$J_+ = J_{Salt} = -\left[(L_{++} - L_{+-})F \frac{L_{--} - L_{++}}{L_{++} + L_{--} - 2L_{+-}} \times \frac{RT}{F} \varPhi \frac{\mathrm{d} \ln C_{Salt}}{\mathrm{d}x} + (L_{++} + L_{+-})RT \frac{\mathrm{d} \ln a_\pm}{\mathrm{d}x} \right]$$

（14.263）

化简式（14.263）可得到一种更紧凑的形式：

$$J_+ = -\left(\frac{L_{++}L_{--} - L_{+-}^2}{L_{++} + L_{--} - 2L_{+-}} \right) 2RT\varPhi \frac{\mathrm{d} \ln C_{Salt}}{\mathrm{d}x}$$

（14.264）

利用自然对数的特征取微分，可得到：

$$\frac{\mathrm{d} \ln C_{Salt}}{\mathrm{d}x} = \frac{1}{C_{Salt}} \times \frac{\mathrm{d} C_{Salt}}{\mathrm{d}x}$$

（14.265）

将式（14.265）代入式（14.264）中，得到一个与 Fick 第一定律［式（5.1）］形式相似的式子：

$$J_+ = -2RT\varPhi \frac{L_{++}L_{--} - L_{+-}^2}{L_{++} + L_{--} - 2L_{+-}} \times \frac{1}{C_{Salt}} \times \frac{\mathrm{d} C_{Salt}}{\mathrm{d}x} = -D_{Salt} \frac{\mathrm{d} C_{Salt}}{\mathrm{d}x}$$

（14.266）

其中，D_{Salt} 是一个复合量，定义为：

$$D_{Salt} = 2RT\varPhi \frac{L_{++}L_{--} - L_{+-}^2}{L_{++} + L_{--} - 2L_{+-}} \times \frac{1}{C_{Salt}}$$

（14.267）

尽管其表达式复杂，但在分析 D_{Salt} 的量纲时，我们很快会发现其单位是 $\mathrm{cm^2 \cdot s^{-1}}$，与扩散系数的单位相同。因此，式（14.266）实际上表明，阳离子和阴离子在相同方向上的传输等同于中性盐在电解质中的传输。如果使用一个由每种离子的传输及其相关系数决定的综合量，这种传输行为可以通过简单的 Fick 第一定律来描述。

在理想电解质中，其中 L_{+-} 变为零，$\varPhi$ 变为 1.0，L_{++} 和 L_{--} 各自简化为式（14.250）和式（14.251）的形式，因此 D_{Salt} 可简化成一个我们已经熟悉的量：

$$D_{Salt} = \frac{D_+ D_- C_{Salt}^2}{(RT)^2} \times \frac{RT}{C_{Salt}(D_+ + D_-)} 2RT \frac{1}{C_{Salt}} = \frac{2D_+ D_-}{D_+ + D_-}$$

（14.268）

这正是在第 5.2.6.4 小节［式（5.172）］中定义的双极扩散系数 D_{ambp}。换句话说，第 5.2.6.4 小节中描述的双极扩散仅代表盐扩散的一种特殊情况，其发生在理想电解质中，在那里不存在由 Onsager 输运系数描述的离子间相关性，阳离子和阴离子的运动通过 Debye 和 Hückel 在其离子氛模型中描述的库仑作用力耦合。

14.3.5 多组分电解质

到目前为止，我们只讨论了由单一的单价盐所组成的最简单电解质，其中只有阳离子和阴离子两种离子。然而，即使在这种情况下，离子物种分化和离子间的相关性已经使得描述离子传输变得相当复杂。在实际应用中，经常需要使用多种盐，这使得所需的 Onsager 输运系数（$N_{Onsager}$）的数量也相应增加，可以通过下式计算：

$$N_{\text{Onsager}} = \frac{n(n+1)}{2} \quad (14.269)$$

式中，n 是盐产生的离子种类的数量（此处暂时忽略了离子物种分化）。

因此，对于由单价盐组成的最简单的电解质，如水溶解的 LiTFSI，我们需要三个 Onsager 输运系数（L_{++}、L_{--} 和 L_{+-}），但对于多盐体系，例如一种常用的离子液体电解质，由简单的锂盐 LiTFSI 溶解在基于有机阳离子吡咯烷鎓（Py^+）和同种阴离子（$TFSI^-$）的离子液体中，则需要六个 Onsager 输运系数，即 $L_{\text{Li-Li}}$、$L_{\text{Py-Py}}$、$L_{\text{TFSI-TFSI}}$、$L_{\text{Li-Py}}$、$L_{\text{Li-TFSI}}$ 和 $L_{\text{Py-TFSI}}$，以便完全描述该系统中三种离子（Li^+、Py^+ 和 $TFSI^-$）之间的相关性。如果添加的锂盐不是 LiTFSI 而是 $LiPF_6$，其不再与离子液体有共同的阴离子，为了彻底描述这四个物种，即 Li^+、Py^+、PF_6^- 和 $TFSI^-$ 之间的相关性，Onsager 输运系数的数量进一步增加到 10 个。当然，对于这些 Onsager 输运系数中的每一个，都有三种可能的场景：不相关、相关和负相关。

根据第 14.3.3 节的讨论，人们还可以进一步将描述相同种类离子之间相关性的 Onsager 输运系数，即 $L_{\text{Li-Li}}$（或 $\sigma_{\text{Li-Li}}$），分解为对应的"自身"和"独特"的部分，如 $L_{\text{Li-Li}}^S$ 和 $L_{\text{Li-Li}}^D$（或 $\sigma_{\text{Li-Li}}^S$ 和 $\sigma_{\text{Li-Li}}^D$）等。在这种情况下，系数的数量按 n 的因子增加：

$$N_{\text{Onsager}} = \frac{n(n+1)}{2} + n = \frac{n(n+3)}{2} \quad (14.270)$$

对于如此复杂的电解质系统，通过实验完全确定所有这些 Onsager 输运系数具有相当的挑战性，因为需要测量的量必须来自更多不同性质的实验，每个实验引入不同程度的不确定性，而这些不确定性迅速累积并传播。

此外，纯计算方法则不会受到这些物理困难的影响。特别是，如前所述，上述章节讨论的 Onsager 形式体系为分子动力学模拟的用户提供了一个非常友好的框架，在该框架中，可以轻松计算大量离子的轨迹。例如，通过 Nernst-Einstein 方程表达的摩尔离子电导率（对理想电解质）：

$$\Lambda = \frac{z_i F^2}{RT} \times (D_+ + D_-) \quad (5.101)$$

可以通过将各自的自扩散系数与时间间隔 Δt 内某种离子所产生的位移矢量 Δr_i 和 Δr_j 的总和相关联，基于 Einstein-Smoluchowski 公式转换为分子动力学模拟的形式：

$$\langle x^2 \rangle = 2Dt \quad (5.20)$$

因此，摩尔离子电导率的广义表达式变为：

$$\sigma = \lim_{\Delta t \to \infty} \frac{F^2}{6RTV\Delta t} \sum_{i=1}^{n} \sum_{j=1}^{n} \langle \Delta r_i(\Delta t) \cdot \Delta r_j(\Delta t) \rangle \quad (14.271)$$

式中，V 是模拟盒的体积；n 是涉及的离子数量（图 14.25）。注意，在这里，电解质理想性的约束不再是必需的，因为每个单独离子的轨迹都是对所有离子种类 i 和 j 求和的，因此"自身"、"独特"和"交叉"的跳跃向量都已经被考虑在内。

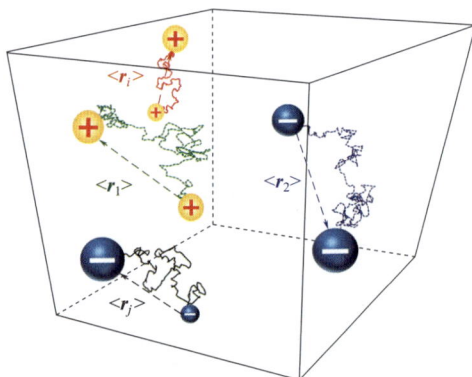

图 14.25 用分子动力学模拟监测一定时间间隔内每个单独物种的位移矢量，并直接计算在离子间相关性行为下的传输行为

14.4　Newman 的离子传导理论：简介

在众多理论模型中，由 Newman 建立的框架提供了一种独立而系统的方法，用于详细处理电解质中的离子传输现象。本文仅介绍该框架的基本原理及其在高浓度电解质中的应用。对于有进一步兴趣的读者，我们推荐阅读 Newman 的重要著作《电化学系统》（*Electrochemical Systems*），截至 2021 年，该书已出版至第四版[24]。

Newman 提出的四项基本原则构成了该理论的基础，阐明了控制电解质溶液中离子传输的基本物理定律。

（1）通量陈述

物种 i 的通量由三种可能的驱动力引起，即外加电势 ψ 引起的迁移、浓度不均匀引起的扩散以及机械对流引起的体相电解质的流动：

$$J_i = -z_i \mu_i F c_i \nabla \psi - D_i \nabla c_i + c_i \nu \qquad (14.272)$$

式中，z_i 是物种的价数；μ_i 是其离子淌度；c_i 是其浓度；D_i 是其自扩散系数；ν 是由对流引起的体相电解质的速度。请注意，∇ 是矢量微分算子，应用它可以得到一个量的梯度。例如，∇c_i 表示我们熟悉的浓度梯度，它在更广泛的意义上表示三维空间中的浓度不均匀性，而不是我们为了简化而使用的一维梯度（$\mathrm{d}c_i/\mathrm{d}x$）：

$$\nabla c_i = \frac{\partial c_i}{\partial x} + \frac{\partial c_i}{\partial y} + \frac{\partial c_i}{\partial z} \qquad (14.273)$$

因此，式（14.272）右侧的第一项表示由电动势梯度（即电场）$\nabla \Phi$ 引起的迁移通量，第二项表示由浓度梯度 ∇c_i 引起的扩散通量，最后一项表示对流通量。

到目前为止，我们一直假定对流通量可以忽略不计。在应用这一约束条件并去掉最后一项后，式（14.272）将变为一个熟悉的形式，即通量与物种的电化学势相关的形式，例如：

$$J_i = -\frac{D_i c_i}{RT} \times \frac{\mathrm{d}}{\mathrm{d}x}(z_i F \psi + \mu_i) \qquad (5.116)$$

（2）电流陈述

电流是由带电物种贡献的那些通量的总和：

$$i = F\sum_i z_i J_i \tag{14.274}$$

它再与式（14.272）结合后变为：

$$i = -F^2 \nabla\psi \sum_i z_i^2 \mu_i c_i - F\sum_i z_i D_i \nabla c_i + F\boldsymbol{v}\sum_i z_i c_i \tag{14.275}$$

我们已经在前文中看到过这一陈述的另一种形式［式（5.45）］，它源于物种的数量（mol·cm⁻²）和它们携带的电荷（F·cm⁻²）之间的简单关系，因为通量是前者的流动，而电流是后者的流动：

$$i = \sum_i z_i e_0 N_i J_i \tag{5.45}$$

（3）物质平衡陈述

物种浓度随时间的净变化（$\partial c_i/\partial t$）等于物种的输入和输出之间的差异：

$$\frac{\partial c_i}{\partial t} = -\nabla J_i + R_i \tag{14.276}$$

式中，第一项表示物种的流出；第二项表示反应产生的物种。考虑到只有离子在体相电解质中传输，R_i 被设定为 0，但是在界面区域，它代表物种被产生或消耗的速率。

（4）电中性陈述

在体相电解质的任何局部区域，阳离子和阴离子的电荷必须完全平衡：

$$\sum_i z_i c_i = 0 \tag{14.277}$$

这一陈述将消除式（14.275）的最后一项，并将其转化为：

$$i = -F^2 \nabla\psi \sum_i z_i^2 \mu_i c_i - F\sum_i z_i D_i \nabla c_i \tag{14.278}$$

注意，电中性陈述仅在体相电解质中成立。在界面区域，电解质相与电极相的不连续性会导致电荷过剩和电荷分布不均，在这种情况下电中性陈述将不再成立。在第 15 章中，我们将详细讨论电中性的破坏以及如何由此定义界面。

此外，在没有浓度梯度的情况下，式（14.278）进一步简化为

$$i = -F^2 \nabla\psi \sum_i z_i^2 \mu_i c_i = -\sigma\nabla\psi \tag{14.279}$$

其中，σ 由下式表示：

$$\sigma = F^2 \sum_i z_i^2 \mu_i c_i \tag{14.280}$$

式（14.279）表明，在这种条件下，电流与施加在电解质上的电势呈线性关系，类似于欧姆定律，而比例系数只是第 5 章第 5.2.1.1 节中讨论的离子电导率的一个更广义的表达式。

对于电解质而言，物质平衡和电中性陈述实际上定义了许多有用但是隐含的约束。例如，在前面的章节中，我们总是通过假设电解质由二元单价盐 M^+X^- 组成来简化讨论。其中，不仅阳离子和阴离子的化合价数都是 1，而且阳离子和阴离子之间的化学计量比也是 1:1。然而在实际的生活中，需要处理的盐类常常包含具有不同化合价的阴阳离子，因此他们的化学计量比不再是 1:1。考虑到在电解质中溶解的盐的一般化公式为 $M_{v_+}^{z_+} X_{v_-}^{z_-}$，1 mol 的该盐会生成 v_+ mol 的价数为 z_+ 的阳离子（M^{z_+}）和 v_- mol 的价数为 z_- 的阴离子（X^{z_-}）

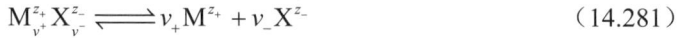

$$M_{v_+}^{z_+} X_{v_-}^{z_-} \rightleftharpoons v_+ M^{z_+} + v_- X^{z_-} \tag{14.281}$$

在这样的电解质中，离子的总数（v）应该为：

$$v = v_+ + v_- \tag{14.282}$$

而电中性陈述则已经定义了离子价数和化学计量系数之间的关系：

$$v_+ z_+ + v_- z_- = 0 \tag{14.283}$$

此外，如果电解质中的盐浓度（体积摩尔浓度或质量摩尔浓度）为 c_{Salt}，则阳离子（c_+）和阴离子（c_-）的浓度应为：

$$c_+ = c_{Salt} v_+ \tag{14.284}$$

$$c_- = c_{Salt} v_- \tag{14.285}$$

比较特别的是，在 Newman 的理论中，电解质溶剂被视为一个独立的成分，所以在大多数情况下也必须考虑其自身的浓度（c_0），这在超浓缩区域中尤为重要，因为其中溶剂的数量将变得与其他成分的数量相当，甚至成为少数。因此，需要将电解质的总浓度（c_T）定义为：

$$c_T = \sum_i c_i = c_+ + c_- + c_0 \tag{14.286}$$

这四个基本陈述构成了 Newman 理论的基础，并可在不同的边界条件和约束下扩展为我们已经熟悉的各种关系。例如，如果在式（14.272）中将 v 设为零，即在没有任何体相电解质运动或机械对流的情况下，并引用电化学势的定义［式（5.117）］以及爱因斯坦关系［式（5.91）］时，则通量表达式变为：

$$J_i = -\frac{D_i c_i}{RT} \nabla \overline{\mu_i} \tag{14.287}$$

这只是式（5.118）的另一种形式，当我们只需要考虑一维系统时，式（5.118）直接将通量与电化学势梯度联系起来：

$$J_i = -\frac{D_i c_i}{RT} \times \frac{d\overline{\mu}_i}{dx} \tag{5.118}$$

或者，我们也可以将 v 和 $\nabla \psi$ 都设为零，即在没有任何机械对流和电场的情况下，通量将完全由扩散运动产生：

$$J_i = -D_i \nabla c_i \qquad (14.288)$$

这正是在一维中推导出来的 Fick 第一定律 [式（5.1）] 的另一种形式：

$$J = -D \frac{\mathrm{d}c_i}{\mathrm{d}x} \qquad (5.1)$$

将式（14.288）代入式（14.276）中，并将反应速率 R_i 设为零，我们可以得到物种浓度随时间的变化情况为：

$$\frac{\partial c_i}{\partial t} = \nabla \left[D_i \nabla c_i \right] = D_i \nabla^2 c_i \qquad (14.289)$$

这就是 Fick 第二定律 [式（5.28）] 以一种更普适化的形式表达：

$$\frac{\partial c}{\partial t} = D \frac{\partial^2 c}{\partial x^2} \qquad (5.28)$$

对于一般的由不对称盐组成并可以解离成价数为 z_+ 的阳离子和价数为 z_- 的阴离子的二元电解质，我们可以对阳离子和阴离子分别应用通量陈述 [式（14.272）] 和物质平衡陈述 [式（14.276）]：

$$\frac{\partial c}{\partial t} + v\nabla c = z_+\mu_+ F\nabla(c\nabla\psi) + D_+\nabla^2 c \qquad (14.290)$$

$$\frac{\partial c}{\partial t} + v\nabla c = z_-\mu_- F\nabla(c\nabla\psi) + D_-\nabla^2 c \qquad (14.291)$$

其中的离子浓度（c_+ 和 c_-）已根据电中性陈述用盐浓度 c 代替。结合式（14.290）和式（14.317），可得到

$$(z_+\mu_+ - z_-\mu_-)F\nabla(c\nabla\psi) + (D_+ - D_-)\nabla^2 c = 0 \qquad (14.292)$$

求解电势项 $\nabla(c\nabla\psi)$，然后将其插入式（14.290）或式（14.291），就得到了物种浓度随时间变化的表达式（$\partial c/\partial t$）：

$$\frac{\partial c}{\partial t} + v\nabla c = \left(\frac{z_+\mu_+ D_- + z_-\mu_- D_+}{z_+\mu_+ - z_-\mu_-} \right)\nabla^2 c \qquad (14.293)$$

其格式与 Fick 第二定律 [式（5.28）] 相似。与之前一样，我们将二次导数算子 ∇^2 前面的复合项定义为一个新量，即盐扩散系数（D_{Salt}），因为它的单位与扩散系数相同：

$$D_{Salt} = \frac{z_+\mu_+ D_- - z_-\mu_- D_+}{z_+\mu_+ - z_-\mu_-} \qquad (14.294)$$

式（14.294）正是第 5 章第 5.2.6.4 小节中定义的双极扩散系数 [式（5.169）] 的更普适表达式（而需要记住的是，z_+ 带正号，而 z_- 带负号）：

$$D_{ambp} = \frac{\mu_+ D_- + \mu_- D_+}{\mu_+ + \mu_-} \qquad (5.169)$$

正如我们在这里所讨论的，在没有外加电势的情况下，电解质中的阳离子和阴离子物种会作为受电中性陈述制约的单一物种进行运动。这种假想的单一物种的扩散可以用一个

折中值来描述，该折中值是阴离子和阳离子自扩散系数的加权平均。

从另一层面来说，如果阴离子被阻挡，而阳离子作为工作离子可以穿过电解质 / 电极界面，那么在 Bruce-Vincent 方法推导出的稳定状态下：

$$J_+ = \frac{i_{SS}}{z_+F} = -z_+\mu_+Fc\nabla\psi - D_+\nabla c \tag{14.295}$$

$$J_- = 0 = -z_-\mu_-Fc\nabla\psi - D_-\nabla c \tag{14.296}$$

结合式（14.295）和式（14.296），并消除电势项 $\nabla\psi$，可得

$$\frac{i_{SS}}{z_+F} = -\frac{z_-\mu_-D_+ - z_+\mu_+D_-}{z_-\mu_-}\nabla c \tag{14.297}$$

再回顾一下迁移数在此时的表达，

$$t_+ = 1 - t_- = \frac{z_+\mu_+}{z_+\mu_+ - z_-\mu_-} \tag{14.298}$$

以及式（14.294）中定义的盐扩散系数 D_{Salt}，可以很容易地将式（14.297）重排为：

$$\frac{i_{SS}}{z_+F} = -\frac{D_{Salt}}{1 - t_+}\nabla c \tag{14.299}$$

因此，在稳态下，工作离子的通量取决于离子迁移数、盐的扩散系数和电池两端的浓度梯度。换句话说，在这种情况下，阳离子和阴离子的行为类似于中性物质。图 14.20（a）、（b）所示的浓度曲线展示了这一点。作为描述阴离子阻滞条件下稳态电流（i_{SS}）和电解质浓度梯度（∇c 或 dC_{Salt}/dx）之间关系的方程，式（14.299）实际上与第 14.2.4.6.2 部分中推导的式（14.163）相同：

$$i_{SS} = FJ_+^{t_{SS}} = -2FD_+\frac{dC_+}{dx} = -2FD_+\frac{dC_{Salt}}{dx} \tag{14.163}$$

如果将 z_+ 设为 1，z_- 设为 −1（单价电解质），然后引用爱因斯坦关系 [式（5.91）] 和理想电解质中迁移数的定义 [式（5.96）]，这可以很容易地证明：

$$D_+ = \mu_+k_BT \tag{5.91}$$

$$D_- = \mu_-k_BT \tag{5.91}$$

$$t_+ = \frac{D_+}{D_+ + D_-} \tag{5.96}$$

从上面的例子可以看出，Newman 的框架显然强调用一种更概括、更普适，更广义的方法来描述离子传输现象，并使用了相当严谨、优雅的数学语言。这些数学术语通常直接明了，但却相当冗长和复杂。真正的挑战在于如何将这些冗长的术语重新排列，并转化为一些具有物理意义的量，而 Newman 正是这类代数技巧的大师。另外，也正是这种严谨而概括的数学语言，使得不熟悉 Newman 框架风格的人难以理解他的理论。

14.4.1　浓溶液理论

在浓溶液中，有关电流、物质平衡和电中性的陈述仍然成立，但需要修改通量陈述以反映离子间的相关性。

Newman 用式（14.204）所定义的 Stefan-Maxwell 形式体系来处理离子之间的相关性，该体系将物种运动视为其驱动力与所有其他物种对其施加的摩擦力总和之间平衡的结果。后者与我们研究的物种 i 和其他物种 j（$j \neq i$）之间的速度差（$\vec{v}_j - \vec{v}_i$）成线性比例，而阻力系数 K_{ij}（有时也称为 Stefan-Maxwell 输运系数）描述了每对物种组合之间的相互关系。

根据 Stefan-Maxwell 方程，Stefan-Maxwell 输运系数 K_{ij} 可以用二元相互作用扩散系数 $\mathfrak{D}_{ij}$ 来表示：

$$K_{ij} = \frac{RTc_i c_j}{c_T \mathfrak{D}_{ij}} \tag{14.300}$$

式中，c_T 是物种的总浓度；c_i 和 c_j 是参与相互作用的物种（包括溶剂）的浓度。显然，Stefan-Maxwell 输运系数 K_{ij} 和 Onsager 输运系数 [式（14.203）] 一样，受互易原理支配：

$$\mathfrak{D}_{ij} = \mathfrak{D}_{ji} \tag{14.301}$$

而浓度量 c_i、c_j 和 c_T 之间的关系服从式（14.286）。

在 Newman 的理论里，式（14.204）可被写作一种更一般性的形式

$$c_i \nabla \overline{\mu_i} = \sum_j \frac{RTc_i c_j}{c_T \mathfrak{D}_{ij}} (\vec{v}_j - \vec{v}_i) \tag{14.302}$$

因此，对于由 1∶1 型二元盐组成的简单电解质来说，有三个这样的驱动力方程：

$$c_+ \nabla \overline{\mu_+} = \frac{RTc_+ c_0}{c_T \mathfrak{D}_{+0}} (\vec{v}_0 - \vec{v}_+) + \frac{RTc_+ c_-}{c_T \mathfrak{D}_{+-}} (\vec{v}_- - \vec{v}_+) \tag{14.303}$$

$$c_- \nabla \overline{\mu_-} = \frac{RTc_- c_0}{c_T \mathfrak{D}_{-0}} (\vec{v}_0 - \vec{v}_-) + \frac{RTc_- c_+}{c_T \mathfrak{D}_{-+}} (\vec{v}_+ - \vec{v}_-) \tag{14.304}$$

$$c_0 \nabla \overline{\mu_0} = \frac{RTc_0 c_+}{c_T \mathfrak{D}_{0+}} (\vec{v}_+ - \vec{v}_0) + \frac{RTc_0 c_-}{c_T \mathfrak{D}_{0-}} (\vec{v}_- - \vec{v}_0) \tag{14.305}$$

其中，下标 +、- 和 0 分别代表阳离子、阴离子和溶剂分子。

如果把这三个等式相加，等式左侧在温度和压力不变的情况下应该为 0，这是由 Gibbs-Duhem 方程决定的：

$$c_+ \nabla \overline{\mu_+} + c_- \nabla \overline{\mu_-} + c_0 \nabla \overline{\mu_0} = 0 \tag{14.306}$$

而由于互易性 [式（14.301）] 以及相对速度相互抵消，右边的结果也是 0：

$$\sum_i \sum_j \frac{RTc_i c_j}{c_T \mathfrak{D}_{ij}} (\vec{v}_j - \vec{v}_i) = \frac{RTc_+ c_0}{c_T \mathfrak{D}_{+0}} (\vec{v}_0 - \vec{v}_+) + \frac{RTc_+ c_-}{c_T \mathfrak{D}_{+-}} (\vec{v}_- - \vec{v}_+)$$
$$+ \frac{RTc_- c_0}{c_T \mathfrak{D}_{-0}} (\vec{v}_0 - \vec{v}_-) + \frac{RTc_- c_+}{c_T \mathfrak{D}_{-+}} (\vec{v}_+ - \vec{v}_-) + \frac{RTc_0 c_+}{c_T \mathfrak{D}_{0+}} (\vec{v}_+ - \vec{v}_0) \tag{14.307}$$
$$+ \frac{RTc_0 c_-}{c_T \mathfrak{D}_{0-}} (\vec{v}_- - \vec{v}_0) = 0$$

由于这一约束条件在恒温恒压条件下成立，对于一个简单的电解质体系而言，通常没有必要列出所有三个方程。事实上，对于由 N 种成分组成的电解质，$N-1$ 个独立方程就足够了。

将式（14.302）与式（14.272）（通量陈述）进行比较，可以看出两者似乎是反比关系：前者描述了驱动力与物种速度的线性关系，后者则描述了通量与驱动力的线性关系。在这里，通量 [单位时间内通过单位面积的物质的量（$mol \cdot m^{-2} \cdot s^{-1}$）] 只是物种速度（$m \cdot s^{-1}$）与物种浓度（$mol \cdot m^{-3}$）的乘积。我们之前也观察到类似的情况，Stefan-Maxwell 形式实际上是 Onsager 形式的倒数形式。由于驱动力通常在实验上更难测量，因此将式（14.303）～式（14.305）倒置为相应的通量表达式更为有用。

现在，让我们从"通量就是物种速度与物种浓度的乘积"这一事实出发，由于每个物种都有自己的速度 $\vec{v}_i$，因此单个物种的传输所引起的通量为

$$J_i = c_i \vec{v}_i \tag{14.308}$$

这里需要将速度 $\vec{v}_i$ 与式（14.267）中的体相电解质速度 v 区分开来，因为 v 只描述了机械对流引起的部分运动，而 $\vec{v}_i$ 则是物种 i 在与电化学势 $\nabla \bar{\mu}_i$ 梯度相对应的驱动力作用下的平均速度，其中已包括静电势梯度和浓度梯度的贡献。

因此，将式（14.308）与电流陈述 [式（14.274）] 结合起来，我们就可以得到与阴阳离子速度相关的电流表达式：

$$
\begin{aligned}
i &= F \sum_i z_i J_i = F(z_+ J_+ + F z_- J_-) = F(z_+ c_+ \vec{v_+} + z_- c_- \vec{v_-}) \\
&= F z_+ c_+ (\vec{v_+} - \vec{v_-})
\end{aligned}
\tag{14.309}
$$

由于之前电解质被假设为 1:1 型的简单二元盐电解质（如 [Na^+Cl^-] 或者是 [$Ca^{2+}O^{2-}$]），在这里我们利用了 $+z_+ = -z_-$ 的关系。

因此，电流可以通过阴阳离子之间的相对速度差来表示。将溶剂分子的速度 $\vec{v_0}$ 加入式（14.309）并相加相减，可得

$$i = F z_+ c_+ (\vec{v_+} - \vec{v_-}) = F z_+ c_+ \left[(\vec{v_+} - \vec{v_0}) - (\vec{v_-} - \vec{v_0}) \right] \tag{14.310}$$

因此，当以溶剂分子为参照物测定阳离子和阴离子的运动时，电流保持不变。这种方法将电流直接与物种速度联系起来，而无需考虑静电势，极大地方便了处理复杂的阴阳离子相关性通量问题。

与式（14.272）及之前讨论的其他方程（尤其是第 14.2.4 节）不同，过去这些方程中必须同时考虑电势梯度和浓度梯度，而电势项通常增加了数学处理的复杂性。但是在这里，带电物种的通量或相应的电流仅通过各个物种的速度来表示，这正是式（14.310）的独特之处和真正的意义。

对于式（14.281）所描述的一般电解质盐：

$$M_{\nu_+}^{z_+} X_{\nu_-}^{z_-} \rightleftharpoons \nu_+ M^{z_+} + \nu_- X^{z_-} \tag{14.281}$$

每个物种的电化学（或化学）电位之间存在相关性：

$$\overline{\mu_{\mathrm{Salt}}} = \nu_+\overline{\mu_+} + \nu_-\overline{\mu_-} \tag{14.311}$$

需要注意的是，由于盐实际上是一种中性物质，因此其电化学势中不存在静电部分，也因此变为简单的化学势。

相应地，阴阳离子物种的驱动力可以表示为

$$\begin{aligned}c_+\nabla\overline{\mu_+} &= K_{0+}(\vec{v_0}-\vec{v_+}) + K_{+-}(\vec{v_-}-\vec{v_+})\\ &= -\frac{RTc_+c_0}{c_{\mathrm{T}}\mathfrak{D}_{0+}}(\vec{v_+}-\vec{v_0}) + \frac{RTc_+c_-}{c_{\mathrm{T}}\mathfrak{D}_{+-}}(\vec{v_-}-\vec{v_+})\end{aligned} \tag{14.312}$$

$$\begin{aligned}c_-\nabla\overline{\mu_-} &= K_{0-}(\vec{v_0}-\vec{v_-}) + K_{+-}(\vec{v_+}-\vec{v_-})\\ &= -\frac{RTc_-c_0}{c_{\mathrm{T}}\mathfrak{D}_{0-}}(\vec{v_-}-\vec{v_0}) + \frac{RTc_+c_-}{c_{\mathrm{T}}\mathfrak{D}_{+-}}(\vec{v_+}-\vec{v_-})\end{aligned} \tag{14.313}$$

因此，参照系在 Newman 理论中自然地出现，因为任何给定物种的速度都必然存在相对于其他物种的速度。溶剂分子通常作为一个方便的静止参照系，因为它具有零电荷，不会受到电势梯度产生的驱动力的影响。

将式（14.312）和式（14.313）相加，我们就消除了阳离子和阴离子之间的交叉项——$(\vec{v_-}-\vec{v_+})$ 和 $(\vec{v_+}-\vec{v_-})$，因此得到：

$$c_+\nabla\overline{\mu_+} + c_-\nabla\overline{\mu_-} = \frac{RTc_0}{c_{\mathrm{T}}}\times\left[\frac{c_+}{\mathfrak{D}_{0+}}(\vec{v_0}-\vec{v_+}) + \frac{c_-}{\mathfrak{D}_{0-}}(\vec{v_0}-\vec{v_-})\right] \tag{14.314}$$

而根据式（14.311）、式（14.284）和式（14.285），我们知道式（14.314）的左侧实际上是盐的化学势 $\overline{\mu_{\mathrm{Salt}}}$ 的导数：

$$c_+\nabla\overline{\mu_+} + c_-\nabla\overline{\mu_-} = c_{\mathrm{Salt}}\nabla\overline{\mu_{\mathrm{Salt}}} \tag{14.315}$$

此外，通过将式（14.284）和式（14.285）引入式（14.315），其右侧可以重新排列为：

$$\frac{RTc_0c_{\mathrm{Salt}}}{c_{\mathrm{T}}}\times\left[\frac{\nu_+}{\mathfrak{D}_{0+}}(\vec{v_0}-\vec{v_+}) + \frac{\nu_-}{\mathfrak{D}_{0-}}(\vec{v_0}-\vec{v_-})\right] \tag{14.316}$$

将式（14.313）与式（14.314）结合，并消去 c_{Salt} 可得：

$$\frac{c_{\mathrm{T}}\nabla\overline{\mu_{\mathrm{Salt}}}}{RTc_0} = \frac{\nu_+}{\mathfrak{D}_{0+}}(\vec{v_0}-\vec{v_+}) + \frac{\nu_-}{\mathfrak{D}_{0-}}(\vec{v_0}-\vec{v_-}) \tag{14.317}$$

进一步可以被重排为：

$$-\frac{\mathfrak{D}_{0-}c_{\mathrm{T}}\nabla\overline{\mu_{\mathrm{Salt}}}}{\nu_- RTc_0} = \frac{\nu_+\mathfrak{D}_{0-}}{\nu_-\mathfrak{D}_{0+}}(\vec{v_+}-\vec{v_0}) + (\vec{v_-}-\vec{v_0}) \tag{14.318}$$

使用式（14.310）替换 $(\vec{v_-}-\vec{v_0})$，我们可以引入电流 i，得到：

$$-\frac{\mathfrak{D}_{0-}c_{\mathrm{T}}\nabla\overline{\mu_{\mathrm{Salt}}}}{\nu_- RTc_0} = \frac{\nu_+\mathfrak{D}_{0-}}{\nu_-\mathfrak{D}_{0+}}(\vec{v_+}-\vec{v_0}) + (\vec{v_+}-\vec{v_0}) - \frac{i}{Fc_+z_+} \tag{14.319}$$

在更进一步的重排后，变为

$$\frac{i}{Fc_+z_+} - \frac{\mathfrak{D}_{0-}c_{\mathrm{T}}\nabla\overline{\mu_{\mathrm{Salt}}}}{\nu_-RTc_0} = \left(\frac{\nu_+\mathfrak{D}_{0-}}{\nu_-\mathfrak{D}_{0+}} + 1\right)(\vec{v_+} - \vec{v_0}) \qquad (14.320)$$

此外，如果考虑到离子间的相关性，并以溶剂为参照系，阳离子迁移数的定义应该变为：

$$t_+^0 = \frac{z_+\mathfrak{D}_{0+}}{z_+\mathfrak{D}_{0+} - z_-\mathfrak{D}_{0-}} = \frac{\nu_-\mathfrak{D}_{0+}}{\nu_+\mathfrak{D}_{0-} + \nu_-\mathfrak{D}_{0+}} \qquad (14.321)$$

其中 t_+^0 中的上标 0 标记的是参照系，需要注意的是，参照系的选择是任意的。

观察式（14.320），右侧包含 Stefan-Maxwell 输运系数的项可以很容易地识别为：

$$\frac{\nu_+\mathfrak{D}_{0-}}{\nu_-\mathfrak{D}_{0+}} + 1 = \frac{1}{t_+^0} \qquad (14.322)$$

这将会把式（14.320）变为

$$\vec{v_+} - \vec{v_0} = \frac{it_+^0}{Fc_+z_+} - \frac{t_+^0\mathfrak{D}_{0-}c_{\mathrm{T}}}{\nu_-RTc_0}\nabla\overline{\mu_{\mathrm{Salt}}} \qquad (14.323)$$

或者是

$$c_+(\vec{v_+} - \vec{v_0}) = \frac{it_+^0}{Fz_+} - \frac{t_+^0\mathfrak{D}_{0-}c_{\mathrm{T}}c_+}{\nu_-RTc_0}\nabla\overline{\mu_{\mathrm{Salt}}} \qquad (14.324)$$

进一步的代数操作使我们能够通过引入式（14.282）～式（14.285）式（14.294），将离子特定的量如 c_+ 和 $\mathfrak{D}_{0-}$，替换为相应的盐或电解质的量，最终可以使式（14.324）变为：

$$c_+(\vec{v_+} - \vec{v_0}) = \frac{it_+^0}{Fz_+} - \frac{\nu_+c_{\mathrm{T}}c_{\mathrm{Salt}}\mathfrak{D}_{\mathrm{e}}}{\nu RTc_0}\nabla\overline{\mu_{\mathrm{Salt}}} \qquad (14.325)$$

其中，$\mathfrak{D}_{\mathrm{e}}$ 被定义为电解质扩散系数，它通过如下公式表达了所有电解质成分之间的相关性。

$$\mathfrak{D}_{\mathrm{e}} = \frac{\mathfrak{D}_{0+}\mathfrak{D}_{0-}(z_+ - z_-)}{z_+\mathfrak{D}_{0+} - z_-\mathfrak{D}_{0-}} \qquad (14.326)$$

需要注意的是，计算包括溶剂分子在内的所有物种的电解质扩散系数与式（14.294）中定义的只计算离子的盐扩散系数之间存在差异。我们将在下一节进一步讨论它们之间的关系。

同样，也可以推导出阴离子运动的表达式：

$$c_-(\vec{v_-} - \vec{v_0}) = \frac{it_-^0}{Fz_-} - \frac{\nu_-c_{\mathrm{T}}c_{\mathrm{Salt}}\mathfrak{D}_{\mathrm{e}}}{\nu RTc_0}\nabla\overline{\mu_{\mathrm{Salt}}} \qquad (14.327)$$

因此，阳离子、阴离子和分子（溶剂）物种的通量可分别表示为：

$$J_+ = c_+\vec{v_+}\frac{it_+^0}{Fz_+} - \frac{\nu_+c_{\mathrm{T}}c_{\mathrm{Salt}}\mathfrak{D}_{\mathrm{e}}}{\nu RTc_0}\nabla\overline{\mu_{\mathrm{Salt}}} + c_+\vec{v_0} \qquad (14.328)$$

$$J_- = c_-\vec{v_-}\frac{it_-^0}{Fz_-} - \frac{\nu_-c_{\mathrm{T}}c_{\mathrm{Salt}}\mathfrak{D}_{\mathrm{e}}}{\nu RTc_0}\nabla\overline{\mu_{\mathrm{Salt}}} + c_-\vec{v_0} \qquad (14.329)$$

$$J_0 = c_0 \vec{v_0} \tag{14.330}$$

式（14.330）实际上是多余的，因为由三种物质组成的电解质只需要两个独立的通量方程。溶剂分子通常是阳离子和阴离子运动的参照系。

正如本节开头所指出的，式（14.307）实际上是通量陈述的倒置形式。上述式（14.328）～式（14.330）的推导过程展示了这样的倒置。将这些方程与通量陈述［式（14.272）］进行比较，可以立即看到惊人的相似性。

在通量陈述中，右侧第一项（$-z\mu_i F c_i \nabla \psi$）表示静电场梯度引起的迁移通量，第二项（$-D_i \nabla c_i$）表示浓度梯度引起的扩散通量，第三项（$c_i \vec{v}$）则代表体相电解质的速度。

此外，在式（14.328）和式（14.329）中，第一项中 it^0_+/Fz_+ 和 it^0_-/Fz_- 代表与静电驱动力有关的电流，而第二项中 $-\dfrac{v_+ c_T c_{\text{Salt}} \mathfrak{D}_e}{vRTc_0} \nabla \overline{\mu_{\text{Salt}}}$ 和 $-\dfrac{v_- c_T c_{\text{Salt}} \mathfrak{D}_e}{vRTc_0} \nabla \overline{\mu_{\text{Salt}}}$ 代表不同物种浓度之间的不平衡，第三项 $c_+ \vec{v_0}$ 和 $c_- \vec{v_0}$ 代表体相溶剂的速度。

14.4.1.1　自扩散、双极扩散、盐扩散与电解质扩散系数

到目前为止，我们已经接触过很多被称为"扩散系数"的量，其中包括自扩散系数（D_+ 和 D_-）、双极扩散系数（D_{ambp}）、盐扩散系数（D_{Salt}）和电解质扩散系数（$\mathfrak{D}_e$）。虽然它们都描述了物种在电解质中的移动速度，但每一个都描述了特殊物料在特定约束条件下的移动。

自扩散系数，顾名思义，反映了物质在没有其他物质影响的情况下完全自由移动的能力，不论其他物质是带有相同或不同电荷的离子，还是中性溶剂分子。自扩散系数由 Einstein-Smoluchowski 方程控制：

$$\langle x_i^2 \rangle = 2D_i t \tag{5.20}$$

在某种程度上，对于理想电解质，即盐浓度低于 0.001 mol 的极稀电解质，通常假设离子具有完全的自由移动。然而，即使在这些极稀电解质中，这种假设也并不严格有效，因为离子间的 Coulomb 效应始终存在，这为 Debye-Huckel 的离子氛模型奠定了基础，并由电中性原理支配。

在这种"近似理想"电解质中，体积摩尔电导率或质量摩尔电导率与自扩散系数之间的关系是根据 Nernst-Einstein 方程确定的：

$$\Lambda = \frac{z_i F^2}{RT}(D_+ + D_-) \tag{5.101}$$

此外，双极扩散系数和盐扩散系数都考虑了离子间相关效应离子传输的强烈影响，并描述了在没有外加电场时，阳离子和阴离子作为一个物种的协同运动，这是由电中性原理所规定的：

$$D_{\text{ambp}} = \frac{\mu_+ D_- + \mu_- D_+}{\mu_+ + \mu_-} \tag{5.169}$$

$$D_{\text{Salt}} = \frac{z_+ \mu_+ D_- - z_- \mu_- D_+}{z_+ \mu_+ - z_- \mu_-} \tag{14.294}$$

如前所述，当所考虑的盐是 $M_{\nu+}^{z+} X_{\nu-}^{z-}$ 而不是单价盐时，D_{Salt} 是 D_{ambp} 的更一般的表达形式。到目前为止，D_{Salt} 和 D_{ambp} 所描述的阳离子和阴离子扩散系数之间的复合相关性仍然只反映了稀电解质的情况，而没有考虑实际电解质或浓溶液中出现的普通的离子间相关性。

在电中性陈述中，就像 D_{Salt} 和 D_{ambp} 一样，电解质扩散系数 $\mathcal{D}_e$ 将阳离子和阴离子的运动视为单一物种的运动。

但与 D_{Salt} 和 D_{ambp} 不同的是，$\mathcal{D}_e$ 不仅考虑了所有可能的离子间相关性（无论离子所带电荷相同还是相反），还考虑了溶剂分子对离子传输的影响，所有这些都在 Stefan-Maxwell 公式的框架内以跨物种输运系数的形式进行了处理。

通过考虑无外加电场时阳离子和阴离子的通量，可以得出 D_{Salt} 和 $\mathcal{D}_e$ 之间的关系。

一方面，由于两种离子都作为单一物种（即盐）运动，我们可以将这种中性物种的通量方程写成：

$$J_{Salt} = -D_{Salt} \nabla c_{Salt} + c_{Salt} \boldsymbol{v} \tag{14.331}$$

该式直接来自 $\nabla \psi = 0$ 时的通量陈述［式（14.272）］。

另一方面，将电流设为零，阳离子通量［式（14.328）］变为：

$$J_{Salt} = \frac{J_+}{\nu_+} = \frac{J_-}{\nu_-} = -\frac{c_T c_{Salt} \mathcal{D}_e}{\nu RT c_0} \nabla \overline{\mu_{Salt}} + c_{Salt} \overrightarrow{v_0} \tag{14.332}$$

在恒温恒压条件下，盐的化学势为：

$$\overline{\mu_{Salt}} = \left[\overline{\mu_{Salt}}\right]^0 + \nu RT \ln a_{Salt} = \left[\overline{\mu_{Salt}}\right]^0 + \nu RT \ln(\gamma c_{Salt}) \tag{14.333}$$

$\overline{\mu_{Salt}}$ 的导数为：

$$\nabla \overline{\mu_{Salt}} = \nu RT \nabla \ln(\gamma c_{Salt}) = \nu RT(\nabla \ln \gamma + \nabla \ln c_{Salt}) = \frac{\nu RT}{c_{Salt}} \times \left(\frac{d \ln \gamma}{d \ln c_{Salt}} + 1\right) \nabla c_{Salt} \tag{14.334}$$

将式（14.334）引入式（14.332）中，可以得到：

$$J_{Salt} = -\frac{c_T c_{Salt} \mathcal{D}_e}{\nu RT c_0} \times \frac{\nu RT}{c_{Salt}} \times \left(\frac{d \ln \gamma}{d \ln c_{Salt}} + 1\right) \nabla c_{Salt} + c_{Salt} \overrightarrow{v_0} \tag{14.335}$$

将式（14.335）与式（14.331）进行比较，可以得到 D_{Salt} 和 $\mathcal{D}_e$ 的关系：

$$D_{Salt} = \mathcal{D}_e \frac{c_T}{c_0} \times \left(\frac{d \ln \gamma}{d \ln c_{Salt}} + 1\right) \tag{14.336}$$

14.4.1.2　用 Newman 体系回顾 Bruce-Vincent 方法

利用式（14.336），可以将式（14.328）和式（14.329）中的第二项改写为：

$$\frac{c_T c_{Salt} \mathcal{D}_e}{\nu RT c_0} \nabla \overline{\mu_{Salt}} = D_{Salt} \left(1 - \frac{d \ln c_0}{d \ln c_{Salt}}\right) \tag{14.337}$$

将其代回式（14.328）和式（14.329）中，并将其转换为与式（14.272）所给出的通量陈述更相似的表达式：

$$J_+ = c_+ \overrightarrow{v_+} = \frac{it_+^0}{Fz_+} - v_+ D_{Salt}\left(1 - \frac{\mathrm{d}\ln c_0}{\mathrm{d}\ln c_{Salt}}\right)\nabla c_{Salt} + c_+ \overrightarrow{v_0} \tag{14.338}$$

$$J_- = c_- \overrightarrow{v_-} = \frac{it_-^0}{Fz_-} - v_- D_{Salt}\left(1 - \frac{\mathrm{d}\ln c_0}{\mathrm{d}\ln c_{Salt}}\right)\nabla c_{Salt} + c_- \overrightarrow{v_0} \tag{14.339}$$

式（14.338）和式（14.339）是 Newman 理论的核心，用于处理许多与传输相关的性质。正如本节前面简要提到的，这种方法的优点之一是静电势梯度（$\nabla \psi$）不再是一个必要的量，因为迁移贡献已由与电流直接相关的各种离子物种的相对速度来表示，这更易于实验测量或计算模拟。

将式（14.338）插入物质平衡陈述［式（14.276）］，可得

$$\frac{\partial c}{\partial t} + \nabla(c_+ \overrightarrow{v_0}) = \nabla\left\{D_{Salt}\left[\left(1 - \frac{\mathrm{d}\ln c_0}{\mathrm{d}\ln c}\right)1 - \frac{\mathrm{d}\ln c_0}{\mathrm{d}\ln c}\right]\nabla c_{Salt}\right\} - \frac{i\nabla t_+^0}{Fz_+ v_+} \tag{14.340}$$

这些核心方程可以在各种边界条件和约束条件下展开，从而得出我们在前面章节中讨论过的许多现实问题的解决方案。

例如，Balsara 和 Newman[33] 运用 Newman 的浓溶液理论，重新研究了 Bruce-Vincent 方法的推导过程（第 14.2.4.6 小节），即在由简单二元电解质 $M_{v_+}^{z+} X_{v_-}^{z-}$ 组成的对称电池中施加恒定电位差，其中 M^{z+} 为工作阳离子，X^{z-} 为受阻阴离子。由于参照系对于 Newman 理论的形式至关重要，他们假定电势 $\nabla \psi$ 是针对这样一个参照系施加的，在这个参照系中，各物种经历了可逆的电化学反应：

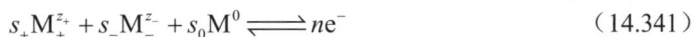

$$s_+ M_+^{z+} + s_- M_-^{z-} + s_0 M^0 \rightleftharpoons ne^- \tag{14.341}$$

式（14.341）是表达电化学反应的一种通用方式，其中 s_i 是在参比电极上发生的可逆反应的化学计量系数。这些系数与化学式 $M_{v_+}^{z+} X_{v_-}^{z-}$ 中的化学计量系数（v_+ 或 v_-）不同，如果反应不涉及该物种，则可能为零。以锂参比电极为例，反应简单地归结为

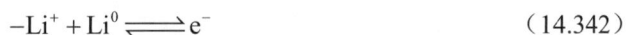

$$-Li^+ + Li^0 \rightleftharpoons e^- \tag{14.342}$$

此时 $s_+=-1$、$s_-=0$ 且 $s_0=+1$。在平衡态，热力学对参比电极化学势的变化有如下影响：

$$s_+ \nabla \mu_+ + s_- \nabla \mu_- + s_0 \nabla \mu_0 = -nF\nabla \psi \tag{14.343}$$

外加电势 ψ 和电流之间的关系应为：

$$i = -\sigma \nabla \psi - \frac{\sigma}{Fz_+ v_+} \times \left(\frac{z_+ s_+}{n} + \frac{z_+ \mathfrak{D}_{0+}}{z_+ \mathfrak{D}_{0+} - z_- \mathfrak{D}_{0-}} - \frac{s_0 z_+ c_+}{nc_0}\right)\nabla \mu_{Salt} \tag{14.344}$$

如果参比电极上只有阳离子及其相应的金属参与反应，则式（14.344）可以简化为：

$$i = -\sigma \nabla \psi - \frac{\sigma}{F} \times \left(\frac{s_+}{nv_+} + \frac{t_+^0}{z_+ v_+}\right)\nabla \mu_{Salt} \tag{14.345}$$

在初始状态下，整个电池中的电解质是均匀的，因此盐浓度或其化学势的梯度为零，因此

$$i_0 = -\sigma \nabla \psi \tag{14.346}$$

在稳态下，相对于溶剂参照系（即设定 $\vec{v_0} = 0$）的阴离子通量为 0，而阳离子通量是电流的唯一来源，此时引用式（14.329）：

$$J_-^{SS} = \frac{i_{SS} t_-^0}{F z_-} - \frac{v_- C_T c_{Salt} \mathcal{D}_e}{vRTc_0} \overline{\nabla \mu_{Salt}} = 0 \tag{14.347}$$

$$J_+^{SS} = \frac{i_{SS}}{F z_+} \tag{14.348}$$

由式（14.347）可得：

$$\overline{\nabla \mu_{Salt}} = i_{SS} \frac{t_-^0}{F z_-} \times \frac{vRTc_0}{v_- c_T c_{Salt} \mathcal{D}_e} \tag{14.349}$$

将式（14.349）代入式（14.345），即可得到稳态电流 i_{SS} 与外加电势 ψ 之间的关系：

$$i_{SS} = -\frac{\sigma}{1+N_e} \nabla \psi \tag{14.350}$$

式中，N_e 是一个新量，称为"Newman 数"，定义为：

$$N_e = \frac{v}{(v_- z_+)^2} \times \frac{\sigma RT c_0 (t_-^0)^2}{F^2 c_T c_{Salt} \mathcal{D}_e} \tag{14.351}$$

因此，初始状态和稳定状态下的电流比值应为：

$$\frac{i_{SS}}{i_0} = \frac{1}{1+N_e} \tag{14.352}$$

尽管式（14.352）看上去简单而优雅，但初始状态和稳定状态下的电流比实际上是一个综合量，涉及许多离子传输特性，包括离子迁移数。因此，在 Bruce-Vincent 方法中被假定为阳离子迁移数的量实际上是另一个量。只有当盐浓度接近零时，Newman 数才能近似表示为

$$\lim_{c \to 0} N_e = \frac{t_-^0}{t_+^0} \tag{14.353}$$

从而通过以下公式验证 Bruce-Vincent 方法：

$$\lim_{c \to 0} \frac{i_{SS}}{i_0} = t_+^0 \tag{14.354}$$

此外，由于 N_e 包含迁移数，理论上可以应用 Bruce-Vincent 方法更严格地确定离子迁移数。为此，需要采用各种实验技术测量几个量，其中包括交流阻抗谱获得的离子电导率（σ）、直流极化实验获得的初始电流与稳态电流之比（i_{SS}/i_0）、盐扩散系数（D_{Salt}）、电解质扩散系数（$\mathcal{D}_e$）或浓差电池测量获得的热力学因子 $[1+\mathrm{dln}\gamma_\pm/\mathrm{dln}(C_{Salt})]$。正如之前指出的，这些截然不同的实验所积累的不确定性可能会影响这种严格方法的可信度。事实上，在一些聚合物电解质中用 Newman 方法测得的大多数阳离子（Li^+ 和 Na^+）迁移数与用其他方法（包括相对更可靠的 eNMR 技术）报告的数值明显不同（表 14.3）。最有争议的是阳离子迁移数出现了负数。尽管我们在前面的章节中已经指出，在离子物种

多样化的情况下，负的离子迁移数是有可能出现的，但 Newman 方法产生的负的离子迁移数实际上是那些向"错误"方向移动的离子团簇与它们所测量的参照基准的复合结果[34-35]。

14.4.2　Newman 浓溶液理论的局限性

Newman 浓溶液理论对离子传输现象的处理非常严谨，考虑了所有相关变量。这一点可以从为获得完整的离子传输描述所需的众多新量中看出。然而，我们目前讨论的还仅仅是一个包含阳离子、阴离子和溶剂三种组分的简单二元电解质体系。而实际应用中的电解质体系则更为复杂。例如，锂离子电池中的最简单电解质配方包含四种物质：阳离子、阴离子和两种溶剂分子（即混合碳酸酯）。因此，有三个独立的速度，其中一个作为参照系。描述这样的体系需要至少三个通量或方程［如式（14.303）和式（14.304）］，或者涉及六个独立物种间相互作用的传输系数［如式（14.338）和式（14.339）］。按照 $n(n-1)/2$ 的规则，这种复杂性随着组分数量的增加而增加，而在锂离子电池工业中，应用高于三元组分的电解质体系并不罕见。如果进一步考虑到电解质添加剂的应用，这一数字会更高，因为电解质添加剂通常也是多重使用的。近年来的热门话题"高熵电解质"对于严谨的 Newman 理论来说更是一个噩梦。

因此，通过使用 Newman 形式准确描述这些具有多种组分的电解质是极其困难的。

另外，当电化学设备中的电解质经历由高倍率充放电或电极施加的极端电势引起的强烈极化时，浓差极化现象会变得显著。在这种情况下，工作离子在电极表面的浓度几乎为零，而体相电解质的浓度仍然很高。因此，必须考虑所有输运系数的浓度依赖性。然而，迄今为止，几乎没有人能在整个浓度范围内严格测量过这些输运系数。

此外，前两章中的传输方程是在恒温和恒压的假设下推导的，因为我们采用了 Gibbs-Duhem 方程作为基础。然而，在实际应用中，离子传输过程中不可避免地会产生焦耳热，导致整个电解质体系温度升高，这在高倍率充放电过程中尤为明显。因此，电解质的浓度梯度和电位分布的温度依赖性将变得难以忽视，而上述框架并未充分考虑这一点。

综上所述，尽管浓溶液理论的严谨性令人信服，但其在"真实"电解质中的严格适用性却非常有限。这种严谨性也使得 Newman 的浓溶液理论的实验验证变得极其困难，因为所需要的大量数据在实验中难以获得，或者只能在不确定性很高的情况下才能获得，从而降低了结果的可信度。Newman 浓溶液理论的广泛应用和验证依赖于时间、空间和物种分辨率更高的实验技术，以及原位观测等新表征技术的发展。

参考文献

[1] R. G. Linford, in *Electrochemical Science and Technology of Polymers 2*, ed. R. G. Linford, Elsevier Applied Science, London, 1990, p. 281.
[2] E. Barsoukov and J. R. Macdonald, *Impedance Spectroscopy Theory, Experiment, and Applications*, John Wiley & Sons, 2nd edn, 2005.
[3] M. S. Ding, K. Xu, S. S. Zhang, K. Amine, G. L. Henriksen and T. R. Jow, Change of conductivity with salt content, solvent composition, and temperature for electrolytes of $LiPF_6$ in ethylene carbonate–ethyl methyl carbonate, *J. Electrochem. Soc.*, 2001, **148**, A1196–A1204.

[4] M. S. Ding, K. Xu and T. R. Jow, Conductivity and Viscosity of PC–DEC and PC–EC Solutions of LiBOB, *J. Electrochem. Soc.*, 2005, **152**, A132–A140.

[5] M. S. Ding, L. Ma, M. A. Schroeder and K. Xu, Phase Diagram and Conductivity of Zn(TFSI)$_2$–H$_2$O Electrolytes, *J. Phys. Chem. C.*, 2020, **124**, 25249–25253.

[6] C. A. Angell, Formation of glasses from liquids and biopolymers, *Science*, 1995, **267**, 1924–1935.

[7] C. A. Angell, Mobile ions in amorphous solids, *Annu. Rev. Phys. Chem.*, 1992, **43**, 693–717.

[8] Y. Yamada, K. Usui, K. Sodeyama, S. Ko, Y. Tateyama and A. Yamada, Hydrate-melt electrolytes for high-energy-density aqueous batteries, *Nat. Energy*, 2016, **1**, 16129.

[9] D. R. MacFarlane, M. Forsyth, E. I. Izgorodina, A. P. Abbott, G. Annat and K. Fraser, On the Concept of Ionicity in Ionic Liquids, *Phys. Chem. Chem. Phys.*, 2009, **11**, 4962–4967.

[10] A. Noda, K. Hayamizu and M. Watanabe, Pulsed-Gradient Spin−Echo ^{1}H and ^{19}F NMR Ionic Diffusion Coefficient, Viscosity, and Ionic Conductivity of Non Chloroaluminate Room-Temperature Ionic Liquids, *J. Phys. Chem. B.*, 2001, **105**, 4603–4610.

[11] J. W. Hittorf, *Uber die Wanderungen der Ionen*, Wilhelm Engelmann, Leipzig, 1853.

[12] C. Tubandt, in *Handbuch der Experimentalphysik*, ed. W. Wien and F. Harms, Akad. Verlag, Leipzig, 1932, vol. XII, Teil 1.

[13] P. G. Bruce, M. T. Hardgrave and C. A. Vincent, The determination of transference numbers in solid polymer electrolytes using the Hittorf method, *Solid State Ionics*, 1992, **53/56**, 1087–1094.

[14] K. J. Laidler and J. H. Meiser, *Physical Chemistry*, Benjamin Cummings, 1982, pp. 276–280.

[15] G. A. Lonergan and D. C. Pepper, Transport numbers and ionic mobilities by the moving boundary method, *J. Chem. Educ.*, 1965, **42**, 82.

[16] A. Bouridah, F. Dalard, D. Derog and M. B. Armand, Potentiometric measurement of ionic mobilities in poly(ethylene oxide) electrolytes, *Solid State Ionics*, 1986, **18/19**, 287–290.

[17] L. O. Valøen and J. N. Reimers, Transport properties of LiPF$_6$-based Li-ion battery electrolytes, *J. Electrochem. Soc.*, 2005, **152**, A882–A891.

[18] P. R. Sørensen and T. Jacobsen, Conductivity, charge transfer and transport number: an ac-investigation of the polymer electrolyte LiSCN–poly(ethylene oxide), *Electrochim. Acta*, 1982, **27**, 1671–1675.

[19] P. G. Bruce and C. A. Vincent, Steady state current flow in solid binary electrolyte cells, *J. Electroanal. Chem. Interfacial Electrochem.*, 1987, **225**, 1–17.

[20] M. Holz, Electrophoretic NMR, *Chem. Soc. Rev.*, 1994, **23**, 165–174.

[21] K. Hayamizu, S. Seki, H. Miyashiro and Y. Kobayashi, Direct in Situ Observation of Dynamic Transport for Electrolyte Components by NMR Combined with Electrochemical Measurements, *J. Phys. Chem. B*, 2006, **110**, 22302–22305.

[22] K. W. Gao, C. Fang, D. M. Halat, A. Mistry, J. Newman and N. P. Balsara, The Transference Number, *Energy Environ. Mater.*, 2022, **5**, 366–369.

[23] S. Pfeifer, F. Ackermann, F. Sälzer, M. Schönhoff and B. Roling, Quantification of cation–cation, anion–anion and cation–anion correlations in Li salt/glyme mixtures by combining very-low-frequency impedance spectroscopy with diffusion and electrophoretic NMR, *Phys. Chem. Chem. Phys.*, 2021, **23**, 628–640.

[24] J. Newman and N. P. Balsara, *Electrochemical Systems*, Wiley, 4th edn, 2021.

[25] K. D. Fong, J. Self, K. M. Diederichsen, B. M. Wood, B. D. McCloskey and K. A. Persson, Ion Transport and the True Transference Number in Nonaqueous Polyelectrolyte Solutions for Lithium Ion Batteries, *ACS Cent. Sci.*, 2019, **5**, 1250–1260.

[26] K. D. Fong, H. K. Bergstrom, B. D. McCloskey and K. K. Mandadapu, Transport phenomena in electrolyte solutions: Nonequilibrium thermodynamics and statistical mechanics, *AIChE J.*, 2020, **66**, e17091.

[27] D. M. Pesko, K. Timachova, R. Bhattacharya, M. C. Smith, I. Villaluenga, J. Newman and N. P. Balsara, Negative Transference Numbers in Poly(ethylene oxide)-Based Electrolytes, *J. Electrochem. Soc.*, 2017, **164**, E3569–E3575.

[28] A. A. Wang, A. B. Gunnarsdottir, J. Fawdon, M. Pasta, C. P. Grey and C. W. Monroe, Potentiometric MRI of a superconcentrated lithium electrolyte: testing the irreversible thermodynamics approach, *ACS Energy Lett.*, 2021, **6**, 3086–3095.

[29] N. M. Vargas-Barbosa and B. Roling, Dynamic Ion Correlations in Solid and Liq-

uid Electrolytes: How Do They Affect Charge and Mass Transport?, *ChemElectro-Chem.*, 2020, **7**, 367–385.

[30] F. Wohde, M. Balabajew and B. Roling, Li$^+$ transference numbers in liquid electrolytes obtained by very-low-frequency impedance spectroscopy at variable electrode distances, *J. Electrochem. Soc.*, 2016, **163**, A714.

[31] A. Noda, K. Hayamizu and M. Watanabe, Pulsed-Gradient Spin−Echo ^{1}H and ^{19}F NMR Ionic Diffusion Coefficient, Viscosity, and Ionic Conductivity of Non-Chloroaluminate Room-Temperature Ionic Liquids, *J. Phys. Chem.*, 1999, **103**, 519–524.

[32] K. Shigenobu, et al., *Phys. Chem. Chem. Phys.*, 2020, **22**, 15214–15221.

[33] N. P. Balsara and J. Newman, *J. Electrochem. Soc.*, 2015, **162**, A2720–A2722.

[34] D. B. Shah, H. O. Nguyen, L. S. Grundy, K. R. Olson, S. J. Mecham, J. M. DeSimone and N. P. Balsara, Difference between approximate and rigorously measured transference numbers in fluorinated electrolytes, *Phys. Chem. Chem. Phys.*, 2019, **21**, 7857–7866.

[35] J. S. Ho, O. A. Borodin, M. S. Ding, L. Ma, M. A. Schroeder, G. R. Pastel and K. Xu, Understanding Lithium-ion Transport in Sulfolane-and Tetraglyme-based Electrolytes using Very Low Frequency Impedance Spectroscopy, *Energy Environ. Mater.*, 2021, DOI: 10.1002/eem2.12302.

[36] J. Evans, C. A. Vincent and P. G. Bruce, Electrochemical measurement of transference numbers in polymer electrolytes, *Polymer*, 1987, **28**, 2324–2328.

[37] M. Doyle and J. Newman, Analysis of transference number measurements based on the potentiostatic polarization of solid polymer electrolytes, *J. Electrochem. Soc.*, 1995, **142**, 3465–3468.

[38] D. M. Pesko, S. Sawhney, J. Newman and N. P. Balsara, Comparing Two Electrochemical Approaches for Measuring Transference Numbers in Concentrated Electrolytes, *J. Electrochem. Soc.*, 2018, **165**, A3014–A3021.

[39] S. Wei, Z. Li, K. Kimura, S. Inoue, L. Pandini, D. D. Lecce, Y. Tominaga and J. Hassoun, Glyme-based electrolytes for lithium metal batteries using insertion electrodes: An electrochemical study, *Electrochim. Acta*, 2019, **306**, 85–95.

[40] S. Zugmann, M. Fleischmann, M. Amereller, R. M. Gschwind, H. D. Wiemhoefer and H. J. Gores, Measurement of transference numbers for lithium ion electrolytes via four different methods, a comparative study, *Electrochim. Acta*, 2010, **56**, 3926–3933.

[41] Z. Yu, H. Wang, X. Kong, W. Huang, Y. Tsao, D. G. Mackanic, K. Wang, X. Wang, W. Huang, S. Choudhury, C. V. Amanchuwu, S. T. Hung, Y. Ma, E. G. Lomeli, J. Qin, Y. Cui and Z. Bao, Molecular design for electrolyte solvents enabling energy-dense and long-cycling lithium metal batteries, *Nat. Energy*, 2020, **5**, 526–533.

[42] O. Borodin, L. Suo, M. Gobet, X. Ren, F. Wang, A. Faraone, J. Peng, M. Olguin, M. Schroeder, M. S. Ding, E. Gobrogge, A. v. W. Cresce, S. Munoz, J. A. Dura, S. Greenbaum, C. Wang and K. Xu, Liquid Structure with Nano-Heterogeneity Promotes Cationic Transport in Concentrated Electrolytes, *ACS Nano*, 2017, **11**, 10462–10471.

[43] T. Taskovic, A. Eldesoky, W. Song, M. Bauer and J. R. Dahn, High Temperature Testing of NMC/Graphite Cells for Rapid Cell Performance Screening and Studies of Electrolyte Degradation, *J. Electrochem. Soc.*, 2022, **169**, 040538.

[44] Y. Matsuda and H. Satake, Mixed Electrolyte Solutions of Propylene Carbonate and Dimethoxyethane for High Energy Density Batteries, *J. Electrochem. Soc.*, 1980, **127**, 877–879.

[45] K. Xu, Li-ion battery electrolytes, *Nat. Energy*, 2021, **6**, 763.

第 15 章
界面

在第 8 章中，我们在讨论电解质和电极相接触的场景时，建立了界面的概念性基础：两相的不连续性导致界面的物理和化学性质发生突变。在电解质一侧会发生电势分布和离子浓度的突变。在本章中，我们将试着进一步量化这些突变。

15.1　界面的定义

在第 14 章第 14.4 节中，我们介绍了作为 Newman 电解质理论的四大基石之一的电中性，并简要地提到电中性仅在电解质的体相中成立[1]。在电极 - 电解质界面处，左右两相的化学性质发生骤变，从而导致电势和电荷分布突变[2]。因此，电中性在局部的界面区域不再成立。这种偏离电中性的现象可以用图 6.7 中双电层的示意图来表示：电极表面排斥同性离子而吸引异性离子时，电极附近的局部电解质区域中会富集相反电荷。原则上，这种偏离电中性的现象可以方便我们定义一个界面的边界，但电极 - 电解质相互作用的实际情况过于复杂，以至于无法给出一种单一和普适化的定义。

如果电极和电解质处于静态平衡状态，即界面上既没有发生电极反应也没有穿过界面的电荷转移，我们可以简单地从静电的角度来看待这种平衡状态，并将电极视为一个巨大的二维离子。因此，其与电解质的界面可以看作是原有的介电连续性被这个巨大离子所携带的库仑电荷扰乱的结果。回顾第 4 章推导离子氛的数学描述时，我们曾定义了一个自然长度量，即 Debye-Hückel 厚度：

$$K^{-1}(\text{或 } \lambda_{\mathrm{D}}) = \sqrt{\dfrac{\varepsilon k_{\mathrm{B}} T}{\displaystyle\sum_i n_i^0 z_i^2 e_0^2}} \tag{4.71}$$

它代表了如果将离子氛看作一个点电荷而非弥散连续性的"云"时，离子氛所应该有的虚拟半径（如图 4.5 右侧）。从数学上讲，在距离中心离子 $d=K^{-1}$ 处，微分厚度 $\mathrm{d}r$ 的球壳内包含的总电荷量达到最大值 [如图 4.6（a）所示]，因此也可以将离子氛视为围绕中心离子的一个离子屏蔽壳，其厚度为 K^{-1}（如图 4.5 左侧）。

　　将这个概念引申到巨大的二维离子（即电极）上，Debye-Hückel 厚度便可以用来定义界面区域的起点，正是在这个区域内电中性被破坏（图 15.1）。因此，界面应与 Debye-Hückel 厚度处于相同的尺度，其在稀水溶液电解质中，这一厚度约为亚纳米级（$<10^{-9}$ m）。与中心离子的 Debye-Hückel 厚度类似，如此定义的界面厚度应与温度和电解质的介电常数的平方根成正比，但与盐浓度的平方根成反比。这是因为温度升高将增强离子热振动，促进离子随机运动，从而拓宽界面区域；而离子浓度升高将抑制电极附近的电中性偏离。

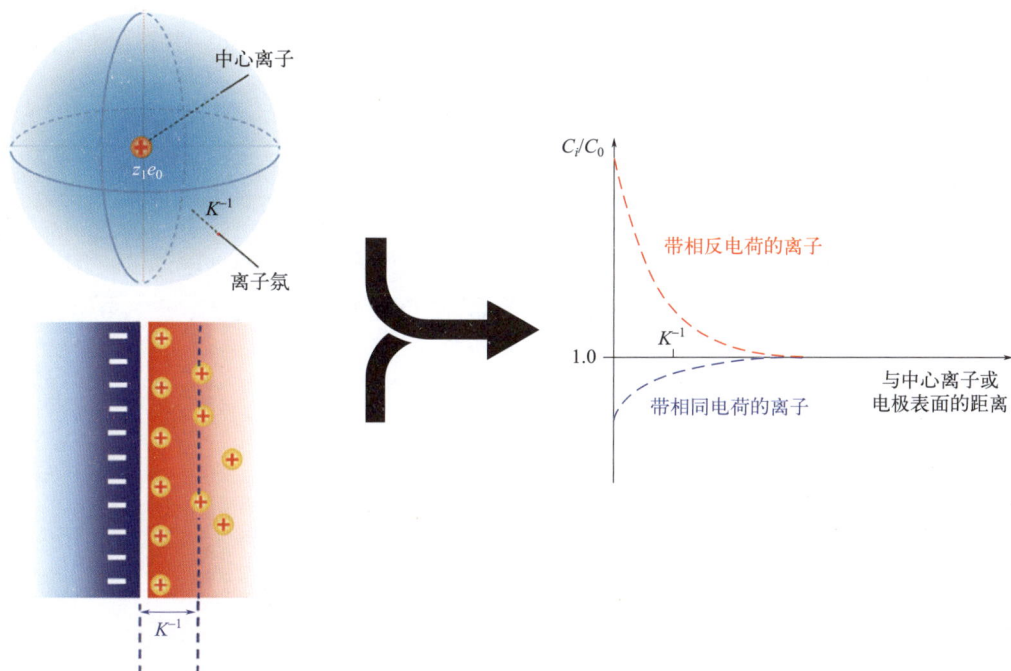

图 15.1　单个离子和电极的 Debye-Hückel 厚度（当后者被视为一个巨大的二维离子时）。因此，基于在界面区域内偏离电中性的现象，Debye-Hückel 厚度可以被扩展用来定义界面。界面厚度应与 Debye-Hückel 厚度在相同的尺度，其与温度和电解质的介电常数的平方根成正比，但与盐浓度的平方根成反比

　　当界面上发生电极反应，参与反应的离子需要穿过界面进行电荷转移，此时必须考虑跨界面的离子通量，因此上述描述界面附近离子静态分布的模型不再适用。我们先考虑这种动态情况中最简单的例子，即当发生电极反应且其处于稳定状态时界面区域的离子分布及其偏离电中性的程度。换言之，我们将重新审视 Bruce-Vincent 方法建立过程中电池在稳态下的离子传输（第 14.2.4.6 小节）[3]，但这次我们将更关注离子浓度而非电势或电流。如前所述，我们仍假设夹在对称电极之间的电解质没有任何对流，其中带负电的阴离子（z_-）被阻挡，而带正电的阳离子（z_+）作为工作离子，可以在电极／电解质界面处转移。当在电池两侧施加一个电势差 $\Delta\psi$ 时，我们认为电解质中盐的浓度分布曲线应如图 14.20 所示。然而，此浓度分布曲线需要满足电中性的前提条件，因此该盐浓度分布曲线仅仅描述了电解质体相中的盐和离子分布。

在电解质体相中，阳离子和阴离子的相对浓度必须满足电中性要求：

$$z_+ C_+ + z_- C_- = 0 \qquad (15.1)$$

然而，在靠近阴极（即负极化电极）的界面区域中，电极施加的库仑作用力将排斥阴离子并在其附近富集阳离子，从而使界面区域充满了大量的正电荷。从数学上讲，这种过量可以表示为：

$$z_+ C_+ \gg z_- C_- \qquad (15.2)$$

同时，界面区域可以视为一个带有净电荷的封闭空间，因而与静电有关的高斯定律和泊松方程可以适用。

我们可以利用上述差异来推导体相和界面区域的浓度和电势分布，并讨论如何定量地区分它们。

15.1.1 体相和跨界面的离子通量

首先，虽然电中性陈述仅适用于电解质体相，但通量陈述在整个电池的任何地方，包括界面区域，都是适用的。其中阳离子和阴离子的通量分别可以写为：

$$J_+ = -D_+ \frac{dC_+}{dx} - D_+ C_+ \frac{z_+ F}{RT} \times \frac{d\psi}{dx} \qquad (15.3)$$

$$J_- = -D_- \frac{dC_-}{dx} - D_- C_- \frac{z_- F}{RT} \times \frac{d\psi}{dx} \qquad (15.4)$$

我们在讨论 Bruce-Vincent 方法时已经推导过式（15.3）和式（15.4）的替代形式，并且我们知道在稳态下阴离子通量（J_-）为零，原因在于阴离子的迁移恰好被它们的扩散抵消。因此，根据式（15.4）我们得到：

$$D_- \frac{dC_-}{dx} = -D_- C_- \frac{z_- F}{RT} \times \frac{d\psi}{dx} \qquad (15.5)$$

可以化简为：

$$\frac{d\ln C_-}{dx} = -\frac{z_- F}{RT} \times \frac{d\psi}{dx} \qquad (15.6)$$

和

$$C_- = C_0 e^{\frac{z_- F}{RT}\psi(x)} \qquad (15.7)$$

同时，稳态下的电流（i_{SS}）完全由阳离子通量贡献，因此：

$$i_{SS} = z_+ F J_+ = -z_+ F D_+ \times \left(\frac{dC_+}{dx} + C_+ \frac{z_+ F}{RT} \times \frac{d\psi}{dx} \right) \qquad (15.8)$$

这些通量方程在电解质的体相和界面区域都适用，且这些区域中的电场（$d\psi/dx$，即电势梯度）决定了离子浓度和电势下降的分布。考虑到这两个区域之间的显著差异，我们必须在相应的边界条件下重新审视这些方程。

　　为此，让我们重新审视图 14.20 中所示的在稳态下建立的离子浓度分布曲线，但这次我们需要引入一个位于 x_i 的虚线（下标"i"表示"界面"），用来标记"体相"电解质和"界面"区域之间的边界（图 15.2）。在前者中，电中性陈述可以满足且式（15.1）成立；而在后者中，阳离子是过量的，这类似于图 4.6（c）和图 15.1 所示的阳离子 / 阴离子分布且式（15.2）成立。实际上，体相和界面区域的边界并不是由一条单一的线明显分开的，而应该有一个过渡区域。在这种情况下，即使在体相电解质中的离子分布也不严格遵守电中性要求，而是经历了一个渐近的偏离过程，这种现象被一些研究人员称为"准中性"。然而，为了数学上的简便性，这里我们将两个区域之间的边界用虚线来表示。

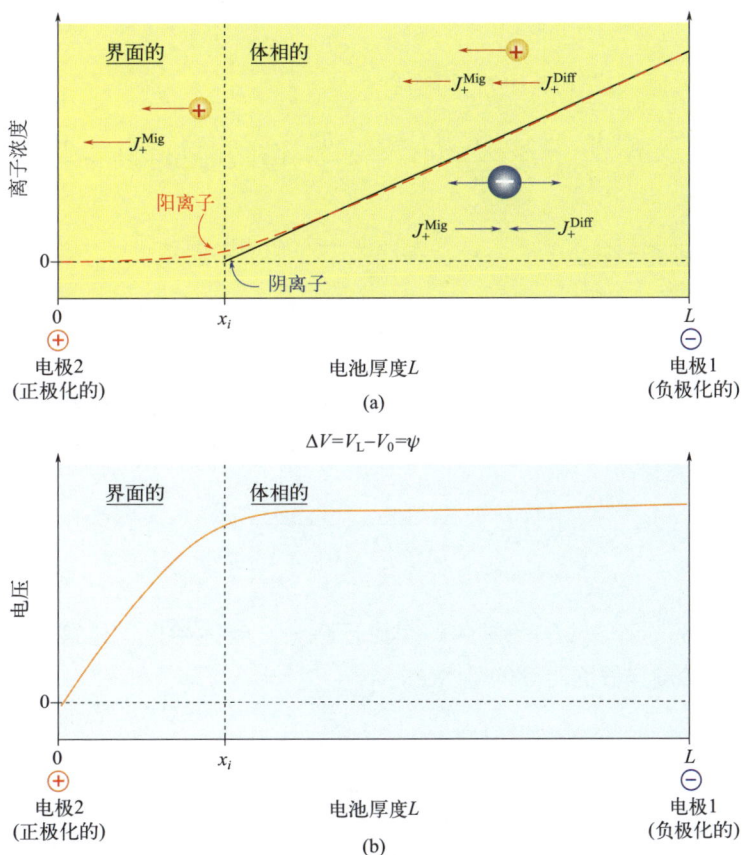

图 15.2　界面和体相的区别：（a）在稳态时，阳离子和阴离子在体相和界面区域的浓度分布曲线；（b）体相和界面区域中相应的电势曲线。需要注意的是，在界面区域内，电流主要由阳离子迁移贡献，而扩散对阳离子通量的贡献可以忽略不计

15.1.2　体相区域的浓度分布曲线

　　让我们首先考虑体相区域。根据式（15.5），可以求解电场：

$$\frac{\mathrm{d}\psi}{\mathrm{d}x} = -\frac{RT}{z_- F C_-} \times \frac{\mathrm{d}C_-}{\mathrm{d}x} \tag{15.9}$$

将式（15.9）代入式（15.3），得到了一个不包含电势项的阳离子通量表达式：

$$J_+ = -D_+ \frac{dC_+}{dx} + D_+ C_+ \frac{z_+}{z_- C_-} \times \frac{dC_-}{dx} \tag{15.10}$$

阳离子通量对我们来说非常重要，原因在于稳态下的电流完全由阳离子通量贡献，因此它就是电化学装置的工作电流。然而，式（15.10）是一个包含两个不同浓度梯度的微分方程（dC_+/dx 和 dC_-/dx），这使得其通过积分求解变得复杂。假设这里（电解质体相中）电中性成立，C_+ 和 C_- 可以通过式（15.1）相互关联，因此可以得到：

$$\frac{dC_-}{dx} = \frac{d}{dx}\left[-\frac{z_+ C_+}{z_-}\right] = -\frac{z_+}{z_-} \times \frac{dC_+}{dx} \tag{15.11}$$

将式（15.11）代入式（15.10），可得到：

$$J_+ = -D_+ \frac{dC_+}{dx} + D_+ \frac{z_+ C_+}{z_- C_-} \times \left(-\frac{z_+}{z_-} \times \frac{dC_+}{dx}\right) = -D_+ \times \left(1 - \frac{z_+}{z_-}\right) \times \frac{dC_+}{dx} \tag{15.12}$$

现在我们得到了一个全微分方程。在稳态下，阳离子通量实际上是一个常数，可以表示为：

$$J_+ = \frac{i_{SS}}{z_+ F} \tag{15.13}$$

因此，结合式（15.12）和式（15.13）并化简可以得到一个全微分方程：

$$dC_+ = -\frac{i_{SS}}{z_+ F D_+} \times \frac{1}{\left(1 - \frac{z_+}{z_-}\right)} dx \tag{15.14}$$

我们可以在从 $x=x_i \sim x$ 的范围内对其进行积分（电池中任何位置直到负极一侧），从而得到阳离子浓度与界面距离的函数：

$$C_+ = \int_{x_i}^{x}\left(-\frac{i_{SS}}{z_+ F D_+} \frac{1}{1 + \frac{z_+}{z_-}}\right) dx = -\frac{i_{SS}}{z_+ F D_+} \times \frac{1}{1 + \frac{z_+}{z_-}} \times (x - x_i) + C_{+x_i} \tag{15.15}$$

相应地，阴离子浓度与界面距离的关系可以表示为：

$$C_- = -\frac{z_+}{z_-} C_+ = \frac{i_{SS}}{z_- F D_+} \times \frac{1}{1 + \frac{z_+}{z_-}} \times (x - x_i) - \frac{z_+}{z_-} C_{+x_i} \tag{15.16}$$

式（15.15）和式（15.16）实际上代表了阳离子和阴离子的线性浓度分布曲线，它们在界面处（$x=x_i$）本质上为零。当 $z_+ = -z_-$ 时，即电解质由等价离子组成时（如 NaCl 或 $MgSO_4$），阳离子和阴离子的浓度分布曲线是一致的，我们在图 14.20（a）、（b）中已经见证了这一点。这里，图 15.2（a）中从 $x=x_i$ 到 $x=L$（电池负极一侧）范围内的体相区域中再次显示了这些分布曲线。

使用式（15.15）和式（15.16），可以通过将任一方程代入式（15.9）然后在从 $x=x_i$ 到 $x=L$ 的范围内进行积分得到电势 $\psi(x)$ 的函数：

$$\psi(x) = \psi(L) - \frac{RT}{z_-FC_-} \times \ln\frac{x-x_i}{L-x_i} \tag{15.17}$$

如图 15.2（a）所示，范围从 $x=x_i$ 到 $x=L$ 之间，体相区域中的电池电压梯度相对平缓（相对我们将要讨论的界面区域中的剧烈变化而言）。实际上，我们在第 14.2.4.6.3 部分中已经从另一个角度推导了该电势分布 [式（14.173）]，并简要讨论了它不对称的形状是由引入对数项导致的（图 14.21）。现在，我们理解这种不对称是由阴极侧具有快速动力学的电极反应消耗离子导致的，这源自我们在推导 Bruce-Vincent 方法时的假定（第 14.2.4.6 小节）。

15.1.3 界面区域的浓度分布曲线

在图 15.2 中定义的 $0<x<x_i$ 的界面区域中，阳离子数量远远超过阴离子数量，因此我们可以近似地假设在这个封闭区域中的净电荷密度 ρ 表示为：

$$\rho = z_+FC_+ \tag{15.18}$$

当施加一个电势 ψ 形成电场时，界面区域中这种净电荷的分布应满足 Poisson 方程。结合 Gauss 定律，其可以表示为：

$$\frac{d^2\psi}{dx^2} = -\frac{\rho}{\varepsilon_0\varepsilon} = -\frac{z_+FC_+}{\varepsilon_0\varepsilon} \tag{15.19}$$

式中，ε_0 和 ε 分别是真空和电解质的介电常数。特别地，这里的 ε 代表界面区域中的电解质介电常数。在这个区域中，溶剂和离子与电极的强静电场对齐，因此可能与文献中通常给出的电解质体相中的介电常数显著不同。

此外，在这个界面区域，由于电场极强，即比体相中的电场强得多，我们可以预期阳离子通量将主要由迁移贡献，而扩散的成分可以忽略，这将式（15.3）转变为：

$$J_+ = \frac{i_{ss}}{z_+F} = -D_+C_+\frac{z_+F}{RT} \times \frac{d\psi}{dx} \tag{15.20}$$

求解式（15.20）中的电势梯度，然后将其代入式（15.19），可得到：

$$-\frac{z_+FC_+}{\varepsilon_0\varepsilon} = \frac{d^2\psi}{dx^2} = \frac{d}{dx}\left[-\frac{i_{ss}RT}{D_+C_+(z_+F)^2}\right] = i_{ss}\frac{RT}{D_+(C_+z_+F)^2} \times \frac{dC_+}{dx} \tag{15.21}$$

其再次变成一个关于 C_+ 的总微分方程并且可以在 $0<x<x_i$ 的界面区域进行积分：

$$C_+ = \left[\sqrt{\frac{1}{(C_+x_i)^2} - \frac{2(z_+F)^3D_+}{i_{ss}RT\varepsilon_0\varepsilon}(x_i-x)}\right]^{-1} \tag{15.22}$$

定量分析表明，与式（15.15）不同，阳离子沿电极距离的分布不再是线性的；相反，在界面区域（$0<x<x_i$）内，阳离子浓度呈现非线性增加的趋势，并在电极表面（$x=0$）达

到最大值。实际上，这是不可能存在的，因为实际的边界条件是：由于快速的反应动力学，电极表面的阳离子浓度趋近于零。考虑到这一附加约束，以及阳离子和阴离子浓度在界面边界处（$x=x_i$）已经接近零的事实，必须修改上述解析解以匹配两个区域中的解。

同样地，可以获得电势 $\psi(x)$ 的函数：

$$\psi(x) = \psi(0) - \frac{2}{3}\sqrt{\frac{2RTi_{ss}}{\varepsilon_0 \varepsilon D_+}} \times \left[(x_i - x)^{\frac{3}{2}} - x_i^{\frac{3}{2}} \right] \qquad (15.23)$$

通过比较式（15.23）和式（15.17），我们可以立即看出前者描述了从电极表面（$x=0$）到界面边界（x_i）的电势变化，而后者则从电池的另一端接近界面边界。定量分析表明，电池电势将继续按照式（15.17）描述的趋势下降，而当接近电极表面时，电势加速下降。

结合这些限制条件，Chazalviel 求解了式（15.3）和式（15.4）的数值解[4]。两种区域中阳离子浓度和电势的分布曲线如图 15.2 所示。其被认为是在稳态下且阴离子被阻挡的电池中接近真实情况的描述。各种模拟和光谱研究的结果显示，尽管上述定义的界面厚度因电极和电解质材料、离子-离子和离子-溶剂相互作用以及电解质的介电常数的不同而显著变化，但这种二维界面的厚度通常都在 0.5 ～ 2 nm 的范围。

参考文献

[1] J. Newman and N. P. Balsara, *Electrochemical Systems*, Wiley, 4th edn, 2021.
[2] J. O'M. Bockris and A. K. N. Reddy, *Modern Electrochemistry*, Plenum Press, New York, 2nd edn, 1998.
[3] C. A. Vincent and P. G. Bruce, Steady state current flow in solid binary electrolyte cells, *J. Electroanal. Chem. Interfacial Electrochem.*, 1987, **225**, 1–17.
[4] J. N. Chazalviel, Electrochemical aspects of the generation of ramified metallic electrodeposits, *Phys. Rev. A: At., Mol., Opt. Phys.*, 1990, **42**, 7355–7367.

第 16 章
界相

在第 8 章中，我们从概念上讨论了当电极的电位离开电解质热力学稳定区域时，界面如何转变为界相。在本章中，我们将继续详细讨论界相是如何通过电解质（可能也涉及电极）的分解反应形成的，哪些因素决定了其形成过程，以及所得界相的化学、形貌和结构特征如何影响先进电池中的化学过程，特别是锂离子电池、锂金属电池和其他锂基电池的化学过程。

需要注意的是，尽管界相常常与可充电电池（尤其是锂基电池）的电池化学相关，但它并不仅限于可充电电池。相反，它几乎普遍存在于所有工作电压超过 3 V 的电化学装置中。例如，早在锂离子电池发明之前，20 世纪 60 年代商业化的锂金属一次电池（如 Li/SOCl₂、LiMnO₂ 或 Li/CF$_x$）中，锂金属表面已经形成界相，尽管当时还没有界相的概念，只是认为锂金属在非水、非质子电解质中被"钝化"了。这里的界相由无机电解质如亚硫酰氯（$SOCl_2$）或有机电解质如醚类[1]等分解形成。

与离子溶剂化和离子输送的研究相比，对界相的理解仍处于初级阶段。尽管早在 20 世纪 50 年代人们就承认锂金属表面存在"钝化层"[2]，而界相的正式概念是由 Peled 在 1979 年提出的[同时创造了广为人知的缩写 SEI，意为"固体电解质界相"，并将 SEI（solid-electrolyte-interphase）定义为"对离子导电和对电子绝缘"][3]，但作为电化学装置中独立成分的界相的正式研究直到 20 世纪 90 年代锂离子电池诞生后才开始[4]。从这个意义上说，关于界相的大部分知识是在短短三十多年内积累起来的，我们对这一"新"实体的理解仍受到现有表征手段的限制。

16.1 定义界相

与二维界面不同，界相是一个独立的三维结构，其化学组成和形貌与电极和电解质均不同，因此界相实际上拥有自己的两个界面，一个在其与电极之间，另一个在其与电解质之间[图 16.1（a）]。由于界相的化学组成和形貌在形成后相对稳定并处于组分上的静态，人们通常基于化学组成和形貌表征来识别它。在某些电极上，如石墨和锂金属，其界相与电极和电解质的本体有明确的界限，因此可清晰识别。然而，在其他电极上，如果电极表面的活性成分也参与了界相的形成反应，区分就变得不那么容易。这些电极的例子包括某些过渡金属氧化物，如 NMC，其靠近电解质的晶格结构在界相形成过程中常发生转变，变为较不可逆的结构。其实这种转变正是电解液不可逆反应引发的，可以视为界相生成反应的一部分。在这种情况下，如何定义界限变得相当模糊。正极这种转变后的表面结构是否应被视为界相的一部分？或我们仅仅把电解质分解形成的表面沉积物视为界相？这一点在学界尚未达成共识。

　　与界面一样，界相的厚度也因电极的性质（表面化学和工作电位），特别是电解质的性质而显著变化。根据计算和实验研究，界相的厚度一般在 $2 \sim 50$ nm 之间[5-6]。如果小于 2 nm，不管界相由什么成分构成，它都容易发生电子隧穿，因此不能作为阻碍副

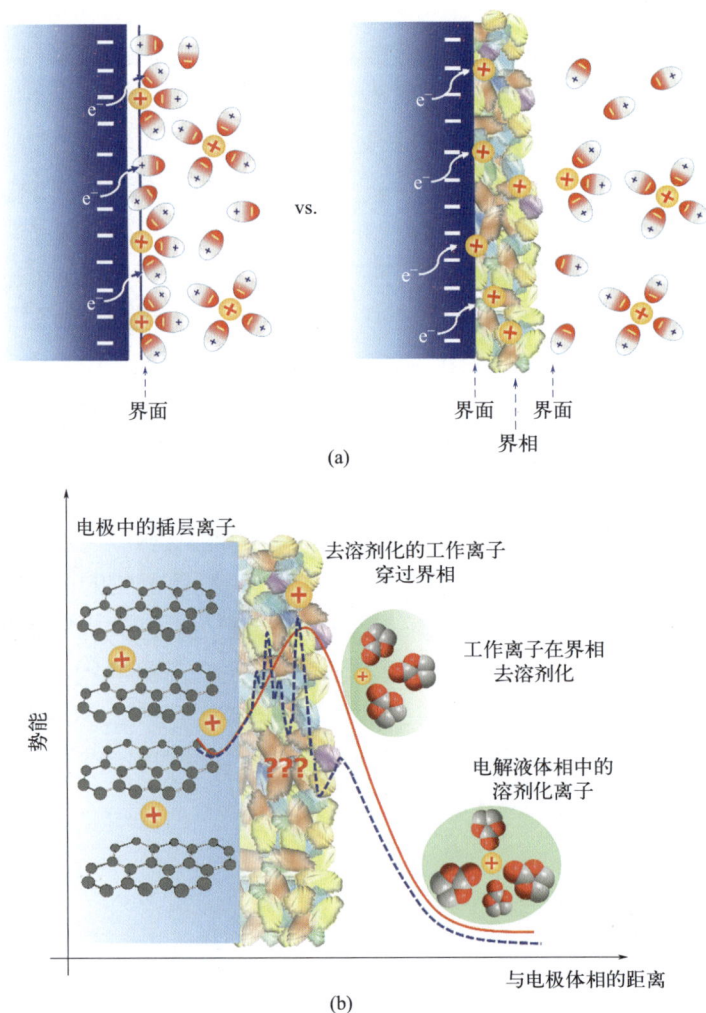

(a)

(b)

图 16.1 （a）定义明确的二维界面和定义不明确的三维界相，其化学组成和形貌异质性显著。注意，界相分别与电极和电解质有自己的界面。（b）从电解质本体穿过界相进入电极内部的锂离子的势能差异。这里以石墨作为锂离子的嵌入宿主为例

反应发生的有效屏障；如果大于 50 nm，界相对工作离子的阻力会过大，导致电池产生不必要的动力学损失。

如下面将讨论的，界相是由电极和电解质的反应生成的。迄今为止研究的大多数界相在化学组成和形态上都是高度异质的。尽管我们对界相的化学及其形成过程有了进一步理解，但对其微观结构及如何传输工作离子仍不甚理解。最重要的是，与我们在前一章对界相的理解不同，我们不了解离子在界相中的分布以及在界相上的电压降过程。以锂离子电池中的石墨负极及相关界相为例［图 16.1（b）］。我们知道锂离子在电解质本体中溶剂化时和在石墨结构中嵌入时的相对电位，我们知道在这两个状态之间，锂离子必须在某处脱溶剂化，并且脱溶剂化的锂离子必须穿过界相才能进入石墨内部。我们也知道，在这些过渡状态中（在脱溶剂化或穿过界相期间）锂离子的电位必须高于在电解质本体中溶剂化状态或在石墨晶格中嵌入状态的电位。然而，由于界相的化学组成和形态的异质性，我们不知道锂离子在界相脱溶剂化或在界相内移动时的势能变化。迄今为止的大部分知识都是基于模拟或纯粹的推测。这仍然是一个充满活力和变数的研究领域，许多问题仍未得到解答，仍存在着许多令人兴奋的科学研究和发展机会。

16.2　界相由电极－电解质电子能级的不匹配引起

在电化学装置中，界相的出现实际上是因为我们试图使这些设备在最大电压下工作。这样做可能是为了高效储存更多能量（如在双电层电容器和电池中），或是为了使在通常条件下无法发生的反应能够进行（如锂或其他碱金属的电化学合成）。这种电压最大化的直接后果是使电极的电位达到极限值，此时电解质不能再保持热力学稳定。如第 8.1 节讨论的那样，如果电解质发生分解，且分解产物符合某些标准（为固体并保持电解质性质），那么界相就会形成。

我们可以通过电子能级更好地理解界相在电池中的作用（图 16.2）[7]。

以典型的锂离子电池为例，它分别以石墨和过渡金属氧化物作为锂离子在负极和正极的宿主，非水电解质夹在两电极之间。尽管每种电池部件都是多种成分的混合物，但为了简化，我们可以将每个部件视为具有单一化学性质。因此，负极和正极中的电子能级分别由其相应的本征电位 $\overline{\mu}_A$ 和 $\overline{\mu}_C$ 表示，其差值与电池电压 ΔV 的关系通过以下方程表示：

$$-e\Delta V = \overline{\mu}_C - \overline{\mu}_A \tag{16.1}$$

对于处于完全充电状态的最先进的锂离子电池，这种差异通常在 4.1 ～ 4.5 V 内。对于像磷酸钴锂（LiCoPO$_4$）这样的特殊正极材料，这种差异甚至可以高达 5 V 以上。

另外，电解质的热力学稳定性由电解质中最低未占据分子轨道（lowest-unoccupied-molecular-orbital，LUMO）和最高已占据分子轨道（highest-occupied-molecular-orbital，HOMO）之间的能级差决定。根据计算，即使对于非水非质子电解质，这个差距也不超过 3.0 V；对于水性电解质，LUMO 和 HOMO 之间的差距甚至更小，仅为 1.23 V，如图 5.12（第 5.2.7 小节）和图 8.2（第 8.2 节）所示。需要注意的是，由于我们将电解质视为

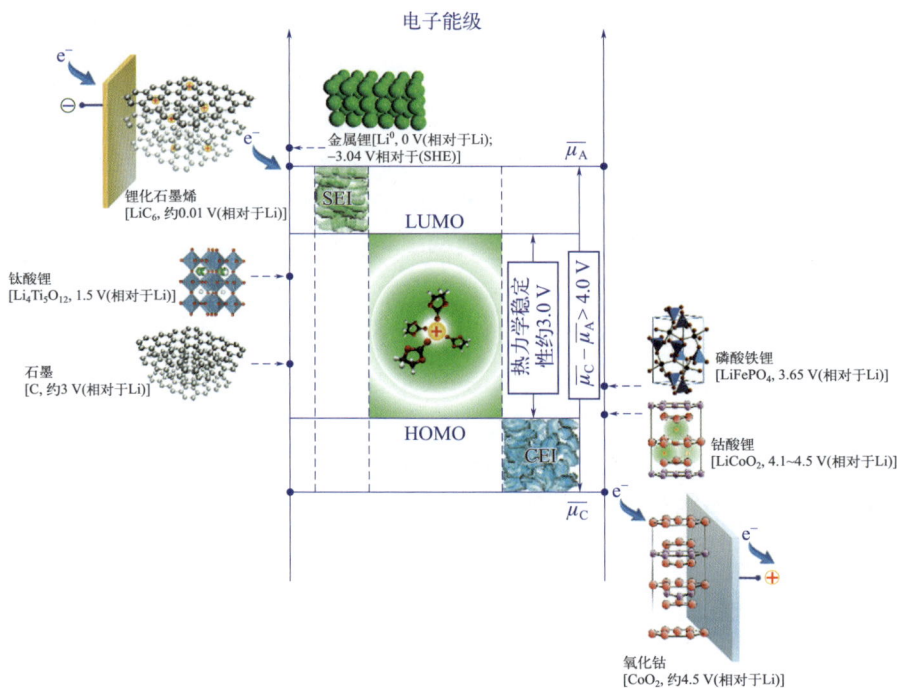

图 16.2　锂离子电池中各组成部分的电子能级示意图。两种界相（即负极侧的"固体电解质界相 SEI"和正极侧的"正极电解质界相 CEI"）抑制了电解质被完全充电状态的负极或正极表面引起的不可逆分解。此外，几种代表性负极和正极材料的大致本征电位也展示在图中

单一成分，这些 HOMO 和 LUMO 应该被视为所有电解质成分（包括盐阳离子、盐阴离子、溶剂分子和添加剂）的杂化分子轨道。综上所述，在高电压电池中，电极的电化学电势与电解质的热力学稳定范围之间存在不匹配。

　　由于这种不匹配，如果任何电子能级高于电解质 LUMO 的电极材料与该电解质接触，电子将会从电极材料转移到电解质中，这种电荷转移的结果是电解质的还原分解。同样，如果任何电子能级低于电解质 HOMO 的电极材料与该电解质接触，该材料将倾向于从电解质中获得电子，这种电荷转移的结果是电解质的氧化分解。在大多数情况下，这些分解反应会持续进行，直到电极材料或电解质其中一方完全消耗为止。最显著的例子是水性电解质（盐包水电解质除外）中的锂金属。我们会说这样的电极在给定的电解质中是不稳定的，反之亦然。但是少数情况下，分解产物会在电极表面形成固体沉积物。如果这些产物具有对工作离子的导电性但对电子绝缘，那么这种沉积物将作为自我限制的实体，防止持续的还原或氧化分解。我们将这些在电极表面形成的新沉积层称为界相，根据它们的存在位置分为固体 / 电解质界相（SEI）或正极 / 电解质界相（CEI）[8]。在锂离子电池中，SEI 和 CEI 的出现隔绝了电极与电解质之间在上述"不匹配"区域内的电荷转移，将电解质的电化学稳定窗口从其热力学值（约 3.0 V）扩展到负极和正极的电化学电势（图 16.2）。这是界相的基本功能。

　　当然，界相的存在并不仅限于锂离子电池，而是可能存在于任何一个电化学电池中，只要它的电极处于电解质热力学稳定性极限之外。但必须认识到，正是锂离子电池的商业成功使得界相成为研究人员关注的焦点，因此文献中关于界相的知识大多与锂离子电

池的化学性质和材料密切相关。从历史角度来看，Dahn 及其同事们率先认识到 SEI 的作用并开启了电解质科学的革命，引导我们进入一个全新的方向，即设计新电解质不仅要考虑体相特性，如盐溶解和离子传输，更要考虑这种电解质带来的界相化学的影响[4]。

值得一提的是，锂离子电池中有些电极不需要或者几乎不需要形成界相，例如钛酸锂（$Li_4Ti_5O_{12}$）和磷酸铁锂（$LiFePO_4$）。前者通常用作负极，后者通常用作正极，两者不一定要同时使用。它们的特殊之处在于其本征电位 [$Li_4Ti_5O_{12}$ 约为 1.5 V（相对于 Li），$LiFePO_4$ 约为 3.5 V（相对于 Li）] 恰好在大多数非水性电解质的热力学稳定性极限内（图 12.4）。由于这种热力学稳定性，除非电极被极化到超出电解质 LUMO 和 HOMO 水平的电位，否则这些电极上不应有界相生成。

如果将 $Li_4Ti_5O_{12}$ 作为负极，$LiFePO_4$ 作为正极组装成一个电池，那么就有可能得到一个"无界相"的锂离子电池。如前所述，"最好的界相就是没有界相"，无界相电池的电荷转移不会遇到在大多数离子电池中必须克服的界相电阻。这种无界相锂离子电池应显示出优异的功率密度，即在放电过程中提供高电流的能力以及在高倍率充电的能力。

当然，为如此长寿命和高功率密度付出的相应代价是能量密度，因为由 $Li_4Ti_5O_{12}$ 负极和 $LiFePO_4$ 正极构成的锂离子电池只能产生约 2.0 V 的最大工作电压。所以，这种高功率 / 低能量的锂离子电池通常仅限于某些特定的应用场景，这些场景需要极好的可逆性（长循环寿命和长工作寿命）和快速充放电速率，但不在乎每次充电后电池能运行多久。例如，在城市环境中运行的电动公交车，这些公交车可以在沿固定路线短暂但频繁的停车过程中进行脉冲充电，或者是在大规模储能电站进行充电，在那些占地极广的巨型电池组里，能量密度和价格与快速充电能力比起来不那么重要。

16.3　什么是好的界相？

我们在第 6.1 节（图 6.1）中提到，电极和电解质之间的两个界面构成了电化学装置中唯一的电子交换位点，从而使氧化还原反应可以沿电化学途径而不是化学途径进行。

界相的存在使这一说法失效。由于电极不再与电解质本体直接接触，Butler-Volmer 方程（第 6.5.4 小节）描述的电极和电解质之间的电荷转移实际上变得不再成立。相反，工作离子现在必须穿过这些界相，并在电极和界相内侧之间完成电荷转移。事实上，这一概念在第 6.5.9 小节（图 6.15）中已简要讨论。

从这个意义上说，一个理想的界相不仅应作为电极 / 电解质之间无效电荷转移（即副反应）的有效"动力学屏障"，还应以最小的阻力传导工作离子。到目前为止，我们还无法直接测量界相的离子电阻（或离子电导率），因此界相的厚度常被用作评估其质量的间接（且不准确）指标。

研究人员普遍接受的经验主义共识是，好的界相不应该太厚，因为薄的界相通常意味着它不但对离子迁移的阻力小，而且其化学成分一定在抑制电子隧穿方面是有效的。薄的界相同时对电极表面（形貌、厚度增长）的影响也最小。然而，关于"SEI 厚度"的量化标准尚不存在。

广泛认为界相厚度的下限应为约 2 nm，因为低于这一限度的屏障被认为容易发生电子隧穿，因此无法阻止不必要的电荷转移。此外，尽管对于界相厚度没有公认的上限值，在锂金属和锂化石墨上观察到的界相平均厚度通常在 10 ~ 20 nm 之间。在早期对锂金属表面 SEI 的表征技术研究中，Peled 和 Straze 发现大多数基于醚类或碳酸酯类的非水电解质中形成的界相厚度在 2.5 ~ 10 nm 之间，并提出了一个使用平行电容器模型的界相厚度 L 的表达式[9]：

$$L = \frac{\varepsilon A}{C_{dl} \times 3.6 \times 10^{12}} \tag{16.2}$$

式中，ε 是靠近电极表面的电解质的介电常数；A 是电极面积；C_{dl} 是由电极与电解质界相产生的双电层电容。这显然是一个过于简化的模型，无法解释可能影响界相形成的复杂因素。界相中的化学组分及各组分的物理化学性质应该是最重要的因素。

实际上，界相厚度与构成界相的化学成分的电子导电性之间应该存在关联性。正如我们在第 5.2.8 小节中简要讨论的那样，电荷隧穿概率随着距离的增大呈指数下降：

$$P_r \propto e^{-\frac{4\pi L}{h}\sqrt{m(E-U)}} \tag{5.178}$$

因此，人们预期高度电子绝缘的化学成分倾向于形成紧凑且有效的界相，由此推论，具有高电子导电性的成分如果没有足够厚度的沉积物则无法实现界相的基本保护功能。这实际上正是无机成分特别是基于氟化物的成分，通常在良好界相中发现的部分原因。然而，必须注意的是，化学组成只是这个复杂方程的一部分因子，界相的形貌和结构，亦即化学成分在界相中的排列和分布，往往在决定界相质量方面起着同样重要甚至更重要的作用。

在 Peled 提出 SEI 概念后不久，一份对理想界相的要求被编制出来：

① 零电子导电性，否则电子隧穿会引起持续的电解质分解；

② 对锂离子（或工作离子）具有高导电性，以便通过所需的迁移和物质传输，从而使电池化学可持续；

③ 均匀的形貌和化学成分，以实现均匀的电流分布，从而最小化锂枝晶（这一点对金属电极尤为重要）；

④ 最小的厚度，使锂离子（或工作离子）穿过 SEI 的过程产生的过电位最小；

⑤ 与电极表面有良好的黏附性，以便在可逆电极氧化还原反应中（通常伴随周期性的体积膨胀和收缩）界相层不会剥落；

⑥ 良好的机械强度和柔韧性，目的与第 ⑤ 点相同；

⑦ 在电解质中的低溶解度，防止 SEI 的持续溶解从而导致电解质的持续分解和有限锂源的消耗。

随着我们研究的电极和界相从锂金属发展到其他金属、嵌入物或合金宿主电极，工作离子从锂离子变为其他新兴化学离子如钠离子或多价离子，上述要求仍大体有效。但迄今为止，从未发现过完全理想的界相，现实中的界相往往是上述要求的平衡妥协。

最后，用一种"戏谑"的说法，我们可以说"没有界相是最好的界相"，因为毕竟界相的存在不是我们选择的结果，而是电化学装置对电极／电解质不稳定性的妥协。任何界相都会不可避免地增加离子输送的额外阻力。从这个意义上说，完全理想的界相应该是零厚度的。这是所谓"动态界相"概念背后的基本原理，在这种概念中，界相不存在于永久形式中，而是在电极需要保护时才组装起来。我们将在第 17 章中简要讨论这一新概念。

16.4　二维界面和三维界相中的电荷转移

在一些工作电位较低的电化学装置中，例如铅酸电池和镍氢电池、水系双电层电容器或燃料电池，其工作电压低于 1.5 V，装置的可逆和稳定运行几乎完全由其中电解质的热力学稳定性实现，即电解质的每个组成部分在正负电极表面上热力学稳定，不会发生氧化或还原反应。在这些装置中不存在界相。这些装置中的界面在概念上由一对带电层组成。如第 6.4 节所讨论的，界面的厚度（即电极表面与外亥姆霍兹平面之间的距离）估计小于 1 nm，通常被视为二维平面。

由于亚纳米级的厚度，界面内的电场强度约为 10^9 V·cm^{-1}，这构成了离子穿过界面的能垒。穿过界面的电荷转移速率则由 Butler-Volmer 方程描述：

$$i_{net} = i_0 \left[e^{-\frac{\beta\eta F}{RT}} - e^{\frac{(1-\beta)\eta F}{RT}} \right] \tag{6.87}$$

与电解质本体中的离子扩散和迁移速率相比，这种界面传输过程很可能（但并非总是）成为控速步骤。

这种二维界面，如第 8.1 节［图 8.1（a）］所述，是电荷转移的场所，其结构应是动态和瞬时的。

但是，当电池电压增加到 3.0 V 以上时，通常一个或两个电极的电位会超出电解质 LUMO 和 HOMO 之间的区域，如图 16.2 所示，从而诱导界相的形成。界相的化学成分由电极和电解质共同决定，由两者反应的固体分解产物组成。这种反应是不可逆的，因此电极表面的界相大多是"永久"存在的，其化学成分、结构和形貌相对静态。一般情况下，界相是一个厚度 >2 nm 的三维实体。

理想的界相本质上是一个理想电解质，即对离子导电而对电子绝缘，它不再是电荷转移的场所。相反，工作离子必须穿过界相才能完成电池反应的电荷转移（图 16.1）。换句话说，电荷转移现在仅在界相下方的电极一侧或电极和界相之间的"界面"处发生。关于这一过程的动力学我们所知甚少，因为它通常与穿过界相的离子迁移过程紧密交织在一起。合理推测，离子穿过这种独立的三维相时遇到的能垒比穿过二维界面要高得多，因此界相处发生的反应几乎总是成为电池反应的控速步骤。由于界相的异质形貌，电场在其间的分布也极有可能是非线性的。最重要的是，原则上如果存在界相，Butler-Volmer 方程不能再直接用于描述任何电荷转移过程。尽管如此，实际上 Butler-Volmer 方程仍然经常被用于锂离子或其他先进电池的建模中，通过一些修正使得即使存在三维界相时，电荷转移过程看起来好像仍由该方程控制。我们在阅读相关文献时必须极为谨慎，并牢记到目前为止，对于界相的研究尚未获得界相离子输送阻力和动力学的直接实验认知，更不用说区分和确定界相电极交界处的电荷转移动力学了。有限的关于锂离子在界相中扩散系数和导电性的模拟结果仍有待于各种先进表征手段提供实验验证。

16.5 界相的两种不同形成方式

尽管研究人员经常将锂金属表面形成的界相与锂离子电池中在石墨碳表面形成的界相等同起来，因为锂金属和完全锂化的石墨的本征电位只相差几毫伏，但实际上这两种界相之间有明显的区别。它们是以两种完全不同的方式形成的（图 16.3）。

第一种界相形成方式的特点是"瞬时且无选择性"。在锂金属表面形成的界相属于这一类［图 16.3（a）］。

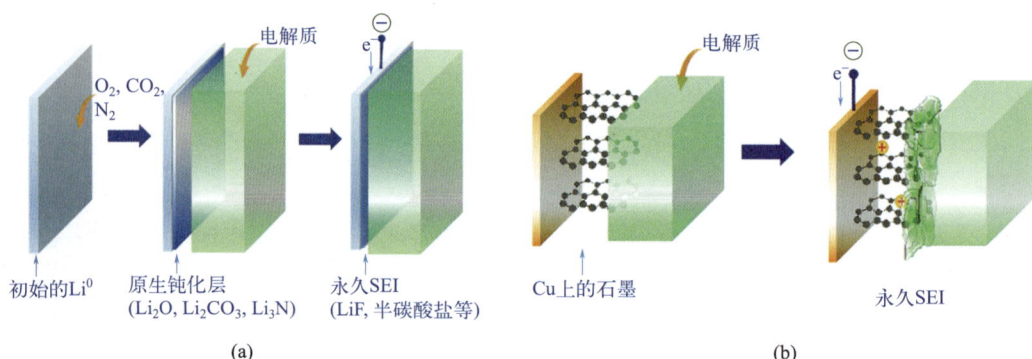

图 16.3 界相的两种不同形成方式：（a）瞬时且无选择性的，如在锂金属表面形成 SEI；（b）逐步且有选择性的，如在锂化石墨表面形成的 SEI。在锂金属表面接触电解质之前，环境已经与锂金属反应并形成了原生钝化层，然后其与电解质瞬时反应，通过进一步的化学和电化学反应重组形成了永久的 SEI

如第 9.1.3.1 小节所述，锂金属在所有元素中具有最低的本征电位［$\overline{\mu_A} = -3.04$ V（相对于标准氢电极）］。在图 16.2 所示的能量图上，锂金属中的电子处于最顶端，毫无疑问超出了任何已知电解质材料的 LUMO 的热力学极限。锂金属对电解质的这种极端活性（或反应性）的自然结果是，一旦两者接触界相会瞬间形成。换句话说，当电解质被注入含有锂金属作为电极之一的电池时，界相会在极短的时间内形成，可能时间尺度比纳秒还短。在这种情况下，如果电解质由多种成分组成，且这些成分的 LUMO 都低于 $\overline{\mu_A}$，那么这些成分被锂金属还原的过程不仅是瞬时的，也是无差别的。换句话说，每种电解质成分参与在锂金属上形成界相的机会相对平等。

当然，在锂金属上形成界相的实际过程更加复杂。由于锂金属几乎与它接触的任何东西都会发生反应，早在锂金属与任何电解质首次接触之前，已经有一层"钝化膜"完全覆盖其表面。这层钝化膜是锂金属与制造现场的反应室和干燥室中的环境空气反应的结果，其主要产物包括氧化锂（Li_2O）、氢氧化锂（$LiOH$）、碳酸锂（Li_2CO_3）和氮化锂（Li_3N）：

$$2Li^0 + O_2 \longrightarrow Li_2O \tag{16.3}$$

$$4Li^0 + O_2 + 2H_2O \longrightarrow 4LiOH \tag{16.4}$$

$$2LiOH + CO_2 \longrightarrow Li_2CO_3 + H_2O \tag{16.5}$$

$$6Li^0 + N_2 \longrightarrow 2Li_3N \tag{16.6}$$

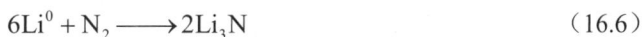

由于这种钝化膜的厚度通常低于防止电子隧穿所需的临界水平（<1 nm），它还不够资格称为界相。然而，这种钝化膜对最终界相的化学成分却有直接影响，因为该钝化膜主要产物都是碱性的，而电解质由于所用锂盐的原因通常是酸性的，该碱性钝化膜将会与酸性电解质发生反应而直接影响最终的界相组成。我们将在后续章节中继续讨论界相的化学成分。

这种瞬时和无选择性的方式可以适用于任何电极，只要其本征电位位于电解质的 LUMO 和 HOMO 所形成的热力学稳定区间之外，无论位于哪一侧。例如，如果有一种正极材料，其电子能级位于电解质的 HOMO 以下，那么在这种电解质中界相也会以瞬时和无选择性的方式形成，只不过分解反应是氧化而非还原性质的。具有比电解质 HOMO 更低初始电位 $\overline{\mu_C}$ 的正极材料比较少见，例如转换反应型金属氟化物（如 FeF_3 或 CuF_2），或在组装成电池前就已经去锂化的嵌入型过渡金属氧化物（如 CoO_2 或 $NiMnO_2$）。这些去锂化（因而完全充电）的正极材料极不稳定且难以处理，因此除了特殊实验目的外很少使用。锂离子电池中实际使用的正极材料在电池组装时处于锂化（因而完全放电）状态，所以其表面形成的界相遵循第二种方式。

第二种方式的特点是"分步且有选择性"。在石墨负极表面形成的界相是这类方式的典型例子。其他负极材料如合金宿主和转换反应型宿主，包括硅、锡和磷，以及大多数处于锂化状态的正极材料（如 $LiCoO_2$、$LiNi_xMn_yCoO_2$ 等）也属于这一类。

以石墨为例，在石墨结构完全嵌入锂离子并成为 LiC_6 之前，石墨（即碳）的本征电位相对于锂金属约为 3.0 V，或相对于标准氢电极几乎为 0 V，处于电解质的 LUMO 和 HOMO 所标示的热力学稳定性范围内（图 16.2）。因此，当石墨负极首次接触电解质时，不会发生明显反应。然而，在电解液注入后锂离子电池的第一次充电过程中，随着电池电压逐渐上升，石墨的电位相应降低，并最终跨越电解质的 LUMO。只有在那时，电解质的还原分解才会开始，生成将构成界相的第一批化学成分。

如上所述，图 16.2 中显示的电解质 LUMO 实际上代表了当我们将电解质视为一个假想的单一成分时的杂化轨道。然而，真正的电解质由多种成分（盐阴离子、溶剂分子等）组成，因此在石墨电位逐渐降低的过程中，具有最低 LUMO 的成分将有更多的机会被优先还原，如果其分解产物符合形成界相的标准，这些分解产物有极大概率形成有效界相（如第 8.3 节讨论的）。

此外，具有较高 LUMO 的成分可能永远没有机会被还原，因为具有较低 LUMO 的成分可能抢先形成了一层保护性界相，有效地切断了电极与电解质之间的继续电荷转移，从而阻止了其他电解质成分的分解。以这种方式形成的界相最终可能由某些优先反应的电解液组分的分解产物组成，这些优先反应的电解液组分对界相化学特征的影响远远超过它们在电解液本体内实际含量所能暗示的程度。从这个角度上说，电极对电解液的还原是有选择性的。

此外，锂离子电池中电极的电位在充电过程中逐步变化，从电解液的热力学稳定区域开始，然后跨越 LUMO 或 HOMO 标示的电子能级，最终达到各种电极材料的完全充电电位。在此过程中，界相成分的化学组成也必然经历逐步的转变，因为初始产物很可能只是部分还原或氧化的，当电极达到更极端的电位时，这些产物会进一步被还原或氧化。从这个意义上说，界相的形成可能是逐步进行的，因为最终界相的化学成分并非一步生成。

16.5.1 无负极锂金属电池中的原始界相和界相

有一种混杂了上述两种界相形成方式的有趣场景，这种场景在锂金属电池研究中越来越多遇到。在这种电池设计中，组装电池时负极侧没有使用活性负极材料（锂金属），"负极"只是一个单纯的电极基底（铜箔）。当电池充电到高电压时，正极被去锂化，其晶格中的锂离子通过电解质迁移，最终沉积在铜箔上。通过这种方式，电池中锂金属的使用量实现最小化，即采用刚好能够满足电池运行所需的确切量。无负极电池的主要优点是能量密度高，因为不存在多余的锂金属作为"惰性质量"，并且锂金属的最小化用量也提高了电池的安全性。毋庸置疑，由副反应和不可逆反应造成的任何锂金属损失都会立即反映在电池容量的衰减中，这种电池装置需要极好的可逆性。到目前为止，这种电池仅用作检测锂金属/电解质反应性的敏感测试手段。

无负极电池中界相的形成与上述两种方式都有关联。组装电池时，负极基底铜箔的本征电位位于电解质的 LUMO 和 HOMO 之间。实际上，与天然石墨类似，它更接近 HOMO 而非 LUMO［约 3.0 V（相对于 Li）］，因此在电解液注入无负极电池时，不会以瞬时和不加选择的方式形成界相。当电池第一次充电时，负极基底的电位逐渐接近并跨越电解质的 LUMO，电解液开始逐步分解形成原始界相（proto-SEI），这里的电解液逐步分解指的是电解液组成按 LUMO 从低到高的顺序选择性逐步分解。需要注意的是，此时锂离子尚未被还原，因为负极的电位尚未达到锂金属沉积的临界值。一般认为，这种原始界相不是完全成形的界相，具有孔隙，所以电解质能够渗透，导致无法有效隔绝电子隧穿。

然而，当负极电位进一步极化（接近并超过锂金属的电势）时，原始界相下方或旁边的新生沉积锂金属的出现会引发新一轮的电解质还原分解，这种分解是瞬时且无差别的，类似于第一种方式。这些第二轮的反应将产生更多类似于通常在锂金属表面发现的，亦即通过第一种方式形成的界相成分。同时，已经形成的原始界相也继续经历逐步还原，最终转变为更类似于锂离子电池中在石墨负极上形成的永久界相。

换句话说，无负极的锂金属电池中形成的界相是由两种不同界相形成方式共同贡献的一种复合界相。

16.5.2　电解质添加剂的底层逻辑

在研究人员意识到界相在二次电池可逆性中的重要性后，他们一直以来的目标是量身定制出比电极 - 电解质相互作用而自然形成的界相更理想的界相。界相的逐步形成方式就提供了这样的可能性，因为可以选择甚至设计、合成某些分子或离子结构，并调控这些物质的 LUMO 和 HOMO 以确保它们能够在电解质中的其他成分之前优先被还原或氧化，由此实现最终的主要由这些分子或离子化合物贡献的界相。由于这些化合物的唯一作用是形成界相，它们不需要负责其他如盐溶解、离子溶剂化和离子输送的任务，因此它们在电解质中的含量可以最小化，有时甚至低至 10^{-6}（ppm 级）数量级。这构成了电解质添加剂路线的基础，这一路线已被锂离子电池行业广泛采用。

最初这个概念是由 Peled 等提出的，他们特意选择电解液中的不稳定成分，使得形成的 SEI 主要以这些成分的产物为主[10]。他们利用了水性电解质还原速率常数（k_e）作为他们的初始工具，在庞大的化学反应数据库中筛选大量候选者，重点关注 $k_e > 10^9$ L·mol^{-1}·s^{-1} 的潜在 SEI 贡献者。EC、乙烯碳酸酯（VC）、二氧化硫（SO_2）和二氧化碳（CO_2）被发现符合这种标准。后来的研究证实，EC 和 VC 确实是有效的电解质添加剂或共溶剂，并且在锂离子电池行业得到了广泛应用。虽然 CO_2 的气体性质使其难以普及，但 CO_2 有时候也会被用作形成特殊界相的添加剂。

Peled 等提出的方法实际上构成了电解质添加剂后续发展的理论基础，只不过现如今人们已经找到了一种比 k_e 更强大的筛选工具，即 LUMO 或 HOMO 能级，这要归功于计算化学和超级计算设施的日益普及。几乎所有电解质和添加剂材料的开发者都会通过计算目标分子的 LUMO 和 HOMO 能级作为重要参考来开始他们的搜索和设计。然而，尽管通过设计和合成特殊结构相对容易操纵 LUMO 或 HOMO 的能级，但几乎无法预测这些设计的添加剂分解产物是否能够满足作为良好界相的标准。因此，电解质添加剂的研究仍然建立在半经验的基础上。我们将在后续章节中分别讨论添加剂对界相化学及其形成机制的影响。

最后，无论形成过程是瞬时的还是逐步的，最终的界相都会决定电化学装置的性能，如整个生命周期内的可充电性能和电池化学动力学性能。广泛的研究表明，界相的物理化学性质不仅取决于其化学性质，还取决于其形貌和结构。

16.6　界相的化学组成

界相是由电极的极端电位和电解质在这种极端电位下的不稳定而产生的。因此，界相的形成过程和化学成分同时都与电极和电解质成分有关。

最简单的例子是基于亚硫酰氯（$SOCl_2$）电解质的锂金属一次电池，其中锂金属上的界相的主要化学成分是氯化锂（LiCl），显然这是锂金属电极和电解质共同作用的结果，尽管氯化物的准确来源尚不明确，因为盐 LiAlCl$_4$ 和溶剂 SOCl$_2$（在这种情况下也作为正极材料）都可能通过以下反应参与界相的形成：

$$LiAlCl_4 \rightleftharpoons LiCl + AlCl_3 \qquad (16.7)$$

$$4Li^0 + 2SOCl_2 \longrightarrow 4LiCl + S + SO_2 \qquad (16.8)$$

这种基于氯化锂的界相形成过程应在电解质注入时瞬间发生。此外，在可充电锂金属或锂离子电池中，通常优先使用酯类或醚类溶剂，因为它们可以承受更高的氧化电位。相应界相中的化学成分，如 Li$_2$CO$_3$、Li$_2$O 和部分还原产物烷基碳酸酯，往往来源于溶剂。因为这些溶剂，特别是酯类，通常具有更低的 LUMO，会被电极（锂金属或嵌锂石墨）优先还原。

如前所述，尽管界相在所有工作电压超过 3.0 V 的电池中普遍存在，但对界相化学和形成机制的科学研究直到 20 世纪 90 年代初锂离子电池取得商业成功才开始。因此，关于这种新型电池组件的大部分认知是在特定的锂离子电池化学场景中积累的。只有在最近十几年（自 21 世纪 10 年代以来），界相研究才扩展到其他新兴的电池化学领域。同时，得益于前所未有的高时间和空间分辨率的新原位 / 实时表征技术的应用，以及计算技术和工具的飞速发展，我们对这些界相的了解比以往任何时候都要多。新技术和新材料的不断涌现使得理解界相成为一个高度动态的领域。很可能在本书出版时，这里总结的一些知识已经需要修改或更正。

16.6.1　锂离子电池中的界相

Peled 及其同事提出的界相初始概念仅限于在非水电解质中锂金属或其他碱金属 / 碱土金属电极的独特表面化学，但对界相的深入研究和"SEI"术语的广泛普及却是由锂离子电池的商业成功驱动，关于界相成分的认知大部分是基于碳酸盐基电解质和石墨负极反应所形成的界相。相比之下，对正极表面界相形成的理解则开始得晚得多，并且偶尔仍会有关于正极侧是否存在界相的争论。如今已经非常明确，负极界相或正极界相的存在与否取决于相应电极的工作电位：锂金属和锂化石墨上 SEI 的存在已毫无疑问，而如钛酸锂（Li$_4$Ti$_5$O$_{12}$）这种中等电势的负极可以在不形成 SEI 的情况下工作。同样，磷酸铁锂（LiFePO$_4$）因为它的截止工作电压约为 3.65 V，处于大多数电解质的电化学稳定窗口内，通常被认为可以在不形成明显 CEI 的条件下运行。然而高电压正极材料，如高镍三元材料（约 4.2 V）、钴酸锂（LiCoO$_2$，约 4.5 V）、磷酸钴锂（LiCoPO$_4$，约 5.1 V）和镍锰尖晶石（LiNi$_{0.5}$Mn$_{1.5}$O$_4$，约 4.8 V）上则必然存在 CEI。

16.6.1.1　负极上的界相：SEI

有趣的是，锂离子电池中界相存在的启示并不是由 Sony（索尼）在 1990 年制造的第一代锂离子电池产品的出现引发的，因为在这种最早的化学体系中使用了非石墨碳质负极（石油焦），其中界相的效果不够明显，未能引起注意。直到 Sanyo（三洋）的藤本（Fujimoto）及其同事在另一个研究中发现石墨和基于 EC 溶剂的电解质之间的"神奇"化学反应时[82]，这种显著效果才被注意到。随后 Dahn 及其同事将这种"神奇"作用归因于石墨表面独特的支持锂离子可逆脱嵌的界相组成[83]。也正是 Dahn 将"SEI"这一概念从锂金属移植到了石墨表面。由于当时缺乏对这种界相化学组成进行详细研究的表征手段，Dahn 及其同事假设这种 SEI 的基本化学成分是碳酸锂（Li₂CO₃），这一假设显然受到 Dey 及其同事早期工作的影响，即碳酸酯的双电子还原反应。然而他们怀疑 SEI 可能不仅仅只含有 Li₂CO₃。这个直觉是正确的，实际上，已经有大量实验证据揭示石墨表面 SEI 的成分远比单一化学成分复杂得多，且取决于电解质组成和形成条件（如温度、压力和电化学过程），界相的化学组成和形态可能有很大差异。

（1）半碳酸酯及其演变

在第 10.4.1.1 小节 [式（10.12）] 中，我们简要讨论了在硅（Si⁰）表面上，碳酸酯可能经历单电子还原（不完全反应，生成烷基碳酸酯或半碳酸酯）或双电子还原（完全反应，生成碳酸盐 Li₂CO₃）。实际上，半碳酸盐的发现并不仅限于硅表面，而是普遍存在于大多数电极表面的电化学还原产物中。即使电池电极不是活性正极或活性负极（如石墨、锂金属或硅），只是简单极化到极端电位的惰性集流体（Cu、Ni 或 Pt），只要电解质溶剂是碳酸酯（如 EC、DMC 及其他环状或非环状碳酸酯），半碳酸盐总是存在[11-15]。

因为碳酸酯是锂离子电池的通用溶剂，其还原产物半碳酸盐被认为是负极表面界相中的主要化学成分。领域内的普遍共识认为，半碳酸盐（在某些文献中也称为烷基碳酸酯）具有允许锂离子传输同时绝缘电子的能力，支撑了 SEI 主要功能的实现。根据表面光谱分析，Aurbach 和 Gofer 首次提出[16]，碳酸盐溶剂在石墨表面的还原不会直接产生碳酸锂，这是因为碳酸锂需要通过双电子反应路径产生，与 Dey 和 Sullivan 的观点一致[17]。

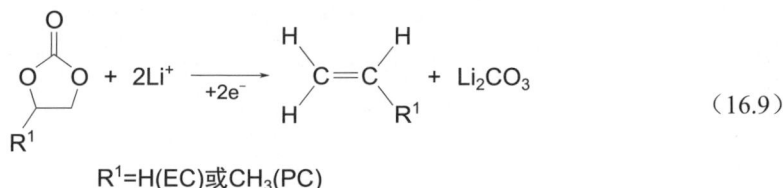

$$\text{(16.9)}$$

R¹=H(EC)或CH₃(PC)

更可能发生的反而是单电子路径的不完全还原，产生半碳酸盐：

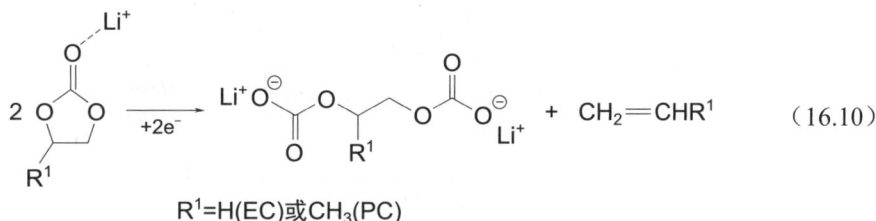

$$\text{(16.10)}$$

R¹=H(EC)或CH₃(PC)

对于线性（非环状）碳酸酯如 DMC、EMC 或 DEC 来说，等效的单电子路径如下所示：

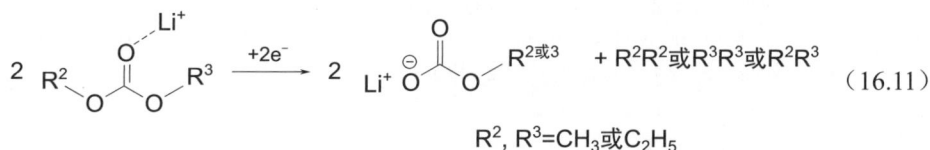

$$\text{(16.11)}$$

R², R³=CH₃或C₂H₅

这里"semi（半）"指的是碳酸酯的亚结构具有半离子化半分子化的特征，前者与锂离子构成盐，后者与烷基官能团形成酯。比较式（16.9）与式（16.10）和式（16.11），可以立即看出这两种路径的区别：在前者中，将产生无机界相成分（Li$_2$CO$_3$），因为所有有机部分都会以气体形式（环状碳酸酯 EC 和 PC 中的烯烃，或非环状碳酸酯 DMC、EMC 和 DEC 中的烷烃）逃逸；在后者中，只有一半的有机部分会以气体产物形式丢失，另一半会作为界相的一部分保留下来。通过 X 射线光电子、傅里叶变换红外、拉曼光谱和核磁共振光谱以及释放气体的化学分析所产生的大量实验证据，以及一些新开发的高级表征技术如电化学石英晶体微量天平（EQCM）测量和液体二次离子质谱（Liq-SIMS），半碳酸盐的存在已被确切证实，从而证实了单电子反应路径的有效性。

关于式（16.10）和式（16.11）有两个重要细节需要强调。首先，"双电子"和"单电子"的定义是指每个碳酸酯分子接受的电子数。这些式子中描述的反应总共消耗了两个电子，但涉及两个碳酸酯分子，使其成为"单电子还原"。更重要的是，在式（16.10）和式（16.11）中，锂离子始终靠近碳酸酯的羰基。这不仅仅是为了平衡方程的电荷，更重要的是反映了被还原的酯是位于锂离子的溶剂化鞘中，如之前在图 10.11（a）中所示的那样。事实上，计算表明，如果没有任何盐的存在，纯溶剂分子很难发生还原或氧化分解。只有在与锂离子配位后，其反应性才增加到足以发生电化学分解的水平。这一现象被认为是由锂离子的静电场对溶剂分子的极化作用所引起的，这种作用显著削弱了分子内的共价键。从这个逻辑来看，电解质中那些位于阳离子溶剂化鞘中的溶剂分子更容易被还原，而那些超出阳离子静电场影响范围的分子则相对惰性，不易发生电化学还原（图 16.4）。

换句话说，由于溶剂化鞘中的溶剂分子被它们溶剂化的中心离子的静电场激活，因此它们参与界相化学的机会将比鞘外的溶剂分子更多。这个论点实际上构成了界相形成机制的基础[18-19]，我们将在下一节中详细讨论这个话题。

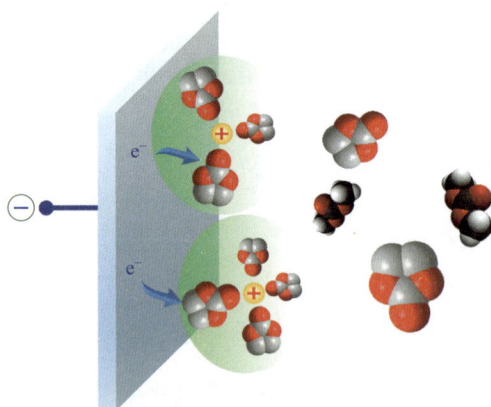

图 16.4 在电化学装置的负极 / 电解质界面，锂离子（或其他阳离子）第一溶剂化鞘中的溶剂分子比那些未与锂离子（或其他阳离子）配位的溶剂分子更容易被还原。因为 EC 在锂离子电池中被广泛使用，这里使用它作为示例溶剂，展示溶剂化锂离子和部分脱溶剂化锂离子

从有机化学的角度来看，碳酸酯的单电子还原可能经历了一系列中间体或过渡态，才最终产生一种相对复杂的结构如半碳酸酯。最可能的路径应是电子从电极直接对碳酸

酯中最缺电子的位点（即羰基中的碳）进行亲核攻击，产生一个阴离子自由基，然后经历分子内重排，并伴随在一个醚 C—O 位点的断裂：

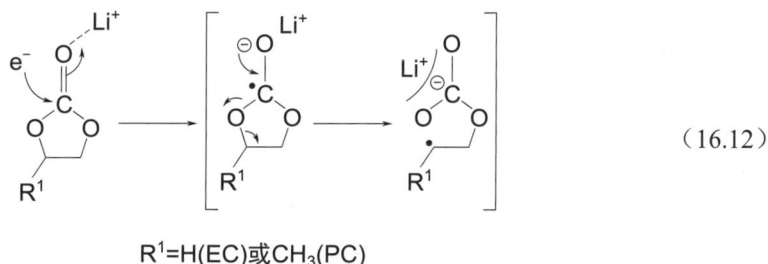

$$R^1=H(EC)或CH_3(PC)$$

（16.12）

　　得益于与羰基氧配位的锂离子正电荷的稳定作用，这个阴离子自由基具有足够长的寿命，使它有机会与另一个相同的阴离子自由基进行分子间重排，生成半碳酸酯，同时以气态烯烃的形式排出 50% 的有机部分（如果溶剂分子是 EC，则生成乙烯；如果溶剂分子是 PC，则生成丙烯）：

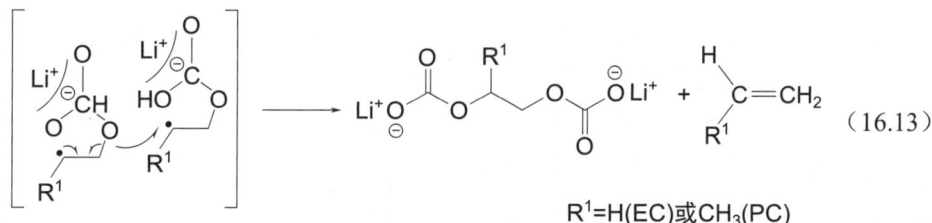

$$R^1=H(EC)或CH_3(PC)$$

（16.13）

　　通过 EC 和 PC 的单电子还原生成的两个半碳酸酯分别是乙二醇二碳酸锂（LEDC）和丙二醇二碳酸锂（LPDC）。由于 EC 几乎在所有锂离子电池中被广泛使用，并且在基于混合碳酸酯溶剂的各种电解质配方中（除非有 PC 存在和 EC 竞争）EC 在锂离子的溶剂化鞘中尤其受到青睐，LEDC 已被确定为石墨负极上界相的主要产物之一。对于线性碳酸酯，也可以提出类似的反应路径：

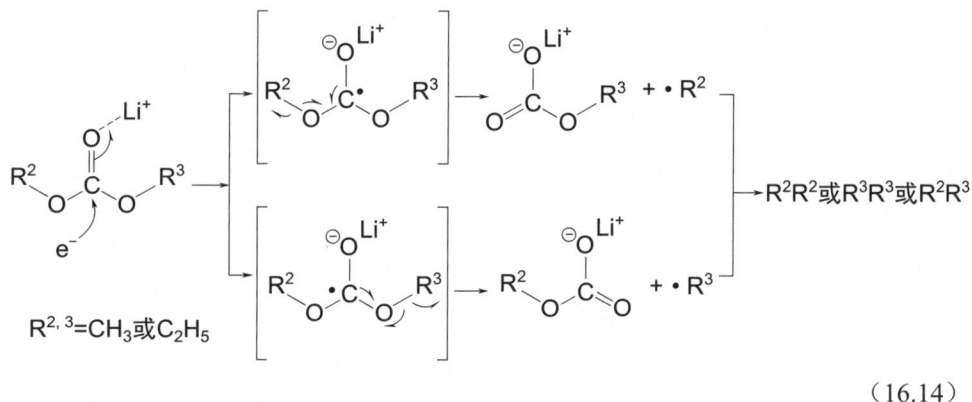

$$R^{2,3}=CH_3或C_2H_5$$

（16.14）

　　其中释放的气态产物是烷烃，取决于碳酸酯 DMC、EMC 或 DEC 是单独使用还是混合使用，产生的气体产物包括乙烷、丙烷或丁烷，相应的半碳酸酯是碳酸甲基锂（LMC）和碳酸乙基锂（LEC）。与 LEDC 相比，LMC 和 LEC 仅构成较小部分，显然是由于锂离子更倾向于把环状碳酸酯而不是非环状碳酸酯纳入它的溶剂化鞘结构。

Shkrob 等在低温（77 K）条件下使用电子顺磁共振光谱探测自由基，并提出了另一种产生半碳酸酯的机理，特别是对于环状碳酸酯分子[20]：

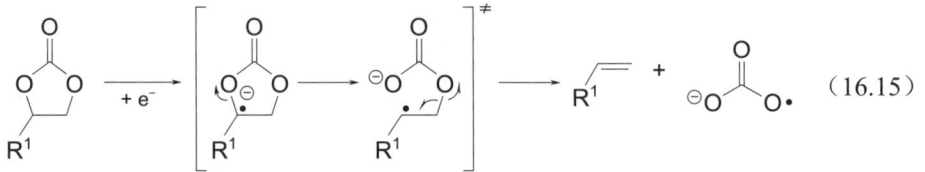

$$(16.15)$$

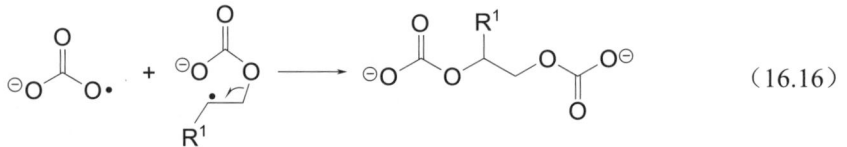

$$(16.16)$$

需要注意的是，这条路径会生成与式（16.13）建议的路径相同的气体和固体产物，唯一的区别是生成一个碳酸盐自由基阴离子 CO_3^-.。

鉴于它们的重要性，研究人员进行了大量工作以确认在循环后的锂离子电池中收集到的界相中是否存在半碳酸盐。例如，使用电子自旋共振检测到自由基阴离子，这确定了这些自由基阴离子非常稳定且寿命长，从而允许式（16.13）和式（16.14）所示的两个分子反应发生；对气体产物的直接分析确认了烯烃和烷烃是大部分界相形成时发生的电池初始循环过程的主要产物。对界相形成进行的定量分析进一步揭示，消耗的电荷远大于检测到的气体产物量，从而支持了式（16.10）和式（16.11）的预测，即有机部分不是完全以气体形式排出，而是有一部分留在构成界相的产物中。

对从循环电池中回收的电极表面进行的光谱分析也识别出半碳酸盐的各种特征。由 Xu 和 Dedryvère 分别领导的两个研究小组以最基本和系统的化学方式解决了这一问题，他们合成了被认为是所有常用碳酸酯溶剂分子的单电子还原产物的标准半碳酸盐[12,21]。使用这些高纯度标准化合物作为参考，精确的光谱数据库得以建立，以准确识别真实界相中的这些物种，并能调查它们的体相性质，如导电性、电化学和热稳定性及其对环境和水分的化学反应性。

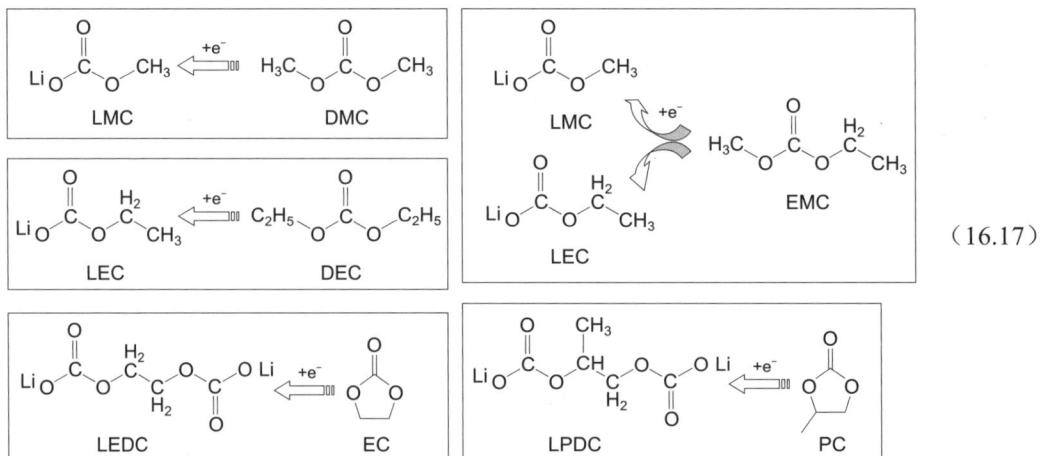

$$(16.17)$$

有趣的是，不饱和烯烃是由环状碳酸酯产生的，而饱和烷烃是由非环状碳酸酯产生的，这通过对界相形成阶段释放的气体产物的各种表征得到了验证。这种差异实际上反映了这两类碳酸酯的基本结构性质：EC 或 PC 的环状结构实际隐含了不饱和度，并最终在它们化学分解时的产物结构中得以体现。

虽然半碳酸盐，特别是 LEDC，被认为是石墨碳上界相中的主要产物，但最近的一项研究发现其在电池环境中的存在是动态的，它可以进一步与其他溶剂分子反应，转化为不同的结构，例如：

$$\text{LEDC} + \text{(DMC)} \longrightarrow \text{(...)} + \text{(EC)} \tag{16.18}$$

特别是，经过长期循环或存放后的锂离子电池中，乙二醇单碳酸锂（LEMC）被确定为主要的界相成分[22]。这种物质的形成机制尚不清楚，因为似乎没有直接的电化学路径可以导致它的产生。因此，有人提出电池环境中的微量水分引起了有限的水解，是 LEMC 形成的原因。这些水分来自初始电解质中，或由电解质溶剂在正极侧被氧化产生：

$$\text{LEDC} + \text{H}_2\text{O} \longrightarrow \text{LEMC} + \text{LiHCO}_3 \tag{16.19}$$

LEMC 是否成为所有锂离子电池中普遍存在的界相物种仍需进一步探索。

（2）其他 SEI 成分

同时，界相中还鉴定出了其他化学成分，包括通过双电子路径直接电化学还原生成的 Li_2CO_3［方程（16.9）］，或通过相应半碳酸盐的完全水解生成的 Li_2CO_3：

$$\cdots + \text{H}_2\text{O} \longrightarrow \text{Li}_2\text{CO}_3 + \text{CO}_2 + \cdots \quad R^1=\text{H(EC)或CH}_3\text{(PC)} \tag{16.20}$$

$$2\,R\text{OCO}_2\text{Li} + \text{H}_2\text{O} \longrightarrow \text{Li}_2\text{CO}_3 + 2R\text{OH} + \text{CO}_2 \quad R=\text{CH}_3\text{或C}_2\text{H}_5 \tag{16.21}$$

此外，式（16.12）中所示的中间体也可能在其他位点，即在酰基的 C—O 位点发生断裂，而不是在醚的 C—O 位点断裂，导致半碳酸盐的形成，如式（16.13）和式（16.14）所示。Onuki 等通过使用 ^{13}C 标记的 EC 和 DEC 确认了这种酰基断裂过程[23]：

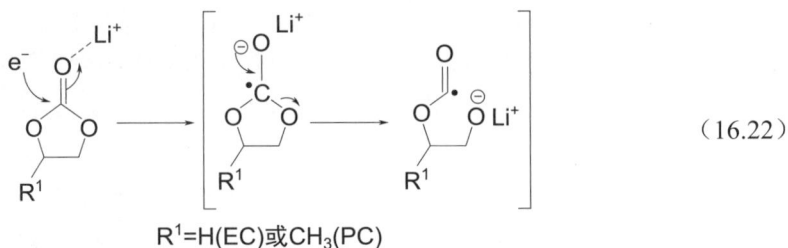

$$\text{（16.22）}$$

R¹=H(EC)或CH₃(PC)

这种中间体通过接受一个电子进一步还原，然后重排生成醇盐，同时释放出 CO 气体产物：

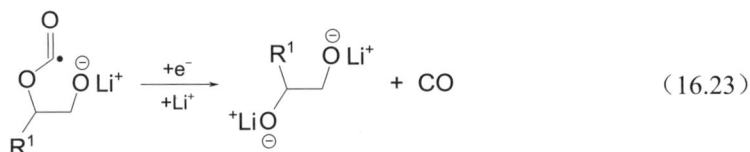

$$\text{（16.23）}$$

酰基断裂还可以解释在界相中经常检测到的其他次要物种，如草酸盐和羧酸盐等。这涉及新 C—C 键形成的反应，因此尽管确切的路径需要更多研究，但一定发生了羰基自由基的重组：

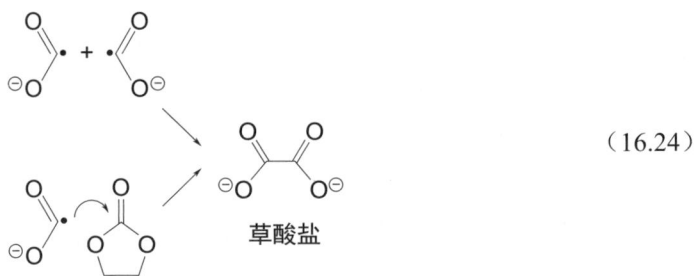

草酸盐

$$\text{（16.24）}$$

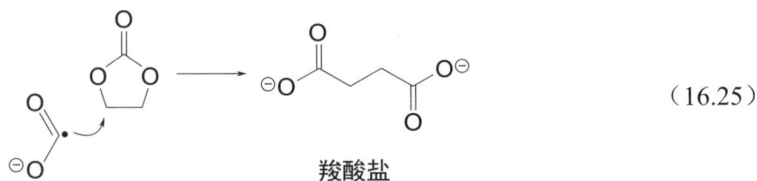

羧酸盐

$$\text{（16.25）}$$

　　除了盐之外，聚合物或低聚物显然来自溶剂分子的还原，构成了另一类界相成分。由于最常用的光谱工具（FTIR、XPS 等）对这些大分子结构不够敏感，我们对它们的理解仅限于可能的环状碳酸酯开环聚合产生的低聚醚化合物。基于热重分析 - 质谱联用（TG-MS）对石墨负极的间接推断似乎也暗示了聚合物的存在。最直接的 SEI 中聚合物成分鉴定是通过一种专门用于检测大分子的质谱技术，即基质辅助激光解离 / 电离质谱（matrix-assisted laser dissociation ionization mass spectroscopy, MALDI-MS）[24]。研究发现，当惰性电极（Au 或 Sn）在基于 PC 或 EC-DMC 的电解质中循环到 0.1 V（相对于 Li）时，形成了具有对应于长链低聚物的明显峰值的界相物种，m/z 值（质荷比）高达几千，其重复单元随溶剂组成和电极材料的变化而变化。尽管确切识别这些低聚物具体是什么结构仍然困难，但使用

DFT 计算，研究人员推测了一种涉及自由基引发 / 传播和新 C—C 键形成的机制，这是唯一可以解释聚合物链可以如此大幅度生长的方法：

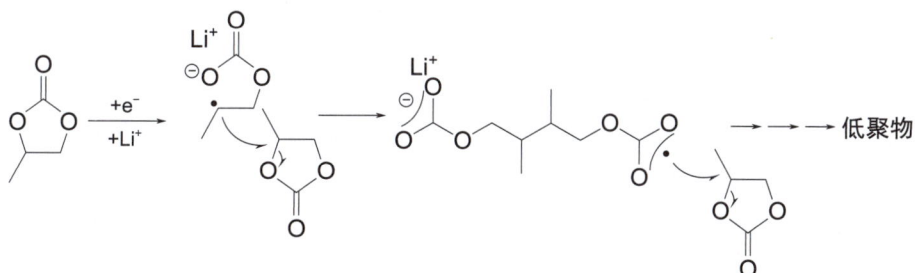

$$(16.26)$$

需要注意的是，在式（16.26）中自由基必须攻击烷氧基碳，相比于羰基碳，这不一定是这种亲核攻击的热力学优选位点。聚合物也可以在强 Lewis 酸如 PF_5 的帮助下形成，这些酸可以由盐阴离子 PF_6^- 生成，并催化开环聚合反应：

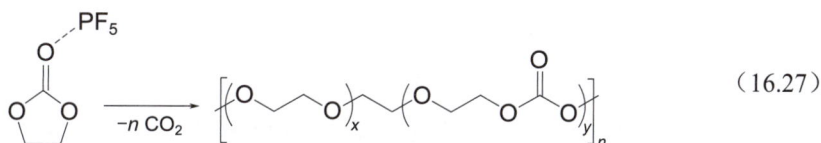

$$(16.27)$$

到目前为止，这些聚合物的精确结构仍不清楚，并且它们在界相中的存在可能被严重低估了，这不仅是因为缺乏适当的大分子物种表征手段而难以识别这些聚合物，还因为它们较活跃的分子性质使其常常溶解在大多数溶剂中，因此在进行非原位表征时备样的清洗过程中往往会去除掉这些物种。

除了溶剂分子，盐阴离子也参与界相的形成，且在一定场景里成为主流，比如在高盐浓度下。界相中最常见的无机物种是氟化锂（LiF），这显然来自普遍使用的氟化阴离子 PF_6^- 的分解，但具体路径尚不清楚，因为化学和电化学反应都可以产生氟化锂，例如：

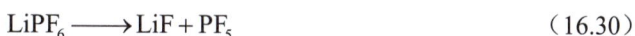

$$LiPF_6 + H_2O \longrightarrow 2HF + POF_3 + LiF \qquad (16.28)$$

$$HF + Li^+ + e^- \longrightarrow \frac{1}{2}H_2 + LiF \qquad (16.29)$$

$$LiPF_6 \longrightarrow LiF + PF_5 \qquad (16.30)$$

研究表明，氟化锂可通过涉及化学和电化学路径的混合过程生成。

16.6.1.2　正极界相：CEI

关于界相的知识大多数来自对负极 SEI 的研究，而 CEI 直到最近才引起研究者的关注和兴趣[25]。这种偏向主要源于以下三个因素：

① 最重要的因素是，锂化石墨负极（以及锂金属电极）的电位显然远远高于电解质的 LUMO，大多数正极材料（如 $LiCoO_2$ 或 $LiFePO_4$）的电位则通常位于电解质的 HOMO 附近（图 16.2）。相对应地，负极表面 SEI 的存在影响非常显著且难以忽视，但

CEI 并非如此，其在正极表面的存在往往不一定必要。只有在涉及高镍 NMC 或 LiCoPO₄ 等高工作电位的正极时，这种不确定性才会消失。

② 石墨负极对 SEI 的存在与否特别敏感，因为脆弱的石墨结构仅通过弱范德华力结合在一起，因此容易受到溶剂共嵌/分解的影响，这通常导致石墨结构分解（剥离）；相比之下，坚固的正极结构则是通过库仑作用或共价键结合在一起的，因此在很大程度上不受溶剂共嵌的影响。只有当其在长期循环过程中变得电阻过大时，才能感受到 CEI 的存在。

③ 石墨负极表面主要是 sp^2 杂化的碳原子，连接成巨大的石墨烯片，如果不考虑边缘位置或缺陷位置上的少量官能团和杂质，表面相对"干净"，化学成分相对"简单"。因此，在电池操作过程中任何界相沉积都可以通过各种显微手段容易地观察到。此外，由于正极表面具有复杂化学物种，要明确辨别这些界相沉积物是来自电解质的电化学氧化，还是部分降解的正极组分，或者是原始正极表面上已经存在的本征钝化膜（通常由 Li_2CO_3、LiOH 或 Li_2O 组成），这一任务就通常变得困难。这些本征钝化膜成分与酸性电解质成分（如 LiF、$LiP_xO_yF_z$ 等）的自发反应进一步增加了复杂性。在初始充电过程中，自发的不可逆电化学反应和正极表面相变同时发生，使得最终的界相在化学成分和形态上与正极表面晶格的畸变高度耦合，从而使 CEI 的定义变得复杂且不确定。

上述特点使得 CEI 通常更薄且在正极表面覆盖不完全，与必须完全覆盖石墨负极（和锂金属负极）的 SEI 形成鲜明对比。由于这些差异，石墨负极上的 SEI 通常比正极上的 CEI 阻抗更大。然而，在长期循环过程中，CEI 的增加速度通常比 SEI 快，并最终在某一时刻成为电池中阻抗最大的成分。使用高电压正极或在高温下老化会加速这一过程。

CEI 的形成通常通过至少三个阶段进行：a. 在电极制造/处理过程中在正极上形成本征钝化膜；b. 本征钝化膜暴露于电解质时自发进行化学反应；c. 在初始充电期间阶段 1 和 2 形成的这些化学物质进行电化学重排。

（1）本征钝化、自发反应和优先吸附

锂离子电池中使用的锂过渡金属氧化物正极材料具有强碱性，因此在制造、加工、存储或运输过程中，其表面成分会与环境中的 CO_2 或 H_2O 反应，生成各种产物：

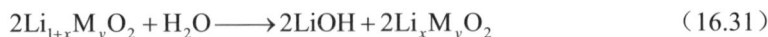

$$2Li_{1+x}M_yO_2 + H_2O \longrightarrow 2LiOH + 2Li_xM_yO_2 \tag{16.31}$$

$$2LiOH + CO_2 \longrightarrow Li_2CO_3 + H_2O \tag{16.32}$$

$$2Li_{1+x}M_yO_2 + CO_2 \longrightarrow Li_2CO_3 + 2Li_xM_yO_2 \tag{16.33}$$

这些产物作为薄层本征钝化膜覆盖在正极颗粒表面。当与电解质接触时，由于电解质中使用的氟化阴离子（PF_6^- 或 BF_4^-）和普遍存在的水分使得电解质呈酸性，自发反应因此发生，生成氟化锂（LiF）和其他氟化物如 PO_xF_y 物种。这些反应产物取代了原始钝化膜，形成新的钝化膜。这里的"自发"意味着这些反应是化学反应而非电化学反应，不需要在电极和电解质之间进行电荷转移。

自发反应不仅发生在原始表面膜与电解质之间，还涉及正极成分。这一过程伴随着一系列气体产物的生成，包括 CO_2、O_2 和对应于所使用的碳酸酯溶剂的烷烃或烯烃。通过各种光谱分析方法已确认半碳酸盐、碳酸锂（Li_2CO_3）、氟化锂（LiF）和类似于 SEI 成分的烷氧基化物，此外还有一些只存在于正极的产物，如四氧化三钴（Co_3O_4，来自 $LiCoO_2$）或 λ- 二氧化锰（λ-MnO_2，来自基于锰的正极材料如 $Li_2Mn_2O_4$ 或 $LiNi_{0.5}Mn_{1.5}O_4$）。后者的存在直接表明，即使在没有电化学充电的情况下，通过过渡金属核心与溶剂分子之间的电子交换产生的自由基中间体，也会发生氧化还原反应。这种反应机制被推测如下：

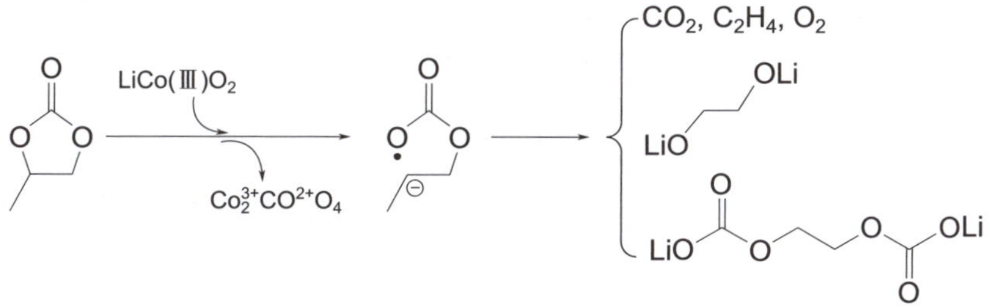

$$(16.34)$$

其中，正极表面的过渡金属中心被还原为较低价态，而环状碳酸酯被氧化为半碳酸盐。注意，这里相同的半碳酸盐是通过氧化而非还原路径生成的。同样，自发氧化反应也会生成烷氧基化合物、烯烃和烷烃。这些自发反应生成了正极表面永久性 CEI 的前体。

由于正极材料和电解质之间的自发反应对决定最终界相化学起着重要的作用，理解电解质成分如何在这些不同正极材料表面上吸附至关重要。通过和频振动光谱（SFG）研究发现，在没有锂离子的情况下，极性 PC 分子主要以两种相反的取向吸附在钴酸锂（$LiCoO_2$）表面，碳酰基指向表面是优选构象。然而，随着溶液中锂离子的引入，这种优选取向会迅速被打乱，因为锂离子以其更强的静电吸引力聚集碳酸酯分子在其周围形成溶剂化鞘。此外，当使用典型的碳酸酯混合物如 EC-DMC 或 EC-DEC 时，EC 相对于非环状碳酸酯则会优先吸附（图 16.5），这归因于 EC 比非环状碳酸酯更高的介电常数。

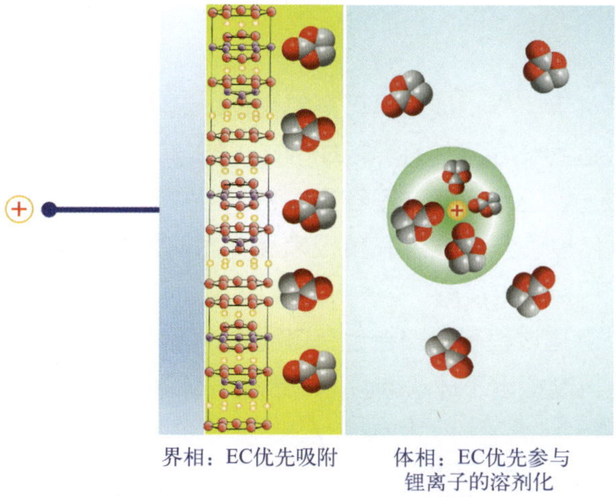

界相：EC优先吸附　　体相：EC优先参与锂离子的溶剂化

图 16.5　锂离子电池中常用的正极材料钴酸锂（$LiCoO_2$）表面碳酸酯分子的吸附。环状碳酸酯分子如 PC 或 EC 在表面采用两种优先取向，其羰基指向 $LiCoO_2$ 或背离 $LiCoO_2$。如果电解质基于混合碳酸酯如 EC-DMC，EC 分子优先吸附在 $LiCoO_2$ 表面。线性碳酸酯 DMC 则不会优先吸附在电极表面或锂离子溶剂化鞘中。为了清晰起见，图中省略了阴离子

表 16.1　EC 在 LiCoO$_2$ 表面的优先吸附

体相组成	体相 EC 含量 （摩尔分数）/%[①]	LiCoO$_2$ 表面 EC 含量 （摩尔分数）/%[②]
EC-DMC（1∶1）	56	95±1
EC-DEC（1∶1）	65	92±1
EC-DMC-DEC（1∶1∶1）	43	93±1

① 参考文献［27］。

② 参考文献［28］。

表 16.1 比较了计算得到的 LiCoO$_2$ 表面和电解质本体中的 EC 的含量[26-28]。这种 EC 分子在正极表面惊人的优先富集可能对界相化学产生更深远的影响。在充电过程中（即从 LiCoO$_2$ 中移除锂离子），正极表面附近的 EC 会捕获正极晶格释放到电解质中的锂离子；同时，由于正极表面的电位上升，这些 EC 分子也可能同样成为优先氧化的"受害者"，成为正极界相的一部分。

应该注意，与负极界相中的"EC 优先"是锂离子溶剂化优先的直接结果不同，这种在正极表面的可能的"EC 优先"是由完全不同的原因引起的。

（2）电化学重排形成永久 CEI

残留的本征膜及其与电解质反应后的产物在正极的初始电化学充电过程中会经历新的转化阶段，但其确切机制尚不清楚。我们只知道钴酸锂（LiCoO$_2$）表面上的最终 CEI 继承了大部分自发反应产物的化学特征，电化学充电仅使表面膜更"均匀"。在镍酸锂（LiNiO$_2$）正极上，研究人员使用固态 ^{7}Li 和 ^{1}H NMR 光谱观察到初始充电过程中电极表面确实发生了变化，一个含有更多有机成分的 CEI 逐渐取代了原来的无机本征膜。在锰酸锂（LiMn$_2$O$_4$）表面，由于电化学充电，"残留"的钝化膜发生氧化溶解，从而使电解质溶剂得以再生[29]：

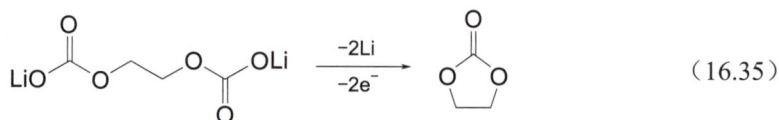

$$（16.35）$$

这表明在某些条件下，界相成分是可再氧化的。这不仅适用于正极表面，也适用于负极表面，只要电位达到临界值并且界相成分是"能与电极连接的"，即可以获得电子。考虑到界相的绝缘性质，这个过程并不容易发生，但并非完全不可能。正如我们所讨论的那样，SEI 的再氧化也确实会发生在负极表面，尤其是在初始形成阶段中，原始 SEI 或新生 SEI 仍与电极保持着电接触。

环状碳酸酯通过氧化过程引发聚合也是可能的，因为在 CEI 中发现了类似聚碳酸酯的物种。报道的氧化机制提出了环状碳酸酯的氧化开环聚合途径：

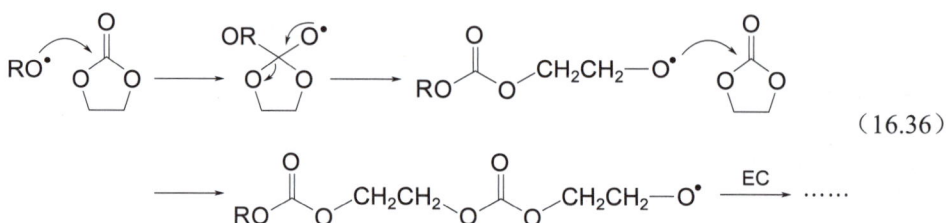

$$（16.36）$$

　　然而，根据对 EC 聚合的早期研究，因为重复单元中羰基的高密度，聚碳酸酯的化学稳定性被怀疑。因此，更可能的是，聚合物会以二氧化碳（CO_2）的形式失去部分羰基，形成由碳酸酯和环氧乙烷单元组成的共聚物。

　　除了碳酸锂（Li_2CO_3）、半碳酸盐和聚合物/低聚物物种外，氟化锂（LiF）也是 CEI 中常见的成分。氟化锂的出现通常归因于正极活性材料对六氟磷酸根（PF_6^-）的氧化，并且仅在高电位（>4.9 V）时产生。通过固态 ^7Li 和 ^{19}F NMR 光谱，人们不仅证实了在电化学充电期间会在钴酸锂（$LiCoO_2$）表面形成氟化锂，还揭示了通过研究氟化锂和钴酸锂之间的 ^7Li-^7Li 自旋扩散对自旋-晶格弛豫时间的影响，这些氟化锂物种聚集成不直接附着在钴酸锂颗粒上的独立宏观域。这清楚地展示了界相结构的不均匀性质。如何准确分布这些无机物（LiF、Li_2CO_3）和有机物（半碳酸盐、低聚物）仍是一个重要的研究课题，尚待揭示。

　　毫无疑问，上述过程以及式（16.31）～式（16.36）中描述的所有反应都是以活性正极材料为媒介发生的，导致过渡金属的溶解和锂离子储存位点的损失或晶格结构的转变，这通常不可避免地伴随着电化学性能的衰退。然而，这些过程通常仅限于正极的表面区域，因此其影响程度可能不如负极 SEI 形成导致的容量损失显著。

　　对于工作电位高于 4.5 V 的高电压正极材料，CEI 的存在变得更加显著，其化学构建模块主要来自持续的电解质氧化，包括在 $LiNi_{0.5}Mn_{1.5}O_4$ 表面 4.5 V 以上电位生成的聚合物如聚乙二醇碳酸酯[式（16.36）]，或者部分失去羰基的碳酸酯醚共聚物，以及丰富的盐类如氟化锂或各类磷酸锂（$Li_xP_yO_z$）。值得一提的是，一项研究对几乎纯相的镍锰尖晶石（$LiNi_{0.5}Mn_{1.5}O_4$）薄膜及其与黏合剂和导电碳混合的复合材料进行了比较[84]。在前者上仅发现了极少的电解质成分分解，这引起了人们的怀疑，即这些活性正极材料本身对碳酸酯溶剂具有内在稳定性，而诱导 CEI 形成的真正原因不是电位，而是复合电极材料的活性表面催化了电解质的氧化分解。

　　与镍锰尖晶石 $LiNi_{0.5}Mn_{1.5}O_4$ 相比，磷酸钴锂（$LiCoPO_4$）对电解质稳定性提出了更严苛的挑战，因为其工作电位更高（4.8～5.1 V）。据推测，不稳定性可能涉及正极的化学成分以及电解质的氧化，因为在脱锂状态下的橄榄石磷酸盐结构可能易受大多数含六氟磷酸锂（$LiPF_6$）的商业电解质中氟化物的亲核攻击[85]：

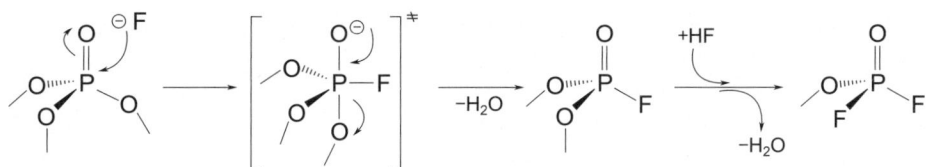

$$(16.37)$$

　　生成的物质 $PO_2F_2^-$ 在电解质中可溶解，并且其离开正极表面会导致一系列渐进的破坏步骤，包括锂的耗尽、磷酸钴锂晶格的降解和碳导电层的剥离。为稳定这些高电压正极材料中的电解质，人们进行了多项研究，其中使用氟化溶剂似乎最有效。关于这些磷酸盐或噻吩衍生物如何起作用的详细机制仍需进一步探究，但从实际角度来看，将界相尽可能地氟化现已成为设计 SEI 和 CEI 的主流方法。

16.6.1.3　正负极之间的串扰

曾经认为在正极和负极表面发生的界相过程互不相关，但越来越多的证据表明，在正极和负极之间存在某种形式的"串扰"，因为在一个电极上生成的物种常常出现在另一个电极上，并产生意想不到的影响。这是一个自然的结果，因为在一个电化学电池中，液体电解质是唯一与所有其他电池组件（包括两个电极的活性表面）相互作用的组件[5-6]。

最早发现的正负极串扰是 $LiMn_2O_4$ 中的 Mn（Ⅱ）溶解及其随后在石墨负极上沉积为 Mn^0 或作为 Mn（Ⅱ）嵌入 SEI 中。Mn^0 或 Mn（Ⅱ）在负极侧的出现被认为对负极 SEI 极为有害，进而对负极嵌锂化学的可逆性造成负面影响。根据一些研究人员的说法，金属 Mn^0 嵌入界相中间，实际上使得原本应该电子绝缘的 SEI 能发生电子隧穿，其结果是电解质成分的持续还原。其他研究人员基于 X 射线吸收近边结构（XANES）光谱研究，认为沉积在各种负极表面的 Mn 物种仍主要保持在 +2 价的氧化态，正极晶格中 Mn（Ⅱ）溶解引起的容量衰减实际上是 Mn^{2+} 与嵌入负极界相中的 Li^+ 之间的离子交换过程。但不论 Mn 在 SEI 中以何种形式存在，其在电池错误一侧出现已被证实是锂离子电池容量损失的主要原因。

在普遍场景下，氟化氢（HF）是含六氟磷酸锂（$LiPF_6$）电解液中的常见杂质，而几乎所有层状或尖晶石结构中的过渡金属核都容易被氟化氢浸蚀而溶出。因此，在负极出现的过渡金属（Mn、Ni 和 Co）来源于从正极迁移到负极的那些溶出的过渡金属离子，这至少部分解释了电池性能下降的原因。然而，到目前为止，这方面的研究还很少。

除了过渡金属物质外，由电解质氧化或还原生成的其他物种也可以扩散或迁移穿过电池到达另一端。例如，当高电压镍锰尖晶石锂（$LiMn_{1.6}Ni_{0.4}O_4$）正极与钛酸锂（$Li_4Ti_5O_{12}$）负极耦合时，尽管钛酸锂中等氧化还原电位（1.5 V）使其成为"无 SEI"电极，但仍然发现有机物种积累在正极与钛酸锂表面，而这可能是正极上发生不可逆氧化过程的结果。一些源自正极氧化过程的物种将在电解质中溶解，并扩散或迁移到负极，在负极被捕获并可能被还原。Dahn 及其同事设计了一种新型的"赝全电池（pseudo-full cell）"，成功"截断"了正负极在电池中的相互作用，从而确认了上述正负极串扰的存在[86]。

锂金属或无负极锂金属电池中也发现了正负极串扰，由于盐阴离子，如六氟磷酸锂（PF_6^-）或四氟硼酸锂（BF_4^-），是电解质中唯一氟源，一些研究人员认为在负极 SEI 中发现的氟化物实际上最初来源于正极表面的反应。如果要使这些负电荷阴离子在负极化电极上被还原，那么这些阴离子必须克服电极的强烈静电排斥才能接近电极的赫姆霍兹层。计算表明，只有当盐浓度足够高且界相区域被有效压缩时，这一过程才有可能发生。事实上，对于由 Li^0/Li^0 或 Cu/Li^0 配置组成的对称电池，如果电解质处于非高浓溶液（约 1.0 $mol \cdot L^{-1}$）区域，那么在 SEI 中几乎找不到氟化物；然而，如果相同的稀释电解质用于由 Li^0/NMC 或 Cu/NMC 配置组成的全电池中，在锂金属或铜表面上的 SEI 中会出现大量氟化物（氟化锂或部分分解的阴离子）。显然，这些氟化物的生成需要高电压正极存在。合理的推论是，这些氟化物，或至少可能以自由基或自由基阳离子形式存在的前驱体，必须由高电位正极生成。所生成的含氟自由基物种随后扩散或迁移到负极（锂或铜金属）表面，成为沉积 SEI 的一部分。

除了正极和负极之间的物质交换，这两个电极之间还通过一种更"无形"的方式相互影响。Dahn 及其同事使用高精度库仑计量法揭示了石墨负极上 SEI 的生长如何在锂离子源有限的全电池中引起电荷不平衡，最终导致正极的过充和在高于正极材料规定电位下发生的不可逆过程[87]。他们将电池的高阻抗、电解质及锂离子源的不可逆消耗归因于这种逐渐发生的电池中电荷的不平衡。这些发现证实了电池内的组件并不是相互孤立的；相反，它们都像一个精密组装在一起的计时装置一样同步工作。要解决与一个单独组件相关的问题，通常需要考虑整体系统方法来处理这些紧密相关的过程。

16.6.1.4　SEI 和 CEI 的异同

SEI 和 CEI 都负责在电子层面上将电解质与电极隔离，但它们是在截然不同的电位下形成的。因此，SEI 和 CEI 的形成机制必然不同：SEI 通过电解质成分的还原分解过程形成，而 CEI 通过涉及电解质成分和正极活性材料的氧化分解过程形成。然而，令人惊讶的是，基于对各种电池和电化学条件下形成的界相化学的广泛研究发现，除了少数使用独特电解质的特殊情况外，这两种界相的相似性远多于差异性。在那些少数例外情况里，所有基于高度氟化醚的电解质形成的 SEI 主要由氧化锂（Li_2O）或过氧化锂（Li_2O_2）组成，CEI 则主要由氟化锂（LiF）或其他氟化物组成。

SEI 和 CEI 之间的这种一般相似性不仅体现在无机成分如碳酸盐、氧化物和氟化物（即锂离子或锂金属电池中的碳酸锂、氧化锂或氟化锂）中，也体现在有机成分（如半碳酸盐和由乙二醇氧化物重复单元组成的聚合物或低聚物种）中。这些化学成分同时在 SEI 和 CEI 中频繁被识别，揭示了至少两个特性：

① 这些化合物可以通过还原或氧化途径产生。例如，在半碳酸盐和聚合物种形成过程中，从溶剂分子中获取电子和向溶剂分子给出电子只是一个启动步骤，产生阳离子自由基或阴离子自由基，例如：

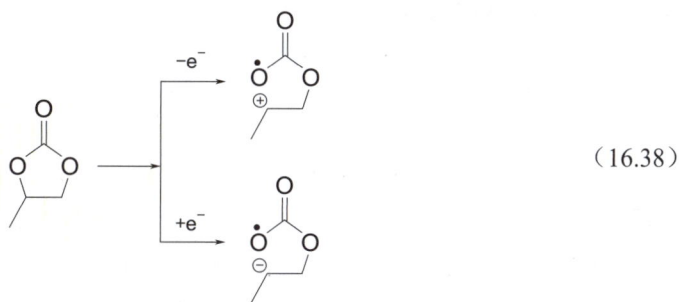

$$(16.38)$$

这些自由基中间体通过后续开环重排或自由基转移和重组反应，产生结构非常相似或结构相同的产物。

② 这些成分是从极端还原和极端氧化环境的选择中存活下来的"共同幸存者"。这是它们在 SEI 和 CEI 中被发现的根本原因，因为它们比电解质中的大多数成分更能承受正极和负极的恶劣环境。

理解这些无机物种为何成为可靠且持久的界相成分相对比较容易，因为它们都是优秀的电子绝缘体，并且它们对还原或氧化有很强的抵抗力。后者可以通过以下事实得到支持，即在正常条件（即室温、常压和电位附近）下，几乎不可能通过对这些盐还原来沉积锂金属或氧化生成对应气体（O_2、CO_2 和 F_2）。事实上，如第 10.4.2 小节所述，氧化一种氧化物或氟化物以生成对应气体需要极端电位，而这是任何已知电解质溶剂都无法支持的。在这里令人困惑的问题是，无论是晶态还是非晶态，这些无机物种也不是离子导体，无法为工作离子提供在界相中扩散或迁移的功能。然而，界相的纳米尺度，以及这些无机物种的纳米尺寸，减轻了这些成分本身离子电导率低的问题，使界相在绝缘电子隧穿和允许离子输送之间找到了平衡。

对于聚合物、低聚物和半碳酸酯等有机物，除了它们的离子导电性外，还会出现关于它们是否能够承受极端氧化电压，即正极材料的氧化电位下的稳定性问题。因为这些有机物大多数被认为容易氧化，通常从 C—H 键的电荷转移到正极开始，生成质子（H^+）或阳离子自由基（R^+）。如我们将在下一节中看到的那样，在新形成的 SEI 成分仍处于新生状态且尚未实现完全电子绝缘时的情况下，如果电位适中，并且这些物种仍然与电极保持电接触，半碳酸酯等一些有机物种甚至可以在负极侧重新被氧化。在这种意义上，CEI 往往比 SEI 更具无机性。

CEI 与 SEI 显著不同的一个特点是正极活性成分也参与了界相化学反应，如式（16.31）、式（16.33）、式（16.34）和式（16.37）所示。其他正极上也观察到了类似的过程，如

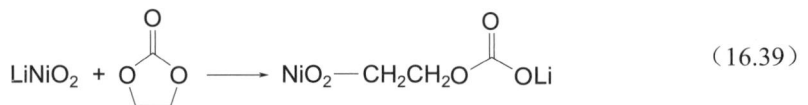

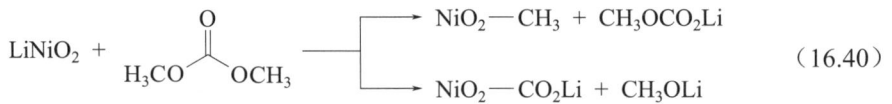

$$LiNiO_2 + \underset{O}{\overset{O}{\underset{\diagdown}{\overset{\diagup}{C}}}} \longrightarrow NiO_2-CH_2CH_2O-C\overset{O}{\underset{}{}}-OLi \qquad (16.39)$$

$$LiNiO_2 + H_3CO-\overset{O}{\underset{}{C}}-OCH_3 \longrightarrow \begin{matrix} NiO_2-CH_3 + CH_3OCO_2Li \\ NiO_2-CO_2Li + CH_3OLi \end{matrix} \qquad (16.40)$$

$$LiMn_2O_4 + 3x\,Li^+ + x\,Solv. \longrightarrow Li_{1+3x}Mn_{2-x}O_4 + x\,Mn^{2+} + x\,Solv.^+ \qquad (16.41)$$

$$2\lambda - MnO_2 + x\,Li^+ + x\,Solv. \longrightarrow Li_x Mn_2O_4 + x\,Solv.^+ \qquad (16.42)$$

式中，Solv. 指溶剂。

因此，界相沉积物将由电解质成分和正极活性材料的分解产物混合组成，前者是溶剂或阴离子的氧化产物，后者是正极材料晶格或者表面的过渡金属氧化物的还原产物。然而，传统上，包含过渡金属的界相区域通常被视为正极材料的表面降解，而非界相的一部分。一个典型的例子是高镍 NMC（$LiNi_xMn_yCo_zO_2$）正极，其表面晶格在高电压下脱锂（充电）时经常经历从层状转变为岩盐结构。事实上，这是一个涉及正极结构和电解质成分共同反应的结果，新表面结构的出现也应被视为最终所形成的 CEI 的一部分。

在更广泛的背景下，这个问题实际上与如何定义界相有关。鉴于它是电极和电解质反应的结果，是否应只考虑由电解质贡献的成分为界相成分？还是应该将与本体电极和本体电解质明显不同的整个区域视为界相？目前学术界非但未形成统一看法，甚至鲜少有人对此进行过严谨思考。

这些复杂性在负极一端则不存在，主要是因为锂化石墨或锂金属表面看似"干净"

的假象。在这两种场景中，电极都确实对界相的形成做出了贡献，前者贡献了锂离子和石墨边缘或缺陷位点的少量功能性氧化物或氮化物，后者贡献了锂离子和本征钝化层的氧化物、氟化物和其他杂质。然而，精确区分这些贡献的来源通常是不可能的，因此界相的简单定义实际上隐含了这些假设，即这些电极（锂化石墨和锂金属）是"干净"的，不对最终界相做出化学贡献。

16.6.2　锂金属电池中的界相

在成功开发了基于嵌入式化学的锂离子电池，并避开了被视为转换反应型危险负极材料的锂金属数十年后，研究人员再度关注锂金属，试图利用其高容量和低电极电位所带来的能量密度。如果其不可逆性和危险性能够通过我们的新知识和新技术得到有效抑制，这种负极材料仍具有较大吸引力[30]。

在第 16.5 节中，我们讨论了形成界相的两种截然不同的方式。由于其极低的本征电位，锂金属在与电解质接触时会诱发瞬时和无选择性的界相形成。理论上，电解质中的任何成分（溶剂、盐阴离子或添加剂）都有几乎相等的机会被锂金属还原并成为最终 SEI 的一部分。然而，实际上，即使在电解质注入之前，在锂金属表面已经形成了一层致密且覆盖全面的钝化膜，这一过程发生在其制造、包装和存储过程中，主要由氧化锂（Li_2O）、碳酸锂（Li_2CO_3）、氢氧化锂（LiOH）或氮化锂（Li_3N）组成。即使是在最严格条件下生产的锂金属（超净间/干燥房挤压、真空物理化学沉积等），其表面也不能做到绝无钝化膜。考虑到这种钝化膜的厚度（约 2 nm），它没有足够的能力隔绝电子隧穿，因此严格来说还不能算作界相，但它的存在确实使锂表面具有强碱性。这一事实，加上大多数最普遍使用的电解质呈酸性，不难预测在电解质注入时形成的瞬时界相将是这些"酸"和"碱"的反应产物，生成氟化锂（LiF）、磷酸锂（$Li_xP_yO_z$）、氟磷酸锂（$Li_xF_mP_yO_z$）以及这些本征成分的残余物（氧化物、碳酸盐、氢氧化物和氮化物）。

然而，这种瞬时界相不会持久存在，因为在锂金属电池的循环过程中，锂金属的沉积会产生新的锂金属表面，而这些新表面将继续与这些氧化物、碳酸盐、氢氧化物和氮化物以及电解质溶剂发生反应。因此，最终的永久界相的化学组成非常复杂，并且在化学组成和形态上极不均匀。如第 10.2.2 小节（图 10.2 和图 10.3）所讨论的，这种不均匀性是导致锂金属沉积不均匀和随后的枝晶生长的主要原因。

与锂离子电池一样，界相化学与所用电解质之间存在直接相关性。最早用于一次锂金属电池的电解质溶剂是氯化亚砜和二氧化硫，它们实际上是活性正极材料本身，即液体正极材料。它们与锂金属接触时形成瞬时界相。因此，在这些锂金属电池中，真正的电解质是这些无机溶剂在锂金属表面形成的界相，如氯化锂（LiCl）、硫酸锂（Li_2SO_4）或连二亚硫酸锂（$Li_2S_2O_4$）。由于这些液态正极材料的化学性质，这些界相仅作为一种被动的保护层，防止锂金属与这些活性材料进一步反应，而不需要支持可逆的电池化学反应。

对于可充电锂金属电池，需要非水有机电解质来支持锂金属的可逆沉积和剥离。与采用碳酸酯溶剂的锂离子电池不同，锂金属电池中经常使用的有机非水电解质包括酯类和醚类两类。

16.6.2.1 酯类

最早尝试使锂金属负极可充电的研究人员将无机和电化学活性溶剂（如亚硫酰氯）更换为更惰性的有机溶剂（如 PC），这会生成半碳酸盐（lithium propylene dicarbonate, LPDC）以及前述的无机盐，如式（16.13）所示。当 EC 用作电解质的一部分时，LEDC（lithium ethylene dicarbonate）则会作为主要的界相成分产生。由于这些半碳酸盐对电解质中的微量水分或质子非常敏感，因此在界相中还发现了半碳酸盐的不完全和完全水解产物，即碳酸锂（Li_2CO_3）和碳酸氢锂（$LiHCO_3$）。当然，半碳酸盐也容易受到氟化氢等酸性杂质的影响，最终生成氟化锂[12]。

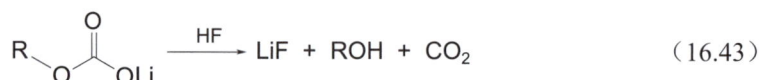

$$R-O-\overset{\overset{\displaystyle O}{\|}}{C}-O-Li \xrightarrow{\text{HF}} LiF + ROH + CO_2 \tag{16.43}$$

烷基碳酸酯也可能经历锂金属的连续电化学还原，变成完的两电子还原产物碳酸锂，这已通过比较新生的界相证实。基于这些知识，Aurbach 及其同事提出了 SEI 可能具有多层结构，其中简单的无机物如碳酸锂、氧化锂更稳定且性质更接近锂，而半碳酸盐更可能分布在外层[88]。随后，这种多层结构在不同电解质和电极化学中形成的各种界相上得到了证实。

类似于锂离子电池中石墨负极表面的界相，在锂金属表面也发现了聚合物。这些聚合物薄膜，最可能是由聚醚部分嵌入了氟化锂晶体，形成了 SEI 的镶嵌结构模型。最近的研究表明，由于锂金属的极端电势和在其沉积过程中不断出现的新锂金属表面，锂金属界相的实际结构尤其复杂。因此，界相的化学组成和形态不仅强烈依赖于电解质的化学组成，还依赖于形成它们的电化学条件和物理环境，包括镶嵌、多层甚至单质在内的多种结构都是可能的。因此，单一模型不足以解释如此复杂的现象。

锂金属 SEI 的物理和化学性质直接影响锂金属负极的可逆性和形态。已知 SEI 的粗糙度在很大程度上依赖于电解质的化学性质。例如，一般认为由氟化锂/氧化锂组成的 SEI 具有均匀的电流分布，但在许多研究中也观察到，微量水分会促进半碳酸盐分解成无机碳酸锂和碳酸氢锂，对非水电解质中的锂循环效率有正面影响。

总的来说，可能由于对还原过程固有的化学不稳定性 [第 10.2.1 小节，式（10.1）]，酯类倾向于在锂金属表面形成较厚且具有高电阻性的 SEI，除非使用其他共溶剂或添加剂，否则库仑效率通常在 70% ～ 90% 范围内。

16.6.2.2 醚类

与酯类相比，基于醚的电解质在实现锂金属的可逆沉积和剥离方面表现得更好，具有更薄且电阻更小的 SEI 界相以及更高的库仑效率（>90%）。这些优势至少部分来源于醚类分子对还原反应具有更好的抵抗力，而最终的界相成分包括无机成分如氧化物、过氧化物、氢氧化物、氟化物（如果阴离子或某种溶剂是氟化的），以及有机成分如醚类裂解、自由基生成/传播及后续重组的寡聚醚和醇盐等。

一个有趣的发现是醚类化合物也具有优先溶剂化和还原性能，但这似乎与酯类电解质的选择性能相反（表 16.2）。与酯类类似，醚类溶剂也分为两类，即环醚如四氢呋喃（THF）和 1, 3- 二氧戊环（DOL），以及线性醚如二甲氧基乙烷（DME）或高阶甘醇醚。同酯类相比，这些醚类在化学层面对还原更稳定；然而，它们仍会与锂金属反应，产生如前所述的无机和有机成分。通过 ESI-MS（第 12.2.2 小节，图 12.3）检测，DME 或其他线性醚显然是锂离子溶剂鞘中的优选溶剂分子，因为它们形成了极其稳定的螯合溶剂化结构。特别是，ESI-MS 确定了图 12.2 中显示的溶剂化结构 $[Li(DME)_2]^+$，在任何 DME-DOL 或 DME-THF 混合溶剂系统中，只要 DME 的摩尔分数超过 20%，$[Li(DME)_2]^+$ 就是主要物种。碳酸酯电解质的优先溶解和优先还原性能表明，优选的这些溶剂化溶剂分子应成为主要的界相贡献者。然而，对醚类来说情况完全相反。当线性醚和环醚作为混合溶剂一起使用时，人们发现环醚虽然不是锂离子溶剂鞘中的优选溶剂，却是优先还原的溶剂，这一共识得到了表面分析和计算的确认。

表 16.2　酯类和醚类溶剂的优先溶剂化和还原性能

溶剂	结构	
	环状结构	线性结构
酯类	在环状 / 线性酯类混合溶剂中，环状酯类溶剂能够优先溶剂化锂离子，如 $Li[(EC)_4]^+$，即 Li^+ 优先被 EC 溶剂化	线性酯类溶剂不能够优先溶剂化锂离子
	在还原性能及界相贡献中同样表现出优先行为	在还原及界相贡献中同样表现出非优先行为
醚类	在溶剂化过程中无优先行为，但在还原及界面贡献中表现出优先行为	在溶剂化过程中表现出优先行为，如形成 $Li[(DME)_2]^+$ 的络合物
	如 DOL（1, 3- 二氧戊环）在不同位置会还原断裂产生烷氧基	在还原及界相贡献中不具有优先行为

这种醚类溶解和还原之间的解耦似乎来源于几个因素的共同作用结果：线性醚在形成螯合结构时更灵活，其多氧配位位点包围锂离子并形成一个五元环或六元环螯合溶剂化结构，如图 12.2 所示，而环醚由于其环型骨架的约束不具有这样的行为。这使得锂离子溶剂化鞘主要由线性醚主导，典型的例子是 ESI-MS 检测到的 $[Li(DME)_2]^+$，这是基于混合醚溶剂的电解质中的主要物种。环酯（如 EC 或 PC）的环状结构使分子极性朝向羰基集中 [图 3.1（b）]，从而使整个分子高度极性，而线性酯（如 DMC 或 EMC）的更灵活结构则部分抵消了极性。这种差异可以通过环状碳酸酯与线性碳酸酯的介电常数（表 10.1）或溶剂化能力（表 12.1）清楚地看到。与醚类不同，酯类的羰基对锂离子溶

化（第12.2.1节，图12.1）和还原高度敏感［式（10.1）］，而醚类中的每个氧位点在溶剂化锂离子和抵抗还原方面几乎是平等的。在这种"平衡"条件下，结构不饱和度变成了决定环醚与线性醚相对反应性的唯一因素。

如前所述，从有机化学的角度来看，环状结构隐含了不饱和度，从而使环醚在化学上更易于被还原或氧化。表面分析和计算确定了环醚 DOL 上的两个可能位点，在这些位点，进入的电子会切断 C—O 键并产生阴离子自由基[31]：

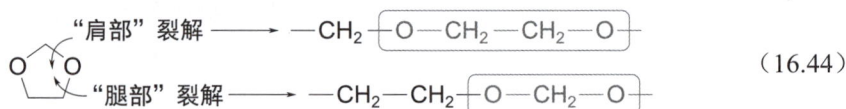

$$\text{（16.44）}$$

"肩部"裂解 ⟶ —CH₂─O—CH₂—CH₂—O─

"腿部"裂解 ⟶ —CH₂—CH₂─O—CH₂—O─

这两个裂解位点根据它们的相对位置分别被称为"肩部"和"腿部"。DOL 的独特结构使得可以区分由这两个裂解位点生成的碎片产物，因为"腿部"裂解会产生含有 O—CH₂—O 键的物种，如（CH₂CH₂OCH₂OLi）₂ 和含 Li—OCH₂O—（CH₂）₃O（CH₂）₂OLi，而"肩部"裂解只会产生含有寡聚醚键 O—CH₂—CH₂—O 的物种，如 LiOCH₂CH₂OLi、LiOCH₂CH₂OCH₂CH₂OLi 和 LiOCH₂CH₂OCH₂CH₂OCH₂CH₂OLi。

这些含有 O—CH₂—O 键的物种具有类似于羰基结构的独特光谱特征（如 X 射线光电子能谱中 C 1s 的 289 eV 或 O 1s 的 531 eV，或 NMR 光谱中 ¹H、¹³C 和 ¹⁷O 核信号的低场化学位移），并且对进一步还原相当稳定，而含有 O—CH₂—CH₂—O 键的物种则可以进一步还原为无机盐，如 Li₂O。因此，这两种裂解路径产生的各种产物的反应性差异导致了锂金属上 SEI 的层状结构，即主要由无机物种如 Li₂O 或 Li₂O₂ 组成的内层 SEI，这些物种由"肩部"裂解生成的含有 O—CH₂—CH₂—O 键的物种组成，而外层则保持更多的有机性质。

近年来，更多的注意力转向了多氟化醚作为溶剂，这些溶剂倾向于形成各种氟化界相物种（表 16.3）。尽管氟含量与 SEI 的有效性或库仑效率之间没有简单的相关性，但确实存在某些含氟界相表现出优于氟含量较少或不含氟界相的性能[32]。人们推测，除了氟含量外，这些氟化物在界相中的存在方式也很重要，不同的实验和计算技术表明，为了避免氟化物的离子绝缘性质带来的不利影响，氟化成分（氟化锂或有机氟化物）的粒径必须保持在纳米级。而在一些基于氟化醚的电解质中形成的 SEI 中，氟化锂或 C—F 物种可能成为少数，而锂和氧占主导地位，这表明 SEI 主要由无机氧化锂或过氧化锂物种组成。

表 16.3　用作新型电解质溶剂的氟代醚

溶剂①	结构	熔点/℃	F∶H②	HOMO/eV	LUMO/eV	黏度（25℃）/cP	电导率（25℃）/（mS·cm⁻¹）
双（2，2，2-三氟乙基）醚（BTFE）	F₃C⌒O⌒CF₃	62～63	1.5	−8.76	−0.5	0.7	4.88
1，1，2，2-四氟乙基-2，2，3，3-四氟丙醚（TTE）	F₂HC⌒C(F₂)⌒O⌒C(F₂)⌒CHF₂	93.2	2	−9.31	−0.5	1.43	2.44

续表

溶剂 ①	结构	熔点 /℃	F : H②	HOMO /eV	LUMO /eV	黏度 （25℃）/cP	电导率（25℃） / (mS·cm⁻¹)
三（2,2,2-三氟乙基）原甲酸酯（TFEO）	（结构式）	143	9 : 7	−8.84	−0.4	1.97	1.61

① BTFE，参考文献 [78]；TTE，参考文献 [79]；TFEO，参考文献 [80]。
② 分子中 F/H 比值。

　　先进表征技术的应用使我们能够更详细地了解锂金属表面生长的这些脆弱而敏感的界相。例如，Cui 和 Meng 团队分别应用冷冻电子显微镜揭示了在锂金属表面生成的 SEI 的化学组成、结构和形貌，发现它们强烈依赖于电解质的组成[89]。在一种醚类电解质（1 mol·L⁻¹ LiFSI 在 DME-TFEO 中）中，锂金属表面上识别出单质 SEI，其中无机成分主要是锂和氧，似乎在整个 10 nm 厚度上均匀分布，而氟化锂则几乎绝迹。最有趣的是，这些无机成分保持非晶态而非晶体状态。于相同电解质中生长在高镍 NMC 正极表面的 CEI 则刚好相反，其内层主要由氟化锂和其他氟化成分组成[90]。

16.6.3　添加剂带来的界相化学

　　正如在第 16.5.2 小节中简要讨论的那样，电解液添加剂提供了一种经济的方式来改变电极/电解液界相，而无需更换当前已优化的电解液体系的主要成分。这使得电解液科学家和工程师能够将体相性质（如离子溶解和离子输送）的要求与界面/界相间性质的要求分离开来，其中界面/界相间性质包括 HOMO/LUMO 定义的热力学稳定性、电解液组分在电极表面的界面组装、电解液的分解化学和由分解产物形成的界相提供的动力学稳定性等。这种解耦是重要的，因为电解液必须同时面对负极和正极的极端电化学条件，而这些对体相和界面/界相间性质的要求往往彼此冲突，基本上不可能用单一的电解液组成来满足所有这些要求。当追求更高能量密度的电池时，就会采用更低电压的负极材料和更高电压的正极材料，而负极材料和正极材料在这种极端电压条件下更具不稳定性。当电解液面对更具不稳定性的负极和正极材料时，这种冲突会变得更加严重，而电解液添加剂可以提供有效的解决方案。近年来，含有添加剂的电解液在文献中也被称为"功能性电解液"[33-34]。

　　正如锂离子或锂金属电池的负极侧更需要界相一样，大多数添加剂的开发都是集中针对负极表面的界相化学，尤其是石墨负极。这些研究专注于识别具有较低 LUMO 的化合物，以便它们在大多数主要电解液成分之前被还原分解。然而，如在第 16.6.2 小节中所讨论的那样，这种设计策略仍然是半经验性的，因为尽管计算可以精确预测 LUMO 能级和还原分解的电位，但它不能精确预测随后的分解产物是否具有界相所需的物理和化学性质。

添加剂已在商业锂离子电池中广泛使用，但由于每个制造商的商业保密性，它们的确切结构及使用情况很少在公开文献中报道，特别是那些比较有效的添加剂。专利和会议摘要偶尔会揭示这方面的某些信息，但这些形式的文献通常不提供机理上的解释。例如，Dahn 及其同事开发了高精度库仑计，并将其应用于研究添加剂如何影响电池性能。在他们的研究中，他们经常使用多种添加剂的组合，并选择最有效的电解液组成[91]。尽管这种方法在筛选大量可能的盐浓度、溶剂组成和添加剂结构的组合方面被证明是有效的，但这些添加剂实际上是以一种"黑箱"方式进行评估的，确切的潜在机制没有被揭示，背后的科学也不为人所知。

表 16.4 总结了在公开文献中报道的部分添加剂。在大多数情况下，这些针对 SEI 的添加剂的浓度应尽量保持在最低水平，以使电解液的离子输送和液态范围等体相性质不受明显影响。换句话说，对于理想的负极添加剂，其微量存在应该足以将界相化学和性质与体相性质分离开来。目前并没有官方标准定义添加剂浓度的上限，但研究人员普遍采用 10%（重量分数或体积分数）的人为标准。超过 10%，添加成分将被视为共溶剂而不是添加剂。

除了少数例外，旨在改变 SEI 化学性质的添加剂通常具有低 LUMO 或高还原电位，确保这些添加剂在体相的电解液主成分参与之前就在负极表面被还原。出于同样的原因，设计用于修改 CEI 化学性质的有限数量的添加剂将具有高 HOMO 或低氧化电位。这种比其他电解液成分更高的反应性要求通常导致化合物含有不饱和、环状或杂原子结构。表 16.4 中列出了一些在锂离子电池行业中被广泛使用的添加剂，然而电解液和电池制造商通常将添加剂视为商业机密，而成品锂离子电池中包含的添加剂成分大多已在 SEI 的形成过程中被消耗殆尽，所以难以拆解分析，因此很难确切知道商业锂离子电池中使用了哪些添加剂及其使用量。

表 16.4 电解液添加剂

添加剂	结构	HOMO/LUMO/ 电位（相对于 Li）
碳酸乙烯酯（EC）①		0.67 eV/-8.28 eV
碳酸亚乙烯酯（VC）		-0.25 eV/-7.21 eV
氟代碳酸乙烯酯（FEC）		0.19 eV/-8.80 eV
碳酸乙烯亚乙酯（VEC）		
碳酸丙烯乙酯（AEC）		1.50 V
甲基羧酸 -2- 丙炔酯（PMC）		0.83 V

续表

添加剂	结构	HOMO/LUMO/ 电位（相对于 Li）
磷酸三丙炔酯（TPP）		−1.47 eV/−7.93 eV
亚硫酸丁烯酯（BS）		1.8 V
1,3- 丙烷磺酸内酯（PS）		0.70 V
1,3- 丙烯磺酸内酯（PES）		
三甲基环三硼氧烷		
异氰酸苯酯		1.62 V
烷氧基环三硼氧烷		
磷酸三（六氟异丙基）酯（HFiP）		4.2 V

① EC 并非添加剂而是在此处作为参比。

在基础研究方面，虽然有少量研究致力于了解这些添加剂的工作机制，特别是它们在电化学或化学反应路径中如何运作以及最终生成哪些产物，但除了少数几个已经得到充分研究的添加剂如碳酸乙烯酯（VC）和氟代碳酸乙烯酯（FEC）以外，公开的知识仍然有限。

　　不饱和化合物一直被视为潜在的添加剂候选者，而 VC 是最突出的例子。通过对比理论计算数据和实验室合成的 VC 聚合物的实验光谱，提出了 VC 的自由基聚合产物是石墨负极和 LiCoO$_2$ 正极上的主要产物的理论：

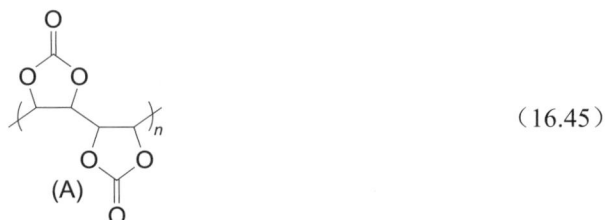

（16.45）

　　基于实验结果人们提出了一种反应机制，即自由基在 2.5 V（相对于 Li）电位下产生，然后自由基启动了链式反应生成一系列聚合物和低聚物产物：

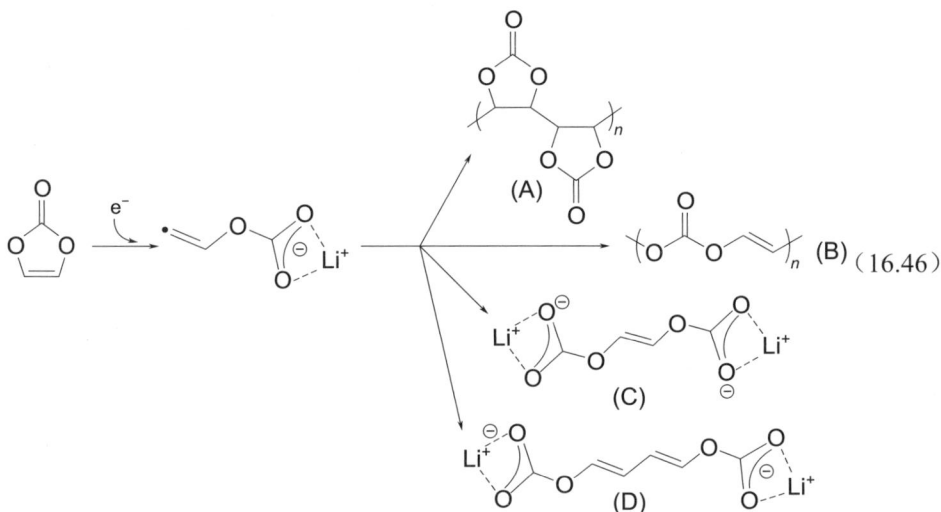

（16.46）

　　但在正极表面生成相同的聚合物产物的机制仍然不清楚，可能存在 VC 氧化生成相应自由基阳离子的机制，也可能存在"正负极串扰"机制，即当自由基物种寿命足够长时，可能扩散到电池的另一极并在对电极表面沉积。Dahn 及其同事通过量化库仑效率和第一次循环中消耗的不可逆容量，得出结论 VC 生成的聚合物在正极界相上比在负极界相上作用更为显著[92]。在更广泛的背景下，不饱和官能团（双键或三键、环状结构等）提供了一个可以同时在还原和氧化情况下进行聚合的位点。

　　此外，FEC 经历的则是不同的反应机制。一种可能的机制是 FEC 经历电子的亲核进攻，随后发生开环反应，最终生成嵌入聚合物中的氟化锂和碳酸锂，其中电子来自被电负氟激活的 C—O 键：

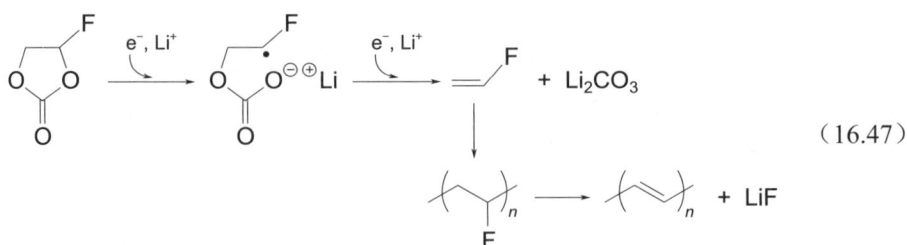

（16.47）

另一种可能的途径也会生成氟化锂，但 FEC 分子首先经历脱氟化反应形成 VC，随后进行类似于式（16.46）所示的一系列反应，最终导致聚（碳酸乙烯酯）的形成：

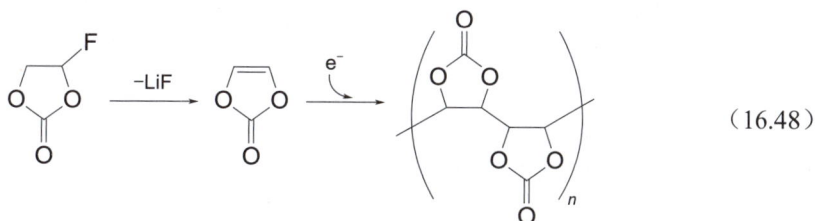

$$（16.48）$$

研究发现 FEC 对硅负极特别有效，并且已成为所有基于硅的锂离子电池中不可或缺的电解液溶剂，就像 EC 曾是基于石墨的锂离子电池中的重要溶剂一样。不管使用了何种硅材料，普遍共识是来源于 FEC 的界相通常更薄更致密。多种表面分析工具的分析发现 FEC 形成的界相化学成分更加富含无机组分（LiF）和有机氟化物（C—F），而在不含 FEC 的电解液中形成的界相则更多地含有富氧物种，如碳酸酯溶剂还原的氧化锂和烷基碳酸盐。

锂离子电池的 SEI 和 CEI 添加剂通常旨在实现两个不同但密切相关的目标：①减小首次循环中因形成 SEI 所需的不可逆容量；②最小化长期循环中的电池阻抗。对于新化学体系，如硅或锂金属负极，SEI 还应有助于控制这些负极材料的体积收缩和膨胀，此外还要抑制危险形态如枝晶和死锂的形成。

在锂离子电池研究的早期，Aurbach 及其同事还发现了各种气态添加剂，如二氧化碳（CO_2）、二氧化硫（SO_2）和氧化亚氮（N_2O），这些添加剂在中等压力（$3 \sim 6$ atm）下被引入电解液，并取得了不同程度的成功[93]。然而，由于施加压力会增加额外的成本并引发商业电池的安全问题，这些气态添加剂看起来不切实际，但在某些特殊应用环境，如太空、水下或极端温度下，加压电池是可以被采用的。近年来由 Meng 团队开发的液化气体电解液就是这样的例子。另外，研究人员也发现，如果电解液体系对这些气态添加剂具有足够的溶解度，就不需要加压条件。例如，二氧化碳已被用作"盐包水"电解液的有效添加剂，形成主要由氟化锂（来自 $TFSI^-$ 的分解）和碳酸锂（来自饱和"盐包水"电解液中自空气溶入的二氧化碳）组成的致密 SEI[94]。

16.6.4　超越锂离子电池的化学体系

如前面章节讨论嵌入式化学时所述，锂离子电池能量密度被不参与反应的电极的"惰性"质量所拖累，但这是为提高电池可逆性而做出的妥协。在完全锂化状态下，通常每个过渡金属元素只能容纳一个锂离子，这种惰性质量与活性成分（即锂离子）质量的比值在正极侧尤其高。为了突破这一限制，近年来进行了大量研究寻求超越过渡金属氧化物或磷酸盐材料来作为锂离子的嵌入宿主，以尽量减少或完全消除惰性质量[35]。这形成了基于锂／硫、锂／空气和各种转换反应化学（如金属硫化物或金属氟化物）的新兴电池化学体系，如第 10.4 节所述。这些"超越锂离子"的系统能量密度最高可达 10000 $W \cdot h \cdot kg^{-1}$。由于它们都使用金属锂作为负极材料，所涉及的 SEI 的化学组成和形貌与前一节讨论的相似，唯一的例外是锂/硫体系，其通过多硫化物穿梭引起的正负极串扰作用引入了硫基界相成分，如第 10.4.2.2 小节 [式（10.39）～式（10.42）] 中所描述的。但是，它们的 CEI 与锂离子电池中的不同，并且随化学体系变化而变化。

此外，锂离子电池也受到外部资源限制，因为主流化学体系主要依赖于锂、镍和钴等几种元素。而这些元素或在地壳中稀有或具有地缘政治、伦理风险。对成本或此类风险的担忧驱动了基于"地壳丰富元素"（如钠、钾、镁、钙或锌）的替代和更便宜的电池化学体系的探索。尽管涉及多电子反应的储存机制，但这些"超越锂离子"的系统所能实现的能量密度目标较为保守，但理论上这些多价系统（Mg、Ca 或 Zn）的理论体积能量密度高于锂离子电池。

这些"超越锂离子"的化学体系为界相带来了新的挑战。

16.6.4.1 锂/氧（Li/O$_2$）和锂/空气电池中的 CEI

锂/氧（Li/O$_2$）和锂/空气电池具有接近使用汽油为动力的内燃机（13000 W·h·kg^{-1}）的极高理论能量密度，这是因为锂是重量最轻、原子序数最小、电极电位最低的金属，而活性正极材料（O$_2$）存储在环境空气中，通常不计入设备的质量[36]。但实际上这种"超级电池"在电解液尤其是界相方面面临非常多的挑战。

在负极侧（锂金属），关于枝晶和死锂的挑战以及抑制它们的界相已在第 10.2 节和第 16.6.2 小节中讨论过。为了使电池可充电，必须排除环境中的侵入性杂质，如水分和二氧化碳（这在实际的电池设计上导致了锂/氧而非锂/空气的设置），还必须确保电解液有利于生成过氧化物（Li$_2$O$_2$）或超氧化物（LiO$_2$）而非氧化物（Li$_2$O）作为放电产物，因为 Li$_2$O 的极大动力学惰性会使电池变得不可充电。同样重要的是要确保电解液与这些过氧化物或超氧化物是稳定的，否则可能形成具有危险性的有机过氧化物。锂金属负极上的 SEI，空气正极上形成的 CEI 在可逆性中也起着关键作用。必须认识到，在锂金属负极的挑战尚未解决的情况下，在正极引入额外的挑战似乎对事情没有帮助。因此，在所有"超越锂离子"的系统中，锂/空气或锂/氧可能是最遥远的化学体系。

由于锂离子和锂金属电池知识的直接影响，碳酸酯和醚是大多数锂/氧电池研究中使用的两种主要溶剂，但它们与放电过程中生成的高反应性产物（即过氧化物或超氧化物），在化学和电化学稳定性方面往往存在问题[37]。正如第 10.4.2.1 小节所述，酯类和醚类都易受到过氧化物或超氧化物物种的亲核攻击。

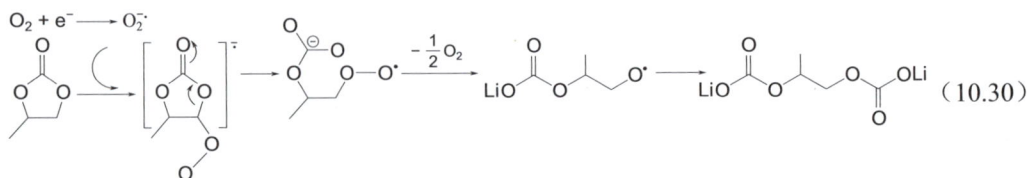

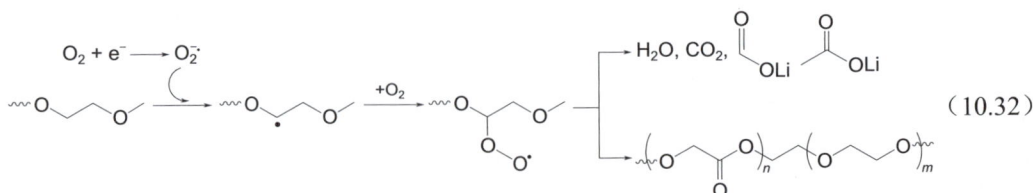

$$O_2 + e^- \longrightarrow O_2^- \tag{10.30}$$

$$O_2 + e^- \longrightarrow O_2^- \tag{10.32}$$

尽管上述还原过程可能看起来很熟悉，并且很容易让人联想到锂离子电池中在石墨表面发生的情况，但我们必须记住，我们现在观察的是正极表面，因此这些半碳酸盐、醇盐、羧酸盐和聚合物物种是通过氧化而不是还原过程生成的。这一事实再次表明，电池的两电极可能生成相同的表面化合物，尽管机理完全不一样。

由于这些物质大多对杂质非常敏感，如水分、酸（氢氟酸或部分分解的氟化阴离子）和二氧化碳，因此最终形成的 CEI 可能是包含更多稳定无机物种的复杂混合物，如氟化锂、氧化锂和碳酸锂等。这些二次反应在锂 / 空气电池中特别容易发生，因为来自环境的氧气、氮气、二氧化碳等不可避免地会带来杂质。与半碳酸盐、过氧化物、超氧化物和聚合物一起，这些固体产物构成了空气正极上的最终 CEI。研究还表明，锂 / 氧中的 CEI 并不是静态的，而是在每个充放电周期中经历周期性的溶解 / 还原和重新形成。这种空气正极上的动态 CEI，以及高反应性的锂金属负极和其上更动态的 SEI，构成了锂 / 氧和锂 / 空气化学体系的极大挑战。

16.6.4.2　钠 / 钾金属电极及钠离子 / 钾离子嵌入宿主上的 SEI

钠金属（Na^0）和钾金属（K^0）的电位接近但略高于锂金属（表 10.3），因此它们表面的界相与锂金属上的 SEI 类似，即以瞬时和不加区分的方式形成。钠金属和钾金属表面也覆盖有在制造、包装和存储过程中自发形成的天然钝化层。同样，这些天然钝化层与电解液在电池组装时的化学反应以及施加电位和新沉积的钠金属与钾金属表面驱动的后续电化学反应共同决定了最终 SEI 的化学性质[38-39]。

大多数钠和钾的电解液组分传承了锂电解液的材料和知识，因此醚类和酯类是最常用的两大类溶剂。因此，可以预期钠金属和钾金属上的 SEI 与锂金属上的 SEI 非常相似，这一点已被实验验证。在基于碳酸酯的电解液中，SEI 通常为分层结构，内层更多为无机性质，包含氧化物、氟化物、碳酸盐（Na_2O、NaF、Na_2CO_3 或 K_2O、KF、K_2CO_3）；外层更多为有机性质，包含半碳酸盐（如 $RO-CO_2Na$）和聚合物或低聚物。在基于醚的电解液中，SEI 的成分主要是氧化物和氟化物。在含有 FEC 的电解液中，氟化物（NaF 和 KF）占主导地位。

然而，确实存在一个显著差异，即无机物和有机物的相对含量。在钠电解液中形成的 SEI 中，有机成分（特别是半碳酸盐）的相对百分比远低于在锂或钾电解液中形成的 SEI。这种 SEI 的无机 - 有机性质似乎源于这些有机盐的溶解度差异，因为钠盐通常在非水溶剂中的溶解度比其锂或钾对应物更高。背后的原因是复杂的。一方面，盐的溶解度一般由阳离子的路易斯酸性决定，在这种情况下，顺序为锂离子 > 钠离子 > 钾离子。由于钠离子与溶剂分子之间的静电相互作用比钾离子与溶剂分子之间的相互作用更强，因此，钠盐比钾盐更容易溶解。另一方面，由于锂离子具有极小的离子半径，这导致了与锂相关的化合物的一系列异常性质，这在大多数无机化学教科书中都有讲述。在这种特殊情况下，极强的静电相互作用不仅存在于锂离子与溶剂分子之间，也存在于锂离子与其对应的阴离子之间，对应盐的最终溶解度由这两种相反效应的竞争决定。竞争的最终结果倾向于降低这些无机或有机锂盐的溶解度。

综合考虑，含有钠离子的有机盐最容易溶解，即使在界相反应中形成后，也最不可能保留在 SEI 中，因此 SEI 倾向于保留富含钠离子的无机盐；此外，锂离子和钾离子盐的相对较低的溶解度确保了它们的有机盐（半碳酸盐、草酸盐和醇盐）在最终 SEI 中可以保持合理的比例。

像锂金属电极一样，钠和钾金属电极也倾向于形成枝晶和死钠或死钾，而且由于具有较高的化学反应活性，它们可能比枝晶锂和死锂更危险，但它们的低价格仍然激发了研究者开发钠离子或钾离子电池的兴趣。这些电池遵循了类似于从锂金属到锂离子电池的路径。使用酯基溶剂时，石墨结构只能以极低的水平容纳钠离子（NaC_{44}），较高浓度的钠离子嵌入化合物在热力学上不利，而在基于醚的电解质中，溶剂化钠离子则可以可逆地共嵌入石墨并形成三元石墨嵌入化合物，这类似于第 10.3.2.3 小节描述的场景 Ⅱ（图 10.7）。在后一种情况下，尽管在初始循环中观察到不可逆容量，但我们仍认为 SEI 不应该存在，否则，一旦在石墨的边缘位点形成 SEI，溶剂化的钠离子如 $[Na(DME)_2]^+$ 就不能再进入和脱出石墨结构。因此，最常用的钠离子负极嵌入宿主是硬碳，其非石墨化结构提供了众多的钠离子吸附/嵌入位点。在钠电解液中所形成的硬碳上的 SEI 与在钠金属上形成的 SEI 不同，而是类似于锂离子电池中形成的 SEI，即以逐步和有选择性的方式形成。

根据各种表面光谱研究，钠电解液中硬碳上形成的 SEI 更类似于锂电解液中的 SEI，但一般来说，有机物种（半碳酸盐、醇盐）的含量低于无机物种，主要是氟化物或由盐阴离子（如 $TFSI^-$ 或 FSI^-）部分分解生成的其他物种。这一趋势可能与这些钠盐的溶解度有关。钠 SEI 中较高的无机性质也使得 SEI 比钾或锂 SEI 更薄（约 30 nm）。在钾离子电池中，石墨和硬碳都可被用作负极嵌入宿主，其中形成的 SEI 更类似于在锂电解液中形成的 SEI，无机和有机成分都呈层状结构。

16.6.4.3 多价金属电池体系上的 SEI

在企图使用多价离子（如二价镁离子 Mg^{2+}、二价钙离子 Ca^{2+} 和三价铝离子 Al^{3+}）作为工作离子的研究中，电解液组成和界相都面临难以克服的挑战[6,40]。多价离子对其环境施加的极强静电力显著增大了它们运动的阻力，在这里的"环境"包括溶剂分子、反离子或电极晶格和界相中的配位位点。在界相中，配位位点是固定的，不能随离子一起移动，离子必须以"跳跃模式"移动（参见第 12.3 节，图 12.8），因此多价离子必须先挣脱束缚，然后才能跳到下一个配位位点形成新的结合。跳跃模式的库仑阻力比溶剂化离子运动模式的阻力（图 5.15）要陡峭得多，而离子的多价性会使这些能垒变得更深，以至于更难逃脱。正因为如此，人们长期以来一直认为多价离子电池化学体系中不能在金属负极上形成任何界相。多价离子电解液的设计大多围绕这一中心认知展开，所用的溶剂和盐阴离子几乎完全限于那些已知的能抗还原的化合物，如各种氢化物（如硼氢化物）、由桥接多价阳离子稳定的有机金属负离子（如格氏试剂）或醚类溶剂。相反，如酯类、腈类和砜类溶剂在这一类电解液中基本被排除，因为它们本质上对还原电位不稳定，而这些金属的本征电位又低到足以引发还原反应（表 10.3），必然会在大多数这些金属上产生固体沉积物和界相。

基于这些强抗还原溶剂和盐的电解液确实能很好地实现多价金属的可逆沉积和剥离，在某些情况下，镁和钙的库仑效率甚至能达到 100%。然而，这种追求无界相的方向不可避免地会遇到另一个困境，即大多数基于氢化物、醚类或负离子的特殊电解液对氧化不稳定，因此这些电解液意味着将不得不排除使用高电压（>3 V）正极材料。因此，从开发实际的多价金属电池的角度来看，必须考虑多价电池负极或正极表面界相的设计、形成和调控，以便同时满足负极和正极相互矛盾的需求。

最近的研究进展似乎证明了允许多价离子传导的界相是可能存在的。例如包括在镁盐 $Mg(CF_3SO_3)_2$ 存在下丙烯腈单体在镁表面原位聚合构建的人工界相[41]。这种允许镁离子传导和电子绝缘的聚合物电解质层基本上解耦了镁电解液的负极和正极要求，允许使用碳酸酯电解液或水性电解液以及高电压镁离子嵌入正极材料。同样，通过电解液设计，使用超浓电解液或电极/电解液界相堆积惰性离子，发现可以形成一种有效的基于氟化锌（ZnF_2）和碳酸锌（$ZnCO_3$）的可传导锌离子的界相，有助于在重复沉积和剥离循环中抑制锌金属枝晶的生长。

这些研究可能代表了开发多价电解液的未来方向。正如我们从锂离子电池的成熟例子中学到的那样，电解液面临来自几乎每个电池组件的许多挑战，因此尝试遵循电解液的热力学稳定性限制（即无界相方法所追求的）将不可避免地减少成功的机会。相反，界相已被证明是一种有效的策略，可以使电解液与至少一些关键但相互冲突的要求（如抗氧化性和还原稳定性）解耦。随着多价离子不能穿越任何界相的信念被改写，大量的机会开始涌现，激励研究者去探索如何设计新界相以支持多价离子。

16.6.4.4　转换反应化学中的 CEI

如第 9.1.3.8 小节（图 9.8）和第 10.4.2.3 小节所讨论的，转换反应化学通常具有高容量和高能量密度，但其可逆性受限于每个充放电周期中电极结构必须经历的完全破坏和重建过程。因为这些电极的工作电位超出了电解液的热力学稳定性范围，这给电解液和界相都带来了特殊的挑战[42]。

以正被作为下一代正极材料探索的金属硫化物、氧化物和卤化物（尤其是氟化物）为例：

$$MX_n + nLi^+ + ne^- \rightleftharpoons nLiX + M^0 \qquad (16.49)$$

式中，M 代表铁、铜、镍或其他过渡金属或非过渡金属；X 代表阴离子，如 S^{2-}、O^{2-} 或 F^-。

一种提高转换反应化学可逆性的常见方法是设计各种纳米结构，使反应物和产物的结构重组局限在较小的尺度范围内，从而使相关物种的扩散路径足够短，以便它们在反复充电过程中能基本返回到原始位置。这种构造纳米结构方法的结果是，转换反应正极材料的表面积极大。尤其是那些新生成的纳米尺寸的金属颗粒 M^0 与电解液的反应活性很高，并且每个循环都会产生这种反应活性中心，类似于每次沉积过程中产生的新锂金属表面一样。

当这些转换反应正极材料在基于碳酸酯的电解液中放电时，发现了由不同长度的聚合物和磷酸酯组成的界相物种，这些物种似乎是介于磷酰氟化物（POF_3）和类 PEG 醇盐之间的酯化产物，前者由六氟磷酸阴离子（PF_6^-）生成，后者由环状或线性碳酸酯分子的自由基诱导脱羧反应生成：

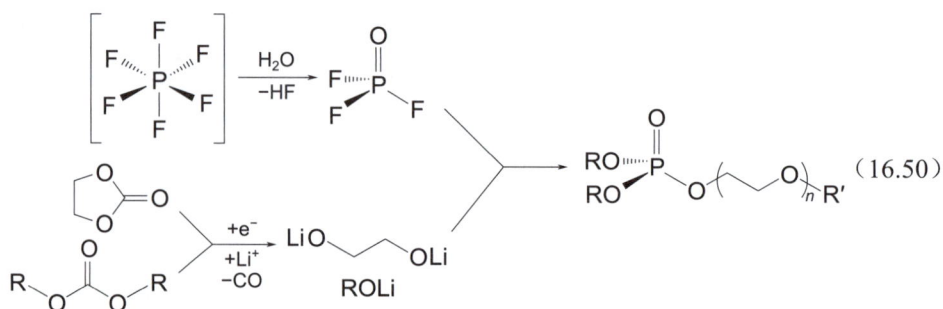

（16.50）

这种 CEI 非常特殊，因为在锂离子电池的界相中从未发现过类似的酯化过程。更奇怪的是，部分这种 CEI 物种在初始放电过程中形成，但在充电后立即消失。这反映了这种 CEI 在基于碳酸酯和六氟磷酸锂盐的传统电解液中内在的电化学不稳定性。

近年来，基于酯类和醚类（尤其是高度氟化的醚类）的高浓度电解液被用作替代电解液，有助于缓解这些转换反应材料可逆性差的问题。这些电解液中形成的 CEI 几乎完全来自六氟磷酸根（PF_6^-）、双（三氟甲磺酰）亚胺（TFSI）或双氟磺酸亚胺（FSI）盐等阴离子的氧化或还原分解产物。有人可能会认为在讨论正极材料时"还原"分解的出现很突兀，但事实上，由于锂离子和金属物种的扩散过程缓慢以及结构重组的动力学不良，大多数这些转换反应材料必须在宽电压范围内锂化和去锂化。这通常会在放电时将这些正极材料驱动到低电压区域，从而诱发电解液的还原分解。

尽管电解液和界相仍然是这些转换反应材料的主要挑战，但它们并不是唯一的挑战。为了使这些正极材料实用化，电极的结构设计应与电解液和界相的研究同步进行。

16.6.5 界相成分的稳定性

界相通常被认为是电池中最脆弱的成分，不仅因为它们具有纳米级尺度，易受机械损伤，还因为大多数成分在热、化学或电化学上都非常敏感。由于缺乏非侵入性和原位/实时检测工具来探测它们，对界相稳定性的理解仍然有限。

16.6.5.1 界相成分的溶解性

大多数电池装置由固体电极和液体电解液组成，因此界相必须保持固态，界相成分必须能抵抗电解液溶剂的溶解。包括氧化物、醇盐、碳酸盐、半碳酸盐、氟化物和草酸盐在内的大多数界相成分的溶解性已通过实验和计算评估。采用溶解热作为描述因子，有机盐的放热过程到无机盐的吸热过程顺序如下[43]：

聚合物/低聚物 <LEDC<LMC<LiOH<LEC<$LiOCH_3$<LiF<$(LiCO_2)_2$<Li_2CO_3<Li_2O

因此，最不易溶解的成分应是无机物（Li_2O、LiF）而不是有机物。这些典型无机锂盐的溶解度一般为 10^{-5} ~ 10^{-4} mol·L^{-1}。如果这些物质在扩散穿过电池后能在对电极上被氧化/还原，这种看似"很低"的浓度已经可以在每升电解液中引起 0.2 ~ 2 mA 的自放电电流。当然，这些界相成分的溶解和沉淀之间存在动态平衡，因此电极表面这些溶解物的任何形式的消耗都会促进界相的更多溶解，最终导致电池阻抗的增大。

无论溶解过程是吸热的还是放热的，随着温度的升高，这些物质的溶解会加速。当工作离子从锂离子变成钠离子时，预期这些界相物质的钠盐形式通常更易溶解，钾盐形式与锂盐形式大致相同，而多价离子形式（镁盐、钙盐或锌盐）则溶解性更差。在最常用的两种电解液溶剂 EC 和 DMC 中，上述溶解焓顺序大致相同，而这两种溶剂不仅在商业锂离子电池中常用，在大多数新兴电池化学研究中也常用。EC 对盐类的溶解度通常较高，因为其分子极性较高，溶解能力较强。唯一的例外可能是 LEDC，其在 EC 中的溶解度低于在 DMC 中的溶解度。这种偏差可归因于 LEDC 的构象约束，限制了溶剂分子中氧原子的可接近性。此外，LEMC 是 LEDC 的半水解产物，在长期循环后形成，溶解度比 LEDC 在非水溶剂中更高。

电解液溶剂对已形成的 SEI 的溶解无疑会对锂离子电池的性能产生不利影响。这是因为在长期循环过程中，受损的 SEI 必须通过与初始形成过程中相同的电化学反应不断得到修复，这个过程是电池在整个生命周期中电解液和活性锂缓慢消耗的部分来源。

我们不能单独考虑界相成分的溶解性，还应考虑其所在的电极，这是因为电极的电位似乎对界相成分的溶解速率有显著影响。当锂离子电池处于完全充电状态时，SEI 不仅仅是经历重复的循环，而是需要更多的"修复"。当然，在这种情况下，SEI 腐蚀过程不再是纯粹的溶解过程，可能涉及界相的电化学分解。例如，在完全锂化的石墨中，嵌入的锂离子不断从石墨结构内部通过不完美的 SEI 覆盖层扩散，并参与电解液溶剂的反应，以补充被电解液溶解的 SEI 成分。SEI 溶解速率和锂离子扩散速率之间存在平衡，这一平衡自然会随着电极电位的变化而变化。循环后的电池中的电极电位会周期性地从极端电位波动到中等电位，而处于完全充电状态的电池的高电位会持续以更高的速率驱动 SEI 修复。

16.6.5.2 界相的热稳定性

除了在高温下加速溶解外，界相成分可能还会经历热分解，尤其是半碳酸盐、醇盐和聚合物 / 低聚物物种等有机成分。在某些锂离子电池的安全研究中，界相成分的热不稳定性甚至被认为是触发热失控的原因，因为这些界相成分在较低温度（约 120℃）下的分解通常是放热的，这些过程释放的热量作为初始动量推动本身就处于热力学不平衡状态的电池体系克服动力学阻碍，从而激活一系列分解反应，进而产生更多的热量，并在链式反应中激活更多的反应。

除了在进行长循环时会经历部分水解成为单碳酸盐，有机界相成分在室温下的反应性似乎可以忽略不计。然而，这种演化过程在高温下会显著加速。在更极端的热驱动下，部分分解产物如 LEMC 很少被检测到，因为它被更完全的分解形式如碳酸锂所取代：

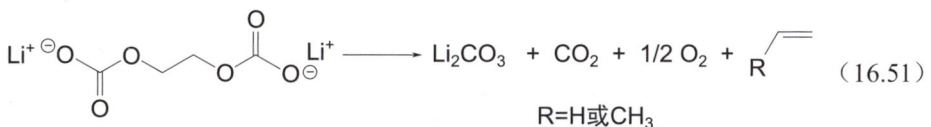

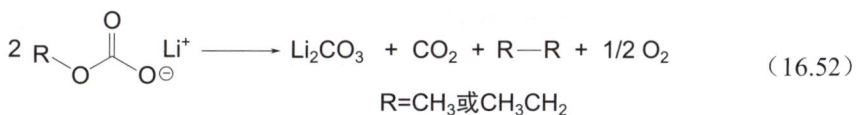

$$\text{Li}^+ \,{}^{\ominus}\text{O} \cdots \text{O} \cdots \text{O} \cdots \text{O} \,{}^{\ominus} \text{Li}^+ \longrightarrow \text{Li}_2\text{CO}_3 + \text{CO}_2 + 1/2\,\text{O}_2 + R \diagup \tag{16.51}$$

$$R=\text{H 或 CH}_3$$

$$2\, R \text{—O} \cdots \text{O}^{\ominus}\,\text{Li}^+ \longrightarrow \text{Li}_2\text{CO}_3 + \text{CO}_2 + R\text{—}R + 1/2\,\text{O}_2 \tag{16.52}$$

$$R=\text{CH}_3\text{ 或 CH}_3\text{CH}_2$$

这些热分解路径已被理论计算、热分析和表面分析结合气相色谱分析所证实。使用差示扫描量热法和热重分析，各种半碳酸盐的化学合成纯标本曾被系统地分析过，结果显示，此类化合物的主要热分解峰在 200 ～ 400℃ 的宽温范围内，但在主要热分解峰出现之前会在 120℃ 先出现一个次要的放热反应[12]。热分解的最终产物是醇盐：

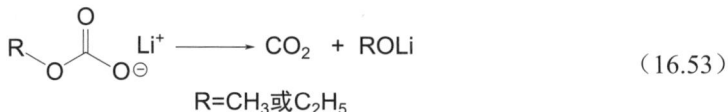

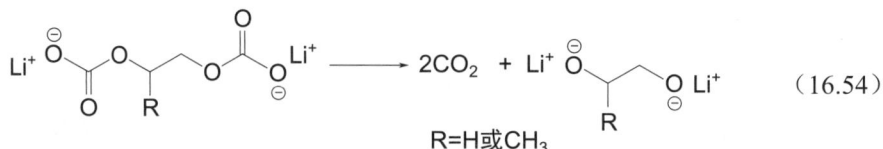

$$R-O-\overset{O}{\underset{O^{\ominus}}{C}}-O^{\ominus}\,Li^+ \longrightarrow CO_2 \ + \ ROLi \qquad (16.53)$$
$$R=CH_3 或 C_2H_5$$

$$Li^+\,O^{\ominus}-\overset{O}{C}-O-CH_2-\underset{R}{CH}-O-\overset{O}{C}-O^{\ominus}\,Li^+ \longrightarrow 2CO_2 \ + \ Li^+\,O^{\ominus}-\underset{R}{CH}-CH_2-O^{\ominus}\,Li^+ \qquad (16.54)$$
$$R=H 或 CH_3$$

随着温度升高（约 400℃），这些醇盐将会继续热分解，生成完全无机且更稳定的氧化物：

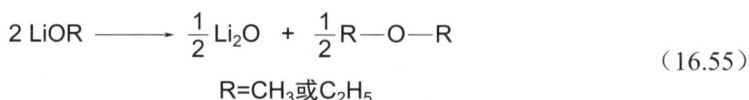

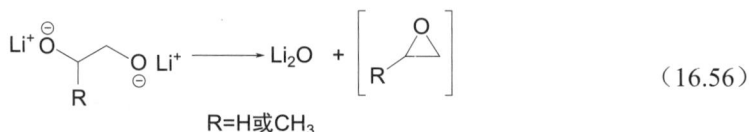

$$2\,LiOR \longrightarrow \frac{1}{2}\,Li_2O \ + \ \frac{1}{2}\,R-O-R \qquad (16.55)$$
$$R=CH_3 或 C_2H_5$$

$$Li^+\,O^{\ominus}-\underset{R}{CH}-CH_2-O^{\ominus}\,Li^+ \longrightarrow Li_2O \ + \ \left[\underset{R}{\overset{O}{\triangle}}\right] \qquad (16.56)$$
$$R=H 或 CH_3$$

最终，经历热分解的界相将仅包含无机物种，包括碳酸锂、氧化锂和在界相初始形成过程中由六氟磷酸根和四氟硼酸根阴离子还原生成的氟化锂。这些无机化合物的形成不仅通过热分解的半碳酸盐样品的化学分析得到证实，还通过热重分析得以定量确认，其记录的热重损失似乎支持生成氧化锂的路径。

当然，上述结论对界相热稳定性的指导意义是有限的，因为它们是从纯合成的半碳酸盐样品得出的，而真实的界相必须与电池环境中的电极共存，界相的稳定性不应单独研究，因为可以预计，它们分解的速率和程度受电极的充电状态影响。在这种情况下，界相的分解不再是一个简单的热过程，而是与界相的化学和电化学分解密切相关。

有一个有趣的现象是，在锂离子电池中原位 SEI 热分解后，SEI 中氟化锂、氧化锂和碳酸锂的含量显著增加。实际上，这部分是由半碳酸盐和其他有机物种的热和化学分解直接产生的［式（16.43）和式（16.51）］，部分是由于氟化锂、氧化锂和碳酸锂对热分解的稳定性更好：当较脆弱的有机成分如半碳酸盐或聚合物/低聚物物种消失时，它们的相对含量相应增加。

对 CEI 成分的热稳定性研究较少。热重分析显示，像在尖晶石锰酸锂（$LiMn_2O_4$）或钴酸锂（$LiCoO_2$）这样的过渡金属氧化物正极材料上，CEI 在电解质中于 140℃ 时经历热分解，并且带电正极材料和电解质显然也参与了这些反应，最终产生三氧化二锰（Mn_2O_3）或四氧化三钴（Co_3O_4）并释放二氧化碳。因此，很难将纯粹的 CEI 成分的热分解与后续更广泛的反应完全解耦，特别是当这些反应还涉及活性正极材料的溶解（锰二价离子 Mn^{2+}、镍二价离子 Ni^{2+} 或钴三价离子 Co^{3+}）和相应的正极晶格结构转变时。由于使用了六氟磷酸根和四氟硼酸根等酸性阴离子，这些复杂反应的结果往往是在正极表面留下大量的氟化锂和聚碳酸酯类物质。

对于锂离子电池或其他先进高能量电池来说，热不稳定性的极端情况是所谓的"热失控"，这代表了由热激活所引发的灾难性连锁反应，该过程中所有电池组分将完全分解直到达到热力学平衡，释放出该热力学不平衡体系所包含的几乎全部势能。这一系列反应不仅涉及电解质或界相成分，还包括电极材料中的活性成分。热失控被认为是由电池局部放热反应引发的，因为大容量电池的内部几乎是一个绝热的环境。这种条件下产生的局部热量无法有效散逸，这样就激活了更多的反应，并最终在非常短的时间内（<10 s）诱发所有潜在反应。在如此混乱且剧烈的过程中，通常无法精确确定哪个成分与哪个成分反应，或者反应途径是什么。整个电池完全燃烧，导致反应产物的分析也变得困难且不必要。在这种极端热事件中，我们唯一可以依靠的信息是所有电池组分的热力学性质，例如氧化性正极材料、还原性负极材料和易燃电解质溶剂之间完全反应所预期的焓或热量。我们知道，在这些反应中，非水电解质溶剂、聚合物黏结剂和隔膜都是有机燃料，而带电正极是焓的主要贡献者。但对典型锂离子电池（如石墨负极、氧化钴锂正极和碳酸盐基电解质）的各种研究表明，锂化石墨的 SEI 不稳定性可能是引发所有这些电池组分连锁反应的关键。这是因为，在所有这些组分中，这些锂离子电池中的 SEI 具有最高的热不稳定性，因此具有最低的"起始"温度阈值（约 120℃）。但随着更安全的高氟化电解质和更稳定的 SEI 的引入，以及更具反应性的正极材料（如高镍过渡金属氧化物）的使用，热失控的触发点可能会转移到正极侧的 CEI 或电解质，因为脱锂正极材料具有释放氧气的强烈趋势，这会与电池中的所有有机材料（隔膜、黏结剂等）反应，哪怕电解质溶剂本身不易燃。

16.6.5.3　界相的化学稳定性

虽然大多数有机和无机界相成分与电解质中的各种杂质（如水分、酸或电解质盐阴离子和溶剂的分解产物）具有反应性，但氟化锂可能是唯一的例外，因为它在化学和电化学上都很稳定。

令人惊讶的是，尽管碳酸盐具有碱性特征，但当纯半碳酸盐样品与典型的非水电解质（如六氟磷酸锂和四氟硼酸锂电解液）混合时，其与酸性盐之间的反应性几乎可以忽略不计。然而，这些盐对应的路易斯酸（即三氟化硼 BF_3 和五氟化磷 PF_5）却与半碳酸盐剧烈反应，释放二氧化碳。对产物的光谱分析表明，反应可能通过以下途径进行 [6,12]：

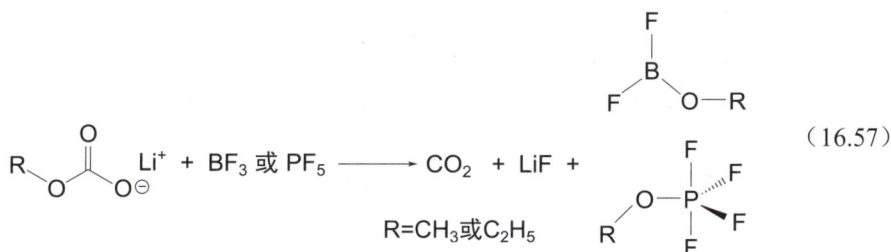

$$\text{R} \cdot \text{O} \cdot \text{C}(=\text{O}) \cdot \text{O}^{\ominus} \text{Li}^+ + BF_3 \text{ 或 } PF_5 \longrightarrow CO_2 + LiF + \quad (16.57)$$

R=CH₃ 或 C₂H₅

$$(16.58)$$

与氧化锂或碳酸锂一样，半碳酸盐也具有碱性，因此对酸特别敏感，而目前的锂离子电池电解质中酸总是以微量氟化氢的形式存在。该反应释放二氧化碳并将有机界相成分转化为氟化锂：

$$(16.59)$$

$$(16.60)$$

除了酸以外，半碳酸盐对电解质或环境中的水分或湿气也极为敏感，这些反应导致形成碳酸锂或碳酸氢锂，具体产物取决于系统中是否有足够的水以允许对其完全水解：

$$(16.61)$$

$$(16.62)$$

$$(16.63)$$

$$(16.64)$$

由于这两种无机物质的光谱特征非常接近且难以区分，在界相中明确识别半碳酸盐会受到表面分析过程中遇到的湿气干扰，这种无所不在的干扰可能是许多文献中声称碳酸锂是界相主要成分的原因。正如我们从上述讨论中所看到的，实际情况可能要复杂得多。半碳酸盐的部分或完全水解可能会在系统中水分极少时导致碳酸锂、碳酸氢锂或单碳酸盐的生成［如式（16.19）所示的 LEMC］。

16.6.5.4　界相的电化学稳定性

界相的形成是由电解质和电极之间的反应性驱动的，界相在隔绝电子传导方面的有效性确保了电极和电解质之间的亚稳态。尽管研究人员通常认为界相的形成过程是不可逆的，因此界相一旦在电极表面形成就是永久存在的，但实际情况却没这么简单。在电子绝缘未完全建立的情况下，形成的界相物质仍然可能存在电子的供给或获取，因此界相在形成后可能仍会发生电化学氧化或还原[23,44]。如式（16.19）所示，在 SEI 中识别到 LEMC 证实了这种由化学或电化学不稳定性而导致的演变[22]。

　　界相形成的早期阶段，当新生的界相尚未完全与电极本体隔离时，存在部分电子接触的情况发生。因此，在原位 / 实时表征手段下，如光学显微镜和原子力显微镜，经常观察到界相在形成后再消失。一个例子是将石墨碳表面极化到足够低的电位以形成界相但不足以进行锂离子嵌入，这时如果反转电极电位，可以明显看到在第一次极化中形成的界相消失了。因为在循环过充中电位变化是可逆的，这一过程显然与电化学反应有关，即电极和电解质之间存在电子交换。在这种情况下，由电解质成分（溶剂、盐阴离子等）的还原产物组成的界相会被重新氧化。但是，在石墨电极被极化到足够嵌入锂离子的低电位后，或者电极经过足够长时间的反复循环后，形成的界相转变为更稳定的存在，且不太可能重新被氧化。

　　这种半可逆过程反映了电极表面的新生界相或原始界相的不稳定性。最近，使用最先进的定量技术——原位电化学石英晶体微量天平（electrochemical quartz crystal microbalance, EQCM）对这种不稳定性进行了研究，这种方法是将薄的石墨碳膜附着在石英晶体表面上进行测试。从 EQCM 检测到的质量增加来看，新生界相或原始界相在化学成分上似乎与永久界相的成分没有区别，即界相仍然以 LiF（来自盐阴离子六氟磷酸根 PF_6^-）和 LEDC（EC 的单电子还原产物）混合物为主。然而，这些新生的原始界相中的 LEDC 的行为与永久 SEI 中的 LEDC 完全不同，它是能被氧化的。EQCM 重复验证了每单位电荷的质量损失（m/z）为 67.1，假设相应的机制是 LEDC 的双电子氧化，生成氧化锂和三种气体产物（二氧化碳、氧气和乙烯）：

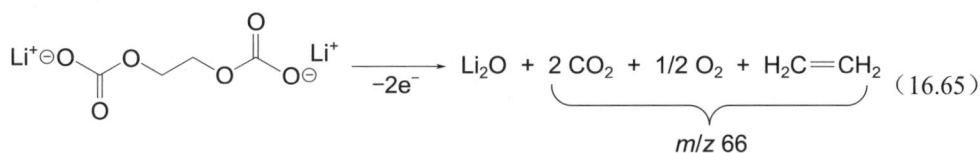

$$\text{Li}^+\ominus\text{O}\underset{\text{O}}{\overset{\text{O}}{|}}\text{O}\diagup\diagdown\text{O}\underset{\text{O}}{\overset{\text{O}}{|}}\ominus\text{O}\ \text{Li}^+ \xrightarrow{-2e^-} \text{Li}_2\text{O} + \underbrace{2\,\text{CO}_2 + 1/2\,\text{O}_2 + \text{H}_2\text{C}=\text{CH}_2}_{m/z\ 66} \quad (16.65)$$

　　那么三种气体的质量损失（m/z）恰好为 66，考虑到合理的实验误差，这与 EQCM 测量到的质量损失值（m/z=67.1）非常接近。

$$单位电荷质量损失 = \frac{2M_{\text{CO}_2} + 0.5M_{\text{O}_2} + M_{\text{C}_2\text{O}_4}}{2} = \frac{2\times44 + 0.5\times32 + 28}{2} = 66 \quad (16.66)$$

　　其他定量实验也进一步证实了上述反应途径：石墨电极进行的表面分析（原位拉曼和非原位 XPSF 方法）检测到氧化锂的存在，同时色谱分析检测到了这三种气体产物，同时还确定了二氧化碳∶氧气∶乙烯的相对摩尔比为 4∶1∶2。在界相研究实例中，这是一个极罕见的以高精度的定量结果来直接证实表面反应机制的实例。

16.6.6 争议中的界相成分

如上所述，界相的复杂性已广为研究者承认。正如 Winter 曾评论的那样，界相是"先进电池中最重要但我们对之了解最少"的成分[95]。尽管最近几十年针对界相进行了大量研究，但因为仍然存在的许多基础问题的争议，这一现象仍然突出。引用一句古希腊哲人的表述，我们对界相了解得越多，我们就越知道我们对它的了解有多么少。随着我们对新兴和"超越锂离子"化学的电极上界相研究的推进，界相化学变得越来越与负极和正极材料中发生的氧化还原反应交织在一起，这种悖论将继续存在。

16.6.6.1 关于碳酸锂

在锂离子电池的界相成分中，争议最大的可能是碳酸锂。毫无疑问，在石墨负极上的 SEI 中经常检测到碳酸锂，所以它曾一度被认为是 SEI 的唯一化学成分。早期认为碳酸锂源自碳酸酯分子（如 EC 或 PC）的双电子还原，但这个观点被 Aurbach 及其同事纠正了[96]。表面分析中经常识别出的碳酸锂组分实际上是一个假象，很可能是水分管理不善导致半碳酸盐水解的结果［见式（16.61）和式（16.62）］，也可能存在碳酸氢锂的干扰［见式（16.63）和式（16.64）］。然而，Aurbach 及其同事的纠正并没有结束争议，因为在随后的十年中，许多研究人员仍然将碳酸锂描述为 SEI 的成分，而其他人则强烈反对。一些研究平衡了这一争论，并得出结论，碳酸锂的存在取决于电解质成分和电池循环历史。例如，有研究称在基于双（三氟甲磺酰）亚胺锂（LiTFSI）电解液中循环的石墨上，碳酸锂是唯一主要的界相成分；而在基于 LiTFSI 的变体［如双（乙烷磺酰亚胺）锂，LiBeti］电解质中，则会发现半碳酸盐和碳酸锂的混合物。此外，一些研究结果显示，仅在老化的石墨电极上观察到碳酸锂，在新鲜循环的石墨上没有检测到碳酸锂。最近的一项研究认为 LEMC 是主要的界相成分，识别它需要对表征环境中的水分含量进行严格控制。

DFT 计算倾向于认为碳酸盐的双电子还原路径不太可能，因为其能垒达到 0.5 eV，而半碳酸盐更容易形成。然而，上述能垒可能还不够高，不足以使半碳酸盐成为唯一的界相成分，因此合理的结果是形成半碳酸盐和碳酸锂的混合物。其他计算结果表明，双电子还原机制不一定产生碳酸锂；相反，在释放一氧化碳后的多步过程中，乙二醇可继续生成碳酸根、一氧化碳、烯烃、烯烃二碳酸酯（如 LEDC）甚至聚合物物质。

Edström 等将这种差异归因于实验误差[45]。他们注意到，大多数使用 XPS 研究界相成分的研究人员并没有使用密封的样品容器，因此在从循环电池中回收电极以及将电极样品制备和转移到 XPS 仪器的真空样品室过程中，环境湿气会立即将半碳酸盐转化为碳酸锂，因此出现了碳酸锂的假象。事实上，碳酸锂的来源不限于半碳酸盐。例如，如果在处理电极样品时没有严格控制湿气和空气，氧化锂（常检测到的界相成分之一）也会与环境中的二氧化碳反应形成碳酸锂。

16.6.6.2 关于氟化物

氟化锂是另一种具有争议的界相成分。作为对氧化和还原最具抵抗力的元素，氟应该是 SEI 和 CEI 中的理想成分，事实上在大多数界相中均发现氟化锂，这一逻辑似乎得到了证实。然而，界相中的氟含量是一个复杂的问题，关于此问题有许多相互矛盾的报道[32,46-49]。

早期对有效界相的研究使人们认识到溶剂分解产物是石墨负极上 SEI 的主要成分来源，包括半碳酸盐（RO—CO$_3^-$）、碳酸盐（CO$_3^{2-}$）、醇盐、草酸盐、氧化物和聚合物等。在相关文献中，SEI 中也发现了氟化物 [如氟化锂或氟磷酸盐（PO$_x$F$_y$）]，但它们通常被认为是界相中的有害成分，因为它们可能是氟化盐阴离子（六氟磷酸根 PF$_6^-$、四氟硼酸根 BF$_4^-$ 或六氟砷酸根 AsF$_6^-$）不稳定的水解产物，其存在只能使界相对锂离子的导电性降低。这种看法似乎可以通过对氟化锂体相特性的知识得到证实，氟化锂在体相状态下既是离子绝缘体也是电子绝缘体。因此在那些因高阻抗而失效的电池中，经常发现过多氟化的界相，这导致人们认为氟化物是不理想的界相成分。

然而，其他研究，特别是那些专注于新化学电池的研究，开始扭转上述对氟化物的负面印象。在大多数情况下，可以有效实现高反应活性的电池体系（如基于高电压或高镍层状氧化物的正极材料，或金属氟化物和氧化物的转换反应材料，或基于锂金属或硅的负极材料）运行的电解质中通常必须含有丰富的氟源，无论是以高浓度的盐阴离子形式，还是带有氟取代基的溶剂分子形式。这些电解质成分中的氟源最终进入了两侧的界相，氟化物的形式包括氟化锂和有机氟化物。一些表征发现，这些氟化合物大多以晶态或非晶态的纳米尺度存在。这一结果可能意味着，上述关于是否应在界相中引入氟化物的争议实际上并不是问题的本质，除了化学组分外，这些氟化物如何在界相中存在和分布同样重要，或者说它们在界相中与其他物质的排列和相互作用很重要。这是设计未来高性能电池化学体系所需要的有关电解质的关键知识，但也是电池和材料研究界目前尚未掌握的知识。

16.6.6.3 关于氢化锂

氢化锂（LiH）是截至 2022 年仍未得到充分研究的神秘界相成分[50-52]。在这种物质中，氢原子带有负电荷（即 H$^-$），因此它与电解质中的所有氢源都不同。无论是无机物（水、氢氧化锂、碳酸氢锂）还是有机物质（所有碳酸盐溶剂和添加剂中的 C—H），这些物质中的氢原子多多少少带有正电荷（即 H$^+$ 或 H$^{\delta+}$）。因此，氢化锂的形成必须通过还原过程在负极一侧发生。

在负极上的各种还原分解过程中，确实有可能让有机物质中的氢从电极中获得一个电子并成为氢化物，但这一过程必须与其他还原过程竞争，其中电子更倾向于转移到更具亲电性的位点，如氧旁边的碳上 [见式（16.12）和式（16.44）]，尤其是羰基中的碳上。在能垒图中，与醚类或酰基断裂相比，C—H 的还原在热力学上是较难进行的，而带正电荷的氢（如 H$^+$ 或 H$^{\delta+}$）在还原为带负电荷的氢化物之前还必须经历一个中间态 H^0，即氢原子或氢气。由此判断，氢化物形成来源更可能是已经在电解质系统中生成的 H^0，这些 H^0 是由水或氢氧化锂中的活性质子生成的：

$$Li^0 + H_2O \longrightarrow LiOH + H^0 \tag{16.67}$$

$$2LiOH + e^- \longrightarrow Li_2O + OH^- + H^0 \qquad (16.68)$$

反应生成的 H^0 物质如原子态的氢直接与锂金属反应并还原为氢化物：

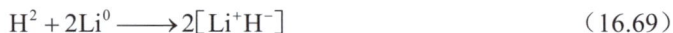

$$H^2 + 2Li^0 \longrightarrow 2[Li^+H^-] \qquad (16.69)$$

事实上这正是氢化锂商业合成的途径，这里锂金属处于熔融状态，反应［式 (16.69)］必须在高温下（>300℃）进行。但这种反应能否在室温的电池环境中发生？从热力学上看，上述反应在环境条件下似乎是不可能发生的，因为在标准状况条件下，即 298 K、1 atm（1 atm=101325 Pa）和所有涉及的物质活度为 1.0 时，反应的吉布斯自由能（$\Delta_r G$）不是负值，原因是氢化锂的 $\Delta_r G$（-68.3 kJ·mol^{-1}）处于中等水平，而锂金属（-127 kJ·mol^{-1}）和氢气（-407 kJ·mol^{-1}）的 $\Delta_r G$ 较高。然而，在电化学条件下，尤其是在电池环境和界相约束下，基于标准吉布斯自由能的热力学预测不一定成立。例如，反应式 (16.69) 中的氢气应该是从水或氢氧化锂的界相和原位还原生成的，因此存在一种稀有的原子态氢形式，其与锂金属的反应性可能偏离热力学预测。此外，不涉及锂金属的这种原子氢的直接电化学还原也是可能的：

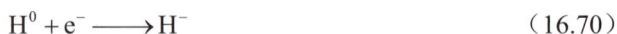

$$H^0 + e^- \longrightarrow H^- \qquad (16.70)$$

通过在非水电解质中将新鲜的锂金属暴露于氢气，然后使用傅里叶变换红外光谱（FTIR）分析表面，Aurbach 及其同事发现，无论反应通过何种途径进行，氢化锂可能确实已经形成[97]。一些最近的研究提供了更直接的证据。例如，在金属氧化物转换反应材料［如氧化钌（RuO$_2$）］上，当材料放电到低电位［约 0.8 V（相对于 Li）］时观察到氢化锂，这归因于氢氧化锂的电化学还原；或者当锂金属从酯基电解质中沉积然后通过低温电子显微镜（cryo-EM）测定时，发现一些枝晶完全由氢化锂组成。然而，其他使用类似低温电子显微镜技术（cryo-EM）或定量化学滴定技术的研究没有发现任何氢化锂，这些枝晶只是被 SEI 覆盖的锂金属纳米线。基于同步辐射的 X 射线衍射（XRD）和对分布函数分析也被用于解释这个谜团，结果发现氢化锂和氟化锂很可能以固溶体（LiF$_{1-x}$H$_x$）的形式共存，两者的晶格参数相近，使得区分变得困难。因此，一些以前的研究可能将氢化锂误认为是氟化锂。因此，为了证实氢化锂是否在界相中存在，需要做更多的研究。

最后，需要指出的是，即使氢化锂确实通过上述过程之一在电极表面形成，它也是一种亚稳态化学物质，当电解质中有水分或氧气时，它很容易转化为氢气或原子态 H^0，这可能是其难以捉摸和饱受争议的原因。

16.6.7 工作离子如何穿越界相

这是一个从未被充分理解的界相关键特性。到目前为止，关于界相这一关键特性的所有知识仅仅基于模拟、间接实验结果和推测[53-55]。

如前几节所述，界相必须绝缘电子并传导工作离子。前几节还概述了锂电池中构成界相的主要化学成分，包括无机物（氟化锂、氧化锂或碳酸锂）、有机物（草酸盐、半碳酸盐或醇盐）和聚合物（$+CH_2—CH_2—O+_n$）。然而，这些物质在体相状态下都是公认的离子绝缘体，唯一例外的是聚合物聚环氧乙烷，其通过自身的分子段运动可以实现中等的锂离子导电性（通常在室温下为 $10^{-5} \sim 10^{-6}$ S·cm^{-1}）。大多数 SEI 中聚合物成分的存在量较小，似乎不能形成贯穿整个界相的联通网络，因此不能指望它们的存在能解释界相中的离子传导。更进一步，有研究发现，具有简单甚至单一成分的界相（如氟化锂或氧化锂）也可以以较快的速度传导锂离子。

模拟计算表明，这些组分中的离子电导率（或离子扩散系数）都极小（表 16.5）。例如，在室温（25℃）下，锂离子在氟化锂、氧化锂和碳酸锂中的扩散系数为 $10^{-16} \sim 10^{-17}$ m^2·s^{-1}，对应的离子电导率约为 10^{-10} S·cm^{-1} 或同数量级。同时，我们知道锂离子电池可以在极高的功率密度（高达 10^4 W·kg^{-1}）下工作，这意味着界相对工作离子应该具有相当可观的导电性。

我们现在面临一个明显的矛盾：当 SEI 和 CEI 是由低离子电导的组分构成时，锂离子电池如何实现高倍率的充放电？在分子水平上，这个问题变成了：工作离子如何在高阻抗的物相中较快地迁移？ Harris 及其同事设计的同位素标记实验可能是理解这一矛盾的首次尝试，尽管它仍未从分子层面给出这些问题的答案，但它明确告诉我们界相对锂离子的导电性远远高于这些界相成分的本体离子传导能力。在这个实验中，研究人员在铜基底上形成了一个富含一种同位素锂（^{6}Li）的 SEI，然后从电池中回收并冲洗铜，随后将 ^{6}Li-SEI 暴露于基于富含另一种同位素锂（^{7}Li）的电解液中。他们观察到短时间（几分钟）后，发生了广泛的 ^{6}Li-^{7}Li 交换。换句话说，无论这些界相成分是氟化锂、氧化锂、碳酸锂等无机物质还是草酸盐、半碳酸盐和醇盐等有机物质，这些成分内部的大多数锂离子（多达 99%）实际上是高度可移动和可替换的，这是通过计算得到的本体低电导率和扩散系数所不能解释的。

表 16.5 特定界相组分的自扩散系数（D_i）和离子电导率（σ）计算值

参数	界相组分		
	LiF	Li$_2$O	Li$_2$CO$_3$
D_i（27℃）/（m^2·s^{-1}）	3.93×10^{-16}①	4.01×10^{-16}①	4.90×10^{-16}① 8.4×10^{-16}②
σ/（S·cm^{-1}）①	1.46×10^{-9}④	1.49×10^{-9}④	1.1×10^{-11}③ 1.83×10^{-9}④ 4.11×10^{-5}⑤

① 来源：参考文献［77］。

② 来源：参考文献［54］。

③ Li$^+$ 采用如图 16.6 非化学计量配位时的自扩散系数。

④ 从参考文献［77］计算得到。

⑤ 从参考文献［54］计算得到。

这一发现导致了这样的认知，即锂离子穿越界相的传导应该是通过一种"连续替换"机制进行，在某种意义上类似于第 5.2.8 小节（图 5.14）所述的质子传导的 Grotthuss 机制，只是速度更慢且没有与远距离其他锂离子同步的情况。齐月（Qi）及其同事进行了计算模拟，以深入了解这种机制。使用晶态碳酸锂作为模板界相成分，他们提出了一种分子机制，其中锂离子可以通过最大化其与环境的"溶剂化数"来最小化其运动的能垒[98]。如第 12.3 节所述 [图 12.8（c）]，锂离子在固态电解质中可以被认为是"溶剂化"的，其中氧化物（O^{2-}）或硫化物（S^{2-}）阴离子通过与裸露的锂离子配位来稳定，这种观点可以扩展到界相（SEI 和 CEI），因为它们本质上也是"固态电解质"。因此，在静态状态下，得益于界相成分的晶体结构，锂离子应按化学计量与骨架上的阴离子配位。在碳酸锂中，这个配位数是四（左侧单元，图 16.6），因为每个锂离子与四个氧化物阴离子配位形成四面体。需要注意的是，严格来说，碳酸盐阴离子 CO_3^{2-} 中的三个氧原子并不相同，一个通过 C=O 双键与 sp^2 杂化的碳相连，另两个带有电荷的氧原子通过 C—O 单键与同一个碳相连，但 CO_3^{2-} 的共轭结构和随后的共振效应使这三个氧原子等效，使每个氧原子带有部分电荷。因此，作为第一近似，我们可以将碳酸锂晶格中的所有氧原子都视为氧阴离子。

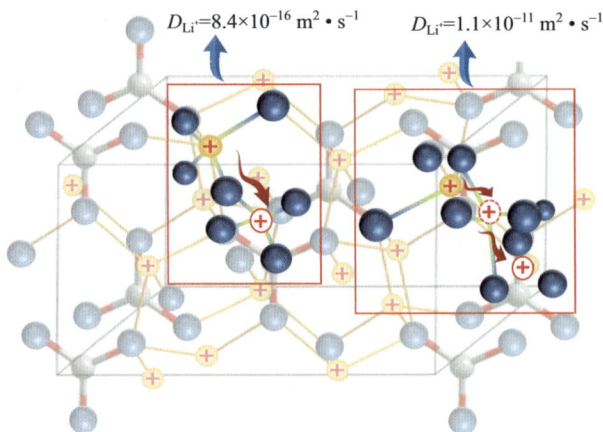

图 16.6 假设结晶态 Li_2CO_3 是唯一的界相成分，锂离子在界相中的传输分子图。在静态状态下，锂离子被四个氧阴离子四面体配位。锂离子可以直接跃迁到相邻的四面体位点（内含 + 号的实线圆圈），这涉及高能垒的过渡状态（左侧单元），或者它可以通过与相邻位点的氧阴离子进行非化学计量配位（内含 + 号的虚线圆圈）寻求稳定性。后者路径带有显著降低的能垒，锂离子扩散系数显著加大（右侧单元）

在这样的碳酸锂晶格中，如果一个锂离子需要迁移或扩散到另一个相邻的四面体位点，它必须暂时打破溶剂化位点的配位键，相应的未配位锂离子处于高能量的亚稳态和过渡态。计算出的上述过程的能垒 ΔE 约为 0.54 eV，而锂离子的自扩散系数可以使用以下关系式估算：

$$D_{Li^+} = \frac{\nu\Delta x^2}{2}e^{-\frac{\Delta E}{k_BT}} \tag{16.71}$$

式中，ν 是碳酸锂的晶格振动频率，约为 10^{13} Hz，Δx^2 是锂离子每一步跳跃所需的距离，基于碳酸锂晶体在（100）晶面的晶格参数为 0.4906 nm。因此估算出的锂离子自扩散系数约为 8.4×10^{-16} $m^2\cdot s^{-1}$，这与上述已知的体相材料的离子传导特性一致。

然而，另一条路径中，迁移的锂离子并未直接在位点之间跳跃并打破所有与环境的配位关系。相反，即使离开四面体位点，它仍保持与相邻氧化物阴离子的"溶剂化"。以这种方式，它可以在一个偏离化学计量溶剂化数为 4 的失真溶剂化环境中同时被多个氧阴离子配位。这种五配位的过渡态由于这些额外氧化物阴离子的配位而更稳定，从而导致能垒降低至 0.31 eV，锂离子自扩散系数（1.1×10^{-11} m²/s）提高了 5 个数量级。

为了模拟更接近现实的情况，齐月（Qi）及其同事考虑了一个由典型成分碳酸锂和氟化锂组成的更异质的界相，发现当这两种成分在纳米尺度上接触时，锂离子传输可能发生进一步的加速[56]。他们通过计算发现，当锂离子的化学势与典型的负极材料（如锂化 Si 或石墨）平衡时，氟化锂和碳酸锂显示出完全不同的离子输送行为：碳酸锂生成过量的间隙锂离子（Li_i^+），而氟化锂生成 Schottky 对，包括锂离子空位（$Li_{vacancy}^+$）和氟离子（F^-）空位。因此，当氟化锂颗粒与碳酸锂颗粒接触时，由两种材料的化学势差驱动的缺陷反应导致锂离子从氟化锂相转移到碳酸锂相，在两相的交界处形成空间电荷区：

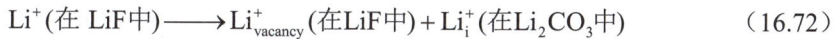

$$Li^+（在 LiF中）\longrightarrow Li_{vacancy}^+（在 LiF中）+ Li_i^+（在 Li_2CO_3中） \tag{16.72}$$

在这个界相区域，Li_i^+ 和 $Li_{vacancy}^+$ 沿着氟化锂和碳酸锂颗粒的晶界富集（图 16.7）。根据计算，主要载流子（碳酸锂侧的 Li_i^+）的浓度将比这些材料的块状部分高出两个数量级，因此高离子输送很可能发生在这些异质材料的界相区域或晶界。这种空间电荷效应随着远离两相材料界相区域的距离增加而呈指数衰减。因此，为了让离子输送受益于这种缺陷效应，自然推导得出的结论是每个界相成分需要最大限度地与其他成分接触，最理想的情况是两种成分的纳米颗粒接触。

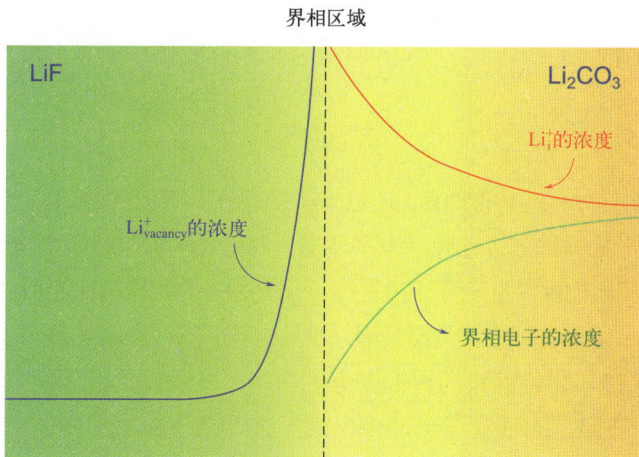

图 16.7　使用 LiF 和 Li_2CO_3 作为两种模型界相成分，两种不同材料的界相会在颗粒晶界上产生更多的电荷载流子，使得界相具有高离子电导率

上述离子如何穿越界相的分子谱图的认知，通过实验得到了部分验证。用射频沉积在硅负极上制造了一个由纳米晶体氟化锂和碳酸锂组成的人工 SEI，发现当这两种成分的比例几乎各为 50% 时，也就是氟化锂和碳酸锂的界相最大化时，^6Li-^7Li 发生最大程度交换，这可以作为 SEI 内锂离子导电主要发生在界相的间接证据。上述研究的另一个更重要的推论是，因为上述空间电荷效应只能在不同材料之间发生，混合成分的复合界相

比单一成分的界相将具有更高的离子导电性。这一推论与真实电池体系中有效界相的结果一致，能够在电池循环中有效保护负极且具有低电阻的界相，其微观结构也是纳米尺度上各组分的高效混合。

目前，工作离子穿越界相的上述分子谱图是模拟和推测的成果，任何直接的实验证据仍然难以获得。这是一个非常重要的领域，需要更多的资源和关注，因为分子层面的理解将为设计新的电解质化学和界相提供精确和必要的指导。

16.6.8　界相如何演变

尽管我们在第 16.2 节中提到过，与二维和瞬时界相不同，三维界相的化学成分和形态是"永久"的，事实上，尽管听起来有点矛盾，但这种永久性是相对的。无论是无机的还是有机的所有界相成分，都存在不同程度的溶解、化学和电化学分解的不稳定性，这种不稳定性在温度升高时被激发并加剧。电池的化学反应也经常偏离设计路径，产生如水分和酸类等杂质，这进一步引发一系列寄生反应。因此，实际的界相化学和形态在与电池寿命相当的时间尺度上不断演变。其中一些演变过程已经在前面的章节中讨论过，但剩下的部分我们仍然了解甚少，需要进一步研究。

此外，除了从微观和结构层面去理解，还可以从宏观和统计的角度来看待界相的退化机制。由于界相的稳定性（或不稳定性）不可避免地与电池化学过程的可逆性（或不可逆性）相关，从理论上讲，通过定量监测电池衰减的速率，可以了解界相的演变过程。这一方法被 Dahn 及其同事实现，他们开发了一种高精度的库仑计量技术，准确地定量锂离子电池中活性锂的确切损失，从而发现了支配电池中界相生长的平方根法则[57]：

$$\frac{dx}{dt} = \sqrt{\frac{k}{2}} t^{-\frac{1}{2}} \qquad (16.73)$$

式中，x 是理想化界相的假设厚度；k 在给定的电解质 - 电极系统和温度下是常数。换句话说，尽管界相的形成理论上应该隔绝电子隧道，并防止电解质在极端电位下与电极反应，但这种理想的隔绝和界相保护从未真正存在过，因此 SEI 的生长在初始形成后从未停止。它只是按照式（16.73）所示的平方根关系减慢，并且这种生长在电池的整个生命周期内持续。

当然，式（16.73）只告诉我们界相演变的速率，并没有告诉我们背后的化学或电化学机理。据推测，在典型的锂离子电池中，大多数界相演变发生在负极上。在某些情形下，界相演变也可能发生在正极上，通过阻抗、光谱和高精度库仑计量技术研究揭示，当正极电位高于 4.5 V 时，或电池在高温（> 50℃）下工作或长期循环时，正极表面的寄生反应可能占主导地位。

16.7　界相形成机制：溶剂化 – 界相关联性

界相通常在电化学电池的初次化成过程中形成，也就是电极的电位第一次被推至电解质热力学稳定性极限之外时开始形成。如前一节所述，尽管这种界相形成过程不会在初始循环中完全完成，而可能贯穿于电池的整个生命周期，但初次化成过程中发生的反应无疑特别重要，因为在初始循环中形成的初始化学组成、形貌和结构将直接决定经过一定演变后的最终界相。理解这种初始界相的形成机制不仅有助于我们更好地预测特定电解质成分形成的界相化学，更重要的是，还将帮助我们设计新的电解质和界相以用于未来的电化学装置。

在第 16.6.1.1 部分（图 16.4）中，我们简要讨论了界相形成的一个关键机制，溶剂化鞘内碳酸酯溶剂分子与锂离子的配位作用，降低了溶剂的还原稳定性。因此，相比于其他分子，这些还原不稳定的分子在负极表面优先被还原。从另一个角度，即从溶剂化离子接近电极表面时界相是怎么形成的角度来看，溶剂化鞘结构与界相化学之间有内在关联性，图 16.4 实际上也揭示了这一点。广而言之，这种"溶剂化 - 界相关联性"在任何电化学装置中普遍存在，即当一个溶剂化的工作离子（假设这里是阳离子）从电解质主体中迁移并接近电极表面（假设这里是负极）时，其溶剂化鞘中的溶剂分子也会随侍在侧，因为它们被工作离子的静电场"绑架"[18,19,58-60]。这些溶剂分子在工作离子的初始溶剂化鞘中的存在自然会影响电极 / 电解质界相结构（图 16.8），如之前章节所讨论的，这些溶剂分子最终将成为界相成分的前驱体，因此这些初始溶剂化鞘结构可以用于预测最终的界相化学。需要注意的是，在图 16.8 中，为了清晰起见，故意忽略了反离子（阴离子）的存在，但应记住，在界面区域不再遵守电中性原则，因此在电极负极化时，界面区域中的阴离子数量自然会减少。如果电极的电位反转，情况也会相反。

16.7.1 界相结构

当电极被极化但电位仍处于电解质的热力学稳定性极限内（由 HOMO 或 LUMO 决定）时，电池中不会有法拉第反应，也不会有电荷穿过电极 / 电解质界面转移。然而，外加电场会在电解质体相内引起离子输送，溶剂化的离子根据其电荷的属性顺着或逆着电场移动。离子及其溶剂化鞘（如果有的话）迁移到电极 / 电解质界面，然后组装成界面结构（图 16.8）。这是我们在第 6 章中讨论的二维界面，即双电层，我们在第 15 章中试图以相对定量的方式定义它，但在那些讨论中我们有意忽略了离子溶剂化鞘的存在，仅仅将离子视为点电荷。现在我们重新审视这种情况，考虑离子溶剂化鞘的存在及其对界面结构的影响。

尽管这种界面的结构和组成是瞬时和动态的，且强烈依赖于电极的电位以及电解质成分，但显然离子溶剂化鞘的结构与界面结构和组成之间存在内在的关联性[61]。我们在第 12 章中考虑了前者，并了解到在典型的锂离子电池电解质中，碳酸酯溶剂分子对锂离子的溶剂化参与程度是不均匀的。相反，锂离子对溶剂分子的挑选存在强烈的偏向性，相比于链状碳酸酯分子（如 DMC 或 EMC），锂离子更喜欢环状碳酸酯分子（如 EC 或 PC）（第 12.2.3 小节，图 12.3 和图 12.4）。一个合理的推论是，这种偏向也应继承到界面结构中，如图 16.8 所示。这种离子和界面的相关性直接导致了电极 - 电解质界面处溶剂分子的选择性富集。由于界面的瞬时和动态性质，直接观察界面结构在实验上一直很困难。

然而，最近开发的一种基于二次离子质谱（secondary ion mass spectroscopy, SIMS）的创新技术可以直接监测在不同电位下液体电解质和固体电极之间的界面结构。这些通过质谱检测到的碎片拼接在一起获得的一系列界面组装的"快照"证实了图 16.8 中描述的概念[62]。

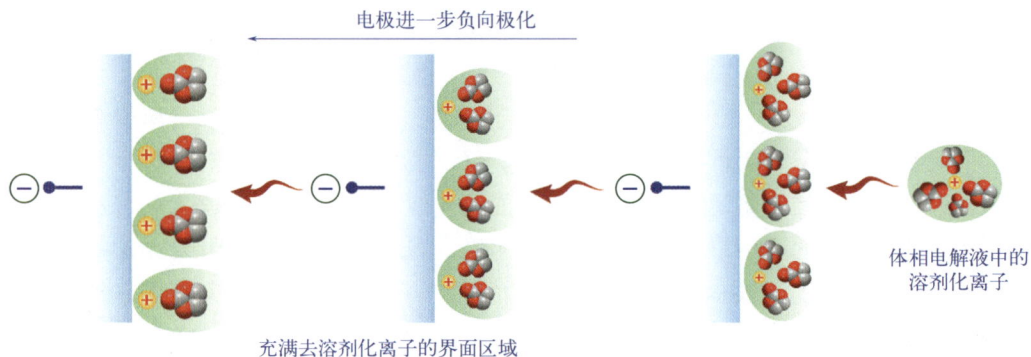

电极进一步负向极化

体相电解液中的溶剂化离子

充满去溶剂化离子的界面区域

图 16.8 离子溶剂化结构、体相性质和电极表面的界面结构之间有内在关联。在图示中，工作离子被假设为阳离子，其优先被 EC 分子溶剂化（如典型锂离子电池电解液中的锂离子），工作电极是负极并继续进行负向极化。显然，界相组成和结构不仅依赖于电极电位的变化，也依赖于离子溶剂化鞘结构

分子动力学模拟进一步证实了这一点。分子动力学模拟是观察电极/电解质界面在不同电压和电解质组成（尤其是盐浓度）条件下的离子-离子和离子-溶剂相互作用的完美工具。计算结果发现，在由六氟磷酸锂（$LiPF_6$）和 EC/DMC 混合溶剂（EC:DMC=30:70）组成的典型锂离子电池电解液中，当电极负极化或正极化时，阳离子（Li^+）或阴离子（PF_6^-）在电极/电解质界面上的表面浓度显著增大（图 16.9）[61,63]。同时，相对于非环状碳酸酯（DMC）溶剂分子，阳离子和阴离子更偏好环状碳酸酯（EC），所以 EC 同时在正负极界面区富集。

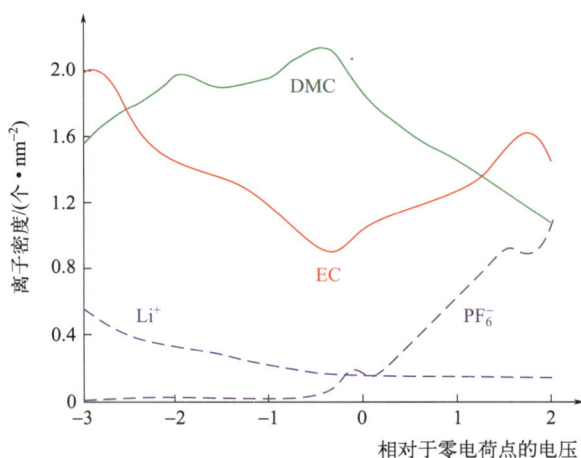

图 16.9 在电极/电解质界相上不同电压下阳离子、阴离子及环状（EC）和非环状（DMC）碳酸酯分子的分布[81]

模拟的一个有趣发现是，当盐浓度增加到所谓的"超浓"状态时，上述的阴阳离子因为静电吸引力富集的现象变得不那么明显。也就是说，即使电极被负极化，界面区域

中发现阴离子的概率仍然很高，这是因为体相中的阴离子数量太多，电极无法完全排斥。如果阴离子是界相化学的理想贡献者的话，这样的界面结构可能导致新的界相化学。这一概念已经成为设计这些高浓盐电解液（如"盐包水"电解质）的理论基础。

　　无论最终是否形成界相，上述关于离子溶剂化和界面结构相关性的描述应该适用于所有电化学系统。然而，如果界相形成，其化学组成必然与上述的界面结构有关。

16.7.2　界相化学

　　当某个电极极化到可以驱使工作离子发生电荷转移，或电极电位超出由其 HOMO 或 LUMO 能级定义的电解质热力学稳定性极限时，无论哪一个电位先到，都会发生法拉第反应。在这一瞬间，法拉第反应可能面对两条竞争路径。回顾图 16.8 所描绘的负极化的电极和界面结构，其中电极提供的电子可以去往在界面区域内的工作离子上，使得工作离子还原到较低的价态，或者电子可以去往界面区域内的工作离子溶剂化鞘内的溶剂分子上（图 16.10）。

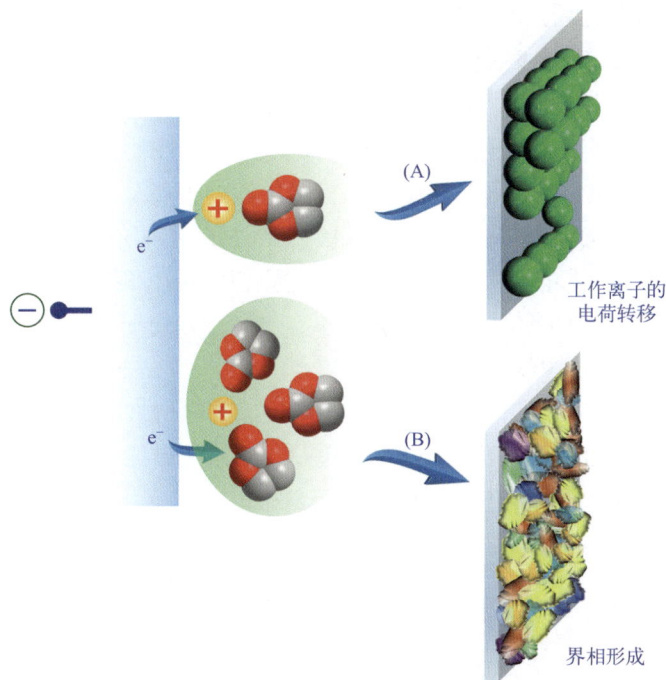

工作离子的电荷转移

界相形成

图 16.10　一旦负极化电极的电位超出电解液的电化学稳定极限，就会发生法拉第反应，该反应可能通过两条不同的途径进行：（A）已经在界相区域富集的工作离子的电荷转移；（B）溶剂化鞘内的溶剂分解。前者通常对应可逆电池反应，后者对应界相的形成。显然，图 16.8 所描绘的界相结构对这两条反应路径都有显著影响

　　在第一条路径（A）中，还原反应通常导致金属在电极表面沉积，但如果工作离子的还原形式在电解质中是可溶的，情况会有所不同，因此它会在其浓度梯度的驱动下扩散开来。这样的例子包括 Fe^{3+} 的二茂铁配合物。如果负极侧存在插层或合金宿主，情况会变得更加复杂，此时涉及的机制我们将在下一节中讨论。

而在第二条路径（B）中，溶剂分子被还原，通常生成阴离子，如半碳酸盐（R—CO_2—O^-）、碳酸盐（CO_3^{2-}）、草酸盐 [^-O—(CO_2)—O^-] 或氟化物阴离子（F^-），这些阴离子可以以工作离子的盐的形式存在 [例如 R—CO_2—OLi、Li_2CO_3、LiO—(CO_2)—OLi 或 LiF]。如果还原产物满足第 8 章讨论的要求，即它是固体，并且具有电解质特性（对工作离子导电但对电子绝缘），那么这种路径就形成了界相。

对于锂离子或其他碱金属离子来说，图 16.10 中的路径（A）几乎永远不会优先于路径（B），因为它们的固有电势极低。换句话说，几乎不可能找到一种电解质溶剂在锂离子还原为锂金属的电位下仍能保持热力学稳定。对于还原电位不那么低的其他离子，如铜离子（Cu^{2+}）或锌离子（Zn^{2+}），则可以找到合适的电解质，使相应金属的沉积能发生而不形成界相。

16.7.2.1 锂离子电池中的界相形成：一种特殊情况

对于锂离子电池或其他使用插层或合金材料作为结构宿主来容纳工作离子的电池来说，界相形成机制代表了一种特殊情况。与图 16.10 中描述的情况有所区别，因为在这些化学反应中，电荷转移不再直接发生在电极基底与工作离子之间，而是发生在电极基底与插层或合金宿主之间，后者在还原或氧化过程中分别作为实际的电子受体或供体。换句话说，这些插层或合金宿主材料中的电子能带是使可逆电荷转移发生的电子库。在使用这些插层或合金宿主的电池中，工作离子应保持离子态，或至少保留其大部分离子状态。这一特性赋予了"锂离子电池"这一名称，并将其与锂金属电池区分开来。

因此，对于任何这种"离子"电池，法拉第反应必须涉及插层或合金宿主这个第三方，这个第三方的结构特征将会增加图 16.10 中描述的两种法拉第反应路径的复杂性。让我们再次以锂离子电池的负极宿主材料，即石墨化碳为例，它一直是深入研究的目标，我们对界相的大部分认识都是从中积累的。事实上，正是对石墨结构上 SEI 形成机制的研究引导了溶剂化 - 界相关联性的发现。

在第 10.3.2.1 小节中，我们了解到，当石墨负极的电位被负向极化时石墨结构是如何容纳锂离子的。来自外部电源的电子最终进入 sp^2 杂化碳原子的 p 轨道，而不是到达锂离子并将其还原为锂金属。还原后的石墨骨架按照以下关系容纳进入的锂离子：

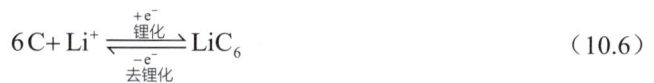

$$6C + Li^+ \underset{去锂化}{\overset{锂化}{\rightleftharpoons}} LiC_6 \qquad (10.6)$$

其中，石墨中允许的最大锂离子浓度为 LiC_6。由于来自外部电源的电子位于 sp^2 杂化碳原子的 p 轨道中，最终产物 LiC_6 应写为 [$Li^+C_6^-$] 以反映锂离子的离子性质。固态 NMR 研究也揭示了电荷转移是部分发生的，锂离子并非 100% 为离子态，因此最终产物更精确地应该写为 [$Li^{\delta+}C_6^{\delta-}$]。

所以，图 16.10 中的路径（A）必须做相应修改才能反映插层宿主的作用。

正如我们所了解到的，在锂离子能够进入石墨结构之前，如果这种电解质是基于碳酸酯分子的，石墨负极的电位将诱导电解质的还原分解。溶剂分解导致 SEI 的形成，这些 SEI 只允许裸露的（未溶剂化的）锂离子插入石墨中，这曾在图 10.7 中被描绘为场景

Ⅲ[64]。换句话说，当锂离子开始插入石墨结构时，石墨材料的边缘位点已经覆盖了一层 SEI，因此锂离子必须穿过 SEI 才能插入。因此，图 16.10 中所示的两条电子化路径不再是并行的，而变成为前后顺序的（图 16.11）。在任一过程中，电荷转移发生在电极基底与插层宿主之间。sp² 杂化碳原子的 p 轨道作为电子库，在界相形成期间将电子提供给溶剂分子，或在与插层的锂离子相互作用时保留电子。

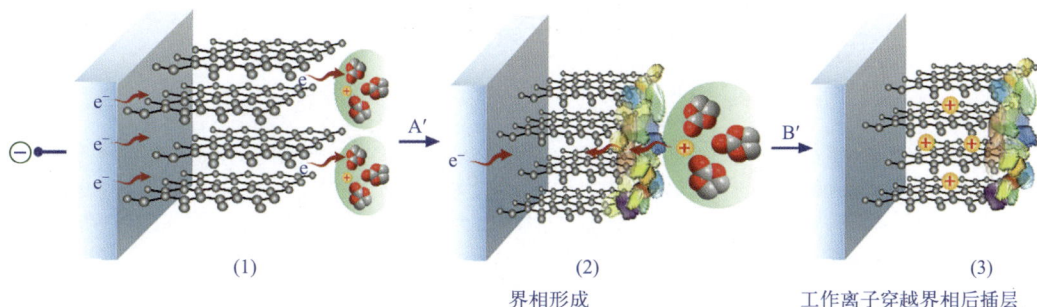

(1)　　　　(2) 界相形成　　　　(3) 工作离子穿越界相后插层

图 16.11　在石墨负极上形成 SEI，然后锂离子嵌入石墨晶格。sp² 杂化碳原子的 p 轨道作为电子的储存库。在步骤 A′ 中，锂离子主要溶剂化鞘中的碳酸酯分子（EC）从储存库中接受电子，被还原分解成为SEI的一部分。在步骤 B′ 中，锂离子迁移到石墨结构中并与 p 轨道接受过量电子的碳原子相互作用

16.7.2.1.1　界相形成前的瞬态状态：共嵌

对于研究界相形成机制的研究人员来说，最重要的是图 16.11 中状态（1）和（2）之间的过程。想要理解这个过渡态，我们需要进行一个思想实验，回忆图 10.7 中展示的在电解液中被负向极化的石墨负极的三种场景。在第 10.3.2.3 小节的叙述中，这三种场景听起来像是彼此独立的，但深入思考，很难不注意到在电极充电的瞬间，无论其初始溶剂化鞘中携带什么溶剂分子，所有溶剂化的阳离子都会表现出类似的行为，即迁移到石墨的边缘位点。这是因为石墨结构具有高度各向异性，电子只能沿平面方向最有效地流动。这一原理实际上适用于任何具有离子导电隧道或通道的晶格结构的电极。

基于这种各向异性的思想实验得出的合乎逻辑的推论是，所有这些溶剂化离子在施加电场的驱动下，会在某一瞬间到达边缘位点，并尝试通过这些边缘位点进入石墨结构。因此，这三种场景仅仅反映了这些溶剂化离子进入边缘位点后的不同命运，而其命运的差异是由其溶剂化鞘中的不同溶剂分子的化学性质引起的。基于三种场景具有共同的过渡状态，可以认为图 10.7 中的场景 Ⅱ 实际上代表了界相形成过程的一个特殊的"活化石"状态。因为在少数三元共嵌化合物（场景 Ⅱ）中，电解质的溶剂分子大多是基于醚类的（图 16.12），这些醚类对还原具有很强的抗性。因此，我们有充分的理由假设碳酸酯和其他溶剂分子也会形成类似三元共嵌化合物，只不过这些溶剂分子在还原环境中不能保持稳定，它们的不同分解行为导致它们分别走向场景 Ⅰ 和场景 Ⅲ 所代表的不同命运。更准确地描述是，场景 Ⅰ（剥离）和场景 Ⅲ（界相形成）仅仅是锂离子初始溶剂化鞘中溶剂分子稳定性不同导致的结果[18-19]。

这一假设已通过各种电化学、光谱和计算模拟得到有效证明，其中包括通过基于 EC 和 PC 电解液设计，调控场景 Ⅰ 和场景 Ⅲ 之间命运的竞争，更多细节将在下一节中讨论[65]；

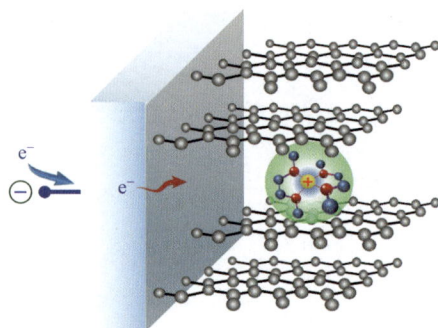

场景Ⅱ：稳定共嵌，当溶剂分子是醚或者具有强
还原稳定性的物种

图 16.12　图 10.7 中描绘的场景Ⅱ实际上提供了界相形成场景的"快照"，因为醚分子对还原有很强的抵抗力，确保了这种过渡态的稳定性。溶剂化鞘中显示的是二甲氧基乙烷（DME），它是一种醚溶剂分子，与锂离子配位形成溶剂化笼共同嵌入石墨中。该溶剂化笼的结构被描述为 $[Li(DME)_2]^+$，这是可以通过如图 12.3 所示的 ESI-MS 技术检测到的最稳定溶剂化结构，但其真实组成仍不清楚

同时通过原位 XRD，甚至能捕捉到在 PC 中形成三元石墨共嵌化合物的信号[66]。因此，我们现在可以认为，图 16.11（或图 10.7 中的场景Ⅲ）中显示的界相形成实际上经历了溶剂化锂离子的瞬态共嵌状态，其溶剂化鞘由 EC 组成（图 16.13）。界相的形成是因为溶剂化鞘中的 EC 分子被锂离子的静电场激活而还原，如图 16.4 所述，EC 生成的还原产物恰好满足界相成分的要求：固体、离子导电、电子绝缘，并且牢固地黏附在石墨边缘位点。这样形成的界相应轻微渗透到石墨结构的边缘位点，而不是简单地覆盖在石墨表面上。

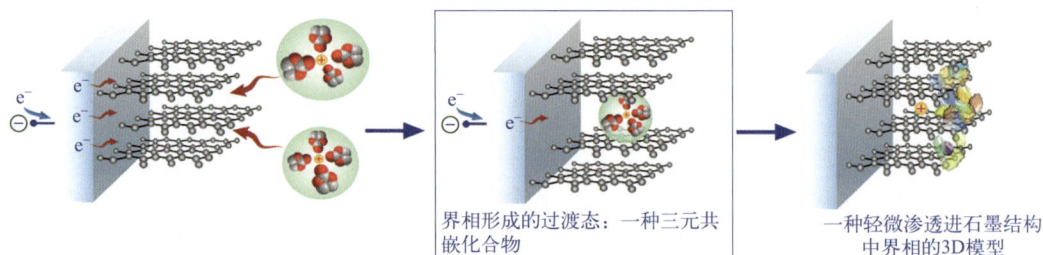

界相形成的过渡态：一种三元共嵌化合物

一种轻微渗透进石墨结构中界相的3D模型

图 16.13　EC 在石墨负极上形成界相之前，会经历一个三元共嵌化合物的过渡态。随后 EC 的还原生成了必要的界相成分，封闭了石墨的边缘位点，因此界相应稍微渗透到石墨结构中，而不仅仅是覆盖表面

同样，图 10.7 中的场景Ⅰ（石墨剥离）也经历了溶剂化锂离子的瞬态共嵌状态，其溶剂化鞘由 PC 组成（图 16.14）。溶剂化鞘中的 PC 分子也被锂离子的静电场激活而被还原，但 PC 的还原产物未能满足界相成分的那些严格标准。因此，石墨结构被 PC 的分解产物破坏（图 16.14）。由于 EC 或 PC 的高反应性，场景Ⅰ和场景Ⅲ中涉及的共嵌化合物不稳定且瞬态，因此直接检测这些瞬态化合物的存在是具有挑战性的，它要求检测技术同时具有结构和时间分辨率，即能够以精确和及时的方式捕捉这些共嵌化合物的结构特征。尽管如此，通过过去十年的努力，以上在界相形成或剥离过程中存在共嵌瞬态中间体的假设得到了越来越多的实验证据支持，例如通过原位膨胀仪测量

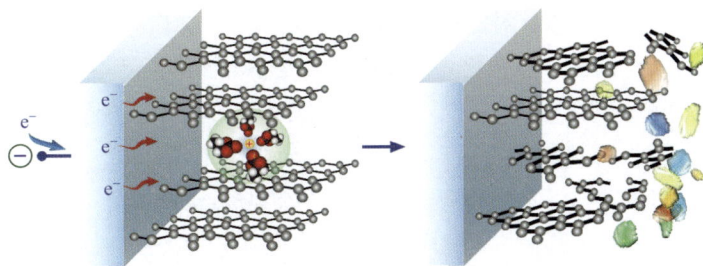

场景Ⅰ：当溶剂是PC时不稳定的共嵌导致石墨剥离

图 16.14　图 10.7 中场景Ⅰ所示的石墨剥落也始于一个共嵌入过渡态，如果扫描速度足够快，可以通过 XRD 捕捉到。然而，在实际电池中，如果负极较长时段处于负电位下，锂离子的主要溶剂化鞘中的 PC 分子会被还原分解，产物不能作为有效的界相成分。最终，石墨结构解体，导致场景Ⅰ的发生

石墨材料的瞬态线性膨胀，通过原位电化学石英晶体微量天平称量界相形成前的质量增加，以及在石墨负极首次锂化循环中定量分解不可逆与可逆容量。

最直接且令人信服的证据来自 Winter 及其同事的发现，他们在基于 PC 的电解质中对石墨负极进行快速正极扫描，并设法使用原位 XRD 捕捉到对应于图 16.14 所描绘的瞬态三元共嵌化合物形成过程的信号[66]。在 3.0 ～ 0.50 V（相对于 Li）之间以 10 mV·s^{-1}的速度扫描时，在 $2\theta=24°$ 和 $2\theta=27.5°$ 处出现的一系列新衍射峰，它们代表着更大的层间距（约 1.59 nm），这对应于一个溶剂化鞘中含有 3 ～ 4 个 PC 分子的溶剂化锂离子的尺寸。尽管尚未报道过 EC 基电解质的类似三元石墨共嵌化合物，但可以合理推断出当基于 EC 溶剂化鞘的锂离子发生共嵌时，必须遵循类似的机制。但由于 EC 在与锂离子共嵌时反应活性更高，对应的三元共嵌瞬时状态从未被实验捕获过，要捕获该瞬态化合物需要具有更高时间分辨率的原位 / 实时表征技术进行实时检测。

16.7.2.1.2　优先溶剂化导致优先还原

从上述假设的界相形成机制中，我们可以得到一个重要的信息：离子溶剂化鞘在界相化学中起着关键作用。如图 16.11 ～图 16.14 所示的推理过程，锂离子溶剂化鞘事实上决定了哪些溶剂分子会与石墨结构共嵌，而这些共嵌的溶剂分子在石墨烯层之间被电化学还原，随后成为最终界相的前体。换句话说，通过锂离子溶剂化鞘内的溶剂分子能够预测界相的化学组成[18,19,65]。这是一个重要的结论，但并不令人惊讶，因为我们已经简要讨论了溶剂化鞘结构等整体性质如何影响甚至决定界相和界相的性质。石墨负极结构上的界相形成，或更广义的任何负极表面的界相形成，都反映了这个"溶解化 - 界相关联性"的理论。

我们在第 12.2.3 小节中了解到，对于含有混合溶剂分子的电解液，锂离子或其他阳离子都存在选择性溶解的现象。这就带来了一个新问题：这种选择性会不会被界相化学所继承？答案是一定的，有越来越多的实验证据表明这一点。庄国蓉（Zhuang）等最早证明了 EC 可能被选择性还原。他们观察到在 DMC 占主导地位的电解液（LiPF$_6$ 在 30∶70 的 EC-DMC）中，当镍电极被极化到 0.50 V 时，FTIR 令人吃惊地揭示镍表面形成的 SEI 几乎与人工合成的 LEDC 标准参考样品的 SEI 完全相同。尽管这时 DMC 在体相电解液中的浓度要高得多，但 DMC 似乎完全被排除在界相化学之外[14,67]。作为后续研

究，许康（Xu）及其同事通过对各种比例的 EC 和 DMC 或 EMC 电解液中形成的一系列 SEI 进行 NMR 分析，得出了类似结论。即使链状碳酸酯比例压倒性地高，石墨负极上形成的界相仍然以 EC 还原产物为主[18]。这种对 EC 分子强烈的选择性还原显然是电解液中锂离子选择性溶剂化的结果，这在第 12.2.3 小节中讨论过，同时三维界相的形成机制是通过之前章节讨论的初始溶剂化离子共嵌 - 还原机制推动的。

在 2004 年和 2007 年的论文里，许康（Xu）等第一次正式将离子溶剂化与界相化学关联起来[5,18]。后来的多种实验都为这个理论提供了支持证据，包括 FTIR、NMR 等各种波谱技术[68]，用同位素标记电解液和界相并利用 SIMS 测定的新方法[63,69]，以及模拟与原位 EQCM 定量实验相结合[25]。基于这些系统研究，证明了在由混合碳酸酯分子组成的非水电解液中，环状碳酸酯如 EC 或 PC 是石墨负极 SEI 的优先来源。这种选择性直接来自之前讨论的锂离子选择性溶剂化。由于大多数锂离子电池电解液必须依赖 EC 而很少含有 PC，因此这些电池中的 SEI 具有明显的 EC 化学特征，LEDC 或其通过化学反应进化的形式 LEMC 构成了 SEI 的主要化学成分。这种锂离子溶剂化鞘与界相化学成分之间的明显相关性为"溶剂化 - 界相关联性"和上述界相形成机制提供了强有力的支持证据。

更多对这一关联和机制的确认来自对基于 PC 的电解液的研究，这些电解液在共嵌到石墨结构后会产生场景Ⅲ[65]。因此，未能形成保护界相导致的显著石墨剥离过程常被研究人员利用作为检测是否形成有效保护界相的"标记"。许康（Xu）等提供了一个有趣的例子，他们在一系列由不同摩尔比的 EC-PC 混合物组成的电解液中负极化石墨，并使用不可逆容量和可逆容量之间的相对比率作为"溶剂化 - 界相关联性"和选择性还原倾向的定量描述[99]。他们发现，随着 EC 相对于 PC 的比例逐渐增加，石墨负极明显经历了场景Ⅰ的剥离与场景Ⅲ的界相之间不同路线的竞争，其界相化学从 PC 分子在锂离子溶剂化鞘内的优先还原转变为最终 EC 还原形成保护性 SEI。

起初在该研究中观察到的一个令人困惑的问题是，从场景Ⅰ［第一个锂化循环的低库仑效率（约 0%）］到场景Ⅲ［非常高的库仑效率（约 90%）］的过渡过程并非线性平滑。相反，这种突变是在 EC 摩尔分率达到 80% 时发生（图 16.15），之后界相迅速变得有效，能够保护石墨结构免受 PC 剥离的影响。这个神秘的 80% 阈值下隐藏着什么？在第 12.2.3 小节中，我们讨论了如何使用电喷雾质谱（ESI-MS，图 12.3）来定量确定锂离子溶剂化鞘结构，并展示了在与线性碳酸酯如 DMC、EMC 或 DEC 混合时，EC 通常被锂离子优先溶剂化，但在有 PC 存在的系统中则会被锂离子排斥（图 12.4）。因此，在 EC-PC 电解液中，两种溶剂分子必须相互竞争才能进入溶剂化鞘，而那些在溶剂化鞘中的分子随后会通过如图 16.13 和图 16.14 所示的瞬态状态在石墨表面优先还原，导致石墨结构走向不同的命运。因此，图 16.15 中的库仑效率曲线实际上定量地反映了"溶剂化 - 界相关联性"。

许康（Xu）等应用相同的 ESI-MS 技术系统地描绘了上述 EC-PC 电解液中溶剂化鞘结构的变化，并揭示了从 PC 占主导地位的溶剂化鞘向 EC 占主导地位的溶剂化鞘的非线性演化（图 12.4）[99]。图中相对于对角线表现出的强烈负偏离表明对角线与 PC 之间具有更强亲和力。这项工作中最重要的发现是，当体相电解液中的 EC 摩尔分率达到 80%

时，锂离子溶剂化鞘将由 50% 的 EC 和 50% 的 PC 组成（图 16.16）。因此，一个由 EC 占主导的锂离子溶剂化鞘是形成有效界相和迅速提高库仑效率的关键，如图 16.15 所示。

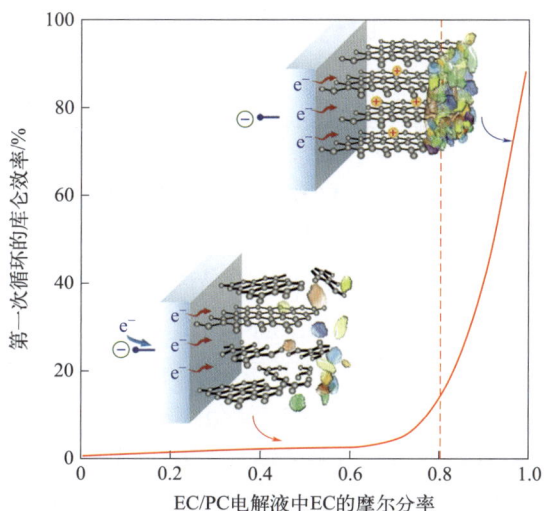

图 16.15　在由 EC 和 PC 混合物组成的电解液中，不同摩尔比下石墨负极第一次锂化循环中的库仑效率依赖性。低库仑效率是由于石墨的剥离和 PC 电解液溶剂的广泛分解，高库仑效率（>70%）表明来自 EC 的界相有效保护了石墨结构。这两个极端之间的过渡状态反映了两个溶剂在 Li⁺ 溶剂化鞘中的竞争

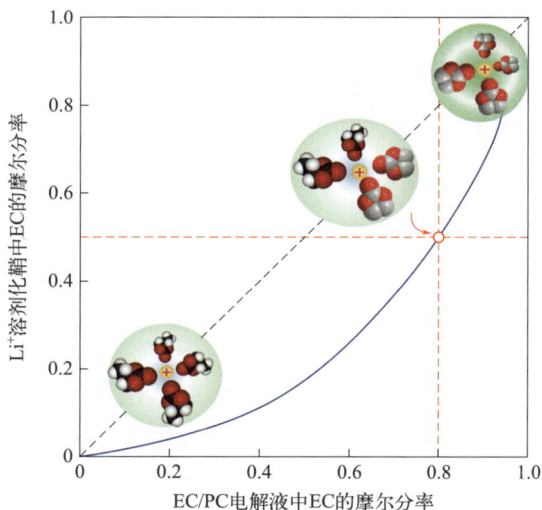

图 16.16　EC 的"神秘 80% 阈值"实际上代表了锂离子溶剂化鞘结构的转折点，超过这一点 EC 将主导界相化学。这是"溶剂化 – 界相关联性"最直接和定量的支持。注意，锂离子溶剂化鞘中的 EC 摩尔分率是通过 ESI-MS 确定的，如第 12.2.3 小节图 12.4 所述

在目前用于锂离子电池的主流电解液中，PC 对锂离子的强烈优先溶剂化倾向会带来的不良界相化学，因此 PC 的使用被避免或至少保持在最低限度。另外，如图 12.4 所示，在典型的由 EC 与线性碳酸酯分子混合物组成的电解液中，如 EC-DMC、EC-EMC、EC-DEC 或更高阶混合物，锂离子溶剂化鞘将由 EC 分子主导，这些电解液在石墨表面形成

具有明显 EC 化学特征的 SEI，如 LEDC 或其衍生物 LEMC 等［第 16.6.1.1（1）部分，式（16.19）］。

要改变界相化学，我们必须要考虑改变锂离子溶剂化鞘的结构。这可以通过使用新的溶剂分子、添加剂或改变盐浓度来实现，改变锂盐浓度可以引入锂盐阴离子作为新的界相成分来源。

16.7.2.2　通过改变离子溶剂化鞘结构调整界相化学

"溶剂化 - 界相关联性"的发现为我们提供了一个强有力的工具，用于定制界相化学。

在第 16.6.1.1 小节讨论负极上的 SEI 化学时，我们了解到界相由有机成分和无机成分组成，前者最有可能来自溶剂分子的还原，而后者，尤其是氟化锂，则来自盐阴离子的还原。此外，在第 10.3.2.5.2 部分中，我们还展示了由于静电吸引和排斥，溶解的阳离子（通常是大多数电池化学中的工作离子）更可能在负极附近富集，而它们的反离子（阴离子）则被排斥（图 10.10）。这种阳离子在负极 Helmholtz 层附近的富集和阴离子的减少自然会导致界相化学更多来自溶剂分子的还原，而不是阴离子的还原。改变这种选择性的一种方法是增大盐浓度，这一认知实际上为超浓概念奠定了基础[60]。这种方法的底层逻辑是在给定盐的最大溶解度允许范围内溶解尽可能多的盐，以致相较于阳离子的数量溶剂分子变得数量不足，无法形成 Bernal 和 Fowler（第 3.3 节，图 3.5）所提出的经典离散阳离子溶剂化鞘。因此，经典的三层溶剂化鞘被压缩，阴离子被迫进入阳离子的溶剂化鞘，形成各种类型的离子对或团簇。这种离子复合物携带较少量的阴离子负电荷而总电荷为正，从而获得更多的机会接近阴极附近的 Helmholtz 层并被还原。最终结果是界相化学具有更多来自阴离子衍生的组分。

这一做法首次在基于 PC 的电解液中得到确认。当在 PC 中溶解超过正常浓度范围（约 1.0 mol·L⁻¹）的各种锂盐（LiTFSI、LiClO$_4$ 和 LiPF$_6$）时，我们发现可以形成有效的 SEI，从而在这些基于 PC 或高浓度 PC 的电解液中实现石墨负极的稳定和可逆脱嵌锂[70-71]。通过 FTIR、扩散有序 NMR 和能量散射 X 射线光谱进行全面表征后发现，当六氟磷酸锂（LiPF$_6$）浓度达到一定水平（在这种情况下为 3.0 ～ 3.5 mol·L⁻¹）时，锂离子溶剂化鞘将经历转变，从溶剂分离的单独锂离子转变为离子对或者更大的离子团簇（图 16.17）。从溶解的角度来看，这相当于将阴离子压入阳离子的一级溶剂化鞘。在周围紧密接触阳离子的帮助下，阴离子得到更多的机会到达负极附近的 Helmholtz 层，并最终在电极表面被还原。对于含有高浓度六氟磷酸锂的 PC 基电解液，这意味着界相化学从 PC 还原产物 LPDC 转变为阴离子还原产物氟化锂。具有高含量氟化锂的界相比 LPDC 更有效，从而稳定石墨结构以形成 LiC$_6$（图 16.17）。

图 16.17 中的插图实际上代表了所有含有氟化阴离子的电解液中的普遍现象，这些阴离子可以是不同锂盐如 LiBF$_4$、LiTFSI、LiFSI 等。当然，这种现象绝不限于基于碳酸酯的电解液。Yamada 等将其应用于基于乙腈的电解液体系，成功在石墨负极上形成了保护性的 SEI[70]。许康（Xu）等甚至更进一步，在水中溶解了大量 LiTFSI，把水体系的电化学稳定窗口推至远超水分子本征稳定性的限制[100]。2015 年以来，许康（Xu）、王春生（Wang）和山田（Yamada）团队以及世界各地的其他团队一直在推动这种"盐包水"

电解液的研究，最终将水性电解液的可用电化学稳定窗口扩展到 >4.5 V 的领域。这项工作的本质建立在"溶剂化 - 界相关联性"的概念上，即允许在高盐浓度下改变工作离子的溶剂化鞘结构，使界相化学的主要贡献者从溶剂分子转变为盐阴离子。

在结束本节之前，必须强调共嵌的瞬态状态及相关的界相形成机制不仅限于石墨。理论上，它们对于任何负极侧的插层化学的电极主体都是普遍适用的。然而，"溶剂化 - 界相关联性"则可能不直接适用于正极侧，因为正极上界相形成过程对应于从晶格结构中脱嵌工作离子，因此，工作离子经历的是溶剂化而不是去溶剂化。尽管在电解液 / 正极界相上工作离子的选择性溶剂化仍然存在，但由于静电吸引，正极表面上最优先溶剂化的物种显然是阴离子。面对阴离子在 Helmholtz 层位置的优势竞争，溶剂分子不再受益于它们与阳离子的相互作用，因此它们在决定界相化学中的重要性相应减弱。

此外，我们一直使用石墨结构作为描述界相形成机制的模板，不仅因为它是得益于锂离子电池被广泛研究的电极表面，还因为在过去一个世纪中，石墨作为各种阳离子的插层主体得到了最深入的研究，其许多界相特性现已得到很好的理解。从更广泛的意义上讲，"溶剂化 - 界相关联性"理论在其他具有不同于石墨结构的负极材料上的界相形成机制中仍然普遍有效。例如"无结构"金属负极，其中金属电极的"平坦"表面会在界相形成前的界面结构组装过程中诱导工作阳离子的部分去溶剂化，其后仍在溶剂化鞘中的溶剂分子最终从电极处得到电子，发生电化学还原，并成为界相的一部分。这种相关性已被用于设计水系或者非水系多价离子电池的新型电解液材料和界相化学，如锌离子电池中，高盐浓度确保了界相的形成并抑制了水分子的还原（图 16.18）。这种基于阴离子的界相化学，是基于工作阳离子的氟化物（MF_2）、碳酸盐（MCO_3）或氧化物（MO）组成，允许这些多价离子的迁移以完成可逆的电池化学。然而，正如下一节将讨论的，对于大多数基于多价离子的新型电池体系，超浓盐溶液可能不足以解决所有问题，还需要直接的界相工程[72-73]。

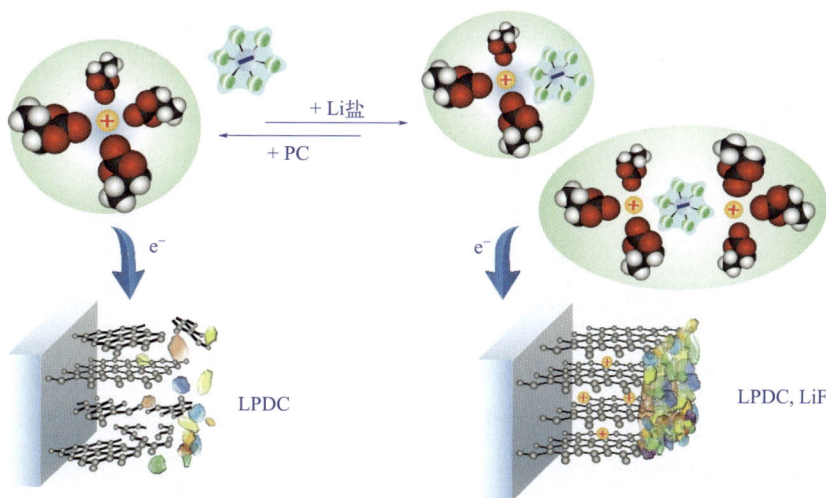

图 16.17　增加盐浓度迫使阴离子进入阳离子的溶剂化鞘，形成各种形式的离子对或离子簇。这些复合物中的阴离子面对负极的排斥力要小得多，并会成为界相化学的更显著贡献者。因此，基于 PC 的高浓度电解液可以保护石墨结构免受剥落

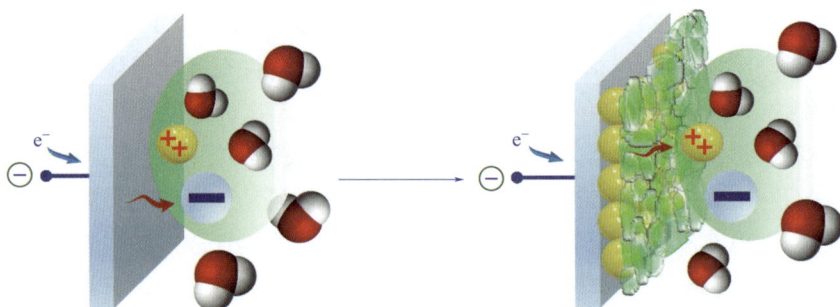

图 16.18 "溶剂化-界相关联性"普遍适用于负极材料。例如，二价阳离子（如 Zn^{2+}）的水性电解液遵循类似的过程，通过极化 Zn^{2+} 的溶剂化鞘，还原溶剂化鞘内的组分，如果还原产物符合第 16.3 节中提到的严格标准，则它们在锌/电解质界面形成界相。对于水性 Zn^{2+} 电解液，仅仅高盐浓度已不足以保证阴离子参与界相化学，而需要对界面结构直接干预

16.7.2.3 调控多价离子电解液中的界相化学

作为锂离子电池的一种替代电化学体系，水系锌电池在过去十年中受到了广泛关注。事实上，锌金属（Zn^{0}）负极在电池领域并不陌生，因为这是 Alessandro Volta 在历史上首次组装的电池——伏打堆——使用的负极。目前，基于锌金属的电池（即碱性电池）仍然在商店和超市中随处可见，为我们提供了廉价且安全的小型罐装电力。然而，这些碱性电池是不可充电的，原因是锌/电解质界面不稳定。此外，锌的本征电位 [−0.76 V（相对于标准氢电极），低于水开始还原的电位] 超出了水分子的热力学稳定性范围。这种不匹配使得在尝试将锌金属重新沉积到负极表面时，锌负极的可逆性变得不稳定，会出现如库仑效率降低、枝晶和死锌生长、气体生成和电解质消耗等各种问题。近年来，研究人员利用锂离子和锂金属电池积累的知识，重新设计了水系锌电池的电解质和界相。其中一个重要的经验是，锌金属-电解质交界处的界面结构在决定界相化学和 Zn^{0} 负极的可逆性方面起关键作用，而这又依赖于二价锌离子（Zn^{2+}）溶剂化鞘。

与单价阳离子（如锂离子或钠离子）不同，仅通过增加盐浓度很难改变锌离子的溶剂化鞘结构，因为作为一个二价阳离子，其离子半径与锂离子和钠离子大致相同甚至更小，但却携带了两倍的电荷，因此锌离子顽固地与六个水分子形成一级溶剂化鞘，即所谓的"锌离子水合物"（图 16.19）。正如我们在前面的部分中所了解到的，这些水分子被锌离子的强静电场激活，还原稳定性很弱。单价阳离子的电解质中使用的类似于"盐包水"或局部高浓的超浓概念奇迹在这里不再有效，所以为了抵抗这种对水优先还原的强烈趋势，需要直接改变界面结构和界相化学。

有一种有效方法是引入某些"阳离子"，如铵离子、膦离子或磺离子。这些所谓的"混沌（chaotropic）"有机阳离子不仅有助于工作离子盐的溶解，还因为其疏水性可以有效修饰电极表面。它们在负极和正极的内 Helmholtz 层中的富集显著抑制了溶剂化鞘内和电极表面附近的水分子的活性，因此在首次充放电时，得失电子会优先发生在工作阳离子或阴离子上，而水分子的还原或氧化则被抑制。这种做法提升了锌金属负极的可逆性，表现在高库仑效率和枝晶或死锌的抑制上，同时在正极端还改变了空气正极的反应路径，从通常的四电子氧还原化学转变为两电子过程，生成了更可逆的过氧化锌产物。

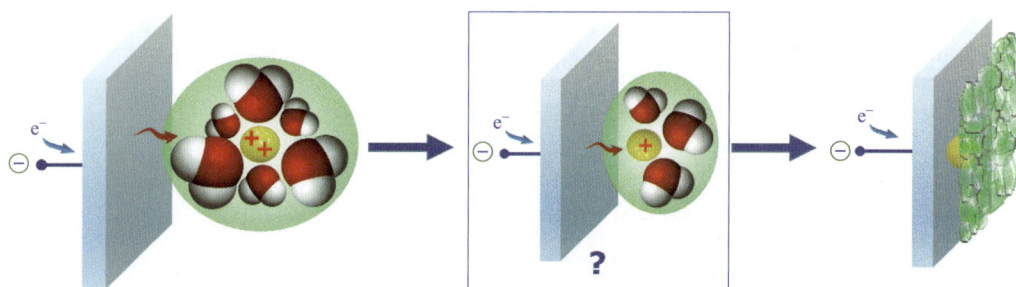

图 16.19　涉及多价工作阳离子的界面电荷转移过程和界相化学比单价工作阳离子的复杂得多。单价中间体的存在可能引入界相形成机制的新变量

　　这些调控界相结构和界相化学的探索是一个高度动态和活跃的领域，可能解决困扰 Zn^0 负极数百年来未曾解决的可逆性问题。通过大量研究，越来越多关于多价电解质中界面过程和界相化学的细节被揭示。根据计算，锌离子还原为锌金属，或更广泛地说多价阳离子如镁离子和钙离子还原为对应单质状态，不是通过多个电荷转移过程直接发生的。相反，它可能经历单价锌离子 Zn^+ 或单价镁离子 Mg^+ 和单价钙离子 Ca^+ 等中间过渡态，该中间过渡态直接吸附在负极的内 Helmholtz 层上（图 16.19）[74]。这种中间的单价阳离子极端活跃因此寿命短暂，但越来越多的证据证实了它们的存在 [75-76]。这种单价、瞬态和不稳定的中间体如何在界相区域保持溶剂化无疑是决定多价离子电池的动力学、效率和可逆性以及此类电池中新界相化学设计的关键因素。我们需要更深入的理解来阐明这个关键的中间体。

参考文献

[1]　*Linden's Handbook of Batteries*, ed. K. W. Beard, McGraw Hill, New York, 5th edn, 2019.

[2]　C. Zhang, Passivating lithium metal, *Nat. Energy*, 2018, **3**, 251.

[3]　E. A. Peled, The Electrochemical Behavior of Alkali and Alkaline Earth Metals in Nonaqueous Battery Systems—The Solid Electrolyte Interphase Model, *J. Electrochem. Soc.*, 1979, **126**, 2047–2051.

[4]　R. Fong, U. von Sacken and J. R. Dahn, Studies of Lithium Intercalation into Carbons Using Nonaqueous Electrochemical Cells, *J. Electrochem. Soc.*, 1990, **137**, 2009–2013.

[5]　K. Xu, Non-aqueous liquid electrolytes for lithium-based rechargeable batteries, *Chem. Rev.*, 2004, **104**, 4303–4417.

[6]　K. Xu, Electrolytes and interphases in Li-ion batteries and beyond, *Chem. Rev.*, 2014, **114**, 11503–11618.

[7]　J. B. Goodenough and Y. Kim, Challenges for rechargeable Li batteries, *Chem. Mater.*, 2010, **22**, 587–603.

[8]　M. Winter, The Solid Electrolyte Interphase – The Most Important and the Least Understood Solid Electrolyte in Rechargeable Li Batteries, *Z. Phys. Chem.*, 2009, **223**, 1395–1406.

[9]　E. Peled and H. Straze, The Kinetics of the Magnesium Electrode in Thionyl Chloride Solutions, *J. Electrochem. Soc.*, 1977, **124**, 1030–1035.

[10]　E. Peled, D. Golodnitsky, C. Menachem and D. Bar-Tow, An advanced tool for the selection of electrolyte components for rechargeable lithium batteries, *J. Electrochem. Soc.*, 1998, **145**, 3482–3486.

[11] D. Aurbach, A. Zaban, Y. Ein-Eli, I. Weissman, O. Chusid, B. Markovski, M. D. Levi, E. Levi, A. Schechter and E. Granot, Recent studies on the correlation between surface chemistry, morphology, three-dimensional structures and performance of Li and Li–C intercalation anodes in several important electrolyte systems, *J. Power Sources*, 1997, **68**, 91–98.

[12] K. Xu, G. V. Zhuang, J. L. Allen, U. Lee, S. S. Zhang, P. N. Ross Jr and T. R. Jow, Syntheses and characterization of lithium alkyl mono- and dicarbonates as components of surface films in Li-ion batteries, *J. Phys. Chem. B*, 2006, **110**, 7708–7719.

[13] E. Goren, O. Chusid and D. Aurbach, The Application of *In Situ* FTIR Spectroscopy to the Study of Surface Films Formed on Lithium and Noble Metals at Low Potentials in Li Battery Electrolytes, *J. Electrochem. Soc.*, 1991, **138**, L6–L9.

[14] G. V. Zhuang, K. Xu, H. Yang, T. R. Jow and P. N. Ross, Lithium Ethylene Dicarbonate Identified as the Primary Product of Chemical and Electrochemical Reduction of EC in 1.2 M LiPF$_6$/EC:EMC Electrolyte, *J. Phys. Chem. B*, 2005, **109**, 17567–17573.

[15] K. Xu, Electrolytes and interphasial chemistry in Li ion devices, *Energies*, 2010, **3**, 135–154.

[16] D. Aurbach and Y. Gofer, The Behavior of Lithium Electrodes in Mixtures of Alkyl Carbonates and Ethers, *J. Electrochem. Soc.*, 1991, **138**, 3529–3536.

[17] A. N. Dey and B. P. Sullivan, The Electrochemical Decomposition of Propylene Carbonate on Graphite, *J. Electrochem. Soc.*, 1970, **117**, 222–224.

[18] K. Xu, Charge-transfer process at graphite/electrolyte interface and the solvation sheath structure of Li$^+$ in nonaqueous electrolytes, *J. Electrochem. Soc.*, 2007, **154**, A162–A167.

[19] K. Xu, Y. Lam, S. S. Zhang, T. R Jow and T. B. Curtis, Solvation sheath of Li$^+$ in nonaqueous electrolytes and its implication of graphite/electrolyte interface chemistry, *J. Phys. Chem. C*, 2007, **111**, 7411–7421.

[20] I. A. Shkrob, Y. Zhu, T. W. Marin and D. Abraham, Reduction of Carbonate Electrolytes and the Formation of Solid-Electrolyte Interface (SEI) in Lithium-Ion Batteries. 1. Spectroscopic Observations of Radical Intermediates Generated in One-Electron Reduction of Carbonates, *J. Phys. Chem. C*, 2013, **117**, 19255–19269.

[21] R. Dedryvère, S. Leroy, H. Martinez, F. Blanchard, D. Lemordant and D. Gonbeau, XPS Valence Characterization of Lithium Salts as a Tool to Study Electrode/Electrolyte Interfaces of Li-Ion Batteries, *J. Phys. Chem. B*, 2006, **110**, 12986–12992.

[22] L. Wang, A. Menakath, F. Han, Y. Wang, P. Y. Zavalij, K. J. Gaskell, O. Borodin, D. Iuga, S. P. Brown, C. Wang, K. Xu and B. W. Eichhorn, Identifying the components of the solid–electrolyte interphase in Li-ion batteries, *Nat. Chem.*, 2019, **11**, 789–796.

[23] M. Onuki, S. Kinoshita, Y. Sakata, M. Yanagidate, Y. Otake, M. Ue and M. Deguchi, Identification of the Source of Evolved Gas in Li-Ion Batteries Using ^{13}C-labeled Solvents, *J. Electrochem. Soc.*, 2008, **155**, A794–A797.

[24] H. Tavassol, J. W. Buthker, G. A. Ferguson, L. A. Curtiss and A. A. Gewirth, Solvent Oligomerization during SEI Formation on Model Systems for Li-Ion Battery Anodes, *J. Electrochem. Soc.*, 2012, **159**, A730.

[25] T. Liu, L. Lin, X. Bi, L. Tian, K. Yang, J. Liu, M. Li, Z. Chen, J. Lu, K. Amine, K. Xu and F. Pan, *In situ* quantification of interphasial chemistry in Li-ion battery, *Nat. Nanotechnol.*, 2019, **14**, 50–56.

[26] S. P. Kühn, K. Edström, M. Winter and I. Cekic-Laskovic, Face to face at the cathode electrolyte interphase: From interface features to interphase formation and dynamics, *Adv. Mater. Interfaces*, 2022, **9**, 2102078.

[27] H. Liu, Y. Tong, N. Kuwata, M. Osawa, J. Kawamura and S. Ye, Adsorption of Propylene Carbonate (PC) on the LiCoO$_2$ Surface Investigated by Nonlinear Vibrational Spectroscopy, *J. Phys. Chem. C*, 2009, **113**, 20531–20534.

[28] L. Yu, H. Liu, Y. Wang, N. Kuwata, M. Osawa, J. Kawamura and S. Ye, Preferential Adsorption of Solvents on the Cathode Surface of Lithium Ion Batteries, *Angew. Chem., Int. Ed.*, 2013, **52**, 5753–5756.

[29] S. K. Heiskanen, J. Kim and B. Lucht, Generation and Evolution of the Solid Electrolyte Interphase of Lithium-Ion Batteries, *Joule*, 2019, **3**, 2322–2333.

[30] W. Xu, J. Wang, F. Ding, X. Chen, E. Nasybulin, Y. Zhang and J. G. Zhang, Lithium metal anodes for rechargeable batteries, *Energy Environ. Sci.*, 2014, **7**, 513–537.

[31] Q. Liu, A. Cresce, M. Schroeder, K. Xu, D. Mu, B. Wu, L. Shi and F. Wu, Insight on lithium metal anode interphasial chemistry: Reduction mechanism of cyclic ether solvent and SEI film formation, *Energy Storage Mater.*, 2019, **17**, 366–373.

[32] C. Wang, Y. S. Meng and K. Xu, Fluorinating interphases, *J. Electrochem. Soc.*, 2018, **166**, A5184–A5186.

[33] S. S. Zhang, A review on electrolyte additives for lithium-ion batteries, *J. Power Sources*, 2006, **162**, 1379–1394.

[34] H. Yoshitake, Functional Electrolytes Specially Designed for Lithium-Ion Batteries, in *Lithium-Ion Batteries*, ed. M. Yoshio, R. J. Brodd and A. Kozawa, Springer, New York, NY, 2009.

[35] Y. S. Meng, Introduction: Beyond Li-Ion Battery Chemistry, *Chem. Rev.*, 2020, **14**, 6327.

[36] W.-J. Kwak, Rosy, D. Sharon, C. Xia, H. Kim, L. R. Johnson, P. G. Bruce, L. F. Nazar, Y.-K. Sun, A. A. Frimer, M. Noked, S. A. Freunberger and D. Aurbach, Lithium–Oxygen Batteries and Related Systems: Potential, Status, and Future, *Chem. Rev.*, 2020, **14**, 6626–6683.

[37] W. Xu, K. Xu, V. V. Viswanathan, S. A. Towne, J. S. Hardy, J. Xiao, Z. Nie, D. Hu, D. Wang and J.-G. Zhang, Reaction mechanisms for the limited reversibility of Li–O$_2$ chemistry in organic carbonate electrolytes, *J. Power Sources*, 2011, **196**, 9631–9639.

[38] A. Van der Ven, Z. Deng, S. Banerjee and S. P. Ong, Rechargeable Alkali-Ion Battery Materials: Theory and Computation, *Chem. Rev.*, 2020, **120**, 6977–7019.

[39] T. Hosaka, K. Kubota, A. S. Hameed and S. Komaba, Research Development on K-Ion Batteries, *Chem. Rev.*, 2020, **120**, 6358–6466.

[40] M. E. Arroyo-de Dompablo, A. Ponrouch, P. Johansson and M. R. Palacín, Achievements, Challenges, and Prospects of Calcium Batteries, *Chem. Rev.*, 2020, **120**, 6331–6357.

[41] S. B. Son, T. Gao, S. P. Harvey, K. X. Steirer, A. Stokes, A. Norman, C. Wang, A. Cresce, K. Xu and C. Ban, An artificial interphase enables reversible magnesium chemistry in carbonate electrolytes, *Nat. Chem.*, 2018, **10**, 532–539.

[42] F. Wang, R. Robert, N. A. Chernova, N. Pereira, F. Omenya, F. Badway, X. Hua, M. Ruotolo, R. Zhang, L. Wu, V. Volkov, D. Su, B. Key, M. S. Whittingham, C. P. Grey, G. G. Amatucci, Y. Zhu and J. Graetz, Conversion Reaction Mechanisms in Lithium Ion Batteries: Study of the Binary Metal Fluoride Electrodes, *J. Am. Chem. Soc.*, 2011, **133**, 18828–18836.

[43] K. Tasaki, A. Goldberg, J. J. Lian, M. Walker, A. Timmons and S. J. Harris, Solubility of lithium salts formed on the lithium-ion battery negative electrode surface in organic solvents, *J. Electrochem. Soc.*, 2009, **156**, A1019–A1027.

[44] A. Cresce, S. M. Russell, D. R. Baker, K. J. Gaskell and K. Xu, *In situ* and quantitative characterization of solid electrolyte interphases, *Nano Lett.*, 2014, **14**, 1405–1412.

[45] K. Edström, M. Herstedt and D. P. Abraham, A new look at the solid electrolyte interphase on graphite anodes in Li-ion batteries, *J. Power Sources*, 2006, **153**, 380–384.

[46] M. Nie, D. Chalasani, D. P. Abraham, Y. Chen, A. Bose and B. L. Lucht, Lithium Ion Battery Graphite Solid Electrolyte Interphase Revealed by Microscopy and Spectroscopy, *J. Phys. Chem. C*, 2013, **117**, 1257–1267.

[47] D. E. Arreaga-Salas, A. K. Sra, K. Roodenko, Y. J. Chabal and C. L. Hinkle, *J. Phys. Chem. C.*, 2012, **116**, 9072.

[48] N. Delpuech, N. Dupré, D. Mazouzi, J. Gaubicher, P. Moreau, J. S. Bridel, D. Guyomard and B. Lestriez, Correlation between irreversible capacity and electrolyte solvents degradation probed by NMR in Si-based negative electrode of Li-ion cell, *Electrochem. Commun.*, 2013, **33**, 72–75.

[49] M. S. Kim, Z. Zhang, P. E. Rudnicki, Z. Yu, J. Wang, H. Wang, S. T. Oyakhire, Y. Chen, S. C. Kim, W. Zhang, D. T Boyle, X. Kong, R. Xu, Z. Huang, W. Huang, S. F. Bent, L.-W. Wang, J. Qin, Z. Bao and Y. Cui, Suspension electrolyte with modified Li$^+$ solvation environment for lithium metal batteries, *Nat. Mater.*, 2022, **21**, 445–454.

[50] M. J. Zachman, Z. Tu, S. Choudhury, L. A. Archer and L. F. Kourkoutis, Cryo-STEM mapping of solid–liquid interfaces and dendrites in lithium-metal batteries, *Nature*, 2018, **560**, 345–349.

[51] C. Fang, J. Li, M. Zhang, Y. Zhang, F. Yang, J. Z. Lee, M.-H. Lee, J. Alvarado, M. A.

Schroeder, Y. Yang, B. Lu, N. Williams, M. Ceja, L. Yang, M. Cai, J. Gu, K. Xu, X. Wang and Y. S. Meng, Quantifying inactive lithium in lithium metal batteries, *Nature*, 2019, **572**, 511–515.

[52] Z. Shadike, H. Lee, O. Borodin, X. Cao, X. Fan, X. Wang, R. Lin, S. M. Bak, S. Ghose, K. Xu, C. Wang, J. Liu, J. Xiao, X.-Q. Yang and E. Hu, Identification of LiH and nanocrystalline LiF in the solid–electrolyte interphase of lithium metal anodes, *Nat. Nanotechnol.*, 2021, **16**, 549–554.

[53] P. Lu and S. J. Harris, Lithium transport within the solid electrolyte interphase, *Electrochem. Commun.*, 2011, **13**, 1035–1037.

[54] S. Shi, P. Lu, Z. Liu, Y. Qi, L. G. Hector Jr, H. Li and S. J. Harris, Direct Calculation of Li-ion Transport in the Solid Electrolyte Interphase, *J. Am. Chem. Soc.*, 2012, **134**, 15476–15487.

[55] A. Wang, S. Kadam, H. Li, S. Shi and Y. Qi, Review on modeling of the anode solid electrolyte interphase (SEI) for lithium-ion batteries, *Comput. Mater.*, 2018, **4**, 1–6.

[56] Q. Zhang, J. Pan, P. Lu, Z. Liu, M. W. Verbrugge, B. W. Sheldon, Y. T. Cheng, Y. Qi and X. Xiao, Synergetic effects of inorganic components in solid electrolyte interphase on high cycle efficiency of lithium ion batteries, *Nano Lett.*, 2016, **16**, 2011–2016.

[57] A. J. Smith, J. C. Burns, S. Trussler and J. R. Dahn, Precision measurements of the coulombic efficiency of lithium-ion batteries and of electrode materials for lithium-ion batteries, *J. Electrochem. Soc.*, 2009, **157**, A196–A202.

[58] K. Xu, A. von Cresce and U. Lee, Differentiating contributions to "ion transfer" barrier from interphasial resistance and Li$^+$ desolvation at electrolyte/graphite interface, *Langmuir*, 2010, **26**, 11538–11543.

[59] K. Xu and A. von Cresce, Interfacing electrolytes with electrodes in Li ion batteries, *J. Mater. Chem.*, 2011, **21**, 9849–9864.

[60] A. von Cresce and K. Xu, Preferential solvation of Li$^+$ directs formation of interphase on graphitic anode, *Electrochem. Solid-State Lett.*, 2011, **14**, A154–A156.

[61] L. Xing, X. Zheng, M. Schroeder, J. Alvarado, A. von W. Cresce, K. Xu, Q. Li and W. Li, Deciphering the ethylene carbonate–propylene carbonate mystery in Li-ion batteries, *Acc. Chem. Res.*, 2018, **51**, 282–289.

[62] Y. Zhou, M. Su, X. Yu, Y. Zhang, J. G. Wang, X. Ren, R. Cao, W. Xu, D. R. Baer, Y. Du, O. Borodin, Y. Wang, X.-L. Wang, K. Xu, Z. Xu, C. Wang and Z. Zhu, Real-time mass spectrometric characterization of the solid–electrolyte interphase of a lithium-ion battery, *Nat. Nanotechnol.*, 2020, **15**, 224–230.

[63] O. Borodin and G. D. Smith, Quantum Chemistry and Molecular Dynamics Simulation Study of Dimethyl Carbonate: Ethylene Carbonate Electrolytes Doped with LiPF$_6$, *J. Phys. Chem. B.*, 2009, **113**, 1763–1776.

[64] M. Winter, B. Barnett and K. Xu, Before Li ion batteries, *Chem. Rev.*, 2018, **118**, 11433–11456.

[65] A. Cresce, O. Borodin and K. Xu, Correlating Li$^+$ Solvation Sheath Structure with Interphasial Chemistry on Graphite, *J. Phys. Chem. C.*, 2012, **116**(50), 26111–26117.

[66] M. R. Wagner, J. H. Albering, K. C. Moeller, J. O. Besenhard and M. Winter, XRD evidence for the electrochemical formation of Li(PC)yCn in PC-based electrolytes, *Electrochem. Commun.*, 2005, **7**, 947–952.

[67] G. V. Zhuang, H. Yang, P. N. Ross, K. Xu and T. R. Jow, Lithium methyl carbonate as a reaction product of metallic lithium and dimethyl carbonate, *Electrochem. Solid-State Lett.*, 2005, **9**, A64–A68.

[68] X. Bogle, R. Vazquez, S. Greenbaum, A. W. Cresce and K. Xu, Understanding Li$^+$–Solvent Interaction in Nonaqueous Carbonate Electrolytes with ^{17}O NMR, *J. Phys. Chem. Lett.*, 2013, **4**, 1664–1668.

[69] Y. Zhang, M. Su, X. Yu, Y. Zhou, J. Wang, R. Cao, W. Xu, C. Wang, D. R. Baer, O. Borodin, K. Xu, Y. Wang, X.-L. Wang, Z. Xu, F. Wang and Z. Zhu, Investigation of ion–solvent interactions in nonaqueous electrolytes using *in situ* liquid SIMS, *Anal. Chem.*, 2018, **90**, 3341–3348.

[70] Y. Yamada, K. Furukawa, K. Sodeyama, K. Kikuchi, M. Yaegashi, Y. Tateyama and A. Yamada, Unusual stability of acetonitrile-based superconcentrated electrolytes for fast-charging lithium-ion batteries, *J. Am. Chem. Soc.*, 2014, **136**, 5039–5046.

[71] M. Nie, D. P. Abraham, D. M. Seo, Y. Chen, A. Bose and B. L. Lucht, Role of Solution Structure in Solid Electrolyte Interphase Formation on Graphite with LiPF$_6$

in Propylene Carbonate, *J. Phys. Chem. C.*, 2013, **117**, 25381–25389.

[72] L. Cao, D. Li, T. Pollard, T. Deng, B. Zhang, C. Yang, L. Chen, J. Vatamanu, E. Hu, M. J. Hourwitz, L. Ma, M. Ding, Q. Li, S. Hou, K. Gaskell, J. T. Fourkas, X.-Q. Yang, K. Xu, O. Borodin and C. Wang, Fluorinated interphase enables reversible aqueous zinc battery chemistries, *Nat. Nanotechnol.*, 2021, **16**, 902–910.

[73] L. Ma, T. P. Pollard, Y. Zhang, M. A. Schroeder, X. Ren, K. S. Han, M. S. Ding, A. von Cresce, T. B. Atwater, J. Mars, L. Cao, H.-G. Steinrück, K. T. Mueller, M. F. Toney, M. Hourwitz, J. T. Fourkas, E. J. Maginn, C. Wang, O. Borodin and K. Xu, Ammonium enables reversible aqueous Zn battery chemistries by tailoring the interphase, *One Earth*, 2022, **5**, 413–421.

[74] P. Quaino, E. Colombo, F. Juarez, E. Santos, G. Belletti, A. Groß and W. Schmickler, On the first step in zinc deposition – A case of nonlinear coupling with the solvent, *Electrochem. Commun.*, 2021, **122**, 106876.

[75] Q.-H. Zhang, P. Liu, Z.-J. Zhu, X.-R. Li, J.-Q. Zhang and F.-H. Cao, Electrochemical detection of univalent Mg cation: A possible explanation for the negative difference effect during Mg anodic dissolution, *J. Electroanal. Chem.*, 2021, **880**, 114837.

[76] A. Atrens and W. Dietzel, The Negative Difference Effect and Unipositive Mg$^+$, *Adv. Eng. Mater.*, 2007, **9**, 292–297.

[77] L. Benitez and J. M. Seminario, *J. Electrochem. Soc.*, 2017, **164**, E3159–E3170.

[78] X. Cao, P. Gao, X. Ren and Ji-G. Zhang, Effects of fluorinated solvents on electrolyte solvation structures and electrode/electrolyte interphases for lithium metal batteries, *Proc. Natl. Acad. Sci. U. S. A.*, 2021, **118**, e2020357118.

[79] X. Cao, X. Ren, L. Zou, M. H. Engelhard, W. Huang, H. Wang, B. E. Mattews, H. Lee, C. Niu, B. W. Arey, Y. Cui, C. Wang, J. Xiao, J. Liu, W. Xu and J.-G. Zhang, Monolithic solid–electrolyte interphases formed in fluorinated orthoformate-based electrolytes minimize Li depletion and pulverization, *Nat. Energy*, 2019, **4**, 796–805.

[80] X. Ren, P. Gao, L. Zou and W. Xu, Role of inner solvation sheath within salt–solvent complexes in tailoring electrode/electrolyte interphases for lithium metal batteries, *Proc. Natl. Acad. Sci. U. S. A.*, 2020, **117**, 28603–28613.

[81] O. Borodin, X. Ren, J. Vatamanu, A. von Wald Cresce, J. Knap and K. Xu, Modeling insight into battery electrolyte electrochemical stability and interfacial structure, *Acc. Chem. Res.*, 2017, **50**, 2886–2894.

[82] M. Fujimoto, N. Yoshinaga and K. Ueno, Li-ion Secondary Batteries, *Japanese Patent*, 3229635, 1991.

[83] R. Fong, U. von Sacken and J. R. Dahn, Studies of Lithium Intercalation into Carbons Using Nonaqueous Electrochemical Cells, *J. Electrochem. Soc.*, 1990, **137**, 2009–2013.

[84] K. J. Carroll, M.-C. Yang, G. M. Veith, N. J. Dudney and Y. S. Meng, Intrinsic Surface Stability in LiMn$_{2-x}$Ni$_x$O$_{4-\delta}$ (x = 0.45, 0.5) High Voltage Spinel Materials for Lithium Ion Batteries, *Electrochem. Solid-State Lett.*, 2012, **15**, A72.

[85] E. Markevich, R. Sharabi, H. Gottlieb, V. Borgel, K. Fridman, G. Salitra, D. Aurbach, G. Semrau, M. A. Schmidt, N. Schall and C. Bruenig, Reasons for capacity fading of LiCoPO$_4$ cathodes in LiPF$_6$ containing electrolyte solutions, *Electrochem. Commun.*, 2012, **15**, 22.

[86] S. R. Li, C. H. Chen, X. Xia and J. R. Dahn, The Impact of Electrolyte Oxidation Products in LiNi$_{0.5}$Mn$_{1.5}$O$_4$/Li$_4$Ti$_5$O$_{12}$ Cells, *J. Electrochem. Soc.*, 2013, **160**, A1524.

[87] R. Petibon, J. Xia, L. Ma, M. K. G. Bauer, K. J. Nelson and J. R. Dahn, Electrolyte System for High Voltage Li-Ion Cells, *J. Electrochem. Soc.*, 2016, **163**, A2571–A2578.

[88] D. Aurbach, in *Non-Aqueous Electrochemistry*, Marcel Dekker, NY, Basel, 1999.

[89] Y. Li, Y. Li, A. Pei, K. Yan, Y. Sun, C.-L. Wu, L.-M. Joubert, R. Chin, A. L. Koh, Y. Yu, J. Perrino, B. Butz, S. Chu and Y. Cui, Atomic structure of sensitive battery materials and interfaces revealed by cryo–electron microscopy, *Science*, 2017, **358**, 506–510.

[90] X. Cao, X. Ren, L. Zou, M. H. Engelhard, W. Huang, H. Wang, B. E. Mattews, H. Lee, C. Niu, B. W. Arey, Y. Cui, C. Wang, J. Xiao, J. Liu, W. Xu and J.-G. Zhang, Monolithic solid–electrolyte interphases formed in fluorinated orthoformate-based electrolytes minimize Li depletion and pulverization, *Nat. Energy*, 2019, **4**, 796–805.

[91] D. Y. Wang and J. R. Dahn, A High Precision Study of Electrolyte Additive Com-

binations Containing Vinylene Carbonate, Ethylene Sulfate, Tris(trimethylsilyl) Phosphate and Tris(trimethylsilyl) Phosphite in $Li[Ni_{1/3}Mn_{1/3}Co_{1/3}]O_2$/Graphite Pouch Cells, *J. Electrochem. Soc.*, 2014, **161**, A1890–A1897.

[92] R. Petibon, J. Xia, L. Ma, M. K. G. Bauer, K. J. Nelson and J. R. Dahn, Electrolyte System for High Voltage Li-Ion Cells, *J. Electrochem. Soc.*, 2016, **163**, A2571–A2578.

[93] D. Aurbach and O. Chusid, In situ FTIR spectroelectrochemical studies of surface films formed on Li and nonactive electrodes at low potentials in Li salt solutions containing CO_2, *J. Electrochem. Soc.*, 1993, **140**, L155–L157.

[94] J. Yue, J. Zhang, Y. Tong, M. Chen, L. Liu, L. Jiang, T. Lv, Y. Hu, H. Li, X. Huang, L. Gu, G. Feng, K. Xu, L. Suo and L. Chen, Aqueous interphase formed by CO_2 brings electrolytes back to salt-in-water regime, *Nat. Chem.*, 2021, **13**, 1061–1069.

[95] M. Winter, The Solid Electrolyte Interphase - the Most Important and the Least Understood Solid Electrolyte in Rechargeable Li Batteries, *Z. Phys. Chem.*, 2009, **223**, 1395–1406.

[96] O. Chusid, Y. Ein Ely, D. Aurbach, M. Babai and Y. Carmeli, Electrochemical and Spectroscopic Studies of Carbon Electrodes in Lithium Battery Electrolyte Systems, *J. Power Sources*, 1993, **43/44**, 47–64.

[97] D. Aurbach and I. Weissman, On the possibility of LiH formation on Li surfaces in wet electrolyte solutions, *Electrochem. Commun.*, 1999, **1**, 324–331.

[98] S. Shi, P. Lu, Z. Liu, Y. Qi, L. G. Hector Jr, H. Li and S. J. Harris, Direct calculation of Li-ion transport in the solid electrolyte interphase, *J. Am. Chem. Soc.*, 2012, **134**, 15476–15487.

[99] A. Cresce, O. Borodin and K. Xu, Correlating Li^+ Solvation Sheath Structure with Interphasial Chemistry on Graphite, *J. Phys. Chem. C*, 2012, **116**(50), 26111.

[100] L. Suo, O. Borodin, T. Gao, M. Olguin, J. Ho, X. Fan, C. Luo, C. Wang and K. Xu, "Water-in-salt" electrolyte enables high-voltage aqueous lithium-ion chemistries, *Science*, 2015, **350**, 938–943.

第 17 章
新概念和新工具

设计更好的电解质及相关界相是未来电池材料和化学研究取得突破的关键。

截至 2025 年，锂离子电池的能量密度在最流行的 18650 结构中已达到 300 ～ 350 Wh·kg^{-1}（或 600 ～ 800 Wh·L^{-1}）以上，具体数值随电池所采用的化学成分不同而有所不同 [1]，这大约是 1991 年首次商业化的第一代锂离子电池能量密度的 3 ～ 4 倍 [2]。同时，电池的循环寿命、功率或倍率性能、安全性也得到了改善，制造成本更是大大下降。这些成果得益于相关材料在结构和成分方面的创新以及推动这些材料在商业电池中充分发挥潜力的电池工程设计。然而，锂离子电池的能量密度将在 2025 年左右接近目前嵌入式电极化学的极限。因此，目前大量资源和研究兴趣投向了新电池化学、材料和机制的研究中。这些新兴电池中的电解质和界相将面临更严格和更具挑战性的性能要求 [3]。

得益于过去三十年来的巨大努力，我们已经积累了大量关于电解质和界相的基础知识 [4-6]。理论模型的进步和不断增强的计算能力帮助我们揭示了离子、溶剂分子与带电电极表面在原子层次和皮秒、纳秒尺度上的相互作用。这些特性和行为在普通实验中往往难以测量。同时，新型高时空分辨率的原位和非原位表征技术，则帮助揭示了越来越多的界面和界相行为。这些实验手段也愈发地得到了计算模拟方法，尤其是近年来兴起的机器学习（ML）和人工智能（AI）方法的助力。大语言模型和其他 AI 技术的突破，加以图形处理器（graphic processing units，GPU）并行运算能力的飞速进步，更是为新材料的设计和发现提供了前所未有的强大工具，使得人们第一次能够在合理的时间尺度上（数月甚至数周）计算和模拟天文规模的分子数量，从而踏入人类从未涉足的分子宇宙 [3]。

基于计算和实验表征方面的前沿进展，我们逐渐获得了对界面和界相的系统理解 [4-6]。这些知识使我们能够设计调整电解质和界相的新概念，从而满足各种特殊应用目的。尤其是"溶剂化 - 界相关联性"概念为我们提供了一个调整界相化学的强大工具。这些界相化学以前是不可预测且完全经验性的 [7-8]。许多新概念电解质的开发正是直接或间接地受益于这种理解 [4]。

本章挑选了一些近些年应用于电解质和界相设计的新概念。虽然这些挑选难免片面，不够系统，但它正好反映了该领域非常活跃的研究状态。本章还简要介绍了理解和表征界面和界相的新工具，包括计算模拟在该领域的应用。当然，受限于作者在该领域的理解，这些解读都尚显粗浅。

17.1 超浓电解液：不寻常的性质

过去十年我们学会的一个关键知识是，锂离子电池中固态电解质界相（SEI）的形成及其化学性质与离子的溶剂化鞘层结构密切相关。与难以捉摸的界面和界相性质不同，溶剂化鞘层结构相对而言更加容易预测和调整[7-9]。目前，人们已经系统地量化了那些常用溶剂分子和离子的溶剂化能力，而大多数溶剂分子的电化学反应路径也可以通过经典或从头计算动力学模拟，或者采用量子力学方法来计算[10-12]。在前面的章节中，我们提到了名为"溶剂化 - 界相关联性"的概念。具体而言，一旦电解质成分发生变化，相应的溶剂化鞘层结构也会发生变化，进而导致最终界相的变化。这种关联性使得我们可以预测界相甚至定制化界相。正是这种思路激发了"超浓"电解液概念，尽管许多研究先驱在首次报道他们的工作时可能都没有意识到这种关联性。

超浓是一个相对术语，因此本质上是不准确的。它描述了一种故意以更高的盐浓度配制电解质的方法，目的是以离子传输下降为代价，而在其他目标特性上获得益处。该策略与以离子电导率为主要甚至是唯一考虑因素的传统策略不同，而是将其他特性与离子导电性置于同等甚至更重要地位，因此值得通过牺牲一定量的离子传输来实现。这些其他特性包括但不限于电化学稳定窗口、界相化学性质、离子的选择性输运或其他物理、化学、形貌或力学性质（如可燃性、热稳定性、化学降解稳定性、腐蚀性等）。

超浓电解液中的溶剂分子严重不足，导致离子的溶剂化鞘层结构有异于 Bernal-Fowler 的经典三层模型（图 3.5 或第 12.1 节）。此时，相邻溶剂化鞘层被压缩到部分"合并"的状态，出现不同鞘层共享溶剂分子的情况（图 12.5）。同时，反离子也不可避免地出现在经典的一级溶剂化鞘中（约 0.2 nm）。这种"拥挤"效应显著改变了离子的溶剂化结构，进而引发一系列新的特性，其中一些已在第 12.2.4 小节中讨论过。

当然，并非所有这些新特性都对电化学电池有益。

McKinnon 和 Dahn 可能是最早进入"超浓"领域的先驱。他们在 1985 年报道说，基于丙烯碳酸酯（PC）的 LiAsF$_6$ 饱和溶液可以避免 PC 共嵌入用于正极的层状硫族化合物中（Li$_x$ZrSe$_2$ 或 Li$_x$TaS$_2$）[13]。1993 年，Angell 等发现，通过将盐浓度提高到某个阈值水平可以实现异常高的离子电导率，打破了离子电导率随盐浓度增加而单调下降的规律。背后的原因是，该类电解液中的离子运动和聚合物链运动发生了解耦[14]。由此产生的聚合物电解质含有更高的离子浓度，这使得它们更接近离子液体。作者将其称为"盐包聚合物"电解液。这类电解液成为后来各类超浓电解液的原型，如"盐包溶剂""盐包水""双盐包水""水合电解液""局部超浓电解液"等。

这些"不寻常"的特性因电解液而异，大多数时候"不寻常"仅对特定的电解液组成而言，也有一些"不寻常"的电解液体系可以有类似或更好的性质。因此，这些不寻常的特性常常被视为是实验室里的新奇发现而已。然而，通过探索这些非常规做法，我们逐渐学会了如何设计能够真正用于新兴电池的创新电解液体系。

以下是超浓电解液不寻常特性的一些典型例子。

17.1.1　醚类分子可以具有氧化稳定性

与碳酸酯电解质形成鲜明对比的是，醚类电解质在商业电池上较少使用，这归因于它在正极和负极上的本征化学、电化学以及界相缺憾。

在正极侧，醚类的抗氧化能力不足，使得它们不适合应用于高电压（>4 V）正极材料。在负极侧，尽管大多数醚类抗还原能力较好（尤其是与酯类相比），但它们的抗还原稳定性阻止了石墨表面 SEI 的形成，而是促进了共嵌入现象（见图 10.7 中的场景Ⅱ）。这种不理想且笨拙的共嵌入导致还原电位高、容量低、可逆性差。在这里，醚的抗还原稳定性反而变成了一个缺点，而非优点，这是因为石墨的独特结构及其对特殊界相化学的要求。只有在有限的情况下，当同时使用锂金属和低电压正极时，醚才可能找到其应用场景，其中一个例子就是锂硫电池。

总之，醚类分子的固有化学性质使得它们具有优异的抗还原能力、较差的抗氧化能力。它优异的抗还原能力使得醚类电解质在使用锂金属电极时的性能常常优于其他电解质，但也导致难以在石墨电极形成界相。它较差的抗氧化能力使得醚类电解质不耐高电压正极，尤其是正极电压（相对于金属锂）高于 4.0 V 时。此外，醚类往往比酯类具有更强的挥发性和可燃性。强挥发性尤其令人头疼。例如，锂硫电池中常用的 1, 3- 二氧戊环（DOL）和乙二醇二甲醚（DME）由于强挥发性，使得研究人员有时在将其注入电池前必须对其进行冷却，否则电解质成分会在电池组装过程中发生变化。

增加醚类电解质中的盐浓度可以解决大多数上述问题。沿用这种思路，许多电解质系统已被开发出来，而渡边（Watanabe）及其同事关于"溶剂化盐"的工作（第 12.2.4.3小节）则代表了对这类电解液最全面的理解[15-17]。通过热学（DSC，TGA）、光谱学（NMR，FTIR）、电化学方法表征及计算模拟，他们明确地揭示了这些超浓电解液中所有醚溶剂都被锂离子紧密束缚，不存在既不与阳离子也不与阴离子配位的"自由"溶剂分子。

这种强相互作用导致了电解液的高热稳定性、低可燃性和不寻常的黏度。例如，一些这类"溶剂化盐"电解液可以在高达 200℃ 的温度下保持重量不变。特别令人惊讶的是，它们对正极和石墨负极的电化学稳定性也得到了改善。背后的基本机制似乎来自两个方面。①"物理"因素。这仅与电解质系统中醚溶剂分子与离子的比率下降有关，导致所有溶剂都被纳入溶剂化鞘层中，因此醚对正极表面的活性和反应性随之减弱。这种现象可通过超浓电解液中醚氧上孤对电子的配位减少来证实。②"化学"因素。这与电解质中阴离子的增加相关，进而促成正极电解质界相（CEI）产生或在正极表面上形成特定吸附的钝化层。据报道，基于超浓概念的醚基电解质已能够支持高达 4.5 V 的正极电极电势。

由于醚溶剂被锂离子束缚，这也消除了石墨负极上的低效共嵌行为。这是由于此时的阴离子被迫进入锂离子的第一溶剂化鞘层内，进而会先于醚溶剂分子参与形成保护性 SEI，从而阻止了其共嵌入石墨。这些不寻常的特性都源于锂离子在醚溶剂分子（如乙二醇二甲醚）和阴离子的竞争下实现的溶剂化结构，而这种情况在稀盐系统中不会发生。这种阴 / 阳离子之间的紧密作用对于界面/界相特性尤为重要，并进一步决定电解质的电化学稳定性。

随着锂金属负极自21世纪10年代初以来再次获得重视，醚基超浓电解质被认为是实现稳定锂负极表面和高压高镍正极表面的一种有效手段。到目前为止，文献里可充电锂金属负极的最佳库仑效率都来自醚基电解质（0.5 mA·cm^{-2}和1 mA·h·cm^{-2}时的库仑效率为99.5%）。这主要源自锂金属表面的新SEI，这种界相在稀电解液或碳酸酯基电解液中是不存在的[18]，它主要含有阴离子的特征，这得益于两个因素：①锂离子的一级溶剂化鞘中含有高浓度的阴离子，其氟化产物构成了SEI；②醚分子相对锂金属表面有本征惰性。

除了电化学稳定性外，这些超浓醚电解质还展示出不同寻常的离子传输特性。这种现象的根源是高浓度下锂离子和阴离子之间存在较强的相互作用，以及电解液中不存在"自由"的溶剂分子。尽管通常认为增强的阳离子-溶剂相互作用会使电解质偏离Nernst-Einstein方程所描述的理想状态，但分析表明，当接近超浓时，体系的离子性[参考第14.1.4节定义、式（14.79）、图14.13]反常地增加[19]。上述事实清楚地表明：离子体系中的离子传输机制从一种离子在介质中自由移动的"车载模式（vehicular）"转变为一种离子的运动受到体系溶剂化结构影响的"结构模式（structural）"。"溶剂化盐"电解质的最大离子性发生在醚单元对锂离子的化学计量比为4时，这恰好对应醚基溶剂中典型的锂离子溶剂化鞘层结构。Borodin等认为此种现象源于，在高度解离且几乎没有自由溶剂分子的体系中，动量守恒定律要求Li$^+$(EO)$_4$和阴离子的运动必定相反[19]。

17.1.2　酯类分子可以具有还原稳定性

目前锂离子电池中最先进的电解质采用的是碳酸酯类分子。这类电解质具有高介电常数和供电子能力，以及对大多数锂盐优异的溶剂化能力。其中的碳酸乙烯酯（EC）更是具有在脆弱的石墨结构和高压正极材料上形成SEI和CEI的独特能力。然而，酯类在抗还原性方面先天不足，尤其是和锂接触时[式（10.1）]。

与醚基电解质相比，超浓概念在酯基电解质中的关注度要低得多。主要原因是酯类溶剂对大多数盐的溶解度不够高。最受欢迎的碳酸酯溶剂EC（熔点36.4℃），在盐浓度高于1 mol·L^{-1}时甚至还会固化。PC分子的低对称性提供了更大的自由度、低熔点（−48.8℃）和强抗结晶性，因此超浓碳酸酯电解液最早采用的是PC溶剂[20-21]。我们已经知道，低浓度PC电解质会导致石墨剥离（图10.7中的场景Ⅰ），但当锂盐浓度足够高时，无论是何种锂盐（LiPF$_6$、LiClO$_4$或LiTSFI），典型的石墨剥离都会转化为可逆的石墨锂化/脱锂（场景Ⅲ）。这种转变是由于进入锂离子溶剂化鞘层的阴离子引发了新的界相化学，防止了剥离的发生。

一种新近出现的阴离子双氟磺酰亚胺（FSI$^-$）让超浓碳酸酯电解质变得更加容易。这是由于其锂、钠和钾盐在低介电常数溶剂中（如线性碳酸酯）具有很高的溶解度，不再需要具有高介电常数和高熔点的溶剂。含有高浓度（约10 mol·L^{-1}）LiFSI或NaFSI的EMC电解液就可以在石墨结构上形成保护性界面并支持锂离子的可逆嵌入以及5 V的正极材料LiNi$_{0.5}$Mn$_{1.5}$O$_4$[22]。显然，FSI生成的SEI和CEI在这些性能改善中发挥了主要作用。该工作的一个启示是：超浓碳酸酯基电解质诱导产生了和对应稀电解质截然不同的界相化学，从而绕开了典型锂离子电池中电解液所受的许多限制。一个典型的例子是，超浓电解液使得 EC 溶剂变得不再是必需的了。考虑到石墨负极在共嵌入和剥离时脆弱的结构，该方法为大量尚未得到广泛关注的新溶剂开辟了道路。

17.1.3　新型溶剂可以实现电化学稳定

在各种极性、非水和非质子有机分子中，只有碳酸酯和醚得到了广泛评估并用作自 20 世纪 80 年代以来大多数电池的电解质溶剂，而其他有机分子则未能通过各种严格的筛选标准。最终，只有碳酸酯进入了商业锂离子电池，EC 分子则是其中不可或缺的成分。然而，情况在最近发生了改变。

当超浓概念赋予醚基和 PC 基电解质各种不寻常的界相特性后，研究人员逐渐意识到"盐浓度、溶剂化鞘层结构或溶液结构、界相"之间的相互关联，并开始将此概念应用于那些之前被认为并不合适的溶剂，包括腈类、砜类和亚砜类分子。例如，山田（Yamada）及同事发现[23-24]，含有高浓度（>3.0 mol·L^{-1}）LiTFSI 的乙腈、亚砜或四氢呋喃可以实现石墨中的可逆锂离子嵌入；渡边（Watanabe）团队[25]以及许康（Xu）团队[26]也相继证明含有高浓度 LiTFSI 或 LiFSI 的砜和亚砜可以应用于石墨和锂金属负极以及高电压正极。这些超浓电解质中的界相几乎都含有大量氟化锂。

目前上述新型电解质仍然只是实验室的新奇发现，仅仅处于表明"它们也可以做到"的阶段，而非"它们超越最先进的电解质"。然而，相关知识的积累必将为后续更实用的超浓电解质奠定基础。

和其他电解质一样，超浓电解质的影响也不仅限于界相，它也还会引起一系列不寻常的离子传输行为。例如，渡边（Watanabe）及其同事证明，在超浓的亚砜电解质中，锂离子的传输经历了从"车载模式"到"结构模式"的转变，即锂离子在没有配位溶剂分子或阴离子的协同运动下，从一个位点（即亚砜结构上的磺酰氧）跳跃到另一个位点[25]。这一现象表明，当超过某个盐 / 溶剂比值时，液体长程结构有可能普遍存在于所有电解质中，无论是水性还是非水性。需要注意的是，"结构模式"的跳跃传输并不一定涉及液体长程结构，或者能提供更好的离子电导率。一般来说，当阳离子 - 溶剂作用很强时（如醚类），车载模式占主导地位；而阴离子 - 溶剂相互作用更强时，"结构模式"占主导地位。在一些超浓体系中，当阴离子 - 溶剂的相互作用超过阳离子 - 溶剂的相互作用时，阴离子会比稀电解质中的运动更慢，从而导致阳离子传输数增加。其中一个例子就是，在亚砜和 FSI$^-$ 或 TFSI$^-$ 中，锂离子的传输数可达到 0.70 左右。

17.1.4　水可以实现更宽的电化学稳定窗口

正如第 5.2.7 小节和第 8.2 节（图 8.2）所讨论的，水性电解质的热力学电化学稳定窗口只有 1.23 V。超出此范围后，水分子就会发生分解，释放氢气和氧气。这种电化学稳定窗口的具体位置依赖于电解质的 pH 值。在 pH=7 时，还原极限和氧化极限（相对于标准氢电极）分别是 −0.63 V 和 +0.60 V（图 5.12）。当然，动力学因素可能会将电化学窗口扩大到热力学范围之外，特别是在阴极一侧。这是因为水氧化成氧气是一个四电子过程，动力学上相当缓慢。然而，这种水分解的动力学延迟并不包含界面的保护作用，这是因为水的任何分解产物如质子、氢氧根、氢气和氧气（H^+、OH^-、H_2 和 O_2）都无法在水性电解质中形成固体并沉淀在电极表面[27]。

许康（Xu）、王春生（Wang）、山田（Yamada）及其同事提出的"盐包水"电解质将超浓概念推到了极限[28-31]。他们的研究表明，当盐浓度超过某个阈值时，阴离子会在负极表面发生还原分解，而分解产物可以以固体形式沉淀，形成界相。当然，选择合适的盐至关重要，需要满足两点：①盐的浓度必须达到或超过该浓度阈值；②盐的阴离子必须含有界相所需的成分。第一个要求中的浓度阈值并没有确切数值，但似乎锂盐所需的阈值更高（>15 m），钠盐约为 9 m，而多价阳离子仅为 3 ~ 5 m（因为每个多价阳离子会带来 2 ~ 3 倍数量的阴离子）。第二个要求从目前的角度来看，要求含有氟，优选的阴离子是双(三氟甲烷磺酰)亚胺、双(三氟乙烷磺酰基)亚胺或其他氟化亚胺类阴离子。双氟磺酰亚胺也已被证明在不易水解时有效，比如它的钠盐（NaFSI）和钾盐（KFSI）。

实验和计算模拟都表明，高盐浓度下的阴离子将被迫进入阳离子的第一溶剂化鞘层中，之后在负极表面上被还原分解。对于锂盐而言，浓度约为 21 mol·L^{-1} 的 LiTFSI 所形成的界相显著抑制了竞争性的分解反应，特别是水的分解：将水性电解质的还原稳定极限从 −0.63 V（相对于 SHE）扩展到约 −1.6 V（相对于 SHE）（图 17.1）。虽然该稳定极限仍无法用于石墨、硅或锂金属等理想的负极材料，但它成功将水的热力学还原延迟了近 1 V。山田（Yamada）及其同事开发了另一种类似的锂离子电解质，即"熔融水合物"电解质。该电解质由更高浓度的盐混合物组成，因此水的反应活性更低，使其电化

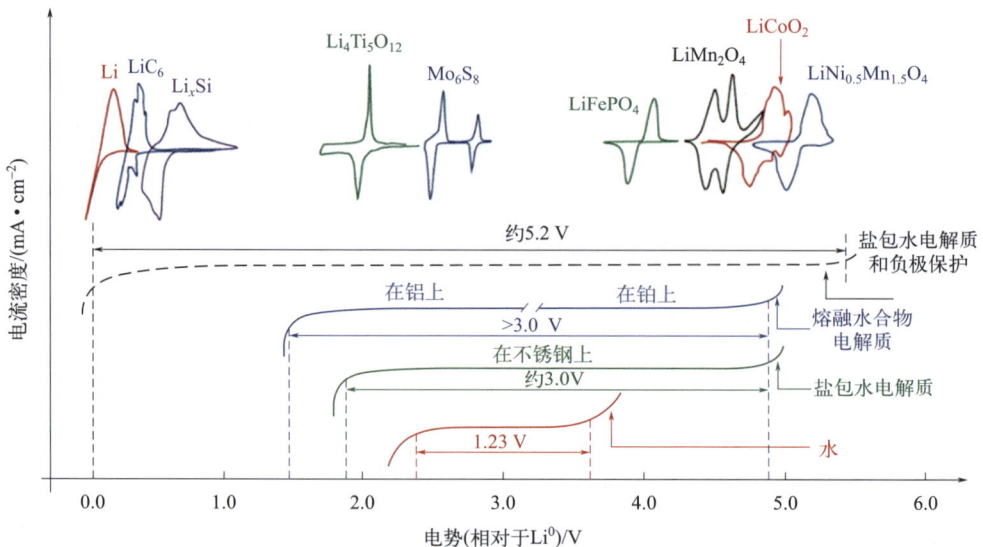

图 17.1　利用超浓概念扩展水系电解质的电化学稳定窗口。注意，"熔融水合物"的电化学窗口曲线在中间有截断，这是因为负极数据来自铝电极，正极数据来自铂电极。其他数据均来自不锈钢电极。为方便比较，图上方给出了不同电极材料的循环伏安曲线

学稳定窗口接近非水系电解质的水平[30]。多种表征和模拟表明，相关的 SEI 主要由氟化锂纳米晶体构成，并嵌有"杂质"如氧化锂、碳酸锂和氢氧化锂。正如第 16.6.7 小节（图 16.7）所述，考虑到氟化锂同时是离子和电子绝缘体，这些杂质可能对于锂离子穿过以氟化锂为主的 SEI 是必要的。

和非水系电解质的情况一样，负极表面确定存在界相，但正极表面是否存在界相仍无法确定。大多数光谱表征，无论是非原位还是原位，都找不到正极表面上存在 CEI 的确凿证据。因此，有人推测正极表面可能并未形成永久的界相。水性电解质的氧化稳定性主要归因于动力学因素：水的氧化过程由于牵涉 4 个电子转移本身就非常缓慢，在高浓度的水性电解质中因水分子失去活性会变得更慢。该动力学保护机理得益于以下事实：在充电过程中，带正电的正极表面优先吸引阴离子，这些阴离子可以在 Helmholtz 平面内组装成一个"疏水"层。这实际上是一个动态和瞬态界相的概念，我们将在下一节中详细讨论。

然而，负极表面无法达成这种动态和瞬态保护。相反，水性电解质中的负极表面具有两个天然劣势：①只牵涉单电子的水还原和随后的氢析出的能垒相当低，因此反应速度通常非常快；②带负电的负极表面天然排斥阴离子，并吸引溶剂化的锂离子或其他阳离子。这些阳离子溶剂化鞘层中通常都含有水分子，它们在阳离子的静电场作用下，很容易与阴离子发生还原分解竞争。这两个因素一起带来了所谓的"还原极限挑战"，阻止阴离子分解形成 SEI。

超浓概念的应用只能在一定程度上抑制"还原极限挑战"。如图 17.1 的底部所示，这些超浓水系电解质的氧化稳定极限已经或多或少足以涵盖锂离子电池中大多数正极材料的工作电位。然而，它们的还原稳定极限仍远高于常用锂电池中的负极材料（如锂、石墨或硅）的工作电位。单纯增加盐浓度无法克服这一还原极限挑战。使用这些活性负极材料时，需要采取额外措施来实现稳定的水性电解质。例如，使用含氟和疏水成分的人造 SEI 涂层进一步扩展水性电解质的电化学稳定窗口直至接近非水系电解质的水平（图 17.1 顶部）[32]。这样的人工 SEI 有助于抵消水的易分解性以及负极对氟化阴离子的强库仑排斥力。新的界相仍主要由氟化锂和其他氟化物构成，但氟的来源已从阴离子变成这里的疏水层。

除锂金属和锂离子电池外，超浓水系电解质也已用于其他电池，包括一种使用硫转化反应作为负极而非正极的电池、基于钠离子和钾离子嵌入的电池以及基于多价离子（如镁离子、钙离子和锌离子）嵌入的电池。

除了提高界相和电化学稳定性外，这种水系电解质也自然对环境更稳定。这一优势在一种水凝胶锌电解质中得到了最明显的展示。该电解质暴露在实验室环境中 40 天没有失重，因此可用于高安全性的非密封电池[33]，这与采用非水系电解质的电池形成鲜明对比，因为非水系电解质的湿敏感性要求对电池进行密封，导致其具有刚性且不易使用。因此，环境稳定性带入了前所未有的灵活性，这在多种锂离子和锂金属软包电池上得到了展示。

理解水系界相化学和形成机制自然需要了解电极处的界面结构。实际上，无论是在水系还是非水系电解质，理解界面结构都应该先于生成界相的化学反应；基于对界面结构的认识，原则上我们可以预测界相化学。当 Borodin 及其同事试图解释"还原极限挑战"时，和前述讨论一样，他们认为电极 - 阴离子相互作用是主要原因。他们通过分子动力学模拟发现：在这些超浓水系电解质中，还原极限和氧化极限的分布差异源于内 Helmholtz 界面上水分子和盐阴离子的竞争关系，这种分布随着盐浓度和施加电位的变化而改变[33,35]。虽然超浓确保了负极表面的内 Helmholtz 层富含更多的阴离子，进而导致界面结构倾向于形成源于阴离子的界相，但阴极极化会通过排斥阴离子和吸引被水分子溶剂化的阳离子来破坏这种偏好。因此，有必要通过人工涂覆 SEI 来加强氟化界相[34]。

除了界面和界相外，一个同样重要的因素是由局部溶剂化结构所引起的长程液体结构（第 12.2.4 小节，图 12.6 和图 12.7）。基于不同力场的计算模拟。文献中关于锂离子或其他阳离子如何被水分子和阴离子溶剂化的结论差异很大。Borodin 等认为，在盐包水电解质中，一旦盐浓度超过阈值（对 LiTFSI 而言，约 10 mol·L^{-1}），锂离子溶剂化鞘层结构会经历显著的歧化，锂离子周围的水分子和阴离子分布与体相中的成分不同：有些锂离子周围只有水分子，而其他锂离子周围只有阴离子[35]。这种溶剂化鞘层结构的非均匀分布导致纳米级的相分离，即图 12.6 和图 12.7 中的"纳米异质性"。虽然围绕锂离子的水分子和阴离子在皮秒量级发生交换，但这种结构可以通过高时间分辨率的手段观察到，比如中子散射或飞秒泵浦 - 探针红外光谱。

这种溶液结构的纳米异质性预计会优先促进阳离子输运，因为阴离子此时被限制在较低离子淌度的框架中。这一预测似乎得到了 pfg-NMR 谱测量获得的锂离子转移数的支持，其结果为 $T_+ \approx 0.73$，明显高于稀电解质中 0.2 ~ 0.4 的转移数。理论上，一种离子的输运性能越好，相应电池的倍率性能也越好。因此，尽管离子电导率不是很高，但盐包水电解质可以支持高倍率充放电（高达 60 C）和多种工作离子（锂离子、锌离子）。这种特点似乎源于上述独特的离子溶剂化结构和随后的长程液体结构所带来的优异离子输运性能。

上述纳米异质性观点得到了 Lim 等研究人员的支持。他们发现，溶解的锂离子形成了一个三维贯通网络，并与纳米级的未参与溶剂化的水分子自发地缠绕在一起。通过这种网络，溶剂化的锂离子像经过一条快速通道一样移动，几乎不受阴离子的影响[36]。然而，基于其他力场的计算结果并未发现溶剂化结构的歧化或长程结构的异质化。这一点还需后续进一步研究。

17.1.5 局部高浓电解液和水性 - 非水性混合电解质

在超浓概念成功应用于各种水系和非水系电解质后，许多研究试图进一步改善这些电解质的电化学稳定性、安全性、成本和其他性能。最受关注的一个方向是将水性系统与非水性成分混合，从而创造一种继承两者优点又避免其缺点的电解质。

超浓电解质最明显的共同缺点是其高成本。在锂离子电池行业，电解质通常是仅次于正极材料的第二昂贵组件，而锂盐通常是所有电解质成分中最昂贵的。虽然亚胺类阴离子（如 TFSI⁻ 和 FSI⁻）因为具有卓越的溶解性和电化学独特性而受到青睐，但这些不常见的阴离子必须通过相当复杂的过程来合成和纯化，目前有限的市场需求导致它们成本高昂。最近工业界已显著降低了 LiFSI 的成本，但即使其成本与 LiPF$_6$ 相当，人们也不希望在高浓度下使用这种成分。除了成本问题外，超浓还带来高黏度和润湿性差的缺点，这使得电解质难以彻底渗透电极和隔膜的多孔结构。

"局部高浓度电解质"是一种巧妙的方法，它由许康（Xu）、张继光（Zhang）所在的太平洋西北国家实验室团队提出。他们试图在消除超浓电解质缺点（成本、黏度、离子电导率和润湿性）的同时保持其优点（界相化学、优先阳离子输运和安全性）[37-40]。这种方法的精髓在于采用一种"劣溶剂"，它不直接溶解盐，但可以在宏观上与主体电解质溶剂形成均匀混合物。这种劣溶剂通常是一种弱极性的多氟化醚，作为稀释剂减少电解质体相中的总体盐浓度，同时作为结构中断器迫使含盐区域被压缩，从而局部保留类似的溶剂化鞘层结构。因此，虽然阳离子（锂离子或钠离子）的局部环境保持了超浓电解质的溶剂化结构并决定电极表面的界相，电解质的体相性质（如离子输运、黏度或对电极和隔膜的润湿性）仍由处于稀释状态的电解质平均成分决定。该方法实现了溶剂化结构和长程液体结构的工程化，成功分离了体相和界面性质，使许多以前被认为不可能在电解液中使用的"奇怪溶剂"成为可能，并有望进一步优化电解质系统。

在另一个类似方法中，王飞（Wang）等混合了水性和非水性电解质，希望结合前者的离子输运性和不可燃性以及后者的界相化学优势[41]。作者选择了一种线性碳酸酯二甲基碳酸酯（DMC）作为非水性成分，尽管 DMC 在没有锂盐的情况下与水不相溶。显然，只要 LiTFSI 达到超浓水平，盐包水电解质中的水分子就会表现得与体相中的水分子显著不同，这是因为 DMC 和盐包水电解质之间形成了均匀溶液。这种混合系统的总 LiTFSI 浓度仍约为 14 mol·L^{-1}，但已经显著低于盐包水电解质中的 21 mol·L^{-1}。这种混合电解质部分实现了目标：它继承了水性电解质的不可燃性，降低了盐的浓度和成本，并将电化学稳定窗口扩展到约 4.1 V，支持高电压正极材料 LiNi$_{0.5}$Mn$_{1.5}$O$_4$ 的可逆电化学反应。表面分析表明，碳酸酯分子 DMC 将大量第二组分（碳酸锂）引入了 SEI。该方法被很快扩展到其他电池类型，包括钠电池和锌电池，而非水性溶剂的范围则包括 PC、腈类、醚类和亚砜[42]。

通过模糊水性和非水性电解质的界限，这类新的混合电解质提供了一个新的维度及近乎无限的探索可能性。

17.2　超越液相：液化气和冰冻态

通过打破传统上相与相之间的界限，我们也能够打破施加在液态电解质上的温度限制。孟颖（Meng）及其同事报道了一种基于液化气的新电解质[43-44]。他们使用了多种氢氟烃（氟甲烷、二氟甲烷、氟乙烷、1, 1- 二氟乙烷、1, 1, 2, 2- 四氟乙烷和 2- 氟丙烷）作为电解质溶剂，这些非常规"溶剂"在常温下都是气态。然而，在中等压力下，它们与锂盐或铵盐（LiTFSI、1- 乙基 -3- 甲基咪唑鎓 -TFSI 和四丁基铵 -PF$_6$）的混合物转变为液态，并可以作为电解质用于各种电池，包括锂金属和石墨负极以及 4 V 级别的钴酸锂正极。

由于其分子体积小、分子间作用力弱、高介电常数和低黏度，这些非常规溶剂分子具有优于典型电解质溶剂（如酯类和醚类）的介电 - 流动因子（dielectric-fluidity factors）以及极低的熔点。通过引入四氢呋喃（THF）等添加剂，我们可以改变被氟代甲烷分子完全填充的锂离子溶剂化结构。天然的富氟成分和自平衡压力允许在非常高的电流密度（10 mA·cm^{-2}）和低温下实现锂的可逆循环。使用这种电解质的锂金属电池在低至 −60℃ 的温度下也显示出卓越的性能。研究者认为，在这些氟碳化物接触负极表面时，形成了一种高度氟化的界相。与碳酸酯电解质生成的 SEI 相比，这些界相没有聚合物 / 有机物的性质，而是具有高度陶瓷化的特点，其中氟化锂为主要成分。这类电解质经过优化后，可以实现 500 次的稳定循环，库仑效率达 99.6%。

我们也可以使用其他类型的共溶剂来拓展电池的工作温度范围，特别是导致盐沉淀和离子输运中断的极限温度。最近通过联合使用二氟甲烷（CH$_2$F$_2$）和二甲氧乙烷共溶剂实现了这种改进。该概念也被扩展到多价离子电池如锌电池中[45]。这种新型电解质虽然需要使用不锈钢外壳进行密封，在应用方面受到一定限制，但其具有进一步发展的巨大潜力。

在物相的另一端，研究人员报道了固态冰中的离子传导行为，这打开了一类新固态电解质的可能性。多种硫酸盐在约 −8℃ 时的冰中实现了高达 10^{-3} S·cm^{-1} 的电导率[46]。作者将锂离子和其他碱金属阳离子的输运归因于通过冰晶格的离子跃迁机制。出人意料的是，虽然多价离子（铝离子、锰离子、锌离子和铜离子）与环境（溶剂分子、电极晶格等）之间具有很强的静电相互作用，因而被认为难以移动，但在 −4 ～ −10℃ 的冰中，其电导率达到了 10^{-4} ～ 10^{-7} S·cm^{-1} 之间。通过这种固态冰电解质，上述离子能够在电极上可逆地沉积和剥离。

尽管在该方向目前还没有太多研究，但通过进一步突破传统电解质的边界，我们可能会发现新的电解质类型。

17.3　固态电解质

除极个别情况外，几乎所有电极材料都是固态的。因此，液态电解质具有天然优势，它们的流动性保证了与固态电极的紧密接触、填充电极材料的大部分孔隙、最大限度地增大实际接触面积，进而促进界面间的电荷转移。然而，液态电解质也存在固有缺点，包括电池破裂时高毒性成分的泄漏，以及非水系电解质的易燃性。当我们要使用更激进的电极材料以追求更高容量、更高功率和更高能量时，后一问题变得尤为关键。

将液态电解质替换为固态电解质一直是一个诱人的目标[47-48]。早期的研究始于 20 世纪 70 年代，Armand 提出利用基于环氧乙烷链 [CH$_2$CH$_2$O]$_n$ 的聚合物来溶解锂盐并用作固态聚合物电解质（固态聚合物电解质）[49]。然而，这类固态电解质遇到一个内在的两难境地：一方面要求聚合物链具有柔性，以便协助离子的输运；另一方面这些聚合物链还必须具有足够的刚性，以便提供较强的机械支撑。在过去 40 多年中，聚合物电解质的研究努力一直在平衡这两个相互矛盾的特性间挣扎。一个突出现象是，目前聚合物电解质的室温离子电导率最好情形下也仍在 10^{-4} S·cm^{-1} 附近。

因此，聚合物电解质在电池中的应用仍然有限，通常需要在较高温度（>60℃）下获得可接受的离子电导率（$>10^{-4}$ S·cm^{-1}），以实现具有应用价值的电池反应速率。此外，尽管 1983 年 Yazami 报道在 PEO 基固态聚合物电解质中可以锂化石墨[88]，但该电解质和石墨负极间具有很高的界面电阻，除非使用适当的溶剂进行增塑。这基本上将聚醚基固态聚合物电解质排除在商业锂离子电池之外，仅能用于锂金属负极电池市场。这些聚合物电解质中的醚链还易于在正极表面氧化，因此仅能适配电压适中的电池，例如磷酸铁锂（LiFePO$_4$）。目前有工作通过将聚合物电解质与液态电极相结合的方法来提高其离子电导率。

此外，陶瓷材料 β- 氧化铝在 20 世纪 70 年代初被发现是一种钠离子良导体，此后被应用于包括电池在内的各种电化学设备[50]。尽管其名称广为人知，β- 氧化铝实际上不是氧化铝（Al$_2$O$_3$）或其多晶型，而是一种非化学计量比的化合物，其通式为 Na$_{1+x}$Al$_{11}$O$_{17+x/2}$，多余的钠离子形成导电层（第 2 章图 2.1 左下角结构）。虽然可以采用不同的导电离子（包括质子、钾离子、银离子、铅离子和钡离子）构建类似结构，但传导钠离子的 β- 氧化铝最受关注，基于钠（Na^0）/ 硫的电池一度在早期的电动汽车应用中达到预生产阶段。然而，由于需要使用高温（>700℃）来维持良好的离子导电性并保持两个电极材料处于熔融状态，因此既不方便又非常不安全，这一概念终究没有商业化。然而，这些早期对 β- 氧化铝的研究激发了 Whittingham 对离子如何通过固体中的间隙位置实现快速输运的研究，这导致了他后来发现了第一种锂离子插入化合物[89]。

在 21 世纪 10 年代，无机电解质材料的研究再次复苏。人们发现了几类陶瓷或玻璃态材料，并实现了与液态电解质相当甚至更高的离子电导率。这些材料激发了相关领域重新审视全固态电池的可行性。

17.3.1 聚合物电解质

严格来说，聚合物电解质是半固态的，这是因为虽然它们在宏观上显示出一定的稳定性，但微观上离子与溶剂的相互作用以及离子的输运仍然类似液体中的情形。这一特性适用于固态聚合物电解质（solid polymer electrolytes，SPEs）和凝胶聚合物电解质（gel polymer electrolytes，GPEs）[5]。两种电解质的区别是，后者中的工作离子是被添加的小溶剂分子溶剂化而非聚合物链。

寻找乙二醇之外的聚合物以便有效溶解锂盐的尝试并不成功，因此目前大多数聚合物电解质，特别是固态聚合物电解质，仍主要由含乙二醇单元的变体构成。相比而言，凝胶聚合物电解质有更多的灵活性，这是因为它们采用小分子来溶剂化工作离子，而聚合物仅提供结构稳定性、可加工性和机械支撑。基于丙烯腈、亚胺、苯乙烯等结构单元的许多聚合物和共聚物电解质已被报道，所使用的液态电解质通常是那些在商业锂离子电池中的成熟配方。这些聚合物的柔性使其与电极界面的接触比真正的固态电解质更好。这类半固态电解质电池呼应了新兴的柔性电子市场的相关需求。诸如紫外固化和电子束固化的现代加工技术目前已被广泛采用。

在没有任何小溶剂分子的情况下，固态聚合物电解质仍然面临低离子传导率带来的严峻挑战。但当固态聚合物电解质与纳米结构材料，如硅酸盐（SiO$_2$）、钛酸盐（TiO$_2$）、氧化铝

（Al$_2$O$_3$）、金属有机骨架（MOFs）等构成界面时，离子电导率在室温下超过 10^{-4} S·cm^{-1} 的突破偶尔见于文献。关于这些纳米结构如何促进离子传导的解释尚不清楚。一些人将其归因于纳米结构消除了醚链的晶相结构，另一些则认为纳米结构与锂离子和聚合物的相互作用带来了改进。崔屹（Cui）及其同事认为，纳米材料提供了锂离子传导的快速通道。这个观点很有趣，因为它可能意味着，溶剂化的锂离子在尺度和溶剂化鞘层接近的空间中被限制[52]。

Aetukuri 等认为，将陶瓷固态电解质简单混入聚合物中不能充分利用前者的高导电性，因为这些颗粒在嵌入导电性较差的聚合物中后，并未能形成独立完整的锂离子传导路径[51]。他们使用半导体和电子制造中广泛使用的沉积-刻蚀技术获得了单层的固态电解质，其中的陶瓷颗粒尺寸分散在 ±15 nm 范围内。这些颗粒牢固地嵌入聚合物中，其顶部和底部表面暴露，从而形成了不经过聚合物的离子传导通道。这种柔性的聚合物-无机复合电解质薄膜（<100 μm），不仅提供了优异的离子导电性和机械强度，还有效抑制了锂离子枝晶的形成[51]。后者得益于柔软的聚合物几乎不传导锂离子。不过这种复合材料与固态电极之间的界面接触问题仍然存在。

除离子电导率外，与电池高倍率性能更相关的属性是锂离子传输数。理论上，锂离子传输数为 1（T_+=1.0）可以消除浓度极化并限制锂金属枝晶的生长。然而，一旦阴离子通过共价键固定在聚合物链上，则需要在离子导电性和聚合物柔韧性之间妥协。为解决这一妥协，液体溶剂被加入进单离子导电聚合物中，这一点类似燃料电池中用水增塑的 Nafion 电解质。先前的研究表明，含全氟乙基磺酸根的芳香族聚醚单离子饱和液态电解质有接近 1 的 T_+ 以及室温高电导率（>10^{-4} S·cm^{-1}）。根据 Archer 及其同事的说法，高 T_+ 对 Li 金属负极的可逆沉积和剥离具有重要作用[53]。

考虑到醚链在高电位时的不稳定性，固态聚合物电解质通常无法支持在 >4.0 V（相对于 Li）下工作的正极材料。因此，目前最受欢迎的正极材料（LiCoO$_2$、LiNi$_x$Mn$_y$Co$_z$O$_2$ 和 Li$_2$Ni$_{0.5}$Mn$_{1.5}$O$_2$）都被排除在外，聚合物电解质的首选正极是 LiFePO$_4$。通过使用双层 SPE 可以绕过上述稳定性问题。其中与正极接触的是基于聚酰胺的高阳极稳定性材料（因此可以使用 4 V 级正极材料），而与负极接触的则是基于醚的 SPE。如果不考虑两个聚合物间的界面电阻，这里的总离子电导率由离子电导率更低的聚合物决定，也即是室温电导率 <10^{-5} S·cm^{-1} 的聚酰胺。

最近有一类特别的聚合物电解质利用了某些聚合物的自愈能力，从而可以修复长循环过程中电极上的各种化学、电化学或机械降解。这一概念主要基于可逆氢键或其他非共价化学键。目前的研究表明，该类电解质在提高界面稳定性和器件的自愈能力方面取得了不同程度的成功。

受益于半导体和电子工业中的成熟技术（如光刻），新的制造技术也被用于图案化或刻蚀聚合物电解质及聚合物隔膜，以便获得各种优点。这也意味着新兴的 3D 打印技术可以应用于该领域。这些方法为在芯片上直接组装 3D 微电池提供了重要手段。

17.3.2 液体－无机界面

2013 年，Maier 及其同事将传统的液体与固体结合起来，创造了一类被命名为"湿沙"的固液混合电解质[54]。这种混合策略结合了液态电解质的高离子电导率以及无机固体骨架的结构稳定性。其中的固体材料通常是纳米无机颗粒，如硅酸盐、氧化铝或各种陶瓷电解质。因此，固体结构既可以是离子导体，也可以是惰性骨架结构。盐的阴离子通常优先吸附到这些氧化物固体表面，从而引起液相中的锂盐进一步解离，同时使得锂离子比阴离子更容易扩散。

液相中分散的颗粒最终形成了一个加速离子输运的分形连通网络。但此类液相中分散的颗粒并不稳定，一旦平衡被打破，就可能发生重力诱发沉降，中断离子输运网络。在液态电解质中引入适当比例的无机固体通常会显著提高离子电导率（有时增加多达 5 倍），同时改善锂离子转移数。

这些"湿沙"电解质中的实际离子输运过程可能很复杂，涉及表面能、空间电荷和氧化物颗粒的表面官能团。正如上一节所述，类似的效应在聚合物电解质中也曾被观察到。我们将在后续章节中详细讨论如何利用纳米限域概念解释该输运机理。

受"湿沙"概念的启发，人们还开发出了几种液体 - 无机混合电解质的变体以实现稳定的锂金属表面。这包括悬浮在非水电解质中的过量卤化锂盐、附着在无机颗粒表面的离子液体、悬浮在液态电解质中且表面固定着阴离子的纳米颗粒以及含有液态电解质的无机 - 聚合物复合材料[55-57]。通过调控锂 / 电解质界面的表面能，上述电解质不同程度地提高了锂金属的循环稳定性。最近，该概念已拓展到许多其他具有纳米、介孔或多级结构的无机颗粒，包括氧化物（如 Al_2O_3、SiO_2、ZrO_2 和 CeO_2），甚至还有金属有机骨架（MOFs）和共价有机骨架（COFs）材料。通常认为，这些束缚在无机介孔或纳米孔中的液态电解质，主要通过物理（非共价）或化学力和无机骨架相互作用，因此具有优异的离子电导率（>1.0 mS·cm^{-1}）、更高的锂离子迁移数（约 0.6）或抑制锂金属枝晶的能力。特别是 Archer 及其同事描述了一种所谓的"离子整流器"，其在 α-Al_2O_3 的窄孔中约束液态电解质，实现了接近 1 的锂离子迁移数[90]。背后的原因是孔壁的电荷为负数，从而阻止了阴离子传导。需要再次说明的是，理解上述体系时都需要将纳米限域效应考虑其中，原因在于这些骨架中的纳米孔洞、孔隙和通道是获得上述反常特性的基本因素。

半固态电解质的主要优势是高锂离子传输数，代表了一类有望应用在下一代电池中的新材料，但大多数该类材料还必须进一步在接近实际电池环境下进行严格表征。特别是它们对高容量和高压正极的稳定性仍需验证。最重要的是，这是一个新兴领域，相关现象的理解尚未形成统一认识。

17.3.3 真正的固态电解质及其界面 / 界相

在电池和材料领域中，固态电解质（solid state electrolytes, SSEs）或称为固体电解质（solid electrolytes, SEs）通常指的是一类能够传导离子的陶瓷或玻璃材料，即第 2.1 节中讨论的第四类电解质（图 2.1 中的情形Ⅳ）。第一个被考虑用于实际电池中的固态电解质是 β- 氧化铝，但由于其室温下的离子导电性极低而未能成功[50]。

自 2010 年以来，锂离子电池逐渐被用于电动汽车，以应对气候变化并减少对化石燃料的依赖。随着大容量锂离子电池在运输领域的普及，公众对其安全性的关注也日益增加，尤其是媒体对锂离子电池由热失控而引发火灾的报道越来越多。

当这类高能量电化学装置在我们日常生活中广泛应用时，这些引人注目的安全事故难以避免登上头版头条。严格来说，电池的安全性由两个因素决定，一是包含在封闭电化学装置中的能量，二是电化学装置遇到事故时的能量释放速率。实际上，电解液与活性电极之间一直处于亚稳态，即它们的相处本身在热力学上不稳定，由 SEI 和 CEI 维持着动力学稳定。这种亚稳态成为安全问题的主要短板，界相破坏会打破这种亚稳态，导致大量能量的瞬时释放。因此，至少在一定程度上，电池中高度易燃的电解质在这类灾难性事故中负有责任。

为了尽量减少对高能电池的安全担忧，我们需要消除这两个因素中的至少一个。减少电池能量是不现实的，因为这会违背先进电池研究的初衷。剩下唯一的因素就是电解质。理论上讲，用陶瓷或玻璃态结构的无机固态电解质替代电解液可以强化电解质与电极之间的动力学稳定屏障，能耐受更高程度上的电池滥用，并在电池出现安全事故时减缓能量释放速率。

无机固态电解质还可带来额外的益处。例如，这些材料的机械强度足够高，可以抑制锂枝晶的形成，从而使这种终极负极材料——锂金属的应用成为可能；真正的固态电解质晶格或网络只允许锂离子或其他工作阳离子通过，从而使阳离子迁移数达到 1.0；因电极反应引起的活性材料不能再在正负极之间穿越，如锂硫电池多硫化物的穿梭效应将被完全阻断；固态电解质的高密度，使得我们可以通过更有效的封装来实现更高的体积能量密度。

自 2010 年以来，上述潜在好处推动了各种新型固态电解质的发现。多种固态电解质材料已被声称可以接近实际应用，如石榴石型、反钙钛矿型和硫化物型（硫银锗矿型）固态电解质。

新发现的固态电解质中，特别是硫化物固态电解质，具有接近甚至超过最先进非水系电解质（约 10^{-2} S·cm^{-1}）的离子电导率（$10^{-3} \sim 10^{-2}$ S·cm^{-1}）。因此，固态电解质面临的最严重挑战仍是固相间的界面问题。这包括两个部分：①固-固界面的物理接触差；②电解质和电极间容易发生化学或电化学反应。后者在硫化物固态电解质中尤其明显，因为这类硫化物材料具有相当窄的电化学稳定窗口，易于还原或氧化 [58-59]。

固态电解质的分解，尤其是硫化物固态电解质的分解，已经在实验和理论上得到了细致研究。总体而言，固态电解质与电极界面的性质直接决定了固态电池的性能，具体可分为四种情况；①固态电解质材料本身对活性材料稳定，不会形成显著的界相；②固态电解质的分解产物是电子导电的，导致固态电解质持续分解和电池退化；③固态电解质易于分解，但会生成具有电解质特征的产物，即具有离子导电和电子绝缘性能；④固态电解质的分解产物既不离子导电也不电子导电，或者二者的导电性能较差。第一种可能仅存在于具有宽电化学稳定窗口的固态电解质，如石榴石结构。当与中等电位电极接触时，大多数固态电解质属于后三种情况。其中第三种情况实际上与液态电解质中的界相非常类似。

这些界面反应产物在电解质和电极间形成了具有不同化学性质的中间层。在大多数情况下，它们增加界面阻抗、降低机械完整性和强度、引起体积变化并恶化固-固间的物理接触。

尽管人们对固态电解质通过高机械强度抑制锂枝晶生长抱有很高期望，但枝晶生长仍时不时被报道。不同于液态电解质中相对自由的生长，固态电解质中锂枝晶似乎更倾向于通过内部的连通孔隙和晶界进行生长[60]。但也有报道称，即使在没有晶界的单晶固态电解质中，仍然会发生枝晶生长[61]。Wang 及其同事认为这与无机固态电解质的高电子电导率密切相关，只能通过在固态电解质和锂金属电极间添加中间层来解决[62]。这样的"中间层"实际上是一个人工界相。

通常认为，枝晶生长始于锂离子被耗尽的界面处。通过 Sand 时间公式［第 7.2 节，式（7.16）］可知，一些固态电解质相对较低的锂离子电导率进一步使锂枝晶生长恶化。这里，枝晶生长应更可能地遵循扩散限制模式。这与液体电解质系统中的苔藓状枝晶生长形态和扩散控制模式形成对比。在液态电解质中，电解质与新形成的锂枝晶充分接触，不断形成不规则的苔藓状枝晶结构，并导致阻抗不断增加。在固态电解质中，新沉积的锂金属与固态电解质间的接触不良且高度不均匀，固态电解质倾向于分解而增加阻抗。考虑到固态电解质较低的电导率（这源于固态电解质较低的离子电导率以及与活性材料间的界面阻力），枝晶生长甚至会在看似较低的电流密度下发生。然而，即使这些枝晶造成内部短路，使用固态电解质的电池仍比液态电解质更安全。

固态电解质的真正挑战不是来自材料和化学层面而是更多地来自工程层面。由于大多无机陶瓷类电解质材料需要通过烧结制备，在技术上常常不可能在较大面积规模上以很高的良率量产，因为陶瓷烧结产生缺陷的概率正比于面积。文献里在小面积陶瓷上展现的优异性能要在大电芯要求的大面积上重现构成了极大的工程难题。此外，固 - 固界面的高阻抗只能在兆帕级高压下得到缓解，从而使电池反应进行。这样的高压要求在实验室里容易解决，但放大到车载电池的规模便成为一个工程噩梦，并带来附加的安全隐患。

17.3.3.1　石榴石型固态电解质

石榴石型材料的化学通式为 $Li_7La_3Zr_2O_{12}$（LLZO），差异在于添加的金属掺杂剂不同[58-59]，如钛四价离子和镓三价离子。石榴石型材料本质上是氧化物，因此在化学和电化学方面都比硫化物固态电解质更稳定。我们在研究从硫化物（TiS_2）到过渡金属氧化物的嵌入材料时，见证过类似的稳定性转变。这一优势使石榴石材料成为与锂金属等活泼电极搭配时具有吸引力的电解质候选材料。然而，它们在较高电压时仍会分解。与硫化物材料相比，石榴石型材料的离子电导率通常较低。导电性最好的立方相 LLZO 只能通过"添加剂"的掺杂来获得。潮湿环境还会引起石榴石型固态电解质的副反应，导致锂离子和质子的交换，进而生成氢氧化锂和碳酸锂。这两者都难以传导锂离子。

石榴石或任何氧化物固态电解质的合成都需要高温烧结，尤其是高导电性的立方相（1230℃），这可能使其制造成本比硫化物固态电解质更高。石榴石型材料的可加工性也更差，这是因为其氧化物属性使得石榴石颗粒相当坚硬，导致相应的固态电解质非常脆。

石榴石型材料硬而脆的性质更使得它与固态电极之间形成界面具有很大挑战性，特别是当电极本身也是硬而脆的时。锂金属和石墨都是软的，而过渡金属氧化物则不是，因此大多数界面问题出现在电解质 / 正极界面而不是电解质 / 负极界面。为克服这些界面问题，石榴石型固态电解质通常需要采用共烧过程以实现与活性电极材料的紧密接触。

石榴石型固态电解质和锂金属间的化学稳定性仍不确定，因为它们的还原电位相当接近，但有证据表明，在沉积的锂金属和机械抛光的 LLZO 之间可能形成了缺氧的界相。这种界相的形成机制可能是 LLZO 与锂金属反应失去氧，同时还原 LLZO 中的锆四价离子来补偿电荷。当掺杂元素改为钽、铌或铝时，界相的组成和性质也相应地发生变化。

LLZO 面临的一个特殊界面挑战是其疏锂性，即熔融的锂金属在 LLZO 表面上具有高表面能，进而相互排斥。为改善 LLZO 对锂金属的润湿性，人们应用了多种人工涂层技术，包括使用氧化铝和氮化锂。

虽然石榴石型颗粒可能具有足够的机械强度来抵抗锂枝晶生长引起的应力，但颗粒间的晶界是锂枝晶生长的一个弱点，因为这些晶界为锂枝晶的生长提供了路径。这可能与第 16.6.7 小节（图 16.6）中讨论的，粒子界面处的空间电荷对离子输运的影响有关，但王春生（Wang）及其同事的近期研究也将锂枝晶沿晶界的生长归因于固态电解质相对较高的电子导电性[91]。换句话说，沿晶界迁移的锂离子可能遇到电子，然后在这些位置发生电荷转移，产生孤立的纳米锂金属。

似乎支持这一论点的证据是，碳酸锂和氢氧化锂是在 LLZO 合成期间产生的副产物，当其出现在晶界时有助于消除锂枝晶生长。这些成分具有出色的电绝缘性，常常出现在锂离子电池的界相中。因此，它们在晶界处时可以阻止电子传导，进而减缓锂枝晶生长。因此，固态电解质的实际应用依赖于对锂枝晶生长机制的透彻理解，尤其是界面工程如何降低固态电解质相对高的电子导电性。

17.3.3.2 反钙钛型矿固态电解质

反钙钛矿型固态电解的化学通式为 Li_3OX（X=Cl、Br 或其他卤化物）。它们因与 ABO_3 立方钙钛矿材料（空间群 $Pm3m$）的结构相似而得名，只不过阴、阳离子交换了位置[58-59]。

反钙钛矿型固态电解质通常具有相对较高的离子导电性（因其含有过量的锂离子）、较低的熔点、比石榴石型材料更好的可加工性，并且可以在更低的温度下合成。一种代表性的反钙钛矿材料——氧化锂卤化物（Li_3OCl），被预测在热力学上相对锂金属稳定，这在已知电解质中是非常罕见的。此外，反钙钛矿材料的柔软性也使得在合成过程中减少晶界变得更容易。这些特性对于全固态电池中的固态电解质非常有帮助。

不幸的是，Li_3OCl 在环境条件下不稳定，并且会在室温下自发分解为氧化锂和氯化锂。总体而言，反钙钛矿材料吸湿性很强，能从环境空气中提取水分，并改变其导电性。尽管从环境中吸收的湿气会增加离子导电性，但这种效应导致了文献中关于其真实化学组成和重复性的混淆。除了化学不稳定外，电化学上 Li_3OCl 被预测在大于 2.5 V（相对于锂）时分解为过氧化锂（Li_2O_2）和高氯酸锂（$LiClO_4$）。

近年来非常流行的另一种反钙钛矿材料是氢氧化锂卤化物（Li_2OHX）。由于该材料有从反应容器中剥离金属离子的倾向，其合成条件更具有挑战性，并且导致难以控制其离子导电性。

氢氧化锂卤化物的主要优点是相比氧化锂卤化物具有相对较高的离子电导率。光谱实验和计算模拟表明，氢氧根（OH^-）可能会旋转，从而以"桨轮"机制加速锂离子的输运。用氟离子（F^-）取代氢氧根可以增加锂离子电导率并增加其电压稳定性。

反钙钛矿电解质的一个优点是，锂枝晶似乎不会在该材料中生成。这可能是它们与锂接触时具有更高的热力学稳定性以及较低的电子导电性的缘故，但目前仍需进一步研究。

17.3.3.3　硫化物型固态电解质

硫化物型固态电解质来源于超锂离子导体结构（LISICON），该结构由各种与氧配对的阳离子组成[58-59]。硫化衍生的 LISICON 由于硫的电子云更容易极化，使其具有明显更高的离子导电性。事实上，这一类别中的典型材料——$Li_7P_3S_{11}$（LPS）和 $Li_{10}GeP_2S_{12}$（LGPS）具有迄今所知最高的锂离子导电性，分别为 $1.7 \times 10^{-2}\ S \cdot cm^{-1}$ 和 $1.2 \times 10^{-3}\ S \cdot cm^{-1}$，与液态电解质的导电性在同一量级。因此，硫化物型固态电解质已成为最受欢迎和最有前途的材料类别，有望在 2030 年前实现在电动汽车中的应用。

硫化物型固态电解质面临的最严重挑战是它们的化学和电化学不稳定性。这是因为从热力学上讲，硫化物（S^{2-}）在电压低于 3.0 V（相对于 Li^0）时可以被还原。即使将它与周期表中第 13 到第 17 族的元素构成化合物也无法改变这种性质，反而会进一步引入不稳定性。将锗以阳离子替换进入传统的 Li_3PS_4 中可以显著提高导电性，用硅和锡也可得到类似的结果。

被锂还原后，LPS 和 LGPS 都会形成锂化相，如 Li-Ge、Li-Si 和 Li-Sn，这些相具有更好的离子导电性。将 LPS 的阴离子进行取代，可以生成另一种流行的固态电解质类型，即银铅矿，其化学通式为 Li_6PS_5X，其中 X=I、Br 或 Cl。银铅矿已被证明具有更高的稳定性，但它们相对过渡金属氧化物的正极材料不稳定。最近的计算模拟预测，具有大量缺陷的 $Li_{1+2x}Zn_{1-x}PS_4$ 在 $x \geqslant 0.5$ 时室温电导率可能大于 $50\ mS \cdot cm^{-1}$，不过目前实验上仅实现了 $0.8\ mS \cdot cm^{-1}$。另一种银铅矿，即 $Li_7P_{2.9}Mn_{0.1}S_{10.7}I_{0.3}$，在室温下的离子电导率为 5.6 $mS \cdot cm^{-1}$，而 $Li_{9.54}Si_{1.74}P_{1.44}S_{11.7}Cl_{0.3}$ 在室温下的电导率甚至高达 $25\ mS \cdot cm^{-1}$。

不幸的是，所有这些高电导率固态电解质在化学或电化学稳定性方面都不够好，容易与负极和正极材料反应，导致较高的界面阻抗。更糟糕的是，这些寄生反应的产物不能作为有效的界相，因为它们既导离子也导电子。目前，$Li_{9.6}P_3S_{12}$ 显示出高氧化稳定性，但其锂电导率偏低（约 $1\ mS \cdot cm^{-1}$）。

目前人们采用各种涂层方法来改良固 - 固界面，包括一些常见的电极材料如钛酸锂（$Li_4Ti_5O_{12}$）、铌酸锂（$LiNbO_3$）和简单的无机盐如碘化锂（LiI）。硫化物本身的化学性质要求提高相关界面的稳定性之后才能和高能量密度电极材料（如锂金属）和高镍层状过渡金属氧化物配合使用。

17.4　纳米限域电解质

在前面的章节中，我们了解到工作离子的溶剂化鞘结构对于电解质的关键性质是多么重要，比如盐的溶解和解离，离子的扩散和迁移，以及界面反应和界相化学。为了调控上述关键性质，我们还讨论了改变离子溶剂化鞘层结构的多种方法，包括使用将电解质超浓到极端情况或使用非溶剂分子在局部实现这种超浓。

然而，所有这些研究均是在离子溶剂化存在的情况下进行的。离子和溶剂的相互作用决定了前者的可逆氧化还原反应和后者的稳定性/反应性。

那么，如果完全不存在工作离子的溶剂化会发生什么？

有人可能会说这是不可能的，因为热力学决定了离子必然会被溶剂化，以便在能量上通过溶剂化焓和熵来补偿晶格破坏的损失（图 3.4）。然而，进一步的研究很快发现，我们完全可以用其他稳定因子来替代溶剂化焓和熵，这就是纳米限域（nano-confinement，图 17.2）[52, 63-64]。在这种情况下，离子所携带的库仑电荷将部分或完全被骨架结构或骨架上的功能团平衡。

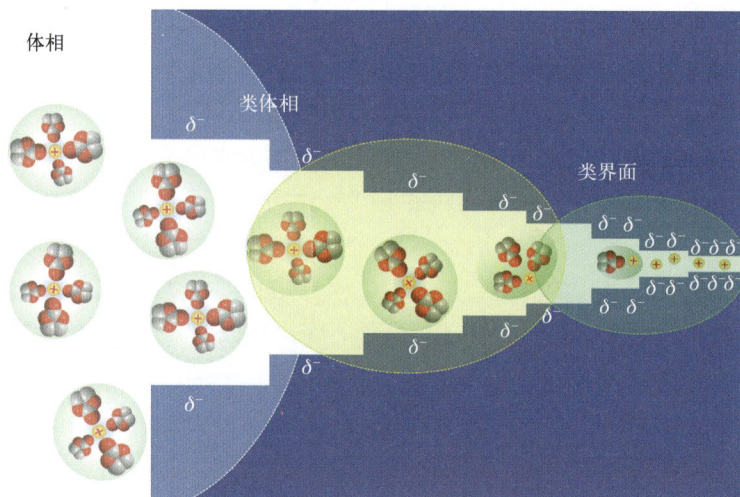

图 17.2 强制溶剂化离子进入和溶剂化鞘层大小接近的纳米空间可导致部分或完全去溶剂化。离子的电荷将被骨架结构的空间电荷补偿。去溶剂化后的离子以及自由溶剂分子将在体相、输运、界面和界相中展现不同的性质

为使纳米限域效应发挥作用，骨架结构的孔、空隙或通道的大小是一个关键因素。大多数溶剂化离子的尺寸从 1 Å（0.1 nm）到接近 1 nm 不等，具体取决于溶剂分子、离子的价态和溶剂化数。各种纳米材料的出现使得我们可以较为方便地找到一系列尺寸可调的骨架结构。可以想象，当溶剂化离子被迫进入这种骨架的纳米孔或空隙时，这些溶剂化离子面临的空间环境与溶剂化鞘层类似。一些溶剂化离子会与骨架发生相互作用，导致部分或完全去溶剂化。正如我们在前面章节中多次强调的那样［第 16.6.1.1（1）部分和第 16.7.2 节，图 16.4 和图 16.10］，溶剂化主鞘层中内部溶剂分子的位置决定了它们的反应活性，以及它们参与的界相反应。因此，一旦这些溶剂分子从溶剂化鞘层中被移除，它们将处于一种不受工作离子静电场影响的新状态，因而会表现出不同寻常的特点。同样，现在的"裸"工作离子也会有不一样的特性。

一个随之而来的有趣问题是：我们可以预期出现哪些异常特性？或者从更基本的角

度看，溶剂化离子在这些亚纳米结构中将如何作用？

上述纳米限域概念实际上已在多种包含电解质的骨架结构中被零星报道。不过大多数情况下，纳米限域所导致的去溶剂化仅占电解质中的一小部分，并且作者们提供了多种不同的解释。

例如：①当四烷基铵阳离子被强制进入小至 0.65 nm 的孔时产生了异常电容；②将常规的锂离子电解质注入平均直径约 40 nm 的陶瓷 - 聚合物复合材料时，锂负极表现出显著不同的界面行为和形貌；③当醚基电解质被限制在金属有机骨架（MOF）结构中 0.29 nm 的通道中时，其电化学稳定窗口显著扩大；④当聚合物嵌入直径小至 40 nm 的陶瓷骨架的通道中时，沿陶瓷 - 聚合物界面发生的离子输运速度远远超过了对应的体相聚合物电解质；⑤更普遍而言，第 17.3.2 小节中讨论的"湿沙"电解质[54]或"离子整流器"[65]概念或多或少也涉及电解质的纳米限域效应。

虽然这些零散的现象乍看之下似乎无关，并且每个研究的作者都提供了不同的解释，但其中的一个共同因素是：在纳米结构环境中，溶剂化离子很可能与主骨架材料的表面发生相互作用。在此过程中，离子发生了部分甚至完全去溶剂化，产生了尚未被完全理解的电解质新状态。这些鲜为人知的化学状态可能为电解质设计开辟了一条新途径。

17.5　人工界相

自从认识到界相在锂离子电池中的关键作用以来，人们一直尝试在电极上人工设计和应用保护层，以取代电池运行过程中形成的"原生"界相。许多材料，特别是那些被确认为有效界相成分的材料，如氟化锂、氧化锂、碳酸锂、草酸锂、醇盐锂等，已通过诸如溶液喷涂、浸涂、干法 - 射频溅射、物理和化学真空沉积及原子层沉积等方式被涂覆在电极表面。尽管这些人工界相确实显示出某些改进，但电池在早期循环中依然存在不可逆容量，这引发了人工涂层是否真正有效或必要的疑问。这是因为不可逆容量表明电极上仍然发生了原位界相的生成，而涂层不可避免地增加了成本和制造上的不确定性。

从更根本的层面看，人工界相的科学基础也存在疑问。因为这种研究旨在实现形态均匀成分单一的界相，而我们在第 16.6.7 小节中讨论的离子跨界相输运可能在很大程度上依赖于颗粒间不同化学成分界面所创造的空间电荷效应（图 16.7）。不过从另一角度看，形态均匀成分单一的界相仍然具有吸引力，因为锂或其他金属负极材料的枝晶生长驱动力之一就是界相在形态和化学上的不均匀性。那些导电性更好的区域更有利于锂的沉积和生长（第 10.2.2 小节，图 10.2 和图 10.3）。

因此，人工界相在电池领域（特别是锂金属电池）仍然受到广泛关注。

尽管早已在 SEI 和 CEI 膜中发现许多有机或无机氟化物，但氟化物的含量与界相性能间并没有简单的线性关系。研究人员逐渐意识到，氟化物在界相中的分布比含量更重要。正如齐月（Qi）及其同事的模拟研究表明，当界相中氟化物与其他"杂质"（如氧化物或碳酸盐）以纳米级交界分布时，可以在晶界处形成高电导率的锂离子通道[66]。这种推测已在实验结果中得到了部分验证。在该实验中，研究人员通过射频磁控溅射方法将氟化锂和碳酸锂以不同的比例共溅射在硅负极表面，结果显示，当 LiF 和 Li_2CO_3 的比例为 50∶50 时，形成的人工界相对锂离子的导电性最强。该结果通过 ^6Li-^7Li 同位素交换速率表征得到证明。

尽管如此，目前仍然缺乏精确调控这些氟化物纳米形态的技术。一种广泛采用的半经验方法是：预先在各种溶剂、添加剂或阴离子中以共价键形式储存氟，以便在电化学反应时随时可用。这是近年来大多数新开发的电解质系统基于含氟溶剂分子的根本原因。以这种方式形成的氟化物将以纳米形态存在，并与其他电解质成分的分解产物以及制备过程中溶解在电解质中的杂质（如氧或二氧化碳）很好地界面化。

这里有必要提一下崔屹（Cui）及其同事最近采用的一种策略。当使用低温电子显微镜观察从各种电解质系统中取出的锂表面时，他们发现高度氟化的醚分子实际上并不像预期的那样对锂界相贡献氟化锂。相反，那里的 SEI 主要由高浓度的氧化锂组成，某些条件下甚至可以识别出完全由氧化锂构成的 SEI [18, 67]。在同一电池内这些含氟溶剂分子却向镍锰钴氧化物（NMC）正极的 CEI 提供了氟化锂。基于这一发现，作者设计了一种人工界相策略：将氧化锂纳米颗粒悬浮在电解质中，希望这些纳米粒子在电池活化阶段会自发沉积在锂金属表面，形成富含氧化锂的 SEI。这种具有单一氧化锂成分的界相将锂金属负极的库仑效率提高到 99.7%（迄今为止文献报道的最高值之一），并减少了锂成核的过电位，实现了均匀且可逆的锂离子和锂沉积与剥离，显著延长了锂金属电池的循环寿命 [68]。

随着对界相的化学及形貌的理解不断加深，预计我们将在这一方向上看到基于其他化学成分的类似研究。然而，在实践这一点时应避免做过头，因为我们实际上对氟化锂和氧化锂在界相中的工作机制了解甚少。它们在界相中的存在与界相的性能改进之间的"关联"仍然只是半经验的。更为根本的理解对于真正的界相理性设计至关重要。

17.6　动态界相

不论是原生界相还是人工界相，它们都是电极和电解质之间的永久界相。它们不可避免地带来一些不利因素，例如，界相形成时消耗锂盐或溶剂而增加不可逆容量，在界相与主体电解质之间产生附加阻抗，以及随后电池循环过程中持续生长并消耗锂源和电解质 [式（16.73）]，同时不断增加界相的阻抗和厚度。

理想的界相应当是没有上述这些缺点，但仍然可以在电极电位超出电解质热力学稳定的电化学窗口时保持二者稳定相处。因此，研究人员脑海里会有一个存疑的想法：能否设计出一种这样的界相，它仅在电极/电解质界面需要保护时临时形成，并在电极撤回极限电压时消散？这种界相是瞬态且非永久性的，不涉及任何电解质成分的还原或氧化分解，也不会为离子跨越电极/电解质界面引入过多的阻抗。人们立即注意到这种动态界相与经典的二维界面的相似性，在经典二维界面中，双电层会在施加或移除电位时立即形成或消散（图 16.1）。换句话说，动态界相的新概念试图将三维界相转变为传统的二维界面。唯一的区别在于动态界相需要在更极端的电位下形成，因此对电解质成分提出了更严格的要求。

这一新概念在肖婕（Xiao）及其同事的报道中得到部分实现。作者使用了超浓醚类电解质这一有效平台来提供足够多的离子，促进这种瞬态和动态界相的形成，同时在石墨负极的电位下保持电化学稳定[69]。具体而言，他们采用了一种由 $5\ mol\cdot L^{-1}$ LiTFSI 溶解在 DOL 中的超浓醚类电解质。在石墨负极的负极化作用下，形成了一层由阳离子和阴离子组成的致密且临时的屏蔽层，而溶剂分子则被排除在石墨表面的 Helmholtz 层之外（图 17.3）。

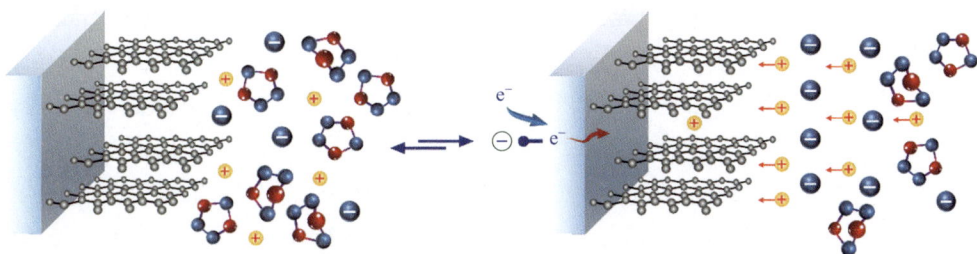

图 17.3　在超浓醚类电解质中施加电压时形成的由阳离子层和阴离子层构成的动态界相。撤掉电压时，动态界相也随之消散。该界相可以支持石墨负极的锂离子插层，但并不消耗锂离子和溶剂，也不会在石墨表面留下永久界相[69]

这种界相不会引发任何来自电解质成分的电化学分解。这从多种电子显微镜表征发现的清洁石墨表面得到证实。它仅仅依赖于这些阳离子、阴离子和溶剂分子在施加电位方向上的可逆重取向、重排列和快速组装，而不会形成永久性的界相。最重要的是，这种界相允许阳离子（锂离子）嵌入石墨中（相应的电位离锂金属电位不远）。移除电位即电池放电时，这种界相则会像双电层电容器中那样消散，恢复为原始的电解质和界面结构。

尽管这一动态界相的概念仍处于起步阶段，需要更多的验证和探索，但这一高度原创概念的潜力值得进一步研究[70]。

17.7　新的表征技术

正如 Winter 常常被引用的那句话所说，界相是"最重要但知之甚少"的先进电池组成部分[71]。界相的准确表征，特别是在原位和操作状态下的表征，一直都是非常困难的。长期以来，关于界相的大部分基础知识都来自使用传统表征方法收集到的有限信息。受益于过去 30 年在表征和计算机模拟方面取得的显著进步，我们现在可以在原子和皮秒尺度上观察曾经难以捉摸的界相。

许多"新"的表征技术实际上是现有技术的创新使用，并辅以装置改进和计算分析。这方面的例子包括，通过电喷雾电离质谱（ESI-MS）解析离子溶剂化鞘层结构（图12.3）[72]，通过 NMR 中多核化学位移定量确定与工作离子相互作用的溶剂分子及其位点[73]，通过 NMR 扩散序谱（DOSY）测定电解质溶剂的相对溶剂化能力（表 12.1）[74]，通过电化学石英晶体微量天平（EQCM）测定界相形成阶段的质量变化[75]，使用液体二次离子质谱（Liq-SIMS）进行离子溶剂化、界面和界相形成过程的原位表征[76]，以及使用原位/环境/低温电子显微技术[77-78]等。

　　为进一步揭示界相，我们急需更多新颖的表征技术，特别是那些在原位/操作环境（in situ/operando）条件下具有极高空间和时间分辨率的表征技术。尽管许多先进的表征工具已被成功引入化学、催化和生物学等领域，但它们在电解质和界相中的应用仍处于开发阶段。其中一个例子是，使用低温电子显微镜的超低剂量电子束，我们能够成像和分析极其活跃的物质[79-81]，如锂。此外，直接探测和量化电解质和界相的工具仍显不足。鉴于典型的电解质和界相具有非晶态和快速离子动力学的特性，那些可用于表征局部结构，具有高化学敏感性和散射强度的光谱方法尤其重要。这是因为它们可以容忍长程无序，并从统计学角度捕捉电解质和界相的复杂性。最终，通过汇集来自多种技术的大量数据，如液体和固体 NMR 谱、基于大装置（如同步辐射）X 射线或中子散射的差分双体分布函数（d-PDF）以及配备断层扫描和电子能量损失谱的低温分析电子显微镜，我们可以获得对诸如溶剂化结构、界相的二维/三维分布以及电化学过程的深入理解。此外，计算模拟、机器学习和人工智能对解释和理解这些先进表征方法收集到的数据也将起到至关重要的作用。

17.8　计算机模拟

　　随着高性能计算设施如今已变得触手可及，传统的中央处理芯片（central processing units, CPU）以及更适合人工智能和机器学习模型的图形处理芯片（graphic processing units, GPU）快速更新迭代达到更高运算速度，以及强大算法的出现，现在我们能够以前所未有的准确性模拟电解质的体相以及界面处的复杂过程。计算方法不再局限于验证或解释实验现象，而且还能预测性能并设计新的结构和材料[82-85]。

　　基于量子化学和密度泛函理论（density function theory, DFT）的计算以及使用 DFT 或力场的分子动力学（molecular dynamics, MD）模拟使我们能够筛选大量分子，并根据它们在热力学上的氧化/还原稳定性进行预筛选，而无需进行烦琐的实验。这些方法还允许我们预测成分间具有较强耦合特性的电解质系统，如离子液体、超浓电解质、固态电解质中的离子迁度、扩散系数和电导率。我们在分子尺度上关于离子相关性以及输运机制的见解，是理解材料宏观性质的基础（这些性质一般遵循 Stefan-Maxwell 公式），并为开发具有更优异离子和质量传输性质的电解质奠定了基础。新近开发的反应和非反应力场以及 DFT 和半经验方法上的进步，使得微观理解界面和界相过程、预测化学和电化学反应以及从大型数据库中优选具有目标性能的材料和分子成为可能。这些方法导致了相关数据库的发展，从而可以为更广泛的研究团体提供关于电解质和界相的信息。随着自动化高通量实验（即所谓的"机器人实验室"）的兴起，计算方法现在可以获得大量实验数据的支持，从而能够通过机器学习方法进行进一步的分析并反馈来重新指导实验设计。越来越多的计算工作也已经超越了热力学和量子化学范畴，进入了预测离子输运和电荷转移的动力学领域，抑或是预测导致界相生成的界面级联反应网（reaction networks）。得益于如今前所未有的数据规模，机器学习和人工智能方法蓬勃发展，将进一步增强实验和计算之间的联系。

最后，从单分子层面的量子化学分析（原子和电子分布函数、优化的三维几何形状）到电解质体系性能的预测（溶剂分子于离子结合能、溶液结构、离子传输），人工智能最终也将赋能新分子的结构设计和对分子宇宙地图的完全绘制。据估算，若限制氢以外的重原子数在 30 以下，则在化学上可能存在的有机分子数量在 10^{60} 量级，这个数字相当于可观测宇宙里恒星数量的总和！新的计算工具和方法注定将在所有这些场景中发挥关键作用，电解质材料由人工智能和机器学习驱动的计算设计革命已几乎近在眼前。

17.8.1 分子模拟

无论是基于经典分子动力学（MD）还是量子力学（QM）的计算模拟本质上都是在搜寻系统的最低能量曲面。每种方法都是对一个多体系统在特定温度的平衡态下的相空间进行采样。粒子间的相互作用可通过多种方式获得，如 Schrödinger 方程求解、密度泛函近似、量子化学方法或拟合实验结果，而相空间采样可通过 Monte Carlo（MC）或分子动力学（MD）模拟实现。分子动力学模拟可以给出分子的运动轨迹，并从中提取扩散系数。也可以通过非平衡 MD 模拟研究外场作用下的输运性质。

能量最小化是所有这些计算模拟的核心。在一个包含特定数量（N）粒子的溶液体系中，每个粒子受某些相互作用的支配，如库仑力、范德华力、偶极 - 偶极作用力、引力等。最初的时候，这些粒子通常具有随机的初始结构和速度。对于每个粒子的每次移动，程序都会检查该移动是否减少了粒子的能量。如果没有，那么该移动被认为不利于系统的最终平衡；如果减少了，那么该移动以一定概率被接受，具体取决于初始和最终配置之间的能量差和温度，同时进行下一步。当这些步骤重复多次，体系的能量不再减少时，系统被认为达到了最终平衡状态，实现了该温度下的平衡态采样。这些粒子在平衡态下的集体行为，即它们的速度、位置、分布和能量，决定了系统的特性。

一些关键因素对预测的准确性具有重要影响，包括体系中的粒子数量、计算时间尺度以及粒子之间相互作用的定律。前两个因素与算力相关，而最后一个因素取决于描述粒子间相互作用的力场或密度泛函的质量。

在早期的经典 MC 和 MD 模拟中，著名的 Lennard-Jones 6-12 方程常用于描述电解质分子中两个粒子 i 和 j 间的相互作用能（U_{ij}）：

$$U_{ij} = -\frac{A}{r^6} + \frac{B}{r^{12}} \tag{17.1}$$

式中，r 是两个粒子之间的距离；A 和 B 是由支配粒子间相互作用的力或能量的性质决定的常数。公式右边的两项分别对应粒子间吸引力和排斥力随距离的变化。

在平衡状态下，吸引力和排斥力相互平衡，这个二元体系达到了最低能量状态（图 17.4）。由于实际的模拟体系中包含 N 个粒子，因此需要考虑所有粒子间的相互作用，而总的最低能量对应整个系统的平衡状态：

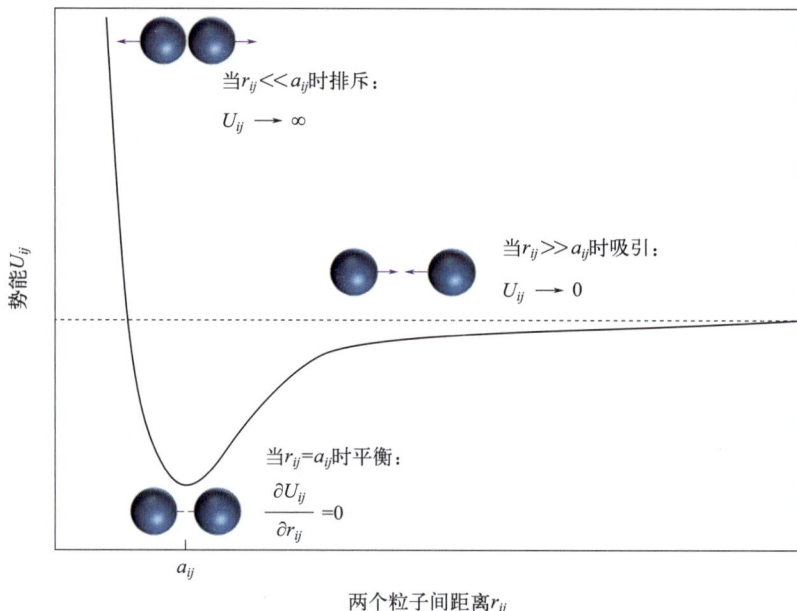

图 17.4 Lennard-Jones 势中两个粒子间的作用势能与粒子间距离的关系示意图

$$U_{\text{pair}} = \sum_i \sum_j \left(-\frac{A_{ij}}{r_{ij}^6} + \frac{B_{ij}}{r_{ij}^{12}} \right) \qquad (17.2)$$

需要注意的是，使用 Lennard-Jones 势和库仑作用描述分子间相互作用对于离子系统来说过于简化。为了进一步改进对分子间势能的描述，通常会进一步添加偶极、四极、高阶色散作用以及短程范围内的阻尼作用等。

正如在第 4.1 节中提到的，粒子间相互作用在本质上是一个多体系问题，无论是库仑力还是 Lennard-Jones 作用力都必须进行近似，否则过于复杂而导致无解。采用最多的一个近似是所谓的"最相邻近似"，它忽略了粒子间的长程库仑作用。

更受欢迎的分子动力学（MD）模拟不是简单地只考虑势能。该方法会考虑很多粒子，在计算获得每个粒子所受的力和速度后，这些粒子便开始了它们的动力学演化（图 17.5）。经典牛顿力学的所有物理量，如速度、坐标、动量和每次碰撞期间的能量交换都能以几飞秒（$10^{-15}\,\text{s}$）为时间间隔的方式进行计算。

在分子动力学模拟中，作用在质点上的力（$\boldsymbol{F}$）则可以通过每个粒子的势能（ψ）对坐标的偏导获得：

$$\boldsymbol{F} = -\frac{\mathrm{d}\psi}{\mathrm{d}x} \qquad (17.3)$$

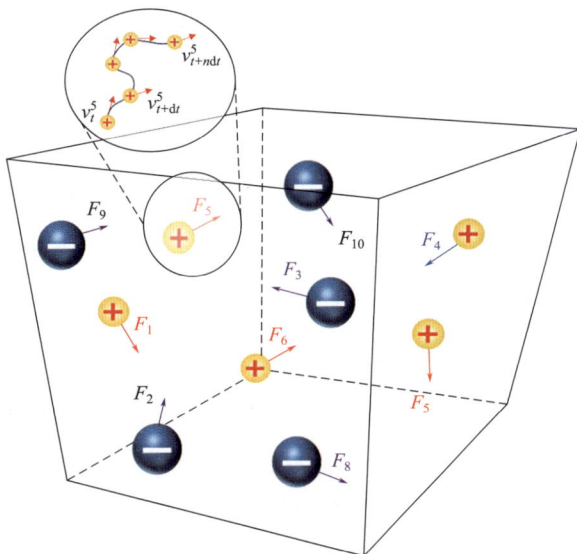

图 17.5　在 MD 模拟中，每个粒子被当成一个理想质点，它们间的作用则通过各种各样的力场进行描述。体系在热平衡时的状态体现了系统的性质

假设多个粒子都遵循牛顿第二定律的理想质点，那么可以得出下一刻的坐标：

$$s(t+\mathrm{d}t)=s(t)+v(t)\mathrm{d}t+\frac{1}{2}\times\frac{\boldsymbol{F}}{m}(\mathrm{d}t)^2 \tag{17.4}$$

式中，s 为原子的坐标矢量，v 为原子的速度矢量，$\mathrm{d}t$ 为时间步长；$s(t)$ 是在时间 t 时的位移或位置；$s(t+\mathrm{d}t)$ 是在 $t+\mathrm{d}t$ 时的位置；$\boldsymbol{F}$ 是作用在质点上的合力；m 是质点的质量；$\boldsymbol{F}/m$ 是加速度（由牛顿第二定律加速度 $\boldsymbol{a}=\boldsymbol{F}/m$ 得到）。

与 MC 不同，经典 MD 模拟通过求解经典牛顿运动方程获得动力学轨迹，即分子位移随时间的变化。在包含溶剂、阳离子和阴离子的模拟体系中，通过式（17.3）计算出时间 t 时每个原子的力，进而通过式（17.4）计算时间 $t+\mathrm{d}t$ 时的新位置。为获得稳定的运动方程积分，模拟时间步长 $\mathrm{d}t$ 应比键的振动周期小 2～3 个数量级，一般为几飞秒（$10^{-15}\,\mathrm{s}$）。

理论上，假设粒子的势能和初始坐标已知，则可以从上述方程推出这些量随时间的演变。当然，实际预测的准确性取决于通过拟合分子排斥力、色散力、静电力所建立的分子相互作用的准确性（基于 DFT 的 MD 模拟则主要取决于交换关联泛函的准确性），以及确保充分采样所需的足够长的模拟时间。此外，由于模拟中通常采用了周期性边界条件，分子不可避免地与其镜像结构产生相互作用，导致了额外的误差。因此，实际的计算非常复杂，需要选择好决定粒子间作用力和势能的力场、模拟体系的大小以及模拟的总时间。

用于电解质模拟的力场数量众多，其中既有商业性的，也有开源的。最常用的一些力场包括 OPLS、CHARMM、AMBER、AA、GROMOS 和 COMPASS。选择合适的力场对于足够准确地描述现实情况至关重要。

与经典分子动力学模拟不同，第一性原理或基于 DFT 的分子动力学模拟无需采用力场。它依赖于求解 Kohn-Sham 方程，从而在量子力学水平上获得粒子的相互作用势能面。基于 DFT 的分子动力学通常会使用 Born-Oppenheimer 近似，并应用牛顿方程［式（17.4）］计算粒子的轨迹。从而预测结构和输运性质以及电化学反应，但相应的计算量也极大。该方法在电解质和界相问题上的进一步广泛应用将受益于高性能计算基础设施和算法方面的进步。同时，新兴的机器学习方法越来越多地将经典分子动力学和第一性原理分子动力学结合在一起，使得相关的模拟更快、更准确。

17.8.2　性能和特性预测

如今，通过 MD 模拟计算热力学、结构和体相性质，如密度、黏度、热容量、结构等已相当成熟。例如，在平衡状态下，我们可以通过在特定温度下准确采样粒子分布，进而从径向分布函数中获得离子溶剂化鞘层结构的可靠信息，如图 17.6 所示[84]。

通过采用正确的力场和模型，MD 模拟还可以计算离子或溶剂分子在随机运动过程中的均方位移，进而可靠地预测多种输运性质，如离子电导率、扩散系数和灵敏度。

但是，模拟电极/电解质界面结构、预测界面电荷转移和导致界相形成的级联反应仍然面临挑战。Borodin[92]、Balbuena[93]、Persson[94]等及其同事各自通过独立研究试图解决这些挑战，并将 MD 模拟带入了预测和设计新电解质与界相的新领域。新兴的机器学习技术已被训练和应用于预测系统的分解路径，从而将原子及微观状态与宏观特性和器件性能联系起来。

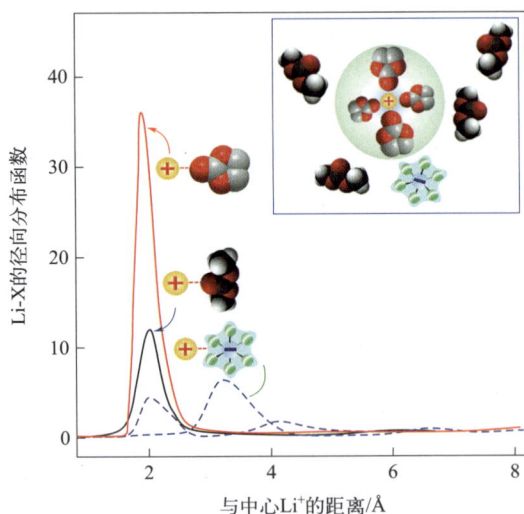

图 17.6　以锂离子为中心时，EC 和 DMC 中氧元素的径向分布函数以及 PF_6^- 中氟元素的径向分布函数。图中表明，溶剂化鞘层的第一层（主要鞘层）来自 EC 分子。插图是溶剂化鞘层结构的示意图。此图基于参考文献［87］中的数据作图得到

17.8.3　材料的计算设计

随着计算能力的快速增强，数据挖掘和基于神经网络的机器学习也被应用于新材料

的理性设计中，尤其是新型电极材料、固态电解质材料及液体电解质分子的结构设计。在最近研究固体材料中锂离子的输运过程中，研究者通过改进的弹性带（nudged elastic band）方法[86]高效地计算锂离子在新型固体材料中的扩散活化能。该方法揭示了阴离子的排列/堆叠方式对锂离子输运特性的影响，并被用于从晶体结构数据库的大量化合物中筛选出少数满足所需特性的材料。这个方法预测 $Li_{10}GeP_2S_{12}$、β-Li_3PS_4 和 $Li_7P_3S_{11}$ 等是 Li^+ 的良导体，并获得了实验证实。类似地，Ceder 及其同事采用数据挖掘驱动的机器学习方法，预测并实验验证了一系列锂离子和钠离子的良导体[95]。作为更新的进展，SES AI Corp 团队引领发起的探索及全面绘制 10^{11} 小分子宇宙 DFT 地图的宏大目标定会为液体电解质和界相设计带来新的维度和空间[3]，引领人们发现更多的新材料。

参考文献

[1] The energy density numbers of lithium-ion batteries are so dynamic that almost any literature data are outdated. The most updated source is from the U. S. Department of Energy, Vehicle Technologies Annual Merit Review, 21–23 June 2022, https://www.energy.gov/eere/vehicles/vehicle-technologies-annual-merit-review.

[2] T. Nagaura and K. Tozawa, Lithium Ion Rechargeable Battery, *Prog. Batteries Sol. Cells*, 1990, **9**, 209–217.

[3] L. Trahey, F. R. Brushett, N. P. Balsara, G. Ceder, L. Cheng, Y. M. Chiang, N. T. Hahn, B. J. Ingram, S. D. Minteer, J. S. Moore, K. T. Mueller, L. F. Nazar, K. A. Persson, D. J. Siegel, K. Xu, K. R. Zavadil, V. Srinivasan and G. W. Crabtree, Energy storage emerging: A perspective from the Joint Center for Energy Storage Research, *Proc. Natl. Acad. Sci. U. S. A.*, 2020, **117**, 12550–12557.

[4] K. Xu, Non-aqueous liquid electrolytes for lithium-based rechargeable batteries, *Chem. Rev.*, 2004, **104**, 4303–4417.

[5] K. Xu, Electrolytes and interphases in Li-ion batteries and beyond, *Chem. Rev.*, 2014, **114**, 11503–11618.

[6] M. Li, C. Wang, Z. Chen, K. Xu and J. Lu, New Concepts in Electrolytes, *Chem. Rev.*, 2020, **120**, 6783–6819.

[7] K. Xu, Y. Lam, S. Zhang, T. R. Jow and T. Curtis, Solvation Sheath of Li^+ in Non-aqueous Electrolytes and Its Implication of Graphite/Electrolyte Interface Chemistry, *J. Phys. Chem. C*, 2007, **111**, 7411–7421.

[8] K. Xu, A. v. Cresce and U. Lee, Differentiating contributions to "ion transfer" barrier from interphasial resistance and Li^+ desolvation at electrolyte/graphite interface, *Langmuir*, 2010, **26**, 11538–11543.

[9] A. v. Cresce and K. Xu, Preferential solvation of Li^+ directs formation of interphase on graphitic anode, *Electrochem. Solid-State Lett.*, 2011, **196**, 3906–3910.

[10] O. Borodin, X. Ren, J. Vatamanu, A. v. W. Cresce, J. Knap and K. Xu, Modeling insight into battery electrolyte, electrochemical stability and interfacial structure, *Acc. Chem. Res.*, 2017, **50**, 2886–2894.

[11] K. Leung and K. L. Jungjohann, Spatial Heterogeneities and Onset of Passivation Breakdown at Lithium Anode Interfaces, *J. Phys. Chem. C*, 2017, **121**, 20188–20196.

[12] Y. Li, K. Leung and Y. Qi, Computational Exploration of the Li Electrode/Electrolyte Interface in the Presence of a Nanometer Thick Solid-Electrolyte-Interphase, *Acc. Chem. Res.*, 2016, **49**, 2363–2370.

[13] W. R. McKinnon and J. R. Dahn, How to Reduce the Cointercalation of Propylene Carbonate in Li_xZrS_2 and Other Layered Compounds, *J. Electrochem. Soc.*, 1985, **132**, 364–366.

[14] C. A. Angell, C. Liu and E. Sanchez, Rubbery solid electrolytes with dominant cationic transport and high ambient conductivity, *Nature*, 1993, **362**, 137–139.

[15] K. Ueno, K. Yoshida, M. Tsuchiya, N. Tachikawa, K. Dokko and M. Watanabe, Glyme–Lithium Salt Equimolar Molten Mixtures: Concentrated Solutions or Solvate Ionic Liquids?, *J. Phys. Chem. B*, 2012, **116**, 11323–11331.

[16] T. Tamura, T. Hachida, K. Yoshida, N. Tachikawa, K. Dokko and M. Watanabe,

New glyme–cyclic imide lithium salt complexes as thermally stable electrolytes for lithium batteries, *J. Power Sources*, 2010, **195**, 6095–6100.

[17] K. Yoshida, M. Tsuchiya, N. Tachikawa, K. Dokko and M. Watanabe, Change from Glyme Solutions to Quasi-ionic Liquids for Binary Mixtures Consisting of Lithium Bis(trifluoromethanesulfonyl)amide and Glymes, *J. Phys. Chem. C*, 2011, **115**, 18384–18394.

[18] X. Cao, X. Ren, L. Zou, M. H. Engelhard, W. Huang, H. Wang, B. E. Matthews, H. Lee, C. Niu, B. W. Arey, Y. Cui, C. Wang, J. Xiao, J. Liu, W. Xu and J.-G. Zhang, Monolithic solid–electrolyte interphases formed in fluorinated orthoformate-based electrolytes minimize Li depletion and pulverization, *Nat. Energy*, 2019, **4**, 796–805.

[19] O. Borodin, J. Self, K. Persson, C. Wang and K. Xu, Uncharted Waters: Superconcentrated Electrolytes, *Joule*, 2019, **4**, 69–100.

[20] S. K. Jeong, M. Inaba, Y. Iriyama, T. Abe and Z. Ogumi, Electrochemical intercalation of lithium ion within graphite from propylene carbonate solutions, *Electrochem. Solid-State Lett.*, 2003, **6**, A13–A15.

[21] M. Nie, D. P. Abraham, D. M. Seo, Y. Chen, A. Bose and B. L. Lucht, Role of Solution Structure in Solid Electrolyte Interphase Formation on Graphite with LiPF$_6$ in Propylene Carbonate, *J. Phys. Chem. C*, 2013, **117**, 25381–25389.

[22] L. Ma, S. L. Glazier, R. Petibon, J. Xia, J. M. Peters, Q. Liu, J. Allen, R. N. C. Doig and J. R. Dahn, A guide to ethylene carbonate-free electrolyte making for Li-ion cells, *J. Electrochem. Soc.*, 2016, **164**, A5008–A5018.

[23] K. Sodeyama, Y. Yamada, K. Aikawa, A. Yamada and Y. Tateyama, Sacrificial Anion Reduction Mechanism for Electrochemical Stability Improvement in Highly Concentrated Li-Salt Electrolyte, *J. Phys. Chem. C*, 2014, **118**, 14091–14097.

[24] Y. Yamada, K. Furukawa, K. Sodeyama, K. Kikuchi, M. Yaegashi, Y. Tateyama and A. Yamada, Unusual Stability of Acetonitrile-Based Superconcentrated Electrolytes for Fast-Charging Lithium-Ion Batteries, *J. Am. Chem. Soc.*, 2014, **136**, 5039–5046.

[25] K. Dokko, D. Watanabe, Y. Ugata, M. L. Thomas, S. Tsuzuki, W. Shinoda, K. Hashimoto, K. Ueno, Y. Umebayashi and M. Watanabe, Direct Evidence for Li Ion Hopping Conduction in Highly Concentrated Sulfolane-Based Liquid Electrolytes, *J. Phys. Chem. B*, 2018, **122**, 10736–10745.

[26] J. Alvarado, M. A. Schroeder, T. P. Pollard, X. Wang, J. Z. Lee, M. Zhang, T. Wynn, M. Ding, O. Borodin, Y. S. Meng and K. Xu, Bisalt ether electrolytes: a pathway towards lithium metal batteries with Ni-rich cathodes, *Energy Environ. Sci.*, 2019, **12**, 780–794.

[27] H. Kim, J. Hong, K.-Y. Park, H. Kim, S.-W. Kim and K. Kang, Aqueous Rechargeable Li and Na Ion Batteries, *Chem. Rev.*, 2014, **114**, 11788–11827.

[28] L. Suo, O. Borodin, T. Gao, M. Olguin, J. Ho, X. Fan, C. Luo, C. Wang and K. Xu, "Water-in-salt" electrolyte enables high-voltage aqueous lithium-ion chemistries, *Science*, 2015, **350**, 938–943.

[29] L. Suo, O. Borodin, W. Sun, X. Fan, C. Yang, F. Wang, T. Gao, Z. Ma, M. Schroeder, A. von Cresce, S. M. Russell, M. Armand, A. Angell, K. Xu and C. Wang, Advanced High-Voltage Aqueous Lithium-Ion Battery Enabled by "Water-in-Bisalt" Electrolyte, *Angew. Chem., Int. Ed.*, 2016, **55**, 7136–7141.

[30] Y. Yamada, K. Usui, K. Sodeyama, S. Ko, Y. Tateyama and A. Yamada, Hydrate-melt electrolytes for high-energy-density aqueous batteries, *Nat. Energy*, 2016, **1**, 16129.

[31] L. Suo, F. Han, X. Fan, H. Liu, K. Xu and C. Wang, "Water-in-Salt" electrolytes enable green and safe Li-ion batteries for large scale electric energy storage applications, *J. Mater. Chem. A*, 2016, **4**, 6639–6644.

[32] C. Yang, J. Chen, T. Qing, X. Fan, W. Sun, A. von Cresce, M. S. Ding, O. Borodin, J. Vatamanu, M. A. Schroeder, N. Eidson, C. Wang and K. Xu, 4.0 V aqueous Li-ion batteries, *Joule*, 2017, **1**, 122–132.

[33] F. Wang, O. Borodin, T. Gao, X. Fan, W. Sun, F. Han, A. Faraone, J. A. Dura, K. Xu and C. Wang, Highly reversible zinc metal anode for aqueous batteries, *Nat. Mater.*, 2018, **17**, 543–549.

[34] M. McEldrew, Z. A. H. Goodwin, A. A. Kornyshev and M. Z. Bazant, Theory of the Double Layer in Water-in-Salt Electrolytes, *J. Phys. Chem. Lett.*, 2018, **9**, 5840–5846.

[35] O. Borodin, L. Suo, M. Gobet, X. Ren, F. Wang, A. Faraone, J. Peng, M. Olguin, M. Schroeder, M. S. Ding, E. Gobrogge, A. von W. Cresce, S. Munoz, J. A. Dura, S. Greenbaum, C. Wang and K. Xu, Liquid structure with nano-heterogeneity

promotes cationic transport in concentrated electrolytes, *ACS Nano*, 2017, **11**, 10462–10471.

[36] J. Lim, K. Park, H. Lee, J. Kim, K. Kwak and M. Cho, Nanometric Water Channels in Water-in-Salt Lithium Ion Battery Electrolyte, *J. Am. Chem. Soc.*, 2018, **140**, 15661–15667.

[37] S. Chen, J. Zheng, D. Mei, K. S. Han, M. H. Engelhard, W. Zhao, W. Xu, J. Liu and J.-G. Zhang, High-Voltage Lithium-Metal Batteries Enabled by Localized High-Concentration Electrolytes, *Adv. Mater.*, 2018, **30**, 1706102.

[38] L. Yu, S. Chen, H. Lee, L. Zhang, M. H. Engelhard, Q. Li, S. Jiao, J. Liu, W. Xu and J.-G. Zhang, A Localized High-Concentration Electrolyte with Optimized Solvents and Lithium Difluoro(oxalate)borate Additive for Stable Lithium Metal Batteries, *ACS Energy Lett.*, 2018, **3**, 2059–2067.

[39] X. Ren, S. Chen, H. Lee, D. Mei, M. H. Engelhard, S. D. Burton, W. Zhao, J. Zheng, Q. Li, M. S. Ding, M. Schroeder, J. Alvarado, K. Xu, Y. S. Meng, J. Liu, J.-G. Zhang and W. Xu, Localized High-Concentration Sulfone Electrolytes for High-Efficiency Lithium-Metal Batteries, *Chem*, 2018, **4**, 1877–1892.

[40] S. Chen, J. Zheng, L. Yu, X. Ren, M. H. Engelhard, C. Niu, H. Lee, W. Xu, J. Xiao and J. Liu, High-Efficiency Lithium Metal Batteries with Fire-Retardant Electrolytes, *Joule*, 2018, **2**, 1548–1558.

[41] F. Wang, O. Borodin, M. S. Ding, M. Gobet, J. Vatamanu, X. Fan, T. Gao, N. Eidson, Y. Liang, W. Sun, S. Greenbaum, K. Xu and C. Wang, Hybrid aqueous/non-aqueous electrolyte for safe and high-energy Li-ion batteries, *Joule*, 2018, **2**, 927–937.

[42] Z. Ma, J. Chen, J. Vatamanu, O. Borodin, D. Bedrov, X. Zhou, W. Zhang, W. Li, K. Xu and L. Xing, Expanding the low-temperature and high-voltage limits of aqueous lithium-ion battery, *Energy Storage Mater.*, 2022, **45**, 903–910.

[43] C. S. Rustomji, Y. Yang, T. K. Kim, J. Mac, Y. J. Kim, E. Caldwell, H. Chung and Y. S. Meng, Liquefied gas electrolytes for electrochemical energy storage devices, *Science*, 2017, **356**, eaal4263.

[44] Y. Yang, D. M. Davies, Y. Yin, O. Borodin, J. Z. Lee, C. Fang, M. Olguin, Y. Zhang, E. S. Sablina, X. Wang, C. S. Rustomji and Y. S. Meng, High-efficiency lithium-metal anode enabled by liquefied gas electrolytes, *Joule*, 2019, **3**, 1986–2000.

[45] L. Ma, J. Z. Lee, T. P. Pollard, M. A. Schroeder, M. A. Limpert, B. Craven, S. Fess, C. S. Rustomji, C. Wang, O. Borodin and K. Xu, High-efficiency zinc-metal anode enabled by liquefied gas electrolytes, *ACS Energy Lett.*, 2021, **6**, 4426–4430.

[46] T. Guo, T. Wang, H. Wei, Y. Long, C. Yang, D. Wang, J. Lang, K. Huang, N. Hussain, C. Song, B. Guan, B. Ge, Q. Zhang and H. Wu, Ice as Solid Electrolyte To Conduct Various Kinds of Ions, *Angew. Chem., Int. Ed.*, 2019, **58**, 12569–12573.

[47] R. Chen, Q. Li, X. Yu, L. Chen and H. Li, Approaching Practically Accessible Solid-State Batteries: Stability Issues Related to Solid Electrolytes and Interfaces, *Chem. Rev.*, 2020, **120**, 6820–6877.

[48] A. Banerjee, X. Wang, C. Fang, E. A. Wu and Y. S. Meng, Interfaces and Interphases in All-Solid-State Batteries with Inorganic Solid Electrolytes, *Chem. Rev.*, 2020, **120**, 6878–6933.

[49] M. B. Armand, J. M. Chabagno and M. Duclot, Second International Meeting on Solid Electrolytes, St. Andrews, Scotland, 1978, 20–22.

[50] *Sodium Sulphur Battery*, ed. J. Sudworth and A. R. Tiley, Chapman and Hall, New York, 1985.

[51] N. B. Aetukuri, S. Kitajima, E. Jung, L. E. Thompson, K. Virwani, M.-L. Reich, M. Kunze, M. Schneider, W. Schmidbauer, W. W. Wilcke, D. S. Bethune, J. C. Scott, R. D. Miller and H.-C. Kim, Flexible Ion-Conducting Composite Membranes for Lithium Batteries, *Adv. Energy Mater.*, 2015, **5**, 1500265.

[52] X. Zhang, J. Xie, F. Shi, D. Lin, Y. Liu, W. Liu, A. Pei, Y. Gong, H. Wang, K. Liu, Y. Xiang and Y. Cui, Vertically Aligned and Continuous Nanoscale Ceramic Polymer Interfaces in Composite Solid Polymer Electrolytes for Enhanced Ionic Conductivity, *Nano Lett.*, 2018, **18**, 3829–3838.

[53] Y. Lu, Z. Tu and L. Archer, Stable lithium electrodeposition in liquid and nanoporous solid electrolytes, *Nat. Mater.*, 2014, **13**, 961–969.

[54] C. Pfaffenhuber, M. Göbel, J. Popovic and J. Maier, Soggy-sand electrolytes: status and perspectives, *Phys. Chem. Chem. Phys.*, 2013, **15**, 18318–18335.

[55] Z. Zou, Y. Li, Z. Lu, D. Wang, Y. Cui, B. Guo, Y. Li, X. Liang, J. Feng, H. Li, C.-W. Nan, M. Armand, L. Chen, K. Xu and S. Shi, Mobile ions in composite solids, *Chem. Rev.*, 2020, **120**, 4169–4221.

[56] Z. Tu, P. Nath, Y. Lu, M. D. Tikekar and L. A. Archer, Nanostructured Electrolytes for Stable Lithium Electrodeposition in Secondary Batteries, *Acc. Chem. Res.*, 2015, **48**, 2947–2956.

[57] Y. Lu, K. Korf, Y. Kambe, Z. Tu and L. A. Archer, Ionic-Liquid–Nanoparticle Hybrid Electrolytes: Applications in Lithium Metal Batteries, *Angew. Chem., Int. Ed.*, 2014, **53**, 488–492.

[58] T. Hakari, M. Deguchi, K. Mitsuhara, T. Ohta, K. Saito, Y. Orikasa, Y. Uchimoto, Y. Kowada, A. Hayashi and M. Tatsumisago, Structural and Electronic-State Changes of a Sulfide Solid Electrolyte During the Li Deinsertion–Insertion Processes, *Chem. Mater.*, 2017, **29**, 4768–4774.

[59] D. Richards, L. J. Miara, Y. Wang, J. C. Kim and G. Ceder, Interface Stability in Solid-State Batteries, *Chem. Mater.*, 2016, **28**, 266–273.

[60] E. J. Cheng, A. Sharafi and J. Sakamoto, Intergranular Li metal propagation through polycrystalline $Li_{6.25}A_{l0.25}La_3Zr_2O_{12}$ ceramic electrolyte, *Electrochim. Acta*, 2017, **223**, 85–91.

[61] T. Swamy, R. Park, B. W. Sheldon, D. Rettenwander, L. Porz, S. Berendts, R. Uecker, W. C. Carter and Y.-M. Chiang, Lithium Metal Penetration Induced by Electrodeposition through Solid Electrolytes: Example in Single-Crystal $Li_6La_3ZrTaO_{12}$ Garnet, *J. Electrochem. Soc.*, 2018, **165**, A3648–A3655.

[62] F. Han, A. S. Westover, J. Yue, X. Fan, F. Wang, M. Chi, D. N. Leonard, N. J. Dudney, H. Wang and C. Wang, High electronic conductivity as the origin of lithium dendrite formation within solid electrolytes, *Nat. Energy*, 2019, **4**, 187–196.

[63] Z. Chang, Y. Qiao, H. Deng, H. Yang, P. He and H. Zhou, A liquid electrolyte with de-solvated lithium ions for lithium-metal battery, *Joule*, 2020, **4**, 1776–1789.

[64] Z. Chang, Y. Qiao, H. Yang, H. Deng, X. Zhu, P. He and H. Zhou, Beyond the concentrated electrolyte: further depleting solvent molecules within a Li^+ solvation sheath to stabilize high-energy-density lithium metal batteries, *Energy Environ. Sci.*, 2022, **13**, 4122–4131.

[65] Z. Tu, M. J. Zachman, S. Choudhury, S. Wei, L. Ma, Y. Yang, L. F. Kourkoutis and L. A. Archer, Nanoporous Hybrid Electrolytes for High-Energy Batteries Based on Reactive Metal Anodes, *Adv. Energy Mater.*, 2017, **7**, 1602367.

[66] Q. Zhang, J. Pan, P. Lu, Z. Liu, M. W. Verbrugge, B. W. Sheldon, Y. T. Cheng, Y. Qi and X. Xiao, Synergetic effects of inorganic components in solid electrolyte interphase on high cycle efficiency of lithium ion batteries, *Nano Lett.*, 2016, **16**, 2011–2016.

[67] N. Kang, H.-W. Yang, W. S. Kang and S.-J. Kim, Improvement of Reversibility and Cyclic Stability: A Monolithic Solid Electrolyte Interphase in SiOx-Based Anode for Lithium-Ion Batteries, *J. Phys. Chem. C*, 2020, **124**, 2333–2339.

[68] M. S. Kim, Z. Zhang, P. E. Rudnicki, Z. Yu, J. Wang, H. Wang, S. T. Oyakhire, Y. Chen, S. C. Kim, W. Zhang, D. T Boyle, X. Kong, R. Xu, Z. Huang, W. Huang, S. F. Bent, L.-W. Wang, J. Qin, Z. Bao and Y. Cui, Suspension electrolyte with modified Li^+ solvation environment for lithium metal batteries, *Nat. Mater.*, 2022, **21**, 445–454.

[69] D. Lu, J. Tao, P. Yan, W. A. Henderson, Q. Li, Y. Shao, M. L. Helm, O. Borodin, G. L. Graff, B. Polzin, C.-M. Wang, M. Engelhard, J.-G. Zhang, J. J. De Yoreo, J. Liu and J. Xiao, Formation of Reversible Solid Electrolyte Interface on Graphite Surface from Concentrated Electrolytes, *Nano Lett.*, 2017, **17**, 1602–1609.

[70] W. Zhang, Q. Zhao, Y. Hou, Z. Shen, L. Fan, S. Zhou, Y. Lu and L. A. Archer, Dynamic interphase–mediated assembly for deep cycling metal batteries, *Sci. Adv.*, 2021, **7**, eabl3752.

[71] M. Winter, The Solid Electrolyte Interphase – The Most Important and the Least Understood Solid Electrolyte in Rechargeable Li Batteries, *Z. Phys. Chem.*, 2009, **223**, 1395–1406.

[72] A. v. Cresce and K. Xu, Preferential solvation of Li^+ directs formation of interphase on graphitic anode, *Electrochem. Solid-State Lett.*, 2011, **196**, 3906–3910.

[73] X. Bogle, R. Vazquez, S. Greenbaum, A. von W. Cresce and K. Xu, Understanding Li^+–Solvent Interaction in Nonaqueous Carbonate Electrolytes with ^{17}O NMR, *J. Phys. Chem. Lett.*, 2013, **4**, 1664–1668.

[74] C. C. Su, M. He, R. Amine, T. Rojas, L. Cheng, A. T. Ngo and K. Amine, Solvating power series of electrolyte solvents for lithium batteries, *Energy Environ. Sci.*, 2019, **12**(4), 1249–1254.

[75] T. Liu, L. Lin, X. Bi, L. Tian, K. Yang, J. Liu, M. Li, Z. Chen, J. Lu, K. Amine, K. Xu

and F. Pan, In situ quantification of interphasial chemistry in Li-ion battery, *Nat. Nanotechnol.*, 2018, **14**, 50–56.

[76] Y. Zhou, M. Su, X. Yu, Y. Zhang, J. G. Wang, X. Ren, R. Cao, W. Xu, D. R. Baer, Y. Du, O. Borodin, Y. Wang, X.-L. Wang, K. Xu, Z. Xu, C. Wang and Z. Zhu, Real-time mass spectrometric characterization of the solid–electrolyte interphase of a lithium-ion battery, *Nat. Nanotechnol.*, 2020, **15**, 224–230.

[77] Z. Yu, N. P. Balsara, O. Borodin, A. A. Gewirth, N. T. Hahn, E. J. Maginn, K. A. Persson, V. Srinivasan, M. F. Toney, K. Xu, K. R Zavadil, L. A. Curtiss and L. Cheng, Beyond local solvation structure: nanometric aggregates in battery electrolytes and their effect on electrolyte properties, *ACS Energy Lett.*, 2021, **7**, 461–470.

[78] L. C. Kao, X. Feng, Y. Ha, F. Yang, Y. S. Liu, N. T. Hahn, J. MacDougall, W. Chao, W. Yang, K. R. Zavadil and J. Guo, In-situ/operando X-ray absorption spectroscopic investigation of the electrode/electrolyte interface on the molecular scale, *Surf. Sci.*, 2020, **702**, 121720.

[79] Y. Li, Y. Li, A. Pei, K. Yan, Y. Sun, C. L. Wu, L. M. Joubert, R. Chin, A. L. Koh, Y. Yu, J. Perrino, B. Butz, S. Chu and Y. Cui, Atomic structure of sensitive battery materials and interfaces revealed by cryo-electron microscopy, *Science*, 2017, **358**, 506–510.

[80] X. Wang, M. Zhang, J. Alvarado, S. Wang, M. Sina, B. Lu, J. Bouwer, W. Xu, J. Xiao, J.-G. Zhang, J. Liu and Y. S. Meng, New insights on the structure of electrochemically deposited lithium metal and its solid electrolyte interphases *via* cryogenic TEM, *Nano Lett.*, 2017, **17**, 7606–7612.

[81] J. Z. Lee, T. A. Wynn, M. A. Schroeder, J. Alvarado, X. Wang, K. Xu and Y. S. Meng, Cryogenic focused ion beam characterization of lithium metal anodes, *ACS Energy Lett.*, 2019, **4**, 489–493.

[82] N. Yao, X. Chen, Z.-H. Fu and Q. Zhang, Applying classical, *Ab Initio*, and Machine-Learning Molecular Dynamics Simulations to the Liquid Electrolyte for Rechargeable Batteries, *Chem. Rev.*, 2022, **122**, 10971–11021.

[83] O. Borodin, Polarizable force field development and molecular dynamics simulations of ionic liquids, *J. Phys. Chem. B*, 2009, **113**, 11463–11478.

[84] A. Wang, S. Kadam, H. Li, S. Shi and Y. Qi, Review on modeling of the anode solid electrolyte interphase (SEI) for lithium-ion batteries, *Comput. Mater.*, 2018, **4**, 1–6.

[85] M. W. Swift, H. Jagad, J. Park, Y. Qie, Y. Wu and Y. Qi, Predicting low-impedance interfaces for solid-state batteries, *Curr. Opin. Solid State Mater. Sci.*, 2022, **26**, 100990.

[86] A. Van der Ven, Z. Deng, S. Banerjee and S. P. Ong, Rechargeable Alkali-Ion Battery Materials: Theory and Computation, *Chem. Rev.*, 2020, **120**, 6977–7019.

[87] O. Borodin, *et al.*, *Phys. Chem. Chem. Phys.*, 2016, **18**, 164–175.

[88] R. Yazami and Ph. Touzain, A reversible graphite-lithium negative electrode for electrochemical generations, *J. Power Sources*, 1983, **9**, 365–371.

[89] M. S. Whittingham and F. R. Gamble, The Lithium Intercalates of the Transition Metal Dichalcogenides, *Mater. Res. Bull.*, 1975, **10**, 363–371.

[90] Z. Tu, P. Nath, Y. Lu, M. D. Tikekar and L. A. Archer, Nanostructured Electrolytes for Stable Lithium Electrodeposition in Secondary Batteries, *Acc. Chem. Res.*, 2015, **48**, 2947–2956.

[91] F. Han, A. S. Westover, J. Yue, X. Fan, F. Wang, M. Chi, D. N. Leonard, N. J. Duney, H. Wang and C. Wang, High electronic conductivity as the origin of lithium dendrite formation within solid electrolytes, *Nat. Energy*, 2019, **4**, 187–196.

[92] O. Borodin, X. Ren, J. Vatamanu, A. von Wald Cresce, J. Knap and K. Xu, Modeling insight into battery electrolyte electrochemical stability and interfacial structure, *Acc. Chem. Res.*, 2017, **50**, 2886–2894.

[93] Y. Wang, S. Nakamura, M. Ue and P. B. Balbuena, Theoretical studies to understand surface chemistry on carbon anodes for lithium-ion batteries: reduction mechanisms of ethylene carbonate, *J. Am. Chem. Soc.*, 2001, **123**, 11708–11718.

[94] A. Jain, S. P. Ong, G. Hautier, W. Chen, W. D. Richards, S. Dacek, S. Cholia, D. Gunter, D. Skinner, G. Ceder and K. A. Persson, The Materials Project: A materials genome approach to accelerating materials innovation, *APL Mater.*, 2013, **1**, 011002.

[95] G. Ceder, S. P. Ong and Y. Wang, Predictive modeling and design rules for solid electrolytes, *MRS Bull.*, 2018, **43**, 746–751.

第18章
展望

根据 Web of Science™ 的数据，仅在 2021 年就有超过 35000 篇关于"电池"主题的论文发表，相当于每周约 670 篇（图 18.1）。如果将主题缩小到"电池电解质"，则每年发表的论文数量为 8260 篇，每周约 150 篇。虽然这反映了全球在寻求和发现新电池化学和材料方面的热情，但实际上几乎没有任何单独的一个人能够彻底跟踪这些出版的文章。

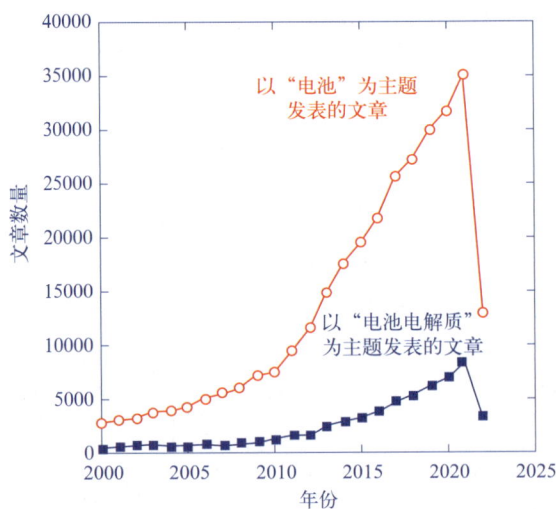

图 18.1 自 2000 年以来每年以"电池"或"电池 + 电解质"为关键词发表的研究文章数量。请注意，2022 年的数据仅反映了上半年（截至 6 月中旬）的情况（资料来源：Web of Science™）

这一加速趋势似乎始于 21 世纪 10 年代，当时美国、中国和欧盟等国家政府为了从 2008 年的次贷危机中复苏全球经济，作为刺激计划的一部分，大量增加了对清洁能源研究的投资。来到 21 世纪 20 年代，后疫情时代的世界不仅面临着气候变化、灾害导致的粮食短缺和化石能源资源枯竭等自然原因带来的挑战，还更加严重地受到人类灾难的影响，如欧洲战争、贸易冲突、供应链焦虑、地缘政治不信任、民族主义高涨以及随之而来的各种歇斯底里和阴谋论。

所有这些不幸因素共同作用，使今天的世界比过去五年更加危险和难以居住。然而，有一件事是不变的：研发新化学和新材料，来实现更高效的能源存储。

地球的最终能量来源是太阳，太阳仍有大约 45 亿年的寿命。这对一个文明来说等同于无限长。然而，从太阳到地球的能量传输过程，以及从自然捕捉和存储这些传输能量所需的时间长度来看，效率极低且缓慢。

自然捕捉和存储能量的过程所涉及的媒介包括，雨水（河流是降雨的结果，它们的落差可以驱动水力涡轮机）、生物质（用作直接燃料或作为制备生物燃料的化学和生物过程原料）、化石燃料（煤炭和石油等）。雨水和生物质的能量密度较低，需要数月甚至数年才能实现。它们也受限于地理的独特性，例如雨水发电，通常通过建设水坝，形成水库储存雨水，并利用坝前的流水推动涡轮发电机，将动能转换成电能。这里水坝位置的选择受限于地理特征。煤炭和石油的能量密度极高，但需要数十亿年才能形成，因此在人的生命寿命内基本上是无法维持的。

随着太阳能技术（无论是光伏还是光热）的发明，捕获太阳能的过程显著加快，此外，还增加了从风力或海浪中获取能量的其他手段，作为可持续能源系统的一部分。然而，所有这些可持续能源都具有一个共同且不便的特性：它们以间歇方式将太阳能、风能或波浪能转换为电能，这种转换要么是每天周期性的（取决于日出和日落），要么几乎完全不可预测（取决于当地的气象和水文条件）。因此，它们都需要一个储能系统，才能作为可靠的电网运行。进一步来讲，现代社会的两大主要能源消费方式是交通运输和移动通信/计算。它们都要求有高的能量密度，质轻便于携带。

在更广泛的背景下，还有其他生成、传输和储存能量的方式，如飞轮、热能、机械能、势能等，但电能仍然是最方便、最高效和最经济的能量形式，而电化学装置则是储存和传输电能最可靠的方式。通过上述所有限制条件的筛选后，我们发现电池仍然是唯一可行且不可或缺的选择，而使用电池实现全面电气化是我们文明的未来。

在过去的 30 年中，特别是最近的 10 年，人们见证了电池化学和材料的研究呈现爆炸式增长。出于对新发现的好奇心、对下一代锂离子电池技术的期盼和极大的科学兴趣驱动，以及对地缘政治和供应链风险的焦虑，各国政府和企业投入了巨额资金来助力电池和材料领域的迅速发展。海量的科学家和工程师被吸引到了这个火热的前沿领域中。

也是在过去的 30 年中，电解质和界面/界相作为未来电池关键组成部分的重要性得到了越来越多的认可。

我们知道，任何电池都是多组件系统，由至少一个正极（阴极）、一个负极（阳极）和夹在其中的电解质组成。为了使电池能够按照所设计的电化学途径工作，所有这些组件必须相互同步，因为电池的故障通常不是由单个故障组件引起的，而是由组件之间的相互作用引起的。

在所有这些组件中，电解质是最独特的，因为它必须同时与电池中其他的每个组件（无论是活性组件如正极和负极，还是非活性组件如隔膜、集流体和电池包装）保持物理接触和化学/电化学共存。对这样一个组分来说，要同时满足多种不同的约束条件在统计学上是困难的。界相是电化学电池中电解质试图与极端电压条件下电极材料配合的自然结果。

　　电解质总是围绕着新电池化学而发展，因此任何新电极材料的发现都会引发对电解质和界相的新需求。除了更高的安全性、更低的成本、可持续性和更广的服役温度范围外，人类对更高能量密度和更高功率密度的无止境需求，继续将电极材料的边界推向更具挑战性的领域，而这些挑战最终将部分或全部传递给电解质。在此背景下，对新电解质材料的探索以及界面／界相科学的发展，特别是对界面／界相过程、化学和机制的基本理解，构成了未来储能科学的关键前沿。

　　笔者真诚希望本书中总结的知识能够帮助新一代科学家在探索全球能源需求的答案时取得进展。他们应该比我们这一代人更有能力使我们的地球成为人类更好的居住地。

深度阅读

1. 经典文献

[1] C. J. T. de Grotthuss, Sur la décomposition de l'eau et des corps qu'elle tient en dissolution à l'aide de l'électricité galvanique, ***Ann. Chim.***, 1806, 58, 54–73.

[2] M. Faraday, "On Electrochemical Decomposition," 1834, pp. 11–44.

[3] W. Hittorf, "Über die Wanderung der Ionen während der Elektrolyse," ***Annu. Rev. Phys. Chem.***, 1853, 89, 177.

[4] S. Arrhenius, "Development of the theory of electrolytic dissociation," Nobel Lecture, 11 December 1903, Nobel Prize Lecture.

[5] F. Kohlrausch, ***Leitvermögen der Elektrolyte***, Benedictus Gotthelf Teubner, Leipzig, 1898.

[6] F. G. Cottrell, "Der Reststrom bei galvanischer Polarisation, betrachtet als ein Diffusionsproblem," ***Zeitschrift für Physikalische Chemie***, Walter de Gruyter GmbH, 1903, vol. 42U (1), p. 385.

[7] W. Ostwald, "On Catalysis," Nobel Lecture, 12 December 1909, Nobel Prize Lecture.

[8] G. N. Lewis and M. Randall, ***Thermodynamics and the Free Energy of Chemical Substances***, McGraw-Hill Book Co., New York, 1st edn, 1923.

[9] P. Debye and E. Hückel, "Zur Theorie der Elektrolyte. Ⅰ. Gefrierpunktserniedrigung und verwandte Erscheinungen," ***Phys. Z.***, 1923, 24, 185–206.

[10] L. Onsager, "Reciprocal Relations in Irreversible Processes Ⅰ," ***Phys. Rev.***, 1931, 37, 405–426.

[11] L. Onsager, "Reciprocal Relations in Irreversible Processes Ⅱ," ***Phys. Rev.***, 1931, 38, 2265–2279.

[12] J. D. Bernal and R. H. Fowler, "A Theory of Water and Ionic Solution, with Particular Reference to Hydrogen and Hydroxyl Ions," ***J. Chem. Phys.***, 1933, 1, 515–548.

[13] L. Onsager, "Theories and problems of liquid diffusion," ***Ann. N. Y. Acad. Sci.***, 1945, 46, 241–265.

[14] R. H. Stokes and R. A. Robinson, "Ionic hydration and activity in electrolyte solutions," ***J. Am. Chem. Soc.***, 1948, 70, 1870.

[15] J. B. Perrin, ***Atoms***, Translated by D. L. Hammick, Constable & Co. Ltd, London, 1916.

[16] J. B. Hasted, D. M. Ritson, and C. H. Collie, "Dielectric properties of aqueous ionic solutions," ***J. Chem. Phys.***, 1948, 16, 1–21.

2. 三本基础著作

[1] J. O. M. Bockris and A. K. N. Reddy, *Modern Electrochemistry*, Plenum Press, New York, 2nd edn, 1998.

[2] J. Bard and L. R. Faulkner, *Electrochemical Methods. Fundamentals and Applications*, Wiley, New York, 2nd edn, 2001.

[3] J. Newman and N. P. Balsara, *Electrochemical Systems*, Wiley, 4th edn, 2021.

3. 评论与专著

[1] Y. Marcus, "Ionic Radii in Aqueous Solutions," *Chem. Rev.*, 1988, 88, 1475–1498.

[2] W. S. Price, "Gradient NMR," in *Annual Reports on NMR Spectroscopy*, ed. G. A. Webb, Academic Press, London, 1996, pp. 51–142.

[3] N. Saunders and A. P. Miodownik, *CALPHAD, Calculation of Phase Diagrams: A Comprehensive Guide*, Elsevier Science, Oxford, UK, 1998.

[4] K. Xu, "Non-aqueous liquid electrolytes for lithium-based rechargeable batteries," *Chem. Rev.*, 2004, 104, 4303–4417.

[5] M. Inaba and Z. Ogumi, in *Li Ion Batteries: Solid Electrolyte Interphase*, ed. P. B. Balbuena and Y. Wang, Imperial College Press, Singapore, 2004, ch. 4.

[6] E. Barsoukov and J. R. Macdonald, *Impedance Spectroscopy: Theory, Experiment and Applications*, Wiley-Interscience, New Jersey, 2nd edn, 2005.

[7] R. A. Huggins, *Energy Storage*, Springer US, 2010.

[8] S. Zugmann, M. Fleischmann, M. Amereller, R. M. Gschwind, H. D. Wiemhofer, and H. J. Gores, "Measurement of transference numbers for lithium ion electrolytes via four different methods, a comparative study," *Electrochim. Acta*, 2011, 56, 3926–3933.

[9] K. Xu, "Electrolytes and interphases in Li-ion batteries and beyond," *Chem. Rev.*, 2014, 114, 11503–11618.

[10] Y. Shao-Horn, et al., "Inorganic Solid-State Electrolytes for Lithium Batteries: Mechanisms and Properties Governing Ion Conduction," *Chem. Rev.*, 2016, 116, 140–162.

[11] E. Peled and S. Menkin, "SEI: Past, Present and Future," *J. Electrochem. Soc.*, 2017, 164, A1703–A1719.

[12] M. Winter, B. Barnett, and K. Xu, "Before Li-ion Batteries," *Chem. Rev.*, 2018, 118, 11433–11456.

[13] O. Borodin, J. Self, K. Persson, C. Wang, and K. Xu, "Uncharted Waters: Super-concentrated Electrolytes," *Joule*, 2019, 4, 69–100.

[14] *Linden's Handbook of Batteries*, ed. K. W. Beard, McGraw-Hill, New York, 5th edn, 2019.

[15] M. Li, C. Wang, Z. Chen, K. Xu, and J. Lu, "New Concepts in Electrolytes," *Chem. Rev.*, 2020, 120, 6783–6819.

[16] Z. Zou, Y. Li, Z. Lu, D. Wang, Y. Cui, B. Guo, Y. Li, X. Liang, J. Feng, H. Li, C.-W. Nan, M. Armand, L. Chen, K. Xu, and S. Shi, "Mobile Ions in Composite Solids," *Chem. Rev.*, 2020, 120, 4169–4221.

4 开创性著作

4.1 关于离子溶剂化与脱溶剂化

[1] K. Xu, A. v. Cresce, and U. Lee, "Differentiating contributions to 'ion transfer' barrier from interphasial resistance and Li⁺ desolvation at electrolyte/graphite interface," Langmuir, 2010, 26, 11538–11543.

[2] K. Xu and A. v. Cresce, "Interfacing electrolytes with electrodes in Li-ion batteries," J. Mater. Chem., 2011, 21, 9849–9864.

[3] A.v. Cresce and K. Xu, "Preferential solvation of Li⁺ directs formation of interphase on graphitic anode," Electrochem. Solid-State Lett., 2011, 196, 3906–3910.

[4] X. Bogle, R. Vazquez, S. Greenbaum, A. von W. Cresce, and K. Xu, "Understanding Li⁺–Solvent Interaction in Nonaqueous Carbonate Electrolytes with ¹⁷O NMR," J. Phys. Chem. Lett., 2013, 4, 1664–1668.

[5] C. C. Su, M. He, R. Amine, T. Rojas, L. Cheng, A. T. Ngo, and K. Amine, "Solvating power series of electrolyte solvents

for lithium batteries," Energy Environ. Sci., 2019, 12, 1249–1254.

[6] A. M. Smith, A. A. Lee, and S. Perkin, "The Electrostatic Screening Length in Concentrated Electrolytes Increases with Concentration," J. Phys. Chem. Lett., 2016, 7, 2157–2163.

4.2　关于相图

[1] M. Ding, K. Xu, and T. R. Jow, "Liquid–Solid Phase Diagrams of Binary Carbonates for Lithium Batteries," J. Electrochem. Soc., 2000, 147, 1688–1694.

[2] M. Ding, K. Xu, and T. R. Jow, "Phase diagram of EC–DMC binary system and enthalpic determination of its eutectic composition," J. Therm. Anal. Calorim., 2000, 62, 177–186.

[3] Z.-K. Liu, "Thermodynamic modeling of organic carbonates for lithium batteries," J. Electrochem. Soc., 2003, 150, A359–A365.

[4] M. Ding, "Excess Gibbs Energy of Mixing for Organic Carbonates from Fitting of Their Binary Phase Diagrams with Nonideal Solution Models," J. Solution Chem., 2005, 34, 343–359.

4.3　关于交流阻抗

[1] J. R. MacDonald, "Simplified impedance/frequency-response results for intrinsically conducting solids and liquids," J. Chem. Phys., 1974, 61, 3977–3996.

[2] R. G. Linford, in Electrochemical Science and Technology of Polymers 2, ed. R. G. Linford, Elsevier Applied Science, London, 1990, p. 281.

[3] J. R. Macdonald and D. R. Franceschetti, "Theory of small-signal AC response of solids and liquids with recombining mobile charge," J. Chem. Phys., 1978, 68, 1614–1637.

[4] J. R. MacDonald, "Precision of impedance spectroscopy estimates of bulk, reaction rate, and diffusion parameters," J. Electroanal. Chem., 1991, 307, 1–11.

[5] E. Barsoukov and J. R. MacDonald, Impedance Spectroscopy: Theory, Experiment, and Applications, John Wiley & Sons, 2nd edn, 2005.

4.4　关于离子传输

[1] D. N. Bennion, "Phenomena at a gas-electrode-electrolyte interface," PhD thesis, University of California Berkeley, California, 1964.

[2] T. W. Chapman, "Transport Properties of Concentrated Solutions," PhD thesis, University of California Berkeley, California, 1967.

[3] J. Newman and T. W. Chapman, "Restricted Diffusion in Binary Solutions," AIChE J., 1973, 19, 343–348.

[4] L. O. Valøen and J. N. Reimers, "Transport properties of $LiPF_6$-based Li-ion battery electrolytes," J. Electrochem. Soc., 2005, 152, A882–A891.

[5] C. W. Monroe and J. Newman, "Onsager Reciprocal Relations for Stefan–Maxwell Diffusion," Ind. Eng. Chem. Res., 2006, 45, 5361–5367.

[6] H. Tokuda, S. Tsuzuki, Md. A. bin H. Susan, K. Hayamizu, and M. Watanabe, "How Ionic Are Room-Temperature Ionic Liquids? An Indicator of the Physicochemical Properties," J. Phys. Chem., 2006, 110, 19593–19600.

[7] D. R. MacFarlane, M. Forsyth, E. I. Izgorodina, A. P. Abbott, G. Annat, and K. Fraser, "On the concept of ionicity in ionic liquids," Phys. Chem. Chem. Phys., 2009, 11, 4962–4967.

[8] M. Gouverneur, F. Schmidt, and M. Schöhoff, "Negative effective Li transference numbers in Li salt/ionic liquid mixtures: does Li drift in the 'Wrong' direction?" Phys. Chem. Chem. Phys., 2018, 20, 7470–7478.

[9] N. M. Vargas-Barbosa and B. Roling, "Dynamic Ion Correlations in Solid and Liquid Electrolytes: How do They Affect Charge and Mass Transport," ChemElectroChem, 2020, 7, 367–385.

[10] K. D. Fong, J. Self, B. D. McCloskey, and K. A. Kristin, "Ion Correlations and Their Impact on Transport in Polymer-

based Electrolytes," Macromol., 2021, 54, 2575–2591.

［11］D. J. Siegel, L. Nazar, Y.-M. Chiang, C. Fang, and N. Balsara, "Establishing a unified framework for ion solvation and transport in liquid and solid electrolytes," Trends Chem., 2021, 3, 807–818.

［12］K. D. Fong, H. K. Bergstrom, B. D. McCloskey, and K. K. Mandadapu, "Transport phenomena in Electrolyte solutions: Nonequilibrium thermodynamics and statistical mechanics," AlChE J., 2021, DOI: 10.1002/aic.17091.

［13］B. Roling, "Classifying Electrolyte Solutions by Comparing Charge and Mass Transport," Energy & Environ. Mater., 2021.

4.5 关于离子转移数

［1］C. Turbandt, in Handbuch der Experimentalphysik, ed. W. Wein and F. Harms, Akademie Verlag, Leipzig, 1932, vol. XII, Part I.

［2］C. A. Vincent and P. G. Bruce, "Steady state current flow in solid binary electrolyte cells," J. Electroanal. Chem. Interfacial Electrochem., 1987, 225, 1–17.

［3］J. Evans, C. A. Vincent, and P. G. Bruce, "Electrochemical measurement of transference numbers in polymer electrolytes," Polymer, 1987, 28, 2324–2328.

［4］K. Hayamizu, Y. Aihara, S. Arai, and C. G. Martinez, "Pulse-Gradient Spin-Echo ^{1}H, ^{7}Li, and ^{19}F NMR Diffusion and Ionic Conductivity Measurements of 14 Organic Electrolytes Containing LiN(SO2CF3)2," J. Phys. Chem. B, 1999, 103, 519–524.

［5］K. Hayamizu, "Temperature Dependence of Self-Diffusion Coefficients of Ions and Solvents in Ethylene Carbonate, Propylene Carbonate, and Diethyl Carbonate Single Solutions and Ethylene Carbonate + Diethyl Carbonate Binary Solutions of LiPF$_6$ Studied by NMR," J. Chem. Eng. Data, 2012, 57, 2012–2017.

［6］N. P. Balsara and J. Newman, "Relationship between Steady-State Current in Symmetric Cells and Transference Number of Electrolytes Comprising Univalent and Multivalent Ions," J. Electrochem. Soc., 2015, 162, A2720–A2722.

［7］F. Wohde, M. Balabajew, and B. Roling, "Li$^+$ Transference Numbers in Liquid Electrolytes Obtained by Very-Low-Frequency Impedance Spectroscopy at Variable Electrode Distances," J. Electrochem. Soc., 2016, 163, A714–A721.

［8］M. Schönhoff, C. Cramer, and F. Schmidt, "Reply to the 'Comment on "Negative effective Li transference numbers in Li salt/ionic liquid mixtures: does Li drift in the 'Wrong' direction?"'," Phys. Chem. Chem. Phys., 2018, 20, 30046–30052.

［9］D. P. Shah, H. Q. Nguyen, L. S. Grundy, K. R. Olsen, S. J. Mecham, J. M. DeSimone, and N. P. Balsara, "Difference between approximate and rigorously measured transference numbers in fluorinated electrolytes," Phys. Chem. Chem. Phys., 2019, 21, 7857–7866.

［10］S. Pfeifer, F. Ackermann, F. Salzer, M. Schönhoff, and B. Roling, "Quantification of cation-cation, anion-anion, and cation-anion correlations in Li salt/glyme mixtures by combining very-low-frequency impedance spectroscopy with diffusion and electrophoretic NMR," Phys. Chem. Chem. Phys., 2021, 23, 628–640.

4.6 关于界面与界相

［1］J. N. Chazalviel, "Electrochemical aspects of the generation of ramified metal electrodeposits," Phys. Rev. A, 1990, 42, 7355–7367.

［2］R. Fong, U. von Sacken, and J. Dahn, "Studies of lithium intercalation into carbons using nonaqueous electrochemical cells," J. Electrochem. Soc., 1990, 137, 2009–2013.

［3］K. Xu, Y. Lam, S. Zhang, T. R. Jow, and T. Curtis, "Solvation Sheath of Li$^+$ in Non-aqueous Electrolytes and Its Implication of Graphite/Electrolyte Interface Chemistry," J. Phys. Chem. C., 2007, 111, 7411–7421.

［4］M. Winter, "The Solid Electrolyte Interphase—The Most Important and the Least Understood Solid Electrolyte in Rechargeable Li Batteries," Z. Phys. Chem., 2009, 223, 1395–1406.

［5］K. Xu, A. v. Cresce, and U. Lee, "Differentiating contributions to 'ion transfer' barrier from interphasial resistance and Li+ desolvation at electrolyte/graphite interface," Langmuir, 2010, 26, 11538–11543.

［6］ S. Shi, P. Lu, Z. Liu, Y. Qi, L. G. Hector Jr, H. Li, and S. J. Harris, "Direct Calculation of Li-ion Transport in the Solid Electrolyte Interphase," J. Am. Chem. Soc., 2012, 134, 15476–15487.

［7］ Y. Li, K. Leung, and Y. Qi, "Computational Exploration of the Li Electrode/Electrolyte Interface in the Presence of a Nanometer Thick Solid-Electrolyte-Interphase," Acc. Chem. Res., 2016, 49, 2363–2370.

［8］ O. Borodin, X. Ren, J. Vatamanu, A. v. W. Cresce, J. Knap, and K. Xu, "Modeling insight into battery electrolyte, electrochemical stability, and interfacial structure," Acc. Chem. Res., 2017, 50, 2886–2894.

［9］ L. Benitez and J. M. Seminario, "Ion Diffusivity through the Solid Electrolyte Interphase in Lithium-Ion Batteries," J. Electrochem. Soc., 2017, 164, E3159–E3170.

［10］ D. Lu, J. Tao, P. Yan, W. A. Henderson, Q. Li, Y. Shao, M. L. Helm, O. Borodin, G. O. Graff, B. Polzin, C.-M. Wang, M. Engelhard, J.-G. Zhang, J. J. De Yoreo, J. Liu, and J. Xiao, "Formation of Reversible Solid Electrolyte Interface on Graphite," Nano Lett., 2017, 17, 1602–1609.

［11］ Y. Zhou, M. Su, X. Yu, Y. Zhang, J.-G. Wang, X. Ren, R. Cao, W. Xu, D. R. Baer, Y. Du, O. Borodin, Y. Wang, X.-L. Wang, K. Xu, Z. Xu, C. Wang, and Z. Zhu, "Real-time mass spectrometric characterization of the solid–electrolyte interphase of a lithium-ion battery," Nat. Nanotechnol., 2020, 15, 224–230.

［12］ M. He, R. Guo, G. M. Hobold, H. Gao, and B. M. Gallant, "The intrinsic behavior of lithium fluoride in solid electrolyte interphases on lithium," Proc. Natl. Acad. Sci. U. S. A., 2020, 117, 73–79.

4.7　关于高浓电解质

［1］ J. R. Dahn and J. A. Seel, "Energy and Capacity Projections for Practical Dual-Graphite Cells," J. Electrochem. Soc., 2000, 147, 899–901.

［2］ L. Suo, O. Borodin, T. Gao, M. Olguin, J. Ho, X. Fan, C. Luo, C. Wang, and K. Xu, "'Water-in-Salt' Electrolyte Enables High Voltage Aqueous Li-ion Battery Chemistries," Science, 2015, 350, 938–943.

［3］ J. A. Read, "In Situ Studies on the Electrochemical Intercalation of Hexafluorophosphate Anion in Graphite with Selective Cointercalation of Solvent," J. Phys. Chem. C., 2015, 119, 8438–8446.

［4］ O. Borodin, L. Suo, M. Gobet, X. Ren, F. Wang, A. Faraone, J. Peng, M. Olguin, M. Schroeder, M. S. Ding, E. Gobrogge, A. von W. Cresce, S. Munoz, J. A. Dura, S. Greenbaum, C. Wang, and K. Xu, "Liquid structure with nano-heterogeneity promotes cationic transport in concentrated electrolytes," ACS Nano, 2017, 11, 10462–10471.

［5］ C. Yang, J. Chen, X. Ji, T. P. Pollard, X. Lü, C.-J. Sun, S. Hou, Q. Liu, C. Liu, T. Qing, Y. Wang, O. Borodin, Y. Ren, K. Xu, and C. Wang, "Aqueous Li-ion battery enabled by halogen conversion–intercalation chemistry in graphite," Nature, 2019, 569, 245–250.

4.8　关于界面与界相的模拟

［1］ M. M. Islam and T. Bredow, "Density Functional Theory Study for the Stability and Ionic Conductivity of Li_2O Surfaces," J. Phys. Chem. C., 2009, 113, 672–676.

［2］ K. C. Lau, L. A. Curtiss, and J. Greeley, "Density Functional Investigation of the Thermodynamic Stability of Lithium Oxide Bulk Crystalline Structures as a Function of Oxygen Pressure," J. Phys. Chem. C., 2011, 115, 23625–23633.

［3］ S. Shi, P. Lu, Z. Liu, Y. Qi, L. G. Hector Jr, H. Li, and S. J. Harris, "Direct Calculation of Li-Ion Transport in the Solid Electrolyte Interphase," J. Am. Chem. Soc., 2012, 134, 15476–15487.

［4］ J. Pan, Y.-T. Cheng, and Y. Qi, "General method to predict voltage-dependent ionic conduction in a solid electrolyte coating on electrodes," Phys. Rev. B., 2015, 91, 134116.

［5］ H. Yildirim, A. Kinaci, M. K. Y. Chan, and J. P. Greeley, "First-Principles Analysis of Defect Thermodynamics and Ion Transport in Inorganic SEI Compounds: LiF and NaF," ACS Appl. Mater. Interfaces, 2015, 7, 18985–18996.

［6］ Y. Li, K. Leung, and Y. Qi, "Computational Exploration of the Li-Electrode|Electrolyte Interface in the Presence of a Nanometer Thick Solid-Electrolyte Interphase Layer," Acc. Chem. Res., 2016, 49, 2363–2370.

［7］ Q. Zhang, J. Pan, P. Lu, Z. Liu, M. W. Berbrugge, B. W. Sheldon, Y.-T. Cheng, Y. Qi, and Z. Xiao, "Synergetic Effects of

Inorganic Components in Solid Electrolyte Interphase on High Cycle Efficiency of Lithium Ion Batteries," Nano Lett., 2016, 16, 2011–2016.

[8] K. Leung and K. L. Jungjohann, "Spatial Heterogeneities and Onset of Passivation Breakdown at Lithium Anode Interfaces," J. Phys. Chem. C., 2017, 121, 20188–20196.

[9] O. Borodin, X. Ren, J. Watamanu, A. von Wald Cresce, J. Knap, and K. Xu, "Modeling Insight into Battery Electrolyte Electrochemical Stability and Interfacial Structure," Acc. Chem. Res., 2017, 50, 2886–2894.

[10] Wang, S. Kadam, H. Li, S. Shi, and Y. Qi, "Review on modeling of the anode solid electrolyte interphase (SEI) for lithium-ion batteries," Comp. Mater., 2018, 4, 15.

[11] N. Yao, X. Chen, Z.-H. Fu, and Q. Zhang, "Applying Classical, Ab Initio, and Machine-Learning Molecular Dynamics Simulations to the Liquid Electrolyte for Rechargeable Batteries," Chem. Rev., 2022.

4.9 关于实际装置中电解质的表征和诊断

[1] J. Smith, J. C. Burns, D. Xiong, and J. R. Dahn, "A High Precision Coulometry Study of the SEI Growth in Li/Graphite Cells," J. Electrochem. Soc., 2011, 158, A447–A452.

[2] J. Smith, J. C. Burns, D. Xiong, and J. R. Dahn, "Interpreting High Precision Coulometry Results on Li-Ion Cells," J. Electrochem. Soc., 2011, 158, A1136–A1142.

[3] P. Aiken, E. R. Logan, A. Eldesoky, H. Hebecker, J. M. Oxner, J. E. Harlow, M. Metzger, and J. R. Dahn, "Li[$Ni_{0.5}Mn_{0.3}Co_{0.2}$]O_2 as a Superior Alternative to $LiFePO_4$ for Long-Lived Low Voltage Li-Ion Cells," J. Electrochem. Soc., 2022, 169, 050512.

AC	交流电（alternating current）
Ac	醋酸（acetic acid）
AGG	聚集体（aggregates）
AIMD	从头计算分子动力学（*ab initio* molecular dynamics）
AN	受体数（acceptance number）
	乙腈（acetonitrile）
CE	对电极 [counter-electrode(s)]
CE%	库仑效率（Coulombic efficiency）
CEI	正极/电解质界相（cathode/electrolyte interphase）
CIP	接触离子对（contact ion pair）
CV	循环伏安法（cyclic voltammetry）
DC	直流电（direct current）
DEC	碳酸二乙酯（diethyl carbonate）
DEDOHC	2, 5- 二氧杂己二酸二乙酯（diethyl-2, 5-dioxahexanedioate）
DEE	1, 2- 二乙氧基乙烷（1, 2-diethoxyethane）
DMC	碳酸二甲酯（dimethyl carbonate）
DMDOHC	2, 5- 二氧杂己二酸二甲酯（dimethyl-2,5-dioxahexanedioate）
DME	1, 2- 二甲氧基乙烷（1, 2-dimethoxyethane）
DN	给体数（donor number）
dOHP	动态外亥姆霍兹层（dynamic outer-Helmholtz plane）
DOL	1, 3- 二氧戊环（1, 3-dioxolane）
EA	乙酸乙酯（ethyl acetate）
EC	碳酸乙烯酯（ethylene carbonate）
ecm	电毛细管效应最大值（electrocapillary maximum）
EE%	能量效率（energy efficiency）
EIS	电化学阻抗谱（electrochemical impedance spectroscopy）
EMC	碳酸甲乙酯（ethyl methyl carbonate）
emf	电动势（electromotive force）
eNMR	电泳核磁共振（electrophoretic nuclear magnetic resonance）
EP	丙酸乙酯（ethyl propionate）
ES	亚硫酸乙烯酯（ethylene sulfite）

ESI-MS	电喷雾质谱（electrospray ionization mass spectrometry）
GC	玻璃碳电极（glassy carbon electrode）
GIC	石墨插层化合物（graphite intercalation compound）
GPE	凝胶聚合物电解质（gel polymer electrolyte）
GR	石墨电极（graphite electrode）
HER	析氢反应（hydrogen evolution reaction）
HOMO	最高已占据分子轨道（highest occupied molecular orbital）
IHP	内亥姆霍兹层（inner-Helmholtz plane）
LEDC	双碳酸亚乙酯锂（lithium ethylene dicarbonate）
LEMC	单碳酸羟乙酯锂（lithium ethylene monocarbonate）
LGPS	$Li_{10}GeP_2S_{12}$，锂锗磷硫（lithium germanium phosphorus sulfide）
$LiAsF_6$	六氟砷酸锂（lithium hexafluoroarsenate）
$LiBF_4$	四氟硼酸锂（lithium tetrafluoroborate）
LiBOB	二草酰硼酸锂 [Lithium bis(oxalato)borate]
$LiClO_4$	高氯酸锂（lithium perchlorate）
$LiCoO_2$	钴酸锂（lithium cobalt oxide，亦称 LCO）
LiDFOB	二氟草酰硼酸锂 [lithium difluoro(oxalato)borate]
$LiFePO_4$	磷酸铁锂（lithium iron phosphate，亦称 LFP）
LiFSI	双（氟磺酰）亚胺锂 [lithium bis（fluorosulfonyl）imide]
$LiMn_2O_2$	锰酸锂（lithium manganese oxide，亦称 LMO）
$LiNi_xCo_yAl_zO_2$	锂镍钴铝氧化物（lithium nickel cobalt aluminum oxide，亦称 NCA）
$LiNi_xMn_yCo_zO_2$	锂镍锰钴氧化物（lithium nickel manganese cobalt oxide，亦称 NMC）
$LiPF_6$	六氟磷酸锂（lithium hexafluorophosphate）
LiPON	锂磷氧氮化物（lithium phosphorus oxynitride，一种玻璃态固体电解质）
LiTFSI	双（三氟甲基磺酰）亚胺锂 [lithium bis(trifluoromethanesulfonyl)imide]
LPS	锂磷硫（$Li_7P_3S_{11}$，一种固体电解质）
LSV	线性扫描伏安法（linear sweep voltammetry）
LTO	钛酸锂（lithium titanate）
LUMO	最低未占据分子轨道（lowest unoccupied molecular orbital）
M	体积摩尔浓度（1 L 溶液中溶质物质的量）（molar, moles of solute in 1 L of solution）
m	质量摩尔浓度（1 kg 溶剂溶解溶质）（molal, moles of solute in 1 kg of solvent）
MB	丁酸甲酯（methyl butyrate）
MC	蒙特卡洛（Monte Carlo，一种经典计算机模拟方法）
MD	分子动力学（molecular dynamics）
MOF	金属有机框架（metal-organic framework）
MP	丙酸甲酯（methyl propionate）

MTSE	最大理论比能量（maximum theoretical specific energy）
N_A	阿伏伽德罗常数（Avogadro's number）
NMR	核磁共振（nuclear magnetic resonance）
OER	析氧反应（oxygen evolution reaction，来自水的氧化分解）
OHP	外亥姆霍兹层（outer-Helmholtz plane）
ORR	氧化还原反应（oxygen reduction reaction, OER 的逆反应）
PC	碳酸丙烯酯（propylene carbonate）
pfg-NMR	脉冲场梯度核磁共振（pulsed field gradient nuclear magnetic resonance）
PMS	甲磺酸炔丙酯（propargyl methanesulfonate）
pzc	零电荷点（point of zero charge）
QM	量子力学（quantum mechanics）
rds	速度决定步骤（rate-determining step）
RE	参考电极 [reference electrode(s)]
RHE	可逆氢电极 [reversible hydrogen electrode(s)]
SC	丁二酰亚胺（succinimide）
SEI	固体 / 电解质界相（solid/electrolyte interphase, 通常用于负极表面）
SHE	标准氢电极（standard hydrogen electrode, 标准状态下的可逆氢电极）
sOHP	静态外亥姆霍兹层（static outer-Helmholtz plane）
SPE	固体聚合物电解质（solid polymer electrolyte）
SSE	固态电解质 [solid-state electrolyte(s)]
SSIP	溶剂分离离子对（solvent-separated ion pairs）
Sulfolane	四亚甲基硫脲（tetramethylene sulfone）
THF	四氢呋喃（tetrahydrofuran）
VC	碳酸亚乙烯酯（vinyl carbonate）
WE	工作电极 [working electrode(s)]
WiSE	盐包水电解质 [water-in-salt electrolyte(s)]
γBL	γ- 丁内酯（gamma-butyrolactone）

电化学重要事件时间线

1600年
Gilbert从希腊词"ήλεκτρο"（琥珀）中创造了"electric"一词。

1791年
Galvani发现青蛙腿受到电流刺激而出现抽搐。

1799年
Volta 创造了世界上第一个电池（Voltaic Pile，伏打堆），形式是堆叠交替的银/锌板，并用预先浸泡了盐水的硬纸板分隔开。

1807年
Davy使用伏打堆电池电解氢氧化物，成功分离出钠和钾。

1821年
Brande使用伏打堆电解Li_2O，成功分离出锂元素。

1833年
Faraday提出"电解质""阴极""阳极""离子"等术语，并确立"Faraday定律"，量化了电荷与质量的关系。

1839年
Grove反转水分解反应，发明了H_2燃料电池。

1874年
Kohlrausch建立了"独立离子迁移的Kohlrausch定律"。

1887年
Arrhenius提出了电离和部分电离的概念。

1893年
Nernst提出了"Nernst定律"。

1900年
Kohlrausch建立了关于摩尔电导率和盐浓度之间非线性关系的经验定律。

1905年
Tafel在研究氢过电位时发现了过电位与电流密度之间指数关系的经验定律。

1905年
Einstein建立了一系列关于离子传输的关系。

1921年
Lewis和Randall发现了离子强度相关的经验定律。

1923年
Debye和Hückel应用"离子氛"概念建立Debye-Hückel模型，发现了解释Lewis-Randall经验定律的Debye-Hückel极限定律。

1924年
Butler和Volmer独立建立电解液/电极界面电荷转移速率方程，该方程解释了Tafel经验定律和Nernst方程的变化。

1927年
Onsager对Debye-Hückel模型进行改进，解释了Kohlrausch非线性定律。

1933年
Bernal和Fowler提出了由一级鞘和二级鞘构成的溶剂鞘模型。

1938年
Pourbaix对水溶液绘出了一系列相图。

20世纪40年代
Frumkin发表了他在电极学领域的奠基性研究。

1948年
Hasted等人提出介电常数与溶剂化数的相关关系。

20世纪50年代
Bockris和Conway为物理电化学奠定了基础。

1957年
Frank和Wen提出了溶剂化双层模型。

1961年
Davis改进了Debye-Hückel模型。

1970年
Bockris和Reddy通过将电极表面视为巨大的二维离子完善了界面模型。

1976年
Whittingham发明了TiS_2插层化学。

1979年
Peled提出了"固体/电解质界相"（SEI）的概念，用于描述非水电解质中锂和其他碱金属的动力学稳定性。

1980年
Goodenough发明了$LiCoO_2$插层化学。

1980年
Armand提出了"双插层电池"的概念。

1983年
旭化成科学家吉野彰、栗林功和中岛在实验室中开始组装"无锂负极"的电池。

1986年
旭化成科学家们在马萨诸塞州波士顿的电池工程公司首次组装了原型锂离子电池。

1990年
索尼商业化了第一代"锂离子电池"。

1990年
Dahn和同事将"固体/电解质界相"（SEI）的概念从锂金属移植到石墨表面。

1990年
藤本和同事首次实现了以EC为基础的电解质中锂化石墨（LiC_6）的电化学合成。

2019年
诺贝尔化学奖授予 Whittingham、Goodenough 和吉野彰，以表彰他们对锂离子电池的发明。

致谢

首先，我要衷心感谢黄志贵教授（西南大学）。约 40 年前，在我大学生活最艰难的时期，他给予了我悉心的指导和支持。黄教授，祝您 90 岁生日快乐！

能够得到 2019 年诺贝尔化学奖获得者 Stanley M. Whittingham 教授的支持，是我莫大的荣幸。在我整个科研生涯中，他给予我巨大的启发和帮助；不仅邀请我为 *Chemical Reviews* 的特刊撰写两篇后来被学界广泛引用的综述文章（分别于 2004 年和 2014 年），还热情地同意为这本书撰写序言。

此外，我也要感谢 3 位杰出的学者和多年好友——Khalil Amine 教授（阿贡国家实验室，美国）、Jeff Dahn 教授（达尔豪西大学，加拿大）和 Martin Winter 教授（明斯特大学/明斯特电化学能源技术中心，德国），为这本书撰写序言，他们都是电池和材料研究领域的偶像级人物。

我还要感谢已故的 John O'M. Bockris 教授，他以通俗易懂的方式讲授复杂的数学课题，对我产生了深远的影响。在 1995 年至 1997 年间，他编写《现代电化学》这本鸿篇巨制教材的第二版时，我有幸担任他的助手，为这本书撰写练习题。这段独特的经历使我在学生时代、研究生涯和科学写作方面受益匪浅。

我的博士生导师 Austen Angell 教授也对我产生了重要影响，他不仅塑造了我的职业生涯，还在我从他的实验室毕业后继续给予我帮助。他向我展示了品德高尚的科学家应该是什么样子的。

尽管出版商从 2015 年中期就开始催促我写这本书，但我一直在拖延，直到我的朋友邢丽丹教授（华南师范大学）在 2020 年春天鼓励我开始这个宏伟的项目。在写作过程中，我的同事和朋友何秀娴博士（美国陆军研究实验室）为我提供了许多实质性支持。她还拍摄了我完成这本书的照片。

从教学的角度，刘平教授（加州大学圣地亚哥分校）、孟颖教授（加州大学圣地亚哥分校/芝加哥大学）、王春生教授（马里兰大学帕克分校）和邢丽丹教授（华南师范大学）为我提供了宝贵的建议。马林博士（美国陆军研究实验室/马里兰大学）

帮助我获取了许多文献资源；Vatamanu 博士（美国陆军研究实验室）在模拟惰性电极表面电荷分布方面提供了帮助；Borodin 博士（美国陆军研究实验室）与我在有关离子溶剂化、离子传输和界面上离子组装的许多基础性问题上进行了富有成果的讨论，并帮助我理解了计算机模拟的工作原理。我的儿子许睿华在一些数学和插图方面提供了帮助。

Balsara 博士（劳伦斯伯克利国家实验室）和 Albertus 教授（马里兰大学）在理解 Newman 离子传输理论和讨论 Newman 浓溶液理论方面提供了宝贵的帮助。不过，关于 Newman 理论局限性的评论和观点仅代表我个人的理解。

在写作过程中，许多值得尊敬的同行为我提供了关于科学文献、图片或特定主题的讨论的帮助。这些同行包括 Martin Bazant 教授（麻省理工学院）、Ratnakumar Buga 博士（喷气推进实验室，美国国家航空航天局）、Jeff Dahn 教授（达尔豪西大学）、程蕾博士（阿贡国家实验室）、丁盛平博士（美国陆军研究实验室）、高涛教授（犹他大学）、姜荣忠博士（美国陆军研究实验室）、Bernhart Roling 教授（德国马尔堡菲利普大学）、Monika Schönhoff 教授（明斯特大学）、Marshall Smart 博士（喷气推进实验室）、宋一成教授（上海大学）、Karen Thomas-Alyea 博士（Verdox 公司）、王春生教授（马里兰大学帕克分校）、渡边正义教授（横滨国立大学）、Martin Winter 教授（明斯特大学明斯特电化学能源技术中心）、许武博士（太平洋西北国家实验室）、周雨博士（阿贡国家实验室）、张继光博士（太平洋西北国家实验室）和张升水博士（美国陆军研究实验室）。他们的贡献和见解丰富了这本书的内容。我由衷地感谢他们。任何错误或不足之处皆由我个人负责。

我衷心感谢美国能源部科学办公室资助，还要感谢 George Crabtree 博士领导的能源储存联合研究中心（JCESR），JCESR 不仅支持了我的团队在多价阳离子电解质方面的研究活动，更重要的是，它让我有机会与许多杰出的科学家共事，从他们身上学到了很多。

尽管这本书是在我的工作时间之外写作的，我还是要感谢美国陆军和 DEVCOM 陆军研究实验室对我的科学探索的支持。很长一段时间里 Cynthia Lundgren 博士为我及我的团队尽力营造了一个鼓励自由探索的良好学术环境。

我要感谢英国皇家化学学会（RSC）出版社的编辑团队，特别是 Katie Morrey 女士在计划和合同方面给予我的帮助以及在整个过程中对我的耐心，还要感谢 Amina Headley 女士对书稿的仔细校对工作，是他们的巨大努力使这本书得以呈现。同时，感谢 RSC 出版社的制作团队 Helen Potter 博士、Connor Sheppard 先生和 Caroline Knapp 博士在制作过程中付出的努力。

最后，我要特别感谢我的妻子，她的理解和忍耐让我能够长时待在办公室和书房里，对家里百事不理，使我能够着手并完成这个宏伟的项目。

许康

美国马里兰州波多马克市

2022 年 6 月

股票代码:300037

格物致用、厚德致远

Innovation for Application, Progress with Integrity

深圳新宙邦科技股份有限公司(股票代码:300037)成立于1996年,深耕电池化学品20多年以来,在自主新添加剂和电解液配方开发方面取得了一系列成果。凭借先进的解决方案和高质量的电解液产品,获得新能源汽车、3C消费电子、电化学储能等行业客户的高度认可,成为了全球锂离子电池电解液领域的龙头企业。在企业发展进程中,许康教授发表在 *Chemical Reviews* 的电解液综述(2004年首篇、2014年续篇),一直是新宙邦电解液研发团队的"技术指南"。其深邃的理论洞见与前瞻性的应用指引,为公司产业技术瓶颈的突破提供了有力支持。

《电解质、界面和界相: 基础知识及在电池中的应用》一书凝结了许教授多年的学术积淀,揭示了现代电解质背后关联的离子学和电极学基础理论,创新性地提出了三维界相理论,使读者通过作者生动又严谨的论述,快速掌握电解质与界相间的有趣联系。本书在微观结构(如电解液中锂离子溶剂化结构)、介观结构(如SEI & CEI界相的组成、厚度及多层形貌)与宏观性能(如电池的可逆循环能力、界面阻抗和倍率性能)之间建立关联,利用三维界相理论来指导电解液的配方设计(如添加剂优化)。该书通过多尺度关联分析,不仅明晰了电解质体系设计的科学原理,也为设计下一代高功率高比能长循环锂离子电池提供理论依据,是连接基础研究与产业升级的重要知识载体。

随着行业的不断发展,下游客户对电解液的要求也越来越高。新宙邦技术人员以满足客户需求为导向,通过"设计合成-材料提纯-分析检测-配方优化-应用验证"五步研发环节,融合系统化的产品开发流程,将本书的核心理论转化为实际生产力,使电解液研发从"经验试错"转向"科学驱动",推动新产品、新技术、新工艺和新标准的加速迭代。

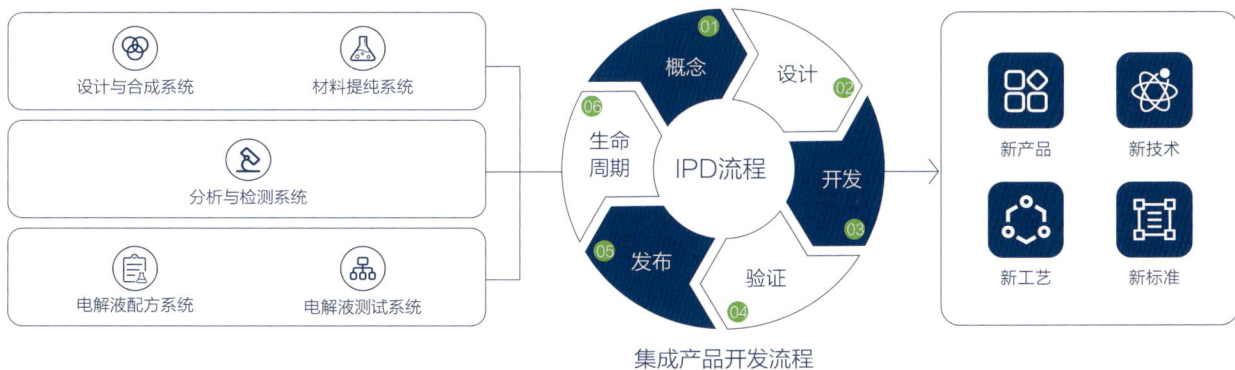

设计与合成系统　　材料提纯系统

分析与检测系统

电解液配方系统　　电解液测试系统

01 概念　设计 02

06 生命周期　IPD流程　开发 03

05 发布　验证

04

新产品　新技术

新工艺　新标准

集成产品开发流程

新宙邦电池化学品包括：二次锂离子电池电解液，一次锂离子电池电解液，超级电容器电解液，新兴电解质及辅材（钠离子电池电解液、固体电解质和粘结剂），锂盐、溶剂与添加剂等。新宙邦将本书的理论体系深度融入技术研发与产业实践中，利用自主新添加剂调节界相结构来开发快充电池体系，通过界相扩展电解质的有效电化学窗口来开发高电压电池体系等。新宙邦凭借自主研发体系与全产业链布局优势，打造覆盖定制研发、绿色制造、质量管控及全周期技术服务的"一站式材料解决方案"，以创新技术赋能客户，为终端应用构建产品护城河。公司始终践行产业链协同创新发展的理念，携手上下游共促产业技术革新，共助经济高质量发展。

电池化学品产品

二次锂离子电池电解液	一次锂离子电池电解液	超级电容器电解液	新兴电解质及辅材	锂盐、溶剂与添加剂

二次锂离子电池电解液
- 高镍三元/石墨体系电解液
- 高镍三元/硅碳体系电解液
- 高电压三元/石墨体系电解液
- 高电压三元/硅碳体系电解液
- 高电压钴酸锂/石墨体系电解液
- 高电压钴酸锂/硅碳体系电解液
- 磷酸铁锂/石墨体系电解液
- 磷酸锰铁锂/石墨体系电解液
- 锰酸锂/石墨体系电解液
- 尖晶石镍锰酸锂/石墨体系电解液
- 富锂锰基/石墨体系电解液
- 锂硫电池电解液

一次锂离子电池电解液
- 二氧化锰/锂体系电解液
- 二硫化铁/锂体系电解液
- 氟化碳/锂体系电解液

超级电容器电解液
- 常规双电层电容器电解液
- 3.0 V 高电压双电层电容器电解液
- 双85高温双电层电容器电解液
- 超低温双电层电容器电解液

新兴电解质及辅材

钠离子电池电解液
- 层状氧化物/硬碳体系电解液
- 聚阴离子/硬碳体系电解液

固体电解质
- 聚合物固体电解质 Solitro E100
- 磷酸钛铝锂 LATP
- 锂镧锆氧 LLZO
- 锂镧钛氧 LLTO
- 锂磷硫氯 LiPSCl

粘结剂
- 负极粘结剂
- 隔膜粘结剂
- 导电粘结剂

锂盐、溶剂与添加剂

锂盐
- 双氟磺酰亚胺锂
- 六氟磷酸锂

溶剂
- 碳酸二甲酯
- 碳酸二乙酯
- 碳酸甲乙酯
- 碳酸乙烯酯

添加剂
- 含磷系添加剂：TPP，TMSP等
- 含硫系添加剂：CBS，DTD，MMDS等
- 碳酸酯添加剂：EBC，VC，VEC等
- 含氟类添加剂：FEC，DFEC等